国家科学技术学术著作出版基金资助出版

现代木结构

Modern Timber Structures

主　编　刘伟庆
副主编　陆伟东　何敏娟

中国建筑工业出版社

图书在版编目（CIP）数据

现代木结构 = Modern Timber Structures / 刘伟庆主编；陆伟东，何敏娟副主编. — 北京：中国建筑工业出版社，2022.6

ISBN 978-7-112-27736-0

Ⅰ.①现… Ⅱ.①刘… ②陆… ③何… Ⅲ.①木结构 Ⅳ.①TU366.2

中国版本图书馆 CIP 数据核字(2022)第 142902 号

本书系统介绍了现代木结构的研究与发展现状及趋势、材料选用、结构设计、结构抗震抗风设计、建筑防火设计、防护与维护设计、建筑舒适性与节能、装配式与信息化设计、施工与质量验收等。结合现行国家标准和最新研究成果，重点介绍了结构用木材及工程木制品、构件与连接设计方法、结构体系选型与设计原则、结构抗风与抗震设计和建筑防火设计等内容。

本书可作为现代木结构工程技术与管理人员、科研人员的参考用书，以及土木工程相关专业本科生和研究生的参考教材，还可用于本科生课程设计、毕业设计和其他教学实践环节的指导用书。

责任编辑：李笑然
责任校对：李欣慰

现代木结构
Modern Timber Structures
主　编　刘伟庆
副主编　陆伟东　何敏娟
*
中国建筑工业出版社出版、发行（北京海淀三里河路 9 号）
各地新华书店、建筑书店经销
北京红光制版公司制版
北京君升印刷有限公司印刷
*
开本：787 毫米×1092 毫米　1/16　印张：34½　字数：838 千字
2022 年 8 月第一版　　2022 年 8 月第一次印刷
定价：**158.00** 元
ISBN 978-7-112-27736-0
(38984)

编 写 委 员 会

主　编： 刘伟庆

副主编： 陆伟东　何敏娟

编　委：（按姓氏笔画排序）

王洁瑛	牛　爽	史本凯	冯　雅	朱亚鼎	任海青
汤丽娟	杨会峰	杨学兵	连之伟	邱培芳	张海燕
陈小锋	岳　孔	郑　维	屈丽荣	祝恩淳	倪　春
倪　竣	倪照鹏	凌志彬	高　颖	熊海贝	

前　言

我国具有悠久的木结构建造历史，传统木结构建筑文化是我国建筑文化之精髓，如何传承和发展我国木结构建筑文化，是我们面临的重要使命之一。在 20 世纪最后 20 年期间，受森林资源限制，我国木结构一度陷入停滞。直到 21 世纪初，我国经济社会快速发展，对建筑品质和可持续发展提出更高的要求，木结构得以复苏。近年来，随着国家对“双碳减排”和建筑工业化重要需求、进口木材零关税政策的支持及我国木结构相关标准的完善和实施，现代木结构得到了快速发展，目前我国木结构建筑最高层数已达六层、最大跨度已逾百米，整个现代木结构建筑市场发展呈加速上升态势。

为了配合国家现行木结构标准的应用和实施，促进我国现代木结构技术的高水平、可持续发展和应用，开展本书的编制工作。本书是编者二十余年来在现代木结构科学研究和工程实践方面的总结，纳入了最新规范和标准的要求，吸收了最新研究和实践成果，兼顾了基本理论和工程应用。本书可作为现代木结构工程技术与管理人员、科研人员的参考用书，以及土木工程相关专业本科生和研究生的参考教材，还可用于本科生课程设计、毕业设计和其他教学实践环节的指导用书。

本书编委会由南京工业大学刘伟庆教授任主编，南京工业大学陆伟东教授和同济大学何敏娟教授任副主编，汤丽娟博士任编委会秘书，由来自全国十二家科研院所和企事业单位的二十余位专家任编委。具体编写分工为：第 1 章由刘伟庆教授编写，凌志彬副教授、郑维副教授和史本凯博士参与编写；第 2 章由任海青研究员编写；第 3 章由岳孔教授编写；第 4 章由杨学兵教授级高工编写；第 5 章由张海燕高级工程师编写；第 6 章由何敏娟教授和倪春研究员编写；第 7 章由陆伟东教授和屈丽荣博士编写；第 8 章由祝恩淳教授、牛爽副教授和杨会峰教授编写；第 9 章由杨会峰教授编写；第 10 章由熊海贝教授编写；第 11 章由倪照鹏研究员和邱培芳研究员编写；第 12 章由高颖教授和王洁瑛研究员编写；第 13 章由连之伟教授编写；第 14 章由冯雅教授级高工编写；第 15 章由陈小锋博士编写；第 16 章由张海燕高级工程师和朱亚鼎高级工程师编写；第 17 章由祝恩淳教授、张海燕高级工程师和倪竣高级工程师编写。

限于编者的学识水平，书中难免存在谬误之处，敬请批评指正。

目　　录

第1章　绪　　论

1.1　木结构发展的历史简述

1.1.1　中国木结构建筑发展简史

中华文明源远流长，我国古代劳动人民在中华文明进程中留下了许多宝贵的文化遗产，传统木结构建筑文化是我国建筑文化精髓。我国具有悠久的木结构建造历史，传统木结构源于上古、兴于秦汉、盛于唐宋，明清已至巅峰。

上古时期，我国居住方式主要有巢居和穴居两种，且有明显的地域特色：北方以穴居居多，南方以巢居为主。在北方，气候干燥、土层较厚，适合挖洞，因此上古时期生活在北方的人类便开始了挖洞穴居，先后经历了从地下、半地下到地上的演变（图 1.1-1）。根据黄河流域的半坡遗址的考古发现，图 1.1-2 展示了其建筑构想图。南方地处长江中下游一带，雨水充沛且地下水位高，无法通过挖洞来解决居住问题，取而代之的是在树木半腰构筑窝棚，即所谓的“巢居”。巢居最早被推测是在单棵树上搭建窝棚，后来发展为在多棵树上结巢为屋，再后来人类开始在地面上插木筑屋，其演变过程如图 1.1-3 所示。河姆渡遗址是巢居建筑的典型代表，其建筑复原图如图 1.1-4 所示。

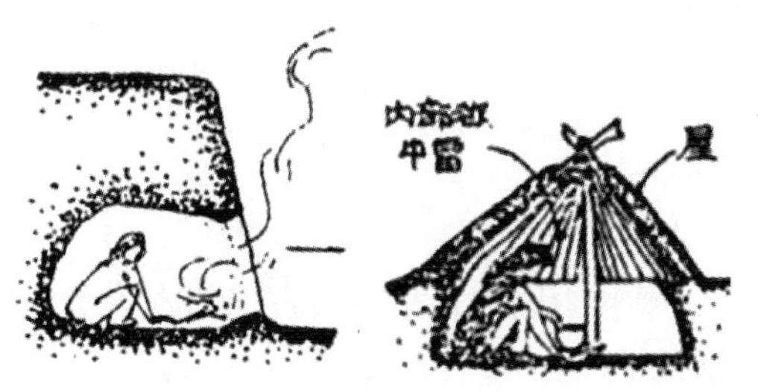

图 1.1-1　穴居的演变过程图

图 1.1-2　半坡遗址建筑构想图

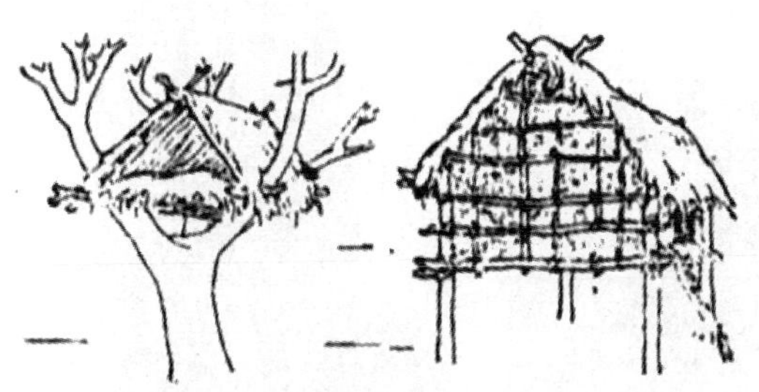

图 1.1-3　巢居的演变过程

图 1.1-4　河姆渡遗址建筑复原图

秦朝时期木结构建筑主要用于统治阶层的殿宇，而木结构建筑真正意义上的大量使用始于汉代，期间出现了斗拱和雀替，从而使得木结构建筑的力学性能和结构性能得以提高，并形成了三种独具特色的结构形式：穿斗式木构架、抬梁式木构架、井干式木结构，如图 1.1-5（a）～（c）所示。唐宋时期是中国古建筑木结构发展的鼎盛时期，这一时期的木结构建筑造型美观、结构体系清晰和构件尺寸精准，对东亚国家的建筑产生了重要影响。宋代的《营造法式》是我国古代最完整的建筑技术书籍。同时，斗拱经过不断发展并演变成熟，成为我国传统木结构建筑的重要标志。

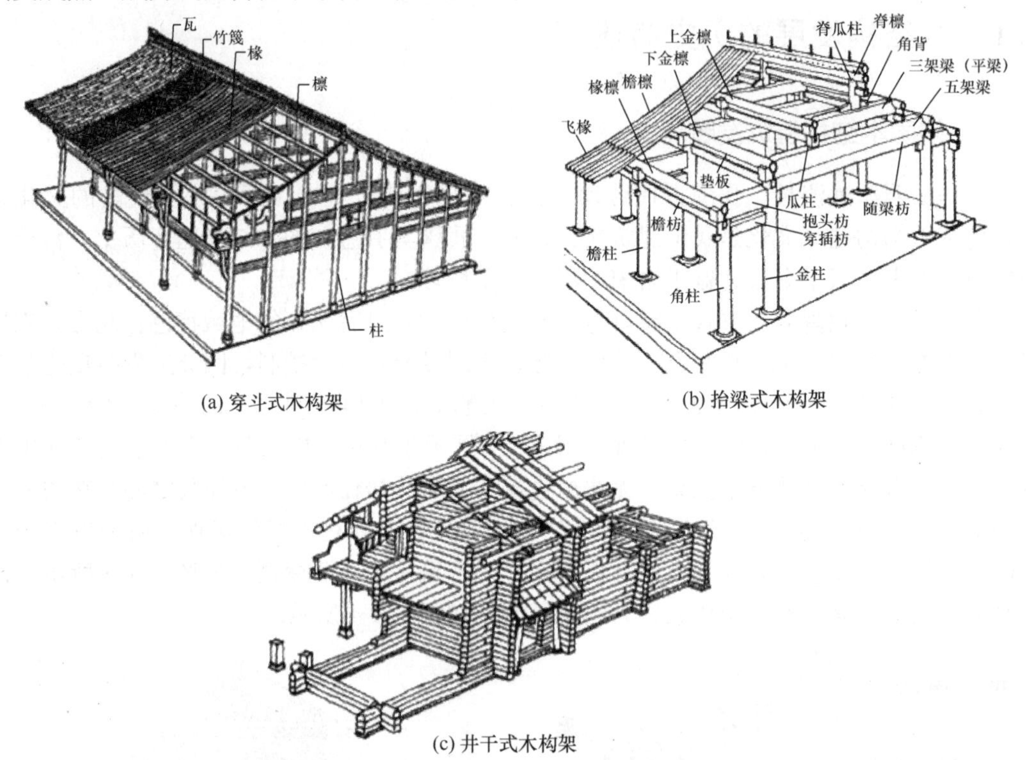

(a) 穿斗式木构架

(b) 抬梁式木构架

(c) 井干式木构架

图 1.1-5　典型的古建木结构形式

我国现存最早的木结构建筑—五台县南禅寺大殿和中国现存最高最古老的木构塔式建筑—应县木塔（图 1.1-6）等都是在唐宋时期建成的。

明清时期，木结构建筑技术更趋成熟，营造技术方面的典型著作为明代的《鲁班营造

(a) 五台县南禅寺大殿（建于857年）

(b) 应县木塔（建于1056年）

图 1.1-6　典型的中国古代木结构建筑

正式》和清代工部的《工程作法》。我国大多数现存古建筑是明清建筑，外观辉煌、气势雄伟。典型的建筑实例是始建于明永乐4年（公元1406年）的北京故宫（图1.1-7），它是中国古代宫廷建筑之精华，有大小宫殿七十多座，房屋九千余间，是世界上现存规模最大、保存最为完整的木质结构古建筑之一。

图1.1-7　北京故宫

建国初期，钢材、水泥等资源短缺，砖木结构盛行，甚至一度在20世纪50年代引进胶合木技术，为我国建筑业发展做出了贡献。然而，随着20世纪80年代城市化进程的加快，我国森林资源消耗巨大，影响了林业可持续发展，我国推出天然林保护政策；加之钢筋混凝土和钢结构的兴起，国家在政策上限制使用木结构建筑，木结构和砖木结构逐渐被钢筋混凝土和钢结构所取代。我国木结构在经历了20年左右的中断后，随着国民经济的发展和生活水平的提高，人们对环保、健康、绿色、舒适的居住环境的要求越来越高。2000年后，木结构在国内悄然复苏，从初始阶段的轻型木结构到后来的胶合木结构，现代木结构在住宅、公共建筑、园林景观和旅游建筑等领域得到广泛的应用，具有代表性的建筑包括苏州胥虹桥和仪征的江苏省园博会主展馆，如图1.1-8所示。

(a) 苏州胥虹桥

(b) 江苏省第十届园博会主展馆

图1.1-8　我国典型的现代木结构桥梁与建筑

2003年以来，我国现代木结构建筑逐渐在经济发达的沿海地区开始得到应用。随着中国经济的发展、节能环保政策的落实，人们对绿色环保的木结构建筑越来越喜爱。我国现有的木结构建筑中，轻型木结构是主流，占比近70%，重型木结构占比约16%，其他形式木结构（包括重轻木混合、井干式木结构、木结构与其他建筑结构混合等）占比约17%。目前，我国现代木结构建筑的应用十分广泛，按木结构建筑功能区分有以下几类建筑。

（1）住宅：既包括以独栋独户自建方式新建的居民住宅，也包括开发商统一建造的独立别墅、连体别墅、旅游度假别墅等。木结构别墅占已建木结构建筑的51%，仍是目前木结构建筑应用的主要市场，此外在江苏、浙江等地，在“平改坡”项目中木结构屋顶也有良好的市场前景。

（2）旅游休闲建筑：包括度假别墅、酒店、敬老院、俱乐部会所、休闲会所等，这类建筑也常采用木结构建筑形式。

（3）寺庙建筑：包括寺庙大殿、门楼、塔楼，以及家族祠堂。木结构建筑在传统建筑修复和重建中发挥着重要作用。虽然采用现代木结构建造的寺庙、祠堂等一般采用现代连接技术，但是在建筑形式以及整体风貌等方面最大限度保留了传统建筑的风格，继承和发扬了传统建筑文化。近些年来比较有代表性的寺庙建筑有杭州市香积寺重建的大雄宝殿和上海法华学问寺大殿。

（4）公共建筑：包括会议中心、多功能场馆、展览馆、体育场馆、游乐场馆等。在科技人员的努力下，我国在大跨木结构上进行大胆的尝试，克服重重技术难关，建成了许多具有划时代意义的现代大跨木结构建筑，并取得了良好的社会反响。具有代表性的木结构公共建筑有苏州园博会的胶合木结构多功能馆（图 1.1-9）和上海崇明体育训练基地游泳馆（图 1.1-10）。

图 1.1-9　苏州园博会现代木结构多功能馆

图 1.1-10　上海崇明体育训练基地游泳馆

（5）桥梁：大跨胶合木桥梁具有性能好、外观优美、极具生态环保特性、安装方便、维修费用低等优点，目前在我国的应用主要以人行桥为主。滨州飞虹桥采用胶合木桁架拱的结构形式，跨度达到 100m，是目前国内跨度最大的木结构单拱桥。

1.1.2　西方木结构建筑发展简史

早在公元前 3 世纪，罗马帝国就已出现人字形屋架和木桁架结构，这给西方建筑史带来了深远影响，产生了诸多类型的建筑风格，其中最具影响力的是 13 世纪以法国主教堂为代表的哥特式建筑。15 世纪末，欧洲人到达北美后就地取材，建造了一种有别于欧洲风格的木结构房屋，即轻质木框架房屋。直到 19 世纪末 20 世纪初，轻质木框架房屋逐渐演化成了平台式轻型木结构房屋。

1892 年，德国人 Otto 注册了一系列关于胶合木的专利，1906 年，他又注册了曲线型胶合木专利，极大地推动了胶合木结构技术的发展；1942 年，间苯二酚胶粘剂的出现，使得胶合木构件的应用由室内扩展到了室外，进一步拓展了其应用领域。

20 世纪 80 年代至今是国际上木结构发展最快的时期，木材加工技术不断更新，新型工程木材层出不穷，如平行木片胶合木（PSL）、旋切板胶合木（LVL）、层叠片积木（LSL）及正交胶合木（CLT）等，如图 1.1-11 所示。其中的 CLT 于 20 世纪 70 年代首次被提出，20 世纪 80 年代后期，欧洲成立了第一个大规模、现代化的 CLT 加工厂；20 世纪 90 年代，CLT 被作为建筑材料使用，由此第 1 栋 CLT 木结构房屋诞生于瑞士。上述工程木的出现，大大促进了现代木结构的发展，使得现代木结构在跨度和高度上不断取得新的突破，应用主要涉及大型公共场馆建筑，如教堂、商场、教学楼、办公楼、体育馆、车站等及现代木结构桥梁领域。

近年来，现代木结构的跨度和高度不断被刷新。现代木结构建筑在北美、欧洲、日本

(a) 层板胶合木（Glulam）

(b) 平行木片胶合木（PSL）

(c) 单板层积胶合木（LVL）

(d) 层叠木片胶合木（LSL）

(e) 正交胶合木（CLT）

图 1.1-11 代表性的工程木

及澳洲等地得到了广泛应用，主要包括普通居民住宅、大型公共场馆建筑及工业厂房和桥梁等。目前，国际上最大跨度的木结构建筑跨度已达 178m，最高的木结构建筑已达 18 层、80m；欧美木结构住宅占比已达 65%～80%，公共建筑占比也达 20%左右。

在经历了一百多年的钢结构和混凝土结构的建筑历程之后，随着人们对木结构建筑认识的加深，以及木结构建筑技术的进步和完善，现代木结构建筑在许多国家都已经进入蓬勃发展阶段。欧洲、北美、日本、澳大利亚和新西兰等国家和地区的住宅大量采用现代木结构，木结构建筑低碳环保、结构安全、保温隔热性能好、性价比高，在这些地区深受用户的喜爱（图 1.1-12）。

(a) 14层、49m的挪威Treet大楼

(b) 东京奥运会主场馆

图 1.1-12 现代木结构建筑

1. 低层住宅多以轻型木结构为主

目前，在现代木结构建筑中，低层建筑中占一半以上，有些国家甚至达到 90%。在北美地区，平均每年建造的 150 万幢房屋中，约有 95%的低层住宅采用现代轻型木结构体系，还有许多低层商业建筑和公共建筑也采用了轻型木结构建造。如表 1.1-1 所示，2014 年加拿大新建住宅 33923 户，其中独栋住宅中木结构占比 87%，多层多户住宅中木结构占比 54%，

木结构住宅总占比约为 80%；美国的新建筑中，木结构住宅的占比也极高。据日本国土交通省资料显示，从 1999～2008 年的十年间，日本所有新建住宅中，木结构的建筑比例平均为 47%，而独栋住宅中，木结构约占 87%；日本木结构建筑的使用面积约占住宅总面积的 68%；非住宅类建筑中，木结构建筑所占比例约为 7%。另据日本总务省调查，日本现有住宅中，59%为木结构，独栋住宅的 93%为木结构，且以轻型木结构为主。

2014 年加拿大、美国、日本新建木结构建筑占比情况　　表 1.1-1

国家	独栋住宅	多层多户住宅	非住宅类
加拿大	87%	54%	9%
美国	92%	86%	11%
日本	87%	21%	—

近年来，加拿大非常重视木结构建筑技术的发展，并不断完善木结构建筑标准规范。不列颠哥伦比亚（British Columbia）省政府于 2009 年率先修订了省建筑规范，将轻型木结构建筑的层高限制由原先的 4 层放宽到 6 层，这一举措大大拓展了轻型木结构的应用范围，该省随之出现了大量 6 层木结构公寓楼项目。

2. 重型木结构在多高层建筑领域更高、更广、更强

与轻型木结构相比，重型木结构具有承载力高、抗侧刚度大的特点，主要包括木框架结构、木框架-剪力墙结构、木框架-支撑结构、CLT 剪力墙结构以及核心筒-木框架结构等。重型木结构能够满足多高层建筑对结构体系承载力、抗侧刚度的要求。

实际上，欧美各国对于木结构在多高层建筑领域的应用经历了从保守到开放的过程。20 世纪 90 年代，只有少数北欧国家允许建立 3～4 层的木结构建筑。到了 2000 年，不少欧美国家已经允许木结构建筑建到 5 层及以上。比如在加拿大，其国家规范允许木结构建到 4 层，在部分省（如卑诗省）则允许建到 6 层。从目前各国的实际应用情况看，大部分国家都允许木结构建筑建到 6 层。

近十年来，国外高层木结构频频建成，并广泛应用于办公、住宅、学生公寓等领域，具有代表性的高层木结构建筑见表 1.1-2。高层木结构的发展得益于重木结构技术的推进，以及正交胶合木（CLT）剪力墙结构的出现。尤其是在地震影响较小的欧洲地区，CLT 建筑不断向高层化发展，10 层左右高度的 CLT-混凝土混合结构建筑频频建成。此外，木框架-剪力墙、核心筒-木结构等多种结构体系的相互结合的应用，使得木结构建筑在高层领域出现新机遇。目前，德国、加拿大等国家的学者甚至还提出了 30 层以上的高层木结构方案。

国外已建成的高层木结构建筑　　表 1.1-2

建成时间	项目名称	地点	层数	高度	建筑功能	结构形式
2009 年	Stadthaus	英国伦敦	9 层	30m	住宅	CLT
2012 年	Forté	澳大利亚墨尔本	10 层	32.2m	住宅	CLT
2012 年	LCT One	奥地利多恩比恩	8 层	27m	办公	CLT
2015 年	WIDC	加拿大哥伦比亚	6 层	29m	教育、办公	木框架-剪力墙
2015 年	Treet	挪威-卑尔根	14 层	51m	住宅	木框架-支撑
2018 年	Brock Commons	加拿大哥伦比亚	18 层	53m	学生公寓	核心筒-木结构

3. 大跨木结构在体育场馆、展览馆等公共设施领域应用广泛

大跨木结构是现代木结构中极为重要的结构形式，也是建筑师匠心营造和工程人员智慧与技术的综合体现。大跨木结构主要应用于大型公共建筑，如体育馆、游泳馆、展览馆、商业建筑、教堂等。

在北美地区，具有代表性的大跨木结构建筑有 1980 年建于美国华盛顿州阿纳海姆市的塔科马体育馆和 2010 年温哥华冬奥会的列治文椭圆速滑馆。塔科马体育馆是世界上最有影响力的大跨木结构建筑之一，其屋顶采用了胶合木穹顶结构（塔科马穹顶），该穹顶直径 162m，距地面 45.7m，覆盖面积达 13900m^2，最多可容纳 26000 名观众，号称世界上最大的木结构穹顶，如图 1.1-13 所示。温哥华的列治文冬奥会椭圆速滑馆（现为市民健身中心）是世界上净跨度最大的木结构建筑之一，跨度达 130m，覆盖面积约等于 24000m^2，如图 1.1-14 所示。

图 1.1-13 塔科马体育馆

图 1.1-14 列治文椭圆速滑馆

欧洲有使用木结构做建筑穹顶的悠久历史，早期的宗教建筑多以拱券结构和桁架结构形式来实现，现代大跨木结构为欧洲大跨空间的设计注入了新活力。2000 年，德国汉诺威世博会胶合木结构主题馆落成，该建筑采用胶合木曲面网格结构，实现了建筑面积达 16000m^2 的大空间，如图 1.1-15 所示。挪威首都奥斯陆以北 400km 的海德马克县境内的泰恩河桥总长 125m，共 3 跨，最长跨度达 70m，其设计卡车荷载高达 60t，是世界上设计为车辆荷载满载运行的、跨度最长的木桥（图 1.1-16）。对于欧洲的大跨木结构桥梁，还不得不提到瑞士。瑞士因山谷、湖泊、河流较多以及人口分布稀疏等特殊的人文、地理条件，导致交通网络蜿蜒，也促成了木结构桥梁在该国的广泛运用，并成为瑞士最具特色的景观之一。

图 1.1-15 德国汉诺威世博会胶合木结构主题馆

图 1.1-16 挪威 Tynset 桥

日本也有使用木结构建筑的传统，也有许多古代的木建筑是唐宋风格的梁柱式木结构。到 20 世纪 70、80 年代，大跨木结构建筑开始在日本大量出现。尤其是 1985 年前后，受北美贸易摩擦影响，日本为增加木材进口，大力发展木结构，日本迎来了“第一次大型

木结构”时代。近些年来，日本相继建成了小国町民体育馆、丝绸之路博物展览会馆、出云穹顶、大馆树海体育馆等一系列具有代表性的大跨木结构工程。

1.2 现代木结构及其结构体系

1.2.1 现代木结构的技术特征

现代木结构建筑因其自然的美感和独特的造型，能够带来视觉和感知上的强大震撼，而给人以深刻印象。现代木结构具有鲜明的技术特征，总体上可归纳如下：①预制装配程度高；②结构体系清晰；③连接技术先进；④防灾与耐久性强。

1. 预制装配程度高

由于木材本身质轻、易于加工，包括梁、柱、墙体、屋架等构件部品均能在工厂完成预制生产和加工，因此，现代木结构构件具有高度预制化的特点。工厂预制化生产不仅能保证产品质量，而且能够大大提高生产效率，节省劳动力成本。现场装配施工不仅可以大大缩短施工周期，节省劳动力资源，保持施工现场干净整洁，而且对施工环境适应能力强，低温时期亦能施工。

2. 结构体系清晰

从低层、多层、大跨到高层木结构，现代木结构具有清晰的结构体系，大致可分为：井干式木结构、轻型木剪力墙结构、木框架-剪力墙/支撑结构、CLT 剪力墙结构及核心筒-木结构体系。不同的结构体系，其受力特点和传力路径清晰明确。井干式和轻型木剪力墙结构，墙体承受竖向荷载的同时也承受水平荷载作用；木框架-剪力墙/支撑结构中，竖向荷载由木框架承担，木剪力墙和支撑主要用来抵抗水平力（如风载、地震等）的作用；CLT 剪力墙结构与轻型木剪力墙结构类似，木剪力墙在承受竖向荷载的同时，还需承担水平向荷载作用；在核心筒-木结构体系中，中间的核心筒为主要的抗侧力构件，用来抵抗水平力作用，同时还作为电梯井使用，周围的木框架主要承担竖向荷载，核心筒与木框架之间分工明确。

3. 连接技术先进

可靠的连接节点是结构承受外荷载和保证稳定性的重要前提。对于任意一种结构，理想的节点应该具备高承载力和高刚度，同时具有很好的延性。现代木结构中常用的连接节点有：钉节点、齿板连接、螺栓节点、植筋节点及混合节点等。其中钉节点和齿板连接的优点在于施工简便、变形能力强，缺点在于承载力和刚度相对偏低，主要用于轻型木结构体系；木结构螺栓节点通常需要借助钢板进行连接，分为内插钢板连接和外夹钢板连接两种，是目前现代木结构中最常用的连接方式，其优点在于承载力高、刚度大，缺点在于对施工精度要求较高；植筋节点的优点在于承载力、刚度大，缺点在于节点的延性相对较差，且现场施工对施工条件和精度要求高。

4. 防灾与耐久性强

木材是一种绿色、天然、可再生的建筑材料。木材可根据不同建筑功能和造型的要求，经现代木材加工重组技术生产加工成构件部品，再经阻燃、防腐、防潮及防虫等工艺处理，使得木材本身的耐久性大大提升。木结构建筑由于自重轻，发生地震时吸收的地震能量也相对少，因此地震对其造成的损伤也相对较小。此外，木结构的耐火能力要比人们想象的要强很多。对于轻型木结构，可以采用石膏板、防火岩棉等隔火材料对木构件进行包覆防火处理，阻隔火焰侵入内部木材；对于重型木结构，大断面的木构件受火以后，在其表面形成的碳化层能够有效延缓火焰侵入其内部并破坏结构受力，为逃生赢得时间。

1.2.2 现代木结构的结构体系

现代木结构的结构体系丰富多样，大致可分为以下几类：井干式木结构、轻型木结构、木框架-剪力墙结构、木框架-支撑结构、CLT 剪力墙结构、核心筒-木框架结构及大跨木结构。

1. 井干式木结构

井干式木结构，俗称木刻楞，其墙体一般是采用原木、方木等实心木料，在纵横交汇处通过榫卯切口相互咬合、逐层累叠而成，如图 1.2-1 所示。这类房屋由于墙体为厚实的木料组成，因此木材用量较大且木材利用率不高，但是其保温、隔热性能相对较好。井干式木结构在国内外均有应用，一般在森林资源比较丰富的国家或地区比较常见，如我国东北地区。

2. 轻型木结构

轻型木结构是采用规格材、木基结构板材或石膏板等制作的木构架墙体、楼板和屋盖系统而构成的单层或多层建筑结构，如图 1.2-2 所示。这类房屋的特点在于轻质安全、保温节能、抗震性能好、空间布局灵活、建造速度快、建造成本低。在北美、日本、欧洲等发达国家和地区应用广泛，一般用于低层和多层住宅建筑和中小型办公建筑等。

图 1.2-1 井干式木结构

图 1.2-2 轻型木结构

3. 木框架-剪力墙结构

木框架-剪力墙结构指在木结构梁柱式框架中内嵌木剪力墙的结构体系。将木框架与木剪力墙进行组合使用，不仅改善了木框架的抗侧性能，而且比剪力墙结构有更好的性价比和灵活性。这种结构体系的受力特点和传力路径清晰明确，木框架主要用来承担竖向荷载，而框架中内嵌的木剪力墙主要用于抵抗水平向荷载。

4. 木框架-支撑结构

木框架-支撑结构是指在木结构框架中设置（耗能）支撑的一种结构体系，图 1.2-3 为挪威卑尔根市的 14 层的木结构公寓楼，采用了木框架-支撑结构。在这种结构体系中，主体框架主要承担竖向荷载，斜向支撑主要用来抵抗水平向荷载，必要时，斜向支撑可设计成耗能支撑，用于耗散地震输入能量。

5. CLT 剪力墙结构

CLT 剪力墙结构是一种以正交胶合木（CLT）作为墙体和楼板的木结构体系。CLT 墙体承受竖向荷载的同时需承受水平荷载作用。由于 CLT 板具有很高的强度和平面内刚度，且尺寸稳定性好。因此，CLT 剪力墙结构具有承载力高、结构刚度大、空间布置灵活、保温节能、隔声及防火性能好等优点，但是木材用量不经济。一般用于多高层木结构建筑。图 1.2-4 为挪威科技大学的学生公寓，地上 9 层，能容纳 632 名学生住宿，建成时是当时欧洲最大的 CLT 项目。

图 1.2-3　木框架-支撑结构

图 1.2-4　CLT 剪力墙结构

6. 核心筒-木框架结构

核心筒-木框架结构是以钢筋混凝土或 CLT 核心筒作为主要抗侧力构件，加外围木结构梁柱的结构形式。这种结构体系的特点在于中间的筒体为主要抗侧力构件，周围的木框架结构主要承担竖向荷载，结构体系分工明确，但是需要主要核心筒和周围木框架之间的协同工作关系。核心筒-木框架结构主要应用于多、高层木结构领域。加拿大 UBC 学生公寓—Brock Commons 就采用了核心筒-木框架结构体系，如图 1.2-5 所示。

图 1.2-5　UBC 学生公寓-Brock Commons（来源：加拿大木业协会）

7. 大跨木结构

现代大跨木结构的结构形式主要有网壳结构、拱结构、桁架结构、张弦结构及悬索结构等。大跨木结构主要应用于体育馆、机场等公共场馆建筑，如图 1.2-6 所示。大跨木结构的优点在于结构轻盈美观，能给人以强烈的视觉冲击和震撼的声音效果。

(a) 日本大馆树海棒球馆

(b) 贵州省榕江县游泳馆

图 1.2-6　国内外代表性大跨木结构建筑

1.2.3　发展现代木结构的意义

随着我国基础设施建设的大力推进，传统建筑行业消耗了大量的钢材、水泥、砂石等不可再生资源，并带来了严重的环境污染、能源和资源的匮乏，制约了我国国民经济的可持续发展。因此，开发绿色、经济、高性能的现代木结构体系在当下显得尤为重要。

1. 符合绿色环保、可持续发展的理念

木材是一种绿色、天然、可再生的资源，被认为是绿色建筑的首选建材。而木结构是一种“绿色节能、生态环保”的新型结构形式。树木在生长过程中，释放氧气的同时会吸收大量的二氧化碳。据统计，森林每增长 $1m^3$ 木材蓄积，净吸收二氧化碳量 1000kg，释放 730kg 氧气，储存 270kg 碳。相对于其他建筑材料，木材在开采、加工及使用阶段对能源消耗、环境污染等方面的影响相对较小，木结构作为绿色建筑结构形式有着天然的优势。因此，发展木结构符合绿色环保、节能减排、可持续发展的理念。

2. 符合装配式结构基本要求

现代木结构可被认为是典型的装配式结构。所有部品、构件均能在工厂完成预制化生产，然后在现场进行装配式施工安装。这种工厂预制、现场拼装的施工过程不仅施工周期短、产品质量有保证，而且大大节省了劳动力成本，对环境造成的污染也相对小。发展木结构符合装配式结构基本要求，有利于推动建筑工业化进程。

3. 符合生态宜居的发展趋势

木结构建筑可调节室内温、湿度，改善室内空气品质。木材具有天然的“呼吸”功能，可调节室内温湿度。当室内环境相对潮湿时，木构件能够将室内的部分水分吸收存储；当室内环境变得干燥时，又将存储的水分释放出来，从而使得室内处于相对舒适的环境。另外，木材会散发出一种天然的香味（因树种而异），这些香味通过人体的嗅觉神经与大脑关联，有助于调节情绪、缓解压力、增强记忆力，对人体心理健康有很大益处。

1.3 国内现代木结构的研究

1.3.1 材料

长时间以来，我国现代木结构原材料大部分采用由欧美进口的针叶材，这在很大程度上促进了我国木结构的发展，但考虑到我国木结构的健康可持续发展，国产结构材的研究应用逐渐提上日程。在此背景下，近年来我国学者针对国产材开展了大量研究，并将部分国产材纳入国家标准。针对现代木结构材料方面的研究，目前主要集中于木材分级、胶合木加工和材料的基本力学性能等方面。

木材分级是保障结构安全、优化材料利用的有效手段，按分级方法主要分为目测分级和机械分级。总体上，目测分级主要通过肉眼观测并评估木材中各种缺陷对其强度的影响，从而划分材质等级；机械分级采用机械分级设备进行非破坏性试验，按测定的木材弹性模量确定材质等级。通过对国外木材分级方法的引进、消化和吸收，我国针对国产杉木和落叶松等树种等的分级研究已较为系统，相关成果也已纳入国家标准，为我国现代木结构的发展和应用提供了技术支撑。

在胶合木加工方面，由于我国现代木结构起步晚，加工装备长期处于落后状态，加工工艺水平亟待提高。为推动现代木结构的发展和应用，我国也开展了较多的加工工艺方面的研究，主要集中于胶合性能和指接性能。目前，基本摸清了国产结构材加工参数和胶合性能参数，为国产胶合木的推广和应用奠定了坚实基础。

在材料的基本力学性能方面，由于木结构材料由于其自身构造及其各向异性特性等影响，其力学性能相对于钢和混凝土材料有较大差异，为此，国内开展的相关研究主要集中于规格材、单板层积材（LVL）和胶合木等材料，研究方法包括试验研究、数值模拟和理论分析等。

综上，国内已开展了大量关于木结构材料力学方面的研究，但这些工作还不够系统。因为木结构材料相对于其他结构材料具有强度变异性大等特点，所以研究工作中需要开展足够数量的试验，同时需要采用概率统计分析方法对其各项性能指标进行分析。我国现行的《木结构设计标准》GB 50005—2017 虽已列入国产杉木和兴安落叶松等规格材的设计指标，但在胶合木层板分级及其力学性能指标方面还有很多工作需要开展。

1.3.2 构件

国内关于现代木结构构件的研究已较为系统，研究工作已涵盖木梁、木柱、剪力墙、板等。其中，木梁和木柱的研究大多是采用纤维增强复合材料（FRP）或钢等高强材料对其进行增强，部分木梁甚至采用预应力增强方式；而对剪力墙的研究，则主要为轻型木结构剪力墙。需要说明的是，随着多高层木结构在全球范围内尤其是发达国家的快速发展，木-混凝土组合结构体系的应用需求增大，国内关于木-混凝土组合结构的研究也日益增多。

关于木梁研究，木材相对于钢材的弹性模量和强度均较低，同时，木梁等木结构构件的力学性能会受到环境温湿度变化的影响，这些都是有别于钢或混凝土构件的性能之一；此外，木梁的结构性能还将受到木材开裂、荷载长期作用等影响。国内对现代木结构木梁方面的研究较多，主要包括胶合木梁和LVL梁、FRP或钢增强木梁和预应力木梁等。

有关木柱领域的研究，大体上分为普通木柱和增强型木柱，主要集中于工程木的轴心受压性能研究。国内学者经过20年的不懈研究，对轴心受压木构件的受力性能和稳定性能开展了系统研究，取得了大量成果，并为国家标准的修订提供了技术支撑。国内还对木柱的稳定性及其规范取值、FRP增强及加固木柱的受力性能等开展了一系列研究，推动了现代木结构轴心受压和偏心受压力学性能的研究和应用。

木结构房屋建筑的抗侧力性能一般可通过加设支撑和设置剪力墙来实现，而剪力墙形式常用于轻型木结构领域。随着现代木结构的发展，将CLT板用于剪力墙，国外对此方面的研究和应用较多，而国内的研究和应用则才起步。总体而言，国内对木结构剪力墙的研究经历了引进、消化、吸收到国产化的演化，相关成果已具有较好的应用前景。

正交胶合木（CLT），又称交叉层积材，是由三层及以上实木规格材或结构复合木材垂直正交组坯，采用结构胶粘剂压制而成的构件。CLT由于采用正交组坯方式，使其具有尺寸稳定性好、平面内和平面外强度高等特点，可广泛应用于楼屋面板和墙体等领域。国内关于CLT的研究主要包括对国产树种或混合树种CLT基本力学性能等，研究中充分考虑采用国产结构材，取得了阶段性成果，但在CLT力学性能计算、力学设计指标等方面尚需进一步补充和完善。

木质组合梁形式有多种，如木-混凝土组合梁、钢-木组合梁、纯木质组合梁等。与传统的木梁相比，组合梁具有承载力高、变形及振动小、防火及隔声性能好等特点，适用于房屋建筑楼屋面或桥面体系。

我国在木质组合梁方面的研究主要集中于木-混凝土组合梁，并且取得了阶段性进展，但现有成果还不能完全支撑其应用，尤其是在界面连接技术及其理论分析方面，还需不断完善。在木-混凝土组合梁设计方法方面，针对界面滑移的影响以及不同界面连接方式的影响，均需要开展深入研究。此外，针对木-混凝土组合梁长期性能，也需要大量开展大量试验工作，以支撑其理论分析工作的进一步开展。

1.3.3 连接

连接节点对于现代木结构具有重要的作用，连接不仅影响木结构的承载力、刚度、延性以及耗能性能，还对安装便捷性、结构经济性和建筑美观性具有重要影响。因此，国内外对现代木结构连接方面的研究较为广泛，现根据连接类型做简要归纳如下。

齿板连接：主要用于轻型木结构屋架的杆件之间，具有加工方便、成本较低等优点，广泛应用于轻型木结构领域。相对而言，齿板连接受力形式较为简单，可通过规范查表、厂家参数等即可选用，国内对其力学性能开展了一些研究，对齿板连接在我国的推广应用奠定了一定基础。

钉连接：关于木结构钉连接方面的研究，主要是轻型木结构的剪力墙，剪力墙中覆面板和墙骨柱均采用钉连接来形成整体。钉连接的性能将直接影响轻木剪力墙的结构性能，通过研究，初步摸清了钉连接破坏模式和破坏机理，熟悉了影响钉连接力学性能的影响因素，成果可用于指导钉连接后续研究和工程设计。

螺栓连接：是现代木结构中应用最为普遍的一种连接方式，这种连接具有经济性能好、加工安装方便、传力简单可靠等特点，重型木结构中绝大部分的连接形式即为螺栓连接，我国在此领域的研究也非常广泛。针对传统螺栓连接，虽然我国在现代木结构连接方面的研究起步较晚，但近年来发展较快，并在理论计算和设计方法方面均取得了良好进展。传统螺栓连接虽然得到广泛应用，但其也存在不足，如节点转动刚度有限、在受力状态下易发生木材的横纹开裂等。近年来，国内学者对如何提高木结构螺栓连接受力性能方面开展了创新性研究，如采用自攻螺钉等对螺栓节点进行横纹增强、在节点部位引入预应力技术等，通过这些创新性研究，新型螺栓连接的承载力和刚度等性能得到较大提高，有力推动了我国现代木结构的发展。

植筋与粘钢连接：大跨与多高层木结构建筑的发展，对木结构连接提出了更高的要求，传统的连接形式已不能满足对承载力、刚度、外观和防火等的更高要求，植筋与粘钢连接就是在此背景下应运而生。而且近 10 年来国内也开展了不少相关研究，主要集中于基本连接的粘结锚固性能研究和节点的结构性能等方面。研究发现此类连接的结构性能远优于传统的螺栓连接等形式，在完善相关试验数据和理论分析工作的基础上，预计今后在木结构领域将有很好的应用前景。

1.3.4 结构体系

现代木结构体系主要包括轻型木结构、木框架支撑结构、木框架剪力墙结构、CLT 剪力墙结构、大跨木结构以及木混合结构，其中木混合结构是木结构与钢结构或混凝土结构在整体结构层面的混合。各类体系研究简要分述如下：

轻型木结构：是指 3 层及以下、由规格材和木基结构板材等通过钉连接组合而成的木结构体系，我国相关研究主要集中于对足尺的轻型木结构房屋开展振动台试验研究和数值模拟。主要通过对轻型木结构振动台试验及现场检测，国内对其抗震性能和影响参数开展了部分研究，对轻型木结构工程设计和应用提供了有益参考。

多高层木结构：长期以来，木结构建筑仅限于低层领域，但随着木材科学技术的不断发展，一些新型的工程木材料不断涌现，尤其是随着 20 世纪 90 年代 CLT 在欧洲的应用，促进了多高层木结构建筑的发展，这同时也适应了社会对可持续发展的重大需求。10 多年来，欧美在多高层木结构方面的研究与实践较多，我国的相关工作近 5 年才逐渐开始，相关研究主要集中于木框架支撑结构、木框架剪力墙结构以及 CLT 剪力墙结构。总体上，虽然我国对多高层木结构的研究起步较晚，但进展较快，研究过程中考虑了不同的结构形式并对其结构性能进行了对比，为我国多高层木结构的后续研究和工程应用奠定了基础。

木混合结构：为了拓展木结构的应用领域，推动可再生的木材在建筑结构中的广泛应用，国内外学者尝试将木结构与其他结构（如混凝土结构和钢结构）结合进而形成混合结构体系，主要包括上下混合木结构、混凝土核心筒木结构和钢框架-木剪力墙混合结构（钢-木混合结构）。我国在最近 5 年才开始涉及此领域的研究，大部分研究主要集中于上下混合木结构与钢-木混合结构等领域。可以发现，木混合结构由于充分利用各种材料和结构体系的优点，从而具有良好的结构性能，国内现有的研究均表明其具有很好的发展前景，但针对木混合结构的研究尚需深入，对其结构计算和设计方法也需完善。

大跨木结构：由于木材自重轻，使其适合于大跨结构领域，目前世界上木结构最大跨度已达 178 m，国内也已达 108 m。国内对大跨木结构体系方面的研究刚刚起步，且大多集中于木结构网壳研究，研究相对比较单一，在木桁架与木拱等大跨木结构领域的研究工作很少，这也在一定程度上限制了我国大跨木结构的发展；同时，大跨木结构还存在如抗风、蠕变和稳定性等诸多关键技术问题需要探明，这也是今后的研究工作重点方向。

综上，我国对现代木结构体系方面的研究尚处于发展阶段，为了更好地推动其工程应用，需要加快设计方法和计算理论的研究。

1.3.5 防火性能

木结构建筑的防火性能和消防问题一直备受关注，也在很大程度上影响了木结构的推广应用。各国对于木结构建筑层数的限制大多源于防火和消防问题，因此，对木结构防火性能的研究至关重要。为推动木结构建筑的广泛应用并提供技术支撑，国内在木结构防火性能方面的研究主要包括材料防火、构件防火和节点防火。

材料防火：木材区别于其他建筑材料的主要性能之一是其具有可燃性，为了研究木结构材料在火灾下的安全性，我国学者开展了部分相关研究，但在木材防火机理和防火性能方面的研究亟待加强。

构件防火：木结构构件方面的防火研究主要是针对木梁和木柱等，其中木梁较多。关于木构件防火性能的研究，多集中于试验工作，相关的理论计算和设计方法研究亟待加强。

节点防火：现代木结构节点部位大多为金属连接紧固件，这些部件具有很高的传热性能；此外，节点域木构件一般都有开槽和打孔，这些加工部位削弱了木构件的整体性和耐火性能，属于防火薄弱部位。因此，现代木结构节点防火性能的研究显得特别重要，而我国在此方面的研究较为欠缺，研究总体上落后于西方发达国家，相应的规范滞后于应用。

1.4 现代木结构的技术标准体系

1.4.1 中国木结构的技术标准体系

随着现代木结构科学研究与工程实践的不断发展，我国木结构相关标准规范的修订或编制步伐逐渐加快。目前，已经初步形成了一套比较完整的木结构技术标准体系，此标准体系主要涵盖木结构用材料、木结构设计、木结构工程施工与验收等方面。

1. 木结构用材相关标准

主要包括结构用材的生产、加工、分级和测试等。此类标准主要有：《轻型木结构锯材用原木》GB/T 29893—2013、《轻型木结构用规格材目测分级规则》GB/T 29897—2013、《结构用木材强度等级》LY/T 2383—2014、《结构用集成材》GB/T 26899—2011、《轻型木结构-结构用指接规格材》LY/T 2228—2013、《木结构覆板用胶合板》GB/T 22349—2008 和《轻型木结构建筑覆面板用定向刨花板》LY/T 2389—2014、《结构用锯材力学性能测试方法》GB/T 28993—2012、《结构用规格材特征值的测试方法》GB/T 28987—2012、《木结构试验方法标准》GB/T 50329—2012 等。此外，关于木结构用材的防护相关标准，主要有《木材防虫（蚁）技术规范》GB/T 29399—2012、《防腐木材》GB/T 22102—2008、《防腐木材的使用分类和要求》GB/T 27651—2011 等。

2. 木结构设计标准

我国木结构设计主要参考 2017 年版的国家标准《木结构设计标准》GB 50005—2017，该标准由中国建筑西南设计研究院有限公司主编。其最初版本在 1955 年颁发，当时的标准名称为《木结构设计暂行规范》(规结-3-55)，是新中国成立以来最早实施的一项与木结构建筑工程相关的工程建设国家标准，规范内容主要参考了苏联体系，一些技术内容甚至一直保留到现行规范中。1973 版《木结构设计规范》GBJ 5—73 是在 1955 年版规范的基础上，基于大量科研工作而推出的修订版，但其中主要技术内容还是与方木或原木结构有关。1982 年 10 月，对规范再次进行修订，并于 1988 年 10 月颁布《木结构设计规范》GBJ 5—88，首次增加了胶合木结构的内容。从 1999 年开始，历经三年完成了《木结构设计规范》GB 50005—2003 的又一次修订，新的《木结构设计规范》GB 50005—2003 自 2004 年 1 月 1 日起实施；同年进行局部修订，并于 2005 年 11 月颁布了《木结构设计规范》GB 50005—2003（2005 年版），主要增加了对工程中使用进口木材的若干规定、进口规格材强度取值规定和进口木材现场识别要点及主要材性，对胶合木结构的要求作了局部修订和补充，并单设一章，增加了对轻型木结构和木结构防火的要求，以及木结构的防护（防腐、防虫）的相关内容。

最新的一次修订始于 2009 年，并最终于 2016 年底完成了新规范报批稿，此次修订依据国家标准体系改革要求，《木结构设计规范》更名为《木结构设计标准》，《木结构设计标准》GB 50005—2017 自 2018 年 8 月 1 日起实施。这次修订主要补充了井干式木结构建筑、木框架-剪力墙结构建筑和混合木结构的相关设计规定；增加了对结构复合材和工程木产品的尤其是正交胶合木结构（CLT）的设计规定和相关构造要求；经可靠度分析，重新规定了胶合木、进口结构木材的强度设计指标；统一了木结构构件计算和连接设计的规定；补充了完善抗震设计规定和构造要求等。

除了《木结构设计标准》GB 50005—2017 外，由中国建筑西南设计研究院有限公司主编的国家标准《胶合木结构技术规范》GB/T 50708—2012 则是在 2012 年颁发、专门针对胶合木结构设计、生产、制作和安装等的技术规范，其编制与实施有力促进了我国胶合木等工程木结构的发展。其他的相关标准还有：《古建筑木结构维护与加固技术标准》GB/T 50165—2020、《木骨架组合墙体技术标准》GB/T 50361—2018、《轻型木桁架技术规范》JGJ/T 265—2012、《工程木结构设计规范》DG/TJ 08-2192—2016 等。

3. 木结构施工与验收标准

木结构工程的施工重点参考国家标准《木结构工程施工规范》GB/T 50772—2012，该标准专门对木结构的制作安装、防护及防火施工做出了规定，加强了木结构施工的有序合理进行。木结构工程的验收主要参考《木结构工程施工质量验收规范》GB 50206—2012，该标准中给出了针对方木原木结构、胶合木结构及轻型木结构等木结构工程施工质量的验收规定，对指导木结构工程的施工、控制木结构工程质量具有重要意义。

除上述工作外，近年来，随着我国现代木结构的快速发展和对木结构日益增加的社会需求，我国适应市场需要，陆续制订颁发了由中国建筑西南设计研究院有限公司、南京工业大学和同济大学等编制的《装配式木结构建筑技术标准》GB/T 51233—2016 和《多高层木结构建筑技术标准》GB/T 51226—2017。此外，强制性工程建设规范《木结构通用规范》GB 55005—2021 也已经正式批准，自 2022 年 1 月 1 日起实施。

综上，我国在木结构标准工作方面做了大量工作，目前已基本满足国内木结构工程领域的需求。在木结构向大跨、多高层方向发展的将来，这些标准将对木结构的发展发挥巨大的推进作用。

1.4.2　国外木结构的技术标准体系

1. 美国木结构技术标准体系

美国技术标准的制定分为自愿性标准和强制性标准（或法规）两个部分，强制性标准包括政府制定、采购或监管的标准，而自愿性标准体系是美国技术标准体系的最大特点。美国自愿性标准体系是以企业为主体，以学会（协会）为核心，高度开放、自愿参加。根据标准的功能性划分，美国木结构标准可分为设计标准、产品标准、试验标准等。

美国木结构设计主要参考美国木业协会（AWC）制定的 National Design Specification for Wood（2018 版），简称 NDS。AWC 还制定了 NDS Supplement：Design Values for Wood Construction（2018 版）和 Special Design Provisions for Wind & Seismic（2015 版）等补充规范，从而对木结构的设计取值、抗风与抗震进行指导。此外，美国木业协会（AWC）出版的 Manual for Engineered Wood Construction（2018 版）也对木结构工程设计具有重大参考价值。

美国木建筑协会（AITC）、桁架板研究所（TPI）等也制定了一系列与木结构设计相关的细化标准；木结构产品标准主要由美国木建筑研究所（AITC）和复合板协会（CPA）等制定。木结构用材试验标准主要由美国材料与试验协会（ASTM）制定。

2. 欧洲木结构技术标准体系

1975 年，为了协调欧洲各国技术条件，并统一市场消除内部贸易壁垒，欧洲经济共同体委员会（Commission of the European Community）决定在建筑领域编制一套适用于欧洲的工程结构设计规范，即欧洲规范（Eurocode）。1989 年，欧洲委员会、欧盟成员和欧洲自由贸易联盟决定授权将欧洲规范的编制和出版权交给欧洲标准化委员会（European Committee for Standardization，简称 CEN）下属的结构规范委员会 CEN/TC250。

20 世纪 90 年代，欧洲结构规范委员会 CEN/TC250 出版了欧洲木结构规范，包含 3 个分册，分别是：《EN1995-1-1：2004 一般规定-建筑准则》《EN1995-1-2：2004 一般规定-结构消防设计》《EN1995-2：2004 桥梁》。

除了设计标准，欧洲标准化委员会（CEN）下属的木结构委员会 CEN/TC124 还制定了涵盖木结构产品、材料和试验等与木结构建筑直接相关的标准，有 50 余本。这些标准与木结构设计标准、施工验收标准相互配套使用，共同形成了欧洲木结构标准体系。CEN/TC124 制定的标准以木结构的产品标准和试验标准为主，其中也包括木结构金属连接件的相关标准。

此外，欧洲标准化委员会（CEN）下属的木基板协会 CEN/TC112 负责制定与木基板材、胶合板以及实木板等相关的产品标准和试验标准，数量超过 80 余本。这些板材也是木结构建筑中常见的材料，但是大部分情况下不可用作承重构件。

对于木制构件的产品安全生产问题，欧洲标准化委员会（CEN）下属的木工机械-安全协会 CEN/TC142 制定了 50 余本规范，以保证木制构件加工过程中的安全生产和规范制作，主要涵盖了木工工具、木工机械及其安全性操作等方面的标准。

3. 加拿大木结构技术标准体系

加拿大建筑领域的标准主要由加拿大标准协会（Canadian Standards Association，简称 CSA）、加拿大通用标准局（Canadian General Standards Board，简称 CGSB）制定。

CAS 制定木结构技术标准（Forest Products）涵盖了产品标准、设计标准、试验方法、维护使用等多个方面，形成了完善的木结构标准体系。进行木结构设计时，加拿大参考的国家标准主要是《CAN/CSA O86-14 木工程设计》。加拿大通用标准局 CGSB 制定的与木结构相关的标准，因年代较为久远，现多已废止，这里不多介绍。

1.4.3 ISO 国际木结构技术标准体系

1. ISO 国际标准体系简介

国际标准化组织（International Organization for Standardization，简称 ISO）是一个全球性的非政府组织，是我们参与国际项目建设的重要枢纽。截至目前，ISO 已发展超过 22000 多个国际标准，并全部列入 ISO 标准目录。ISO 通过在世界范围内促进标准化工作的展，从而实现国际科学、技术和经济等方面的合作与交流。

面对如此大的标准数量，标准的分类是一个系统性的工程。ISO 标准的分类主要有两种方式，一种是国际标准分类法（International Classification for Standards，简称 ICS），ICS 根据专业领域将标准划分为 40 类，每一类还根据需要划分了二级和三级分类；另一种是根据制定标准的委员会分类，即 TC 分类法，目前 ISO 的技术委员会数量有 318 个。

2. ISO 木结构技术标准体系

在 ICS 分类中，与木结构相关的专业分类有 ICS13 环境-健康-安全（Environment. Health protection. Safety）、ICS71 化学工程（Chemical technology）、ICS79 木材技术（Wood technology）、ICS91 建筑及建材（Construction materials and building）和 ICS93 土木工程（Civil engineering）等。而在 TC 分类中，与木结构紧密相关的委员会包括 ISO/TC 2 紧固件协会（Fasteners）、ISO/TC 89 木基板协会（Wood-based panels）、ISO/TC 98 结构设计基础协会（Bases for design of structures）、ISO/TC 165 木结构协会（Timber structures）和 ISO/TC 218 木材协会（Timber）等。

由于国际标准分类法 ICS 应用较广，本书基于 ICS 的分类对国际标准中与木材产品及木结构设计相关的技术标准进行了汇总，概括形成了 ISO 木结构标准体系，其体系框架如图 1.4-1 所示。从图 1.4-1 中可以看出，ICS79 木材技术主要涵盖了木材的产品标准和木工设备标准，而 ICS91 建筑及建材包含了建筑结构的通用设计标准、木结构设计的专用标准以及结构的防护标准等。其中 ICS91.080.20 木结构有 55 本标准，主要是木结构设计标准及试验标准，并且该分类下所有标准全部由 ISO/TC 165 木结构协会制定。

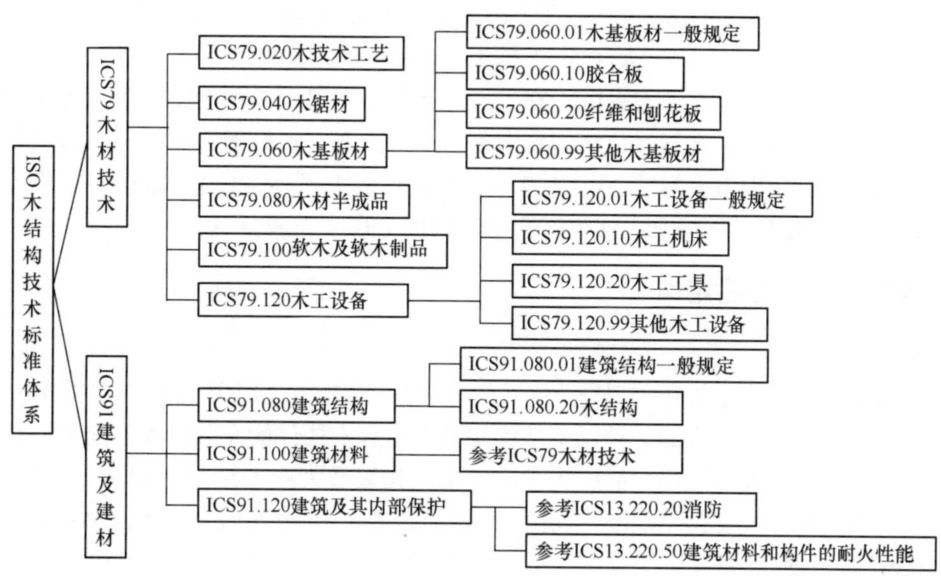

图 1.4-1 ISO 木结构技术标准体系

1.5 现代木结构的发展趋势

1.5.1 多层建筑、大跨结构

1. 多层木结构建筑

近十年来，由于木材深加工技术和工程木产品的不断发展、各国标准法规的不断升级，以及消防安全和防护工程、建筑科学和结构工程分析的进步等因素，多层木结构建筑得到快速发展。目前，世界上已建成的最高木结构建筑为挪威的 18 层 80m 木结构建筑；2016 年，奥地利维也纳开工建造一幢木材使用率达到 75%的 24 层木混合结构建筑，建成后将成为世界最高的木结构建筑。此外，德国、加拿大、美国等甚至还提出了建设 30 层以上的木结构建筑方案。可以预见的是，多层木结构在不久的将来会不断刷新木结构建筑新高度，在住宅和办公等领域也会越来越广。其优势主要体现在以下几点：①绿色低碳优势。有助于解决碳排放、固碳和可持续性发展等环境问题。②抗震性能优势。木结构的强重比高于钢结构和混凝土结构，地震响应低，具有优良的抗震性能。③预制装配后优势。现代木结构可实现工厂化加工、现场装配化安装，加工与施工效率高。

2. 大跨木结构

鉴于木材强重比高的特点，结合现代木结构材料的优异性能以及现代结构理论和施工技术的发展，现代木结构用于大跨领域具有诸多优势，比如节能环保、外观优美、亲切舒适、结构及构件重量轻、施工方便且周期短，所以整个结构的造价会较低，从而降低了建造成本。

1981 年，在美国华盛顿州阿纳海姆市建成的一座大型多用途体育馆——塔科马体育馆，馆内可举办足球、网球和篮球等不同规模的赛事，其主体结构为胶合木穹顶结构，它由许多三角形单元木架构组成。穹顶直径 162m，穹顶距地面 45.7m，屋顶共有 414 个高度为 762mm 的弧形胶合木梁，大厅面积 13900m^2，最多可容纳 26000 名观众，号称世界上最大的木结构穹顶。该设计方案由于在外观、环保、性能等方面的领先优势而被采纳。在经济方面，其造价小于充气屋顶结构和混凝土结构方案，木结构、充气穹顶结构和混凝土穹顶结构的造价分别为 3.02 亿美元、3.55 亿美元和 4.38 亿美元。此外，机械化施工技术和 BIM 技术的发展也将大大促进大跨木结构的应用和发展。

1.5.2 组合构件与混合结构

1. 组合构件

组合木构件是指将木构件与其他材料（如钢材、混凝土、FRP 等）构件根据受力需要，通过一定方式结合而成的一种新型结构构件。组合木构件能充分发挥不同材料和结构形式的优点，提供更佳的性能，能解决多高层木结构以及大跨木结构中的许多工程难题。常见的组合木构件形式有钢-木组合、混凝土-木组合和 FRP-木组合，如木-混凝土组合梁、钢-木组合楼盖、钢框架/混凝土框架＋轻木剪力墙/CLT 剪力墙、钢-木张弦梁、FRP-木组合梁等。

以木-混凝土组合结构为例，木-混凝土组合结构在建筑结构及大跨度桥梁领域具有良好的发展前景。欧洲的荷兰、德国、意大利等国均成功地将木-混凝土组合结构运用到建筑的楼屋盖和桥面板体系中，如位于 Purkersdorf Wien A 的 Unido 公路桥（图 1.5-1）。钢-木张弦梁在大跨空间领域也有良好的前景，日本兵库县游泳馆的屋盖就采用了这种钢-木张弦胶合木梁结构（图 1.5-2）。

图 1.5-1 木-混凝土组合公路桥

图 1.5-2 钢-木张弦梁在日本兵库县游泳馆中的应用

2. 木混合结构

木混合结构是指在结构层面将木结构和其他结构进行结合而形成的建筑结构体系，其又可细分为竖向混合结构与水平混合结构。竖向混合结构主要是指底部采用混凝土或钢结构、上部采用木结构的结构式，水平混合结构主要包括核心筒-木结构或钢木混合结构。

木混合结构可充分结合木结构与混凝土结构或钢结构的优势，结构体系的性价比高，大大拓展了木结构的应用范围。由于木结构自重轻、施工方便，常将其建造在已有混凝土结构或钢结构之上，下部混凝土结构或钢结构一般用于底层、地下室或半地下室；上部采用木结构，能有效降低结构自重，有利于减少地震作用和基础造价。

对于层数较高（6 层以上）的木结构建筑，其受到的风荷载作用和地震荷载作用较大，常采用混凝土核心筒承担侧向荷载（风、地震），以木结构承担竖向荷载。在使用功能上，这些混凝土核心筒还可作为建筑中的楼梯井、电梯井等消防逃生通道。核心筒外围的木结构部分可以采用纯木框架结构、木框架支撑结构、正交胶合木剪力墙结构等几种结构形式。

除了上述上下混合和混凝土核心筒的水平混合的形式以外，近年来学者们还提出一种新型的混合形式——钢木混合结构体系。钢木混合结构体系主要由钢木混合楼盖和钢木混合剪力墙组合而成，即在钢框架梁上铺设木楼（屋）盖、在钢框架柱间设置木剪力墙的新型多层混合结构体系。这种钢木混合结构体系的结构效率高，预制化程度高，符合我国建筑工业化的发展趋势。

1.5.3 全寿命设计

木结构的防腐、防水、防开裂以及蠕变特性都与其所处环境密切相关。因此，针对木结构的这种特性，对木结构建筑进行全寿命设计，保证其使用寿命内的安全性、舒适性是十分必要的。

耐久性设计是影响木结构建筑使用寿命的关键，木结构建筑面临的耐久性问题主要包括木材的防腐、防水防潮和防虫害，其对木结构的结构安全性、舒适性以及建筑的使用寿命非常关键。木构件的蠕变变形会增加结构的整体变形，对结构的长期承载力、安全性以及舒适性均有较大影响。相比混凝土的徐变，木结构的蠕变在初期增加速率可能不高，但是其受蠕变影响的时间更长，且容易出现一定程度的不可恢复性。因此，在考虑全寿命周期的木结构设计和维护中，考虑木材的蠕变影响是十分必要的。随着未来木结构建筑体量、高度与跨度的增加，蠕变现象越来越成为全寿命设计不可忽视的因素。

1.5.4 全装配化

木结构建筑具有环保、固碳、可预制加工等特点，符合我国推广绿色建筑和装配式建筑的发展战略。木结构建筑装配化程度高、构件自重较轻的特点极大地降低了预制构件的运输成本，缩短了建造周期，也减少了施工现场的污染。随着木结构建筑向多高层、大跨方向发展，木结构在装配式节点、预制构件设计以及装配化安装等方面会遇到新的机遇和挑战，这要求木结构向更高强的节点设计、更高程度的装配比率、更快捷的装配效率的全装配化发展。

随着木结构装配化程度的提高，要求施工现场的施工程序不断缩短，这要求更多的制作工序在工厂内完成。将来的装配式节点设计需要满足预制加工程度更高的组合墙板、预制箱型空间单元、预制木楼板屋盖等构件与木结构框架能够可靠连接，且实现高效率安装。可以预见的是，在不久的将来，空间预制单元的模块化设计将会是木结构全装配化发展的热门和主流方向，预制空间单元的发展趋势主要有实现功能化和系列化两大方向。

参 考 文 献

[1] 马炳坚．中国古建筑木作营造技术[M]．北京：科学出版社，2003.

[2] 樊承谋，王永维，潘景龙．木结构[M]. 北京：高等教育出版社，2009：131-130.

[3] 潘景龙，祝恩淳．木结构设计原理[M]. 北京：中国建筑工业出版社，2019.

［4］ 郝春荣．从中西木结构建筑发展看中国木结构建筑的前景[D]．北京：清华大学，2004.
［5］ MCDONALD A J. Structure and Architecture：Second Edition [M]. UK：Edinburgh，2001.
［6］ GERARD R，BARBER D，WOLSKI A. Fire safety challenges of tall wood buildings [M]. National Fire Protection Research Foundation，2013.
［7］ JOHANSEN K W. Theory of timber connections [J]. International Association of Bridge and Structural Engineering，1949，9：249-262.
［8］ 杨学兵．中国《木结构设计标准》发展历程及木结构建筑发展趋势[J]．建筑结构，2018，48(10)：1-6.
［9］ 中华人民共和国住房和城乡建设部．木结构设计标准：GB 50005—2017[S]．北京：中国建筑工业出版社，2017.
［10］ 中国建筑西南设计研究院有限公司．胶合木结构技术规范：GB/T 50708—2012[S]．北京：中国建筑工业出版社，2012．
［11］ BSI. Eurocode 5：Design of timber structures-Part 1-1：General-Common rule and rules for buildings：EN 1995-1-1：2004 [S]. European Committee for Standardization(CEN)，Brussels，Belgium，2004.
［12］ 刘伟庆，杨会峰．现代木结构研究进展[J]．建筑结构学报，2019，40(2)：16-43.

第 2 章 木　　材

2.1 概述

木材是一种传统材料，具有广泛的用途和适用性，其独特的材料性能与优良的环境学特性深受人们的喜爱。世界上以木材为原料的产品达 10 万多种，木材在能源结构和工业原材料（主要是建筑、家具、人造板和制浆造纸等）等方面仍占有极其重要的地位。

木材又是一种天然可再生材料，符合人类社会可持续发展的战略构想。速生人工林从培育到成熟利用只需 10～50 年的时间，平均每公顷可年产 $20m^3$ 木材，相当于每天可产 15kg 纤维素或 30kg 木材。只要合理应用现代林业科学技术，科学经营，合理采伐，就完全可以使木材成为取之不尽、用之不竭的材料。而其他资源只会随着人类的需求而越采越少。

木材还是一种环境友好材料，符合 21 世纪人类社会对材料的环境协调性愈来愈关注和重视的发展趋势，符合社会材料结构优化的基本原则。

2.2 木材资源

2.2.1 中国木材资源

根据 2014 年发布的第八次森林资源清查，中国林地面积 3.13×10^{12} m^2，森林面积 2.08×10^8 m^2，森林覆盖率 21.63%，活立木总蓄积 164.33 亿 m^3，森林蓄积 151.37 亿 m^3。其中天然林面积 1.22×10^8 m^2，占有林地面积的 63.73%，蓄积 122.96 亿 m^3，占森林蓄积量的 83.20%；人工林面积 6.93×10^8 m^2，占有林地面积的 36.27%；人工林蓄积 24.83 亿 m^3，仅占森林蓄积量的 16.80%。森林面积列世界第 5 位，人工林面积仍居世界首位。2011～2016 年，国内商品材产量呈现出波动下降的趋势，从 2011 年的 8145.92 万 m^3 下降到 2016 年的 7775.87 万 m^3，年均减少 0.69%。随着天然林保护范围的不断扩大，国内商品材生产主要来源于人工林，2016 年商品材产量中，来源于人工林的为 7605.16 万 m^3，占比 97.80%。

人工林主要分布在南方，其中广西、广东、湖南、四川、云南、福建 6 省（自治区）人工林面积、蓄积合计均占全国的 41.94%。广西人工林面积最大，占全国的 9.15%；福建人工林蓄积最多，占全国的 10.01%。2011～2016 年，广西壮族自治区商品材产量最高，年均产量为 2096.18 万 m^3，其次为广东省 782.14 万 m^3，再次为福建省 559.02 万 m^3、安徽省 473.13 万 m^3、云南省 437.83 万 m^3、湖南省 426.11 万 m^3、吉林省 324.04 万 m^3、江西省 260.60 万 m^3、河南省 259.96 万 m^3、湖北省 241.74 万 m^3，其中广西壮族自治区作为人工林分布最广的省份，商品材保持着持续增长的趋势，年均增长 13.23%，山东省作为北方人工林分布较多的省份，商品材产量也以年均 3.86%的增速保持增长，广东、福建以及河南三省的商品材产量保持稳中略有增长。受到天然林保护工程的影响，吉林、湖南、云南、江西和安徽四省的商品材产量则逐年下降（表 2.2-1）。

历年商品材主产区及产量（单位：万 m^3） **表 2.2-1**

省份	2011 年	2012 年	2013 年	2014 年	2015 年	2016 年	均值	年均变化率
广西	1525.92	1668.12	2288.03	2302.76	2105.72	2686.55	2096.18	13.23%
广东	735.51	759.86	809.15	841.47	790.83	756.01	782.14	0.67%
福建	563.26	570.74	572.27	575.05	496.99	575.83	559.02	0.87%
安徽	494.85	495.63	477.54	465.52	457.96	447.27	473.13	−1.99%
云南	533.03	530.13	430.22	393.57	348.47	391.58	437.83	−5.40%
山东	347.98	551.64	559.1	429.55	364.01	356.14	434.74	3.86%
湖南	599.93	467.12	474.92	478.21	262.75	273.75	426.11	−12.13%
吉林	434.27	344.26	347.41	345.18	287.87	185.27	324.04	−14.54%
江西	290.28	286.63	266.91	259.61	232.16	228.01	260.60	−4.65%
河南	279.00	278.45	243.13	256.28	228.88	274.00	259.96	0.31%

从树种来看，人工乔木林按树种（组）分，面积比例排名前 10 位的优势树种（组）为杉木、杨树、桉树、落叶松、马尾松、油松、柏木、湿地松、刺槐、栎树，面积合计 3439 万 hm^2，占人工乔木林面积的 73.07%；蓄积合计 18.52 亿 m^3，占人工乔木林蓄积的 74.58%。人工造林以杉木、马尾松、落叶松、油松、柏木等针叶树种和杨树、桉树、槐树等阔叶树种为主。表 2.2-2 为我国各地区可供选用的木材树种。

我国各地区常用树种 **表 2.2-2**

地区	树种
黑龙江、吉林、辽宁、内蒙古	红松、松木、落叶松、杨木、云杉、冷杉、水曲柳、桦木、槲栎、榆木
河北、山东、河南、山西	落叶松、云杉、冷杉、松木、华山松、槐树、刺槐、柳木、杨木、臭椿、桦木、榆木、水曲柳、槲栎
陕西、甘肃、宁夏、青海、新疆	华山松、松木、落叶松、铁杉、云杉、冷杉、榆木、杨木、桦木、臭椿
广东、广西	杉木、松木、陆均松、鸡毛松、罗汉松、铁杉、白椆、红椆、红锥、黄锥、白锥、檫木、山枣、紫树、红桉、白桉、拟赤杨、木麻黄、乌墨、油楠
湖南、湖北、安徽、江西、福建、江苏、浙江	杉木、松木、油杉、柳杉、红椆、白椆、红锥、白锥、栗木、杨木、檫木、枫香、荷木、拟赤杨
四川、云南、贵州、西藏	杉木、云杉、冷杉、红杉、铁杉、松木、柏木、红锥、黄锥、白锥、红桉、白桉、桤木、木莲、荷木、榆木、檫木、拟赤杨
台湾	杉木、松木、台湾杉、扁柏、铁杉

2011～2016 年，锯材年均供给量为 8887.97 万 m^3，年均增长 10%，国内产量和进口量都呈现出增长趋势，其中国内产量约占 71.84%。2011～2016 年，国内锯材产量从 4460.25 万 m^3 增长到 7716.14 万 m^3，年均增长 11.81%。2014～2016 年，国内木片和木粒加工产品产量呈现出增长趋势，从 2014 年的 4314.09 万实积 m^3 增长到 2016 年的 4576.12 万实积 m^3，年均增长 3.06%（表 2.2-3）。

历年来锯材及木片产量 **表 2.2-3**

类别	2011 年	2012 年	2013 年	2014 年	2015 年	2016 年	均值	年均变化率
锯材（万 m^3）	4460.25	5568.19	6297.60	6836.98	7430.38	7716.14	6384.92	11.81%
木片和木粒加工品（万实积 m^3）	—	—	—	4314.09	4285.80	4576.12	4392.00	3.06%

锯材产量分省来看，山东、内蒙古、广西和黑龙江四省（自治区）是最主要的锯材产区，其中山东省年均产量超过了 1000 万 m^3，达到 1150.45 万 m^3，并且年均增长率也是全国最高，高达 22.17%。其余三省（自治区）产量也都超过了 500 万 m^3，广西和黑龙江两省（自治区）也保持着较高的增长率（表 2.2-4）。

锯材主产区及其产量（单位：万 m^3） **表 2.2-4**

省份	2011 年	2012 年	2013 年	2014 年	2015 年	2016 年	均值	年均变化率
山东	554.2	920.11	1289.98	1443.11	1355.75	1339.55	1150.45	22.17%
内蒙古	570.44	604.21	641.70	710.98	761.46	1028.46	719.54	13.02%
广西	364.42	368.53	542.07	625.70	939.28	896.17	622.70	21.83%
黑龙江	307.89	528.40	536.53	716.93	628.90	629.85	558.08	18.93%
安徽	227.85	345.77	437.38	405.66	413.94	453.23	380.64	16.51%
湖南	271.46	277.18	281.82	287.49	420.43	413.27	325.28	10.07%
辽宁	236.41	280.57	383.41	382.08	338.62	292.69	318.96	6.01%
浙江	300.64	314.13	303.09	319.51	327.80	330.61	315.96	1.97%
江西	200.86	190.93	164.94	197.61	218.83	227.93	200.18	3.23%
河南	149.64	153.99	200.66	207.41	212.25	255.40	196.56	11.85%

2.2.2 进口木材资源

我国是全球木制品生产大国，进口木材是我国木制品生产的重要来源。近年来，国家每年动用大量外汇进口木材和各种林产品。从 1998 年起，我国每年都要从国外进口大量原木，而且数量在逐年增加。2011～2016 年，中国年均原木进口量为 4497.78 万 m^3，进口原木主要为针叶材，年均进口量为 3182.70 万 m^3，占到总进口量的 70.83%；阔叶材年均进口量为 1315.08 万 m^3，占到总进口量的 29.17%。原木总进口量从 4232.58 万 m^3 增长到 4872.47 万 m^3，年均增长 3.69%，其中针叶材进口量从 3146.53 万 m^3 增长到

3366.56 万 m^3，年均增长 2.58%；阔叶材进口量从 1086.06 万 m^3 增长到 1505.91 万 m^3，较针叶材进口量增长幅度大，年均增长 7.31%（表 2.2-5，图 2.2-1）。

历年来中国原木进口量及进口额（单位：万 m^3；亿美元） **表 2.2-5**

年份	类别	原木	针叶树材	阔叶树材
2011 年	进口量	4232.58	3146.53	1086.06
	进口额	82.73	48.65	34.09
2012 年	进口量	3789.27	2676.92	1112.36
	进口额	110.12	72.51	37.61
2013 年	进口量	4515.94	3316.36	1199.58
	进口额	93.17	51.14	42.03
2014 年	进口量	5119.49	3583.93	1535.56
	进口额	117.82	54.41	63.42
2015 年	进口量	4456.90	3005.91	1450.99
	进口额	80.60	36.58	44.02
2016 年	进口量	4872.47	3366.56	1505.91
	进口额	80.85	41.12	39.74

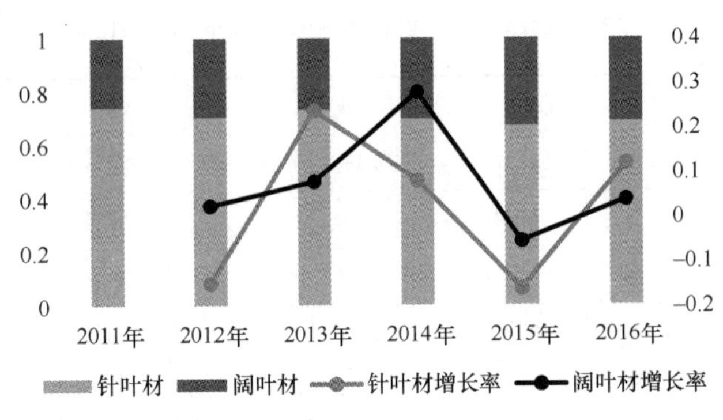

图 2.2-1 历年来针叶材和阔叶材进口量占比及增长率

从原木进口来源国看，2016、2017 年中国原木进口量前十名的国家见表 2.2-6。新西兰和俄罗斯是中国原木进口最主要的来源国，来源于这两国的原木进口量占到前十名总进口量的 54.10%，2017 年进口自新西兰和俄罗斯的原木数量分别较 2016 年增长了 19.4%和 0.98%，从进口量变化来看，进口自尼日利亚的原木数量增长幅度最大，增长了 56.37%，其次为澳大利亚增长了 36.40%，所罗门群岛增长了 21.11%，加拿大增长了 18.6%；美国增长了 15.05%。进口自巴布亚新几内亚、莫桑比克和赤道几内亚三个国家的原木数量较 2016 年有所减少，分别减少了 11.12%、4.57%和 2.48%。从原木进口金额价值来看，2017 年，进口量前十名的原木来源国的原木进口价值均比 2016 年有所增长。新西兰、俄罗斯和美国的进口金额价值较高，2017 年原木进口金额分别达到 19.18 亿美元、13.99 亿美元和 13.26 亿美元，作为原木数量增长最快的进口国，尼日利亚的原木进口金额涨幅也最高，达到了 66.31%，其次为澳大利亚，增长了 58.27%。表 2.2-7 为常用的进口树种。

进口量前十的原木进口来源国（单位：万 m^3；亿美元）　　表 2.2-6

国别	2017 年		2016 年		增减变动（%）	
	数量	金额	数量	金额	数量	金额
新西兰	1436.39	19.18	1203.04	14.37	19.40	33.54
俄罗斯	1126.54	13.99	1115.62	12.68	0.98	10.30
美国	609.56	13.26	529.83	10.18	15.05	30.34
巴布亚新几内亚	288.19	5.96	324.23	5.72	−11.12	4.13
澳大利亚	495.26	5.95	363.09	3.76	36.40	58.27
加拿大	337.08	5.71	284.21	4.32	18.60	32.10
所罗门群岛	278.17	4.82	229.69	3.64	21.11	32.59
尼日利亚	49.07	3.52	31.38	2.11	56.37	66.31
莫桑比克	53.08	2.92	55.62	2.91	−4.57	0.36
赤道几内亚	105.65	2.69	108.34	2.61	−2.48	3.17

常用的进口树种　　表 2.2-7

地区	树种
北美	花旗松、北美黄杉、粗皮落叶松、加州红冷杉、巨冷杉、大冷杉、太平洋银冷杉、西部铁杉、白冷杉、太平洋冷杉、东部铁杉、火炬松、长叶松、短叶松、湿地松、落基山冷杉、香脂冷杉、黑云杉、北美山地云杉、北美短叶松、扭叶松、红果云杉、白云杉
欧洲	欧洲赤松、落叶松、欧洲云杉
新西兰	新西兰辐射松
俄罗斯	西伯利亚落叶松、兴安落叶松、俄罗斯红松、水曲柳、栎木、大叶椴、小叶椴
东南亚	门格里斯木、卡普木、沉水稍、克隆木、黄梅兰蒂 、梅灌瓦木、深红梅兰蒂、浅红梅兰蒂、白梅兰蒂
其他国家	辐射松、绿心木、紫心木、李叶豆、塔特布木、达荷玛木、萨佩莱木、苦油树、毛罗藤黄、红劳罗木、巴西红厚壳木

2.3　木材的基本性质

2.3.1　木材的构造

木材构造按照观察尺度不同可分宏观构造、显微构造和超微构造。宏观构造是指用肉眼或借助 10 倍放大镜所能观察到的木材构造特征；显微构造是指利用显微镜观察到的木材构造；超微构造是指借助电子显微镜观察到的木材构造。

木材的宏观特征是识别木材的重要依据。对于亲缘关系相近的树种而言，这些构造特征具有相对稳定性。木材的宏观特征分为主要宏观特征和辅助宏观特征。主要宏观特征是木材的结构特征，它们比较稳定，包括边材和心材、生长轮、早材和晚材、管孔、轴向薄壁组织、木射线、胞间道等。组成针叶材的主要细胞和组织是管胞、木射线等，其中管胞占木材体积90%以上，是构成针叶材的最主要分子。组成阔叶材的主要细胞和组织是木纤维、导管、木射线及轴向薄壁组织等，其中木纤维一般占木材体积50%以上，是组成阔叶材的主要分子。辅助宏观特征又称次要特征，它们通常变化较大，只能在木材宏观识别中作为参考，如：髓斑、色斑、乳汁迹等。以下所述主要针对木材的宏观构造而言。

1. 木材的三个切面

木材的构造从不同的角度观察表现出不同的特征，木材的横切面、径切面和弦切面可以充分反映出木材的结构特征，如图2.3-1所示。

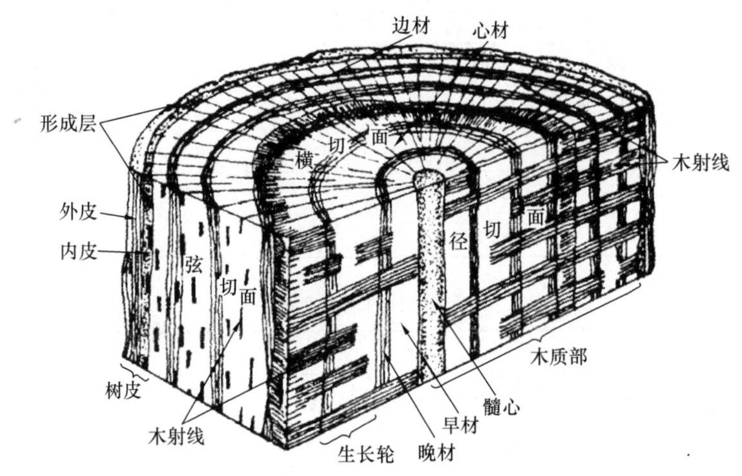

图2.3-1　木材的正交三向切面图

横切面是与树干长轴或木材纹理垂直的切面。在这个切面上，可以观察到木材的生长轮、心材和边材、早材和晚材、木射线、轴向薄壁组织、管孔、胞间道等，是观察和识别木材的重要切面。径切面是指顺着树干长轴方向，通过髓心与木射线平行或与生长轮相垂直的纵切面。这个切面可以观察到相互平行的生长轮或生长轮线、边材和心材的颜色、导管或管胞线样纹理方向的排列、木射线等。弦切面是顺着树干长轴方向，与木射线垂直或与生长轮平行的纵切面。在弦切面生长轮呈抛物线状，可以测量木射线的宽度和高度。径切面与弦切面统称为纵切面。

2. 边材和心材

边材是木质部中靠近树皮（通常颜色较浅）的外环部分。心材是指髓心与边材之间（通常颜色较深）的木质部。属于边材的木质部宏观结构差异不大，具有木质部全部的生理功能，不但沿树干方向，并能在径向与树皮有联系。心材是由边材转变而成的。心材密度一般较大，材质较硬，天然耐腐性也较高。

有的树种心材和边材区别显著，如马尾松、云南松、落叶松、麻栎、刺槐、榆木等，称为心材树种。有的树种木材外部和内部材色一致，但内部的水分较少，称为熟材树种或隐心材树种，如冷杉、云杉等。有的树种外部和内部既没有颜色上的差异，也没有含水量的差别，称为边材树种，如桦木、杨树等。

3. 生长轮、年轮、早材和晚材

生长轮或年轮是指形成层在一个生长周期中所产生的次生木质部，在横切面上所呈现的一个围绕髓心的完整轮状结构。在热带地区，气候变化很小，树木生长仅与雨季和旱季的交替有关，一年内可能形成几个生长轮。在一个生产轮中，早材是靠近髓心部分的木材，晚材是靠近树皮部分的木材。早材一般材色较浅，材质较松软，密度和强度都较低。晚材一般材色较深，材质较坚硬，结构较紧密，强度较高。

生长轮在许多针叶材和阔叶树环孔材中甚为明显，如松木、杉木、落叶松、栎木、水曲柳、槐木、榆木等。但在阔叶树散孔材、辐射孔材及部分针叶材中则不明显或较不明显，如杨木、桤木、桦木、青冈、拟赤杨、桉树等。

4. 木射线

在木材的横切面上可以看见许多颜色较浅，由髓心向树皮呈辐射状排列的组织，称为木射线。木射线主要由薄壁细胞组成，或断或续地横穿年轮，是木材中唯一横向排列的组织，在树木生长过程中起横向输导和贮存养料的作用。针叶材的木射线很细小，对木材识别没有意义。阔叶材的木射线差异明显，是木材识别的重要特征之一。木射线在木材的三个切面上表现出不同的形状。在横切面呈辐射状条纹，显示其宽度和长度；在径切面呈横行的窄带状或宽带状，显示其长度和高度；在弦切面上呈顺木纹方向的短线状或木梭形，显示其宽度和高度（图 2.3-1）。

由于木射线是横向排列的，所以会影响木材力学强度和物理性质。例如，宽木射线会降低木材沿径面破坏时的顺纹抗劈、顺纹抗拉及顺纹抗剪强度，但对径向横压及弦面剪力等强度则会提高。在木材干燥时，容易沿木射线开裂。木射线有利于防腐剂的横向渗透。宽木射线在木材的径面上常表现为美丽的花纹。

5. 导管

导管是中空状轴向输导组织。导管的细胞腔大，在肉眼或放大镜下，横切面呈孔状，称为管孔，是阔叶材（除水青树外）独有的特征，故阔叶材又称有孔材。针叶材没有导管，在横切面上看不出管孔，称无孔材。管孔的有无是区别阔叶材和针叶材的重要依据。管孔的组合、分布、排列、大小、数目和内含物是识别阔叶材的重要依据。管孔的组合是指相邻管孔的连接形式，常见的管孔组合有 4 种形式：单管孔、径列复管孔、管孔链、管孔团。根据管孔在横切面上一个生长轮的分布和大小情况，管孔分布可分为 4 种类型：环孔材、散孔材、半环孔材（或半散孔材）、辐射孔材（图 2.3-2）。

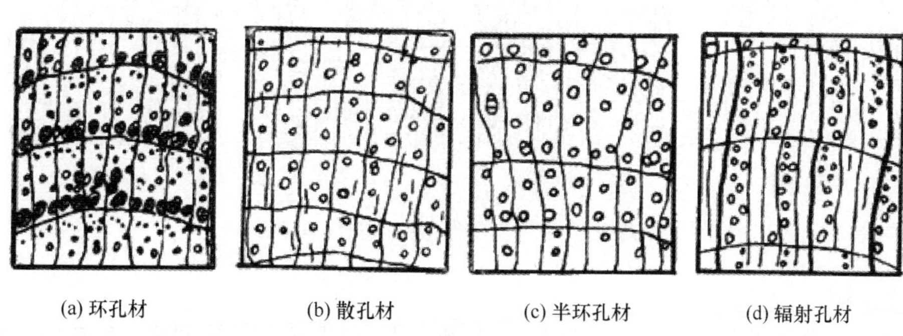

(a) 环孔材　　(b) 散孔材　　(c) 半环孔材　　(d) 辐射孔材

图 2.3-2　阔叶材管孔分布形态

管孔内含物是指管孔内的侵填体、树胶或其他无定形沉积物（矿物质或有机沉淀物）。侵填体是某些阔叶树材心材导管中含有的一种泡沫状的填充物。在纵切面上，侵填体常呈现亮晶晶的光泽。侵填体多的木材，渗透性下降，但天然耐久性提高。树胶不像侵填体那样有光泽，呈不定型的褐色或红褐色的胶块，如香椿、豆科等。矿物质或有机沉积物，为某些树种所特有，如在柚木、桃花心木、胭脂木的导管中常有白垩质的沉积物，在柚木中有磷酸钙沉积物。木材加工时，这些物质容易磨损刀具，但提高了木材的天然耐久性。

6. 轴向管胞

轴向管胞是针叶树材的主要构造，占木材总体积的89%～98%。轴向管胞（tracheid）是指针叶树材中轴向排列的厚壁细胞，工业上通称木纤维。它包括狭义轴向管胞、树脂管胞（resinous tracheid）和索状管胞（strand tracheid）三类。前者为所有针叶材都具有，是针叶材最主要的组成分子；后两者为极少数针叶材中才具有。在针叶树生长过程中，轴向管胞同时起疏导水分和机械支撑的作用，针叶树材性与利用主要取决于轴向管胞直径大小、壁厚和其次生壁中层（S2层）纤丝角度大小等因素的综合影响。管胞壁厚对材性影响很大，通常晚材管胞腔小壁厚，因而密度大、强度高，所以晚材率对木材的物理力学性质影响很大。

7. 轴向薄壁组织

轴向薄壁组织是指由形成层纺锤状原始细胞分裂所形成的薄壁细胞群，即由沿树轴方向排列的薄壁细胞所构成的组织。薄壁组织是边材贮存养分的生活细胞，随着边材向心材的转化，生活功能逐渐衰退，最终死亡。薄壁组织在木材横切面颜色要比其他组织浅，水润湿之后会更加明显，其明显程度及分布类型是木材鉴别的重要依据。阔叶材有些树种中轴向薄壁组织很发达，如泡桐、麻栎、栓皮栎、高山栎等，针叶材一般不发达或根本没有。大量的轴向薄壁组织的存在，使木材容易开裂，并降低其力学强度。

轴向薄壁组织根据其与导管连生的关系可分为傍管型和离管型两类（图2.3-3）。离管薄壁组织：指轴向薄壁组织的分布不依附于导管而呈星散状、网状或带状等，如桦木、桤木、麻栎等。傍管薄壁组织：指轴向薄壁组织环绕于导管周围，呈浅色环状、翼状或聚翼状，如榆树、泡桐、刺槐等。

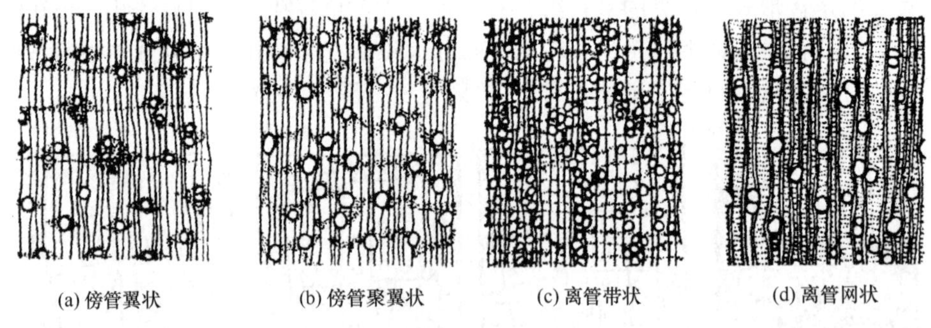

图2.3-3　阔叶材轴向薄壁组织分布形态

8. 胞间道

胞间道是由分泌细胞围绕而成的长形细胞间隙。储藏树脂的胞间道叫树脂道，存在于部分针叶材中。储藏树胶的胞间道叫树胶道，存在于部分阔叶材中。胞间道有轴向和径向（在木射线内）之分，有的树种只有一种，有的树种则有两种。

具有正常树脂道的针叶材主要有松属、云杉属、落叶松属、黄杉属、银杉属和油杉属。前5属具有轴向与径向2种树脂道，而油杉属仅具有轴向树脂道。一般松属的树脂道体积较大，数量多；落叶松属的树脂道虽然大但稀少；云杉属与黄杉属的树脂道小而少；油杉属无横向树脂道，而且轴向树脂道极稀少。创伤树脂道指生活的树木因受气候、损伤或生物侵袭等刺激而形成的非正常树脂道，如冷杉、铁杉、雪松等。轴向创伤树脂道体形较大，在木材横切面上呈弦向排列，常分布于早材带内。

树胶道也分为轴向树胶道和径向树胶道。油楠、青皮、柳桉等阔叶材具有正常的轴向树胶道，漆树科的野漆、黄连木、南酸枣，五加科的鸭脚木，橄榄科的嘉榄等阔叶材具有正常的径向树胶道，个别树种（如龙脑香科的黄柳桉）同时具有正常的轴向和径向树胶道。创伤树胶道的形成与创伤树脂道相似。阔叶材通常只有轴向创伤树胶道，在木材横切面上呈长弦线状排列，肉眼下可见，如枫香、木棉等。

9. 髓斑与色斑

髓斑是树木生长过程中形成层受到昆虫损害后形成的愈合组织。髓斑在木材横切面上沿年轮呈半圆形或弯月形的斑点，在纵切面上呈线状，其颜色较周围木材深。髓斑常发生在桦木、桤木、椴木等某些阔叶材及杉木等针叶材中，在木材识别上有参考意义。大量髓斑的存在会使木材的力学强度降低。色斑是某些树种的立木受伤以后，在木质部出现的各种颜色的斑块。如交让木受伤后形成紫红色斑块，泡桐受伤后形成蓝色斑块。

2.3.2 木材的物理力学性质

1. 木材的含水率

(1) 含水率的表示

木材干与湿主要取决于其水分含量的多少，通常用含水率来表示。木材中水分的质量和木材自身质量之百分比称为木材的含水率（moisture content of wood，MC）。木材含水率分为绝对含水率和相对含水率两种。以全干木材的质量为基准计算含水率称为绝对含水率（absolute moisture content），以湿木材的质量为基准计算的含水率称为相对含水率（relative moisture content），计算公式如下：

$$w=\frac{m-m_0}{m_0}\times 100\% \tag{2.3-1}$$

$$w'=\frac{m-m_0}{m}\times 100\% \tag{2.3-2}$$

式中 w——绝对含水率（%）；

w'——相对含水率（%）；

m——含水试材质量（g）；

m_0——试材的绝干质量（g）。

绝对含水率式（2.3-1）中，绝对质量是固定不变的，其结果确定、准确，可以用于比较。因此在生产和科学研究中，木材含水率通常以绝对含水率来表示。

(2) 纤维饱和点

纤维饱和点（fiber saturation point，FSP）是指木材的细胞壁中充满水分，而细胞腔中无自由水的临界状态。此时的木材含水率，称为纤维饱和点含水率。木材处于纤维饱和点时的含水率因树种、气温和湿度而异，一般在空气温度为20℃与空气湿度为100%时，其含水率在23%～33%之间，平均约为30%。

纤维饱和点是木材性质变化的转折点。在纤维饱和点以上时，含水率的变化不会引起木材尺寸的变化，木材的力学性质和电学性质也基本不会随着含水率的变化而变化；相反，在纤维饱和点下时，含水率的变化不仅会引起木材的膨胀或收缩，一般情况下，在纤维饱和点以下时木材的大部分力学强度随着含水率的下降而增大，木材的导电率则随着含水率的下降而迅速下降。

(3) 平衡含水率

木材长期放置于一定温度和相对湿度的空气中，其从空气中吸收水分和向空气中蒸发水分的速度相等，达到动态平衡、相对稳定，此时的含水率称为木材的平衡含水率（equilibrium moisture content，EMC）。当空气中的水蒸气压力大于木材表面水蒸气压力时，木材从空气中吸收水分，这种现象称为吸湿（adsorption）；反之，若空气的蒸汽压力小于木材表面的水蒸气压力时，木材中水分向空气中蒸发的现象称为解吸（desorption）。木材因吸湿和解吸而产生膨胀和收缩。

木材的平衡含水率主要随空气的温度和相对湿度的改变而变化。因此，随地区和季节的不同，木材的平衡含水率有所不同。我国北方地区木材平衡含水率明显小于南方，东部沿海大于西部内陆高原。实际使用时，用材所要求的含水率与木制品用途有很大关系。不同类型的用材，对含水率的要求不一，通常要求达到或低于平衡含水率。同一用途木材含水率既要考虑地区间木材平衡含水率的差异，又要考虑室内外间的差异。加工前，干燥后的木材原材料应小于或等于木制品用途要求的含水率（低 1%～2%），室内木制品含水率应较室外低 1%～2%，这样可以避免木制品因干缩出现的开裂和变形。

2. 木材的干缩湿胀

湿材因干燥而减缩其尺寸与体积的现象称之为干缩；干材因吸收水分而增加其尺寸与体积的现象称之为湿胀。干缩湿胀现象主要在木材含水率小于纤维饱和点的情况下发生，当木材含水率在纤维饱和点以上，其尺寸、体积是不会发生变化的。

木材的干缩性质常用干缩率来表示。木材的干缩率分为气干干缩率和全干干缩率两种。气干干缩率是木材从生材或湿材在无外力状态下自由干缩到气干状态，其尺寸和体积的变化百分比；全干干缩率是木材从湿材状态干缩到全干状态下，其尺寸和体积的变化百分比。二者又都分为体积干缩率、线干缩率。体积干缩率影响木材的密度。木材的纵向干缩率很小，一般为 0.1%左右，弦向干缩率为 6%～12%，径向干缩率为 3%～6%，径向与弦向干缩率之比一般为 1∶2。径向与弦向干缩率的差异是造成木材开裂和变形的重要原因之一。

3. 木材的密度与比重

木材的密度是指木材单位体积的质量，通常分为气干密度、绝干密度和基本密度三种。气干密度 ρ_w 按式（2.3-3）计算：

$$\rho_w = \frac{m_w}{V_w} \tag{2.3-3}$$

式中 ρ_w ——木材的气干密度（g/mm³）；

m_w ——木材气干状态的质量（g）；

V_w ——木材气状态下的体积（mm³）。

绝干密度 ρ_0 按式（2.3-4）计算：

$$\rho_0 = \frac{m_0}{V_0} \tag{2.3-4}$$

式中 ρ_0 ——木材的绝干密度（g/mm³）；

m_0 ——木材的绝干质量（g）；

V_0 ——木材的绝干体积（mm³）。

基本密度 ρ_Y 按式（2.3-5）计算：

$$\rho_Y = \frac{m_0}{V_{max}} \tag{2.3-5}$$

式中 ρ_Y ——木材的基本密度（g/mm³）；

m_0 ——木材的绝干质量（g）；

V_{max} ——木材的湿材体积（mm³）。

基本密度为试验室中判断材性的依据，其数值比较固定、准确。气干密度则为生产上计算木材气干时质量的依据。密度随木材的种类而有不同，是衡量木材力学强度的重要指标之一。一般来说，密度大力学强度亦大，密度小力学强度亦小。

木材的比重是指木材的绝干重量与一定含水率状态下的木材的体积之比与4℃时水的重量密度的比值。如木材在绝干状态及生材状态的比重在数值上分别等同于上述绝干密度和基本密度。

4. 木材的变形与开裂

木材含水率变化时，会引起木材的不均匀收缩，致使木材产生变形。由于木材在径向和在弦向的干缩有差异以及木材截面各边与年轮所成的角度不同而发生不同形状的变化，如图2.3-4所示。锯成的板材总是背着髓心向上翘曲的。

木材发生开裂的主要原因是由于木材沿径向和沿弦向干缩的差异以及木材表层和里层水分蒸发速度的不均匀，使木材在干燥过程中因变形不协调而产生横木纹方向的撕拉应力超过了木材细胞间的结合力所致。

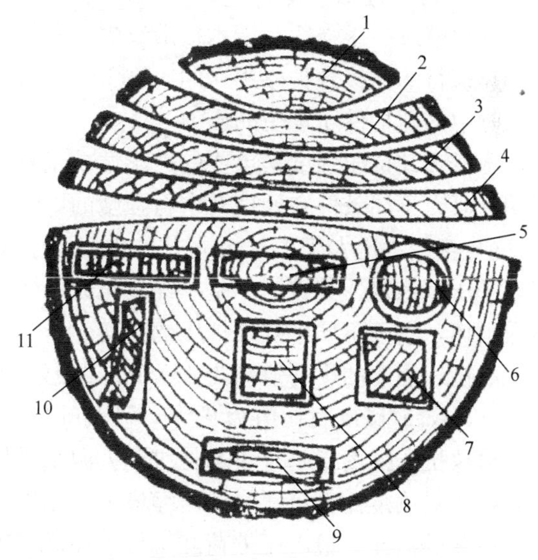

图2.3-4 木材变形

1—弓形收缩后成橄榄核形；2、3、4—瓦形反翘；5—两头缩小成纺锤形；6—圆形收缩后成椭圆形；7—方形收缩后成菱形；8—正方形收缩后成矩形；9—长方形收缩后成瓦形；10—长方形收缩后成不规则状态；11—长方形收缩后成矩形

根据云南松和落叶松的使用经验，方木和原木裂缝的位置与髓心的位置有密切关系，一般具有下列规律性：①凡具有髓心的方木和板材，一般开裂严重，无髓心的开裂较轻微。②在具有髓心的方木和原木中，裂缝的开口位置一般发生在距离髓心最近的材面上。③原木的裂缝一般总是朝向髓心，当木材构造均匀时，裂缝多而细；构造不均匀时，则裂缝少而粗。④原木或具有髓心的方木中存在扭转纹时，裂缝会沿扭转纹而发展成为斜裂。方木和原木的裂缝位置大致如图2.3-5所示。

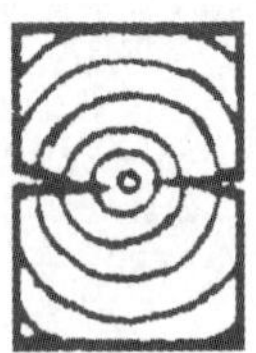

图 2.3-5　方木和原木的裂缝位置

5. 木材的抗拉强度

外力作用于木材，使其发生拉伸变形，木材这种抵抗拉伸变形的最大能力，称为抗拉强度。视外力作用于木材纹理的方向，木材抗拉强度分为顺纹抗拉强度和横纹抗拉强度。

木材顺纹抗拉强度是指木材沿纹理方向承受拉力荷载的最大能力。木材的顺纹抗拉强度较大，各种木材平均约为 117.7～147.1MPa，为顺纹抗压强度的 2～3 倍。木材在使用中很少出现因被拉断而破坏。木材顺纹抗拉强度的测定比较困难，试样的形状不仅特殊不易加工，而且试验时容易产生扭曲，对结果影响很大。我国国家标准规定了木材顺纹抗拉试样的形状和尺寸。

木材横纹抗拉强度是指垂直于木材纹理方向承受拉力荷载的最大能力。木材的横纹拉力比顺纹拉力低得多，一般只有顺纹拉力的 1/30～1/40。此外，横纹拉力试验时，应力不易均匀分布在整个受拉面上，往往先在一侧被拉劈，然后扩展到整个断面而破坏，并非真正横纹抗拉强度。因此，我国木材物理力学试验方法国家标准没有列入该项试验。

6. 木材的抗压强度

木材顺纹抗压强度是指木材沿纹理方向承受压力荷载的最大能力，主要用于诱导结构材和建筑材的榫接合类似用途的容许工作应力计算和柱材的选择等，如木结构支柱、矿柱和家具中的腿构件所承受的压力。

木材顺纹抗压强度是重要的力学性质指标之一，它比较单纯而稳定，并且容易测定，常用以研究不同条件和处理对木材强度的影响。根据试样长度与直径之比值，木柱有长柱（长度与直径之比大于 11）和短柱（比值小于或等于 11）之分。长柱以材料刚度为主要因素，受压不稳定，其破坏不是单纯的压力所致，而是纵向上会发生弯曲、产生扭矩，最后导致破坏，它已不属于顺纹抗压的范畴。所以这里主要讨论短柱的顺纹抗压强度。我国木材顺纹抗压强度的平均值约为 45MPa；顺纹比例极限与强度的比值约为 0.7，针叶材比值约为 0.78，软阔叶材比值为 0.70，硬阔叶材为 0.66。

横纹抗压强度指垂直于木材纹理方向承受压力荷载，在比例极限时的纤维应力。木材横纹抗压只测定比例极限时的压缩应力，难以测定出最大压缩荷载。木材横向与纵向构造上有显著的差异，最大压缩荷载不可能在试样破坏时瞬间测得。横纹抗压强度的测定有横纹全部抗压强度和横纹局部抗压强度两种方式。木材的横压比例极限应力，局部横压高于全部横压，其中局部横压应用范围较广，故试验测定以其为主。径向和弦向横压值大小差异与木材构造有极其密切的关系，具有宽木射线和木射线含量较高的树种（栎木），径向横压比例极限应力高于弦向；其他阔叶材（窄木射线），径向与弦向值相近；对于针叶材，特别是早晚材区分明显的树种，如落叶松、火炬松、马尾松等硬木松类木材，径向受压时其松软的早材易形成变形，而弦向受压时一开始就有较硬的晚材承载，故这类木材大多弦向抗压比例极限应力大于径向。

7. 木材的抗弯性质

木材抗弯强度是指木材承受逐渐施加弯曲荷载的最大能力，可以用曲率半径的大小来度量。它与树种、树龄、部位、含水率和温度等有关。木材抗弯强度亦称静曲强度，或弯曲强度，是重要的木材力学性质之一，主要用于家具中各种柜体的横梁、建筑物的桁架、地板和桥梁等易于弯曲构件的设计。静力荷载下，木材弯曲特性主要决定于顺纹抗拉和顺纹抗压强度之间的差异。因为木材承受静力抗弯荷载时，常常因为压缩而破坏，并因拉伸而产生明显的损伤。对于抗弯强度来说，控制着木材抗弯比例极限的是顺纹抗压比例极限时的应力，而不是顺纹抗拉比例极限时的应力。根据国产 40 种木材的抗弯强度和顺纹抗压强度的分析得知，抗弯比例极限强度与顺纹抗压比例极限强度的比值约为 1.72，最大荷载时的抗弯强度与顺纹抗压强度的比值约为 2.0，针叶树材的比值低于阔叶树材。密度小的木材，其比值也低。各树种木材抗弯强度平均值约为 90MPa。针叶树材径向和弦向抗弯强度间有一定的差异，弦向比径向高出 10%～12%；阔叶树材两个方向上的差异一般不明显。

木材的抗弯弹性模量，又称静弯曲弹性模量，是指木材受力弯曲时，在比例极限内应力与应变之比，用于计算梁及桁架等在弯曲荷载下的变形以及计算安全荷载。木材的抗弯弹性模量代表木材的刚度或弹性，表示在比例极限以内应力与应变之间的关系，也即表示梁抵抗弯曲或变形的能力。梁在承受荷载时，其变形与弹性模量成反比，弹性模量大，变形小，其木材刚度也大。

对于所有树种的木材来说，其抗弯强度与抗弯弹性模量成正比关系。抗弯强度大，抗弯弹性模量大。木材抗弯强度，我国针叶材大多树种在 60～100MPa 之间，阔叶材大多数树种在 60～140MPa 之间。木材抗弯弹性模量，我国针叶材大多数树种在 8.0～12.0GPa 之间，阔叶材大多数树种在 8.0～14.0GPa 之间。我国 356 个树种木材在含水率为 15%情况下，抗弯弹性模量 E 与抗弯强度 σ 间关系为线型函数，方程如下：

$$E=0.086\sigma+33.7\ (\text{MPa})\ (\text{相关系数}\ r=0.84) \tag{2.3-6}$$

两者高度密切相关。抗弯强度测定要容易得多，利用此公式可以估测木材多抗弯弹性模量。同时，在非破坏的情况下测得木材的抗弯弹性模量，也可以利用此公式估测木材的抗弯强度。

8. 木材的抗剪强度

木材抵抗剪切应力的最大能力称为抗剪强度。木材抗剪强度视外力作用于木材纹理的方向，分为顺纹抗剪强度和横纹抗剪强度。在实际应用中发生横纹剪切的现象不仅罕见，而且横纹剪切总是要横向压坏纤维产生拉伸作用而并非单纯的横纹剪切，因此通常不作为材性指标进行测定。木材的横纹抗剪强度为顺纹抗剪强度的 3～4 倍。

木材顺纹抗剪强度较小，平均只有顺纹抗压强度的 10%～30%。纹理较斜的木材，如交错纹理、涡纹、乱纹等，其顺纹抗剪强度会明显增加。阔叶树材顺纹抗剪强度平均比针叶树材高出 1/2。阔叶树材弦面抗剪强度较径面高出 10%～30%，如木射线越发达，这种差异越加明显。针叶树材，其径面和弦面的抗剪强度大致相同。

2.3.3 木材的化学性质

1. 木材的化学成分

木材是由碳、氢、氧、氮四种基本元素组成，此外还有少量和微量的矿质元素。木材的主要化学成分分为主要成分和次要成分两类。主要成分是由纤维素、半纤维素和木质素三种高分子化合物组成，是构成细胞壁的物质基础，一般总量占木材的 90%以上；次要成分有树脂、单宁、香精油、色素、生物碱、果胶、蛋白质、淀粉、无机物等浸提物，这些浸提物与木材的色、香、味和耐久性有关，也影响木材的加工工艺和利用。不同的树种，木材主要化学成分含量稍有不同，但总的来说，针叶材和阔叶材纤维素含量相差不大，阔叶材半纤维素含量高于针叶材，而针叶材木质素含量高于阔叶材。

2. 木材纤维素

纤维素是构成植物细胞壁结构的物质，是地球上最丰富的天然有机材料，分布非常广泛。纤维素的含量因不同的植物体而异，在种子的绒毛中，如棉花、木棉纤维素含量高达 99%；韧皮纤维如苧麻、亚麻中纤维素含量 80%～90%。纤维素的元素组成为：C=44.44%，H=6.17%，O=49.39%，化学实验式为（$C_6H_{10}O_5)_n$（n 为聚合度，一般高等植物纤维素的聚合度为 7000～15000）。纤维素大分子的化学结构具有以下特点：纤维素大分子仅有 1 种糖基组成，是由 β-D-葡萄糖基（六环）通过 1，4 连接的一种线型高分子。

纤维素结晶度是指纤维素结晶区所占纤维整体的百分率，它反映纤维素聚集时形成结晶的程度。可及度是指只能进入无定型区而不能进入结晶区的化学药剂所能到达并发生反应的部分占其纤维整体的百分率。纤维素是木材的主要组分，约占木材组分的 50%。纤维素的结晶度和可及度与木材的物理力学及化学性质有不可分割的关系，结晶度大，即结晶区多，则木材的抗拉强度、抗弯强度、尺寸稳定性也高。反之结晶度低，即无定型区多，上述性质必然降低，而且木材的吸湿性、吸着性和化学反应性也随之增强。

纤维素链上的主要功能基是羟基（—OH），羟基不仅对纤维素的超分子结构有决定作用，而且也影响其物理和化学性能。主要是—OH 基之间或—OH 基与 O—、N—和 S—基团能够形成联结，即氢键。氢键对纤维素的超分子的形成有重要作用，大量的氢键可以提高木材和木质材料的强度，减少吸湿性，降低化学反应等。因为纤维素 C2、C3、C6 原子上的羟基均为醇羟基，纤维素具有多元醇的反应性能，形成各种衍生物和其他产物，包括降解反应、酯化反应、醚化反应、置换反应、接枝共聚等。

3. 木材半纤维素

半纤维素是植物组织中聚合度较低（平均聚合度约 200）的非纤维素聚糖类，可被稀碱溶液抽提出来，是构成植物细胞壁的主要组分。与纤维素不同，半纤维素不是均一聚糖，而是一类复合聚糖的总称，原料不同，复合聚糖的组分也不同。组成半纤维素的糖基主要有：D-木糖基、D-甘露聚糖、D-葡萄糖基、D-半乳糖基、L-阿拉伯糖基、4-O-甲基-D-葡萄糖醛酸基、D-半乳糖醛酸基、D-葡萄糖醛酸基等，还有少量的 L-鼠李糖基、L-岩藻糖基和乙酰基等。一种半纤维素一般由两种或两种以上糖基组成，大多带有短支链的现状结构。另外一些植物中的聚糖不属于半纤维素，如果胶、淀粉、植物胶等。针叶树材、阔叶树材和草类植物的化学组成不同，除了纤维素含量不同、木质素含量和结构不同之外，三类植物中的半纤维素的含量和化学组成也不相同。

半纤维素的化学结构和大分子聚集状态与纤维素有很大差别，在天然状态为无定型物，聚合度低，可反应官能团多，化学活性强，所以化学反应比纤维素复杂，副反应多，并且反应速度快。与纤维素酸性水解一样，半纤维素的苷键在酸性介质中被裂开而使半纤维素发生降解，在碱性介质中，半纤维素也可以发生剥皮反应和碱性水解。半纤维素的羟基可以发生酯化和醚化反应，形成多种衍生物，也可以发生接枝共聚反应，制备各类复合高分子材料。

半纤维素是木材高分子聚合物中对外界条件最敏感、最易发生变化和反应的主要成分。它的损失、性质和特点对木材材性及加工利用有重要影响。半纤维素在细胞壁中起粘结作用，半纤维素的变化和损失不但降低了木材的韧性，而且也使抗弯强度、硬度和耐磨性降低。高温处理后阔叶树材的韧性降低远大于针叶树材。半纤维素是无定型物，具有分支度，主链和侧链上含有较多羟基、羧基等亲水性基团，是木材吸湿性强的组分，是使木材产生吸湿膨胀、变形开裂的因素之一；当木材热处理后，半纤维素中多糖容易裂解为糖醛和糖类的裂解产物，热作用下又能发生聚合作用生成不溶于水的聚合物，而降低木材吸湿性，减少木材膨胀和收缩。半纤维素是使木材呈现弱酸性的主要因素之一。半纤维素对纤维板工艺也会产生一定的影响。

4. 木材木质素

木质素是非常复杂的天然聚合物，其化学结构与纤维素和蛋白质相比，缺少重复单元间的规律性和有序性。木质素不能像纤维素等有规则天然聚合物用化学式来表示，其结构是一种三维网状的结构模型，是按测定结果平均出来的假定分子结构。这些测定包括：元素组成、结构单元和比例、官能团、连接方式，从而推得结构模型。木质素的基本结构单元是苯丙烷，苯环上具有甲氧基。官能团有甲氧基、羟基、羧基、羰基，侧链结构有醚键和酯键。在植物体内，木质素总是与纤维素和半纤维素共存的，甚至还有一些寡糖存在，其共存方式影响组分分离和材料利用。木质素的部分结构单元与半纤维素中的某些糖基通过化学键连接在一起，形成木质素-糖类复合体，称为 LCC 复合体。

原本木质素是一种白色或者接近无色的物质，木质素的颜色是在分离、制备过程中造成的。随着分离、制备的方法不同，呈现出深浅不同的颜色，云杉木质素是浅奶油色，酸木质素、铜氨木质素、高碘酸盐木质素的颜色较深，在浅黄褐色到深褐色之间。木质素的相对密度在 1.35～1.50 之间。木质素是一种聚集体，结构中存在许多极性基因，尤其是较多的羟基，造成了很强的分子内和分子间的氢键，因此原本木质素是不溶于任何溶剂的。除了酸木质素和铜氨木质素外，原本木质素和大多数分离木质素是一种热塑性高分子物质，无确定的熔点，具有玻璃态转化温度（T_g）或转化点，而且较高。

通常的高分子化合物，相对分子质量一般是几十万、几百万甚至上千万，木质素虽然也是高分子化合物，但分离木质素的相对分子量要低得多，一般是几千到几万，只有原本木质素才能达到几十万。木质素相对分子质量的测定方法有：渗透压法、光散射法、超速离心法、凝胶渗透色谱法（GPC）和高效液相色谱法（HPLC），不溶木质素的相对分子质量可用热软化法测定，这是基于 $\log M_w$ 与热软化温度 T_s 间的线性关系测定。

木质素分子结构中存在着芳香基、酚羟基、醇羟基、羰基、甲氧基、羧基、共轭双键等活性基因，可以进行氧化、还原、水解、醇解、光解、酰化、磺化、烷基化、卤化、硝化、缩合和接枝共聚等化学反应。

2.3.4 木材的机械加工性质

1. 评价标准与评价方法

木材的主要机械加工性能包括横截、刨削、砂光、钻孔、榫眼加工、成型铣削、车削等。木材的机械加工性能对于充分认识和开发实体木材的利用潜能，扩大木材的适用范围，提高木材的利用水平和实现木材工业的可持续发展具有重要意义。

随着对木材高效利用的关注度在不断提高，各国对木材机械加工性能的研究也在不断增加。加拿大、日本、新西兰和前南斯拉夫等多个国家，都有自己的测试标准，但在测试和评价方法等方面均不够完善，美国的 ASTM D1666 于 1987 年制定，经过 1994、1999 和 2004 年三次修订，较全面地规定了木材机械加工性能测试的要求，测试和评价方法也比较完善。我国在充分研究美国标准的基础上，根据我国国情编制了《锯材机械加工性能评价方法》LY/T 2054—2012。该标准构建了包括测试方法、加工设备和评价体系在内的系统平台，为分析评估不同树种木材在典型生产加工方式下的加工特点和加工质量，提供了方法依据。

刨削是木材机械加工中最常见，也是最重要的加工方式之一。切削前角、每英寸刀痕数、刨削深度和进料方向等加工条件是影响刨削质量的重要因素。此外，通过测量刨削加工产生的缺陷（如最大沟痕深度），或者加工试样的表面粗糙度，亦可以对加工缺陷进行量化，并结合统计分析方法，初步实现对木材刨削加工性能更直接客观的评价。评价分为 5 个等级：1—极好，不存在缺陷（优秀）；2—存在轻微缺陷，但可通过砂纸轻磨消除（良好）；3—存在较多的轻微缺陷，仍可通过砂纸打磨消除（中等）；4—出现较大的缺陷，很难消除（较差）；5—严重缺陷，限制使用（极差）。

横截也是重要的机械加工方式，对横锯试样的下部和后边按如下分级法：1—光滑；2—沿木纹有小于 1mm 的裂纹；3—沿木纹有大于 1mm 的裂纹；4—深度大于 1mm 的裂纹；5一裂纹占下部表面的 25%，并同时具有上述第 3、4 条所列的缺陷。钻孔主要观察孔周缘的质量，如毛刺等。成型铣削产生的缺陷有毛状纹理、擦痕、灼烧和毛刺。榫眼要观察上下周缘以及内壁的光滑度与撕裂缺陷。车削会产生切痕、纹理撕裂和崩角等缺陷。

2. 常见树种的机械加工性能

不同树种的木材机械加工性质差异较大。西南桦人工林木材优等级机械加工性能项目有：刨削、砂光、钻孔、成型铣削、榫眼加工、横截；良等级测试项目有：车削。红椎人工林木材优等级的加工性能有：刨削、砂光、成型钻削、横截；良等级加工性能包括：榫眼加工和车削。蒙古栎优等级性能有：刨削、砂光、钻孔、成型铣削、榫眼加工、横截。人工林白云杉的刨削、成型、钻孔质量较好，车削及榫眼加工质量稍差。新西兰辐射松和杨木的刨削、成型铣削性能一般，表面出现毛刺；横截性能较好，锯面光滑，握钉性能良好。尾巨桉、窿缘桉、柠檬桉三种桉树木材的砂光、成型铣削、榫眼加工性能均优于核楸木材，桉树木材刨削加工时产生的缺陷类型单一且数量少，具有较大的利用潜能。落叶松木材的刨削和铣削加工性能较好。枫香木的刨削性能良好，适合制作贴面薄木。

2.4　木材的表面性质

木材是一种天然高分子聚合物，既具有生物学特性，又具有物理化学特征，同时又是一种不均匀的各向异性材料，因此，木材的表面性质十分复杂。树种不同，其材性差异也很大；同一树种不同切面的解剖分子因形态与比率、“三素”、抽提物含量等不同，对木材表面性质均会有不同程度的影响。润湿性和耐候性是木材的两种重要表面性质，对木材的胶合、使用寿命、加工工艺、木材的保护与改性有着重要影响。

2.4.1　木材的润湿性

木材的润湿性是表征某些液体（胶粘剂、涂料、染色剂、拒水剂等）与木材接触时，在表面上润湿、铺展及黏附的难易程度和效果。这种性质对界面胶结、表面涂饰及染色、漂白等各种处理工艺都很重要。

1. 木材具有润湿性的原因

（1）木材表面有极性

组成木材的主要化学组分是纤维素、半纤维素和木素，它们均是有机化合物，在分子结构中带有许多极性官能团。在木材内部由于这些极性基团的相互吸引而使分子之间的作用力达到平衡。但位于木材表面的分子尚有极性，具有一定的表面自由能，当与极性胶粘剂、涂料及其他表面处理溶液相接触时，就能够彼此吸引而比较牢固地结合在一起。

（2）木材具有巨大的比表面积

木材属于多孔性毛细管胶体物质。其细胞壁由许多微晶、微纤丝和纤丝组成。这些微晶与微晶、微纤丝与微纤丝、纤丝与纤丝之间都具有间隙，相互沟通，构成木材的微毛细血管系统。木材毛细管数目众多，内表面积巨大，有利于各种流体的吸着与渗透。

（3）木材具有电动电位

当木材与水溶液接触时，纤维表面带有负电荷，对带有异性电荷的离子具有亲和力。通常，润湿性的高低以液滴在木材表面上接触角 θ 的大小表征。当 $\theta<90°$ 时，液滴在木材表面上形成扁平状，表示这种液体能部分润湿木材；当 $\theta=90°$ 时，表示液体能全部润湿木材；当 $\theta>90°$ 时，液滴在木材表面上形成滚珠状，表示液体不能润湿木材，如图 2.4-1 所示。

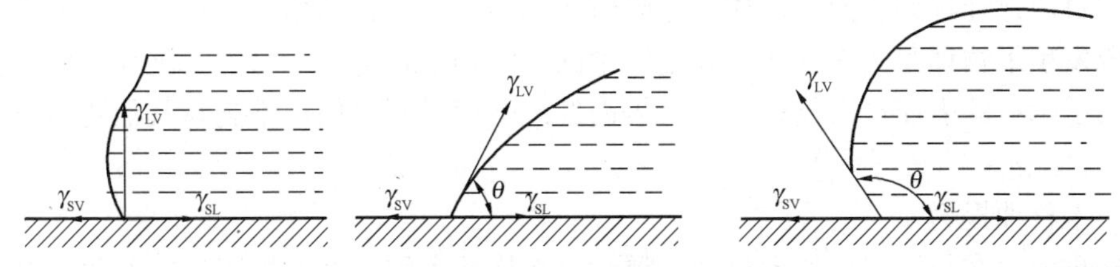

图 2.4-1　液滴在木材表面的润湿状态

在木材加工和利用中，有时会遇到这样的实际问题，即对新使用的木材树种或进口木材的胶合性能、涂饰性能和染色性能缺乏了解，因此必须采用一种简便而快捷的方法在投入生产或加工之前来预测木材的结合性能，而这种方法通常就是通过测定接触角来表征润湿性和结合质量的。一般说来，接触角愈小，表明木材表面愈易被润湿，界面间的结合强度愈高。

2. 影响木材润湿性的因素

木材表面的润湿性既受材料自身性质的影响，也受所接触的液体及外界条件的影响，其因素错综复杂，归纳起来，主要有以下几个方面。

（1）固体的表面自由能与液体的表面张力

润湿性是固体的表面张力与固液界面张力之差。对于固体材料定义时常用表面自由能表示，而液体常用表面张力表示。润湿性的大小因固体的表面自由能和液体的表面张力的变化而异。表面自由能是一种能量，即产生 $1cm^2$ 无应力表面所需要的能量。由于木材是多孔的具有各向异性的极性固体，表面上的总自由能是由各种不同分子间的作用力综合产生的，因此木材的表面自由能是可变的。液体的表面张力与液体成分的组成和溶液浓度有关，各种不同组成和浓度的溶液表现出不同的表面张力，也使木材表面润湿性发生变化。

（2）用材树种与纹理方向

同一树种的木材，其润湿性也因不同的切面和纹理方向的不同而有差异。这是因为不同的切面和纹理方向的化学组成和表面性状有所差别。不同的木材切面可以暴露出各种不同的细胞和组织以及不同的细胞壁层次结构，导致表面的化学组成和微细结构有差异，因此对液体的亲和力不同，显示出不同的润湿性。木材表面形态的变化影响木材的润湿性，粗糙的表面润湿性差，界面间的结合强度降低。这可能是由于胶液中的泡沫易聚积在粗糙表面的空隙中，也可能在粗糙的表面处残留的胶液多，不能像光滑表面那样，使胶液均匀铺展而形成一层薄膜。

（3）周围环境与表面老化

长期暴露在不同环境中的木材表面由于氧化作用、吸附作用、水合作用和污染作用，能使木材表面老化，导致木材润湿性降低。木材的润湿性随着木材暴露时间的延长而降低。Jozsef 指出，暴露于空气中的木材，其表面在不长时间内将覆盖一层多脂物质，约有一个分子厚，足以使木材的润湿性降低。如将表层除去，那么可以暴露出一层新鲜的表面，将表现出有利于胶合的表面性质。

Marian 认为，在室温环境下老化是由于灰尘或空气中的悬浮物对木材表面污染的结果。当排除这些污染可使木材表面的活性得以恢复或改善。许多研究者都公认，木材表面的老化是影响润湿性和界面结合质量的一个重要因素，提出了几种可能的原因：①木材抽提物由木材内部迁移到表面，形成一个阻碍与其他物质结合的覆盖层；②木材表面的主要化学组分发生了物理和化学变化；③空气中的悬浮物或粉尘在木材表面沉淀或发生化学作用，降低了木材的表面自由能；④木材表面纤维强度受到损伤，不利与其他物质形成牢固结合。

（4）木材抽提物

抽提物的存在与迁移可使木材的润湿性、涂饰性和胶合性发生明显的变化。抽提物能阻碍木材表面与胶粘剂、涂料等物质间的接触与结合，研究表明经抽提处理后的润湿性得到了明显改善，这是由于木材中的这类低极性和非极性的抽提物被排除的缘故。

2.4.2 木材的耐候性

暴露在室外环境的木材或木制品，由于受到紫外线的光化解作用、雨水的淋溶作用、水解作用、湿胀干缩作用、风荷的侵蚀与微生物的腐蚀作用等，其表面发生着复杂的物理和化学变化，日久天长，使木材表面性状和品质劣化。木材抵抗这些作用以及由这些作用所引起的表面性状变化的性质称之为木材的耐候性（或木材的抗风化性能）。这一性质与木材表面涂饰等加工工艺关系密切。

1. 影响木材耐候性的因素

（1）气候因子

未经油漆涂饰或改性处理的木材表面，在室外放置数月后木材表面就产生自然老化现象。自然老化作用的外部表征主要是木材的颜色变化。经过长期在室外暴露，几乎所有木材表面的颜色呈灰色。一般是原来材色较深的木材其颜色变浅，而颜色较浅的则变深。此外，还可使木材表面变得粗糙、暗淡或产生微细的裂纹。导致木材表面老化有许多复杂的原因，其中主要是化学和物理因素所产生的影响。通常是由于太阳的辐射、雨水淋溶、湿度变化、冷暖交替、露、雪、冰雹、霜冻以及风等气候因子等作用所引起的。此外，还有大气中氧气、臭氧和大气污染物等其他一些因子的影响或上述因子的共同作用。

（2）微生物

由于微生物的侵蚀，促使自然老化木材的表面性状进一步发生明显的变化。木材变色菌常常使木材呈现蓝、红、绿、黄和褐色等颜色，其中以蓝变（青皮、青变）为普遍。由于变色菌常见于边材，因此也称为边材变色菌。常见边材变色菌有两类：一类生长在木材表面，属于发霉的真菌，也叫霉菌，它可使木材表面发霉变色；另一类是深入木材内部，由于菌丝蔓延和孢子繁殖，使木材变色。如南方的马尾松、东北的红松，在贮存期间，由于管理不当，常常由于变色菌的寄生而使边材产生蓝变，在边材沿木射线呈放射状蔓延，初期颜色浅淡，以后逐渐加深。

（3）湿胀干缩

木材含水率随着环境温度和相对湿度的变化而变化，从而使木材产生湿胀干缩。木材膨胀和收缩所产生的应力变化最后可导致木材表面粗糙、纹理隆起，产生微细裂纹甚至明显的表面开裂。而开裂又为气候因子对木材的自然老化作用由表面向深层次进展开辟了有利路径，加剧了气候因子对木材表面性状的劣化作用，如加速表面变形、变软，握钉力下降等。

（4）抽提物

木材中含有种类繁多的抽提物，主要有单宁、树脂、色素、精油、脂肪、糖和淀粉等，其含量及成分因树种而异。木材抽提物的变化常常引起木材的化学色变。如栎属木材中含有较多的单宁类物质，经氧化后使木材表面的颜色加深；苏木中含有苏木质素，在空气中氧化后生成苏木色素，使木材表面泛红色。泡桐中含有较多的酚类物质，在加热过程中表面变色相当严重。

2. 改善木材耐候性的方法

（1）使木材表面预先变色

将偶氮染料或金属络合物染料掺加到铜、铬盐或硼化物基水溶性防腐剂中，然后用该溶液在真空下浸泡木材，处理后其木材表面具有耐光、抗老化和反腐性能。

采用单宁溶液处理木材表面或家具部件，然后再用氢氧化钠稀溶液进行涂刷，可使木材表面变成与贵重木材的那种天然铜绿色相似的色调。这样，使木材表面预先变色，可提高木材的耐候性能。

美国林产品研究所曾试验成功一种新的性能良好的表面保护剂，其配方是油漆200ml，石蜡15g，再加入矿质酒精醇至1000ml。用这种溶液浸注木材或涂刷在木材表面上，经室外长期暴露试验证明，处理材表面具有良好的耐候性。

（2）添加紫外线吸收剂

一种含有紫外线吸收剂的清漆，涂饰在木材或木制品的表面上，旨在防止室外木材表面的光化降解。有的采用铜、铬、砷等重金属盐类防腐剂与抗紫外光清漆混合处理木材，使其既具有防腐性能，也有耐候性能。

（3）无机化合物处理

近年来，美国林产品试验室研究采用无机化学药剂的水溶液处理木材，赋予木材表面如下性能：①阻止或抵抗由紫外线光辐射所引起的木材表面降解；②改善透明聚合物涂料对紫外光作用的耐久性；③提高油漆和染色剂的耐久性；④提高木材表面涂料的防腐性能；⑤固定木材中水溶性抽提物，使乳化漆的变色减少到最低限度。从目前情况来看，能够达到上述效果的比较成功的处理药剂主要有铬酸、铬酸铜、氨溶铬酸铜、三氯化铁及含锌氧化物等。

2.5 木材的环境学特性

2.5.1 木材的视觉特性

木材的视觉特性（visible characteristics of wood）可以由木材表面视觉物理量与视觉心理量来描述，它们主要由木材的材色、光泽度、图案纹理等物理量参数以及与人类视觉相关并可定量表征的心理量组成，是多方面因素在人眼中的综合反映。

1. 木材颜色（材色）

木材的颜色是由细胞内含有的各种色素、树脂、树胶、单宁及油脂等渗透到细胞壁中而产生的。木材颜色是反映木材表面视觉特性最为重要的物理量，通常用明度、色调和饱和度3个属性来描述。明度表示人眼对物体明暗度的感觉。明度高的木材，如白桦、鱼鳞云杉、白桦、枫木，使人感到明快、华丽、整洁、高雅和舒畅；明度低的木材，如红豆杉、紫檀，使人有深沉、稳重、素雅之感。色调表示区分颜色类别、品种的感觉（如红、橙、黄、绿等）。木纹颜色值与视觉心理量温暖感之间有一定的关系。材色中，暖色调的红、黄、橙黄等色调给人以温暖之感。饱和度是表示颜色的纯洁程度和浓淡程度，其数值与一些表示材料品质特性的词联系在一起。饱和度值高的木材，给人以华丽、刺激之感；饱和度值低的木材，给人以素雅、质朴和沉静的感觉。

2. 木材表面纹理（木纹）

木材表面纹理是天然生成的图案，它是由生长轮、木射线、轴向薄壁组织等解剖分子相互交织，且因各向异性而当切削时在不同切面呈现不同图案。通常，木材在横切面上呈现同心圆状花纹，径切面上呈现平行带状条形花纹，弦切面上呈现抛物线状花纹。节子自然存在于木材表面，是树木生长必不可少的。人类对节子感觉与其文化背景和追求自然理念有着直接的联系。有节子的面材装饰与房间装饰整体格调有关，不是所有节子都可以给人以美感的。

3. 木材表面光泽感

光泽是由外界光线照射到材料表面引起反射而产生的，反射率与材料表面特性有很大的关系。人眼感到舒服的反射率为 40%～60%。木材对光的反射柔和，符合人眼对光反射率舒适度的要求。光泽度大小与物体光滑、软硬、冷暖的感觉有一定的相关性。光泽度高、光滑的木材，硬、冷的感觉强；光泽度曲线平滑，温暖感就强一些。涂饰对木材具有一定的保护和装饰效果，不透明涂饰会掩盖木材的视觉效果，而透明涂饰则可提高木材的光泽度，使光滑感增强，但同时也会减弱木材的温暖感与柔和光感效果。

4. 木材对紫外线的吸收性和对红外线的反射性

紫外线（380nm 以下）和红外线（780nm 以上）是肉眼看不见的，但其对人体的影响是不能忽视的。强紫外线刺激人眼会产生雪盲病；人体皮肤对紫外线的敏感程度高于眼睛。木材给人视觉上感受非常和谐，这不仅仅是木材具有柔和的反射特性，更重要的是木材可以吸收阳光中的紫外线，减轻紫外线对人体的危害，同时又能反射红外线，使人产生温馨感。室内木材率（木材装饰表面积与总面积之比）的高低与人的温暖感、沉静感和舒畅感有着密切关系。

2.5.2 木材的触觉特性

触觉特性包括冷暖感、粗滑感、软硬感、干湿感、轻重感、舒适与不适感等。木材的这些触觉特性使其成为人们非常喜爱的特殊材料。木材的触觉特性与木材的组织构造，特别是与表面组织构造的表现方式密切相关。不同树种的木材，其触觉特性也不相同。目前，西方一些国家流行的显孔哑光装饰及我国人造板装饰业出现的木材导管孔压槽的装饰材料，不仅有其视觉作用，也有良好触觉的功能。久负盛名的明代家具，其表面一般都采用擦蜡而不是涂漆，其道理就在于要保持木材的特殊质感。

1. 木材表面的冷暖感

用手触摸材料表面时，界面间温度的变化会刺激人的感觉器官，使人感到温暖或寒冷。冷暖感是由皮肤与材料间的温度变化以及垂直于该界面的热流量对人体感觉器官的刺激结果来决定的。人对木材的冷暖感主要受皮肤与木材界面间的温度、温度变化或热流速度的影响，实际上归根结底受材料导热系数控制。材料表面上的冷暖感觉和导热系数的对数一般是呈线性关系。由于木材顺纹方向的导热系数一般是横纹方向的 2～2.5 倍，所以木材的纵切面和横切面的温暖略强一些。木材导热系数适中，正好符合人类活动的需要，给人的感觉最温暖，这是木材给人触觉上的和谐，这也是人们喜爱用木质地板铺装地面改善居住环境的重要原因。

2. 木材表面的粗滑感

木材表面的粗糙感是指在粗糙度刺激作用下人们的触觉。它源于材料表面具有的各种细微形态以及在其表面上滑移时所产生摩擦力的变化。一般说来，材料的粗滑程度是由其表面上微小的凹凸程度所决定的。木材粗糙度与导管直径有关，含有大导管的木材显示了较高的粗糙度值。对于阔叶树材而言，主要是表面粗糙度对粗糙感起作用，木射线及交错纹理有附加作用。而针叶树材的粗糙感主要源于木材的年轮宽度。摩擦阻力大小及其变化是影响表面粗糙度的主要因素。摩擦阻力小的材料其表面感觉光滑。在木质地板上行走，人们的步行感觉平稳，就与木材表面适度的摩擦力和适度的光滑性有关。

3. 木材表面的软硬感

不同的木材硬度大小不一，其表面接触感觉到的轻与重和软与硬就不一样。通常多数针叶树材的硬度小于阔叶树材，不同断面的木材，其硬度差异较大。木材表面的软硬感涉及木质材料的使用性能。漆膜硬度及漆膜抗冲击性，这两项指标与木材的硬度有着直接关系。当木材的硬度较高时，漆膜的相对硬度也会提高。

4. 木材使人的听觉和谐

声波作用在木材表面时，一部分被反射，一部分被木材本身的振动吸收，还有一部分被透过。被反射的占 90%，主要是柔和的中低频声波，而被吸收的则是刺耳的高频高波。因此在我们的生活空间中，合理应用木材，可令人听觉和谐。

5. 木材触觉特性的生理反应

人在与木材及其他材料接触时的生理指标是有一定变化的，如脉搏的增减、血压的升降、呼吸节奏的变化、肢体温度的变化、心率变异程度、脑电波的功率谱变化等，在这些方面木材表现得要好于其他材料。有研究表明，在与木材接触时，人体血压略有升降，但幅度不大，且很快恢复到原位；心跳间隔略微减小，交感神经活动略增强，但副交感神经的活动并未有多大的减弱，甚至有增强趋势；脑电波表明兴奋性增强；此外，肢体的温度变化、痛觉等均不明显。而与金属、石材、塑料等接触时，以上生理指标变化幅度较大，有些指标的变化趋势甚至不利于人体健康。以上都说明木材能给人以适度的刺激感，这种适度的刺激感使木材有别于其他材料，既能给人以美好的感觉，同时刺激又不会很强，不至于影响人的注意力、危及人的健康。

2.5.3 木材的调湿特性

1. 湿度在人类居住环境中的作用

相对湿度在人类居住环境中有着重要作用，对人体通过皮肤所进行的新陈代谢有着非常重要的影响。这种新陈代谢若不能顺利进行，就会容易导致内脏疾病的产生。大量研究表明，在合适的温度条件下，人类居住环境的相对湿度保持在 45%～60%较为适宜。

2. 木材调湿原理

木材调湿（humidity conditioned by wood）功能是其独具的特性之一，是其作为室内装饰材料、家具材料的优点所在。木材在某种程度上能起到稳定湿度的作用，这也是人们为什么喜欢用木材作为室内装饰材料及用木制品存贮物品的重要原因之一。当其周围环境湿度发生变化时，木材自身为获得平衡含水率，能够吸收或放出水分，直接缓和室内空间湿度的变化，起到调节室内湿度的作用。

3. 木材调湿效果与厚度间的关系

木材越厚，其平衡含水率的变化幅度越小。室内装饰木材的厚度的具体应用，需要试验测定。从试验结果来看，3mm 厚度的木材，只能调节 1 天内的湿度变化，5.3mm 厚度的可调节 3 天，9.5mm 可调节 10 天，16.4mm 可调节一个月，57.3mm 可调节 1 年。当室内地板、天花板、壁板及木质家具等木材用量少时，如室内温度提高，尽管木材可以解吸，但因木材量少，室内湿度仍会降低，起不到调节湿度作用。相反，当室内的木材量多时，室内湿度几乎可以保持不变。

2.6　木材缺陷

一般认为，木材缺陷是指木材的任何不正常的组织结构，或者受到继续损伤与病虫害，致使木材的强度、加工性能、外观等受到不良影响而降低了木材使用价值的各种特征的总称。木材标准对其定义为：凡是呈现在木材上能降低其质量、影响其使用的各种缺点，均为木材缺陷。

国家标准规定原木和锯材共有的木材缺陷类别是节子、变色、腐朽、虫眼、裂纹、木材构造缺陷和伤疤。此外，原木还有树干形状缺陷，锯材还有木材加工缺陷。根据木材缺陷形成的原因，木材缺陷可分为木材的生产缺陷和木材的加工缺陷。

木材缺陷对材质一般都不利，所以木材材质的等级评定主要依据木材不同用途所容许的缺陷限度而定。各种用途的木材能容许缺陷的限度不同。另一方面，木材缺陷的影响具有相对性，例如乱纹，它能降低木材的强度，但同时使木材具有美丽花纹，如用它刨切成薄木制作装饰材料，原来起不良影响的缺陷此时就变成了优点。

2.6.1　木材的生长缺陷和生物危害缺陷

木材的生长缺陷是树木生长过程中，因树木生长特性或环境影响而形成的缺陷，有的是树种生长正常的生理现象，如节子、髓心等，有的是受周围环境因子影响，致使树木生长发育不正常，如应力木、弯曲等；生物危害缺陷是由微生物、昆虫和海洋钻孔动物等外界生物侵害造成的缺陷，主要有变色、腐朽和虫害。

1. 木节

包含在树干或主枝木材中的活枝条或死枝条部分称为节子。对树木生长来说，节子是正常的生理现象，所以节子在木材中不可避免，在各种的木材中都有；在各种尺寸的锯材上，常见大小不同的木节，原木上也有木节存在，只不过有些在材料表面上看不见而已。节子是木材中最普遍的一种自然缺陷。

木节从形状上来分，有圆状节、掌状节和条状节三种，按节子质地及与周围木材的结合程度又可分为活节、死节和漏节三类，如图 2.6-1 所示。

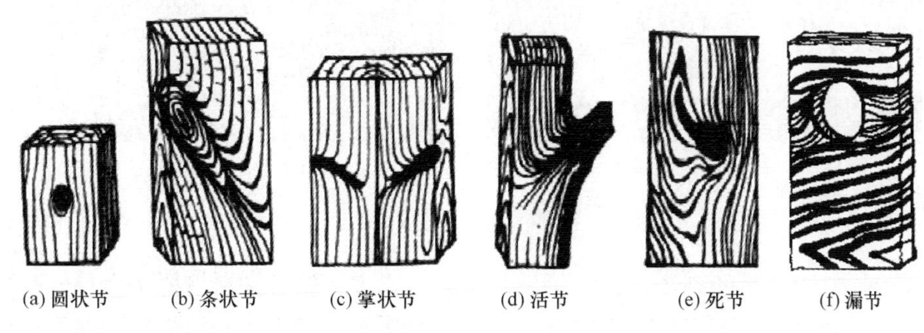

(a) 圆状节　(b) 条状节　(c) 掌状节　(d) 活节　(e) 死节　(f) 漏节

图 2.6-1　木节

活节材质坚硬，和周围木材紧密地结合。死节是枯树枝被树活体包围而形成的，与周围的木材组织完全脱离或部分脱离。漏节是节子本身已经腐朽，并连同周围的木材也已受到影响，常呈筛孔状、粉末状或空洞状。

节子对木材材质的主要影响为：①节子能破坏木材的均匀性和完整性；②节子对木材力学性质的影响；③节子增加了木材加工难度、降低了加工出材率和产品质量。

节子影响木材均质性和力学性能，对木材顺纹抗拉强度的影响最大，对顺纹抗压强度影响最小，对抗弯强度的影响取决于木节在木构件截面高度上的位置，在受拉一侧时影响最大，在受压一侧的范围内影响较小。木节对木材力学性能影响的程度与节子的种类有关，还与木节的大小和密集程度等因素有关。一般来说，活节的影响最小，死节的影响中等，漏节的影响最大。木材在受横纹拉伸、压缩及顺纹剪切时，特别是受径向拉伸、压缩和弦面剪切时，节子对木材强度有好的影响，甚至可能提高其强度。

2. 裂纹

木材纤维与纤维之间的分离所形成的裂隙，叫开裂或称裂纹（图 2.6-2）。树木在生长过程中，由于风、生长应力、霜害等自然原因在树干内部产生应力，使木质部破坏后产生裂纹。除轮裂外，大多数裂纹是细胞壁本身破坏造成的。

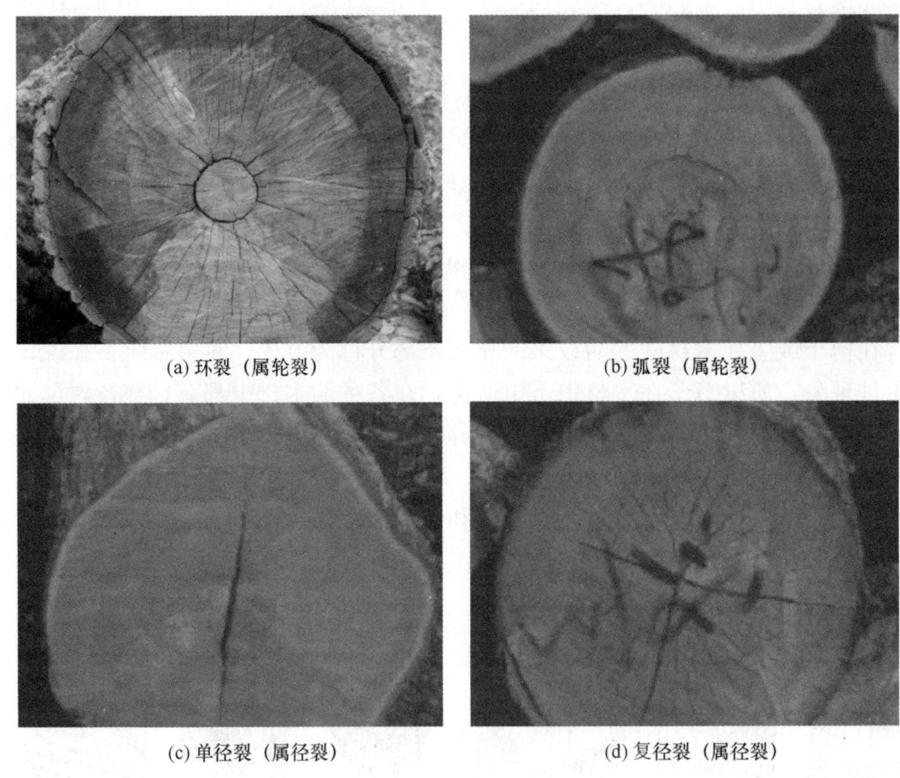

(a) 环裂（属轮裂）　(b) 弧裂（属轮裂）

(c) 单径裂（属径裂）　(d) 复径裂（属径裂）

图 2.6-2　裂纹

树木生长过程产生的裂纹包括：轮裂、径裂、霜害。轮裂是沿着树木生长轮开裂而形成的裂纹。径裂是垂直于生长轮方向开裂而形成的裂纹。霜害是立木由于低温而产生的开裂，包括霜冻轮和冻裂。其中霜冻轮平行于生长轮，冻裂是沿着射线方向产生的轴向裂纹。

裂纹破坏了木材的完整性，降低了木材的强度，可以成为生物因子危害木材的通道，同时，出现裂纹的方向在后期加工干燥及使用过程中容易出现裂纹扩展，影响木材的使用。

3. 弯曲和尖削

弯曲和尖削属于树干形状缺陷，是树木生长过程中，受外界影响而形成的不正常形状缺陷。弯曲是树干轴线不在一条直线上，向任何方向偏离两个端面中心的连线。弯曲见于所有树种的木材，是木材的主要缺陷之一，部分阔叶树种在自然条件下易产生弯曲的树干（图 2.6-3）。弯曲对木材的纵向抗压强度影响很大，因此建筑中使用的原木，对弯曲度有严格的限制。弯曲还对成材的总出材率和成材尺寸有很大影响。

尖削是树干在全长范围内大小头直径差值超过正常的递减量（图 2.6-4）。减小度大的原木加工时降低出材率，容易造成人为斜纹。

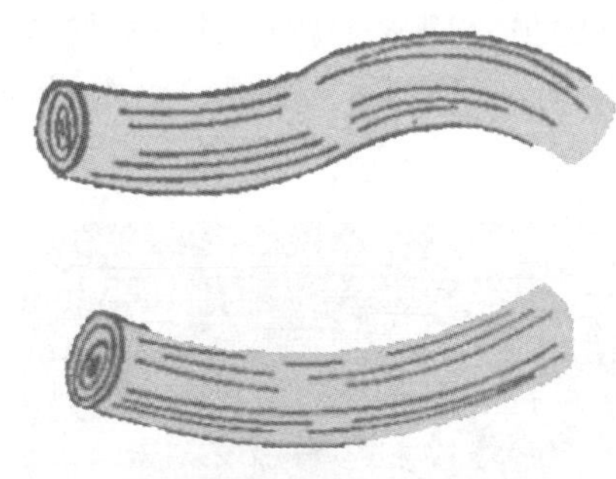

图 2.6-3　弯曲

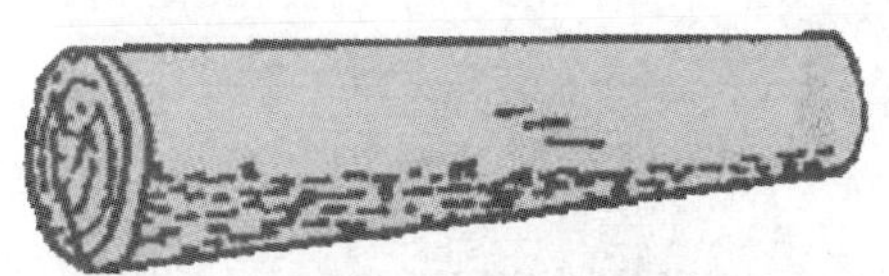

图 2.6-4　尖削

4. 斜纹、乱纹和涡纹

图 2.6-5　扭转

树木在生长过程中纤维或管胞的排列与树干轴线不平行，在原木上产生斜纹，有些树种常出现扭转或螺旋纹（图 2.6-5），带扭纹的原木锯解成方木、板材时，其弦面会出现天然斜纹（图 2.6-6）。乱纹是一种不规则的木材构造，表现在木材的纤维呈交错、波状或杂乱排列。乱纹易见于所有树种，尤其是阔叶树种，它常出现在树干兜部靠近树根部分，亦可见于树干的木瘤部分。涡纹是在节子或夹皮周围年轮或纤维形成的局部弯曲，呈旋涡状，称为涡纹（图 2.6-7）。

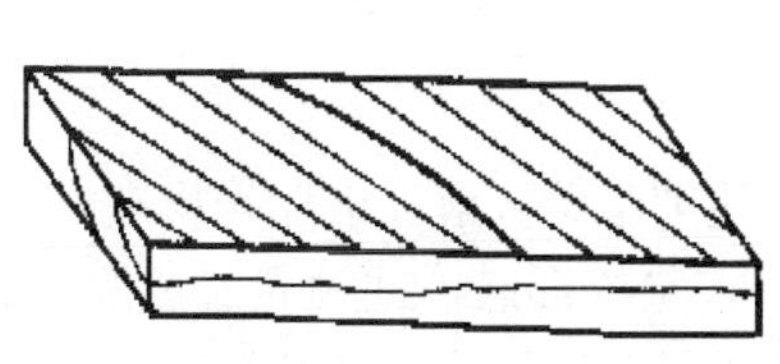

图 2.6-6　斜纹

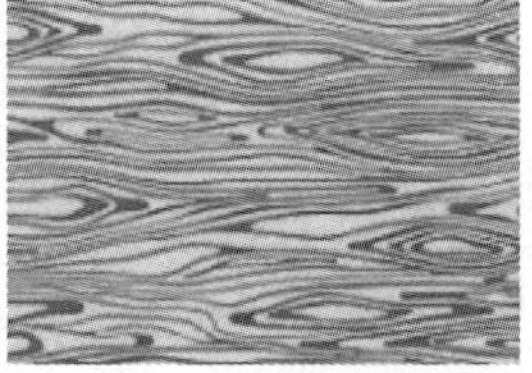

图 2.6-7　乱纹和涡纹

斜纹、乱纹和涡纹都会影响木材的力学性能，同时，斜纹、乱纹和涡纹的出现也可以增加木材的美观。因此，需选用合理加工方法，可以降低其对力学性能的影响，提高木材利用价值。斜纹主要是降低木材的强度，对顺纹抗拉、抗弯和冲击韧性等强度的影响较大，人为斜纹在同等程度下比天然纹的影响更为严重；乱纹降低木材的抗弯强度及弹性模量，但能增加木材抗劈性能和顺纹抗弯强度；有涡纹的木材，能降低顺纹抗拉、抗弯和冲击韧性等强度。涡纹如位于靠近受拉区域或危险断面内，对木材的抗弯强度有极不利的影响。

5. 变色与腐朽

真菌的侵入并在木材中生长、繁殖会导致木材腐朽或变色（图 2.6-8）。真菌变色可分霉菌变色、变色菌变色和腐朽菌变色。霉菌变色和变色菌的变色一般不影响木材的物理力学性质。腐朽菌侵入初期导致木材腐朽变色，但此时木材仍保持原有的构造和硬度，其物理、力学性质基本没有变化。但其抗冲击强度稍有降低，吸水性能略有增加，并损害外观。此外，化学侵入是木材变色的另一因素。新伐倒的木材与空气接触后氧化反应会使木材变色，其颜色一般都比较均匀且仅限于表层，对木材的物理、力学性质没有影响。

(a) 心腐　(b) 褐腐　(c) 白腐　(d) 蓝变

图 2.6-8　腐朽和蓝变

木材由于木腐菌的侵入，逐渐改变其颜色和结构，使细胞壁分解、破坏，物理、力学性质随之发生变化，最后变得松软易碎，呈筛孔状或粉末状等形态，此种状态成为腐朽。针叶树材常有褐腐，阔叶树材常有白腐朽。褐腐菌侵蚀木材，腐蚀木材的纤维素，残留木质素，呈现褐色、红褐色或棕褐色，木材表面有纵横交错的裂隙，褐腐后期的木材很容易捻成粉末，故又称“粉状腐朽”；而白腐菌侵蚀造成的腐朽是破坏木质素剩下纤维，木材呈现白色斑点，变得松软如海绵，似蜂窝或筛孔状，也被称作“筛状腐朽”。腐朽导致木材的细胞壁分解，对木材的力学性能有不利的影响。与白腐相比，由于褐腐主要分解纤维素，其对木材强度的影响更大。

6. 虫害

因各种昆虫为害而造成的木材缺陷称为木材虫害（图 2.6-9）。虫害在各种木材中都可能有，最常见的害虫有：小蠹虫、天牛、吉丁虫、扁蠹虫、白蚁和树蜂等，此外还有船蛆和团水虱。对木材危害较大的昆虫为甲壳虫和白蚁两大类，白蚁主要是土木栖类的害虫，我国南方的木结构方易发生白蚁侵蚀。遭虫蛀木材内部有许多坑道，其内往往充满昆虫的排泄物和木屑等，破坏了木材结构，且容易导致木材腐朽，使木材丧失原有的性质和使用价值。如木结构的木材中存在昆虫活体或虫卵，最终将木构件蛀空，造成房屋坍塌的事故。因此有昆虫灾害的地区，木结构的防虫工作必须充分重视，南方潮湿地区尤其要重视木结构的防白蚁。

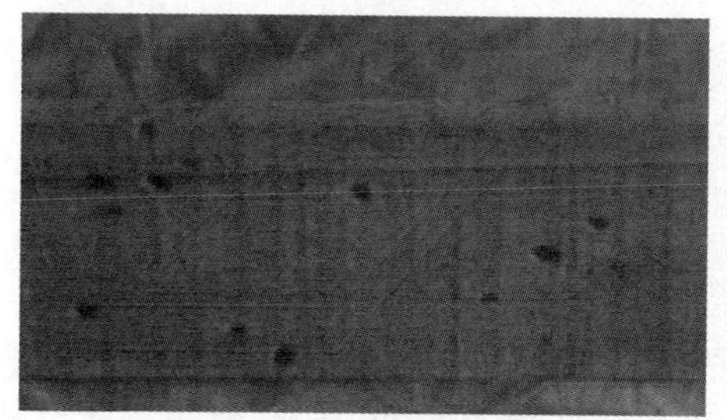
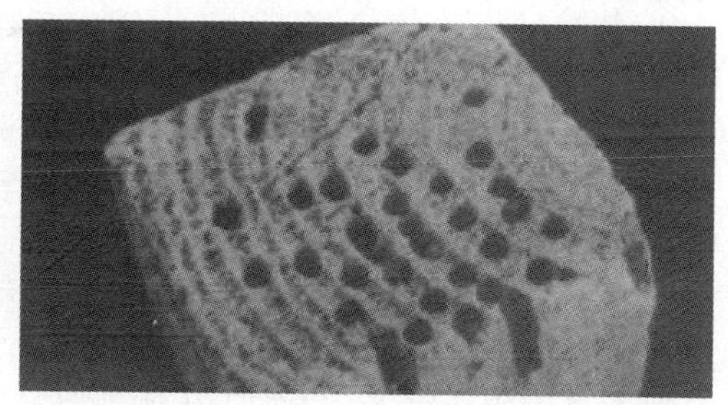

图 2.6-9 虫眼

2.6.2 木材的加工缺陷

木材的加工缺陷是树木伐倒时受伤、木材的机械加工不当以及不适当的干燥处理产生的缺陷，也称为人为缺陷。

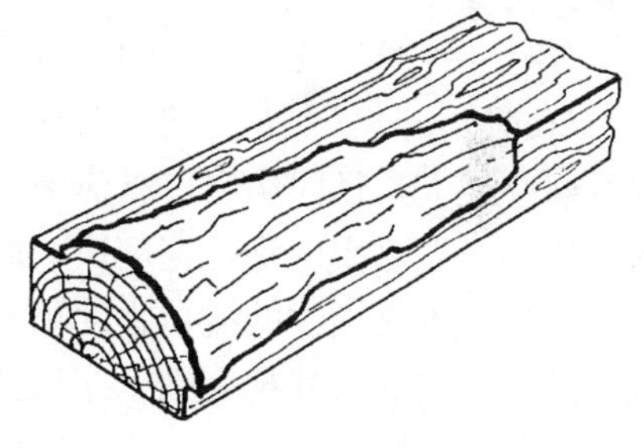

图 2.6-10 缺棱

1. 缺棱

在整边锯材上残留的原木表面部分，称为缺棱（图 2.6-10）。缺棱又可分为钝棱和锐棱两种。锯材材棱未着锯的部分（材边全厚的局部缺棱）叫作钝棱（图 2.6-11 和图 2.6-12）；锯材材边局部长度未着锯的部分（材边全厚的缺棱）叫作锐棱。

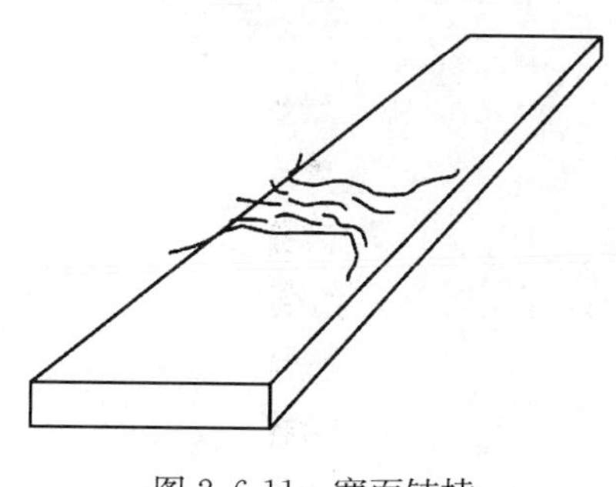

图 2.6-11 宽面钝棱

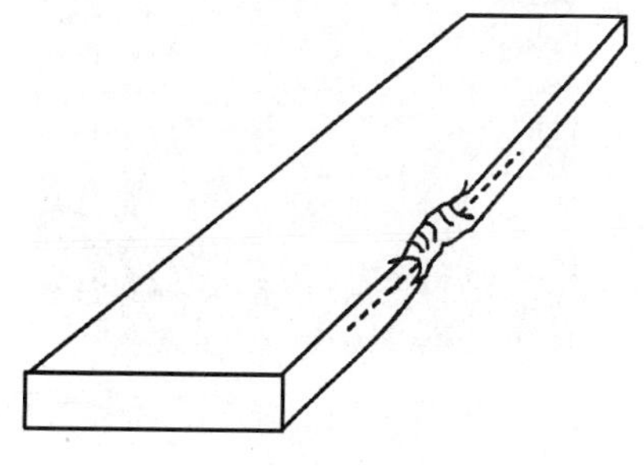

图 2.6-12 窄面钝棱

缺棱减少材面的实际尺寸，木材难于按要求使用，改锯则增加废材量。尖削度大的原木锯切时容易产生缺棱，为了节约木材，在木材加工中合理利用缺棱，可提高出材率。

2. 锯口缺陷

木材因锯割而造成材面不平整或偏斜的现象，统称为锯口缺陷（图 2.6-13）。造成这类缺陷的主要原因是机械和锯条问题，其次是装料和进料速度等，木材方面因素少。所以这部分缺陷只要提高加工质量就完全可以克服。锯口缺陷主要有瓦棱状锯痕、纹、毛刺糙面和锯口偏斜等四种。锯口缺陷使锯材厚、薄或宽、窄不匀，或材面粗糙，以致影响产品质量，难于按要求使用。同时锯口的出现减小了木材的横截面积，影响木材的力学性能，在锯材目测分等中锯口可以看作等效投影面积的节子，有锯口的锯材需按照标准要求降等。

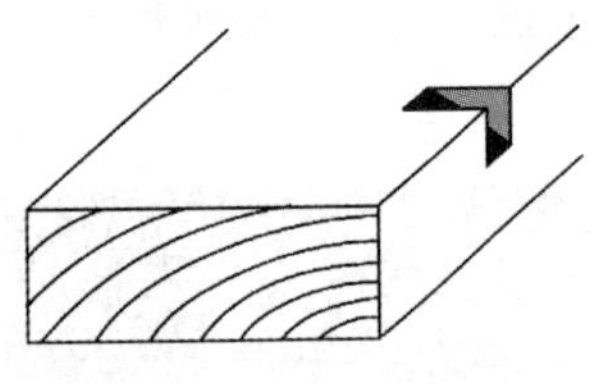
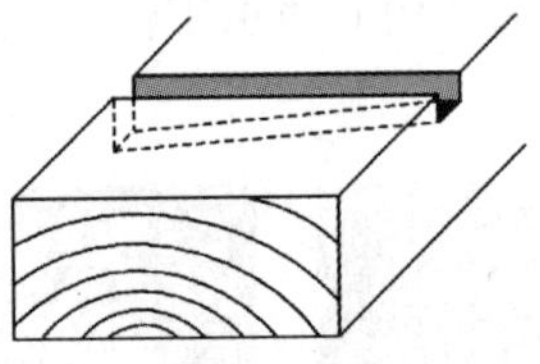
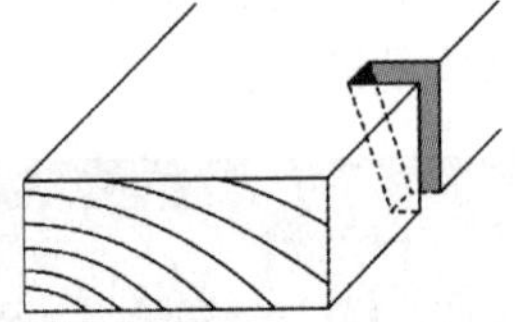

图 2.6-13　锯口缺陷

3. 干裂

干裂是指沿锯材长度方向的、细小的木质分离，通常垂直或穿过年轮，是由于木材表面水分蒸发过快所导致（其为加工干燥缺陷）。当湿材暴露在阳光下时，其表面水分快速蒸发，而内部的含水率仍然处于饱和状态，在内部未收缩的情况下出现表面收缩，从而产生表面裂缝。

木材在干燥过程中发生的干裂是常见现象（图 2.6-14）。产生干裂的原因是木材在纵向、弦向、径向三个方向的干缩率不同以及木材表层与其内部含水率不同。由于木材弦向的干缩率最大，径向次之，纵向最小，木材干燥过程中弦向会受到拉应力的作用；同时，木材外表面含水率的降低速度快，而中间水分不易排出，外表干缩加大了木材表面的拉应力；而且，木材横纹的抗拉强度很低，故易造成干裂。一般来说，木材的干缩率越大，含水率差异和截面尺寸越大则干缩现象越严重。

图 2.6-14　原木、方木的干裂

裂纹特别是贯通裂，能破坏木材的完整性，影响木材的利用和装饰价值，降低木材的强度，尤其是顺纹抗剪强度。在保管不良的条件下，木腐菌易由裂隙侵入而引起木材的变

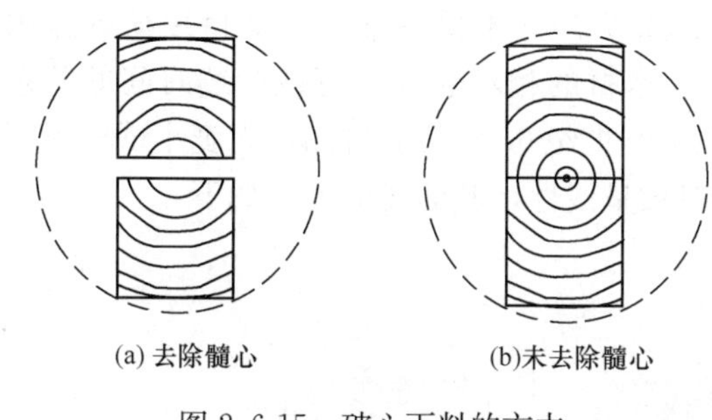

图 2.6-15 破心下料的方木

色和腐朽。裂纹对木材力学强度的影响随着机械荷重的性质，作用力的方向和裂纹的大小等因子的不同而异，裂纹对顺纹和横纹抗压的影响最小。但在木材横纹受拉和顺纹剪切时，对强度影响很大。

对于干缩率大，易干裂的树种，当需获得较大截面的方木时，可采用破心下料的方法锯解（图 2.6-15)，以减少发生干裂的概率，也可以在堆场和干燥窑中，通过减缓和均匀干燥，来减少干裂的发生。

4. 变形

由于木材的各向异性，其三个切面方向的干缩率不同和干燥过程中截面各部位含水率的差异，使锯解成的方木、板材会放生形变和扭曲（图 2.6-16)。将一根平直的方木锯成更小截面的材料时，由于木材内应力的释放，也会使剖成小截面的木料扭曲。

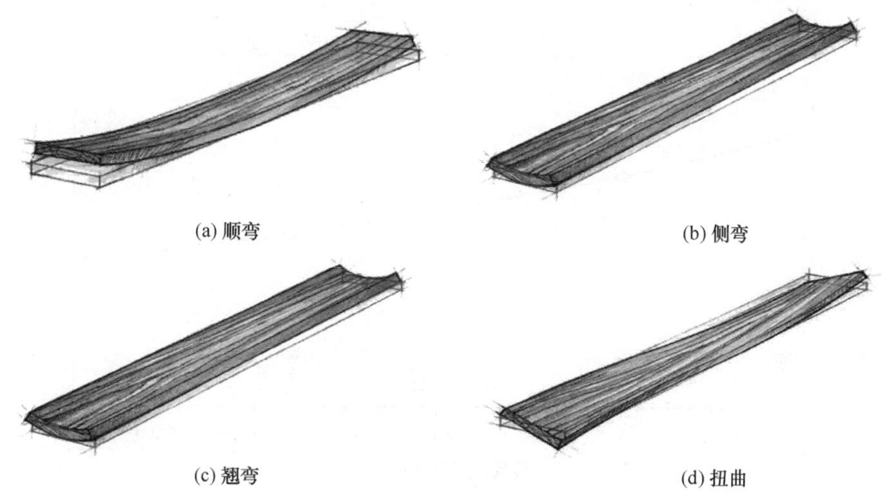

图 2.6-16 锯材干燥变形

木材发生过大的形变和扭曲将会丧失其利用价值，因此研究合理的锯解方案和干燥工艺对提高利用率具有重要意义。目前，生产中常通过：①码垛时在材堆顶部沿隔条处压重物；②锯材整齐堆垛，隔条上、下在一条直线上，减小隔条距离；③控制终含水率，以免含水率过低而加剧弯曲；④减缓干燥速度；⑤对应力木进行汽蒸、水煮处理等方法减少弯曲的出现。

2.7 木材的荷载持续效应

2.7.1 木材的蠕变

木材是一种具有显著黏弹性性质的材料，这种性质的一种表现是木材承受荷载时，变形随时间延长而逐渐增大，此现象称为蠕变（图 2.7-1）。木材在常温下受持续荷载作用会发生蠕变而显著地丧失强度（图 2.7-2），其为木材的相对强度与荷载持续时间的关系曲线，也被称作 Madison 曲线，此曲线为美国在 20 世纪 60 年代通过测试无疵小试样得到的，由图可知木材的承载力与荷载作用时间的对数呈线性，此曲线的方程如下：

图 2.7-1　木梁的蠕变

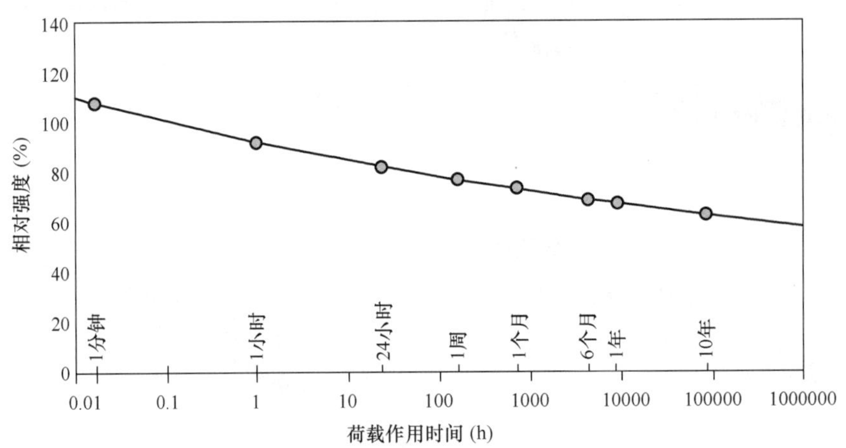

图 2.7-2　荷载作用时间与木材相对强度关系

注：5min 时刻的强度为 100%

$$f = 90.4 - 6.3\log t \tag{2.7-1}$$

式中　f——相对强度（百分比）；

t——荷载作用时间（h）。

由 Madison 曲线可知，当荷载持续时间超一年后，其强度降为原始强度的 60%。同时，还可看出，50%是一个重要的相对强度水平，当低于此水平时，荷载的持续不会导致木材破坏。

木材的蠕变曲线如图 2.7-3 所示，在受外力作用时，由于木材的黏弹性而产生 3 种变形：瞬时弹性变形（OA，在加载时产生，其服从胡克定律）、黏弹性变形（AB，其变形速率随时间递减）及塑性变形（DE，其为永久变形，原因是长时间荷载造成木材的纤维素分子链彼此滑动，因此变形不可逆转）。

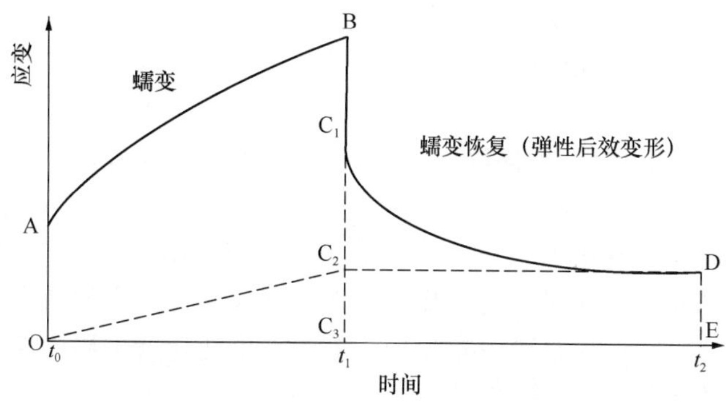

图 2.7-3　木材的蠕变曲线

根据蠕变曲线分析木材等黏弹性材料，其具有以下规律：①对木材施载产生瞬时变形后，变形有一随时间推移而增大的蠕变过程（AB）；②卸载后有一瞬时弹性恢复变形（BC_1），其数值等于施载时的瞬时变形（$OA=BC_1$）；③卸载后有一随时间而变形减小的蠕变恢复（C_1D），此过程是可恢复蠕变部分；④在完成蠕变恢复后，变形不再恢复，而残留的永久变形为蠕变不可恢复部分（DE）；⑤蠕变变形值等于可恢复蠕变变形值和不可恢复蠕变变形值之和（即 $AB=C_1C_2+DE$）。

2.7.2　木材蠕变的影响因素

影响木材蠕变的重要因素有木材的多孔性、木材的含水率和温度，其主要通过影响木材的塑性而影响蠕变，其中含水率和温度对木材塑性的影响十分显著。

多孔性的树种如栎、白蜡木、榆木等在承受弯曲时蠕变大，因为变形是坚强的韧性纤维对邻近导管施加压力，导管的强度降低，导管被强迫向腔内溃陷而产生塑性变形，之后韧性纤维边占据其空隙。

含水率对木材的蠕变具有明显的影响，在给定应力比的情况下，较高含水率的梁将先于较低含水率的梁破坏。因此，在木结构使用中为减小其蠕变，需保证承重木构件处于较低的含水率。

木材的塑性随温度的升高而加大，其比含水率所起的作用明显，这种性质被称为热塑性。木材的主要成分为纤维素、半纤维素和木质素。木质素是热塑性物质，其全干状态的软化点为 127～193℃，湿润状态下软化点现在降低为 77～128℃。半纤维素软化点的降低和木质素相似，湿润状态软化点为 70～80℃。纤维素的热软化点在 232℃以上，其不受水分的影响，但纤维素的玻璃化转变温度随含水率的增加而降低。木材在湿润状态下加热时，有显著软化的可能性。

木材加工中常利用木材的塑性加工制作弯曲木、压缩木、异形人造板等，木材的蠕变和塑性影响木材在木结构中的承载力，为保证木结构的使用安全，需考虑蠕变对木结构的影响。有关结论如下：

（1）针叶树材在含水率不发生变化条件下，施加静荷载小于木材比例极限强度的 75％时，可认为是安全的。但在含水率变化条件下，大于比例极限强度 20％时，就可能发生蠕变，随时间延长最终会导致破坏。

（2）若木材由于静荷载产生变形，其变形速率逐渐降低，则变形经一定时间后最终会停止，这种情况下木结构是安全的。反之，如果变形速率是逐渐增加的，则木结构的设计不安全，最终会导致破坏。

（3）若木梁承受的荷载低于其弹性极限，且短期受载即卸载，它将恢复其原有的极限强度和弹性。

（4）含水率会增加木材的塑性和变形。在含水率增加时，同样荷载下的木材变形增加；当含水率降低到原来程度时，变形却不会恢复到原来含水率的状态，即由于含水率的增加，木材受荷载产生的变形是可以累积的。若含水率变化若干周期后，木材的蠕变量会很大，甚至会发生破坏。

（5）温度对蠕变也有显著的影响。当空气温度和湿度增加时，木材的总变形量和变形速度也增加。一般情况下，空气相对湿度的波动范围较小，而木构件的尺寸加大，故其主要受温度影响，其规律为：温度越高，木材纤维素分子链运动加剧，变形增大。因此夏季木梁变形大即符合此原理。

2.8 影响木材力学性质的因素

木材是变异性很大的天然生物高分子材料，其构造和性质不仅因树种不同而不同，而且随林木的立地条件而变异。木材的力学性质与木材的构造密切相关，同时还受木材含水率、木材缺陷、木材密度、大气温度变化及木材尺寸的影响。

2.8.1 含水率

木材的含水率影响木材的力学性质，含水率越低木材的强度和刚度越高。一般来说，在含水量低于纤维饱和点时，木材的强度和刚度随着含水率的下降呈线性增加；但当含水率高于纤维饱和点后，含水率的变化对木材的强度和刚度几乎无影响。其原因是，含水率在纤维饱和点以下，随着含水率的降低，木材单位体积内纤维素和木素分子的数目增多，分子间的结合力增强所致。

测试表明，在不同方向，含水率的变化对木材的力学性能的影响是不同的。对无疵木材小试样来说，1%含水率的变化对木材力学性质影响如表 2.8-1 所示。当木材的含水率在 8%到 20%范围内变化时，表 2.8-1 所述的关系是有效的。测试还表明，含水率的变化对足尺木材力学性能的影响不如无疵木材小试样显著，尤其是在某些方向。例如，含水率的变化不影响足尺木材试样的抗拉强度，但对足尺木材试样的抗压强度影响很明显。由于含水率对木材强度的影响，木结构设计相关标准通常需要考虑可能出现的高湿度环境导致含水率变化而使木材强度值折减。

木材的含水率影响其力学性能，木材力学试样制作要求用气干材，气干材含水率不是恒定的。因此，当测定木材的强度时，必须测定试验时木材试样的含水率，并将强度调整为标准试验方法所规定的同一含水率下的木材强度，以便于不同树种或不同树株间木材强度的比较。我国国家标准《木材物理力学试验方法总则》GB/T 1928—2009 中规定的同一含水率为 12%，调整公式为：

$$\sigma_{12} = \sigma_{w}[1 + \alpha(W - 12)] \tag{2.8-1}$$

无疵木材含水率变化1%时木材的力学性能的改变　　**表2.8-1**

性能	变化（%）
顺纹方向抗压强度	5
横纹方向抗压强度	5
顺纹方向抗弯强度	4
顺纹方向抗拉强度	2.5
横纹方向抗拉强度	2
顺纹方向抗剪强度	3
顺纹方向弹性模量	1.5

式中　σ_{12}——含水率为12%时木材强度；

σ_w——含水率试验时的木材强度；

α——含水率每增减1%时木材强度的变化值，α值随强度的性质而不同。

上式适用的含水率范围为8%～15%，试验时应采用气干材。从表2.8-2所列值的大小可知，α值越大，说明含水率随该强度性质的影响也越大，反之则小。另外还可看出树种与含水率的影响无明显关系。

我国木材物理力学试验方法中各种强度含水率调整系数α值　　**表2.8-2**

强度性质	α值	强度性质	α值
顺纹抗拉	0.015	顺纹抗剪	0.03
抗弯	0.04	顺纹抗压	0.045
抗弯弹性模量	0.015	横纹抗压弹性模量	0.055
顺纹抗压	0.05	硬度	0.03

注：顺纹抗拉含水率的调整只限于阔叶树材，针叶树材不进行调整。

2.8.2　密度

木材密度是决定木材强度和刚度的基础，是判断木材强度的最佳指标。密度增大，木材强度和刚性增高；密度增大，木材的弹性模量呈线性增高；密度增大，木材韧性 也成比例地增长。测定木材的力学强度，工作繁重，而测定木材的密度则简单得多，因此对木材的密度与强度的关系需要进行研究，对于选材适用、评价林木培育措施对材性的影响和林木育种有重要指导意义。在通常的情况下，除去木材内含物，如树脂、树胶等，密度大的木材，其强度高，木材强度与密度两者存在下列指数关系方程：

$$\sigma = K\rho^n \tag{2.8-2}$$

式中　σ——木材强度；

ρ——木材密度；

K和n——系数，随强度的性质而不同。

木材力学性质和密度的关系除指数曲线外，也可以用直线关系$\sigma = a\rho + b$来表示。

木材力学性质与密度之比称为木材的品质系数，是木材品质优劣的标志之一，通常强度与密度呈正相关。但树种和强度性质不同，其变化规律也有变异。另外，应力木的强度与密度的关系不成正相关，如应压木密度大，但其抗弯强度却很低。

2.8.3 缺陷

木材中由于立地条件、生理及生物危害等原因，使木材的正常构造发生变异，以致影响木材性质，降低木材利用价值的部分，称为木材的缺陷。木材缺陷破坏了木材的正常构造，必然影响木材的力学性质，其影响程度视缺陷的种类、质地和分布等而不同。

（1）木节

节子周围的木材形成斜纹理，使木材纹理走向受到干扰，同时，节子破坏了木材密度的相对均质性，而易引起裂纹。节子对木材力学性质的影响决定于节子的种类、尺寸、分布及强度的性质。

木节对顺纹抗拉和顺纹抗压强度的影响，决定于节子的质地及木材因节子而形成的斜纹理。当斜纹理的坡度大于1/15时，开始影响顺纹抗压强度，木节对顺纹抗拉强度的影响大于对顺纹抗压强度的影响。

木节对抗弯强度的影响，当节子位于试样受拉一侧时，其影响程度大于位于受压一侧的影响，尤其当节子位于受力点下受拉一侧的边缘时，其影响程度最大。当节子位于中性层时，可以增加顺纹抗剪强度。木节对抗弯强度的影响程度，除随木节的分布变异外，还随木节尺寸而变化。

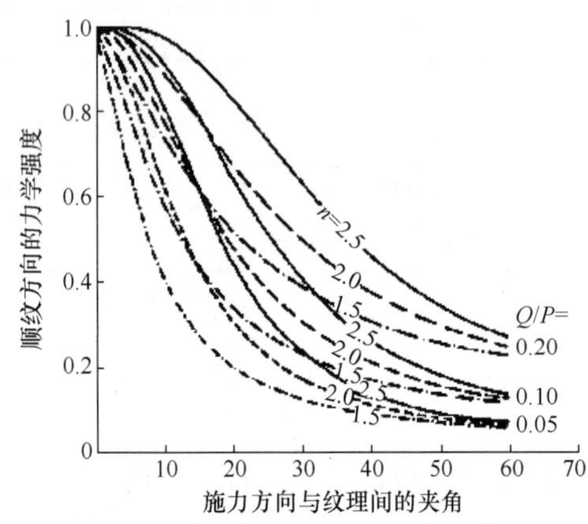

图 2.8-1 斜纹理对木材力学性质的影响
Q/P 为一定角度下力学强度与顺纹方向的比值；n 为经验终止系数

木节对横纹抗压强度的影响不明显，当节子位于受力点下方，节子走向与施力方向一致时，强度不仅不降低反而有增高的现象。木节对抗剪强度的影响研究不多，当弦面受剪时，节子起到增强抗剪强度的作用。

（2）斜纹理

斜纹理对木材力学强度的影响程度，决定于斜纹理与施力方向之间的夹角的大小以及力学性质的种类（图 2.8-1）。斜纹理对顺纹抗拉强度的影响最大，抗弯强度次之，顺纹抗压强度更次之，如正常木材，横纹抗拉强度为顺纹抗拉强度的1/30～1/40，大者为1/13，小者为1/50，当纹理倾斜角度达到1/25时，顺纹抗拉强度便明显地降低。正常木材，横纹抗压强度为顺纹抗压强度的1/5～1/10，这种关系比横纹抗拉强度与顺纹抗拉强度之间的关系小得多，因此斜纹理对顺纹抗压强度的影响比顺纹抗拉强度的影响也小得多。

（3）裂纹

木材的裂纹，不仅发生于木材的贮存、加工和使用过程，而且有的树木在立木时期已发生裂纹。裂纹分为径裂和轮裂，径裂多在贮存期间由于木材干燥而产生，当干燥时原来立木中存在的裂纹还会继续发展。裂纹不仅降低木材的利用价值，还影响木材的力学性质，其影响程度的大小视裂纹的尺寸、方向和部位而不同。相关研究表明，裂纹对抗弯和握钉力的影响很大。就抗弯强度来说，轮裂的影响大于径裂。

（4）变色、腐朽和虫眼

木材的变色对木材的均匀性、完整性和力学性质无影响，只是使木材颜色发生变化，有损于木材外观。腐朽严重地影响木材的物理、力学性质，使木材质量减少，强度和硬度降低。通常在褐腐后期，木材的强度基本丧失，一般情况下完全丧失强度的腐朽材，其使用价值也随之丧失。木材中的虫眼破坏了木质材料的连续性，其所产生的空洞降低了木材的强度，对木材利用产生很大的损失。木制家具和木结构构件中常见有粉虫眼，这种虫眼在木材的表面只见微小的虫孔，但内部危害严重，一触即破，危害极大。

2.8.4 温度

温度对木材力学性能影响比较复杂。一般情况下，木材的强度和刚度都随温度的升高而降低，但在正常的使用温度下（−30℃～+90℃），温度对木材力学性能的影响是很小的。木结构的相关设计规范通常不考虑温度对木材力学性能的影响。

正温度的变化，在导致木材含水率及其分布产生变化同时，会造成木材内产生应力和干燥缺陷。正温度除通过它们对木材强度的间接影响外，还对木材强度有直接影响。主要原因在于，热促使细胞壁物质分子运动加剧，内摩擦减少，微纤丝间松动增加，引起木材强度下降。如水热处理情况下，温度超过 180℃，木材物质会发生分解；或在 83℃左右条件下，长期受热，木材中抽提物、果胶、半纤维素等会部分或全部消失，从而引起木材强度损失，特别是冲击韧性和抗拉强度会较大地削弱。长时间高温的作用对木材强度的影响是可以累加的。总之，木材大多数力学强度随温度升高而降低。

负温度对木材强度的影响如下：冰冻的湿木材，除冲击韧性有所降低外，其他各种强度均较正温度有所增加，特别是抗剪强度和抗劈力。冰冻木材强度增加的原因，对于全干材可能是纤维的硬化及组织物质的冻结；而湿木材除上述原因外，水分在木材组织内变成固态的冰，对木材强度也有增大作用。

2.8.5 尺寸

强度测试结果表明，测试试样的体积对力学性能有显著影响。与小试样相比，大试样会在较低的拉应力水平出现破坏。这种现象常用弱连接理论解释。该理论认为“一个受拉链条的强度绝对不会高于最弱的那个连接。”对于木材来说，大试样会比小试样有更大的概率在最大的受力截面遇到薄弱木材。木材的脆性和 Weibull 分布理论可以解释这种现象。Weibull 理论假设材料是脆性的，且具有随机尺寸的缺陷随机分布在试样内。如果 V_1 和 V_2 分别是两个木材试样的体积，f_1 和 f_2 分别是它们的强度，则式（2.8-3）可以表示各个参数间的关系。影响因子 k 是 Weibull 分布的尺寸参数：

$$\left(\frac{f_2}{f_1}\right)=\left(\frac{V_1}{V_2}\right)^{1/k} \tag{2.8-3}$$

式中的体积为试样宽度（b）、厚度（h）、长度（l）的乘积，因此方程可以进一步改写式（2.8-4）所示：

$$\left(\frac{f_2}{f_1}\right)=\left(\frac{b_1}{b_2}\right)^{1/k_{\mathrm{b}}}\cdot\left(\frac{h_1}{h_2}\right)^{1/k_{\mathrm{h}}}\cdot\left(\frac{l_1}{l_2}\right)^{1/k_l} \tag{2.8-4}$$

在实际使用中，木梁的宽度变化很小，因此忽略宽度的影响。抗弯强度和抗拉强度的值是在标准规定的跨高比下测试得到的。这使得式（2.8-4）缩减为仅考虑高度成为可能，但对于形状参数，需考虑高度和长度的组合因子。

木结构设计规范常需考虑尺寸（高度）的影响，其常通过规定不同尺寸不同荷载条件下木材的强度值来体现尺寸的影响。例如，欧洲木结构设计规范 Eurocode 5 规定了尺寸调整系数 k_h用于提高小尺寸木材的抗弯和抗拉强度，其中弯曲时锯材的高度小于 150mm，拉伸时锯材的宽度小于 150mm。体积对木材横纹方向的抗拉强度影响也很大，因此 Eurocode 5 在具有高横纹拉应力的区域（如弯曲构件或双锥梁顶部区域）规定了尺寸调整系数 k_{vol}。

参 考 文 献

[1] 胡广斌，张忠涛，肖小兵．我国进口木材现状及发展态势[J]．林产工业，2015，42(1)：5-9.

[2] 江京辉，吕建雄．红椎和西南桦人工林木材的机械加工性能[J]．林业科学，2008，44(10)：120-126.

[3] 侯新毅，姜笑梅，高建民，等．木材的机械加工性能研究现状与进展[J]．木材工业，2003，17(6)：3-5.

[4] 刘一星，赵广杰．木材学[M]．北京：中国林业出版社，2012.

[5] 徐有明．木材学[M]．北京：中国林业出版社，2006.

[6] 木结构设计手册编辑委员会．木结构设计手册(第三版)[M]．北京：中国建筑工业出版社，2005.

第3章　结构用木材及工程木产品

3.1　概述

工程木（Engineered Wood Products，EWP）是指随加工技术进步而产生的新型木质结构材料，包括多种结构用木制产品，因取代传统实体木材而在现代建筑中广泛使用。

工程木由刨、削、锯等机械加工制成的规格材、单板、单板条、刨片等木制构成单元，根据结构需要进行设计，并借助结构用胶粘剂压制成的具有一定形状的、产品力学性能稳定、设计有保证的结构用木制材料。建筑上常用的工程木主要有：胶合木、正交胶合木、单板层积材、结构胶合板、定向刨花板、木制工字梁和木（竹）质重组材等。

3.2　结构用木材

3.2.1　原木

原木是指伐倒木去除枝丫形成原条后，再按照一定要求截成一定长度的木段（图 3.2-1）。原木在生长过程中直径从根部至梢部逐渐变小，为平缓的圆锥体，具有天然的斜率。原木选材时，对其尖梢度有要求，一般规定其斜率不超过 0.9%，否则将影响其使用。原木的径级以梢径计算，一般的梢径为 80～200mm（人工林木材的梢径一般较小），长度为 4～8m。

图 3.2-1　国产人工林落叶松原木

原木按长度一般可分为长原木（6m 以上）、中长原木（3～5.8m）和短原木（2～2.8m）；按直径一般可分为粗径木（60cm 以上）、大径木（40～58cm）、中径木（30～38cm）、小径木（20～28cm）和细径木（18cm 以下）；按材质分特级原木、一等原木、二等原木、三等原木和等外原木。原木等级根据原木自身缺陷（节子、腐朽、弯曲、大虫眼、裂纹等）评定。原木用立方米计算材积，根据原木小头端面直径和长度在原木材积表（具体参照现行国家标准《原木材积表》GB/T 4814—2013）上查找。

3.2.2　方木或板材

梢径大于 200m 的原木可以经锯解加工成方木或板材。截面宽度超过厚度 3 倍（$b>3h$）以上的锯材称为板材（图 3.2-2），不足 3 倍（$h \leqslant b \leqslant 3h$）的称为方木（图 3.2-3）。

板材的厚度一般为 15～80mm，方木边长一般为 60～240mm。针叶树木材的长度可达 8m，阔叶树木材的长度最大在 6m 左右。方木和板材可按照一般商品材规格供货，用户使用时可以进一步剖解，也可向木材供应商订购所需截面尺寸的木材，或购买原木自行加工。

图 3.2-2　板材

图 3.2-3　方木

目前，我国《木结构设计标准》GB 50005—2017 将常用的针叶材和阔叶材树种的原木和方木（板材），分别划分为 4 个和 5 个强度等级（表 3.2-1 和表 3.2-2），各等级标识中的数字代表抗弯强度（f_m）设计值，每一等级的强度设计值和弹性模量参考《木结构设计标准》GB 50005—2017 的要求。

针叶树种木材适用的强度等级表　　**表 3.2-1**

强度等级	组别	适用树种
TC17	A	柏木 长叶松 湿地松 粗皮落叶松
	B	东北落叶松 欧洲赤松 欧洲落叶松
TC15	A	铁杉 油杉 太平洋海岸黄柏 花旗松-落叶松 西部铁杉 南方松
	B	鱼鳞云杉 西南云杉 南亚松
TC13	A	油松 新疆落叶松 云南松 马尾松 扭叶松 北美落叶松 海岸松
	B	红皮云杉 丽江云杉 樟子松 红松 西加云杉 俄罗斯落叶松 欧洲云杉 北美山地云杉 北美短叶松
TC11	A	西北云杉 新疆云杉 北美黄松 云杉-松-冷杉（SPF）铁-冷杉 东部铁杉 杉木
	B	冷杉 速生杉木 速生马尾松 新西兰辐射松

阔叶树种木材适用的强度等级表　　**表 3.2-2**

强度等级	适用树种
TB20	青冈 椆木 门格里斯木 卡普木 沉水稍克隆 绿心木 紫心木 孪叶豆 塔特布木
TB17	栎木 达荷玛木 萨佩莱木 苦油树 毛罗藤黄
TB15	锥栗（栲木）桦木 黄梅兰蒂 梅萨瓦木 水曲柳 红劳罗木
TB13	深红梅兰蒂 浅红梅兰蒂 白梅兰蒂 巴西红厚壳木
TB11	大叶椴 小叶椴

3.2.3　规格材

规格材（Dimension lumber）指具有一定规格尺寸的锯材（图 3.2-4）。作为轻型木结构建筑受力构件的主要用材，规格材的性能好坏直接影响建筑结构的安全与否，因此规格材必须经过划分等级后才能应用。规格材的表面已做加工，使用时仅做长度方向的截断或接长，以保证其等级及设计强度取值。

图 3.2-4 规格材

我国规格材截面宽度为 40mm、65mm 和 90mm 三种。宽度为 40mm 时的高度有 8 种，分别为 40mm、65mm、90mm、115mm、140mm、185mm、235mm 和 285mm，65mm 和 90mm 宽度的分别比 40mm 宽度的少一种和两种高度（表 3.2-3）。速生树种规格材的截面尺寸和轻型木结构用规格材的截面尺寸不同，其厚度为 45mm（表 3.2-3 和表 3.2-4）。

结构规格材截面尺寸表 **表 3.2-3**

截面尺寸 宽×高（mm）	40×40	40×65	40×90	40×115	40×140	40×185	40×235	40×285
截面尺寸 宽×高（mm）	—	65×65	65×90	65×115	65×140	65×185	65×235	65×285
截面尺寸 宽×高（mm）	—	—	90×90	90×115	90×140	90×185	90×235	90×285

速生树种结构规格材截面尺寸表 **表 3.2-4**

截面尺寸 宽×高（mm）	45×75	45×90	45×140	45×190	45×240	45×290

3.2.4 结构用木材的力学性能

木材形成，即树木的生长，主要包括高生长和直径生长，其中，前者是顶端分生组织或原分生组织分生活动的结果；后者是形成层（即侧分生组织，位于树皮和木质部之间的组织）细胞平周方向分裂的结果。形成层原始细胞向内形成次生木质部，向外形成韧皮部，实现树木直径的不断增大。正是由于木材生长的本质，导致木材力学性能具有高度的各向异性。木材的拉伸和压缩强度均为顺纹最大、横纹最小。当荷载与纤维方向间的夹角由小到大变化时，木材的力学性能将有规律地降低。

1. 抗拉性能

木材顺纹抗拉试件根据现行国家标准《无疵小试样木材物理力学性质试验方法　第14部分：顺纹抗拉强度测定》GB/T 1927.14进行，顺纹抗拉强度采用公式（3.2-1）进行计算：

$$\sigma_W = \frac{P_{max}}{bt} \tag{3.2-1}$$

式中　σ_W——试样含水率 W 时的顺纹抗拉强度（MPa）；

P_{max}——最大载荷（N）；

b 和 t——试件截面的宽度和厚度（mm）。

木材顺纹拉伸破坏主要是纵向撕裂和微纤丝之间的剪切，其破坏断面通常呈锯齿状、细裂片状或针状撕裂。其断面形状的不规则程度取决于木材顺拉强度和顺剪强度之比值。

顺纹抗拉强度是木材所有强度中最高的，约为顺纹抗压强度的2倍，横纹抗压强度的12～40倍，顺纹抗剪强度的10～16倍。但在实际使用中，木材的各种缺陷（木节、裂缝、斜纹、虫蛀等）对顺纹抗拉强度的影响很大。

2. 抗压性能

木材的顺纹抗压性能主要包括顺纹抗压强度和顺纹抗压弹性模量。顺纹抗压强度指平行于木材纤维方向，向试件全部加压面施加载荷时的强度。顺纹抗压强度试验遵照现行国家标准《无疵小试样木材物理力学性质试验方法 第11部分：顺纹抗压强度测定》GB/T 1927.11计算公式见式（3.2-2）：

$$\sigma_W = \frac{P_{max}}{bt} \tag{3.2-2}$$

式中　σ_W——试样含水率 W 时的顺纹抗压强度（MPa）；

P_{max}——最大载荷（N）；

b 和 t——试样的宽度和厚度（mm）。

顺纹抗压弹性模量试验按照国家标准《木材顺纹抗压弹性模量测定方法》GB/T 15777—2017进行测试，计算公式见式（3.2-3）：

$$E_W = \frac{pl}{bt\Delta l} \tag{3.2-3}$$

式中　E_W——试样含水率 W 时的顺纹抗压弹性模量（MPa）；

p——上限与下限荷载差（N）；

l——引伸仪的基距（mm）；

Δl——上限与下限荷载间的变形值（mm）；

b 和 t——试样的宽度和厚度（mm）。

关于木材顺纹压缩破坏的宏观症状，肉眼见到的最初现象是横跨侧面的细线条，随着作用力加大，变形随之增加，材面上开始出现皱褶，破坏由木材细胞壁失稳造成，而非纤维断裂。

木材的顺纹抗压强度较高，缺陷对其影响较小，工程中用作柱、斜撑等的木材均为顺纹受压构件。我国木材的顺纹抗压强度平均值为45MPa，木材的顺纹抗压强度一般是其横纹抗压强度的5～15倍，约为顺纹抗拉强度的50%。

木材的横纹抗压性能主要包括横纹抗压强度和横纹抗压弹性模量。木材横纹抗压强度指垂直于纤维方向，给试件全部加压面施加载荷时的强度。木材横纹抗压性能按照《无疵小试样木材物理力学性质试验方法 第12部分：横纹抗压强度测定》GB/T 1927.12—2021及现行国家标准《无疵小试样木材物理力学性质试验方法 第14部分：顺纹抗拉强度测定》GB/T 1927.14—2021进行测试，计算公式见式（3.2-4）和式（3.2-5）：

$$\text{全部抗压} \quad \sigma_{yw} = \frac{P}{bl} \tag{3.2-4}$$

式中　σ_{yw}——试样含水率W时径向或弦向的横纹全部抗压比例极限应力（MPa）；

P——比例极限载荷（N）；

b和l——试样宽度和长度（mm）。

$$\text{局部抗压} \quad \sigma_{yw} = \frac{P}{ab} \tag{3.2-5}$$

式中　σ_{yw}——试样含水率W时径向或弦向的横纹局部抗压比例极限应力（MPa）；

P——比例极限载荷（N）；

a——加压钢块宽度（mm）；

b——试样宽度（mm）。

式（3.2-4）和式（3.2-5）中，横纹压缩不能明确判别出最大应力，通常用比例极限荷载P代替式中的最大荷载P_{max}进行计算。比例极限荷载P需从荷载-应变图中确定。

木材的局部横纹压缩比例极限应力高于全部横纹压缩比例极限应力。同时，局部抗压应用范围较广，如枕木、榫卯节点中的榫头等。

木材的横纹抗压弹性模量根据现行国家标准《无疵小试样木材物理力学性质试验方法 第13部分：横纹抗压弹性模量测定》GB/T 1927.13进行，分别按弦向和径向测试，计算公式为式（3.2-6）。

$$E_W = \frac{\Delta P \times l}{b \times t \times \Delta l} \tag{3.2-6}$$

式中　E_W——试样含水率W时的横纹抗弯弹性模量（MPa）；

ΔP——木材横纹压缩比例极限以内上限与下限荷载之间两点荷载之差（N）；

l——标定变形的基距（mm）；

Δl——ΔP相对应的压缩变形值（mm）；

b和t——试样宽度和厚度（mm）。

3. 抗弯性能

木材的抗弯性能主要包括抗弯强度和抗弯弹性模量两个指标，是木材最重要的力学参数。前者常用于确定木材的容许应力，后者常用于计算构件在荷载下的变形。

木材的抗弯强度又称为静曲强度，抗弯强度测试按照国家标准《无疵小试样木材物理力学性质试验方法 第9部分：抗弯强度测定》GB/T 1927.9—2021的规定，采用沿弦向加载的方式进行，计算公式为式（3.2-7）：

$$\sigma_{bw} = \frac{3P_{max}l}{2bh^2} \tag{3.2-7}$$

式中 σ_{bw}——试样含水率为 W 时的抗弯强度（MPa）；

P_{max}——最大载荷（N）；

l——两支座距离（mm）；

b 和 h——试件截面的宽度和高度（mm）。

木材抗弯强度介于顺纹抗拉强度和顺纹抗压强度之间，各树种的平均值约为 90MPa。径向和弦向抗弯强度间的差异主要表现在针叶树材上，弦向比径向高 10%～12%；阔叶树材两个方向上差异一般不明显。

木材抗弯弹性模量反应木材的弹性，是木材在比例极限内抵抗弯曲变形的能力。木材顺纹抗弯弹性模量测试执行国家标准《无疵小试样木材物理力学性质试验方法 第10 部分：抗弯弹性模量测定》GB/T 1927.10—2021，计算公式为式（3.2-8)：

$$E_W = \frac{23Pl^3}{108bh^3f} \tag{3.2-8}$$

式中 E_W——试样含水率 W 时的抗弯弹性模量（MPa）；

P——上、下限荷载之差（N）；

l——两支座距离（mm）；

b 和 h——试件截面的宽度和高度（mm）；

f——上、下限荷载间试件变形值（mm）。

常见的针叶树材中，顺纹抗弯弹性模量最大的为落叶松 14.5GPa，最小的为云杉 6.2GPa；阔叶树材中最大的为蚬木 21.1GPa，最小的为兰考泡桐 4.2GPa。但在实际使用中，木材的各种缺陷对其抗弯弹性模量影响很大。

4. 顺纹剪切性能

木材的抗剪强度测试按照国家标准《木材顺纹抗剪强度试验方法》GB/T 1937—2009，试件尺寸厚度为 20mm，分径面与弦面 2 种。顺纹剪切强度的计算公式为式（3.2-9)：

$$\tau_W = \frac{0.96P_{max}}{bl} \tag{3.2-9}$$

式中 τ_W——试样含水率 W 时的弦面或径面顺纹抗剪强度（MPa）；

P_{max}——最大载荷（N）；

b 和 l——试样受剪面的宽度和长度（mm）。

木材顺纹剪切的破坏特点是木材纤维在平行于纹理的方向发生相对滑移。弦切面的剪切破坏（剪切面平行于生长轮）常出现于早材部分，在早材和晚材交界处滑移，破坏表面较光滑，但略有起伏，带有细丝状木毛。径切面剪切破坏（剪切面垂直于年轮），其表面较粗糙，不均匀且无明显木毛。木材顺纹剪切破坏只是剪切面内纤维间的连接被破坏，绝大部分纤维本身并不破坏。

木材顺纹抗剪强度较小，平均只有顺纹抗压强度的 10%～30%。阔叶树材的顺纹抗剪强度平均比针叶树材高出 1/2。针叶树材径面和弦面抗剪强度基本相同；阔叶树材弦面的抗剪强度较径面高出 10%～30%，木射线越发达，差异越明显。

5. 握钉力

木材握钉力的大小取决于钉杆表面与木材纤维之间的摩擦力。钉子钉入木材后，对接触的木材产生机械挤压作用，因此钉拔出时钉杆表面与周围的木材存在摩擦力，在达到摩擦力极限强度前握钉力主要是静摩擦力，随着加载荷载的增大而增大，这个过程中钉杆相对木材位置保持不变，握钉力达到极限值时静摩擦力达到了最大值，继续加载之后随着相对位移的增大其主要握钉力由静摩擦力转变为动摩擦力，此时握钉力强度值为动摩擦系数的函数，与拔钉速度相关。木材的光圆钉握钉力一般可以通过式（3.2-10）进行预测：

$$P = aDG^bL \tag{3.2-10}$$

式中　P——握钉力（kN）；

D和L——钉子直径和钉入深度（mm）；

G——木材绝干密度（g/cm³）；

a和b——计算系数。

木材握钉力按照现行国家标准《无疵小试样木材物理力学性质试验方法 第21部分：握钉力测定》GB/T 1927.21进行，握钉力计算公式如式（3.2-11）：

$$P_{ap} = \frac{P_{max}}{l} \tag{3.2-11}$$

式中　P_{ap}——握钉力（N/mm）；

P_{max}——最大荷载（N）；

l——钉子钉入长度（mm）。

6. 销槽承压强度

螺栓连接是木结构连接中最常见的连接方式，螺栓连接的承载力很大程度上取决于木材的销槽承压强度。欧洲标准EN 383和美国标准ASTM D5764给出了测定木材销槽承压强度的2种试验方法。根据两者的荷载-位移曲线，将荷载-位移曲线上某点对应的销槽承压荷载F_e与直径d、构件厚度t乘积的比值F_e/dt定义为木材的销槽承压强度。

对于同一试验结果，不同的销槽承压荷载F_e判定方法会得到不同的木材销槽承压强度。EN 383给出了木材销槽承压强度的评定方法：通过试验，绘出销槽承压荷载-位移曲线（图3.2-5），确定极限荷载F_{max}，从而得出$f_h = \frac{F_{max}}{dt}$。ASTM D5764则采用5%螺栓直径偏移法进行，5%螺栓直径偏移法指试验得到的荷载-位移曲线上与初始线性阶段平行的直线沿水平方向向右移动0.05d的位移，该斜线与曲线的交点对应的荷载定义为销槽承压屈服荷载$F_{e5\%}$，最终得到$f_h = \frac{F_{e5\%}}{dt}$。

木材的顺纹销槽承压强度一般约为0.9倍的顺纹抗压强度，木材的横纹销槽承压强度一般约为0.4倍的顺纹抗压强度。

7. 蠕变性能

在恒定应力下，木材随时间变化而出现变形持续增加的现象，称为蠕变。由蠕变产生的附加变形效应将影响结构的总体变形，造成强度损失，导致整体结构失稳或承载力下降，甚至破坏。

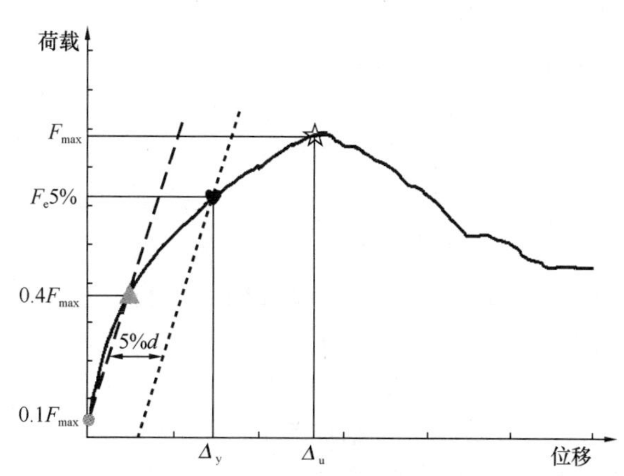

图3.2-5　销槽承压荷载-位移曲线

木材在某一恒定应力水平下的蠕变过程通常有三个阶段，其中，第一阶段持续时间很短，称为暂态阶段，这一阶段应变增加，但应变速率很快衰减，趋于稳定；第二阶段，应变以恒定速率缓慢增加，这一稳态阶段持续时间较长，延续时间的长短主要和应力水平有关；第三阶段，材料由于损伤的累积而接近于破坏，最终导致材料蠕变断裂。如果应力水平较低，可能不会出现第三阶段。如果应力水平接近材料极限强度，可能很快经历第二阶段后就进入第三阶段。

木材的蠕变变形与应力水平、树种、荷载模式、环境温度、环境湿度等参数有关。通过对国产速生杨木的弯曲蠕变试验，表明室内条件下，应力水平为30％的杨木，其初始弹性变形为2.22mm，持荷60d时总变形达到4.45mm，120d时为5.46mm。通过恒温恒湿条件下花旗松层板胶合木的弯曲蠕变试验研究，应力水平分别为30％和50％的构件，其初始变形分别为12.36mm和18.52mm，持荷10d后，总变形分别为14.33mm和21.87mm，30d后总变形分别达到15.10mm和23.08mm，60d后总变形分别为15.32mm和23.70mm。

因此，美国木结构设计规范、英国木结构设计规范、欧洲木结构设计规范、日本木结构设计规范和澳大利木结构设计规范关于构件长期变形的计算方法都是考虑蠕变的影响，把构件的瞬时挠度通过蠕变效应系数来放大，只是各国规范在系数的取值和具体处理上稍有差别。

3.2.5 影响结构用木材力学性能的主要因素

1. 密度

木材密度是单位体积内木材细胞壁物质的数量，是决定木材力学性能的物质基础，木材的力学性能随木材密度的增大而增高。木材的弹性模量值随木材密度的增大而呈线性增高；剪切弹性模量也受密度影响，但相关系数较低。密度对木材顺纹拉伸强度几乎没有影响，这是由于木材的顺纹拉伸强度主要取决于具有共价键的纤维素链状分子的强度，与细胞壁物质的多少关系较小。牛林和威尔逊的研究表明，木材密度与各种力学性质之间的关系在数学上可用 n 次抛物线方程式(3.2-12) 表示：

$$\sigma = a\gamma^n + b \qquad (3.2\text{-}12)$$

式中 σ——强度值；

a 和 b——试验系数；

n——曲线斜率；

γ——密度。

2. 含水率

木材的强度受含水率影响很大。当含水率在纤维饱和点以上变化时，木材的力学性能几乎没有影响。当含水率在纤维饱和点以下变化时，随着含水率的降低，吸附水减少，细胞壁趋于紧密，密度增大，木材强度增大；反之，木材强度减小（图3.2-6）。

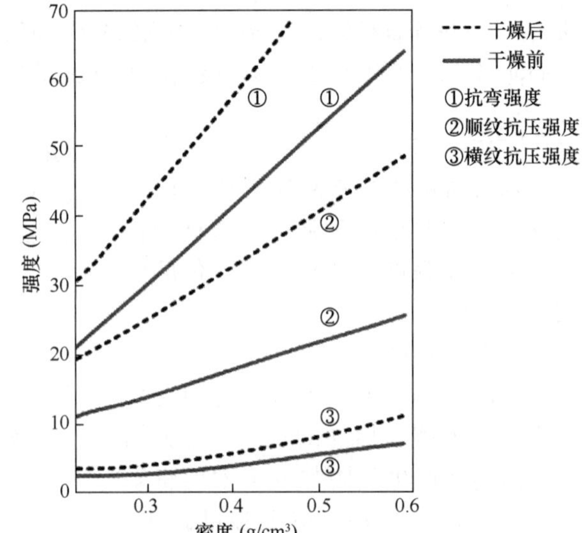

图3.2-6 木材不同含水率强度变化

含水率对木材各种强度的影响程度是不同的，对顺纹抗压强度和抗弯强度影响较大，对顺纹抗剪强度影响较小，对顺纹抗拉强度影响最小。含水率对抗压强度的影响比抗拉强度大得多，其差别在于木材破坏的原因不同。木材顺纹压缩破坏主要原因是微纤丝和胶着纤维素骨架的物质相对滑移，造成剪切破坏。顺纹抗压强度决定于胶着纤维素骨架物质的强度，这类物质在水的作用下，部分被软化，在较小的应力下就会流动而产生变形，纤维素骨架在变形中易褶皱失稳。木材顺纹拉伸破坏的主要原因是微纤丝自身的撕裂，其次是微纤丝之间的滑移。顺纹抗拉强度决定于纤维素本身的强度，其次是胶着物的强度。而纤维素分子本身在纵向受水分的影响，远比胶着物质小，因此含水率对顺纹抗压强度影响远大于顺纹抗拉强度。

3. 缺陷

木材强度受木材纹理角度、节子、腐朽影响显著，尤其是对拉伸影响最大。木材的主要缺陷如图 3.2-7 所示。

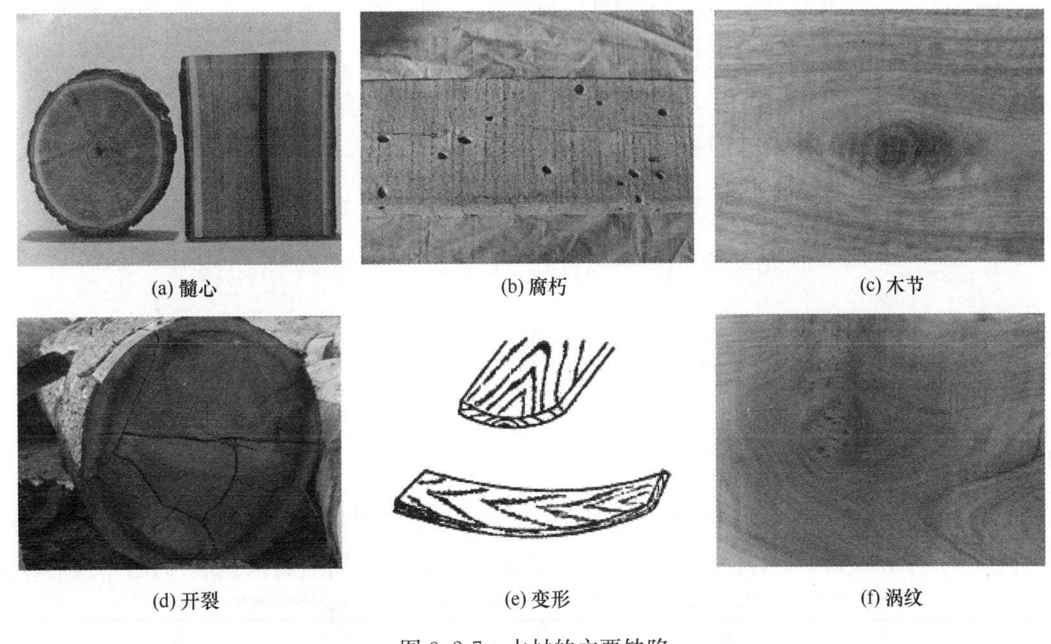

(a) 髓心　(b) 腐朽　(c) 木节　(d) 开裂　(e) 变形　(f) 涡纹

图 3.2-7　木材的主要缺陷

4. 环境条件

研究表明，在温度 20～160℃范围内，木材力学性能随温度升高而较为均匀地下降；当温度超过 160℃时，木材中构成细胞壁基体物质的半纤维素、木质素这两类非结晶型高聚物发生玻璃化转变，从而使木材软化，塑性增大，力学强度下降速率明显增大。温度和含水率对木材力学性能影响规律如图 3.2-8 所示。

5. 预处理

当使用环境要求采用防腐处理的材料时，如果采用常规的表面涂刷、常压浸渍、加压浸渍等方法进行防腐处理，其对胶合木构件强度的削弱可以忽略不计。但当木材的液体渗透性无法满足浸渍深度要求而预先采用刻痕等微损预处理时，会削弱木材的强度，我国标准《防腐木材工程应用技术规范》GB 50828—2012 中规定：当刻痕沿规格材顺纹方向，刻痕深度不超过 10.0mm、长度不超过 9.5mm，且刻痕密度每平方米不超过 12000 个时，弹性模量应下调 5%；抗弯、抗拉、抗剪和顺纹抗压强度应下调 20%，横纹抗压强度不应做调整；其他刻痕方式，强度调整系数应根据试验确定。

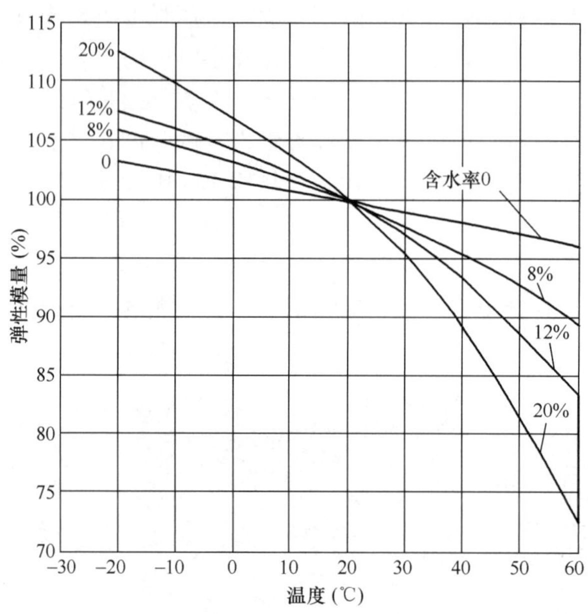

图 3.2-8 温度-含水率对木材力学强度的影响（自 Sulzberger，1953）

3.3 结构用木材的分级

3.3.1 规格材目测分级

目测分级是通过观察例如节子、腐朽、开裂等木材表面缺陷，并参照相关标准规定将木材分为若干等级（图 3.3-1）。锯材目测分级起源于 19 世纪早期的美国和加拿大，分别被称

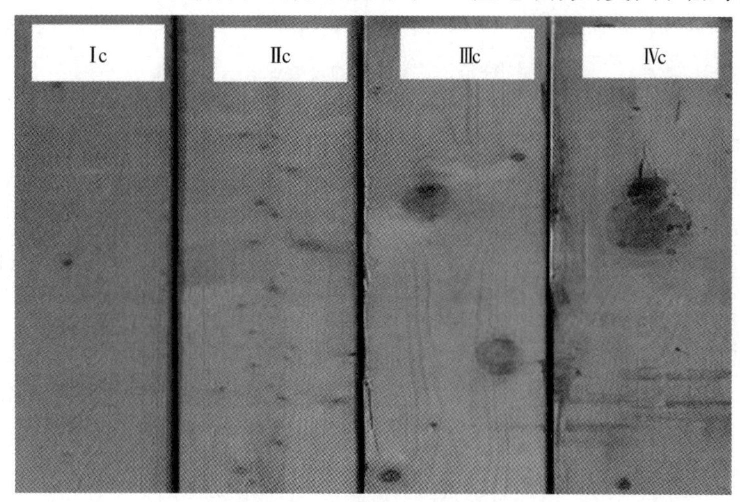

图 3.3-1 规格材目测分级

作“缅因检测”和“魁北克分选”。2014年《轻型木结构用规格材目测分级规则》GB/T 29897—2013颁布实施，意味着国内的目测分等技术的显著提高，从此可以将目测分级用于工业生产。

目测分级主要包括以下特征：

（1）影响木材强度的限值：木节、斜纹、密度或生长率及裂缝；

（2）几何特征的限值：缺损、弯曲变形（纵弯、侧弯、扭曲）；

（3）生物特征的限值：腐朽、虫蛀；

（4）其他特征：应压木、硬伤。

目测分级是根据木材表面实际存在且肉眼可见的上述缺陷的严重程度将其分为若干等级。我国《木结构设计标准》GB 50005—2017将原木、方木（含板材）材质等级由高到低划分为Ⅰa、Ⅱa、Ⅲa三级；《木结构设计标准》GB 50005—2017和《轻型木结构用规格材目测分级规则》GB/T 29897—2013规定将规格材划分为Ⅰc、Ⅱc、…、Ⅶc七个等级，质量由高到低排列，并规定了每一级别的目测缺陷的限值，详见GB/T 29897—2013。而木材的强度由这些木材的树种确定，分级后不同等级的木材不再做强度取值调整，但对各等级木材可用的范围做了严格规定，如表3.3-1和表3.3-2所示。

各级原木方木（板材）应用范围　　表3.3-1

项次	用途	材质等级
1	受拉或拉弯构件	Ⅰa
2	受弯或受压构件	Ⅱa
3	受压构件及次要受弯构件（如吊顶小龙骨）	Ⅲa

轻型木结构用各级规格材应用范围　　表3.3-2

项次	用途	材质等级
1	用于对强度、刚度和外观均有较高要求的构件	Ⅰc
2		Ⅱc
3	用于对强度、刚度有较高要求，对外观有一般要求的构件	Ⅲc
4	用于对强度、刚度有较高要求，对外观无要求的构件	Ⅳc
5	用于墙骨	Ⅴc
6	除上述用途外的构件	Ⅵc
7		Ⅶc

国外的木材目测分级方法与我国相似，如北美规格材对应于我国规格材七个木材等级由高到低分别为Select Structural（SS）、No.1、No.2、No.3、Stud、Construction和Standard。不同树种或树种组合的分级规则相同，但其强度取值不同（具体强度可参照《木结构设计标准》GB 50005—2017），一般要求在木材分级的基础上根据不同树种或树种组合的规格材，通过大量的足尺试验，规定这些等级各自的受弯、顺纹受拉、受压和顺纹受剪的强度取值。从这层意义上说，目测分级属于目测应力分级。

目测分级无设备要求，操作方便，但其对分等检测员的经验要求较高，分等结果容易受到人为因素的影响，而且观察不到木材内部的缺陷，需要结合其他无损测试手段。为了保证锯材的品质，必须对锯材的四个表面都检验。由于必须保证分级的可靠度，分级单位通常会提出更多保证安全的条件，进而降低目测分级的速度。

目测分级的优缺点如下：简单易懂而不要求具有很高的专门技术；不需要昂贵的设

备；劳动强度高但效率低；分级客观性不足；如果应用得当，不失为有效的分级方法。

3.3.2 规格材机械分级

规格材的机械分等始于20世纪60年代，是在目测分等方法的基础上建立起来的更为便捷有效的一种分级方法。在20世纪70年代逐步建立了足尺试样强度和刚度的关系，因此可以在无损测试规格材的刚度后推测木材强度，根据相关标准设定的强度和刚度特征值将规格材进行分等。为保证机械分级规格材的质量，分级包括四个步骤：初始登记区分，初始型式检验，阶段监控，连续监控。分级的相关检测设备和机构必须经过认证（如北美的ALS和CLSAB）。在规格材分等过程中，要抽样测试锯材的弯曲强度（MOE）、弯曲弹性模量（MOR）、抗拉强度（UTS）、密度等是否满足规定等级的要求。

机械分级目前主要用于规格材、层板胶合木或正交胶合木的层板分级。分级所依据木材的物理力学性能指标尚未统一，但该指标应能与结构木材的某种强度（如木材的抗弯强度或弹性模量）有可信的相关关系，并在定级过程中不断地对其进行监督检测。

由于测定木材弯曲强度和弹性模量机械不同，机械分级方法又可以细分为不同的机械分级方法。目前，国内外规格材机械分级采用的检测方法大致有弯曲法、振动法、波速法、γ射线法等。

1. 弯曲法

弯曲法是将规格材的一段长度作为梁，在跨中位置施加一个恒定荷载，并测量跨中挠度或迫使其产生一定的挠度，测量其作用力，并计算得到“弹性模量”，依此分级规格材（图3.3-2～图3.3-4）。其计算公式如下：

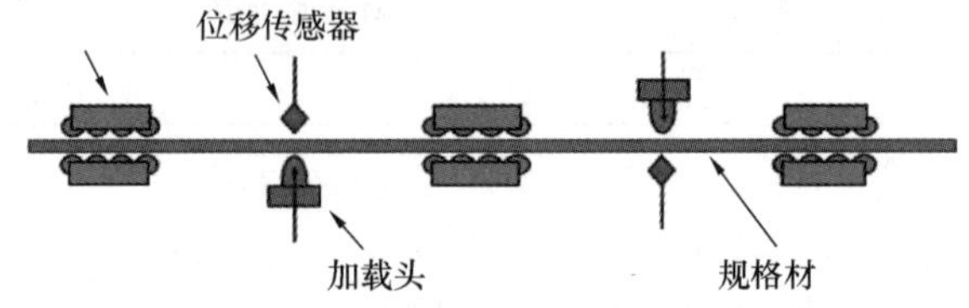

图3.3-2　弯曲法分等原理示意图

图3.3-3　机械应力分等机
（https：//www.metriguard.com）

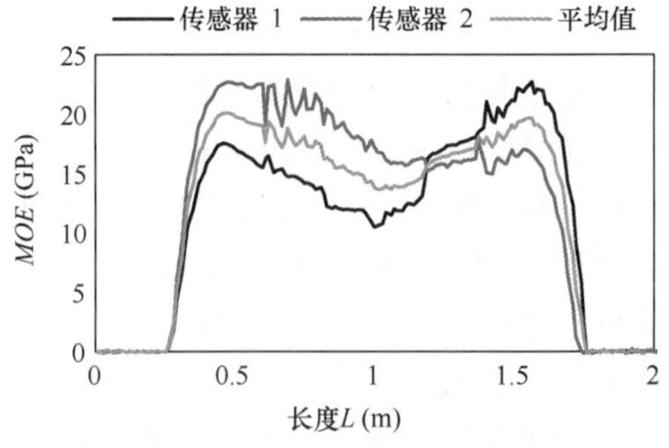

图3.3-4　机械应力分等机测试结果曲线

$$MOE_{p}=\frac{PL^{3}}{bh^{3}\Delta} \quad (3.3\text{-}1)$$

式中　L——跨度（m）；

p——恒定荷载（kN）；

Δ——跨中挠度（m）；

b、h——规格材的宽度和厚度（m）。

规格材的长度大于 L，故同一根规格材上可以测得若干个 MOE，该方法以 MOE 的最低值评定某一规格材的材质等级。

2. 振动法

振动法检测分为横向振动法和纵向振动法，其区别主要在于锯材振动方向不同。木材在长度方向受迫振动时为纵向振动法（图 3.3-5），垂直于长度方向的则为横向振动（图 3.3-6 和图 3.3-7）。振动法利用了木材的振动频率和弹性模量间的相关性，通过检测木材被迫振动时的振动频率、振型、阻尼参数，从而测得木制品的“弹性模量”。

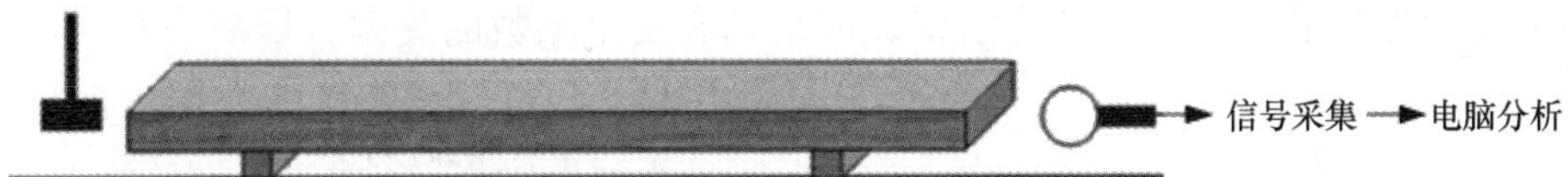

图 3.3-5　纵向基频振动法测试示意图

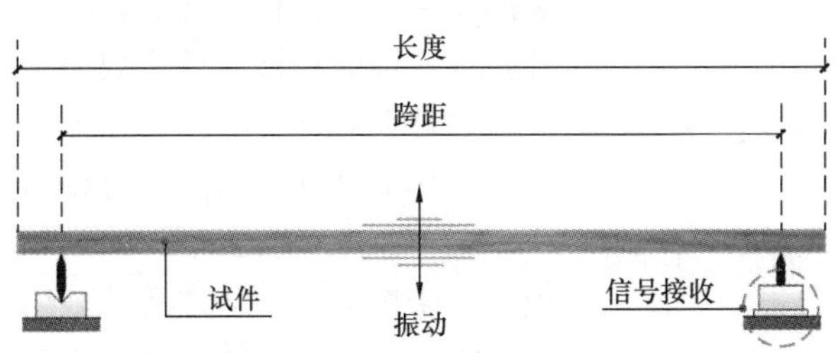

图 3.3-6　横向振动法测试原理图

图 3.3-7　横向振动测试

在进行横向振动法测试时，将规格材视为梁，使其发生受迫振动，采用共振原理或自由衰减振动方法测试其第一振型的自振频率 f，当规格材单位长度的质量 m 已知时，根据以下公式计算其“弹性模量”：

$$MOE_{vib}=\frac{48L^{4}mf}{\pi^{2}bh^{3}} \quad (3.3\text{-}2)$$

3. 波速法

波速法也称作应力波法，在已知密度 ρ 的条件下，通过测量冲击波在规格材中的传播速度 V（图 3.3-8），根据下式计算“弹性模量”：

$$MOE_{sonic}=\rho V^{2} \quad (3.3\text{-}3)$$

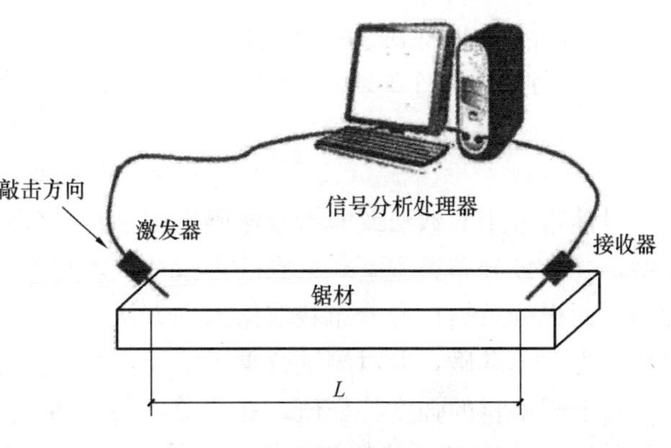

图 3.3-8　波速法测试示意图

由以上方法和弹性模量计算公式计算得到的 MOE_p、MOE_{vib}、MOE_{sonic} 均称为“弹性模量”，但由于不同方法的测试原理不同，即使同一根规格材，其值也不一定相同。因此，每种检测法的分级需有各自的分级标准。需要有足尺试验结果来证实这些“弹性模量”指标与木材强度间的关系。

4. γ 射线法

采用 γ 射线法时，材料的密度可以用 γ 射线法测定。采用 γ 射线装置，既能穿透截面还可以沿木材长度确定密度的分布。木节的密度一般高于周围材料的密度。因此，能检测其尺寸、位置甚至木节的性质等，其检测结果的准确度与传感器的数量密切相关。

3.3.3 规格材特征值和设计值确定方法

1. 特征值的确定

特征值是指规格材在标准状态下（指环境的温度为 17～23℃、含水率为 15%）测试得到的强度平均值、中值和 75%置信度下 5%分位值的下限值。特征值是木质工程材料安全性和可靠性设计的依据，合理确定特征值是确定安全系数的关键。早期一直利用无疵生材小试样测试得到的数据，折减后确定木材的强度特征值和设计值，后来研究人员发现小试样测试得到的数值与足尺测试的数据存在偏差，逐渐采用足尺测试的结果评价结构用材的力学性能，并计算根据经验和标准计算规格材的特征值和设计值。

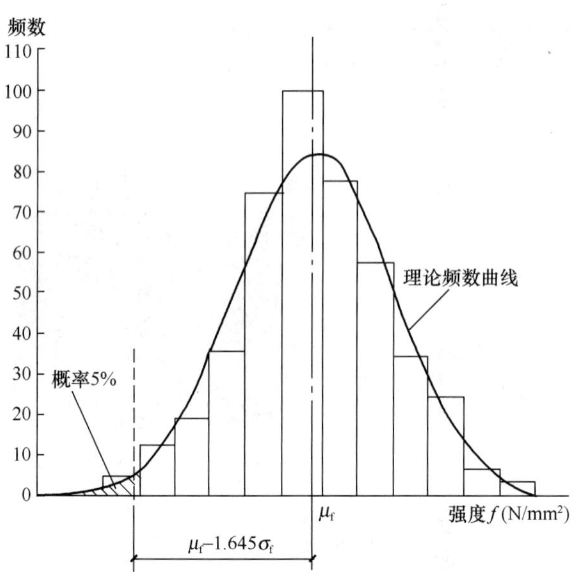

图 3.3-9 木材顺纹抗压强度频数直方图（清材小试件强度特征值确定实例）

我国现行的《木结构设计标准》GB 50005—2017 规定原木和方木（含板材）采用清材小试件的试验结果作为确定木材设计强度值的原始依据，对于规格材，目前尚未规定测定强度的方法，但倾向于采用“足尺试件”的试验方法。

如图 3.3-9 所示，清材小试件的强度符合正态分布，其强度的特征值 f_k 取概率分布的 0.05 分位值：

$$f_k = \mu_f - 1.645\sigma_f \tag{3.3-4}$$

目前常采用参数法或非参数法确定强度特征值：参数法是指强度数据服从假定的分布类型，并在该分布类型下观察到的参数估计木材的特征值；非参数法是不假定数据分布的类型，而根据数据自身分布获取信息的方法。一般而言，当对测试数据较为了解时，使用参数法更简单准确，但对测试数据了解较少时，使用非参数法拟合的稳健性好。

对于规格材的强度特征值，在北美，每一等级需随机采取 53 根，试验准确指数 5%以及质量强度为 75%的数值必须超过等级的规定要求，通过采用非参数统计方法（北美标准中常采用此统计方法）即要求每 53 根试件中，仅允许有不超过一根试件的试验值低于强度特征值；在欧洲，5％分位值也是由非参数法确定，允许荷载在超过预期的5％分位值时被中断。从经验判断，和利用传统使用正态分布（5％分位值＝平均值－1.645倍标准差）相比，非参数方法不会导致任何系统偏差。

2. 设计值 f 的确定

国家标准《建筑结构可靠性设计统一标准》GB 50068—2018依据概率论为基础的极限状态设计法计算规格材的设计值，设计值 f_{1d} 为：

$$f_{1d} = (K_P \cdot K_A \cdot K_Q \cdot f_k) / \gamma_R \tag{3.3-5}$$

式中　f_{1d}——规格材的强度设计值；

f_k——规格材的强度特征值；

γ_R——抗力分项系数，顺纹受拉 γ_R ＝1.95，顺纹受弯 γ_R ＝1.60，顺纹受压 γ_R ＝1.45，顺纹受剪 γ_R ＝1.50；

K_P——方程精确性影响系数；

K_A——尺寸误差影响系数；

K_Q——构件材料强度折减系数。

$$K_Q = K_{Q1} K_{Q2} K_{Q3} K_{Q4} \tag{3.3-6}$$

式中　K_{Q1}——天然缺陷影响系数；

K_{Q2}——干燥缺陷影响系数；

K_{Q3}——长期受荷强度折减系数；

K_{Q4}——尺寸影响系数。

以上各参数见表3.3-3。

参数表　　表3.3-3

受力种类	压	拉	弯	剪
K_{Q1}	0.8	0.66	0.75	—
K_{Q2}	—	0.9	0.85	0.82
K_{Q3}	0.72	0.72	0.72	0.72
K_{Q4}	—	0.75	0.89	0.90
K_A	0.96	0.96	0.94	0.96
K_P	1	1	1	0.97

此外，也可根据北美标准ASTM D2915规定的计算方法计算规格材的强度设计值（f_{2d}）：

$$f_{2d} = f_k / K \tag{3.3-7}$$

式中：K——折减系数。

各强度的折减系数见表3.3-4。

设计值计算的折减系数表　　表3.3-4

强度种类	系数
抗弯强度	2.1
抗拉强度	2.1
顺纹抗压强度	1.9
抗剪强度	2.1
横纹抗压强度	1.67

综合其他国家和地区的情况，同时为了方便我国的工业生产和设计人员设计，《木结

构设计标准》GB 50005—2017 规定了我国针叶树种的规格材机械分级强度分为 8 级，即 M10、M14、M18、M22、M26、M30、M35、M40，最后形成的我国标准拟推荐采用的机械分级特征强度值，其等级标识中的数字即为该等级木材应有的抗弯强度特征值。机械分级强度设计值见表 3.3-5。

《木结构设计标准》GB 50005—2017 推荐采用的机械分级强度设计值（N/mm^2） 表 3.3-5

强度	强度等级							
	M10	M14	M18	M22	M26	M30	M35	M40
抗弯 f_m	8.2	12	15	18	21	25	29	33
顺纹抗拉 f_c	5.0	7.0	9.0	11	13	15	17	20
顺纹抗拉 f_t	14	15	16	18	19	21	22	24
顺纹抗剪 f_v	1.1	1.3	1.6	1.9	2.2	2.4	2.8	3.1
横纹承压 $f_{c,90}$	4.8	5.0	5.1	5.3	5.4	5.6	5.8	6.0
弹性模量 E	8000	8800	9600	10000	11000	12000	13000	14000

注：当规格材搁栅数量大于 3 根，且与楼面板、屋面板或其他构件有可靠连接时，设计搁栅的抗弯承载力时，可将表中的抗弯强度设计值 f_m乘以 1.15 的共同作用系数。

3.4 胶合木

3.4.1 简介

胶合木（Glued Laminated Timber，Glulam），又称层板胶合木、结构用集成材，是一种根据木材强度分级，将 3 层或 3 层以上的厚度不大于 45mm（硬木松或硬质阔叶材时，不大于 35mm）的木质层板沿顺纹方向叠层胶合而成的工程木，常用作结构承重梁和柱。层板胶合木的最大特点是经过层板的分离并重新组合，能够将一些导致强度降低的木材缺陷进行分散，从而提高构件的力学性能。

英格兰和苏格兰的第一座铁路桥是用胶合木拱形结构作为主要承重部分。这两座胶合木拱形铁路桥建于 1835～1855 年间，跨度分别达到了 18m 和 36m。这两座桥梁的胶合木采用螺钉或销钉连接，同时有些地方也使用天然胶进行粘合。

随着科学技术的进步，在耐候性胶粘剂和木材长效防腐技术问世以后，适用于室外等严酷环境中的胶合木也能满足安全使用要求。我国在 20 世纪 50、60 年代引进胶合木技术，但由于当时木材资源有限，限制使用木材，木结构在国内并未发展起来。近十年来，随着我国经济实力的增长、人民生活水平的提高以及对绿色建筑和绿色施工技术的需求，同时，国内人工林大量持续供应、国外积极推进木材资源向我国出口、世界范围内森林生长量已超使用量，我国在胶合木结构建筑及其相关技术的研究及应用方面呈现出了加速发展趋势。典型的层板胶合木如图 3.4-1 所示。

图 3.4-1 层板胶合木

3.4.2　制造工艺

1. 胶合木用胶粘剂

胶合木的生产过程中，在胶合加压工序，目前除了少量高频、微波等热压机具有辅助升温装置外，一般都在室温条件下完成，因此要求所采用的胶粘剂应具有在中低温条件下（15℃以上）固化的性能；且所选用胶粘剂的粘结性能应满足强度和耐久性要求。具体来说，对胶粘剂的选择，主要由胶合木产品最终使用环境（即耐候性），包括气候、温度和湿度，木材是否使用防腐剂、防腐剂的种类和保持量，以及木材种类、含水率和抽提物含量，制造商生产能力，以及环保性能的要求等因素来确定。常用的结构胶粘剂主要有间苯二酚-酚醛树脂（PRF）、单组分聚氨酯（PUR）、三聚氰胺-脲醛树脂（MUF）等，其性能特点见表 3.4-1。

典型胶合木用结构胶粘剂性能特点　　表 3.4-1

<table>
<tr><th>种类</th><th>外观</th><th>操作时间</th><th>涂胶量</th><th>材料成本</th><th>与木材适用性</th><th>耐候性</th><th>环保性能</th></tr>
<tr><td rowspan="2">PRF</td><td rowspan="2">深红褐色</td><td rowspan="3">范围较窄，一般在 30min 以内（室温）</td><td rowspan="3">中至高，一般>250g/m²</td><td>适中</td><td rowspan="3">无限制</td><td>优异</td><td>中至低</td></tr>
<tr><td rowspan="2">较低</td><td rowspan="2">良好</td><td rowspan="2">中</td></tr>
<tr><td>MUF</td><td>白色或无色</td></tr>
<tr><td>PUR</td><td>白色或无色</td><td>范围较宽，适用性较好</td><td>低至中，一般<200g/m²</td><td>较高</td><td>适于含水率较高、材质较软、树脂含量较少的木材</td><td>良好</td><td>高</td></tr>
</table>

2. 胶合木用结构木材

目前，世界范围内用作胶合木构件的木材主要有北美地区的花旗松、南方松，俄罗斯的落叶松、樟子松，欧洲云杉和赤松，以及铁杉、S-P-F 等。制作胶合木构件所用的规格材，当采用针叶材和软质阔叶材时，刨光后的厚度不宜大于 45mm；当采用硬质针叶材或硬质阔叶材时，不宜大于 35mm；规格材的宽度不宜大于 180mm。国外规格材尺寸多为模数化，以北美为例，其规格尺寸多为：

厚度：19mm、25mm、38mm、45mm；

宽度：89mm、140mm、184mm、235mm、286mm；

长度：3050mm、3660mm、4270mm、6100mm。

组成同一根胶合木构件的层板厚度都应一致。但是用于调整构件厚度的层板可以降低到普通层板厚度的 2/3。调整厚度所用层板可以是一块或两块应用于内层。

3. 层板胶合木规格尺寸

层板胶合木由厚度较小的实木规格材胶合成型，因此其形状灵活，且易于造型，能够直接加工成曲线、变截面、圆形截面、中空等异型构件，可满足建筑效果、特殊功能等多种需要。典型的异型胶合木构件如图 3.4-2 所示。

胶合木用木材层板厚度不宜大于 45mm，当制作曲线型构件时，层板厚度不应大于截面最小曲率半径的 1/125，以避免层板在弯曲造型中破坏。

理论上，采用层板胶合木的生产工艺，可以加工出任何尺寸的构件。但是考虑到工业

图 3.4-2 典型异型胶合木构件

化生产的要求以及对木材资源的充分利用，世界上生产胶合木的国家或地区，对于常用的层板胶合木，都有标准的截面尺寸：

在欧洲，标准截面宽度有 42mm、56mm、66mm、90mm、115mm、140mm、165mm、190mm、215mm 和 240mm 等，宽度为 265mm 和 290mm 的也有采用；高度为 180mm 至 2050mm，中间级差为 45mm。更大的高度可通过不同方法得到，高度可达 3m。在美国，标准截面宽度一般在 63mm 到 273mm 之间，常用的截面宽度为 79mm、89mm、130mm、139mm 和 171mm 等五种规格；在加拿大，常用的截面宽度为 80mm、130mm、175mm、225mm、275mm 和 315mm 等规格，根据工程需要，宽度可增加到 365mm、425mm、465mm 和 515mm。在北美，当结构胶合木构件截面宽度超过 273mm（加拿大为 265mm）时，一般采用横向拼宽的方法来满足构件截面的设计宽度。当构件宽度达到 365mm 以上时，规格材的厚度一般采用 50mm 厚。在新西兰，胶合木构件的常用截面宽度为 65mm、85mm、135mm、185mm、235mm 和 285mm 等规格。胶合木构件可以通过接长后的层板制造，最大长度可达 40m，具体的长度主要根据运输条件确定。无论是宽度还是高度，对于非标准尺寸的胶合木构件，其价格会高出很多。

当胶合木层板宽度大于 200mm 时，应在层板宽度方向的中部开槽，凹槽宽度不大于 4mm，深度不大于层板厚度的 1/3。相邻层板上的槽应错列排开，错开的距离至少为层板的厚度。通过该构造措施，以减小构件的内应力，提高构件的抗开裂性能。

目前，我国胶合木结构构件制造厂商的生产能力已达相当规模，并具有较高的自动化生产能力，构件的最大尺寸为 340mm×1200mm×23000mm，截面达到 900mm×900mm，满足了大型工程的需要。

4. 胶合木的生产工艺

胶合木的生产过程由以下基本步骤组成。其流程如图 3.4-3 所示。

第一步，将窑干处理后的锯材进行应力分级；

第二步，根据构件设计尺寸，对分级后的锯材进行指接接长；

第三步，将指接后层板的宽面刨光，并立即涂布胶粘剂，涂胶后的层板按构件的规格形状叠合，并进行加压成型以及养护；

第四步，当胶层达到规定的固化强度后，对胶合木进行刨光、修补等加工；

第五步，根据需要，对构件进行开槽、钻孔、预制榫头或卯口，或安装连接件等。

由于树木生长的限制，以及各类天然缺陷（木节、开裂等）的限制，天然木材尺寸受

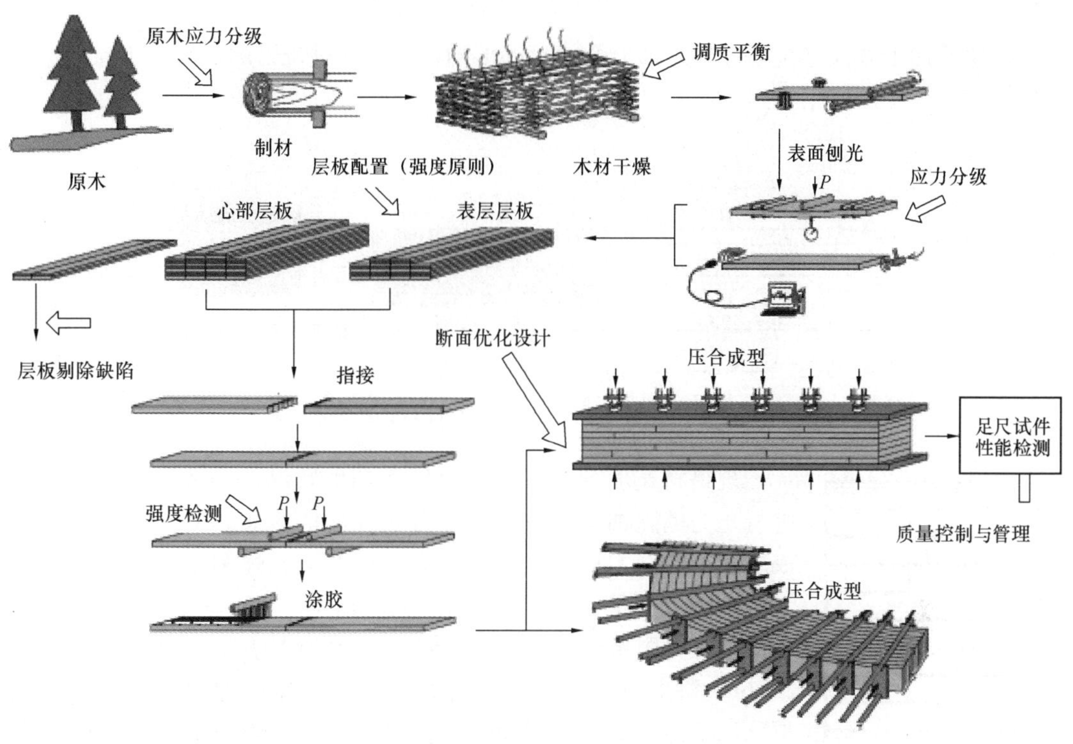

图 3.4-3　胶合木生产过程

限，在其宽度、厚度、长度方向通过胶粘剂胶合作用，能够增加其尺寸，以满足工程实际的需求。胶合木构件制造过程中，要求空气相对湿度应在 40%～75%之间，胶合期间，环境的相对湿度不低于 30%，以确保木材含水率不会发生过大变化，影响木材的粘结性能和构件生产质量。

锯材长度方向接长有平接、斜接和指接等三类方式，在胶合木制造中，综合考虑结构性能、材料利用率等因素，一般采用指接进行接长。根据铣刀在木材宽度/厚度不同方向上的铣削加工或指榫能否在锯材的正面可见，分为水平型指接和垂直型指接两种，如图 3.4-4 所示。

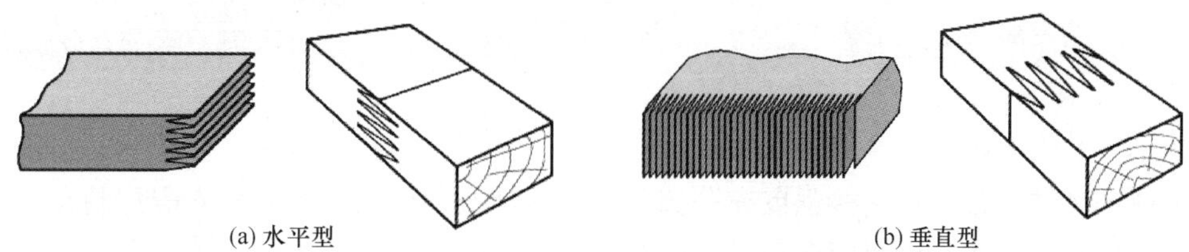

图 3.4-4　指接接头

铣刀在木材厚度方向上的铣削加工或锯材侧面能够见到指榫形状的指接为水平型指接，而铣刀在木材宽度方向上的铣削加工或在锯材正面能够见到指榫形状的指接称为垂直型指接。垂直指接材与水平指接材强度孰好孰坏一直没有定论。当着重考虑外观因素时，可以采用水平型指接方式；胶合木构件制造中，由于考虑到出材率，一般采用垂直型指接。

指榫的加工方式是在垂直的刀轴上叠放足够多的铣刀，通过铣刀的旋转、木材的进给实现指榫的加工，如图 3.4-5 所示。

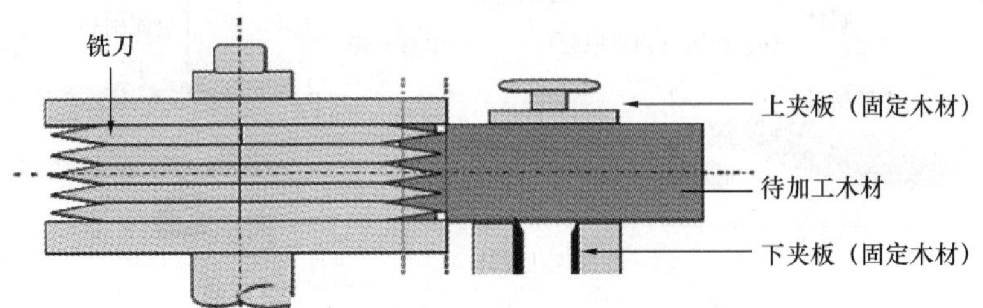

图 3.4-5 木材层板端部指接加工示意图

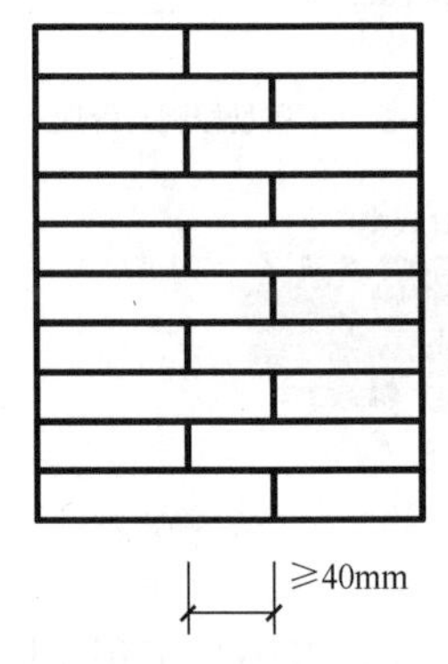

图 3.4-6 胶合木拼宽层板胶缝间距

规格材宽度方向和层板厚度方向的粘结，一般采用平接方式进行。为消除加工误差对构件力学性能的隐患，对于需要拼宽构成层板的胶合木构件，在其截面上，上下相邻两层层板平接线水平距离不应小于 40mm，如图 3.4-6 所示。

以北美规格材为例，其标准宽度主要有 89mm、140mm、184mm、235mm 和 286mm 等规格，分别可以制造宽度为 80mm、130mm、175mm、225mm 和 275mm 的胶合木构件；采用宽度为 89mm 和 140mm 的规格材横向拼宽，还能制造宽度为 215mm 的胶合木，采用 89mm 和 184mm 宽的规格材用以制造 265mm 宽的构件，采用 140mm 和 184mm，或 140mm 和 235mm 宽的规格材，用以制造宽度分别为 315mm 或 365mm 的构件。

对规格材进行横向拼宽前，其侧面的涂胶主要有辊涂和喷涂等 2 种方式，如图 3.4-7 所示，均能达到较好的涂布效果。

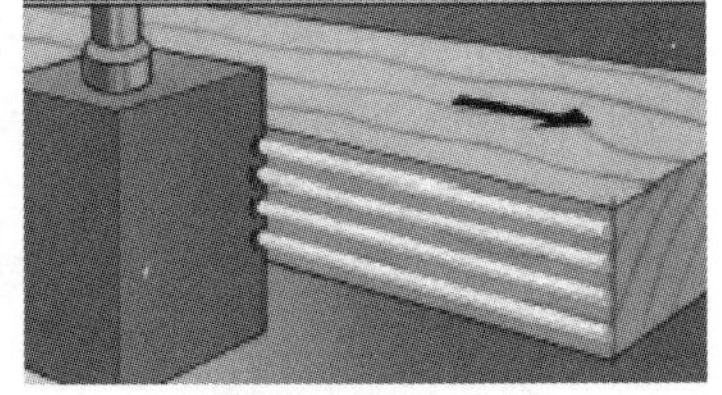

图 3.4-7 规格材侧向涂胶方式

为保证粘结质量，在指接强度充分固化后，拼宽或加厚粘结前的刨光应控制在 24h 以内，以避免木材含水率或树脂含量较高的树种中抽提物等的不利影响。拼宽和加厚典型图片如图 3.4-8 所示。

木材层板的涂胶常用的有人工刮涂、辊涂，或机械辊涂、淋涂等方式，其中淋涂方式效率最高，并且具有涂胶量均匀的优点，但需要专门的装备。目前采用淋涂工艺进行胶合木构件生产已在国内部分胶合木制造厂中得到应用，也是将来的发展趋势。

典型的木材层板胶粘剂淋涂如图 3.4-9 所示。

加压时应保证胶层的压力分布均匀。一般情况下，在垂直于木材层板间胶缝界面的压

(a) 拼宽

(b) 加厚

图 3.4-8　胶合木构件规格材拼宽和层板加厚粘结加工

图 3.4-9　木材层板表面胶粘剂淋涂

力应始终保持在 0.6～1.2MPa 范围内，直至胶粘剂具备初步强度。

压力的具体选取主要根据胶粘剂厂商提供的使用说明进行施加，或根据企业实际生产情况（如树种、层板、厚度等），通过试验来确定压力。一般来说，压力应随着层板厚度的增加而加大；随着木材密度的提高而增大；曲线形胶合木应施加相对较大的压力。

机械应力分等层板的纵向指接层板用作对称异等组合层板胶合木构件中的最外层层板和外层层板、非对称异等组合层板胶合木抗拉侧的最外层层板和外层层板，以及同等组合层板胶合木的层板。

(a) 对称组坯	(b) 非对称组坯
最外层层板	最外层层板
外层层板	外层层板
中间层层板	中间层层板
内层层板	内层层板
内层层板	内层层板
内层层板	内层层板
内层层板	中间层层板
中间层层板	外层层板
外层层板	最外层层板
最外层层板	最外层层板

图3.4-10　板胶合木不同部位层板的名称

目测分等和机械分等层板胶合木采用的异等组合层板一般分为最外层层板、外层层板、中间层层板和内层层板，如图 3.4-10 所示。

根据胶合木层板数量的不同，具体组合见表 3.4-2。

对称异等组合组坯 表 3.4-2

层板数量	层板组坯名称	组坯数量
4	最外层抗压层板	1
	内层层板	2
	最外层抗拉层板	1
5～8	最外层抗压层板	1
	中间层抗压层板	1
	内层层板	1～4
	中间层抗拉层板	1
	最外层抗拉层板	1
9～12	最外层抗压层板	1
	外层抗压层板	1
	中间层抗压层板	1
	内层层板	3～6
	中间层抗拉层板	1
	外层抗拉层板	1
	最外层抗拉层板	1
13～16	最外层抗压层板	1
	外层抗压层板	1
	中间层抗压层板	2
	内层层板	5～8
	中间层抗拉层板	2
	外层抗拉层板	1
	最外层抗拉层板	1
17～18	最外层抗压层板	2
	外层抗压层板	1
	中间层抗压层板	2
	内层层板	7～8
	中间层抗拉层板	2
	外层抗拉层板	1
	最外层抗拉层板	2

5. 胶合木深加工

胶合木构件半成品的后序加工主要包括构件定长、表面的刨砂平整、端部斜角加工、构件任意部位的开槽和钻孔等切割、铣削或砂钻等机械加工。这些工序一般在胶合木制造厂完成。胶合木构件数控加工中心深加工如图 3.4-11 所示。

对于形状复杂、规格尺寸过大等特殊类型的异型胶合木构件，由于自动化加工装备的限制，目前还多以人为加工为主，如图 3.4-12 所示。

在包装前，应严格控制胶合木的质量，做好抽查和普查工作。对不影响构件力学性

图 3.4-11　胶合木构件自动化深加工

图 3.4-12　特殊胶合木构件人工深加工

能，仅存在外观质量的构件，进行修补操作，修补完毕后，对修补处进行刨光等加工，使构件外观材色协调一致。

在构件包装运输前，最好完成构件表面防护漆或木饰油的涂装工作，以增强构件防雨淋、日照等防护能力，同时避免包装材料破损等意外情况带来的构件质量降低。构件的包装应包括缓冲层、防潮层等，并在构件捆扎处放置柔性护角等材料，以减轻减小构件在运输、吊装施工等过程中的机械碰损。

3.4.3　胶合木强度等级

胶合木构件的强度等级与木材层板的力学性能密切相关。制作胶合木采用的木材树种级别、适用树种及树种组合见表 3.4-3。

胶合木构件适用树种分级表　　表 3.4-3

树种级别	适用树种名称
SZ1	南方松（美国）、花旗松-落叶松（北美地区）、欧洲落叶松以及其他符合本强度等级的树种
SZ2	欧洲云杉、东北落叶松以及其他符合本强度等级的树种
SZ3	阿拉斯加黄扁柏、铁-冷杉（北美地区）、西部铁杉、欧洲赤松、樟子松以及其他符合本强度等级的树种
SZ4	鱼鳞云杉、云杉-松-冷杉以及其他符合本强度等级的树种

机械应力分等各等级非纵向接长层板（MSR 层板）的平均弹性模量，以及纵向接长层板的抗弯和抗拉强度等数值等级的对应关系见表 3.4-4。

机械应力分等的层板用作对称异等组合胶合木的最外层和外层、非对称异等组合胶合木抗拉侧的最外层和外层，异等组合胶合木中最外层层板所需弹性模量的最低要求与胶合木强度等级关系见表 3.4-5。

机械应力分等纵向接长层板的抗弯和抗拉强度及非纵向接长层板的平均弹性模量与等级对应关系

（单位：MPa）　　表 3.4-4

分等等级		M_E3	M_E4	M_E5	M_E6	M_E7	M_E8	M_E9	M_E10	M_E11	M_E12	M_E14	M_E16	M_E18
抗弯	平均值	21.0	24.0	27.0	30.0	33.0	36.0	39.0	42.0	45.0	48.5	54.0	63.0	72.0
	5%分位值	16.0	18.0	20.5	22.5	25.0	27.0	29.5	31.5	34.0	36.5	40.5	47.5	54.0
抗拉	平均值	12.5	14.5	16.5	18.0	20.0	21.5	23.5	24.5	26.5	28.5	32.0	37.5	42.5
	5%分位值	9.5	10.5	12.0	13.5	15.0	16.0	17.5	18.5	20.0	21.5	24.0	28.0	32.0
平均抗弯弹性模量		3000	4000	5000	6000	7000	8000	9000	10000	11000	12000	14000	16000	18000

异等组合胶合木中最外层层板所需弹性模量的最低要求　　表 3.4-5

对称布置	非对称布置	受拉侧最外层层板弹性模量的最低要求
$TC_{YD}30$	$TC_{YF}28$	M_E18
$TC_{YD}27$	$TC_{YD}25$	M_E16
$TC_{YD}24$	$TC_{YD}23$	M_E14
$TC_{YD}21$	$TC_{YD}20$	M_E12
$TC_{YD}18$	$TC_{YD}17$	M_E9
$TC_{YD}15$	$TC_{YD}14$	M_E8
$TC_{YD}12$	$TC_{YD}11$	M_E7

3.4.4 胶合木质量影响因素

影响胶合木构件质量和强度等级的主要因素有材料缺陷、加工缺陷和使用条件，其中材料缺陷主要指木材缺陷；加工缺陷主要包括与使用环境不匹配的木材含水率、相邻层木材含水率相差较大，以及过大的构件加工误差等；使用条件主要指构件使用环境是否为露天环境、是否长期处于高温环境，以及是否处于施工和维修时的短暂情况等。

木材缺陷主要包括木节、孔洞、变色、裂纹、变形等，部分缺陷严重降低材料或构件抗拉强度（图 3.4-13）。因此对于承受不同荷载大小、荷载类型的构件来说，有些缺陷需要剔除，如死节、脱落节、尺寸较大的活节和树脂囊（图 3.4-14），有些缺陷需要限制使用，如对材料力学性能有削弱作用的髓心、尺寸较小的活节等。

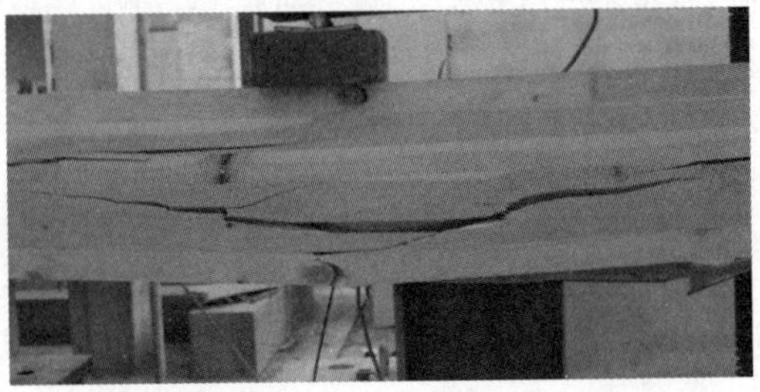

图 3.4-13　胶合木弯曲性能试验中底层层板木节处拉伸破坏

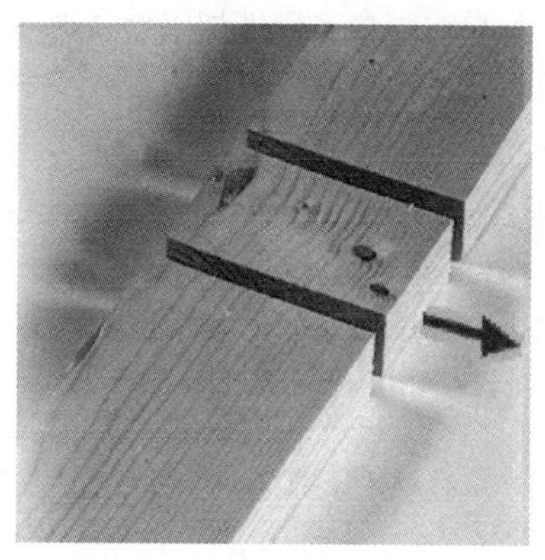

图 3.4-14　规格材优选（缺陷剔除）

因此，胶合木构件选材时，应对其缺陷加以控制，胶合木结构构件设计时，应根据构件的主要用途和部位，选用相应的木材层板材质等级。木材层板材质等级通常通过目测分等或机械应力分等进行确定。目测分等的不同材质等级的分等层板质量要求见表3.4-6。

机械应力分等木材层板的外观允许缺陷见表3.4-7。

木材含水率影响木材的力学性能，当含水率过高时，使用过程中易发生变形和开裂，影响构件使用质量并增加变色菌和腐朽菌滋生的隐患，导致耐久性降低，因此，胶合木构件用层板的含水率应控制在12%（8%～15%）左右，同时应比使用地区的平衡含水率略低或相同，且所有层板的含水率之差小于5%，以减小胶合木构件产品因含水率梯度产生的初始内应力。

不同等级外观分等层板允许缺陷　　**表 3.4-6**

项目		要求			
		$Ⅰ_d$	$Ⅱ_d$	$Ⅲ_d$	$Ⅳ_d$
死节、孔洞	集中节径比（%）	≤20	≤30	≤40	≤50
	宽面材缘节径比（%）	≤ 17	≤ 25%	≤ 33	≤ 50
斜纹倾斜比		≤1/16	≤1/14	≤1/12	≤1/8
平均年轮宽度（除辐射松外）(mm)		≤ 6mm			
变色、涡纹		不明显			
裂纹		不明显		裂纹宽度极小，长度不大于50mm	
弯曲变形	弓弯	每米长度矢高不大于5mm			
	侧弯	每米长度矢高不大于4mm			
	翘曲	每米长度范围内板材宽度方向上每25mm不超过1mm			
髓心部分（辐射松）	板材宽度不足190mm	不许有从髓心到半径50mm以内的年轮木材			板材窄面上髓心长度小于材长的1/4
	板材宽度在190mm以上	从板材材边的宽度方向上的1/3范围内，不许有从髓心到半径50mm以内的年轮木材			板材窄面上髓心长度小于材长的1/4
其他缺陷		极轻微			轻微

机械分等层板外观允许缺陷　　**表 3.4-7**

项目	要求
开裂	不显著的微小裂纹
变色、涡纹	不显著
MSR层板两端质量	在机械分等无法测定的两端部分的节子、孔洞等缺陷的相当节径比要小于层板中部（机械分等机测定的部位）相应的缺陷的相当节径比，或者相当节径比小于下列数值：异等组合层板胶合木的最外层、外层用层板：17%；异等组合层板胶合木的中间层层板：25%；异等组合层板胶合木的内层用层板：33%；同等层板胶合木：17%

注：相当节径比即缺陷在层板端面的投影面积占木材端面面积的百分比。

影响胶合木构件加工质量的主要因素有规格材接长工艺、层板胶合工艺等。在指榫形状及其参数方面（主要为齿长和斜率），已有研究表明正确的齿长和斜率能形成有效的胶合界面，以抵抗拉伸应力产生的剪切破坏，但影响胶合界面指接材强度的具体的参数目前尚没有形成定论。但一般认为齿长越长，指接层板强度越高，但过长的齿长，易导致加工误差，反而会使指接层板的强度降低，因此，一般情况下，内层用层板指接指榫长度不小于10mm，其他层板指接指榫长度不小于15mm。指榫斜面倾斜比不小于1/7.5，嵌合度大于0.1mm，具体见图3.4-15。

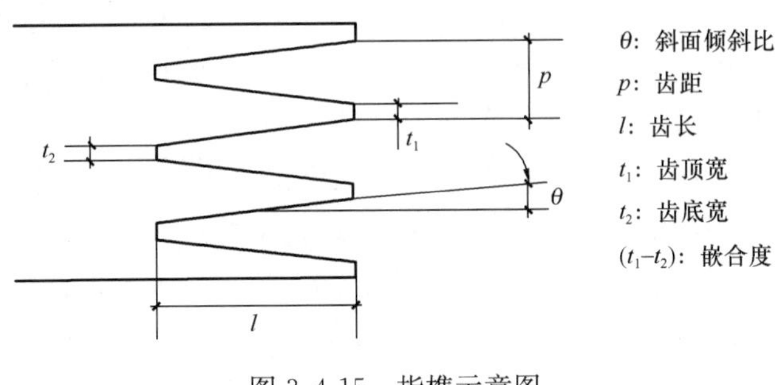

图3.4-15　指榫示意图

在指榫加工后，应尽快进行指接接长，一般不超过24h，并且在此期间，指榫端面务必要小心放置，保证清洁和防止变形。指榫的涂胶有人工刷涂、刮涂和喷涂等方式。目前国内多数厂家采用同齿形参数的模具进行刮涂，效果较好，如图3.4-16所示。

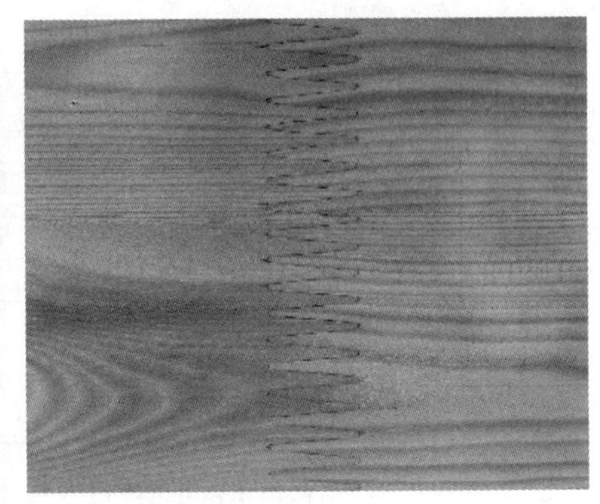

图3.4-16　指榫涂胶及指接接头

指接接头的强度是影响胶合木构件结构性能的最为重要的指标之一，因此在指接材制造中，规定指接加压过程不低于2s。对于绝大多数针叶材来说，指榫长度大于25mm时压力约为2～5MPa，长度小于25mm的压力约为5～10MPa。为了达到最优指接效果，指接加压应随着齿形、树种、含水率以及横截面的大小的不同而变化，但均不应使木材发生劈裂。在加压和下一道工序之前是胶粘剂固化阶段，在此期间应尽可能少而轻地移动指接材，以确保在指接部位没有破坏或发生相对滑动，并在进一步加工之前胶粘剂要完成初期固化，或通过验证指接部位具有足够可靠的强度后，再进入到下一步工序的加工中。

大量的试验表明，相对于无疵木材试件，对木材进行端部铣齿接长后，其强度有所降低。一般情况下，指接层板的顺抗拉强度为无疵木材强度的80%左右，因此，指接属于人为引入的强度“缺陷”，对于主要受力构件，为降低指接对其力学性能的影响，应避免缺陷集中，通常有以下两个要求：其一，指接与其他类型缺陷的分散，如指接部位与节子的距离要大于相应节子直径3倍的距离（图3.4-17）；其二，指接与指接的分散，如对于受拉胶合木构件的层板和受弯构件最外层层板及外层层板，同一层板内两指接之间的距离要不小于1800mm，相邻层板指接之间的距离要大于层板厚度的10倍。

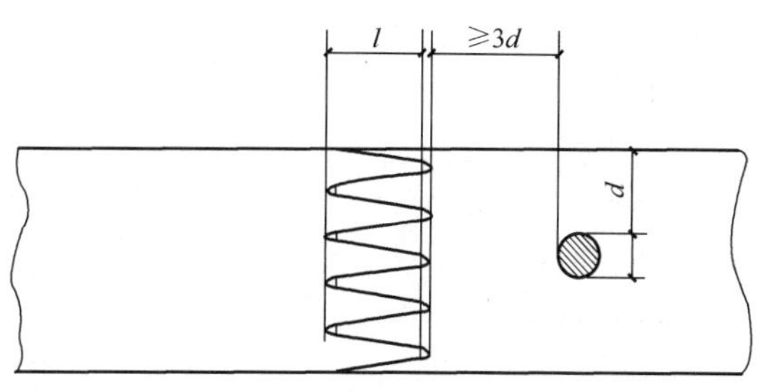

图3.4-17　胶合木层板指接部位与节子之间的最小距离

由于木材具有松弛特性，尤其是当环境湿度较大，或木材含水率较高时，为弥补由于木材松弛引起的压合应力的损失，当采用的压力设备不具备自动补压功能时，常在第一次加压后，立刻再次人工夹紧，以确保粘结界面保持足够的压力，直至胶粘剂达到固化，再进入到下一道工序。

由于木材中靠近树皮一侧的变形量始终高于其靠近树心一侧的变形量，如图3.4-18所示。当环境湿度变化，或木材层板初始含水率不一致时，胶合木层板间会产生含水率梯度，含水率梯度往往造成胶合木层板间变形的不一致，从而在层板间产生剪切、拉伸和压缩应力。对于胶接界面来讲，其抗剪切能力最强，最不宜承受的是垂直于胶缝界面的拉伸应力，因此根据木材变形规律，胶合木层板纹理的配置应保证髓心面朝向同一个方向，对于用于户外等温湿度波动较大条件下的胶合木，为了减少木材的龟裂或者剥离现象的发生，其最外两层板的髓心面都必须朝外放置，如图3.4-19所示。

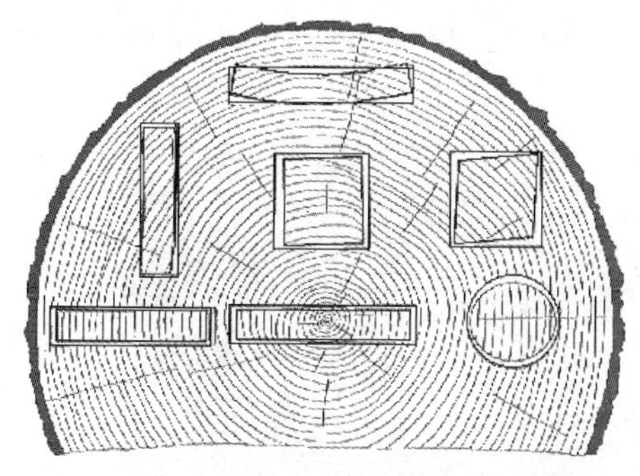
图3.4-18　不同纹理木材变形规律

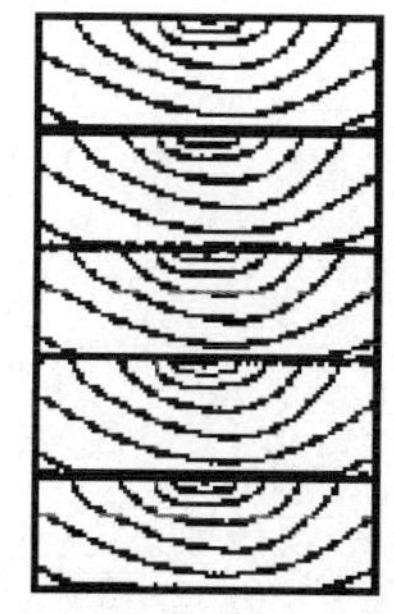
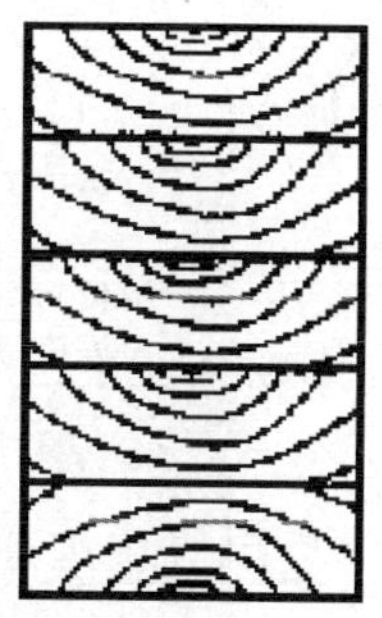
图3.4-19　胶合木构件层板配置

胶合木构件的深加工质量与现场装配质量和效率密切相关，随着现场装配化施工对胶合木构件的槽、孔等加工精度和构件装配精度的要求，应尽量多采用多轴数控加工中心进行深加工。半成品构件的后序加工关系到构件运至施工安装现场后装配的效率和质量，在加工车间内进行半成品加工，应注意绝对精度和相对精度，如钻孔时，孔的直径、深度和垂直度的要求，孔与孔的相对位置的精度等，在保证施工安装精度的条件下，应对构件二次加工的偏差留有足够余量，特别对非标构件，如超大断面、超长、变截面、曲形构件等。

在不同的使用条件下，构件的强度设计值和弹性模量应乘以表 3.4-8 中规定的调整系数进行折减。

我国和北美地区不同使用条件下构件强度设计值和弹性模量调整系数　　表 3.4-8

使用条件	强度设计值调整系数		弹性模量调整系数	
	中国	北美	中国	北美
露天环境	0.9	抗弯和顺纹抗拉取 0.8；顺纹抗剪取 0.875；横纹抗剪取 0.53；顺纹抗压取 0.73	0.85	0.833
长期生产性高温环境	木材表面温度达 40～50℃时取 0.8	38℃ < T ≤ 66℃ 时，顺纹抗拉取 0.9；38℃<T≤52℃时，干材和湿材抗弯、顺纹抗剪、顺纹抗剪和横纹抗压分别取 0.8 和 0.7；52℃<T≤66℃时，干材和湿材抗弯、顺纹抗剪、顺纹抗剪和横纹抗压分别取 0.7 和 0.5	0.8	38℃<T≤66℃时取 0.9
按恒荷载验算时	0.8	—	0.8	—
用于木构筑物时	0.9	—	1.0	—
施工和维修时的短暂情况	1.2	—	1.0	—

3.5　正交胶合木

3.5.1　简介

由三层及以上实木规格材或结构复合木材垂直正交组坯，采用结构胶粘剂压制而成的构件，称为正交胶合木（Cross Laminated Timber，CLT），又称交叉层积材，如图 3.5-1 所示。

图 3.5-1　正交胶合木

在国际上，正交胶合木的尺寸通常由制造商决定，常见的宽度有 0.6m、1.2m、2.4m、3.0m，厚度可达 508mm，长度可达 18m，在国内，正交胶合木最大尺寸达到宽 3.5m、长 24m、厚 500mm。

由于组成正交胶合木的相邻层层板为正交结构，因此在其材料主次方向均具有相同的干缩湿胀性能，尺寸稳定性良好，正交胶合木整体的线干缩湿胀系数约为 0.02%，其尺寸稳定性是实木和胶合木横纹方向尺寸稳定性的 12 倍。

正交胶合木能够根据建筑设计，在工厂预制成含门窗洞口的墙面板、楼面板和屋面板。正交胶合木的力学性能分为主（强度）方向和次（强度）方向，主方向指平行于构件表层层板木材顺纹理方向，一般是正交胶合木构件的长度方向，次方向是垂直于表层层板木材纹理的方向，一般是正交胶合木构件的宽度方向。正交胶合木的正交结构使得其在平面内和平面外都具有较高的强度和阻止连接件劈裂的性能，主要用作结构的墙板和楼板。

3.5.2　制造工艺

正交胶合木的生产工艺与胶合板相似，其构造满足对称原则、奇数层原则和垂直正交原则。正交胶合木的典型生产工艺包括选材、表面加工、锯割、施胶、组坯、加压和后序处理。

1. 选材

规格材的应力分等一般采用目测和机械分等两种方式，基本与胶合木用材中的选材相同，目测分等主要是对规格材的表观质量进行分等，如节子、钝棱、腐朽、斜纹、开裂等；机械分等是通过应力分等机对锯材进行分等。一般情况下，对质量要求低的内层采用低等级锯材，高等级的锯材用于外层。

含水率对正交胶合木的最终用途和胶合性能有着重要影响，适合的含水率有助于提高产品的尺寸稳定性。因此，正交胶合木对木材原材料含水率的要求也与胶合木类似，组成正交胶合木的规格材，其含水率应干燥到 (12±3)%，结构复合木材的含水率为 (8±3)%，且相邻层层板的含水率之差应小于 5%。

2. 用胶

目前，我国正交胶合木的产品标准为行业标准《正交胶合木》LY/T 3039—2018，该标准中明确规定，能够用于正交胶合木的胶粘剂主要有三聚氰胺树脂（MF）、三聚氰胺-脲醛树脂（MUF）、间苯二酚-酚醛树脂（PRF）、单组分聚氨酯（PUR）和水性高分子异氰酸酯（EPI）等。

3. 层板

正交胶合木可以使用结构复合木材作为层板，但不允许相邻的两层都使用结构复合木材层板，结构复合木材与实木板应正交排列。同时，使用结构复合木材层板的厚度应小于总厚度的 50%。能够使用的结构复合木材主要有旋切板胶合木（Laminated veneer lumber，LVL）、木条定向层积材（Laminated strand lumber，LSL）、定向刨花方材（Oriented strand lumber，OSL）和定向刨花板（Oriented strand board，OSB）等。

每一层层板的厚度应在 6～45mm 之间，且均应由统一强度等级的规格材制造。

对于曲线形正交胶合木，其层板的最大厚度（t_1）取决于正交胶合木最小曲率半径（r）和木材层板指接结构的抗弯强度特征值。层板最大厚度（t_1）应符合公式（3.5-1）的要求：

$$t_l \leqslant \frac{r}{250}\left(1+\frac{f_{\mathrm{m,j,dc,k}}}{80}\right) \tag{3.5-1}$$

式中　t_l——木材层板最大厚度（mm）；

r——正交胶合木最小曲率半径（mm）；

$f_{m,j,dc,k}$——指接层板抗弯强度特征值（MPa）。

4. 表面加工

表面加工是为了去除木材的表面杂质，提高木材的表面平整性，确保木材胶合质量的重要工序。通常对规格材进行四面刨光，沿厚度方向木材的刨光量一般为 2.5mm，在规格材宽度方向上的刨光量为 3.8mm，如在层板制造过程中，不对规格材进行宽度方向上的胶合，则在规格材宽度尺寸公差范围内时仅对其进行厚度刨光即可。

5. 指接

根据正交胶合木构件的尺寸要求，对尺寸不足以制造符合生产要求的规格材进行长度方向的指接接长。正交胶合木中规格材的指接与胶合木中的相同。

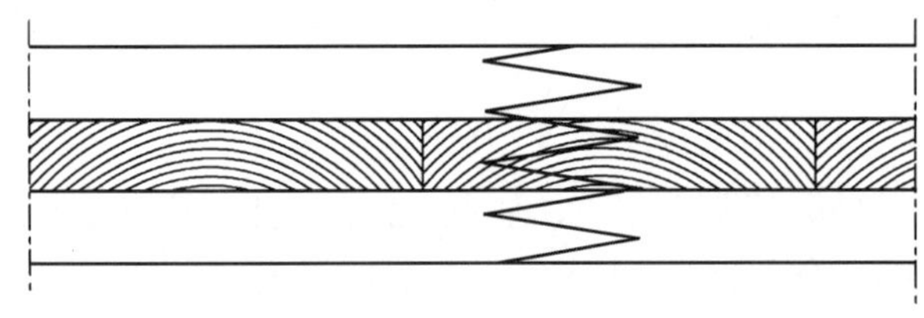

图 3.5-2　含有大型指接接头的正交胶合木

除了对木材层板中的规格材进行指接外，如制造完成后的正交胶合木构件尺寸达不到工程要求，还可以对构件进行指接，如图 3.5-2 所示。

6. 施胶

胶合性能对正交胶合木的安全应用有直接显著影响，因此在施胶前应对待粘结的木材表面进行刨光加工，当层板幅面过大，常规刨机无法加工时，也可以采用砂光进行木材表面加工，但应注意砂纸细度以保证木材表面的砂光质量。木材表面的涂胶在理论上应均匀并保持胶层连续，但在实际生产过程中的精确控制难度较大，胶粘剂涂布量过少会导致构件力学性能下降，反之则会造成材料浪费，增加生产成本。应根据生产要求及采用的胶粘剂类型来确定施胶方式和参数。由于正交胶合木幅面尺寸较大，通常采用淋胶方式进行施胶（图 3.5-3），施胶参数主要包括施胶量（一般为 180～350g/m^2）、固化剂使用量（一般占胶粘剂量的 10%～20%）等。

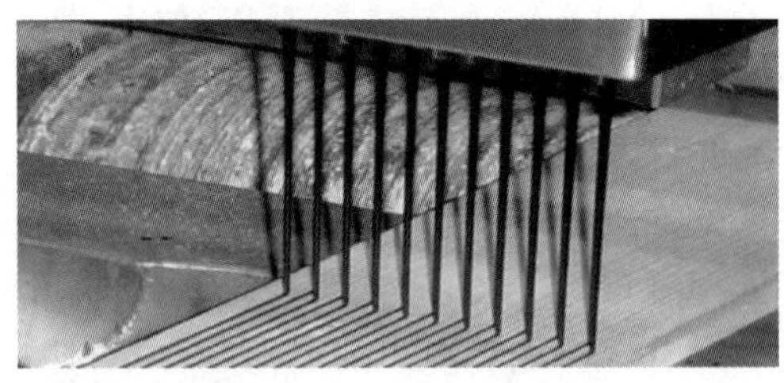

图 3.5-3　正交胶合木层板淋胶

正交胶合木层板间除了采用胶粘剂粘结成型外，还可以采用钉连接成型，但其各类性能均不及胶连接的性能，因此，正交胶合木构件大多采用结构胶粘剂成型。

7. 层板组坯

正交胶合木组坯结构与胶合板组坯结构相类似，即根据相邻层木材纹理方向相互垂直的原理。正交胶合木的组坯层数一般为 3 层、5 层、7 层等奇数层，对称面的层板在树种和含水率方面应相互对应。但对一些有特殊要求的正交胶合木，如作为结构梁避免弯曲受力时发生横纹受拉破坏，正交胶合木组坯时可采用横向木材层板斜纹组坯，此外还有箱形空心结构的正交胶合木。正交胶合木的组坯结构与胶合板不同之处在于，正交胶合木每层木材层板是由若干数量规格材组成，因此这种结构会增加从开始涂胶到组坯直至压合的时间。而组坯时间是涂胶和组坯工序中最为重要的工艺参数，尤其是对于半自动和手工涂胶、组坯的生产方式，组坯时间不应超过胶粘剂的陈化时间。

为降低正交胶合木的翘曲变形，构件内横向组坯的木材层板中相邻规格材髓心朝向应相反布置，如图 3.5-4 所示。

8. 加压成型

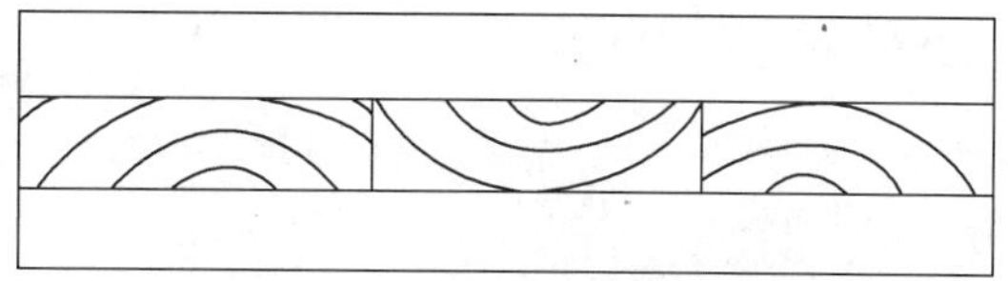

图 3.5-4 正交胶合木内横向层板中规格材布置

正交胶合木通常采用真空加压和普通液压加压等两种方式压制成型。加压是正交胶合木制造过程中最重要的工序，直接影响到产品的物理力学性能。普通液压中的工艺参数（包括加压时间、压力和温度）取决于所使用胶粘剂类型和木材种类。由于正交胶合木采用的是室温固化型结构胶粘剂，因此一般加压温度在 15℃以上；垂直于正交胶合木板面的加压压力一般取值为 0.8～1.5MPa。为了控制主方向布置的规格材单元之间的间隙，常采用四面加压，即除了垂直方向加压外，正交胶合木的两个侧面也施加压力，侧面加压压力为 0.3～0.5MPa。真空加压方式是将组坯后的正交胶合木放置在密闭的盒子状装置中，通常所施加压力的最大值仅为 0.1MPa，因此与液压加压相比，其垂直和侧向加紧压力更小，无法完全确保在规格材与规格材之间形成紧密的胶层，同时也容易造成正交胶合木的表面不平整、翘曲变形等缺陷。随着木材改性技术的进步，采用较低温度的热改性技术，虽然强度有所下降，但下降幅度有限，同时提高了木材对环境湿度的敏感性，湿胀干缩更小，且弹性模量增大，抗蠕变变形能力增强，因此有可能应用在较高温湿度环境中。

9. 深加工

对压制好的正交胶合木进行表面砂光（图 3.5-5），根据设计要求进行后序深加工，深加工包括端部斜角加工、开槽、钻孔等，如图 3.5-6 所示。最后工序为正交胶合木的包装入库和运输。

图 3.5-5 正交胶合木构件表面砂光

图 3.5-6　正交胶合木构件后序深加工

3.5.3　正交胶合木质量影响因素

与胶合木构件相似，影响正交胶合木质量的因素主要有原材料性能及构件加工工艺，主要包括木材含水率、木材缺陷、木材强度等级、指接工艺、胶合工艺等。

由于实际应用中的正交胶合木构件，其幅面尺寸一般较大，考虑到材料成本和木材横纹方向变形较大等因素，一般应对其层板中的规格材开槽，同一层中，规格材之间可以进行拼宽或不进行拼宽，不进行拼宽时规格材之间预留的间隙不应大于 6mm，如图 3.5-7 和图 3.5-8 所示。

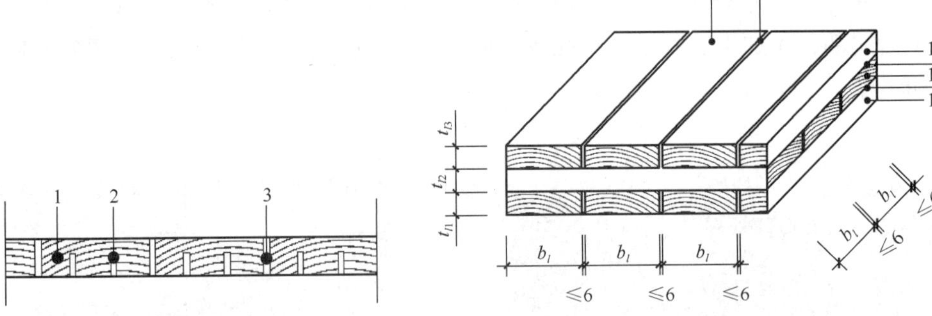

图 3.5-7　层板刻槽尺寸示意图

1—木材层板；2—槽口；

3—层板中规格材间隙

图 3.5-8　三层层板正交胶合木叠层示意图

1—木材层板；2—胶缝界面；

3—规格材；4—同一层层板中规格材间隙

正交胶合木叠合层数有奇数层和偶数层两种，其中偶数层为了保证顶层和底层顺纹布置，布置是上下对称的，中间两层方向一致，与偶数层相比，奇数层在构造上比较匀称，力学性能更加稳定。材料相同时，层数越多，即规格材越薄，其正交胶合木板的双向力学性能越好，抗弯刚度越大。

由于正交胶合木相邻层板材的木纹方向相互垂直，从而造成了其较低的平面外刚度和平面内抗剪强度，另外，由于木材力学性能的各向异性以及正交胶合木正交铺设的结构特点，导致三层结构正交胶合木横向层的平面剪切（Planar shear），即滚动剪切（Rolling shear）刚度和强度是正交胶合木作为楼面板、屋面板以及桥面板力学性能的关键。在北美正交胶合木标准中常用来生产正交胶合木构件的木材，如云杉-松-冷杉（SPF）、花旗松等，其横纹剪切模量为52MPa。由于木材横纹剪切模量很低，早、晚材抵抗剪切变形的能力不同，当正交胶合木中规格材横切面受到平面剪切发生剪切变形时，容易在早晚材过渡区域产生裂缝，从而发生滚动剪切破坏，如图3.5-9所示。

图3.5-9　正交胶合木滚动剪切破坏

由于剪应变显著影响正交胶合木板的整体模量以及各层的应力分布，这就使得垂直层平面（滚动）剪切模量显得尤为重要。采用高性能木材或者木质复合材料作为正交胶合木横向层材料来提高正交胶合木平面外刚度和平面内抗剪强度。正交胶合木制造工艺对其平面（滚动）剪切强度影响的试验表明较高的生产压力可以提供更好的板材性能，使其平面（滚动）剪切性能更好。研究还发现，树种对滚动剪切性能也有影响，同等压力下由SPF制成的正交胶合木试件的滚动剪切模量要高于由铁杉制成的正交胶合木试件的滚动剪切模量。将阔叶材树种白杨、白桦和黄桦分别作为复合结构正交胶合木横向层材料取代横向层的常规针叶材SPF的研究结果表明，阔叶材（杨树、桦树）的平面抗剪能力大于针叶材（SPF），试验中阔叶材的平均平面（滚动）剪切模量和滚动剪切强度分别为180MPa和3.0MPa，高于试验中针叶材的对应平均值70MPa和1.1MPa，说明阔叶材可以作为复合结构正交胶合木横向层材料以提高试件平面抗剪能力。

3.6　旋切板胶合木

3.6.1　简介

旋切板胶合木（Laminated Veneer Lumber，LVL），又称单板层积材，所用原料多以中小径级（径级一般为8～24cm）、低质的针、阔叶树材为主，在日本多以落叶松为主，美国主要用俄勒冈松，目前国内多采用速生小径材或林区间伐材生产，树种多为松木、杨木及其他软阔叶树材。旋切板胶合木由厚度在3.0mm以上的旋切单板沿木材顺纹理方向组坯胶合而成，可将木材中常见的节子、孔洞、斜纹等缺陷分散于各层单板之中，不需剔除节子等缺陷，成品厚度一般为 18～75mm，长度不受限制，具有性能均匀、稳定和规格尺寸灵活多变的特点，不仅保留了木材的天然性质，还具有许多锯材所没有的特性。

旋切板胶合木的工业化生产最早于 20 世纪 70 年代初在芬兰开始，随后传入美国，现已遍及北美、欧洲、澳大利亚、新西兰、日本和中国等国家和地区。

旋切板胶合木根据使用状况可分为结构用和非结构用旋切板胶合木两种。其中非结构用旋切板胶合木主要用于家具及室内装饰装修等非承载用板材，适合在室内干燥环境下使用。结构用旋切板胶合木则多应用于制作工程结构中承载结构部件的结构板材，具有较好的结构稳定性和耐久性。结构用旋切板胶合木一般根据结构性能进行分级，在日本通常要求由 12 层单板以上构成，1 级旋切板胶合木要求单板层数大于 9 层，2 级要求大于 6 层。

图 3.6-1　旋切板胶合木

结构用旋切板胶合木一般用于制作建筑中的梁、桁架弦杆、屋脊梁、预制工字形搁栅的翼缘以及脚手架的铺板，也用作建筑中的柱以及剪力墙中的墙骨柱。本节仅介绍结构用旋切板胶合木。旋切板胶合木如图 3.6-1 所示。

我国从 20 世纪 60 年代开始大面积营造人工林，目前是世界上拥有最大营林面积和木材蓄积量的人工速生林国家。而人工林木材适于制造旋切板胶合木，因此在我国丰富的人工林木材资源使旋切板胶合木工业化生产和大规模应用成为可能。

3.6.2　制造工艺

旋切板胶合木由多层单板顺纹方向层积胶合而成，其生产工艺流程为：原木→剥皮→单板旋切→干燥→单板拼接、组坯→涂胶→铺装、预压→热压→裁剪→分等、入库。

旋切板胶合木的生产流程如图 3.6-2 所示。

1. 用胶

旋切板胶合木常用的胶粘剂有脲醛胶、酚醛胶和间苯二酚-酚醛胶等，其中脲醛胶具有较低的成本，由于该胶耐候性较低，因此常用于室内等干燥环境中；酚醛胶具有较强的耐候性，常用于室外等严酷的环境条件下，但酚醛胶固化温度高、时间长，生产效率较低；间苯二酚-酚醛胶在具有酚醛胶优点的同时，由于间苯二酚的加入，胶粘剂的固化温度降低、固化速度加快。

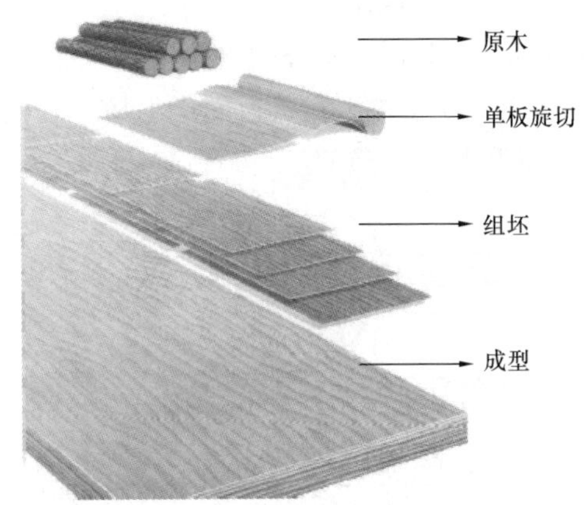

图 3.6-2　旋切板胶合木生产流程

2. 单板旋切

单板旋切机如图 3.6-3 所示。

旋切单板的厚度一般为 2.0～5.5mm，单板越薄，所需单板的层数越多，木材缺陷及纵向接缝的分散性越好，旋切板胶合木的强度越高，变异性越小，用胶量越大，反之单板

图 3.6-3 单板旋切机

越厚，层数越少，强度、均匀性就差，用胶量越少。旋切板胶合木的单板厚度一般在 3.0mm 以上。对一般径级原木的旋切设备采用有卡轴旋切机或是无卡轴旋切机均可满足要求；对小径材旋切单板时，必须采用激光扫描定位技术和液压三卡轴旋切设备；液压三卡轴旋切机可减少木芯直径、提高出材率、提高单板质量和产量；采用激光定位技术，小径材利用率可提高 5%～15%，相应地零碎单板减少 20%～50%。

3. 单板干燥

一般使用带有自动出板设备的辊轴式或网带式单板干燥机进行干燥；然后通过含水率测定系统和应力分等仪控制单板质量，以防止后续板坯热压过程中的鼓泡等缺陷。也可以采用大气自然干燥和强制干燥联合的方式（图 3.6-4），先采用大气自然干燥，将单板含水率降至 20%以下，再进行强制干燥，直至达到目标含水率。这种方法，能够节约大量能源，但占用场地面积较大，干燥周期较长。

(a) 自然干燥

(b) 强制干燥

图 3.6-4 单板干燥

单板含水率的控制取决于后序中的热压工序。胶粘剂固化是由于溶剂向板材和空气中扩散，并伴随胶粘剂化学反应而进行的。若单板含水率过高，木材中的水分会阻碍胶粘剂的溶剂扩散而影响胶合；并且在胶粘剂加热固化时，胶层固化前木材发生收缩，使胶层和木材界面产生应力，不利于胶合质量。若单板含水率太低，胶粘剂中的溶剂被板材吸收，在胶合加压前胶粘剂就可能提前固化，同时涂胶后板材会膨胀产生应力，影响胶合质量。因此，经干燥处理后的单板，其含水率应在 5%左右。

在生产结构用旋切板胶合木时，因所用原料多是人工速生材，原木中的幼龄材、心材占比较高、脆性大，边、心材含水率差异也大，在干燥时易出现破裂、弯曲、溃陷等缺陷，对后续工序及旋切板胶合木质量均会产生不同程度的影响。单板干燥也可以采用热板干燥，热板温度为 150～200℃，可超过 200℃，最终含水率控制在 5%以下。

4. 单板拼接

在旋切板胶合木加工制造中，单板接长是很重要的工序。通常干燥后的单板最长长度为 1980mm 或 2500mm，常有短、中板和小规格单板；而制品长度要求至少为 4500mm，所以必须进行单板接长。单板纵向接长一般有对接、搭接、斜接和指接等 4 种形式，对接时，单板端面不涂胶，在单板厚度大于 2.5mm 时，对接接缝为 5mm，各层单板接缝错开；单板厚度小于 2.5mm 时，要求缝隙小于 5mm，不利于现场操作和规模化生产，也不利于保证产品质量。搭接适于薄单板；指接适合厚单板，单板较薄时，不易接牢。现有工艺多采用斜接，通过采用单板斜接磨削机组加工，单板的斜接长度一般为其厚度的 8～10 倍，质量较为理想。接长后的单板如图 3.6-5 所示。

图 3.6-5　接长后的单板

5. 涂胶

单板一般采用辊筒涂胶机两面涂胶，与胶合板的涂胶设备相同，也可以采用淋胶，国外旋切板胶合木连续组坯一般均采用淋胶，涂胶量约为 220～250g/m^2。目前，在我国较多采用辊涂方式进行产品生产，辊涂机见图3.6-6。

图 3.6-6　单板辊涂施胶

6. 组坯

单板可采用手工组坯或机械组坯，国外一般采用机械组坯，当单板组坯到一定厚度进行预压，板坯中单板的准确位置通过精密驱动机械控制，移动组坯定位装置，这样可以提高生产率。

7. 预压

工厂在生产旋切板胶合木时，一般压力取 1.0MPa 左右，具体根据所用胶粘剂和木材的种类而定。预压的主要目的在于提高胶粘剂涂胶后的延展性，以保证胶粘剂均匀地分布在单板上，并部分渗透到木材内部，同时保证板坯均有能够使其运输的初强度，使其在进入热压前不出现结合面分层的现象。采用预压工序，还可以缩短热压周期，提高热压机的生产效率，增加工厂的制造能力。预压后的板坯经自动切割锯锯成所要求的长度，经过运输机送入压机。预压机见图 3.6-7。

图 3.6-7 预压机

8. 热压

热压是木材与胶粘剂充分结合的过程，压力一般取 1.4～1.8MPa。旋切板胶合木的热压胶合是一种非常复杂的物理化学反应，通过热压可使木材-胶层-木材紧密结合，胶粘剂部分渗入到木材细胞中，加热使胶层固化速度加快，并提供水分挥发所需的热量。板坯加热是靠压机的热压板来实现的。热压过程也可以采用喷蒸热压。在旋切板胶合木生产过程中，喷蒸热压系从上、下方向向板坯表面喷射高温高压饱和蒸汽，注入的蒸汽在板坯内扩散、传递热量，使得板坯芯层在短时间内达到胶粘剂固化要求的温度，从而缩短热压时间。采用带侧面喷蒸和真空装置冷却系统喷蒸热压机，在制品质量均匀、形状稳定以及缩短热压周期、提高生产率等方面与传统热压方法相比，具有明显优势。典型的多层热压机见图 3.6-8。

图 3.6-8 多层热压机

另外，结构用旋切板胶合木尺寸规格都较大，在热压过程中，板坯进出难度较大。为了保证旋切板胶合木生产效率，多采用双层、三层或四层热压机进行生产。结构用旋切板胶合木长度要比压机长度长。例如用于大尺寸梁、柱中的旋切板胶合木，在进行生产时，应采用分段加压的方法生产出连续的旋切板胶合木产品，或采用连续压机，以满足实际工程的需要。

9. 深加工

旋切板胶合木的含水率对其性能影响显著，因此旋切板胶合木的含水率应调整到与其使用环境相平衡的状态，一般情况下，旋切板胶合木的含水率调整到 8%～12%范围内时可以得到良好的性能。将热压好的旋切板胶合木养护至胶粘剂达到完全固化、含水率平衡、内应力充分释放后，再按照要求裁剪成所需规格，最后捆装入库。旋切板胶合木的裁剪多采用多条锯，根据产品宽度选择锯片间距。

3.6.3 旋切板胶合质量影响因素

影响旋切板胶合木质量的主要因素有原材料种类及加工工艺等。

不同树种制得的旋切板胶合木的抗弯强度和弹性模量的试验结果表明，无论垂直或平行加载，抗弯强度和弹性模量与树种及材性关系都非常显著，高密度树种表现出较高的抗弯强度和弹性模量，而采用杨树等较低密度木材制得的单板层积材具有较小的抗弯强度和弹性模量。由于单板强度等级越高，旋切板胶合木的弹性模量等力学性能越高，因此可以得出具有较优力学性能的单板组坯方式，即旋切板胶合木受拉侧最底层配置两层高等级单板，受压侧配置一层高等级的单板，心层为低等级单板，通过混合树种的组坯制备工艺，可在保证产品材料成本的前提下得到较优的力学性能。

旋切板胶合木材弹性模量、比重与压力关系的试验结果表明，在压缩范围为 5%～20%时，三者成正比增加。当使用同一胶种在同一工艺条件下，随着单板厚度的增加，水平剪切强度降低，胶缝开裂增长，导致旋切板胶合木力学性能下降。单板连接方式对单板层积材力学性能影响的研究表明，单板搭接的旋切板胶合木的弹性模量和抗弯强度与无单板接头的相近，单板斜接的构件的力学性能相对较高，且在一定范围内斜接角度越小，旋切板胶合木的力学性能越高。

除了传统方式制备旋切板胶合木外，1993 年到 1998 年间，日本学者佐佐木光等人研发出了圆筒形单板层积材（Cylindrical Laminated Veneer Lumber，图 3.6-9），它是由数

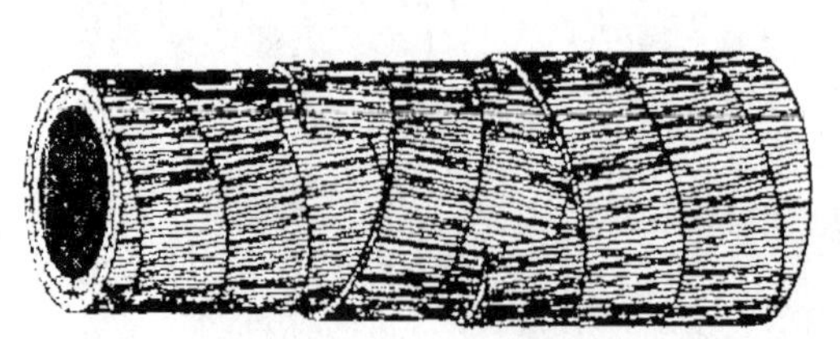

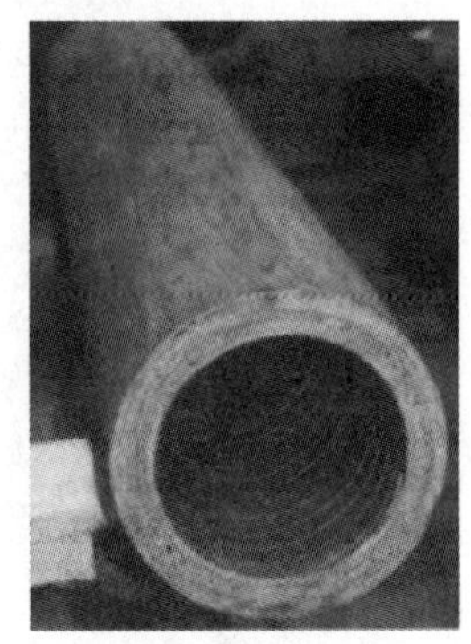

图 3.6-9 圆筒形单板层积材

层单板螺旋缠绕交错层积而成，每层单板的纤维方向均与圆筒长轴方向稍有倾角，这种结构与木材细胞壁中次生壁 S2 层的构造相似，因此在长轴方向具有良好的力学性能，并且消除了木材构造中的径弦向差异。圆筒形单板层积材的制备工艺决定了其内部可以为空心且壁厚可设计，或内藏钢管，或内部浇筑混凝土，或以原木为木心，以进一步提高其结构性能。

3.7 结构胶合板

3.7.1 简介

胶合板保留了木材本身所具备的多种优良品质，如强度比重大、易于加工、纹理自然美观、隔声、隔热、富有弹性等，并且克服了木材自身的许多缺点，如克服了实木在力学性能和干缩湿胀方面表现出来的各向异性、树木生长过程中各种天然缺陷引起的质量不均一、实木板材尺寸受限等，因而使用领域广泛。近些年全球的胶合板生产主要分布在以下 4 大区域：第一，北美（美国和加拿大），以结构用针叶树材胶合板为主；第二，欧洲（芬兰和瑞典等），以小径桦木和云杉为主；第三，东南亚（印度尼西亚和马来西亚等国），以柳桉、阿必通、克隆等硬阔叶树材为主；第四，中国，采用进口材和国产材进行产品制造。

胶合板分为普通胶合板与结构胶合板两大类。目前，国内厂家 95%以上的胶合板产品为普通胶合板，主要用作装饰及家具材料；由于使用领域不明确，结构用胶合板的产量低，占比小。

结构胶合板在欧美等国家广泛用于建筑、房屋、运输等领域，如楼面板、屋面板和墙面板。在我国主要用作集装箱底板、车厢板和混凝土模板等。与普通胶合板相比，除了单板层数较多、厚度较大（≥12mm）外，结构胶合板在产品的物理力学性能及生产工艺方面也存在着较大差异。结构胶合板也可以作为室外工程用品，除了要有良好的耐气候性、耐老化性外，还要具有抗冲击性等，同时对抗弯强度、弹性模量等力学性能指标提出了更高的要求。

结构胶合板如图 3.7-1 所示。

图 3.7-1 结构胶合板

3.7.2 制造工艺

1. 用胶

由于结构胶合板具有较高的耐候性和耐老化性，主要用作受力构件，因此应采用耐水性胶粘剂进行胶合，结构胶合板所用耐水胶粘剂通常为酚醛树脂胶粘剂或异氰酸酯胶粘剂。当应用领域有防腐防虫要求时，如用作集装箱底板，结构胶合板还要根据要求在胶粘剂配置时添加防腐和防虫剂。

2. 组坯结构

结构胶合板的组坯结构与普通胶合板相同，也是相邻层单板的纤维方向相互垂直，且符合对称原则，同时结构胶合板还要根据使用时的受力特点及产品技术要求进行结构设计，使其达到力学指标要求。

3. 单板加工

在制造结构胶合板的单板时，若采用薄单板，虽有利于提高结构胶合板的力学性能，但也增加了板材单板层数，增加了耗胶量和板坯热压工艺的难度。而应用厚单板，如大于2.0mm的落叶松，产品的力学性能很难提高，这主要是由于落叶松单板较厚时，易从单板中间剪断、分层。因此，目前国内外对结构胶合板的研究多集中在如何提高厚单板旋切质量，以及如何提高单板平整度和减少板材内应力等方面。

通常结构胶合板的单板厚度应控制在1.2～2.5mm之间。单板干燥最好采用辊筒干燥机，可提高单板平整度，降低耗胶量；对于树脂含量较大的树种，如落叶松，其单板干燥温度应略高于常规树种单板干燥温度10～15℃，以利于单板脱脂。单板的含水率要严格掌握，通常芯板含水率要求是不高于6%，表板含水率在8%～10%。

4. 组坯、涂胶和热压

结构胶合板的生产应采用改性的酚醛树脂，以提高其固化速度，缩短热压时间。组坯时要注意单板松紧面的问题，严格按照对称原则，以减少结构胶合板的翘曲变形。一般情况下，结构胶合板板坯的预压压力控制在1.0～1.2MPa，预压时间为20min。热压工艺条件为，热压温度取125～140℃，热压压力根据产品力学性能要求进行调整，通常为1.2～1.8MPa，热压时间取1min/mm。由于结构胶合板产品较厚，组坯的单板层数较多，因此易产生板坯厚度偏差较大等问题，生产中通常采用厚度规来控制产品的厚度。

图3.7-2　板材晾置

5. 产品加工

热压后的结构胶合板可以直接晾置后入库（图3.7-2），或采用热堆垛存放，热堆放主要是充分利用板坯中的残余热量，使酚醛树脂在较高温度下继续固化，从而提高产品的力学性能、降低能源消耗，同时进行热堆垛存放也可降低产品的翘曲变形。

最后根据不同类型结构胶合板的使用特点和要求，要按设计图纸的规格尺寸和技术要求对其进行后期加工处理，主要包括机械加工（锯、铣、刨、钻）、表面涂刷、二次贴面或表面涂装等，以提高产品的适应性和耐久性。

3.8　定向刨花板

3.8.1　简介

定向刨花板（Oriented Strand Board，OSB），又称定向结构刨花板，多以速生材、小径材、间伐材、木芯等为原料（图 3.8-1），通过专用设备长材刨片机（或采用削片加刨片设备的两工段工艺）沿着木材纹理方向将其加工为长 40～120mm、宽 5～20mm、厚 0.3～0.7mm 的长薄平刨花单元（普通刨花板的刨花单元尺寸较小，其长度为 10～25mm，宽度为 4～10mm，厚度为 0.2～0.5mm 的薄平刨花，以及宽度和厚度均为 3～6mm，长度为 3～45mm 的杆状刨花，长宽比在 6.3 以内，长厚比为 100～130），再经干燥、施胶，最后按照一定的方向纵横交错定向铺装、热压成型的一种结构人造板（图 3.8-1）。

图 3.8-1　定向刨花板原材料及板材

20 世纪 50 年代初期，德国进行了刨花板定向铺装的研究，成功研制了机械定向铺装刨花板设备，并于 1954 年申请了专利。20 世纪 60 年代中期，美国完成了定向刨花板的中试，建立了世界第一座示范性工厂。20 世纪 80 年代，定向刨花板在北美得到了广泛应用并迅速发展。据统计，全世界现有的定向刨花板厂和总产量的 80%以上在北美地区，其生产线不仅规模大，而且数量多。

我国的定向刨花板的研究始于 20 世纪 70 年代中期，并于 20 世纪 80 年代中期开始生产，于 1985 年从德国引进了第一条生产线，并在 1995 年研制出了第一条国产设备生产线，起步虽然不算晚，但由于该产品在国内的定位不明确、缺乏相关的应用技术和规范标准，同时由于定向刨花板的生产对原料要求较高，要求木材树种单一，而我国在大规模人工林尚未成材之前，木材资源有限，无法保证单一树种的持续供应，因此其发展一直十分缓慢。

由于定向刨花板借鉴了胶合板组坯的基本原理，其表层和芯层刨花呈垂直交错定向铺装，因此其性能与胶合板相似，是一种强度高、尺寸稳定性好、木材利用率高的结构板材。定向刨花板与普通刨花板相比，最基本的区别在于制造板材的刨花的形态不同。制作定向刨花板的刨花要求长宽比大，为薄长条状的大刨花，其长度方向与木材纤维方向要一致，由于木材纤维未被破坏，其刨花本身就具有一定的强度，用此种刨花压制出的板材基本保留了木材的天然特性，具有抗弯强度高、线膨胀系数小、握钉力强、尺寸稳定性较好等优点，其力学性能明显高于普通刨花板，可与胶合板相媲美。

定向刨花板可以代替细木工板、胶合木等，在装饰装修领域大量应用，还可对其进行贴面后用作家具材料，或者用作混凝土模板。除此之外，定向刨花板还是出口机械产品包装的首选材料，常在建筑的墙体中用作覆面板，用来抵抗水平力作用，如地震和风荷载等，或用作木工字梁的腹板。北美地区 65%以上的定向刨花板产品主要用于房屋建筑，主要为墙板、屋面板、楼面板和地板。

3.8.2 制造工艺

与普通刨花板相比，定向刨花板除了其刨花形态尺寸不同外，在制造工艺方面也有不同，如刨花运输方式和铺装方式，定向刨花板在刨花运输过程中尽量选用对刨花形态破坏小的运输方式，如皮带运输机、刮板运输机，尽量避免选用气力输送、螺旋运输机等对刨花形态破坏较大的运输方式；在铺装方式上，定向刨花板与普通刨花板的铺装原理完全相反，定向刨花板需要把大片的刨花铺到两个表层，稍小的刨花铺到芯层，而普通刨花板则与之相反（图 3.8-2）。

(a) 定向刨花板

(b) 普通刨花板

图 3.8-2 定向刨花板与普通刨花板的板坯结构对比

定向刨花板生产使用的原料主要为小径材、间伐材、旋切木芯、板皮、枝丫材等，其中，结构细致、纤维纹理直的树种最适宜，如杨木、桦木、樟子松、白松等，采用这些树种，加工出的刨花形态好，不易破碎。年轮较宽和早晚材密度变化大的树种虽可使用，但加工成薄片刨花时破碎率高，合格刨花获得率低，如柞木、水曲柳、山槐等。

定向刨花板的主要生产步骤包括：原木剥皮→刨花制备及输送→刨花干燥→刨花施胶→定向铺装→预压→热压。

1. 原木剥皮

原木首先输送到剥皮机进行剥皮和清洗，剥下的树皮通过运输系统运送到热能工厂做清洁燃料燃烧，而剥皮后的木材按工艺要求截成规定长度送至刨片机。剥皮机有辊筒式剥皮机和辊齿式剥皮机两种，两种剥皮机各有优缺点，辊筒式剥皮机应用范围较广，适合各种木材剥皮；辊齿式剥皮机体积小、占地少、噪声低，适合径级大、弯曲度小、节子少的木材剥皮，如图 3.8-3 所示。

2. 刨花制备及输送

定向刨花板对原料的要求高于普通刨花板，一般情况下要求树种单一，原木直径在 80mm 以上，且含水率不小于 60%，生产实践证明，含水率 80%以上时合格刨花获得率会更高。另外，含水率越高对机械、刀具的损害也相对较小。采用刨片机，沿着木材纤维方向对其进行刨切加工，使其加工出的刨花呈薄长条状。刨片机有鼓式、盘式和环式 3

图 3.8-3　原木剥皮机及其加工情况

种，一般多选用鼓式或刀环式长材刨片机。如果原料为板皮、废木料或较小的树头枝丫材，宜选用削片-刨片法制备刨花，可以将较小的木材甚至加工厂的剩余物及各种旧木料加工成合格的刨花。鼓式刨片机如图 3.8-4 所示。

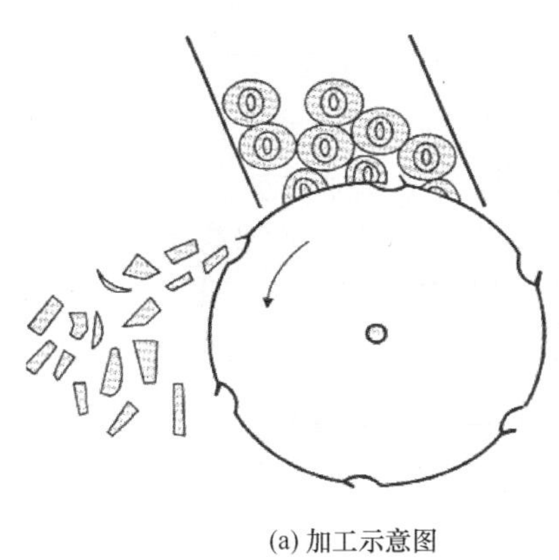

(a) 加工示意图

(b) 装备

图 3.8-4　鼓式刨片机

为了保证长大刨花在其运输过程中不破碎，其输送设备应尽量采用皮带运输机，不宜采用气力输送设备，避免采用螺旋运输机，以免刨花在气旋涡流的冲击和螺旋叶片的挤压下破碎，影响铺装效果，最终影响板的力学性能。

3. 刨花干燥

刨片机制得的刨花通过输送系统运送到湿刨花料仓，湿刨花料仓的刨花经过落料装置进入干燥机。与普通刨花板的刨花形态不同，定向刨花板的刨花形态为薄长条状，若采用普通刨花板生产所用的转子式刨花干燥机，对刨花的形态改变较大，容易导致刨花与干燥机壁和加热管之间产生摩擦，使刨花破碎。定向刨花板采用的是通道式滚筒干燥机，且一般为单通道，湿刨花与来自热能工厂的热烟气混合，刨花在这种中空的转筒内，一方面靠筒体内的气流呈悬浮状前进，另一方面，由于滚筒的转动，使得刨花在筒体内的运动轨迹类似于螺旋线，刨花在转筒中受到的主要是刨花与气流以及刨花之间的软摩擦或软碰撞，因而刨花形态能比较好地得到保护，刨花在干燥辊筒内壁的刮料装置的带动下不断地被抛起落下，并被热烟气吹送前行，如图 3.8-5 所示。由于多通道干燥机的气流在通道内突然转向，易产生较强的涡流，在这股强大的涡流中，刨花相互碰撞，很容易破碎，一般情况

图 3.8-5 刨花干燥系统

下不采用。经过干燥，控制木材刨花的含水率在 3%～6%范围内。

干燥后的刨花通过输送系统运送到筛选机，筛选出的粉尘、碎料等被运送到热能工厂做清洁燃料，合格的刨花经皮带运输机运送到干刨花料仓。筛选机分为机械筛选机和气流筛选机两种，机械筛分设备有水平摆动筛、振动筛、圆形摆动筛、圆筒筛以及分级式筛选机（又称辊筛），而现在较常用的有圆形摆动筛和分级式筛选机。根据产量的大小选择不同的筛选方式，设计产量较大的生产线一般选用分级筛，产量小的生产线可以选用圆形摆动筛再配合气流分选机使用。最后形态合格的干刨花料仓的刨花通过计量装置送到拌胶机。

4. 刨花施胶

由于定向刨花板中的刨花平面尺寸较大，加入拌胶机后的流动性较差，若采用普通刨花板的拌胶机，易使刨花破碎，且着胶的刨花数量少，影响施胶质量。因此，采用低速的中空滚筒式拌胶机最为合适。滚筒呈一定倾斜角度安装，干燥好的刨花经计量后连续从滚筒高端进入，随着滚筒旋转，滚筒内壁上的抄板将刨花提升到一定高度后又靠自重落下，并向低端的出口运动，与此同时，胶液通过空气雾化装置直接喷洒在被抛起的刨花上，使其表面着胶均匀，且破碎较少。拌胶后的刨花通过输送装置输送到铺装料仓进行铺装。

采用的胶粘剂不同，施胶量也不相同，当使用脲醛树脂时，施胶量约为 9%，采用酚醛树脂时，施胶量控制在 5%～8%之间，三聚氰胺-脲醛胶施胶量为 8%～10%，异氰酸酯胶为 3%～4%，最常使用的为酚醛树脂和异氰酸酯。为提高定向刨花板的综合性能，同时综合考虑到材料成本，也可以采用表、芯层刨花施加不同的胶种。添加剂添加量的多少对板材的性能也会产生较大影响，主要添加剂有防水剂、固化剂、缓冲剂等。固化剂一般采用氯化铵，施加量为 0～1.5%；防水剂一般采用石蜡乳液或熔融石蜡，施加量为 0.3%～1.5%。增加固化剂会提高板材的抗弯强度、内结合强度和表面硬度；增加防水剂会有效地提高板材的防水性能，但是会降低板材抗弯强度和内结合强度等指标，缓冲剂可以提高热压前的贮存时间，减少预固化。

5. 定向铺装

刨花铺装是定向刨花板制造工艺中的重要一环，其定向铺装的效果直接影响板材的质量。木材纤维的纵向在强度和尺寸稳定性方面均高于其横向，根据木材这一特性，铺装时将沿着木材纤维长度方向切下的刨花按其纤维方向纵行排列铺装成表层，芯层刨花则按与表层成垂直方向排列，形成 3 层或 3 层以上结构的定向刨花板，其结构与性能与胶合板相似。定向铺装的方法有静电定向铺装和机械定向铺装两大类，静电铺装主要利用木材分子具有极性的特点，使木材刨花在高压静电作用下实现定向，定向效果好，定向方位灵活，但设备复杂，造价较高，要求木材刨花含水率在 10%～12%之间，常用于小尺寸刨花；对于大尺寸刨花，目前一般采用机械定向铺装。在机械定向铺装中，表层采用带有内齿状的齿形圆盘铺装头对刨花进行纵向定向，芯层对刨花进行横向定向，表层和芯层分别装有高度调整装置来控制其刨花的下落高度，避免刨花在下落过程中发生角度偏移，影响定向效果。常用的铺装方式有机械铺装和气流铺装两种，如图 3.8-6 所示。

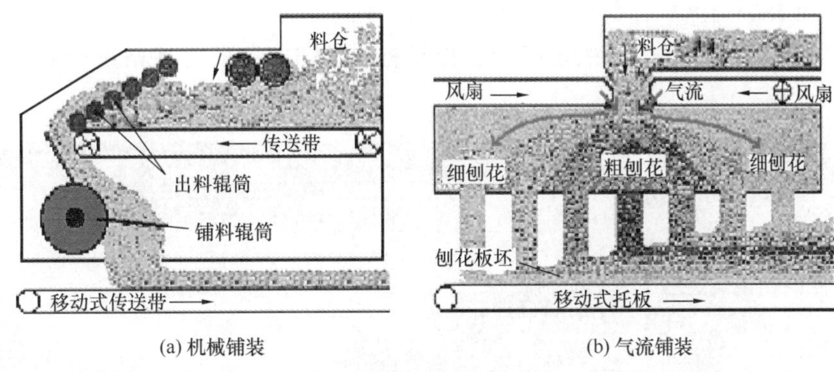

图 3.8-6 刨花机械铺装和气流铺装示意图

铺装后的定向刨花板板坯如图 3.8-7 所示。

图 3.8-7 铺装后的定向刨花板板坯

6. 热压

定向刨花板的热压可采用连续平压热压机、多层热压机或单层热压机，现在大型生产线多选用连续平压热压机，如图 3.8-8 所示。

图 3.8-8 热压机

与普通刨花板相比，定向刨花板在热压温度和时间上有更高的要求。通常情况下，定向刨花板不砂光，大刨花裸露在外面，若采用过高的温度或超时压制，对板面的颜色和强度均有不同程度的影响，若温度过低或压制的时间不够，则影响其胶合强度。一般情况下，热压压力控制在2.45～3.0MPa之间，脲醛树脂和酚醛树脂板坯的热压温度分别为150～160℃和180～190℃，热压时间为0.3～0.5min/mm。

经过连续平压热压机生产的定向刨花板板材，随即按照所需规格进行板材裁剪，如图3.8-9所示。

图3.8-9　经过裁剪的定向刨花板

与普通刨花板相似，热压好的定向刨花板毛板经过纵横裁边、剖分、晾板、检验分等、堆垛直至打包入库。

定向刨花板生产厂的能源车间以工厂的树皮、木屑、砂光粉、各种垃圾等为燃料，为生产线同时提供热油、蒸汽以及净化后的烟气，热效率达95%，排放基本为零，既节省了能源又消化掉了工厂的各种固体剩余物，是目前被国内外广泛认可的绿色能源。

3.8.3　性能特点

1. 密度

根据美国标准（American National Standard）ANSI A208.1的规定，定向刨花板有两种密度：高密度板材，其密度大于0.80g/cm^3；中密度板材，其密度范围在0.61～0.80g/cm^3。高密度的定向刨花板技术和产品均已十分成熟，目前北美更多致力于低密度定向刨花板的研究，且已研制出密度在0.50g/cm^{3}左右的不同材质的定向刨花板，其基本性能包括抗弯强度、抗弯弹性模量、厚度膨胀率、线性膨胀系数、内结合强度以及表面的和端面的握钉力等指标均能满足美国ANSI A208.1—2009和欧洲标准EN300中对定向刨花板的各项要求。这种轻质定向刨花板不但降低了制造成本，并且降低了自重，具有更好的保温性能和吸声性，同时变形更小、尺寸稳定性更好。

2. 物理力学性能

定向刨花板保持了木材纵向强度大、尺寸稳定性高的天然优越性，同时克服了木材的某些先天不足，如幅面小、有节疤缺陷等。定向刨花板的纵向弹性模量可达到4200MPa，抗弯强度可达到24MPa，同时材质均匀，线膨胀系数小，稳定性好，握钉力高，纵向抗弯强度比横向抗弯强度高得多，可用作结构材料。定向刨花板的物理力学性能远高于普通刨花板，各项性能都接近甚至高于胶合板，是胶合板的理想替代品。板材的不足是厚度稳定性较低，主要由于刨花的大小不等，铺装过程的刨花方向和角度不能保证完全水平或均匀，会形成一定的密度梯度，对厚度稳定性有一定影响。

3.9　木工字梁

3.9.1　简介

木工字梁（Prefabricated wood I-joint，IJ）就是用旋切板胶合木或指接锯材作翼缘，采用实木拼板、定向刨花板或胶合板作腹板，并通过胶粘剂的胶合作用制造的横截面为“工”字形的木质组合型材。典型的木工字梁如图 3.9-1 所示。

图 3.9-1　典型木工字梁产品

木工字梁的工字形是根据力学性能的要求设计的，做到用料最省、力学强度最大，符合建筑上对结构构件的要求。木工字梁按功能用途，分为轻型木结构用和工程结构支撑用两种，其在工程中的典型应用如图 3.9.2 所示。

图 3.9-2　木工字梁典型工程应用

木质胶合工字梁于 50 年前由德国 Steidle 公司发明，Doka 公司 1966 年开始批量生产木质胶合工字梁，今天 Doka 公司成为世界最大木质工字梁生产企业。1969 年 Peri 公司发明搁栅结构工字梁，Peri 搁栅结构工字梁至今保持专利。搁栅工字梁也可以采用金属制造，如图 3.9-3 所示。

图 3.9-3　搁栅结构工字梁及木工字梁

3.9.2 制造工艺

木工字梁是通过接口将预先制备好的木质翼缘和腹板组合而成的木结构建筑用梁，其全称为预组型木质工字梁。其中，翼缘多用以工业速生林木材为原材料的旋切板胶合木或指接锯材、如杉木，腹板也多用以工业速生林木材为原材料的定向刨花板、胶合板或实木复合拼板。这些构成单元的制造工艺可分别参考本章对应部分。

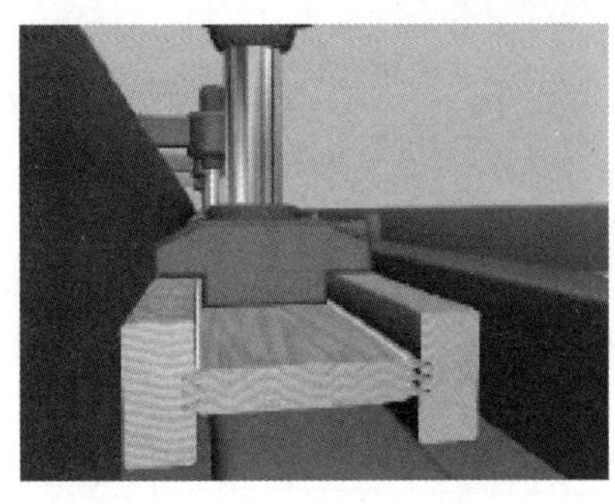

图 3.9-4 翼缘腹板压力机

木工字梁的生产方法一般有两种：确定长度生产法和连续生产法，其中连续生产法的翼缘材料主要是经过分等的实木锯材，这种方法相对于确定长度法来说，自动化程度高，对设备和厂房的要求高，同时生产效率也高。木工字梁的翼缘和腹板的结合一般采用专门的设备进行，由于腹板厚度较小，为避免其在组装过程中的平面外失稳，常采用四面加压的方法，如图 3.9-4 所示。

木工字梁标准的长度为 1.45～5.9m，根据工程需要，长度可定制至 15m；其标准截面高度有 160mm、200mm、241mm、302mm、356mm 和 406mm 等，非标高度可以定制到 360mm；其标准宽度主要有 40mm、65mm 和 90mm 等 3 种。为便于建筑施工，可以在木工字梁腹板上开洞，以方便采暖通风、空调管道和电气布线的设置。

为防止木工字梁中木材横截面开裂、变形，木工字梁的端头多有保护，如油漆或金属/塑料护板等，见图 3.9-5。

图 3.9-5 木工字梁端头典型保护措施

3.10 木（竹）质重组材

3.10.1 简介

木（竹）质重组材是以人工林木材、竹材、沙生灌木等生物质材料为原料，通过定向重组、复合而成的一种新型生物质复合材料。木（竹）质重组材克服了人工林木材、竹材、灌木等生物质材料径级小、材质软、强度低和材质不均等缺陷，具有性能可控、结构可设计、规格可调等特点，是小材大用、劣材优用的有效途径之一。经过近 10 年的持续攻关与技术开发，以人工林木材、竹材、沙柳为主要原料的木（竹）质重组材制造关键技术与产业化获得重大突破，提供了解决人工林木材和竹材的高值化利用的产业新方式。

传统的木（竹）质重组材以小径级劣质木材、间伐材和枝丫材为原料，经辊搓设备疏解加工成纵向松散交错相连且横向不断裂的网布状木（竹）束，但这种木（竹）材单元分离工艺无法精确控制其疏解度，加之木材节子、尖削度、斜纹理等本身缺陷，导致了木束单元粗细不均，为后续的干燥、浸胶、铺装等工序带来了一系列难以克服的加工难题；在重组过程中，受传统人造板思维和成型设备的限制，当时均采用低压成型工艺，产品的密度低（$< 0.9\ g/cm^3$），胶合强度低，表面较粗糙，当环境温湿度改变时，压缩的木材和竹材由于形状记忆而部分恢复，尺寸稳定性低，因此质量难以控制，无法实现大规模产业化生产。

针对上述问题，我国科研人员提出了先制备纤维化单板、后重组的技术方案，即借鉴高性能竹基纤维复合材料制造技术中的纤维可控分离技术，将原木旋切成单板，再对其进行纤维化处理；再结合重组竹生产工艺，以纤维化单板为基本单元，研发了新型的木（竹）质重组材，主要包括重组竹（高性能竹基纤维复合材料）和重组木。与传统的人工林木材和竹材相比，木（竹）质重组材料具有高强度、高尺寸稳定性和高耐候性等优点，可用于替代天然林优质木材，在湿地景观工程、海洋工程、矿井工程和土木建筑等领域都具有广泛的应用前景。

3.10.2　竹质重组材

对于新型竹质重组材，在单元制备方面，不同于传统竹束单元制备工艺，出现了将竹材先单板化后再分离的新工艺，通过制备出纤维化竹单板，解决了重组竹的单元制备技术难题；与此同时，通过竹材单元高温热处理技术，不但丰富了竹制品的色泽，还提高了产品的尺寸稳定性，在一定程度上缓解了竹材易霉变和腐朽等技术难题。在施胶方面，与传统酚醛树脂的不同，新型竹质重组材主要采用低分子量浸渍用酚醛树脂，同时改变了传统的涂胶和喷胶工艺，采用的是浸渍施胶工艺，解决了重组竹施胶不均和浸胶后干燥树脂预固化等问题。在成型方面，主要有冷压热固化法和热压法两种成型工艺，解决了新型竹质重组材的成型问题。

3.10.3　木质重组材

将原木先单板化、再疏解制备纤维化木单板的技术方案，采用无卡轴超厚单板旋切装备，先将人工林木材旋切成 4～8mm 厚的单板；再通过纤维定向分离重型疏解装置，利用疏解齿在单板表面顺纹方向产生一系列点状或线段状的裂纹，将单板定向分离成粗细均匀的木纤维束交织而成的纤维化木单板；最后采用喷蒸辅助快速冷压成型技术和超高压卧式成型技术，制备新型木质重组材。

木质重组材的抗弯强度可达 200MPa 以上，抗弯弹性模量达 27GPa 以上，抗压强度达 120MPa 以上，剪切强度可达 20MPa 以上。尺寸稳定性指标中，木质重组材经过 28h 水煮循环处理的加速试验后，其厚度膨胀率≤6%，宽度膨胀率≤1%。

木（竹）质重组材可用作建筑承重梁、柱，或用于室内装饰、家具制造等领域。典型的重组木产品如图 3.10-1 所示。

图 3.10-1　木（竹）质重组材

3.10.4　木（竹）质重组材质量影响因素

1. 木（竹）材及单元质量

由于在相同的成型工艺条件下，疏解效果好的单板，胶粘剂的渗透性也相对较好，且分布更加均匀，胶合强度高、力学性能较好，而疏解单板表面的裂纹数量（疏解度）主要取决于树种、单板厚度及疏解工艺等。因此，在一定范围内，木（竹）材质越轻软、木（竹）材单板的厚度越小，木（竹）束的疏解效果越好，最终产品的质量越高。同时，由于心材细胞排列更加紧密、实质密度大、树脂含量相对较高，因此，采用心材比例高的原材料，产品的力学性能及尺寸稳定性均较边材的更优。

2. 胶粘剂及其施加工艺

木（竹）材单元在浸胶过程中，不同的胶粘剂浸渍方式和固体含量对浸渍效果影响显著。在一定范围内，随着浸胶量的增加，纤维束表面的胶粘剂覆盖率增加，同时胶粘剂分布更加均匀，反映在木（竹）质重组材产品性能方面，为胶合性能增强。

3. 浸胶木（竹）材单元干燥工艺

浸胶后木（竹）材单元中的含水率是木（竹）重组材成型压制工序中的重要参数之一，不仅影响干燥过程中所需时间和能耗，还影响压制过程中胶粘剂的渗透和重新分布。为了降低基本单元在浸胶过程中带来的多余水分，同时增加树脂的缩聚度，减少固化时间，浸渍单元需要进行干燥处理。干燥温度、干燥后含水率以及干燥后单元的陈放时间，直接影响胶粘剂的分子量变化、预固化度和活性，从而最终影响木（竹）质重组材的质量与性能，一般情况下，干燥后的含水率控制在12%左右、干燥后单元的陈放时间控制在10d以内时，产品的表面性能、耐水性能和力学性能较优。

4. 热压工艺

由于一般木（竹）质重组材的尺寸较大，因此，与常规热板热压工艺相比，采用过热蒸汽进行心层瞬间喷蒸处理，能够缩短材料中木质素达到玻璃化转变温度的时间，提高了重组单元的塑性，降低了成型压力，缩短了固化时间，提高了生产效果和产品质量。

热压工艺参数中压力越高，木材密实化程度增加，从而产品的力学性能更高。

此外，不同的成型工艺直接影响木（竹）质重组材胶合过程中树脂的流变性，从而影响胶合性能，最终导致木（竹）质重组材产品的性能差异。目前采用双向加压成型技术，能够有效保证产品的质量。

参 考 文 献

[1] ZHOU J, YUE K, LU WD, et al. Bonding performance of Melamine-Urea-Formaldehyde and Phenol-Resorcinol-Formaldehyde adhesives in interior grade glulam[J]. Journal of Adhesion Science and Technology, 2017, 31(23): 2630-2639.

[2] ZHOU J, YOE K, LU WD, et al. Effect of CMC formic acid solution on bonding performance of MUF for interior grade glulam[J]. Cellulose Chemistry and Technology, 2018, 52(3/4): 239-245.

[3] 岳孔，毛旭冉，周叮．胶合木构件的传湿性能[J]．南京工业大学学报，2013，34(4)：97-100.

[4] 岳孔，陈强，贾翀．工业化高温改性木材的力学性能[J]．福建农林大学学报(自然科学版)，2018，47(3)：361-366.

[5] 龚迎春，任海青．正交胶合木的特性及发展前景[J]．世界林业研究，2016，29(3)：71-74.

[6] GAGNON S, PIRVU C. CLT handbook : cross-laminated timber[M]. Canada: FPInnovations, 2011.

[7] GONG M, TU D, LI L. Planar shear properties of hardwood cross layer in hybrid cross laminated timber[C]. Quebec city: 5th International scientific conference on hardwood processing, 2015.

[8] 陈雷，金菊婉，徐咏兰．速生杉木单板层积材(LVL)的研究[J]．林业科技开发，1999(6)：26-28.

[9] 吕斌，付跃进，吴盛富，等．几种人工林树种单板层积材的生产试验及力学性能研究[J]．林产工业．2004，3(31)：13-17.

[10] 谢静华．定向刨花板生产工艺特点及应用[J]．林业机械与木工设备，2010，38(1)：43-44，47.

[11] 马晓军，齐英杰，徐杨，等．定向刨花板工业化生产的前景与效益[J]．木材加工机械，2015，26(1)：52-54.

[12] 于宝利，赵宝东，辛锡平．定向刨花板生产工艺及设备选型[J]．中国人造板，2014，5：8-10.

[13] 林利民，武广明，朱忠明．结构胶合板性能要求及生产工艺特点[J]．林业科技，2000，25(6)：36-38.

[14] 姚利宏，赵荣军，王戈，等．结构胶合板的研究现状与发展[J]．中国人造板，2013，12：20-25.

[15] 余养伦，于文吉，邓侃．我国木(竹)质重组材料技术和产业发展现状及建议[J]．中国人造板，2018，25(6)：1-5.

[16] 张亚慧，齐越，黄宇翔，等．我国高性能重组木材料制备技术开发与应用及未来发展[J]．木材工业，2018，32(2)：14-17.

第 4 章　井干式木结构

4.1　概述

井干式木结构是采用经过适当加工后的方木、原木或胶合原木作为基本构件，将构件水平放置层层叠合，并在构件相交的端部采用层层交叉咬合连接，以此组成的井字形木墙体作为主要承重体系的木结构，也称原木结构（log house），在我国东北地区又称“木刻楞”结构，图 4.1-1 为典型井干式木结构建筑。

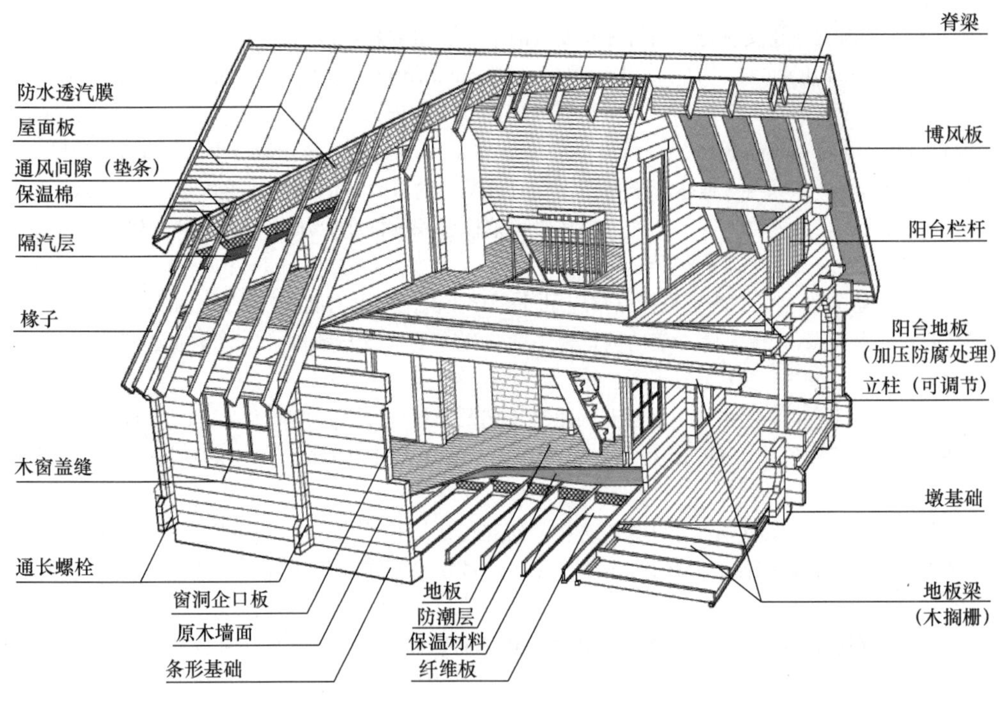

图 4.1-1　井干式木结构建筑

4.1.1　井干式木结构发展概况

我国传统木结构建筑历史悠久，形式丰富，传统木结构根据其建造形式分为抬梁式、穿斗式、井干式等，其中井干式木结构是历史最为久远的一种。关于井干式结构的应用最早可以追溯到我国商代时期的墓椁，而井干式木结构在房屋建筑上的应用则最早始于我国汉代时期，云南晋宁石寨山出土的铜器中双坡顶的井干式房屋造型以及《淮南子》中所谓“延楼栈道，鸡栖井干”的记载都是佐证。

井干式木结构建筑遍布我国大江南北，目前很多村落都还留存着井干式房屋。不同地域条件下的井干式木结构房屋因自然环境、文化上不同而形态迥异，在漫长的历史进程中，每个地区的井干式房屋都极具地方特色。比如在我国新疆农村地区的井干式房屋，屋顶形式皆以平顶居多，墙体原木之间的缝隙用泥巴封堵。在我国西南地区，因当地气候潮湿，房子多以干栏式建筑为主，当地的井干式房屋也与干栏式相结合，形成一种独特的建筑形式（图4.1-2）。在我国东北地区，因森林资源丰富，井干式在该地区应用最为广泛，吉林的满族、朝鲜族以及大兴安岭地区的鄂伦春族的民居形式都是井干式，而且至今很多农村仍使用着，比如室外放置粮食的玉米楼，底部是由四个木柱子支撑，上部将原木层叠成井干式。

(a) 西南地区

(b) 四川泸沽湖地区

图 4.1-2 传统井干式木结构建筑

我国井干式木结构建筑的传统建造方法通常较为简单，一般以原木为基本建筑材料，首先夯实基础，然后再垒砌原木墙体，选用的原木直径尽量大小一致，将原木适当削砍后，一层一层往上叠垒，层与层之间由木销连接固定，原木层与层之间缝隙采用弹性材料（如苔藓垫）垫实密封。井干式木结构木材主要是用斧头等工具刻造而成，有棱有角（图4.1-3）。传统的井干式木结构房屋，从外观来看具有自然原始的意境，结构体用整根原木建造，木材本身是结构体，木材的两面为内壁和外壁，但可装饰性和灵活拆装性较差，木料用量较大且原木直径大（图4.1-4）。

图 4.1-3 手工削砍的原木屋

图 4.1-4 我国现代井干式木结构（原木）

图 4.1-5　我国东北地区现代井干式结构（胶合原木）

随着木材加工技术和木材资源利用技术的发展，对建造井干式木结构建筑，目前基本采用胶合原木替代原木（图 4.1-5）。采用胶合原木，减少了对大直径原木的依赖，更能充分利用人工林的木材资源，或直径较小的原木材料。胶合原木的物理、力学性能优于原木，截面尺寸精确可控，不易产生翘曲变形，更加适合工业化制作。另外，现代井干式木结构墙体构件层与层之间的连接可采用金属连接件，如钢销、钢杆等加强，层与层之间采用橡胶垫等密封材料填实，并设置了墙体沉降调节装置。因此，现代井干式木结构的性能远优于传统的井干式木结构建筑。现代井干式木结构建筑因其木材外露具有自然原始的意境，受到越来越多人的喜爱。

芬兰、瑞典、挪威等北欧国家的住宅基本上都为木结构建筑，其中井干式木结构住宅使用很普遍。其原因，除了这些国家森林资源丰富以外，就是北欧国家属于严寒地区，木材的热传导率低，保温性能优越，井干式木结构厚实的木质墙体具有很好的保温性能，因此，在这些地区深受人们的喜爱，尤其在芬兰，井干式木结构住宅是其主要的住宅形式。随着现代木结构技术和加工工艺的发展、胶合木技术的完善成熟，井干式木结构房屋的建造技术和风格由原木井干式木结构建筑逐渐发展到新型的胶合原木井干式木结构建筑上。对于井干式木结构住宅，芬兰等北欧国家通过长期的实践，积累了丰富的设计、制作、施工和应用的先进经验，同时也对井干式木结构的结构性能、气密性和防护等方面做了很多针对性的研究。芬兰国家技术研究中心（VTT）曾研究过井干式木结构墙体的承载力计算和沉降预防措施等技术问题。在芬兰等北欧国家，不仅在井干式木结构建筑设计、建造等技术方面做得很成熟，而且形成了完善规范的井干式木结构建筑市场体系，井干式木结构房屋已成为一种商品，每个建造商都有自己独特的井干式木结构房屋体系，建造商能为消费者提供系统完善的技术服务，消费者可根据自己的喜好，选择不同的建筑规模和不同的风格。

在北美地区，尤其加拿大地区，木建筑普遍受到大众的欢迎，一是北美地区森林资源丰富，二是很早之前就已经形成了木建筑文化并得到传承。目前胶合木井干式住宅在北美地区占的比重较小，更多的是轻型木结构住宅。尽管如此，但胶合木井干式住宅的技术依然十分成熟，与欧洲相似，北美地区的井干式住宅的设计与施工都是有专门的木建筑供应公司来完成，每个井干式胶合木住宅都类似一种商品，设计成型，批量化生产，标准化程度非常高。

我国传统井干式木结构建筑虽然有很久远的历史，但传统井干式木结构建筑构造较简单。井干式木结构建筑因为木材通常外露，木材之纹理、色泽、亲和力等予人良好之视觉和触觉，外表美观，调和生活环境，而且具有特殊气味，近年来深受人们的喜欢。我国现代井干式木结构建筑最先发展于我国东北地区，目前我国东北地区有多家专门从事井干式木结构建筑施工建造的企业，这些公司最先也都借鉴北欧国家的建造技术，然后根据本地的具体情况进行改进，形成了自己的特色。目前井干式木结构建筑越来越受用户欢迎，在我国已形成由北向南发展的趋势。虽然，我国最新版的国家标准《木结构设计标准》GB

50005—2017引入了井干式木结构的结构形式，并从构造方面对井干式木结构建筑的设计做了若干规定，但未涉及墙体的结构计算，对于井干式木结构建筑墙体，主要由稳定控制。井干式木结构的墙体构件一般采用方木和原木制作，由于方木原木干燥比较困难，使用过程中墙体容易变形，因此，目前许多井干式木结构建筑的墙体构件也采用胶合木材制作。

4.1.2 井干式木结构的特征

与其他形式的木结构一样，井干式木结构建筑具有木结构建筑的共性优点和缺点，接下来将介绍井干式木结构建筑的优缺点以及当前实际工程中遇到的问题。

1. 热传导率较低，比热高，保温性高

木材是一种天然、健康且极具亲和力的材料，木材具有多孔性，其热传导率相对较低。其他常见的几种建筑材料如混凝土、砖、玻璃、铁、石棉等，其热传导率平均是木材的数倍（表4.1-1）。保温性能优异，比普通砖混结构房屋节省能源超过40%。木材的保温性能是钢材的400倍，混凝土的16倍。研究表明，150mm厚的木结构墙体，其保温性能相当于610mm厚的砖墙。因此我们看到东北地区的民居，用砖作为墙体材料的民居外墙的厚度要比东北地区井干式民居的外墙厚度要厚很多，如东北地区满族的民居外墙厚度大约在450mm左右，井干式民居的外墙最大厚度一般不超过300mm，见表4.1-2，也足以说明木材良好的保温蓄热功能。

常见建筑材料热传导系数［W/(m·K)］ **表4.1-1**

	木材	混凝土	普通黏土砖	钢铁	石棉
热传导系数	0.15	1.28	0.75	40	0.15

东北地区各式民居墙体厚度（mm） **表4.1-2**

	东北传统井干式民居	东北碱土民居	东北汉族民居	东北满族民居	东北土坯房
山墙厚度	200～300	450～550	370～400	370～400	300～350
后檐墙厚度	200～300	450～550	450～550	450～500	300～350
前檐墙厚度	200～300	450～550	400～450	400～420	300～350

2. 调湿

井干式木结构建筑因基本采用实木墙体，因此被称为“会呼吸的房子”。可呼吸的结构是指结构具有自动调节环境湿度的功能，因为原木具有较好的调节湿度的作用，当建筑中室内空气的湿度大于木材的湿度时，木材就会吸收空气中的水汽，当室内空气干燥时，木材就会释放自身所含的水分。环境温湿度变化对人的新陈代谢、体温和生理调节有着密切关系，井干式木结构建筑能使室内环境湿度保持平衡稳定。另外井干式木结构建筑室内空气中含有大量的芬多精和被称为空气“维生素”的负离子，芬多精和负离子是现代“森林浴者”倍加推崇的物质，能有效杀死空气中的细菌、增强免疫力，对保持大脑清醒、提高注意力、降低血压、安定神经等有明显功效。因此原木建筑有利于人们的健康。

3. 不易发生结露

通常当室内温湿度较高且室外温度相对较低时，外墙容易发生结露。如果外墙材料的湿度反复急剧的变化会影响材料的强度及耐久性。但木材不容易发生结露现象，它可以使温度不会发生急剧的变化，并且木材有吸湿性，亦会将结露吸收，保持一个相对平衡的状态。

4. 容易发生异常变形

井干式木结构建筑的主要建筑材料为木材，具有易燃、易腐朽的缺点，在建造和使用过程中应采取必要措施克服这些缺点。传统的井干式木结构建筑一般采用大截面的原木方木结构，含水率较大，在使用过程中因含水率变化而产生变形（尺寸安定性不稳定），出现干燥收缩从而造成开裂，因此传统的井干式木结构建筑的门、窗常因变形而不易开关，从而影响其使用。在我国东北地区经常会看到有些井干式木结构墙体或屋盖倾斜，这都是因木材含水率变化且未提前采取预防措施而导致的。

4.1.3 井干式木结构研究概况

1. 井干式木结构建筑技术标准研究

在我国，井干式木结构建筑在《木结构设计标准》GB 50005—2017 发布之前，没有相关的技术标准，建造井干式木结构建筑主要是根据先前积累的经验，因此井干式木结构建筑在报建时存在无标准可依据的情况。《木结构设计标准》GB 50005—2017 中引入了井干式木结构的相关规定，但是也只是给出了主要设计原则和部分构造规定，而对井干式木结构墙体等的结构计算并未给出具体的计算方法。对于不超过两层，墙体高度不足 3.5m 的墙体，一般可根据建造经验按构造进行设计。但国内井干式木结构建筑的层数越来越多，单层墙体的高度也越来越高，墙体的承载力计算越来越关键，尤其对于超高木墙体。采用合理的结构计算方法，不仅能使结构安全更有保障，同时也能节约材料。当前，可以参照欧洲或芬兰已有的成果开展验证性研究工作，完善墙体的承载力计算方法。

井干式木结构建筑在北欧地区使用广泛，标准体系也相对完善。芬兰原木屋产业协会专门发布井干式木屋的设计指南《Design Principle for Log Buildings》，指导和规范了芬兰井干式木结构建筑的应用。欧盟还颁布了关于原木结构的标准《欧洲原木建筑技术许可指南》(《Guideline for European Technical Approval of Log Building Kits》ETAG 012, Edition June 2002)，统一规定了欧洲地区原木建筑的建造技术和性能要求。

在北美地区，1974 年美国和加拿大共同成立了国际原木建筑建造商协会（International Log Builder's Association，简称 ILBA)，主要是针对原木建筑方面的技术研究和商业发展，该协会每年开展关于原木建筑的年会，组织北美的原木建筑建造商共同探讨原木建筑的技术发展等，并于 2000 年出版了《原木建筑标准》(Log Building Standards 2000）指导北美原木建筑市场的发展。目前加拿大仍采用 ILBA 发布的《原木建筑标准》指导原木结构的工程实践。

2007 年国际标准委员会（International Code Council，简称 ICC）协会与美国国家标准委员会（American National Standards Institute）发布了《原木结构设计与施工标准》(Standard on the Design and Construction of Log Structures) ICC 400—2007，是美国目前唯一的关于原木结构的标准。2012 年发布了第二次修订版本 ICC 400—2012，从 2016 年开始 ICC 正在对其开展第三次修订，并于 2017 年 11 月发布其第三次修订版本《原木结构设计与施工标准》(Standard on the Design and Construction of Log Structures) ICC 400 —2017（以

下简称 ICC 400—2017)，该书是目前最新的版本。

2. 国外对井干式木结构的技术研究

井干式木结构在北欧等国家广泛使用，其中芬兰出版了井干式木结构建筑的设计指南（Design Principles for Log Buildings Finnish Loghouse Industry Association. HTT 3/2010）。近年来芬兰 VTT 木结构技术研究中心联合芬兰古松原木屋企业（HONKA）对井干式木结构开展了系列研究，包含：

(1) 墙体的稳定承载力试验研究

芬兰出版的井干式木结构建筑的设计指南针对常规原木墙体承载力的计算方法做了相关规定，但并不适合超长、超高的墙体，从而非常规墙体的承载力计算受限，随着人们对建筑功能需求的提高，实际工程中经常存在非常规墙体。芬兰 VTT 木结构技术研究中心和芬兰古松原木屋企业（HONKA）于 2014 年对不同类型墙体的承载力开展了试验研究，试验的墙体类型包含不同构造的胶合原木墙体、不同的墙体连接方式、超长、超高以及开门洞的墙体类型等。根据影响其承载力的关键因素，建立了墙体受压承载力计算公式的方法。

(2) 开展了新型防沉降技术产品的研发

井干式木结构建筑因为构件是横纹受压，由于横纹压缩弹性模量小，且收缩膨胀率大，日常使用中，墙体因含水率变化和受压导致的沉降问题相对突出。为解决这一关键问题，古松原木屋公司（HONKA）研发出了防沉降的胶合木产品，其胶合原木中间层与外面层垂直，中间层顺纹受压，从而减小了变形。

(3) 墙体连接形式及承载力研究

井干式木结构是通过构件层间连接层层叠加而成，同时需要承载地震作用和风荷载作用下的水平力，对于层间连接的承载力尚无好的理论计算方法。若采用试验验证，造成成本较高。因此有必要发展层间连接承载力的计算方法，同时可研发新的连接方式，例如采用 PVC 套管内填充混凝土的新型连接等，改善连接间隙，减小滑移。

近年来，我国现代井干式木结构建筑技术通过对外合作和技术引进，得到快速发展。但是，由于现代井干式木结构的市场占有率较小，并没有一套完善的标准体系和设计方法。随着木结构建筑在国内建筑市场的不断复苏，井干式木结构建筑以其木材外露、木质感强以及符合人们的审美观等优点，将会越来越受到人们的关注。我国今后应开展对国外引进的井干式木结构技术的验证性研究，建立适合于井干式木结构建筑的标准体系和设计方法，指导工程设计和建造。

4.2　组成材料

井干式木结构建筑常用的建筑材料：木材、连接件以及密封材料。本节将介绍井干式木结构建筑常用材料的类型以及功能等。

4.2.1　木材

井干式木结构建筑的墙体采用的材料分为原木、方木或者胶合原木。

井干式木结构可由直接砍伐的原木建造，或由原木加工而成的方木建造。在林场或木材资源丰富的地区，一般直接采用原木建造，如我国大兴安岭林场地区很多井干式木结构建筑。原木和方木因截面尺寸较大，一般都经自然风干，截面表里的含水率不一，使用原木和方木时，可对其进行开槽处理，防止因使用期间干燥而产生收缩裂缝。《木结构设计标准》GB 50005—2017 规定，原木的含水率不应大于 25%，因此湿材应经自然干燥满足含水率要求后，方可用于结构。

井干式木结构采用方木制作时，国家标准《木结构设计标准》GB 50005—2017 规定，方木的含水率不应大于 20%。

井干式木结构也可采用胶合原木制作，胶合原木是指由规格材层板胶合而成的形状类似原木或方木的胶合木产品，具有胶合木产品的特性。由于胶合原木的规格材层板均可采用窑干技术干燥，层板的含水率容易控制，因此胶合原木的含水率一般在 8%～12%。胶合原木产品性能比原木和方木更稳定，可加工性好，产品质量更容易得到保证，且原木和方木对木材资源要求较高，因此目前实际工程中，大都采用胶合原木替代原木和方木。

井干式木结构墙体构件的截面形式可按表 4.2-1 的规定选用。矩形构件的截面宽度尺寸不宜小于 70mm，高度尺寸不宜小于 95mm；圆形构件的截面直径不宜小于 130mm。

对于井干式木结构建筑的材料强度设计值应按国家标准《木结构设计标准》GB 50005—2017 规定的方木和原木（实木）的强度设计指标确定。

井干式木结构墙体构件常用截面形式 **表 4.2-1**

采用材料		截面形式				
方木		70mm≤b≤120mm	90mm≤b≤150mm	90mm≤b≤150mm	90mm≤b≤150mm	90mm≤b≤150mm
胶合原木	一层组合	95mm≤b≤150mm	70mm≤b≤150mm	95mm≤b≤150mm	150mm≤b≤260mm	90mm≤b≤180mm
	二层组合	95mm≤b≤150mm	150mm≤b≤300mm	150mm≤b≤260mm	150mm≤b≤300mm	
原木		130mm≤ϕ	150mm≤ϕ			

注：表中 b 为截面宽度，ϕ 为圆截面直径。

4.2.2　连接件

连接是结构系统的重要组成部分，井干式木结构建筑的连接包含墙体与基础的连接、构件层与层之间的连接，井干式木结构中使用的连接件包括长钉、螺栓、木销、钢管销、长拉结螺栓等，主要用于基础锚杆、拉结螺栓、抗剪销、层间锚杆等。

基础锚杆，是指在墙体底层设置的连接基础与原木墙体的连接件，可采用预埋钢筋螺杆，或化学植筋螺杆，如图 4.2-1 所示。通常连接原木墙体的最底下的三层构件，基础锚杆用于抵抗水平力和抗拔。

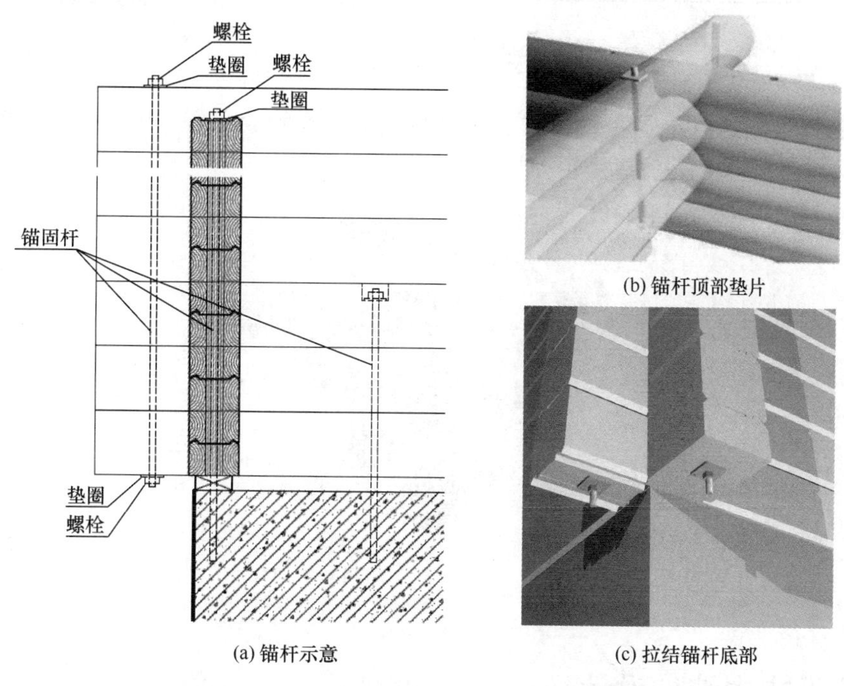

(a) 锚杆示意　(b) 锚杆顶部垫片　(c) 拉结锚杆底部

图 4.2-1　基础与墙体连接锚杆和通长拉结螺杆

通长拉结螺杆，是指从墙体底部到顶部贯通的紧固螺杆，各层墙体均应使用紧固拉杆拉紧各层原木构件，增强墙体的整体性。一般设置于墙体端部的转角处和墙体开洞处，如图 4.2-1 所示。通长螺杆的直径一般不宜小于 12mm，常用的直径范围为 12～36mm。为安装便利，通常也采用多个短螺杆组合替代长螺杆。

抗剪销，指连接构件层与层之间的连接件，增强墙体的整体性，并有抗剪的作用。可以采用木销或钢销，通常先在原木方木构件或胶合原木构件上面预钻孔，孔直径略小于销直径，销的形状可为圆形或方形，如图 4.2-2 所示。钢销采用镀锌的钢管。当采用木销时，木销一般采用由阔叶材等硬木材料制作，硬木材料强度高，且弹性模量较大，便于施工安装。

4.2.3　其他

井干式木结构建筑墙体是由原木方木构件或胶合原木构件层层叠合，相互咬合而成的，为保证建筑的气密性，加强外围护结构的防水、防风及保温隔热性能，在构件层之间

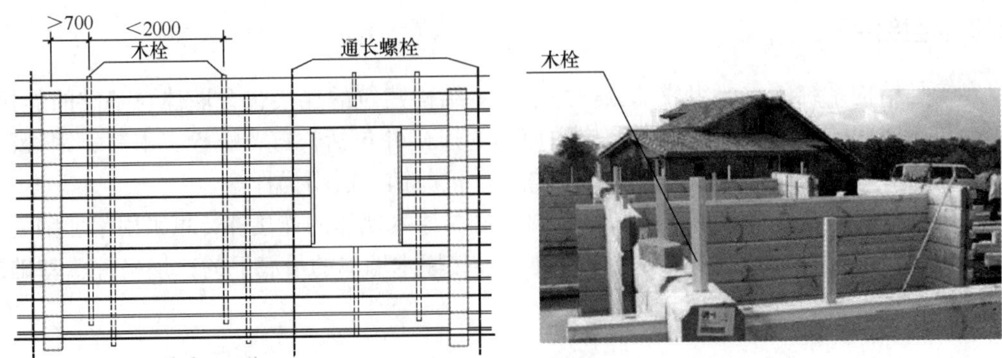

图 4.2-2　木销抗剪件

需要放置密封胶和橡胶垫等密封材料，如麻布毡垫、橡胶胶条等（图 4.2-3）。密封材料要满足耐久性的要求，并应有一定弹性。

图 4.2-3　原木层间密封材料示意图

4.3　井干式木结构设计

本节介绍井干式木结构建筑设计，包括构件设计、抗侧力设计、节能设计和耐久性设计等。

4.3.1　构件设计

本小节主要介绍井干式木结构建筑梁、柱、墙体的结构设计方法。

1. 梁柱构件设计

井干式木结构建筑的梁柱构件一般采用方木、原木或胶合原木制作，构件一般按国家标准《木结构设计标准》GB 50005—2017 的规定进行承载能力极限状态和正常使用极限状态结构计算，并满足规范的要求。结构设计时，因为通常采用螺栓连接方式，由于螺栓孔径一般大于螺栓直径，按弹性设计时，很难满足刚性节点的要求，因此通常可将梁柱构件假定为两端简支构件进行验算。

2. 墙体设计

井干式木结构建筑中的剪力墙一般可以分为两类：一类是带有转角、隔墙或扶壁柱等侧向支撑的墙体；另一类是仅由原木、方木或胶合原木构件叠合而成的木墙，无侧向支撑。对于井干式木结构承重墙体一般采用十字交叉转角、直角转角、隔墙、连续竖向支撑构件或固定于墙体末端的墙骨柱等侧向支撑构造措施以保证墙体稳定，从而承受竖向荷载。

井干式木结构剪力墙在水平剪力作用下，墙体的变形由弯曲变形和剪切变形两部分组成（图 4.3-1），其中弯曲变形是由木墙受拉侧构件层之间上拔导致，剪切变形主要因构件层之间的销连接剪切变形导致。

一般在木墙体的端部布置通长紧固螺杆，如图 4.3-2 所示，使构件层之间紧密相连，防止层与层之间脱开而影响结构的气密性等。木墙体的变形主要是因构件层之间销连接的剪切变形引起的。通常同一墙体构件层间的销连接构造均相同，因此理论上可确定，木墙体的水平剪切变形可由单层构件的层间位移角乘以木墙体的总高度而获得，单层构件的层间位移角为层间销连接的水平变形与单层构件的高度之比。

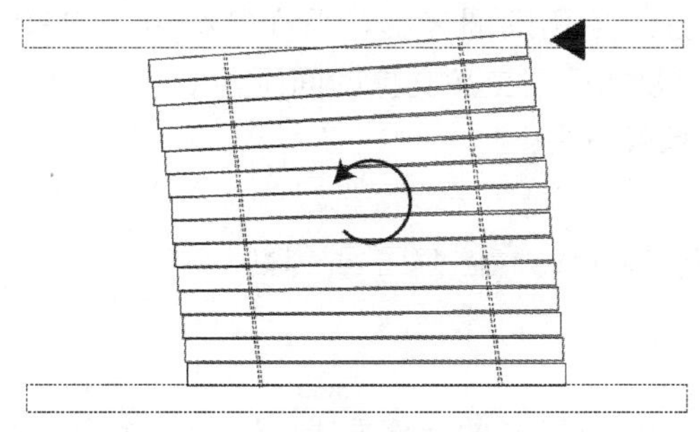

图 4.3-1 原木墙体的变形

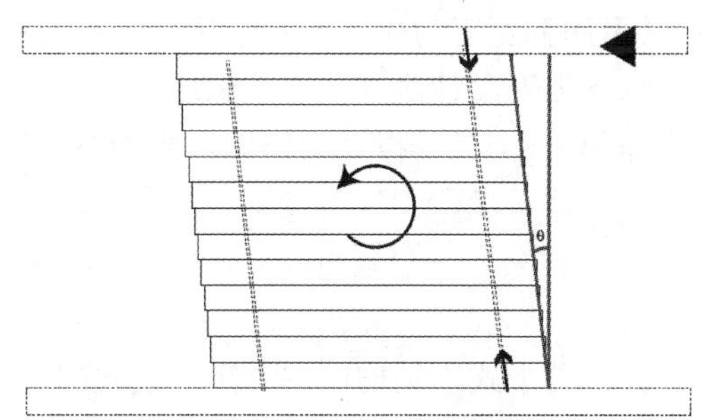

图 4.3-2 加设有通长紧固螺杆的木墙体变形假定图

目前，我国《木结构设计标准》GB 50005—2017 中没有关于木墙体的竖向承载力的计算方法。芬兰等北欧国家在井干式木结构建筑技术方面具有丰富的实践经验，以下介绍芬兰对井干式木墙体竖向承载力的确定方法。该方法已经过芬兰国家技术研究中心（VTT）试验证实（Design Principles for Log Buildings Finnish Loghouse Industry Association. HTT 3/2010），符合欧洲相关规范的规定。

（1）井干式木结构墙体计算方法之一：

井干式木墙体的构造应满足下列规定(图 4.3-3)：

1）墙体高度不应大于 3m；

2）交叉支撑处相交长度应大于 600mm；

3）交叉支撑的最大间距不应大于 8m；

4）方木的宽度应大于 70mm，圆形原木直径应大于 130mm。

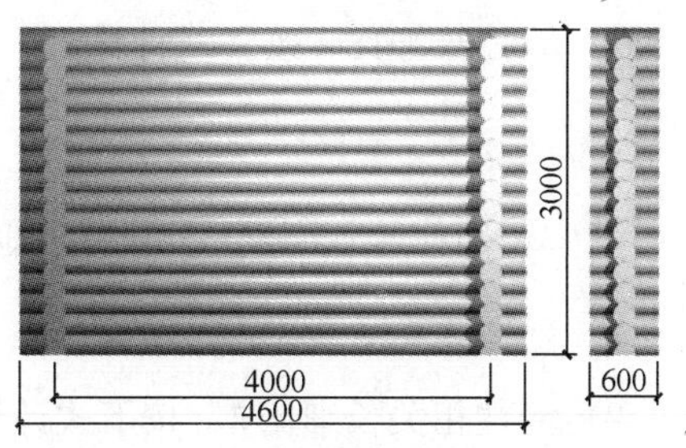

图 4.3-3 原木墙体（单位：mm）

当墙体端部有交叉支撑时，墙体的受压承载力应为交叉支撑的受压承载力与木墙的受压承载力之和，可按下列方法计算墙体的竖向受压承载力：

1）构件交叉支撑的受压承载力可按下式计算：

$$N_c = l_c \cdot f_{c,90} \cdot b_{ef} \tag{4.3-1}$$

式中 N_c——交叉支撑受压承载力（N）；

l_c——交叉支撑段的长度（mm）；

$f_{c,90}$——材料横纹承压强度设计值（N/mm^2）；

b_{ef}——墙体构件的有效厚度（mm）；当墙体构件为矩形截面时，b_{ef}取 0.75 倍墙体宽度；当为圆形截面时，b_{ef}取 0.5 倍圆直径。

2）木墙的受压承载力可按下式计算：

$$N_F = L \cdot f_{c,90} \cdot b_{ef} \tag{4.3-2}$$

式中 N_F——木墙的受压承载力（N）；

L——木墙体交叉支撑之间的长度（mm）；计算时，L 不应大于 4000mm；当 L 大于 4000mm，且不大于 8000mm 时，取 L＝4000mm。

3）端部有交叉支撑的墙体受压承载力为：

$$N = 2N_c + N_F \tag{4.3-3}$$

【示例】宽度为 120mm 的矩形方木墙体，方木采用欧洲云杉，强度等级为 TC13B，横纹承压强度设计值（全表面承压），$f_{c,90}=1.9N/mm^2$，交叉支撑的间距为 5m，墙体高度为 2.8m，交叉支撑处为横墙，则墙体的竖向承载力为：

$$\begin{aligned} N &= 2N_c + N_F \\ &= 2\times600\times1.9\times0.75\times120 + 4000\times1.9\times0.75\times120 \\ &= 889200\text{N} = 889.2\text{kN} \end{aligned}$$

（2）井干式木结构墙体计算方法之二：

本方法为芬兰古松原木建筑股份有限公司（HONKA）的计算方法。假设墙体为虚拟墙柱，墙体的竖向承载力可按柱子的计算方法进行结构计算，墙柱有效宽度为距转角、隔墙或竖向支撑加强件不大于 2m 的木墙宽度。对于无侧向加固支撑的墙体，一般不考虑其竖向承载力。承重墙体的有效侧向支撑长度，即转角、隔墙等竖向支撑之间的距离不应超过 8m。对于距离侧向支撑间距大于 2m 的墙体部分，视为非有效承重墙体的区域，不考虑该区域的承载力，但应能承受其自重，并能传递其他荷载至承重墙柱。参考欧洲木结构设计规范 EN 1995 和芬兰国家技术研究中心（VTT）的研究报告 VTT-S-03436-15，墙体稳定验算可按下列方法进行：

1）墙柱长细比 λ 按下式计算：

$$\lambda = H\sqrt{\frac{L\,b_{ef}}{I_{ef}}} \tag{4.3-4}$$

其中，墙柱等效刚度 I_{ef}可根据试验确定，也可按下式确定：

$$I_{ef} = \frac{EI}{E_{90}} \tag{4.3-5}$$

2）墙柱相关长细比 λ_{rel} 按下式计算：

$$\lambda_{rel} = \frac{\lambda}{\pi} \cdot \sqrt{\frac{f_{c,k}}{E_k}} \tag{4.3-6}$$

3）墙柱稳定系数 k_c 按下式计算：

$$k_c = \frac{1}{k_y + \sqrt{k_y^2 - \lambda_{rel}^2}} \tag{4.3-7}$$

$$k_y = 0.5 \cdot [1 + 0.2 \cdot (\lambda_{rel} - 0.3) + \lambda_{rel}^2] \tag{4.3-8}$$

4）墙体受压承载力 N 按下式确定：

$$N = k_c f_c L\, b_{ef} \tag{4.3-9}$$

以上式中　H——墙体计算高度或层高；

L——墙体长度；

b_{ef}——墙体构件的有效厚度；

I_{ef}——墙体有效惯性矩；

EI——竖向支撑构件或墙骨柱的抗弯刚度；

E_{90}——木材横纹弹性模量设计值；

$f_{c,k}$——木材抗压强度标准值；

f_c——木材抗压强度设计值；

E_k——木材弹性模量标准值。

4.3.2　抗侧力设计

井干式木结构建筑的抗侧力设计包括抗风和抗震设计，其中抗震设计时水平地震力可按底部剪力法计算。地震作用和风荷载作用下的水平力的分配可采用柔性楼盖和刚性楼盖计算假定分别计算，然后取其较大值。

进行抗侧力设计时，需要验算以下构件或连接的承载力：

（1）楼盖、屋盖的承载力验算

当采用轻型木结构楼盖时，楼盖、屋盖的承载力可参照国家标准《木结构设计标准》GB 50005—2017 中关于轻型木结构楼屋盖的计算方法进行计算和设计。

（2）楼盖、屋盖与墙体之间的连接承载力验算

当采用轻型木结构楼盖时，楼盖、屋盖与墙体之间的连接承载力可参照国家标准《木结构设计标准》GB 50005—2017 中关于轻型木结构楼屋盖的计算方法进行计算和设计。

（3）墙体的水平抗剪承载力验算

墙体的水平抗剪承载力是由交叉支撑、木销钉、钢销钉和加长型自攻螺钉等措施共同提供保证。转角处的交叉支撑（图 4.3-4）抗剪承载力是根据木构件的宽度和构件材料的抗剪强度设计值进行确定。设计验算时，可不考虑交叉支撑的剪切刚度。

图 4.3-4　相交转角支撑

木销钉应用于木构件上层与下层之间的连接，能够加强墙体构件之间连接的整体性。

木销钉的承载力可根据试验确定。

当墙体转角处或内外墙相交处的交叉支撑以及木销钉提供的抗剪承载力不满足要求时，可使用钢销钉或加长型自攻螺钉来提高墙体的水平抗剪承载力（图 4.3-5）。

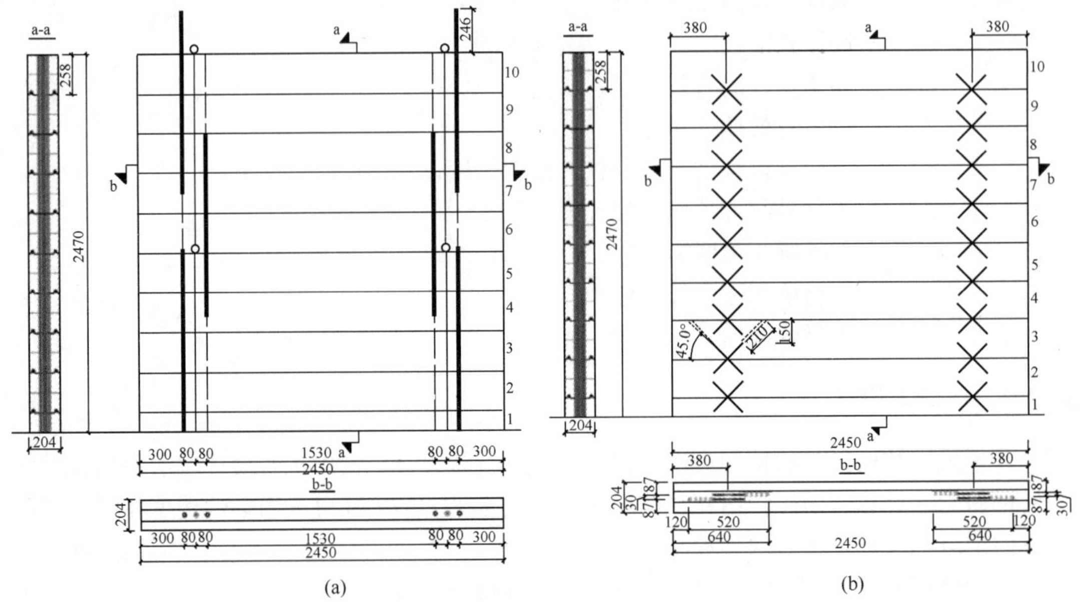

图 4.3-5　钢销钉和长自攻螺钉构造

目前，国家标准《木结构设计标准》GB 50005—2017 中没有交叉支撑、木销钉、钢销钉或加长型自攻螺钉的水平抗剪承载力的确定方法，当需要进行确定时，可通过试验确定，或通过国内外已有的研究成果判断确定。芬兰国家技术研究中心（VTT）在这方面做了大量的研究工作，通过试验确定连接的承载力性能。

（4）墙体底部与混凝土基础连接的验算

墙体底部抗剪承载力验算时，不考虑抗拉螺栓的作用。底部剪力仅由不考虑抗拉的螺栓承担，锚固螺栓应与混凝土锚固牢靠。墙体与基础锚固连接设计时，锚固螺栓应贯穿底部三层胶合原木构件，并应验算第三层螺栓垫板下木构件的横纹承压强度。设计时，交叉支撑处的通长拉结螺杆可考虑其双向承载的作用，可参照锚固螺栓进行承载力验算。

4.3.3　节能设计和耐久性设计

1. 井干式木结构的节能设计

井干式木结构的节能设计可按实木墙体进行计算，应满足我国节能设计规范的相关规定。当井干式木结构建筑节能验算不满足要求时，可采取下列方式来满足节能要求：

（1）增加井干式木结构建筑的墙体厚度。本方法对于除严寒地区外均适合，可以通过增加墙体的厚度，使墙体的保温隔热性能提高。采用这种方法结构不需要进行二次装修，保证了井干式木结构建筑对木材外露的要求。

（2）采取木墙体加保温材料的复合墙体。对于北方严寒地区，因其室内外温差大、节能要求高，往往通过单一的增加墙体厚度会使墙体厚度过大，构件不易加工制作。因此，采用具有保温材料的复合墙体是满足严寒地区节能要求的主要措施。一般的构造做法是采用木墙＋轻质保温墙（轻质保温层＋装饰板或外挂板）的构造措施，这样可容易地将轻质保温墙置于墙体内侧或外侧。采用这种方法时，应注意木墙体的竖向沉降对复合墙体的影响，应在轻质保温墙与木墙体之间设置竖向可滑动的连接构造（图 4.3-6）。

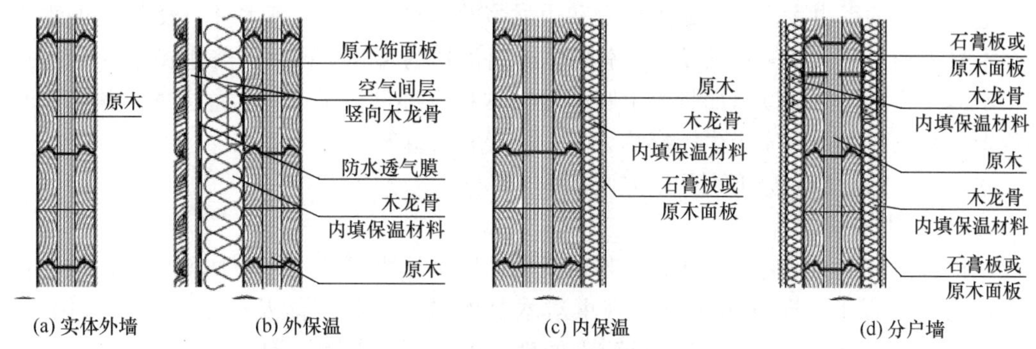

图 4.3-6　井干式木结构墙体节能构造

（3）加强墙体的气密性。井干式木结构原木墙体原木构件是通过其肩上的企口上下叠砌，端口槽口交叉嵌合形成外围护墙体，由于木材与木材之间很难完全紧密接触，且后期由于含水率变化会导致原木构件间部分脱开，因此一般在原木构件间的填充柔性密封材料，如聚乙烯毡（图 4.3-7），保证其气密性；基础与原木墙体最下层原木构件之间也需采用聚乙烯毡进行隔离，既能保证墙体与基础的连接气密性，也有一定的防腐防潮功能。另外墙体与门窗等的连接处、墙体与楼盖和屋盖的连接处以及其他节点连接处，也因采用柔性密封材料进行密封，避免后期因墙体的沉降导致房屋的气密性不满足要求。

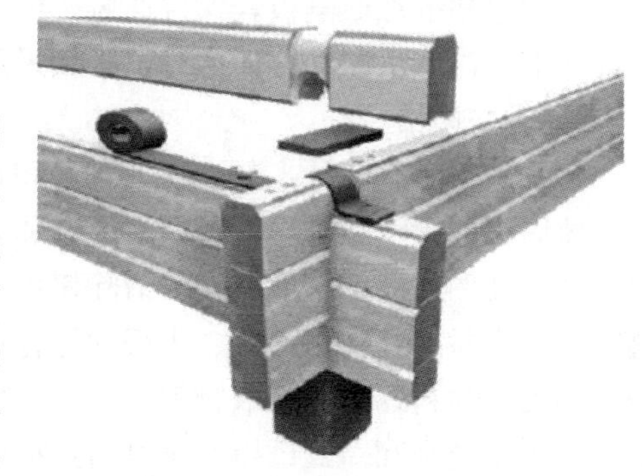

图 4.3-7　原木构件连接密封构造

2. 井干式木结构建筑的耐久性设计

井干式木结构建筑最初通常是供人类临时居住的建筑，结构的耐久性不是重点关注的问题。但是随着技术的发展，人们对居住要求的提高，现代井干式木结构建筑成了人类居住的永居性建筑，因此耐久性成了现代井干式木结构建筑需要解决的关键问题之一。

木材的虫蛀和腐朽是影响木材耐久性的重要原因，而木材腐朽、虫蛀的发生和发展与木腐菌及昆虫的生物学特性、木结构所处环境条件以及树种有密切关系。

（1）虫害

木材的虫害可分为两类：白蚁类和甲虫类。其中白蚁属等翅目，甲虫属鞘翅目，白蚁危害远比甲虫危害广泛而严重。

白蚁是一种活动隐蔽、过群体性生活的“社会性昆虫”，受害的木结构一般不易发现。每一个群体因种类不同，其个体从数百个到百万个。白蚁在我国主要分布在北京以南地区，尤其在南方温暖潮湿地区最多。我国危害木结构的白蚁种类甚多，分为土木栖类、土栖类和木栖类，其中以土木栖类的家白蚁、散白蚁和土栖类的黑翅土白蚁等危害最为普遍，而且严重，木栖类的铲头白蚁则仅限于局部地区。不同种群的白蚁对木结构蛀蚀部位和程度也不相同。白蚁以木材、纤维品作为主要食料，同时也离不开水分，故蚁巢一般都筑在食物集中而又靠近水源的地方，故阴暗潮湿的木构件容易受白蚁的危害。

危害木材的甲虫大多喜欢蛀入带皮和边材多的木材。甲虫危害木材一般在幼虫期，成虫在木材表面产卵，新孵化的幼虫，就蛀入木材潜伏为害。受害木材被蛀成许多坑道和虫孔，不但损害木材的强度，而且为木腐菌侵入木材内部创造了条件。危害木结构的甲虫，在我国最常见的主要是家天牛、家茸天牛、粉蠹和长蠹等。

木材虫害的防治应分下列几个方面：

1）湿材害虫的防治

湿材害虫防治的最有效办法就是将砍伐后的原木尽快制材，尽快干燥，只要木材的含水率达到20%以下，即可防止湿材害虫对木材的侵害。如不能及时干燥，或采用气干（自然干燥）以节约能源，则需进行防虫处理，可采用喷淋和浸泡等简便方法进行处理，达到暂时保护的目的，但需使用防杀于一体的杀虫剂。

2）干材害虫的防治

对已干燥的木材进行合理垛放，将它放在室内且在木材下面放置约150mm高的垫条，并在垫条上加放隔板，保持通风，但是，这种情况下必须确保干材内部无虫卵。当无法确保干材内部虫卵的存活率时，必须采用防虫杀虫于一体的杀虫剂进行彻底预防处理。

3）白蚁防治

白蚁防治法有两种，分为物理防治和化学防治。物理防治即进行物理阻断，施工前，对场地周围的树木和土壤进行白蚁检查和灭蚁工作，施工过程中清除地基土中已有的白蚁巢穴和潜在的白蚁栖息地，彻底清除树桩、树根和其他埋在土壤中的木材，另外对所有进入现场的木材、其他林产品、土壤和绿化用树木，进行白蚁检疫，施工时不应采用任何受白蚁感染的材料，另外采取物理屏障或土壤化学屏障防治白蚁侵入。化学防治即采用防白蚁土壤化学处理和白蚁诱饵系统等防虫措施杀死白蚁。

（2）木腐菌

木腐菌属于一种低等植物，它的孢子落在木材上发芽生长形成菌丝，菌丝生长蔓延，分解木材细胞作为养料，因而造成木材腐朽。木腐菌给木材的造成的腐朽分为：霉变、变色以及腐烂。通常原木因霉菌或真菌引起的霉变和变色不会对木材的强度造成影响，仅会影响原木的外观，但是霉变和色变改变木材表面的特性，会加快其他木腐菌类对木材的腐朽。腐朽菌与霉菌或真菌不同，其以木材细胞系或木质素为营养，会影响木材的力学性能。

影响木腐菌的因素有：一是木材湿度，通常木材含水率超过20%～25%，木腐菌就能生长，但最适宜木腐菌生长的木材含水率为40%～70%，也有几类木腐菌在木材含水率为25%～35%时生长最快。不同的木腐菌对木材的含水率有不同的要求。一般来说，木材含水率在20%以下时木腐菌生长困难，而空气湿度过高能使木材的含水率增加到25%～30%，就有受木腐菌危害的可能。二是空气，一般木腐菌需要木材内含有容积的5%～15%的空气量，木腐菌就能生长。木材长期浸泡在水中，木材内缺乏空气就能免受木腐菌的侵害。三是温度，木腐菌能够生长的温度范围为2℃～35℃，而温度在5℃～

25℃时大部分能旺盛地生长蔓延，所以在一年大部分时间中，木腐菌在木结构内部能生长。四是养料，木材的主要成分是纤维素、木质素、戊糖和少量其他有机物质。这些都是木腐菌的养料，同时木材内还容纳相当分量的水和空气，更适合于木腐菌的生长。不同树种的木材，由于它们的物理和化学性质不同，特别是它们的内含物的性质不同，其抵抗木腐菌破坏的能力也不一样，有的木材很耐腐，有的则很容易腐朽。因此使建筑保持干燥，通风顺畅，破坏木腐菌生长环境，能有效防治菌类对木材造成的影响。

为减小虫害和腐朽对井干式木结构建筑耐久性的影响，应注意以下问题：

1）井干式木结构建筑的选址。在建造时，应对场地的排水进行规划，使建筑的排水顺通，场地尽量保持干燥。

2）井干式木结构墙体底层木构件与混凝土基础接触面之间应设置防潮层，并应在防潮层上设置经防腐防虫处理的垫木。与混凝土基础直接接触的其他木构件应采用经防腐防虫处理的木材。

3）虫害地区应在基础采取物理屏障或土壤化学屏障防治白蚁侵入。

4）井干式木结构建筑的屋檐宜采用悬挑屋檐。屋檐挑出的长度，每层不宜小于500mm。采用悬挑屋檐能有效地减少雨水和阳光对井干式木结构外墙的影响。

5）屋檐应设置有效的排水天沟，保证屋面雨水能顺利排到地面。

6）井干式木结构建筑的木墙体底部基础顶面应至少高于室外地坪400mm，并宜将建筑周边地面做成斜坡，保证排水通畅。

4.4　井干式木结构构造

木材为天然材料，存在缺陷，目前我国还没有针对井干式木结构系统的结构计算方法，且缺乏关于井干式木结构受力和计算的理论研究。实际工程中，井干式木结构建筑采用的构造尤为关键，本节主要介绍井干式木结构建筑墙体整体稳定性和减小沉降影响的构造措施。

4.4.1　墙体的整体性构造要求

1. 墙体稳定性构造要求

井干式木结构墙体是由原木或胶合原木层层叠合而成，木材横纹受压，保证墙体原木层间的连接紧密对墙体的稳定性至关重要，为保证井干式结构墙体的承载力和整体稳定性，设计时墙体的构造需采取以下构造措施：

（1）除山墙外，每层墙体的高度不宜大于3.6m。墙体水平构件上下层之间应采用木销或其他连接方式进行连接，边部连接点距离墙体端部不应大于700mm，同一层的连接点间距不应大于2.0m，且上下相邻两层的连接点应错位布置。当墙体高度大于3.6m时，应采取增加墙体稳定的措施，如减小墙体总长度，增加墙体厚度，增设加强壁柱，设置方木加强件等措施。

（2）当采用木销进行水平构件的上下连接时，应采用截面尺寸不小于25mm×25mm的方形木销。连接点处应在构件上预留圆孔，圆孔直径应小于木销截面对角线尺寸3～5mm。

（3）在墙体转角和交叉处，相交的水平构件采用凹凸榫相互搭接，凹凸榫搭接位置距构件端部的尺寸应不小于木墙体的厚度，并应不小于150mm。外墙上凹凸榫搭接处的端部，应采用与墙体通高并可调节松紧的锚固螺栓进行加固。在抗震设防烈度6度的地区，锚固螺栓的直径不应小于12mm；在抗震设防烈度大于6度的地区，锚固螺栓的直径不应小于20mm。

（4）每一块墙体宜在墙体长度方向上设置通高的并可调节松紧的拉结螺栓，拉结螺栓与墙体转角的距离不应大于800mm，拉结螺栓之间的间距不应大于2.0m，直径不应小于12mm。

（5）山墙或长度大于6.0m的墙体，宜在中间位置设置方木加强件（图4.4-1）或采取其他措施进行加强。方木加强件应在墙体的两边对称布置，其截面尺寸不应小于120mm×120mm。加强件与墙体一般采用螺栓连接，螺栓孔采用允许上下变形的长条形螺栓孔，释放对墙体竖向变形的约束，允许墙体自由沉降。

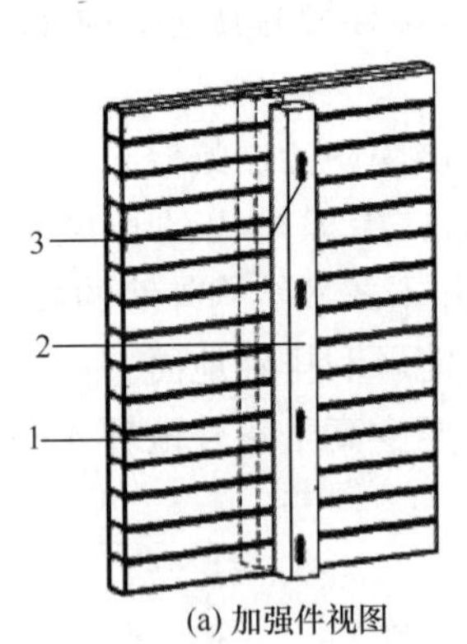

(a) 加强件视图

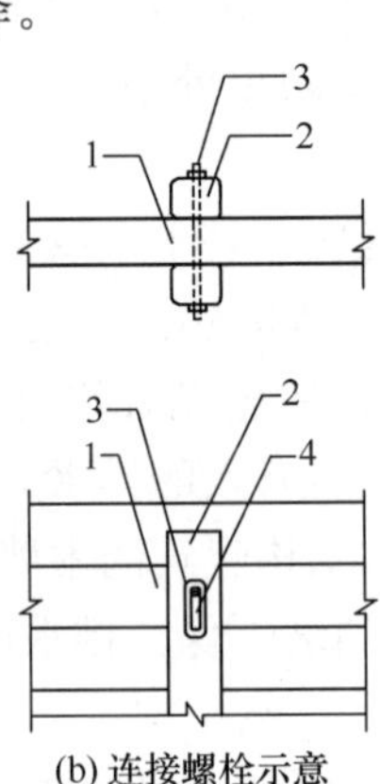

(b) 连接螺栓示意

图4.4-1　墙体方木加强件示意图

1—墙体构件；2—方木加强件；3—连接螺栓；4—安装间隙（椭圆形孔）

（6）井干式木结构应在长度大于800mm的悬臂墙末端和大开口洞的周边墙端设置墙体加强措施，如加设墙骨柱。

（7）承重墙中仅在隔墙交叉处或竖向支撑处的构件才可采用对接连接。

2. 井干式木结构底层墙体与基础的连接

当抵抗水平地震作用和风荷载引起的水平力和倾覆力时，水平抗剪件和抗拔锚栓等连接的直径和间距设计除了满足承载力设计要求外，还应满足以下构造要求：

（1）墙体垫木的宽度不应小于墙体厚度。

（2）垫木应采用直径不小于12mm、间距不大于2.0m的锚栓与基础锚固。

（3）锚栓埋入基础深度不应小于300mm，每根垫木两端应各有一根锚栓，端距为100～300mm。

（4）在抗震设防烈度为8度、9度或强风暴地区，因为水平侧向力大，墙体通高的拉结螺栓和锚固螺栓应与混凝土基础牢固锚接。

3. 墙体切口或钻孔

当需在构件上切口或钻孔，钻孔和切口会对墙体承载力和整体性削弱，为保证墙体的整体稳定性，切口与钻孔需满足下列构造要求：

（1）沿墙体长度方向均有底部构件或垫木支撑的构件，在节点、转角以及墙体交叉处，构件截面的切口高度不应大于截面高度的2/3。

（2）转角或墙体交叉处，应采取有效措施保证构件在切口相交面接触紧密。交叉处可采用金属连接件进行加固。

（3）用作墙体的构件上，为防止构件开裂的切槽深度不应大于构件截面高度的 1/2，并且切槽与缺口的深度之和不应大于构件截面高度的 1/2。当有切槽或缺口的构件作为过梁时，应按净截面面积计算其承载力。

（4）受弯构件的切口位置距离支座的长度不得大于 1/3 跨度，其切口高度不应大于构件截面高度的 1/6，切口长度不应大于构件截面高度的 1/3。当梁支座位置处需要切口时，切口高度不大于构件截面高度的 1/4（图 4.4-2）。

（5）受弯构件上预留圆孔的直径不应大于构件最小截面高度的 1/3。圆孔边缘与构件上下边缘的距离不应小于 50mm，并与切口边缘的距离不应小于 50mm（图 4.4-2）。

（6）位于受弯构件跨中 1/3 跨度内的方洞高度不应大于构件最小截面高度的 1/3，方洞宽度不应大于构件最小截面高度的 1/2；位于其他位置的方洞高度不应大于构件最小截面高度的 1/4，宽度不应大于构件最小截面高度的 1/3。方洞边缘与构件上下边缘的距离不应小于 50mm，与切口边缘的距离不应小于 50mm（图 4.4-2）。

（7）当受弯构件上的切口、开孔以及开洞数量等于或大于 2 个时（图 4.4-2），切口、圆孔或方洞相互之间的间距应根据相邻的孔洞类型按下列规定的最大值确定：

1）2 倍切口长度；

2）2 倍圆孔最大直径；

3）2 倍方洞长度；

4）50 mm。

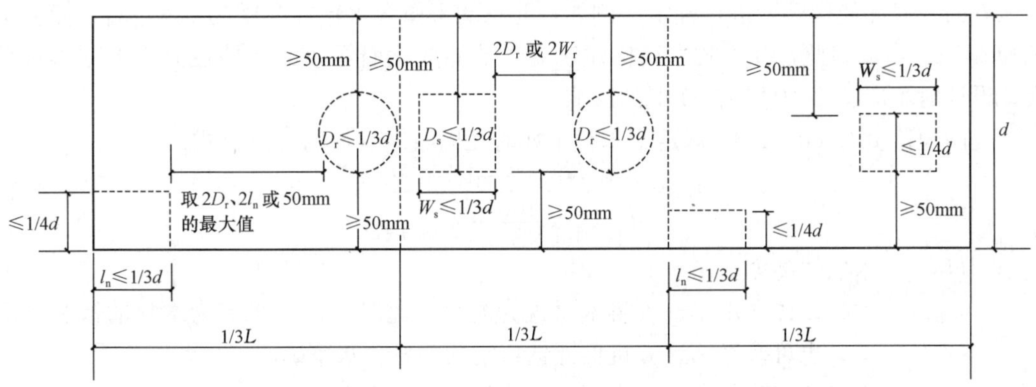

图 4.4-2　构件孔和切口尺寸

D_r—圆孔直径；W_s—方洞宽度；L—弯构件净跨；l_n—切口长度；d—构件截面最小高度

4.4.2　防沉降构造措施

沉降是影响井干式木结构建筑正常使用的突出问题之一。井干式木结构墙体的沉降会导致门窗变形，影响门窗的开启；也可能导致屋面不均匀沉降，使屋面防水层破坏而产生漏雨。以下将探讨井干式木结构建筑沉降产生的原因和通常的解决办法。

对于井干式木结构建筑，美国规范《原木结构设计与施工标准》ICC400—2017（以下简称“美国规范 ICC400—2017）中，将墙体发生沉降的主要原因归结为以下几点：

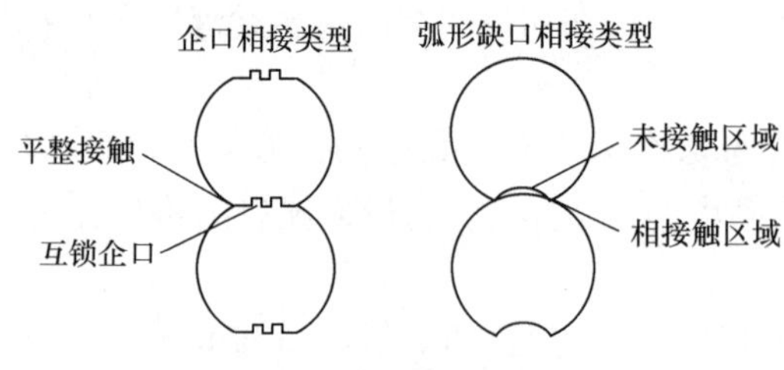

图 4.4-3 原木构件层间接触方式

(1) 对于采用弧形切口的原木方木或胶合原木构件组成的墙体，当上下构件在缺口处的轮廓线不一致时，连接处因不能完全紧密接触而出现构件之间的空腔（图 4.4-3）。在此情况下，构件缺口的外轮廓尖角处将产生局部承压而导致构件局部压缩变形。美国规范 ICC400－2017 中规定，此类沉降变形值不应超过墙体高度的 2%。为了避免产生此类沉降变形，构件层间的连接处可采用平整紧密不存在空腔的连接方式。

(2) 当上下构件在缺口处的轮廓线不一致而出现空腔时，会因为空腔产生积水使木材含水率产生变化，导致缺口处木材开裂；木材开裂而导致缺口增大，并使缺口向两侧水平延伸，致使空腔减小被压紧而变形。美国规范 ICC400—2017 中规定，此类沉降变形值不应超过墙体高度的 1.5%。为了避免产生此类沉降变形，通常是在构件的顶部预先开槽，从而预防缺口处产生收缩裂缝，致使缺口不断增大。

(3) 原木、方木或胶合原木会因为自身含水率降低而产生径向收缩变形。径向收缩变形是井干式木结构墙体产生沉降的主要原因，也是沉降变形中最大的变形部分。美国规范 ICC400—2017 中规定，此类沉降变形值不应超过墙体高度的 3%。

通常原木构件的含水率较大，尤其原木构件截面中心部分的含水率比截面边缘部分的高。因树种和产地的不同，原木方木湿材的含水率均超过 25%，且木材的径向收缩率远大于长度方向的收缩率，因此，采用原木方木加工制作构件时，木材的平衡含水率根据不同地方的气候和使用环境进行确定。例如：北京的平衡含水率在冬季为 7%左右，而夏季则为 14%左右。因此，井干式木结构建筑受季节性变化而导致的构件径向变形的影响很大，设计时不应忽略构件径向变形的影响。

美国规范 ICC400—2017 规定了木材干燥时径向收缩变形的计算公式：

$$\Delta_S = \frac{H_D \times (w_D - w_S)}{\left(w_{FSP} \times \frac{100}{S} - w_{FSP}\right) + w_D} \tag{4.4-1}$$

式中 H_D——木墙体高度。

w_D——木材设计含水率；可将木材视为湿材，此时设计含水率为木材的饱和含水率；也可按经第三方机构评估认定的木材含水率确定。

w_S——木材使用时的实际含水率，可按相关规范确定。

w_{FSP}——木材饱和含水率；w_D、w_S 均不应超过 w_{FSP}；对于很多树种，饱和含水率为木材开裂的临界点。北美常见树种的饱和含水率见表 4.4-1。

S——木材径向收缩系数，见表 4.4-1。

北美常见树种的饱和含水率和收缩系数 **表 4.4-1**

树种/树种组合	饱和含水率 w_{FSP}（%）	收缩系数 S	
		径向	弦向
恩格尔曼云杉 Engelmann Spruce	30	3.8	7.1
阿拉斯加雪松 Alaska Cedar		2.8	6.0

续表

树种/树种组合	饱和含水率 w_{FSP}（%）	收缩系数 S	
		径向	弦向
道格拉斯冷杉 Douglas Fir	28	4.8	7.6
西部铁杉 Western Hemlock		4.2	7.8
南方松 Southern Pine	26	3.8	7.2
西部红雪松 Western Red Cedar	18	2.4	5.0

注：表中收缩系数是指由湿材含水率变化到窑干含水率的径向收缩系数。

为了防止井干式木结构建筑因木材变形而导致影响建筑正常使用的沉降产生，可以采取的构造措施有很多，下面是常用的防止沉降影响的构造措施。

（1）井干式木结构墙体在门窗洞口切断处，宜采用防止墙体沉降造成门窗变形或损坏的有效措施。最常用的构造措施是：窗框或门框的上边缘以及左右两侧与木墙体之间不应采用刚性连接，窗框或门框与木墙体之间需预留满足变形要求的间隙，并应采用柔性材料进行填充；窗框或门框左右两侧与木墙体用可上下滑动的竖向连接，避免因木墙体变形而影响门窗的使用（图 4.4-4）。

（2）井干式木结构中承重的立柱应设置能调节高度的构造措施。由于木材的径向收缩系数远大于顺纹方向的收缩系数，因此，柱的变形通常远小于木墙体的变形。典型的构造措施是在立柱的上部或立柱的底部设置可调节高度的螺栓（图 4.4-5）。

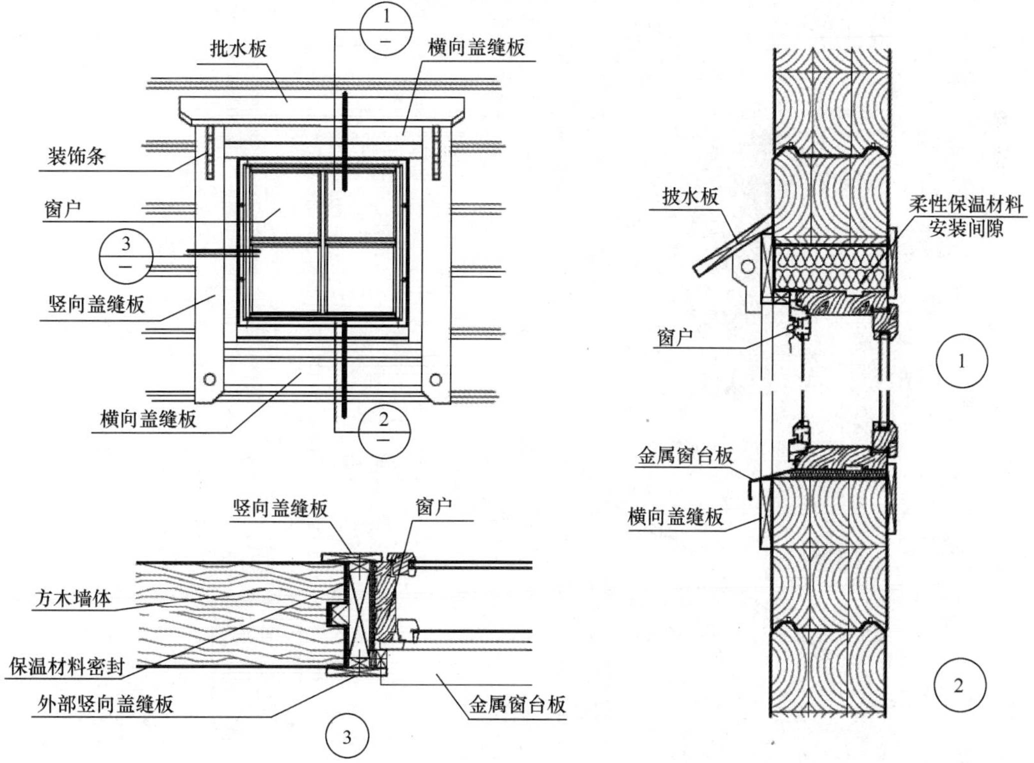

图 4.4-4　窗口防沉降构造

(3) 为了降低构件产生的径向收缩变形，通常采用不同方向的木纹层板制作的胶合原木构件（图 4.4-6）。

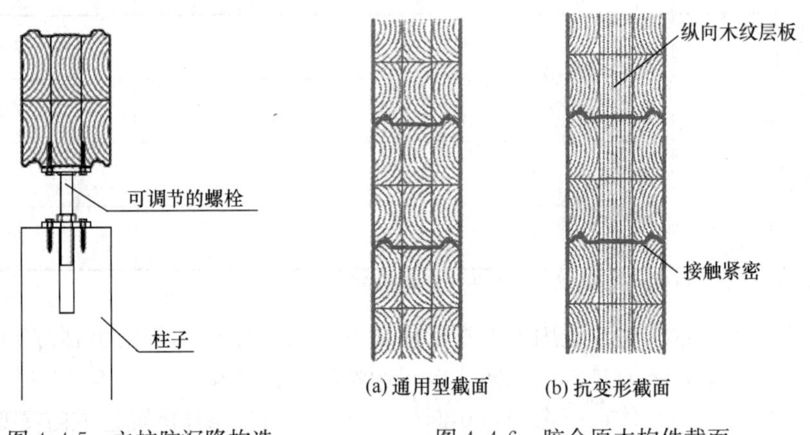

图 4.4-5　立柱防沉降构造　　　　图 4.4-6　胶合原木构件截面

(4) 屋顶构件与墙体结构之间应有可靠的连接，并且连接处应具有调节滑动的功能（图 4.4-7）。

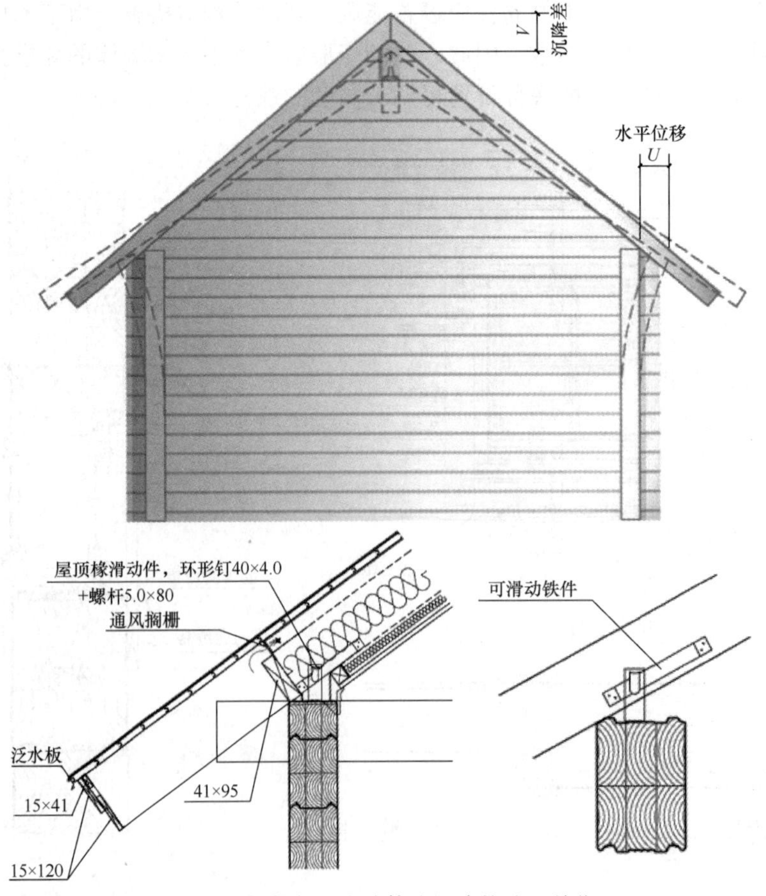

图 4.4-7　屋顶构件与原木墙体防沉降构造（单位：mm）

(5) 隔墙和楼梯等非结构构件与木墙体的连接应采用竖向可滑动的连接构造。图 4.4-8所示的构造措施是隔墙与木墙体连接的常用构造措施。图 4.4-9 所示的构造措施是楼梯连接采用的构造措施。

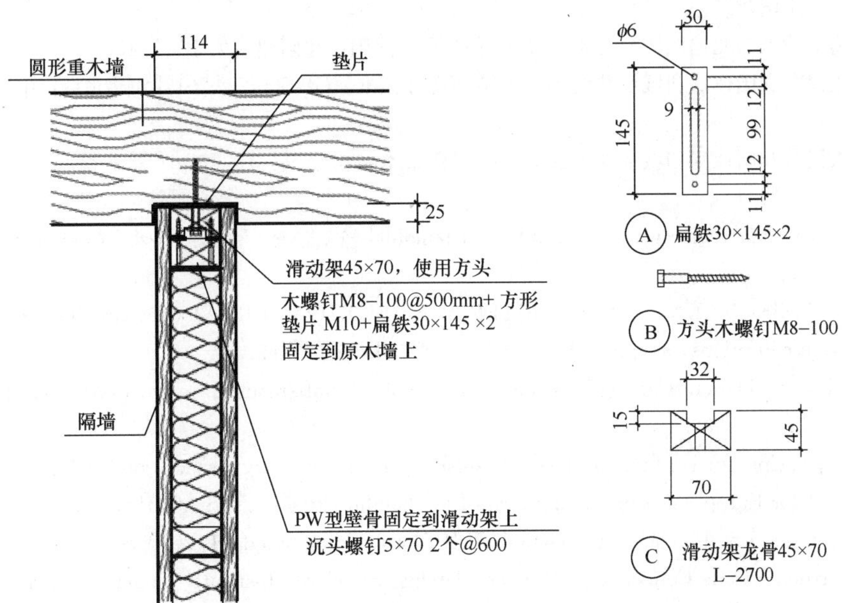

图 4.4-8　隔墙与木墙体防沉降构造（单位：mm）

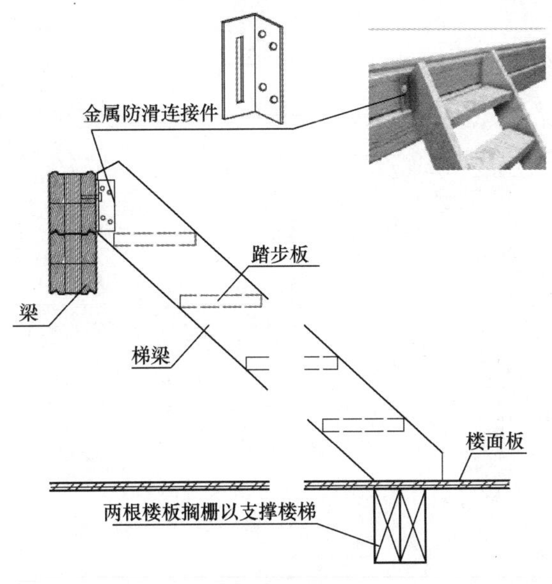

图 4.4-9　楼梯防沉降构造

参 考 文 献

[1] 梁思成．中国建筑艺术[M]. 北京：北京出版社，2016.

[2] 赵龙梅．我国东北地区传统井干式民居研究[D]. 沈阳：沈阳建筑大学，2013.

[3] 中华人民共和国住房和城乡建设部．木结构设计标准：GB 50005—2017[S]. 北京：中国建筑工业出版社，2017.

[4] 中华人民共和国住房和城乡建设部．古松现代重木结构建筑：16CJ67-1[S]. 北京：中国计划出版社，2016.

[5] HOLAN J. Norwegian wood：a tradition of building[M]. New York：Rizzoli International Publications，1990.

[6] OPOLOVNIKOV A V，GIPPENREǏTER V E，BUXTON D R. Wooden architecture of Russia：houses，fortifications，and churches[M]. H. N. Abrams，1989.

[7] PHLEPS H. The craft of log building：a handbook of craftsmanship in wood[M]. Harpers Collins reprint edition，1989.

[8] Design principle for log buildings[M]. Finnish Loghouse Industry Association，2010.

[9] Guideline for European technical approval of log building kits[R]. ETAG 012，2002.

[10] International Log Builder's Association. ILBA log building standards 2000[S].

[11] International Code Council & American National Standards Institute. Standard on the design and construction of log structures：ICC 400-2017[S].

第5章　轻型木结构

5.1　概述

轻型木结构指主要由规格材及覆面板（木基结构板材或石膏板）制作的木构架墙体、木楼盖和木屋盖系统所构成的单层或多层建筑结构。轻型木结构根据它的构造特点可分为两种建造形式，一种是“平台式框架结构”（Platform framing），见图5.1-1（a）；另一种是“连续式框架结构”（Balloon framing），见图5.1-1（b）。

“平台式框架结构”的墙骨柱在层高范围内连续，所有墙体均与层高相同，当一层墙体组拼完成后，再装配好楼盖搁栅就完成了一层结构的施工，再以此楼盖作为工作平台，进行以上的墙体、楼（屋）盖的施工。这种建造方式具有抗震性能好、保温节能、施工简便和综合成本低的优点。“连续式框架结构”是结构的外墙骨柱和部分内墙骨柱从基础到建筑顶部都是连续的一种构造方式。由于墙骨柱与楼盖搁栅间的连接不利于预制化施工，目前这种建造形式很少被采用。

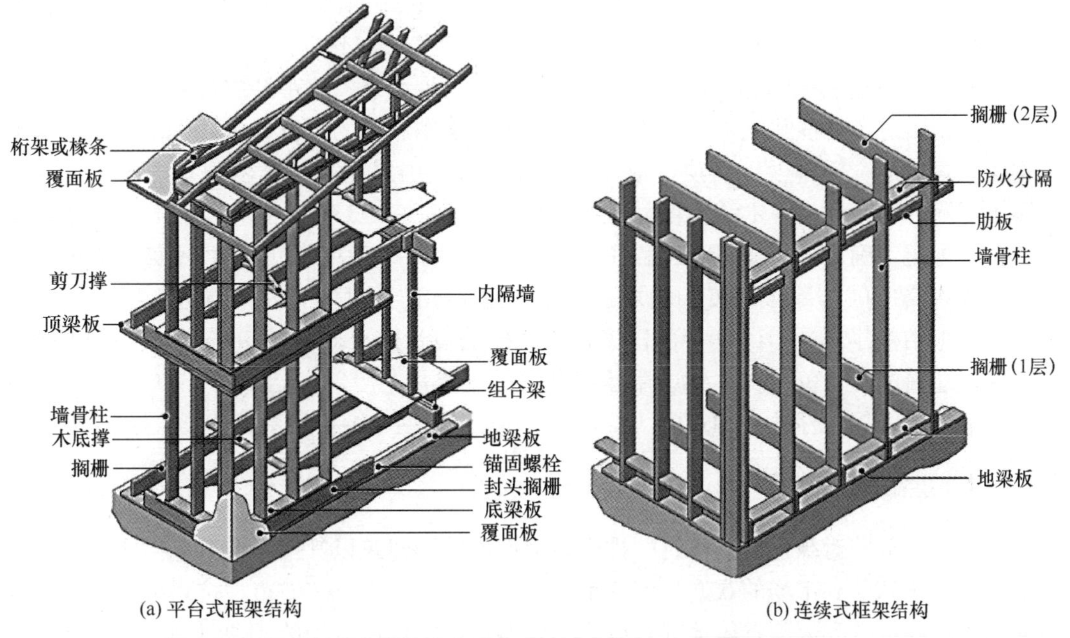

图5.1-1　平台式框架结构与连续式框架结构

轻型木结构的主要结构构件如墙骨柱、搁栅和椽条一般采用规格材，常用的规格材截面尺寸为38mm×89mm～38mm×286mm，构件布置的中心间距一般不大于610mm。当荷载或跨度较大时，可以使用工字木搁栅（I-Joist）、旋切板胶合木（LVL）、平行木片胶合板（PSL）或胶合木来替代规格材。这些构件与覆面板通过钉连接，可以提高承载力和刚度，并形成围护结构，以便安装外墙饰面和楼（屋）面。由覆面板（木基结构板材）与墙骨柱组成的木基结构板剪力墙（以下简称木剪力墙）是轻型木结构的主要抗侧力构件。

5.1.1 发展历程

轻型木结构建筑源于北美 19 世纪 30 年代。近 200 多年来，随着森林资源的合理利用和科学管理，以及木材加工业的迅猛发展，轻型木结构目前仍然是北美地区的主要木结构体系，大量用于单、多层住宅、商业和工业建筑中。据统计，在北美地区，约有 95%的低层住宅采用轻型木结构体系，此外，还有约 50%的低层商业建筑和公共建筑，如餐馆、学校、教堂、商店和办公楼等，都采用这种结构体系。近年来，随着人口增长以及对经济效益和环境影响的综合考量，北美地区对轻型木结构的建筑功能、建筑层数和建筑面积逐步扩大放宽。以加拿大为例，1985 年版的加拿大《国家建筑规范》规定轻型木结构建筑最多允许 3 层，1990 年改为 4 层（有喷淋系统）。2009 年，加拿大卑诗省的建筑规范首次将轻型木结构建筑的允许层数从 4 层增加至 6 层。2015 年版的加拿大《国家建筑规范》将轻型木结构建筑的允许层数从 4 层增加至 6 层（图 5.1-2）。

图 5.1-2　加拿大多层轻型木结构建筑

轻型木结构建筑于 20 世纪 90 年代在我国逐渐发展起来。改革开放初期，上海市政府在西郊宾馆引进了一些独立木结构别墅。随着上海浦东新区的开发，由几十幢独立轻型木结构建筑组成的金桥碧云别墅项目成为首批较大规模引进国外木结构建筑的样板。2003 年颁布实施的国家标准《木结构设计规范》GB 50005—2003 增加了对轻型木结构建筑设计的相关规定，确定了其在建筑工程中应用的合法性。2005 年版的国家标准《建筑设计防火规范》GB 50016—2005 专门增加了木结构建筑的防火规定，允许建造 3 层及 3 层以下的轻型木结构建筑。2014 年版的国家标准《建筑设计防火规范》GB 50016—2014 将轻型木结构建筑的应用范围扩大到民用建筑和丁、戊类厂房。2017 年颁布的国家标准《多高层木结构建筑技术标准》GB/T 51226—2017 允许轻型木结构建筑建造到 5 层。

5.1.2 典型案例

在我国，随着对绿色节能建筑的推广，轻型木结构建筑以其良好的节能性能和对环境的友好性越来越受到市场的欢迎。上海市、南京市、苏州市、宁波市、杭州市、西安市以及河北省、四川省和云南省等地都可以看到轻型木结构房屋应用的成功范例。由于受相关规范的限制，轻型木结构建筑目前最高只能建到 5 层，因此在我国多用于小型住宅、公建。随着社会经济的发展，人们对生活质量要求越来越高，对休闲度假的需求越来越强，木结构建筑能较好地融入自然风景中，对环境影响十分微小，因此，木结构将在文旅建筑中占有十分重要的地位，也是我国未来木结构建筑发展的主要方向之一。

1. 天津中加生态示范区项目（小型住宅）

2014 年 6 月，中加生态示范区项目获得中国住房和城乡建设部批准，成为目前中国首个中加低碳生态试点示范区，是中国住房和城乡建设部与加拿大自然资源部合作的示范项目。旨在落实新型城镇化规划，推动我国低碳生态城市建设，促进节能减排和应对气候变化，探索资源节约和环境友好城镇化道路，实现美丽中国的重要实践。

中加生态示范区位于天津市生态城区域内的国家海洋博物馆与渤海海洋监测基地之间，示范区占地面积 1800 万 m^2。作为中加低碳生态城区试点示范的一期项目，总建筑面积为 123154 m^2，包括 7 层、11 层小高层和 100 套联排别墅木结构建筑（图 5.1-3），其中木结构建筑面积为 16600m^2。该项目在低碳与节能方面做了探索与尝试，是把加拿大 Super—E 节能技术应用到项目中的木结构建筑。

(a) 施工中

(b) 竣工后

图 5.1-3 天津中加生态示范区项目

2. 四川都江堰向峨小学（公共建筑）

都江堰向峨小学是 2008 年汶川地震后，由上海市政府、加拿大政府和社会各界援建的项目。项目由同济大学负责建筑设计和施工协调，加拿大政府提供木材、设计支持以及施工技术支持。新建的向峨小学成为中国第一栋木结构小学，体现了优异的抗震性能。项目于 2008 年 12 月开工，2009 年 8 月中旬竣工，总建筑面积 5290m^2，包括宿舍楼、餐厅和综合楼等（图 5.1-4）。

(a) 综合楼

(b) 宿舍楼

图 5.1-4 都江堰向峨小学

建筑物屋面采用由规格材和金属齿板制成的轻型木桁架，屋面坡度为 20°，跨度 16m，桁架间距 406mm。剪力墙由间距 406mm 的 38mm×140mm 的规格材组成。顶梁板、底梁板规格材的截面尺寸和强度等级完全与墙骨柱相同，并采用双层顶梁板。剪力墙两侧均采用直径为 3.3mm 的麻花钉将 9.5mm 厚的定向木片板（OSB 板）与骨架构件钉接在一起，局部受力较大处为 12.5mm 厚的板材和直径 3.8mm 的钢钉。面板边缘钉的间距根据侧向力的大小计算确定，中间支座钉间距为 300mm。除门厅等某些特殊位置采用木桁架外，楼面由间距为 406mm 的 38mm×235mm 的楼面搁栅及 15.5mm 厚的 OSB 板组成。墙体的墙骨柱、楼板搁栅及木桁架均采用Ⅲ$_c$级云杉-松-冷杉规格材。部分受力较大的梁及门过梁采用旋切板胶合木（LVL）。

3. 南京江宁云水涧休闲度假村（文旅康养建筑）

南京云水涧休闲度假村（图 5.1-5）占地 17460m^2，总建筑面积 6700m^2，由 12 栋均为两层的轻型木结构木屋组成。底层外墙采用天然石材饰面，二层采用红雪松挂板。项目以水、田园、林地与民宿为载体，集住宿、餐饮、会议、休闲、文化展示于一体的多元化休闲农业旅游度假胜地。

图 5.1-5　南京云水涧休闲度假村

4. 上海旧房平改坡工程（轻型木桁架）

轻型木结构房屋体系中的木屋盖系统近年来被广泛应用于各地的旧房平屋面改坡屋面（平改坡）工程。相比于轻型钢结构屋盖体系，轻型木结构屋盖具有质量轻、保温性能良好、施工中能避免湿作业、扰民少等优点。在上海（图 5.1-6）、南京、石家庄、青岛等地多个项目中应用和推广，取得了良好的经济效益和社会效益。

5. 苏州御玲珑花园项目（木骨架组合墙体）

由于中国土地资源稀缺，人口密度大，全木结构建筑受到层数、体量等限制可能无法解决大量的住房需求，因此，木骨架组合墙体与钢筋混凝土、钢结构建筑的结合，是适合中国建筑市场需求的木结构建筑体系之一。例如预制木骨架组合墙体用于钢筋混凝土建筑非承重外墙和内隔墙，两种结构能够发挥各自优势，扬长避短，并且对促进建筑产业化和提高建筑整体能源效率具有重要的意义。这种墙体相对于传统墙体（砌块填充墙），能够增加建筑室内使用面积约 3%，提高建筑的保温节能性能约 30%，同时墙体可在工厂预制、现场安装，大大提高了施工速度，还可以冬季施工，这种墙体在北欧地区、北美地区广泛应用于住宅或公共建筑。苏州玉玲珑花园项目中的内外围护构件均采用装配式木骨架

(a) 施工中

(b) 竣工中

图 5.1-6　上海旧房平屋面改坡屋面工程

组合墙体（图 5.1-7），其中外墙面积为 939m²，内墙面积为 585m²。

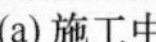

(a) 施工中

(b) 竣工中

图 5.1-7　苏州御玲珑花园项目采用木骨架非承重外墙

5.2　设计与构造

5.2.1　设计方法

轻型木结构建筑是由墙体、楼盖和屋盖等板式构件或空间模块式组件组成的一种装配式建筑，采用金属连接件（如钢钉、螺栓、钢带或专用连接件等）将各种构件连接起来，形成一种高次超静定的结构体系。主要承受的荷载与作用有：恒荷载、楼（屋）面活荷载、雪荷载、风荷载及地震作用。竖向荷载的传递路径是覆面板→搁栅（椽条）→墙体（过梁）→基础。水平荷载（作用）的传递路径为（图 5.2-1）：楼盖系统（覆面板、搁栅和金属连接件）→木基剪力墙→基础，其中剪力墙的剪力分配是根据楼（屋）盖的刚柔性确定的。

国家标准《木结构设计标准》GB 50005—2017 规定，轻型木结构（包括组合木结构上部的轻型木结构）的结构设计方法主要有构造设计法和工程设计法两种。当 3 层及 3 层以下的轻型木结构建筑满足标准规定的相关条件时，可以根据标准给定的构造要求进行抗侧力设

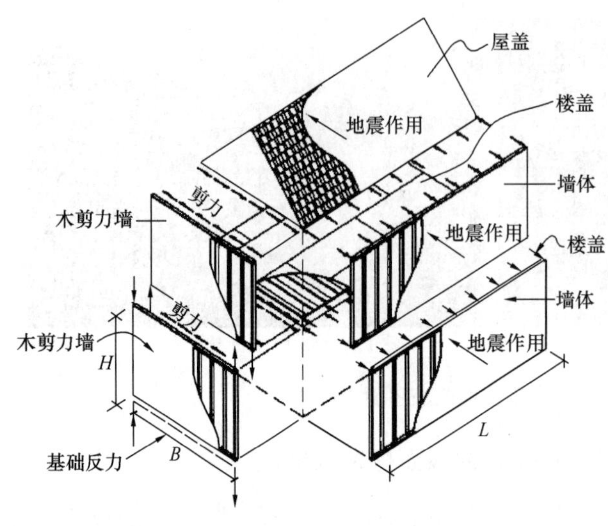

图 5.2-1　水平荷载（地震作用）的传递路径

计，不需再进行结构计算即可满足标准规定的结构安全和使用功能要求。由于采用构造设计法的轻型木结构只需按有关标准或参照设计手册选用构件和材料，无须工程技术人员采用工程设计法进行抗侧力作用的验算，在国外也称为传统设计方法或经验方法。当建筑不满足构造要求的条件时，则应采用工程设计法进行结构设计，其中包括竖向荷载及水平荷载作用的验算。计算得到的构件尺寸和节点连接须满足承载力极限状态及正常使用状态的要求，还应满足标准规定的相应的构造要求。无论哪一种设计方法，结构的竖向承载力及正常使用状态均需计算确定。

1. 构造设计法

构造设计法是基于经验的一种设计方法，适用于设计工作年限 50 年以内（含）的安全等级为二、三级轻型木结构建筑，该设计方法可以极大地提高工作效率，避免不必要的重复劳动。在国家标准《木结构设计标准》GB 50005—2017 中规定，当满足下列要求时，三层及三层以下的轻型木结构抗侧力构件可按构造要求进行设计：

（1）建筑物每层面积不超过 $600m^2$，层高不大于 3.6m。

（2）楼面活荷载标准值不大于 $2.5kN/m^2$；屋面活荷载标准值不大于 $0.5kN/m^2$。

（3）建筑物屋面坡度不小于 1∶12，也不大于 1∶1；纵墙上檐口悬挑长度不应大于 1.2m；山墙上檐口悬挑长度不应大于 0.4m。

（4）承重构件的净跨度不大于 12.0m。

当抗侧力设计按构造要求进行设计时，在不同抗震设防烈度的条件下，剪力墙最小长度应符合表 5.2-1 的要求；在不同风荷载作用时，剪力墙最小长度应符合表 5.2-2 的要求。

按抗震构造要求设计时剪力墙的最小长度（m）　　**表 5.2-1**

抗震设防烈度		最大允许层数	木基结构板材剪力墙最大间距（m）	剪力墙的最小长度		
				单层、二层或三层的顶层	二层的底层或三层的二层	三层的底层
6 度	—	3	10.6	0.02A	0.03A	0.04A
7 度	0.10g	3	10.6	0.05A	0.09A	0.14A
	0.15g	3	7.6	0.08A	0.15A	0.23A
8 度	0.20g	2	7.6	0.10A	0.20A	—

注：1. 表中 A 指建筑物的最大楼层面积（m^2）。
2. 表中剪力墙的最小长度以墙体一侧采用 9.5mm 厚木基结构板材作面板、150mm 钉距的剪力墙为基础。当墙体两侧均采用木基结构板材作面板时，剪力墙的最小长度为表中规定长度的 50%。当墙体两侧均采用石膏板作面板时，剪力墙的最小长度为表中规定长度的 200%。
3. 对于其他形式的剪力墙，其最小长度可按表中数值乘以 $3.5/f_{vt}$ 确定，f_{vt} 为其他形式的剪力墙抗剪强度设计值。
4. 位于基础顶面和底层之间的架空层剪力墙的最小长度应与底层规定相同。
5. 当楼面有混凝土面层时，表中剪力墙的最小长度应增加 20%。

按抗风构造要求设计时剪力墙的最小长度（m）　　表 5.2-2

基本风压（kN/m²）				最大允许层数	木基结构板材剪力墙最大间距（m）	剪力墙的最小长度		
地面粗糙度						单层、二层或三层的顶层	二层的底层或三层的二层	三层的底层
A	B	C	D					
—	0.30	0.40	0.50	3	10.6	0.34L	0.68L	1.03L
—	0.35	0.50	0.60	3	10.6	0.40L	0.80L	1.20L
0.35	0.45	0.60	0.70	3	7.6	0.51L	1.03L	1.54L
0.40	0.55	0.75	0.80	2	7.6	0.62L	1.25L	—

注：1. 表中 L 指垂直于该剪力墙方向的建筑物长度（m）。

2. 表中剪力墙的最小长度以墙体一侧采用 9.5mm 厚木基结构板材作面板、150mm 钉距的剪力墙为基础。当墙体两侧均采用木基结构板材作面板时，剪力墙的最小长度为表中规定长度的 50%。当墙体两侧均采用石膏板作面板时，剪力墙的最小长度为表中规定长度的 200%。

3. 对于其他形式的剪力墙，其最小长度可按表中数值乘以 $3.5/f_{vt}$ 确定，f_{vt} 为其他形式的剪力墙抗剪强度设计值。

4. 位于基础顶面和底层之间的架空层剪力墙的最小长度应与底层规定相同。

当按构造要求进行抗侧力设计时，剪力墙的设置应符合下列规定（图 5.2-2）：

（1）单个墙段的长度不应小于 0.6m，墙段的高宽比不应大于 4∶1；

（2）同一轴线上相邻墙段之间的距离不应大于 6.4m；

（3）墙端与离墙端最近的垂直方向的墙段边的垂直距离不应大于 2.4m；

（4）一道墙中各墙段轴线错开距离不应大于 1.2m。

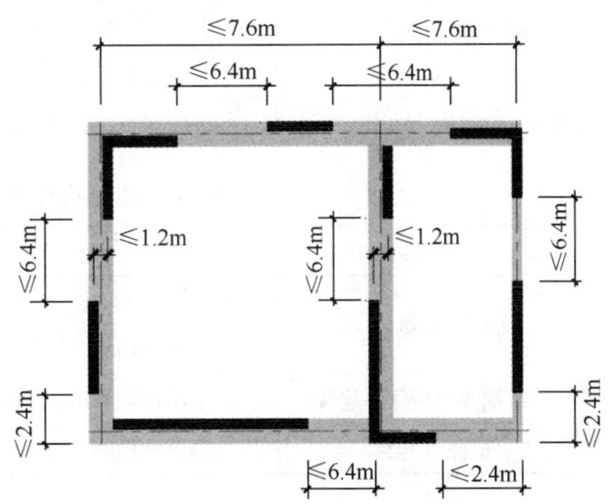

图 5.2-2　木剪力墙平面布置的构造要求

2. 工程设计法

工程设计法指通过结构计算来确定构件的尺寸、布置以及构件之间节点连接的设计方法。一般设计流程是：首先根据建筑物所在场地以及建筑功能确定荷载类别和性质，然后进行结构布置并进行相应的结构内力和变形等分析，验算主要抗侧力构件和连接的承载力和变形，提出必要的构造措施。根据工程实际情况，轻型木结构在水平地震作用下的内力和变形分析可采用底部剪力法或振型分解反应谱法。

（1）底部剪力法

国家标准《木结构设计标准》GB 50005—2017 规定：轻型木结构建筑进行抗震设计时，水平地震作用可采用底部剪力法计算，相对于结构基本自振周期的水平地震影响系数，可取水平地震影响系数最大值。对于扭转不规则、楼层质量或抗侧力突变的轻型木结构，不宜采用底部剪力法。底部剪力法将多自由度体系等效为单自由度体系，只考虑结构基本自振周期计算总水平地震力，然后再按一定规律分配到各个楼层。结构底部总剪力标准值为：

$$F_{EK}=\alpha_1 G_{eq} \tag{5.2-1}$$

式中 F_{EK}——结构总水平地震作用标准值。

α_1——水平地震影响系数。对于三层及以下的轻型木结构，可直接取水平地震影响系数最大值。

G_{eq}——结构等效重力荷载，多质点可取重力荷载代表值的85%。

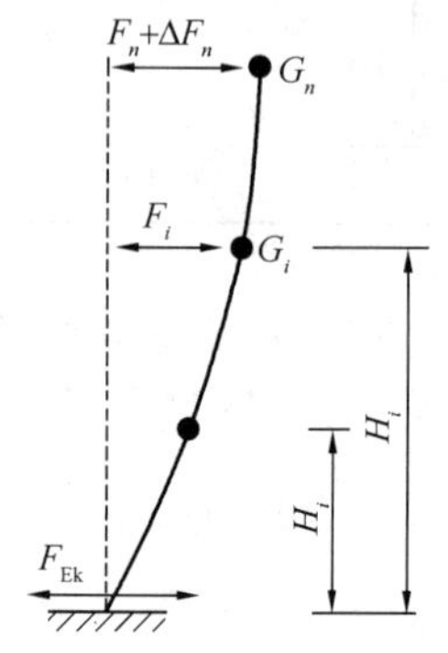

图 5.2-3 结构水平地震作用计算简图

等效地震荷载分布如图 5.2-3 所示。各层可仅取一个自由度，i 楼层处的水平地震力 F_i 按下式计算：

$$F_i=\frac{G_iH_i}{\sum_{j=1}^{n}G_jH_j}F_{EK}(1-\delta_n) \tag{5.2-2}$$

式中 G_i、G_j——分别为集中于质点 i、j 的重力荷载代表值；

H_i、H_j——分别为质点 i、j 的高度；

δ_n——顶部附加地震作用系数，对于轻型木结构房屋，可取为0。

(2) 振型分解反应谱法

对于扭转不规则、楼层质量或抗侧力突变的轻型木结构以及组合木结构房屋，宜采用振型分解反应谱法进行地震作用下的内力及变形分析。建筑形体及其构件布置的不规则类型见表 5.2-3。

建筑形体及构件布置的不规则类型　　表 5.2-3

结构不规则类型	不规则定义
扭转不规则	在具有偶然偏心的规定水平力作用下，楼层两端抗侧力构件弹性水平位移（或层间位移）的最大值与平均值的比值大于1.2
上下楼层抗侧力构件不连续	上下层抗侧力单元之间的平面错位大于楼盖搁栅高度的4倍或大于1.2m
楼层抗侧力突变	抗侧力结构的层间抗剪承载力小于相邻上一楼层的65%

采用振型分解反应谱法计算地震响应时，需在计算程序中建立计算模型，输入反应谱参数确定地震影响系数曲线，计算出结构的前若干阶振型。计算各振型地震影响系数所采用的结构自振周期应考虑非结构构件的刚度影响予以折减，然后采用振型分解反应谱法进行水平地震响应计算。计算完成后，可得到结构各层的地震力、层位移及层间位移角、各构件的内力及变形等结果，最后根据相应的荷载组合，进行构件设计。

计算模型应根据结构实际情况建立，并能够较准确地反映结构中各构件的实际受力和变形状况。分析模型中，首先将楼、屋盖按照平面形状和平面内变形情况确定为刚性、分块刚性、半刚性、局部弹性和柔性的楼盖板；再按抗侧力系统的布置，确定抗侧力构件间的协同工作性能并进行各构件的地震内力分析。

(3) 木剪力墙抗侧力设计

木剪力墙抗侧力设计时，将木剪力墙假想为悬臂的工字梁，其中墙体的覆面板相当于工字梁的腹板，抵抗剪力；墙端的墙骨柱相当于工字梁的翼缘，抵抗弯矩。水平荷载作用下，墙体墙肢的高宽不应大于3.5。对于单面铺设覆面板的木剪力墙，其抗剪承载力设计值可按下式计算：

$$V_d = \sum f_{vd} k_1 k_2 k_3 l \tag{5.2-3}$$

式中　f_{vd}——单面采用木基结构板材作面板的剪力墙的抗剪强度设计值（kN/m），见表5.2-4；

l——平行于荷载方向的剪力墙墙肢长度（m）；

k_1——木基结构板材含水率调整系数；当木基结构面板的含水率 $w<16\%$时，取 $k_1=1.0$，当含水率 $16\%\leqslant w<19\%$时，取 $k_1=0.8$；

k_2——骨架构件材料树种的调整系数；花旗松-落叶松类取 $k_2=1.0$，铁-冷杉类取 $k_2=0.9$，云杉-松-冷杉类取 $k_2=0.8$，其他北美树种 $k_2=0.7$；

k_3——强度调整系数；仅用于无横撑水平铺板的剪力墙，见表5.2-5。

采用木基结构板的剪力墙抗剪强度设计值 f_{vd} 和抗剪刚度 K_w　　表5.2-4

面板最小名义厚度(mm)	钉入骨架构件的最小入深度(mm)	钉直径(mm)	面板边缘钉的间距(mm)											
			150			100			75			50		
			f_{vd} (kN/m)	K_W(kN/mm)		f_{vd} (kN/m)	K_W(kN/mm)		f_{vd} (kN/m)	K_W(kN/mm)		f_{vd} (kN/m)	K_W(kN/mm)	
				OSB	PLY		OSB	OSB		OSB	OSB		OSB	PLY
9.5	31	2.84	3.5	1.9	1.5	5.4	2.6	1.9	7.0	3.5	2.3	9.1	5.6	3.0
9.5	38	3.25	3.9	3.0	2.1	5.7	4.4	2.6	7.3	5.4	3.0	9.5	7.9	3.5
11.0	38	3.25	4.3	2.6	1.9	6.2	3.9	2.5	8.0	4.9	3.0	10.5	7.4	3.7
12.5	38	3.25	4.7	2.3	1.8	6.8	3.3	2.3	8.7	4.4	2.6	11.4	6.8	3.5
12.5	41	3.66	5.5	3.9	2.5	8.2	5.3	3.0	10.7	6.5	3.3	13.7	9.1	4.0
15.5	41	3.66	6.0	3.3	2.3	9.1	4.6	2.8	11.9	5.8	3.2	15.6	8.4	3.9

注：1. 表中OSB为定向木片板，PLY为结构胶合板。

2. 表中数值为在干燥使用条件下和标准荷载持续时间下的剪力墙抗剪强度和刚度；当考虑风荷载和地震作用时，表中抗剪强度应乘以调整系数1.25。

3. 当钉的间距小于50mm时，位于面板拼缝处的骨架构件的宽度不应小于64mm，钉应错开布置；可用二根40mm宽的构件组合在一起传递剪力。

4. 当直径为3.66mm的钉的间距小于75mm时，位于面板拼缝处的骨架构件的宽度不应小于64mm，钉应错开布置；可用二根40mm宽的构件组合在一起传递剪力。

5. 当剪力墙面板采用射钉或非标准钉连接时，表中抗剪承载力应乘以折算系数$(d_1/d_2)^2$；其中，d_1为非标准钉的直径，d_2为表中标准钉的直径。

无横撑水平铺板的剪力墙强度调整系数 k_3　　表5.2-5

边支座上的钉间距(mm)	中间支座上的钉间距(mm)	墙骨柱间距(mm)			
		300	400	500	600
150	150	1.0	0.8	0.6	0.5
150	300	0.8	0.6	0.5	0.4

(4)楼、屋盖抗侧力设计

具有抗侧刚度的轻型木结构楼、屋盖的工作原理与工字钢类似，其面板可视为工字钢的腹板抵抗剪力，与荷载垂直的边界杆件可视为工字梁的翼缘抵抗弯矩。通常每个楼(屋)盖单元的长宽比不应大于4。假定楼、屋盖的侧向力沿板宽度方向(非跨度方向)均匀分布，其抗剪承载力设计值可按下式计算：

$$V_d = f_{vd} k_1 k_2 B_e \tag{5.2-4}$$

式中 f_{vd}——采用木基结构板材的楼、屋盖抗剪强度设计值(kN/m)，见表5.2-6。

k_1——木基结构板材含水率调整系数；当木基结构面板的含水率 $w<16\%$ 时，取 $k_1=1.0$，当含水率 $16\%\leqslant w<19\%$ 时，取 $k_1=0.8$。

k_2——骨架构件材料树种的调整系数；花旗松-落叶松类取 $k_2=1.0$，铁-冷杉类取 $k_2=0.9$；云杉-松-冷杉类取 $k_2=0.8$；其他北美树种 $k_2=0.7$。

B_e——楼、屋盖平行于荷载方向的有效宽度(m)。当 $c<610$mm 时，取 $B_e=B-b$（图5.2-4）；当 $c\geqslant610$mm 时，取 $B_e=B$，其中 b 为平行于荷载方向的开孔尺寸(m)，b 不应大于 $B/2$，且不应大于3.5m，B 为平行于荷载方向楼、屋盖宽度(m)。

采用木基结构板的楼盖和屋盖抗剪强度设计值 f_{vd}(kN/m)　　表5.2-6

<table>
<tr><th rowspan="5">面板最小名义厚度(mm)</th><th rowspan="5">钉入骨架构件的最小深度(mm)</th><th rowspan="5">钉直径(mm)</th><th rowspan="5">骨架构件最小宽度(mm)</th><th colspan="4">有填块</th><th colspan="2">无填块</th></tr>
<tr><th colspan="4">平行于荷载的面板边缘连续的情况下(3型和4型)，面板边缘钉的间距(mm)</th><th colspan="2">面板边缘钉的最大间距为150mm</th></tr>
<tr><th>150</th><th>100</th><th>65</th><th>50</th><th rowspan="3">荷载与面板连续边垂直的情况下(1型)</th><th rowspan="3">所有其他情况下(2型、3型、4型)</th></tr>
<tr><th colspan="4">在其他情况下(1型和2型)，面板边缘钉的间距(mm)</th></tr>
<tr><th>150</th><th>150</th><th>100</th><th>75</th></tr>
<tr><td rowspan="2">9.5</td><td rowspan="2">31</td><td rowspan="2">2.84</td><td>38</td><td>3.3</td><td>4.5</td><td>6.7</td><td>7.5</td><td>3.0</td><td>2.2</td></tr>
<tr><td>64</td><td>3.7</td><td>5.0</td><td>7.5</td><td>8.5</td><td>3.3</td><td>2.5</td></tr>
<tr><td rowspan="2">9.5</td><td rowspan="2">38</td><td rowspan="2">3.25</td><td>38</td><td>4.3</td><td>5.7</td><td>8.6</td><td>9.7</td><td>3.9</td><td>2.9</td></tr>
<tr><td>64</td><td>4.8</td><td>6.4</td><td>9.7</td><td>10.9</td><td>4.3</td><td>3.2</td></tr>
<tr><td rowspan="2">11.0</td><td rowspan="2">38</td><td rowspan="2">3.25</td><td>38</td><td>4.5</td><td>6.0</td><td>9.0</td><td>10.3</td><td>4.1</td><td>3.0</td></tr>
<tr><td>64</td><td>5.1</td><td>6.8</td><td>10.2</td><td>11.5</td><td>4.5</td><td>3.4</td></tr>
<tr><td rowspan="2">12.5</td><td rowspan="2">38</td><td rowspan="2">3.25</td><td>38</td><td>4.8</td><td>6.4</td><td>9.5</td><td>10.7</td><td>4.3</td><td>3.2</td></tr>
<tr><td>64</td><td>5.4</td><td>7.2</td><td>10.7</td><td>12.1</td><td>4.7</td><td>3.5</td></tr>
<tr><td rowspan="2">12.5</td><td rowspan="2">41</td><td rowspan="2">3.66</td><td>38</td><td>5.2</td><td>6.9</td><td>10.3</td><td>11.7</td><td>4.5</td><td>3.4</td></tr>
<tr><td>64</td><td>5.8</td><td>7.7</td><td>11.6</td><td>13.1</td><td>5.2</td><td>3.9</td></tr>
<tr><td rowspan="2">15.5</td><td rowspan="2">41</td><td rowspan="2">3.66</td><td>38</td><td>5.7</td><td>7.6</td><td>11.4</td><td>13.0</td><td>5.1</td><td>3.9</td></tr>
<tr><td>64</td><td>6.4</td><td>8.5</td><td>12.9</td><td>14.7</td><td>5.7</td><td>4.3</td></tr>
<tr><td rowspan="2">18.5</td><td rowspan="2">41</td><td rowspan="2">3.66</td><td>64</td><td>—</td><td>11.5</td><td>16.7</td><td>—</td><td>—</td><td>—</td></tr>
<tr><td>89</td><td>—</td><td>13.4</td><td>19.2</td><td>—</td><td>—</td><td>—</td></tr>
</table>

注：1. 表中数值为在干燥使用条件下，标准荷载持续时间下的抗剪强度。当考虑风荷载和地震作用时，表中抗剪强度应乘以调整系数1.25。

2. 当钉的间距小于50mm时，位于面板拼缝处的骨架构件的宽度不得小于64mm，钉应错开布置；可采用两根38mm宽的构件组合在一起传递剪力。

3. 当直径为3.66mm的钉的间距小于75mm时，位于面板拼缝处的骨架构件的宽度不得小于64mm，钉应错开布置；可采用两根38mm宽的构件组合在一起传递剪力。

4. 当采用射钉或非标准钉时，表中抗剪承载力应乘以折算系数 $(d_1/d_2)^2$，其中，d_1 为非标准钉的直径，d_2 为表中标准钉的直径。

5. 当钉的直径为3.66mm，面板最小名义厚度为18mm时，需布置两排钉。

5.2.2　构造要点

1. 墙体（木剪力墙）

（1）墙体底部应有底梁板或地梁板，底梁板或地梁板在支座上突出的尺寸不得大于墙体宽度的1/3，宽度不得小于墙骨柱的截面高度，如图5.2-5（a）所示。

（2）墙体顶部应有顶梁板，其宽度不得小于墙骨柱截面的高度；承重墙的顶梁板不宜少于两层；非承重墙的顶梁板可为单层。

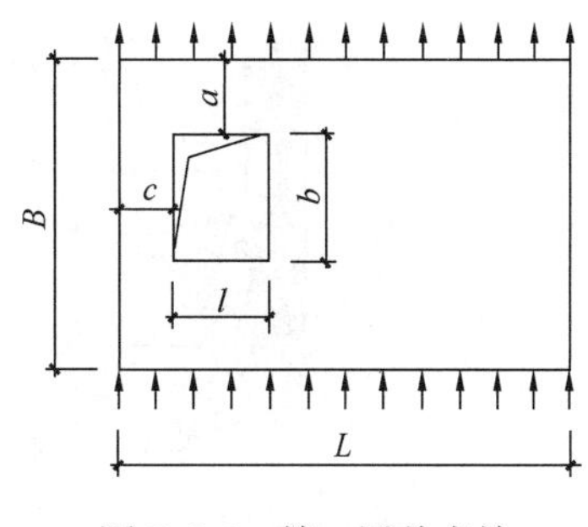

图5.2-4　楼、屋盖有效宽度计算简图

（3）多层顶梁板上、下层的接缝应至少错开一个墙骨柱间距，如图5.2-5（b）所示，接缝位置应在墙骨柱上；在墙体转角和交接处，上、下层顶梁板应交错互相搭接；单层顶梁板的接缝应位于墙骨柱上，并在接缝处的顶面采用镀锌薄钢带以钉连接。

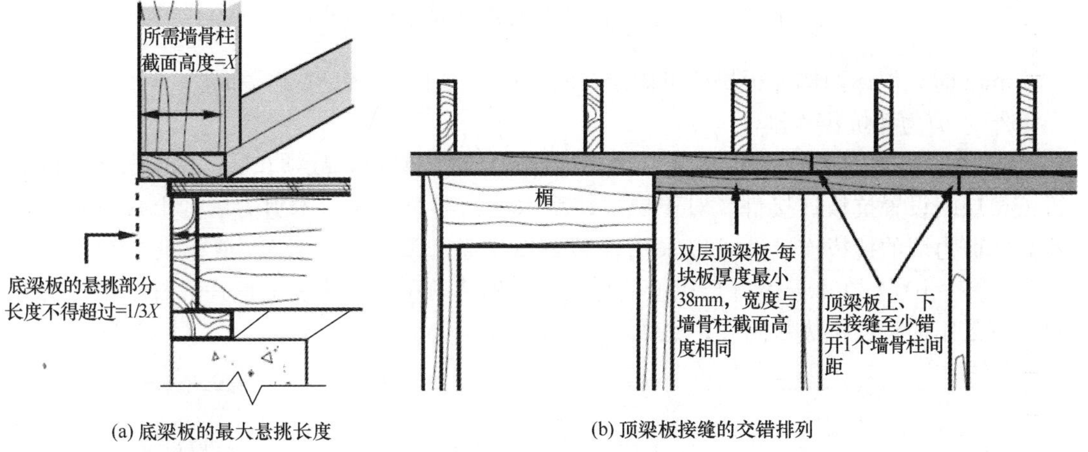

图5.2-5　木剪力墙的构造要点

（4）墙骨柱在墙体转角处和交界处应加强，墙骨柱的数量不得少于2根（图5.2-6）。

（5）当墙面板采用木基结构板作面板且最大墙骨柱间距为410mm时，板材的最小厚度不应小于9mm；当最大墙骨柱间距为610mm时，板材的最小厚度不应小于11mm。

（6）当墙面板采用石膏板作面板且最大墙骨柱间距为410mm时，板材的最小厚度不应小于9mm；当最大墙骨柱间距为610mm时，板材的最小厚度不应小于12mm。

（7）轻型木结构的墙面板设置应符合以下规定：

1）墙面板相邻面板之间的接缝应位于骨架构件上，面板可水平或竖向铺设，面板之间应留有不小于3mm的缝隙。

2）墙面板的尺寸不得小于1.2m×2.4m，在墙面边界或开孔处，允许使用宽度不小于300mm的窄板，但不得多于两块；当墙面板的宽度小于300mm时，应加设用于固定墙面板的填块。

3）当墙体两侧均有面板，且每侧面板边缘钉间距小于150mm时，墙体两侧面板的接缝应互相错开一个墙骨柱的间距，不得固定在同一根骨架构件上；当骨架构件的宽度大

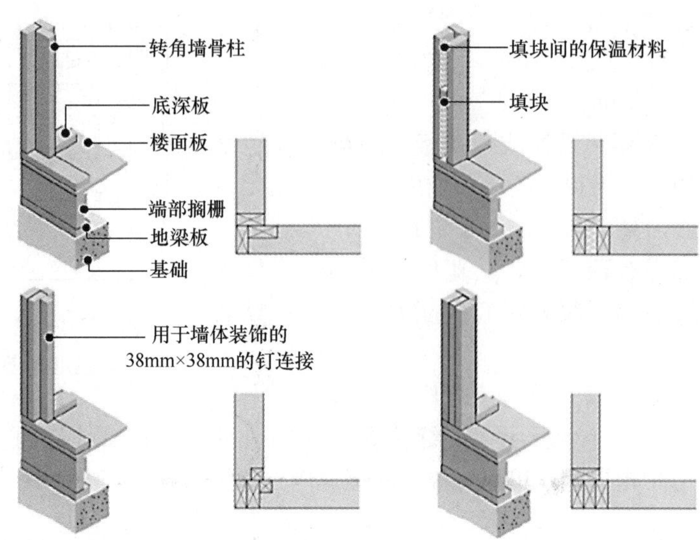

图 5.2-6　墙骨柱在墙体转角处和交界处的构造

于 65mm 时，墙体两侧面板拼缝可固定在同一根构件上，但钉应交错布置。

2. 木剪力墙抗拔连接件

木剪力墙的边界杆件产生的上拔力可能导致墙体的倾覆，故须在墙体两端边界杆的底部或楼层间设置抗拔连接件。对于低层轻型木结构建筑来说，木剪力墙的上拔力相对较小，木剪力墙的抗拔连接件可以采用轻型金属拉条［图 5.2-7（a）］或标准抗拔紧固件［图 5.2-7（b）］。在 3 层及 3 层以上的轻型木结构建筑中，其木剪力墙边界杆的上拔力较大，可采用通长型抗拔紧固件，如图 5.2-7（c）所示。

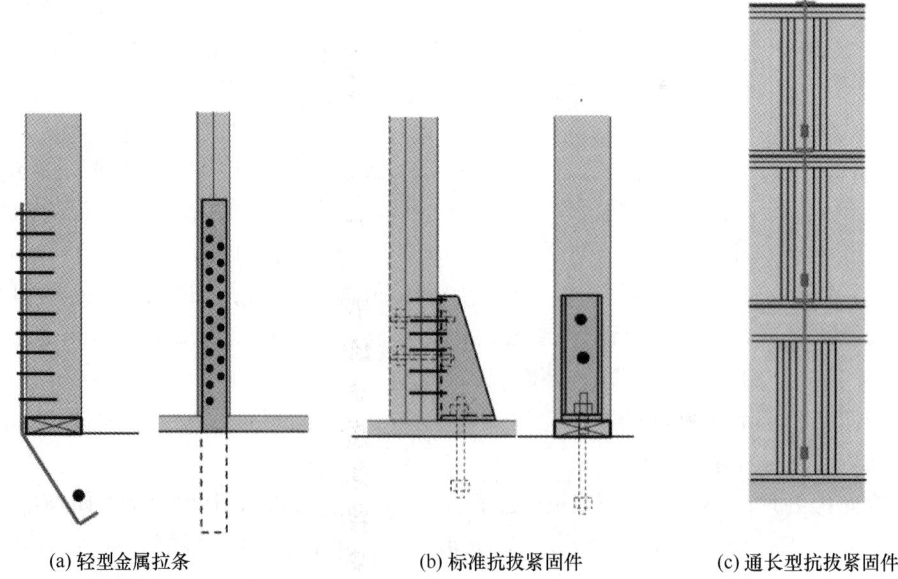

图 5.2-7　木剪力墙边界杆的抗拔紧固件

3. 楼盖

轻型木结构的楼盖应采用间距不大于610mm的楼盖搁栅、木基结构板的楼面结构层和石膏板铺设的吊顶组成。楼盖搁栅可采用规格材或工程木产品，截面尺寸由计算确定。楼盖搁栅在支座上的搁置长度不得小于40mm。在靠近支座部位的搁栅底部宜采用连续木底撑、搁栅横撑或剪刀撑。木底撑、搁栅横撑或剪刀撑在搁栅跨度方向的间距不应大于2.1m。当搁栅与木板条或吊顶板直接固定在一起时，搁栅间可不设置支撑。楼盖开孔的构造应符合下列规定：

(1) 对于开孔周围与搁栅垂直的封头搁栅，当长度大于1.2m时，封头搁栅应采用两根；当长度超过3.2m时，封头搁栅的尺寸应由计算确定，如图5.2-8所示。

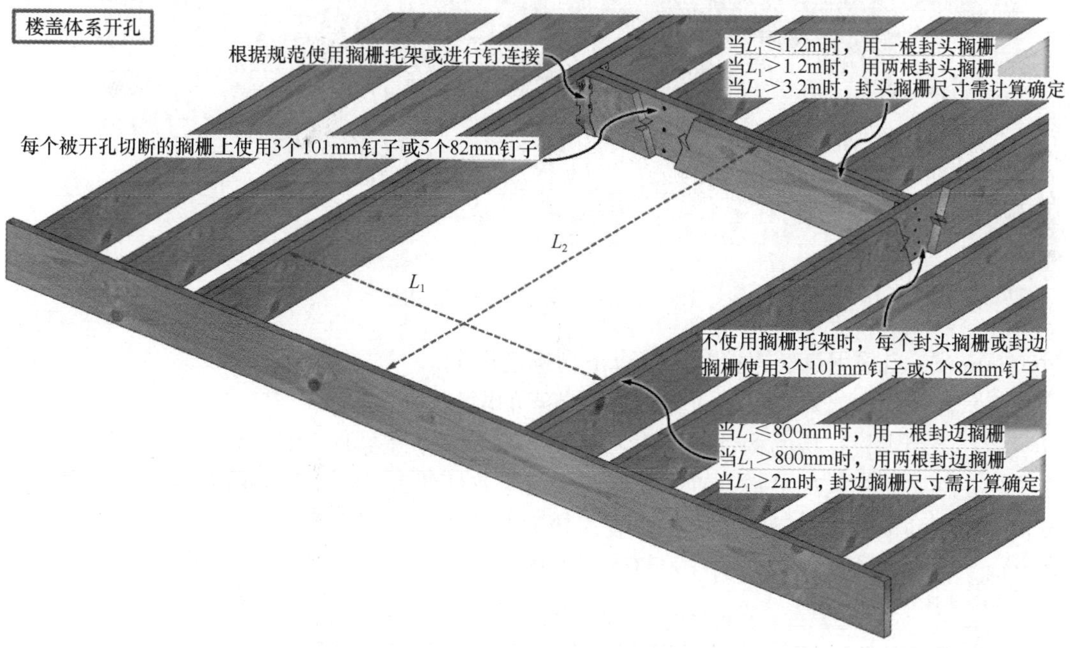

图5.2-8 楼盖开孔的构造措施

(2) 对于开孔周围与搁栅平行的封边搁栅，当封头搁栅长度超过800mm时，封边搁栅应采用两根；当封头搁栅长度超过2.0m时，封边搁栅的截面尺寸应由计算确定。

(3) 对于开孔周围的封头搁栅以及被开孔切断的搁栅，当依靠楼盖搁栅支承时，应选用合适的金属搁栅托架或采用正确的钉连接方式。

(4) 带悬挑的楼盖搁栅，当其截面尺寸为40mm×185mm时，悬挑长度不得大于400mm；当其截面尺寸不小于40mm×235mm时，悬挑长度不得大于610mm。未作计算的搁栅悬挑部分不得承受其他荷载。当悬挑搁栅与主搁栅垂直时，未悬挑部分长度不应小于其悬挑部分长度的6倍，并应根据连接构造要求与双根边框梁用钉连接。

(5) 平行于搁栅的非承重墙，应位于搁栅或搁栅间的横撑上，横撑的截面不应小于40mm×90mm，其间距不应大于1.2m，如图5.2-9所示。

4. 轻型木桁架屋盖

轻型木桁架之间的间距宜为600mm，当设计要求增加桁架间距时，最大间距不得超

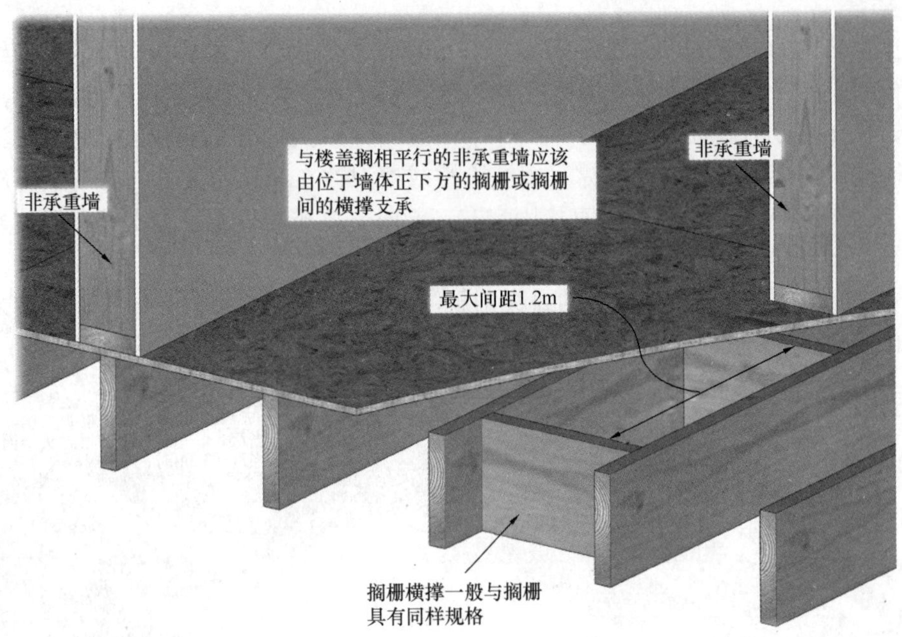

图 5.2-9　非承重墙的楼盖构造

过 1200mm。当采用齿板连接时应符合下列构造规定：

(1) 齿板应成对对称设置于构件连接节点的两侧；

(2) 采用齿板连接的构件厚度不应小于齿嵌入构件深度的两倍；

(3) 在与桁架弦杆平行及垂直方向，齿板与弦杆的最小连接尺寸以及在腹杆轴线方向齿板与腹杆的最小连接尺寸均应符合表 5.2-7 的规定；

(4) 弦杆对接所用齿板宽度不应小于弦杆相应宽度的 65%。

齿板与桁架弦杆、腹杆最小连接尺寸（mm）　　**表 5.2-7**

规格材截面尺寸（mm×mm）	桁架宽度 L（m）		
	$L\leqslant12$	$12<L\leqslant18$	$18<L\leqslant24$
40×65	40	45	—
40×90	40	45	50
40×115	40	45	50
40×140	40	50	60
40×185	50	60	65
40×235	65	70	75
40×285	75	75	85

当用齿板加强局部承压区域时（图 5.2-10），齿板加强弦杆局部横纹承压节点处应符合下列规定：

(1) 加强齿板底部边缘距离支承接触面应小于 6mm；

(2) 与支承接触面相对面的腹杆接触面不应小于支承接触面；

(3) 齿板两侧边缘距离支承接触面的边缘不应大于 3mm。

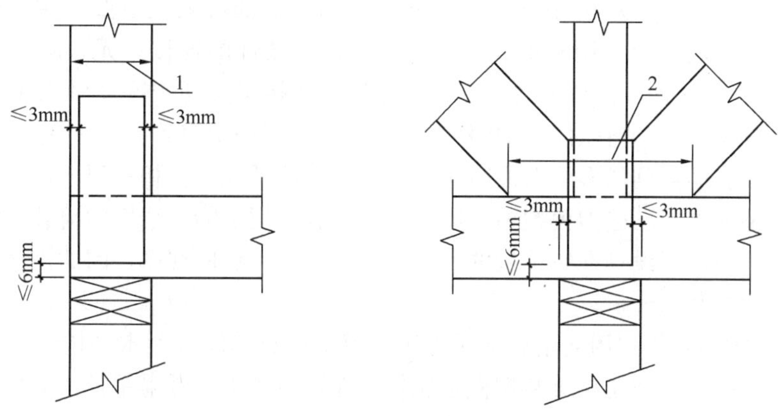

图 5.2-10　齿板加强弦杆局部横纹承压节点图

1—端杆宽度必须大于或等于承压宽度；2—腹杆区域必须大于或等于承压宽度

5.3　相关专题研究

5.3.1　木剪力墙

1. 木剪力墙有限元模拟

Foschi（1974）首先建立了剪力墙的有限元模型，该模型采用四种不同的单元分别代表墙面板、墙骨架、骨架钉连接和面板钉连接。钉连接的骨架曲线采用指数曲线。与试验结果对比表明，该模型能够较准确地模拟剪力墙在单向荷载作用下的极限荷载和相应的位移。

Hite 和 Shenton（2002）采用通用有限元程序建立了剪力墙的有限元模型。该模型中的骨架钉连接被假定为铰接，面板钉连接采用三线性的弹簧单元。该模型可用于分析不同构造的墙体，采用该模型预测没有竖向荷载的墙体，极限强度的误差在 20%之内。

Koppen（2003）等利用通用有限元程序建立了一个剪力墙分析模型，该模型采用梁单元、板单元和连接单元分别模拟墙骨架、墙面板和钉连接（图 5.3-1）。与实际结构不同，梁单元和板单元构造在相同的平面内。由于连接单元的荷载位移关系为线性的，该模型所得到的剪力墙荷载位移关系也是线性的，因此这个模型仅能预测剪力墙在线性阶段的反应。

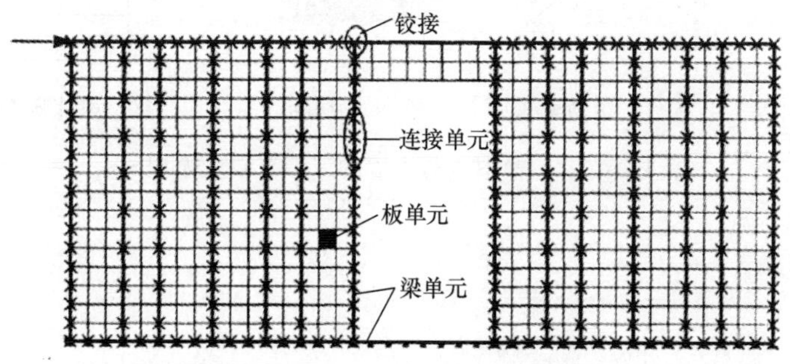

图 5.3-1　有洞口的剪力墙有限元模型

Hongyong Mi（2004）在 SAP2000 中建立了剪力墙的有限元模型。在该模型中墙骨架采用框架单元，墙面板采用板单元，钉连接采用非线性的连接单元。面板钉连接在 X 向和 Y 向分别采用一个两节点的连接单元，骨架钉连接采用两个平动弹簧单元和一个转动弹簧单元分别模拟 X 向平动、Y 向平动和旋转。该模型中钉连接单元的本构关系均采用由试验数据拟合而得到的多线形曲线。为了和剪力墙试验条件相一致。通过和试验结果相对比，该模型能够较准确地模拟剪力墙在单向荷载作用下的非线性的荷载位移关系，以及部分下降段。但由于没有在钉连接的恢复力模型中引入滞回规律，因此该模型不能进行反复荷载和动力荷载的分析。

B. Kasal（2004）等利用通用有限元程序来模拟一栋单层轻型木结构建筑，并与试验实测的水平力分配与层间位移等数据做了比较，在该模型中墙骨采用弹性梁单元，覆面板采用板单元。

Lindt 与 Rosowsky（2005）介绍了木结构剪力墙基于强度的可靠度分析过程，给出了在考虑承载能力极限状态时剪力墙承受风荷载和地震力的分析结果，并确定了对应于极限承载力的变形统计分布，每榀墙的抗侧性能采用单调加载来确定。

在振型分解反应谱法的计算模型中，通常采用杆单元、斜撑框架或壳单元来模拟木剪力墙，图 5.3-2 为一片 3 层木剪力墙，层高均为 2.75m，墙长为 3m，覆面板为双面 9.5mm 厚的 OSB 板，墙骨柱（38mm × 140mm，SPF）间距为 400mm，钉直径为 3.3mm，钉间距为 150mm。荷载条件为：$V_1=V_2=V_3=6.67$kN，$M_3=25$kN · m，各层顶部恒荷载为 3.3kN/m，活荷载为 2kN/m。表 5.3-1 给出了三种有限元模型对一片 3 层木剪力墙顶部位移的计算结果，其中采用杆单元和斜撑框架较为接近标准公式的计算结果。

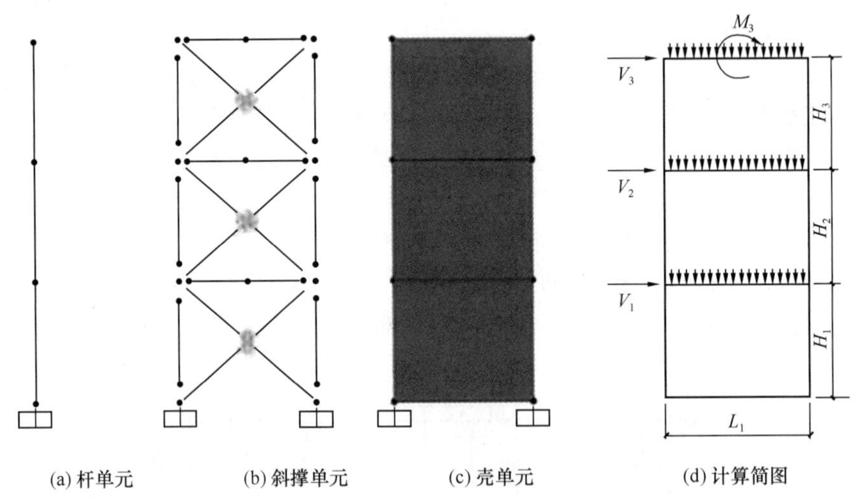

图 5.3-2　模拟木剪力墙的三种有限元模型

墙体的顶部位移（mm）　　表 5.3-1

模型	首层		2层		3层	
	位移	误差	位移	误差	位移	误差
标准公式	3.730	—	8.108	—	12.579	—
杆单元	3.677	−1.42%	8.353	3.02%	13.406	6.57%
斜撑框架	3.678	−1.39%	8.302	2.39%	13.100	4.14%
壳单元	3.413	−8.50%	7.917	−2.36	12.890	2.47%

2. 抗拔紧固件

轻型木结构通常采用平台式框架结构，木剪力墙作为其主要抗侧力构件，具有良好的阻尼耗能的特性。在进行木剪力墙设计时，墙体两端通常都要设置抗拔紧固件（Hold-down或Tie-down），来抵抗由水平荷载作用产生的倾覆弯矩。

在工程实践中，并不是所有的木剪力墙都需要设置抗拔紧固件。当墙体上部的恒荷载与转角墙体可以抵抗墙体的倾覆，则墙体端部可不设置抗拔紧固件，墙体通过抗剪螺栓（后锚固）与基础连接，墙体仍具有一定抗侧承载力和刚度。

Ni（2002）给出了抗拔紧固件对木剪力墙的极限承载力、极限水平位移及弹性刚度的影响（表5.3-2），试验木剪力墙采用38mm×89mm的目测分等SPF规格材，外侧采用11mm厚的OSB板，内侧采用12.5mm厚的石膏板，钉间距为150mm。表5.3-3给出了一块墙长2.44m的木剪力墙在不同竖向荷载作用下的试验对比数据。

有无抗拔紧固件的木剪力墙试验数据比较　　表 5.3-2

墙长（m）	有抗拔紧固件			无抗拔紧固件		
	极限承载力（kN/m）	极限水平位移（kN/m）	弹性刚度（kN/m/mm）	极限承载力（kN/m）	极限水平位移（kN/m）	弹性刚度（kN/m/mm）
1.22	8.7	99	0.425	3.0	39	0.524
2.44	8.7	71	0.878	5.1	28	0.818
4.88	8.0	50	0.913	5.3	38	0.638

墙体上部竖向荷载对木剪力墙的影响　　表 5.3-3

竖向荷载（kN/m）	有抗拔紧固件			无抗拔紧固件		
	极限承载力（kN/m）	极限水平位移（mm）	弹性刚度（kN/m/mm）	极限承载力（kN/m）	极限水平位移（mm）	弹性刚度（kN/m/mm）
0.0	8.7	88	0.560	4.6	43	0.628
4.6	—	—	—	7.0	85	0.507
9.1	—	—	—	7.4	103	0.521
13.7	—	—	—	8.5	109	0.511
18.2	8.7	107	0.640	8.7	111	0.568

基于上述试验及理论推导，Ni（2002）提出了力学模型法和经验公式法，来评估抗拔紧固件对木剪力墙的极限水平承载力的影响。

（1）力学模型法

当木剪力墙的端部无抗拔紧固件时，上拔力由底梁板的钉连接承担（图5.3-3），当底梁板上所有的钉连接达到其极限承载力时，则有以下力平衡公式：

$$V_2 = N_1 C_N \tag{5.3-1}$$

$$V_3 = N_2 C_N \tag{5.3-2}$$

$$V_2 H = V_3\left(L - \frac{L_V}{2}\right) + PL \tag{5.3-3}$$

式中 H——墙高；

L——墙长；

L_V——上拔力范围内的底梁板长度；

N_1——水平受剪钉连接的数量；

N_2——竖向受剪钉连接的数量；

C_N——单个钉连接极限受剪承载力；

P——作用在端部墙骨单位长度的上拔力。

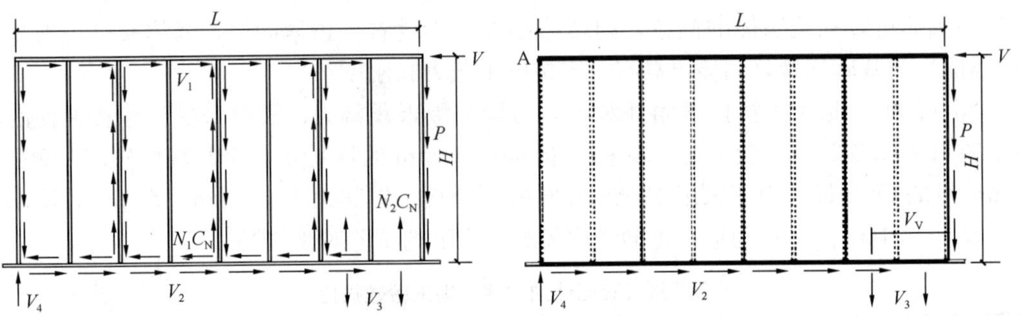

图 5.3-3 无抗拔紧固件的木剪力墙力学模型法受力示意图

假定 N 是底梁板上钉连接的总数，则有以下公式：

$$N_1 + N_2 = N \tag{5.3-4}$$

$$\frac{L - L_v}{N_1} = \frac{L_v}{N_2} = \frac{L}{N} \tag{5.3-5}$$

根据式（5.3-1）、式（5.3-2）、式（5.3-5），将式（5.3-3）改写成：

$$N_1 H = N_2\left(L - \frac{N_2}{2N}L\right) + \frac{PL}{C_N} \tag{5.3-6}$$

令 $\alpha = \frac{N_1}{N}$，$\beta = \frac{N_2}{N}$，$\gamma = \frac{H}{L}$，$\phi = \frac{P}{MC_N}$，则有：

$$\alpha\gamma = \beta\left(1 - \frac{1}{2}\beta\right) + \phi\gamma \tag{5.3-7}$$

$$\alpha = \sqrt{1 + 2\phi\gamma + \gamma^2} - \gamma \tag{5.3-8}$$

当 $\phi = 1.0$ 时，则认为端部墙骨受到的上拔力，能通过钉连接有效地传递给底梁板。α 为无抗拔紧固件木剪力墙（部分限制上拔）的极限水平承载力与有抗拔紧固件木剪力墙（完全限制上拔）的极限水平承载力之比［图 5.3-4（a）］。

（2）经验公式法

根据有、无抗拔紧固件的木剪力墙试验数据拟合，得到以下关于水平承载力之比的公式：

$$\alpha=\frac{1}{1+\frac{H}{L}} \tag{5.3-9}$$

当考虑墙体上部荷载、转角墙体及洞口等情况时，式（5.3-9）则可改写成：

$$\alpha=\frac{1}{1+\frac{H}{L}(1-\phi)^{n}} \tag{5.3-10}$$

$$\phi=\frac{P}{v_{d}H} \tag{5.3-11}$$

当 $\phi=1.0$ 时，则认为端部墙骨受到的上拔力，能通过钉连接有效地传递给底梁板。当 $n=3$ 时，能较好地拟合试验数据［图 5.3-4（b）］。

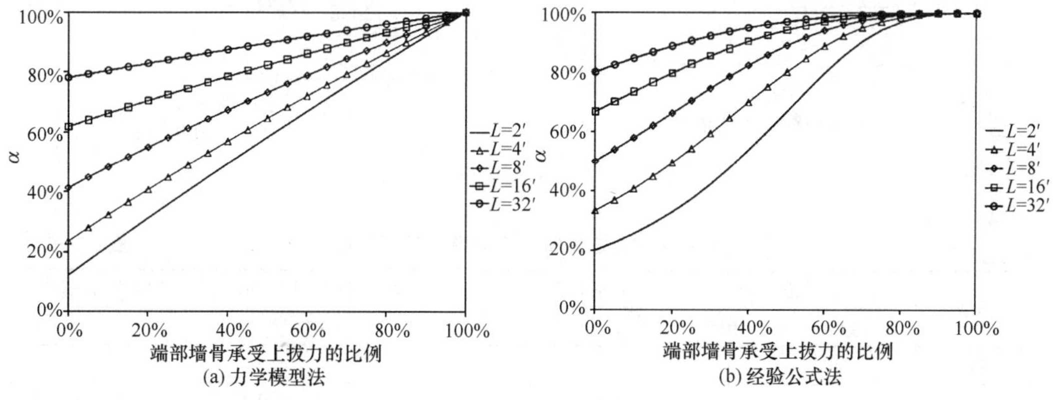

图 5.3-4　无抗拔紧固件的木剪力墙力学模型法受力示意图

3. 横撑

当覆面板横向布置时，一般应在覆面板水平接缝之间设置横撑，以保证覆面板之间剪力的传递。相对于有横撑的木剪力墙，无横撑的木剪力墙的承载力和刚度有较大折减。Tissel（1990）通过一系列试验，发现无横撑的剪力墙的破坏，一般发生在覆面板的水平接缝处，附近的钉被拔出或嵌入覆面板内；以 2.44m×2.44m 的木剪力墙为研究对象，在相同钉间距、覆面板厚度及墙骨间距的情况下，无横撑剪力墙的极限强度仅为有横撑剪力墙的 41%（表 5.3-4）。

无横撑剪力墙与有横撑剪力墙的极限承载力　　　表 5.3-4

类型	钉间距（mm）		板厚（mm）	墙骨间距（mm）	试验数量	极限承载力（kN/m）			无横撑/有横撑
	边缘	中间				最小	最大	平均	
有横撑	150	300	8.0	610	15	8.4	12.4	10.6	—
无横撑	150	300	8.0	406	1	—	—	8	0.75
无横撑	150	150	8.0	406	2	9.5	10.9	10.2	0.96
有横撑	150	300	9.5	610	5	7.8	15.7	10.8	—
无横撑	150	300	9.5	610	1	—	—	4.4	0.41
无横撑	150	150	9.5	610	1	—	—	5.5	0.51

Ni（2002）通过试验，得到了有/无横撑木剪力墙的滞回曲线（图 5.3-5），试验墙体采用 9.5mm CSP 板作为覆面板，墙骨柱间距 406mm，钉间距 150mm。试验表明，无横撑木剪力墙的极限承载力为有横撑木剪力墙的 60%左右，极限水平位移及弹性刚度为有横撑木剪力墙的 80%左右（表 5.3-5）。有横撑木剪力墙中的钉连接都相对均匀地达到极限承载力，而无横撑木剪力墙中的钉连接，只有在水平接缝处达到了极限承载力。

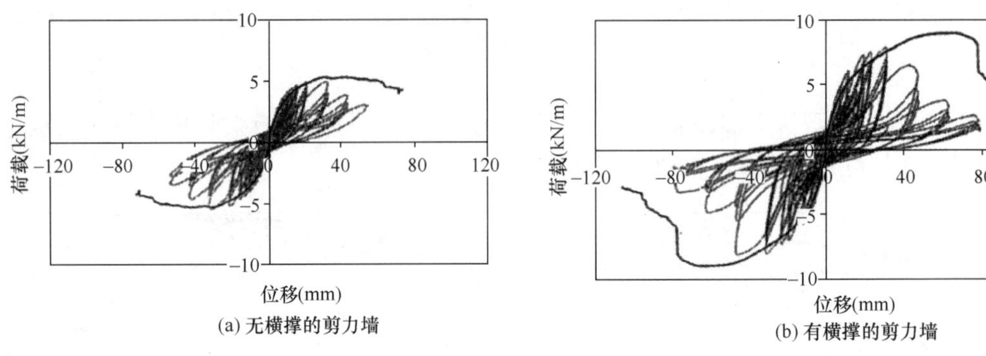

(a) 无横撑的剪力墙　(b) 有横撑的剪力墙

图 5.3-5　木剪力墙的滞回曲线

无横撑剪力墙与有横撑剪力墙的极限承载力　表 5.3-5

类型	钉间距（mm）		墙骨间距（mm）		极限承载力（kN/m）		无横撑/有横撑
	边缘	中间	最小	最大	平均		—
有横撑	150	300	406	7.9	9.1	8.3	—
无横撑	150	300	406	4.4	5.4	5.1	0.61
	150	150	406	5.5	5.9	5.7	0.69
	150	150	406	7.5	8.6	8.1	0.97
	100	150	305	9.2	9.4	9.3	1.11
	100	100	610	5.7	5.9	5.8	0.70
	100	100	406	8.8	9.0	8.9	1.07

高丽娜（2008）采用 SAP2000 模拟了 4.88m×4.88m 有横撑和无横撑的木剪力墙（图 5.3-6），分析结果表明（表 5.3-6）：有横撑木剪力墙比无横撑木剪力墙有更高的承载能力和刚度。

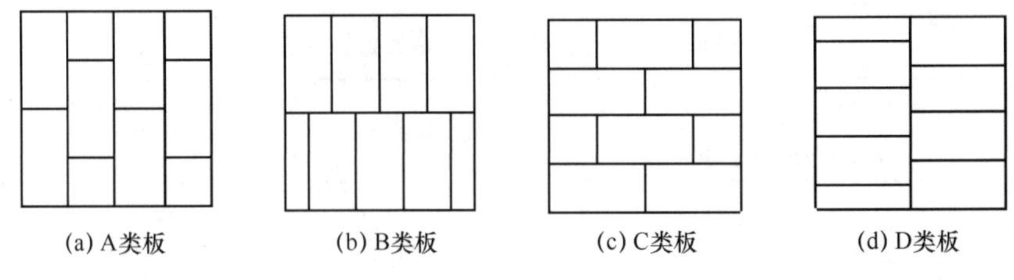

(a) A类板　(b) B类板　(c) C类板　(d) D类板

图 5.3-6　覆面板铺板形式

不同覆面板情况下无横撑剪力墙与有横撑剪力墙承载能力和刚度的比值　表 5.3-6

覆面板布置形式	A	B	C	D
承载力比值（无挡块/有挡块）	0.95	0.72	0.45	0.46
刚度比值（无挡块/有挡块）	0.80	1.00	0.83	0.82

4. 夹板木剪力墙

1998 年，加拿大林产品工业技术研究院（Forintek）的 Varoglu 等提出了一种新型"夹板木剪力墙"，其构造做法为：先将墙骨对称布置在墙面板两侧，随后用钉子将墙骨、墙面板和墙骨三者连接固定，三者形成的钉连接称之为双剪钉连接。Karacabeyli 等和 Varoglu 等通过足尺的夹板木剪力墙抗侧力试验证实夹板木剪力墙的抗侧承载力是传统木剪力墙（相同钉间距及覆面板）的 2 倍，而抗侧刚度则是其 2～3 倍。另外，美国国家科学基金会的 NEESWood 项目对含有夹板木剪力墙的六层足尺轻木房屋进行振动台试验，结果表明夹板木剪力墙在轻木房屋中的抗震性能表现良好。

夹板木剪力墙有着优异的抗侧力性能，墙骨墙面板墙骨三者形成的双剪钉连接是主要原因之一。相比于标准木剪力墙中的单剪钉连接，夹板木剪力墙中的双剪钉连接含有 2 个剪切面（图 5.3-7），同时还能有效避免单剪钉连接中常见的钉子穿透面板破坏，故其抗剪切性能明显强于单剪钉连接，在中高层木结构建筑中有着广阔的应用前景。

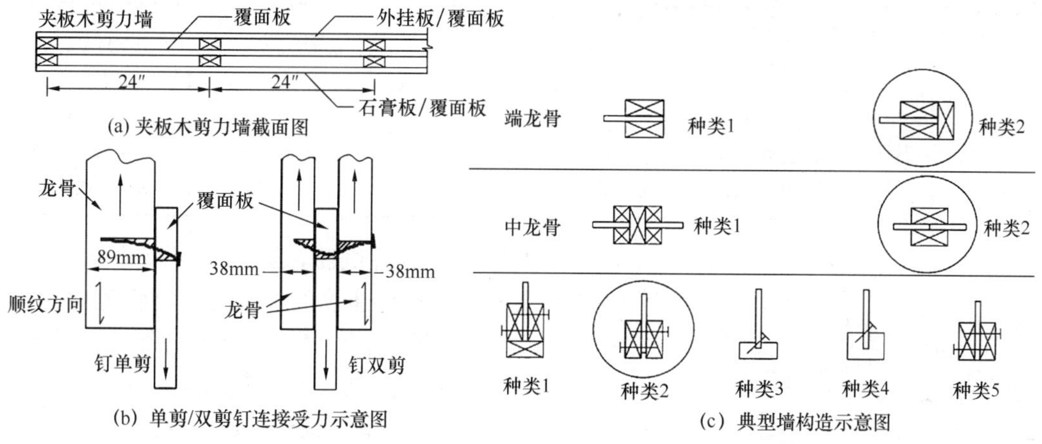

图 5.3-7　夹板木剪力墙构造

夹板木剪力墙的滞回曲线如图 5.3-8 所示，其中深色为传统木剪力墙的滞回曲线。从图中可以看出：与传统木剪力墙相比，极限承载力及抗侧刚度更大，滞回曲线更为饱满，有更好的耗能能力及延性，滞回环呈反 S 形，存在一定"捏缩"现象；另外，滞回曲线还存在强度和刚度的退化现象，这是由于金属连接件（锚栓、钉）与规格材之间存在不可恢

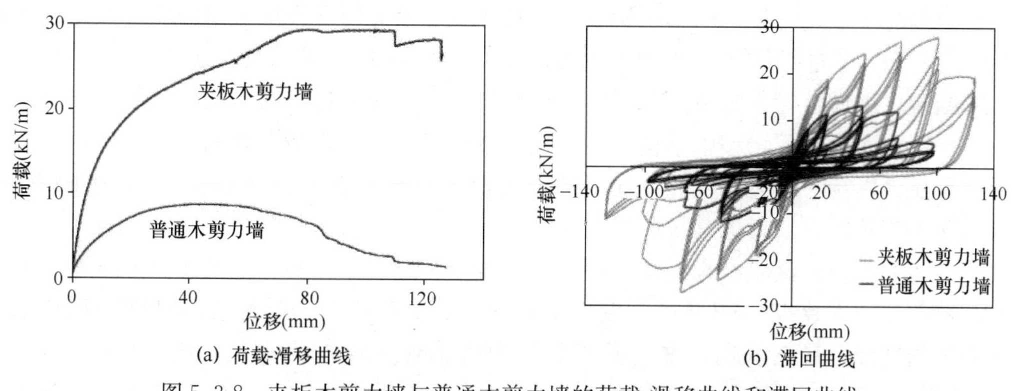

图 5.3-8　夹板木剪力墙与普通木剪力墙的荷载-滑移曲线和滞回曲线

复变形。

5.3.2 自振周期

自振周期是反映结构动力特性的一种固有属性，与其刚度和自重等因素有关。按《工程抗震术语标准》JGJ/T 97—2001 的有关条文，自振周期为结构按某一振型完成一次自由振动所需的时间。作为抗震设计的重要参数，建筑的自振周期与场地卓越周期的关系成为概念设计的一项重要内容。

轻型木结构建筑一般采用底部剪力法来进行水平地震作用的计算，该方法首先需确定结构的自振周期，国家标准《木结构设计规范》GB 50005—2003 第 9.2.2 条采用经验公式来估算该周期。从表 5.3-7 可以看出，北美建筑规范对轻型木结构建筑自振周期的估算公式均仅与建筑高度有关。

自振周期估算公式 **表 5.3-7**

	木结构设计规范（2005 年版）	美国建筑规范	加拿大规范	FEMA 273
自振周期 T（s）	$T=0.05H^{0.75}$ H 为基础顶面到建筑物最高点的高度（m）	$T=0.02H_n^{0.75}$ H_n为基础顶面到建筑物最高点的高度（ft）	$T=0.05H_n^{0.75}$ H_n为基础顶面到建筑物最高点的高度（m）	$T=C_t H_n^{0.75}$ C_t为系数，对轻型木结构取 0.06

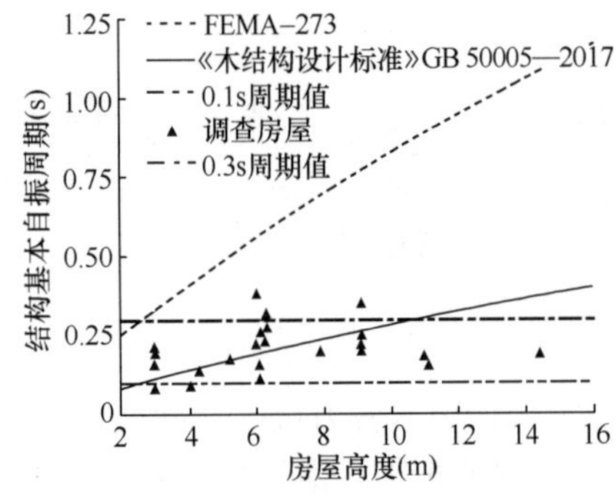

图 5.3-9 实测轻型木结构自振周期与规范建议公式计算值比较

同济大学通过试验，给出了轻型木结构自振周期实测值与规范建议的经验公式计算值的比较，从图 5.3-9 中可以看出，规范建议的经验公式仅与建筑高度有关，实测自振周期随着结构高度增加而增大，而且实测的自振周期基本位于 0.1～0.3s 之间，同时验证了《木结构设计标准》GB 50005—2017 条文中所指出的：对于三层及以下轻型木结构建筑的地震影响系数取最大值。

1. 非结构构件对轻型木结构自振周期的影响

轻型木结构建筑由于防火设计的考虑，需在木构架墙体的一侧或两侧安装石膏板，而石膏板作为非结构构件，具有一定的初始刚度，会对建筑的自振周期产生一定影响。根据加拿大规范规定：当由于非结构构件的初始刚度产生对结构自振周期折减大于 15%时，在进行轻型木结构抗震设计时，需考虑该非结构构件的刚度，即通过折减后的自振周期来确定水平地震作用。大量有关轻型木结构自振周期的试验显示：石膏板和饰面板对轻型木结构自振周期有显著影响。但石膏板和饰面板的强度相比木剪力墙，在地震作用下，下降较快，故在承载力验算时，不考虑其抗剪强度。

国内相关单位的试验结果指出，两侧分别覆定向木片板 OSB 板和石膏板的木剪力墙与单侧覆有定向木片板 OSB 板的木剪力墙相比，其极限荷载、弹性阶段刚度和耗能都有不同程度的增加，最大承载力增加了 25%，而初始刚度增加了 28%，耗能增加了 12%。但剪力墙的抗侧能力并不是简单地将定向木片板 OSB 板的抗侧能力与石膏板的抗侧能力简单地线性叠加。在加载过程中，石膏板通常先于木基结构板材破坏而退出工作。故在大震情况下，不能考虑石膏板对剪力墙抗侧能力的贡献。

David（2001）进行了一个两层足尺振动台试验，该试验第10阶段的主要目的是判断非结构构件（石膏板、抹灰）对结构性能的影响。由于石膏板等非结构构件会增加结构总重量，所以在装修前的各个阶段试验中，设置了附加质量块，来保证装修前后的结构总重量一致，测试前后的结构自振频率如表5.3-8所示。

自振周期对比　　**表5.3-8**

地面加速度	周期（s）		
	装修前	装修后	比值
0	0.253	0.154	0.61
0.05g	0.256	0.157	0.62
0.22g	0.270	0.164	0.61
0.36g	0.273	0.174	0.64
0.5g	0.341	0.175	0.51
0.89g	0.341	0.186	0.55

同济大学熊海贝（2011）对吴昌硕纪念馆和金桥S8联排别墅项目进行了现场跟踪试验，在不同的施工阶段进行了结构动力特性的实测。第一阶段实测在主体结构完成后，在施工完成石膏板、外墙挂板等非结构构件之后，进行了第二阶段实测，两阶段实测结果对比如表5.3-9所示。

一阶自振周期对比　　**表5.3-9**

项目	纵向			横向		
	第一阶段（s）	第二阶段（s）	比值	第一阶段（s）	第二阶段（s）	比值
吴昌硕纪念馆	0.35	0.26	0.74	0.22	0.17	0.77
金桥S8联排（6联）	0.24	0.20	0.83	0.20	0.17	0.85
金桥S8联排（8联）	0.28	0.22	0.79	0.24	0.18	0.75

鉴于实测得到的轻型木结构建筑自振周期基本位于0.1～0.3s之间，偏于安全地可以视板材使用情况取周期折减系数为0.5～0.7，使得各方向第一阶自振周期落在T_g范围之内，从而使得其地震影响系数可以取到最大值，保证设计安全。

2. 楼（屋）盖刚柔性对自振频率的影响

日本E-defense振动台试验分别考虑屋盖为刚性、半刚性和柔性三种情况，以考察不同屋盖刚度下结构在地震作用下的反应。由表5.3-10可知，屋盖刚柔性对自振频率影响显著。

屋盖刚度与实测自振频率　　表 5.3-10

模型		自振频率（Hz）		
		Y 向		X 向
		第一阶	第二阶	第一阶
刚性屋盖	模型 A	2.49	3.84	3.82
	模型 B	2.19	3.92	—
	模型 C	1.12	4.99	—
半刚性屋盖	模型 A	2.39	3.71	3.64
	模型 B	2.16	3.89	—
	模型 C	1.20	4.99	—
柔性屋盖	模型 A	2.09	3.05	3.89
	模型 B	1.83	5.47	—
	模型 C	1.02	2.49	—

5.3.3 长期竖向变形

1. 木材蠕变

木材蠕变指在恒定应力下，木材应变随时间的推移而逐渐增大的现象。蠕变由可恢复蠕变和不可恢复蠕变组成。木材受到荷载作用后会产生瞬时变形，随时间的推移而产生蠕变过程。卸载后木材会恢复瞬时弹性变形，随时间推移恢复部分蠕变变形，即蠕变的可恢复部分。而残余的变形就是蠕变的不可恢复部分。

针叶材在含水率恒定的条件下，施加的荷载小于木材极限强度的 50%时，可认为其蠕变是可预测的。但在含水率变化的条件下，其蠕变将很难预测。温度对蠕变有显著的影响，当空气温度升高时，木材的总变形量和变形速度也增加。

2. 木材收缩膨胀

由于含水率变化导致木材的膨胀或收缩是影响轻型木结构竖向变形的主要原因，需要在设计中加以考虑。含水率是影响木材力学性能的一项重要指标，而工程师比较关心的是以下的木材含水率：购买时的木材含水率，封板后的木材含水率及使用过程中木材达到的平衡含水率。

轻型木结构常用的规格材，一般都经过窑干处理，含水率为 13%～19%，而木基结构板材（OSB 板）的含水率相对更低。木材的平衡含水率主要取决于环境的相对湿度和温度，并且全年在一定范围内变化。由于制造工艺及粘胶影响，一般工程木产品的平衡含水率更低。表 5.3-11 给出了国内主要城市的木材平衡含水率。

国内主要城市的木材平衡含水率　　表 5.3-11

城市	平衡含水率（%）	城市	平衡含水率（%）	城市	平衡含水率（%）
北京	11.4	乌鲁木齐	12.1	上海	16.0
哈尔滨	13.6	银川	11.8	南京	14.9
长春	13.3	西安	14.3	杭州	16.6
沈阳	13.4	兰州	11.3	武汉	15.4
大连	13.0	西宁	11.5	广州	15.1
呼和浩特	11.2	成都	16.0	海口	17.3

木材在条件良好时，可以迅速干燥。例如，含水率50%～120%的湿材在高温窑干过程中只需要几天就能达到16%的含水率。然而，木产品在施工过程中达到平衡含水率可能需要数周、数月甚至更长的时间，特别是原材是湿材，并且环境湿度很高时。需要注意的是，当木构件被润湿时，表面的水分可导致表面含水率提高，但不会导致木材内部发生同样的变化。类似地，明显干燥的表面并不意味着木材内部具有较低的含水率。

3. 轻型木结构竖向变形的计算

轻型木结构的总竖向变形量一般为收缩或膨胀量（S）、弹性变形（$\Delta_{elastic}$）、蠕变变形（Δ_{creep}）与沉降（Δ_s）之和。

（1）收缩或膨胀量（S）计算

木材的三个基本方向的收缩或膨胀率是不同的。图5.3-10给出了三个基本方向上的木材的典型收缩或膨胀率。由于顺纹方向上的尺寸变化约为横纹方向的尺寸变化的1/40，因此在轻型木结构中，收缩或膨胀主要发生在墙体顶底梁板和搁栅中。对于大多数低层建筑物，顺纹方向上的尺寸变化可以忽略不计。然而在3层以上的轻型木结构中，建议考虑顺纹方向的尺寸变化。

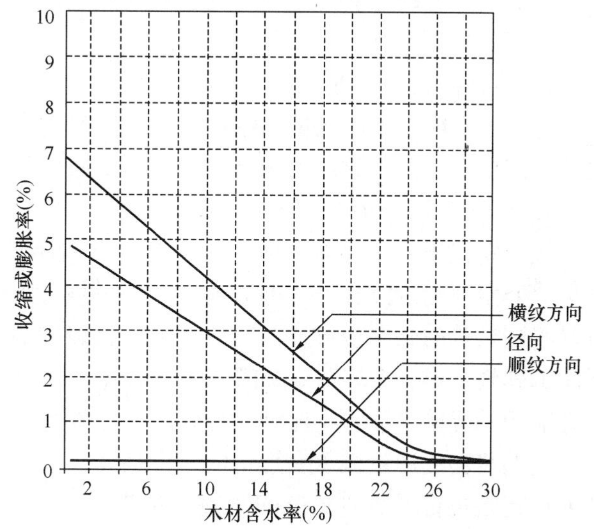

图5.3-10 木材三个基本方向的收缩或膨胀率

当SPF规格材的含水率由饱和含水率28%经干燥炉烘干到0%时，横纹方向收缩幅度为7%，径向为5%。假定锯材成品在安装使用时平均含水率为15%，而平衡含水率为10%～12%，这样的差异造成的横纹或径向的收缩只有约0.5%～1.25%，顺纹收缩只有约0.03%。平衡含水率会随空气湿度和温度的变化，发生季节性改变，由此引起的收缩变化，切线和辐射方向会小于1%和0.5%，顺纹方向小于0.025%。只要木构件的含水率符合规范要求，结构因为收缩而发生的尺寸变化均可忽略不计，但如果构件含水率超过了规范要求，比如达到25%，那么由此引起的收缩，可以使一幢两层的木结构建筑的搁栅、梁板整体发生超过1cm的竖向变形。规格材或胶合木产品（含CLT）的收缩量可按式(5.3-12)计算：

$$S = D \times M \times C \tag{5.3-12}$$

式中 S——收缩量（mm）；

D——木构件在受荷方向的截面长度（mm）；

M——木构件含水率的变化量（%）；

C——木构件的收缩膨胀系数，横纹取0.2%，顺纹取0.005%。

（2）弹性变形（$\Delta_{elastic}$）计算

$$\Delta_{elastic} = \frac{P \times D}{A \times E} \tag{5.3-13}$$

式中 $\Delta_{elastic}$——弹性变形（mm）；

P——作用在构件上的荷载（N）；

D——木构件在受荷方向的截面长度（mm）；

A——木构件截面面积（mm^2）；

E——木材的弹性模量（N/mm^2），横纹弹性模量 $E_{\perp}$ 一般为顺纹弹性模量 $E_{/\!/}$ 的 1/30。

（3）蠕变变形（Δ_{creep}）计算

$$\Delta_{creep} = \Delta_{elastic} \times K_{creep} \tag{5.3-14}$$

式中 Δ_{creep}——蠕变变形（mm）；

K_{creep}——蠕变系数，该系数参考欧洲规范中的 k_{def}，一般环境下取 0.6，潮湿环境下取 2.0。

（4）沉降（Δ_s）计算

这里的沉降是指因轻型木结构的构件缺陷或施工误差，造成墙体和楼盖中的骨架构件之间会产生很小的间隙。由于这些间隙在施加荷载后会闭合，所以通常在设计中不考虑。

4. 四层轻型木结构的竖向变形

该建筑位于加拿大温哥华市，采用 SPF 规格材建造，施工期间木材平均含水率约为 19%，假定使用阶段含水率约为 8%，以一片内墙为例，根据式（5.3-12）～式（5.3-14）计算得到构件的竖向变形值与现场实测值比较如表 5.3-12 所示，其中 Δ 为构件在恒载作用下的弹性变形（$\Delta_{elastic}$）与蠕变变形（Δ_{creep}）之和。由于搁栅间设置了挡块，从而可以忽略搁栅的竖向变形（支座处）。从表 5.3-12 可以看出，由于含水率变化造成的木材收缩所引起的竖向变形量占总变形量的 90%左右。项目竣工后 22 个月，加拿大林产业创新中心对该建筑进行了竖向变形的测量，结果发现：外墙平均总竖向变形约为 34mm，内墙（剪力墙）约为 43mm，内墙（隔墙）约为 45mm。外墙变形小于内墙的竖向变形，其主要原因是外墙含水率变化较小，同时所受的恒载也相对较小。

轻型木结构竖向变形计算值与现场实测值的比较 **表 5.3-12**

层次	构件名	构件在受荷方向的长度（mm）	收缩膨胀系数	S (mm)	P (N)	Δ (mm)	$S+\Delta$ (mm)
4	顶底梁板	152	0.002	3.34	750	0.11	3.45
	木架构	2440	0.00005	1.34	750	0.06	1.40
3	木搁栅	240	0.002	5.28	—	—	5.28
	顶底梁板	152	0.002	3.34	2700	0.41	3.76
	木架构	2440	0.00005	1.34	2700	0.21	1.55
2	木搁栅	240	0.002	5.28	—	—	5.28
	顶底梁板	152	0.002	3.34	4650	0.71	4.05
	木架构	2440	0.00005	1.34	4650	0.36	1.70
1	木搁栅	240	0.002	5.28	—	—	5.28
	顶底梁板	152	0.002	3.34	6600	1.01	4.35
	木架构	2440	0.00005	1.34	6600	0.51	1.85
	合计			34.58		3.38	37.96
	现场实测值						43.0

5.3.4 振动台试验

模拟地震振动台试验主要用于研究结构的动力特性、破坏机理及震害原因，验证抗震计算理论和计算模型的正确性。不同于其他拟动力和静力试验，它可以模拟若干次地震的全过程，因此可以了解试验结构在相应各个阶段的力学性能，从而可以让人们直观了解和认识地震对结构产生的破坏现象。根据不同的试验要求，可以选择不同的地震波输入，模拟在任何场地上的地面运动特征，便于进行结构的随机振动分析。

模拟地震振动台试验的台面激励地震波的选择一般根据建设场地地震安全性评估、场地类别和建筑结构动力特性等因素确定。试验时根据模型所要求的动力相似关系对原型地震记录做修正后，作为模拟地震振动台的台面输入。输入加速度幅值根据设防要求从多遇烈度到罕遇烈度，从小到大依次增加以模拟不同地震水准对结构的作用。当模型结构特性发生变化时，结构的频率和阻尼比都将产生变化。在模型承受设防烈度不同地震水准作用前后，采用白噪声对其进行扫频，得出模型自振频率和结构阻尼比的变化情况，以确定结构刚度下降的幅度。在试验过程中，采集设防烈度不同地震水准波作用下结构模型加速度和位移数据，同时对结构变形和开裂状况进行宏观观察。然后根据所采集模型结构的地震反应数据及模型结构的破坏情况，分析推断原型结构的地震反应及其综合抗震性能。

1994 年美国加州 Northridge 地震中，轻型木结构房屋出现了一定程度的损坏，这无疑推动了轻型木结构方面的系列研究。美国、加拿大根据震害分析及试验研究，对原有结构规范中木结构章节做了进一步的修订。美国“CUREE-Caltech Woodframe Project”研究项目中，分别于 1999 年和 2000 年完成了两层和三层轻型木结构房屋的足尺模型模拟地震振动台试验。表 5.3-13 给出了近年来国内科研单位进行的轻型木结构振动台试验概况。

国内轻型木结构振动台试验　　　　**表 5.3-13**

时间	单位	结构类型	试验概况
2004 年	同济大学	2 层轻型木结构（一期）	平面尺寸 6m×6m，层高 2.46m，38mm×90mm 墙骨，9.5mmOSB 板，输入峰值加速度 0.1～0.55g
2007 年	同济大学	2 层轻型木结构（二期）	平面尺寸 6m×6m，层高 2.46m，38mm×90mm 墙骨，9.5mmOSB 板，输入峰值加速度 0.1～0.55g
2007 年	同济大学	3 层轻木-混凝土混合结构	平面尺寸 6.1m×3.6m，高度 8.8m，38mm×90mm 墙骨，9.5mmOSB 板，输入峰值加速度 0.1～0.5g
2009 年	湖南大学	1 层轻型木结构	平面尺寸 1.95m×2.1m，层高 1.4m，20mm×45mm 墙骨（杉木），6mm 竹胶板，输入峰值加速度 0.1～0.5g

熊海贝等对一个下部一层为钢筋混凝土框架结构、上部两层为轻型木结构的三层混合结构模型进行了振动台试验，根据试验模型上下结构的不同刚度比进行了五个阶段的试验，每个阶段包括 3 条不同的地震波、4～5个地震水准激励。试验模型底部一层为混凝土框架结构，上部两层为轻型木结构。模型底部混凝土结构平面尺寸为 6.1m×3.77m，上部两层木结构尺寸为 6.1m×3.6m，模型高度为 8.8m。轻木-混凝土混合结构振动台试验模型如图 5.3-11 所示。在木结构的底层（模型的第二层）外侧墙体设置了一道出户门和两扇窗户；木结构的第二层（模型的第三层）四周外墙均设置了窗户。通过对混凝土结构加钢支撑的方法来改变上下结构的刚度比，试验模型刚度见表 5.3-14。

图 5.3-11　轻木-混凝土混合结构振动台试验足尺模型

试验结果表明：轻木-混凝土混合结构有较好的抗震性能，能够承受较高设防烈度的地震作用而不发生倒塌；结构的破坏主要集中在二层木结构，混凝土框架结构的破坏很小；上部木结构与底层混凝土连接处水平位移很小，两者之间的连接可靠。

试验模型工况及对应的刚度比　　**表 5.3-14**

模型编号	1	2	3	4	5
开洞 刚度比	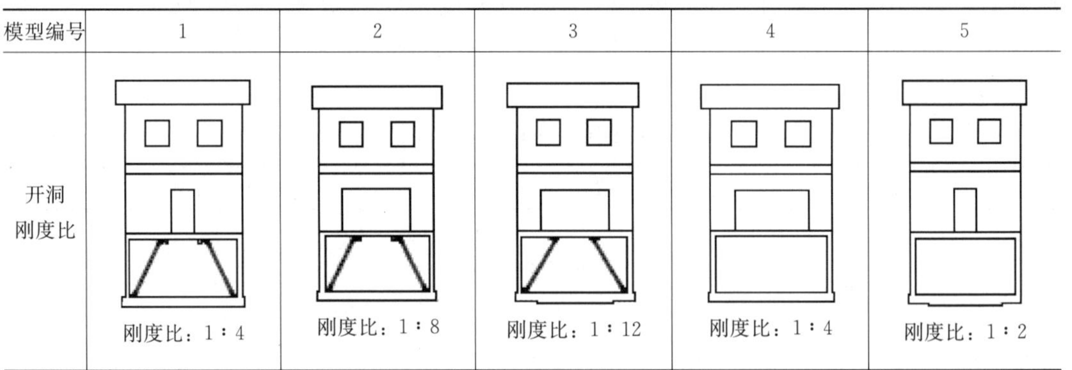 刚度比：1∶4	刚度比：1∶8	刚度比：1∶12	刚度比：1∶4	刚度比：1∶2

5.3.5　楼（屋）盖

1. 楼（屋）盖开洞的影响

轻型木结构中的楼（屋）盖通常会由于楼（电）梯、管道（井）或天窗等洞口造成削弱，导致洞口周围的搁栅和覆面板内力（轴力，剪力）增大。Neylon 等（2013）研究了楼盖开洞大小、位置及不同的高宽比对洞口周边杆件内力的影响（图 5.3-12）。研究表明设置开洞后楼盖的最大剪力会增大，通过加大洞口与楼盖边缘之间的距离可以显著降低轴力的增加，且洞口角部的拉力会增加，在不连续的区域，需要设置金属拉条将拉力分布到楼盖中去。

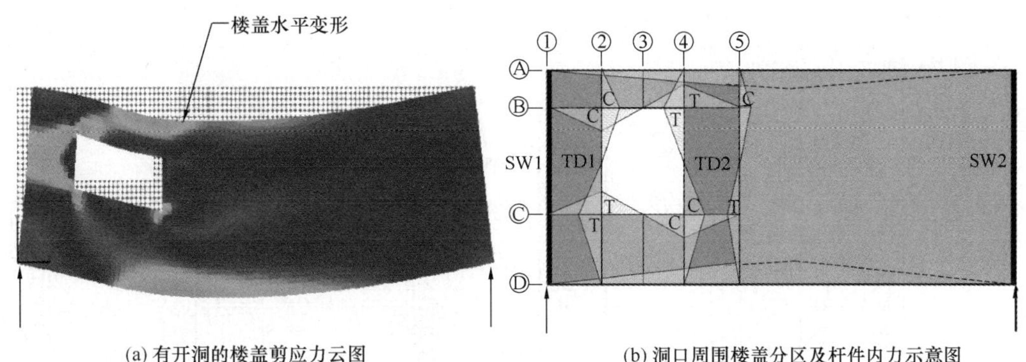

(a) 有开洞的楼盖剪应力云图　　(b) 洞口周围楼盖分区及杆件内力示意图

图 5.3-12　洞口周边杆件内力

目前，有三种简化的设计方法来分析洞口周围的力传递：拖拽杆法（drag strut analogy）、悬臂梁法（cantilever beam analogy）和空腹桁架法（Vierendeel truss analogy）。Martin（2005）介绍了木剪力墙的拖拽杆法和悬臂梁法。空腹桁架法在《木楼盖设计准则》（ATC7，1981）、《美国 APA 协会第 138 号研究报告（2004）》（Diekmann，1999）和《ICC 设计准则（2009）》中都有介绍。

Faherty（1999）给出了一采用空腹桁架法来计算楼盖开洞的算例，其基本设计流程如下：

（1）楼盖首先按未开洞的情况计算洞口上下方的板块按未开洞的情况，计算得到轴力。

（2）假定有洞口的楼盖受力性能与空腹桁架类似，假定杆件的反弯点在洞口宽度中点处（4 轴），将洞口上下的楼盖分为Ⅰ、Ⅱ、Ⅲ和Ⅳ区域，再假定，楼盖抗剪刚度与楼盖跨度成正比，根据力平衡，得到杆件内力（图 5.3-13）。

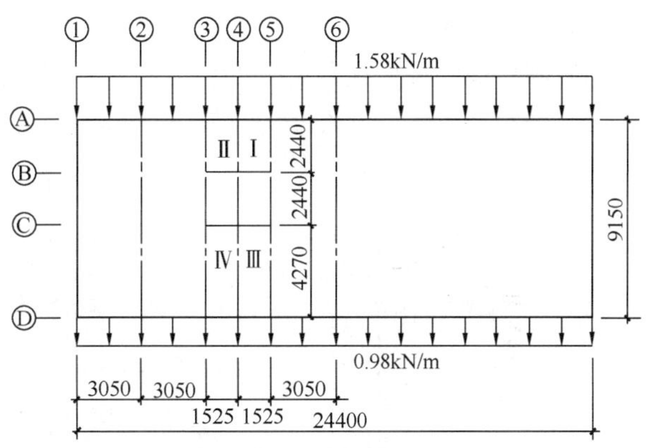

图 5.3-13　楼盖开洞简化设计法示意图（尺寸单位：mm）

（3）计算洞口周围杆件的内力变化值［表 5.3-15、图 5.3-14（a）］

洞口周围杆件内力变化　　**表 5.3-15**

位置		杆件内力（kN）		
X	Y	无洞口	有洞口	变化值
3	A	15.4（压）	13.7（压）	1.7（拉）
	B	0	4.0（压）	4.0（压）
	C	0	2.5（拉）	2.5（拉）
	D	15.4（拉）	15.1（拉）	0.3（压）
5	A	19.3（压）	20.2（压）	0.9（拉）
	B	0	2.5（压）	2.5（压）
	C	0	2.0（拉）	2.0（拉）
	D	19.3（拉）	19.7（拉）	0.4（压）

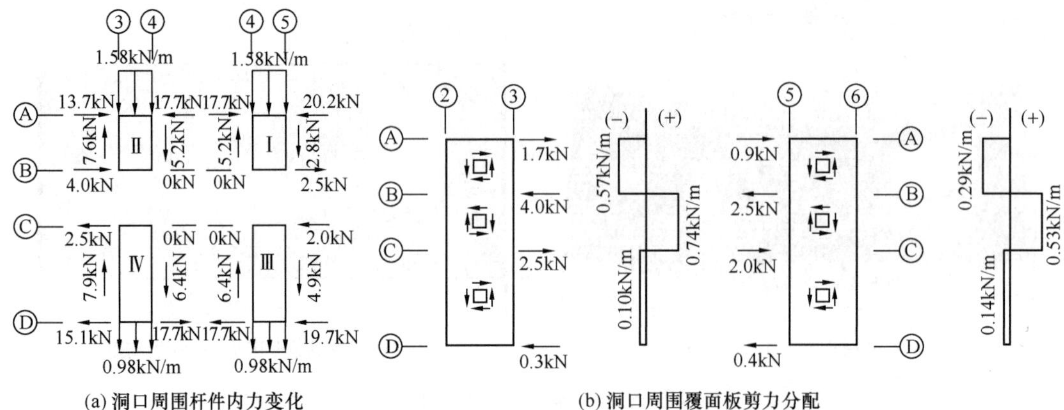

图 5.3-14 洞口周围杆件内力变化和洞口周围覆面板剪力分配

（4）洞口周围杆件的内力变化必须通过紧固件（钢拉条）将其分散到洞口上下的覆面板中，但其影响范围仍需要进一步研究。工程师必须在设计钢拉条时考虑覆面板的抗剪承载力。本方法仅适用于洞口长向边长与楼盖跨度小于等于 1∶3 的情况，本例中，洞口长方向为 3050mm，楼盖跨度为 9150mm，长跨比为 1∶3。洞口周围的覆面板剪力分配如图 5.3-14（b)所示。

（5）洞口周围覆面板分配到的剪力与未开洞时的覆面板剪力叠加。

（6）确定洞口周围杆件轴力（图 5.3-15）。

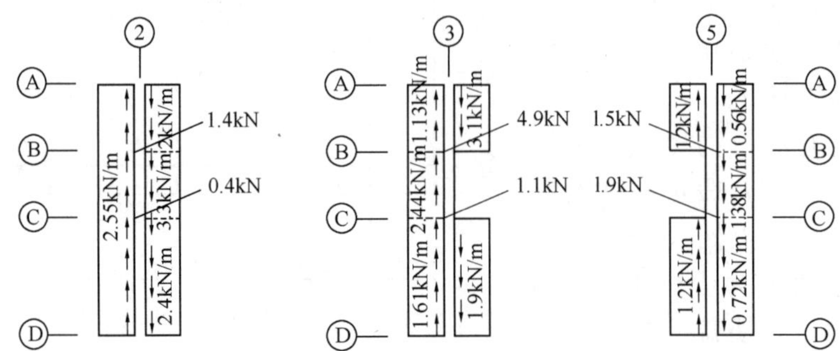

图 5.3-15 洞口周围杆件轴力

尽管空腹桁架法能有效计算带有洞口楼盖的内力，但是这种方法比较烦琐，对于结构工程师来说，最重要的是知道：在何种情况下，才使用空腹桁架法来计算带有洞口的楼盖内力。如果不能满足下面全部四条要求，建议对洞口周边杆件和楼盖，使用空腹桁架法进行计算：

（1）开口进深不大于楼盖进深的 15%；

（2）开口长度不大于楼盖长度的 15%；

（3）洞口距离楼盖边界的最近距离大于开口尺寸的 3 倍；

（4）楼盖边界与洞口之间部分的最大高宽比不大于 4∶1。

当满足上述四条构造要求时，楼盖应按未开洞时剪力的 1.1 倍设计，而洞口周边杆件应按未开洞时，轴力的 1.5 倍设计。对于洞口周围与搁栅平行的封边搁栅，当封头搁栅长度超过 800mm 时，封边搁栅应采用两根；当封头搁栅长度超过 2.0m 时，封边搁栅截面尺寸应由计算确定。对于洞口周围的封头搁栅以及被开洞切断的搁栅，当依靠楼盖搁栅支承时，应选用合适的金属搁栅托架或者采用正确的钉连接。当洞口较大时，洞口四周宜采用金属拉条加强，并适当加密钉间距，如图 5.3-16 所示。

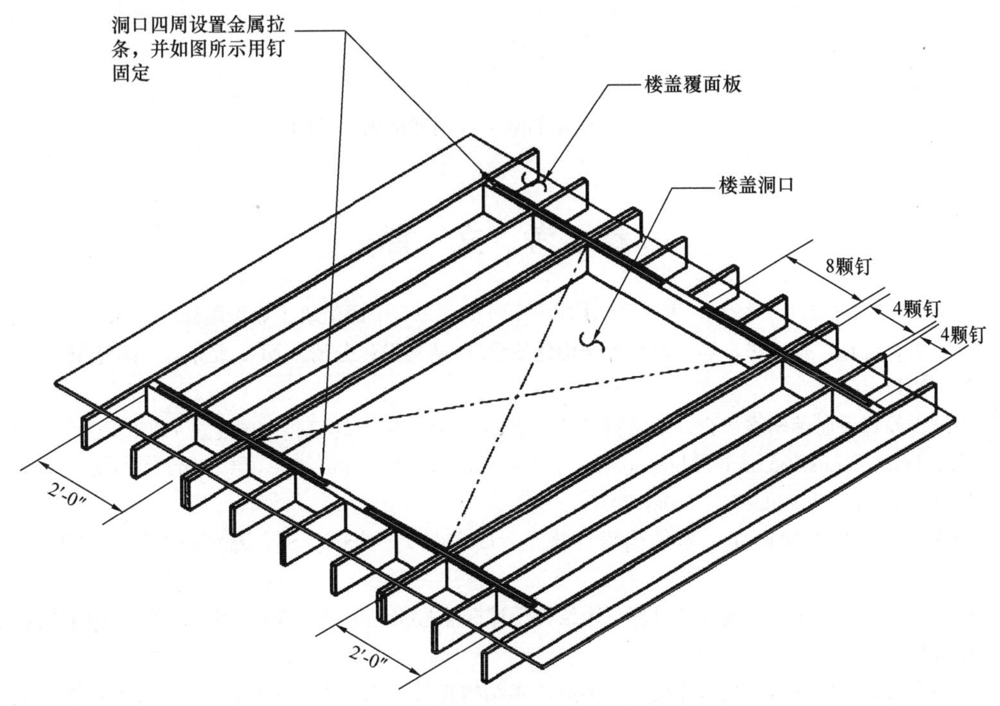

图 5.3-16 楼盖洞口的构造措施

2. 楼（屋）盖刚柔性

轻型木结构的楼（屋）盖根据其平面内刚度可以分为柔性、刚性和半刚性。作为轻型木结构抗侧力体系的重要一部分，楼（屋）盖将水平力（地震作用）传递给木剪力墙，再由剪力墙传向基础。所以在结构设计中，对楼盖刚柔性的判断是非常重要的。

相对于混凝土结构的楼盖，轻型木结构的楼（屋）盖平面内刚度相对较小，接近于柔性，这时通常就会按从属面积进行水平力的分配。当楼（屋）盖上铺有 40～50mm（北美地区通常取 38mm）现浇混凝土层时，其平面内刚度相对较大，就会认为是刚性楼盖，这时水平力就会按抗侧力构件的刚度分配，并考虑扭转效应。

在 FEMA 356 和 ASCE 41-06 中，给出了相应的参考判断准则：

（1）当楼盖的跨中最大水平变形大于竖向构件（木剪力墙）的平均弹性水平位移（层间）的 2 倍时（图 5.3-17），为柔性楼盖；

（2）当楼盖的跨中最大水平变形小于竖向构件（木剪力墙）的平均弹性水平位移（层间）的 2 倍时，则为刚性楼盖。

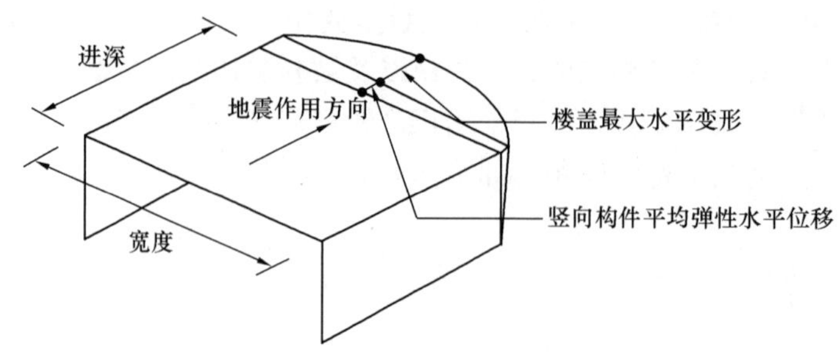

图 5.3-17　楼盖的刚柔性判断准则示意图

参 考 文 献

[1] 何敏娟，FRANK L，杨军，等．木结构设计[M]．北京：中国建筑工业出版社，2008.

[2] 高承勇，倪春，张家华，等．轻型木结构建筑设计(结构设计分册)[M]．北京：中国建筑工业出版社，2011.

[3] 木结构设计手册编辑委员会．木结构设计手册(第三版)[M]．北京：中国建筑工业出版社，2005.

[4] Canadian commission on building and fire codes. National building code of Canada 2015[S]. Ottawa：National research council Canada，2015.

[5] 中华人民共和国建设部．木结构设计规范：GB 50005—2003 [S]．北京：中国建筑工业出版社，2006.

[6] 中华人民共和国住房和城乡建设部．木结构设计标准：GB 50005—2017 [S]．北京：中国建筑工业出版社，2017.

[7] 中华人民共和国住房和城乡建设部．多高层木结构建筑技术标准：GB/T 51226—2017 [S]．北京：中国建筑工业出版社，2017.

[8] 中华人民共和国公安部．建筑设计防火规范：GB 50016—2014(2018 年版) [S]．北京：中国计划出版社，2014.

[9] Agency F. NEHRP guidelines for the seismic rehabilitation of buildings[M]. Fema，2000.

[10] 加拿大木业协会．施工指南中国轻型木结构房屋建筑(2012 版)[M]．上海：加拿大木业协会，2012.

[11] 上海现代建筑设计(集团)有限公司．轻型木结构建筑技术规程：DG/TJ 08—2059—2009[S]．上海：上海市建筑建材市场管理总站，2009.

[12] 程海江．轻型木结构房屋抗震性能研究[D]．上海：同济大学，2007.

[13] FOSCHI R O. Load-slip characteristics of nails[J]. Wood Science，1974，7(1)：69-74.

[14] HONGYONG M. Behavior of unblocked wood shearwalls[D]. New Brunswick：The University of New Brunswick，2004.

[15] K B. Design models of light-frame wood buildings under lateral loads[J]. Journal of Structural Engineering，2004，130：1263-1271.

[16] LINDT V，Rosowsky D V. Strength-based seismic reliability of wood shear walls designed according to AF&PA/ASCE16[J]. Journal of Structural Engineering，2005，131：1307-1321.

[17] 中国建筑科学研究院有限公司．轻型木结构剪力墙有限元模型[R]．北京：中国建筑科学研究院有限公司，2017.

[18] 中国建筑科学研究院有限公司．多层轻木和混合结构抗震设计指南[R]．北京：中国建筑科学研究

院有限公司，2017.

[19] 周丽娜．高木剪力墙抗侧性能有限元分析[D]. 上海：同济大学，2008.

[20] TISSELL J. Wood structural panel shear walls[R]. Washington：APA Research Report，1994.

[21] NI C，KARACABEYLI E. Effect of blocking in horizontally sheathed shear walls[J]. Wood Design Focus，2002，12(2)：18-24.

[22] 郑维，陆伟东，刘伟庆．板木剪力墙的抗侧力性能试验[J]. 振动与冲击，2016，35(19)：94-100.

[23] VAROGLU E，KARACABEYLI E，STIEMER S. Midply wood shear wall system：concept and performance in static and cyclic testing[J]. Journal of Structural Engineering，2006，132(9)：1417-1425.

[24] 何敏娟，李峰，倪春．轻型木结构房屋动力特性现场实测及研究[J]. 特种结构，2014，31(5)：6-10

[25] 熊海贝，徐硕，卢文胜．轻型木结构房屋基本自振周期试验研究[J]. 同济大学学报(自然科学版)，2008，36(4)：449-452.

[26] 熊海贝，康加华，吕西林．轻型木结构房屋动力特性测试及研究[J]. 同济大学学报(自然科学版)，2011，39(3)：346-352.

[27] NEYLON B，WANG J. NI C. 2013 design example：designing for openings in wood diaphragm [M]，Ottawa：Canadian Wood Council，2013.

[28] NI C，KARACABEYLI E. Capacity of shear wall segments without hold-downs[J]. Wood Design Focus，2002，12(2)：10-17.

[29] NI C，MARJAN P. Mid-rise wood-frame construction handbook[M]. Vancouver：FPInnovations，2015.

第 6 章　多高层木结构

6.1　概述

木材作为一种绿色建材，在建筑业中的应用发展逐渐受到重视；同时，随着城市化进程的不断推进，城市人口密度日益增长，土地利用率要求也不断提高。因此，多高层木结构体系的研究与开发已经成为近年国内外木结构研究的一个重要方向。

根据国家标准《多高层木结构建筑技术标准》GB/T 51226—2017 规定：住宅建筑按地面上层数分类时，4～6 层为多层木结构住宅建筑；7～9 层为中高层木结构住宅建筑；大于 9 层的为高层木结构住宅建筑。按高度分类时，建筑高度大于 27 m 的木结构住宅建筑、建筑高度大于 24 m 的非单层木结构公共建筑和其他民用木结构建筑为高层木结构建筑。

6.1.1　发展多高层木结构意义

近年来，随着现代城市化进程的不断推进，城市人口不断增多，占总人口的比例持续上升，城市规模日益扩大。城市的发展给人类带来繁荣的同时，也给人类带来了从未有过的问题和压力，包括人口膨胀以及因此引发的环境污染、就业困难等城市病。就建筑业而言，发展多高层木结构是解决这一问题的有效途径之一：①木材资源再生，从材料加工到工程建设、使用、拆除，耗能最少，且产生各类污染最少，因此木结构只要合理设计、建造，是一种最为绿色、低碳、可持续发展的建筑。将木材用于多高层木结构，使可再生木材资源得到更多应用。②为了满足人口增长所带来的土地利用率的要求，木结构需要实现从低密度向高密度、从低层到多高层的转变，以适应现代化的发展。大量研究与国外的工程实践表明，木结构可建成多高层建筑。③木结构装配化程度高的特点也使多高层木结构的发展更具优势。换言之，木结构模块化装配形式在多高层木结构建设中能更好地体现其特点。

发达国家在城市化进程上经历了长足的发展，而我们国家则提出了结合自身国情的新型城镇化道路，即不是单一的强调“紧凑城市”，而是同时发展“聪明城市”“生态城市(低碳城市)”“智慧城市”“健康城市”，强调的是提升城市化的质量。其核心是中国今后的城市化既要注重提升城市化的比率，更要注重提升城市化的质量。为了顺应时代的发展，为了实现城市可持续发展的根本诉求，发展多高层木结构、促进绿色垂直城市的建设将是推动中国新型城镇化的一个有效手段。

6.1.2　发展状况

随着多高层木结构研究进展的不断推进，世界各国不断地进行着工程实践。相比于中国，近年来，欧洲、北美以及加拿大等地区在多高层木结构的发展上具有相对领先的地位，这与这些地区长久以来森林资源的可持续发展有着不可分割的联系——森林资源的可持续发展为现代多高层木结构发展及建筑材料方面提供了基础。除此之外，层板胶合木、正交胶合木等工程木材料的应用和木结构设计理念的不断更新也促进了这些地区多高层木结构的发展。其中最有影响力的高层木结构建筑当属建于英国伦敦的 Stadthaus 公寓。在此高层木结构的示范和引领下，世界各国多高层木结构建设不断向前发展。2012 年在墨尔本建成了一幢名为“Forte”的 10 层 CLT 结构建筑，是澳大利亚第一个高层木结构建筑，该建筑首层为用于商业活动的混凝土结构，上面 9 层为 CLT 剪力墙结构的住宅；2015 年在挪威卑尔根建成一幢名为“Treet”的 14 层公寓楼；2017 年在加拿大温哥华的 UBC 校园内建成一幢 18 层的学生宿舍，除混凝土核心筒外，其余均为木结构，采用了胶合木柱和 CLT 楼板。

在中国，多高层木结构的历史可追溯到 1000 多年前，如应县木塔、正定天宁寺塔、侗族鼓楼等。目前保留较好的当属位于山西省内建于公元 1056 年的应县木塔，为八角形楼阁式木塔，全部由木材以榫卯连接而成，是世界现存最古老、最高的木塔，与意大利比萨斜塔、巴黎埃菲尔铁塔并称“世界三大奇塔”。该塔外观五层，夹有暗层 4 层，总高 67.13m，底层直径 30m。暗层中使用大量斜撑，加强了木塔结构的整体性。但由于我国在 20 世纪 80 年代时木材采伐殆尽，而当时国家又无足够的外汇储备从国际市场进口木材，以致停止使用木结构，使得木结构的发展在我国停滞了长达 20 多年。目前，我国木结构发展正处于复苏阶段，随着对现代木结构的不断研究和探索，各地逐渐建起了一些木结构或木屋面结构的中小型住宅、场馆、桥梁等，多高层木结构的建设正在多地酝酿与筹划中。

随着多高层木结构在全球范围内的不断示范应用——越来越多的多高层木结构形式被提出，以满足多高层木结构的发展需要；更多更高效的木结构节点的开发，为多高层木结构的发展奠定了基础；抗震、隔震技术的不断发展，为多高层木结构的发展提供了保障。世界各国在多高层木结构的工程实践中不断探索——荷兰的 24 层 HAUT 木结构住宅项目拟于 2019 年完工；法国也提出了拟建 35 层 Baobab 木混合结构项目。

6.1.3　本章主要内容

本章在介绍了多高层木结构发展意义及发展历史的基础上，概述轻型木结构、木框架支撑结构、木框架剪力墙结构、正交胶合木剪力墙结构、上下混合木结构、混凝土核心筒木结构以及木剪力墙-钢框架混合结构的特点和典型案例，重点将介绍木框架支撑结构、正交胶合木剪力墙结构以及木剪力墙-钢框架混合结构的结构体系、设计要点、构造要求和研究进展。

6.2　多高层木结构体系

近年来，多高层木结构被越来越多地应用于工程实践中，主要结构体系及典型工程实例概述如下。当然，随着木结构新技术的发展，新型结构体系层出不穷，结构类型绝不仅限于下述几类。

6.2.1 轻型木结构

轻型木结构是由断面较小的规格材均匀密布连接组成的一种结构形式，它由墙骨柱覆以面板、楼屋面搁栅覆以面板等共同作用，承受竖向和水平荷载，最后将荷载传递到基础上，具有经济、安全、结构布置灵活的特点。传统的轻型木结构多用于三层及三层以下的建筑中，美国、加拿大大部分住宅采用此类轻型木结构，有时也应用于其他的大型工业和民用建筑，如商场、厂房、办公楼等，详见本书第 5 章。

图 6.2-1 轻型木结构住宅项目“Remy”

近几年，轻型木结构在高度上有了一些突破。例如加拿大联邦政府于 2012 年颁布了新的建筑设计标准，允许轻型木结构建到 6 层，之后陆续有多层轻型木结构建筑完成了施工建造并投入使用，“Remy”为加拿大首栋多层轻型木结构建筑，该项目位于加拿大卑诗省列治文市内，共 6 层，如图 6.2-1 所示。

6.2.2 木框架支撑结构

木框架支撑结构采用木梁柱作为主要竖向承重构件，支撑为主要抗侧力构件。木框架-支撑结构是一种地震区较为经济有效的结构类型，它可以较好地协调框架和支撑的受力，具有较大的抗侧刚度和良好的抗震性能。

2013 年建成于瑞士苏黎世的“Tamedia”办公楼共 7 层，占地面积约 1000m^2，使用面积约 8905m^2，采用了玻璃幕墙作为外立面，且主要木构件外露，如图 6.2-2（a）所示。该结构主体部分采用梁柱式木框架体系，部分跨内设有单斜木支撑，以满足抗侧力设计的要求，如图 6.2-2（b）、（c）所示，其主要木构件采用云杉，整个建筑约使用云杉 2000m^3。

(a) 外立面

(b) 内部支撑结构

(c) 施工现场

图 6.2-2 Tamedia 办公楼

6.2.3 木框架剪力墙结构

木框架剪力墙结构的主要竖向承重构件为木梁柱，主要抗侧力构件为剪力墙，其中，剪力墙可采用轻型木剪力墙或正交胶合木剪力墙。

木框架剪力墙结构可以充分发挥剪力墙体系抗侧强度和刚度较高的优势，同时，由于它只在部分位置设置剪力墙，可以保持框架结构空间布置灵活的优势，弥补了纯剪力墙结构开间过小的不足。木框架剪力墙结构既可使建筑物平面布置灵活，又能对结构提供足够的抗侧刚度。根据剪力墙布置位置的不同，当剪力墙集中布置形成筒体时，也可以形成木框架-木核心筒的结构形式，其中核心筒作为主要抗侧力体系，可为结构提供足够的抗侧刚度。核心筒主要用于布置楼梯间或电梯间，承担建筑的人员疏散作用。如位于北英属哥伦比亚大学（University of Northern British Columbia，简称 UNBC）的木材创意设计中心是木框架-木核心筒结构的典型案例，该结构的核心筒采用 CLT 进行建造，木框架采用胶合木进行建造，并采用了 CLT 楼板，如图 6.2-3 所示。该结构于 2014 年完工，共 8 层，总高 29.5m。CLT 核心筒为结构提供主要的抗侧刚度，胶合木框架结构承受竖向荷载并保证整体结构的延性。

(a) 外立面

(b) 施工现场

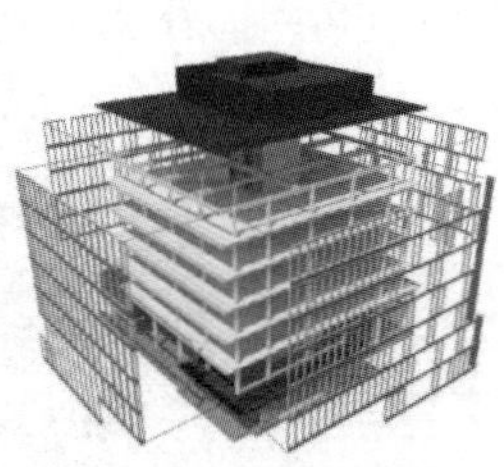
(c) 结构示意

图 6.2-3　木材创意设计中心

6.2.4　正交胶合木剪力墙结构

正交胶合木剪力墙结构的主要抗侧力构件为正交胶合木墙体。正交胶合木剪力墙结构除具有抗侧刚度大的优点外，还具有装配化程度高、耐火性能及保温性能好等优势。在当前劳动力成本急剧上涨、装配化要求提高的建造趋势下，正交胶合木剪力墙结构在多高层木结构的建造中具有一定的应用前景。

Bridport House 是 2011 年在伦敦建成的一栋正交胶合木剪力墙结构住宅建筑，如图 6.2-4所示。该结构最高 8 层（部分结构 5 层），是首个各层均采用正交胶合木剪力墙体系的结构。Bridport House 项目为一个公寓楼重建项目，相比于原建于 20 世纪 50 年代的混凝土公寓，新建的 Bridport House 墙体和楼板均采用正交胶合木进行建造，正交胶合木剪力墙结构自重轻、承载能力好，且具有更大的使用面积。

(a) 外立面

(b) 施工现场

(c) 结构示意

图 6.2-4　“Bridport House” 公寓楼重建项目

6.2.5 上下混合木结构

上下混合木结构是指下部采用钢筋混凝土结构或钢结构、上部采用纯木结构的木混合结构体系。这种结构体系下部采用钢筋混凝土或钢结构，易于满足下层结构大空间或大开洞的建筑要求，可以用作商场或停车场；上部采用多层纯木结构，可以用于办公或住宅。按上部木结构类型的不同，又可分为上部为轻型木结构、木框架支撑结构、木框架剪力墙结构、正交胶合木剪力墙结构等不同类型的上下混合木结构。

1. 轻型木结构-混凝土上下混合结构

图 6.2-5 所示的美国加利福尼亚的一个商住项目，采用了轻型木结构-混凝土混合体系。该结构地下两层停车库采用混凝土结构，地面以上底部为 4 层钢筋混凝土结构，用于商业、零售和公共服务，之上为 4 层轻型木结构住宅，整个建筑面积约为 37400m^2。图 6.2-6为我国已建成的武进低碳小镇一期示范工程，为下部 1 层混凝土结构、上部 3 层轻型木结构的 4 层轻木-混凝土混合结构，建筑总面积为 1646m^2，建筑高度达 18.09m。

图 6.2-5 美国加利福尼亚某商住建筑

图 6.2-6 武进低碳小镇一期示范工程

2. 正交胶合木剪力墙-混凝土上下混合结构

上部结构采用正交胶合木剪力墙结构的上下混合木结构有不少应用案例。Stadthaus 大楼是于 2009 年在伦敦建造的一栋住宅建筑，如图 6.2-7 所示。该结构是一栋 9 层住宅建筑，底层采用钢筋混凝土，上部 8 层采用正交胶合木建造，墙体、核心筒和楼板均采用正交胶合木；竖向、横向荷载传递全部依靠正交胶合木墙体、楼板和核心筒。

(a) 外立面

(b) 内部结构

(c) 结构示意

图 6.2-7 “Stadthaus” 住宅公寓

2012年在墨尔本建成了一幢名为“Forte”的10层正交胶合木剪力墙结构建筑，是澳大利亚第一个将正交胶合木剪力墙用于高层木结构的建筑，如图6.2-8所示。该建筑的底层为商业使用的混凝土结构，上面9层为住宅使用的正交胶合木剪力墙结构。结构中的每块正交胶合木板均利用软件进行了优化设计，木结构自重轻，使基础混凝土用量较少，节约了成本。整个建筑的施工共使用了760块CLT面板，用时仅10个月，相当于每天只需要6个工人将25块面板安装到设计位置。就结构用材而言，该建筑能够减少1400t的碳排放，跟同体量的混凝土或钢结构相比，这样的木结构在保温隔热方面能够节约25%的能耗。

(a) 外立面　　(b) 施工现场

图6.2-8　“Forte”公寓楼

3. 木框架剪力墙-混凝土上下混合结构

2016年建成于加拿大蒙特利尔名为“Arbora”的结构采用CLT和胶合木构件作为结构构件，如图6.2-9所示。该结构共8层，施工过程清洁高效，上部木结构位于一层混凝土结构上。相比于轻木剪力墙，该结构所采用的CLT剪力墙在抗火性能上具有一定优势。

(a) 建筑效果　　(b) 施工现场

图6.2-9　“Arbora”大楼

6.2.6　混凝土核心筒木结构

混凝土核心筒木结构是指主要抗侧力构件采用混凝土核心筒，其余承重构件采用木框架、木框架支撑或正交胶合木剪力墙的结构体系。这种结构体系可以充分利用混凝土核心筒体系抗侧刚度和承载力较高的特点，弥补木结构相对抗侧刚度小、变形大的缺点。混凝土核心筒可以布置楼梯、电梯，同时起到防火、安全疏散的作用，而木框架空间布置灵活，适用于大多数民用和商业建筑。

位于加拿大温哥华的英属哥伦比亚大学的 Brock Commons 学生公寓是混凝土核心筒木结构的典型建筑，如图 6.2-10 所示。该学生公寓共 18 层，拥有 404 间学生宿舍，是目前世界已建成的最高木结构建筑。该结构共设置了两个混凝土核心筒作为结构的主要水平抗侧体系，混凝土核心筒同时用作楼梯、电梯和管道井，木结构采用胶合木柱和正交胶合木楼板，并利用 3～4 层石膏板对木结构进行完全包覆以满足防火要求。

(a) 外立面

(b) 施工现场

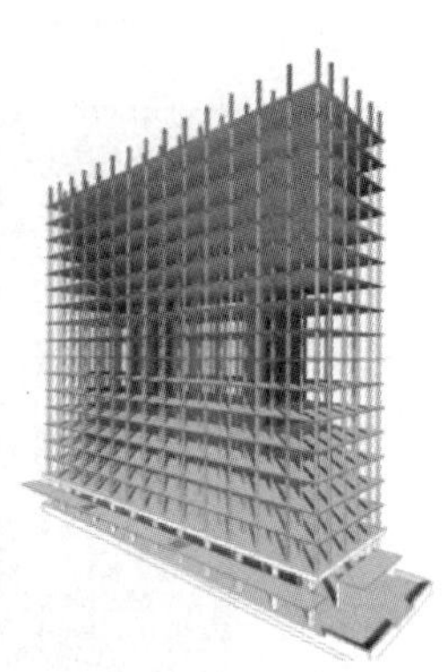
(c) 结构示意

图 6.2-10 “Brock Commons”学生公寓

6.2.7 木剪力墙-钢框架混合结构

木剪力墙-钢框架混合结构的主要竖向承重构件为钢框架，水平力由钢框架和木剪力墙共同承担，其中，木剪力墙常采用轻型木结构墙体，如图 6.2-11 所示。木剪力墙-钢框架混合结构拓展了木结构的应用范围，有效地避免了支撑等抗侧力构件对建筑布置的影响，具有一定的应用前景，可以用于建造多层乃至小高层的房屋。该结构可以充分发挥钢材、木材各自的优势：①钢材具有较高的抗拉和抗压强度以及较好的塑性和韧性，且结构自重轻，使木剪力墙-钢框架混合结构受到的地震作用较小，抗震性能较好。②木材自然生长，具有天然环保之属性，是绿色建筑的首选建筑材料，钢材轻质高强，且资源可重复利用。除此之外，木剪力墙-钢框架混合结构的施工过程湿作业少，可实现绿色施工，具有节能环保的特点。③木剪力墙-钢框架混合结构的钢构件为工厂制作，具备成批大量生产和成品精度高等特点，且其单个木构件尺寸小、重量轻，为工厂化生产后运输到现场提供了可能。因此木剪力墙-钢框架混合结构可以实现工厂提供构件、现场拼装的建筑施工方式，从而提高了生产效率、加快了建设进程。④木剪力墙-钢框架混合结构的墙体和楼屋面包含了大量的规格材及胶合板，只要设计中构件的布置方向适当，各种管线的排放、保温材料的填放都较方便，从而提高了建筑物的通风、保温和

图 6.2-11 钢框架-木混合结构

隔热性能，保证了居住者的舒适度。

6.3　木框架支撑结构

木框架结构是现代木结构的一种重要结构形式，但由于木材横纹受拉强度较低，在侧向力作用下易出现螺栓孔周横向受拉裂缝及劈裂缝，木框架结构节点的抗弯刚度较小、耗能能力不足，从而导致木框架结构的抗侧能力较为有限。因此，纯木框架结构一般较难满足多高层木结构在地震作用或风荷载下的抗侧需求，工程中常在木框架中加入支撑或剪力墙等抗侧力构件，形成木框架剪力墙结构或木框架支撑结构，以提高结构体系的抗侧能力。

其中，木框架支撑结构一般采用间距较大、横截面也较大的梁柱为主要竖向受力构件，支撑作为水平受力构件，具有用料经济、设计灵活、安全可靠等优点，主要用于居住、工业、商业、学校等建筑。

6.3.1　结构体系

多高层木框架支撑结构继承了框架结构的优点，同时也能满足抗侧力的要求，其主要结构形式和整体要求如下：

1. 结构形式

木框架支撑结构通常采用实木（原木或方木）、胶合木（Glulam）或工程木（Engineered Wood Products）等材料制作梁、柱、支撑等主要构件，当构件尺寸满足防火要求时，构件可以外露，使得建筑更加美观生动。中国传统的木框架结构连接主要采用榫卯方式，而现代木框架结构广泛采用金属连接件，使得结构施工更加方便快捷，性能更稳定。

常用的支撑类型如图 6.3-1 所示，包括交叉支撑、单斜支撑、人字撑或 V 形支撑，这些支撑类型具有较大的侧向刚度；近年来隅撑也受到了一定关注，与上述支撑形式相比，隅撑对建筑空间的影响较小，且结构也有较好的延性和变形能力，但隅撑的侧向刚度低于前述三种支撑形式的结构。

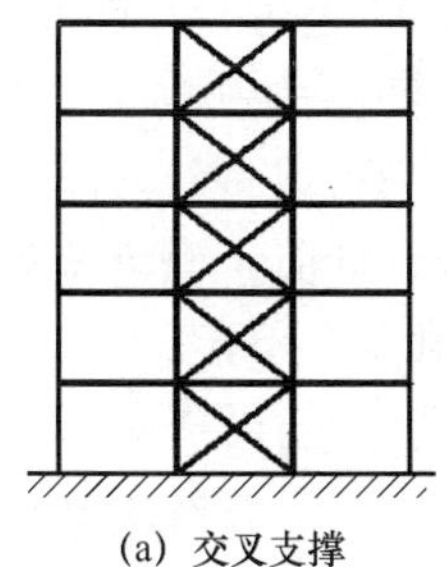
(a) 交叉支撑

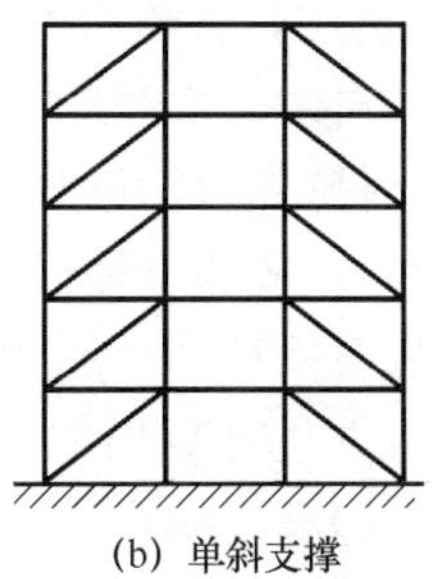
(b) 单斜支撑

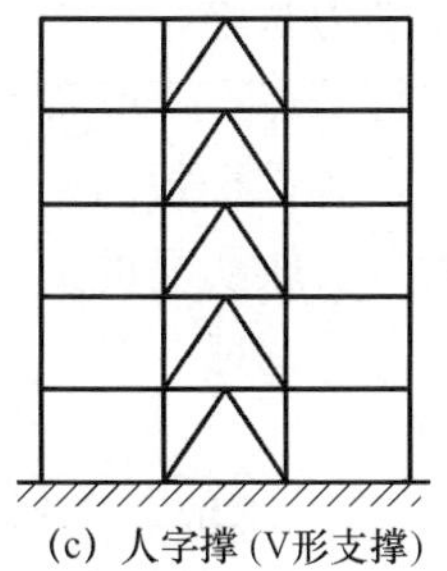
(c) 人字撑(V形支撑)

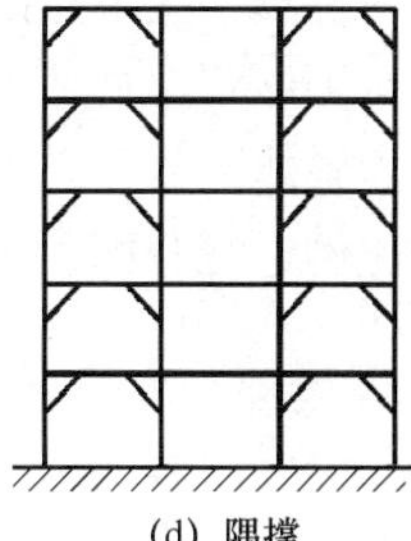
(d) 隅撑

图 6.3-1　常用支撑类型

交叉支撑侧向刚度大，但中间交叉时的连接工艺较为复杂，构件制作安装有一定难度。

单斜支撑构造简洁，节点设计也相对简单；但由于杆身过长，通常需要设计较大的截面；而杆身斜贯于框架平面中部，不利于墙体的设计；此外，当使用单斜支撑时，应避免形成受拉单斜杆体系，在同一面框架内必须设置方向相反的另一榀斜撑。

人字撑具有较高的侧向刚度，杆身长度适中，同时杆身不占据框架平面内的中心位置，因此若布置得当，支撑所在的平面内也可以开设门窗洞口，有利于建筑布置。

2. 结构整体要求

木框架支撑结构设计时需要考虑因含水率变化引起的构件尺寸变化。

进行抗震设计时，木框架支撑体系应设计成双向抗侧力体系，在建筑的两个方向均应布置支撑，且支撑的布置尽可能对称；支撑的竖向布置也应连续，以避免引起竖向刚度突变。此外，木框架支撑体系应设计成抗震双重体系，将框架部分设计成第二道防线。

木框架支撑体系不宜采用单跨或局部单跨框架结构。建筑平面布置宜规则、对称，并应具有良好的整体性，为了使结构具有良好的抗震性能，整体结构的高宽比在抗震设防烈度为 6 度、7 度、8 度、9 度时，应分别不大于 4、4、3、2。木框架支撑结构适用的总层数和总高度应符合表 6.3-1的规定。甲类建筑应按本地区抗震设防烈度提高 1 度后符合表 6.3-1的规定，抗震设防烈度为 9 度时应进行专门研究。

木框架支撑结构建筑适用总层数和总高度 **表 6.3-1**

6 度		7 度		8 度				9 度	
				0.20g		0.30g			
高度（m）	层数	高度（m）	层数	高度（m）	层数	高度（m）	层数	高度（m）	层数
20	6	17	5	15	5	13	4	10	3

6.3.2 设计要点

木框架支撑结构的传力应简洁明确：楼面、屋面荷载通过梁传递到柱，再通过柱传递到基础；木框架中梁柱节点刚度较小，纯框架不足以承担结构整体的侧向力。因此，在木框架支撑结构体系中，框架主要承担结构竖向荷载，支撑主要承担结构的水平荷载。

对于体型简单、结构布置规则的多高层木框架支撑结构，在竖向荷载、风荷载以及多遇地震作用下，结构的内力和变形可采用弹性分析方法，采用的分析模型应能准确反映结构构件和连接节点的实际受力状态，由于弹性分析时，各构件在节点处的相对转动较小，通常可假定梁柱节点、柱脚节点、支撑节点均为铰接，梁、柱、支撑杆件保持弹性。当楼板内整体刚度可以保证时，假设楼板为刚性，此时抗侧力构件分配的剪力可以按等效刚度的比例进行分配；当楼板具有较明显的面内变形时，应假设楼板为柔性，此时抗侧力构件分配的剪力应按从属面积产生的侧向荷载进行分配。

按照弹性分析方法计算出梁、柱、支撑的内力后，再根据《木结构设计标准》GB 50005—2017 和《胶合木结构技术规范》GB/T 50708—2012 的有关规定进行木构件以及节点的设计。

罕遇地震工况下，应对结构进行弹塑性分析，一般杆件仍可以采用弹性假定，但梁柱节点应采用能反映节点实际变形的 M-θ 曲线，普通钢插板螺栓节点的 M-θ 曲线如图 6.3-2所示。

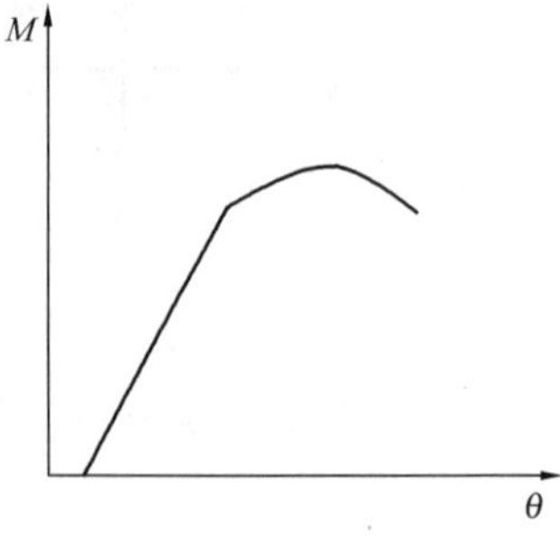

图 6.3-2　普通钢插板螺栓节点 M-θ 曲线

对结构进行弹塑性分析时，可通过试验或者有限元分析等方法确定节点的 M-θ 曲线，利用有限元分析软件对结构进行静力非线性分析、动力非线性时程分析，根据结构的最大层间位移角、顶点位移、构件内力等参数对结构的性能进行评估。

6.3.3 构造要求

在设计与施工过程中，除满足上述设计要求外，木框架支撑结构仍需满足以下所列的构造要求。

1. 梁与柱

木框架支撑结构的梁柱构造要求与框架结构类似，梁柱的间距应符合一定的建筑模数，平面及高度上的结构布置尽可能满足简单、规则、对称的原则。

2. 支撑

木框架支撑结构的支撑不宜采用出现受拉工况的单斜杆体系。支撑轴线宜与框架梁柱轴线在同一个平面内。

支撑构件宜采用双轴对称截面，除要进行强度验算以外，长细比也应符合规范的规定。对于抗震设防烈度为 9 度的框架支撑结构，可以采用带有耗能装置的支撑体系，此时支撑构件的承载力应为耗能装置滑动或屈服时承载力的 1.5 倍。

结构计算时，支撑两端宜按铰接计算，当实际构造为刚接时，也可按刚接计算。

3. 填充墙与隔墙

木框架支撑结构的填充墙及隔墙宜采用轻质墙体。当采用刚性、质量较重的填充墙时，其布置应避免上、下层刚度变化过大，并应减少因抗侧刚度偏心所造成的扭转；填充墙与梁柱连接时，应保证自身稳定性要求，外墙应考虑风荷载作用。

填充墙对结构刚度有一定贡献，当填充墙为木骨架墙体或外挂墙板时，结构的自振周期折减系数可取 0.9～1.0。

4. 连接技术

多高层木框架支撑结构的关键连接包括梁柱连接、柱接长连接以及柱脚连接、支撑的连接等，各节点示意图如图 6.3-3 所示。

(1) 梁柱连接节点

梁柱节点应确保梁端剪力有效地传递到柱，对于普通钢插板螺栓节点，为了确保顺利安装，梁、柱上的螺栓孔径应比螺栓直径至少大 1mm，由于此空隙的存在使梁柱在较小的相对转动下不受约束，因此在进行弹性分析时，常假定梁柱节点为铰接。

常用的梁柱连接节点形式包括钢插板连接与钢夹板连接，其中工程中以钢插板连接为主，这是由于钢插板连接将钢板嵌入木构件，外观美观且有利于防火的处理；而钢夹板连接使钢板外露，不利于节

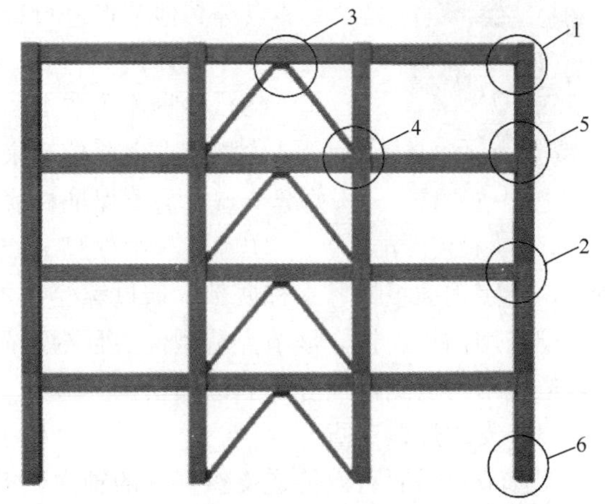

图 6.3-3 木框架结构典型连接示意图

1—柱端梁柱节点；2—柱身梁柱节点；3—支撑与梁的节点；4—支撑与柱的节点；5—柱接长节点；6—柱脚节点

点处的防火。

实际工程中，柱常需要与两个方向的梁同时连接，对于柱端和柱身处的梁柱连接，形式略有不同。

柱端连接常用十字板节点［图 6.3-4（a)］，构件预制时在柱端开十字槽口和两个方向的螺栓孔；施工过程中，先将十字钢板插入柱端的槽口，再用螺栓固定，四周横梁再依次与钢板固定。

柱身连接常用钢插板与钢贴板相结合的形式［图 6.3-4（b)］，预制时在柱中开一个方向的贯通槽口，另一方向开螺栓孔；施工过程中，先将钢插板插入柱中槽口，再将两侧钢贴板紧贴柱身，用螺栓同时固定钢插板和钢贴板，最后依次将四周横梁与钢板连接。

(a) 柱端梁柱十字板连接

(b) 柱身梁柱连接

图 6.3-4　梁柱连接

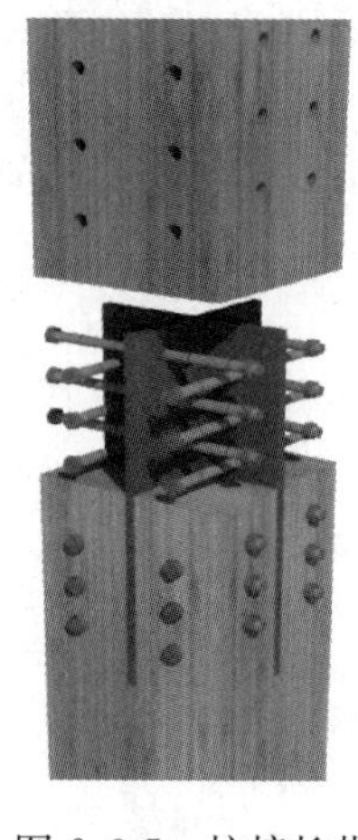
图 6.3-5　柱接长节点

（2）柱接长节点

多高层木框架结构高度较高，单根柱构件常无法满足长度要求，因此柱接长节点也是一类重要的节点。在弹性状态下，这类节点需要可靠传递来自上部柱的轴力和剪力。常用的柱接长节点为十字板节点（图 6.3-5），这种节点传力可靠且美观大方；另一方面，柱接长的位置常位于楼层平面，这就要求接长节点和梁柱节点、支撑节点等其他节点进行统一设计，十字板节点的灵活性和简洁性有利于统一设计。

（3）柱脚连接节点

柱脚节点主要传递来自上部的轴力和剪力，是连接柱和基础的关键节点，需要保证柱底与基础的紧密连接。

实际工程中柱脚节点常采用十字钢插板螺栓连接，如图 6.3-6 所示，十字钢插板插入木柱底部，通过螺栓与木柱连接，同时十字钢插板底部焊接端板，与基础采用锚栓连接。该节点造型优美且构造简单，但需要注意木柱与基础接触部位的防护，避免木材遭到碰撞等引起的损伤。

（4）支撑连接节点

支撑节点需要有效传递支撑杆件的轴力，实际应用中常设计为单铰的形式。支撑节点可分为支撑与横梁的节点、支撑与柱的节点两类。

支撑与横梁的节点如图 6.3-7（a）所示，在设计节点时应使两根支撑杆与横梁的轴线交于一点。预制时在横梁中部竖向开贯通槽口，两支撑杆端开槽口；施工过程中将节点板

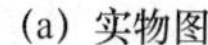
(a) 实物图

(b) 示意图

图 6.3-6　十字钢插板螺栓连接柱脚

插入横梁槽口并用螺栓固定，将支撑连接板用螺栓固定于支撑槽口中，最后用大螺栓连接横梁节点板和支撑连接板，形成单铰连接。

支撑与柱的节点如图 6.3-7（b）所以，设计时应使支撑、梁、柱三者的轴线交于同一点。

(a) 支撑与横梁节点

(b) 支撑与柱节点

图 6.3-7　支撑节点

6.4　正交胶合木剪力墙结构

CLT 剪力墙结构一般以 CLT 墙板、楼板及屋面板为主要受力构件的一种结构形式。

6.4.1　结构体系

在 CLT 剪力墙结构中，CLT 墙板与基础及楼板间一般通过抗拔件、角钢连接件连接，墙板与墙板间通过自攻钉等紧固件沿竖向拼接。此外，也可将 CLT 剪力墙结构直接锚固于若干层混凝土结构之上形成上下组合的木结构体系，或将其与钢筋混凝土结构、钢结构等混合承重，形成混合木结构体系。

理论研究和工程实践表明，由于 CLT 板由规格材正交组胚而成，其层板与层板间正交粘结的生产工艺使 CLT 板在平面正交方向的力学特性趋于接近，有效弥补了木材普遍具有的顺纹和横纹间力学性能差异大的缺陷，且 CLT 双向力学性能较好，平面内强度和平面外强度均较高，可用作墙板和楼板；当作为墙板使用时，CLT 表现出很高的刚度，适用于多高层木结构建筑。

CLT 剪力墙结构常见的施工方法包括平台施工法和连续施工法两种，如图 6.4-1 所示。其中，平台施工法指每一层的楼盖作为上一层结构的施工平台的施工方法，如图 6.4-1（a)所示。由于此种方法上层建筑建造简单、传力路径明确，在实际工程中使用较多。对于平台式 CLT 结构，CLT 剪力墙在楼盖处是不连续的。CLT 板最外层层板的木纹方向为其主强度方向，对于 CLT 墙板，其主强度方向宜与竖向荷载同向，布置 CLT 楼板时，应使楼板的主强度方向承受楼板的弯矩。连续施工法是指在 CLT 墙体和 CLT 楼板连接处，CLT 墙体连续而楼板不连续的施工方法，如图 6.4-1（b）所示。此种施工方法可以减少连接处 CLT 横纹承压，因此更适合建造层数较高的 CLT 剪力墙结构。

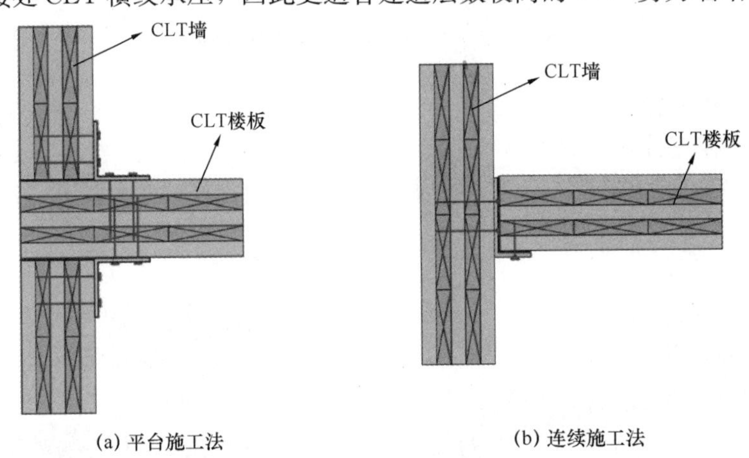

(a) 平台施工法　　(b) 连续施工法

图 6.4-1　CLT 剪力墙结构施工方法

6.4.2　设计要点

1. 结构整体计算分析

（1）竖向荷载下结构分析

结构设计时，楼面活荷载、屋面活荷载及屋面雪荷载等应按现行国家标准《建筑结构荷载规范》GB 50009—2012 的规定采用。计算构件内力时，楼面及屋面活荷载可取为各跨满载，楼面活荷载大于 4kN/m^{2}时，宜考虑楼面活荷载的不利布置。竖向荷载下，楼板和墙板交错形成连续的竖向传力体系。

对于高层建筑，P-Δ 效应的影响至关重要，因此在设计时应考虑 P-Δ 效应，高层建筑的整体稳定性验算应按《多高层木结构建筑技术标准》GB/T 51226—2017 规定进行：当结构在地震作用下的重力附加弯矩大于初始弯矩的 10%时，应计入重力二阶效应的影响；当高层建筑结构满足式（6.4-1）的规定时，弹性计算分析时可不考虑重力二阶效应的不利影响。

$$EJ_{\mathrm{d}} \geqslant 2.7H^2 \sum_{i=1}^{n} G_i \tag{6.4-1}$$

式中　EJ_{d}——结构一个主轴方向的弹性等效侧向刚度；可按倒三角形分布荷载作用下结构顶点位移相等的原则，将结构的侧向刚度折算为竖向悬臂受弯构件的等效侧向刚度。

H——房屋高度。

G_i——第 i 楼层重力荷载设计值，取 1.2 倍的永久荷载标准值与 1.4 倍的楼面可变荷载标准值的组合值。

n——结构计算总层数。

（2）水平荷载作用下结构分析

CLT 结构体系所受水平荷载主要包括风荷载及地震作用。风荷载下，传力路径为：水平风荷载经迎风面的外墙面后传递至与外墙面相连的楼板，再传递至与楼板相连的结构抗侧力体系—CLT 剪力墙，最后传至结构的基础。风荷载下楼层水平剪力的分配原则为：若按柔性楼板假定，单面剪力墙所受的剪力按该面墙体的从属迎风面积进行分配；若按刚性楼板假定，单面剪力墙所受的剪力按其侧移刚度进行分配。当前，尽管关于 CLT 结构体系抗风性能的研究比较有限，抗风性能将是未来针对 CLT 结构体系研究的热点之一。地震作用下的 CLT 结构整体分析计算见本书第 10 章。

进行结构体系内力及位移计算时，可假定楼板在其自身平面内为无限刚性，设计时应采取相应的措施保证楼板平面内的整体刚度。当楼板可能产生较明显的面内变形时，计算时应考虑楼板的面内变形影响或对采用楼板面内无限刚性假定计算方法的计算结果进行适当调整。

2. 构件计算

CLT 作为楼（屋）面和墙体构件，其计算主要包括平面外的抗弯、抗剪承载能力、挠度计算，CLT 板的抗滚剪强度验算以及板面内抗压承载力计算。此外，由于 CLT 板面内整体刚度较大，其面内承载力往往由连接决定，具体内容将在连接技术和 CLT 剪力墙研究这两节介绍。

（1）CLT 构件抗弯承载力

CLT 楼屋面在垂直于板件平面的恒、活荷载作用下，需进行抗弯承载力验算，当楼屋面的跨度大于其截面高度 h 的 10 倍时，其抗弯强度设计值可按式（6.4-2）～式(6.4-4)计算。

$$M=\frac{2k_{\mathrm{c}}f_{\mathrm{m}}B_{\mathrm{e}}}{E_{l}h} \tag{6.4-2}$$

$$k_{\mathrm{c}}=1+0.025n \tag{6.4-3}$$

$$B_{\mathrm{e}}=\sum_{i=1}^{n}E_{i}b_{i}\frac{h_{i}^{3}}{12}+\sum_{i=1}^{n}E_{i}A_{i}z_{i} \tag{6.4-4}$$

式中　f_{m}——构件最外层板抗弯强度设计值（$\mathrm{N/mm^2}$），可按照《木结构设计标准》GB 50005—2017 的第 4 章和附录 D 中规定的木材强度设计值采用，或由材料生产商提供。

n——参加刚度计算的顺纹层板总数；构件横纹层板不参加刚度计算。

E_l——构件最外层板的弹性模量（$\mathrm{N/mm^2}$），可按照《木结构设计标准》GB 50005—2017 的第 4 章和附录 D 中规定的木材强度设计值采用，或由材料生产商提供。

E_i——构件顺纹层板的弹性模量（N/mm²），可按照《木结构设计标准》GB 50005—2017 的第 4 章和附录 D 中规定的木材强度设计值采用，或由材料生产商提供。

k_c——构件最外层顺纹层板抗弯强度组合系数，且 $k_c \leqslant 1.2$。

N——构件最外层顺纹层板并排配置的板材数量。

B_e——构件截面有效抗弯刚度。

b_i——参加刚度计算的第 i 层顺纹层板的宽度（mm）。

h_i——参加计算的第 i 层顺纹层板的截面高度（mm）。

h——构件的截面总高度（mm）。

z_i——参加计算的第 i 层顺纹层板的中心到构件截面中和轴的距离（图 6.4-2）。

（2）CLT 构件抗剪承载力

CLT 楼屋面在垂直于板件平面的恒、活荷载作用下，除了验算抗弯承载力，抗剪承载力的验算也必不可少，其抗剪强度设计值可按式（6.4-5）和式（6.4-6）计算。

$$V = F'_v (Ib/Q)_{eff} \tag{6.4-5}$$

$$(Ib/Q)_{eff} = \frac{B_e}{\sum_{i=1}^{n/2} E_i h_i z_i} \tag{6.4-6}$$

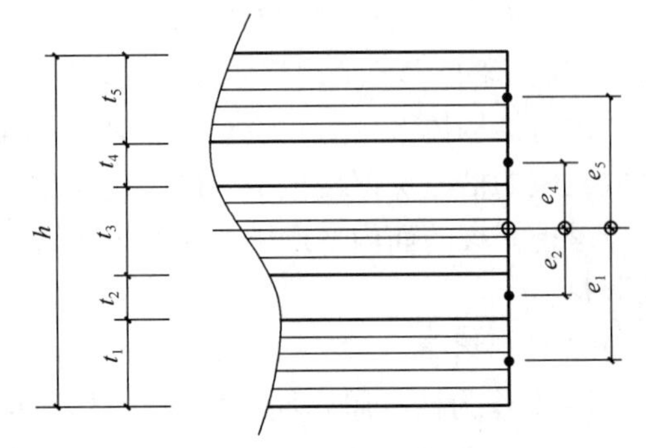

图 6.4-2　截面计算示意图

式中　F'_v——CLT 抗剪强度设计值(N/mm²)；

B_e——构件截面有效抗弯刚度；

E_i——参加计算的第 i 层顺纹层板的弹性模量（N/mm²）；

h_i——参加计算的第 i 层顺纹层板的截面高度（mm），但对于 CLT 最中间一层层板，h_i 取其一半厚度；

z_i——参加计算的第 i 层顺纹层板的中心到构件截面中和轴的距离，但对于 CLT 最中间一层层板，z_i 取其厚度的 1/4。

（3）挠度计算

当 CLT 楼屋面板跨度较大或板件厚度较小时，为了防止楼板挠度过大，需进行相关验算，其中承受均布荷载的 CLT 受弯构件挠度按式（6.4-7）计算。

$$\omega = \frac{5qbl^4}{384B_e} \tag{6.4-7}$$

式中　q——受弯构件单位面积上承受的均布荷载设计值（N/mm²）；

b——构件的截面宽度（mm）；

l——受弯构件计算跨度；

B_e——构件的有效抗弯刚度（N·mm²）。

（4）滚剪承载力

滚剪性能是影响 CLT 设计过程的一个重要力学性能，如图 6.4-3 所示，滚剪变形为剪切应力所引起的锯材在其横切面上所产生的剪切应变。CLT 板的滚剪模量受到木材种类、密度、层板厚度、含水率等多方面的影响，相关研究表明：由于 CLT 板的滚剪强度和刚度远低于 CLT 层板锯材在顺纹方向的抗剪强度和刚度，对于承受面外荷载的 CLT 板受弯构件，其承载力通常由正交层板的滚剪强度所控制。

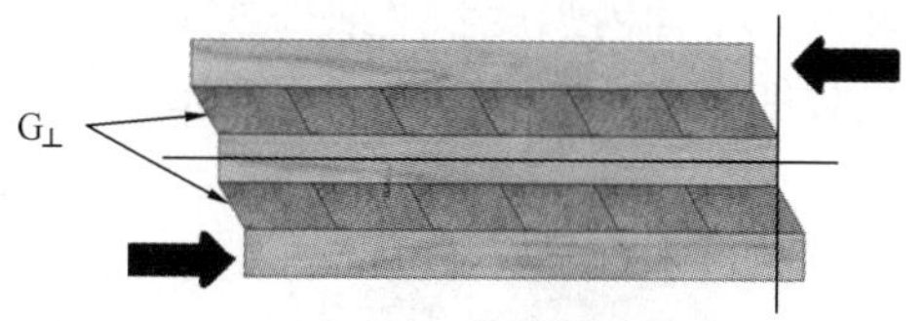

图 6.4-3　CLT 板滚剪示意图

《木结构设计标准》GB 50005—2017 中对 CLT 受弯构件的滚剪强度设计值的规定为：当构件施加的胶合压力不小于 0.3MPa 时，构件截面宽度不小于 4 倍板厚，并且层板上无开槽，滚剪强度设计值应取最外层层板的顺纹抗剪强度设计值的 0.38 倍；当不满足上述规定时，且构件施加的胶合压力大于 0.07MPa 时，滚剪强度设计值应取最外层层板的顺纹抗剪强度设计值的 0.22 倍。滚剪强度将是未来对 CLT 板力学性能研究的一个重要方面。

CLT 受弯构件可按式（6.4-8）～式（6.4-11）验算构件的滚剪承载力。

$$\frac{V \cdot \Delta S}{I_{ef} b} \leqslant f_r \tag{6.4-8}$$

$$\Delta S = \frac{\sum_{i=1}^{n_l/2} E_i b_i h_i z_i}{E_0} \tag{6.4-9}$$

$$I_{ef} = \frac{B_e}{E_0} \tag{6.4-10}$$

$$E_0 = \frac{\sum_{i=1}^{n_l} b_i h_i E_i}{A} \tag{6.4-11}$$

式中　V——受弯构件剪力设计值（N）；

b——构件的截面宽度（mm）；

$n_l/2$——表示仅计算构件截面对称轴以上部分或对称轴以下部分；

A——参加计算的各顺纹层板的截面总面积（mm^2）；

n_l——参加计算的顺纹层板层数；

B_e——构件截面有效抗弯刚度（$N \cdot mm^2$）；

E_0——构件的有效弹性模量（N/mm^2）；

f_r——构件的滚剪强度设计值（N/mm^2）。

（5）抗压承载力

CLT 墙板除了作为剪力墙抗剪外，也需承担竖向荷载。其在竖向荷载作用下的抗压强度设计值可按式（6.4-12）计算。

$$N_p = f'_c A_p \tag{6.4-12}$$

式中　N_p——作用在正交胶合木构件上的竖向压力设计值（N）；

f'_c——木纹方向与荷载作用方向平行的层板顺纹抗压强度设计值（$N \cdot mm^2$）；

A_p——构件木纹方向与荷载作用方向平行的层板截面面积之和（mm^2）。

6.4.3　节点构造要求

由于正交胶合木板材的制作过程可全程数控，具有较高的预制化特点，且双向力学性能较好，平面内强度和平面外强度均较高，因此节点的选择和设计对正交胶合木剪力墙结构的性能影响较为显著，本节着重介绍正交胶合木剪力墙结构节点的构造特点。

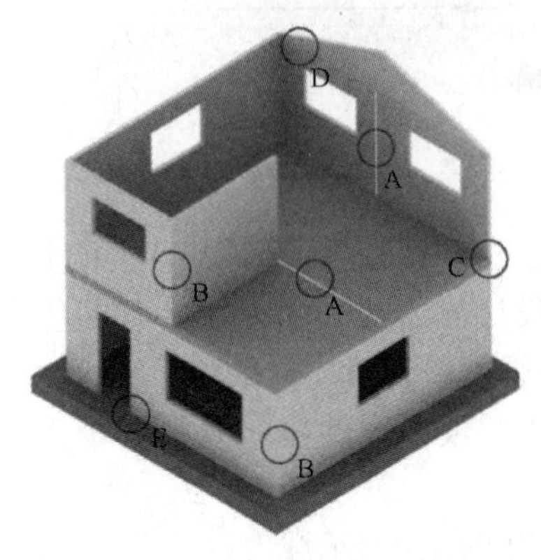

图 6.4-4　CLT 剪力墙结构的典型节点位置

图 6.4-4 为在多层 CLT 建筑中典型节点的所在位置。其中 A 为楼板与楼板或墙板与墙板之间的平接，B 为墙板与墙板之间的垂直连接，C 为墙板与楼板之间的连接，D 为墙板与屋面的连接，E 为墙体与基础之间的连接。本节将基于节点位置类别介绍一些典型的连接节点，当然连接形式多样，在此不可能完全列举。

1. 墙板与基础连接节点

正交胶合木剪力墙结构墙板与基础连接节点主要包括外露式节点、内嵌式节点和内填木块连接节点等几种。

下面以外露式节点为例，说明墙板与基础连接节点的特点。外露式节点主要利用钢连接件、方头螺钉和锚栓等构件将墙板与基础相连。安装时先将保护板垫于墙板和基础接触面上，基础与钢连接件用锚栓相连，墙板与钢连接件用螺钉相连，如图 6.4-5 所示。钢连接件可以为直角形［图 6.4-5（a)］，也可以为平板形［图 6.4-5（b)］；底板可为结构规格材（SCL)。

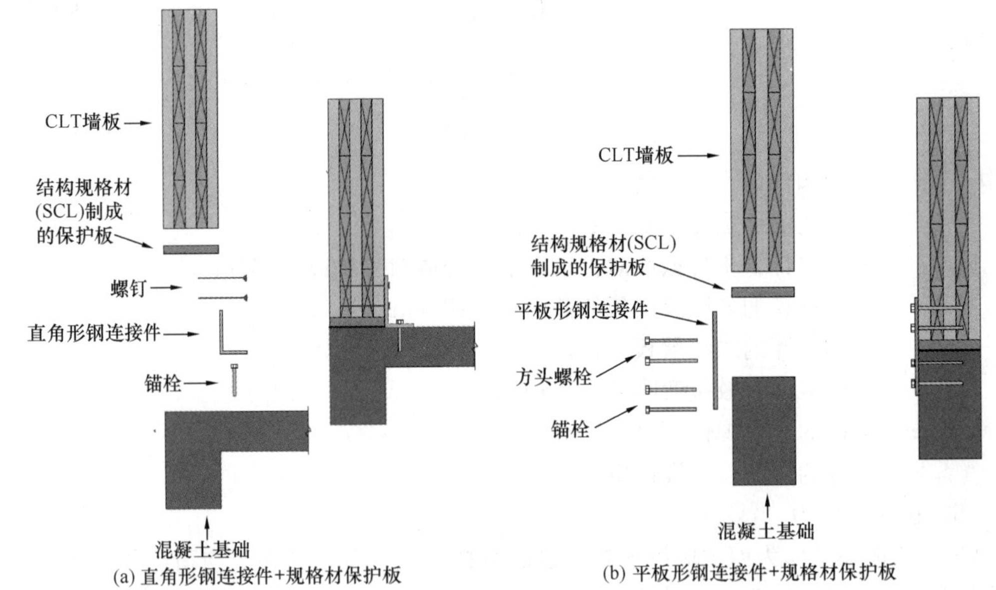

图 6.4-5　墙板与基础的外露式节点

2. 楼板与楼板连接节点

正交胶合木剪力墙结构墙楼板与楼板连接节点主要包括内部搭接节点、单面搭接节点、齿搭接节点等几种。

下面以单道内部搭接节点为例，说明楼板与楼板连接节点的特点。该节点中所采用的搭接条由规格材（SCL)［例如旋切板胶合木（LVL)］、薄 CLT 板、多层夹板制成。拼装时将搭接条插入两块已预留槽口的 CLT 楼板中，然后在搭接区域钉入螺钉并贯穿内部搭接条，如图 6.4-6 和图 6.4-7 所示。这种节点形式的优点在于它能提供较高的抗剪承载力，并且具有较好的抵抗正应力和平面外荷载的能力，但制作精度要求较高。

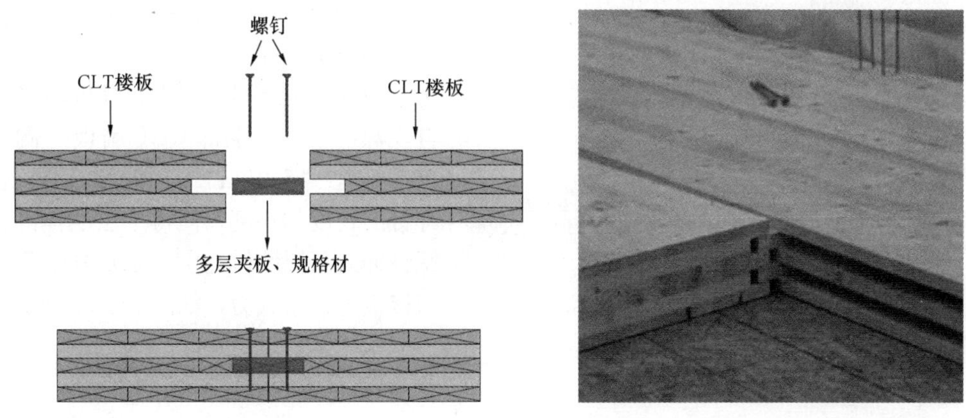

图 6.4-6 单道内部搭接节点示意图

图 6.4-7 两道内部搭接节点示意图

3. 墙板与墙板垂直连接节点

墙板与墙板的水平连接形式和楼板之间的连接形式相似，不再赘述。现着重介绍墙板与墙板的垂直连接形式。

正交胶合木剪力墙结构墙板与墙板垂直连接节点主要包括自攻螺钉连接节点、木块连接节点、直角形钢连接节点和内嵌钢板连接节点等几种形式。

下面以自攻螺钉连接节点为例，说明墙板与墙板垂直连接节点的特点。自攻螺钉连接节点通过在墙板垂直拼接的外表面上，将自攻螺钉垂直与墙板表面或以一定角度钉入墙板以实现其垂直连接，如图 6.4-8 所示。此种连接方式操作方便，因此在实际工程中得到广泛运用。但由于自攻螺钉钉入了 CLT 墙板的端部边缘，特别是 CLT 板的横纹上，使得其受力性能有一定的影响，因此其不适用于在大风和强震荷载下的房屋建筑。

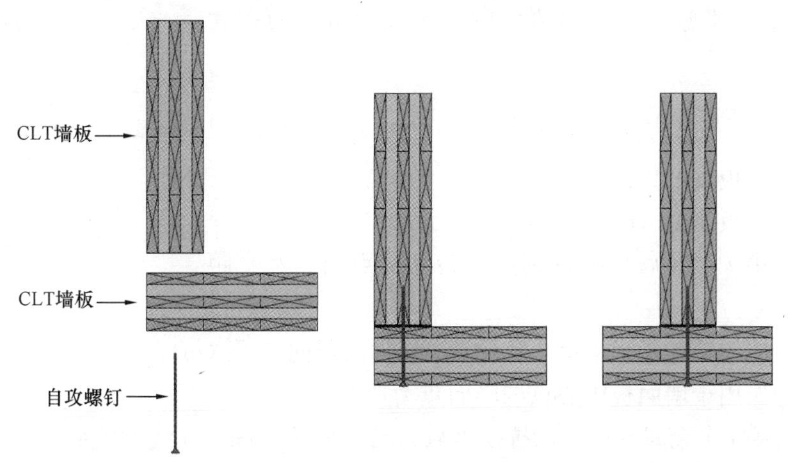

图 6.4-8 墙板与墙板的自攻螺钉连接节点示意图

4. 墙板与楼板连接节点

正交胶合木剪力墙结构墙板与楼板连接节点主要包括自攻螺钉连接节点、直角形钢连

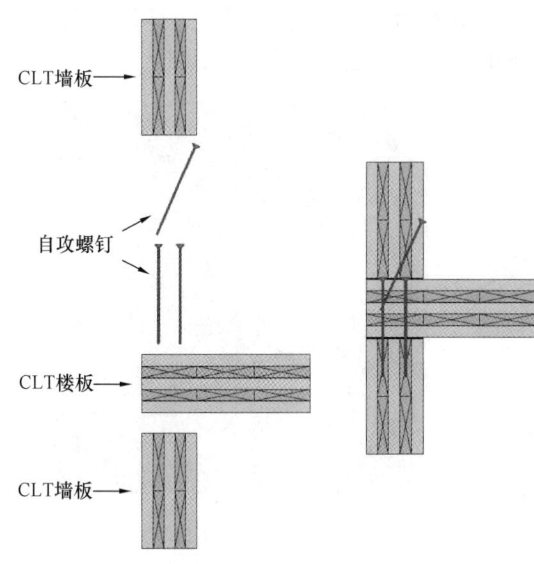

图 6.4-9　墙板与楼板的自攻螺钉连接节点

接节点、内嵌钢板连接节点和支托节点等几种形式。

下面以自攻螺钉连接节点为例，说明墙板与楼板连接节点的特点。在该节点中，CLT 楼板与下部 CLT 墙板用竖直的自攻螺钉相连，上部 CLT 墙板一侧用自攻螺钉呈一定角度钉入。也可以调整自攻螺钉的长度和角度，使得上层墙体的自攻螺钉伸入下层墙体之中，来加强上下墙体与楼板连接承载力，如图 6.4-9所示。

6.4.4　研究进展

CLT 板强度高、刚度大，墙板本身在侧向力作用下基本上保持弹性，墙体的耗能主要来源于墙板之间或墙板与基础或楼板之间的金属连接件的塑性变形。下面将分别介绍 CLT 墙简化模型、CLT 墙抗侧性能影响因素、侧向荷载作用下 CLT 墙体的变形模式、预应力正交胶合木剪力墙研究等几方面内容。

1. CLT 剪力墙简化计算模型

侧向荷载下，CLT 墙的简化计算模型如图 6.4-10所示，该简化计算模型主要基于以下假定：①侧向荷载下，CLT 墙板整体绕墙脚支点刚性转动；②金属连接件可基本消除墙板与基础或楼板间的相对滑移；③墙板转动过程中，塑性变形主要集中于金属连接件。

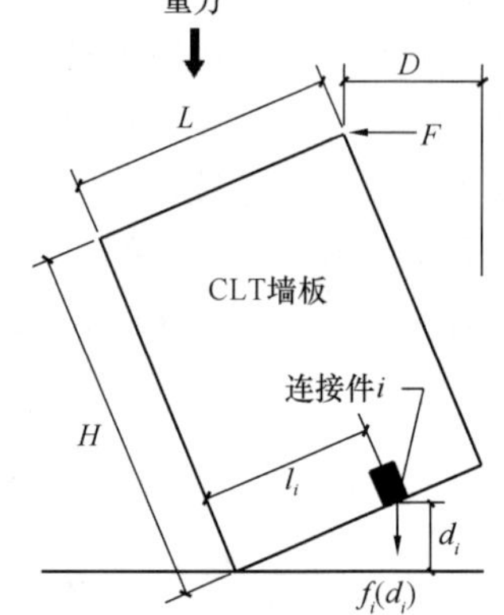

图 6.4-10　正交胶合木墙体简化刚性模型

基于该简化模型，CLT 墙体的侧向承载力可以通过式（6.4-13）估算。

$$F(D)=\sum_{i=1}^{n}\frac{l_i}{H}f_i(d_i)+\frac{L}{2H}G \qquad (6.4\text{-}13)$$

式中　L——墙板宽度（m）；

H——墙板高度（m）；

l_i——第 i 个金属连接件到墙板转动支点间的水平距离（m）；

d_i——墙体转动过程中第 i 个金属连接件的竖向变形（m）；

G——作用于墙面板中心点的竖向重力荷载（N）；

f_i（d_i）——第 i 个金属连接件的抗拉承载力与变形 d_i之间的非线性关系。

试验发现，通过式（6.4-13）估算的剪力墙侧向承载力基本上与试验结果一致。然而，采用式（6.4-13）估算剪力墙承载力时应注意以下两点：①当墙体侧移过大时，金属连接件的竖向抗拉承载力将显著退化，造成估算的墙体抗侧承载力相较于实际值存在较大的误差；②剪力墙的宽度 L 不宜过大，否则将可能导致侧向荷载下墙体以水平滑移变形为主，式（6.4-13）将不再适用。

2. 抗侧性能影响因数

当前针对 CLT 剪力墙抗侧性能影响因素的研究主要聚焦于：墙顶竖向荷载、连接件数量及布置位置、墙面长宽比及墙体门窗孔洞等。

Popovski 等和 Pei 等详细研究了加载制度、墙顶竖向荷载、金属连接件种类等因素对墙体抗侧性能的影响。研究结果表明：①竖向荷载的增大可以有效增大墙体的抗侧刚度，但是只有当竖向荷载大于某个界限值的时候，才会对其水平抗侧承载力产生显著影响；②不同的加载制度对墙体的屈服位移、抗侧刚度及最大承载力影响不明显，但是对墙体的侧向变形能力的评价影响较大；③建议选取钉子和螺钉连接金属连接件，位于墙端的抗拔连接件可以明显提高墙体的抗侧刚度和承载力；④墙板与墙板竖缝处采用拼接节点可降低墙体抗侧刚度，提高墙体的变形能力，从而提高墙体的抗震性能。

Dujic 和 Yasumura 等研究了墙体门窗洞口对剪力墙抗侧性能的影响，研究结果表明：①门窗洞口显著降低 CLT 墙的抗侧刚度；②当门窗洞口面积与墙体面积比小于 30%时，墙体开洞对其极限承载力几乎没有影响；③墙体的破坏模式包括：墙肢底部金属连接件的破坏以及门窗洞口转角处 CLT 板的撕裂破坏。Ceccotti 等在研究了竖向荷载、连接件数量和布置位置等因素对墙体抗侧性能的影响。研究表明：①抗拔件的刚度越大，墙体抗侧承载力也越大，但是侧向变形能力将会降低；②竖向荷载可以显著提高墙体抗侧刚度及极限承载力；③CLT 剪力墙的变形和破坏主要集中于节点区，并且其侧向荷载下的耗能能力由金属连接件决定；④CLT 墙体等效阻尼比较大，耗能性能较好，具有较好的抗震性能。

近些年，有学者开始关注墙板间竖向拼接节点的布置对墙体抗侧性能的影响，并开发了一系列用于墙板间竖向拼接的耗能节点，以提高墙体的耗能能力。

3. 侧向荷载下墙体变形模式

侧向荷载下，无竖缝 CLT 剪力墙和竖向拼接的 CLT 剪力墙的变形可以归纳为如图 6.4-11和图 6.4-12 所示。其中，无竖缝 CLT 剪力墙的变形模式中以转动和滑移为主，剪切和弯曲变形之和所占比例不超过总变形的 3%。无竖缝 CLT 剪力墙的变形模式主要由墙肢底部金属连接件的数量及布置位置决定，而竖向拼接的 CLT 剪力墙的变形模式还同拼缝处连接件的种类及布置有关：当拼缝处连接件的抗剪刚度较大并且布置较密时，被拼接的 CLT 剪力墙可近似视为无竖缝 CLT 剪力墙发生转动，如图 6.4-12（c）所示；当拼缝处连接件的抗剪刚度较小并且布置较稀疏时，在拼接的 CLT 剪力墙中，左右相邻的两块 CLT 板可近似视为两面独立的 CLT 剪力墙各自绕其墙脚支点发生转动，如图 6.4-12（a）所示；当拼缝处连接件的抗剪刚度及布置间距较适中时，侧向荷载下竖向拼接的

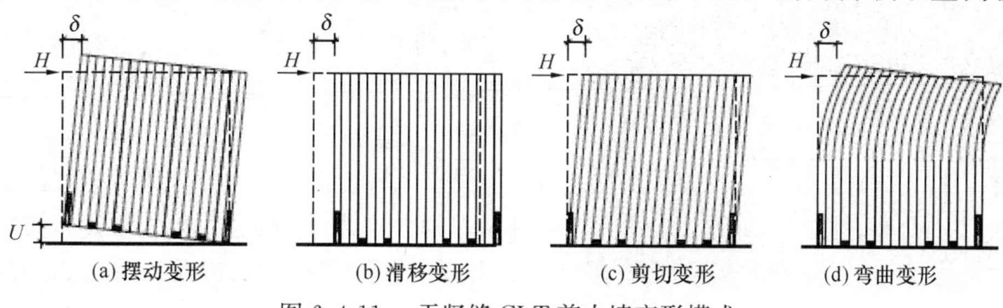

图 6.4-11　无竖缝 CLT 剪力墙变形模式

CLT 剪力墙绕其端部墙脚支点转动，并且拼缝处有一定的相对错动滑移，如图 6.4-12 (b) 所示。

侧向荷载下，转动变形是 CLT 剪力墙较理想的变形模式，因为该变形模式下墙体残余位移角较小，延性较大且具有一定的自恢复特性。此外，连接件设计时应尽量确保其在剪切方向的变形保持在弹性范围以内，从而可以有效减小墙体残余水平位移。

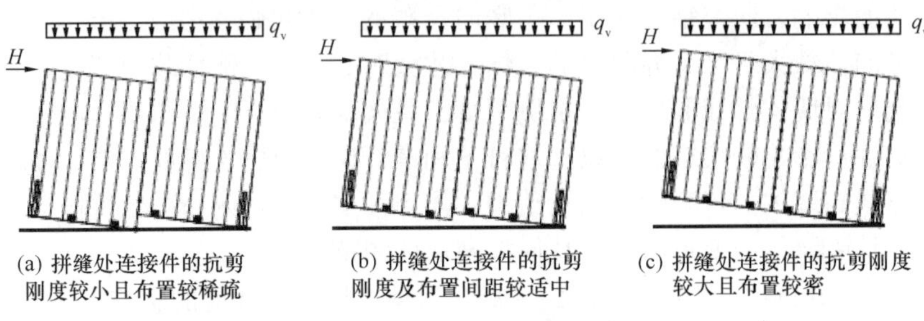

(a) 拼缝处连接件的抗剪刚度较小且布置较稀疏　(b) 拼缝处连接件的抗剪刚度及布置间距较适中　(c) 拼缝处连接件的抗剪刚度较大且布置较密

图 6.4-12　竖向拼接的 CLT 剪力墙变形模式

4. 预应力正交胶合木剪力墙研究

虽然 CLT 墙体抗侧刚度和极限承载力高，但侧向荷载作用下，通过金属连接件拼接的 CLT 剪力墙连接节点处易发生由木材劈裂导致的脆性破坏，如图 6.4-13 所示。即使发生螺钉屈服或被从板材中拔出等破坏模式，剪力墙的抗侧刚度、强度也将迅速退化，而连接区域以外的大部分材料强度远未充分发挥。

(a) 受拉木材顺纹剪切破坏

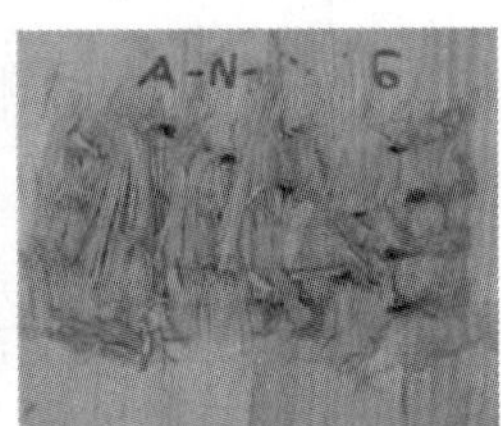

(b) 受剪木材横纹开裂

(c) 受剪木材层与层脱胶

(d) 受剪连接件脆性撕裂

图 6.4-13　CLT 剪力墙节点区脆性破坏

为了改善传统 CLT 剪力墙在侧向荷载下的受力机制以及避免“弱节点，强构件”的破坏模式，近些年开始有学者尝试在普通 CLT 剪力墙中贯穿无粘结预应力筋，从而形成预应力正交胶合木剪力墙体系。当下，有关预应力 CLT 剪力墙的研究并不是很多，Ganey 等测试了四层缩尺预应力 CLT 剪力墙模型，分析了墙体的破坏模式，Akbas 等定义了侧推过程中该四层缩尺预应力 CLT 剪力墙模型的不同受力极限状态，并建立了对应的理论分析模型。Moroder 等试验研究了预应力 CLT 剪力墙核心筒（图 6.4-14）在水平双向拟静力荷载下的抗侧性能。上述有限的研究成果表明：预应力的施加可以显著提高墙体的抗侧刚度、极限承载力，改善

图 6.4-14　预应力正交胶合木剪力墙核心筒

普通正交胶合木剪力墙“弱节点，强构件”的破坏模式；但是由于施加了预应力后墙体的刚度显著提高，并且由于缺乏可以通过塑性变形耗能的金属连接件，从而致使保障该类预应力正交胶合木剪力墙具有一定的延性及耗能能力就显得至关重要，构造具有突出抗侧力性能及兼有一定延性及耗能能力的预应力正交胶合木剪力墙将是未来研究热点之一。

6.5　木剪力墙-钢框架混合结构

木剪力墙-钢框架混合结构是指在钢框架梁上铺设木楼（屋）盖、在钢框架柱间设置木剪力墙的新型多层混合结构体系，这种混合结构利用了钢框架体系结构效率高、木楼盖抗挠曲变形能力强的特点，可适用于建造多层乃至小高层房屋。

6.5.1　结构体系

木剪力墙-钢框架混合结构的抗侧力体系由钢框架和内填轻型木剪力墙组成，如图 6.5-1所示。钢框架和内填轻型木剪力墙共同承担风或地震等侧向荷载对结构的作用。其中，轻型木剪力墙还可以作为填充墙，在建筑中起到分隔作用。

木剪力墙-钢框架混合结构的水平向结构体系通常采用轻型木楼盖或新型的轻型钢木混合楼盖。其中，轻型钢木混合楼盖的楼板搁栅与木规格材间采用木螺钉连接，在木规格材上表面以骑马钉钉装钢筋网片，并浇筑聚酯砂浆，如图 6.5-2 所示，这种楼盖平面外刚度大，且防火、隔声效果好。水平向结构体系除了承受竖向重力荷载外，还可以将侧向荷载分配到结构竖向抗侧力构件中，使结构充分发挥抵抗侧向荷载的能力，提高结构的整体性，防止结构在地震作用下倒塌。

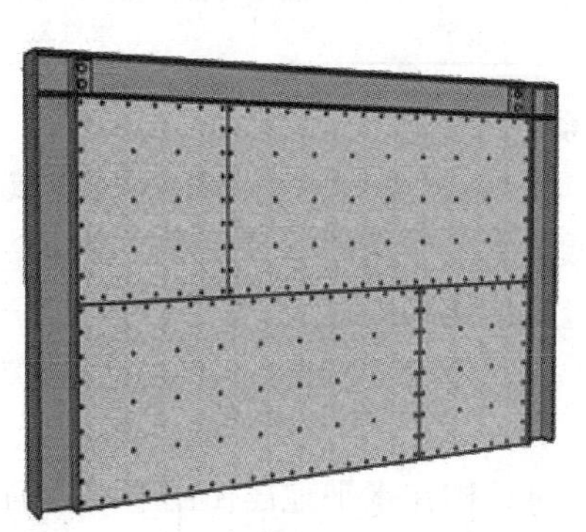

图 6.5-1　木剪力墙-钢框架混合结构竖向抗侧力体系

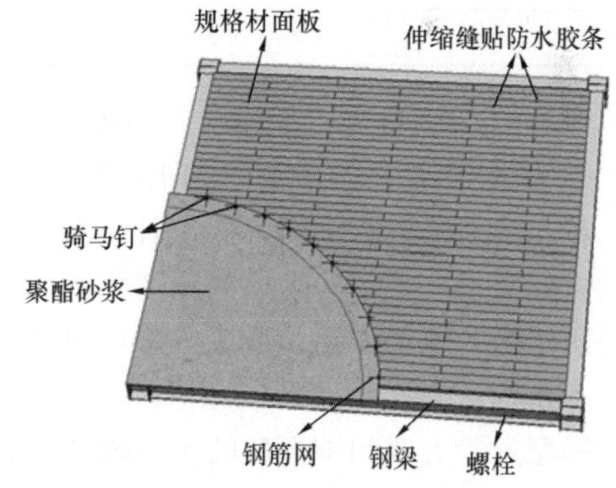

图 6.5-2　轻型钢木混合楼盖

6.5.2　设计要点

1. 传力途径

多层轻木-钢框架混合结构的竖向荷载通过楼面（屋面）传递到钢梁上，再由钢梁传递到钢柱及木剪力墙，其中钢框架承担了大部分竖向荷载。

除此之外，结构常受到风荷载、地震等水平荷载的作用，轻木-钢框架混合结构的楼

（屋）盖除承受竖向重力荷载外，还将水平地震作用、风荷载等分配到由钢框架及内填轻型木剪力墙（两者通过螺栓连接）组成的竖向抗侧力构件中，使它们更能够协同作用，充分发挥各自抵抗荷载的能力。其中，钢框架的存在可以限制剪力墙的上拔变形，而剪力墙的覆面板之间相互挤压耗能，固定覆面板与墙骨柱的钉连接变形耗散大量能量，使得轻型木剪力墙具有良好的耗能性能。在较大荷载作用下，轻型木剪力墙的抗侧刚度比钢框架更高，可以保护钢框架，避免钢框架因承受过大的水平荷载而进入塑性；在极大变形条件下，轻型木剪力墙具有良好的耗能性能和填充作用，可以预防结构连续性倒塌。同时，由于钢框架的参与，轻木-钢框架混合结构拥有比纯木结构更强的变形能力。

2. 结构性能参数

（1）层间位移角限值

我国《建筑抗震设计规范》GB 50017—2017 将建筑结构的性能划分为三个水准。其中，第一水准要求主体结构在震后达到不受损坏或不需修理可继续使用的水准（以下简称立即居住性能水准）；第二水准允许结构在震后发生损坏，但要求结构经一般性修理仍可继续使用（以下简称生命安全性能水准）；第三水准要求结构在震后不致倒塌或发生危及生命的严重破坏（以下简称防止倒塌性能水准）。我国抗震设防的基本目标为：当结构遭受低于本地区抗震设防烈度的多遇地震影响时，需满足立即居住性能水准要求；当结构遭受相当于本地区抗震设防烈度的设防地震影响时，需满足生命安全性能水准要求；当结构遭受高于本地区抗震设防烈度的罕遇地震影响时，需满足防止倒塌性能水准要求。对于木剪力墙-钢框架混合结构，其在不同性能目标下的层间位移角限值见表 6.5-1。

木剪力墙-钢框架混合结构性能目标 **表 6.5-1**

结构性能水准	立即居住	生命安全	防止倒塌
层间位移角限值	0.6%	1.5%	2.4%

（2）木剪力墙-钢框架混合结构竖向抗侧力体系合理刚度比 λ

木剪力墙-钢框架混合结构的竖向抗侧力体系是由钢框架和木剪力墙组成的双重抗侧力体系。若木剪力墙抗侧刚度太低，对结构体系抵抗水平作用的贡献较小，会使结构无法满足抗侧力的需求；若木剪力墙的刚度太大，会造成结构刚度过大、自振周期过小，从而增加结构所承担的地震作用，造成不必要的浪费。因此适宜的刚度配比对实现结构延性破坏机制尤为重要。

内填轻型木剪力墙和钢框架的抗侧刚度比值 λ 对结构在水平地震作用下结构的最大层间位移角和木剪力墙承担结构水平剪力比率有较大影响，为保证两者能在水平力作用下充分发挥作用。在木剪力墙-钢框架混合结构设计中，抗侧刚度比 λ 取为 1.0～3.0，λ 的定义见式（6.5-1）。

$$\lambda = k_{\mathrm{wood}}/k_{\mathrm{steel}} \tag{6.5-1}$$

式中 k_{wood}——内填轻型木剪力墙的弹性抗侧刚度；

k_{steel}——钢框架的弹性抗侧刚度。

（3）楼盖水平荷载转移能力系数

楼盖主要承受楼面竖向荷载，同时也决定着水平荷载在竖向抗侧力构件中的分配。我国《建筑抗震设计规范》GB 50017—2017 规定的结构楼层水平地震剪力分配原则如下：

现浇和装配整体式混凝土楼、屋盖等刚性楼、屋盖建筑，宜按抗侧力构件等效刚度的比例分配；木楼盖、木屋盖等柔性楼、屋盖建筑，宜按抗侧力构件从属面积上重力荷载代表值的比例分配。ASCE7－05 规定当楼盖的最大平面内变形是其下竖向抗侧力构件顶部平均位移 2 倍以上时为柔性楼盖，反之为刚性楼盖。

轻型钢木混合楼盖具有如质量轻、抗震性能好、抗弯强度及抗弯刚度大等优点。可以通过楼盖平面内剪切刚度与竖向抗侧力构件抗侧刚度比值 α、楼盖水平荷载转移能力系数 β 量化此种楼盖平面内刚度对水平荷载分配的影响，并根据 α 及 β 数值大小定义刚性楼盖：当 $\alpha \geqslant 3$ 时，增加楼盖平面内刚度对水平荷载的分配影响不大，楼盖可视为完全刚性。

（4）木剪力墙-钢框架混合结构等效阻尼比

由于结构阻尼机制十分复杂，常用结构的等效阻尼比 ξ 来衡量结构的耗能水平，ξ 的计算方法如式（6.5-2）所示。

$$\xi = \xi_{\text{int}} + \xi_{\text{hys}} \tag{6.5-2}$$

式中　ξ_{int}——结构的黏滞阻尼比，代表结构处于线弹性阶段的耗能，对于木剪力墙-钢框架混合结构，可取 $\xi_{\text{int}}=0.045$；

ξ_{hys}——结构的滞回阻尼比，代表结构非线性滞回性能引起的耗能，对于木剪力墙-钢框架混合结构，可取 $\xi_{\text{hys}}=(1.0787-0.0818\lambda)\mu-1/\pi\mu$，$\lambda$ 为木剪力墙-钢框架混合结构的抗侧刚度比，μ 为结构的延性系数。

（5）钢木剪力分配系数

在木剪力墙-钢框架混合结构设计过程中，确定木剪力墙和钢框架的剪力分配对结构设计至关重要。通过定义剪力分配系数 κ 以量化分配到钢框架和木剪力墙中的剪力，剪力分配系数 κ 的定义见式（6.5-3）。

$$\kappa = \frac{V_{\text{wood}}}{V_{\text{wood}} + V_{\text{steel}}} \tag{6.5-3}$$

式中　V_{wood}——木剪力墙所承担的剪力值；

V_{steel}——钢框架所承担的剪力值。

研究表明，在弹性阶段，钢框架和木剪力墙的剪力分配近似按刚度比进行分配，即木剪力墙-钢框架混合结构的弹性设计阶段的剪力分配系数取 $\lambda/(\lambda+1)$，λ 为木剪力墙-钢框架混合结构的抗侧刚度比。

3. 整体结构设计

相比于传统设计方法中常被作为设计指标的承载力水平，以结构位移作为性能指标的抗震设计方法设计结果更能准确反映结构的响应，主要包括按延性系数设计、能力谱法以及直接基于位移法三种，其中直接位移抗震设计方法较为直观，且避免了烦琐的反复迭代计算过程。木剪力墙-钢框架混合结构直接位移抗震设计方法主要包括确定性能水准、将多自由度体系（MDOF）转化为等效单自由度体系（SDOF）、估算结构的等效阻尼比、基于抗震规范的加速度反应谱建立位移谱、计算结构基底剪力、将基底剪力分配至各层层剪力以及钢框架以及木剪力墙的构件设计，设计方法的总体流程图如图 6.5-3 所示。

4. 节点设计

在木剪力墙-钢框架混合结构中，常采用如下两种不同的连接方式，以实现木剪力墙-钢框架混合结构体系良好的抗侧力性能：一种是普通螺栓连接，如图 6.5-4 所示；另一种

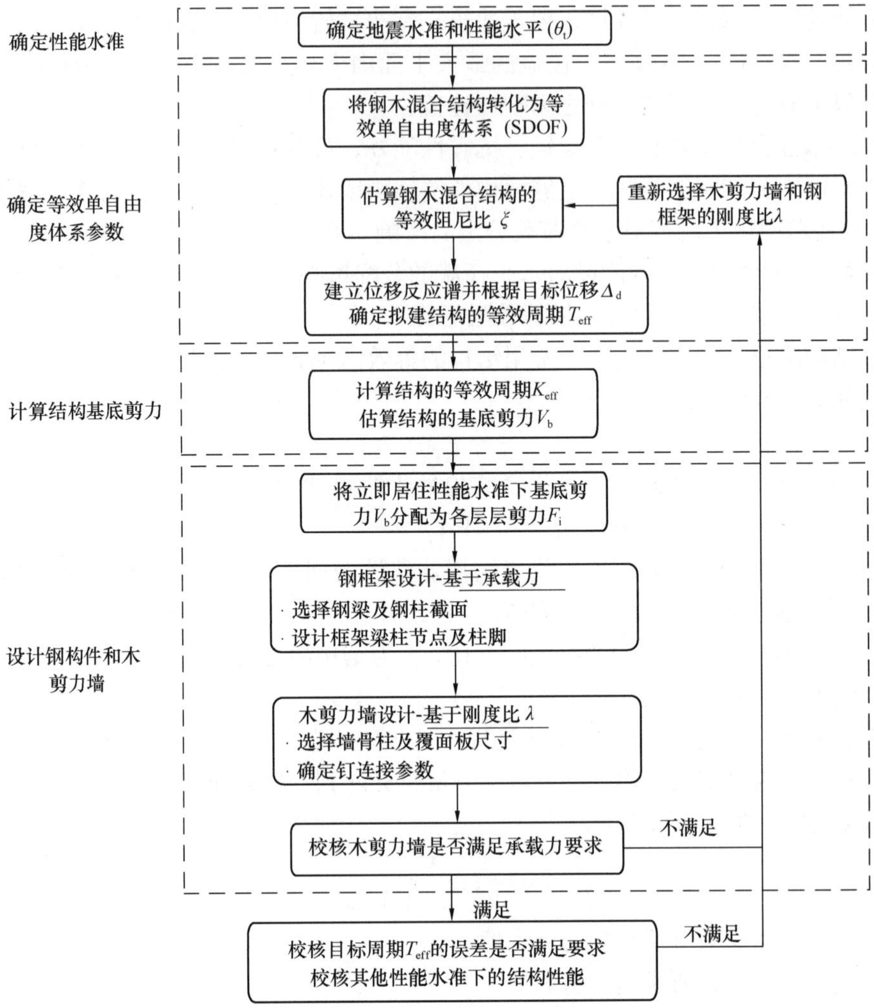

确定性能水准

确定地震水准和性能水平（θ_t）

确定等效单自由度体系参数

将钢木混合结构转化为等效单自由度体系（SDOF）

估算钢木混合结构的等效阻尼比 ξ

重新选择木剪力墙和钢框架的刚度比λ

建立位移反应谱并根据目标位移Δ_d确定拟建结构的等效周期T_{eff}

计算结构基底剪力

计算结构的等效周期K_{eff}
估算结构的基底剪力V_b

设计钢构件和木剪力墙

将立即居住性能水准下基底剪力V_b分配为各层层剪力F_i

钢框架设计-基于承载力
· 选择钢梁及钢柱截面
· 设计框架梁柱节点及柱脚

木剪力墙设计-基于刚度比 λ
· 选择墙骨柱及覆面板尺寸
· 确定钉连接参数

校核木剪力墙是否满足承载力要求

不满足

满足

校核目标周期T_{eff}的误差是否满足要求
校核其他性能水准下的结构性能

不满足

图 6.5-3　木剪力墙-钢框架混合结构直接位移抗震设计流程

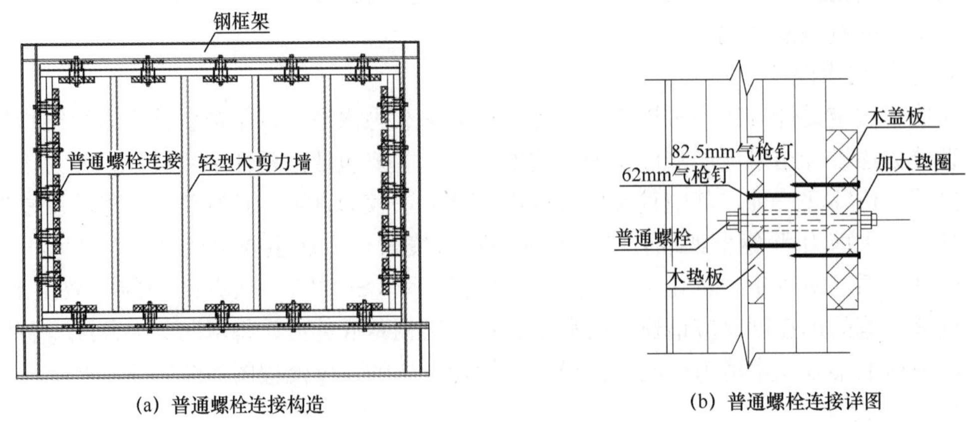

(a) 普通螺栓连接构造

(b) 普通螺栓连接详图

图 6.5-4　普通螺栓连接

是高强度螺栓连接，如图 6.5-5 所示。其中，高强度螺栓连接比普通螺栓连接的连接刚度更大，对钢木混合墙体极限承载力提高更加明显。

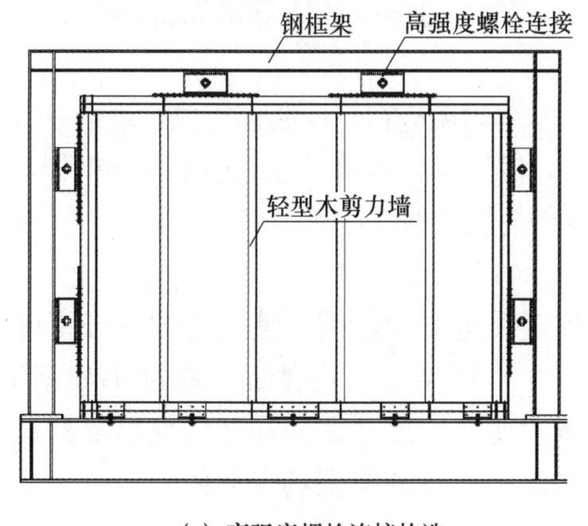

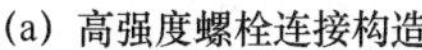
(a) 高强度螺栓连接构造

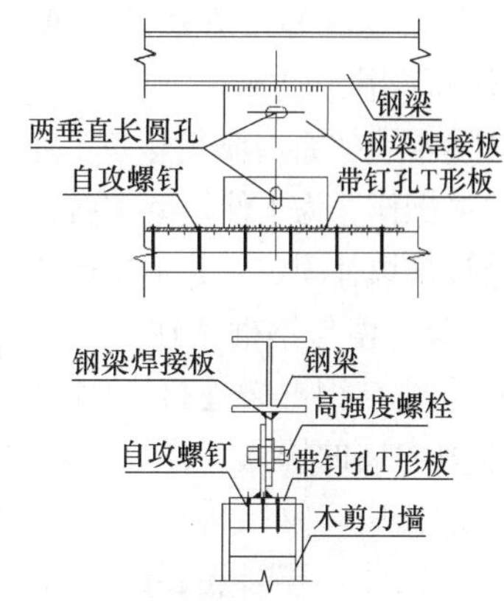

(b) 高强度螺栓连接详图

图 6.5-5　高强度螺栓连接

普通螺栓连接和高强度螺栓连接节点的主要设计流程如下：

(1) 确定墙体抗剪承载力

在连接设计时，首先需确定轻型木剪力墙的抗剪承载力，可以依据《木结构设计标准》GB 50005—2017 中式 (9.3.4) 估算木剪力墙的抗侧承载力。此部分详见《木结构设计标准》GB 50005—2017 或本书第 5 章。

(2) 确定螺栓参数

当采用普通螺栓连接时，需要先根据墙体的尺寸假定连接个数，如一侧布置 2 个连接，则计算如图 6.5-6 所示。每一个连接相当于一个剪力墙的支座。在剪力 V 作用下，剪力墙有转动趋势。由此可计算每个连接承担的剪力 V_c，并根据 V_c 估计螺栓的尺寸。当采用高强度螺栓连接时，还需要根据每个连接承担的剪力 V_c 计算自攻螺钉的数量和直径。

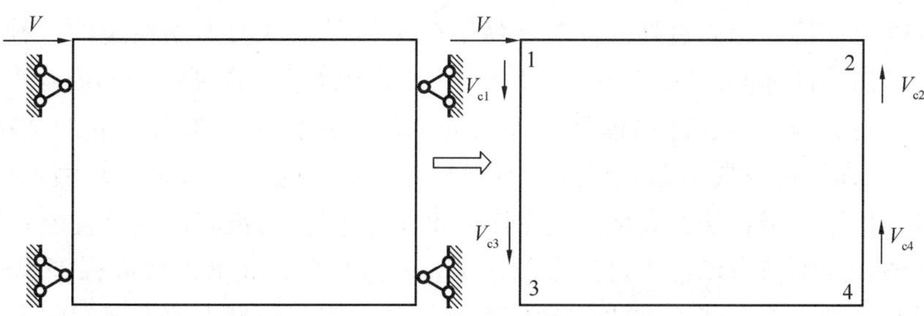

图 6.5-6　剪力墙连接设计简图

6.5.3　构造要求

1. 剪力墙及其连接构造

(1) 剪力墙构造

轻型木剪力墙一般由墙骨柱、顶梁板、底梁板、边龙骨、覆面板（在骨架的一侧或两侧覆盖的木基或者其他板材）等组成。传统的轻型木剪力墙，一般是将材料运至施工现场，在施工现场进行制作和安装。这就要求在施工现场拼装木框架、钉面板，并将木框架安装就位。这种施工方式效率低，易受季节影响，施工的精度和质量难以得到保证，并极大地增加了用人成本。

钢木混合体系应满足建筑工业化的要求，轻型木剪力墙应在工厂制作完成，现场只进行简单的连接操作。为了使轻型木剪力墙能够顺利安装，设计时剪力墙尺寸应略小于钢框架，空隙通过连接来填补固定，其余构造要求与普通轻型木剪力墙类似，详见本书第5章。

2. 剪力墙与钢框架连接

剪力墙与钢框架连接在钢木混合体系中起到至关重要的作用。连接必须保证钢框架与轻型木剪力墙的协同工作、共同变形。实际工程中，轻型木结构预加工精度不如钢结构，而运输过程中，钢结构和木结构都难免发生磕碰和变形。尺寸误差和运输变形都会造成安装困难，因此，连接还要起到弥补误差和变形的作用，且方便现场安装固定。

常用的普通螺栓连接和高强度螺栓连接节点构造如下：

（1）普通螺栓连接

以墙体侧面连接为例，由图6.5-4说明钢框架与木剪力墙的连接构造：在木剪力墙边龙骨上开设比待穿螺栓直径大10mm的圆孔，此余量可调整木剪力墙在钢框架中的位置；边龙骨左侧和右侧分别设置开孔木垫板和木盖板，此开孔孔径比螺栓直径大1mm；待木剪力墙在钢框架中的位置调整确定后，将木盖板和木垫板用钉子固定在边龙骨上；最后将普通螺栓穿过木盖板、边龙骨、木垫板、钢柱翼缘并拧紧。木垫板的作用是调节钢框架与木剪力墙间的空隙，木盖板的作用是保证螺栓与顶梁板的紧密接触并能承压传力。钢柱翼缘、木垫板、木盖板上的螺栓孔共同起到固定螺栓的作用。

连接中宜采用4.8级普通螺栓，这是由于轻型木结构的边龙骨孔壁承压强度低，不可承受过大的拧紧力，普通螺栓的拧紧力已经足以将木盖板挤压破坏，而不需要使用高强度螺栓。为了减小木盖板的局部压应力，可在木盖板一侧使用特制加大垫圈。

（2）高强度螺栓连接

高强度螺栓连接，是通过高强度螺栓将钢框架与轻型木剪力墙相连的一种连接方式，可参考《钢结构设计标准》GB 50017—2017中关于摩擦型高强度螺栓的内容进行设计。

以轻型木剪力墙与其顶部钢框架梁连接为例说明钢框架与木剪力墙的连接构造，如图6.5-5所示。在钢梁下翼缘预先焊好钻有水平方向长圆孔的连接板，轻型木剪力墙上方用自攻螺钉连接钻有竖直长圆孔的T形钢连接件；长圆孔的长向比螺栓直径大20mm；利用长圆孔调整轻型木剪力墙在钢框架中的水平、竖直位置，将8.8级高强度螺栓穿过钢梁下方焊接板和轻型木剪力墙上方的T形钢板并拧紧，实现轻型木剪力墙的固定。

钢框架和轻型木剪力墙上分别设置的一对相互垂直长圆孔的作用是方便调整木剪力墙的位置。根据摩擦型高强度螺栓的原理，当钢框架传到轻型木剪力墙上的作用力小于摩擦型高强度螺栓的剪力设计值时，连接不发生滑动。高强度螺栓拧紧后，可以保证钢框架与轻型木剪力墙之间的荷载传递。

3. 楼盖及其连接构造

（1）轻型木楼盖

轻型木楼盖填充在四周的钢梁之间，木楼盖和钢梁通过螺栓连接，形成了轻木-钢框架混合结构的水平向抗侧力体系。其中，木楼盖的端部搁栅通过螺栓与钢梁相连，木楼盖的封边搁栅亦通过螺栓与钢梁相连。轻型木楼盖构造及与钢框架连接如图 6.5-7 所示。

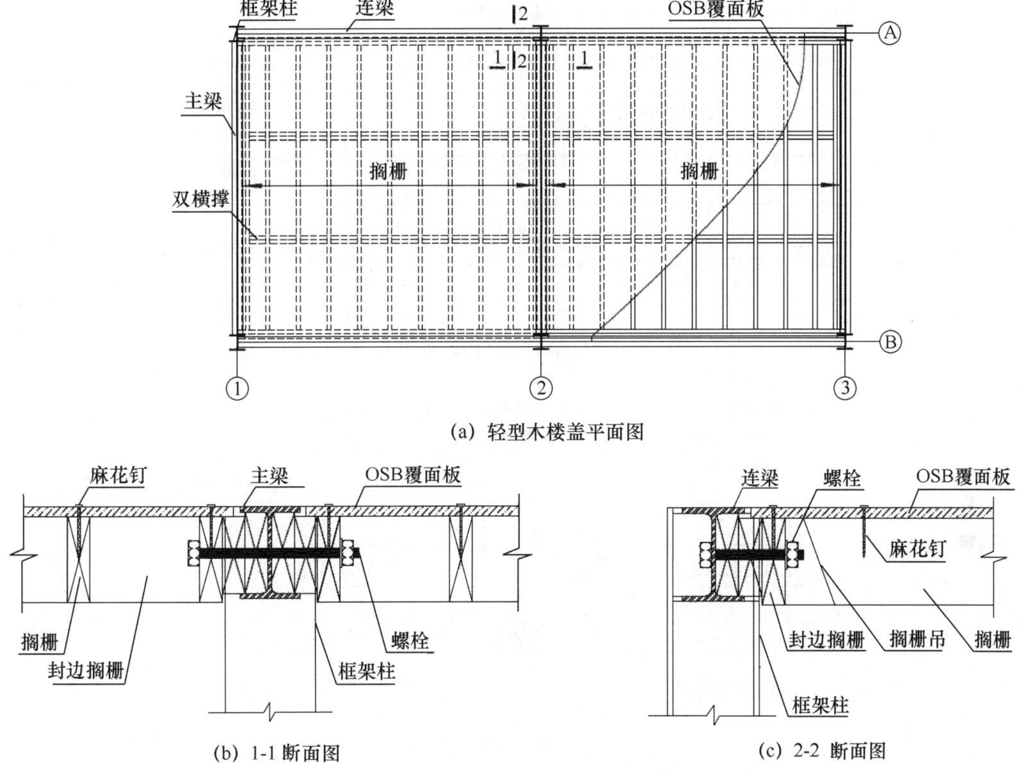

(a) 轻型木楼盖平面图

(b) 1-1 断面图

(c) 2-2 断面图

图 6.5-7　轻型木楼盖构造

（2）新型轻型钢木混合楼盖

新型的轻型钢木混合楼盖搁栅为轻型 C 型钢，SPF（云杉-松木-冷杉）规格材面板通过木螺钉连接在搁栅上，然后在面板上铺设细钢筋网，用骑马钉将钢筋网固定在面板上，最后铺设 30～40mm 薄层水泥砂浆面层形成。规格材面板宽度一般在 200mm 左右，楼盖属于单块直面板楼盖的一种。

轻型钢木混合楼盖构造如图 6.5-8 所示。该楼板可按照一定模数（如 3m×6m）在工厂预制，现场直接安装在钢框架的钢梁上即可，在楼板双拼钢隔栅之间设置一块钢板，坐落于钢主梁的下翼缘上，并用螺栓连接。

4. 钢框架构造

木剪力墙-钢框架混合结构中的钢框架与传统钢框架结构基本相同，只是在特定的位置需要预留螺栓孔，或加焊连接板，方便轻型木剪力墙与钢框架的连接。钢柱和钢梁宜选用 H 型钢，因为 H 型钢方便木剪力墙通过螺栓等与钢框架连接，为拧紧螺栓等安装工作预留了操作空间。为符合建筑工业化的发展趋势，钢框架梁柱节点宜采用螺栓连接，方便运输和现场安装，减少现场焊接作业。钢框架的柱脚宜选用外包式柱脚或埋入式柱脚，以增大柱脚的锚固长度，提高抗弯和抗剪能力，防止整体结构倾覆。

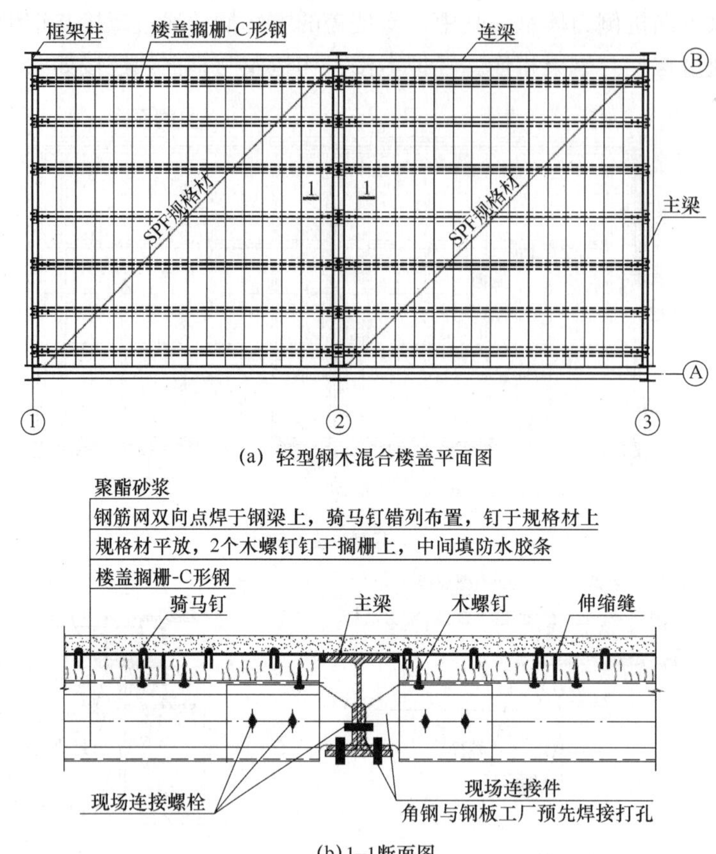

图 6.5-8　轻型钢木混合楼盖构造

6.5.4　研究进展

1. 木剪力墙-钢框架混合结构抗震性能

图 6.5-9 为 4 层木剪力墙-钢框架混合结构振动台试验。研究表明，在水平荷载的作用下，钢框架及内填轻型木剪力墙会协同工作，充分发挥各自抵抗荷载的能力。其中，钢框架的存在可以限制剪力墙的上拔变形。剪力墙的覆面板与墙骨柱的钉连接变形以及覆面板之间的相互挤压能够消耗大量能量，使得轻型木剪力墙具有良好的耗能性能。在极大变

图 6.5-9　四层木剪力墙-钢框架混合结构振动台试验

形条件下，轻型木剪力墙具有良好的耗能性能和填充作用，可以预防结构连续性倒塌。同时，由于钢框架的参与，木剪力墙-钢框架混合结构拥有比纯木结构更强的变形能力。

在木剪力墙-钢框架混合结构中，侧向力在钢框架和木剪力墙之间的传递和分配关系是结构的主要研究重点。研究表明：在结构承担侧向荷载的初始阶段，木剪力墙承担了大部分剪力和耗能，随着侧移增大，木剪力墙进入塑性阶段，抗侧力体系的剪力和耗能逐渐由钢框架承担；木剪力墙的存在对结构弹性抗侧刚度有很大提高；轻木剪力墙刚度越大，对混合结构的极限承载力、屈服强度、弹性阶段刚度的提高越显著，但对延性系数的提高较为有限；为使木剪力墙在混合体系中发挥结构作用，应保证木剪力墙和钢框架的抗侧刚度比不小于0.5。

2. 钢框架与木剪力墙连接性能

为研究不同连接方式对结构性能的影响，分别对普通螺栓连接及高强度螺栓连接的木剪力墙-钢框架混合墙体进行了试验研究，如图6.5-4及图6.5-5所示。

试验发现，由于普通螺栓连接中存在一定的空隙，只有在钢框架与木剪力墙发生一定相对位移后连接才能顶紧，这使得普通螺栓连接的初始刚度相对高强度螺栓连接较小。如果木剪力墙克服普通螺栓的摩擦力，墙体将会发生滑动，连接刚度会迅速下降，承担剪力比例也将随之突降。随着位移增大，连接处顶紧之后，木剪力墙与钢框架开始协同变形并逐渐发挥作用，连接刚度会产生小幅的上升，其承担剪力的比例上升。最终逐渐达到极限位移时，钢框架和木剪力墙均已产生一定损坏，剪力分配比例趋于稳定。由于连接中的木垫板受到孔壁挤压作用，往往会发生挤压破坏。

而当采用高强度螺栓连接时，连接初始刚度较大，有效地保证了木剪力墙和钢框架共同工作，轻型木剪力墙剪力分配比例高，此时可以首先观察到木剪力墙变形和破坏现象。随着往复运动的位移逐渐增加，连接刚度不断下降，木剪力墙的损伤逐渐积累，剪力分配比例也逐渐下降。位移进一步增大后，摩擦型高强度螺栓发生滑动，静摩擦力转为滑动摩擦力，传递给木剪力墙的荷载突降，因此最终木剪力墙的剪力分配比率会发生较大的下降。由于在摩擦型高强度螺栓未滑动前，木剪力墙错动变形大，耗能更多，而在摩擦型高强度螺栓滑动后，高强度螺栓连接摩擦力做功能耗散更多的能量，因此高强度螺栓连接有着更好的耗能性能。

总体而言，高强度螺栓连接的耗能多于普通螺栓连接，极限承载力也比普通螺栓连接相对高些，而普通螺栓连接的变形能力比高强度螺栓连接强。这是由于普通螺栓连接只有在位移达到一定程度后，木剪力墙才会发挥作用。因此当达到同样行程时，高强度螺栓连接的木剪力墙已破坏，普通螺栓连接的木剪力墙仍具有一定承载力。

3. 数值模拟方法

对于平面布置较为规则的木剪力墙-钢框架混合结构，在计算时可把整个结构看作由若干平面框架和剪力墙组成。在平面正交布置的情况下，假定每一方向的水平力只由该方向的抗侧力构件承担，垂直水平力方向的抗侧力构件在计算中不予考虑。当结构单元中框架和剪力墙与主轴方向成斜交时，在简化计算中可将柱和剪力墙的刚度转换到主轴方向上再进行计算。在竖向荷载的作用下，钢框架承担了大部分荷载，木剪力墙也承担了一部分荷载，有利于减小钢构件的偏心受力情况。在木剪力墙-钢框架混合结构设计的简化计算中，假定竖向荷载全部由钢框架承担，可对钢框架进行初步估算和设计，确定钢框架的材料及截面等特性，进一步对木剪力墙及楼屋盖进行设计，并进行验算。

对于平面布置较为复杂的木剪力墙-钢框架混合结构，宜采用整体建模的方法进行分析。对于混合结构中的轻木剪力墙，可以首先建立精细化的剪力墙有限元模型，随后简化为等效桁架模型来进行设计分析。

参 考 文 献

[1] 何敏娟，杨军，张盛东．木结构设计[M]．北京：中国建筑工业出版社，2008.

[2] MALO K A，ABRAHAMSEN R B，BJERTNAES M A. Some structural design issues of the 14-storey timber framed building "Treet" in Norway[J]. European Journal of Wood and Wood Products，2016，74(3)：407-424.

[3] 倪春．浅析多高层木结构建筑[J]．建设科技，2017，(19)：63-65.

[4] 何敏娟，陶铎，李征．多高层木及木混合结构研究进展[J]．建筑结构学报，2016，37(10)：1-9.

[5] FOSTER R M，REYNOLDS T P S，RAMAGE M H. Proposal for defining a tall timber building [J]. Journal of Structural Engineering，2016，142(12)：1-9.

[6] 熊海贝，欧阳禄，吴颖．国外高层木结构研究综述[J]．同济大学学报(自然科学版)，2016，44(9)：1297-1306.

[7] 中华人民共和国住房和城乡建设部．多高层木结构建筑技术标准：GB/T 51226—2017[S]．北京：中国建筑工业出版社，2017.

[8] SHIM K B，HWANG K H，PARK J S，et al. Lateral load resistance of hybrid wall[C]. Italy：Proceedings of the 11th World Conference on Timber Engineering (WCTE 2010)，2010.

[9] 中华人民共和国住房和城乡建设部．胶合木结构技术规范：GB/T 50708—2012[S]．北京：中国建筑工业出版社，2012.

[10] 郑维，刘杏杏，陆伟东．胶合木框架-剪力墙结构抗侧力性能试验研究[J]．地震工程与工程振动，2014，1(2)：104-112.

[11] LEIJTEN A，JORISSEN A，HOENDERKAMP J. Infill panels and the tube connection in timber frames[C]. New Zealand：Proceedings of the 12th World Conference on Timber Engineering (WCTE 2012)，2012.

[12] APA-The Engineered Wood Association. ANSI/APA PRG 320-2018 standard for performance-rated cross-laminated timber[S]. Tacoma：American National Standards Institute，2018.

[13] 中华人民共和国住房和城乡建设部．木结构设计标准：GB 50005—2017 [S]．北京：中国建筑工业出版社．2017.

[14] JSBSTL R A，SCHICKHOFER G. Comparative examination of creep of GTL and CLT-slabs in bending[C]. Slovenia：Proceedings of the 40th meeting of CI&W18，2007.

[15] EROL K，BRAD D. CLT Handbook：cross-laminated timber-U. S. [M]. Canada：FPInnovations，2013.

[16] DUJIC B，PUCELI J，ZARNIC R. Testing of racking behavior of massive wooden wall panels[C]. Edinburgh：Proceedings of the 37th CIB-W18 meeting，2004.

[17] BRANDNER R，FLATSCHER G，RINGHOFER A，et al. Cross-laminated timber(CLT)：overview and development [J]. European Journal of Wood and Wood Products，2016，74：331-351.

[18] Canadian Commission on Building and Fire Codes. National building code of Canada [S]. Ottawa：National Research Council of Canada (NRC)，2020.

[19] POPOVSKI M, SCHNEIDER J, SCHWEINSTEIGER M. Lateral load resistance of cross-laminated wood panels[C]. Riva del Garda: World Conference on Timber Engineering, 2010.

[20] 熊海贝，倪春，吕西林，等．三层轻木-混凝土混合结构足尺模型模拟地震振动台试验研究[J]. 地震工程与工程振动，2008，28(1)：91-98.

[21] FOLZ B, FILIATRAULT A. Seismic analysis of wood-frame structures. Ⅱ: Model implementation and verification [J]. Journal of Structural Engineering, 2004, 130(9): 1361-1370.

[22] JOHN P JUDD. Analytical modeling of wood-frame shear walls and diaphragms[D]. USA: Brigham Young University, 2005: 75-83.

[23] ROSOWSKY D V, ELLINGWOOD B R. Performance-based engineering of wood frame housing: Fragility analysis methodology[J]. Journal of Structural Engineering, 2002, 128 (1): 32-38.

[24] 中华人民共和国住房和城乡建设部．建筑抗震设计规范：GB 50017—2003[S]. 北京：中国建筑工业出版社，2010.

[25] 王希珺．木剪力墙-钢框架混合结构设计方法研究[D]. 上海：同济大学，2017.

[26] 梁兴文，黄雅捷，杨其伟．钢筋混凝土框架结构基于位移的抗震设计方法研究[J]. 土木工程学报，2005，38(9)：53-60.

[27] ZHENG L, MINJUAN H, XIJUN W, et al. Seismic performance assessment of steel frame infilled with prefabricated wood shear walls[J]. Journal of Constructional Steel Research, 2017, 140: 62-73.

[28] MINJUAN H, QI L, ZHENG L, et al. Seismic performance evaluation of timber-steel hybrid structure through large-scale shaking table tests [J]. Engineering Structures, 2018, 175, 483-500.

[29] ZHENG L, MINJUAN H, ZHONG M, et al. In-plane behavior of timber-steel hybrid floor diaphragms: experimental testing and numerical simulation [J]. Journal of Structural Engineering, 2016, 142(12): 16-19.

[30] 董文晨．钢木混合体系中钢框架与轻型木剪力墙连接形式及结构性能研究[D]. 上海：同济大学，2017.

第7章　大跨木结构

7.1　概述

木结构建筑在我国具有悠久的历史。近些年，随着新型木材的研发和工业化制造技术的成熟，现代木结构在实际工程中不断得到应用与发展。其中，大跨度木结构在桥梁、体育馆、游泳馆、会展中心等方面得到较多应用。大跨木结构所采用的木材主要分为两大类：一类是天然木材，一类是工程木。天然木材受到材料本身力学性能不高的限制，多应用于中小跨度建筑或大跨木结构建筑的局部。工程木由于采用了胶合、防腐等先进的加工技术，材料尺寸不受木材天然尺寸的限制，且力学强度、材料耐久性能大大提高，常用于大跨木结构建筑的屋顶、梁柱等主要承重结构。

作为木结构的一种，大跨木结构除了具有生产能耗低、保温节能和材料可持续性等良好的生态性能，还具有以下独特性能：

（1）可实现大距离跨越。作为一种轻质木结构，材料利用率高，大跨度、无内柱的建筑形式满足空间对于容纳大尺度物体和通透性的要求，如大型博览建筑、大型工业建筑和体育建筑等。在这些类型的建筑中，大尺度的室内空间与建筑功能相适应。目前，世界上跨度最大的木结构建筑——日本大馆树海体育馆，跨度达 178m。

（2）空间造型多样化。大跨木结构可分为拱、桁架、网壳、张弦等多种结构形式，造型多样，空间形态新颖，能够满足建筑师对于大跨度结构建筑的外形要求。

（3）结构装修一体化。大跨木结构建筑通常采用干式施工方法，即建筑构件由工厂预制加工，再借助塔式起重机、千斤顶等现代化施工设备进行现场装配，所以相较于采用湿式施工方法的混凝土和砖石结构建筑，大大加快了施工速度，减少了基础造价。如美国华盛顿州塔科马体育馆，最终建成的木结构穹顶造价为 3.02 亿美元，而建设相同规模的体育馆，采用充气穹顶的造价为 3.55 亿美元，采用混凝土穹顶则需花费 4.38 亿美元。瑞士建国 700 周年纪念馆由于采用木结构，造价仅为钢结构的 1/5，混凝土结构的 1/32。可见，在大跨建筑领域采用木结构可降低建筑的造价。

（4）具有良好的温度效应，适用于腐蚀性环境。木材是一种多孔性材料，导热系数较小，具有保温隔热、抵御外界大气环境对室内环境影响的功能。经研究表明：若达到同样的保温效果，木材需要的厚度仅为砖墙的 1/4、混凝土的 1/15、钢材的 1/400；在同样厚度的条件下，木材的隔热值比标准的混凝土高 16 倍，比钢材高 400 倍，比铝材高 1600 倍。大跨木结构建筑就像一座天然的空气调节器，做到了真正的"冬暖夏凉"。大跨木结构采用特殊防腐处理的胶合木，还具有良好的耐腐蚀性，美国年代最久远的木结构建筑可以追溯至 18 世纪。在建造游泳馆和溜冰场时可充分发挥这种优势。

（5）具有良好的结构安全性能。大跨木结构自身重量较轻，在地震时吸收的地震力也相对较少。同时，大截面构件木材抗火设计时考虑其作为"准耐燃材料"，在燃烧时表面产生碳化层，可有效阻绝燃烧延续。研究证明，相同燃烧条件下，钢铁强度的衰减速度较木材更快。现代大跨木结构具有良好的抗震性能和耐火性能。

7.1.1　发展历程

木材用于建造大跨结构有着悠久的历史，从最初使用手工加工等简单营造技术的传统大跨木结构到结合现代先进工艺的现代大跨木结构，大跨木结构经历了漫长的发展历程。

1. 中国大跨木结构的发展历程

木桥作为中国传统大跨木结构的主要形式之一，通过采用多种易于发挥材料力学性能的结构形式，实现了木结构在跨度上的重大突破，进而成为传统大跨木结构应用的重要领域。自商代起，基于都城建造、军事运输、农业水利灌溉等需求，独木桥、多跨木梁木柱桥、浮桥等已陆续出现。而后发展形成了木伸臂梁桥、木拱桥、木索桥等三种大跨度桥梁类型。表 7.1-1 为中国古代大跨木桥的发展历程。其中宋朝首都汴京（今河南开封）的“汴水虹桥”被称为“世界桥梁史中绝无仅有的木拱桥”。该桥首见于 12 世纪北宋著名画师张择端所绘的《清明上河图》（图 7.1-1），跨度约为 18.5m。

中国古代大跨木桥的发展历程　　　　**表 7.1-1**

发展阶段	时期	结构类型	代表建筑
萌芽及发展时期	周秦以前	独木桥、木梁柱桥、浮桥及竹索桥	安澜桥（长 320m）
成熟时期	西汉、东汉、三国	梁桥、浮桥、索桥	江关浮桥、山东嘉祥武氏祠石刻梁桥、中渭桥（长 525m）、东渭桥（长 400m）、西渭桥（长 500m）、西川宝兴弓弓桥
繁荣时期	晋、隋、唐、宋	浮桥、廊桥、贯木拱桥	《清明上河图中》汴水虹桥、福建成安桥、万安桥、闽浙地区贯木拱桥
全盛时期	元、明、清	木伸臂梁桥、贯木拱桥、索桥、风雨桥（廊桥）	四川泸定桥（长 103m）、甘肃阴平桥、福建鸾峰桥（长 37.6m）、程阳永济桥

图 7.1-1　《清明上河图》中汴水虹桥

20 世纪 80 年代，我国木材资源紧缺，木结构建筑基本停滞发展 20 余年。但在大跨度木结构建筑的设计方面，1989 年原铁道部北京防腐厂和中国林业科学研究院木工所、中国建筑技术开发公司合作，为第十一届亚运会工程康乐宫嬉水乐园制成了跨度 30m 的胶合木梁，如图 7.1-2 所示。嬉水乐园的造型呈十二面角锥体，屋盖结构由 12 根长 30m 的大型胶合木梁（0.4m×2m）与中心钢环连接，形成空间三铰拱体系。这说明我国现代大跨木结构正在逐步走上自行设计与加工应用的道路。

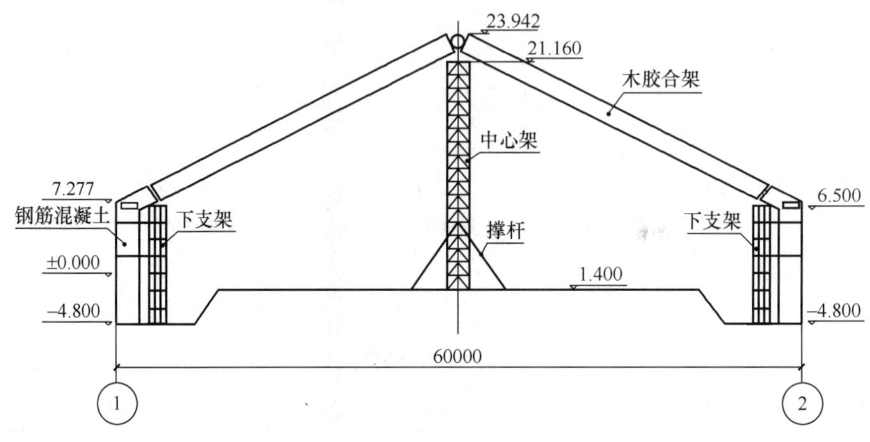

图 7.1-2　胶合木梁施工剖面

加入 WTO 后，我国与国外木结构建筑领域的技术交流和商贸活动不断增加，开始从国外引进工业木材。同时，在当代可持续发展理念和建筑人文关怀的需求之下，我国开始研究木结构在建筑中的运用。木结构设计与加工技术的发展、人工林的开发以及木结构建筑相关法规的建立为我国现代大跨木结构的产生奠定了基础，最有代表性的有 2012 年采用胶合木桁架拱体系，主拱跨度达 75.7m 的苏州胥口胥虹桥，是目前世界跨度最大的木结构桥梁（图 7.1-3）；以及 2016 年采用张弦木拱屋盖，跨度达 50.4m 的贵州省黔东南州榕江游泳馆，是目前国内建筑面积以及跨度最大的木结构游泳馆（图 7.1-4）。

图 7.1-3　苏州胥口胥虹桥

图 7.1-4　贵州省黔东南州榕江游泳馆

2. 国外大跨木结构的发展历程

木拱结构是最早出现的大跨木结构。为了实现桥梁的更大跨度，古罗马时期的西方人开始采用木拱券结构或与异形木桁架相结合的组合结构形式。自文艺复兴时期，木材因其良好的柔韧性，易于被加工成各种曲线形构件，同时木结构在强度及结构自重方面明显优于当时的混凝土结构。因此，在钢铁大量应用之前，国外很多大型穹顶屋架以及桥梁均采用木拱结构建造。如日本山口县锦带桥是一座连续五段的木拱桥（图 7.1-5），全长 193.3m。自 1673 年兴建以来，锦带桥经过 42 次架替维护，至今仍然完好，具有重大的历史价值。

木桁架结构是西方另一种影响深远的大跨结构形式，这种结构主要运用材料的轴向受力性能，以较小断面的木杆件而实现较大的跨度。19 世纪中期，随着钢铁材料的应用，木桁架中出现了金属杆件和金属连接方式，这使得桁架结构的跨度获得了很大的提高。1901 年建造的加拿大哈特兰廊桥（图 7.1-6），坐落于加拿大的新不伦瑞克省，跨越圣约翰河，全长 391m，共 7 跨，被认为是世界上现存最长的桁架桥。此廊桥是单车道桥，由雪松、云杉和硬松等木材建造而成。

图 7.1-5　日本锦带桥

图 7.1-6　哈特兰廊桥

工业革命对传统木结构在大跨建筑领域的发展带来巨大冲击的同时，也为现代大跨木结构的发展创造了条件。在木材加工方面，以层板胶合木为代表的工程木材的出现及发展奠定了现代大跨木结构发展的基础；在结构技术方面，工程结构理论从经验法则进入了材料力学、结构力学等分析领域，同时计算机辅助设计应用于大跨木结构的设计计算、构件加工以及施工管理之中，这使得木材可运用于网架、网壳、折板等大跨度空间结构，也可以与其他材料（如钢）或结构形式组合形成混合结构，发挥材料特性，优化结构效能，从而为现代大跨木结构的飞跃奠定了技术基础；在施工技术方面，工厂预制加工、现场机械化装配等施工技术的成熟，为现代大跨木结构的实现提供了保障。在此历史背景和物质条件下，一大批杰出的现代大跨木结构诞生。如 1980 年建成的世界上第一座大型木结构穹顶——美国塔科马穹顶（图 7.1-7），其跨度达 162m，高度达 45.7m，穹顶屋面的主要受力构件是 414 根截面尺寸为 200mm×762mm 的胶合木梁。

图 7.1-7　美国塔科马穹顶

7.1.2　应用现状

在全球高度重视环保和可持续发展的潮

流下，大跨木结构的发展迎来了一个崭新的阶段，其应用范围和领域不断扩大，除了在体育建筑、博览建筑、桥梁等领域，在工业建筑、观演建筑等其他类型建筑中也实现了新的突破。

1. 体育建筑

大跨木结构用于体育馆具有很多优势，如节能环保、隔声吸音及防火性能好等，同时其人性化的设计理念给人以自由开放、健康生态的感觉。1997 年建成的日本大树海体育馆采用了双向胶合木杆件和支撑构件组成的三维桁架结构（图 7.1-8），该穹顶长 178m、宽 157m、高 18.3m。结构采用金属节点（图 7.1-9），长边上下弦杆通过方钢管连接件和螺栓与短边杆连接，平面内采用柔性钢拉杆连接，平面外以 x 形圆钢管作为侧向支撑连接，该连接方式使得屋顶强度得以保证。

图 7.1-8 大馆树海体育馆

图 7.1-9 大馆树海体育馆穹顶节点

在建造游泳馆和溜冰场等体育建筑时，经过特殊防腐处理的胶合木，耐潮湿、耐腐蚀、防虫，能够暴露于室外数十年甚至上百年。国家体育总局训练局游泳馆为北京 2008 年奥运会训练场馆，由于游泳馆中水汽蒸发严重，特别是池水中的消毒成分蒸发后严重腐蚀馆内的金属材料，因此在改造工程中采用拱形木结构屋盖，该工程屋脊高度 16.93m，最大跨度 36m。主承重结构均为木质梁，采用高强度不锈钢螺栓连接，是当时国内最大的拱形木屋盖结构，如图 7.1-10 所示。

图 7.1-10 国家体育总局训练局游泳馆

2. 博览建筑

纵观世界博览会的历史发现，每一届世博建筑都代表着当代建筑的先驱。20 世纪后期，人居环境的不断恶化促使人类反思环境问题，“生态”与“可持续发展”开始成为世博会的核心理念。而木材作为绿色生态建材，在世界博览会上层出不穷。其中 2015 年米兰世博会，共 152 座场馆建筑，木结构建筑及以木材作为外饰材料的建筑达到了 71 座（群），数量超过总数的 60%，面积占总建筑面积的 75%，如图 7.1-11 所示。

建于 2010 年的梅茨蓬皮杜中心（图 7.1-12），一个覆盖面积 8000m^2、跨度达 90m 的树形支撑木网壳结构。建筑设计师坂茂采用与竹编工艺相仿的方式，让厚约 0.2m 的木梁

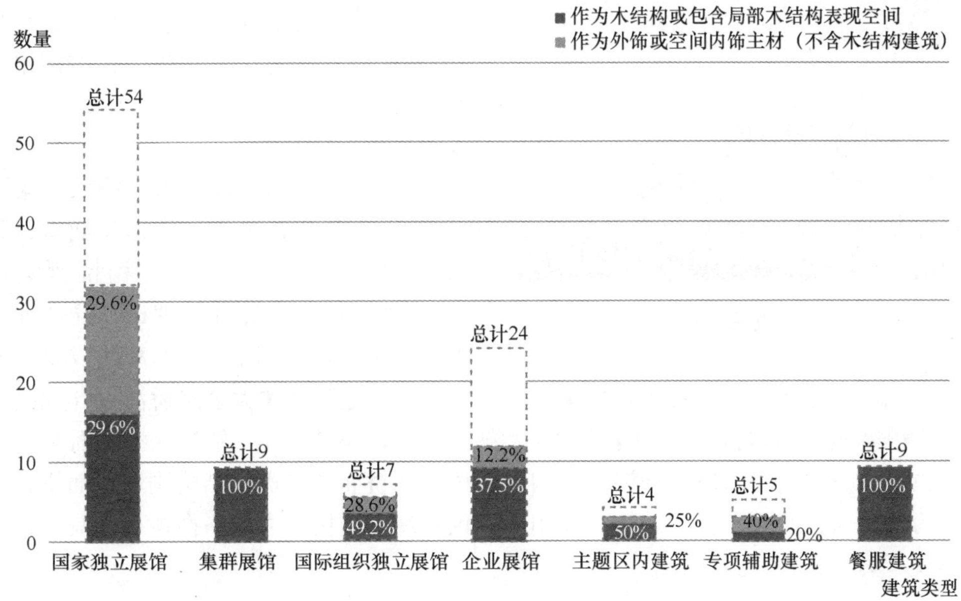

图 7.1-11　米兰世博会木建筑统计

彼此穿插编织，间距 2.9m，形成以六边形和等边三角形为网格单元的双曲面网壳，这种连接方式避免使用较多的金属节点，从而大大减少了屋顶的重量（图 7.1-13）。该结构由四根树状木柱作为支撑，上覆白色纤维玻璃薄膜。这种支撑性的网壳结构的空间可拓展性很强，有助于扩展屋顶区域。

图 7.1-12　法国梅茨蓬皮杜中心

图 7.1-13　节点细部

3. 工业建筑

考虑到特殊的防腐要求及本地资源的有效利用，一批工业建筑也采用了工程木大跨结构。同时大跨木结构的材料自重轻，施工预制化程度高，现场作业少，因而工程造价低，这一优势在大型工业建筑中体现得尤为明显。

位于奥地利维也纳的工业垃圾资源回收站（图 7.1-14），于 1982 年建造完成，至今仍是世界上最大的悬吊木簿壳结构。48 个悬吊薄壳单元固定在平面中心高达 67m 的混凝土圆柱上，并向外延伸呈放射状。建筑物平面为一直径达 170.6m 的圆形，平面外围有 48

图 7.1-14　奥地利维也纳工业垃圾资源回收站

座高度 11m 的楔形混凝土基础，有效地传递来自悬吊薄壳的轴向力。该悬吊薄壳结构使得所有构件仅承受拉力和张力，结构单元受力相对简单。

4. 木结构桥梁

在北美和欧洲各国，木结构桥梁被广泛应用于中小跨公路桥梁，特别是低运输量的乡村公路中。同时，对木结构桥梁结构形式、力学性能、设计计算理论、局部连接与耐久性的研究已经取得了丰富的成果，并将相关成果列入公路桥梁设计规范，如美国 AASHTO 规范、加拿大公路桥涵设计规范等。

瑞士巴赛尔州的斜拉桥（图 7.1-15），全长 70m，桥宽 3m，主要由木桥面板、木扶手、钢拉索以及钢桥塔组成。该混合结构中，桥塔和桥面共同提供结构刚度，而钢拉索在承受拉力的同时也起到了稳定结构的作用，不仅实现了结构中力的平衡，而且具有视觉张力，体现了力与美的完美结合。

图 7.1-15　瑞士斜拉桥

7.2　大跨木结构体系及其分类

7.2.1　现代大跨木结构类型

在当今建筑结构技术的支持下，木结构在大跨建筑领域取得很大的突破，以往常用于钢结构建筑和钢筋混凝土结构建筑的结构形式，如今在木结构建筑中也能实现，并且衍生出了木结构特殊适用的新型结构体系，主要包括木拱结构、木桁架结构、木张弦梁结构、木网架结构、木网壳结构、木编织结构、悬索钢木混合结构、木薄壳结构、木折板结构、木互承结构等。

1. 木拱结构

木拱仅承受单一的压力，按重量/跨度之比值而言，它是跨越空间最经济的体系。木拱结构主要由拱圈与支座组成，其受力特点是在竖向荷载作用下支座产生水平推力，水平推力的存在有效地降低了构件弯矩，从而使木拱能够充分发挥材料的性能。同时，构件截面内的竖向压力分量平衡了结构的整体剪力，使结构内部剪应力减小，应力分布均匀，因而木拱结构是大跨建筑的理想形式。按结构组成和支承方式，木拱结构可分为两铰拱、三铰拱和无铰拱等形式（图 7.2-1）。两铰拱的跨度不大于 24m，而三铰拱的跨度可实现更长。为使木拱的几何形状尽可能接近合理拱轴，一般采用圆形或抛物线形拱。木拱结构可作为主要承重结构单独使用，也可与网壳、悬索等空间结构组合作为混合结构的边缘构件。

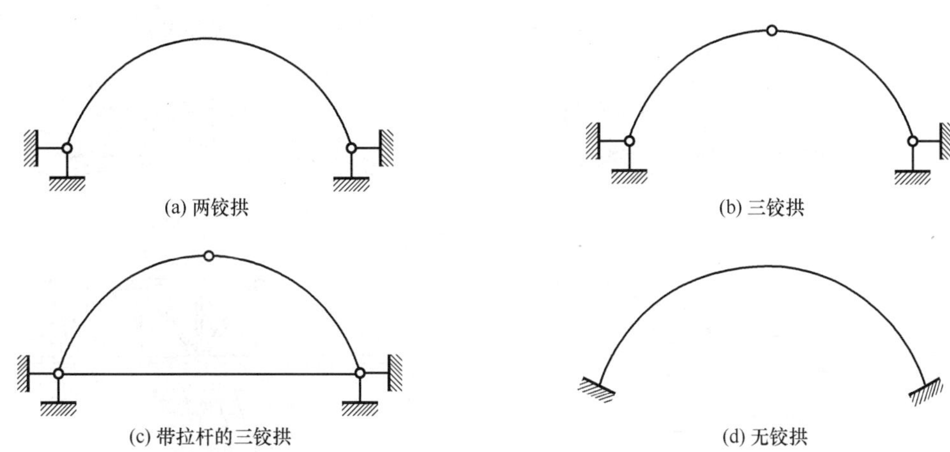

图 7.2-1　常见的木拱形式

日本出云体育馆采用木拱-钢拉索混合结构（图 7.2-2），建筑直径 143m，高度 49m，由 36 榀平面三铰拱呈放射状布置而成。由于拱脚起自钢筋混凝土圆柱的柱顶，拱矢高仅约 40m，属于缓平拱的交叉组合。拱杆构件采用带三个拐折点的胶合木直杆，受压的拱杆构件通过钢拉索沿环状连接，为结构的侧向稳定提供支撑点，有效地解决了拱结构整体刚度差、抵抗非对称荷载能力弱等问题。

2. 木桁架结构

木桁架结构是由木杆件组成的一种格构式体系，节点多为铰接。在外力作用下，桁架中的各杆件主要承受轴向力。图 7.2-3 是常用的木桁架形式。按几何形式可分为三角形木桁架、梯形木桁架、矩形木桁架以及曲拱形木桁架。在实际工程设计中，木桁架的结构形式应根据结构跨度、建筑类型和桁架的受力性能等因素确定。

图 7.2-2　日本出云体育馆

（1）三角形木桁架的结构形式与建筑物的坡屋顶形态一致，如图 7.2-3 中(a)～(g)所示，常用作屋顶的承重结构。但在荷载作用下，弦杆的内力变化较大，导致弦杆截面不能充分发挥作用，因而不适合用于大跨度建筑，原则上跨度不得超过 18m。

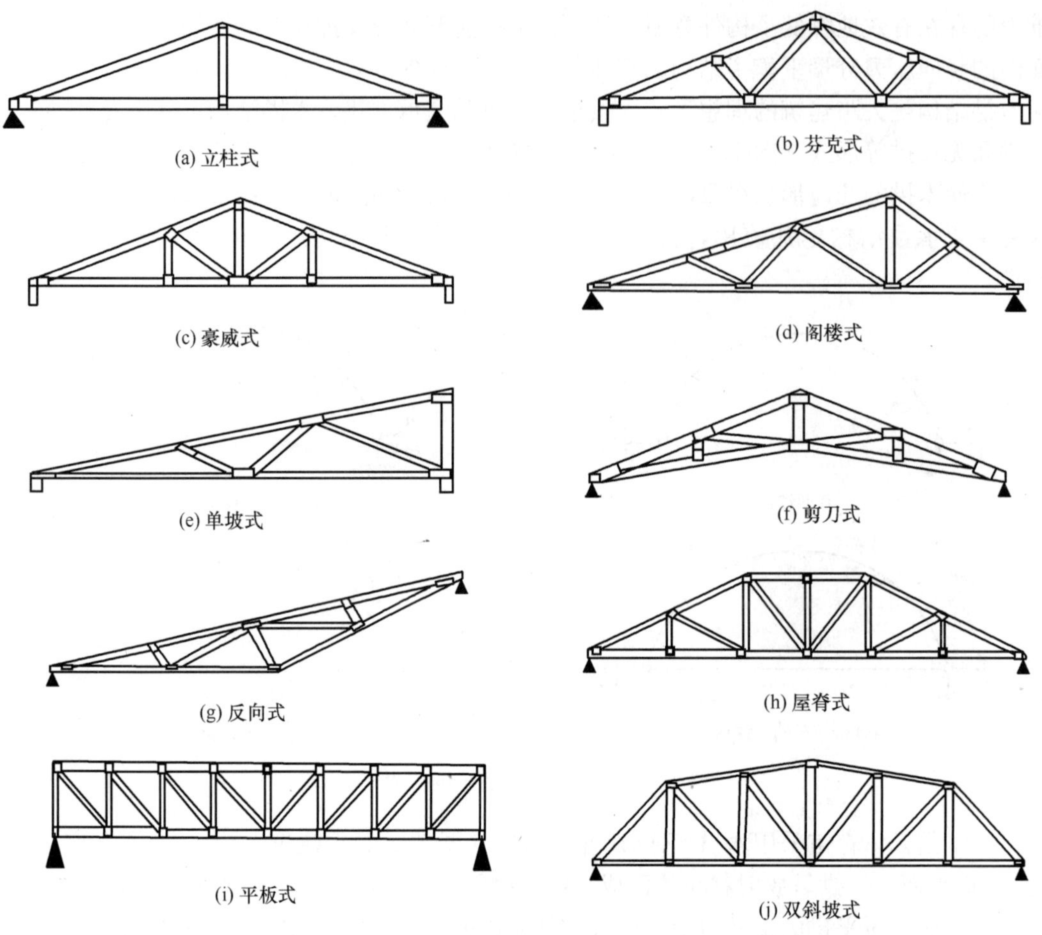

图 7.2-3 常见的木桁架形式

(2) 梯形木桁架一般用作屋面坡度较小、屋面荷载较轻的结构，跨度最大可至 24m，如图 7.2-3 (h) 所示。梯形木屋架与柱顶铰接，可组成跨度为 12～24m 的单跨、双跨或三跨等“排架结构”房屋，为公共建筑或工业建筑提供灵活的大型建筑空间。

(3) 矩形木桁架具有上下弦平行、腹杆长度相等、杆件类型少、节点构造统一等特点，更符合建筑标准化、工业化的要求，如图 7.2-3 (i) 所示。但矩形木桁架外形与简支梁弯矩图相差较大，存在弦杆内力分布不均等问题。在多跨连续的桁架（可带悬挑）中，应采用矩形桁架，其受力状况比连续梯形桁架更加合理。多跨矩形桁架的上下弦部分受拉、部分受压，因此不得采用下弦为钢拉杆的钢木屋架，其桁架高度建议取 $h=1/6$～$1/7$ 跨长，悬挑部分 $L_{挑}\leqslant 3h$。

(4) 曲拱形木桁架的上弦节点位于二次抛物线上，结构形式较接近于均布荷载作用下简支梁的弯矩图，因而受力最为合理，上、下弦受力均匀，腹杆受力较小，用料最省，在跨度较大的建筑中应优先采用，如图 7.2-3 (j) 所示。为简化制造工艺，曲拱形木桁架的上下弦通常采用折线形，成为多边形木桁架。多边形木桁架因上弦杆不能太长，所以节点数量随桁架跨度的不同而变化，腹杆的布置也随之改变。该结构形式多用于对屋面外形有特殊要求的建筑物。

考虑原木的各种缺陷和节点处木材横纹干缩变形的影响，在一些跨度较大的木桁架结构中通常将下弦杆用圆钢或型钢替代，形成钢木组合结构。由于钢材的弹性模量远高于木材，这对提高桁架的刚度，减小非弹性变形极为有利。与木桁架相比，钢木组合桁架的难点主要在于如何简化下弦节点的构造。在下弦平面内无横向荷载作用的情况下，宜优先选用下弦节点少或腹杆内力较小的桁架形式，节约用钢量。通过合理布置上下弦杆与腹杆，木桁架结构的抗弯及抗剪强度较大，自重较轻，形态变化丰富，常用于大跨度的厂房、展览馆、体育馆和桥梁等公共建筑中。瑞士 Polysportif 游泳馆采用木桁架结构（图 7.2-4），各榀桁架间用杆件连接形成整体，进而改良了平面桁架平面外失稳的缺陷。

(a) 内景

(b) 细部

图 7.2-4 瑞士 Polysportif 游泳馆

3. 木张弦梁结构

木张弦梁结构是指将钢材作为张拉索置于梁的受拉部位，木材作为上弦压杆和梁腹内的压杆，形成的压杆与拉索分明的空腹梁式结构。木张弦梁作为一种组合结构，最关键的优势在于：若干个竖向撑杆能在拉索拉力的作用下，对上弦构件提供弹性支撑，改善其受力性能，减小结构变形，最终提高结构的整体承载力，且优化各构件的受力状态，有效地改善梁结构跨度受限的缺陷。对于上弦杆，通常是利用屋面水平支撑保证其稳定性。对于撑杆和下弦索杆，其平面外稳定性与上弦的曲率有关。如图 7.2-5 所示，日本兵库县游泳馆采用的张弦胶合木结构，其上弦是平直梁，下弦的索杆处于不稳定或瞬时稳定状态，因此需要在撑杆两侧加斜向隅撑或稳定索，以保证结构的平面外稳定。

图 7.2-5 日本兵库县游泳馆

4. 木网架结构

木网架结构可视为双向工作的立体桁架，是构件以一定规律组成的网状结构，构件主要受轴向力作用。结构布置灵活，总体呈平板状，以整体受弯为主，通常简化为空间铰接杆系结构进行分析计算。按单元的组成主要分为双向桁架式木网架和四角锥式木网架。双向桁架式木网架（图 7.2-6）的每向桁架仅承受 $p/2$ 荷载，同时通过增加每向桁架数量，可大幅提升结构承载力，因此在木结构中可以实现较大的跨度。四角锥式木网架（图 7.2-7）可视为由一块 $L_1 \times L_2$、结构高度为 H 的厚板，以正交弦杆及锥状（或其他形状）腹杆的方式直接格构化而成。每网格四角锥状的杆件布置使整个网架结构具有较好的空间韵律性，视觉效果优于双向桁架式木网架。

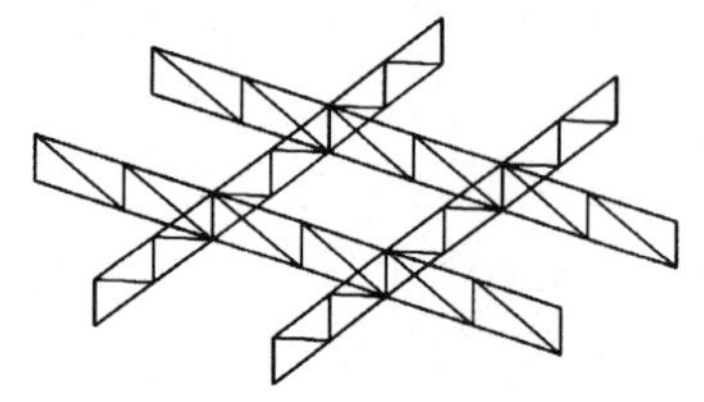

图 7.2-6　双向桁架式木网架

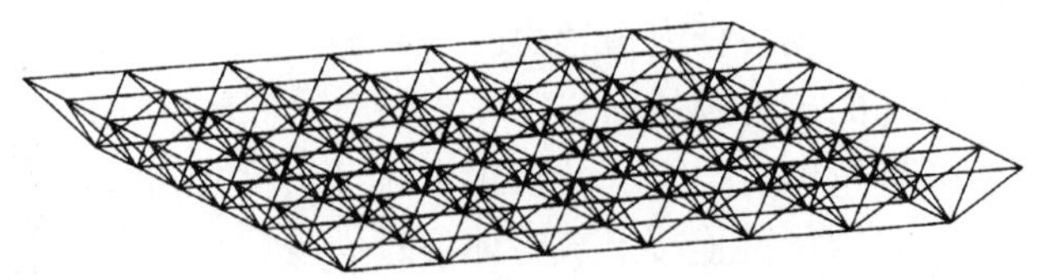

图 7.2-7　四角锥式木网架

1988 年日本建成的小国民町体育馆的屋盖采用双向弯曲的曲板四角锥式木网架结构作为具有薄膜屋面的承重结构［图 7.2-8（a）］。网架以端部下弦节点作周边支承，采用由螺栓和钢板组成的螺栓球节点［图 7.2-8（b）］，该节点只传递各杆件轴力，不传递弯矩，其可靠性主要取决于木材与钢板的粘结程度。该网架高度不大，最大跨度达 56m，配以规则的方形且采用上下错开的弦杆以及锥状腹杆后，增大了结构的空间视觉效果。

(a) 内景

(b) 螺栓球节点示意图

图 7.2-8　日本小国民町体育馆

5. 木网壳结构

木网壳结构兼具网架结构和薄壳结构的性质，是网状的壳体结构或曲面的网架结构，其外形呈曲面状。按几何形态分为球面木网壳、椭球面木网壳、圆柱面木网壳、双曲抛物面木网壳等（图 7.2-9），按网壳层数又可分为单层木网壳和双层木网壳。双层木网壳的上弦为单层木网壳形式，下弦及腹杆可按平面桁架或刚架布置，具有一定的面外抗弯刚度，能够降低非均布荷载和结构几何缺陷等因素带来的不利影响，结构的抗压稳定性和承载力较好，是一种很有竞争力的大跨木结构体系。如图 7.2-10（a）所示，英国斯坎索普体育运动学院运动馆采用的是单层球面木网壳，最大跨度为 65m，网格呈三角形，在各角相交处的每个节点都有六根木肋汇集，各木肋均匀分布。节点采用金属连接件植筋连接，结构的整体刚度较好，但节点数量大，增加了施工难度，同时也增加了屋面板造价［图 7.2-10（b）］。

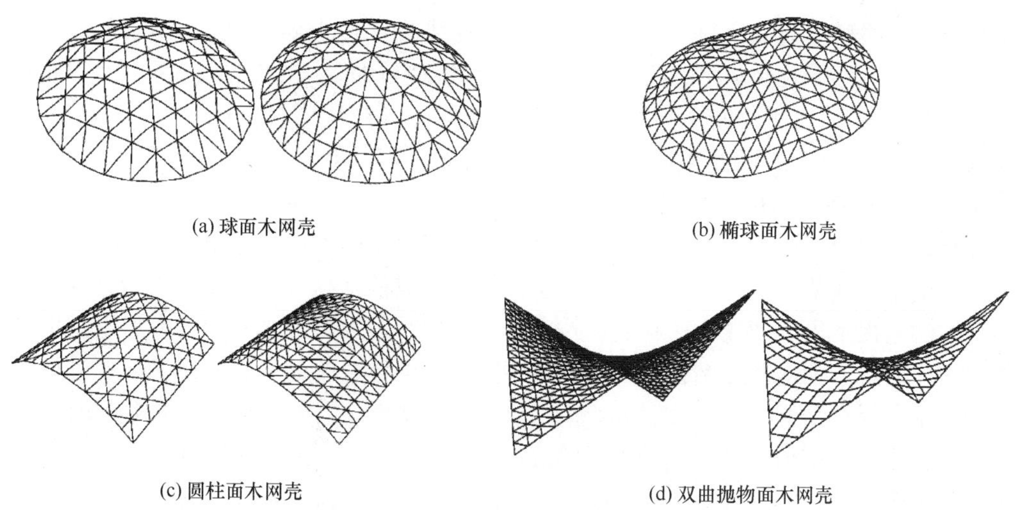

(a) 球面木网壳　　(b) 椭球面木网壳

(c) 圆柱面木网壳　　(d) 双曲抛物面木网壳

图 7.2-9　常见的木网壳形式

(a) 内景　　(b) 金属节点细部

图 7.2-10　英国斯坎索普体育馆

6. 木编织结构

随着对建筑造型与建筑功能的需求越来越高，建筑师对于结构外形的设计也越来越复杂，进而出现了结构规模大、跨度大、曲面造型丰富的木编织结构。木编织结构是在地面上将杆件交叉编织形成二维平面网格，再通过施加外力形成的无抗剪刚度的双曲率三维空间壳体结构，并增加第三方向杆件约束或固定连接节点使结构固定。该结构是结构和机构的综合体。如图 7.2-11（a）所示，2006 年建成的英国温莎公园游客中心的屋顶采用了木

(a) 外景

(b) 连接细部

图 7.2-11　英国温莎公园游客中心

编织结构。结构横向呈正弦波浪形，纵向呈抛物线形，最大跨度达 90m，最大宽度为 25m，最高处为 8.5m。该结构由两层截面为 50mm×80mm 的木条梁构成，层间用 80mm×120mm×300mm 的剪切块连接，木网壳结构边缘与下部结构通过钢环相连。屋盖用胶合板提供对角刚度，以保持结构的稳定，如图 7.2-11（b）所示。

7. 悬索钢木混合结构

悬索钢木混合结构是由作为主要受力构件的悬挂拉索按一定规律布置组成的大空间结构体系，由悬索系统、屋面系统和支承系统三部分构成。其综合利用多种材料性能，在保证经济性的前提下可实现较大的跨度。按钢索的初始受力情况分为非预应力悬索钢木混合结构、预应力悬索钢木混合结构。日本长野冬季奥运会体育馆的屋盖采用了单层平行非预应力悬索钢木混合结构（图 7.2-12），檐高 43.45m，跨度达 77.86m，是世界上最大的悬索钢木混合屋顶。结构充分发挥了木材的抗压性能和钢板的抗拉性能，具有抗弯刚度高、自重轻和抗震抗风性能优异等特点。

预应力悬索钢木混合结构又称为木张拉整体结构，由木材与施加预应力的钢索组成。其中，初始预应力值的大小对结构外形及刚度起着决定性作用。1991 年，日本天城穹顶采用辐射式张拉整体结构（图 7.2-13），跨度 43m。它由上弦受压构件、下端受拉柔性拉索和中间张弦梁撑杆组合而成。其通过上部受压构件将水平推力传递至下端的抗拉构件，完美地结合了压弯构件和抗拉构件，结构稳定性好。除此之外，木悬索结构常与其他结构形式组合，形成形式各异的混合悬索结构，如木帐篷结构、木索膜结构和木索拱结构等。

图 7.2-12　日本长野冬季奥运会体育馆

图 7.2-13　日本天城穹顶

8. 木薄壳结构

结构胶合板和定向木片板的应用使得木结构具有均质的面传力性能。因此，通常作为维护结构的木板材也可应用于面作业结构体系。以壳为单元的结构即以面受力为主，主要包括木薄壳结构和木折板结构。其中，木薄壳结构在大跨木结构中应用较为广泛。

木薄壳结构为曲面的薄壁结构，主要有球壳、筒壳、扁壳和扭壳等结构形式。薄壳的外形不同，其受力情况也有所不同。木薄壳结构充分发挥了结构的空间作用，可以在较大的范围内承受多种分布荷载作用而不致发生弯曲，是一种轻质高强、经济合理的结构体系，常用于曲线状、荷载均匀的大跨度空间。对这些规则的壳体进行裁切和组合，可以形成造型新颖且适应各种平面的大跨木建筑。瑞士建国 700 周年纪念馆采用的木薄壳结构

(a) 内景

(b) 节点细部

图 7.2-14　瑞士建国 700 周年纪念馆

[图 7.2-14 (a)]，由四层厚 2.7cm、宽 12cm 的木板交错叠合而成，跨度为 25m。结构采用统一的单元杆件及简易的螺栓节点和钉节点 [图 7.2-14 (b)]，该木结构的造价仅为钢结构的 1/5，混凝土结构的 1/3，且为期一个月的施工期是混凝土及钢结构工期的一半。

9. 木折板结构

木折板结构由直线型薄壁板组合而成。折板既具有一定面外抗弯刚度，也能承担纵向的轴压力，多以折板梁的形式出现。木折板结构多用于建筑的屋盖、墙体等结构中。其跨度虽不及木薄壳结构，但结构受力明确，传力路径短，构造简单，施工方便。德国某教堂采用辐射状 V 形折板结构（图 7.2-15），由于折板结构的几何形状与其结构功能直接相关，在结构设计时主要考虑了折板厚度、波高以及倾角大小对抗弯刚度的影响。瑞士洛桑联邦理工学院建造的木折板模型（图 7.2-16），跨度 3m，面板采用厚度为 21mm 的 Kerto-Q结构级单板层积材，由一种新型的多卡槽燕尾节点连接。在 20kN 载荷的作用下，结构垂直位移仅为 18mm。

图 7.2-15　采用 V 形折板结构的德国某教堂

图 7.2-16　木折板模型

10. 木互承结构

木互承结构是由多根木构件通过一定方式互相承接而形成的自支撑结构。木互承结构根据木构件搭接的方式，通常可分为一维、二维和三维互承结构。一维互承结构最常应用于桥梁，如中国的编木拱桥。二维互承结构为网格式结构。三维木互承结构用于形成球面、柱面或自由曲面，如本拉库木偶戏剧院（图 7.2-17）和 KROED 展馆（图 7.2-18）。部分跨度较大的互承结构常采用金属连接件增强节点连接。

图 7.2-17　本拉库木偶戏剧院

图 7.2-18　KROED 展馆

7.2.2　大跨木结构分类

目前，尚未有太多研究明确提出现代大跨木结构的分类方法。刘伟庆等对现代大跨度木结构的研究现状、存在问题和发展趋势作了相关阐述。彭相国从张力作用、推力作用、弯剪作用和面作用上对现代大跨木结构进行分类。何敏娟等将木空间结构分为木空间网格结构和木空间张拉结构。本节对不同现代大跨木结构从结构布置、整体构型和基本受力单元三个方面进行分类，见表 7.2-1。从空间布置来看，现代大跨木结构可大致分为平面木结构和空间木结构。根据现代大跨木结构构型方式的不同，分为线型结构、格构式结构、张拉结构、网格结构、薄壳结构和新型结构。同时，现代大跨木结构基本受力单元包括拱单元、杆单元、梁单元、索单元和壳单元。

大跨木结构的结构体系　　**表 7.2-1**

空间布置	整体构型	结构类型	基本受力单元
平面木结构	线型结构	拱结构	拱单元
		一维互承结构	梁单元
	格构式结构	桁架结构	杆单元
		桁架拱结构	拱单元、杆单元
	张拉结构	张弦梁/拱结构	梁/拱单元、索单元
空间木结构	网格结构	网架结构	梁单元
		网壳结构	梁单元
		二维/三维互承结构	壳单元
		编织结构	壳单元
	张拉结构	张弦网壳结构	梁单元、杆单元、索单元
		张拉整体结构	梁单元、杆单元、索单元
		悬索结构	梁/拱单元、索单元
	薄壳结构	薄壳结构	壳单元
		折板结构	壳单元
	新型结构	树形结构	梁单元

1. 平面木结构

平面木结构受力简单，传力路径明确，主要包括拱结构、一维互承结构、桁架结构、桁架拱结构和张弦梁/拱结构。木拱结构多以合理拱轴线为目标构型，同时一维互承结构是在构型上以多根杆件互相搭接形成的拱形结构，因此视为线型结构。木桁架和桁架拱结构整体构型需考虑到中部弦杆的布置模型，为典型的格构式结构。对于张弦梁/拱结构，张弦对结构整体性能具有重要作用，故视为张拉结构。

拱结构以承受轴向压力为主，支座处存在水平推力，将其基本构件单元归为拱单元。木拱结构能有效利用木材本身的抗压强度，但木拱结构易发生面内失稳。木桁架结构构件在受力上以拉压力为主，其基本构件单元视为杆单元。但由于节点具有半刚性特性，因而木桁架结构构件也存在一定的弯矩。木桁架拱结构结合了拱和桁架结构的受力特点，其弦杆除承受轴向力外也存在弯矩。张弦梁/拱结构是为提高结构材料利用率而研发的钢木组合结构，此结构以拉索受拉的方式解决木材受拉不利的问题，因此包含了梁/拱单元和索单元。

2. 空间木结构

相对于平面木结构，空间木结构能够实现更大的跨度。参考空间钢结构的分类方法，空间木结构分为网格结构、张拉结构、薄壳结构和新型结构。网格结构指整体构型以非连续构件通过节点连接形成的结构，包括网壳结构、网架结构、互承结构和编织结构；张拉结构多为钢木组合结构，主要包括张弦网壳结构、张拉整体结构和悬索结构，此类结构在利用材料性能上最为合理；薄壳结构是指结构在整体成型后能够有效地抵抗面内和面外荷载，主要包括折板结构；树形结构多用于支撑，其构型与上述空间木结构均存在较大差别，故将其归为新型木结构。

木网壳结构和木网架结构均是以非连续的杆件通过节点连接形成的网格结构。其杆件受力以压弯和拉弯为主，故视为梁单元结构；木互承结构是由相邻的木杆件以一定的方式互相搭接而形成的空间网格结构，结构受力偏向于壳单元；木张弦结构的上弦杆和撑杆均为木构件，下弦为索，上弦木构件为压弯的梁单元，撑杆为受压的杆单元，索为受拉的索单元；木张拉整体结构顶部杆件和撑杆均为木杆件，下部为预应力钢索，由此形成了预应力自平衡结构。木杆件和撑杆可视为受拉力或压力的杆单元，预应力钢索为受拉的索单元；木薄壳结构和木折板结构承受面内和面外的荷载，属于壳单元结构；与木网壳结构不同的是，木编织结构杆件为细长木条且在节点处连续。单层木编织结构面内需承受正应力和剪应力，因而其受力形式更类似于膜单元；由于木编织结构应力不能达到面内的自平衡，还需支座反力提供平衡，由此需要承受面外弯曲，因而编织木结构通常采取双层的结构形式。双层木编织结构的受力形式倾向于壳单元；树形结构从主干出发通过分叉形成有效的空间支撑。主干和分枝均承受压弯，故视为梁单元结构。

7.3　大跨木结构设计

对于复杂的结构体系，设计一个新的结构绝非是简单的模仿，设计内容也不仅局限于构件截面的选择，而应包括力传递路线的设计、结构体系的选择、结构的几何属性和材料属性的选择与确定等。同时，由于木材的天然属性，在结构设计中如何通过节点将有限尺寸和长度的木材构筑成符合要求的构造，是大跨木结构设计的核心内容之一。因此，对现代大跨木结构开展结构设计研究具有重要意义。本章节以国家现行木结构设计标准为基础，同时参考大量文献，对木拱、木桁架和木张弦等三种典型大跨木结构类型在结构体系、结构分析、构件、节点设计及耐久性设计等方面分别进行阐述。结合案例分析，为三种大跨木结构的设计与建造提供相关说明。

7.3.1 大跨木拱结构设计

1. 结构体系分类及其特点

拱是一种以承受轴向压力为主的结构。拱将压力传到支座，支座产生与轴线方向一致的反力，支座反力可分解为向上的竖向反力及向内的水平推力。由于拱结构水平推力的存在，需要相应的支座反力实现受力平衡，通过地基平衡水平推力或设置拉杆，可保证拱结构的稳定性。大跨木拱结构按几何形式可以分为缓平型木拱、高耸型木拱和三铰尖拱。

大跨木拱结构的主要特点：

(1) 构件以承受轴向压力为主，降低了对构件抗弯性能的要求，而木材受压性能优越，因此木拱构件的截面尺寸较小，用料经济。

(2) 拱脚支座处承受较大的水平推力，在不设水平拉索的情况下，对结构基础要求较高。

(3) 拱体截面多为等截面矩形，加工制作方便，在跨中设永久性铰后，便于分段制作和运输。预制的木构件在现场可通过机械化施工进行装配，有效地缩短了工期，提高了施工效率，减少了施工成本。

(4) 拱体外形为曲线或折线型，造型简洁美观，符合大部分建筑的外形要求。

2. 结构分析

理想情况下，按照合理拱轴线确定拱的几何形状，可以使结构内的弯矩为零。然而不同的荷载组合，其合理拱轴线是不同的。同时在现代建筑中，拱的几何形状往往要服从于建筑造型的要求，不可能完全消除弯矩。因此需综合考虑，确定拱的轴线方程。构件通常采用层板胶合木，由于连接性能的限制，计算分析时，通常将连接节点考虑为铰接，必要时，在充分研究分析的基础上，可将部分节点考虑视为半刚性节点。拱结构支座处水平推力较大，设计时可根据实际情况考虑设置水平拉索、斜桩等适当的方式抵抗水平推力，以减少建造费用。

3. 构件设计

大跨木拱结构中的木构件设计应按跨度、曲率半径或矢高，结合建筑造型要求，合理确定拱的轴线方程及几何尺寸：

(1) 缓平型木拱矢跨比宜≤1/4，其在均布满跨荷载作用下的全拱弯矩为零，在风压等不对称荷载作用下，拱各截面需承受一定弯矩。

(2) 拱的跨度较大时，拱脚与基础连接的铰节点应具有明确的轴枢（圆柱状短轴）。

(3) 高耸型木拱矢跨比宜≥1/3，矢跨比越大，拱的水平推力越小，但拱身失稳的可能性加大，因此要采取保持拱身稳定的措施。

(4) 三铰尖拱矢跨比一般为 1/1.5～1/3，建议最大跨度≤100m。三铰尖拱的拱顶铰节点因两侧缓平拱杆的拱轴不连续（相互交叉），除弯矩为零之外，仍需传递剪力，故必须设置明确轴枢的铰节点。

考虑不同荷载工况，计算支座反力以及各截面内力。由于拱结构的几何形状较为简单，通常采用等截面设计，即拱截面按最大（不利）内力所在截面确定，同时还应考虑结构的稳定性，必要时可做成内凹形式，以增强结构刚度和平面外稳定性。

4. 节点设计

木结构能否满足使用功能要求并具有足够的耐久性，很大程度上取决于其节点连接设计是否正确和施工质量是否得以保证，木拱结构也是如此，因此应充分重视其节点连接的设计与施工。节点一般由螺栓、销轴、钢板等组成（图 7.3-1 和图 7.3-2），具有紧密性好、韧性充分、制作简单、安全可靠和施工快捷的特点。其中螺栓主要用于传递剪力、抵抗拔力，其构造应符合《钢结构设计标准》GB 50017—2017 的要求。在露天或潮湿环境下，应注意防止钢材锈蚀。若木材经防腐处理，应避免钢材与防腐剂发生化学反应。

图 7.3-1 拱脚节点

图 7.3-2 拱肋对接节点

5. 耐久性设计

木结构耐久性与建筑的使用性能、使用年限和安全性密切相关，在设计和施工中应给予充分的重视。尤其对于木结构桥梁，为确保其耐久性良好，应注意以下几点：

（1）所有木材应做防腐处理，必要时可增加多道防护措施，确保构件在设计使用年限内的耐久性，木材防腐可按《木结构工程施工质量验收规范》GB 50206—2012 采用合适的药剂及处理方法。

（2）所有的刨平、钻孔、开槽、倒角和其他切割工序应在防腐处理前进行，人行道上的主要结构构件不能让行人直接接触。

（3）考虑到木桥面板暴露表面在使用时会被磨耗，应增加其设计厚度，以保证桥面板厚度始终满足设计要求。

（4）应采取适当的保护措施减少降水、风力以及太阳辐射等自然因素的影响。

（5）设计时可考虑增加木构件与地面、河面之间的距离。

（6）尽量减少槽口、孔洞等水可能积聚或渗透的部位，并对这些部位采取适当的措施进行防护。

（7）桥梁应考虑养护需要，按照可达到、可检查、可维护和可更换的要求进行设计。

6. 抗火设计

(1) 木构件耐火极限和有效碳化厚度应按照《木结构设计标准》GB 50005—2017 设计。

(2) 木拱结构金属连接件可采用嵌入模式，如螺栓-钢填板连接。连接缝可采用防火封堵材料填缝。

(3) 防火设计和防火构造尚应按照现行国家标准《建筑设计防火规范》GB 50016—2014 设计。

7. 工程实例

(1) 工程概况

胥虹桥位于苏州市吴中区胥口镇，是“欢乐胥江”大型滨水景观的重要组成部分（图 7.3-3）。该桥位处胥江运河，河岸宽度约 60m，航道等级为Ⅵ级，通航净宽为 45m，净高 5m。五十年一遇最高通航水位为+2.7m，常水位为+1.32m。胥虹桥全长约 100m，主拱跨度 75m，矢跨比 1∶7.5，桥宽 6m，桥轴线与航迹线夹角约为 23°。桥梁采用木结构桁架拱一跨过江的形式，造型简洁优美，与整个主题广场景观完美融合。胥虹桥也是目前国内跨度最大的单跨木拱桥。

图 7.3-3　胥虹桥

(2) 结构分析

由于桥址地区为软土地区，且拱脚处水平推力较大，因此桩基设计为斜桩的形式，以抵抗水平推力。设计荷载包括恒荷载（结构自重）、活荷载（人群荷载）、风荷载、地震荷载以及风荷载。承载能力极限状态下，最大应力出现于上拱横梁处，为 11.5MPa，木材抗压性能得到了充分利用；正常使用极限状态下，半跨荷载结构竖向位移最大，为 69.63mm，满足 $L/800=93.75$mm 的要求；采用特征向量法对有限元模型进行模态分析（图 7.3-4），结果显示胥虹桥的竖向一阶自振频率为 3.18Hz，满足我国规范规定大于 3Hz

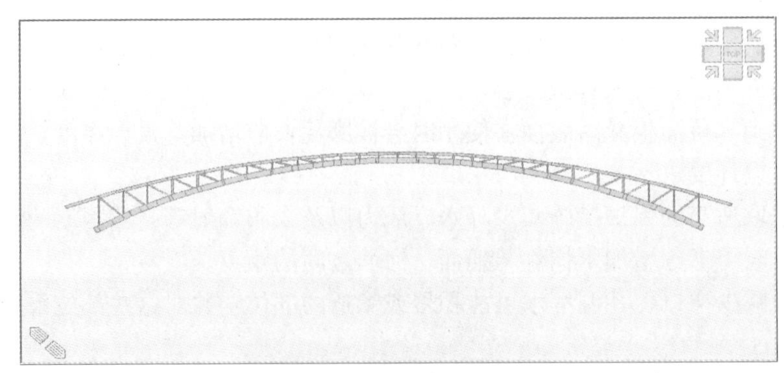

图 7.3-4　有限元模型建立

的要求。

（3）主体结构设计

桥梁上部结构采用桁架式木拱结构（图7.3-5）。横向设置两根主拱，主拱轴心间距5.66m，截面为0.34m×1.2m。两主拱间横向设置横梁，横梁截面为0.26m×0.8m。横向设置两根上拱，间距5.66m，跨度为80m，上拱截面为0.34m×0.6m。两上拱间亦横向设置横梁，横梁截面为0.26m×0.54m。竖杆和斜腹杆截面为0.21m×0.34m，所有杆件均通过钢连接板、螺栓和圆钢销等进行连接。

图7.3-5　主体结构

（4）节点设计

本工程中采用的连接节点包括拱脚节点，拱肋对接节点（每个拱肋5处），拱肋、腹杆及横梁之间连接节点等（图7.3-6）。拱脚节点设计为完全铰支座，在支座连接件和拱靴连接件之间采用销轴连接；拱肋对接节点采用专门的分离式压弯型木结构连接件；拱肋、腹杆及横梁之间连接件采用整体连接件。

建立有限元模型时，主拱为主要受力构件，主拱节点设计时考虑其承受弯矩，故按刚接计算，拱脚处按铰接考虑；腹杆主要承受轴力，腹杆与主拱之间的节点设计时不需要考虑其承受弯矩，故按铰接计算；横梁通过钢托板螺栓连接在主拱上，主要起到分配荷载的作用，并增强结构整体刚度和稳定性，偏于安全的考虑，将横梁和主拱之间的节点按铰接计算；纵梁通过钢托板螺栓连接在横梁上，主要起到分配荷载的作用，将纵梁和横梁之间的节点按铰接计算。

7.3.2　大跨木桁架结构设计

1. 结构体系特点

大跨木桁架结构是由杆件连接而成，主要分为上弦杆、下弦杆和腹杆。这些杆件一般受压或受拉。大跨木桁架结构可分为三角形木桁架、梯形木桁架、矩形木桁架以及曲拱形木桁架。其中，曲拱形木桁架比较受欢迎，采用胶合木构件的曲拱形桁架跨度一般约30～60m。大跨木桁架结构的主要特点：

（1）上弦杆、下弦杆及其连接处为主要的应力分布区。受压杆件的尺寸大小一般由屈曲控制。而受拉构件的尺寸大小一般由受力最弱处的拉应力控制，这些地方一般发生在节点连接处。

（2）加工制作方便。较大的结构构件和节点均可在工厂分块成批生产，再运输到现场进行安装。

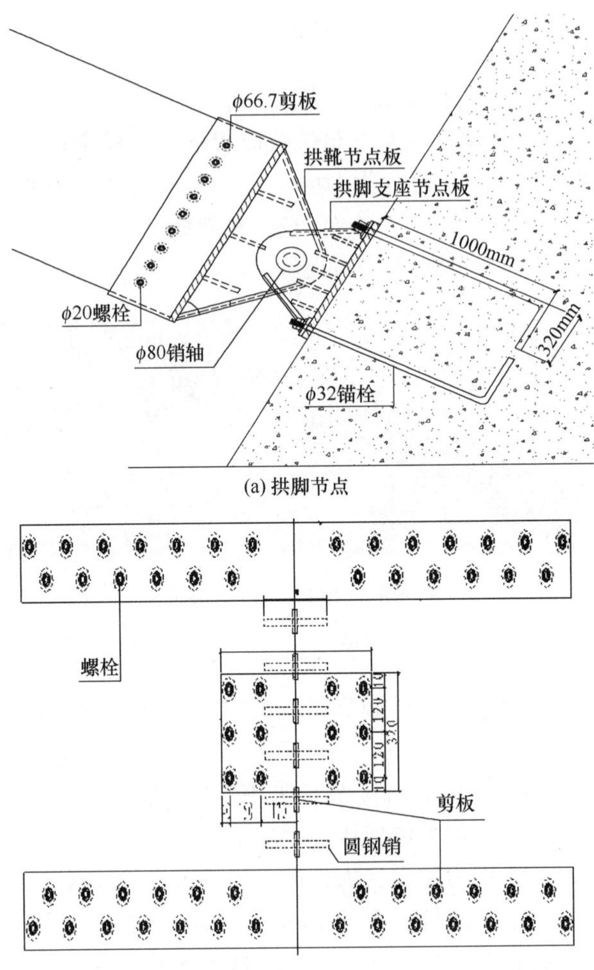

(a) 拱脚节点

(b) 拱肋对接节点

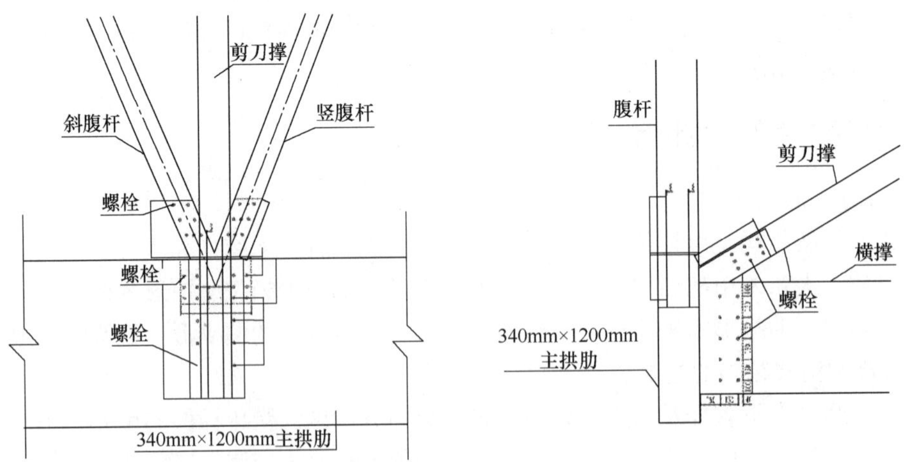

(c) 桁拱腹杆、主拱肋、横撑间节点

图 7.3-6　节点类型

2. 结构分析

大跨木桁架结构是由稳定的三角形单元组成。大跨木桁架结构的高应力区一般发生在腹杆和连接处。为了实现最合理的结构排布，大跨木桁架结构在设计时需注意以下方面：

(1) 节点的数量应尽可能少，节点接头滑移一般会增加桁架总挠度；

(2) 受压弦杆和竖杆的长细比不能超过限值；

(3) 弦杆的局部弯曲不宜过大；

(4) 内对角线和弦杆之间的角度值应该在45°左右。

3. 构件分析

对于大跨木桁架结构，需要注意其受压杆件的屈曲。受压杆件和压弯杆件一般为桁架的上弦杆，故需将其设计成类似于梁柱结构。同时，需要考虑桁架的面内外屈曲。对于弦杆和平面外屈曲的腹杆，面内的长度应为节点间距，面外的长度应为侧向支撑之间的距离。并且，应控制杆件的宽度和桁架上下弦杆之间的距离之比，以减小弯矩的影响。为减少面外的屈曲长度，可以采取增加支撑的方法。

4. 节点分析

节点连接设计时需考虑杆件的高宽比。带有开槽板的销连接是大跨木桁架结构常用的节点类型（图7.3-7）。为了增加节点的承载能力，经常需要使用大量的开槽板。同时要求杆件具有较大的横截面。1994年，挪威奥林匹克运动会建造的弓弦式木桁架结构，底部的弦杆需要承受7000kN的拉力，因而其节点则采取销连接形式。

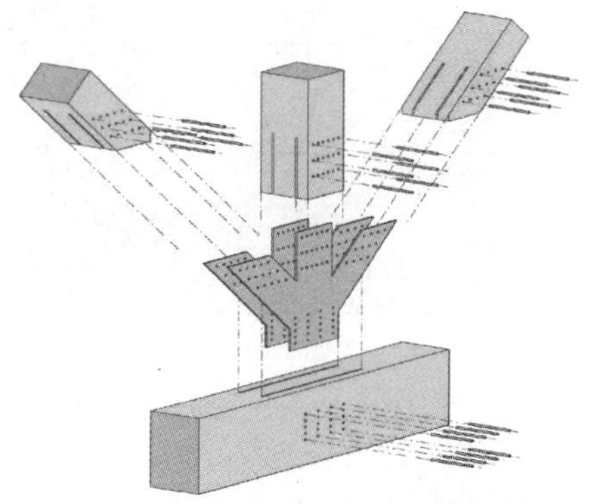

图7.3-7 常用的节点形式之一

5. 工程实例

(1) 工程概述

淹城初级中学体育馆位于江苏省常州市武进区（图7.3-8）。本工程为木结构体育馆建筑，建筑面积3848m^2，结构总高度16.85m。建筑长64.75m、宽37.2m。建筑主体所有承重构件均采用预制胶合木构件，外围结构采用二层钢筋混凝土框架结构。建筑设计使用年限为50年。

图7.3-8 淹城初级中学体育馆

(2) 结构设计分析

1) 结构整体变形分析

结构整体通过有限元软件 MIDAS/GEN8.0 进行建模计算。桁架结构构件采用梁单元模拟，节点根据实际情况设置为铰接、刚接；屋面檩条采用梁单元模拟，两端铰接；拉索采用只受拉单元模拟，柱脚为刚接节点；桁架结构架设在柱顶处，节点设置为铰接。屋面荷载按照受荷面积转换为线荷载加到屋面檩条上，如图 7.3-9 所示。

正常使用状态时，桁架结构竖向挠度及水平向侧移进行计算参考《胶合木结构技术规范》GB/T 50708—2012 中第 4.2.5 条规定，最大侧移和竖向最大挠度满足设计要求。在恒载和全跨活载作用下以及恒载和风荷载作用下，结构产生竖向变形，其最大值小于 $L/250$ 的限值。在风荷载组合的工况作用下，由于风压吸力的影响，抵消了一部分结构的竖向变形，但风荷载值小于恒载值。

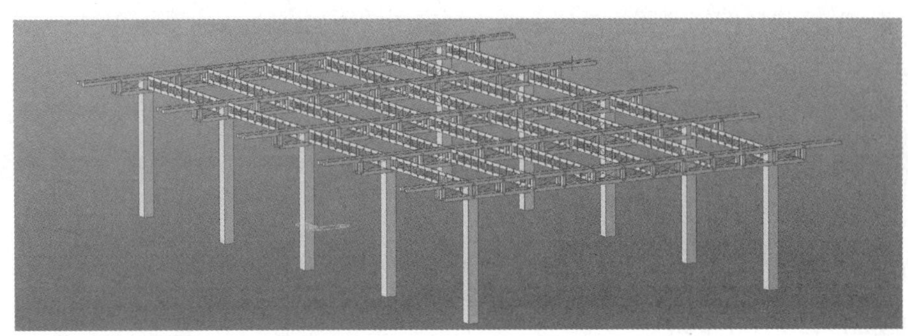

图 7.3-9 有限元模型

2) 结构动力分析

采用特征值分析法对结构的动力特性进行有限元分析，对屋面体系的整体刚度进行控制。模型各阶频率数值较为接近，结构刚度较好。结构动力分析发现，第一阶周期为 1.4416s，结构整体前两阶振型为平动，平面规则。

3) 结构应力分析

对结构在各个不利荷载工况的结构应力进行计算，主桁架腹杆截面、次桁架截面、主桁架上弦截面以及拉索最大应力均满足设计要求；在应力集中的地方，首先木材本身强度满足要求，其次采取相应的对穿螺杆和自攻螺钉，加强构造措施以保证结构安全可靠。

(3) 节点设计

1) 主桁架拼接节点

主桁架拼接节点如图 7.3-10 所示，钢板厚度为 15mm，采用 M8.8 级螺栓。拼接节点最大弯矩 30kN·m，由于拼接节点处的弯矩较小，由弯矩引起的拉力值较小，保守设计由受拉边钢板条、螺栓及剪板紧固件承担所有由弯矩引起的拉力；同时为保证负弯矩引起的反向拉力及施工安装工况下产生的弯矩，在上、下两边对称设置相应的连接紧固件。

当承压面不能够密实，需要考虑剪板承受轴向压力。根据桁架拼接节点最大轴力，合理选择螺栓数量，多余螺栓保证结构富余量，可满足抗剪承载力要求。

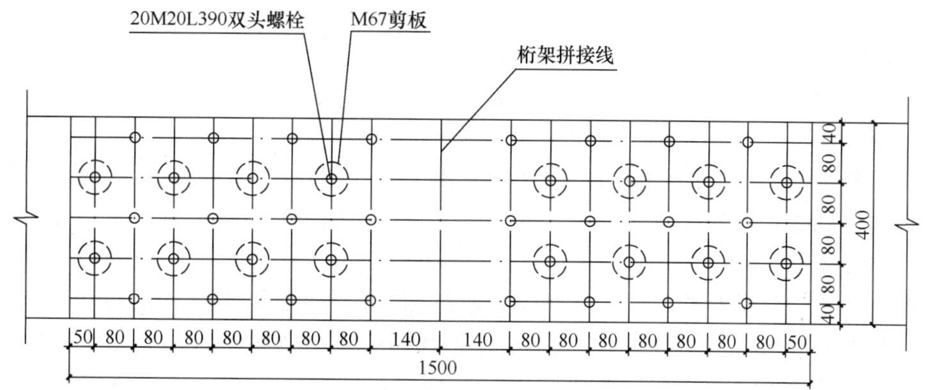

图 7.3-10　主桁架拼接节点（单位：mm）

2）主桁架与次桁架上弦杆连接节点

根据主桁架与次桁架上弦杆连接节点连接处剪力最大值、拉索的竖向力、腹杆的轴力。保守设计由受剪螺栓及剪板紧固件承担所有竖向剪力。分别对每个剪板承载力、腹杆连接以及腹杆稳定进行验算，均满足设计要求。

(4) 构件设计

结构中主要胶合木截面尺寸均为 300mm×400mm，作为压弯构件受荷。根据荷载组合取最不利值进行截面验算。参见《胶合木结构技术规范》GB/T 50708—2012 中第5.5.2条规定，通过计算受压构件临界屈曲强度设计值和受弯构件抗弯临界屈曲强度设计值，其压弯构件承载力满足要求。

7.3.3　大跨木张弦结构设计

1. 结构体系特点

大跨木张弦结构是由木拱或木梁、撑杆和拉索组成的一种复合结构。因此，大跨木张弦结构包含了三种基本构件，上部的木拱或木梁承受拉弯和压弯作用，下部的拉索对上部构件进行张拉，而中间的受压撑杆负责连接上部构件和拉索，如图 7.3-11 所示。大跨木张弦结构有效地发挥了各类子结构构件的优势，在大跨木结构建筑行业得到较为广泛的推广与应用。其特点主要体现在以下方面：

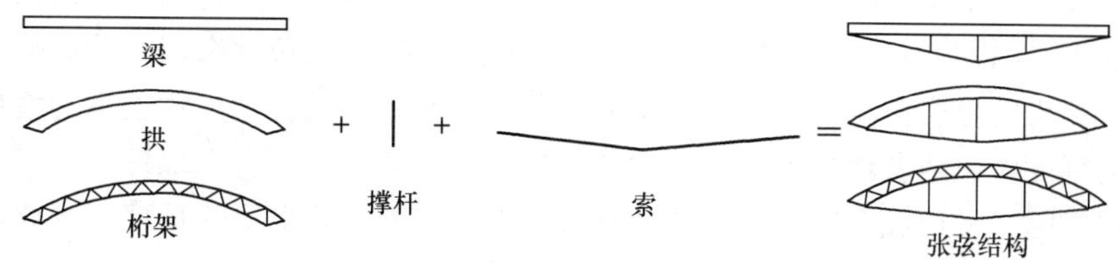

图 7.3-11　张弦结构构造

(1) 具有较大的结构刚度和良好的稳定性。由于张弦木结构下部拉索具有预拉应力，通过撑杆与上部木构件可形成良好的整体性和自平衡性。同时，上部木构件具有较强的抗压和抗弯性能，与柔性的拉索相结合，增强了整体结构的稳定性。相较于一般的桁架结构，该结构体系刚度更大。

（2）受力状态合理。由于下部拉索通过中部撑杆为上部木构件提供反向荷载，整个张弦结构的内力分布均匀合理。

（3）结构造型美观，便于布置。在已建的大跨木张弦建筑中，屋顶多采取木拱形式，因而使得整个屋顶面形成优美的曲线。

（4）制作运输方便。由于大跨木张弦结构由上部木构件、撑杆和拉索组成，构件类型明晰。木构件和撑杆的制作、加工、运输方便，拉索在施工时也可以减少施工误差。

2. 结构分析

按照上部木构件的结构形式，大跨木张弦结构可分为大跨张弦木梁结构和大跨张弦木拱结构。如2006年建成的英国福姆比市游泳馆和2013年世界大学生夏季运动会俄罗斯喀山游泳馆（图7.3-12）采用了大跨张弦木梁结构，日本的出云穹顶和贵州省榕江游泳馆采用了大跨张弦木拱结构。

图7.3-12　俄罗斯喀山游泳馆

由于大跨木张弦结构一般由三种基本构件组成，在结构分析时需考虑三种构件自身的结构承载力以及相互的协同作用。木拱或木梁下面布置了撑杆，而撑杆连接下部具有高预应力的拉索，由此产生对上部木拱或木梁的反向荷载作用，形成体系自平衡。利用结构自平衡特性可以减少支座端的水平推力。同时，对拉索施加预应力可以平衡竖向荷载作用下上部构件的变形。在截面内力上，张弦结构与简支梁结构一样要承受整体弯矩和剪力效应。根据截面内力平衡关系，张弦结构在竖向荷载作用下的整体弯矩由上弦构件内的压力和下弦拉索内的拉力形成的等效力矩承担。因此，鉴于大跨度木结构中木构件的挠度过大，引入拉索是一个有效的方法。同时，拉索也可以防止因木梁或木拱节点破坏而造成的连续性破坏。在三种构件协同作用下，不仅增大了结构的刚度和整体稳定性，而且用拉索替换下部木构件可以极大地提高材料的利用效率。

在大跨木张弦结构设计时，需考虑矢跨比、垂跨比、拉索横截面积、预应力大小、撑杆的数目以及上部木构件的结构形式等。鉴于木梁的跨度较小，大跨木张弦结构的上部木构件多采取木拱结构。对于张弦木结构，垂跨比的变化对节点位移有较大的影响，随着垂跨比增大，结构的挠度会减小。对于拉索的横截面积和撑杆数目，虽然两者的增加，都可以提高结构刚度，但两者增加到一定程度时效果并不明显。撑杆为上部杆件提供了弹性支承，应根据实际工程荷载等影响因素合理布置撑杆，以有效降低竖向位移。因此，在结构设计分析时需考虑各参数的取值以实现结构的合理性和经济性。

3. 构件设计

大跨木张弦结构的构件设计主要包括上部木构件设计、撑杆设计和下部拉索设计。木构件设计时应满足《胶合木结构技术规范》GB/T 50708—2012的各项要求。需考虑各个不利荷载工况对木构件的影响，对木构件主要截面进行验算，使其在容许应力范围之内。撑杆设计时，需结合建筑要求合理布置撑杆数目和撑杆间距。并且，鉴于撑杆下部与拉索相连处刚度较小，撑杆的稳定性应引起重视。撑杆在平面外没有位移约束，若撑杆下部与拉索相连节点发生平面外水平位移，拉索也会伸长。下部拉索设计时，主要考虑施加预应力的大小。在满足结构整体刚度和几何形状的前提下，以及在抵消上部木构件跨中一定竖向位移的条件下，通过计算分析确定合理的张拉预应力值。

4. 节点设计

节点构造主要包括柱脚节点设计、上部木构件连接节点设计和撑杆连接节点设计。柱脚节点设计时需根据实际设计的节点，考虑销轴或螺栓的抗剪强度和节点板孔的承压强度，柱脚节点的加劲肋等构造应满足《钢结构设计标准》GB 50017—2017 中的要求。上部木构件连接节点设计时，根据最不利荷载组合对螺栓进行承压验算、抗弯承载力验算等。撑杆连接节点设计包括撑杆与上部木构件的连接和撑杆与拉索的连接两部分。撑杆与拉索的连接根据《钢结构设计标准》GB 50017—2017 要求验算螺栓强度等方面。撑杆与上部木构件的连接需验算螺栓的承压值，螺栓的布置应满足构造要求。

5. 工程实例

(1) 工程概述

贵州省榕江室内游泳馆位于贵州省黔东南苗族侗族自治州榕江县，如图 7.3-13 所示。内设 50m×50m 正式比赛池和 25m×25m 训练池，总建筑面积 11455m^2，占地面积 6180m^2，建筑地下一层，地上两层，建筑高度为 20.05m。建筑设计使用年限为 50 年，建筑结构安全等级为一级。建筑地下室及一层采用混凝土框架体系，两层以上采用木结构体系。考虑建筑外形及结构特性，泳池上部屋盖采用张弦木梁体系。主跨 50.4m，矢高 4.5m，下弦拉索垂度 1.5m，为目前国内跨度第一和面积第一的现代木结构屋盖。其中，上弦由 2 根 170mm×1000mm 的胶合木曲梁拼合而成，腹杆采用 6 根变截面梭形木撑杆，下弦采用直径 50mm 的预应力钢绞线 PE 索。单片平行张弦曲梁之间设置腹杆纵向索、屋面稳定索形成整体结构体系。自平衡的张弦木梁支承于滑移支座，消除支座水平推力，有效地降低了造价。张弦曲梁两端支撑在混凝土变截面墩柱上，一侧采用滑移支座，另一侧采用铰支座，有效地调节了上部荷载的变化。

图 7.3-13 贵州省榕江游泳馆

传统木结构部分选用贵州当地杉木，胶合木结构采用强度等级 TC17 级、天然防腐性能达到强耐腐等级的进口优质落叶松木材，同时按照游泳馆使用环境要求选用 PRF 结构胶粘剂。胶合木成品表面采用环保型木材防腐液 ACQ 和防护型木蜡油进行二次涂装，最大限度地提高木构件的耐久性能和防潮性能。

(2) 张弦结构设计

榕江游泳馆屋顶结构采取张弦胶合木结构，如图 7.3-14 所示。张弦木结构上弦拱为双拼胶合木梁单元，撑杆为胶合木桁架单元，下弦为拉索单元。在张弦木结构设计时，主要考虑撑杆间距、尺寸和张弦预应力设计。撑杆的数目受结构内力变化、位移变化及建筑专业要求等因素的影响。撑杆数目的增多可以改善拱的受力性能，但当撑杆数目达到一定程度后，改善效果不再明显。

图 7.3-14　胶合木拱立面布置图

对于张弦结构，预应力的大小对张弦结构的受力性能有着重要的作用。预应力的确定在满足结构整体刚度和几何形状的前提下，还要考虑其使用过程中的结构性能，尽量减少刚性构件在使用荷载作用下的应力和结构变形。本工程的预应力确定原则是，在张弦梁自重和预拉力作用下，张弦梁跨中产生的反向位移能够抵消单独 1/2 屋面恒荷载作用下张弦梁跨中产生的竖向位移。根据该原则对张拉预应力进行试算，最终确定张拉预应力。

(3) 整体结构受力分析

1) 结构整体变形分析

结构整体采用有限元软件 MIDAS/GEN8.0 进行建模计算，有限元模型如图 7.3-15 所示。梁柱构件采用梁单元模拟，拉索采用受拉单元模拟，撑杆采用桁架单元模拟。柱脚为混凝土结构，节点设置为刚接。屋面荷载通过建立平面板单元，采用施加面荷载的方式进行加载。按《建筑结构荷载规范》GB 50009—2012 确定结构所承受的雪荷载、风荷载和地震荷载。

图 7.3-15　有限元模型

通过有限元分析，对正常使用状态下拱结构的竖向挠度及水平向滑移进行计算。竖向最大挠度小于 $L/400$ ，满足设计要求。在恒荷载和全跨活荷载、恒荷载和不利雪活载作用下，结构产生竖向变形和向拱面外的水平变形。两个荷载工况下的结构竖向变形最大值均小于 $L/400$ 的限值。在风荷载组合工况的作用下，由于风压吸力的影响，抵消了一部分结构的竖向变形，但风荷载值小于恒荷载值。结构竖向变形最大值和水平变形值均在结构和支座滑移量的范围之内。

2）拱内力及应力状态

各荷载工况下结构应力值的计算结果表明，在 $1.2D+1.4L$（全跨活荷载分布）工况下，结构竖向荷载效应组合最大；结构主要构件内力及应力值的计算结果表明，在 $1.2D+1.4S$（雪荷载不利分布）工况下，拱形结构半跨活荷载为其不利工况；恒荷载及半跨活荷载作用下结构内力及应力的计算结果表明，在 $0.8D+1.4W$ 工况下，该工况考虑风荷载吸力作用的影响，恒荷载对结构起有利作用，组合系数取0.8。对该工况组合下结构主要构件内力进行分析，计算结果表明，拱截面包络最大应力小于选用的胶合木材料容许应力值，应力比为0.31，满足设计要求；撑杆压力值较小，截面应力远小于材料容许应力值；拉索最大应力值也小于选用高强度低松弛镀锌钢丝束的应力，应力比为0.3，满足设计要求。在恒荷载与风荷载组合工况下，全部撑杆均处于受压状态，因此屋面风吸力不会造成撑杆处于受拉状态，从而导致下弦拉索失效。

（4）节点设计分析

1）主拱连接节点设计

主拱拼接采用普通8.8级螺栓对穿连接，钢板厚度16mm。依据《胶合木结构技术规范》GB/T 50708—2012，验算单个螺栓承压，荷载按最不利荷载组合取值。通过验算销槽承压主构件破坏承载力、销槽承压侧构件破坏承载力、销槽局部挤压破坏承载力（仅用于侧构件）、单个塑性铰破坏（侧构件）和两个塑性铰破坏（主构件），得到4种破坏模式中的最小值作为螺栓承压值。端面承压验算在各种工况作用下上弦拱中的最大压应力应小于容许应力。当承压面不能够密实时，需要考虑剪板承受轴向压力。通过分析能够得到主拱端部最大轴力和单个剪板承载力，以此决定螺栓个数，使节点满足抗剪承载力的要求。

2）双拱拼接节点设计

双拱拼接节点采用普通8.8级螺栓对穿钢板连接，螺栓直径18mm，钢板厚度12mm。依据《胶合木结构技术规范》GB/T 50708—2012，验算单个螺栓承压，荷载按最不利荷载组合取值。通过验算销槽承压主构件破坏承载力、销槽承压侧构件破坏承载力、销槽局部挤压破坏承载力（仅用于侧构件）、单个塑性铰破坏（侧构件）和两个塑性铰破坏（主构件），得到单个塑性铰破坏（侧构件）时其值最小，将该值作为螺栓承压值。这里螺栓主要作用是连接单拱，按构造布置即可。

3）腹杆连接节点设计

腹杆采用直径为150mm的胶合木，端部附加钢套管，并通过螺栓连接主拱与拉索。腹杆与拉索节点连接设计时，腹杆下端采用直径为25mm的普通8.8级螺栓。根据《钢结构设计标准》GB 50017—2017要求验算，发现螺栓强度和钢板承压均满足要求。腹杆与主拱节点连接设计时，腹杆上端采用直径为25mm的普通8.8级螺栓，其受剪承载力经验算满足要求。

7.4 大跨木结构的建造

相较于普通结构，大跨结构通常具有结构体系复杂、部件形态多样、构件尺度大等特点。大跨木结构的制作与安装是建造过程中的重要环节，需要控制构件精度与安装精度。

7.4.1 大断面和异形木构件的制作

现行的木结构构件加工主要由两种方式，即传统的手工加工和工业 4.0 背景下的智能制造，由于大跨木结构精度要求较高，大断面和异形木构件的制作更适合采用后者。

1. 智能制造概念

智能制造（Intelligent Manufacturing），也称智能生产，是由智能机器和人工共同组成的人机一体化智能系统，它在制造过程中能进行诸如分析、推理、判断、构思和决策等智能活动。通过人与智能机器的合作，进而扩大、延伸和取代人类专家在制造过程中的脑力劳动。智能制造是工业 4.0 的核心内容，也是实现工业 4.0 的必经之路。

智能制造的两大核心：

应用软件——“大脑”——控制系统

智能机器——“手脚”——执行工具

通过软件与智能化设备，可以实现智能化生产，实现工厂化预制、精细化施工，并满足个性化、多样化和定制化的需求，如图 7.4-1 所示。

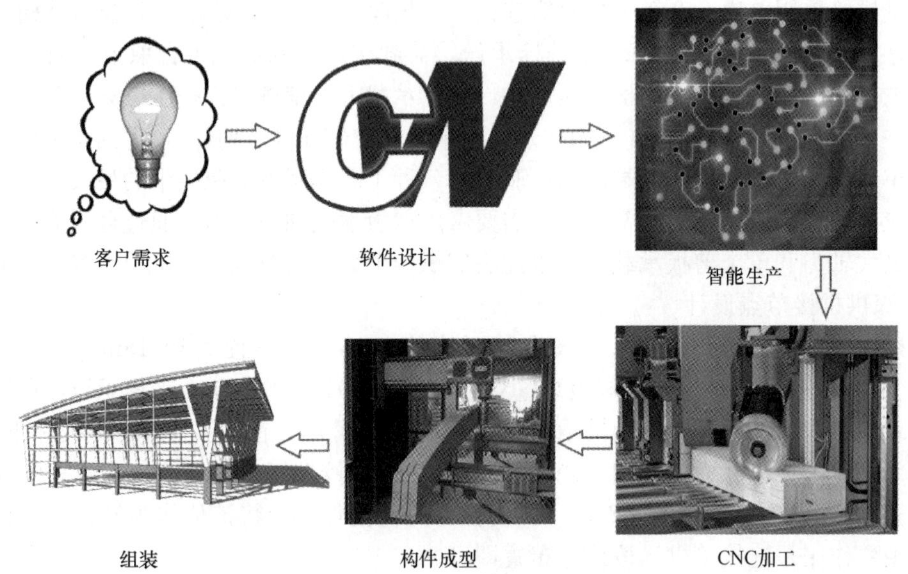

图 7.4-1 大跨木结构智能制造流程图

2. 智能化设备

使用专业木结构设计软件对结构方案进行深化设计，可得到构件加工 CAM 文件，结合先进的五轴数控加工技术，可以高效、高质量地完成各种大截面异形木构件的加工工序。

现有的数控加工中心可以对 CLT、大截面胶合梁、SIP 墙体和其他木板进行精细化加工，加工宽度可达 8m，厚度可达 500mm，长度不限。对于曲线型构件，亦可对层板进行优化组合，提高材料的利用率。

大型数控加工中心的多工位加工系统，可完成自动换刀、锯切、钻孔、铣型、开槽和打眼等工序，如图 7.4-2 所示。

图 7.4-2　多工位加工系统

7.4.2　大跨木结构建造

木结构建筑的构件加工方式决定了其装配式建造的特点，大跨木结构体量庞大，构件数量多，控制安装精度是建造过程的关键。与大多数装配式建筑建造方式类似，大跨木结构也应选用起吊设备，结合脚手架人工操作平台进行工程建造。在建造过程中，应采用全站仪、3D 扫描仪等设备实时校核构件三维定位，将误差控制在允许范围内，如图 7.4-3 所示。

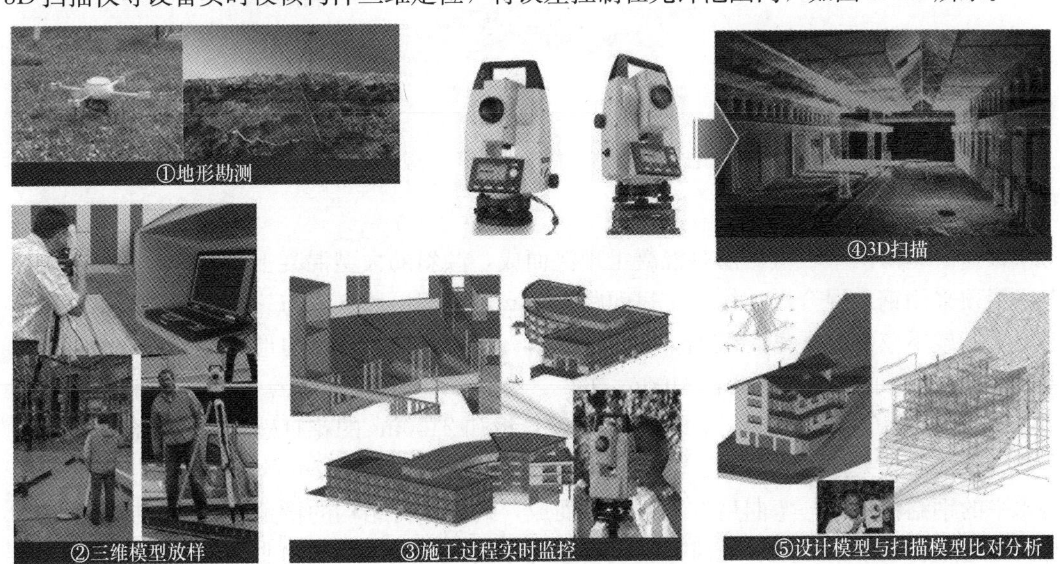

图 7.4-3　大跨木结构数字建造技术

为了进一步提高建造质量，大跨木结构在设计阶段还应尽可能设计为部品化建造模式，部品化设计可以大大提高建筑装配率，使得更多拼装过程在工厂完成，大幅降低安装误差。

7.4.3 大跨木结构的建造实例

1. 列治文冬奥会椭圆速滑馆

列治文冬奥会椭圆速滑馆坐落于加拿大卑诗省，是为2010年冬季奥运会建造的世界级体育设施。该建筑屋顶采用复杂的钢木混合拱结构，跨度约为120m，主跨之间的檩条是12.8m跨度的“2×4”组合三角桁架体系，该大跨度木结构屋顶是具有里程碑意义的现代工程木结构应用范例，向世界展示了先进的木结构工程技术，图7.4-4为列治文速滑馆东立面图，图7.4-5为建筑体系爆炸图。

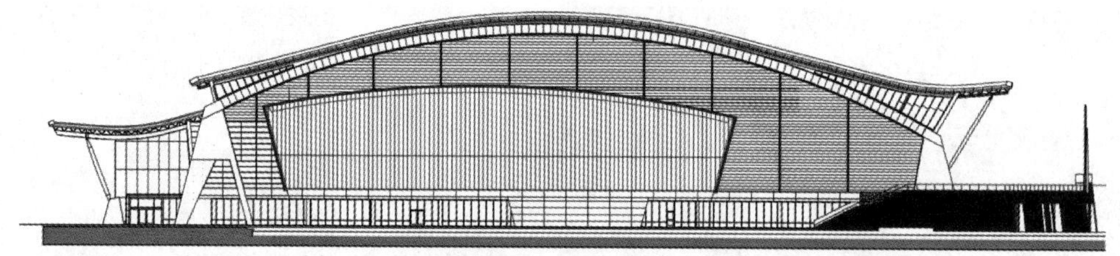

图7.4-4 列治文速滑馆东立面图

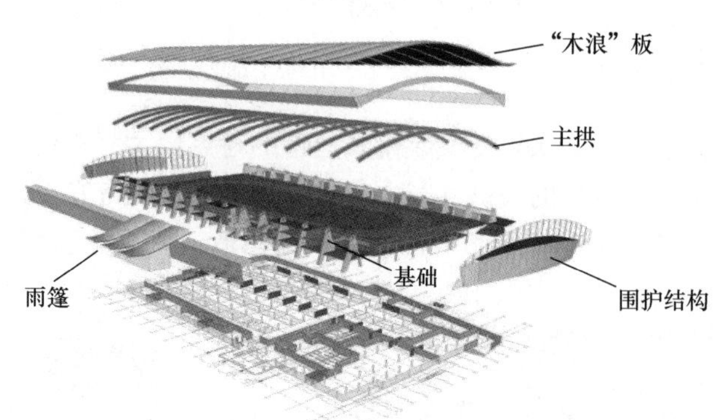

图7.4-5 建筑体系爆炸图

(1) 结构设计

该速滑馆的两个较低楼层是混凝土现浇而成，倾斜的大型混凝土底座从两端支撑主屋架。屋顶采用钢木混合拱结构，主拱间距14.3m，由双层胶合木与三角形钢桁架拱互相连接，钢桁架下弦部分展露在胶合木曲梁底部，营造了“冰刀”的形象元素（图7.4-6）。屋盖结构使用的木材包括：2400m^3 的 38mm × 89mmSPF（云杉-冷杉-松）规格材（图7.4-7），19000张1.2m×2.4m花旗松胶合板和2400m^3的花旗松原木材胶合而成的胶合梁。整个屋顶采用14根曲梁，每根曲梁包括4组长度为24.7m的胶合木。拱形曲梁是将水平的钢结构桁架与弯曲后的木梁连接而成，既能维持结构的稳定性，又可提供中空的空间，电路、喷淋、制热、通风等管线可以排布其中，最后形成的曲梁非常牢固，可以承受较大的积雪负载（图7.4-8、图7.4-9）。

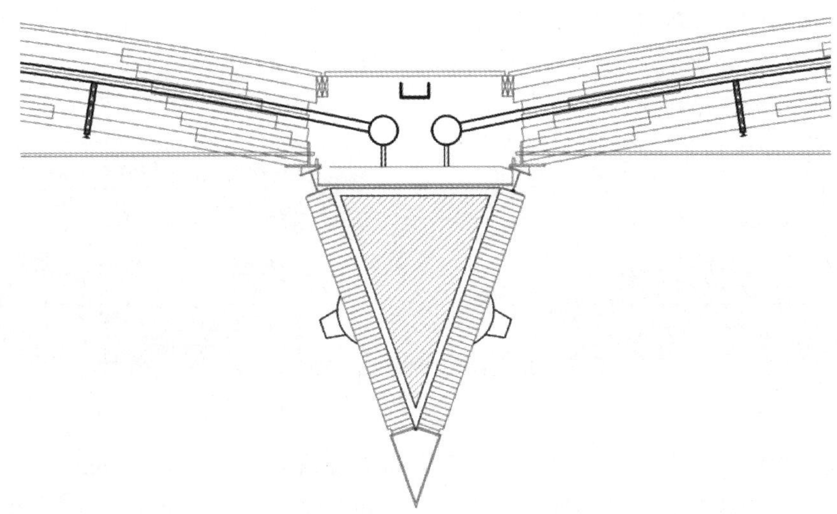

图7.4-6　主拱剖面图

图7.4-7　SPF（云杉-冷杉-松）木材

图7.4-8　胶合木组合拱

图7.4-9　屋盖结构

在曲梁之间的屋面板采用独特的“木浪”结构（图 7.4-10）。这种“木浪”结构采用了北美轻型木结构建筑最常使用的 SPF（云杉-冷杉-松）板材，以及 19000 片花旗松胶合板。该半开放式屋顶结构不仅起结构支撑的作用，而且优化了整个速滑馆的声音传播。

图 7.4-10　“木浪结构”屋顶

每块屋顶板由三个平行的 V 形木浪桁架并排放置组成，形成长 12.8m、宽 1.2m、高 0.66m 的空心三角形截面的拱构件，并由厚 28mm 的胶合板覆面连接。V 形桁架的两个坡面是由 38mm×89mm 规格材连续成排地铺设而成。相邻两块规格材通过钉子和金属加固带连接，在垂直方向逐渐偏离形成拱形结构。规格材间隔相连，交替的规格材之间由木块填充。这些拼接木块的纵向间距长度不同，形成的空隙可减轻结构自重，同时提高吸声性能（图 7.4-11）。

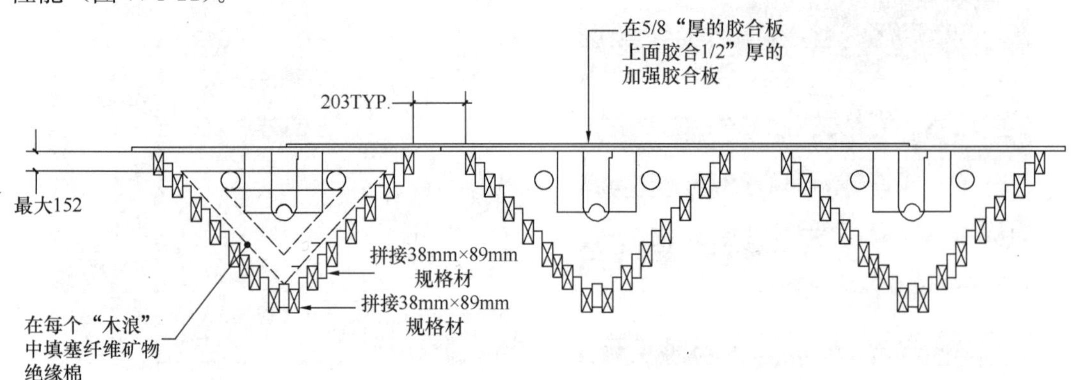

图 7.4-11　“木浪”屋顶板截面图

（2）制造和安装

1）“木浪”屋顶板的制造

该工程的制造过程较为复杂，尤其是“木浪”屋顶板的制造。采用了自定义的计算机数字控制机械操作(图 7.4-12)和人工的方式为锯材定级标注，生产不同长度的木块构件，并将构件分类组装。

图 7.4-12　绞线制造机

每个 V 形桁架由 13 个长度为 12.8m 的 38mm×89mm 木条与偏移拼接块拼接而成。机器将木材和木块切割并连接至正确的股线，同时钉在拼接件上与相邻的股线相连，确保所有连接和接头在 V 形桁架的固定位置上。下一台机器将胶合板压成倒 V 形构件，用于紧固各股线，同时安装底部的钢杆。当压力释放时，V 形桁架将形成新的曲线形状。最后，相邻的V形桁架被分组，相互对齐修剪，并与顶部的胶合板相连，一般由2～3个V形桁架组成一个“木浪”屋顶板（图7.4-13）。每个V形桁架需安装钢拉杆，使其具有矢高660mm的拱度，最终形成受力合理、造型独特的屋面板结构（图7.4-14）。

图7.4-13　“木浪”屋顶板制造过程

图7.4-14　“木浪”屋顶板组装

2）屋盖结构的安装

速滑馆屋盖主跨方向为V形主拱，主拱拱脚为铰接节点，采用特制钢销与混凝土中的预埋件连接（图7.4-15）。首先起吊并安装主拱，并设置临时支撑以及垂直于主拱方向的钢弧梁，然后将预制好的“木浪”屋面板依次架设在主拱之间（图7.4-16）。一榀屋面

图7.4-15　主拱拱脚节点

图7.4-16　屋盖安装过程

安装完成后，便可以重复以上安装工序逐榀安装，直到所有“木浪”屋顶板安装完毕后撤离起重器具。

7.5 大跨木结构的发展趋势

7.5.1 技术体系创新

随着社会和经济的发展，人们对建筑空间和功能要求也会发生相应变化，大跨木结构需要逐渐突破常规结构形式的束缚，形成跨度大、自重轻、材料利用率高以及经济性能优异的新型结构体系。除了对现有结构形式进行创新，大跨木结构技术体系还可以致力于以下两点开展研究：一方面，大跨木结构构件增强技术，解决大跨木构件变形大、蠕变问题突出、局部应力偏高等关键技术问题；另一方面，提出适用于大跨木结构的高效连接技术和装配安装技术，并建立相关标准体系。关键技术难题的解决，将为现代大跨木结构的造型表现创造更加广阔的空间。

7.5.2 设计制造一体化

人工智能的发展使得数字化技术逐渐应用于结构设计、分析与建造等领域，未来大跨木结构更加注重与数字化技术的结合。利用 Rhino、Grasshopper 等参数化设计软件，通过求解矩阵方程，则可以对形态复杂的大跨木结构进行优化找形，确定初始内力分布，完成结构设计与优化。数字化建造技术的应用，实现了大跨木结构的工厂化、自动化、精细化、装配化、CAM 和 CAD 一体化的加工制作，使得每项大跨木结构工程都能成为优质产品。届时，越来越多新颖的大跨木结构建筑将会出现。

7.5.3 应用范围更加广泛

跨度大是大跨木结构建筑的显著特点之一，这使得其区别于一般建筑物而具有更加广泛的应用空间。从范围上，大跨木结构不仅涵盖了影剧院、体育馆、展览馆、大会堂和航空港候机大厅等公共建筑，而且在大型厂房、飞机装配车间和大型仓库等工业建筑中也有所应用。随着木材加工、节点构造以及施工建造等现代化技术的发展，大跨木结构在新领域的应用也将逐渐由设想变为现实。

参 考 文 献

[1] 毕胜．木拱桥：一种中国建构文化遗产的研究[D]．南京：南京大学，2003.

[2] 王静．日本现代空间与材料(一)——表现集成材技术与现代木造空间[J]．建筑师，2004(2)：45.

[3] 徐洪澎，康健，山泉，等．米兰世博会建筑木(竹)材的应用解读[J]．新建筑，2016，(4)：93-99.

[4] 保罗·C·吉尔汉姆．塔科马穹顶体育馆——成功的木构多功能赛场的建设过程[J]．世界建筑，2002(9)：80-81.

[5] 刘永健，傅梅珍，刘士林，等．现代木结构桥梁及其结构形式[J]．建筑科学与工程学报，2013，(1)：83-91.

[6] 宋昀．坂茂(ShigeruBan)作品中的轻型设计思想与手法研究[D]．广州：华南理工大学，2015.

[7] HARRIS R, GUSINDE B, ROYNON J. Design and construction of the pods sports academy[C]. Auckland: World Conference of Timber Engineering, 2012.

[8] KELLY O J, HARRIS R J L, DICKSON M G T, et al. Construction of the downland gridshell[J]. Structural Engineer, 2001, 79(17): 25-33.

[9] LIDDELL I. Frei Otto and the development of gridshells[J]. Case Studies in Structural Engineering, 2015, 4(C): 39-49.

[10] 吴小宾，陈欢，殷杰，等．张弦胶合木拱架结构在工程中的应用研究[J]．建筑结构，2020，50(19)：30-34，50.

[11] 钱锋，余中奇，汤朔宁．钢木混合张弦壳体结构游泳馆实践——上海崇明体育训练基地游泳馆设计[J]．建筑学报，2017(11)：40-43.

[12] 刘雁，刁海林．木结构建筑结构学[M]．北京：中国林业出版社，2013.

[13] 冯铭．木结构与木构造在建筑中的应用[M]．南京：东南大学出版社，2015：104-105.

[14] 陈启仁，张纹韶．认识现代木建筑[M]．天津：天津大学出版社，2005：92-93.

[15] 彭相国．现代大跨度木建筑的结构与表现[D]．哈尔滨：哈尔滨工业大学，2007.

[16] 喻汝青．浅谈日本大跨木穹顶设计[J]．建筑技艺，2014(4)：118-121.

[17] 李燕．现代大跨木结构建筑设计研究[D]．南京：东南大学，2007.

[18] 刘康．现代大跨度木结构建筑的建构研究[D]．成都：西南交通大学，2015.

[19] ANDREA S, YVES W. Timber folded plate structures-topological and structural considerations [J]. International Journal of Space Structures, 2015, 30(2): 169-177.

[20] 潘景龙，祝恩淳．木结构设计原理[M]．北京：中国建筑工业出版社，2009：223-235.

[21] 张毅刚．张弦结构的十年(一)——张弦结构的概念及平面张弦结构的发展[J]．工业建筑，2009，39(10)：105-113.

[22] 何敏娟，董翰林，李征．木空间结构研究现状及关键问题[J]．建筑结构，2016，46(12)：96-103.

[23] 董石麟，赵阳．论空间结构的形式和分类[J]．土木工程学报，2004，37(1)：7-12.

[24] 王海荣．木结构拱形屋架安装施工工艺[J]．建筑科技情报，2005(2)：30-33.

[25] 周佳乐．胶合木拱力学性能试验研究[D]．长沙：中南林业科技大学，2016.

[26] 朱先伟，刘伟庆，陆伟东．张弦胶合木结构弯曲性能参数化分析[J]．林业实用技术，2012(7)：62-64.

[27] 中华人民共和国住房和城乡建设部．木结构设计标准：GB 50005—2017[S]．北京：中国建筑工业出版社，2017.

[28] ZHOU H F, LENG J W, ZHOU M, et al. China's unique woven timber arch bridges[J]. Civil Engineering, 2018, 171(3): 115-120.

[29] 钱锋，余中奇，汤朔宁．钢木混合张弦壳体结构游泳馆实践——上海崇明体育训练基地游泳馆设计[J]．建筑学报，2017(11)：40-43.

[30] 刘伟庆，杨会峰．现代木结构研究进展[J]．建筑结构学报，2019，40(2)：16-43.

第8章　木构件计算

8.1　概述

得益于工程木制品的发展、加工技术的进步，现代木结构已能够利用形态多样的木构件实现富于变化的各类结构形式，如图 8.1-1 所示。作为各类结构的基本组成单元，木构件可按其受力形式划分为轴心受力构件、偏心受力构件和受弯构件等。

(a) 某建筑梁柱构架

(b) 某建筑外立面桁架结构

(c) 某单层木网壳结构

(d) 某建筑雨棚异形胶合木构件

图 8.1-1　现代木结构案例

轴心受力构件是指荷载作用线平行于构件纵轴且通过截面形心的构件，包括轴心受拉构件与轴心受压构件。偏心受力构件是指荷载作用线平行于构件纵轴但不通过截面形心的构件，包括偏心受拉构件和偏心受压构件。偏心受力构件截面上不仅有轴向力 N，而且还有因荷载偏心 e_0产生的偏心弯矩 $N \cdot e_0$，且弯矩沿构件纵轴是均匀分布的。工程中还有另一类构件，其上同时承担轴向荷载和横向荷载，相应地截面上同时作用有轴力和弯矩，且弯矩沿构件纵轴不是常量，这类构件称为拉弯或压弯构件。拉弯或压弯构件的受力特点与偏心受力构件相似，因此可归为同一类构件加以介绍。轴心与偏心受力构件的基本性能将在第 8.2 节中加以论述。承受横向荷载或弯矩作用的构件称受弯构件，当弯矩沿构件纵轴不均匀分布时，构件中还存在剪力。根据不同的使用情况，弯矩可能只作用在构件的一个主平面内，称为平面弯曲；弯矩也可能作用在构件的两个主平面内，称为斜弯曲，也称为双向弯曲。受弯构件基本性能将在第 8.4 节加以论述。

实际木构件性能不仅取决于上述基本受力形式，还可能受到截面构成方式、构件形状等因素影响。例如，除通常使用的各种实腹截面，一些木结构中有时也采用由若干小尺寸截面经机械连接构成的大截面构件，包括拼合柱（Built-up column）、填块分肢柱（Spaced column）、拼合梁（Built-up beam）等。这类构件的主要特点是，截面在剪力作用下其各组成部分间存在相对滑移，形成部分抗剪连接的组合截面。其截面抗弯刚度低于整体截面，对抗弯刚度、稳定承载力等造成影响，需要通过一定方式计入截面内机械连接滑移的影响。又如，受弯构件除采用常规的等直构件，还经常采用层板胶合木制作成的弧形梁、变截面单坡或双坡梁以及双坡拱梁等。这类梁除需像等截面直梁验算其抗弯、抗剪承载力和变形外，还需根据其特点进行某些补充验算，而这些验算可能对梁的承载力起决定性作用。再如，为改善木构件承载力及变形性能的各种增强构件及预应力木构件。以上特殊构件的性能及验算方法将在第 8.3、8.5、8.6 及 8.7 节中加以介绍。

8.2　轴心与偏心受力构件

轴心与偏心受力构件是木结构的基本构件，具有广泛的用途。木柱就是典型的轴心或偏心受力构件。木屋盖系统中的平面桁架，在节点荷载作用下，上弦杆为压杆，下弦杆为拉杆，腹杆则有的受拉，有的受压。当桁架存在节间荷载时，则上弦杆就成为压弯构件。如设计不当，下弦杆可能成为偏拉构件。结构系统中的全部支撑，均属拉杆或压杆。因此，掌握轴心和偏心受力构件的基本性能是学习木结构的重要方面。

轴心与偏心受力构件的截面形状除采用原木或因外观需要采用圆形截面外，大多采用方形、矩形截面，并以实腹构件居多。在木材选择上，承重结构的拉杆与偏拉杆件应选用节子少、纹理平直的等级较高的锯材，方木与原木则应选 I_a 等材。对于轴压和小偏压杆件，则可选用较低等级的锯材或 II_a 等方木与原木。采用层板胶合木或结构复合木材则不限等级，但层板胶合木宜选用同等组坯。当弯矩较大时也可采用非对称异等组坯的层板胶合木。

轴心与偏心受力构件均应满足强度和刚度要求，轴压与偏压构件还应满足稳定性要求。其中刚度要求是指构件不能太细长（通常用长细比 λ 来量化），以免在运输安装，或使用过程中偶遇横向荷载作用时变形或振动过大，甚至损坏。木结构受压构件的长细比 λ，对于主要构件如桁架弦杆、支座端竖杆与斜腹杆以及柱等，不应大于 120，一般压杆不应超过 150，支撑等不应超过 200。

8.2.1　轴心受拉构件

轴心受拉构件的承载力可按下式计算，且不应小于轴力设计值：

$$T_r = f_t A_n \tag{8.2-1}$$

式中　T_r——构件的承载力；

f_t——木材顺纹抗拉强度设计值；

A_n——构件的净截面面积。

构件的截面积和净截面面积的差别在于，前者是构件截面的轮廓面积，又称毛面积，而净面积是指构件上有缺损时截面的有效面积，即毛面积扣除缺损的面积，如缺口、孔洞（如螺栓连接的穿孔）等。但应注意如下两点：一是分布在截面不同高度上但在构件长度150mm范围内的缺损需视为同一截面的缺损；二是同一截面的缺损应对称于截面形心（或力作用线），特别是截面边缘有缺口时，更需注意。如图 8.2-1 所示，其中图 8.2-1（a）尽管有两个缺口，但缺口对称分布，仍为轴心受拉构件。而图 8.2-1（b）仅有一个缺口，但不对称于力作用线，不能视为轴心受拉构件，而应以偏心受拉构件计算承载力。

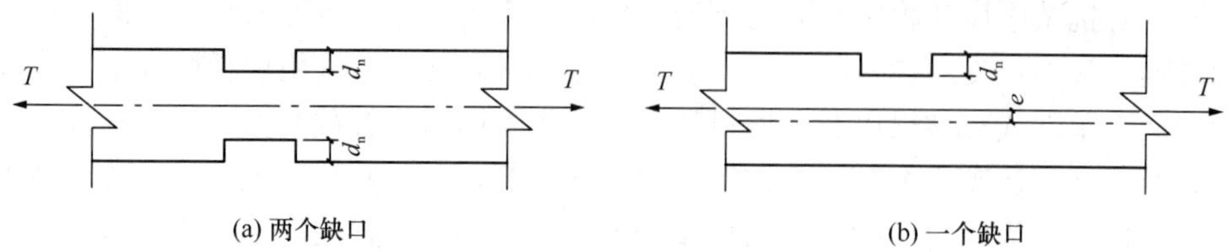

图 8.2-1　带缺口的轴心受拉构件

8.2.2　偏心受拉构件与拉弯构件

单向偏心受拉和拉弯构件的承载力通常由构件受拉边缘的拉应力控制，因此，可按式（8.2-2a）计算抗力设计值 T_r 或按式（8.2-2b）验算承载力：

$$T_r = \frac{A_n f_t f_m}{f_m + \frac{e}{e_n} f_t} \tag{8.2-2a}$$

$$\frac{T}{f_t A_n} + \frac{M}{f_m W_n} \leqslant 1.0 \tag{8.2-2b}$$

式中　f_t、f_m——木材顺纹抗拉及抗弯强度设计值；

M、T——构件验算截面上的弯矩与拉力设计值；

e——拉力相对于净截面形心的偏心距，拉弯构件 $e=M/T$；

W_n——构件验算截面的净抗弯截面模量；

e_n——验算截面的净截面核心距，$e_n=W_n/A_n$。

式（8.2-2）是以构件失效发生在受拉边缘而建立的，拉弯构件中若拉力不大但弯矩较大时，构件失效并不一定会发生在受拉边，仅用式（8.2-2）验算并不能保证构件安全可靠。因构件受压区存在较大的压应力，可能造成类似于梁的整体稳定问题。

8.2.3　轴心受压构件

轴心受压构件的（强度）承载力可用下式计算：

$$N_r = f_c A_n \tag{8.2-3}$$

式中　f_c——木材顺纹抗压强度设计值；

A_n——构件净截面面积，定义和缺损的处理原则同式（8.2-1）的有关规定。

轴心受压构件的稳定承载力可用下式计算：

$$N_r = \varphi f_c A_0 \tag{8.2-4}$$

式中　A_0——计算面积，对于截面无缺损构件，$A_0=A$；当缺损在截面的中部位置时，

$A_0=0.9A$；当缺损对称于截面两侧时，$A_0=A_n$；不对称时按偏压构件计算。对于原木，因梢径和根径不同，一般取平均值计算。原木天然斜率取 0.9%，若梢径为 d_0，则平均直径 $d=d_0+\frac{l}{2}0.009$，l 为构件长度。

φ——压杆稳定系数，需根据构件在两个平面内的支承条件，取较大的一个长细比计算稳定系数。

《木结构设计标准》GB 50005—2017 规定，对于强度等级为 TC17、TC15 及 TB20 的方木与原木受压构件，稳定系数按下列各式计算：

$$\lambda \leqslant 75 \qquad \varphi=\frac{1}{1+\left(\frac{\lambda}{80}\right)^2} \tag{8.2-5a}$$

$$\lambda > 75 \qquad \varphi=\frac{3000}{\lambda^2} \tag{8.2-5b}$$

强度等级为 TC13、TC11、TB17、TB15、TB3 及 TB11 的方木与原木受压木构件，稳定系数按下列各式计算：

$$\lambda \leqslant 91 \qquad \varphi=\frac{1}{1+\left(\frac{\lambda}{65}\right)^2} \tag{8.2-6a}$$

$$\lambda > 91 \qquad \varphi=\frac{2800}{\lambda^2} \tag{8.2-6b}$$

稳定系数计算式（8.2-5）、式（8.2-6）的公式形式，基于木材弹性模量与强度之比取为定值的前提。因此，该两式仅适用于规范中没有经应力分级的方木与原木制作的受压构件。为使稳定系数的计算方法适用于胶合木、北美方木、规格材、欧洲锯材等现代木产品，《木结构设计标准》GB 50005—2017 采用下列各式计算轴心受压木构件的稳定系数。

$$\lambda > \lambda_p \qquad \varphi=\frac{a_c \pi^2 E_k}{\lambda^2 f_{ck}} \tag{8.2-7a}$$

$$\lambda \leqslant \lambda_p \qquad \varphi=\left(1+\frac{\lambda^2 f_{ck}}{b_c \pi^2 E_k}\right)^{-1} \tag{8.2-7b}$$

$$c_c=\pi\sqrt{a_c b_c/(b_c-a_c)} \tag{8.2-7c}$$

$$\lambda_p=c_c\sqrt{E_k/f_{ck}} \tag{8.2-7d}$$

式中　E_k、f_{ck}——木材与木产品的弹性模量标准值和抗压强度标准值；

λ——构件的长细比（$\lambda=\mu l/i=l_0/i$；回转半径 $i=\sqrt{I/A}$）；

λ_p——发生弹性失稳与弹塑性失稳的界限长细比；

a_c、b_c、c_c——与木产品种类有关的系数，脚标 c 表示受压构件。系数 a_c、b_c、c_c的值经回归分析获得，列于表 8.2-1。

式（8.2-7）中计算长细比所采用的长度系数 μ，是压杆失稳形态的半波长与原长 l 的比值。压杆失稳形态与构件两端的支承方式（约束条件）有关，常见的支承方式与 μ 值的关系见表 8.2-2。

受压木构件稳定系数算式中常数 a_c、b_c、c_c的值 **表 8.2-1**

木材品种		a_c	b_c	c_c	E_k/f_{ck} *
方木与原木	TC15、TC17、TB20	0.92	1.96	4.13	330
	TC11、TC13、TB11、TB13、TB15、TB17	0.95	1.43	5.28	300
	应力定级锯材	0.88	2.44	3.68	—
	层板胶合木	0.91	3.69	3.45	—

注：* 方木与原木 E_k/f_{ck}取定值。

压杆的计算长度系数 **表 8.2-2**

两端支承情况	两端铰支	上端自由 下端固定	上端铰支 下端固定	两端固定	上端可移动 但不转动 下端固定	上端可移动 但不转动 下端铰支
屈曲形式	N, l, $l_0=l$	N, l, $l_0=2l$	N, l, $l_0=0.7l$	N, l, $l_0=0.5l$	N, l, $l_0=l$	N, l, $l_0=2l$
$l_0=\mu l$ μ 为理论值	$1.0l$	$2.0l$	$0.7l$	$0.5l$	$1.0l$	$2.0l$
$l_0=\mu l$ μ 为规范取值	$1.0l$	$2.0l$	$0.8l$	$0.65l$	$1.2l$	$2.0l$

8.2.4 偏心受压构件与压弯构件

偏心受压与压弯构件中，除轴力外，尚有因轴力偏心或横向荷载产生的弯矩。这类构件不仅有弯矩作用平面内的强度和稳定问题，而且有弯矩作用平面外的整体稳定问题。

1. 偏心受压和压弯构件的承载力

偏心受压和压弯构件可按下式计算（强度）承载力，且使其不小于轴力设计值：

$$N_r=\frac{A_n f_c f_m}{f_m+\frac{|e+e_0|}{e_n}f_c} \tag{8.2-8a}$$

或用下式验算承载力：

$$\frac{N}{A_n f_c}+\frac{|Ne_0+M|}{W_n f_m}\leqslant 1.0 \tag{8.2-8b}$$

式中 M、N——构件上横向荷载产生的最大弯矩设计值和轴力设计值；

e_0——轴力的偏心距；$e=M/N$；

e_n——净截面的核心距，$e_n=W_n/A_n$，矩形截面 $e_n=h/6$，h 为截面高度。

利用式（8.2-8）计算时尚需注意 e、e_0 和 Ne_0、M 的方向性，取其代数和并按代数和的绝对值计算。

2. 偏心受压和压弯构件弯矩作用平面内的稳定承载力

偏心受压和压弯构件弯矩作用平面内的稳定承载力可按下式计算，且不应小于轴力的设计值：

$$N_r = f_c \varphi \varphi_m A_0 \tag{8.2-9}$$

$$\varphi_m = (1-k)^2(1-k_0) \tag{8.2-10}$$

$$k = \frac{|Ne_0 + M|}{Wf_m\left(1+\sqrt{\frac{N}{Af_c}}\right)} \tag{8.2-11}$$

$$k_0 = \frac{Ne_0}{Wf_m\left(1+\sqrt{\frac{N}{Af_c}}\right)} \tag{8.2-12}$$

式中　φ——轴心受压构件的稳定系数；

φ_m——偏心力弯矩和横向力弯矩的稳定影响系数；

M——横向荷载在构件中产生的最大初始弯矩；

e_0——轴向力的初始偏心距。

计算中需注意 M 与 Ne_0 的方向性，取代数和并按代数和的绝对值计算 k；k_0 取正值，不计 Ne_0 的正负号。

3. 偏心受压和压弯构件弯矩作用平面外的稳定承载力验算

压弯构件或偏心受压构件弯矩平面外的稳定，根据弹性稳定理论，对于两端简支，受轴心压力 N 和等弯矩 M_x 作用的双轴对称实腹式构件（无缺陷），可获得其弯扭屈曲的临界状态方程为：

$$\left[1-\frac{N}{N_{Ey}}\right]\left[1-\frac{N}{N_\theta}\right]-\left(\frac{M_x}{M_{crx}}\right)^2 = 0 \tag{8.2-13}$$

式中　N_{Ey}——构件弯矩作用平面外的欧拉临界力；

N_θ——构件绕纵轴的扭转临界力；

M_{crx}——构件受沿 x 轴定值弯矩作用时的临界弯矩。

如果压弯或偏压构件为方形或高宽比不大的矩形截面，构件绕纵轴的扭转屈曲临界力 N_θ 将会很大，可近似取 $N/N_\theta \to 0$，式（8.2-13）即转化为构件弯矩平面外稳定性的线性相关方程：

$$\frac{N}{N_{ey}}+\left(\frac{M_x}{M_{crx}}\right)^2 = 1 \tag{8.2-14}$$

将式（8.2-14）中 N_{Ey} 和 M_{crx} 分别代之以轴心受压构件的稳定承载力 $\varphi_y A_0 f_c$ 和受弯构件的稳定承载力 $\varphi_l W_x f_m$，即得到《木结构设计标准》GB 50005—2017 中验算该类构件弯矩作用平面外稳定的计算式：

$$\frac{N}{\varphi_y A_0 f_c}+\left(\frac{M_x}{\varphi_l W_x f_m}\right)^2 \leqslant 1.0 \tag{8.2-15}$$

式中 φ_y——作为轴心受压构件的稳定系数，按式（8.2-7）计算；

φ_l——作为受弯构件的侧向稳定系数，按式（8.4-12）计算。

8.3 拼合柱与填块分肢柱

8.3.1 拼合柱

拼合柱是由数根截面尺寸较小的木材经机械连接形成的大截面的木柱。轻型木结构中可见到由数根规格材或结构复合木材用钉或螺栓连接而成的拼合柱，如图 8.3-1 所示。如果以纵轴为 z 轴，拼合柱在 yoz 平面［图 8.3-1（b）］的承载力可按实腹柱计算，故 x 轴称为截面实轴。但在 xoz 平面内，由于机械连接存在滑移变形，绕 y 轴的截面惯性矩不同于实腹柱，需考虑半刚性连接的影响。y 轴称为截面虚轴。对此问题，各国的木结构设计规范采用了不同的处理方法。

美国规范 National Design Specification for Wood Construction（2005）对这类拼合柱的构造要求是，柱由 2～5 根规格材拼合，各层板厚度宜相同，且不小于 38mm；规格材不能采用对接接头接长；各层板的树种、材质等级不同时，按最低等级规格材的力学指标计算柱的承载力。用钉作连接件时，相邻的钉应从两相对侧面交替钉入，钉穿入最后一块规格材的深度不得小于其厚度的 3/4。设钉直径为 d，则端距 S_0 取 $15d \leqslant S_0 \leqslant 18d$；中距 S_1 取 $20d \leqslant S_1 \leqslant 6t_{min}$，$t_{min}$ 为拼合截面中最薄板的厚度；边距 S_2 取 $5d \leqslant S_2 \leqslant 20d$，当板宽度（图 8.3-1 中的 d_1）大于 $3t_{min}$ 时，钉至少应排列成两纵行，行距 S_3 取 $10d \leqslant S_3 \leqslant 20d$；当纵行为三列或三列以上时，应排成错列，只需一纵行时，也应排成错列。采用螺栓连接时，螺栓头和螺帽下均应有垫圈（板），螺帽应拧紧，使各层规格材彼此紧密接触。设螺栓直径为 d，对于软木类木材，端距 S_0 取 $7d \leqslant S_0 \leqslant 8.4d$；硬木类取 $5d \leqslant S_0 \leqslant 6d$；中距 S_1 取 $4d \leqslant S_1 \leqslant 6t_{min}$；边距 S_2 取 $1.5d \leqslant S_2 \leqslant 10d$；当宽度大于 $3t_{min}$ 时，螺栓也应排列成两纵行或更多行；行距 S_3 取 $1.5d \leqslant S_3 \leqslant 10d$。

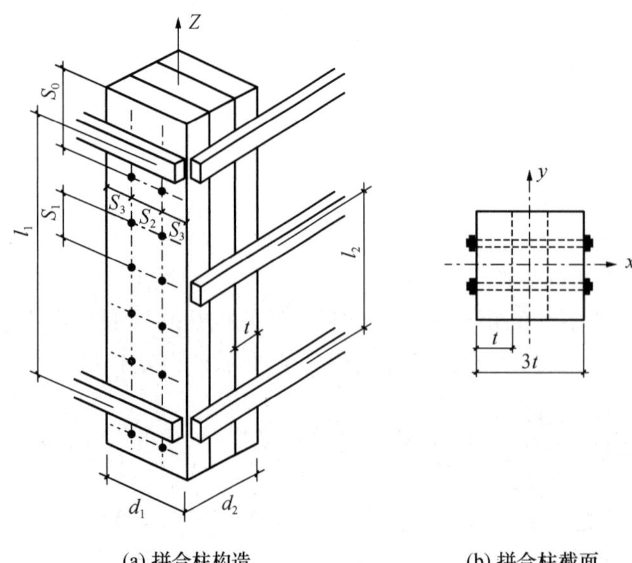

(a) 拼合柱构造　(b) 拼合柱截面

图 8.3-1　规格材拼合柱

按美国规范 NDSWC，对于满足上述构造要求的规格材拼合柱，计算承载力时稳定系数取两个方向的较低值。如图 8.3-1 所示的拼合柱，在 yoz 平面内（绕实轴 x 失稳）取长细比 l_1/d_1，并按实腹柱计算稳定系数 φ_y；在 xoz 平面内（绕虚轴 y 失稳）取长细比 l_2/d_2，也按实腹柱计算稳定系数 φ_x，但应乘以调整系数 k_f，然后取 φ_y 和 $k_f\varphi_x$ 中的较小者计算承载力。钉连接通常取 $k_f=0.6$，螺栓连接取 $k_f=0.75$。对于不满足上述构造要求的规格材拼合柱，则将每块层板视为单独的受压构件，计算其承载力，然后求和。

加拿大规范 CSA O86 同样规定了对规格材拼合柱类似的构造要求，承载力的计算方法可概括为：①考虑绕虚轴的稳定性，当满足所规定的构造要求时，钉连接拼合柱的承载力取相同截面实心柱的 60%；螺栓连接拼合柱的承载力取相同截面实心柱的 75%；裂环连接拼合柱的承载力取相同截面实心柱的 80%。②不满足所规定的构造要求时，拼合柱绕虚轴的稳定承载力则将每块层板视为单独的受压构件，计算其承载力，然后求和。③拼合柱的承载力可取①、②两步骤中计算值的较大者。④考虑绕实轴的稳定性，拼合柱的承载力按相同截面的实心柱计算。可见，规范 NDSWC 与规范 CSA O86 的计算方法是相似的。考虑到柱根部分常需做防腐处理，因此满足一定条件时允许每块规格材对接接长。例如板厚不小于 38mm，只能 3 块拼合，钉连接时应钉穿 3 块规格材的厚度；3 块接长区的总长度 L 不小于 1200mm，相邻规格材接头错开距离为 $L/2$；在柱接长段范围内，垂直于板宽面方向应有可靠的支撑，间距不大于 600mm。

欧洲规范 EC 5 对这类拼合柱的构造无特殊规定，钉、螺栓连接的端、中、边距的要求，等同于该类连接的一般规定。在承载力验算中，假设拼合柱两端铰支，各层板无接头，受轴心压力作用。柱在 yoz 平面内等同于实腹柱；在 xoz 平面内，按式（8.3-1）计算长细比，并计算稳定系数 φ_y 和承载力。

$$\lambda_{ef}=l\sqrt{\frac{A}{I_e}}=l\sqrt{\frac{EA}{(EI)_e}} \qquad (8.3\text{-}1)$$

式中　A——拼合柱截面面积；

$(EI)_e$——考虑连接滑移变形对截面抗弯刚度的影响后的等效刚度；

E——木材的弹性模量。

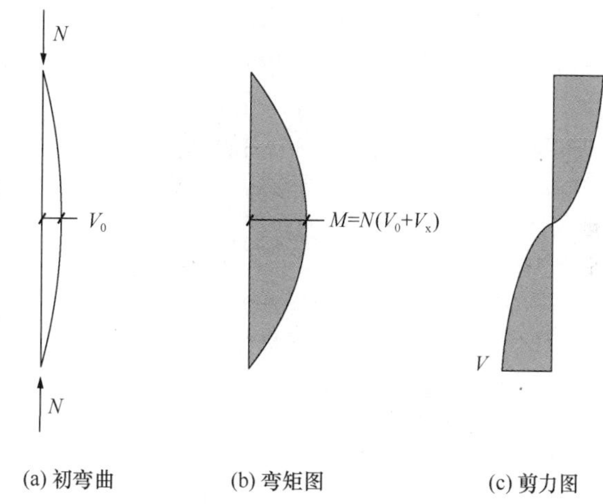

图 8.3-2　失稳时柱中弯矩与剪力

在欧洲规范 EC 5 中，拼合柱尚需验算连接的承载力。确定连接件所受作用力的原理是考虑柱失稳时的弯曲变形（v_x）和初弯曲（v_0）在轴向力作用下沿柱高产生的附加弯矩作用，如图 8.3-2（b）所示。弯矩的一次导数为剪力［图 8.3-2（c）］，剪力则由连接件承担。剪力设计值按下式计算：

$$V_d=\begin{cases}\dfrac{N}{120\varphi_y} & \lambda_{ef}<30\\[2mm] \dfrac{N\lambda_{eq}}{3600\varphi_y} & 30\leqslant\lambda_{ef}<60\\[2mm] \dfrac{N}{60\varphi_y} & 60\leqslant\lambda_{ef}\end{cases} \qquad (8.3\text{-}2)$$

每个连接件所受作用力的确定方法与拼合梁相同，按式（8.6-11）计算。

8.3.2 填块分肢柱

1. 构造要求

由两块品质等级相同的锯材、层板胶合木或结构复合木材对夹，两端和中部设若干厚度不小于肢厚的填块（Spacer block），并通过螺栓等连接件连成整体的柱称为分肢柱（Spaced column），如图 8.3-3 所示。分肢柱可作为独立柱使用，也可用作大跨木桁架的弦杆（被夹的腹杆可视为填块），但使用时，至少一端应保证在 xoz（z 为轴向）平面内不绕 y 轴转动，即为固定端。当分肢柱在 xoz 平面内发生屈曲时，连接件将受到剪力作用，如图 8.3-3 中，顶端起第 2 填块连接所受剪力由截面Ⅰ、Ⅱ间的剪力差决定。故连接件需有足够的抗侧承载力。填块也应满足安装连接件的构造要求。由于连接件处填块的存在，填块间的分肢在 xoz 平面内可视为两端固接的短柱，从而提高了分肢柱的稳定承载力。x 轴、y 轴也分别称为截面的实轴与虚轴。

美国规范 NDS（2005）对分肢柱的构造要求是：拼合柱两端需采用裂环或剪板连接；如果中间只有一个填块且位于中部 1/10 柱长范围内，中间可不需裂环或剪板连接；如果中间有两个以上的填块，则需裂环或剪板连接，且填块的间距不应大于端部填块中裂环或剪板间距的 1/2。两分肢板材的高厚比应满足：$l_1/d_1 \leqslant 80$，$l_2/d_2 \leqslant 50$，$l_3/d_1 \leqslant 40$，其中 l_1 为垂直于分肢截面宽面方向横向支撑的间距，即 xoz 平面内无支撑段的长度（图 8.3-4）；l_2 为平行于分肢截面宽面方向横向支撑的间距；l_3 为填块间距。分肢柱的端部固定程度分为条件 a 和条件 b，两种端部条件下柱的承载力是不同的。端部填块的端距（指端填块上连接件合力中心至柱端的距离）不大于 $l_1/20$ 的情况，为条件 a；端距大于 $l_1/20$ 但小于等于 $l_1/10$ 的情况，为条件 b。

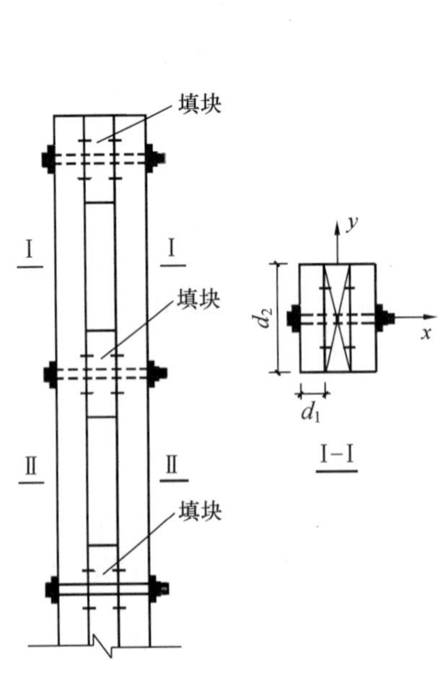

图 8.3-3 填块分肢柱

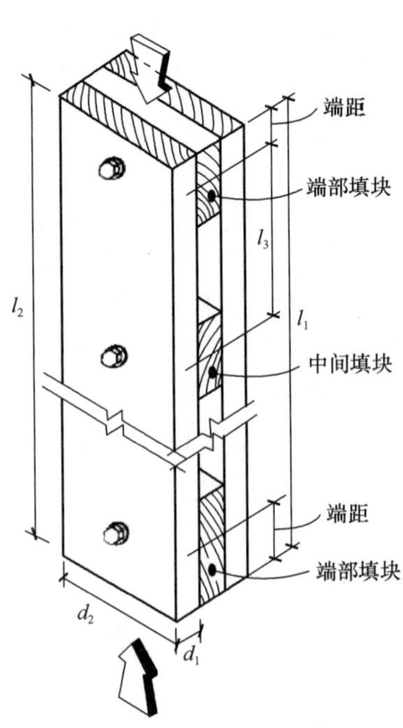

图 8.3-4 填块分肢柱的构造

填块上连接件所需抗侧承载力由计算决定。美国规范 NDS（2005）规定，填块与分肢间的剪力为 $A_0 \cdot K_s$，其中 A_0 为单肢木材的截面面积，K_s 取决于树种（组合），对于北美树种，建议取：

树种组合A　$K_s = 0.102(l_1/d_1 - 11) \leqslant 5.02\text{N/mm}^2$；

B　$K_s = 0.087(l_1/d_1 - 11) \leqslant 4.28\text{N/mm}^2$；

C　$K_s = 0.072(l_1/d_1 - 11) \leqslant 3.54\text{N/mm}^2$；

D　$K_s = 0.057(l_1/d_1 - 11) \leqslant 2.80\text{N/mm}^2$。

树种组合 A、B、C、D 可参见美国规范 NDS（2005）。

2. 轴心受压填块分肢柱的稳定承载力

分肢柱的强度承载力和绕实轴的稳定承载力均可按实腹柱计算。绕虚轴的稳定承载力，规范 NDSWC 的方法是，长细比和稳定系数按单肢计算，即 $\lambda = \dfrac{l_1\sqrt{12}}{d_1}$，但计算“临界应力设计值”时需乘以拼合柱端部影响系数 K_x，端部为条件 a 时，$K_x = 2.5$，端部为条件 b 时，$K_x = 3.0$，这相当于将长细比表示为 $\lambda = \dfrac{l_1\sqrt{12}}{d_1\sqrt{K_x}}$。可按该长细比确定对虚轴的稳定系数，然后按实轴、虚轴中稳定系数的较小者计算填块柱的稳定承载力。

欧洲规范 EC 5 中规定分肢柱（Spaced columns with packs or gussets）可由 2～4 根相同肢组成，且柱肢应对称布置。柱肢间可采用填块或缀板（如金属板、木板等）并通过裂环或剪板、钉或螺栓连接，也可采用胶连接，如图 8.3-5 所示。分肢柱除两端设填块或缀板外，至少还应在高度的两个三分点处设填块或缀板。填块分肢柱一般要求柱肢间的净距 a 不大于柱肢厚度（h）的 3 倍；缀板分肢柱净距 a 不大于柱肢截面厚度的 6 倍。填块的长度（沿柱高方向）l_2 不小于 $1.5a$，缀板长度 l_2 不小于 $2a$。每个剪面至少用 4 枚钉或

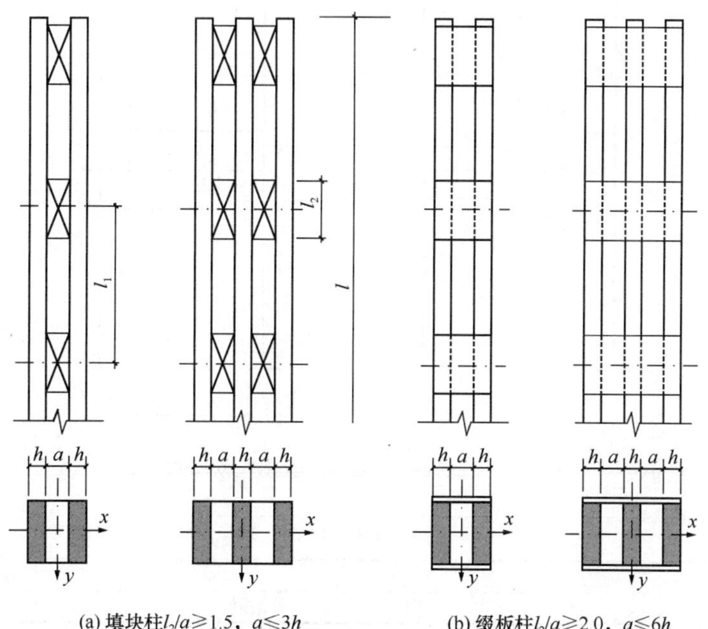

图 8.3-5　填块分肢柱与缀板分肢柱

2 根螺栓作连接件，两端头节点采用钉连接时每行（沿柱纵向，即力的作用方向）至少用 4 枚钉子。

分肢柱只能承受轴心压力，绕实轴（x）的稳定承载力为各柱肢的稳定承载力之和（与填块、缀板等无关）；绕虚轴（y）的稳定承载力按组合截面计算，但计算稳定系数时应采用等效长细比 λ_{ef}，按下述方法确定。计算截面面积 $A_{tot}=2A_0$（双柱肢，A_0为单个柱肢的截面面积）；$A_{tot}=3A_0$（三肢柱）。计算惯性矩 $I_{tot}=b[(2h+a)^3-a^3]/12$（双柱肢）；$I_{tot}=b[(2h+a)^3-(h+2a)^3+h^2]/12$（三柱肢）。等效长细比为：

$$\lambda_{ef}=\sqrt{\lambda^2+\eta\frac{n}{2}\lambda_1^2} \tag{8.3-3a}$$

$$\lambda=l\sqrt{\frac{A_{tot}}{I_{tot}}} \tag{8.3-3b}$$

$$\lambda_1=\frac{l_1}{h/\sqrt{12}} \tag{8.3-3c}$$

式中 h——柱肢厚度；

n——柱肢数（2 或 3）；

η——系数，见表 8.3-1。

分肢柱截面上的剪力 V_d按式（8.3-2）计算，作用于填块或缀板上的力 T 按下式计算（图 8.3-6）：

$$T=\frac{V_d l_1}{a_1} \tag{8.3-4}$$

式中各符号含义见图 8.3-5 和图 8.3-6。

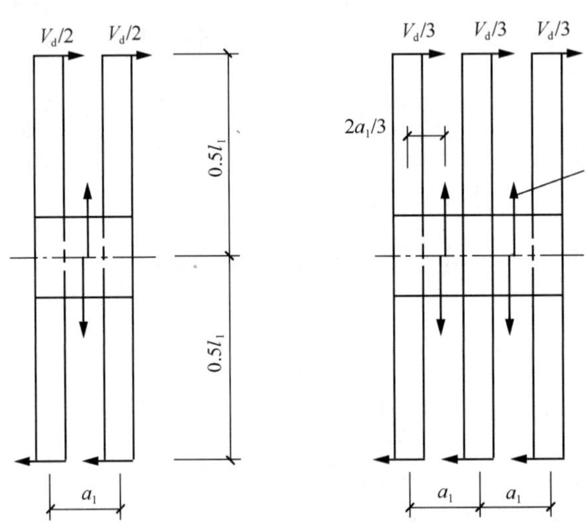

图 8.3-6 分肢柱的剪力分配及填块与缀板受力

系数 η **表 8.3-1**

连接方法	填块			缀板	
	钉	螺栓	胶接	钉	胶接
永久、长期荷载	4	2.5	1	6	3
中、短期荷载	3	2.5	1	4.5	2

8.4　受弯构件

受弯构件是木结构中最基本的受力构件，按使用场合不同，有不同名称。类似于钢筋混凝土和钢结构中的主梁的受弯构件，在木结构中一般简称为梁，其他受弯构件很少称为梁。例如在楼盖、天棚中除梁以外的受弯构件一般称为搁栅；屋盖结构中，垂直于跨度方向的受弯构件称檩条、挂瓦条等，平行于跨度方向的称为搁栅、椽条等，门窗洞口上的过梁称为门、楣和窗楣。这也许是木结构的一种独特文化。

受弯构件除应满足抗弯强度、抗剪强度外，尚应满足整体稳定要求。这些皆属于承载力极限状态问题。受弯构件尚应满足正常使用极限状态的要求，即其变形不能影响正常使用。本章介绍受弯构件的设计原理和构造要求。

8.4.1　受弯构件的承载力

受弯构件的抗弯承载力 M_r 可按下式计算，且不应小于弯矩设计值：

$$M_r = W f_m \tag{8.4-1}$$

式中　f_m——结构木材的抗弯强度设计值；

W——构件截面的抗弯截面模量。

斜弯曲构件可按下式验算承载力：

$$\frac{M_x}{W_x f_{mx}} + \frac{M_y}{W_y f_{my}} \leqslant 1.0 \tag{8.4-2a}$$

当 $f_{mx}=f_{my}$时，可按下式计算承载力：

$$M_{rx} = \frac{\omega}{\omega + m} W_x f_m \geqslant M_x \tag{8.4-2b}$$

式中　f_{mx}、f_{my}——木材绕 x、y 轴弯曲的抗弯强度；

M_x、M_y——作用在构件两个主平面内的弯矩设计值（荷载效应的基本组合）；

W_x、W_y——验算截面对两个主轴的抗弯截面模量；$m=M_y/M_x$；$\omega=W_y/W_x$（矩形截面 $\omega=b/h$）。原木受弯构件无需做双向抗弯承载力验算。

受弯构件的抗剪承载力 V_r 可按下式计算，且不应小于剪力设计值：

$$V_r = \frac{f_v I b}{S} \tag{8.4-3a}$$

矩形截面受弯构件还可按下式计算：

$$V_r = \frac{2}{3} f_v A \tag{8.4-3b}$$

式中　f_v——木材的顺纹抗剪强度设计值；

I——截面的惯性矩；

S——截面最大剪应力所在位置以上或以下部分截面对形心轴的静矩；

b——最大剪应力所在位置的截面宽度；

A——构件横截面的面积。

支座附近作用于构件顶面的荷载可通过斜向受压的方式直接传递给支座。因此，在计算剪力设计值时，可不计部分荷载或予以折减。例如美国规范 NDS（2005）不计距支座内侧边缘为构件截面高度范围内的均布荷载，对于集中荷载则乘以折减系数 x/h（x 为集中荷载距支座内侧边缘的距离，h 为截面高度）。我国《木结构设计标准》GB 50005—2017 则不计该范围内的全部荷载。

受弯构件支座处的支承长度除满足构造要求外（如搁栅的支承长度不小于 90mm），尚应满足木材横纹承压强度要求。方木与原木及普通层板胶合木构件，横纹承压强度决定的承载力 R_r 可按下式计算：

$$R_r = bl_b f_{c90} \tag{8.4-4a}$$

式中 b——构件截面的宽度；

l_b——支承面的长度；

f_{c90}——木材的横纹承压强度设计值。当支承长度 $l_b \leqslant 150$mm，且支承面外边缘距构件端部不小于 75mm 时，f_{c90} 可取木材的局部表面横纹承压强度，否则应取全表面横纹承压强度。

对于北美规格材、北美方木等其他木材和木产品，可按下式计算支座横纹承压承载力：

$$R_r = bl_b K_B K_{Zcp} f_{c90} \tag{8.4-4b}$$

式中 K_B、K_{Zcp}——承压长度（顺木纹测量）调整系数和构件截面尺寸调整系数，分别见表 8.4-1 和表 8.4-2。

承压长度调整系数 K_B **表 8.4-1**

* 承压长度（顺纹测量）或垫圈直径（mm）	K_B	* 承压长度（顺纹测量）或垫圈直径（mm）	K_B
≤12.5	1.75	75.0	1.13
25.0	1.38	100.0	1.10
38.0	1.25	≥150.0	1.0
50.0	1.19		

* 注：支承面外缘距构件端部不小于 75mm。

构件截面尺寸调整系数 K_{Zcp} **表 8.4-2**

构件截面宽度与高度比 b/h	K_{Zcp}
1.0 或更小	1.0
2.0 或更大	1.15

注：b/h 介于 1.0 与 2.0 之间时，按线性内插法计算。

此外，加拿大规范 CAS O86 还规定，尚需验算距支座中心线为构件截面高度范围内的荷载所引起的支座处的横纹承压问题。该范围的荷载效应不应超过按下式计算的横纹承压承载力：

$$R'_r = (2/3) \quad bl'_b K_B K_{Zcp} f_{c90} \tag{8.4-5}$$

式中 l'_b——计算横纹承压长度，$l'_b = l_{b1} + l_{b2} \leqslant 1.5l_{b1}$，$l_{b1}$、$l_{b2}$ 分别为受弯构件顶面、底面横纹承压长度中的较小值和较大值。

8.4.2 受弯构件的侧向稳定

当受弯构件的截面高宽比较大，如超过 4：1，且跨度较大时，有可能发生侧向失稳而丧失承载能力（图 8.4-1）。这是因为受弯构件截面的中和轴以上为受压区，以下为受拉区，犹如受压构件和受拉构件的组合体。当压杆达到一定应力值时，在偶遇的横向扰力的作用下可沿着刚度较小的方向发生平面外失稳。但同时受到稳定的受拉杆沿长度方向的连续约束作用，发生侧移的同时会带动整个截面扭转，这时称受弯构件发生了整体弯扭失稳，也称侧向失稳，所对应的弯矩 M_{cr} 称为临界弯矩，对应的弯曲应力称为临界应力。当临界应力小于比例极限时，受弯构件的整体失稳属于弹性弯扭失稳；当临界应力超过比例极限时，称为弹塑性弯扭失稳。

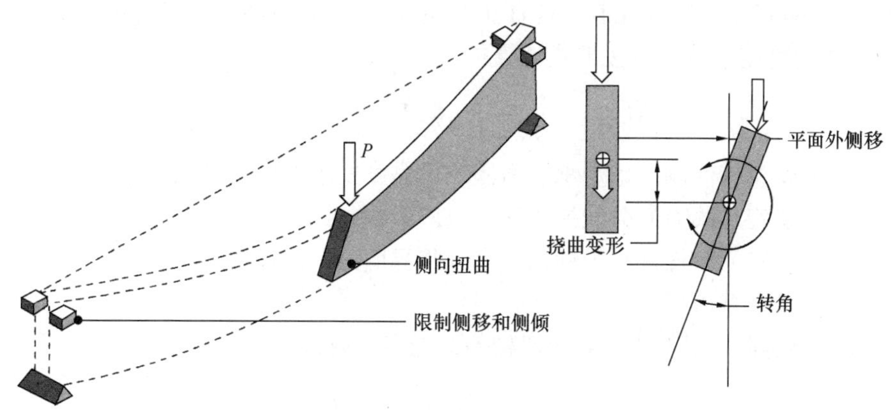

图 8.4-1　受弯构件的整体失稳

承受等弯矩作用的简支梁，按弹性理论求解临界状态下的微分方程，可得临界弯矩 M_{cr} 为：

$$M_{cr}=\frac{\pi}{l_{ef}}\sqrt{\frac{EI_{tor}I_ZG}{1-\frac{I_z}{I_y}}} \tag{8.4-6a}$$

式中　I_z、I_y——对于梁截面两主轴 z、y 的惯性矩；

I_{tor}——截面的扭转惯性矩；

E、G——木材的纯弯弹性模量和剪切模量；

l_{ef}——无侧向支撑段的长度。

如果不考虑翘曲等二次效应，式（8.4-6a）可简化为：

$$M_{cr}=\frac{\pi}{l_{ef}}\sqrt{EI_{tor}I_ZG} \tag{8.4-6b}$$

矩形截面（$b\times h$）受弯构件的临界弯矩 M_{cr} 除以抗弯截面模量 $W_y=bh^2/6$，即为发生弹性失稳时的临界应力 $\sigma_{m,cr}$，将矩形截面的 I_z 和 I_{tor} 用截面尺寸 b、h 表示，则由式（8.4-6a）得临界应力 $\sigma_{m,cr}$ 为：

$$\sigma_{m,cr}=\frac{E\pi b^2}{l_{ef}h}\sqrt{\frac{G}{E}}\sqrt{\frac{1-0.63b/h}{1-\left(\frac{b}{h}\right)^2}} \tag{8.4-7}$$

常用矩形截面梁的宽高比 b/h 大约在 0.1～0.7 范围内，上式右边根号内的值约为 0.94～1.10，木材的剪切模量 G 近似取为 $E/16$，并令 λ_B 为受弯构件的长细比：

$$\lambda_{B}=\sqrt{\frac{l_{ef}h}{b^{2}}} \tag{8.4-8}$$

式（8.4-7）可简化为：

$$\sigma_{m,cr}=\frac{(0.75\sim0.82)E}{\lambda_{B}^{2}} \tag{8.4-9}$$

受弯构件侧向失稳的临界应力计算式与轴心压杆临界应力的欧拉公式具有相似的形式，即临界应力与构件材料的弹性模量成正比，与构件长细比的平方成反比。将式（8.4-9）中的弹性模量代之以其标准值（具有 95%的保证率），得临界应力的标准值 $f_{m,cr,k}$，于是，受弯构件的稳定承载力可按下式计算：

$$M_{cr,d}=\frac{f_{m,cr,k}}{\gamma_{R,cr}}K_{DOL,cr}W=f_{m,cr,d}W \tag{8.4-10}$$

式中 $\gamma_{R,cr}$——受弯构件侧向稳定承载力满足可靠度要求的抗力分项系数；

$K_{DOL,cr}$——稳定承载力的荷载持续作用效应系数；

$f_{m,cr,d}$——验算受弯构件稳定性的强度（临界应力）设计值；

W——抗弯截面模量。

工程设计中通常采用下式计算受弯构件的稳定承载力：

$$M_{cr,d}=\frac{f_{m,k}}{\gamma_{R}}K_{DOL}W\varphi_{l}=f_{m}\varphi_{l}W \tag{8.4-11}$$

式中 $f_{m,k}$、f_{m}——构件的抗弯强度标准值和设计值；

K_{DOL}——荷载持续作用效应系数（对强度的）；

φ_{l}——受弯构件的侧向稳定系数。

《木结构设计标准》GB 50005—2017 采用与轴心受压构件稳定系数类似的计算方法，按下列各式计算受弯构件的侧向稳定系数 φ_{l}：

$$\lambda_{B}>0.9\sqrt{\frac{E_{k}}{f_{m,k}}} \qquad \varphi_{l}=\frac{0.7E_{k}}{\lambda_{B}^{2}f_{m,k}} \tag{8.4-12a}$$

$$\lambda_{B}\leqslant0.9\sqrt{\frac{E_{k}}{f_{m,k}}} \qquad \varphi_{l}=\left(1+\frac{\lambda_{B}^{2}f_{m,k}}{4.9E_{k}}\right)^{-1} \tag{8.4-12b}$$

式中 λ_{B}——受弯构件的长细比，按式（8.4-8）计算，且要求 $\lambda_{B}\leqslant50$。

E_{k}——纯弯弹性模量标准值，$E_{k}=E\mu(1-1.645v)$，v 为弹性模量的变异系数，目测应力定级锯材，取 $v=0.25$；机械评级木材，取 $v=0.15$；机械应力定级木材，取 $v=0.11$；层板胶合木，取 $v=0.10$。

μ——由表观弹性模量到纯弯弹性模量的转换系数，层板胶合木取 $\mu=1.05$，锯材取 $\mu=1.03$。

$f_{m,k}$——抗弯强度标准值，需考虑体积或尺寸效应的影响，但当效应系数小于 1.0 时，可偏于安全地不予考虑；对于方木与原木受弯构件，式中的 $E_{k}/f_{m,k}=220$（取定值，不计尺寸效应）。

受弯构件的临界弯矩 M_{cr} 与许多因素有关。首先，临界弯矩与构件上的弯矩图形有关。以上讨论的是沿构件跨度作用等值弯矩的情况。如果是简支梁跨中受一个集中力作用，式（8.4-7）中的 π（3.14）需用常数 4.24 替代；如果是均布荷载作用，就需用常数

3.57替代。因为这两种情况下弯矩并非常数，临界弯矩的值要高一些。其次，临界弯矩与支承条件密切相关，约束越弱，临界弯矩越低。最后，临界弯矩尚与荷载在构件截面上的作用位置有关，荷载作用在受压区顶部，临界弯矩低些；作用在受拉区底边，临界弯矩高些。对于这些较复杂的情况，通常采用调节无支撑段的长度 l_{ef}（也可称为计算长度）的方法来解决。例如相同条件下的简支梁，承受等弯矩作用的情况和承受跨中一个集中力的情况，可采用不同的无支撑段长度来计算临界弯矩。当然这并不是唯一的方法，例如澳大利亚木结构设计规范AS 1720是根据受弯构件的边界条件和荷载情况，用不同的算式计算长细比来反映临界弯矩的不同。但是，由于人们的认识不同，各国木结构设计规范对于相同条件的受弯构件，无支撑段长度 l_{ef} 的取值并不完全相同。我国《木结构设计标准》GB 50005—2017中计算长度系数 μ_l 的取值见表8.4-3，与欧洲规范EC 5基本一致。

受弯构件侧向稳定计算长度系数　　　　**表8.4-3**

支座（承）及荷载形式	荷载作用在截面的位置		
	顶部	中部	底部
简支、两端相同弯矩	—	1	—
简支、均布荷载	0.95	0.9	0.85
简支、跨中一个集中力	0.8	0.75	0.7
悬臂、均布荷载	—	0.5	—
悬臂、一个集中力	—	0.8	—
悬臂、一个弯矩	—	1.0	—

注：简支梁两端支座处和悬臂梁自由端处应有抗侧倾措施。

8.4.3　受弯构件的变形计算

受弯构件在荷载作用下某点的挠度，是由弯矩和剪力分别产生的挠度之和（图8.4-2）。根据虚功原理，有：

$$\delta=\delta_m+\delta_v=\int\frac{\overline{M}M_x}{EI}dx+\int\frac{\overline{Q}Q_x}{GA}dx \tag{8.4-13}$$

式中　$\overline{M}$、$\overline{Q}$——单位力作用下构件的弯矩和剪力；

M_x、Q_x——荷载作用下构件的弯矩与剪力；

E、G——构件木材的弹性模量与剪切模量；

I、A——构件截面的惯性矩与截面面积。

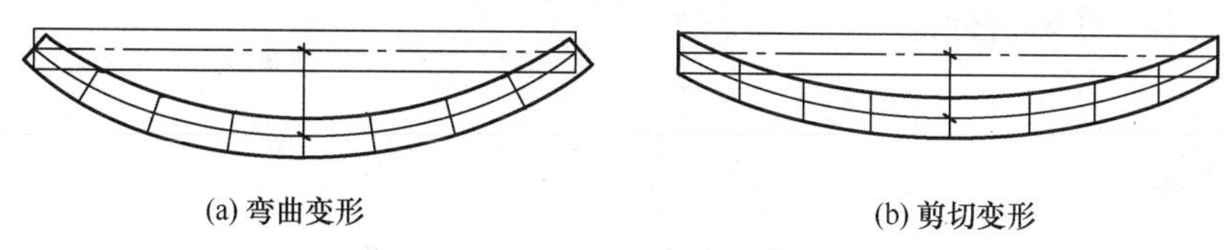

(a) 弯曲变形　　(b) 剪切变形

图8.4-2　受弯构件的弯曲变形和剪切变形

实腹木构件，如矩形截面梁，在均布荷载作用下，剪切变形产生的跨中挠度约为弯曲变形挠度的 $13/B^2$，B 为梁的跨高比（l/h）。对于 $B=15$ 的梁，剪切挠度与弯曲挠度之比不足6%。因此，对跨高比较大的梁，与钢筋混凝土结构和钢结构受弯构件一样，通常可不计剪力产生的挠度。但对于那些用木基结构板材作腹板的梁则需计入剪力产生的跨中挠度。这主要是因为这类受弯构件的腹板薄，剪应力大且在整个腹板高度范围内分布较均匀，剪切变形不可忽略。

双向受弯构件的挠度计算，一般按几何叠加原理处理，即：

$$\delta=\sqrt{\delta_x^2+\delta_y^2} \tag{8.4-14}$$

式中 δ_x、δ_y——构件沿 x 轴和 y 轴产生的挠度。

受弯构件的挠度可按式（8.4-13）计算。均布荷载作用下的简支梁，弯矩与剪力产生的跨中挠度可分别按下列算式计算：

$$\delta_m=\frac{5q_kl^4}{384EI} \tag{8.4-15a}$$

$$\delta_v=\frac{q_kl^2}{8GA} \tag{8.4-15b}$$

式中 q_k——荷载的标准值；

E、G——弹性模量和剪切模量，一般取 $G=E/16$；

I、A——截面的惯性矩和截面面积。其相对值 $\omega=(\delta_m+\delta_v)/l$ 不应超过表8.4-4的规定。

受弯构件挠度限值 **表8.4-4**

	构件类别		挠度限值［ω］
檩条	$l\leqslant3.3$m		$l/200$
	$l>3.3$m		$l/250$
	椽条		$l/150$
	吊顶中的受弯构件		$l/250$
	楼盖梁、搁栅		$l/250$
屋盖大梁	工业建筑		$l/120$
	民用建筑	无粉刷吊顶	$l/180$
		有粉刷吊顶	$l/240$
墙骨受水平力作用	墙面为刚性材料贴面		$l/360$
	墙面为柔性材料贴面		$l/250$

8.5 弧形梁与坡形梁

8.5.1 弧形梁

层板胶合木可制作成弧形梁、变截面单坡或双坡梁以及双坡拱梁等。这类梁除需像等截面直梁验算其抗弯、抗剪承载力和变形外，还需根据其特点进行某些补充验算，这些验算可能对梁的承载力起决定性作用。

等截面弧形梁［图8.5-1（a)］是将层板按要求的曲率在弧形模具上弯曲后胶合而成，

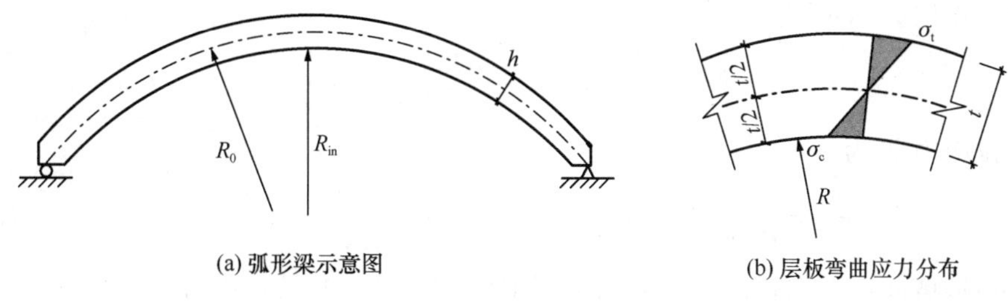

(a) 弧形梁示意图

(b) 层板弯曲应力分布

图 8.5-1　弧形梁

制作时层板的实际弯曲程度尚需考虑梁从模具上放松后的回弹量。制作完成的弧形梁的层板中均存在一定的弯曲应力（残余应力）。这部分应力将与荷载产生的弯曲应力叠加，从而影响梁的最终承载力。因此，设计中首先对弧形梁的抗弯强度设计值需考虑弧形曲率影响的调整。

设层板厚度为 t，弧形梁制作完成后，某层层板的弯曲应力如图 8.5-1（b）所示，设层板底边的曲率半径为 R，则该层板的弯曲应力为：

$$\sigma_m = \frac{E\dfrac{t}{2}}{R+\dfrac{t}{2}} = \frac{E}{2\dfrac{R}{t}+1} \tag{8.5-1}$$

通常 R/t 约为 125～300，而木材的抗弯强度与弹性模量比约为 300 左右，由此可推算弯曲应力约为木材抗弯强度的 0.5～1.2 倍。可见制作弧形梁时层板的弯曲应力很大，故 R/t 不能过小。但试验表明，这种应力对梁的最终抗弯承载力影响并非十分严重，原因不甚明了。有学者认为层板在施胶过程中受潮，使应力松弛所致，弯曲应力要比计算值低。也有学者认为是胶合后撤压回弹，使层板中发生应力重分布。这样弧形梁设计中层板弯曲对层板胶合木抗弯强度影响的调整系数取：

$$\varphi_m = 1 - 2000\left(\frac{t}{R}\right)^2 \tag{8.5-2}$$

式中，R 为梁内侧边缘的曲率半径。欧洲规范 EC 5 取 $\varphi_m = 0.76 + 0.001R/t$，在允许的 R/t 范围内与式（8.5-2）计算结果相差不大。通常规定 R/t 不小于 300，较薄层板时，R/t可取 125～150。这样弧形梁抗弯承载力的计算与直梁相同，但抗弯强度取 $f_m\varphi_m$。由于这类梁的曲率并不很大，其挠度可近似按直梁计算。如果截面组坯和层板品质符合标准产品的有关规定，除抗弯强度 f_m需乘以折减系数 φ_m外，其他各项力学指标，如 f_t、f_{c90}、f_v、E 等，均可采用标准产品的数值。

弧形梁的另一显著特点是，当荷载使梁的曲率减小时，梁中会产生横纹的径向拉应力，其抗弯承载力可能由木材的横纹抗拉强度决定。图 8.5-2（a）所示为从一承受弯矩作用的弧形梁上切出的微元体，图 8.5-2（b）为在该微元体受压区顶部切出厚度为 Δy 的一片。考虑微元体的平衡条件，在两端压力 N 的作用下，产生向上的分量 P，由$\sum F_y = 0$，该分量必须由法向拉应力 σ_R（木材的横纹拉应力）的合力平衡，显然有：

$$P = 2N\sin\frac{d\varphi}{2} \approx Nd\varphi \tag{8.5-3}$$

两端的作用力 N 可表示为

$$N=\int_{y}^{h/2}\sigma_{\mathrm{m}}b\mathrm{d}y=\frac{Mb}{2I}\left(\frac{h^{2}}{4}-y^{2}\right) \tag{8.5-4}$$

径向拉应力 σ_{R} 为

$$\sigma_{\mathrm{R}}=\frac{P}{bd\varphi(R_{0}+y)}=\frac{3}{2}\frac{M}{bh(R_{0}+y)}\left[1-\left(\frac{2y}{h}\right)^{2}\right] \tag{8.5-5a}$$

对于矩形截面，最大径向拉应力发生在中性轴（$y=0$）处，可得：

$$\sigma_{\mathrm{R}}=\frac{3M}{2bhR_{0}} \tag{8.5-5b}$$

式中　R_0——弧形梁截面形心轴位置的曲率半径。

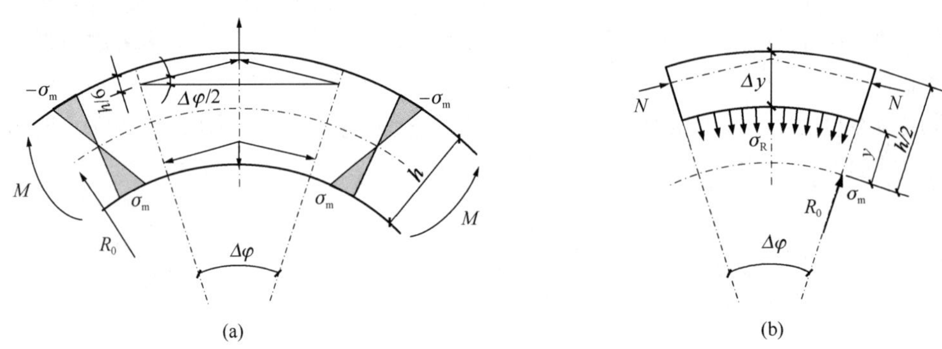

图 8.5-2　弧形梁中的径向拉应力

因此弧形梁满足木材横纹抗拉强度并考虑体积效应的抗弯承载力 M_{Rt90} 可用下式计算：

$$M_{\mathrm{Rt90}}=\frac{2}{3}AR_{0}f_{\mathrm{t90}}K_{\mathrm{VOL}} \tag{8.5-6}$$

式中：f_{t90}——胶合木的横纹抗拉强度设计值，可取顺纹抗剪强度设计值的 1/3。

K_{VOL}——横纹抗拉强度的体积调整系数。《胶合木结构技术规范》GB/T 50708—2012 不计该系数，即取 $K_{\mathrm{VOL}}=1.0$。加拿大规范 CSA O86 则按表 8.5-1 的规定取值。

弧形梁、双坡梁、双坡拱梁径向拉应力体积调整系数 K_{VOL}　　表 8.5-1

荷载类型	弧形梁	双坡梁	双坡拱梁
均布荷载	$\frac{24}{(AR_0\beta)^{0.2}}$	$\frac{36}{(Ah_{\mathrm{ap}})^{0.2}}$	$\frac{35}{(AR_0\beta)^{0.2}}$
其他荷载	$\frac{20}{(AR_0\beta)^{0.2}}$	$\frac{23}{(Ah_{\mathrm{ap}})^{0.2}}$	$\frac{22}{(AR_0\beta)^{0.2}}$

注：表中 A 为横截面面积，双坡梁、双坡拱梁取顶点（脊点）处的截面；β 为包角（弧度），等截面弧形梁取最大弯矩所在截面位置至两侧弯矩降至 85% 时，两点间的圆心角（$\beta=S/R_0$，S 为弧长）；双坡拱梁取左、右两切点间的包角。

反之，如果荷载使弧形梁的曲率增大（曲率半径减小），将产生径向压应力，木材的横纹承压强度应能满足承受该压应力的要求。

弧形梁抗弯承载力的计算，欧洲规范 EC 5 的方法有所不同。首先，对于抗弯承载力的验算，矩形截面直梁因中性轴和截面形心轴一致，该处纤维应力、应变均为零。因截面对称，上下边缘的应变也相等。但对于弧形梁，从梁上切出的微段［图 8.5-2 (a)］上下边缘的纤维长度是不同的。在弯矩作用下，根据平面假设，形心轴对称的上、下边缘处的变形量相同，但由于纤维长度不同，使下边缘的应变、应力均较大。为使截面上$\sum F_x=0$（仅有弯矩），中性轴将降至形心轴的下方，应力分布如图 8.5-3 所示，底边弯曲拉应力将增大至σ。

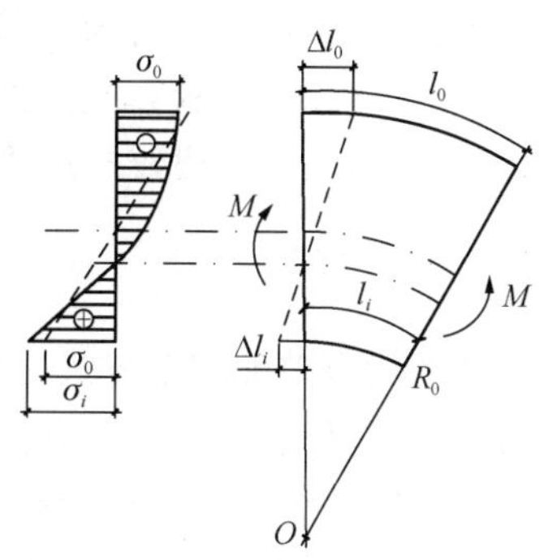

图 8.5-3 弧形梁弯曲应力分布

根据这一现象，规范 EC 5 规定按下式计算弧形梁的抗弯承载力：

$$M_{r,m}=Wf_m\varphi_m\varphi_l/K_l \tag{8.5-7}$$

$$K_l=1+0.35(h/R_0)+0.6(h/R_0)^2 \tag{8.5-8}$$

式中 W——抗弯截面模量；

R_0——截面形心轴处的曲率半径；

φ_l——受弯构件侧向稳定系数；

K_l——弯曲应力调整系数。

欧洲规范 EC 5 按下列各式计算由木材横纹抗拉强度 f_{t90} 决定的抗弯承载力设计值：

$$M_{rt90}=Wf_{t90}K_{dis}K_{VOL}/K_p \tag{8.5-9}$$

$$K_p=0.25h/R_0 \tag{8.5-10}$$

$$K_{VOL}=(0.01/V)^{0.2} \tag{8.5-11}$$

式中 K_{dis}——横纹拉应力分布修正系数，对于等截面弧形梁取 1.4；

K_p——横纹拉应力的计算系数；

K_{VOL}——横纹抗拉强度的体积调整系数；

$V(m^3)$——横纹受拉区的木材体积，计算方法见表 8.5-2。

弧形梁、双坡梁、双坡拱梁计算调整系数 K_{VOL} 所用的体积 V（EC 5） **表 8.5-2**

类型	V	限值（V_{max}）
弧形梁	$\frac{\beta\pi}{180}b[h^2+2hR_{in}]$	$\frac{2}{3}V_b$
双坡梁	$b(h_{ap})^2$	$\frac{2}{3}V_b$
双坡拱梁	$b\left[\sin\alpha_{ap}\cos\alpha_{ap}(R_{in}+h_{ap})^2-R_{in}\frac{\alpha_{ap}\pi}{180}\right]$	$\frac{2}{3}V_b$

注：表中 β 为弧形梁轴线在支座处的切线与水平线的夹角（度）；R_{in} 为梁底边缘的曲率半径；V_b 为全梁的体积。

弧形梁截面中性轴处既有横纹拉应力又有剪应力时，需按下式验算拉、剪联合工作：

$$\frac{\tau}{f_v}+\frac{\sigma_{t90}}{f_{t90}K_{dis}K_{VOL}}\leqslant 1 \tag{8.5-12}$$

式中 f_v、f_{t90}——木材的抗剪强度和横纹抗拉强度设计值；

τ——验算截面处的剪应力；

σ_{t90}——横纹拉应力，$\sigma_{t90}=K_p(6M/bh^3)$。

8.5.2 坡形梁

坡形梁有单坡和双坡梁，由平行于受拉边层叠的层板胶合而成，并按规定的斜坡加工成坡梁，坡度角 α 一般不超过 10°。单坡与双坡梁为变截面直梁，如图 8.5-4 所示。胶合木应采用同等组坯。如果层板品质等级符合胶合木组坯规定，基本力学性能指标可采用标准产品的规定值。

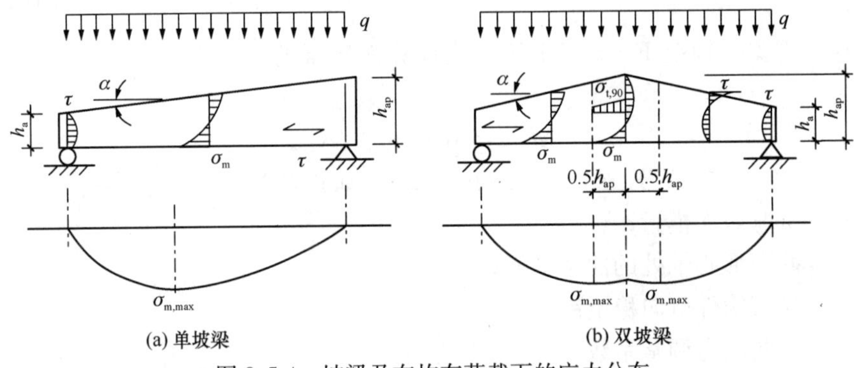

(a) 单坡梁　　(b) 双坡梁

图 8.5-4　坡梁及在均布荷载下的应力分布

坡形梁截面上的弯曲正应力和剪应力分布与矩形截面直梁有所不同，示意性地表示在图 8.5-5 中。由图可见，弯曲正应力分布类似于弧形梁，呈非线性分布。中性轴下移，不与截面形心重合，最大剪应力并非一定在中性轴处。容易理解，梁坡面无荷载直接作用的区段，仅存在平行于斜坡的压应力，与木纹成 α 角。如果斜坡面位于受压边，坡度不大于 10°时，则平行于倾斜面的压应力 $\sigma_{m,\alpha}$［图 8.5-5（a）］可由下式确定：

$$\sigma_{m,\alpha}=(1-4\text{tg}^2\alpha)\frac{6M}{bh^2} \tag{8.5-13}$$

梁下边缘平行于木纹的弯曲拉应力近似为：

$$\sigma_{m,0}=(1+4\text{tg}^2\alpha)\frac{6M}{bh^2} \tag{8.5-14}$$

式中 M——某截面位置的作用弯矩；

b、h——相应于作用弯矩位置的截面宽度和高度。

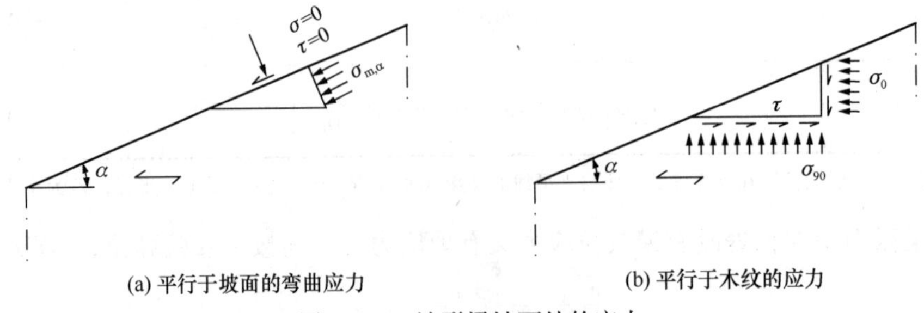

(a) 平行于坡面的弯曲应力　　(b) 平行于木纹的应力

图 8.5-5　坡形梁坡面处的应力

可见，如果坡角为5°～6°，受拉边拉应力与矩形截面直梁相比增加量不超过5%。主要问题在于坡面上的弯曲压应力，其值有所减小，但属复杂应力，转轴分析后可知，木材承受顺纹压应力 σ_0、横纹压应力 σ_{90} 和剪应力 τ 联合作用，如图8.5-5（b）所示。

式（8.5-13）计算的 $\sigma_{m,\alpha}$ 是斜纹压应力，早期曾采用Hankinson公式验算，现已改用Norris破坏准则验算。《胶合木结构技术规范》GB/T 50708—2012参照美国文献给出了验算坡面受压时木材抗弯强度的修正系数。坡梁的抗弯承载力可由下式验算：

$$\sigma_m=\left(\frac{M}{W}\right)_{max}\leqslant\min\{\varphi_l f_m,\varphi_l K_i f'_m\} \tag{8.5-15}$$

$$K_i=\frac{1}{\sqrt{1+\left(\frac{f'_m \mathrm{tg}\alpha}{f_v}\right)^2+\left(\frac{f'_m \mathrm{tg}^2\alpha}{f_{c90}}\right)^2}} \tag{8.5-16}$$

式中 φ_l——受弯构件侧向稳定系数；

K_i——坡面复杂应力对抗弯强度的影响系数；

f_m——抗弯强度设计值；

f'_m——不计体积调整系数 C_V 的抗弯强度设计值；

f_v、f_{c90}——胶合木的顺纹抗剪强度和横纹抗压强度设计值；

α——坡面倾角；

$\left(\frac{M}{W}\right)_{max}$——坡梁的最大弯曲应力，根据条件 $\mathrm{d}\frac{M(x)}{W(x)}=0$ 确定。式（8.5-15）实际上是取受拉边强度 f_m 与斜坡受压边强度 $f'_m K_i$ 中的较小值来确定坡梁的抗弯承载力。

受压斜坡面上的剪应力和木材横纹压应力应分别不超过胶合木的抗剪强度 f_v 和横纹承压强度 f_{c90}，即：

$$\tau=\sigma_m \mathrm{tg}\alpha\leqslant f_v \tag{8.5-17}$$

$$\sigma_{c90}=\sigma_m \mathrm{tg}^2\alpha\leqslant f_{c90} \tag{8.5-18}$$

式中 σ_m——最大弯曲应力，按式（8.5-15）式计算。

单坡梁与双坡梁设计除进行上述承载力验算外，尚应按直梁方法验算支座截面处的顺纹抗剪强度。

欧洲规范EC 5中坡梁的设计验算方法有所不同，并不按式（8.5-17）、式（8.5-18）验算抗剪和横纹承压强度。式（8.5-15）中抗弯强度调整系数 K_i 区分为斜坡边受压和受拉两类。斜坡边为压应力时，将式（8.5-15）和式（8.5-16）分别改为：

$$\sigma_m=\left(\frac{M}{W}\right)_{max}\leqslant K_i f_m \tag{8.5-19}$$

$$K_i=\frac{1}{\sqrt{1+\left(\frac{f_m \mathrm{tg}\alpha}{1.5 f_v}\right)^2+\left(\frac{f_m \mathrm{tg}^2\alpha}{f_{c90}}\right)^2}} \tag{8.5-20}$$

当坡面为拉应力时，仅需将式（8.5-20）中的 $1.5f_v$ 改为 $0.75f_v$，f_{c90} 改为 f_{t90} 计算 K_i。但对于双坡梁，规范EC 5增加了下述验算内容：

（1）坡顶截面处，因中性轴下移，受拉边弯曲正应力增大，需按下式计算坡顶截面的抗弯承载力，且不应小于坡顶截面的弯矩。

$$M_R = f_m W_{ap}/K_l \geqslant M_{ap} \tag{8.5-21}$$

$$K_l = K_1 + K_2\left(\frac{h_{ap}}{R_0}\right) + K_3\left(\frac{h_{ap}}{R_0}\right)^2 + K_4\left(\frac{h_{ap}}{R_0}\right)^3 \tag{8.5-22}$$

式中 W_{ap}、h_{ap}——坡顶截面的抗弯截面模量和截面高度；

R_0——中性轴处的曲率半径，双坡梁的曲率半径 R_0 为无穷大(∞)；$K_1=1+1.4\text{tg}\alpha+5.4\text{tg}^2\alpha$；$K_2=0.35-8\text{tg}\alpha$；$K_3=0.6+8.4\text{tg}\alpha-7.8\text{tg}^2\alpha$；$K_4=6\text{tg}^2\alpha$。

（2）坡顶区域存在与弧形梁相似的径向拉应力，需按下式计算坡顶截面的抗弯承载力，且不应小于坡顶截面的弯矩。

$$M_R = f_{t90} W_{ap} K_{dis} K_{VOL}/K_p \geqslant M_{ap} \tag{8.5-23}$$

$$K_p = K_5 + K_6\left(\frac{h_{ap}}{R_0}\right) + K_7\left(\frac{h_{ap}}{R_0}\right)^2 \tag{8.5-24}$$

式中 K_p——横纹拉应力计算系数；

f_{t90}——胶合木横纹抗拉强度设计值；

K_{dis}——横纹拉应力分布系数取 $K_{dis}=1.4$；

K_{VOL}——横纹抗拉强度的体积修正系数，仍按式（8.5-11）计算；

R_0——中性轴处的曲率半径，双坡梁中 R_0 为无穷大；$K_5=0.2\text{tg}\alpha$；$K_6=0.25-1.5\text{tg}\alpha+2.6\text{tg}^2\alpha$；$K_7=2.1\text{tg}\alpha-4\text{tg}^2\alpha$。

（3）需按式（8.5-12）验算坡顶截面中性轴处横纹拉应力和剪力联合作用下的强度。

单坡梁与双坡梁最大弯曲正应力所在截面的位置应由下式确定：

$$\frac{\mathrm{d}}{\mathrm{d}x}\left(\frac{M(x)}{W(x)}\right) = 0 \tag{8.5-25}$$

因此，承受均布荷载的简支坡梁，最大弯曲正应力所在截面距截面高度较低端（支座处）的距离 z 可由下式计算：

$$z = \frac{h_a L}{2h_a + L\text{tg}\alpha} \tag{8.5-26}$$

最大弯曲正应力所在截面的高度 h_z 为：

$$h_z = 2h_a \frac{h_a L}{2h_a + L\text{tg}\alpha} \tag{8.5-27}$$

式中 h_a——坡梁截面较低端（支座处）的高度。

受一个集中力作用的坡梁（单、双坡），如果集中力作用位置的梁高大于较低端的截面高度的 2 倍，则最大弯曲正应力将发生在距截面高度较低短距离为 $z=h_a/\text{tg}\alpha$ 的截面上；反之，若作用点位置的梁高小于或等于较低端截面高度的 2 倍，则最大弯曲正应力将发生在集中力作用位置的截面上。

因为是变截面，坡梁的抗弯刚度需用截面等效高度 h_{ef} 计算，均布荷载作用下简支坡梁的等效截面高度可按下式计算：

$$h_{ef} = K_C h_a \tag{8.5-28}$$

式中 K_C——换算系数，见表 8.5-3。

简支梁等效截面高度换算系数 K_C　　表 8.5-3

对称双坡梁		单坡梁	
$0<c\leqslant1.0$	$1.0<c\leqslant3.0$	$0<c\leqslant1.1$	$1.1<c\leqslant3.0$
$1+0.66c$	$1+0.63c$	$1+0.46c$	$1+0.43c$

注：表中 $c=(h_{ap}-h_a)/h_a$。

弯矩作用下坡梁产生的挠度按一般力学原理计算，均布荷载作用下剪应力产生的挠度可按下式计算：

$$\delta_v = \frac{3ql^2}{20Gbh_a} \tag{8.5-29}$$

8.5.3　双坡拱梁

双坡拱梁坡角较大，受拉底边呈全弧形或直线段与弧形组合，如图 8.5-6 所示。截面应采用同等组坯，并由弯曲成弧形的层板施胶后制作而成。

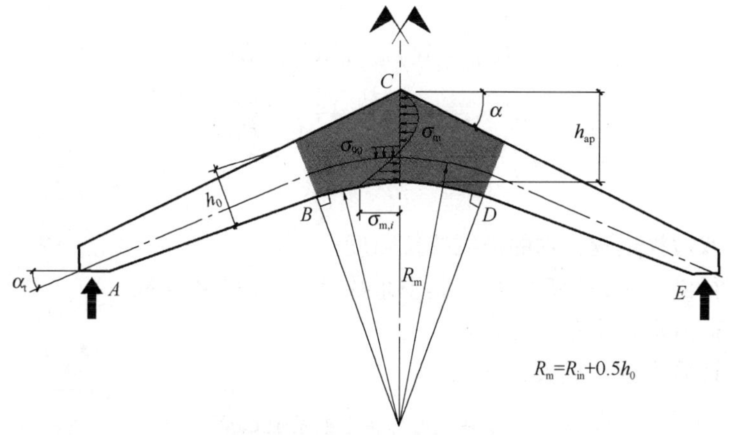

图 8.5-6　双坡拱梁的截面应力分析

《胶合木结构技术规范》GB/T 50708—2012 规定，双坡拱梁的非脊区段应按坡梁的有关要求进行强度验算，即应满足式（8.5-13）、式（8.5-15）和式（8.5-16）的要求，以及支座截面的抗剪承载力要求。双坡拱梁的脊区段，还应进行受拉边的抗弯强度验算和径向拉应力所致木材横纹抗拉强度验算。

脊截面处受拉边的弯曲正应力 σ_m 会增大，其抗弯承载力按下式计算，且不应小于脊截面处的弯矩 M_{ap}。

$$M_R = f'_m W_{ap}\varphi_m\varphi_l/K_\theta \geqslant M_{ap} \tag{8.5-30}$$

$$K_\theta = D + H\left(\frac{h_{ap}}{R_m}\right) + F\left(\frac{h_{ap}}{R_m}\right)^2 \tag{8.5-31}$$

式中　f'_m——不计体积调整系数的抗弯强度设计值；

φ_l——梁的侧向稳定系数；

φ_m——弧形层板抗弯强度调整系数；

K_θ——中性轴下移受拉边缘的弯曲应力增大系数；

R_m——弧形段底边曲率半径与切点处梁截面高度的1/2之和，即($R_{in}+h_0/2$)；D、H、F均为计算系数，见表8.5-4。

计算系数 *D*、*H*、*F* 及 *A*、*B*、*C* 取值　　　　表8.5-4

坡角 α	D	H	F	A	B	C
2.5°	1.042	4.247	−6.201	0.0079	0.1747	0.1284
5.0°	1.149	2.063	−1.825	0.0174	0.1251	0.1939
7.5°	1.240	1.018	−0.449	0.0279	0.0937	0.2162
10°	1.330	0.00	0.927	0.0391	0.0754	0.2119
15°	1.738	0.00	0.00	0.0629	0.0619	0.1722
20°	1.961	0.00	0.00	0.0893	0.0608	0.1393
25°	2.625	−2.829	3.538	0.1214	0.0605	0.1238
30°	3.062	−2.594	2.440	0.1649	0.0603	0.115

注：可用线性内插法确定中间角度的计算系数，α为受压边斜角。

脊区段径向拉应力决定的抗弯承载力可由下式计算，且不应小于脊截面处的弯矩W_{ap}。

$$M_{rt90}=Wf_{t90}/K_rC_r\geqslant M_{ap} \tag{8.5-32}$$

$$K_r=A+B\left(\frac{h_{ap}}{R_m}\right)+C\left(\frac{h_{ap}}{R_m}\right)^2 \tag{8.5-33}$$

$$C_r=\alpha+\beta\left(\frac{h_{ap}}{R_0}\right) \tag{8.5-34}$$

式中　f_{t90}——双坡拱梁胶合木的横纹抗拉强度；

K_r——径向拉应力计算系数，其中系数A、B、C见表8.5-4；

C_r——荷载形式系数，见表8.5-5；

α、β——计算系数，见表8.5-6。

集中荷载作用下的系数 C_r　　　　表8.5-5

两集中力三分点加载		跨中一个集中力	
L/L_C	C_r	L/L_C	C_r
任何值	1.05	1	0.75
		2	0.8
		3	0.85
		4	0.9

注：表中L/L_C为跨度与构件弧线段长度之比。

均布荷载作用下的计算系数 *α*、*β* 值　　　　表8.5-6

屋面坡度	L/L_C	α	β
1∶6	1	0.44	−0.55
	2	0.68	−0.65
	3	0.82	−0.75
	4	0.89	−0.68
	≥8	1.00	0.00

续表

屋面坡度	L/L_C	α	β
1∶3	1	0.71	−0.87
	2	0.88	−0.82
	3	0.97	−0.82
	4	1.00	−0.23
	≥8	1.00	0.00
1∶2	1	0.85	−0.88
	2	1.00	−0.73
	3	1.00	−0.43
	4	1.00	0.00
	≥8	1.00	0.00

欧洲规范 EC 5 对双坡拱形梁的设计与上述方法类似，即应对非脊区段按单坡梁或双坡梁验算斜坡受拉、压边缘的抗弯强度，并验算脊区段（图中阴影区）受拉边的弯曲应力、径向拉应力以及拉应力和剪应力联合作用下的强度，可分别按式（8.5-19）～式（8.5-24）计算，但横纹拉应力分布系数取 $K_{dis}=1.70$。

双坡拱梁的抗弯刚度计算较复杂，均布荷载作用下的简支梁截面惯性矩可用下式表示的等效截面高度计算：

$$h_{ef}=(h_a+h_{ap})(0.5+0.735\text{tg}\alpha)-1.41h_{ap}\text{tg}\alpha \tag{8.5-35}$$

8.6　拼合梁

将数块锯材或结构复合木材通过机械连接（采用钉、螺栓、裂环、剪板等连接件）形成的组合截面受弯构件，称为拼合梁。同一拼合梁中木材或木产品的种类可以不同。根据不同的拼合形式，可分为竖向拼合、水平拼合和空腹拼合梁。这类受弯构件的主要特点是，节点连接在受力过程中使各木料间存在相对滑移，拼合梁为半刚性连接（Semi rigid connection）的组合截面梁。半刚性连接对不同形式的拼合梁的承载性能的影响是不同的。例如竖向拼合梁的抗弯刚度为各组成部分之和，水平拼合梁则不为各组成部分之和，也不能按完整截面计算其抗弯刚度，而应计入各组成部分间半刚性连接对抗弯刚度的影响。空腹拼合梁的连接类似于水平拼合梁，也需考虑半刚性连接的影响。这类梁的结构性能虽远不及层板胶合木梁，但在木结构工程加固改造或不易获得大截面锯材或层板胶合木的情况下，仍不失为解决工程需要或提高原有木构件承载性能的一种可行方法。

8.6.1　竖向拼合梁

将侧立的3～5块板材或规格材用钉或螺栓连接在一起，即形成竖向拼合梁，承受作用在原板材窄面上的横向荷载。在轻型木结构中，常采用厚度为38mm（名义尺寸为2″）的规格材制作。当采用钉连接时，钉长不小于90mm，并需将规格材两两彼此钉合

(图 8.6-1)。钉沿梁高布置成 2 行，钉边距与行距 $S_2=S_3\geqslant 4d$(d 为钉直径)，顺纹间距 $S_1\leqslant$450mm，端距 $S_0=$(100～150)mm。当采用螺栓连接时，对于 38mm 厚规格材，螺栓直径不小于 12mm。当截面高度不大时，螺栓可排成 1 行或 1 行错列布置，间距 $S_1\leqslant$ 1.2m，端距 $S_0\leqslant$600mm。

竖向拼合梁各板在宽度方向不应拼接（宽）。用作简支梁时，各板长度方向不应有对接接头，允许有质量合格的指接接头。用作连续梁时，每块板在各跨允许有一个对接接头，相邻板间接头应错开，接头应设在连续梁的各跨的反弯点处，通常设在距支座 $l/4\pm$ 150mm 的范围内（图 8.6-1），两边跨的端支座处不应设接头。

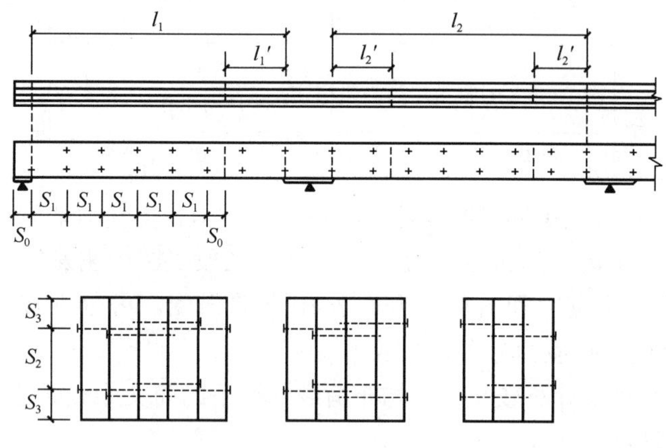

图 8.6-1 规格材拼合梁

满足上述构造要求，且各板材的树种和材质等级相同时，由于连接件所受荷载不大，简支梁的抗弯、抗剪和变形等可按实心的锯材直梁验算。连续梁的抗剪承载力可按将验算截面处±600mm 范围内有对接接头的板材截面扣除后的“净截面”验算。当简支梁用 5 块以上规格材拼合时，还可考虑共同工作系数调整抗弯强度。

由不同树种或不同材质等级的规格材组成的竖向拼合梁，由于连接件受力不大，承载力与变形验算可近似参照竖向胶合的普通层板胶合木梁的方法。

8.6.2 水平拼合梁

1. 构造要求

水平拼合梁是指如图 8.6-2 (a) 所示的组合截面梁，是上下两块木料通过机械连接的方式拼合在一起。与仅将两块木料叠在一起，之间无连接的情况相比，由于连接在结合面处能传递一定的剪力，梁的抗弯刚度要强一些。但这类连接是半刚性的，组成部分间有一定的相对滑移，其抗弯刚度并不能按完整的 T 形截面计算，实际抗弯刚度应处于无连接和刚性连接两种极端情况之间。图 8.6-2 (b) 所示的组合截面梁也属水平拼合梁，虽然拼合面并非水平，但工作原理与水平拼合梁是相同的，即抗弯刚度不能简单叠加，也不能按整体截面计算。

水平拼合梁的构造较为简单，要求每块板材平直，拼合面处不留缝隙即可。连接件沿梁长可均匀布置，也可非均匀布置。在剪力大的区段连接件的间距应小些，剪力小的区段（如均布荷载作用的跨中区段）间距可大些，但要求所采用的最大间距不超过最小间距的

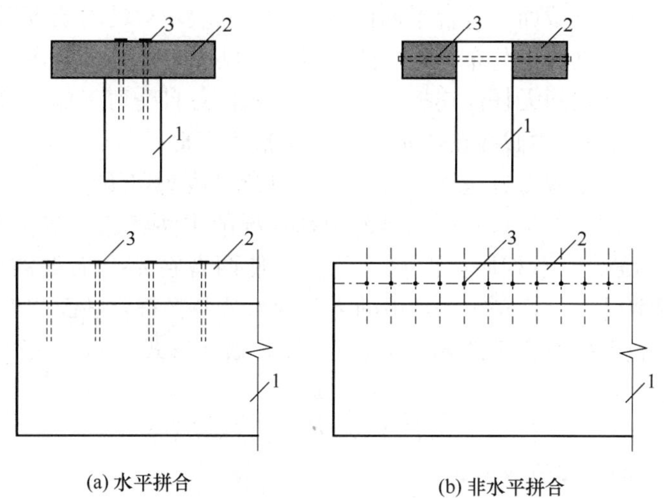

(a) 水平拼合　　(b) 非水平拼合

图 8.6-2　水平拼合梁

1、2—被连接木料；3—连接件

4 倍，即 $S_{max} \leqslant 4S_{min}$。连接件非均匀布置时抗力计算中可采用有效间距 S_{ef}，按下式取值：

$$S_{ef} = 0.75S_{min} + 0.25S_{max} \tag{8.6-1}$$

各类机械连接件连接的刚度可参见欧洲规范 EC 5。

2. 水平拼合梁的设计原理

水平拼合梁因结合面上下的被连接构件间存在相对滑移，平面假设不再成立。图 8.6-3 所示是三种“拼合”梁截面上的弯曲应力分布。图 8.6-3（a）中的结合面为胶接，

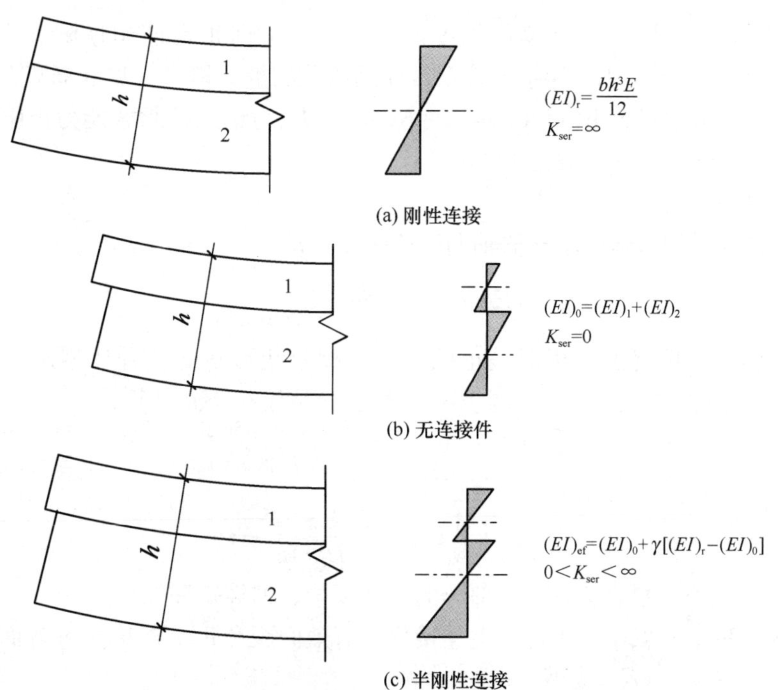

(a) 刚性连接

(b) 无连接件

(c) 半刚性连接

图 8.6-3　连接刚度对拼合梁刚度和弯曲应力分布的影响

是刚性连接，形成一完整截面，符合平面假设。如果两块木材的材质等级一致，弯曲应变和正应力沿拼合截面高度线性分布，抗弯刚度$(EI)_{\infty}$可按完整截面计算。图 8.6-3（b）为两块木材仅叠在一起，之间无任何连接，上下两木构件各自受弯工作，仅需变形协调（两者挠度相同）。叠合在一起的截面在弯矩作用下，整体变形不符合平面假设，但两构件各自符合平面假设，弯曲正应力也呈线性分布，总抗弯刚度为$(EI)_0=(EI)_1+(EI)_2$，即上下两部分刚度之和。图 8.6-3（c）所示是前两种情况的中间状态，结合面处有相对滑移，两部分在结合面处虽变形不相同，但相互约束，使两者在结合面处的应力差远小于图 8.6-3（b）所示的情况。图 8.6-3（c）中的上下两部分各自符合平面假设，但整个截面不符合平面假设，其抗弯刚度介于图 8.6-3（a）、（b）截面形式之间。三种拼合梁的有效抗弯刚度可统一表示为：

$$(EI)_{ef}=(EI)_0+\gamma[(EI)_r-(EI)_0] \tag{8.6-2}$$

式中 γ——拼合梁的连接效应系数。

显然，图 8.6-3（a）中，$\gamma=1.0$；图 8.6-3（b）中，$\gamma=0$；图 8.6-3（c）中，$0<\gamma\leqslant1.0$。可见，只要确定水平拼合梁的连接效应系数γ，即可计算梁的承载力与变形。一些学者通过理论分析表明连接效应系数γ的值不仅与连接的滑移模量K_{ser}、有效间距S_{ef}、被连接木材的弹性模量以及上下两部分截面的大小等因素有关，还与荷载的分布形式有关，且除简支梁荷载按正弦半波形式分布以外，在其他分布形式的荷载作用下，梁不同位置的挠度也不完全可按同一抗弯刚度计算，即连接效应系数γ并非为同一值。但如果采用简支梁荷载分布为正弦半波形式求得的连接效应系数γ来计算等效刚度$(EI)_{ef}$[式(8.6-2)]，不致产生明显的偏差。因此拼合面i的连接效应系数γ可按下式计算：

$$\gamma=\left[1+\frac{\pi^2(EA)_r}{kL^2}\right]^{-1} \tag{8.6-3}$$

式中 k——拼合面上机械连接单位长度的滑移模量，即正常使用极限状态下（SLS），$k=K_{ser}/S_{ef}$，K_{ser}为销连接正常使用阶段的滑移模量（见欧洲规范 EC 5）；承载力极限状态下（ULS），$k=K_u/S_{ef}$，K_u为销连接承载能力极限状态下的滑移模量（见欧洲规范 EC 5）。

L——梁的跨度。

$(EA)_r$——拼合梁相邻两层木材的轴向串联刚度，即：

$$(EA)_r=\frac{E_1A_1\cdot E_2A_2}{E_1A_1+E_2A_2} \tag{8.6-4}$$

欧洲规范 EC 5 规定了弯矩图呈正弦曲线或抛物线形状的三种典型水平拼合梁（图 8.6-4）的承载力验算方法。水平拼合梁的有效抗弯刚度按下式计算：

$$(EI)_{ef}=\sum_{i=1}^{3}(E_iI_i+\gamma_iE_iA_ia_i^2) \tag{8.6-5}$$

$$\gamma_i=\left[1+\frac{\pi^2E_iA_iS_i}{K_iL^2}\right]^{-1} \tag{8.6-6}$$

式中 E_i、I_i、A_i——拼合截面第i部分的弹性模量、惯性矩和面积；

S_i、K_i——第i个拼合面上连接件的有效间距和每个连接件每剪面的滑移模量（K_{ser}或K_u）；

L——简支梁的跨度，连续梁取 $0.8L$，悬臂梁取 $2L$；

γ_i——（多个拼合面时）第 i 个拼合面上的连接效应系数，其中 γ_2 取 1.0；

a_i——拼合截面第 i 部分的截面形心到拼合截面 y 轴的距离，其中 a_2 为第 2 组成部分截面（腹板）的形心距 y 轴的距离，按下式计算：

$$a_2 = \frac{\gamma_1 E_1 A_1 (h_1 + h_2) - \gamma_3 E_3 A_3 (h_3 + h_2)}{2\sum_1^3 \gamma_i E_i A_i} \tag{8.6-7}$$

图 8.6-4（b）所示的拼合截面，式（8.6-7）中的 $(h_1 + h_2)$、$(h_3 + h_2)$ 需分别改为

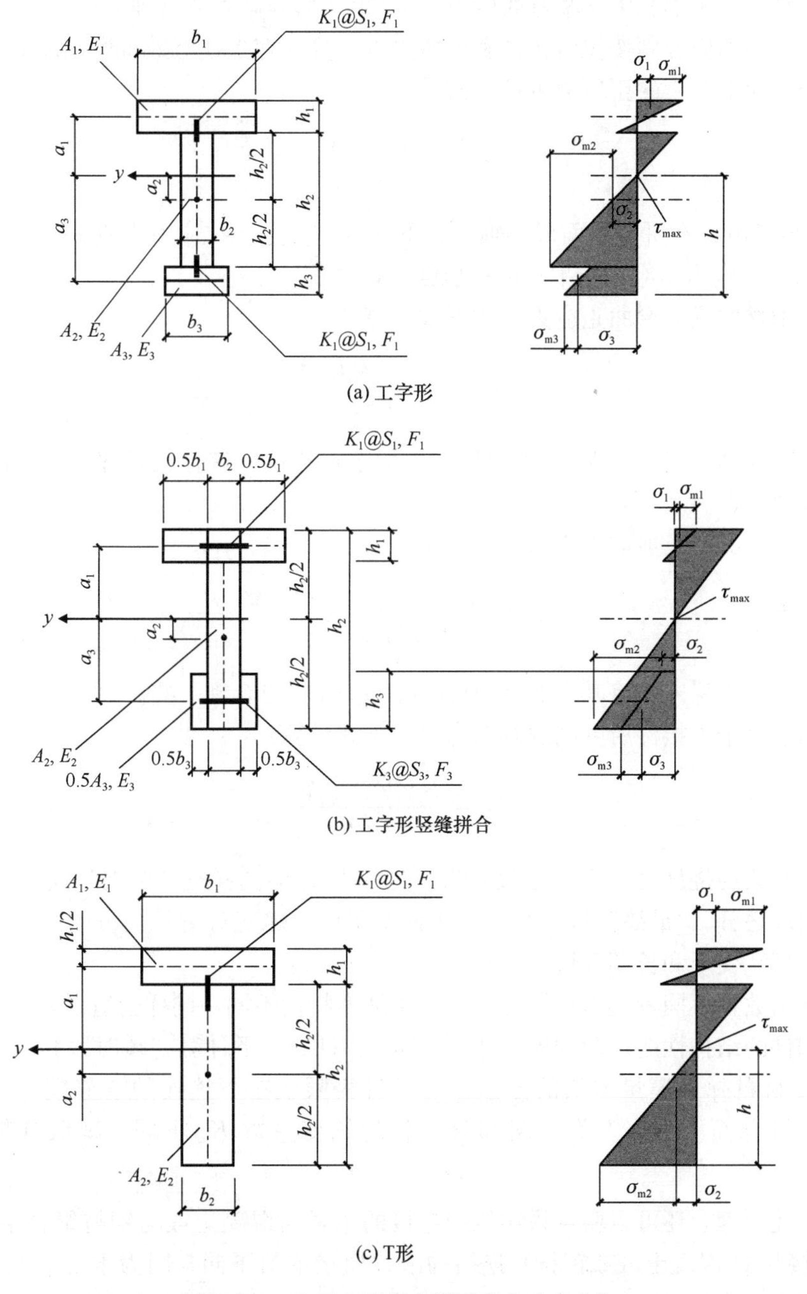

图 8.6-4　典型水平拼合梁及弯曲应力分布

(h_2-h_1)、(h_2-h_3)；图 8.6-4(c)所示的 T 形拼合截面，$h_3=0$，$\gamma_3=0$。

以图 8.6-4（c）所示 T 形截面为例，分析拼合梁的抗弯承载力。由于拼合面上存在连接件抗滑移产生的剪力，上下两部分木材分别受轴力 N_v 作用，上部分木材(EI_1)受压，下部分木材(EI_2)受拉。这样，拼合梁的抗弯能力 M_R 由三部分组成，即在变形协调下上下两部分各自的抗力 M_{R1}、M_{R2} 和两部分木材上成对作用的轴力所形成的抵抗矩 $N_v \cdot r$（r 为两部分木材截面形心间的距离）。因此，拼合梁承载力验算中，各组成部分除按受拉、受压和受弯构件验算外，尚需考虑弯矩和轴力的联合作用［例如图 8.6-4（c）中，第 1 部分截面上有轴力产生的应力 σ_l 和弯曲应力 σ_{m1}，第 2 部分截面上有轴力产生的应力 σ_2 和弯曲应力 σ_{m2}］，即尚应分别按拉弯构件和压弯构件验算。在上述有效抗弯刚度的基础上，轴力在各部分截面上产生的正应力可按下式计算：

$$\sigma_i=\pm\frac{r_iE_ia_iM}{(EI)_{ef}} \tag{8.6-8}$$

σ_i 的正负号由 a_i 在拼合截面形心轴上、下的位置决定。拉应力不应大于木材的抗拉强度设计值 f_t；压应力不应大于木材的抗压强度设计值 f_c。

各部分木材的最大弯曲正应力可按下式计算：

$$\sigma_{mi}=\pm\frac{0.5E_ih_iM}{(EI)_{ef}} \tag{8.6-9}$$

σ_{mi} 不应大于木材的抗弯强度设计值 f_m。由于对称性，拼合梁各部分截面的最大拉压弯曲应力数值相等。

拼合截面上的最大剪应力应满足：

$$\tau_{wmax}=\frac{(\gamma_3E_3A_3a_3+0.5E_2b_2h_2^2)V}{b_2(EI)_{ef}}\leqslant f_{v,w} \tag{8.6-10}$$

该式似乎过于保守，将其中的 h_2 改为$(0.5h_2+a_2)$更合理一些。

拼合面上每个连接件所受到的侧向力可按下式计算：

$$F_i=\frac{S_i\gamma_iE_iA_ia_iV}{(EI)_{ef}} \tag{8.6-11}$$

水平拼合梁的挠度可按等效刚度计算。水平拼合梁同样有“瞬时”抗弯刚度和“最终”抗弯刚度之分。“最终”抗弯刚度的计算尚需计入蠕变对滑移模量的影响，以分别计算弹性（短期）变形和长期变形。

当截面由数种不同种类木材拼合时，由于蠕变特性不同，同样会造成截面上应力重分布而影响构件的结构性能。两种极限状态（SLS、ULS）下计算“瞬时”和“最终”等效抗弯刚度时材料弹性模量取值的方法以及两种极限状态下连接的滑移模量见欧洲规范 EC 5。如果拼合面上下（左右）两部分木材的蠕变系数 K_{cr} 不同，则取其折算值，即 $2\sqrt{K_{cr1}K_{cr2}}$。

根据上述原理，还可以验算采用机械连接的木材与混凝土或与钢材组合梁的承载力，但木-木连接与木-混凝土（或钢材）连接的滑移模量取值不同，因为木-混凝土（或钢材）连接时混凝土（或钢材）一侧基本不必考虑变形，故连接滑移模量可取木-木连接相应状态的2倍。

当图8.6-4所示的三种组合截面中的腹板若采用剪切模量G较低的木材（CLT），腹板较大的剪切变形相当于上下两块木材间存在滑移变形，从而降低了原有连接的抗滑移能力。为此，可引入一个当量的单位长度滑移模量$(K_{ser}/S)'=2G_w b_w/h_w$，与机械连接（件）的单位长度滑移模量$K_{ser}/S$串联起来，以反映对水平拼合截面梁结构性能的影响，即：

$$\gamma_i=\left[1+\frac{\pi^2 E_i A_i}{L^2}\left(\frac{1}{k_i}+\frac{h_w}{2G_w b_w}\right)\right]^{-1} \tag{8.6-12}$$

8.7 增强型木梁

木构件受弯时，截面受拉侧的木节、斜纹、机械接头削弱等缺陷对其力学性能有显著影响，往往使材料抗弯强度设计值偏低。另一方面，受弯木构件长期持荷时蠕变变形显著，对该变形的限制也常成为设计控制因素。以上两方面均导致木材一般得不到充分利用。为此，从20世纪40年代开始，研究人员即开始了木梁增强方法的探索，并取得了良好的效果。增强型木梁通常具有如下优点：①较高的承载力、刚度及延性性能；②明显降低的蠕变变形；③强度变异性减小，设计指标可相应适当提高。利用增强木梁的上述优势，可以实现减小构件尺寸、降低自重、节约木材的效果。

8.7.1 增强型木梁的分类

增强型木梁可根据所用增强材料、增强机理等进行分类。按增强材料来分，增强型木梁可分为两大类：①金属材料增强木梁，包括钢筋、钢绞线、钢板或铝板等；② 纤维增强复合材料（fiber reinforced plastics/polymer，简称FRP）增强木梁，包括FRP筋、FRP板和FRP布等。根据增强机理的不同，增强型木梁也可分为两类：①传统的增强型木梁；②预应力增强木梁。

8.7.2 增强型木梁的计算方法

下面以传统的增强型木梁为研究对象，对其计算模型和结构性能等进行详细阐述。

1. 计算模型

增强型木梁在计算过程中，通常做如下假定：

（1）胶层粘结完好，层间无滑移；

（2）构件横截面应变呈线性分布，即构件符合平截面假定；

（3）不考虑木质材料的各向异性性能对受弯性能的影响；

（4）木材受拉时表现为线弹性；受压时表现为弹塑性，采用双折线模型，即受压应力应变曲线开始时上升，达到最大值后下降［图8.7-1（a）］；

（5）钢材为理想弹塑性材料［图8.7-1（b）］，且断面应力分布均匀；

（6）FRP为线弹性材料［图8.7-1（c）］，且沿厚度方向应力均匀。

基于上述计算假定，可以建立传统增强型木梁的力学计算模型如图8.7-2所示。

图8.7-2中：b为木梁宽度（mm），d_{ce}和d_{cp}分别为木梁弹性受压区合力与塑性受压

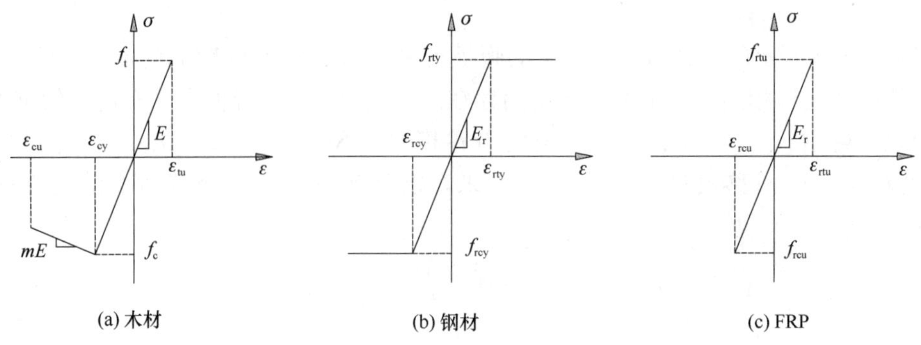

(a) 木材　(b) 钢材　(c) FRP

图 8.7-1　材料的应力-应变关系曲线

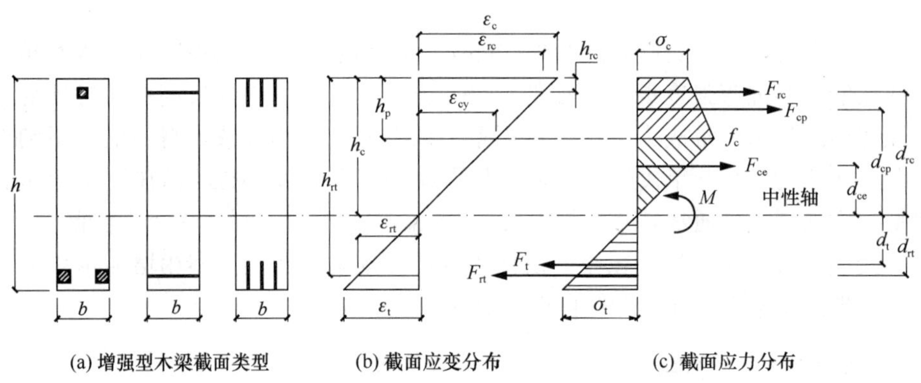

(a) 增强型木梁截面类型　(b) 截面应变分布　(c) 截面应力分布

图 8.7-2　传统增强型木梁的力学计算模型

区合力到中性轴的距离（mm），d_{rc}和 d_{rt}分别为木梁受压区配筋合力与受拉区配筋合力到中性轴的距离（mm），d_t为木梁受拉区合力到中性轴的距离（mm），h 为木梁高度（mm），h_c为木梁受压区边缘到中性轴的距离（mm），h_p为木梁塑性受压区高度（mm），h_{rt}为木梁受拉区配筋形心到木梁受压区边缘的距离（mm），ε_c为木梁受压区边缘的压应变（无量纲参数），ε_{cy}为木材的屈服压应变（无量纲参数），ε_{rc}为受压区增强材料的压应变（无量纲参数），ε_{rt}为受拉区增强材料的拉应变（无量纲参数），ε_t为受拉区边缘木材的拉应变（无量纲参数），σ_c为木梁受压区边缘的压应力（N/mm²），f_c为木材顺纹抗压强度设计值（N/mm²），F_{ce}和 F_{cp}分别为木梁弹性受压区合力与塑性受压区合力（N），F_{rc}和 F_{rt}分别为受压区配筋轴力和受拉区配筋轴力（N），F_t为木梁受拉区合力（N），M 为木梁承受的外部作用弯矩（N・mm）。

现有的针对增强型木梁的大多研究表明，由于受拉区增强材料的存在，受拉区木材在破坏时的拉应变将会显著提高，一般提高幅度可达 30%～50%，因此在设计时可考虑一个木材拉应变提高系数 α_m，此处建议偏于保守地取为 $\alpha_m=1.25$。此外，根据国内外大量试验研究发现，木材的极限压应变 ε_{cu}一般可取为 1.2%。

传统增强型木梁的受弯破坏模式一般分为两种：①脆性的受拉破坏[图 8.7-3 (a)]。一般发生在配筋率不足的情形，此时木梁受压区木材的强度未得以充分发挥，木梁受压区木材过早达到极限拉应变而破坏，此类破坏比较突然；②延性的受压破坏 [图 8.7-3 (b)]。一般发生在配筋率足够的情形，此种情形下，由于受拉区增强材料承担了很大一部分拉力，使

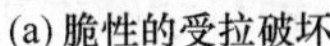

(a) 脆性的受拉破坏

(b) 延性的受压破坏

图 8.7-3　传统增强型木梁的破坏模式

得木梁受压区木材的强度得到充分的发挥，最终木梁受压区木材出现压屈破坏，木材压应变较大，破坏有明显征兆。

2. 传统增强型木梁的极限承载力

传统增强型木梁的极限承载力可分别按照受拉破坏和受压破坏两种情形进行承载力计算，然后取两者中较小数值即为其极限承载力。下面分别对两种情形进行介绍：

（1）受拉破坏时的承载力

此种情形下，已知条件为木梁受拉区边缘木材达到极限拉应变。此外，根据前述分析，木梁受拉区边缘木材的拉应变由于增强材料的存在将有所提高，木材拉应变提高系数 α_m 保守地取为 1.25。因此，木梁受拉区边缘木材的拉应变 $\varepsilon_t=\alpha_m\varepsilon_{tu}=1.25\varepsilon_{tu}$，其中的 ε_{tu} 为木材的极限拉应变，基于此，图 8.7-2（b）中所示的其他应变值均可通过几何关系求得，进而可再根据物理方程求得图 8.7-2（c）中的截面应力值和截面各部分承担的轴向力；再根据力学平衡条件求得中性轴位置，最终即可得到受拉破坏时木梁的极限承载力 M_{tf} 为：

$$M_{tf}=F_{rc,1}d_{rc,1}+F_{wcp,1}d_{wcp,1}+F_{wce,1}d_{wce,1}+F_{wt,1}d_{wt,1}+F_{rt,1}d_{rt,1} \tag{8.7-1}$$

式中，等号右侧下角标中的“1”表示受拉破坏时对应的各参数。

（2）受压破坏时的承载力

此种情形下，已知条件为木梁受压区边缘木材达到极限压应变，亦即前述的 $\varepsilon_{cu}=1.2\%$，基于与受拉破坏情形相同的分析思路，最终得到受压破坏时木梁的极限承载力 M_{cf} 为：

$$M_{cf}=F_{rc,2}d_{rc,2}+F_{wcp,2}d_{wcp,2}+F_{wce,2}d_{wce,2}+F_{wt,2}d_{wt,2}+F_{rt,2}d_{rt,2} \tag{8.7-2}$$

式中，等号右侧下角标中的“2”表示受压破坏时对应的各参数。

综合上述两种破坏情形，传统增强型木梁的极限承载力 M_u 为：

$$M_u=\min\{M_{tf},M_{cf}\} \tag{8.7-3}$$

需要指出的是，对于受压区配筋，当其临近木材屈服后便局部失去了侧向支撑，或者当增强材料自身受压达到最大压应变后，其增强作用可视为失效，此处可以添加如下约束条件：

$$\varepsilon_{rc}=\begin{cases}0 & \text{对于理想弹塑性增强材料，当 } \varepsilon_{rc}\geqslant\varepsilon_{cy} \text{ 时}\\ 0 & \text{对于线弹性增强材料，当 } \varepsilon_{rc}\geqslant\min\{\varepsilon_{cy},\ \varepsilon_{rcu}\} \text{ 时}\\ \dfrac{h-h_{rc}}{h-h_c}\varepsilon_t & \text{除上述两种情形的其他条件下}\end{cases} \tag{8.7-4}$$

（3）抗弯刚度

传统增强型木梁的抗弯刚度可利用“换算截面法”计算求得，此处不做赘述。

3. 传统增强型木梁的界限破坏

一般来说，前述两种破坏模式存在一种转换关系，当满足特定条件时，增强型木梁的破坏模式会从一种类型转换为另一种类型，如果能够确定一种科学的方法来进行判定，对于指导科学研究和工程应用将有重要价值。基于对国内外大量试验研究的拟合分析，同时考虑到影响增强型木梁的主要参数，此处给出了拉、压界限破坏判定的经验公式如下：

$$\gamma_M=\alpha_E\rho+0.77\delta_{rt}+0.26\alpha_m k_m=1.3 \tag{8.7-5}$$

式中 γ_M——传统增强型木梁的配筋指数（无量纲参数）；

$\alpha_E=E_r/E$——增强材料与木材的弹性模量比（无量纲参数）；

$\rho=A_{rt}/A$——受拉区增强材料的配筋率（无量纲参数）；

$\delta_{rt}=h_{rt}/h$——受拉区增强材料的位置系数（无量纲参数，参照图 8.7-2）；

$\alpha_m=1.25$——木材拉应变提高系数（无量纲参数）；

$k_m=f_t/f_c$——木材顺纹拉、压强度比（无量纲参数）。

当 $\gamma_M\geqslant 1.3$ 时，增强型木梁将发生延性受压破坏；当 $\gamma_M<1.3$ 时，增强型木梁将发生脆性受拉破坏。

4. 传统增强型木梁的承载力提高系数

同样通过对国内外大量试验数据的拟合分析，可以得到传统增强型木梁相对于非增强木梁极限承载力和抗弯刚度的提高系数。具体如下：

$$k_M=\begin{cases}1.44\gamma_M-1.16 & \text{受拉破坏时}\\ 1.86\alpha_E\rho-0.57k_c+2.46 & \text{受压破坏时}\end{cases} \tag{8.7-6}$$

$$k_{EI}=2.87\alpha_E\rho_{t,c}\delta_{rt}^3 \tag{8.7-7}$$

式中 k_M——增强型木梁的强度提高系数（无量纲参数）；

k_c——木材极限压应变与屈服压应变的比值（无量纲参数），$k_c=\varepsilon_{cu}/\varepsilon_{cy}$；

k_{EI}——增强型木梁的刚度提高系数（无量纲参数）；

$\rho_{t,c}$——增强材料在受拉区和受压区的总配筋率（无量纲参数）。

利用上述经验型的提高系数，可指导今后的增强型木梁科学研究和工程应用，也是设计人员对增强型木梁进行初步设计时的有益参考。

5. 预应力增强型木梁的计算方法

传统增强型木梁可显著提高木梁的极限承载力，但通常情况下，增强型木梁的设计还是取决于其刚度大小，增强型木梁在达到极限承载力之前，往往由于变形过大而达不到正常使用功能。因此，在前述的传统增强型木梁的基础上，若对受拉区增强材料施加一定的预应力，使其在承受外部荷载作用之前，在预应力作用下先形成一个反拱，从而提高木梁的几何刚度，可很好地解决木梁的大变形问题，从而拓展其在大跨木结构中的应用领域。

对于有粘结预应力木梁，就其承载力计算而言，其计算方法及承载力大小与传统的增强型木梁并无区别，所以可参考第 8.7.2 节相关内容，此处不加赘述。

参　考　文　献

[1] 中华人民共和国住房和城乡建设部．木结构设计规范：GB 50005—2003(2005 年版)[S]. 北京：中国建筑工业出版社，2006.

[2] 中华人民共和国住房和城乡建设部．木结构设计标准：GB 50005—2017 [S]. 北京：中国建筑工业出版社，20017.

[3] 中华人民共和国住房和城乡建设部．胶合木结构技术规范：GB/T 50708—2012 [S]. 北京：中国建筑工业出版社，2012.

[4] Canadian Standards Association. Engineering design in wood：CSA O86-19 [S]. Toronto：CSA Group，2005.

[5] European Committee for Standardization. Eurocode 5：Design of timber structures：EN 1995-1-1：2004 [S]. Brussels：European Committee for Standardization，2004.

[6] American Forest & Paper Association. National design specification for wood construction ASD/LRFD ：NDSWC-2005 [S]. Washington DC：American Wood Council，2005.

[7] SVEN T，HANS J L. Timber Engineering [M]. West Sussex：Wiley & Sons，2003.

[8] 何敏娟，FRANK L，杨军，等．木结构设计[M]. 北京：中国建筑工业出版社，2008.

[9] 潘景龙，祝恩淳．木结构设计原理(第二版)[M]. 北京：中国建筑工业出版社，2019.

[10] 祝恩淳，潘景龙．木结构设计中的问题探讨[M]. 北京：中国建筑工业出版社，2017.

[11] YANG H F，LIU W Q，LU W D，et al. Flexural behavior of FRP and steel reinforced glulam beams：Experimental and theoretical evaluation [J]. Construction and Building Materials，2016，106：550-563.

[12] YANG H F，JU D D，LIU W Q，et al. Prestressed glulam beams reinforced with CFRP bars [J]. Construction and Building Materials，2016，109：73-83.

第9章 连 接

9.1 概述

连接对于现代木结构而言举足轻重，构件须有可靠的连接才能形成整体结构体系；同时，连接也是现代木结构良好延性与耗能能力的重要来源；此外，经济、可靠且简便的连接也是现代木结构设计、研究和应用中的重要课题。

传统木结构一般主要靠榫卯进行连接，通过在连接构件的一方开洞并将适当削减整形的另一方构件插入来实现，此类连接往往因为有截面的削减和开洞，其传力机理并不完整，且容易破坏。而现代木结构连接主要靠辅助的钢连接件来实现，通常有以下几种类型：销栓（圆钢销和螺栓）连接、钉连接、螺钉连接、裂环与剪板连接、齿板连接、植筋连接等，其中前三类可统称为销连接，也是现代木结构中最常见的连接形式。而在木结构连接设计时，由于被连接构件材料和受力机理等的不同，其计算理论和设计方法与钢结构连接也有较大差异。一般来说，影响连接性能的主要因素有：①连接类型；②连接部位的材料尺寸与紧固件布置；③连接部位的材料性能；④环境条件：如使用环境、温湿度变化等；⑤外荷载类型与大小。

在进行现代木结构连接设计时，应尽可能满足如下要求：①外观适宜；②能够抵抗温湿度变化引起的变形；③受力明确且便于计算；④足够的承载力、刚度和变形性能；⑤可靠的抗火性能；⑥截面削弱不大，无偏心；⑦便于加工安装；⑧成本较低。

本章内容包括销连接屈服理论，以及销连接、钉连接、裂环和剪板连接、齿板连接、植筋连接的设计方法和相关构造措施等，有关木结构连接防火和防护等相关内容，可分别参考本书第 11.3.3 节和 12.3.4 节。

9.2 销连接

9.2.1 基本理论

销连接紧固件主要类型有螺栓、圆钢销和螺钉等（图 9.2-1），这类紧固件统称为销轴类紧固件，销轴类紧固件由于安装简便、成本较低、节点受力性能良好、延性性能好等优点，在木结构中的应用最为普遍，通常适用于大多数木结构连接领域，如木-木连接和木-钢连接等。

影响销连接及销连接承载力的主要因素有：①销轴类紧固件的抗弯强度；②木材等被连接材料的销槽承压强度；③销轴类紧固件的抗拔承载力。销轴类紧固件在受力时，会与周围木材形成沿挤压面分布的作用力与反作用力，如图 9.2-2 所示，销轴类紧固件可视为承受来自木构件销槽挤压力的梁。当销轴类紧固件直径相对于木构件厚度较大时，紧固件近似保持直线型［图 9.2-2（a）］，当销轴类紧固件直径相对于木构件厚度较小时，紧固件由于受力弯曲而将沿长度方向产生一个或两个塑性铰［图 9.2-2（b）］。

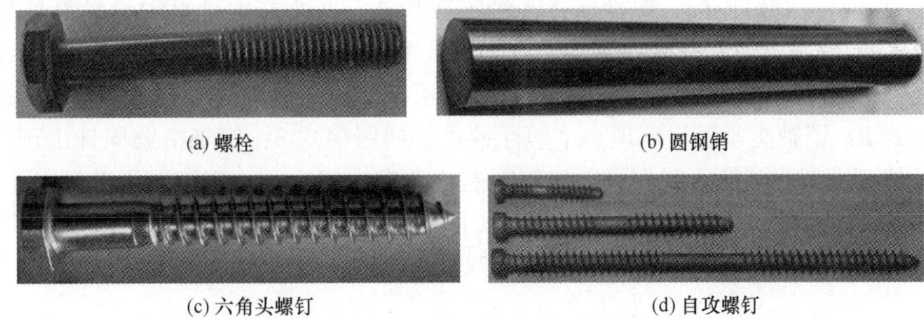

(a) 螺栓　(b) 圆钢销　(c) 六角头螺钉　(d) 自攻螺钉

图 9.2-1　销轴类紧固件主要类型

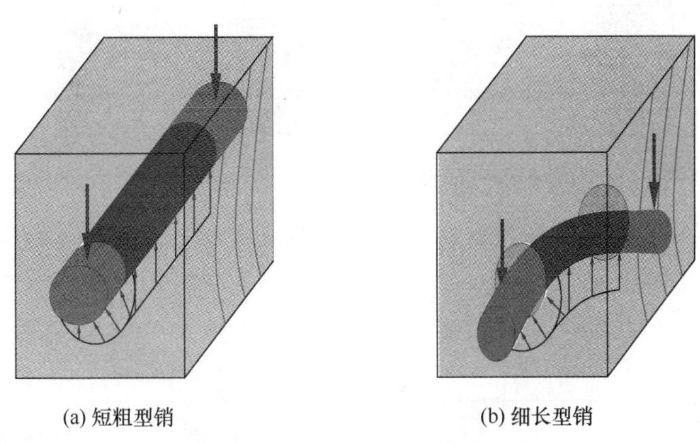

(a) 短粗型销　(b) 细长型销

图 9.2-2　销连接受力示意图（Per Bergkvist，2015）

根据我国现行国家标准规定，木材的销槽承压强度计算方法如下：

（1）当 6mm≤d≤25mm 时，销轴类紧固件的销槽顺纹承压强度 $f_{e,0}$（N/mm^2）为：

$$f_{e,0}=77G \tag{9.2-1}$$

式中　G——木构件材料的全干相对密度，可根据规范取值。

（2）销轴类紧固件的销槽横纹承压强度 $f_{e,90}$（N/mm^2）为：

$$f_{e,90}=\frac{212G^{1.45}}{\sqrt{d}} \tag{9.2-2}$$

式中　d——销轴类紧固件直径（mm）。

（3）当 d<6mm 时，销轴类紧固件的销槽承压强度 f_e（N/mm^2）为 $f_e=114.5G^{1.84}$。

（4）当作用在构件上的荷载与木纹呈夹角 θ 时，销槽承压强度 $f_{e,\theta}$（N/mm^2）按下式确定：

$$f_{e,\theta}=\frac{f_{e,0}f_{e,90}}{f_{e,0}\sin^2\theta+f_{e,90}\cos^2\theta} \tag{9.2-3}$$

式中　θ——荷载与木纹方向的夹角。

（5）紧固件在钢材上的销槽承压强度 f_{es} 应按现行国家标准《钢结构设计标准》GB 50017—2017 规定的螺栓连接的构件销槽承压强度设计值的 1.1 倍计算。

（6）紧固件在混凝土构件上的销槽承压强度按混凝土立方体抗压强度标准值的 1.57 倍计算。

对于钉连接、螺钉连接、螺栓连接等销连接形式，其承载力计算理论最早是在 1949 年由 Johansen 提出，通常称之为“约翰逊屈服模型”或“欧洲屈服模型”，其基本思想是将销轴类紧固件的屈服模式分为三大类：①屈服模式 1：销轴类紧固件无塑性铰出现；②屈服模式 2：销轴类紧固件出现一个塑性铰；③屈服模式 3：销轴类紧固件出现两个塑性铰。具体到承载力计算，我们可以将屈服模式调整为四大类：销槽承压破坏（Ⅰ）、销槽局部挤压破坏（Ⅱ）、单个塑性铰破坏（Ⅲ）和两个塑性铰破坏（Ⅳ）。图 9.2-3 和图 9.2-4分别为 Johansen 理论中代表单剪和双剪连接的屈服模式。

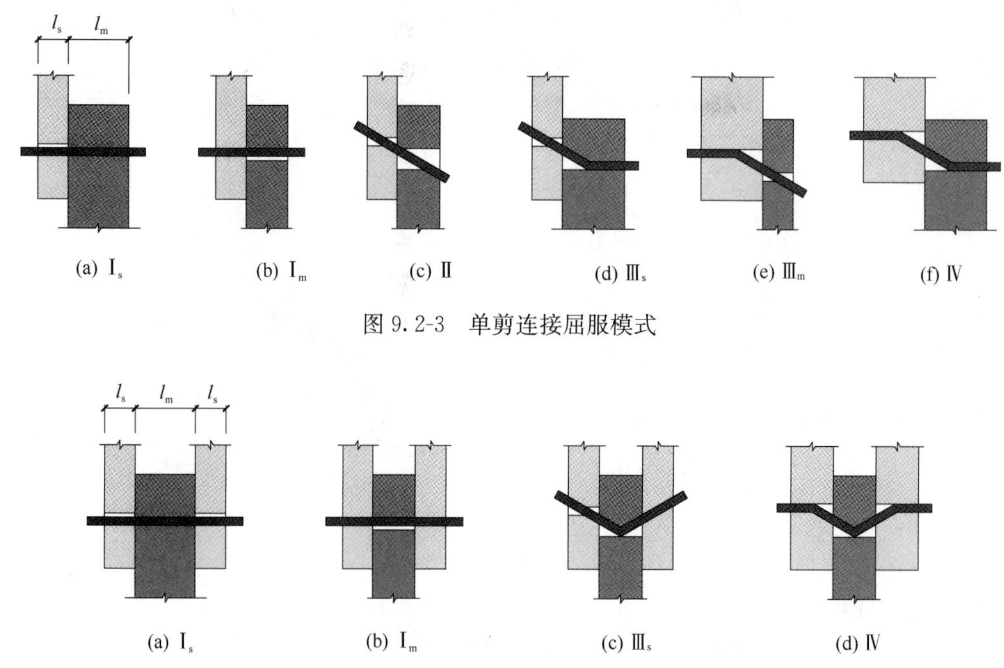

图 9.2-3　单剪连接屈服模式

图 9.2-4　双剪连接屈服模式

9.2.2　木-木销连接承载力计算方法

现代木结构中销连接主要有两大类：木构件之间直接采用销栓紧固件进行连接的形式称为木-木连接，木构件之间采用钢板和销栓紧固件相结合的连接形式为木-钢连接。我国现行国家标准《木结构设计标准》GB 50005—2017 中，仅针对木-木销连接给出了具体的设计方法；而在欧洲木结构设计规范 Eurocode 5（以下简称 EC 5）中，木-木销连接和木-钢销连接则采用不同的设计计算方法。下面对这两种方法分别进行介绍。

销连接计算基本假定：①被连接构件与紧固件之间紧密接触；②外部荷载作用方向垂直于销轴；③连接部位满足最小的边距、端距和间距等相关要求；④当出现销槽承压破坏或销栓紧固件受弯屈服两种破坏状态的任一种时，即判定连接达到了极限承载力。

销连接承载力取为不同屈服模式下所计算承载力的最小值。每个剪面的抗剪承载力设计值经各类调整系数调整后，得到抗剪承载力修正设计值 $F'_{v,d}$ 如下（注意：若为双剪连接形式，单个紧固件的总承载力应在相应承载力的公式计算结果基础上乘以2)：

$$F'_{v,d} = C_m C_n C_t k_g F_{v,d} \tag{9.2-4}$$

式中 C_m——含水率调整系数，按表9.2-1取值；

C_n——设计使用年限调整系数，按表9.2-2取值；

C_t——温度环境调整系数，按表9.2-1取值；

k_g——群栓组合系数，应按《木结构设计标准》GB 50005—2017采用；

$F_{v,d}$——承载力设计值，应按式（9.2-5）～式（9.2-11）确定。

使用条件调整系数 **表9.2-1**

序号	调整系数	采用条件	取值
1	含水率调整系数 C_m	使用中木构件含水率大于15%时	0.8
		使用中木构件含水率小于15%时	1.0
2	温度调整系数 C_t	长期生产性高温环境，木材表面温度达40～50℃时	0.8
		其他温度环境时	1.0

不同设计使用年限时木材强度设计值和弹性模量的调整系数 C_n **表9.2-2**

设计使用年限	调整系数	
	强度设计值	弹性模量
5年	1.10	1.10
25年	1.05	1.05
50年	1.00	1.00
100年及以上	0.90	0.90

对于单剪连接或对称双剪连接，单个紧固件的每个剪面的承载力设计值 $F_{v,d}$ 应按下式计算：

$$F_{v,d} = k_{ad,min} f_{es} l_s d \tag{9.2-5}$$

$$k_{ad,min} = \min[k_{aI}/\gamma_{I}, k_{aII}/\gamma_{II}, k_{aIII}/\gamma_{III}, k_{aIV}/\gamma_{IV}] \tag{9.2-6}$$

式中 $k_{ad,min}$——单剪连接时较薄木构件或双剪连接时边部木构件的销槽承压最小有效长度系数；

l_s——较薄木构件或边部木构件的厚度（mm）；

d——销轴类紧固件的直径（mm）；

f_{es}——较薄木构件或边部木构件的销槽承压强度（N/mm^2），按本节前述方法确定；

k_{aI}、k_{aII}、k_{aIII}、k_{aIV}——对应于各种屈服模式的较薄或边部构件的销槽承压有效长度系数，按式（9.2-7）～式（9.2-11）取值；

γ_{I}、γ_{II}、γ_{III}、γ_{IV}——对应于各种屈服模式的抗力分项系数，按表9.2-3取值。

构件连接时剪面承载力的抗力分项系数 γ 取值表 **表9.2-3**

紧固件类型	各屈服模式的抗力分项系数			
	γ_{I}	γ_{II}	γ_{III}	γ_{IV}
螺栓、销或六角头木螺钉	4.38	3.63	2.22	1.88
圆钉	3.42	2.83	2.22	1.88

给定：$\beta=f_{em}/f_{es}$，$\alpha=l_m/l_s$。

η——销径比 l_s/d；

l_m——单剪连接时较厚木构件或双剪连接时中部木构件的厚度（mm）；

f_{em}——较厚木构件或中部木构件的销槽承压强度（N/mm^2）；

f_{yk}——销轴类紧固件屈服强度标准值（N/mm^2）；

k_{ep}——弹塑性强化系数，当采用 Q235 钢等具有明显屈服性能的钢材时，取 $k_{ep}=1.0$；当采用其他钢材时，应按具体的弹塑性强化性能确定，其强化性能无法确定时，仍应取 $k_{ep}=1.0$。

则对应于不同屈服模式，较薄或边部木构件的销槽承压有效长度系数计算方法如下：

(1) 销槽承压破坏（破坏模式Ⅰ）

如图 9.2-3（a）、图 9.2-3（b）、图 9.2-4（a）和图 9.2-4（b）所示的破坏模式下，销槽承压有效长度系数 k_{aI} 为：

$$k_{aI}=\begin{cases}\alpha\beta\leqslant 1.0 & \text{对于单剪连接}\\ \alpha\beta/2\leqslant 1.0 & \text{对于双剪连接}\end{cases} \tag{9.2-7}$$

(2) 销槽局部挤压破坏（破坏模式Ⅱ）

如图 9.2-3（c）所示的破坏模式下，销槽承压有效长度系数 k_{aII} 为：

$$k_{aII}=\frac{\sqrt{\beta+2\beta^2(1+\alpha+\alpha^2)+\alpha^2\beta^3}-\beta(1+\alpha)}{1+\beta} \tag{9.2-8}$$

(3) 单个塑性铰破坏（破坏模式Ⅲ）

1）当单剪连接的屈服模式为Ⅲ$_m$［图 9.2-3（e）］时，销槽承压有效长度系数 k_{aIIIm} 的计算方法如下：

$$k_{aIIIm}=\frac{\alpha\beta}{1+2\beta}\left[\sqrt{2(1+\beta)+\frac{1.647(1+2\beta)k_{ep}f_{yk}}{3\beta\alpha^2 f_{es}\eta^2}}-1\right] \tag{9.2-9}$$

2）当屈服模式为Ⅲ$_s$［图 9.2-3（d）和图 9.2-4（c）］时，销槽承压有效长度系数 k_{aIIIs} 的计算方法如下：

$$k_{aIIIs}=\frac{\beta}{2+\beta}\left[\sqrt{\frac{2(1+\beta)}{\beta}+\frac{1.647(2+\beta)k_{ep}f_{yk}}{3\beta f_{es}\eta^2}}-1\right] \tag{9.2-10}$$

(4) 两个塑性铰破坏（破坏模式Ⅳ）

如图 9.2-3（f）和图 9.2-4（d）所示的破坏模式下，销槽承压有效长度系数 k_{aIV} 的计算方法如下：

$$k_{aIV}=\frac{1}{\eta}\sqrt{\frac{1.647\beta k_{ep}f_{yk}}{3(1+\beta)f_{es}}} \tag{9.2-11}$$

9.2.3 木-钢销连接承载力计算方法

EC 5 针对木-钢销连接，在计算中分别考虑钢夹板连接和钢填板连接（图 9.2-5），并且同时考虑了钢板厚度对承载力的影响。实际上，木-钢连接的承载力取决于钢板厚度 t_{steel} 和紧固件直径 d 的相对大小，当钢板厚度 $t_{steel}\leqslant 0.5d$ 时，称之为薄钢板，此时紧固件在钢板销孔部位的支撑条件视为铰支座；当钢板厚度 $t_{steel}\geqslant d$ 且销孔直径偏差小于 $0.1d$

时，称之为厚钢板，此时紧固件在钢板销孔部位的支撑条件视为固定支座；当钢板厚度介于0.5d和d时，连接承载力采用上述两种情形计算结果的线性插值来确定。

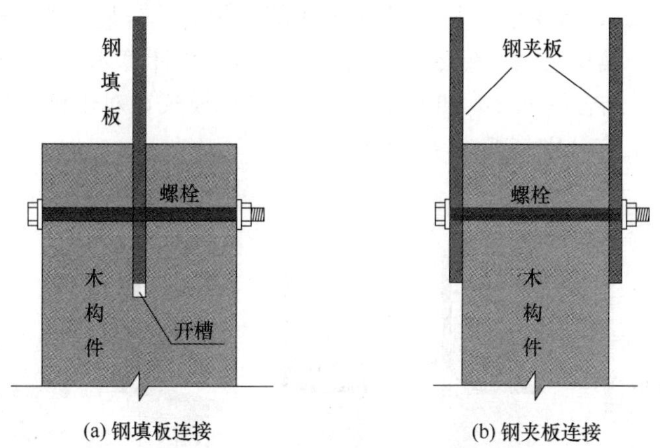

图 9.2-5 钢填板与钢夹板对称双剪连接示意图

我国学者祝恩淳和潘景龙（2017）在欧洲屈服模式理论的基础上，得到各屈服模式下符合我国可靠度要求的抗力分项系数，推导了承载力。此外，祝恩淳和潘景龙（2017）还通过大量试验工作对我国和欧美木结构规范中有关连接承载力标准值和设计值进行了对比分析，得到的主要结论之一是：在螺栓连接承载力标准值层面，考虑“绳索效应”后的欧洲规范与中美规范计算结果基本持平（所谓的“绳索效应”是指在销连接中，只要是销栓紧固件发生了弯曲，部分荷载也会通过紧固件抗拔来分担，这种现象称为绳索效应；此部分所承担荷载的大小主要取决于紧固件表面形状、自身锚固情况以及紧固件端头形式和垫圈大小等因素）。

针对木-木销连接、木-钢销连接和其他销连接中存在紧固件弯曲的屈服模式，EC 5中给出的由绳索效应贡献的连接承载力的取值方法如下：

$$F_{\mathrm{RE,k}}=F_{\mathrm{ax,k}}/4\leqslant\lambda_{\mathrm{r}}\cdot F_{\mathrm{v,k}}，\text{其中 }\lambda_{\mathrm{r}}=\begin{cases}0.15 & \text{对于圆钉}\\0.25 & \text{对于方钉和槽钉}\\0.5 & \text{对于除上述两种的其他钉}\\1.0 & \text{对于螺钉}\\0.25 & \text{对于螺栓}\\0 & \text{对于圆钢销}\end{cases}\tag{9.2-12}$$

式中 $F_{\mathrm{RE,k}}$——由绳索效应贡献的连接承载力标准值（N）。

$F_{\mathrm{ax,k}}$——紧固件抗拔承载力标准值（N），大小根据第9.2.4节相关内容确定；其设计值可基于EC 5中有关抗力设计值和标准值关系式来确定。

$F_{\mathrm{v,k}}$——抗剪承载力标准值（N）。

λ_{r}——绳索效应系数。

综上所述，鉴于中、美、欧关于螺栓连接承载力标准值差异不大，同时考虑到欧洲与我国的规范体系更加接近，不妨利用EC 5中木-钢螺栓连接承载力标准值计算公式，再结合《木结构设计标准》GB 50005—2017中给出的销槽承压有效长度系数法来推导其设计值。

具体计算步骤为：①求出不同破坏模式下对应于承载力标准值的销槽承压有效长度系数 k_{ai}（i= Ⅰ，Ⅱ，Ⅲ或Ⅳ）；②根据公式（9.2-6）计算对应于承载力设计值的销槽承压最小有效长度系数 $k_{ad,min}$，其中的 γ_i 与木-木销连接部分相同，若某种破坏模式不会发生，则不计入比较之列；③根据公式（9.2-5）和公式（9.2-4）计算木-钢螺栓连接承载力设计值，需要注意的是，结合图 9.2-6 和图 9.2-7 所示破坏模式，对于钢夹板双剪连接，公式（9.2-5）中的 f_{es} 和 l_s 应分别替换为 f_{em} 和 l_m。

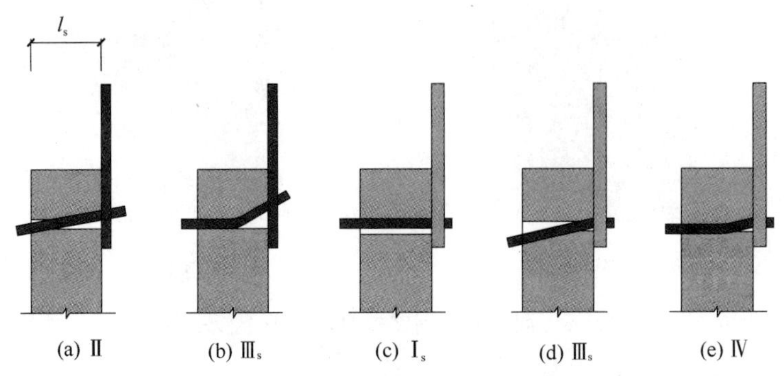

图 9.2-6　木-钢单剪连接破坏模式

根据单剪或双剪、薄钢板或厚钢板等不同情形，分别给出破坏模式如图 9.2-6 和图 9.2-7所示。

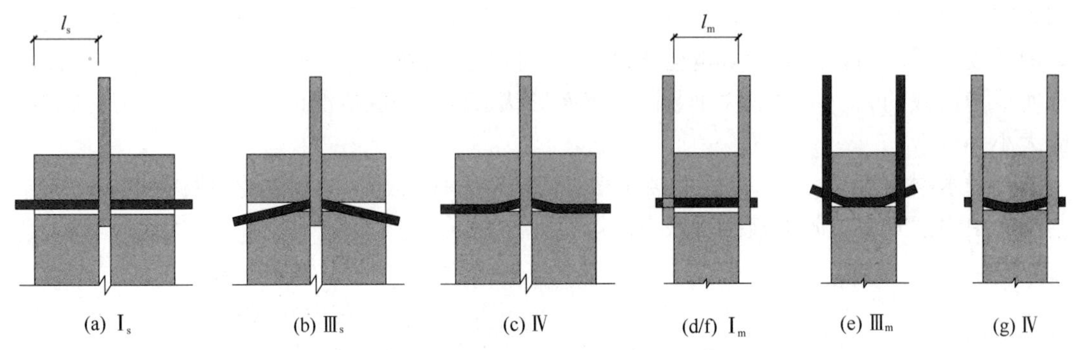

图 9.2-7　木-钢双剪连接破坏模式

下面针对上述不同破坏模式，分别给出木-钢连接单个紧固件每个抗剪面的销槽承压有效长度系数 k_{ai}（注意：①若为双剪连接形式，单个紧固件的销槽承压有效长度系数 k_{ai} 应在相应公式计算结果基础上乘以 2；②由于针对螺栓连接，抗拔承载力对连接承载力的贡献最多不超过常规承载力的 25%，因此下述公式中相应对其做了限定）：

对于薄钢夹板单剪连接：

$$\begin{cases} k_{a\mathrm{II}} = 0.4 & [\text{破坏模式：图 9.2-6(a)}] \\ k_{a\mathrm{III}_s} = \dfrac{1.6}{l_s}\sqrt{\dfrac{M_{yb,k}}{f_{es,k}d}} + \dfrac{F_{ax,k}}{4f_{es,k}l_sd} \leqslant (1+\lambda_r) \times \dfrac{1.6}{l_s}\sqrt{\dfrac{M_{yb,k}}{f_{es,k}d}} & [\text{破坏模式：图 9.2-6(b)}] \end{cases} \tag{9.2-13}$$

$$k_{ad,min} = \min[k_{a\mathrm{II}}/\gamma_{\mathrm{II}},\ k_{a\mathrm{III}_s}/\gamma_{\mathrm{III}}] \tag{9.2-14}$$

对于厚钢夹板单剪连接：

$$\begin{cases} k_{a\mathrm{I}_s}=1.0 & [\text{破坏模式：图 9.2-6(c)}] \\ k_{a\mathrm{III}_s}=\sqrt{2+\dfrac{4M_{yb,k}}{f_{es,k}dl_s^2}}-1+\dfrac{F_{ax,k}}{4f_{es,k}l_sd}\leqslant(1+\lambda_r)\times\left(\sqrt{2+\dfrac{4M_{yb,k}}{f_{es,k}dl_s^2}}-1\right) & [\text{破坏模式：图 9.2-6(d)}] \\ k_{a\mathrm{IV}}=\dfrac{2.3}{l_s}\sqrt{\dfrac{M_{yb,k}}{f_{ybes,k}d}}+\dfrac{F_{ax,k}}{4f_{es,k}l_sd}\leqslant(1+\lambda_r)\times\dfrac{2.3}{l_s}\sqrt{\dfrac{M_{yb,k}}{f_{ybes,k}d}} & [\text{破坏模式：图 9.2-6(e)}] \end{cases} \tag{9.2-15}$$

$$k_{ad,min}=\min[k_{a\mathrm{I}_s}/\gamma_{\mathrm{I}}, k_{a\mathrm{III}_s}/\gamma_{\mathrm{III}}, k_{a\mathrm{IV}}/\gamma_{\mathrm{IV}}] \tag{9.2-16}$$

对于采用任意厚度钢填板的双剪连接：

$$\begin{cases} k_{a\mathrm{I}_s}=1.0 & [\text{破坏模式：图 9.2-7(a)}] \\ k_{a\mathrm{III}_s}=\sqrt{2+\dfrac{4M_{yb,k}}{f_{es,k}dl_s^2}}-1+\dfrac{F_{ax,k}}{4f_{es,k}l_sd}\leqslant(1+\lambda_r)\times\left(\sqrt{2+\dfrac{4M_{yb,k}}{f_{es,k}dl_s^2}}-1\right) & [\text{破坏模式：图 9.2-7(b)}] \\ k_{a\mathrm{IV}}=\dfrac{2.3}{l_s}\sqrt{\dfrac{M_{yb,k}}{f_{ybes,k}d}}+\dfrac{F_{ax,k}}{4f_{es,k}l_sd}\leqslant(1+\lambda_r)\times\dfrac{2.3}{l_s}\sqrt{\dfrac{M_{yb,k}}{f_{ybes,k}d}} & [\text{破坏模式：图 9.2-7(c)}] \end{cases} \tag{9.2-17}$$

$$k_{ad,min}=\min[k_{a\mathrm{I}_s}/\gamma_{\mathrm{I}}, k_{a\mathrm{III}_s}/\gamma_{\mathrm{III}}, k_{a\mathrm{IV}}/\gamma_{\mathrm{IV}}] \tag{9.2-18}$$

对于采用薄钢夹板的双剪连接：

$$\begin{cases} k_{a\mathrm{I}_m}=0.5 & [\text{破坏模式：图 9.2-7(d)}] \\ k_{a\mathrm{III}_m}=\dfrac{1.6}{l_m}\sqrt{\dfrac{M_{yb,k}}{f_{em,k}d}}+\dfrac{F_{ax,k}}{4f_{es,k}l_sd}\leqslant(1+\lambda_r)\times\dfrac{1.6}{l_m}\sqrt{\dfrac{M_{yb,k}}{f_{em,k}d}} & [\text{破坏模式：图 9.2-7(e)}] \end{cases} \tag{9.2-19}$$

$$k_{ad,min}=\min[k_{a\mathrm{I}_m}/\gamma_{\mathrm{I}}, k_{a\mathrm{III}_m}/\gamma_{\mathrm{III}}] \tag{9.2-20}$$

对于采用厚钢夹板的双剪连接：

$$\begin{cases} k_{a\mathrm{I}_m}=0.5 & [\text{破坏模式：图 9.2-7(f)}] \\ k_{a\mathrm{IV}}=\dfrac{3.3}{l_m}\sqrt{\dfrac{M_{yb,k}}{f_{em,k}d}}+\dfrac{F_{ax,k}}{4f_{es,k}l_sd}\leqslant(1+\lambda_r)\times\dfrac{3.3}{l_m}\sqrt{\dfrac{M_{yb,k}}{f_{em,k}d}} & [\text{破坏模式：图 9.2-7(g)}] \end{cases} \tag{9.2-21}$$

式中 $M_{yb,k}$——销轴类紧固件屈服弯矩标准值（N·mm），$M_{yb,k}=0.3f_{ub,k}d^{2.6}$，其中 $f_{ub,k}$ 为螺栓钢材的极限强度标准值（N/mm^2）。

$$k_{ad,min}=\min[k_{a\mathrm{I}_m}/\gamma_{\mathrm{I}}, k_{a\mathrm{IV}}/\gamma_{\mathrm{IV}}] \tag{9.2-22}$$

关于顺纹方向销槽承压强度，EC 5 规定当螺栓直径 d 不超过 30mm 时，其顺纹方向销槽承压强度标准值（$f_{es,k}$或 $f_{em,k}$）的计算公式如下：

$$f_{e,0,k}=0.082(1-0.01d)\rho_k \tag{9.2-23}$$

式中 ρ_k——木材密度标准值（kg/m^3）。

9.2.4 销连接的抗拔承载力

此部分主要为配合木-钢螺栓连接承载力计算部分的内容，EC 5 中需要考虑销连接由于绳索效应引起的抗拔承载力的贡献。

1. 钉

对于钉来说，其抗拔承载力主要与钉表面粗糙度和钉帽锚固能力有关，这两部分的承

载力分别可采用 F_{ax}(N) 和 F_{head}(N) 来表示。

则对于非光圆钉，抗拔承载力标准值为：

$$F_{ax,k}=\min\begin{cases}f_{ax,k}dt_{pen}\\f_{head,k}d_h^2\end{cases} \tag{9.2-24}$$

对于光圆钉，抗拔承载力标准值为：

$$F_{head,k}=\min\begin{cases}f_{ax,k}dt_{pen}\\f_{ax,k}dt+f_{head,k}d_h^2\end{cases} \tag{9.2-25}$$

式中：d ——钉直径（mm）；

t_{pen} ——钉尖贯入深度或螺纹钉螺纹部分的贯入深度（mm）；

t ——钉帽一侧的木构件厚度（mm）；

d_h ——钉帽直径（mm）。

式（9.2-24）和式（9.2-25）中的两部分拉拔强度 $f_{ax,k}$（N/mm^2）和 $f_{head,k}$（N/mm^2），可通过试验获取或由如下经验公式计算：

$$f_{ax,k}=20\times10^{-6}\rho_k^2 \tag{9.2-26}$$

$$f_{head,k}=70\times10^{-6}\rho_k^2 \tag{9.2-27}$$

式中 ρ_k ——木材密度标准值（kg/m^3）。

需要注意的问题是：①光圆钉不能用来承受永久荷载和长期荷载下的抗拔力；②螺纹钉仅在螺纹部分能够承受抗拔力；③钉入木构件端头的钉不能承受抗拔力。

2. 螺栓

螺栓的抗拔承载力，除了与螺栓自身的抗拉强度有关外，还与螺帽和垫圈的锚固能力有关。其抗拔承载力可按下式计算：

$$F_{ax,washer,k}=3f_{c,90,k}A_{washer} \tag{9.2-28}$$

式中 $f_{c,90,k}$ ——木材横纹承压强度标准值（N/mm^2）；

A_{washer} ——垫圈承压面积（mm^2）。

如果采用厚度为 t_{steel} 的整钢板替代垫圈，A_{washer} 应替换为圆形面积，此圆形的直径为：

$$D=\min\begin{cases}12t_{steel}\\4d\end{cases} \tag{9.2-29}$$

式中 d ——螺栓直径（mm）。

3. 木螺钉或自攻螺钉

（1）木螺钉或自攻螺钉的抗拔承载力，主要取决于螺纹参数，可按下式计算：

$$F_{ax,k}=0.52d^{-0.5}l_{ef}^{-0.1}\rho_k^{0.8} \tag{9.2-30}$$

式中 l_{ef} ——螺纹部分的贯入深度（mm）；

ρ_k ——木材密度标准值（kg/m^3）。

当木螺钉或自攻螺钉与木纹方向之间呈一定夹角时，可按下式计算：

$$F_{ax,\alpha,k}=\frac{n^{0.9}f_{ax,k}dl_{ef}k_d}{1.2\cos^2\alpha+\sin^2\alpha} \tag{9.2-31}$$

式中 α ——自攻螺钉与木纹之间的夹角（$\alpha\geqslant30°$）；

k_d ——min（$d/8$；1）（mm）；

n——共同受力的螺钉数量（个）。

同时，要求木螺钉或自攻螺钉外径满足 $6 \leqslant d \leqslant 12$，内外径比值满足 $0.6 \leqslant d_1/d \leqslant 0.75$。

（2）当采用斜向木螺钉、木螺钉轴线与木纹夹角为 α 时，顺纹受力情形下（图 9.2-8）螺钉连接的承载力计算公式如下：

$$F_0 = F_{ax}(\mu\sin\alpha + \cos\alpha) + F_v(\sin\alpha - \mu\cos\alpha) \quad (9.2\text{-}32)$$

而在轴向与侧向荷载组合作用下，木螺钉的承载力计算公式为：

$$\left(\frac{N_d}{F_{ax,d}}\right)^2 + \left(\frac{Q_d}{F_{la,d}}\right)^2 \leqslant 1.0 \quad (9.2\text{-}33)$$

式中 $F_{ax,d}$——紧固件抗拔承载力设计值（N）；

$F_{la,d}$——木螺钉连接侧向承载力设计值（N）；

N_d——轴向荷载设计值（N）；

Q_d——侧向荷载设计值（N）。

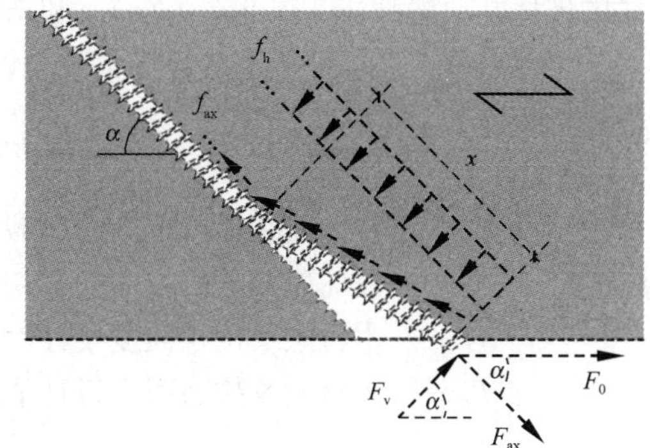

图 9.2-8 斜向木螺钉连接承受顺纹方向荷载时的受力分析示意图

9.2.5 群栓连接

1. 群栓连接承载力的折减

在木结构中，当多个销轴类紧固件组成的连接在木材顺纹方向共同受力时，一般很难做到不同紧固件的完全协同工作，这是由于木材的脆性本质和强度的变异性、连接部位的加工误差以及被连接构件受力的不均匀性等引起的。一般来说，连接部位紧固件刚度越大，这种群体作用对连接承载力的影响就越大。因此，理论上来讲，此类群栓连接的承载力不是各紧固件承载力的简单叠加，而是需要一定的折减。

各国规范均通过统计分析给出相应的群栓作用时的承载力折减取值或经验公式，我国规范是通过引入群栓组合系数 k_g 对群栓连接承载力进行折减，计算时直接按《木结构设计标准》GB 50005—2017 附录 K 查表即可。欧洲规范则通过引入紧固件有效数量 n_{ef} 来对群栓连接承载力进行折减，具体方法如下：

$$n_{ef} = n^{k_{ef}} \quad \text{（对于钉和 U 形钉）} \quad (9.2\text{-}34)$$

$$n_{ef} = \min\begin{cases} n \\ n^{0.9}\sqrt[4]{\dfrac{a_1}{13d}} \end{cases} \quad \text{（对于螺栓和木螺钉）} \quad (9.2\text{-}35)$$

式中 k_{ef}——经验系数，可按欧洲规范 EC5 的相关规定取值；

a_1——指纹路方向螺栓间距；

d——螺栓直径；

n——一排螺栓的数量。

对于横纹方向受力的连接，有效紧固件有效数量取为 $n_{ef} = n$。

若荷载方向与木材顺纹方向的夹角 $0° \leqslant \alpha \leqslant 90°$，则 n_{ef} 取值为式（9.2-34）和式

(9.2-35) 计算值的线性插值。

2. 群栓连接脆性破坏及其验算

对于在木构件端部采用木一钢销连接的情形，当多个销轴类紧固件组成的连接在木材顺纹方向共同受力时，很多时候也会发生沿紧固件周边木材破坏的情况，主要包括两种形式的破坏：块剪破坏［图 9.2-9 (a)］和塞剪破坏［图 9.2-9 (b)］。

块剪或塞剪破坏情形下的连接承载力设计值 $F_{bs,d}$ 为：

$$F_{bs,d} = \max\begin{cases} 1.5A_{net,t}f_t \\ 0.7A_{net,v}f_v \end{cases} \tag{9.2-36}$$

式中 $A_{net,t}$——破坏面在横纹方向的净截面面积 (mm^2)；

$A_{net,v}$——破坏面在顺纹方向的剪切面净面积 (mm^2)；

f_t——木材顺纹抗拉强度设计值 (N/mm^2)；

f_v——木材顺纹抗剪强度设计值 (N/mm^2)。

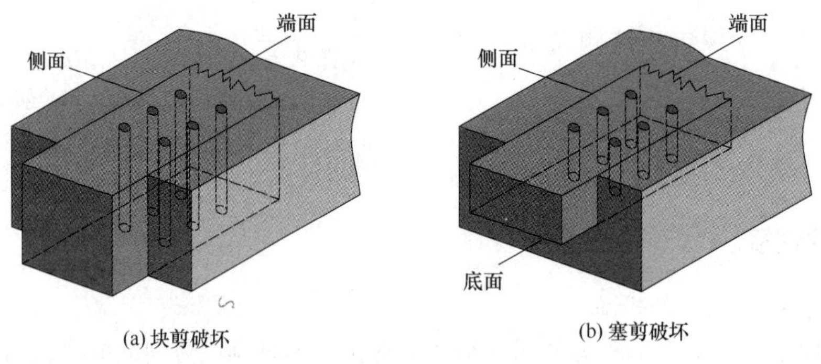

(a) 块剪破坏　(b) 塞剪破坏

图 9.2-9　群栓连接脆性破坏形式

9.3 钉连接

9.3.1 分类

钉连接通常用于较小型构件之间或板材的连接，最常见的钉为光圆钉，一般直径在 8mm 以内，安装时可在木构件上直接打入或在木构件上预钻孔打入；还有一些非光圆钉如螺纹钉与螺旋钉等，在木结构连接领域均有应用（图 9.3-1）。常见的应用场合为：木

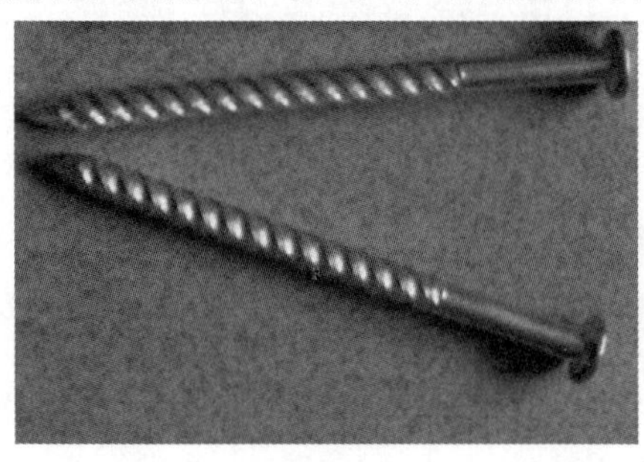

(a) 螺纹钉

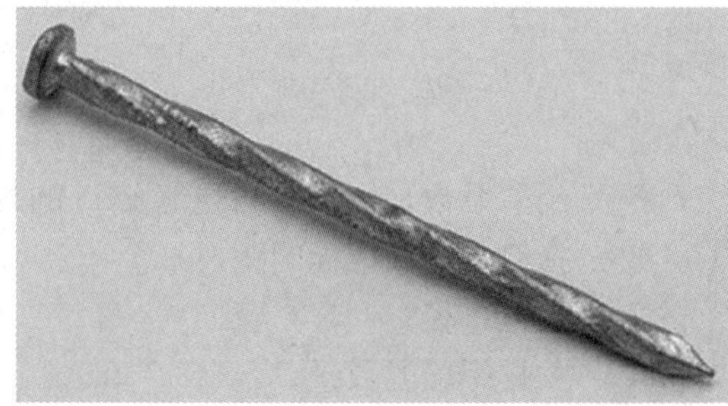

(b) 螺旋钉

图 9.3-1　非光圆钉

构件之间的直接连接、木构件与木基结构板材之间的直接连接、与特定连接件配套对梁、柱、板及墙体的连接等。

9.3.2 承载力计算方法

钉连接的受力机理和销连接相同，也适用 Johansen 理论，其破坏模式主要包括木材销槽承压破坏与钉弯曲破坏。我国关于钉连接的计算方法同销连接，但《木结构设计标准》GB 50005—2017 中并未给出销槽承压强度的计算，为了做到取值标准的一致性，仍旧采用美国木结构设计规范 NDSWC 的做法，即：

销槽承压强度为：

$$f_e = 114.5G^{1.84} \tag{9.3-1}$$

木-钢钉连接设计时尚需复核塞剪破坏情形。

9.4 剪板连接

9.4.1 分类与规格、适用范围

为了进一步提高螺栓连接的承载力，工程设计中有时会引入一些环形剪切件，如裂环和剪板，以配合螺栓使用。由于其与木构件之间的承压面大大增加，从而将会极大提高螺栓连接的承载力和刚度。

此类连接中，连接处主要靠裂环/剪板抗剪、木材的承压和受剪来传力，其承载能力与裂环直径和强度、螺栓直径和强度、木材承压强度和抗剪强度等有关。

目前，剪板（图 9.4-1）的应用相对更多一些，其材料可采用压制钢和可锻铸铁（玛钢）加工，剪板直径目前主要有两种：67mm 和 102mm。

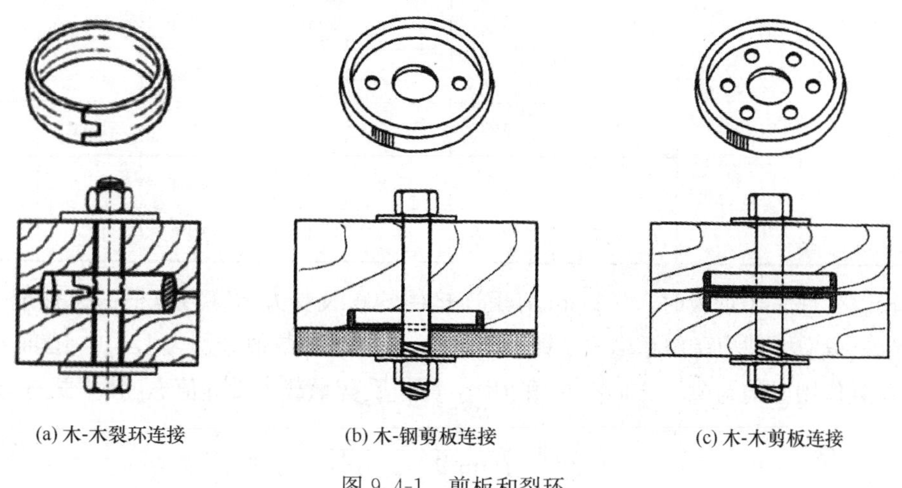

(a) 木-木裂环连接　(b) 木-钢剪板连接　(c) 木-木剪板连接

图 9.4-1 剪板和裂环

9.4.2 承载力计算方法

此部分计算方法主要参考了现行国家标准《胶合木结构技术规范》GB/T 50708—

2012。裂环和剪板连接的强度设计值主要与木材的全干密度有关，同时由于裂环和剪板的规格相对很少，因此设计时主要根据木材的全干相对密度分组，木构件与连接件尺寸、荷载作用方向等直接在相关标准中查表即可。

木材的全干相对密度分组见表 9.4-1，单个剪板连接件每一剪切面的受剪承载力设计值见表 9.4-2。

剪板连接中的树种全干相对密度分组 **表 9.4-1**

树种密度分组	全干相对密度 G
J_1	$0.49 \leqslant G < 0.60$
J_2	$0.42 \leqslant G < 0.49$
J_3	$G < 0.42$

单个剪板连接件（剪板加螺栓）每一剪切面的受剪承载力设计值 **表 9.4-2**

剪板直径（mm）	螺栓直径（mm）	单栓剪切面数量	构件净厚度（mm）	顺纹受剪承载力设计值 P（kN）			横纹受剪承载力设计值 Q（kN）		
				J_1组	J_2组	J_3组	J_1组	J_2组	J_3组
67	19	1	≥38	18.5	15.4	13.9	12.9	10.7	9.2
		2	≥38	14.4	12.0	10.4	10.0	8.4	7.2
			51	18.9	15.7	13.6	13.2	10.9	9.5
			≥64	19.8	16.5	14.3	13.8	11.4	10.0
102	19 或 22	1	≥38	26.0	21.7	18.7	18.1	15.0	12.9
			≥44	30.2	25.2	21.7	21.0	17.5	15.2
		2	≥44	20.1	16.7	14.5	14.0	11.6	9.8
			51	22.4	18.7	16.1	15.6	13.0	11.3
			64	25.5	21.3	18.4	17.6	14.8	12.8
			76	28.6	23.9	20.6	19.9	16.6	14.3
			≥88	29.9	24.9	21.5	20.8	17.4	14.9

当较薄构件采用钢板时，102mm 剪板连接件的顺纹受力承载力应根据树种全干相对密度分组，考虑承载力调整系数 k_s。针对 J_1、J_2、J_3组，k_s 数值分别为 1.11，1.05 和 1.0。

当荷载作用方向与顺纹方向有夹角 θ 时，剪板受剪承载力设计值 N_θ 按下式进行计算：

$$N_\theta = \frac{PQ}{P\sin^2\theta + Q\cos^2\theta} \tag{9.4-1}$$

式中 P——调整后的剪板顺纹受剪承载力设计值（N），按现行国家标准《胶合木结构技术规范》GB/T 50708 第 6 章相关规定取值。

Q——调整后的剪板模纹受剪承载力设计值（N），按现行国家标准《胶合木结构技术规范》GB/T 50708 第 6 章相关规定取值。

9.5 齿板连接

齿板连接一般用于轻型木结构桁架杆件之间的连接，它是由厚度为1～2mm的薄钢板冲齿而成（图9.5-1），使用时直接由外力压入两个或多个被连接构件的表面。这种连接虽然承载力不大，但对于轻型木结构桁架来说，此类连接具有安装方便、经济性好等优点。

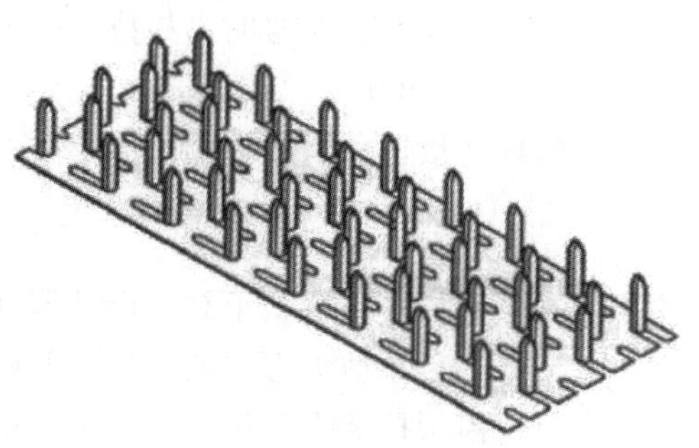

图9.5-1 齿板连接件

9.5.1 材料

加工齿板用钢板可采用Q235碳素结构钢和Q345低合金高强度结构钢。齿板采用的钢材性能应满足表9.5-1的要求，齿板的镀锌在齿板制造前进行，镀锌层重量不应低于275g/m²。

齿板采用钢材的性能要求 **表9.5-1**

钢材品种	屈服强度 (N/mm²)	抗拉强度 (N/mm²)	伸长率 (%)
Q235	≥235	≥370	26
Q345	≥345	≥470	21

9.5.2 承载力计算方法

在承载能力极限状态下，齿板连接需验算齿板连接的板齿承载力、齿板连接受拉承载力、齿板连接受剪承载力和齿板连接剪-拉复合承载力。

（1）板齿承载力设计值 N_r 应按下列公式计算：

$$N_r = n_r k_h A \tag{9.5-1}$$

$$k_h = 0.85 - 0.05(12\tan\alpha - 2.0) \tag{9.5-2}$$

式中 N_r ——板齿承载力设计值（N）；

n_r ——板齿强度设计值（N/mm²），按《木结构设计标准》GB 50005—2017的规定确定；

A——齿板表面净面积（mm²），按《木结构设计标准》GB 50005—2017的规定确定；

k_h——桁架端节点弯矩影响系数；$0.65 \leqslant k_h \leqslant 0.85$；

α ——桁架端节点处上、下弦间的夹角（°）。

（2）齿板连接抗拉承载力设计值应按下式计算：

$$T_r = k t_r b_t \tag{9.5-3}$$

式中 T_r——齿板连接抗拉承载力设计值（N）；

b_t——垂直于拉力方向的齿板截面宽度（mm），具体取值参考《木结构设计标准》GB 50005—2017；

t_r——齿板抗拉强度设计值（N/mm），按《木结构设计标准》GB 50005—2017 的规定确定；

k——受拉弦杆对接时齿板抗拉强度调整系数，具体取值参考《木结构设计标准》GB 50005—2017。

（3）齿板连接抗剪承载力设计值应按下式计算：

$$V_r = v_r b_v \tag{9.5-4}$$

式中 V_r——齿板连接抗剪承载力设计值（N）；

b_v——平行于剪力方向的齿板受剪截面宽度（mm）；

v_r——齿板抗剪强度设计值（N/mm），按《木结构设计标准》GB 50005—2017 的规定确定。

（4）齿板剪-拉复合承载力（图 9.5-2）设计值应按下列公式计算：

$$C_r = C_{r1} l_1 + C_{r2} l_2 \tag{9.5-5}$$

$$C_{r1} = V_{r1} + \frac{\theta}{90}(T_{r1} - V_{r1}) \tag{9.5-6}$$

$$C_{r2} = T_{r2} + \frac{\theta}{90}(V_{r2} - T_{r2}) \tag{9.5-7}$$

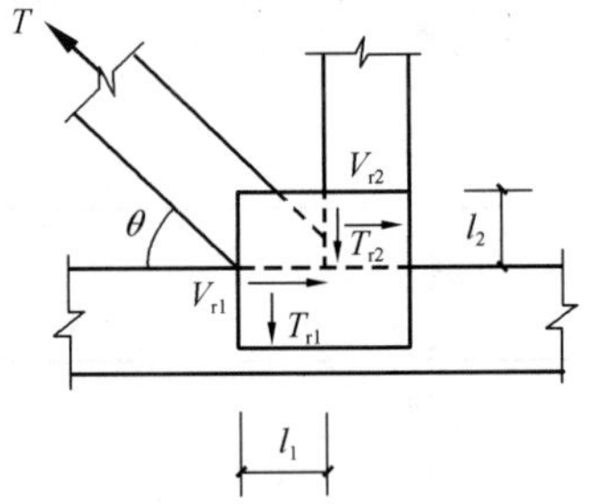

图 9.5-2 齿板剪-拉复合受力

式中 C_r——齿板连接剪-拉复合承载力设计值（N）；

C_{r1}——沿 l_1 方向齿板剪-拉复合强度设计值（N/mm）；

C_{r2}——沿 l_2 方向齿板剪-拉复合强度设计值（N/mm）；

l_1——所考虑的杆件沿 l_1 方向的被齿板覆盖的长度（mm）；

l_2——所考虑的杆件沿 l_2 方向的被齿板覆盖的长度（mm）；

V_{r1}——沿 l_1 方向齿板抗剪强度设计值（N/mm）；

V_{r2}——沿 l_2 方向齿板抗剪强度设计值（N/mm）；

T_{r1}——沿 l_1 方向齿板抗拉强度设计值（N/mm）；

T_{r2}——沿 l_2 方向齿板抗拉强度设计值（N/mm）；

T——腹杆承受的设计拉力（N）；

θ——杆件轴线间夹角（°）。

（5）在正常使用极限状态下，板齿抗滑移承载力应按下式计算：

$$N_s = n_s A \tag{9.5-8}$$

式中 N_s——板齿抗滑移承载力设计值（N）；

n_s——板齿抗滑移强度（N/mm^2），按《木结构设计标准》GB 50005—2017 的规定确定；

A——齿板表面净面积（mm^2）。

齿板连接设计一般可在规范中查表或直接由齿板加工厂家给出相应承载力数据，设计使用时一般不需复杂计算，故此处不再给出算例。

9.6 植筋连接

木材植筋技术，源于瑞典、丹麦等北欧国家，至今已有40余年的发展历史。由于木结构植筋连接引入木构件，因此对结构外观基本没有影响，同时此类连接具有很高的承载力和刚度。

木结构植筋是将筋材通过胶粘剂植入预先钻好的木材孔中，待胶体固化后形成整体，图9.6-1给出了木结构植筋的一种加工工艺：先放置植筋再注胶；还有一种更为简便的工艺是将植筋孔竖立后先注胶，然后将植筋缓慢旋转插入植筋孔，这种方法对于一些流动性稍差的胶来说可操作性较好。木结构植筋连接具有承载力高、刚度大、尺寸适应能力强、外观效果好等优点，在木结构建筑及桥梁领域有较多应用。

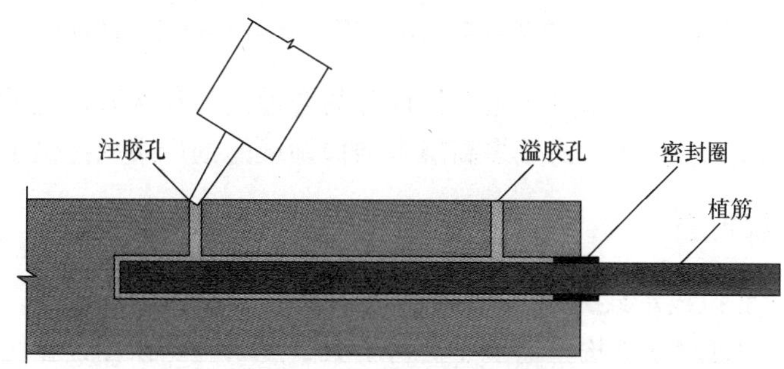

图9.6-1 木结构植单筋节点示意图

影响木结构植筋的抗拔与粘结性能的因素主要有：几何尺寸、材料参数、荷载类型、环境条件等。其中几何尺寸主要包括木构件尺寸、胶层厚度、植筋长细比等；材料参数主要包括材料强度与弹性模量、材料之间的相对强度、含水率和密度等；荷载包括短期荷载和长期荷载；环境主要是温湿度变化情况。

国内外很多植筋连接的试验证实：植筋与木纹间的夹角基本不会影响植筋连接承载力。

9.6.1 材料

1. 植筋杆件

常用的木结构植筋杆件主要有螺纹钢筋与螺栓杆。螺栓杆植筋由于表面螺牙分布细致均匀，具有锚固性能（粘结性能和机械咬合性能）好、便于装配等优点，建议优先选用；此外，对于一些特殊环境，如受酸碱腐蚀、海水侵蚀等部位，亦可考虑采用FRP筋作为植筋杆件。

2. 植筋胶

植筋胶除了应满足受力要求外，还应满足耐久性要求和环保要求。

可用于木结构植筋的胶粘剂主要有环氧树脂（EPX）、聚氨酯（PUR）和苯酚-间苯二酚-甲醛树脂（PRF）等，最常用的木结构植筋胶为 EPX。

9.6.2 破坏模式

Tlustochowicz 等研究人员将木结构植筋的破坏模式归结为两大类，即延性破坏和脆性破坏，具体的破坏形态如图 9.6-2 所示，分别为植筋周围木材剪切破坏［图 9.6-2（a)］、木构件受拉破坏［图 9.6-2（b)］、木材块剪破坏［图 9.6-2（c)］、木材劈裂破坏［图 9.6-2（d)］和植筋屈服破坏［图 9.6-2（e)］。

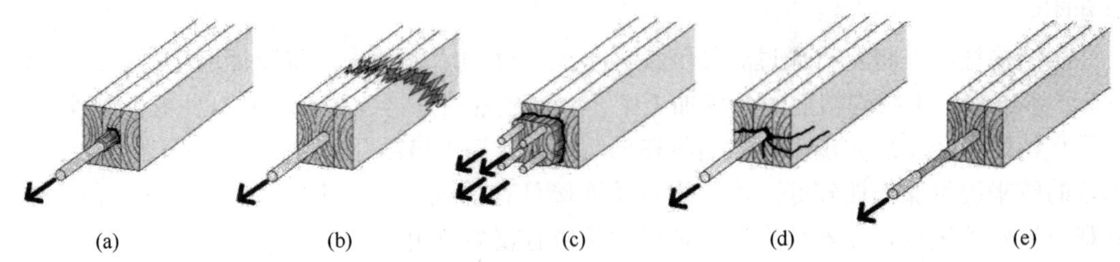

图 9.6-2　几种典型的破坏模式（Tlustochowicz 等，2011）

通过对植筋连接所涉及的木材、植筋杆件等的合理设计和选取，能够实现植筋屈服等延性破坏，这就为植筋连接在大跨及多高层木结构领域的推广应用提供了基础。

9.6.3 承载力计算方法

1. 轴向受力植筋拉拔承载力

多年来，国外学者对木结构植筋节点进行了大量的研究，试图建立统一的木结构植筋设计规范，但到目前为止，国际上关于木结构植筋设计仍没有公认的做法。此处选取部分设计公式与建议如下：

（1）EC 5 曾建议公式

$$F_{\mathrm{ax,k}} = f_{\mathrm{v,k}} \cdot \pi \cdot d_{\mathrm{equ}} \cdot l_{\mathrm{a}} \tag{9.6-1}$$

$$f_{\mathrm{v,k}} = 1.2 \times 10^{-3} \times d_{\mathrm{equ}}^{-0.2} \cdot \rho^{1.5} \tag{9.6-2}$$

式中　$F_{\mathrm{ax,k}}$——植筋连接轴向抗拔承载力标准值（N）；

d_{equ}——植筋孔径与 1.25 倍植筋直径中的较小值（mm）；

l_{a}——植筋锚固长度（mm）；

ρ——木材密度（g/cm³）；

$f_{\mathrm{v,k}}$——木材名义抗剪强度标准值（N/mm²）。

（2）Riberholt 计算公式

1988 年 Riberholt 在对挪威云杉胶合木植筋进行研究的基础上，提出了植筋连接轴向拉拔承载力的经验计算公式：

$$F_{\mathrm{ax,mean}} = \begin{cases} f_{\mathrm{ws}} \cdot d \cdot \rho_{\mathrm{k}} \cdot \sqrt{l_{\mathrm{a}}} & l_{\mathrm{a}} \geqslant 200\mathrm{mm} \\ f_{\mathrm{w}l} \cdot d \cdot \rho_{\mathrm{k}} \cdot l_{\mathrm{a}} & l_{\mathrm{a}} < 200\mathrm{mm} \end{cases} \tag{9.6-3}$$

式中　$F_{\mathrm{ax,mean}}$——植筋连接轴向拉拔承载力平均值（N）；

f_{ws}——与胶有关的材料参数。对于脆性胶，如酚醛间苯二酚和环氧树脂等取 $520N/mm^{1.5}$；对于非脆性胶，如双组分聚氨酯取 $650N/mm^{1.5}$；

f_{wl}——与胶有关的材料参数。对于脆性胶，如酚醛间苯二酚和环氧树脂取 $37N/mm^2$；对于非脆性胶粘剂，如双组分聚氨酯 f_{wl} 取 $46N/mm^2$；

d——植筋孔径和 1.25 倍钢筋直径中的较小值（mm）；

ρ_k——木材密度标准值（g/cm^3）；

l_a——植筋锚固长度（mm）。

(3) Feligioni 经验公式

$$F_{ax,k} = \pi l_a [f_{v,k} \cdot d_{equ} + k \cdot (d+t) \cdot t] \tag{9.6-4}$$

$$f_{v,k} = 1.2 \times 10^{-3} \times d_{equ}^{-0.2} \cdot \rho^{1.5} \tag{9.6-5}$$

式中 $F_{ax,k}$——植筋连接轴向拉拔承载力标准值（N）；

d_{equ}——植筋孔径与 1.25 倍植筋直径的较小值（mm）；

k——与胶层性能有关的参数，对于脆性胶，如环氧树脂等，建议取值为 0.086；

l_a——植筋锚固长度（mm）；

ρ——木材密度（g/cm^3）；

t——胶层厚度（mm）；

$f_{v,k}$——木材抗剪强度标准值（N/mm^2）。

(4) Steiger 经验公式（2007）

$$F_{ax,mean} = f_{v,0,mean} \cdot \pi \cdot d_h \cdot l_a \tag{9.6-6}$$

$$f_{v,0,mean} = 7.8N/mm^2 \cdot (\lambda/10)^{-1/3} \cdot (\rho/480)^{0.6} \tag{9.6-7}$$

式中 $F_{ax,mean}$——植筋连接轴向拉拔承载力平均值（N）；

$f_{v,0,mean}$——单根顺纹植筋名义剪切强度（N/mm^2）；

ρ——木材密度（g/cm^3），本公式中取值范围为 350～500；

λ——植筋长细比（l_a/d_h），本公式中 λ 取值范围为 7.5～15.0；

d_h——植筋孔径，取值范围为 12～20（mm）；

l_a——植筋锚固长度（mm）。

2. 侧向受力植筋承载力

当顺纹植筋承受侧向荷载作用时（图 9.6-3），其承载力计算可参考 Riberholt 给出的建议如下：

$$F_{perp,k} = \left(\sqrt{e^2 + \frac{2M_{yk}}{df_e}} - e\right) df_e \tag{9.6-8}$$

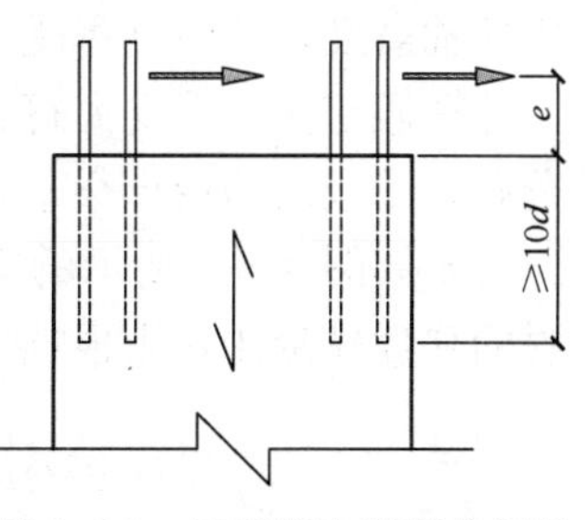

图 9.6-3 承受侧向荷载作用的顺纹植筋连接

式中 $F_{perp,k}$——植筋连接侧向承载力标准值（N）；

e——侧向力作用点至木构件植筋面的距离（mm）；

M_{yk}——植筋的屈服弯矩标准值（N·mm）；

d——孔径和 1.25 倍钢筋直径的最大值（mm）；

f_e——销槽承压强度（N/mm^2），即

$$f_e=(0.0023+0.75d^{1.5})\rho_k \tag{9.6-9}$$

式中 ρ_k——密度标准值（kg/m^3）。

9.6.4 植筋节点设计方法

植筋连接相比销连接等形式，具有很高的承载力和刚度，因此可设计应用于承弯节点，其可用于多种木结构节点场合，主要包括梁柱节点、柱脚节点、排架节点和屋脊节点等（图 9.6-4），在大跨空间结构领域也有应用。

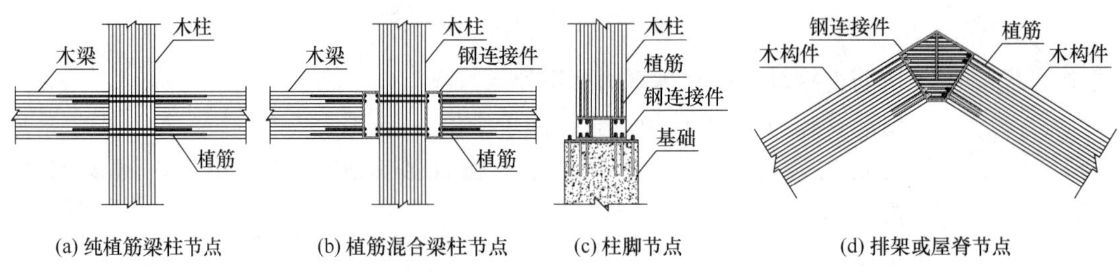

图 9.6-4　典型的木结构植筋节点

在图 9.6-4 中，除 9.6-4（a）以外，其余均为组合了钢连接件的植筋节点，此类植筋节点可称之为“植筋混合节点”。植筋混合节点相比纯植筋节点，具有更多优势：（1）能够完全做到工厂加工、现场装配化安装；（2）结构性能可控，钢连接件在受力时还可作为保险丝，同时具有延性耗能特点。

下面以梁柱节点为例，介绍一下其承载力计算方法，常见的方法主要采用基于截面应力分析的传统力学理论分析法，此方法相对较为简单，但不能对节点进行刚度分析和全过程分析；还有一种方法是借鉴欧洲钢结构设计规范中的“组件法”，这种方法可以对节点承载力、刚度、转动能力等进行全方位和全过程分析。下面对上述两种设计计算方法分别加以介绍。

1. 传统力学理论分析法

此处主要参考 Fragiacomo 和 Batchelar（2012）的相关工作，其理论借鉴了钢筋混凝土梁的截面应力分析方法，在木结构梁柱植筋节点部位构件之间的界面区，认为木材主要传递压力、植筋主要传递拉力；计算时首先根据力学平衡方程、几何方程和物理方程求解出中性轴高度，然后计算受弯承载力。

计算假定为：①受力符合平截面假定，换算截面法成立；②在木构件受压区应力呈线性分布；③胶层的变形很小，可忽略不计；④植筋仅发生屈服破坏模式。

对于如图 9.6-5 所示的梁端植筋节点，当采用纯植筋节点时，令 $n=E_s/E_w$ 为植筋与木材的弹性模量比，则根据力的平衡方程，可得中性轴高度 y 为：

$$y=\frac{-n(A_s+A'_s)+\sqrt{n^2(A_s+A'_s)^2+2bn(A_sd+A'_sd')}}{b} \tag{9.6-10}$$

式中 b——木梁宽度（mm）；

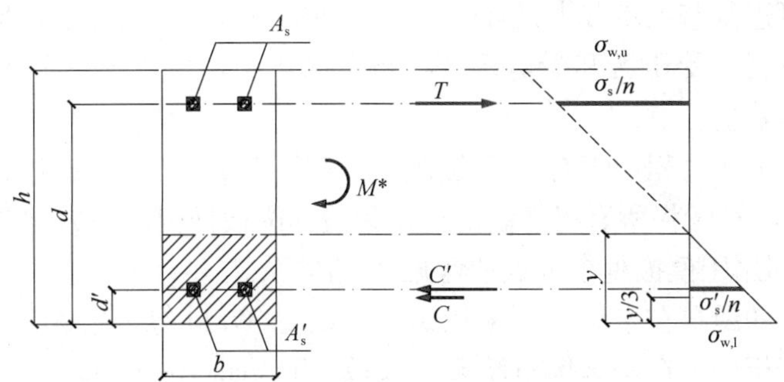

图 9.6-5 纯植筋梁端节点的受力分析图

d ——受拉区植筋形心到木梁受压底面的距离（mm）；

d' ——受压区植筋形心到木梁受压底面的距离（mm）；

A_s ——受拉区植筋截面积（mm²）；

A'_s ——受压区植筋截面积（mm²）。

则在外部力矩 M^* 作用下，受压区边缘木材的应力 $\sigma_{w,l}$、受压区植筋应力 σ'_s 和受拉区植筋应力 σ_s 分别为：

$$\sigma_{w,l}=\frac{M^*}{I_x}y \tag{9.6-11}$$

$$\sigma_s=n\frac{M^*}{I_x}(d-y) \tag{9.6-12}$$

$$\sigma'_s=n\frac{M^*}{I_x}(y-d') \tag{9.6-13}$$

式中 I_x ——木梁换算截面的惯性矩（mm⁴），按下式计算：

$$I_x=\frac{by^3}{3}+nA'_s(y-d')^2+nA_s(d-y)^2 \tag{9.6-14}$$

当节点由于植筋屈服而达到极限承载力 $M_{s,d}$ 或木梁受压区受压破坏达到极限承载力 $M_{w,d}$ 时，认为节点达到承载能力极限状态，此时节点的抗弯极限承载力设计值取为两者的较小值：

$$M_d=\min(M_{w,d};M_{s,d}) \tag{9.6-15}$$

其中：

$$M_{w,d}=f_c\frac{I_x}{y} \tag{9.6-16}$$

$$M_{s,d}=f_{s,y}\frac{I_x}{n(d-y)} \tag{9.6-17}$$

式中 f_c 和 $f_{s,y}$ ——木材抗压强度设计值和植筋屈服强度设计值（N/mm²）。

若要确保节点破坏为延性破坏形式，则需要满足下式要求：

$$M_{s,d}<M_{w,d} \tag{9.6-18}$$

上述节点的抗剪承载力可利用式（9.6-8）和式（9.6-9）进行验算。

2. “组件法”在木结构植筋节点设计中的应用

现行欧洲钢结构设计规范 Eurocode 3（以下简称 EC 3）采用组件法预测梁柱节点的

转动行为，同时可进行节点承载力设计。按照组件法的思想，任意节点均可被简化为3个不同的区域：受拉区、受压区和受剪区。在每个区域中，由若干变形源（称为“组件”）组成了节点的整体响应。

组件法的主要分析过程：①对一给定节点，确定有效组件；②描述各个组件的本构关系（荷载-位移关系）；③将所有组件装配成由弹簧和刚性杆构成的力学模型，此组装结构的荷载-位移响应即用于模拟整个节点的弯矩-转角关系。

文献中已查明的最早在木结构中采用组件法的是Wald等（2000），他们将其应用于历史建筑的节点分析中；在木结构植筋节点领域，Tomasi等（2008）也开展了比较系统的研究；Yang和Liu（2016）等则对植筋混合梁柱节点采用组件法提出了系统的设计建议，并将计算结果与试验结果进行了对比，本节对此做简要介绍如下：

（1）组件划分

针对节点区的木梁、木柱、连接件以及紧固件等，按照受拉区、受压区和受剪区等不同的受力区域进行组件划分，如图9.6-6所示，其中的植钢管设置在梁端中部，主要用来抵抗梁端剪力。

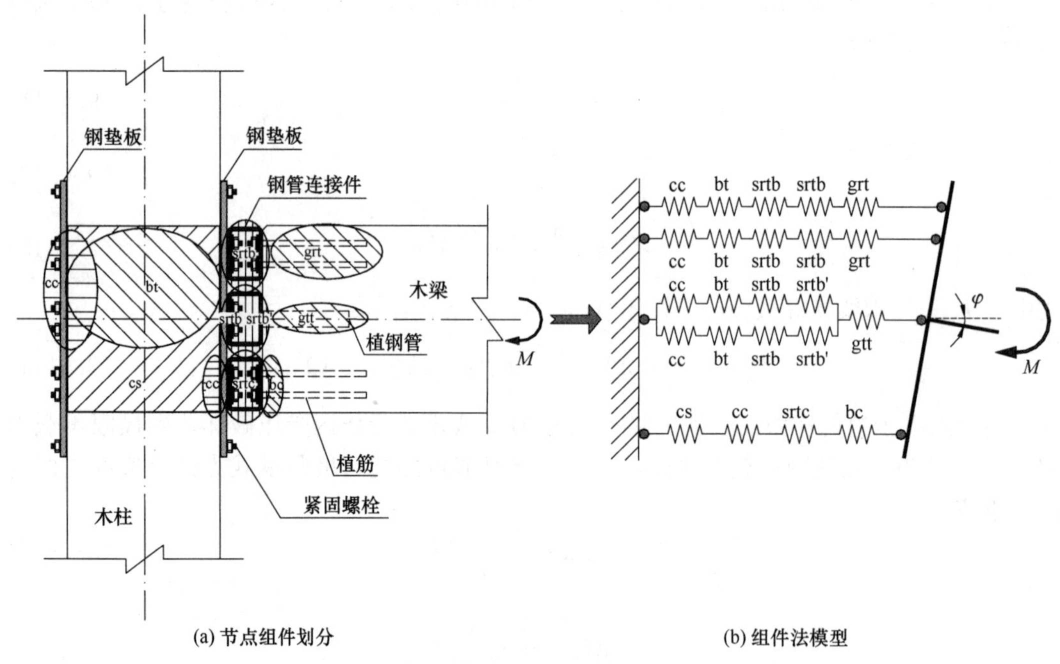

图9.6-6 组件划分示意图

根据经典力学理论和EC 3相关建议，可得到每个组件的承载力、刚度和变形等结构性能。在此基础上，可对整个节点进行结构性能分析。

（2）节点抗弯承载力计算

当进行节点的抗弯承载力分析时，可对图9.6-6（b）所示模型进行如图9.6-7（a）所示的简化处理，处理过程中忽略梁端中间抗剪钢管组件对承载力的贡献。

在图9.6-7（a）所示计算模型中，对受压组件高度处取矩，并假定两行受拉组件同时达到抗拉极限状态，可得节点的抗弯承载力$M_{j,Rd}$为：

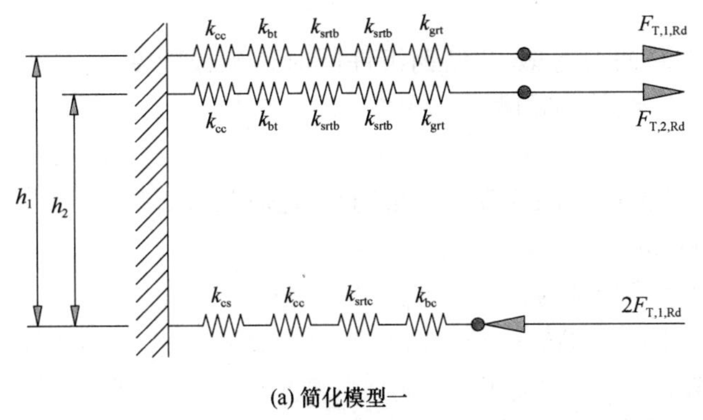

(a) 简化模型一

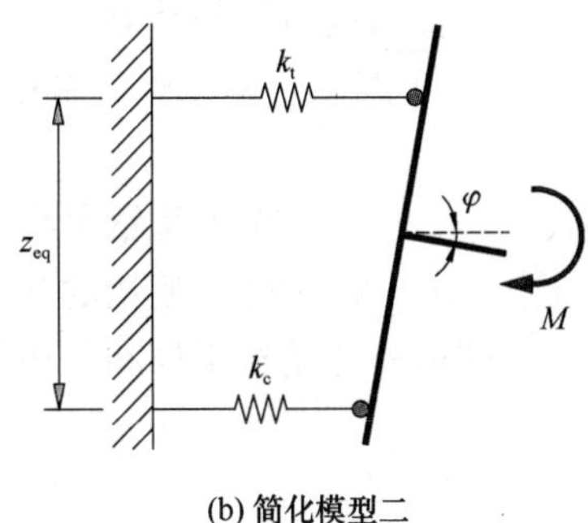

(b) 简化模型二

图 9.6-7 节点抗弯承载力简化计算模型

$$M_{j,Rd} = F_{t1,Rd}h_1 + F_{t2,Rd}h_2 \tag{9.6-19}$$

$F_{t1,Rd}$或 $F_{t2,Rd}$均取以下数值的较小值：①木柱抗剪承载力 $F_{t,cs,Rd}$；②木柱横纹承压承载力 $F_{t,cc,Rd}$；③紧固螺栓抗拉承载力 $F_{t,bt,Rd}$；④钢管连接件受拉时的抗弯承载力 $F_{T,n,Rd}$；⑤ 钢管连接件抗压承载力 $F_{T,c,Rd}$；⑥植筋抗拉承载力 $F_{t,grt,Rd}$；⑦木梁抗压承载力 $F_{t,bc,Rd}$。以上各组件承载力计算可参考 EC 3、Yang 和 Liu（2016）等给出的方法，此处不再赘述。

（3）节点初始转动刚度计算

初始转动刚度 $S_{j,ini}$可根据欧洲钢结构连接设计标准 EN 1993-1-8 按如下公式计算：

$$S_{j,ini} = \frac{z_{eq}^2}{1/k_t + 1/k_c} \tag{9.6-20}$$

$$k_c = \frac{1}{1/k_{cs} + 1/k_{cc} + 1/k_{srtc} + 1/k_{bc}} \tag{9.6-21}$$

$$k_t = \frac{\sum_r k_{eff,r} h_r}{z_{eq}} \tag{9.6-22}$$

$$k_{eff,r} = \frac{1}{\sum_i \frac{1}{k_{i,r}}} \tag{9.6-23}$$

$$z_{eq} = \frac{\sum_r k_{eff,r} h_r^2}{\sum_r k_{eff,r} h_r} \tag{9.6-24}$$

式中 z_{eq}——图 9.6-7（b）中所示的等效力臂（mm）；

k_t——图 9.6-7（b）中所示的受拉区等效刚度（N/mm）；

k_c——图 9.6-7（b）中所示的受压、受剪区等效刚度（N/mm）；

$k_{eff,r}$——基于各组件初始刚度 k_i的第 r 行组件的等效刚度（N/mm）；

$k_{i,r}$——第 r 行组件 i 的初始刚度，可参考 EC 3、Yang 和 Liu（2016）等给出的方法进行计算（N/mm）。

（4）节点转动能力计算

节点的转动能力取决于一行组件中承载力最低的组件，在 Yang 和 Liu（2016）等设计的植筋混合节点中设定最弱组件为钢管连接件受拉，这样节点的可设计性强、延性耗能性能好。

在转动能力极限状态下，假定最外层两行等效 T 型钢组件同时达到极限变形 $\delta_{u,T,1}$［式（9.6-25）］，并忽略梁端中间抗剪钢管组件的贡献。

$$\delta_{u,T,1} = 2\varepsilon_u m \tag{9.6-25}$$

式中 ε_u——等效 T 型钢翼缘受弯时外侧面的极限应变（无量纲），近似取为 0.3；

m——等效 T 型钢的几何尺寸（mm）。

则最外侧受拉组件和受压组件的总变形分别为：

$$\delta_t = \delta_{cc,t} + \delta_{bt} + 2\delta_{u,T,1} + \delta_{grt} \tag{9.6-26}$$

$$\delta_c = \delta_{cc,c} + \delta_{cs} + \delta_{srtc} + \delta_{bc} \tag{9.6-27}$$

式（9.6-26）和式（9.6-27）中等号右侧 δ_i 分别代表相应组件在拉力 $F_{t1,Rd}$（受拉组件）或 $2F_{t1,Rd}$（受压组件）作用下的变形。

则节点的极限转角 ϕ_{Cd} 为：

$$\phi_{Cd} = \frac{\delta_t + \delta_c}{h_1} \tag{9.6-28}$$

（5）节点受力全过程分析

如果已知各组件的荷载-变形关系，整个节点的全过程受力均可通过图 9.6-7（a）进行分析。此处在图 9.6-8 中分别给出了钢组件和木组件的荷载-变形关系曲线，供参考。

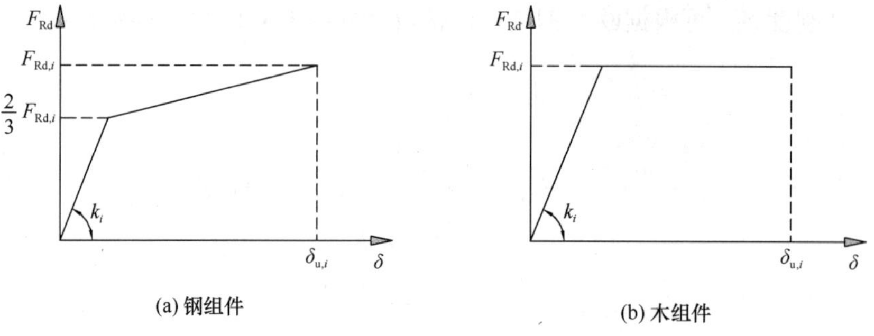

图 9.6-8 组件的荷载-位移简化曲线

9.7 构造要求

除了按我国现行《木结构设计标准》GB 50005—2017 进行连接处的紧固件间距、端距和边距等设计外，本书在借鉴欧洲木结构设计规范等，认为尚需补充下述构造要求。

1. 螺栓连接

（1）木构件中螺栓孔直径比螺栓直径最多大 1mm；

（2）螺帽或螺母下钢垫圈或钢垫板的边长或直径至少应取为 3 倍的螺栓直径，其厚度至少应取为 0.3 倍的螺栓直径，并且应具有足够的承压面积；

（3）螺栓与螺钉应拧紧以保证连接紧密，当木材达到平衡含水率时，视情况确定是否需要重新拧紧螺栓，以确保足够的结构承载力和刚度。

2. 销连接

销直径一般介于 6～30mm 之间，其在木构件中的预钻孔不应大于销直径，销直径的允许偏差为−0/+0.1。

3. 木螺钉连接

(1) 对于针叶材木构件，当螺钉光圆螺杆部分的直径不大于6mm时，不需要预钻孔。

(2) 对于所有阔叶材木构件以及采用直径大于6mm的螺杆时的针叶材木构件，均需要预钻孔，相关要求为：光圆螺杆部分引孔的孔径和孔深均应与螺杆自身相同；螺纹部分引孔的孔径约为光圆螺杆孔径的0.7倍。

(3) 当木材密度超过500kg/m³时，预钻孔直径应通过试验手段获取。

4. 钉连接

(1) 一般要求钉应垂直于木纹打入且钉帽表面与木材表面齐平；

(2) 预钻孔直径不应超过钉直径的0.8倍；

(3) 光圆钉的顶尖贯入深度至少为钉直径的8倍，其余钉至少为6倍；

(4) 木构件端面的钉不能承受剪力；

(5) 当木构件厚度小于下式规定时，应做预钻孔处理：

$$t=\max\begin{cases}7d\\(13d-30)\dfrac{\rho_k}{400}\end{cases}\tag{9.7-1}$$

式中 ρ_k ——密度标准值（kg/m³）；

t ——不需预钻孔的木构件最小厚度（mm）；

d ——钉直径（mm）。

当木构件所用木材易发生劈裂破坏时，需做预钻孔处理的木构件厚度应在上述计算公式基础上加倍。

5. 剪板连接

当剪板采用六角头木螺钉作为紧固件时，六角头木螺钉在构件中的贯入深度不应小于表9.7-1的规定。

六角头木螺钉在构件中的最小贯入深度 **表9.7-1**

剪板规格（mm）	构件材料	六角头木螺钉在构件中的贯入深度 d		
		树种全干相对密度分组		
		J_1组	J_2组	J_3组
102	木材或钢材	$8d$	$10d$	$11d$
67	木材	$5d$	$7d$	$8d$
	钢材	$3.5d$	$4d$	$4.5d$

注：1. 贯入深度不包括顶尖部分；

2. d为公称直径。

6. 齿板连接

(1) 齿板应成对对称设置于构件连接节点的两侧；

(2) 采用齿板连接的构件厚度应不小于齿嵌入构件深度的2倍；

(3) 在与桁架弦杆平行及垂直方向，齿板与弦杆的最小连接尺寸，在腹杆轴线方向齿板与腹杆的最小连接尺寸均应符合表 9.7-2 的规定；

（4）弦杆对接所用齿板宽度不应小于弦杆相应宽度的 65％。

齿板与桁架弦杆、腹杆最小连接尺寸（mm） **表 9.7-2**

规格材截面尺寸（mm×mm）	桁架跨度 L（m）		
	$L\leqslant12$	$12<L\leqslant18$	$18<L\leqslant24$
40×65	40	45	—
40×90	40	45	50
40×115	40	45	50
40×140	40	50	60
40×185	50	60	65
40×235	65	70	75
40×285	75	75	85

7. 植筋连接

（1）植筋的预钻孔直径至少应比植筋直径大 2mm，顺纹受力时植筋锚固长度至少不小于 15 倍的植筋直径，横纹受力时植筋锚固长度至少不小于 10 倍的植筋直径。

（2）植筋连接的边距和间距最小尺寸应符合图 9.7-1 的规定。

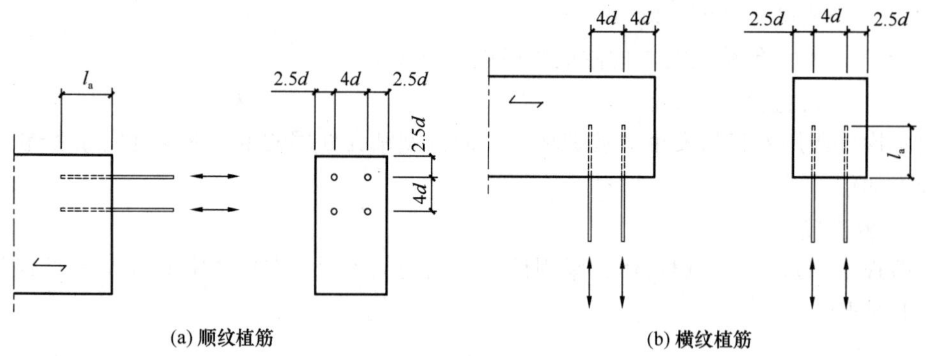

图 9.7-1　轴向受力植筋连接的最小间距和边距要求

（3）在条件允许的情况下，尽可能选用多根小直径植筋代替大直径的植筋以实现延性节点的设计。

参　考　文　献

[1] JOHANSEN K W. Theory of timber connections [J]. International Association of Bridge and Structural Engineering，1949，9：249-262.

[2] BERGKVIST P. Design of timber structures：Volume 1-Structural aspects of timber construction [M]. Stockholm：Swedish Wood，2015.

[3] CEN-Comite Europeen de Normalisation. Eurocode 5：design of timber structures-part 1-1：general - common rules and rules for buildings：EN 1995-1-1：2004 [S]. France：FR-AFNOR，2004.

[4] 中华人民共和国住房和城乡建设部．木结构设计标准：GB 50005—2017[S]. 北京：中国建筑工业

出版社，2017.

[5] 祝恩淳，潘景龙．木结构设计中的问题探讨[M]. 北京：中国建筑工业出版社，2017.

[6] 中华人民共和国住房和城乡建设部．胶合木结构技术规范：GB/T 50708—2012[S]. 北京：中国建筑工业出版社，2012.

[7] American Forest and Paper Association. National design specification(NDS) for wood construction: ANSI/NDS SUPP—2018[S]. Australia：AFPA，2005.

[8] TLUSTOCHOWICZ G，SERRANO E，STEIGER R. State-of-the-art review on timber connections with glued-in steel rods [J]. Materials and Structures，2011，44(5)：997-1020.

[9] FRAGIACOMO M，BATCHELAR M. Timber frame moment joints with glued-in steel rods. II：Experimental investigation of long-term performance[J]. Journal of Structural Engineering，2012，38(6)：802-811.

[10] TOMASI R，ZANDONINI R，PIAZZA M，et al. Ductile end connections for glulam beams [J]. Structural Engineering International，2008，18(3)：290-296.

[11] YANG H F，LIU W Q，REN X. A component method for moment-resistant glulam beam-column connections with glued-in steel rods [J]. Engineering Structures，2016，115：42-54.

[12] CEN-Comite Europeen de Normalisation. Eurocode 3：design of steel structures-Part 1. 8：Design of joints：EN 1993-1-8：2005[S]. Brussels：Stage 49 Draft，2005.

第10章　木结构抗风与抗震

10.1　概述

10.1.1　木结构在风荷载作用下的特性

风灾已经成为造成人员伤亡和经济损失最为严重的自然灾害之一。我国处于西北太平洋地区，沿海地区是遭受台风灾害最为严重的地区。结构受强风暴雨的影响突出而频繁。木结构房屋对风荷载，特别是强台风作用尤为敏感。

木结构自重轻，构件之间多采用金属连接件连接。在飓风和龙卷风下，受到极大的水平力和上拔力，往往导致连接处的损坏；而强劲的水平力（可能是较大的吸力）又往往导致外墙与内墙相交处的连接松动和脱落，从而导致墙体失去平面外支撑而引起局部倒塌或整体倒塌。屋顶受到上旋气流的影响而受到负压，即上拔力的作用，可导致屋顶被掀起、摧毁等破坏。实际调查表明，造成木结构建筑风灾危害除设计计算考虑不完备外，一般均由于构造处理不当所引起，根据浙江、福建、广东等地的调查，砖木结构建筑物因台风造成的破坏过程一般是：迎风面的大部分门窗框先被破坏或屋盖的山墙出檐部分先被掀开缺口，接着大风贯入室内，造成瓦、屋面板、檩条等相继被刮掉，最后造成山墙和屋架呈悬臂孤立状态而倒塌。这在砖砌体木楼/屋盖结构中也常见（图10.1-1）。屋顶的损坏，继而又将导致屋架与墙体，与柱之间的连接损坏，被掀去屋顶的墙体失去了平面外的支撑也将造成墙体与墙体间连接的破坏，最终导致墙体倒塌或房屋的整体倒塌（图10.1-2）。在强台风地区，风荷载一般伴随着暴雨，受损的木结构也易遭受雨水袭击，导致受潮和霉变等损坏。木结构房屋屋面造型复杂，有研究表明，双坡有山墙的木结构屋顶较四坡屋顶更易发生破坏。因此，木结构的抗风设计显得尤为重要。

图10.1-1　砖木结构房屋屋面被风掀起

图10.1-2　轻型木结构房屋因飓风而倒塌

事实上，经过良好设计的木结构房屋具有较好的抗风性能。美国联邦应急管理机构的一项调查显示，在遭受“查理”等强飓风袭击后，佛罗里达州境内按结构设计规范设计的木结构房屋均未出现明显的结构损伤，木结构房屋表现出优越的抗风性能。

10.1.2　木结构在地震作用下的特性

地震是地球表层突然而强烈的振动，是地球上经常发生的一种自然现象。全世界每年大约发生 500 万次地震，但有感地震仅 1%。据统计，全世界平均每年发生 18 次造成严重破坏的大地震均为构造地震，建筑结构抗震设计和研究主要针对此类构造地震。

在历次大地震中，木结构建筑表现出良好的抗震性能。这是因为：①木结构房屋自身质量相对较轻，因此相同强度的地震作用下，结构受到的水平作用力相对较小；②木结构房屋体系，尤其是轻型木结构体系，是由大量的金属连接件特别是钉子连接而成，结构的冗余度多，结构具有良好的变形和耗能能力。

以轻型木结构建筑为例，Forintek 的研究人员对 1964～1995 年在北美地区及日本发生的 7 次主要地震中轻型木结构房屋的抗震性能进行了调查，表 10.1-1 为历次地震中死亡人数的统计。

1964～1995 年历次主要地震死亡人数调查　　　表 10.1-1

地震发生地及时间	震级	大约死亡人数（人）		轻型木结构房屋估计数量（幢）
		总数	轻型木结构房屋中死亡人数	
美国 Alaska，1964	8.4	130	<10	—
美国 San Femando，1971	6.7	63	4	100000
纽芬兰 Edgecumbe，1987	6.3	0	0	7000
加拿大魁北克 Saguenay，1988	5.7	0	0	10000
美国加州 Loma Priete，1989	7.1	66	0	50000
美国加州 Northridge，1994	6.7	60	20	200000
日本神户 Hyogo-ken Nambu (Kobe)，1995	6.8	6300	0	8000

由此可见，在 1964～1995 年北美地区及日本的多次地震中，地面峰值加速度达到 0.6g 及更大，轻型木结构房屋虽有一定的损坏，但几乎未造成房屋倒塌和严重人员伤亡。但调查同时也指出地震作用下部分轻型木结构房屋出现了轻微损害，底层车库、商店等门洞边的墙体因承载力不足造成了结构性的损坏、倒塌和人员伤亡（图 10.1-3、图 10.1-4）。

图 10.1-3　1964 年阿拉斯加地震中的房屋移位破坏

图10.1-4　1994 年 Northrige 地震中一层接近倒塌

同济大学试验研究表明，当房屋平面规则或一般不规则的两层轻型木结构可以抵抗 0.7*g* 地面加速度峰值的激励。六层的轻木结构试验同样给出了试验数据证明，精良设计的规则 6 层轻型木结构可以抵抗神户地震时的地面运动。为了研究薄弱层的不利影响，*Bahmani* 等学者进行了相应的足尺试验研究。同样，正交胶合木结构的抗震性能也主要由构件间的连接性能决定。意大利林木研究院（CNR-IVALSA）牵头的 SOFIE 项目完成了三层和七层的足尺 CLT 剪力墙房屋的模拟地震振动台试验，如图 10.1-5 所示。

(a) 6层足尺轻型木结构模拟振动台试验

(b) 具有薄弱层的轻型木结构足尺振动台试验

(c) 7层足尺CLT剪力墙结构模拟振动台试验

图 10.1-5 足尺结构模拟振动台试验

7 层 CLT 结构抗震研究表明：①结构可以抵抗的最大地面加速度峰值可达欧洲规范给出的设计值的三倍；②在此最大峰值加速度激励下，抗拔锚固件、抗剪角铁的螺钉均出现明显的拔出或屈服；③停止激励后，结构没有明显的残余变形，具有良好的自复位特性（Self-centring）；④结构整体性好、冗余度高，耗能性能主要体现在自攻螺钉连接的耗能；⑤阻尼系数在弹性阶段在 5%左右，在接近倒塌的极限状态下可达 12%；⑥抗拔锚固件是确保楼层延性和抵抗大震下的拉力的重要保证，楼层越高，底部的抗拔锚固件所需抵抗的拉力值越大，需在设计中准确计算和合理布置。

但是，对于胶合木结构，由于构件少，跨度大，一般是静定结构，或者结构的冗余度低，因此连接的作用更加显著。同济大学足尺胶合木梁柱试验表明，即使在节点处密布螺栓，也难以形成有效传递弯矩的框架结构。为了提高胶合木梁柱结构的抗侧力，必须增加平面内支撑（或者墙体）。试验同时表明，即使梁柱结构抗侧承载力有限，其侧向变形能力仍能达到 1/50 而不倒塌。

10.2 风荷载与地震作用

10.2.1 风荷载影响因素

影响结构风荷载的因素较多，但关键因素主要是基本风压、风压高度、结构体型以及结构的动力特性。

1. 基本风压

对于结构主体，风荷载标准值的表达为平均风压乘以风振系数，以等效静力作用在主体结构表面。

基本风压的确定方法和重现期与当地基本风压值的大小紧密相关。在我国，基本风压一般按当地空旷平坦地面上 10m 高度处 10min 的平均风速观测数据，经统计得出 50 年一遇最大值确定的风速，再考虑相应的空气密度，按贝努利（Bernoulli）公式计算得到：

$$w_0 = \frac{1}{2}\rho v_0^2 \tag{10.2-1}$$

2. 顺风向风振系数和阵风系数

风振系数综合考虑了结构在风荷载作用下的动力响应，与结构的动力特性、风速随时间、空间的变异性等因素有关。参考国外规范及我国建筑工程抗风设计和理论研究的实践情况，当结构基本自振周期 $T>0.25$s 时，以及高度超过 30m 且高宽比大于 1.5 的高柔房屋，由风作用引起的结构振动比较明显，而且随着结构自振周期的增长，风振也随之增强。一般高层结构和塔架，可仅考虑结构一阶振型的作用。

现代木结构因其自重轻、表现力强，常常用于混凝土结构或钢结构的屋顶。此时的屋面设计常常分离成木结构专业和混凝土或钢结构专业。大跨木屋架/屋面，因其平面外刚度小，局部振型密集，需要考虑的振型可多达 10 个及以上，必要时应按随机振动理论对结构的响应进行分析计算。

对于围护结构，由于其刚度一般较大，在结构效应中往往不考虑其共振分量，此时可仅在平均风压的基础上，近似考虑脉动风瞬间的增大因素，采用阵风系数 β_{gz} 来计算其风荷载的影响。阵风系数与距离地面的高度和地面粗糙度相关。

3. 横风向振动和扭转风振

当高耸或体型复杂的高层建筑受到风力作用时，不但顺风向可能发生风振，而且在一定条件下也能发生横风向的风振。导致建筑横风向风振的主要激励有：尾流激励（旋涡脱落激励）、横风向紊流激励以及气动弹性激励（建筑振动和风之间的耦合效应），其激励特性远比顺风向要复杂。一般情况下应考虑建筑的高度、高宽比、结构自振频率及阻尼比等多种因素，并要借鉴工程经验及有关资料来判断。一般而言，木结构高度相对较低、高宽比较小，且结构平面形状较为规则，因此可不考虑横风向和扭转风振的影响。对于特殊的木质高耸构筑物，建议通过风洞试验确定其风荷载，以及横风向振动和扭转风振效应。

4. 风压高度变化系数

在大气边界层内，风速随离地面高度增加而增大。风速剖面主要与地面粗糙度和风气候有关。风速剖面基本符合指数律，如下的指数律作为风速剖面的表达式：

$$v_z = v_0\left(\frac{z}{10}\right)^a \tag{10.2-2}$$

根据地面粗糙度指数及梯度风高度，即可得出风压高度变化系数。通常认为在离地面高度为 300～550m 时，风速不再受地面粗糙度的影响，也即达到“梯度风速”，该高度称之梯度风高度 H_G。地面粗糙度等级低的地区，其梯度风高度比等级高的地区为低。

5. 风荷载体型系数

风荷载体型系数是指风作用在建筑物表面一定面积范围内所引起的平均压力（或吸力）与来流风的速度压的比值，它主要与建筑物的体型和尺度有关，也与周围环境和地面粗糙度有关。对于不规则形状的固体，一般采用相似性原理，在边界层风洞内对拟建的建筑物模型进行测试。

10.2.2 风荷载计算

根据《建筑结构荷载规范》GB 50009—2012，结构主体受到的风荷载和围护结构受到的风荷载计算如下：

（1）垂直于建筑物表面上的风荷载标准值，应按下列规定确定：

1）计算主要受力结构时，风荷载作用面积应取垂直于风向的最大投影面积，按下式计算：

$$w_k = \beta_z \mu_s \mu_z w_0 \tag{10.2-3}$$

式中 w_k——风荷载标准值（kN/m²）；

β_z——高度 z 处的风振系数；

μ_s——风荷载体型系数；

μ_z——风压高度变化系数；

w_0——基本风压（kN/m²）。

2）计算围护结构时，应按下式计算：

$$w_k = \beta_{gz} \mu_{sl} \mu_z w_0 \tag{10.2-4}$$

式中 β_{gz}——高度 z 处的阵风系数；

μ_{sl}——风荷载局部体型系数。

（2）基本风压应采用《建筑结构荷载规范》GB 50009—2012 中确定的 50 年重现期的风压，但不得小于 0.3kN/m²。对于建筑高度大于 20m 的木结构建筑，当采用承载力极限状态进行设计时，基本风压值应乘以 1.1 的增大系数。

（3）风荷载的组合值系数、频遇值系数和准永久值系数可分别取 0.6、0.4 和 0.0。

（4）风压高度变化系数、风荷载体型系数、风振系数、扭转系数和阵风系数的取值参见规范中相应章节的取值要求。

（5）当多栋或群集的高层木结构相互间距较近时，宜考虑风力相互干扰的群体效应。群体效应系数可将单栋建筑的体形系数乘以相互干扰增大系数，该系数可通过风洞试验确定。

（6）横风向振动效应或扭转风振效应明显的高层木结构建筑，应考虑横风向风振或扭转风振的影响。横风向风振或扭转风振的计算范围、方法以及顺风向与横风向效应的组合方法应符合国家标准《建筑结构荷载规范》GB 50009—2012 的规定。

（7）对于平面形状或立面形状复杂，立面开洞或连体建筑，或周围地形和环境复杂，建议进行风洞试验判断、确定建筑物的风荷载。

10.2.3 地震作用计算

木结构建筑的抗震设防类别应符合国家标准《建筑工程抗震设防分类标准》GB 50223—2008 的规定，地震作用的计算应满足《建筑结构抗震规范》GB 50011—2010 的相关规定。

水平地震作用计算一般有底部剪力法、振型分解反应谱法和时程分析法，一般根据房屋结构的高度和规则性选用一种或多种方法进行计算。

1. 地震作用计算方法

以剪切变形为主，不考虑平面扭转变形，且质量和刚度沿高度分布均匀的轻型木结构、CLT 结构和胶合木结构，均可采用底部剪力法进行地震作用的计算，其结构的自振周期可采用与高度相关的经验公式估算。但是，结构的自振周期与质量的分布和抗侧刚度紧密相关，采用仅与高度相关的经验公式在某些特定情况下可能导致计算结果偏于不安全。为此，在《木结构设计标准》GB 50005—2017 中规定：当轻型木结构建筑进行抗震验算时，相应于结构基本自振周期的水平地震影响系数可取最大值 α_{1max}；对于多层（高度大于 3 层）的轻型木结构，建议按空间结构模型计算确定。而对于以剪切变形为主，且质量和刚度沿高度分布比较均匀的胶合木结构或方木原木结构的抗震验算，其结构基本自振周期特性应按空间结构模型计算。

对于扭转不规则或楼层抗侧力突变的轻型木结构，以及质量和刚度沿高度分布不均匀的胶合木结构或方木原木结构的抗震验算，宜采用振型分解反应谱法。

多高层木结构的水平地震作用一般应采用振型分解反应谱法。《多高层木结构建筑技术标准》GB/T 51226—2017 规定，对于高度不超过 20m、以剪切变形为主且质量和刚度沿高度分布比较均匀的多高层木结构建筑，可采用底部剪力法；而质量和刚度不对称、不均匀的多高层木结构建筑应采用考虑扭转耦联振动影响的振型分解反应谱法；对于抗震设防烈度为 7 度、8 度和 9 度的多高层木结构建筑符合下列情况时，建议采用弹性时程分析法进行多遇地震下的补充计算：

（1）甲类多高层木结构建筑；

（2）多高层木混合结构建筑；

（3）符合表 10.2-1 中规定的乙、丙类多高层纯木结构建筑；

（4）质量沿竖向分布特别不均匀的多高层纯木结构建筑。

采用时程分析法的乙、丙类多高层纯木结构建筑　　**表 10.2-1**

设防烈度、场地类别	建筑高度范围
7 度和 8 度Ⅰ、Ⅱ类场地	≥24m
8 度Ⅲ、Ⅳ类场地	≥18m
9 度	≥12m

木结构建筑的地震作用计算时应符合下列规定：

（1）一般情况下，应至少在结构两个主轴方向分别计算水平地震作用；有斜交抗侧力构件的结构，当相交角度大于 15°时，应分别计算各抗侧力构件方向的水平地震作用。

（2）平面严重不规则结构，应计入双向水平地震作用下的扭转影响；其他情况，应计算单向水平地震作用下的扭转影响并考虑 5%偏心地震作用的影响。

（3）大跨度、长悬臂结构，高于 7 度设防时应计入竖向地震作用。

（4）9 度抗震设计下的木结构设计均应采用考虑竖向地震作用的荷载效应组合。

2. 计算模型选择

地震作用下，结构分析模型应根据结构实际情况确定，采用的分析模型应准确反映结构构件的实际受力状态，连接的假定应符合结构实际采用的连接形式。对结构分析软件的计算结果应进行分析判断，确认其合理后，方可作为工程设计依据。当无可靠的理论和依据时，宜采用试验分析方法确定。

对于木结构而言，尤其需注意其节点连接处的计算假定。即便在节点区域密布螺栓，采取精准的安装，螺栓与螺栓孔处依旧有初始空隙，导致结构初始刚度变小；当结构在反复水平力作用下，螺栓孔处木材受到销槽受压而局部横纹塑性变形，导致螺栓孔变大，连接无法达到理论计算应有的刚度；木材的干缩也将导致地震作用时连接处的有效刚度低于设计值，因此在设计时应考虑其不利影响。

一般情况下，梁、柱、支撑等构件采用杆单元或梁单元模拟，剪力墙采用具有等效抗侧刚度的一组对角弹塑性弹簧模拟；销键连接在设计时可采用铰接假定，而在研究分析时可根据试验数值通常采用两个自由度相互垂直的定向非线性弹簧单元进行模拟，也可增加一个转动非线性弹簧。

在计算模型中如果按铰接假定，则实际建造时，也应该避免实际工程中螺栓或销槽连接可能出现的附加弯矩造成的应力变化，以及非完全铰接导致的木梁或柱底端部产生横纹受拉受剪的不利情况，施工图设计时节点细部应符合计算假定。

3. 地震作用效应组合

结构在设计基准期内承载力极限状态包括考虑地震作用与不考虑地震作用两种荷载效应组合，变形和应力分析时应考虑正常使用极限状态组合。地震作用下荷载效应组合，以及风荷载作为主要活荷载的荷载效应组合应按《建筑结构荷载规范》GB 50009—2012 的有关要求执行。

4. 木结构阻尼比

地震作用计算中需确定木结构的阻尼比。木结构的阻尼比受多种因素影响，准确确定结构的阻尼比较为困难。国内外工程实测数据及结构试验结果表明，木结构在微振动和较小振动下的阻尼比较小，绝大多数实测数据在 0.01～0.03 之间。随着木结构振动幅度的增大，其阻尼比呈上升趋势，结构进入较大弹塑性阶段的最大阻尼比实测值超过 0.1。阻尼比与木结构的结构体系类型有一定关系，但目前对于该种差异的研究尚不深入。我国规范在基于现有研究结果的基础上对木结构建筑的阻尼比从严要求，具体规定为：木结构建筑地震作用计算时，对于梁柱式纯木结构和轻型木结构，在多遇地震验算时结构的阻尼比分别取 0.03 和 0.05，在罕遇地震验算时结构的阻尼比应不大于 0.05；对于混合木结构应根据混合结构的特点采用等效原则计算结构阻尼比或采取较小值。

5. 重力二阶效应

随着结构刚度的降低，重力二阶效应的不利影响呈非线性增长。木结构相对于混凝土结构和钢结构而言，结构抗侧刚度较小，允许的层间位移角较大。因而对于高层木结构、木-混合结构及层高超过 4.5m 的多层木结构而言，应考虑重力二阶效应的不利影响。

10.3 抗风与抗震设计

10.3.1 抗侧力体系

按结构中的主要抗侧力构件分类，木结构的抗侧力体系可分为轻型木剪力墙结构体系、正交胶合木剪力墙结构体系、胶合木梁柱-支撑结构体系、胶合木梁柱与轻木或正交胶合木组成的梁柱-剪力墙结构体系，以及梁柱-核心筒体系。

1. 轻型木剪力墙结构体系

轻型木剪力墙结构体系采用以一定间距密布的墙骨柱与顶梁板和底梁板构成木骨架，将木基结构板材与木骨架采用钢钉紧密钉合而成的受力墙体，以抵抗风和地震产生的墙体平面内水平作用力、墙体平面外风荷载和竖向荷载。图 10.3-1（a）所示为典型的轻型木剪力墙木骨架，图 10.3-1（b）为施工中的轻型木剪力墙体。

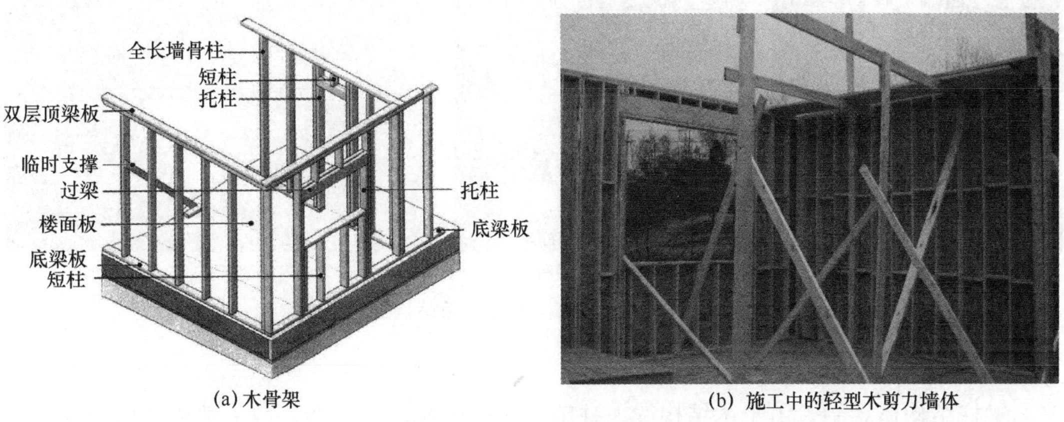

图 10.3-1　轻型木剪力墙

在侧向力作用下，房屋中的楼板和屋面板是协调整体结构竖向受力构件变形一致的关键部件，同样需要能提供良好的平面内抗剪刚度和承载力以传递水平力，同时需要良好的平面外刚度和承载力以承受楼屋面竖向荷载。一般情况下，轻型木结构中的楼盖由搁栅和木基结构板钉合而成［图 10.3-2（a）］；屋盖常为轻型木屋架、水平及竖向支撑和木基结构板通过钢钉钉合而成［图 10.3-2（b）］。

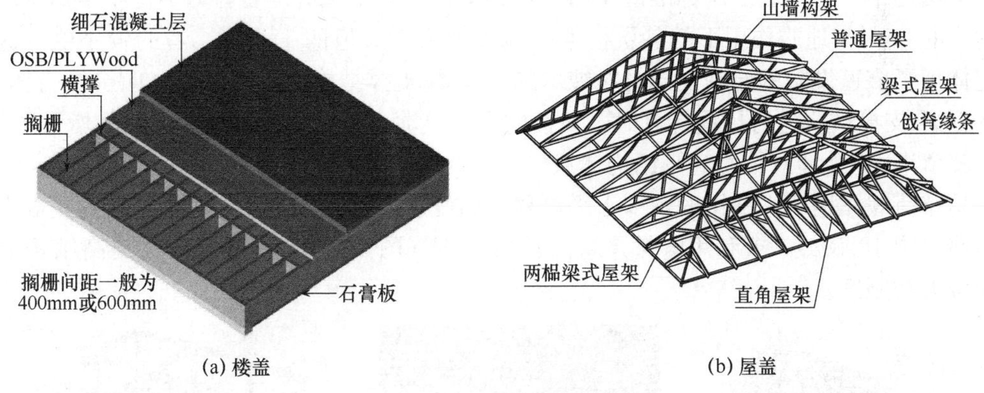

图 10.3-2　轻型木楼盖和屋盖

2. 正交胶合木剪力墙结构体系

正交胶合木（CLT）因其在墙体平面内优秀的双向受力特点，成为良好的平面内受力和平面外受力的剪力墙体。剪力墙的厚度可以根据受力需要在工厂制作完成。同时，正交胶合木也是良好的楼面和屋面材料。正交胶合木剪力墙结构体系中墙板和楼板均采用正交胶合木板，承受竖向重力荷载及水平向风荷载与地震作用。因其良好的抗侧刚度和强度，该结构已成为高层住宅中的常用结构体系。建于英国伦敦的 9 层纯木结构 Murray

Grove 是正交胶合木剪力墙结构体系的典型代表。图 10.3-3 是意大利米兰建造的四幢 9 层楼高的住宅（Cenni di Cambiamento）的外观、施工过程及内部的正交胶合木墙体，体现了正交胶合木良好的加工、安装和受力特性。

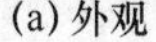

(a) 外观

(b) 施工过程

(c) 内部的正交胶合木剪力墙

图 10.3-3　正交胶合木剪力墙结构住宅楼

3. 胶合木梁柱-支撑结构体系

梁柱结构体系中，由于木结构梁、柱节点难以做到刚性连接，故一般采用柱间支撑进行加强，构成梁柱-支撑抗侧力结构体系，即采用梁柱作为主要竖向承重构件，支撑作为主要抗侧力构件。由于人们普遍习惯将梁柱构件形成的框架形状的构架称为框架结构，因此，该结构体系也被称作梁柱-支撑结构（图 10.3-4）。

依据多道防线的概念设计，梁柱-支撑体系中，柱间支撑是第一道防线。按美国 IBC 规范的要求，框架部分的剪力调整不小于结构总地震剪力的 25%可认为是双重抗侧力体系。《多高层木结构建筑技术标准》GB/T 51226—2017 规定，木框架-支撑结构和木框架-剪力墙结构中，在地震作用标准值作用下，各层框架所承担的地震剪力不得小于结构底部总剪力的 25%与地震作用下的各层框架中地震剪力最大值的 1.8 倍二者的较小值。这一规定体现了多道设防的原则。同时对纯木的木框架-支撑结构，应设计成双向抗侧力体系；当木框架-支撑结构进行抗震计算时，角柱的弯矩、剪力设计值应考虑 1.3 倍的增大系数。

4. 梁柱-剪力墙（核心筒）结构体系

均布荷载作用下，结构的顶部水平位移与高度成 4 次方关系。利用外墙或内隔墙设置剪力墙（图 10.3-5），或利用电梯井筒设置核心筒（图 10.3-6），可以有效提高结构的抗侧承载力和刚度。

图 10.3-4　梁柱-支撑结构

图 10.3-5　梁柱-CLT 墙结构

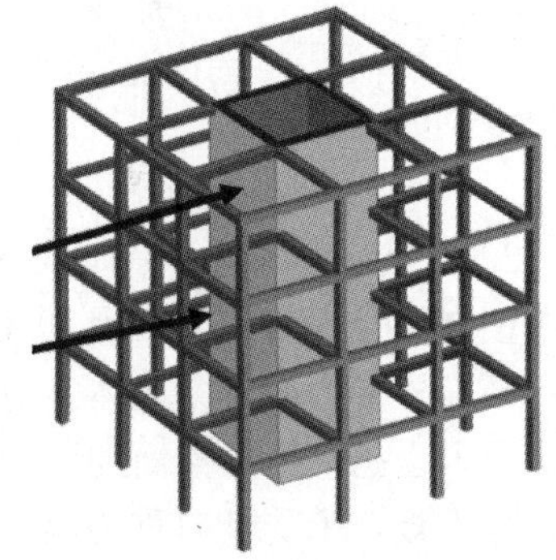

图 10.3-6　梁柱-核心筒结构

2015 年竣工的挪威卑尔根市 Treet 大楼是梁柱-支撑-核心筒共同工作的典型代表。Treet 大楼高 14 层，主体结构采用胶合木梁柱框架支撑结构，胶合木构件间节点全部采用钢填板螺栓连接。为增加结构的抗侧力，在外围墙体平面，增加了巨型斜撑，利用电梯井做成核心筒，同时在第 5 层和第 10 层增加了木质环带桁架与混凝土楼板加强外围抗侧单元与核心筒之间的共同作用。在第 6～9 层与第 11～14 层，采用正交胶合木做成的整体预制房间作为建筑单元，堆叠并连接于加强层之上，但不与胶合木主体结构连接，其竖向和水平荷载通过加强层传递到主体结构。图 10.3-7 为 Treet 大楼的南外立面及其三维结构模型图。

(a) 南外立面

(b) 三维结构模型

图 10.3-7　Treet 大楼

10.3.2　抗风与抗震基本要求

风荷载与地震荷载均为水平荷载，要求结构具有良好的抗侧承载力和变形性能。不同的是，地震作用受结构自身的动力特性影响明显，而风荷载对于一般高度和体量的木结构房屋可以仅考虑其平均风压对结构的等效静力作用。无论是在风荷载还是地震作用下，结构均要求规则、整体性好，且具有良好的延性和冗余度。

（1）规则性

规则性要求结构具有合理的刚度和承载力分布，一是减少结构的扭转振动导致的结构反应增大；二是避免因局部削弱或突变形成薄弱部位而产生过大的应力集中或塑性变形集中。

具体而言，木结构建筑的结构体系平面布置应规则、对称，具有良好的抗侧力体系。楼（屋）盖平面内应有足够的平面内刚度，以协调抗侧力构件的共同工作；竖向布置应规则、连续，结构的侧向刚度和强度沿结构物高度变化应均匀，竖向抗侧力构件应上下连续贯通；当不满足时，应进行地震作用计算和内力调整，并对薄弱部位采取有效的抗震构造措施。

木结构建筑的不规则类型详见表 10.3-1。

不规则结构类型表　　表 10.3-1

序号	不规则方向	不规则结构类型	不规则定义
1	平面不规则	扭转不规则	在具有偶然偏心的水平力作用下，楼层两端抗侧力构件的弹性水平位移或层间位移的最大值与平均值的比值大于 1.2 倍
2		凹凸不规则	结构平面凹进的尺寸大于相应投影方向总尺寸的 30%
3		楼板局部不连续	（1）有效楼板宽度小于该层楼板标准宽度的 50%； （2）开洞面积大于该层楼面面积的 30%； （3）楼层错层超过层高的 1/3
4	竖向不规则	侧向刚度不规则	（1）该层的侧向刚度小于相邻上一层的 70%； （2）该层的侧向刚度小于其上相邻三个楼层侧向刚度平均值的 80%； （3）除顶层或出屋面的小建筑外，局部收进的水平向尺寸大于相邻下一层的 25%
5		竖向抗侧力构件不连续	竖向抗侧力构件的内力采用水平转换构件向下传递
6		楼层承载力突变	抗侧力结构的层间受剪承载力小于相邻上一楼层的 80%

（2）高宽比

一般情况下，木结构的高度有限，其结构的高宽比较小。但由于木结构自重轻，较混凝土结构更易发生倾覆。为此，《多高层木结构建筑技术标准》GB/T 51226—2017 中对木结构的高宽比有一定的要求，即 6 度、7 度区，正交胶合木结构和混凝土核心筒木结构高宽比不大于 5，其他木结构和上下混合木结构其高宽比不大于 4，而 8 度、9 度区上述所有结构的高宽比分别不大于 3 和 2。当不符合该规定时，结构的整体稳定性应进行验算。

（3）最大高度

受木材自身强度、刚度，以及连接的特性限制，不同的木结构具有对应的高度建议值。但当有特殊需要，并且有充分的设计和研究时，其高度限值可以适当突破，进行专门研究和论证，并应采取有效的加强措施。

不同的抗侧力体系和高度建议值见表 10.3-2。表中的房屋高度指室外地面到结构大屋面板面的高度，不包括局部突出屋顶部分。

多高层木结构建筑适用结构类型、总层数和总高度表　　表 10.3-2

结构体系	木结构类型	抗震设防烈度									
		6 度		7 度		8 度				9 度	
						0.20g		0.30g			
		高度（m）	层数	高度（m）	层数	高度（m）	层数	高度（m）	层数	高度（m）	层数
纯木结构	轻型木结构	20	6	20	6	17	5	17	5	13	4
	木框架支撑结构	20	6	17	5	15	5	13	4	10	3
	木框架剪力墙结构	32	10	28	8	25	7	20	6	20	6
	正交胶合木剪力墙结构	40	12	32	10	30	9	28	8	28	8

（4）整体性

整体性是指结构体系空间整体性能良好，抗侧力结构体系应受力明确、传力合理且不间断，且各抗侧力构件受力均匀、变形协调。现代木结构房屋各构件往往采用金属连接件进行连接，连接的可靠性和稳定性是确保结构整体性的重要环节，结构的所有构件必须与支承构件相连。特别在风荷载作用下，飓风或龙卷风常导致构件间连接的失效，进而导致整个结构的失效。为此，连接处的多道防线，如抗拉锚固件、屋架锚固件是不可缺少的附加连接件。

(5) 延性

木结构是脆性材料且各向异性，在受拉时延性差，在受压状态下有较好的塑性变形能力。为此，结构体系的延性主要来自连接处的延性发展。金属连接件良好的弹塑性是结构获得延性的重要保证；同样，结构的局部失效、坍塌往往也是连接处的脆性破坏所导致。

节点延性、弹性位移、最大载荷下的位移和极限位移在很大程度上取决于所使用的连接类型，结构延性的增长可有效提高系统的可靠性。

(6) 冗余度

冗余度是指由超静定体系中多余的约束数，即某个构件的失效不会导致整个结构体系的破坏的状态，其本质指的是结构体系安全储备的多少。

木结构中，轻型木结构采用大量钢钉连接墙骨柱与面板、墙骨柱与墙骨柱、构件与构件，每一颗钢钉即是一个弹塑性弹簧。振动台试验显示，在地震作用下，覆面板周圈钉从角部到中间逐一失效，伴随墙体位移逐渐增大，但墙体依旧具有较好的承载力，单片墙体的冗余度大。因此，由多道剪力墙组成的轻型木结构房屋具有良好的冗余度。相比而言，胶合木结构，特别是大跨木结构，往往是静定结构，或者超静定数有限，因此，在设计时要特别注意连接节点的弹塑性发展，同时尽可能增加结构的冗余度。

(7) 结构层间位移

侧向力作用下结构的层间位移是结构和非结构构件受损的主要原因，也是房屋局部倒塌或整体倒塌的主要原因。

结构的层间位移为结构上下两层的水平位移差，它包含着三种成分：

1) 竖向构件剪切变形引起的位移；

2) 本楼层竖向构件弯曲变形引起的位移；

3) 下一楼层竖向构件弯曲变形引起的层间位移。层间位移是各竖向和横向结构构件变形的综合反映。

结构的层间位移角是楼层层间最大水平位移与楼层层高之比，是检验和控制建筑抗侧能力的主要宏观指标之一。限制结构的最大层间位移角可以保证结构具有足够的抗侧刚度和抗倒塌的能力，同时也体现了对非结构构件损伤的控制。

《多高层木结构建筑标准》GB/T 51226—2017 对木结构建筑的弹性层间位移角及弹塑性层间位移角做了相关规定，详见表10.3-3。

木结构建筑层间位移角限值　　**表10.3-3**

结构体系	弹性层间位移角	弹塑性层间位移角
轻型木结构	≤1/250	
梁柱式木结构	≤1/150	
梁柱-支撑结构	≤1/250	≤1/50
其他纯木结构	≤1/350	
混凝土核心筒木结构	≤1/800	

10.3.3 抗风计算

1. 风荷载作用下构件验算

结构验算时，一般采用最不利荷载效应组合得到构件的内力。不同的构件，其对应的最不利组合不同。在建筑类设计软件 PKPM 和 Etabs 等中，一般给出了至少几十种组合，因此通过电脑识别一般不会遗漏最不利组合。但是，针对木结构设计，由于目前还没有合适的通用的设计软件，人们一般采用 SAP2000、ANSYS、ABAQUS 等结构分析通用软件，需要自己定义荷载组合。因此，在设计时，需要充分考虑不同构件可能对应的最不利荷载组合，如风荷载最不利组合。由于风吸力是导致结构损伤的主要因素，因此需要考虑风吸力的不利影响，当自重和活荷载起到有利作用时，其荷载分项系数建议分别取 0.9 和 0.5。

针对特殊部位的连接验算，如屋架锚固件和抗拔锚固件等，需充分考虑个别锚固件受力不均匀，或先后逐个破坏所导致的不利情况。一般情况下，抗拔锚固件除按照构造要求布置外，尚需验算其抗拉能力。

增强房屋整体性的连接件，应区别于抵抗风剪力或拉力的连接件。建议设计成为结构的第二道防线，即该类连接件不参与结构在风荷载不利组合下的抗侧力贡献。

2. 墙体平面内受力和平面外受力

竖向受力构件验算时，外墙验算需要考虑平面内的风作用，还要验算墙体平面外均布风压引起的弯曲。以轻型木结构为例，墙体平面外抗侧力设计要点主要包括以下几个要点：

（1）墙骨柱按两端铰接的受压构件设计，构件在平面外的计算长度为墙骨柱长度。当墙骨柱两侧布置木基结构板或石膏板等覆面板时，墙骨柱平面内只需要进行强度验算。当墙骨柱中轴轴向压力的初始偏心距为零时，初始偏心距按 0.005 倍的构件截面高度确定。

（2）外墙墙骨柱应考虑风荷载效应组合，按两端铰接的压弯构件设计。当外墙围护材料较重时，应考虑其引起的墙骨柱出平面的地震作用。

（3）墙体的顶梁板与底梁板的设计应将屋盖或楼盖的竖向荷载传递到墙骨柱；将墙体所受的风荷载传递到楼盖或屋盖；将作用在楼盖或屋盖平面内的荷载传递到墙体。

（4）外墙墙骨柱与墙体顶梁板和底梁板应可靠连接以抵抗作用于外墙面的风荷载。

（5）墙体开孔周围的骨架及其连接应确保墙体开孔以上的屋盖、楼盖以及墙骨柱的竖向荷载传递至墙体底部，并应确保窗、门以及其他开孔表面所受的横向风荷载传递至支承该墙体的楼盖和屋盖。

3. 风荷载作用下水平位移限值

风荷载组合下的水平位移限值与地震作用组合下的水平位移限值相同，包括弹性计算下的弹性水平位移限值，以及在弹塑性验算下的弹塑性变形要求。由于木结构普遍较低矮，且被风的水平作用推倒的结构不多见。但木屋顶和轻型木结构在风吸力下的破坏比相同高度的钢结构房屋或混凝土结构房屋要多。因此加强结构的整体性，确保受力路径连续，构件间附加拉结作用完整，是一件非常重要的事情。

10.3.4 抗震计算

1. 楼层剪力分配

木结构房屋的楼屋盖一般为木梁、木搁栅上铺木基结构板。其平面内的刚度有限，可能产生不可忽略的楼盖面内变形，无法协调各竖向构件在水平地震力作用下的变形，此时按照柔性楼盖假定。即楼层内各剪力墙承担的水平作用力按剪力墙从属面积上重力荷载代表值的比例进行分配。

当采取了保证楼板平面内整体刚度的措施，如在木楼盖上现浇一层厚度不小于 35mm 的混凝土层，或在楼盖平面内增加水平支撑，可按照刚性楼盖假定。楼层内各剪力墙承担的水平作用力按剪力墙抗侧刚度分配比例进行分配。

当按面积分配法和刚度分配法得到的剪力墙水平作用力的差值超过 15%时，剪力墙应按两者中最不利情况进行设计。

2. 轻型木剪力墙抗侧力验算

按照我国木结构设计规范，轻型木结构墙体平面内抗侧力设计有两种方法：一为构造设计法，即当结构高度不高、平面布置基本规则且无明显扭转时，结构的抗侧承载力可不必进行计算，而是通过查表的方法确定墙体的长度和平面布置；另一种为工程设计法，其抗侧力和位移需要按照相关的荷载规范、抗震规范计算所受到的内力，然后通过计算确定构件截面尺寸和钉子的直径、钉入深度和钢钉间距。具体验算方法见本书第 5 章（轻型木结构）。

3. 正交胶合木墙体抗侧力验算

正交胶合木墙体与楼盖平面或基础一般采用专用角铁连接件连接。CLT 结构的抗侧力计算中起控制作用的是墙板与楼板之间的连接。验算时根据楼层剪力确定连接件的选用、个数以及间距。为了抵抗墙体两端可能受到的拉力，需要在墙体的两端设置抗拉锚固件。随着正交胶合木的发展，一些新颖专用的连接件应运而生，使用时应注意连接件的适用范围，必要时做进一步的试验研究。据试验研究，X-rad 可以同时提供抗拉抗剪作用，且可以同时与平面内正交连接的墙体和楼盖进行连接，通过斜钉入墙体中的专用长自攻螺钉提供各个方向所需的抗力。自攻螺钉是正交胶合木最常用的连接件，不管是角铁、抗拉锚固件，还是 X-rad，最终都是通过自攻螺钉将木材与木材、木材与金属件连成一体。

4. 梁柱-支撑、梁柱-剪力墙抗侧力验算

中心支撑斜杆宜采用双轴对称截面，长细比应符合国家现行相关规范规定。V 形和人字形支撑框架设计：①应保证与支撑相交的横梁，在柱间应保持连续；②在确定支撑跨的横梁截面时，不应考虑支撑在跨中的支承作用；③横梁除承受竖向荷载之外，尚应承受跨中节点处两根支撑斜杆分别受拉、受压所引起的不平衡竖向分力的作用；④当竖向不平衡力使横梁的截面过大时，可采用跨层的 X 形支撑或采用“拉链柱”。

当剪力墙与梁柱式框架一起承受抗侧力时，在满足框架最小剪力的要求下，墙体和框架可独立进行构件设计。墙体连接验算时，不仅要验算墙体底部与楼板的抗剪承载力，还要验算墙体与梁柱的连接承载力和变形能力。该连接件在设计时，应避免墙体与梁柱之间变形的不一致而产生拉应力与剪应力同时作用的不利情况。

5. 楼盖平面内验算

楼盖除承受平面外活荷载和静荷载的作用外，还要承担楼层剪力传递的重要工作。因此，在楼盖平面内需要协调各竖向抗侧力构件的顶点位移，达到共同工作的要求。楼屋盖在平面内的工作原理同剪力墙，主要承受平面内的剪力。也可看作高截面的 I 形梁，其中搁栅和面板组成的楼盖是 I 形梁的腹板，用以抵抗楼盖平面内的剪力；前后侧边界杆件可

看作为I形梁的翼缘，用以抵抗弯矩。楼盖的设计包括：覆面板侧向剪力、边界杆件和传递楼盖或屋盖侧向力的连接件。

轻型木结构抗侧力楼（屋）盖（即横隔）每个单元的长宽比不大于4∶1。楼盖平面内承载力设计见轻型木结构章节。楼、屋盖边界杆件在楼、屋盖长度范围内应连续。如中间断开，则应采取可靠的连接，保证其能抵抗所承担的轴向力。当楼、屋盖边界杆件同时承受轴力和楼、屋盖承受竖向荷载时，杆件应按压弯或拉弯构件设计。为保证楼盖平面内刚度，同时也减小搁栅高度方向无支撑距离，需要在搁栅内以一定间距设置剪刀撑或木挡块。

正交胶合木大板可以实现装配式建造快速施工的特点，在现代木结构中已被广泛用于楼面，承受平面内剪力和平面外的弯矩。其中，平面内的剪力由板材自身的抗剪能力和板块间的连接组成。连接常采用自攻螺钉或与垫块共同作用，两者间的变形将影响整个楼盖的平面内变形能力。楼板的平面外受力，主要由板材的厚度、组成方式，以及板材的四边支撑情况决定。板材平面外抗弯能力取决于CLT板胶合层面和次受力方向的滚动剪切能力。

木楼盖平面外设计时，楼板的挠度和楼板的抗振动性能是关键，也是决定因素。一般情况下，通过在木板上铺设石膏混凝土或细石混凝土有助于提高楼盖的自振频率，从而避开人致振动的影响。也可在构件与构件的端面接触地方铺设吸声或减小振动的垫块，用以吸收能量，减小声音或振动的传递。

10.3.5 连接设计

1. 剪力墙的连接

剪力墙底梁板承受的剪力必须传递至下部结构。当剪力墙直接搁置在基础上时，剪力通过锚固螺栓来传递。在多层轻型木结构中，当剪力墙搁置在下层木楼盖上时，上层剪力墙底梁板应与下层木楼盖中的边搁栅，以及下层剪力墙可靠连接以传递上层剪力墙以及本层楼盖的剪力。墙体与基础应采用金属连接件进行连接。

2. 框架柱的竖向连接

梁柱式框架结构一般采用平台式建造，由于多层结构竖向应力的层层传递，对下部框架节点的转动可能造成一定的约束作用，减小了结构的抗侧延性。因此设计时应避免柱连接节点受到重力作用的不利影响，同时也应该避免上层柱落在下层框架横梁上而导致横梁横纹受压引起整体结构的不均匀沉降。

3. 传递楼、屋盖侧向力的连接

水平楼、屋盖通过连接件将荷载传递到两端剪力墙上，因此迎风面墙体和水平楼（屋）盖、水平楼（屋）盖与两端剪力墙之间都需要进行可靠的连接设计。

（1）迎风面墙体和水平楼、屋盖的连接

迎风面墙体中的墙骨柱通常与其顶梁板用垂直钉连接。当楼、屋盖搁栅垂直于迎风面墙体时，搁栅和顶梁板用斜向钉连接或用锚接板连接，楼、屋盖覆面板钉于横撑上。

（2）水平楼、屋盖与两端剪力墙的连接

在楼、屋盖中，覆面板钉于楼、屋盖的周边搁栅上，周边搁栅和端部剪力墙的顶梁板连接。搁栅可通过斜钉与墙体顶梁板连接，也可采用金属锚接板连接。

4. 设计要点

（1）对于上部木结构、下部其他结构的木混合结构，上下结构间的连接是整体结构有效工作的重要保证，同时也是结构中最易受损的地方。为进一步强调上下混合结构的连接，考虑地震引起的不确定性，保证木结构的延性和安全，我国规范规定，对于上部木结构、下部其他结构的木混合结构，在验算上部木结构与下部结构连接处的强度、局部承压和抗拉拔作用时，应将地震作用引起的侧向力和倾覆力矩乘以 1.2 倍的放大系数。

（2）对于轻型木结构，在验算屋盖与下部结构连接部位的连接强度及局部承压时，应对风荷载引起的上拔力乘以 1.2 倍的放大系数。

（3）为保证木结构建筑的整体性，我国规范要求，在可能造成风灾的台风地区和山区风口地段，或结构自重不足以抵抗由地震荷载产生的倾覆力矩和上拔力时，木结构建筑的设计应采取提高建筑物抗风能力的有效措施：

1）在楼盖、屋盖、挑檐等与结构竖向受力构件连接处，应设置抗拉金属连接件；

2）竖向构件与基础连接处，应设置金属抗拔锚固件；

3）水平抗剪设计时，不考虑抗拉金属连接件和金属抗拔锚固件的抗剪作用。

（4）大跨现代木结构屋顶平面内刚度受建筑造型的影响，平面外刚度小、振型密集，需要考虑屋面在风荷载作用下的向上的吸力的影响，以及竖向地震作用的影响。因此屋面的支座节点的刚度和强度需有可靠的保证，以实现计算中支座假定所要求的条件。必要时应考虑支座处因下部结构在风荷载或地震荷载作用下产生的水平位移的影响。

10.3.6　构造要求

我国《木结构设计标准》GB 50005—2017 按照结构类型对抗震构造有一定的规定，要求结构薄弱部位应采取措施提高抗震能力。当建筑物平面形状复杂、各部分高度差异大或楼层荷载相差较大时，可设置防震缝；防震缝两侧的上部结构应完全分离，防震缝的最小宽度不应小于 100mm。当抗震设防类别为甲、乙类建筑以及高度大于 24m 的丙类建筑，不应采用单跨木框架结构。除此之外，针对不同的材料和结构特点，又有一些具体的构造要求。

1. 方木原木结构抗风抗震构造要求

方木原木结构一般采用的是原木，构件之间榫卯连接，柱与基础往往是搁置在础石上，为此结构的连接弱，因此结构的抗侧刚度弱、整体性较差。由于通常是斜坡屋顶，有的是单层结构，为确保传递水平抗力的楼屋面具有足够的平面内刚度和抗剪承载力，需要特别重视屋面木基层、屋架和支撑系统的抗震设计构造，以及柱脚构造。

（1）屋面木基层

抗震设防烈度为 8 度和 9 度地区屋面木基层抗震设计，应采用斜放檩条并应设置木基结构板或密铺屋面板，檐口瓦应固定在挂瓦条上；檩条必须与屋架连接牢固，双脊檩应相互拉结，上弦节点处的檩条应与屋架上弦用螺栓连接；支承在砌体山墙上的檩条，其搁置长度不应小于 120mm，节点处檩条应与山墙卧梁用螺栓锚固。

（2）屋架

抗震设防烈度为 8 度和 9 度地区的屋架抗震设计，屋架端部应采用不小于 Φ20 的锚栓与墙、柱锚固；钢木屋架宜采用型钢下弦，屋架的弦杆与腹杆宜用螺栓系紧，屋架中所有的圆钢拉杆和拉力螺栓，均应采用双螺帽。

(3) 支撑

1) 抗震设防烈度为6度和7度地区时，支撑布置可与非抗震设计相同；

2) 抗震设防烈度为8度时，对屋面采用冷摊瓦或稀铺屋面板的木结构，不论是否设置垂直支撑，都应在房屋单元两端第二开间及每隔20m设置一道上弦横向支撑；

3) 抗震设防烈度为9度时，对密铺屋面板的木结构，不论是否设置垂直支撑，都应在房屋单元两端第二开间设置一道上弦横向支撑；

4) 抗震设防烈度为9度时，对于冷摊瓦或稀铺屋面板的木结构，除应在房屋单元两端第二开间及每隔20m同时设置一道上弦横向支撑和下弦横向支撑外，尚应隔间设置垂直支撑并加设下弦通长水平系杆。

(4) 柱底连接

传统方木原木结构，柱底直接安置于础石上，柱础与柱脚无其他连接件，地震中通过水平晃动耗散能量。但结构整体性差，或者地震强度大时，易引起柱脚错位，严重时柱脚滑脱而导致结构歪闪，甚至局部倾倒或倒塌。有建议采取内插销键锚固，但是内插销键易导致柱底劈裂，如采用销键，应同时配置一定高度的抱箍，以免劈裂造成柱脚的破坏。另一种建议做法是在础石内预埋铁件抱住木柱，而非内插，用以限制柱脚的水平位移。当采用外包铁件时，应注意铁件的防锈。

(5) 地脚枋（地梁）

地脚枋（地梁）是方木与原木结构中设置于柱底的一道枋，主要用于固定两个柱间的距离。由于地脚枋的存在，柱底在底部连成一个整体，可以确保柱子的共同移动。这样，连成一体的柱底，确保在强地震下的共同滑移，使柱底与础石之间形成有效的隔震作用。因此，应在地震设防区域设置地脚枋。为了限制柱脚整体滑移量，可加大础石直径，或在柱脚直径外一定范围内设置限位装置。

2. 轻型木结构抗风抗震构造要求

满足一定剪力墙布置规则的轻型木结构可以采用构造设计法，此时结构的构造要求必须满足基本限定要求。受力方向剪力墙长度在不同抗震设防烈度、不同风荷载作用时通过规范给定的表格设置，且剪力墙布置应符合图10.3-8的要求，并满足：

(1) 单个墙段的墙肢长度不应小于0.6m，墙段的高宽比不应大于4∶1；

(2) 同一轴线上相邻墙段之间的距离不应大于6.4m；

(3) 墙端与离墙端最近的垂直方向的墙段边的垂直距离不应大于2.4m；

(4) 一道墙中各墙段轴线错开距离不应大于1.2m；

(5) 上下层构造剪力墙外墙之间的平面错位不应大于楼盖搁栅高度的4倍，或不应大于1.2m；

(6) 对于进出面没有墙体的单层车库两侧构造剪力墙或顶层楼盖屋盖外伸的单肢构造剪力墙，其无侧向支撑的墙体端部外伸距离不应大于1.8m；

(7) 相邻楼盖错层的高度不应大于楼盖搁栅的截面高度；

(8) 楼盖、屋盖平面内开洞面积不应大于四周支撑剪力墙所围合面积的30%，且洞口的尺寸不应大于剪力墙之间间距的50%。

除此之外，美国因民居大量使用轻型木结构，且美国中部部分地区常年遭遇飓风或台

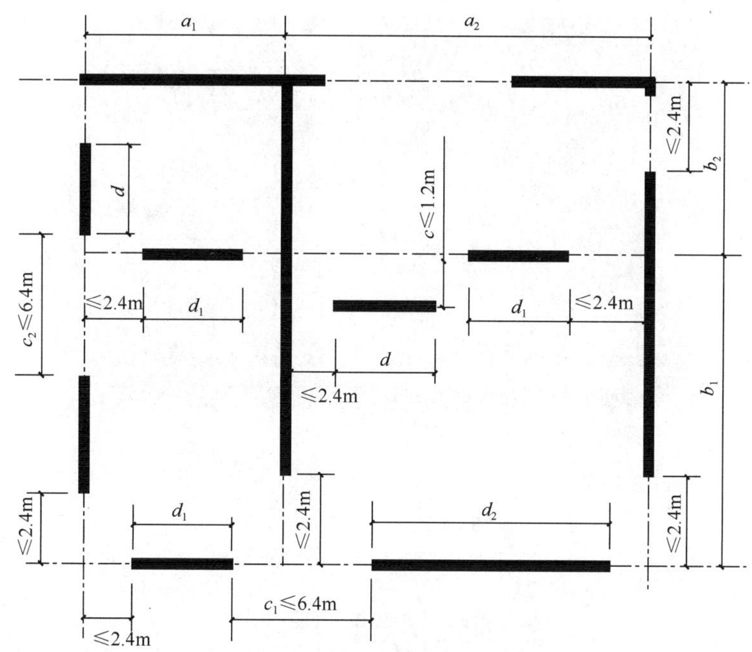

图 10.3-8　剪力墙平面布置要求

a_1、a_2—横向承重墙之间距离；b_1、b_2—纵向承重墙之间距离；c_1、c_2—承重墙墙段之间距离；d_1、d_2—承重墙墙肢长度；e—墙肢错位距离

风，因此美国联邦应急管理机构（Federal Emergency Management Agency，FEMA）给出了加强剪力墙构件间的连接［图 10.3-9（a）］，以及屋架与剪力墙的连接［图 10.3-9（b）］，确保水平力的传力路线和传力有效性，对剪力墙、屋架、楼屋盖给出了具体的建议。

3. 正交胶合木结构抗风抗震构造要求

对于正交胶合木结构，在进行抗震设计时应遵循下列承载力设计原则，使所有非弹性变形和耗能区域应在：

（1）剪力墙板之间的竖向连接；

（2）剪力墙与基础或与上层楼板的上层节点；

（3）除了螺栓拉杆部分的抗拔件节点。

此外，还要求正交胶合木单块墙板高宽比不能小于 1∶1，不能大于 4∶1。当单块墙板高宽比大于 1∶1 时，应沿宽度拆分使其满足规范要求，且用耗能节点相连接。

当结构恒载不足以抵抗倾覆力时，应采用抗拔件来抵抗上拔力，并且将荷载传递到基础。其中螺栓拉杆部分应保持弹性。因结构采用平台法施工，竖向剪力墙构件不连续，为此楼层与楼层之间，应设置拉条或抗拉锚固件传递地震作用或强风作用下可能产生的拉力。

4. 胶合木框架支撑结构抗风抗震构造要求

胶合木框架支撑结构的中心支撑体系宜采用十字交叉斜杆、单斜杆、人字形斜杆或 V 字形斜杆体系。中心支撑斜杆的轴线应交汇于框架梁柱的轴线所在平面内，不得采用 K 形斜杆体系和受拉单斜杆体系。其中中心支撑斜杆宜采用双轴对称截面，长细比应符合国家现行相关规范规定。V 形和人字形支撑框架设计应符合下列规定：

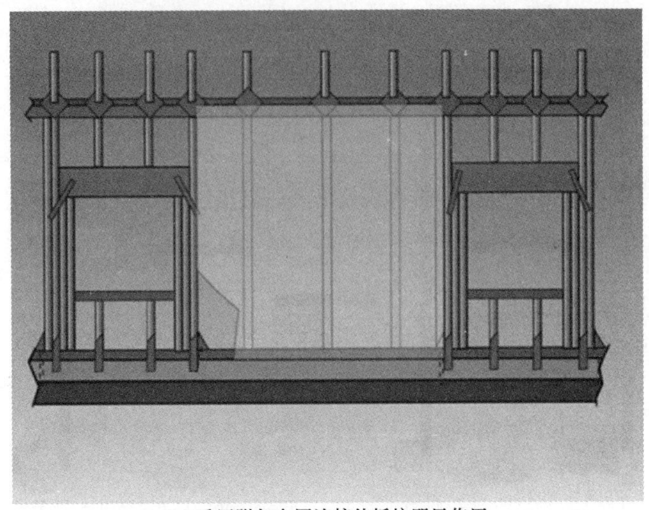
(a) 采用附加金属连接件抵抗飓风作用

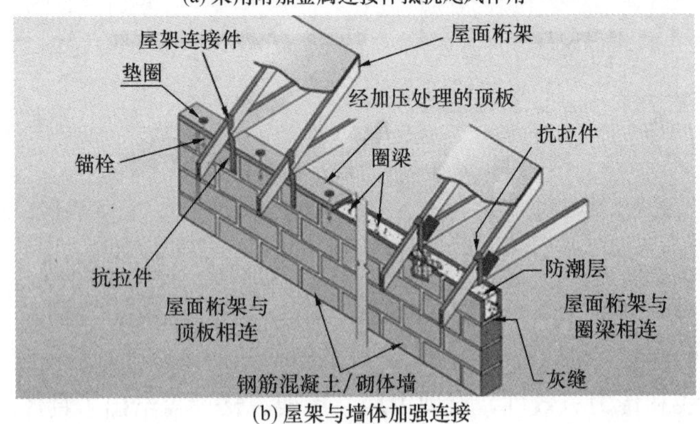

(b) 屋架与墙体加强连接

图 10.3-9　剪力墙构件之间和屋架与剪力墙之间的连接

（1）应保证与支撑相交的横梁，在柱间应保持连续；

（2）在确定支撑跨的横梁截面时，不应考虑支撑在跨中的支承作用；

（3）横梁除承受竖向荷载之外，尚应承受跨中节点处两根支撑斜杆分别受拉、受压所引起的不平衡竖向分力的作用；

（4）当竖向不平衡力使横梁的截面过大时，可采用跨层的 X 形支撑或采用“拉链柱”。

10.3.7　木混合结构抗风与抗震设计

1. 木混合结构体系

按照我国木结构设计规范体系，木混合结构是指“由木结构构件与钢结构构件、钢筋混凝土结构构件混合承重，并以木结构为主要结构形式的结构体系”，主要分为下部为钢筋混凝土结构或钢结构、上部为纯木结构的上下混合木结构以及混凝土核心筒同层混合木结构等形式。

（1）上下混合木结构

上下混合木结构中，下部结构采用钢筋混凝土结构或钢结构，可满足底层大空间的使用和防潮，同时便于基础施工；上部的木结构可采用轻型木结构、木框架支撑结构、木框架剪力墙结构以及正交胶合木剪力墙结构等。上下混合木结构可适用于底层为车库、活动空间或商店，上部为木结构住宅等建筑。

同济大学针对上下不同刚度比的轻木-混凝土上下混合结构进行了 11 个足尺振动台试验，研究表明，上下混合木结构具有良好的抗震性能，而上下结构间的有效连接是保证整体结构协同工作的重要前提。此外，上下结构间的刚度比对整体结构性能有较大影响，随着下部刚度与上部结构抗侧刚度比的增大，上部木结构地震反应减小、加速度放大系数减小、位移反应减小。

(2) 同层混合木结构

同层混合木结构包括钢-木混合结构和混凝土核心筒木结构，或以木、钢和混凝土分别承担竖向力、抗侧力等作用的结构体系。

钢木同层混合结构的抗侧力体系由钢框架和内填木剪力墙组成。钢框架和内填木剪力墙共同承担风或地震等侧向荷载对结构的作用。混凝土核心筒木结构内部主要采用混凝土核心筒结构，作为结构的主要抗侧力体系及竖向消防逃生通道；而外部的木结构可采用纯框架结构、木框架支撑结构和正交胶合木剪力墙结构。

对同层混合木结构的一系列研究表明，内外混合木结构具有良好的抗侧性能，以混凝土核心筒木结构为例，内部的混凝土核心筒完全承担水平荷载，而木结构竖向构件仅承受竖向荷载作用，受力明确，概念清晰。然而，随着结构高度的增加，内外部结构由于不同材料的蠕变性能差异及沉降量不同等造成的结构竖向变形差对整体结构性能有较大影响，可能会引起结构的附加内力，这些都是在设计时应考虑的。

上下混合木结构体系中，下部的钢筋混凝土结构或钢结构以及上部的纯木结构均为整体结构的抗侧力体系，具体的分类可参考相应的钢筋混凝土结构、钢结构以及纯木结构设计。混凝土核心筒木结构中，主要抗侧力构件采用钢筋混凝土核心筒，其余承重构件均采用木质构件。

加拿大 18 层木结构公寓 Brock Commons 是混凝土核心筒木结构的典型代表。该公寓共 18 层，其地基和底层以及核心筒为现场现浇混凝土结构，3～18 层的结构由胶合木木柱和正交胶合木木楼板组成，主要依靠两个混凝土核心筒提供抗侧力，而外围纯木结构仅承受竖向荷载。图 10.3-10 展示了 Brock Commons 公寓的结构体系。

同济大学何敏娟教授团队提出的钢框架-轻木剪力墙混合结构体系是钢、木同层混合结构的典型代表。该结构体系将轻型木框架结构中的轻木剪力墙与钢框架结合在一起，既利用了木剪力墙作为隔断，又增强了结构的抗震性能。对缩尺比为 2/3 的四层钢木同层混合结构的振动台试验（图 10.3-11）结果表明，在地震作用下，结构基本保持完好，显示出优越的抗震性能；混合结构协同工作性能良好，轻木剪力墙有效地发挥了承载能力，在大震作用下可承担 39%以上的地震剪力；同时，在小震下最大层间位移角为 0.154%，在大震下最大层间位移角为 0.85%，均可满足规范要求。

2. 设计要点

(1) 层数、高度及高宽比限值

当采用上下混合木结构时，底部结构应采用钢筋混凝土结构或钢结构，底部结构的层数应符合表 10.3-4 的规定。

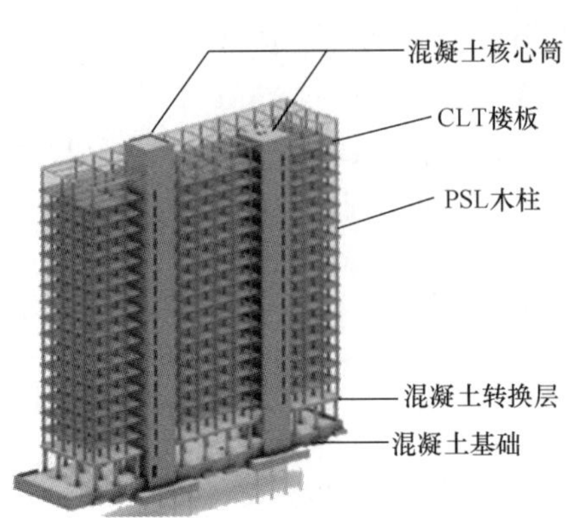

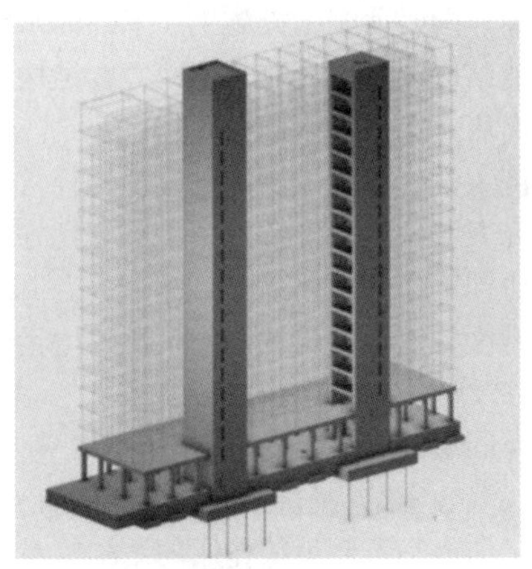

图 10.3-10　Brock Commons 公寓结构体系

图 10.3-11　钢框架-轻木剪力墙同层混合结构振动台试验

上下混合木结构的下部结构允许层数表　　**表 10.3-4**

底部结构	抗震设防烈度				
	6 度	7 度	8 度		9 度
			0.20g	0.30g	
混凝土框架、钢框架	2	2	2	1	1
混凝土剪力墙	2	2	2	2	2

对于木混合结构建筑，各种乙类、丙类建筑结构体系适用的结构类型、层数和高度应符合表 10.3-5 的规定。甲类建筑应按本地区抗震设防烈度提高一度后符合表 10.3-5 的规定，抗震设防烈度为 9 度时应进行专门研究。

上下混合木结构的高宽比，应按木结构部分计算，抗震设防烈度为 6 度、7 度、8 度及 9 度时高宽比限值分别为 4、4、3、2。对于混凝土核心筒木结构而言，当抗震设防烈度为 6 度、7 度、8 度及 9 度时，高宽比限值分别为 5、4、3、2。

木混合结构建筑适用总层数和总高度表　　表 10.3-5

结构体系	木结构类型	抗震设防烈度									
		6 度		7 度		8 度				9 度	
						0.20g		0.30g			
		高度（m）	层数	高度（m）	层数	高度（m）	层数	高度（m）	层数	高度（m）	层数
上下混合木结构	上部轻型木结构	23	7	23	7	20	6	20	6	16	5
	上部木框架支撑结构	23	7	20	6	18	6	17	5	13	4
	上部木框架剪力墙结构	35	11	31	9	28	8	23	7	23	7
	上部正交胶合木剪力墙结构	43	13	35	11	33	10	31	9	31	9
混凝土核心筒木结构	纯框架结构 木框架支撑结构 正交胶合木剪力墙结构	56	18	50	16	48	15	46	14	40	12

注：1. 房屋高度指室外地面到主要屋面板板面的高度，不包括局部突出屋顶部分；
2. 木混合结构高度与层数是指建筑的总高度和总层数；
3. 超过表内高度的房屋，应进行专门研究和讨论，并应采取有效的加强措施。

（2）按刚度比计算地震作用

当上下混合木结构的下部为混凝土结构，上部为木框架剪力墙结构或正交胶合木剪力墙结构进行地震力计算时，应按结构刚度比进行计算。对于该类平面规则的上下混合木结构，当下部为混凝土结构，上部为 4 层及 4 层以下的木结构时，应按下列规定计算地震作用：

1）下部平均抗侧刚度与相邻上部木结构的平均抗侧刚度之比不大于 4 时，上下混合木结构可按整体结构采用底部剪力法进行计算。

2）下部平均抗侧刚度与相邻上部木结构的平均抗侧刚度之比大于 4 时，上部木结构和下部混凝土结构可分开单独计算。当上下部分分开单独计算时，上部木结构可按底部剪力法计算，并应乘以增大系数 β，β 应按下式计算：

$$\beta = 0.035\alpha + 2.11 \tag{10.3-1}$$

式中　α——底层平均抗侧刚度与相邻上部木结构的平均抗侧刚度之比。

对下部为混凝土结构，上部为轻型木结构进行地震力计算时，上部结构的水平地震作用增大系数应根据下上部刚度比按下列规定确定：

1）对于下部混凝土结构高度大于 10m、上部为 1 层轻型木结构，当下部与上部结构刚度比为 6～12 时，上部木结构的水平地震作用增大系数宜取 3.0；当下部与上部结构刚度比不小于 24 时，增大系数宜取 2.5；中间值可采用线性插值法确定。

2）对于符合下列规定的上下混合木结构，上下结构宜分开采用底部剪力法进行抗震设计；当下部与上部结构刚度比为 6～12 时，上部木结构的地震作用增大系数宜取 2.5；当下部与上部结构刚度比不小于 24 时，增大系数宜取 1.9；中间值可采用线性插值法确定：

① 下部混凝土结构高度小于 10m、上部为 1 层轻型木结构；

② 下部混凝土结构高度大于 10m、上部为 2 层或 2 层以上轻型木结构。

3）对于不符合上述1）、2）条的7层及7层以下的上下混合木结构，上下结构宜分开采用底部剪力法进行抗震设计；当下部与上部结构刚度比为6～12时，上部木结构的地震作用增大系数宜取2.0，当下部与上部结构刚度比不小于30时，增大系数宜取1.7，中间值可采用线性插值法确定。

（3）其他设计要点

1）竖向荷载作用计算时，宜考虑木柱与混凝土核心筒之间的竖向变形差引起的结构附加内力；计算竖向变形差时，宜考虑混凝土收缩、徐变、沉降、施工调整以及木材蠕变等因素的影响。

2）对于预先施工的钢筋混凝土筒体，应验算施工阶段的混凝土筒体在风荷载及其他荷载作用下的不利状态的极限承载力。

3）钢筋混凝土核心筒应承担100％的水平荷载，木结构竖向构件应仅承担竖向荷载作用。

4）建筑平面外围的木结构竖向构件，验算承载力时应考虑风荷载的作用。

3. 两种材料间节点连接要求

木与其他材料间的节点连接设计时，应遵循下列原则：

（1）连接构造应便于制作、安装，并应使结构受力简单、传力明确、传力符合设计假定。

（2）应注意力、温度、收缩、蠕变等在不同材料处导致的变形差；一般情况下，采用可协调或放松某个方向上的位移的连接方式，以免造成木材的横纹劈裂；或者，木材收缩干裂等造成节点连接的失效。

（3）连接件宜对称排列，避免因不对称布置造成的局部扭转或不对称。

（4）连接应有足够的强度且有一定的延性；当作为上部木结构的基础连接时，应确保底部的抗剪承载力满足要求，同时应注意上下刚度比不同、上部木结构地震力的放大效应。同时，应考虑上下平面布置不一致造成的连接处的扭转效应。

4. 木混合结构抗风抗震构造要求

对于木混合结构而言，在结构设计时应采取有效措施减小木材因干缩、蠕变而产生的不均匀变形、受力偏心、应力集中或其他不利影响；并应考虑不同材料的温度变化、基础差异沉降等非荷载效应的不利影响。

对于上下混合木结构，上部木结构的承重墙应与下部结构的框架梁或承重墙体对齐，同时下部结构纵横两个方向应设置抗侧框架或剪力墙，平面宜规则，避免因下部结构的扭转引起上部木结构的附加扭转。

对于上下混合木结构，上部轻型木结构底梁板与混凝土梁连接应采用锚栓连接，锚栓宜预埋在下部混凝土框架梁中，锚栓直径及间距应根据考虑地震作用的荷载效应组合确定；锚栓直径不应小于12mm，间距不应大于2.0m，锚栓埋入深度不得小于300mm，底梁板两端各应设置1根锚栓，端距为100～300mm。下部结构的顶层楼盖宜设计为刚性楼板，可采用以下做法：

（1）现浇钢筋混凝土楼板，楼板厚度不应小于80mm；

（2）预制预应力空心板，墙体中锚固长度不应小于100mm，板厚不应小于95mm，上浇筑35mm厚细石混凝土整浇层，内置Φ4@200钢筋网，板缝间及板端设拉结筋Φ8@

200，长度大于 1000mm；

(3) 钢-混凝土组合楼板，现浇混凝土厚度不应小于 40mm。

对于木混合结构，木框架柱与基础应保持紧密接触，并应可靠锚固。柱与基础可采用预埋钢板用螺栓连接，钢板材料、尺寸以及螺栓数量、直径应按计算确定。同一连接部位螺栓不应少于两个，螺栓直径不应小于 12mm。

多高层木混合结构中，木结构与其他结构形式进行水平混合时，连接部位应考虑不同材料的竖向构件的压缩变形差异性，宜采用竖向可滑移的连接装置。连接件的选用和安装应注意与设计时的计算假定保持一致。当连接有可能导致木材产生横纹劈裂时，应采用抱箍或自攻螺钉加强。

10.4　消能减震与隔震设计

10.4.1　消能减震设计

1. 消能减震原理

消能减震技术是把结构的某些构件（如支撑、墙体等）设计成消能部件或在结构某些部位（节点或连接处）加设阻尼器，在一般风荷载和小震作用下，消能减震装置处于弹性状态，结构体系具有足够的抗侧刚度以满足正常使用要求；在强风或强震作用时，消能减震装置进入非弹性状态，大量耗散输入结构的地震能量，进而使结构本身需要消耗的能量减少，因此结构反应将大大减小，从而有效地保护了主体结构，避免主体结构遭受损伤。

从动力学的观点看，消能减震的原理可归结为两方面：一是由于阻尼器及支撑系统的附加刚度导致系统周期的缩短；二是由于阻尼器的黏滞特性（吸收能量）导致阻尼增加。随着周期的缩短，减震结构位移减小而加速度上升，而随着阻尼的增加，位移、拟速度、拟加速度均减小，最终导致位移、加速度均减小。

不同于混凝土结构和钢结构，木结构由于其自身的材料性能、结构布置和施工上的一些阻碍，附加阻尼装置在木结构中的研究与应用相对较少。当前用于木结构房屋的附加阻尼装置较多的有金属阻尼器、摩擦阻尼器、黏弹性阻尼器和黏滞型阻尼器，由于木结构自身的特点，调谐质量阻尼器和调频液体阻尼器在木结构的消能减震设计中尚未得到应用。木结构房屋的附加阻尼装置应结合具体的结构形式进行选择和设计。

2. 消能减震装置

(1) 金属阻尼器

金属阻尼器主要是利用金属进入弹塑性屈服状态产生滞回进行耗能，具有造价低廉、耗能能力稳定的优点。金属阻尼器的设置可改变结构体系的刚度特性和阻尼特性。目前比较常用的包括金属软钢阻尼器、加劲钢板阻尼器、剪切钢板阻尼器、全钢防屈曲支撑和铅挤压阻尼器等。如南京工业大学团队设计了一种适用于木结构的弧形软钢耗能器（图 10.4-1），通过低周反复试验验证了该阻尼器具有良好的滞回性能和稳定的耗能特性，可有效提高结构的刚度、承载能力和耗能能力。

(2) 摩擦阻尼器

摩擦阻尼器是一种位移相关型耗能装置，因其耗能能力强，荷载大小、频率对其性能

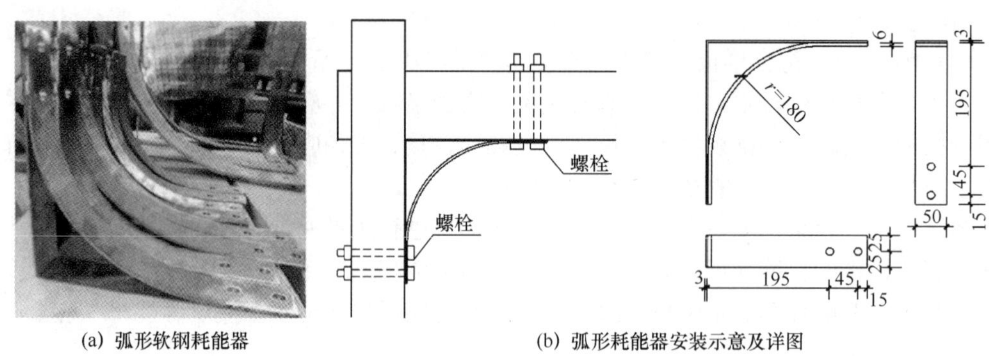

(a) 弧形软钢耗能器　　(b) 弧形耗能器安装示意及详图

图 10.4-1　弧形软钢耗能器（单位：mm）

影响不大，且构造简单，取材容易，造价低廉，因此具有很好的应用前景。摩擦阻尼器对结构进行控制的机理是：阻尼器在主要结构构件屈服前的预定荷载下产生滑移或变形，依靠摩擦或阻尼耗散地震能量。

Ashkan 等学者开发了一种带沟槽的滑动摩擦耗能连接件（图 10.4-2），通过单片 CLT 墙体试验验证了该阻尼器不仅具备良好的耗能能力，并且可使 CLT 墙体实现自复位。基于该摩擦阻尼器的原理，Ashkan 等学者研发了一系列适用于木结构的摩擦阻尼器，如摩擦耗能支撑、耗能柱脚及耗能梁柱抗弯节点等，并将其运用到新西兰新纳尔逊机场候机楼建筑中。

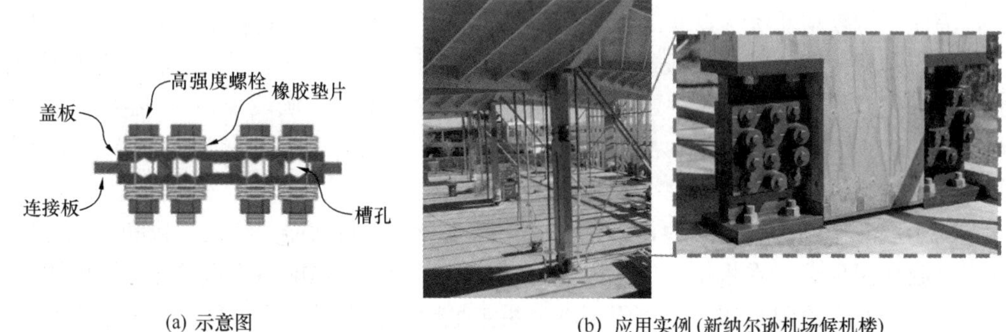

(a) 示意图　　(b) 应用实例（新纳尔逊机场候机楼）

图 10.4-2　滑动摩擦耗能连接件

（3）黏弹性阻尼器

黏弹性阻尼器是以夹层方式将黏弹性阻尼材料和约束钢板组合在一起，其工作原理是：黏弹性材料随约束钢板往复运动，通过黏弹性阻尼材料的往复剪切滞回变形来耗散能量，从而对结构进行振动控制。黏弹性阻尼器对结构的阻尼和刚度均产生影响，可以为结构提供附加阻尼力和弹性恢复力。

Furuta 等学者研发了一种适用于日本梁柱式木结构的黏弹性阻尼器（图 10.4-3），采用高阻尼橡胶，结构简单，成本较低。静力剪切加载试验及振动台试验结果表明，该阻尼器具有较高的耗能能力，可有效降低结构的地震响应。

（4）黏滞型阻尼器

黏滞阻尼器是根据流体运动，当流体通过节流孔时产生黏滞阻力，利用液体的黏性提

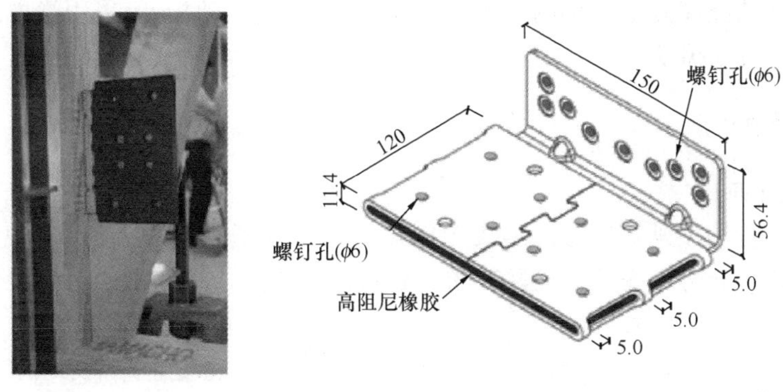

图 10.4-3　新型黏弹性阻尼器（单位：mm）

供阻尼来耗散振动能量，是一种与活塞运动速度相关的阻尼器。不同于其他阻尼器，黏滞阻尼器对结构只提供附加阻尼，而不提供附加刚度，因而不会改变结构的自振周期。Shinde 等学者通过振动台试验和数值模拟对黏滞型阻尼器在轻型木结构上的应用进行了评估，结构表明，黏滞型阻尼器能显著提高木剪力墙的抗震性能，使其在受到强地面运动时能达到较高的性能。

此外，日本东京工业大学 Kasai 教授等提出了胶合木板和 K 形支撑两种不同类型的能量耗散墙体（图 10.4-4），并且针对黏弹性阻尼器、钢阻尼器、摩擦阻尼器等不同类型阻尼器进行了振动台试验研究，结果表明附加阻尼器的木结构的地震响应显著小于普通木结构的地震响应。

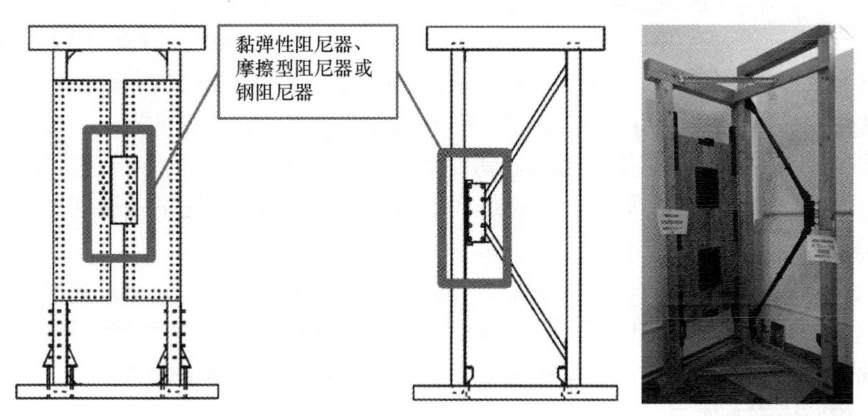

图 10.4-4　新型耗能木墙

3. 设计方法

消能减震木结构的设计计算应正确地反映不同荷载工况的传递途径、在不同地震动水准下木结构和附加阻尼装置所处的工作状态。根据木结构和附加阻尼装置的工作状态，可选用的计算方法有振型分解反应谱法、弹性和弹塑性时程分析法和静力弹塑性分析法。

当消能减震木结构的主体结构处于弹性工作状态，且附加阻尼装置处于线性工作状态时，可采用振型分解反应谱法、弹性时程分析法。当消能减震木结构的主体结构处于弹性工作状态，而附加阻尼装置处于非线性工作状态时，可将附加阻尼装置进行等效线性化，采用附加有效阻尼比和有效刚度的振型分解反应谱法、弹性时程分析法；也可采用弹塑性时程分析法。当消能减震木结构的主体结构进入弹塑性状态时，应采用静力弹塑性分析方法或弹塑性时程分析方法。

10.4.2 隔震设计

1. 隔震设计原理

隔震是将结构周期延长，避开地震中的短周期，其基本原理如图 10.4-5 所示。是否采用隔震技术，应充分考虑建筑设防要求、建筑使用功能、场地条件，以及当地技术和经济条件后确定。

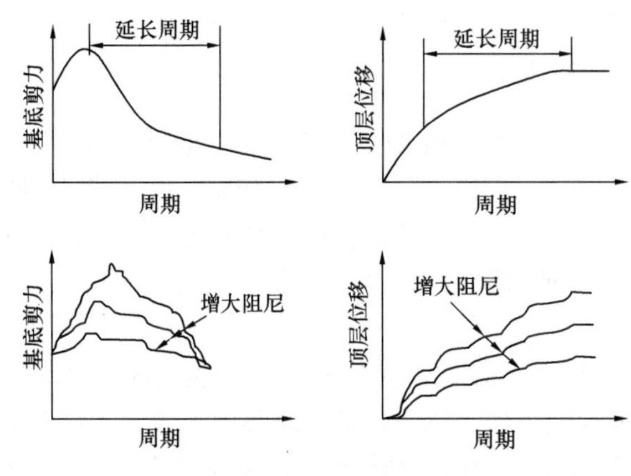

图 10.4-5 结构周期和阻尼对结构基底剪力和位移的影响

与混凝土结构及钢结构相比，木结构总体质量较轻，因而其隔震设计与混凝土结构及钢结构存在较大差异。由于木结构质量轻，为延长结构的周期，则需要采用较为细长的橡胶支座，容易产生较大的剪切变形和失稳等问题。这使得设计方法成熟、在混凝土结构和钢结构中普遍采用的橡胶支座并不适用于木结构。而摩擦摆支座由于其周期仅与支座自身的设计参数有关，与上部结构的质量无关，因此更适用于木结构。

此外，对于隔震结构需要满足在大震下具有良好的隔震效果，而在小震和风荷载作用下避免过大的振动和位移，以保证结构的正常使用性能。因此，隔震设计仅适用于地震作用起控制作用的建筑，而不适用于风荷载起控制作用的建筑。对于木结构，其设计风荷载可达其自重的 30%左右，因此如何控制隔震木结构中风荷载的影响，是隔震木结构设计中必须要考虑的一个问题。

2. 隔震装置

日本学者通过一个两层木结构的振动台试验，证明了橡胶支座、滑动支座和滚动支座三种隔震支座对木结构都有明显的隔震效果，隔震后结构的楼面加速度和层间位移均有所减小。同时还指出隔震支座的力学性能不同，隔震效果也有明显的差异。

(1) 橡胶隔震支座

对于采用橡胶隔震支座的低层木结构，可以简单地假设上部结构为一个单质点体系，对于木结构这种质量比较小的结构，其隔震系统的刚度必须足够小才能达到延长结构自振周期的目的，但这同时也会导致支座的长细比过大，从而容易产生过大的剪切变形和失稳等问题。尽管如此，当期望的结构自振周期较为合理时，橡胶支座仍能满足设计要求。

(2) 滑（滚）动隔震支座

滑（滚）动支座是通过相对滑移运动和摩擦耗能而有效限制地震能量向上部传递和向下部反馈。通过滑移隔震系统，基础传给上部结构（近似为刚体）的最大加速度介于 $f_d g$ 和 $f_s g$ 之间（其中 f_d 为滑移面动摩擦系数，f_s 是最大静摩擦系数，g 是重力加速度），且基本不受输入波特性的影响。但滑动隔震系统不具有明确的周期，不能自动复位，一般需加设额外的复位装置，且滑动性能离散性大，不易控制。

(3) 组合隔震方法

橡胶隔震支座和滑移隔震支座的组合隔震方法，通过滑动隔震支座承担上部结构的重量，由橡胶支座提供侧向刚度和复位能力。可以发扬各自的优点，克服各自的缺点，具有简单、可靠、造价低、隔震效果好、可自复位、设计灵活等特点。

(4) 摩擦摆隔震支座

为了解决平面滑移系统不能自动复位的问题，美国学者 Zayas 等研发了摩擦摆隔震系统（Friction Pendulum Systems，FPS）。摩擦摆隔震支座是将传统的平面滑动隔震支座的摩擦滑移面由平面改为球面，从而可依靠上部结构重力自动复位。该支座主要由上、下支座板和一个铰接滑块组成，其具体构造示意图如图 10.4-6 所示。该系统解决了平面滑移系统不能自动复位的问题，具有对地震激励频率范围的低敏感性和高稳定性、较强的自限位和复位能力、优良的隔震和消能机制等综合性能。

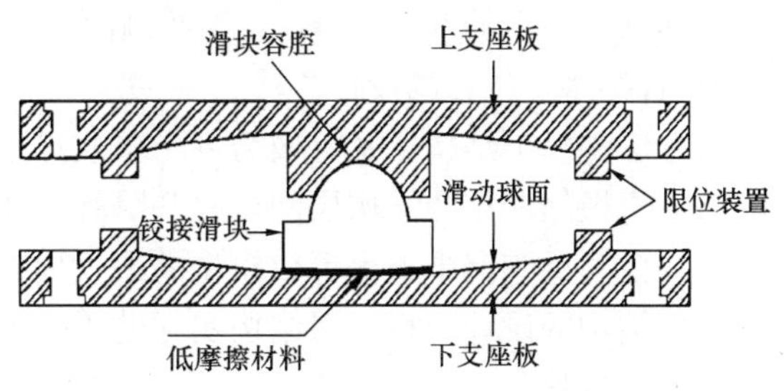

图 10.4-6　摩擦摆隔震支座构造示意图

摩擦摆隔震支座的周期仅与支座自身的设计参数有关，与上部结构的质量无关，避免了木结构质量轻的影响。相对于平面滑动支座，摩擦摆支座可以依靠上部结构的重量自动复位，且具有明确的自振周期，设计更加简单可靠。另外，该系统的刚度与重力成正比，刚度中心与重心自然重合，从而避免了地震作用下的扭转问题。支座半径和摩擦系数是摩擦摆隔震系统两个重要的设计参数，通过合理选取这两个参数，可以满足不同的结构性能要求。

3. 设计方法

(1) 规范方法

目前，隔震结构设计采用的是分离式计算方法，引入减震系数，即将隔震结构的楼层剪力与非隔震结构的楼层剪力逐层比较，取比值最大者作为减震系数；对高层结构来说，还要对楼层倾覆力矩进行比较，两者取大值。有了减震系数后，隔震结构可按非隔震结构设计。由于隔震结构承受的地震作用的分布近似均匀或梯形分布，而非隔震结构的分布近似倒三角形或弯曲形，因此非隔震结构每一层的剪力和弯矩值均高于隔震结构。采用分离式方法后，设计人员可以采用现有的软件完成隔震结构的设计。

(2) 时程分析

计算减震系数时，隔震结构的分析要求采用时程分析法，这样对隔震支座的计算模拟较为准确。目前国内隔震结构的计算软件较成熟，程序都提供了普通橡胶支座、铅芯橡胶支座和滑动隔震支座的计算模型。普通橡胶计算模型为简单弹性模型。当计算需要考虑受拉时，应取折线形弹性模型，即受拉与受压时的弹性刚度取不同值，受拉刚度 K_t 小于受压刚度 K_c，比值取 1/6～1/10。铅芯橡胶隔震支座采用双剪模型。滑动隔震支座可采用库仑摩擦滞回曲线或双线性滞回曲线计算模型。摩擦摆隔震支座与滑动隔震支座类似，通常采用双线性滞回曲线计算模型。如需要可考虑支座的竖向压力和动摩擦系数随时间的变化。

(3) 基于位移的设计方法

1) 基于层间位移反应谱的设计方法

该方法将隔震层作为单独的一层，作为建筑的底层，建立标准多质点模型。通过进行模态分析，将加速度谱转换为层间位移谱，再根据隔震层的设计层间位移，利用层间位移反应谱找到对应的各楼层的最大层间位移，并与目标层间位移比较，若不满足要求，则调整隔震支座参数重复上述步骤。其中隔震层等效高度可根据支座的尺寸参数取值，应近似等于上部结构层高的5%～10%。等效侧向刚度为支座的实际等效侧向刚度。

2) 直接基于位移的设计方法

该方法将整个结构体系等效为一个单质点系统，然后通过动力分析，求得结构的位移反应谱，再根据期望的结构层间位移和隔震支座的设计最大位移，求得模型的最大允许位移，再从位移反应谱中查得等效模型的最大周期，利用最大周期换算的结构的最小结构刚度，再用结构的设计位移除以结构实际的等效刚度和最小刚度的比值，则可近似得到结构的实际层间位移。

4. 构造要点

隔震支座与上部结构及下部结构应有可靠的连接，连接的极限强度应高于隔震支座的破坏强度，隔震支墩的柱头应有防止局部受压破坏的构造措施。为保证结构中所有隔震支座的变形一致，与隔震支座连接的底板需要具有足够的平面内刚度。但传统的木结构底板平面内刚度往往较小，不能满足该要求，因此需要采取加强措施。常用的加强措施有：采用钢桁架加强或采用混凝土底板。采用钢桁架的方法可以最大限度地保存建筑的外观，通常用在既有建筑的改造，特别是历史性建筑的改造保护。而对于新建木结构隔震建筑则通常采用混凝土底板，也可采用加厚的胶合木板与木梁和木搁栅组成的楼盖体系来增强底板的平面内刚度。

不应阻碍隔震层的正常隔震变形。当门厅入口、室外踏步、室内楼梯、电梯、地下室坡道、车道入口处等穿越隔震层时，不得有任何固定物对上部结构的水平隔震移动形成阻挡，防止产生可能的碰撞。当隔震层超出最大变形设计范围时，可采用相应的限位措施对结构进行限位保护。

上部结构及隔震层部件应设置隔离缝与周围固定物隔开，与周围固定物的隔离距离不应小于隔震层在罕遇地震下最大水平位移的1.2倍，且不应小于300mm。隔离缝或隔离沟顶部宜设置滑动盖板。滑动盖板应满足最大水平位移的往复移动要求。上部结构与下部结构之间应设置完全贯通的竖向隔离缝，水平隔离缝高度宜不小于20mm，并应采用柔性材料填塞，进行密封处理。隔震层设置在有耐火要求的使用空间时，隔震支座和其他部件应根据使用空间的耐火等级采取相应的防火措施。隔震支座应留有便于观测和维修更换隔震支座的空间，并设置必要的照明、通风等设施。

柔性管线在隔震层处预留的伸展长度不应小于隔离缝宽度的1.4倍。重要管道、可能泄漏有害介质或可燃介质的管道，隔震层处应采用柔性接头或柔性连接段，预留的伸展长度不应小于隔离缝宽度的1.4倍。

10.4.3　自恢复木结构体系

自恢复功能概念与木结构结合已成为近年来国际木结构抗震研究的热点之一。自恢复木结构体系主要包括自复位木框架结构和摇摆木剪力墙结构。研究表明，带耗能件的自复位及摇摆木结构具有良好的抗震性能，结构在震后无损伤或损伤较小，无需修复或稍加修复即可快速恢复使用。

1. 自复位木框架结构

自复位结构的原理为放松结构与基础接触面，或结构构件接触面间的节点约束，在地震作用下，允许接触面张开，但在地震后结构在预应力作用下可恢复到原有位置。一般而言，自复位节点受力可分为两阶段：多遇地震作用下节点接触面保持贴合；设防地震或罕遇地震作用下节点接触面在受拉区脱开，依靠耗能件耗能，而在震后节点可在预应力作用下复位，使接触面再次闭合，无残余变形。

自新西兰学者 Palermo 等首次将自复位结构的设计概念引入到木结构中以来，各国学者对自复位木框架结构进行了深入的研究，研究内容主要集中在自复位节点和自复位框架体系两个层次上。结构的自复位功能主要依靠自复位节点实现。Palermo 等学者设计的自复位 LVL 梁柱节点、Pampanin 等学者设计的自复位柱脚节点以及 Iqbal 等学者设计的柱-基础节点等节点试验表明，各类自复位节点在试验中显示出良好的延性和典型的自复位性能，节点滞回曲线呈现出典型的“旗帜型”特征；在试验过程中主要依靠耗能件屈服并发展塑性变形耗能，梁柱构件完好无损，且节点残余变形小。

对于自复位框架结构体系而言，主要包括放松结构与基础之间约束的自复位（摇摆）框架体系和放松构件之间约束的自复位（摇摆）框架体系。对于第一种自复位框架，其做法为放松结构与基础之间的约束，使上部结构与基础交界面处在水平荷载作用下可发生一定的抬升。地震作用下上部结构的反复抬升和回位就造成了上部结构的摇摆，一方面降低了强地震作用下上部结构本身的延性设计需求，减小了地震破坏，节约了上部结构造价；另一方面，减小了基础在倾覆力矩作用下的抗拉设计需求，节约了基础造价。如 2009 年日本学者 Kishiki 和 Wada 设计了一种可控摇摆的“木墙”体系。这种新型木墙由带支撑的框架、竖向张拉的预应力钢绞线以及可更换的耗能构件组成。耗能构件由一个黏弹性阻尼器和弹簧组成，安装在钢索上，如图 10.4-7 所示。

对于第二种自复位框架结构体系，其做法是放松构件间约束。例如后张预应力预制框架结构，通过放松梁柱节点约束允许框架梁的转动使结构发生摇摆，而通过预应力使结构自复位，在该体系基础上也可以增加阻尼器耗散地震能量。Pino 设计的相似比为 1/4 的 5 层框架结构（图 10.4-8）中沿木框架梁张拉通长预应力钢绞线实现自复位。振动台试验表明该结构具有良好的抗震性能，同时其初始侧向刚度在梁柱接触面张开前与

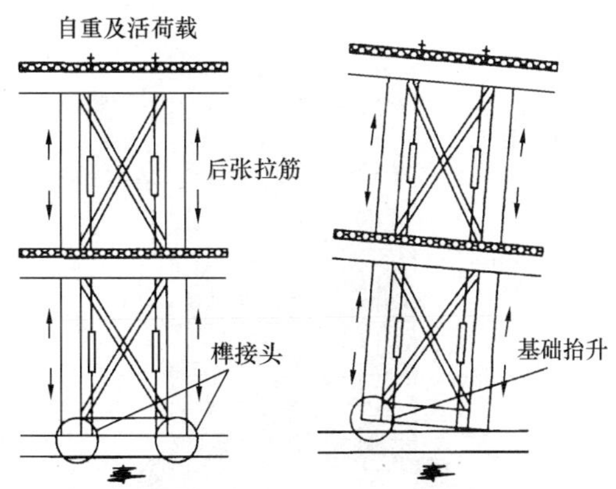

图 10.4-7　带后张拉预应力筋和耗能装置的摇摆木墙

预应力大小无关，但在接触面张开后，存在结构侧向刚度随初始预应力增大而增大的现象。

图 10.4-8　预应力木框架结构振动台试验

2. 摇摆木剪力墙结构

当放松上部结构与基础相交界面处的约束，使该界面仅有受压能力而无受拉能力，在水平倾覆力矩作用下，上部结构可在相交界面处发生一定的抬升，结构发生摇摆，而结构本身不发生太大的弯曲变形，称其为自由摇摆结构，若对结构额外施加预应力保证其稳定性，并使其在震后恢复原位，则称这样的结构为受控摇摆结构。

在 Loo 等学者设计的 LVL 自由摇摆剪力墙结构中，采用滑动摩擦耗能连接件将剪力墙与基础连接。在地震作用下，当水平倾覆力矩大于结构的抗倾覆力矩，耗能件中的摩擦力达到激发力，墙体抬升，发生摇摆。拟静力试验结果表明，该结构体系的弹塑性主要由摩擦耗能连接件决定，木剪力墙中未发现损坏，且结构具有较好的自复位性能。

Hashemi 等学者设计了一种自复位钢木混合摇摆剪力墙结构体系，如图 10.4-9 所示。该结构由预应力钢框架、正交胶合木墙和摩擦耗能连接件组成，其中钢框架用以承担竖向荷载，CLT 剪力墙和摩擦耗能连接件共同组成主要的抗侧力构件。沿钢梁水平布置预应力筋，穿过梁柱节点，张拉锚固在柱的翼缘外端，在梁柱节点产生弯矩以提供系统恢复力。试验结果表明，耗能连接件具有良好的耗能性能，结构在预应力筋配合下呈现出很好的抗震性能和自复位能力。

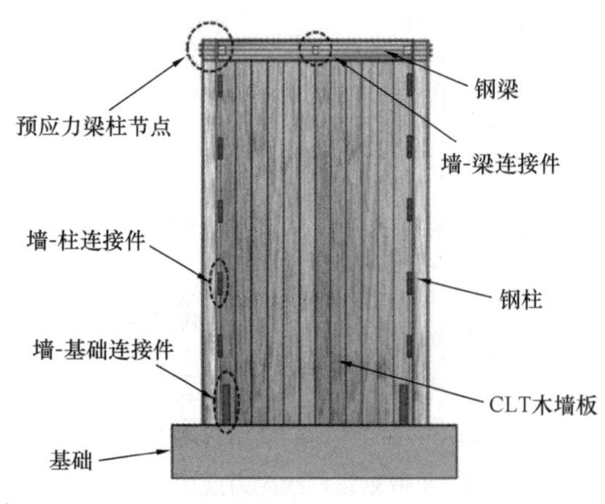

图 10.4-9　自复位钢木混合摇摆剪力墙

3. 设计方法

目前，针对自恢复木结构的设计方法主要可分为自复位节点设计方法和结构体系抗震设计方法两大部分。现有设计方法多借鉴于自恢复混凝土结构的设计方法，如新西兰已有基于 LVL 的自复位木框架设计手册，但其中多条关于节点设计的条文源于自恢复混凝土结构的设计方法，并辅以经验系数对计算结果进行修正。

对于节点设计方法，目前主要借鉴预应力混凝土框架结构中节点的设计方法，并通过考虑木材特性及耗能件与结构的连接等方面进行修正，或根据相关试验结果进行修正。

对于自复位木框架结构而言，节点的塑性转角依赖于木框架的强度，因而不能用简单的几何近似来求解。同时，与混凝土结构相比，木结构构件的弹性变形显著，自复位节点的刚度依赖于施加的预应力大小，因此节点的塑性转角和刚度都依赖于结构的承载力需求。目前已有基于自复位混凝土结构抗震设计的直接位移设计法的修正方法，可适用于自恢复木结构的抗震设计。然而现有对自恢复木结构设计方法的研究尚未完善，自恢复木结构的设计方法还需进一步细化、扩充并加以验证。

4. 工程实践

近些年来，随着自恢复功能木结构研究的深入开展，新型的自复位木框架结构和摇摆木剪力墙开始被运用到工程中，目前已建成或在建的项目主要位于新西兰、北美及北欧地区，如表 10.4-1 所示。由于自恢复木结构具备良好的震后可恢复功能，同时具有高度预制化的特点，因而其在高烈度地区具有较强的竞争力和应用价值。

建成/在建的自恢复木结构建筑 **表 10.4-1**

序号	项目	地址	用途	建成时间（年）	层数	结构体系	木材
1	NMIT	新西兰	教育	2011	3	W	LVL
2	Carterton	新西兰	展览	2011	1	W	LVL
3	BRANZ	新西兰	办公	2011	1	F	LVL
4	EXPAN	新西兰	办公	2011	2	W+F	LVL
5	Massey CoCA	新西兰	教育	2012	3	F	LVL
6	Young Hunter House	新西兰	办公/商店	2014	3	F	LVL
7	Trimble Navigation	新西兰	办公	2014	2	W+F	LVL
8	Wynn Williams House	新西兰	办公/商店	2015	5	F	LVL
9	ETH HONR	瑞士	教育	2015	2	F	Glulam
10	Rush House	新西兰	办公/商店	2016	2	W	LVL
11	Sumitomo Fire Lab	日本	实验室	2016	1	W	LVL
12	Kaikoura KDC	新西兰	办公/图书馆	2016	3	W	CLT
13	OSU Peavy	美国	教育	2017	3	W	CLT
14	Von Haast	新西兰	教育	2018	3	F	LVL
15	Framework	美国	办公/住宅	2018	12	W	CLT
16	Williamstown road	澳大利亚	办公/住宅	(2019)	9	W	LVL

注：表中 W 表示剪力墙结构，F 表示框架结构。

2012 年建成的新西兰尼尔森马尔伯勒理工学院艺术和传媒大楼（Massey CoCA）是世界上首个使用预应力自复位技术的木结构建筑（图 10.4-10）。大楼共 3 层，采用当地的松木制成的 LVL 建造。大楼采用预应力摇摆木剪力墙结构体系，每片剪力墙由两块 LVL 墙板通过两对 U 形钢板连接，每块墙板用 4 根预应力筋进行竖向张拉，利用木墙中部无粘结预应力筋的张力为地震作用下的结构提供恢复力，木剪力墙间的 U 形钢板耗能件用于耗散地震能量，保护主体结构不受损伤。大楼在设计阶段参考了直接位移设计法，结构的目标层间位移远低于规范要求的 2.5％的限值，以确保即使结构遭遇大于设防烈度的地震，结构系统仍有较大的变形能力储备，以发挥良好的抗震性能。

图 10.4-10 尼尔森马尔伯勒理工学院艺术和传媒大楼（Massey CoCA）

瑞士苏黎世联邦理工学院于 2010 年启动了名为“自然资源之家”的项目，并于 2015 年成功建造了一个混凝土-木混合结构建筑（ETH HONR）。该项目中考虑到底层可能会遭遇卡车碰撞等较大荷载，建筑底部两层采用混凝土框架结构，上部两层采用自复位木框架结构（图 10.4-11），由胶合木建造而成。其中胶合木梁柱均为工厂预制，并预留预应力筋孔道进行现场张拉。结构楼板为混凝土与 LVL 板的组合楼板，胶合木梁柱节点中除了预应力筋及锚具外，未使用其他金属连接件，同时结构还具备建成后继续在其上增加楼层的能力。

图 10.4-11 瑞士苏黎世联邦理工学院“自然资源之家”大楼（ETH HONR）

该结构中设置了综合测量系统用于对结构进行长期监测与监控，每个预应力梁柱节点均安装了 16 个传感器以监测节点中预应力筋及梁柱节点的应力变化。此外，结构中还安装了光学应变测量系统，用以记录胶合木框架中应力分布的长期变化，同时，组合楼板中混凝土板与 LVL 板的相对变形及整个结构的绝对变形也在监控范围中。研究人员通过结构的监测数据来确认自复位木框架结构的安全性，并不断完善现有自复位体系的木结构设计。

对于自复位木结构和摇摆木结构而言，结构的自复位性能主要依靠有效预应力实现。实际工程中，木材蠕变、锚具变形、预应力筋松弛等因素都会导致预应力在结构建造和使用过程中部分损失，因此，在结构设计和结构维护过程中应格外注意木结构中预应力损失的问题。

除此之外，当结构在遭受强烈的往复地震作用时，即使设置了耗能减震装置，也可能进入弹塑性阶段并产生低周疲劳效应。传统的地震损伤模型考虑构件和结构的弹塑性变形对地震损伤的影响，而理想的自恢复结构的主体结构在地震作用下仅发生弹性变形，结构的累积滞回变形耗能集中在附加的耗能件内，且预应力筋的刚度和初始应力会影响结构的最大变形和耗能件的发挥程度。因此，对于自恢复木结构体系而言，还需提出适用的地震损伤模型，考虑预应力、连接刚度等因素对结构动力特性的影响，进一步研究耗能件在自恢复木结构中发挥的效应。

参 考 文 献

[1] VAN DE LINDT J W, DAO T N. Performance-based wind engineering for wood-frame buildings[J]. Journal of Structural Engineering, 2009, 135(2): 169-177.

[2] HENDERSON D J, MORRISON M J, KOPP G A. Response of toe-nailed, roof-to-wall connections to extreme wind loads in a full-scale, timber-framed, hip roof[J]. Engineering Structures, 2013, 56: 1474-1483.

[3] 中华人民共和国住房和城乡建设部. 建筑结构荷载规范: GB 20009—2012[S]. 北京: 中国建筑工业出版社, 2012.

[4] RAINER J H. Performance of wood-frame building construction in earthquakes[J]. Australasian Journal of Construction Economics & Building, 2010, 10(3): 80-81.

[5] 康加华,熊海贝，吕西林. 轻型木结构房屋足尺模型低周反复加载试验研究[J]. 土木工程学报，2010, 43(11): 71-78.

[6] VAN DE LINDT J W, PEI S, PRYOR S E, et al. Experimental seismic response of a full-scale six-story light-frame wood building[J]. Journal of Structural Engineering, 2010, 136(10): 1262-1272.

[7] BAHMANI P, VAN DE LINDT J W, MOCHIZUKI G L, et al. Experimental seismic collapse study of a full-scale, 4-story, soft-story, wood-frame building[J]. Journal of Architectural Engineering, 2014, 21(2): 9-14.

[8] CECCOTTI A, SANDHAAS C, OKABE M, et al. SOFIE project-3D shaking table test on a seven-storey full-scale cross-laminated timber building[J]. Earthquake Engineering & Structural Dynamics, 2013, 42(13): 2003-2021.

[9] XIONG H, LIU Y. Experimental study of the lateral resistance of bolted glulam timber post and beam structural systems[J]. Journal of Structural Engineering, 2014, 142(4): 1-12.

[10] 熊海贝，徐硕，卢文胜. 轻木结构房屋基本自振周期试验研究[J]. 同济大学学报(自然科学版)，2008, 36(4): 449-452.

[11] 熊海贝，王洁，吴玲，等. 穿斗式木结构抗侧力性能试验研究[J]. 建筑结构学报，2018, 39(10): 122-129.

[12] Federal Emergency Management Agency. Local officials guide for coastal construction: FEMA P-762 [S]. Washington, DC, USA: Department of Homeland Security, 2009.

[13] 熊海贝，贾国成，倪春，等. 三层轻型-混凝土混合结构足尺模型模拟地震振动台试验研究[J]. 地震工程与工程振动，2008, 28(1): 91-98.

[14] LI Z, DONG H, WANG X, et al. Experimental and numerical investigations into seismic performance of timber-steel hybrid structure with supplemental dampers[J]. Engineering Structures, 2017,

151：33-43.

[15] MIDORIKAWA M, IIBA M. Shaking table tests on seismic response of isolators for houses[J]. AIJ Journal of Technology and Design, 2003, 18：35-40.

[16] ZAYAS V A, MAHIN S A. The FPS earthquake resisting system experimental report[M]. Berkeley, CA, USA：Earthquake Engineering Research Center, 1987.

[17] KISHIKI S, KUBOTA H, YANASE T, et al. Shaking table test of rocking-controlled wooden wall with column base allowed uplift behavior[J]. Journal of Structural and Construction Engineering, 2009, 74 (644)：1803-1812.

[18] PINO D M. Dynamic response of post-tensioned timber frame buildings[D]. New Zealand：University of Canterbury, 2011.

[19] LOO W Y, QUENNEVILLE P, CHOUW N. Rocking timber structure with slip-friction connectors conceptualized as a plastically deformable hinge within a multistory shear wall[J]. Journal of Structural Engineering, 2015, 142(4)：E4015010.

[20] HASHEMI A, MASOUDNIA R, QUENNEVILLE P. Seismic performance of hybrid self-centring steel-timber rocking core walls with slip friction connections[J]. Journal of Constructional Steel Research, 2016, 126：201-213.

[21] HOLDEN T, DEVEREUX C, HAYDON S, et al. NMIT Arts & Media Building—Innovative structural design of a three storey post-tensioned timber building[J]. Case Studies in Structural Engineering, 2016, 6：76-83.

[22] FRANGI A. Proceedings of Internationales Holzbau-Forum (IHF 2014) on Decken-und Rahmensysteme aus Laubholz-ETH House of Natural Resources[C]. Garmisch Partenkirchen：Forum-Holzbau, 2014.

[23] 陆伟东，孙文，顾锦杰，等. 弧形耗能器增强木构架抗震性能试验研究[J]. 建筑结构学报，2014，35(11)：151-157.

[24] HASHEMI A, ZARNANI P, MASOUDNIA R, et al. Experimental testing of rocking cross-laminated timber walls with resilient slip friction joints[J]. Journal of Structural Engineering, 2017, 144 (1)：04017180.

[25] FURUTA T, NAKAO M. The evaluation of a damper device with high damping rubber for wooden houses[C]. California：ATC and SEI Conference on Improving the Seismic Performance of Existing Buildings and Other Structures. 2009：1046-1056.

[26] SHINDE J K, SYMANS M D. Seismic performance of light-framed wood structures with toggle-braced fluid dampers[C]. Orlando, Florida, USA：Structures Congress, 2010：856-867.

[27] 李征，周睿蕊，何敏娟，等. 震后可恢复功能木结构研究进展[J]. 建筑结构学报，2018，39(9)：10-21.

第11章　防　　火

11.1　概述

我国木结构建筑历史悠久，是世界上最早应用木结构的国家之一。据统计，在20世纪50年代，我国约46%的工业厂房采用木屋盖，民用建筑也普遍采用木结构或砖木结构。但在其后的一段时期，国内结构用材几乎消耗殆尽，导致木结构建筑的发展在我国停滞了长达20多年。我国留存至今仍然完好的木结构建筑多为梁柱式的传统木结构，主要是寺庙、宫廷建筑，如华严寺、应县木塔、故宫等。现代木结构建筑起源于欧美国家，采用先进的设计和结构构造技术，充分利用木材本身的优势，将木结构广泛应用于住宅、旅馆、学生宿舍等居住建筑以及办公建筑、体育馆、图书馆、艺术中心等公共建筑。近10多年来，随着新的工程木产品的出现以及装配式木结构和木结构混合结构建造技术的发展，不少国家的木结构建筑突破了建筑规范对木结构建筑层数的限制，逐步往高层发展，如加拿大哥伦比亚大学的18层学生公寓、挪威卑尔根市14层木结构公寓、澳大利亚墨尔本市10层木结构公寓等。这些高层木结构建筑均采用了CLT的楼板和墙体。CLT是20世纪90年代奥地利开始研发的新型产品，其交错层压的特殊构造大幅提高了CLT构件的强度，使木结构建筑往高层建筑发展成为可能。对于CLT墙体和楼板的耐火性能，欧美一些国家已做过大量试验，证明按照既定的产品生产标准生产的CLT构造的墙体和楼板，具有良好的耐火性能。

为了节能减排、防治污染和推广绿色建筑，工业和信息化部、住房和城乡建设部2015年发布了《促进绿色建材生产和应用行动方案》，并指出要“发展木结构建筑”；2016年2月，国家发展改革委、住房和城乡建设部发布了《城市适应气候变化行动方案》，提出“政府投资的学校、幼托、敬老院、园林景观等新建低层公共建筑采用木结构”；2016年12月，国务院发布了《中共中央国务院关于进一步加强城市规划建设管理工作的若干意见》，提出要“加大政策支持力度，在具备条件的地方倡导发展现代木结构建筑”。国家政策的鼓励和国内不断增长的市场需求，为我国木结构建筑行业的发展提供了强大动力。同时，国内外木结构建筑新技术、新材料的发展和完善，为木结构建筑的发展提供了技术支持。

木结构建筑的节能、环保、可持续等优点突出，但其本身的缺点也显而易见。木结构防火一直是困扰中外木结构建筑发展的主要问题之一。古有北魏高达133.7m的永宁寺，今有四川绵竹号称“亚洲第一高木塔”的灵官楼，均被大火付之一炬。木结构建筑无论是在建造还是在使用过程中，均应重视防火。木结构构件虽在火灾初期不参与燃烧，不会助长火势，但随着火势的发展或者木结构构件保护层的脱落和破坏，木结构构件将参与燃烧，助长火势，进而导致结构垮塌，对消防员的生命和灭火救援的安全造成威胁。因此，了解高温下木材的特性、木结构建筑防火和结构耐火设计的方法以及相关标准的要求，可更好地保障木结构建筑的消防安全。

11.2 高温下木材的特性

11.2.1 木材的燃烧和炭化

1. 木材的燃烧

(1) 燃烧过程

木材属于固体可燃物质。木材从受热到燃烧的一般过程是：在外部热源的持续作用下，先蒸发水分，随后发生热解、气化反应析出可燃性气体，当热分解产生的可燃性气体与空气混合并达到着火温度时，木材开始燃烧，并放出热量。燃烧产生的热量，一方面加速木材的分解，另一方面提供维持燃烧所需的能量。

木材从受热到燃烧的过程分为四个阶段：

阶段 1：温度由室温至 200℃。在此阶段，木材热分解速度缓慢，主要析出水蒸气和二氧化碳（CO_2）等不燃性气体，需要消耗能量，为吸热阶段。

阶段 2：温度为 200～280℃。在此阶段，木材热分解速度加快，水分几乎完全蒸发，主要生成一氧化碳（CO）等可燃性气体，但可燃气体的生成量较少，仍为吸热阶段。

阶段 3：温度为 280～500℃。在此阶段，木材发生急剧热分解，生成大量的甲烷和乙烯等气体产物以及醋酸、甲醇和焦油等液体产物，在燃烧时会产生火焰；当温度达到 350℃以上时，热分解结束，木炭开始燃烧。此阶段为放热阶段。

阶段 4：温度超过 500℃。在此阶段，木材基本已经气化完成，该阶段对纤维素中碳的利用更为完全，产生了更小的木炭残留物。

(2) 影响因素

木材燃烧是一个复杂的过程，包括分解可燃气体以及这些气体从燃烧表面向周围环境的扩散（质量传递）。同时，由燃烧气体以及氧化、炭化产生的热量向木材内部传递，反过来又为木材的热解提供能量（热传递）。热分解产物与其环境温度、木材种类及其密度相关，而热传递过程又受木材的种类、含水率、木材尺寸等参数的影响。影响这些过程的热特性参数是不断变化的，并且这些变量之间大都相互独立。综合来看，影响木材燃烧特性的诸多因素可大体分为木材的种类和燃烧环境两个方面，木材的燃烧特性主要受木材种类的影响；木材的火灾蔓延特性主要受外部热辐射、湿度、空气流通情况、燃烧时的方向等燃烧环境的影响。

(3) 燃烧特性

木材的燃烧特性包括点燃特性、燃烧热和烟气毒性等。

1) 点燃特性

木材点燃是木材热分解引起的可见和持续燃烧的开始，包括阴燃、无焰燃烧或有焰燃烧。对于防止发生火灾，木材的点燃特性是需要考察的一个重要特性。

①点燃时间

点燃时间是评价火灾早期危险性的重要指标，它表明了木材可被引燃的难易程度。点燃时间的长短，与木材种类（主要是密度和含水率）、外形与尺寸、点火源的强度、热作用方式等因素有关。点火能或辐射能量不同，木材的点燃时间也不同。试验表明，当木材暴露于恒定的热源时，实木的点燃时间在 3～930s 之间，该点燃时间的上、下限时间值对应的热通量分别为 55kW/m^2 和 18kW/m^2。

表 11.2-1 为美国 FPL（Forest Product Laboratory）对部分种类木材测定的点燃时间。

部分木材的点燃时间（min）　　**表 11.2-1**

木材试样（mm）（32×32×102）	40min 内未被点燃的温度（℃）	点燃前的曝火温度						
		180℃	200℃	225℃	250℃	300℃	350℃	400℃
美国长叶松	157	14.3	11.8	8.7	6.0	2.3	1.4	0.5
红橡木	157	20.0	13.3	8.1	4.7	1.6	1.2	0.5
美洲落叶松	167	29.9	14.5	9.0	6.0	2.3	0.8	0.5
西部落叶松	157	30.8	25.0	17.0	9.5	3.5	1.5	0.5
壮丽冷杉	187	—	—	15.8	9.3	2.3	1.2	0.3
东部铁杉木	180	—	13.3	7.2	4.0	2.2	1.2	0.3
红杉	157	28.5	18.5	10.4	6.0	1.9	0.8	0.3
西加云杉	157	40.0	19.6	8.3	5.3	2.1	1.0	0.3
椴木	167	—	14.5	9.6	6.0	1.6	1.2	0.3

② 点燃温度

点燃温度根据木材的表面温度随时间的变化而确定，通常无固定的数值，并且可能随分析方法和测试设备的不同而异。一般，木材的点燃温度为 200～290℃（按照《塑料 热空气炉法点着温度的测定》GB/T 4610—2008 进行测试），自燃温度为 250～350℃，火焰的最高温度为 800～1300℃。表 11.2-2 为部分木材的点燃温度。

部分木材的点燃温度（℃）　　**表 11.2-2**

木材试样（长 63.5mm，重 3g）	西部铅笔柏	美国五针松	美国长叶松	白栎木	纸皮桦
点燃温度	192	207	220	210	204

有研究者建议，100℃是木材在空气中不会被点燃的最高暴露温度。更保守地，当温度为 70℃时，木材即使长期暴露也不会被点燃，也不会出现显著、永久性的材质变化。

影响木材的点燃温度与点燃时间的因素相同。对于不同种类的木材，密度较低时，其点燃温度也较低。

③ 点火能量

外界热辐射对木材的点燃特性影响很大，随着辐射热流的增加，点燃时间逐渐缩短，点燃温度也逐渐降低。试验表明，木材存在临界辐射热流，即临界点火能量。木材的临界点火能量为 10～13kW/m^2。还有研究表明，天然实木的最小点火能量为 4.3kW/m^2。由于木材的热绝缘特性，较低的点火能量就能使木材获得所需的点燃温度，而当木材导热性较好时，所需点火能量则会增加。

④ 供氧量

一般，一定量的空气是可燃物燃烧得以顺利进行的必要条件。空气充足时，木材燃烧后会残留灰色灰烬；空气不流通时，木材燃烧后则为黑色的木炭。理论计算表明，单位质量木材完全燃烧所需空气量为 $3.98m^3/kg$，不完全燃烧所需空气量的最小值为 $2.04m^3/kg$。木材的氧指数为 27%～30%。

2）燃烧热

燃烧热是材料完全燃烧释放的总热量，可以用氧弹量热计或锥形量热计来测量。表明材料燃烧热的常用参数包括：平均热释放速率（kW/m^2）、最大热释放速率（kW/m^2）、总释放热量（MJ/m^2）和平均有效燃烧热（MJ/kg）等。木材的释热特性是评估其火灾发展的重要特性，木材的最大热释放速率和总释放热量分别代表了木材的热释放速率峰值和可能的火灾规模，是评价火灾危险性的重要指标。

木材进行有焰燃烧时，先发生热解，然后发生炭化，这时的燃烧热称为有效燃烧热。木材的有效燃烧热取决于木材中木质素的含量，利用氧弹量热计测量的数值在 13MJ/kg 左右。当木材进行无焰燃烧时，炭的氧化反应是其主要反应，此时燃烧热较大，利用氧弹量热计测量的数值为 31MJ/kg 左右。由于锥形量热计一般在火焰熄灭后就停止试验，所测值是材料的有效燃烧热，因此，利用锥形量热计进行测试时，其测试报告给出的测量值一般是材料的平均有效燃烧热。

木材的热释放速率取决于热辐射能量、温度、木材的含水率、厚度、木纹方向、木材背面的边界条件、周围空气中的氧气浓度等。例如，有试验显示，木材热释放速率的增加与其密度的增加呈线性关系。

此外，材料燃烧时的热释放速率与其受热时间有密切关系，这可用热释放速率随时间的变化关系表示。各种木材的热释放速率随时间的变化曲线在形状上很相似：点燃后很快会出现一个由于易燃的热解物快速燃烧而产生的“陡峭”峰值；随着木材的炭化而形成炭化层，因炭化层的隔绝作用使得释热速率减小，如果木材足够厚，其释热速率将处于一个稳定的状态。通常，木材的厚度有限，在燃烧结束前剩余木材的温度会迅速提高，使得其热解速率大大加快，从而产生释热速率的第二个峰值。如果木材背面的边界条件有较大的变化，例如木材的厚度足够大，木材的温度不会迅速升高，因而不可能产生第二个峰值。

3）烟气毒性

火灾统计表明，建筑火灾的伤亡者大多是烟气毒害所致。火灾烟气的危害性主要是其减光性和毒性。确定烟气的减光性对人员疏散和逃生有着重要意义。一般，木材燃烧发烟量最大时的温度在 400℃左右，当燃烧的温度达到 550℃时，其发烟量仅为 400℃的 1/4；当温度在 800～1000℃时，木材燃烧的发烟量锐减。

木材的燃烧过程中会产生 CO 和 CO_2，如果燃烧不完全，分解产物中 CO 的含量会显著升高。CO 是烟气致人死亡的主要成分，CO_2 对人的呼吸有刺激作用，过量时会使人员窒息死亡。

2. 木材的炭化

木材燃烧后会在表面留下炭化层，炭化层可以保护内部的材料避免直接暴露于火焰和氧气中。炭化深度是指木材的外表面到炭化线（木材本色与炭化层黑色之间分界面）所在位置的距离，由其曝火时间和相应的炭化速率决定。通常，木材转化为炭层的温度为

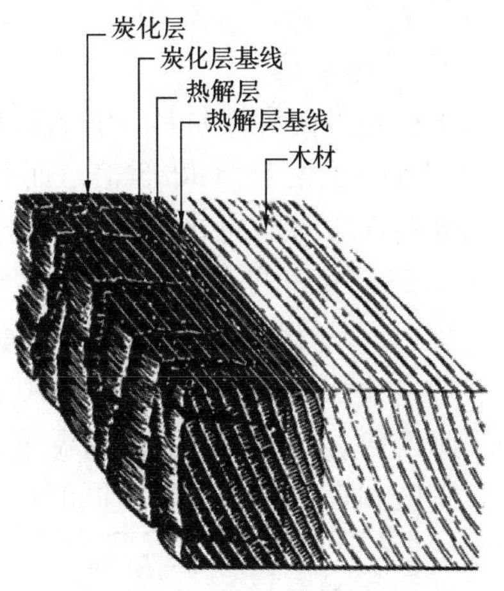

图 11.2-1 木材炭化的截面示意图

300℃，北美地区一般采用 288℃。由于木材在 300℃附近的升温梯度大，因此取 300℃或 288℃对判断炭层厚度的差别不明显。

图 11.2-1 为木材炭化后的内部各层示意图。炭化层之下是已受热升温的木材，该受热层的厚度一般为 35～40mm。木材在升温至 200℃以上时，会发生热解反应生成可燃性气体，热解阶段伴随着木材颜色变化和质量损失；在约 100～120℃时，木材所含的水分会蒸发；受热层以后的木材温度保持在其初始温度。

木材的炭化速率，取决于木材的燃烧过程及其暴露于外部火源的情况。木材的物理形状、密度、导热性能及含水率等因素会影响木材的炭化速率。木材的密度大、含水率高时，炭化速率缓慢；木材受热温度高、通风供氧的条件良好时，燃烧的速度会加快。研究表明，在标准火灾升温条件下，木材的炭化速率约为 0.6mm/min，并且平行木纹方向的炭化速率是垂直木纹方向的 2 倍。有专家认为，潮湿木材的炭化速率约为 0.4mm/min；干燥或密度轻的木材的炭化速率可达到 0.8mm/min。

炭化层以下的木材温度升高缓慢，一方面得益于炭化层的保护，另一方面也是因为木材本身导热率小。受炭化层保护的木材内部温度可以通过试验测出。对于足够厚可以被视作半无限大的木材，欧洲规范《木结构设计》（Eurocode 5）采用二次曲线来表示其炭化层以下的木材温度。

$$\frac{T-T_0}{T_p-T_0}=\left(1-\frac{x}{a}\right)^2 \tag{11.2-1}$$

式中 T——木材的温度（℃）；

T_0——初始温度（℃）；

T_p——炭化温度（℃），通常取 300℃；

x——距炭化前锋线的距离（mm）；

a——已升温木材的厚度，mm，取值为 40mm，但也有学者认为已升温木材的厚度可以取 $a=35$mm。

此外，为了对火灾中木构件的安全性进行可靠的分析，还应该考虑炭化速率的变化和分布。例如，木材的边角部分由于受热面积大会最先炭化，木材的节点处的炭化速率由于木材的密度较高会变缓。

11.2.2 高温下木材的热物理特性

1. 密度

由于水分蒸发和热解的关系，木材的密度在升温条件下会发生改变。图 11.2-2 为木材密度在高温下的折损系数。密度折损系数指在一定温度下木材的密度与其在常温下的密度的比值。由于水分蒸发的原因，木材的密度折损系数在 200℃时会下降到 0.9～0.95；随着温度的进一步升高，木材发生热解反应，其密度大幅下降，大致在 350℃的时候，密度折损系数下降至 0.2～0.3。

2. 导热系数

木材是各向异性材料，各方向的导热系数都不相同。通常，顺纹方向的导热系数比垂直木纹方向要大 1.5～2.8 倍。而径向和切向的导热系数差别相对很小。对于硬木材料，切向导热系数与径向导热系数的比值为 0.9～0.95；对于含“晚生材”较多的软木，此比值为 0.97，对于含“晚生材”较少的软木，此比值为 0.87。

图 11.2-3 为不同学者提出的垂直木纹方向的导热系数随温度的变化规律。总体上，大多数学者认为，导热系数在 200℃之前随温度升高呈线性上升的趋势，在 200～350℃时呈下降趋势，在 350℃后又随温度升高而逐步上升。不同学者间的差别，主要受木材种类、密度和含水率的影响，同时可能还与他们所用测试方法有关。

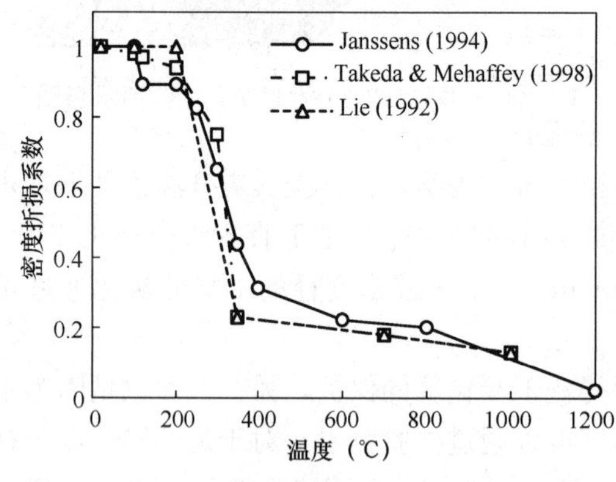

图 11.2-2　高温下木材的密度

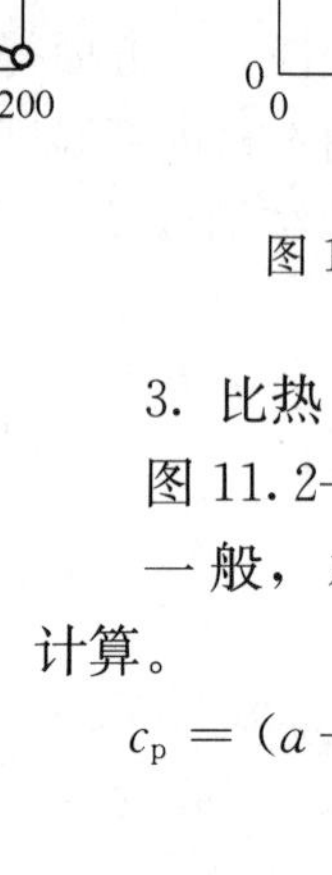

图 11.2-3　高温下木材的导热系数

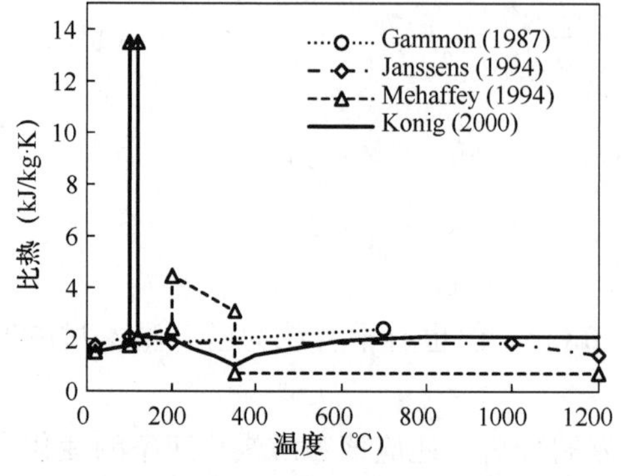

图 11.2-4　高温下木材的比热

3. 比热

图 11.2-4 为木材在不同温度下的比热值。

一般，木材的比热可用式（11.2-2）计算。

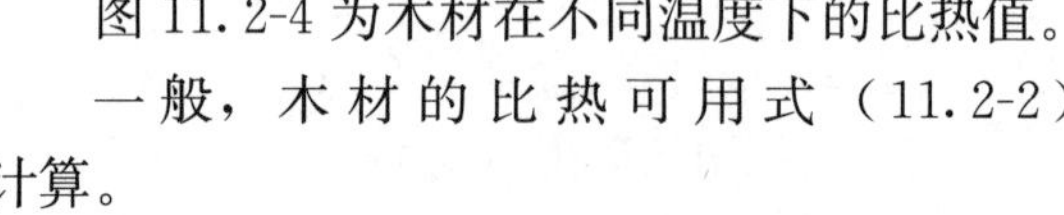

$$c_{\mathrm{p}} = (a + bT + 4.187u)/(1 + u) + \Delta c \tag{11.2-2}$$

Mehaffey 和 König 考虑了木材内水分蒸发所吸收的能量，因此比热在图 11.2-4 中 100～120℃之间出现峰值；Mehaffey 还考虑了木材发生热解反应所吸收的能量，因此比热在 200～350℃之间也存在一个峰值。

11.2.3 高温下木材的力学特性

1. 弹性模量

木材在高温下受压和受拉的顺纹弹性模量折损系数如图 11.2-5 所示。不少学者都采用了相似的折损系数。从图中可见，在 200℃以下时，随着温度的升高，弹性模量缓慢下降；当温度升高到约 200℃后，随着木材的炭化热解，弹性模量迅速下降，并在约 280℃或 300℃时完全转变为木炭。

也有学者认为，高温下木材的折损系数在拉、压方向上是不同的，如图 11.2-6 所示。Thomas 认为，受压方向的折损系数应当考虑试件曝火时高温水汽向受压部分聚集的影响；König 认为，高温下的折损系数在拉、压方向基本相当，但考虑到高温下木材含水率的变化及蠕变，应适当降低受压方向上的折损系数。

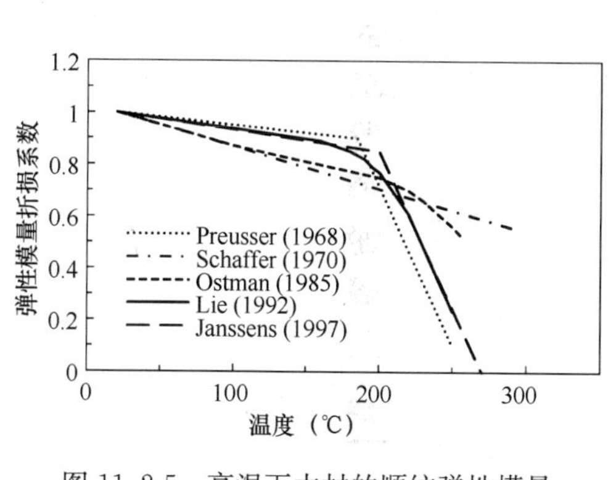

图 11.2-5　高温下木材的顺纹弹性模量折损系数

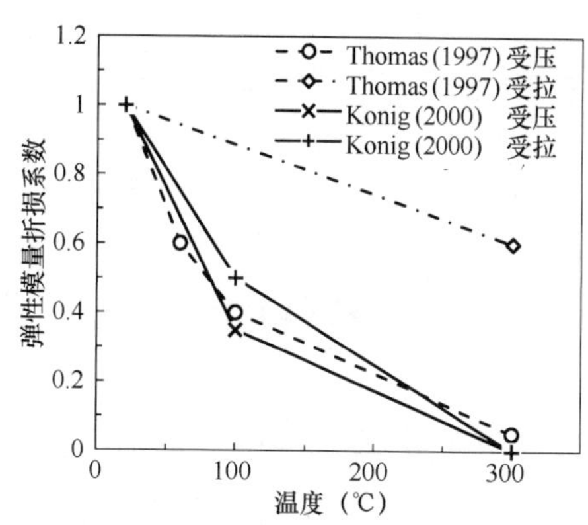

图 11.2-6　高温下木材的顺纹弹性模量折损系数

2. 抗拉和抗压强度

木材的顺纹抗拉强度在高温下的折损系数，如图 11.2-7 所示。Knudson 和 Lie 采用了单线来表示折损系数从 20～300℃的变化；Schaffer 假设折损系数在 20～200℃时下降缓慢，温度超过 200℃后下降迅速；Thomas 认为抗拉强度从 80℃起开始成线性下降，295℃后快速下降并在 310℃时降为零；König 采用双线来表示折损系数随温度的变化，拐点发生在 100℃，König 采用的高温折损系数明显小于其他研究者的数值。

图 11.2-8 所示为木材的顺纹抗压强度在高温下的折损系数。Schaffer 和 Lie 认为顺纹抗压强度从 20℃开始线性下降至 300℃，这与顺纹抗拉强度在高温下的表现类似，不过抗压强度的下降速率要高于抗拉强度；Thomas 和 König 考虑了木材含水率的影响，采用双线性模型来描述抗压强度的温度折损系数的变化，拐点发生在 100℃。

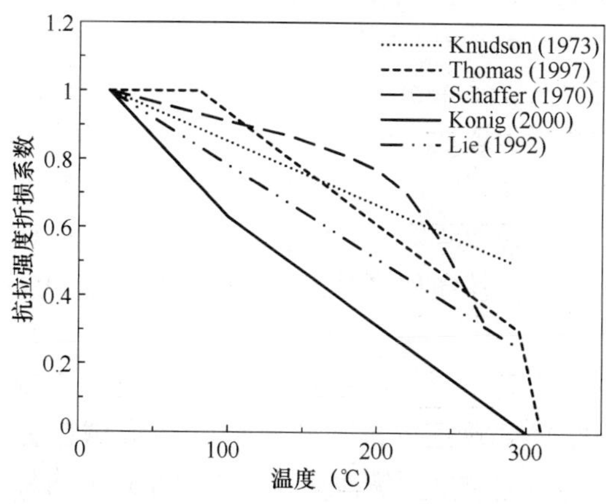

图 11.2-7　高温下木材的顺纹抗拉强度折损系数

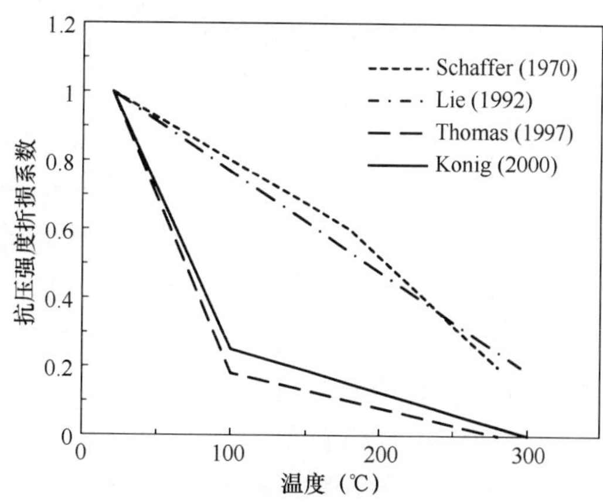

图 11.2-8　高温下木材的顺纹抗压强度折损系数

3. 剪切模量和抗剪强度

有学者总结了温度对木材的剪切模量和抗剪强度的影响，并指出木材的剪切模量在80℃时下降至约0.2～0.5，抗剪强度在150℃时下降至约0.1～0.3。欧洲规范《木结构设计》(Eurocode 5) 推荐的顺纹抗剪强度在100℃时下降至0.4。

4. 横纹属性

根据欧洲规范《木结构设计》(Eurocode 5)，木材的横纹抗压强度折损系数可采用与顺纹抗压强度折损系数相同的值。对于木材横纹弹性模量，也有学者采用了与顺纹相同的高温折损系数。

11.3 木结构构件的耐火和防火

11.3.1 木结构构件的耐火试验方法

房屋建筑通常由梁、柱、墙、楼板、屋面、楼梯、门、窗等构件（组件）组成。建筑构件或结构的耐火性能决定了建筑的耐火等级；反过来，一座建筑如确定了其设计耐火等级，也就确定了其建筑构件所需具备的最低耐火性能。建筑构件的耐火性能表征了其在火灾中能够发挥防火分隔作用或结构支撑作用的能力，通常用耐火极限表示。建筑构件的耐火极限一般在标准火灾环境或标准升温条件下通过耐火试验进行测定，但对于木结构构件，也可以根据其炭化速率经计算确定。

1. 标准火灾试验方法

由于实际火灾情况千差万别，火灾试验无法对其进行一一再现，因此需要对实际火灾进行简化，采用标准的耐火试验方法，供不同试验室能在可控制条件下进行测试，并保证试验结果具有可重复性和可再现性。耐火试验方法采用标准升温曲线，对构件的稳定性、完整性、隔热性和其他预期功能进行测试，以确定建筑构件、配件或结构的耐火性能。

(1) 标准升温曲线

为了能够对建筑构件的耐火性能进行比较，必须在相同的火灾条件下开展耐火试验。因此，试验炉内的温度应按照规定的升温曲线变化。这些规定的时间-温度曲线称为标准火灾升温曲线，或标准升温曲线。

标准升温曲线的实质是提出了一个能合理代表火灾发生条件的标准试验条件，在该试验条件下比较建筑结构中具有代表性的不同构件的耐火性能。但是，标准耐火试验环境不代表实际火灾发生的情况，因此构件在标准耐火试验条件下的耐火性能也不代表在真实火灾中的耐火性能，但是标准耐火试验环境通常代表了建筑火灾发生轰燃后的情形，是一种比较严酷的环境。耐火试验的意义在于提供一个标准试验条件，对建筑分隔构件和结构受力构件的耐火性能进行比较。

国际上被广泛接受的建筑纤维类标准火灾曲线主要有两种，分别是国际标准化组织制定的ISO 834曲线和美国制定的ASTM-E119曲线。我国标准《建筑构件耐火试验方法 第1部分：通用要求》GB/T 9978.1—2008规定的标准火灾曲线是基于《建筑结构构件的耐火试验》ISO 834—1999规定的标准火升温曲线，其表达式为：

$$T - T_0 = 345\log_{10}(8t + 1) \tag{11.3-1}$$

式中　T 和 T_0——试验开始时刻及 t 时刻的炉内温度；

t——试验时间（min）。

ASTM-E119 标准火灾曲线是采用一组数据点表示的，该标准火灾曲线主要用于美国、加拿大等国家。ISO 834 与 ASTM-E119 标准火灾曲线的对比见图 11.3-1 和表 11.3-1。单从升温曲线来看，这两个标准的差别很小。然而，由于温度测量方法不同，在对比这两种标准耐火试验的曝火强度时，不能只简单地对时间-温度曲线进行比较。

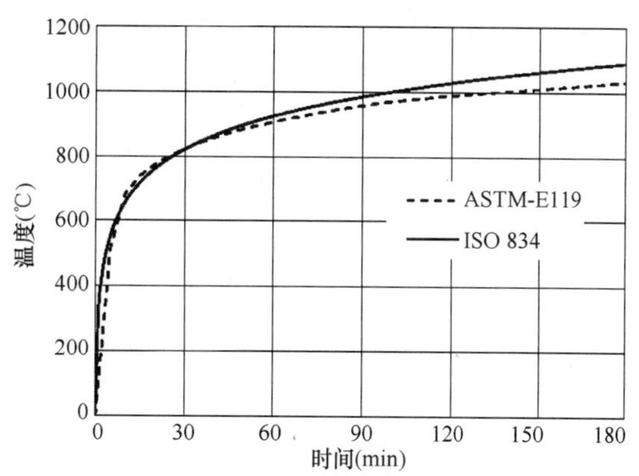

图 11.3-1　标准火灾温度曲线

炉内温度随时间的变化值　　**表 11.3-1**

时间 t (min)	炉内温度 $T-T_0$（℃）	
	ISO 834	ASTM-E119
0	0	0
5	556	518
10	658	684
15	719	740
30	822	823
60	925	907
90	986	958
120	1029	990
150	1062	1011
180	1090	1032

ASTM-E119 标准规定，试验炉内的控温热电偶应采用外径 20mm、厚度 4mm 的钢管进行保护，其构造如图 11.3-2 所示。ISO 834—1999 标准要求采用板式热电偶（Plate Thermometer）测量试验炉内的温度，这种热电偶的正面为 100mm×100mm×0.7mm 的铬镍合金薄钢片，背衬 10mm 厚的保温板，钢片与保温板中心夹一根 K 型热电偶，其构造如图 11.3-3 所示。而 ISO 834—1999 和我国 GB/T 9978—2008 系列标准则采用裸露的 K 型热电偶测量炉内的温度。

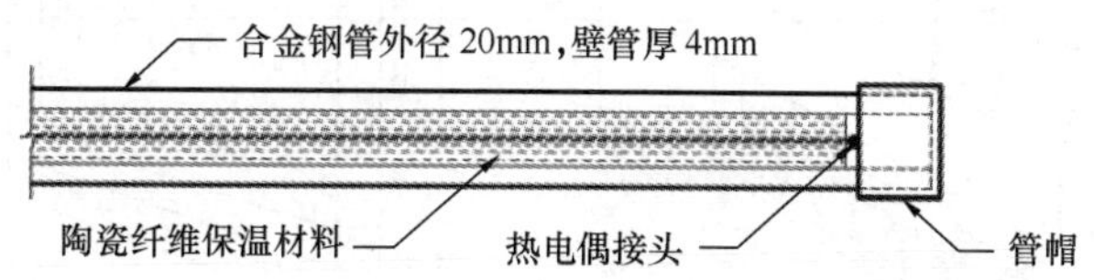

图 11.3-2　ASTM-E119 标准测温热电偶

《建筑构件耐火试验方法　第 1 部分：通用要求》GB/T 9978.1—2008 规定试验中实测的时间-平均温度曲线下的面积与标准时间-温度曲线下的面积之间的允许误差为：

1）在开始试验后 10min 及以内为±15%；

2）在开始试验后 10～30min 范围内为±10%；

3）在开始试验 30min 后为±5%。

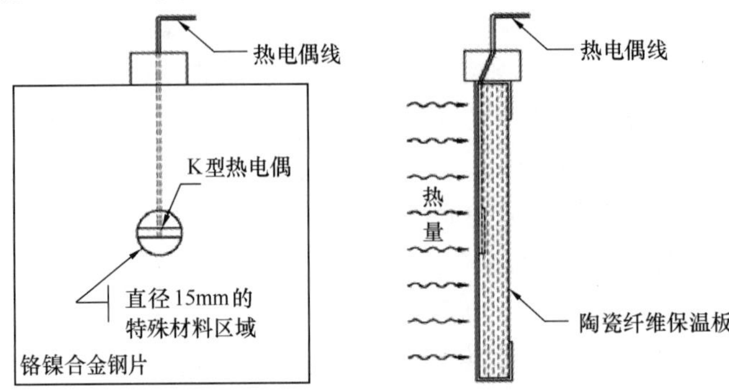

图 11.3-3　ISO 834 标准板式热电偶

不同热电偶的响应时间不同，其中，裸露热电偶的响应时间最小，套管热电偶最大，板式热电偶则介于二者之间。在耐火测试初期，由于炉内温度主要受热对流控制，采用裸露的热电偶容易产生较大波动，而套管热电偶虽然反应较慢，但温升较为平稳；到了中后期，热辐射处于主导地位，套管热电偶的测温会逐渐接近裸露的热电偶测温。有报道指出，在火灾前 15min 内，由于套管热电偶温升较慢，所以 ASTM-E119 的测试环境在火灾试验初期相对较为苛刻；而 20min 以后，这种差别才逐渐减小。

板式热电偶的热响应时间介于两者之间，并且所测温度能反映出炉内构件的实际受热状况，因此将其测到的温度作为构件传热数值模拟的边界条件，能够得到很好的结果。

有研究指出，采用板式热电偶有助于消除不同炉膛条件（炉子尺寸、内衬材料、燃料）造成的曝火差别。板式热电偶在耐火试验中受到越来越广泛的应用。

（2）试验设备

为适应不同建筑构件的测试要求，各国建造了不同的耐火测试装置。例如：用于测试楼板和梁的水平梁板炉，如图 11.3-4 所示；用于测试墙体或其他竖直防火分隔构件的墙炉，如图 11.3-5 所示；用于测试承重柱的柱炉，如图 11.3-6 所示。

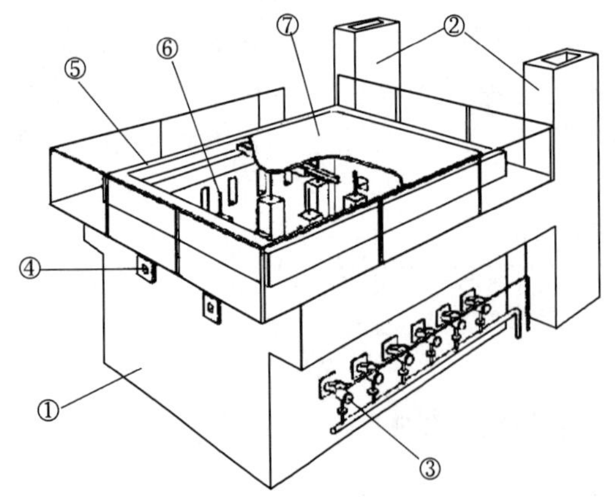

图 11.3-4　梁板炉示意图

①—炉体；②—排烟道；③—燃烧器喷嘴；④—观察孔；⑤—约束框架；⑥—热电偶套管；⑦—测试楼板

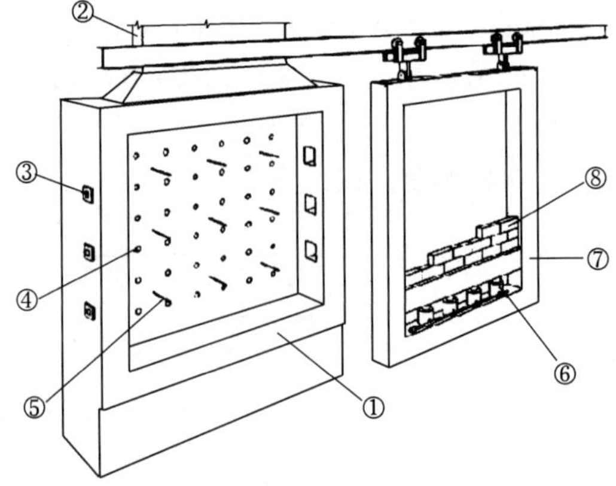

图 11.3-5　墙炉示意图

①—炉体；②—排烟道；③—观察孔；④—燃烧器喷嘴；⑤—千斤顶；⑥—测试墙体；⑦—约束框架

（3）性能判定标准

建筑构件的耐火极限从失去承载能力、完整性和隔热性这三个指标进行判定。

1）承载能力

承载能力主要针对承重构件，是构件在受火作用后能够支撑荷载的性能或抵抗变形的性能，判定构件失去承载能力的参数是位移变形和位移变形速率或直接破坏。例如，《建筑构件耐火试验方法　第 1 部分：通用要求》GB/T 9978.1—2008 规定，当试件的位移变形和位移变形速率超过表 11.3-2 的判定准则限定时，就认为试件丧失了承载能力。

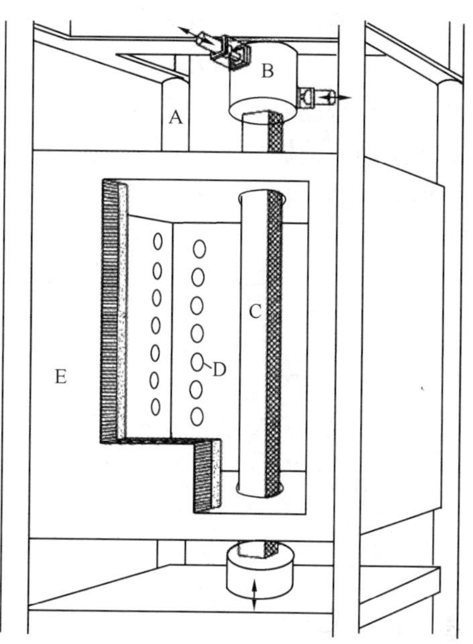

图 11.3-6　柱炉示意图
A—炉体框架；B—侧向加载装置；C—测试柱体；D—燃烧器喷嘴；E—炉体

2）完整性

完整性主要针对防火分隔构件，是构件在受火作用后能够阻止火焰和高温烟气穿透的性能。根据《建筑构件耐火试验方法　第 1 部分：通用要求》GB/T 9978.1—2008，如构件出现穿透性裂缝或孔隙，放置在裂缝或开口处的棉垫能够被点燃；或者探棒可以穿过裂缝；或者背火面出现火焰并持续时间超过 10s，则认为该构件失去了完整性。

构件承载能力失效的判定准则　　**表 11.3-2**

构件类型	判定条件	极限值
抗弯构件（如梁或楼板）	极限弯曲变形量 D（mm）	$L_2/400d$
	极限弯曲变形速率$\frac{\mathrm{d}D}{\mathrm{d}t}$（mm/min）	$L_2/9000d$
轴向承重构件（如承重墙或柱）	极限轴向压缩变形量 C（mm）	$h/100$
	极限轴向压缩变形速率$\frac{\mathrm{d}C}{\mathrm{d}t}$（mm/min）	$3h/1000$

3）隔热性

隔热性主要针对防火分隔构件，是构件在受火作用后能够隔绝过量传热的性能，材料的导热性能和构件截面的厚度是影响其隔热性的主要因素。根据《建筑构件耐火试验方法　第 1 部分：通用要求》GB/T 9978.1—2008，如试件背火面的平均温升超过其初始温度 140℃，或者任一点位置的温升超过初始温度（包括移动热电偶）180℃，则认为试件丧失了隔热性。

2. 火灾烈度与等效曝火时间

采用标准升温曲线为结构耐火试验和耐火设计带来了便利，但常常与实际条件下的火灾升温过程有较大的差别。因此，为了能反映实际火灾对建筑构件的破坏程度，且保持标准耐火试验的实用性，有学者提出了等效曝火时间的概念，通过等效曝火时间把真实火灾与标准火灾联系起来。实际火灾对构件的破坏程度可以等效为“等效曝火时间”内标准火灾对该构件的作用，一般采用火灾中的烟气平均温度来衡量对构件的破坏程度。

这里还涉及了一个火灾严重性，或火灾烈度的概念。火灾烈度是指火灾的大小及危害程度。火灾烈度取决于火灾达到的最高温度和在最高温度下燃烧持续的时间，它可反映火灾对建筑结构造成损坏和对建筑中人员、财产造成危害的趋势。对于两个不同的火灾环境，如果它们各自的升温曲线与时间轴所围成的面积相同，则认为这两者具有相同的火灾烈度。

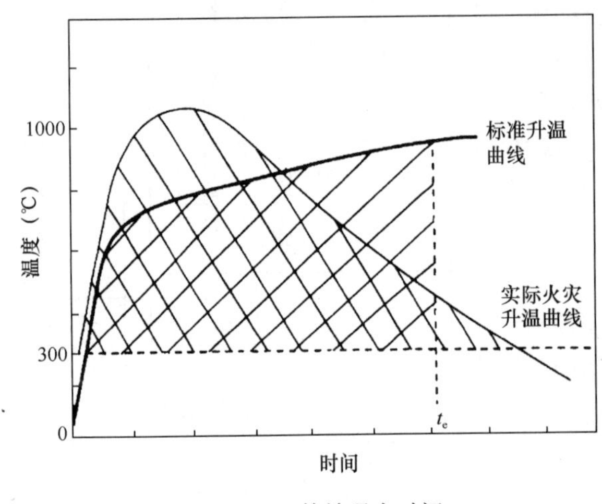

图 11.3-7　等效曝火时间

等效曝火时间和火灾烈度的关系如图 11.3-7 所示，当其中一条曲线为标准火灾曲线时，另一条曲线的等效面积对应的时间 t_e 即为实际火灾的等效曝火时间。等效面积表示该实际火灾与时间为 t_e 的标准火灾具有相同的火灾烈度。

这种把实际火灾与标准火灾进行等效处理的方法，考虑了火灾温度及其持续时间的影响。然而火灾传递给构件的热量与火灾温度无直接关系，而是由火灾热烟气和构件的温差决定。因此，采用等效曝火时间来确定实际火灾的影响，存在一定问题。不过，当实际火灾温度曲线与标准火灾温度曲线差别不是很大时，这种时间-温度曲线的围和面积能在一定程度上反映出实际火灾对构件危害的大小。也有学者提出了其他的等效方法，例如，国际建筑研究与文献委员会（CIB）提出了把实际火灾等效为 ISO 834 标准火灾等效曝火时间的计算公式：

$$t_e = c_b q w_f \tag{11.3-2}$$

式中　c_b——转换系数，与房间壁面的热惰性有关；

q——火灾荷载密度（MJ/m^2）；

w_f——通风修正系数。

另外，Harmathy 还采用作用在火灾房间壁面（墙壁、楼板、顶棚）的“标准热荷载”来表述火灾的热破坏作用，通过实际火灾与标准火灾作用于构件的“标准热荷载”来确定等效曝火时间。

11.3.2　木结构构件连接节点的防火性能

结构的承载能力除受其自身构件的强度和刚度影响外，还受构件之间连接节点的影响。整体结构要具备良好的耐火性能，要求构件自身及其连接节点都能在火灾条件下有良好的耐火表现。

连接节点的位置和形式对其曝火程度有较大的影响，例如简支梁与墙体的连接、木柱与基础的连接，这些连接通常受结构本身的遮蔽，受火影响较小，一般不会在梁、柱构件本身发生失效之前失效。而其他的一些连接，如柱、梁、桁架等采用金属板、螺栓或钉的连接节点，容易受到火灾高温的作用，先于主要构件失效。建筑防火设计要求连接节点的耐火极限不应低于其所连接的构件中主要构件的耐火极限。

典型的木结构连接节点，如图 11.3-8 所示。由于木结构节点的连接方式多种多样，其在火灾条件下的性能也各异。此处主要介绍相关研究成果及计算方法。

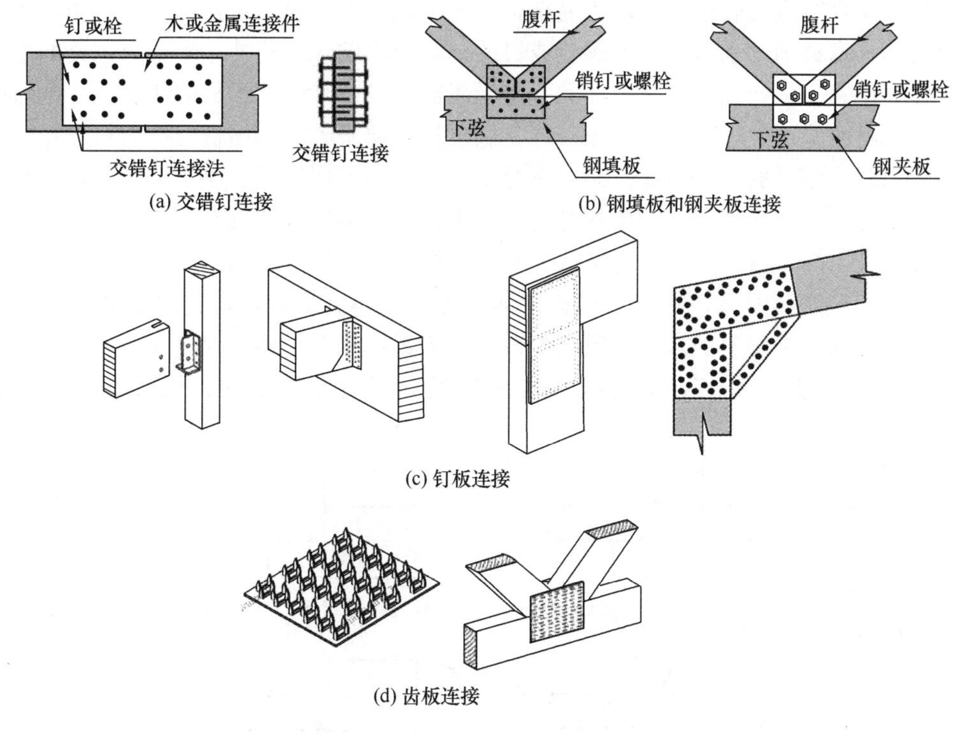

(a) 交错钉连接　(b) 钢填板和钢夹板连接

(c) 钉板连接

(d) 齿板连接

图 11.3-8　典型的木结构连接节点

1. 节点类型

根据节点连接的材料，木结构连接节点有木材之间的连接、木材与钢材的连接、木材与混凝土的连接；根据节点连接的构件，有柱与梁的连接、柱与柱的连接、梁与桁架的连接、桁架杆件之间的连接等；根据节点连接的受力条件来说，有抗拉连接、抗压连接、抗弯连接等；根据节点紧固件的类型，有钉连接、螺钉连接、螺栓连接、销钉连接、齿板连接等。

木材之间常见的连接类型有：木夹板连接、钢填板连接和钢夹板连接这三种，如图 11.3-9 所示。木夹板连接节点（W-W-W）采用木材为侧板，利用钉、螺栓或销钉等紧固件进行连接；钢填板连接节点（W-S-W）是在木材内部预先开槽，填入钢板后利用紧固

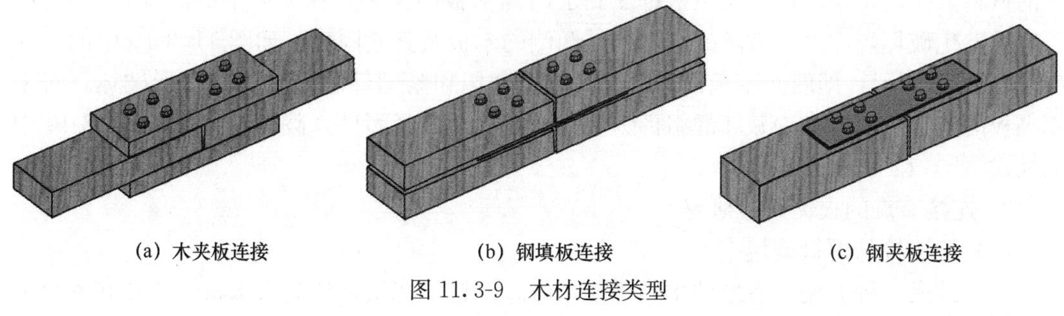

(a) 木夹板连接　(b) 钢填板连接　(c) 钢夹板连接

图 11.3-9　木材连接类型

件进行连接；钢夹板连接节点（S-W-S）则采用钢板作为侧板，使用的紧固件一般为螺钉、螺栓或销钉。当采用钢板作为辅助连接件时，会在钢板上预先开孔以便安装紧固件。

2. 破坏模式

木结构连接节点的破坏模式较为复杂，可能出现的破坏模式包括：木材剪切破坏、木材撕裂破坏、木材销槽承压破坏、螺栓或钉的抗弯屈服破坏；此外，木材与钢材的螺栓连接受力破坏模式还包括钢板受拉破坏和孔壁受压破坏等。其中，木材剪切破坏、木材撕裂破坏属于木材的脆性破坏；销槽受压破坏、螺栓抗弯屈服破坏、钢板受拉破坏和孔壁受压破坏属于木材或钢材的延性破坏。研究螺栓连接节点的破坏模式，应尽量避免出现脆性破坏，这对连接节点的受力分析和梁柱结构体系中螺栓连接的设计具有重要意义。

丹麦学者 Johansen 于 1941 年提出了节点“屈服理论”，该理论假定销槽受压和销钉受弯具有弹塑性变形能力，并根据材料力学方法推导得到螺栓或钉连接承载力的计算公式，后来被纳入多个国家的木结构设计规范。以木结构对称双剪连接节点为例，根据 Johansen 的节点“屈服理论”，该连接节点在常温下可能发生 4 种屈服破坏模式，如图 11.3-10 所示。

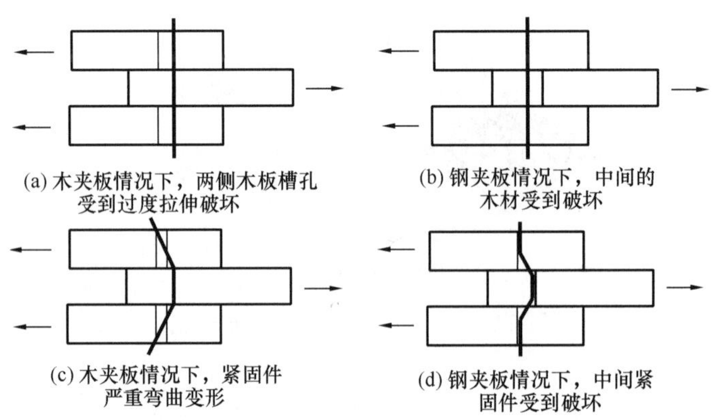

图 11.3-10　对称双剪连接的屈服破坏模式

木结构连接节点受火作用时的破坏模式主要有两种情形：一是木材销槽承压破坏导致槽孔被过度拉伸，从而造成连接节点破坏，这种模式通常在荷载比较小而紧固件直径较大的情况下发生；二是紧固件发生严重的弯曲破坏，这种模式通常在荷载比较大和紧固件直径较小的情况下发生。这两种模式都可能进一步导致木材的最终撕裂，从而造成延性及脆性的共同破坏。

研究表明，对于木夹板和钢填板的连接节点，其破坏模式相似。这主要是因为位于中间的材料，无论是木材还是钢填板都受到了两侧木板的保护，在火灾中的温度相对较低，不容易发生破坏，而发生破坏的组件则是两侧的木板及其紧固件，如图 11.3-10 中的模式（a）和（c）所示，即两侧木板槽孔的过度拉伸破坏和紧固件的严重弯曲变形破坏。对于钢夹板的连接节点，发生破坏的组件为中间的木材及其紧固件，破坏模式如图 11.3-10 中的模式（b）和（d）所示。

3. 连接节点的火灾试验研究

（1）钉连接与螺钉连接

钉连接是一种方便、有效的木结构连接方式。钉子能很好地钉入木材，避免在木材上预先开孔从而削弱木材的强度，与螺栓连接相比，钉子能把受力更好地分散到相对较大的受力面。一些大型的钉连接节点会采用预先钻孔的钢板作为辅助连接件，使钉连接也具有良好的结构受力性能，但由于钢板的暴露表面积较大，其节点的耐火性能会受到较大影响。

Noren对钉连接节点的耐火性能开展过较为全面的研究，测试了受拉条件下钉连接节点的破坏模式和破坏时间。图11.3-11显示了某典型试件在受拉条件下的位移-时间关系，所受拉力荷载比从10%到60%。从图中可以看出，破坏时间与试件所受拉力荷载比成反比。图中的荷载比为试件所受拉力与其抗拉强度的比值。

Noren认为钉连接节点受火作用时主要有两种破坏模式，即图11.3-12中的破坏模式1和4。图11.3-12还对比了分别按照破坏模式1和4计算的耐火时间与试验值。

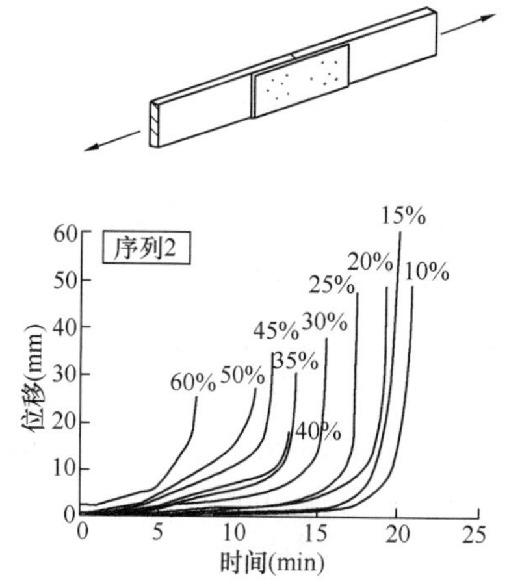

图11.3-11 受拉钉连接的耐火试验结果

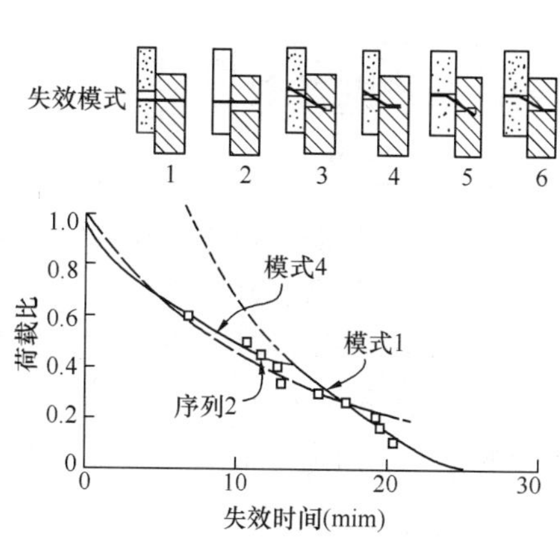

图11.3-12 钉连接节点的破坏模型及其耐火时间的计算

从图11.3-12可见，在较低荷载比下，节点试件的耐火时间较长，容易出现第1种破坏模式，即木端板被压碎而钉杆未发生弯曲；在较高的荷载比下，节点试件的耐火时间较短，容易发生第4种破坏模式，即钉杆出现弯曲变形。

在计算钉连接节点受火作用下的强度时，Noren采用的木材受压强度折损系数如图11.3-13所示。直线Ⅰ和Ⅱ分别表示干、湿木材的受压强度折损系数，且当采用折线III计算得到的强度与试验结果更吻合。

常温下，螺钉连接节点比钉连接节点更具优势，这是因为带螺纹的钉杆与木材的结合更为紧密，但螺钉的延性不如钉子。

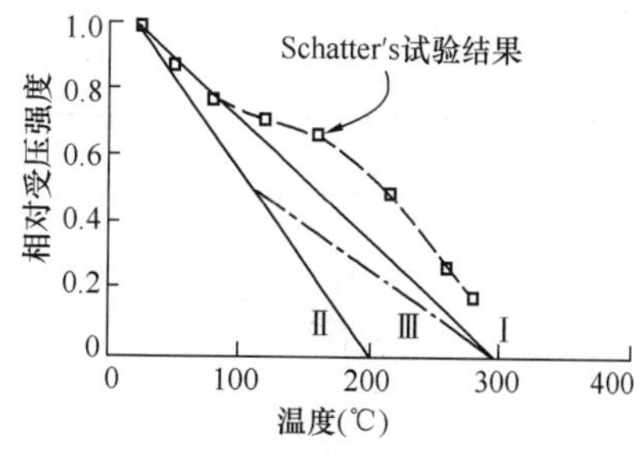

图11.3-13 木材受压强度折损系数模型

对螺钉连接节点在火灾下的性能的研究较少。新西兰的学者对螺栓连接和螺钉连接进行了实体火灾试验研究，节点试件采用木夹板连接方式，所用木材为LVL。结果表明，螺钉连接节点的耐火性能优于螺栓连接节点，见表11.3-3。研究者认为，其主要原因为螺栓有较大的暴露面积和截面积，更容易把热传递到木连接内部，从而导致节点失效。

(2) 螺栓及销钉连接

螺栓连接广泛用于重型木结构。常温下，采用较多数量且直径较小的螺栓连接的节点，其强度高于采用较少数量、直径较大的螺栓连接的节点的强度。销钉连接与螺栓连接类似，但螺帽与螺母能为螺栓提供轴向受力，从而增强螺栓连接节点的强度和稳定性。类似地，用于钉连接节点的理论也可用来分析螺栓或销钉连接。

LVL 木夹板连接的耐火试验结果 **表 11.3-3**

连接类型	参数	紧固件		设计强度	试验加载荷载	耐火时间
		类型	参数			
木夹板 W-W-W	木夹板厚度 45mm 中心材料厚度 63mm	螺栓	数量 6 颗 直径 12mm	88kN	29.2kN	21min
		螺钉	数量 27 颗 直径 3.1mm	88kN	29.2kN	32min

在欧洲，研究人员对采用螺栓和销钉的木夹板连接节点（W-W-W）和钢填板连接节点（W-S-W）开展了耐火试验，以确定这类连接节点受火作用时的耐火性能，并在此基础上提出了相应耐火极限的计算方法，试验结果见表 11.3-4。试验结果表明：

1）对 W-W-W 和 W-S-W 连接节点，侧板材料的厚度和荷载比对连接节点的耐火性能有较大影响，节点的耐火极限与荷载比成反比，增加侧板材料的厚度有利于提高构件的耐火极限。

2）当侧板的厚度和荷载比相同时，W-W-W 的耐火极限高于 W-S-W，因为钢板把更多的热量传递到木材内部，导致木材炭化速率加快，且高温下木材强度下降。

3）在同样条件下，使用销钉作为连接紧固件的节点的耐火性能要好于螺栓连接，因为螺帽和螺母的暴露面积较大，将使更多热量传递到节点内部。

研究还表明，紧固件的数量和直径对连接构件的耐火性能影响不大。但实际上，适当增加紧固件的数量和直径，可以提高连接节点在常温下的承载力，降低节点的荷载比，达到提高节点耐火性能的目的。

螺栓及销钉连接节点的耐火试验结果 **表 11.3-4**

连接及紧固件类型	紧固件数量 ($N_R \times N_C$) 及直径 (mm)	侧板材料厚度 t_1 (mm)	中心材料厚度 t_2 (mm)	材料宽度 h (mm)	荷载比	耐火时间 (min)	来源
W-W-W 螺栓	2×2，ϕ20	60	100	240	0.28	22	Dhima (1999)
					0.56	14	
	2×4，ϕ20	60	100	240	0.30	24	
					0.59	15	
	2×4，ϕ12	50	80	170	0.24	22	
					0.57	13	

续表

连接及紧固件类型	紧固件数量（$N_R \times N_C$）及直径（mm）	侧板材料厚度 t_1（mm）	中心材料厚度 t_2（mm）	材料宽度 h（mm）	荷载比	耐火时间（min）	来源
W-W-W 销钉	2×3，ϕ20	60	100	240	0.33	35	Dhima（1999）
					0.65	7	
	3×4，ϕ20	60	100	400	0.21	38	
					0.42	23	
	2×3，ϕ12	50	80	170	0.28	32	
					0.56	13	
W-W-W 销钉	2×4，ϕ16	64	112	254	0.10	59	Laplanche（2006）
					0.20	45；46	
					0.30	38	
	2×4，ϕ16	84	160	254	0.10	79	
					0.30	54	
W-S-W 螺栓	2×4，ϕ20	60	6	240	0.19	22	Dhima（1999）
					0.39	15	
	4×4，ϕ20	60	6	400	0.19	23	
					0.38	16	
	2×2，ϕ12	50	6	170	0.29	17	
					0.58	10	
	2×4，ϕ12	50	6	170	0.25	18	
					0.49	11	
	4×4，ϕ12	50	6	240	0.24	18	
					0.48	13	
W-S-W 销钉	2×4，ϕ16	76	8	254	0.1	55；56	Ayme（2003）
					0.2	41	
					0.3	36；36	
	2×4，ϕ20	75	10	294	0.1	52	
					0.3	37	
	2×4，ϕ12	77	6	214	0.1	54	
					0.3	39	
	2×4，ϕ20	100	10	294	0.1	90	
					0.3	45	

加拿大研究人员对采用螺栓的钢填板连接节点（W-S-W）和钢夹板连接节点（S-W-S）开展了耐火试验研究，结果见表 11.3-5。

螺栓连接节点的耐火试验结果 **表 11.3-5**

<table>
<tr><th>连接及紧固件类型</th><th>紧固件数量（$N_R \times N_C$）及直径（mm）</th><th>侧板材料厚度 t_1（mm）</th><th>中心材料厚度 t_2（mm）</th><th>材料宽度 h（mm）</th><th>荷载比</th><th>耐火时间（min）</th></tr>
<tr><td rowspan="13">W-S-W 螺栓</td><td rowspan="3">1×2，ϕ12.7</td><td rowspan="3">38</td><td rowspan="3">9.5</td><td rowspan="3">140</td><td>0.1</td><td>14.5；15</td></tr>
<tr><td>0.29</td><td>8</td></tr>
<tr><td>0.30</td><td>8.5</td></tr>
<tr><td rowspan="3">2×2，ϕ12.7</td><td rowspan="3">60</td><td rowspan="3">9.5</td><td rowspan="3">190</td><td>0.11</td><td>28</td></tr>
<tr><td>0.18</td><td>22.5</td></tr>
<tr><td>0.29</td><td>17.5</td></tr>
<tr><td rowspan="2">1×1，ϕ19.1</td><td rowspan="2">60</td><td rowspan="2">9.5</td><td rowspan="2">190</td><td>0.11</td><td>27</td></tr>
<tr><td>0.32</td><td>15</td></tr>
<tr><td rowspan="3">2×2，ϕ19.1</td><td rowspan="3">60</td><td rowspan="3">9.5</td><td rowspan="3">190</td><td>0.10</td><td>26</td></tr>
<tr><td>0.30</td><td>14</td></tr>
<tr><td>0.30</td><td>51①</td></tr>
<tr><td rowspan="3">2×2，ϕ19.1</td><td rowspan="3">80</td><td rowspan="3">9.5</td><td rowspan="3">190</td><td>0.10</td><td>36.5；43</td></tr>
<tr><td>0.29</td><td>19</td></tr>
<tr><td>0.29</td><td>34②</td></tr>
<tr><td rowspan="6">S-W-S 螺栓</td><td rowspan="3">2×2，ϕ12.7</td><td rowspan="3">9.5</td><td rowspan="3">80</td><td rowspan="3">190</td><td>0.10</td><td>14</td></tr>
<tr><td>0.30</td><td>8.5</td></tr>
<tr><td>0.30</td><td>41.5③</td></tr>
<tr><td rowspan="3">2×2，ϕ19.1</td><td rowspan="3">9.5</td><td rowspan="3">130</td><td rowspan="3">190</td><td>0.10</td><td>23.5</td></tr>
<tr><td>0.30</td><td>15.5</td></tr>
<tr><td>0.30</td><td>22.5④</td></tr>
</table>

注：①试件采用 15.9mm 厚的耐火石膏板对节点进行保护；
②试件采用 12.7mm 厚的胶合木板对节点进行保护；
③试件采用 15.9mm 厚的耐火石膏板对节点进行保护；
④试件采用 2mm 厚的膨胀型防火涂料对节点进行保护。

图 11.3-14 反映了荷载比和侧板厚度对 W-S-W 连接节点耐火极限的影响，节点的耐火极限与其荷载比成反比，增加侧板材料厚度有利于提高构件的耐火性能，这与欧洲学者的结论一致。对于 S-W-S 连接节点，由于钢板暴露在外，其耐火性能低于 W-S-W 连接节点。

表 11.3-5 还显示了防火保护方式对木结构连接节点的影响：采用一层 15.9mm 厚的耐火石膏板保护的节点，其耐火极限可提高 30min；采用双层 12.7mm 厚的胶合板保护的节点，其耐火极限仅提高 15min。

除上述三种常用 W-W-W、W-S-W 和 S-W-S 连接节点外，瑞士学者还研究了多片钢填板的木结构连接节点，如图 11.3-15 所示。

由于节点使用了多片钢板且钢板位于木结构中而受到一定保护，因而这种连接方式不仅在常温下具有较高的强度，而且具有较好的防火性能，试验结果见表 11.3-6。试验结

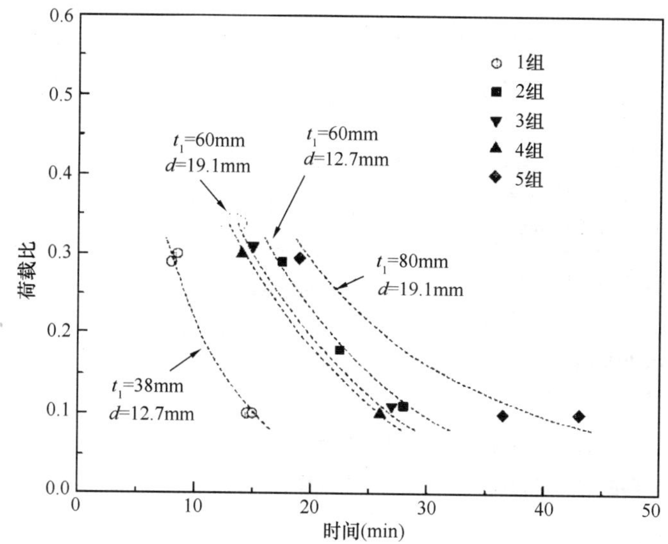

图 11.3-14　荷载比和侧板厚度对 W-S-W 连接节点耐火时间的影响

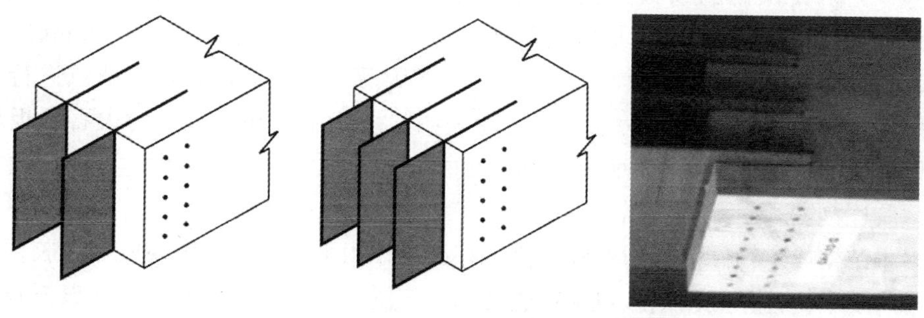

图 11.3-15　多片钢填板的木结构连接

果表明：对于无防火保护的多片钢填板木结构节点，其耐火极限均能达到 30min；降低节点的荷载比能提高其耐火极限，但效果并不明显；增加木材截面厚度可以显著提高节点的耐火极限，如把木材截面厚度从 200mm 增加到 280mm，耐火极限从约 33min 提高到 73min；采用木板或石膏板对节点进行包覆，可以提高节点的耐火极限，如采用 27mm 厚的木板进行保护，节点耐火极限可提高到 57min 或 72min；采用 15mm 的石膏板进行保护，耐火极限可提高到 60.5min；采用 18mm 的石膏板进行保护，耐火极限可提高到 61min。

多片钢填板的木结构连接耐火试验　　**表 11.3-6**

连接类型	木材截面尺寸	荷载比	耐火时间（min）
三片 5mm 厚钢填板； 销钉数量 9×2，直径 6.3mm	200mm×200mm	0.075	41；41.5
		0.15	34.5；38
		0.3	32；34
		0.3①	57；72
		0.3②	60.5；61

续表

连接类型	木材截面尺寸	荷载比	耐火时间（min）
三片 5mm 厚钢填板； 销钉数量 9×2，直径 6.3mm	280mm×280mm	0.3	73；73
三片 5mm 厚钢填板； 销钉数量 9×3，直径 6.3mm	200mm×200mm	0.3	30.5；32
三片 5mm 厚钢填板； 销钉数量 3×3，直径 6.3mm	200mm×200mm	0.3	32；33
两片 5mm 厚钢填板； 销钉数量 4×2，直径 12mm	200mm×200mm	0.3	34.5；35

注：①两个试件均采用 27mm 厚的木板对连接点进行保护。

②两个试件分别采用 15mm 和 18mm 厚的石膏板对连接点进行保护。

（3）齿板连接

齿板连接主要用于轻型木结构的屋顶桁架节点，齿板连接主要传递拉力，不适合用于传递压力。无防火保护的齿板连接节点的耐火性能较差。例如，截面尺寸为 38mm×89mm 的受拉实木构件，其耐火极限约为 13min；而截面尺寸为 38mm×89mm 的受拉实木构件，其齿板连接节点的耐火极限不到 6min。因此，必须对齿板连接节点进行有效的防火保护，才能达到较好的耐火性能。试验表明，采用 12.7mm 厚的耐火石膏板对木构件及齿板节点进行保护，可使其耐火极限达到 30min。

（4）胶连接

许多木结构或木构件都会用到胶连接。在高温作用下，采用热固性胶作为胶粘剂的胶连接通常与实木构件并无区别，包括在胶合木中广泛采用的甲苯二酚类或三聚氰胺类胶粘剂；而合成橡胶和树脂类胶粘剂对温度升高较为敏感，在火灾中的表现则较差。

11.3.3 木结构构件的耐火设计

木结构或者其他结构构件的耐火极限，一般需采用耐火试验方法进行测定，国家相关标准中给出的木结构构件耐火极限均为试验测定数据。设计师在设计构件时，可以根据设计所需耐火极限直接按照标准中规定的构造进行。当设计构件的构造与标准不同时，一般应通过试验来确定；当设计的构件截面尺寸比标准中规定的尺寸大，或者轻木构件中木龙骨间隔更小或者保温隔热材料更厚，设计师可以采用类比推论其是否满足要求。显然，通过耐火试验来确定构件的耐火性能，不仅花费大，而且费时多。因此，一些国家在大量试验研究的基础上，确定了木结构构件的耐火极限计算方法，因而大部分木结构构件均可以直接通过计算来确定其耐火时间，大大方便了木结构构件的设计。

1. 轻型木结构的耐火极限计算

美国和加拿大推荐使用组件相加法（Component AdditiveMehtod）确定轻型墙体、楼板和屋顶的耐火极限。组件相加法由加拿大国家研究院首先提出，并纳入了加拿大和美国的相关标准。

轻型木结构构件的耐火极限，很大程度上取决于其保护层的种类和厚度。为了便于确定保护层对构件耐火极限的影响，Harmathy 提出了 10 条普遍规律，如图 11.3-16 所示。

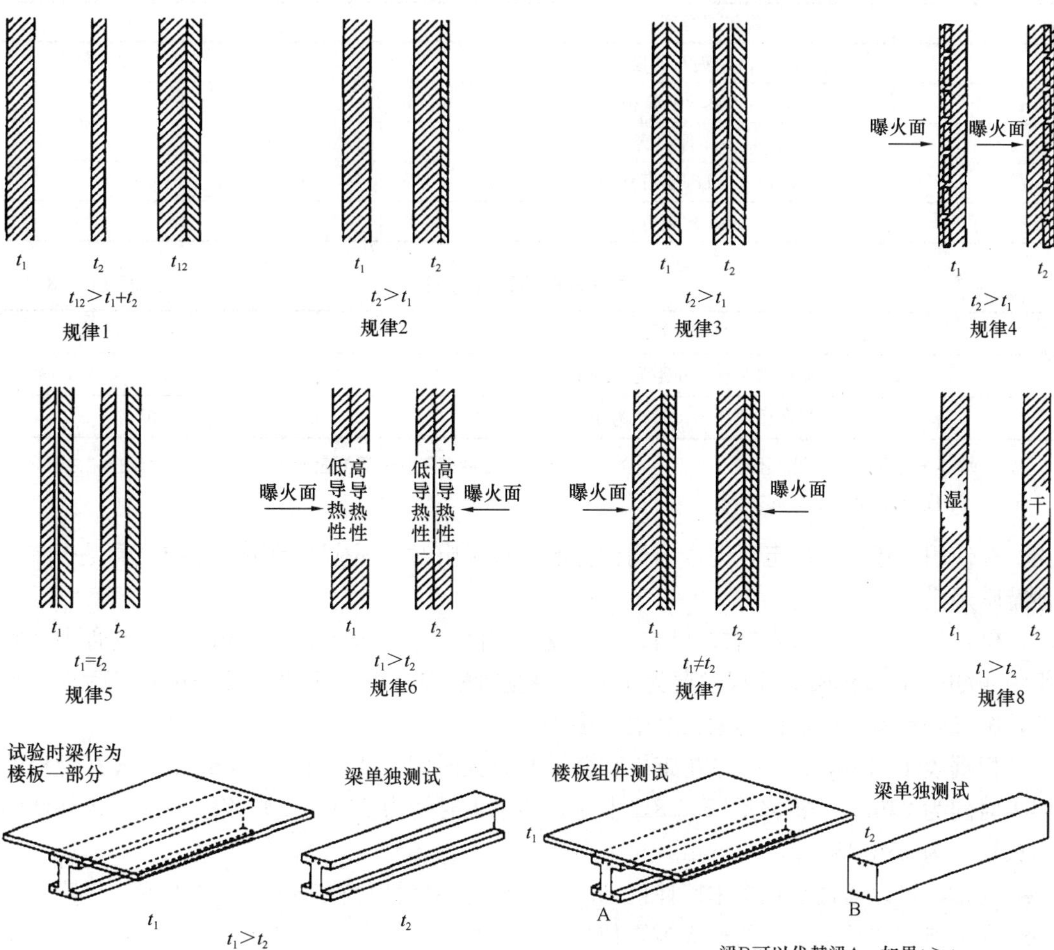

图 11.3-16 Harmathy 规律

根据 Harmathy 规律 1 和规律 2，可以认为，轻型木结构构件的耐火时间至少不低于其保护层的耐火时间加上木框架的耐火时间。为此，依据美国 ASTM-E119 规定的耐火试验方法，并假设在试验过程中保护层不脱落，北美给出了轻木构件保护层的耐火时间（表 11.3-7）和木龙骨框架的耐火时间（表 11.3-8）。

轻木构件保护层耐火时间 **表 11.3-7**

保护层类型	时间（min）
9.5mm 厚花旗松胶合板（酚醛胶）	5
13mm 厚花旗松胶合板（酚醛胶）	10
16mm 厚花旗松胶合板（酚醛胶）	15
9.5mm 厚石膏板	10
13mm 厚石膏板	15
16mm 厚石膏板	20

续表

保护层类型	时间（min）
13mm 耐火石膏板	25
16mm 厚耐火石膏板	40
双层 9.5mm 厚石膏板	25
13mm+9.5mm 厚石膏板	35
双层 13mm 厚石膏板	40

木龙骨框架耐火时间 **表 11.3-8**

框架描述	时间（min）
墙体木龙骨，间距为 406mm	20
楼板和屋顶托梁，间距为 406mm	10

注：墙体木龙骨的最小截面不应小于 51mm×102mm，木托梁的最小厚度不应低于 51mm，龙骨或托梁之间的中心间距不应大于 406mm。

在使用上述方法确定轻型木结构构件的耐火极限时，还应查看相关标准，看是否有其他特殊规定。

例：如果一面轻型木结构外墙，其木龙骨截面尺寸为 51mm×102mm，木龙骨中心间距为 406mm，墙体曝火面保护层为 16mm 厚花旗松胶合板，外贴一层 13mm 厚耐火石膏板，则该轻型木结构墙体的耐火极限是多少？

根据表 11.3-7，16mm 厚花旗松胶合板的耐火时间为 15min，13mm 厚耐火石膏板的耐火时间为 25min。根据表 11.3-8，木龙骨的耐火时间为 20min，则该轻型木结构外墙的耐火极限为 15+25+20=60min。

通常，可以通过在轻型木墙体内部填充岩棉等不燃性材料来提高墙体的耐火极限。

在瑞典，非承重墙体的耐火极限依据下式计算：

$$b_t = b_1k_1 + b_2k_2 + b_3k_3 + \cdots = b_nk_n \tag{11.3-3}$$

式中 b_t——墙体的总耐火极限（min）；

b_n——第 n 层的耐火时间（min）；

k_n——保护层的位置系数，表示保护层相对于曝火面的位置。

2. 胶合木结构的耐火极限计算

胶合木构件的耐火极限，可以通过标准火灾试验进行测试，也可以通过计算确定。胶合木在国际上应用广泛，如果每个建筑工程都通过耐火试验确定其胶合木构件的耐火极限，于人力、物力和财力都是一种浪费。

截面尺寸较大的木构件在火灾中的表现证明，大构件本身的炭化作用使其具有较高的耐火性能。当胶合木构件暴露在火中时，表面形成的炭化层能起到良好的隔热作用，阻止火进一步对构件内部产生作用。木材的炭化速率是指已炭化的炭层厚度与木材受火时间的比值。大量试验证明，木材的炭化速率基本恒定。尽管各国采用的试验标准有所不同，但国际上不同试验室测得的木材的炭化速率基本一致。因此，可以根据建筑构件所需耐火极限及其设计荷载计算出能满足要求的胶合木梁和柱的截面尺寸。

（1）胶合木构件的耐火极限计算原理

如图 11.3-17 所示为三面受火的梁，初始截面形状为矩形，假定构件截面的初始宽度为 B、高度为 D。经过在火中的暴露时间 t 后，构件的截面尺寸减少至宽度 b、高度 d。构件燃烧时，因为梁的两侧角部受到来自两个方向的热量传递，炭化速度比其他地方快，所以，燃烧后的截面不再是矩形。在炭化层与常温层之间，有一层温度约为 2880℃的过渡层。这一层的厚度大约为 38mm。燃烧后构件的中部剩余的窄长的常温部分，由于设计中附加的安全考虑，使得其在构件截面减小以后，仍能承担部分设计荷载。只有当常温层承载的荷载超过最大承载力时，构件才会出现破坏。

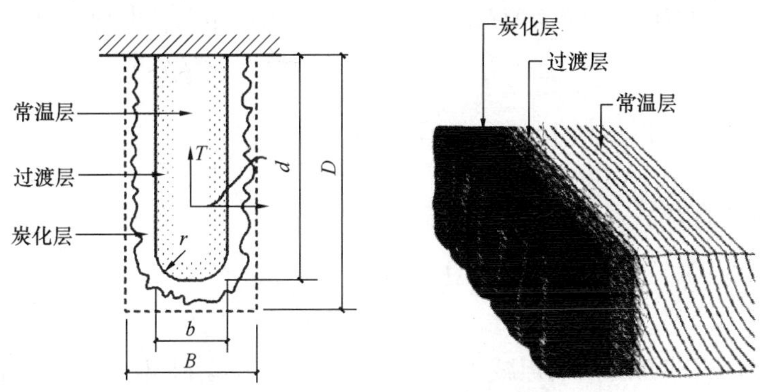

图 11.3-17 胶合木构件的炭化

受弯构件在火灾中，由于截面面积矩减小，当承担的荷载产生的弯矩超过大抗弯承载力时，构件就会出现破坏。顺纹受拉构件在火灾中，由于截面减小，当承担的荷载产生的拉力超过最大抗拉承载力时，构件就会出现破坏。

顺纹受压构件在火灾中，其破坏模式与柱的长细比有关。柱的长细比，随着构件在火灾中暴露的时间而改变。对于短柱来说，由于截面减小，当荷载产生的压力超过极限抗压承载力时，构件就会破坏。对于长柱，由于截面惯性矩的减小，当临界弯曲荷载超过设计要求时，就会破坏。

北美目前的建筑规范中采用的计算胶合木结构小于或等于 1h 耐火极限的计算方法是通过试验和理论结合推导出来的。大量的试验表明，木构件表面炭化的速率为 0.60mm/min，过渡层的厚度约为 38mm。研究表明，不同树种的木构件的极限承载力和刚度，在火灾中，其未炭化的部分，都能达到原来强度的 85%～90%。考虑到这种作用，可以采用折减系数 α 对强度和刚度进行统一折减。此外，系数 k 为设计荷载与极限荷载的比值。在这里，k 值取 0.33（即安全系数为 3）。考虑强度和刚度的折减，α 取 0.8。

胶合木构件的受火情况分成三面受火和四面受火，在实际工程中的情况如图 11.3-18 所示。

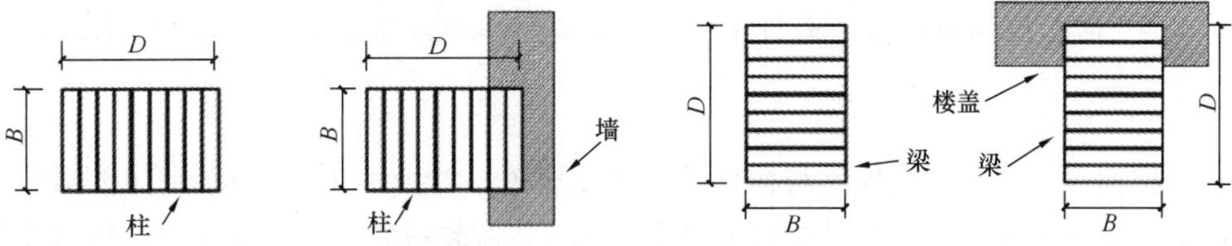

图 11.3-18 构件的受火面示意

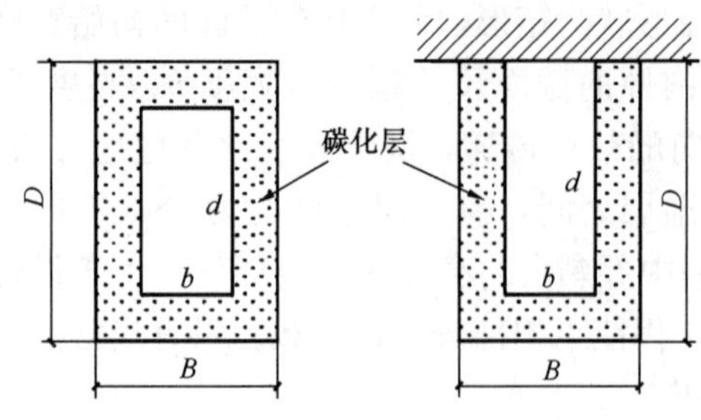

图 11.3-19　胶合木构件耐火极限计算简图

计算中，假定燃烧以后的截面仍是矩形，采用这个假定，截面的初始宽度为 B，高度为 D，经过在火中的暴露时间 t 后，构件的截面尺寸减小为宽度 b、高度 d，如图 11.3-19 所示。此处 b 和 d 与构件的燃烧时间以及炭化速度 β 有关。假定炭化速度在每个方向相同，则构件在火灾中的暴露时间 t 和初始及终结的尺寸，通过炭化速度 β 得到以下关系：

当构件四面受火时：

$$t=\frac{B-d}{2\beta}=\frac{D-d}{2\beta} \tag{11.3-4}$$

当构件三面受火时：

$$t=\frac{B-b}{2\beta}=\frac{D-d}{\beta} \tag{11.3-5}$$

对于梁构件，当截面的面积矩减小到临界数值时，梁会破坏。假定安全系数为 k，荷载系数为 Z，强度与刚度采用同样的折减系数 α，则关键截面由下式决定：

$$kZ\frac{BD^2}{6}=\alpha\frac{bd^2}{6} \tag{11.3-6}$$

式中　k——设计荷载与极限荷载的比值；

Z——荷载系数，按图 11.3-19 确定；

α——强度和刚度的折减系数。

如果已知构件的截面尺寸为 B 和 D，可以通过式（11.3-4）和式（11.3-5）求出耐火时间 t。方程的解需通过试算法解决。这一过程较为烦琐，为了简化计算，可以将上述公式进行简化。令 $\alpha=0.8$、$k=0.33$，得出计算胶合梁小于或等于 1h 耐火极限的计算公式如下：

当构件四面受火时：

$$t_{\mathrm{f}}=0.1ZB\left(4-2\frac{B}{D}\right) \tag{11.3-7}$$

当构件三面受火时：

$$t_{\mathrm{f}}=0.1ZB\left(4-\frac{B}{D}\right) \tag{11.3-8}$$

式中　R——荷载作用与承载力设计值的比值。当 $R<0.5$ 时，$Z=1.3$；当 $R\geqslant1.5$ 时，$Z=0.7+\frac{1.3}{R}$。

对于柱构件，柱的破坏模式与构件的长细比有关，对于短柱，当截面面积减小到临界值时，发生短柱破坏模式。此处假设安全系数为 k，荷载系数为 Z，强度的平均折减为 α，这样关键截面由下式决定：

$$kZBD = \alpha bd \tag{11.3-9}$$

发生长柱破坏时，当截面破坏到一定程度时，截面的惯性模量达到临界值。此处假定安全系数为 k，荷载系数为 Z，强度的平均折减为 α，关键截面由下式决定：

$$kZ\frac{BD^3}{12} = \alpha\frac{bd^3}{12} \tag{11.3-10}$$

式中　D——柱截面中窄边的尺寸，柱的屈曲发生在弱的方向。

此处假定初始尺寸为 B（长边尺寸）和 D（短边尺寸），短柱的耐火极限通过式（11.3-4）、式（11.3-5）和式（11.3-9）求得，长柱的耐火极限可以通过式（11.3-4）、式（11.3-5）和式（11.3-10）求得。同样，为了简化计算，采用公式（11.3-6）作为平均值代替公式（11.3-9），用于短柱，代替公式（11.3-10）用于长柱。所以，当 $\alpha=0.8$、$k=0.33$ 时，得出计算胶合木柱小于或等于 1h 耐火极限的计算公式如下：

对于四面受火柱：

$$t_f = 0.1ZB\left(3-\frac{B}{D}\right) \tag{11.3-11}$$

对于三面受火柱：

$$t_f = 0.1ZB\left(3-\frac{B}{2D}\right) \tag{11.3-12}$$

式中　B——构件截面的长边；

D——构件截面的短边；

Z——荷载系数，取值可如图 11.3-20 所示，对于短柱（当 $k_eL/D\leqslant 11$ 时），Z 值为：当 $R<0.5$ 时，$Z=1.5$；当 $R\geqslant 0.5$ 时，$Z=0.9+\frac{0.3}{R}$；对于长柱（当 $k_eL/D>11$ 时），Z 值为：当 $R<0.5$ 时，$Z=1.3$；当 $R\geqslant 0.5$ 时，$Z=0.7+\frac{0.3}{R}$。其中，k_e 为柱的有效长度系数；L 为支撑点之间的柱高度；R 为荷载作用与承载力设计值的比值。

（2）胶合木结构构件的耐火极限计算方法应用条件

对于构件耐火极限的计算公式，在三面受火时，不适用于构件宽面背火的情况，即上述计算公式，仅当柱的某条短边为不受火面时，才能成立。另外，当柱嵌入墙体中时，计算时，仍按柱的全截面尺寸，如图 11.3-18 所示。此外，当采用上述公式计算构件的耐火极限时，还要求构件在受火前的截面小尺寸不得小于 140mm×140mm。

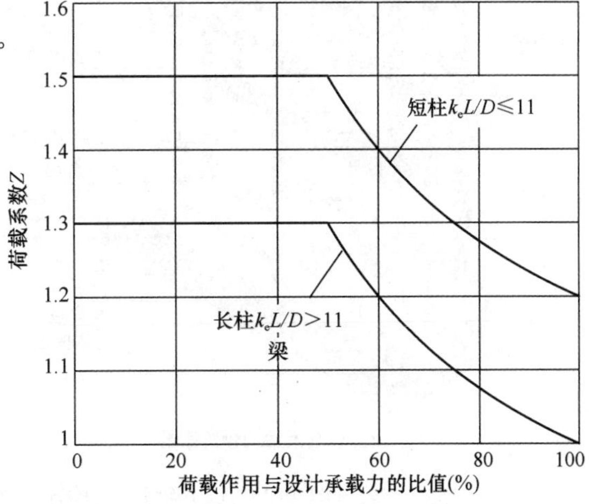

图 11.3-20　荷载系数的取值

【例题】 结构胶合梁截面尺寸为 175mm×380mm，三面受火，荷载作用为抗弯强度设计值的 80%。求结构胶合木梁的耐火极限。

解：本题中，$B=175\text{mm}$，$D=380\text{mm}$；根据图 11.3-20：当构件为三面受火的梁，且荷载作用为强度设计值的 80%时，其荷载系数 $Z=1.075$。

$$T=0.10ZB\left(4-\frac{B}{D}\right)=0.1\times1.075\times175\times\left(4-\frac{175}{380}\right)=66.6\text{min}$$

所以，该结构胶合梁的耐火极限为 1h。

11.3.4 木结构构件的防火设计

国际上木结构建筑体系主要分为轻型木结构体系和重型木结构体系。体系不同，木结构构件在进行防火设计时所采取的保护方法和手段也不同。

1. 轻型木结构构件

轻型木结构应用比较广泛。一些小型的住宅建筑、办公建筑、商业建筑和中、低危险等级的工业建筑，都可采用此种结构形式。

轻型木结构体系利用主要结构构件与次要结构构件的组合框架承受房屋各种平面和空间的荷载作用。轻型木结构墙体的木龙骨通常采用 38mm×89mm 或 38mm×140mm 等规格的锯材，楼盖木搁栅通常采用 38mm×235mm 等规格的锯材或工字梁，见图 11.3-21（a）。图 11.3-21（b）是典型的墙体和楼盖的构造示意图。龙骨和搁栅的具体尺寸和间隔距离，取决于荷载大小以及所采用的墙体和楼面覆面材料的类型和厚度，其排列间距一般为 300～600mm，常用的覆面板材有胶合板、定向刨花板和石膏板等。

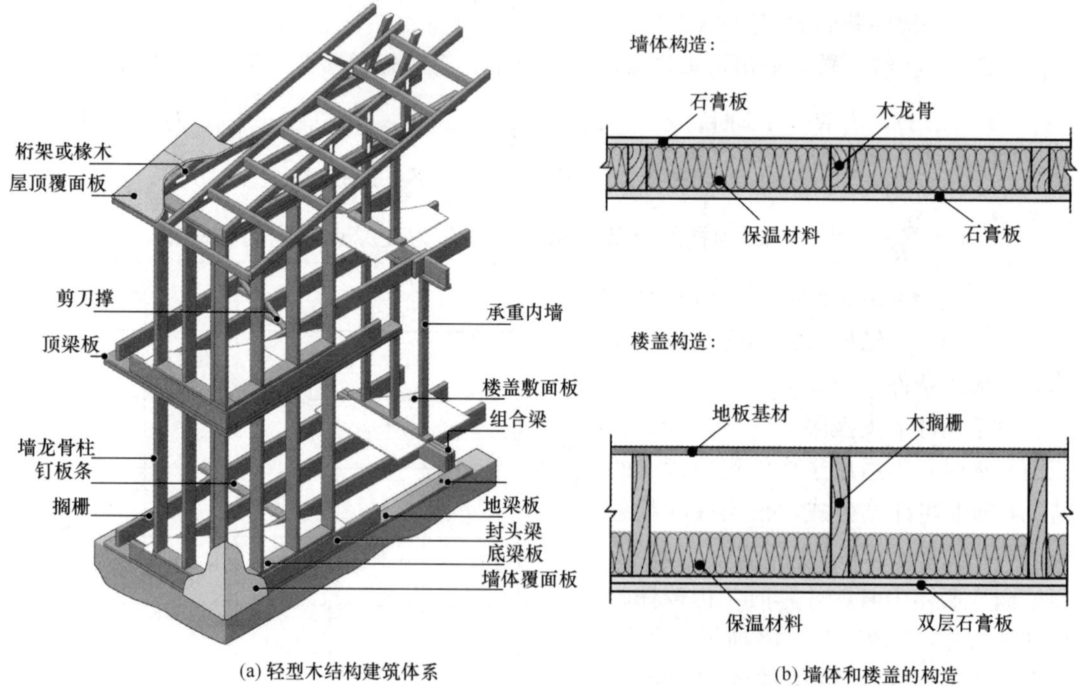

(a) 轻型木结构建筑体系　　(b) 墙体和楼盖的构造

图 11.3-21　轻型木结构建筑体系及墙体、楼盖构造

单纯的轻型木骨架墙体，在应用上所受的限制较少。除可用于纯木结构建筑中外，还可以用于钢筋混凝土框架或者钢结构框架建筑中。

对于规范要求达到一定耐火极限的轻型木结构构件，其防火措施主要是用岩棉（玻璃棉）、普通石膏板或耐火石膏板等材料对构件进行填充和包覆，以阻断火焰或高温直接作用于木龙骨。实践中，采用何种保温隔热材料或者何种石膏板，则由构件所需达到的耐火极限决定。试验证明，通过合理选择材料和组装方法，采取防火保护措施后的轻型木楼板和墙体构件的耐火时间可较容易地达到 0.75～2.00h。

2. 重型木结构构件

重型木结构主要通过限定木构件的大小、厚度、木楼板的组装方法以及避免在楼板和屋顶下出现隐蔽空间等方法来提高其防火性能。如《加拿大国家建筑规范》（National Building Code of Canada）规定，当构件的耐火极限不超过 0.75h 时，可以采用重型木结构。对于重型木结构建筑，其木结构构件必须达到一定尺寸。表 11.3-9 为《加拿大国家建筑规范》（National Building Code of Canada）有关重型木结构构件的最小尺寸要求。

重型木结构中木构件的最小尺寸（mm） **表 11.3-9**

支撑构件	结构构件	实木锯材（宽×厚）	胶合木（宽×厚）	圆形（直径）
屋顶	柱	140×191	130×190	180
	在墙顶部或邻接处受到支撑的拱架	89×140	80×152	—
	横梁、大梁、桁架	89×140	80×152	—
	在楼板基线或附近受到支撑的拱架	140×140	130×152	—
楼板屋顶	柱	191×191	175×190	200
	横梁、大梁	140×241	130×228	—
	桁架和拱架	或 191×191	或 175×190	—

重型木材本身具有一定的防火能力。燃烧过程中，木材在其表面形成一定厚度的炭化层。该炭化层能够阻止火焰继续烧入木材内部。如果重型木构件的尺寸满足耐火计算要求，其中的未燃烧部分仍能保持该构件所应具备承载力的 85%～90%。国外大量的试验研究表明，标准耐火试验条件下木材的炭化速率基本不变。北美、欧洲和新西兰等在其规范中明确规定了不同木材的炭化速率。对于实木和胶合木，北美一般采用 0.635mm/min；欧洲规范《木结构设计》（Eurocode 5：Design of timber structures—Part 1-2：General-structural fire design）根据木材的软硬来分别确定，软木一般采用 0.65mm/min，硬木则采用 0.5mm/min；新西兰的木结构标准 Timber Structures Standard 规定的软木炭化速率为 0.65mm/min。当然，为了达到良好的耐火性能，重型木构件还应具有其他特性，比如木构件应为实心锯木，并且表面应光滑平整，尽量减少受火面积。

重型木构件用作梁、柱、屋架或楼板等不同构件时，要达到规范对不同构件的耐火要求，其用材类型、构造方式以及连接方式也应满足相应要求。

除了通过增加截面尺寸的方式达到规定的耐火极限外，还可在重木结构外包覆石膏板或耐火石膏板等方式提高其耐火极限，达到规定的防火设计要求。如果相关规定对重木结构的燃烧性能有明确要求，则可在重木结构构件外包覆石膏板、涂刷达到难燃性等级的防火涂料或阻燃涂料等方式来实现。

除以上两种体系外，在北美、欧洲和日本等地区和国家，木结构与钢筋混凝土结构或钢结构等结构组合建造的建筑形式也比较普遍。木结构组合建筑允许建筑设计师充分利用木材、混凝土、砖石、钢等材料各自的优良特性，提高建筑的性能，节约成本，从而达到任一单一材料和建筑工艺无法达到的效果。

为了方便木结构构件的防火设计，应急管理部天津消防研究所进行了系列木结构构件试验，确定了相应构件的标准构造方法。设计人员在设计木结构建筑主要构件的燃烧性能和耐火极限时，可直接参考表 11.3-10 中各类木结构构件的构造形式。如果木结构建筑主要构件的构造满足了表 11.3-10 相应构件的构造要求，则其燃烧性能和耐火极限即视为达到了该构件需要满足的耐火极限要求。但对于多高层木结构建筑的部分构件，目前尚无标准构造方法。

各类木结构构件的燃烧性能和耐火极限　　表 11.3-10

<table>
<tr><th colspan="3">构件名称</th><th>截面图和结构厚度或截面最小尺寸（mm）</th><th>耐火极限（h）</th><th>燃烧性能</th></tr>
<tr><td rowspan="4">承重墙</td><td rowspan="2">木龙骨两侧钉石膏板的承重内墙</td><td>（1）15mm 耐火石膏板；
（2）木龙骨：截面尺寸为 40mm×90mm；
（3）填充岩棉或玻璃棉；
（4）15mm 耐火石膏板，木龙骨的间距为 400mm 或 600mm</td><td>厚度 120 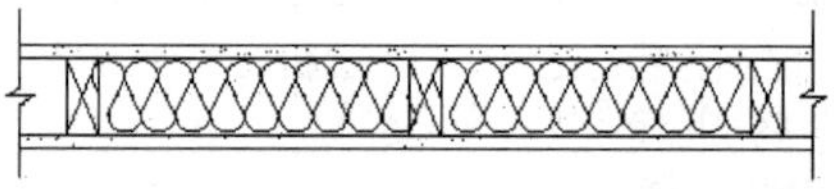</td><td>1.00</td><td>难燃性</td></tr>
<tr><td>（1）15mm 耐火石膏板；
（2）木龙骨：截面尺寸为 40mm×140mm；
（3）填充岩棉或玻璃棉；
（4）15mm 耐火石膏板，木龙骨的间距为 400mm 或 600mm</td><td>厚度 170 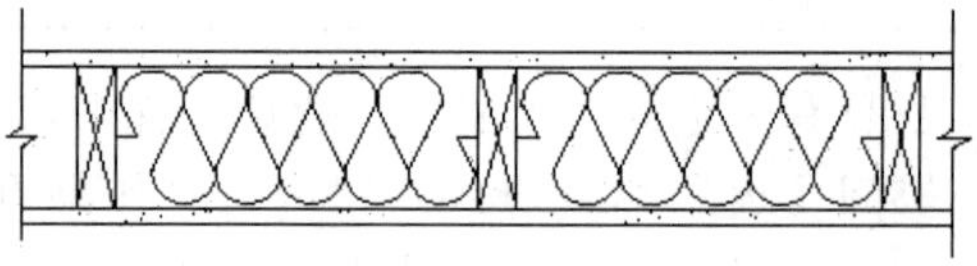</td><td>1.00</td><td>难燃性</td></tr>
<tr><td rowspan="2">木龙骨两侧钉石膏板+定向刨花板的承重外墙</td><td>（1）15mm 耐火石膏板；
（2）木龙骨：截面尺寸为 40mm×90mm；
（3）填充岩棉或玻璃棉；
（4）15mm 定向刨花板，木龙骨的间距为 400mm 或 600mm</td><td>厚度 120
曝火面 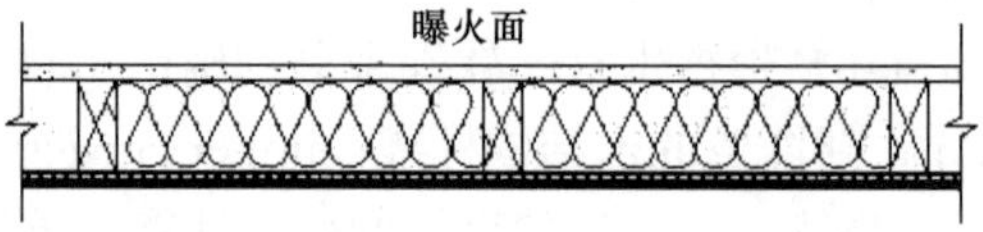</td><td>1.00</td><td>难燃性</td></tr>
<tr><td>（1）15mm 耐火石膏板；
（2）木龙骨：截面尺寸为 40mm×140mm；
（3）填充岩棉或玻璃棉；
（4）15mm 定向刨花板，木龙骨的间距为 400mm 或 600mm</td><td>厚度 170
曝火面 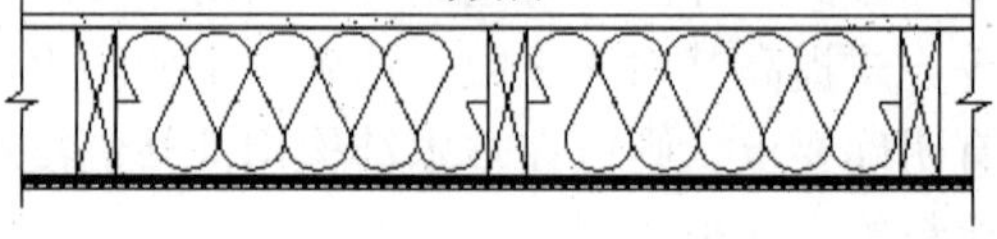</td><td>1.00</td><td>难燃性</td></tr>
</table>

续表

构件名称			截面图和结构厚度或截面最小尺寸（mm）	耐火极限（h）	燃烧性能
非承重墙	木龙骨两侧钉石膏板的非承重内墙	（1）双层 15mm 耐火石膏板； （2）双排木龙骨，木龙骨截面尺寸为 40mm×90mm； （3）填充岩棉或玻璃棉； （4）双层 15mm 耐火石膏板，木龙骨的间距为 400mm 或 600mm	厚度 245 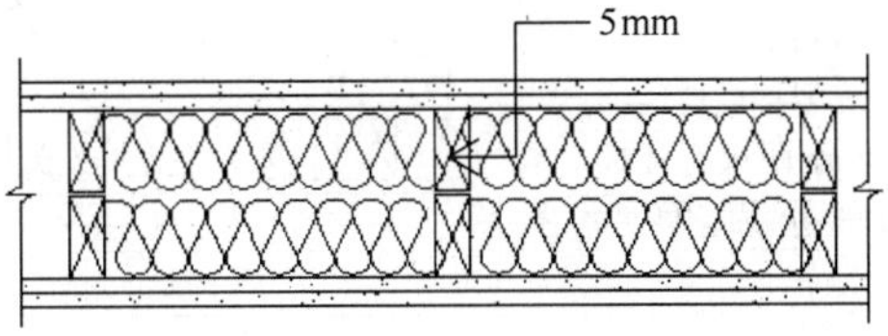 5mm	2.00	难燃性
	木龙骨两侧钉石膏板的非承重内墙	（1）双层 15mm 耐火石膏板； （2）双排木龙骨交错放置在 40mm×140mm 的底梁板上，木龙骨截面尺寸为 40mm×90mm； （3）填充岩棉或玻璃棉； （4）双层 15mm 耐火石膏板，木龙骨的间距为 400mm 或 600mm	厚度 200 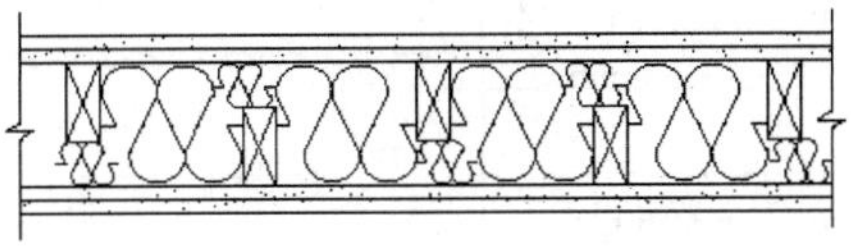	2.00	难燃性
		（1）双层 12mm 耐火石膏板； （2）木龙骨：截面尺寸为 40mm×90mm； （3）填充岩棉或玻璃棉； （4）双层 12mm 耐火石膏板，木龙骨的间距为 400mm 或 600mm	厚度 138 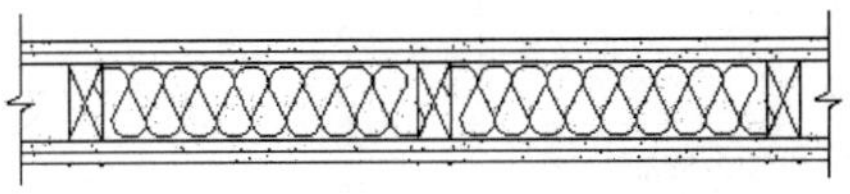	1.00	难燃性
		（1）12mm 耐火石膏板； （2）木龙骨：截面尺寸为 40mm×90mm； （3）填充岩棉或玻璃棉； （4）12mm 耐火石膏板，木龙骨的间距为 400mm 或 600mm	厚度 114 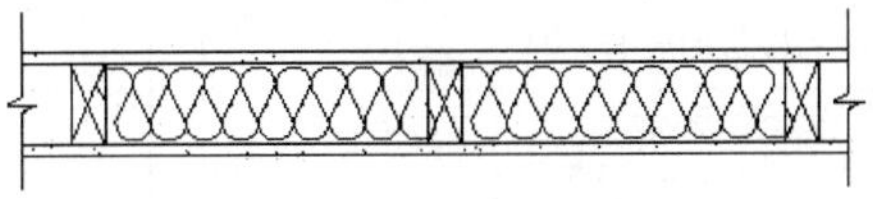	0.75	难燃性
		（1）15mm 普通石膏板； （2）木龙骨：截面尺寸为 40mm×90mm； （3）填充岩棉或玻璃棉； （4）15mm 普通石膏板，木龙骨的间距为 400mm 或 600mm	厚度 120 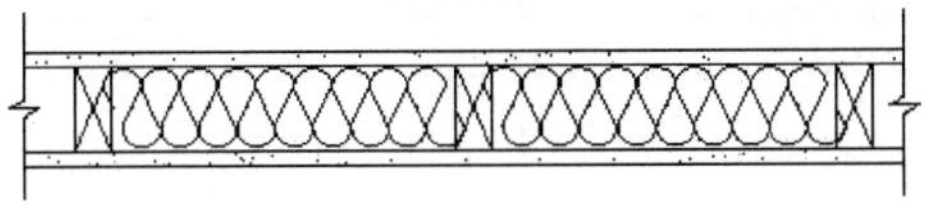	0.50	难燃性
	木龙骨两侧钉石膏板或定向刨花板的非承重外墙	（1）12mm 耐火石膏板； （2）木龙骨：截面尺寸为 40mm×90mm； （3）填充岩棉或玻璃棉； （4）12mm 定向刨花板，木龙骨的间距为 400mm 或 600mm	厚度 114； 曝火面 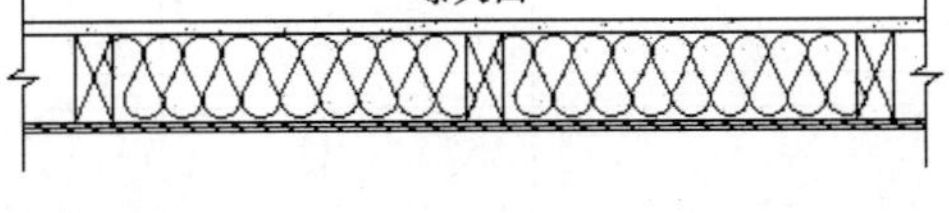	0.75	难燃性

续表

构件名称			截面图和结构厚度或截面最小尺寸（mm）	耐火极限（h）	燃烧性能
非承重墙	木龙骨两侧钉石膏板或定向刨花板的非承重外墙	（1）15mm 耐火石膏板；（2）木龙骨：截面尺寸为 40mm×90mm；（3）填充岩棉或玻璃棉；（4）15mm 耐火石膏板，木龙骨的间距为 400mm 或 600mm	厚度 120；曝火面	1.25	难燃性
		（1）12mm 耐火石膏板；（2）木龙骨：截面尺寸为 40mm×140mm；（3）填充岩棉或玻璃棉；（4）12mm 定向刨花板，木龙骨的间距为 400mm 或 600mm	厚度 164；曝火面	0.75	难燃性
	木龙骨两侧钉石膏板或定向刨花板的非承重外墙	（1）15mm 耐火石膏板；（2）木龙骨：截面尺寸为 40mm×140mm；（3）填充岩棉或玻璃棉；（4）15mm 耐火石膏板，木龙骨的间距为 400mm 或 600mm	厚度 170；曝火面	1.25	难燃性
柱		支撑屋顶和楼板的胶合木柱（四面曝火）：（1）横截面尺寸：200mm×280mm	200；280	1.00	可燃性
		支撑屋顶和楼板的胶合木柱（四面曝火）：（2）横截面尺寸：272mm×352mm 横截面尺寸在 200mm×280mm 的基础上每个曝火面厚度各增加 36mm	272；352	1.00	可燃性
梁		支撑屋顶和楼板的胶合木梁（三面曝火）：（1）横截面尺寸：200mm×400mm	200；400	1.00	可燃性

续表

构件名称		截面图和结构厚度或截面最小尺寸（mm）	耐火极限（h）	燃烧性能
梁	支撑屋顶和楼板的胶合木梁（三面曝火）： （2）横截面尺寸：272mm×436mm 截面尺寸在200mm×400mm的基础上每个曝火面厚度各增加36mm	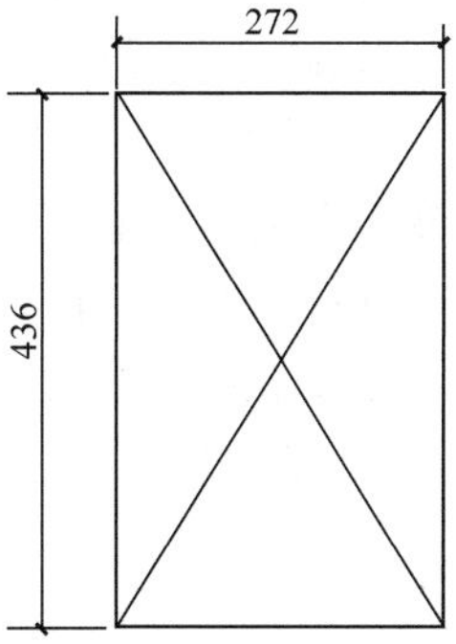 272 436	1.00	可燃性
楼板	（1）楼面板为18mm定向刨花板或胶合板； （2）楼板搁栅40mm×235mm； （3）填充岩棉或玻璃棉； （4）顶棚为双层12mm耐火石膏板，采用实木搁栅或工字木搁栅，间距为400mm或600mm	厚度277 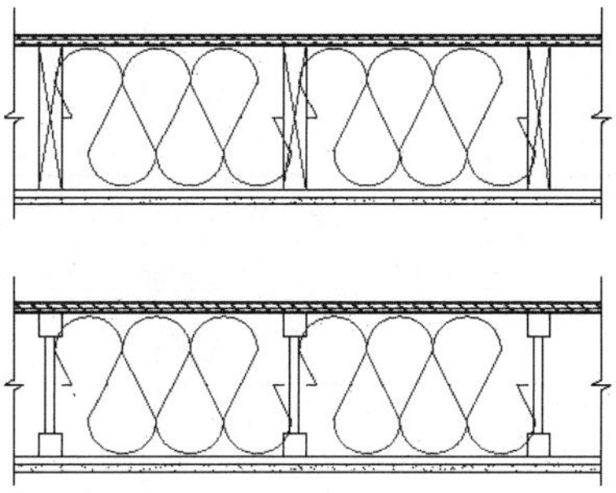	1.00	难燃性
屋顶承重构件	（1）屋顶椽条或轻型木桁架 （2）填充保温材料； （3）顶棚为12mm耐火石膏板，木桁架的间距为400mm或600mm	椽檩屋顶截面 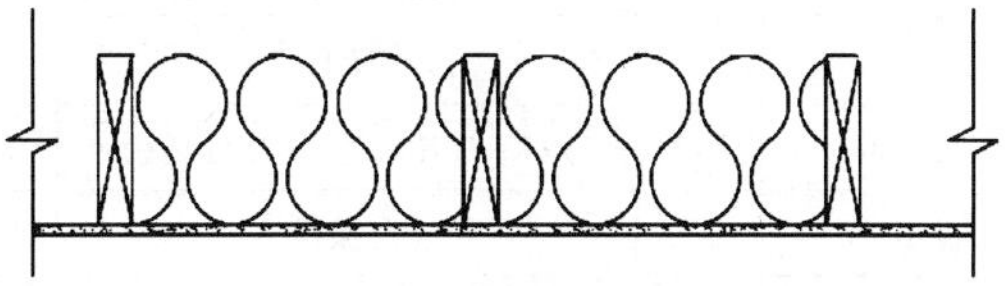 轻型木桁架屋顶截面 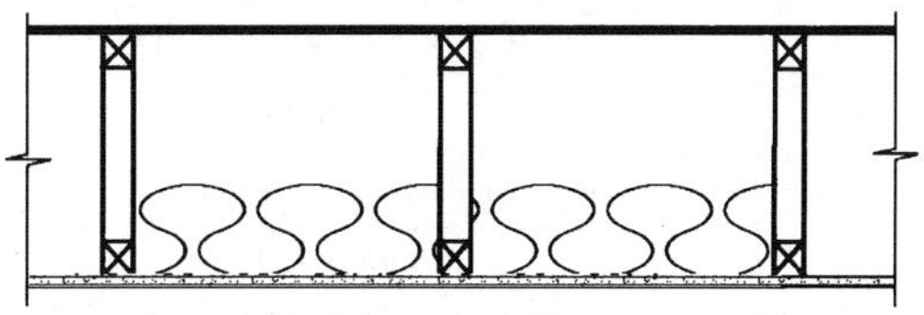	0.50	难燃性
吊顶	（1）实木楼盖结构40mm×235mm； （2）木板条30mm×50mm（间距为400mm）； （3）顶棚为12mm耐火石膏板	独立吊顶，厚度42mm。总厚度277mm 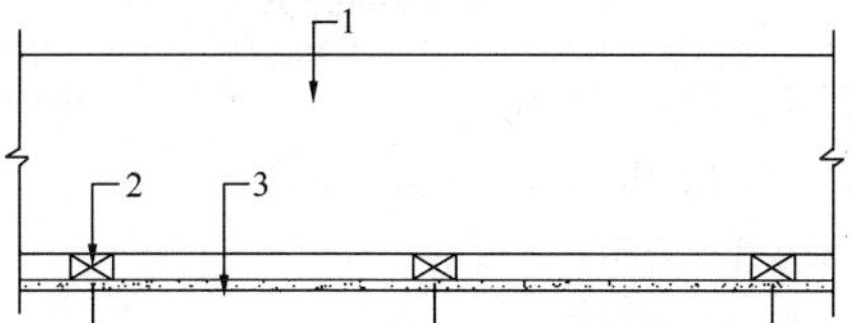 1 2 3 406 406	0.25	难燃性

11.3.5 木结构构件耐火试验

1. 北美 CLT 试验研究

CLT 是 20 世纪 90 年代以来在奥地利和德国率先开发的全新工程木产品。自其诞生之后，便得到广泛的青睐。目前国际上出现的高层木结构建筑，多数采用 CLT 这种新型工程木产品。为了保证 CLT 产品的科学、安全应用，美国、加拿大、欧洲等国家制定了 CLT 的生产标准以及质量保证体系，同时还对 CLT 作为一种建筑材料的各种性能，如抗震、结构、隔声以及防火等进行了大量的试验和深入研究。

表 11.3-11 给出了 FPInnovations 和加拿大国家研究院、加拿大木业协会及美国木业协会合作的 CLT 标准耐火试验结果。这些试验的依据标准是《建筑材料标准耐火测试方法》CAN/ULC-S 101 和 ASTM-E119。试件包括无保护、用石膏板和不燃隔热材料保护两种。

耐火试验结果汇总 **表 11.3-11**

	层板数	ANSI/APA PRG-320 应力等级	厚度 (mm)	石膏板保护	荷载	荷载比① (LSD)	失效时间 (min)	失效模式②
墙体	3	E2	114	双层 13mm 厚耐火石膏板	333kN/m	94%	106	R
	5	E1	175	无保护	333kN/m	40%	113	E
	5	V2	105	无保护	72kN/m	49%	57	R
	3（1）	E1	105	无保护	295kN/m	95%	32	R
	5（2）	E1	175	单层 16mm 厚耐火石膏板（两侧）	127kN/m	15%	186	R
	5	E1	175	双层 16mm 厚耐火石膏板（两侧）	450kN/m	54%	219	R
楼板	3	E2	114	双层 13mm 厚耐火石膏板	2.7kPa	34%	77	（3）
	5	E1	175	无保护	11.8kPa	59%	96	E
	3	V2	105	单层 16mm 厚耐火石膏板	2.4kPa	72%	86	R
	5	V2	175	单层 16mm 厚耐火石膏板	8.1kPa	100%	124	E
	7	V2	245	无保护	14.6kPa	100%	178	R
	5	E1	175	两层 13mm 厚水泥抹灰，89mm 玻璃纤维，16mm 弹性钢槽，1 层 16mm 厚耐火石膏板	9.4kPa	50%	128	R
	5	E1	175	89mm 水泥抹灰	2.4kPa	10%	214	R

注：①荷载比用极限状态设计（即 factored load effect/factored resistance）；

②失效模式：R=失去承载力；E=失去完整性。

（1）与加拿大木业协会合作；

（2）与美国木业协会合作；

（3）因考虑到测试装置的安全性，测试提前终止。

从表 11.3-11 可以看出，CLT 可以达到较高的耐火极限，并不比传统的不燃构件逊色。5 层厚的 CLT（厚度≥175mm）构件，即使施加较高荷载，其耐火极限也可达到 2.00h。在实际工程中，施加到构件上的力一般由当地的规范确定，通常情况下，会比本系列试验的施加荷载低，因此 CLT 的耐火极限可能会更高。

从表 11.3-11 还可以看出，墙体和楼板的失效模式不同。墙体一般会因不断增加的二阶效应（即 P-Δ 效应）而出现屈曲。而楼板，板-板连接部分的失效更像是有限失效模式。另外，除了加载为 9.4kPa 的楼板外，其他几个楼板背火面都没有基底材料，如水泥抹灰、水泥板或者地板垫层。如果在测试时增加了这些基底材料，CLT 楼板构件的耐火完整性能会更高。对于 CLT 构件的隔热性，可以看出，木材的导热系数较低，所以 CLT 构件的隔热性能比较好。

除了单体构件耐火试验外，加拿大还进行了 CLT 房间耐火试验，从“体系”的层面验证 CLT 的耐火性能。试验中，CLT 房间 3.5m 宽、4.5m 长，房间内部高度为 2.5m。前面墙上设一个 2.0m×1.1m 的开口，无门，试验时通风自由。本房间所用 CLT 厚度为 105mm（3 层层板），生产标准满足 ANSI/APA PRG-320 的要求。此试验中采用的火源大小为 534MJ/m^2。

目前，国际上关于 CLT 结构本身对火灾增长贡献程度的研究非常少。但最近加拿大卡尔顿大学所做的研究表明，如果 CLT 构件完全暴露在火焰中，则其会加快室内火灾的蔓延，同时房间达到轰燃状态的时间比内部贴石膏板的情况快。如果 CLT 构件外贴两层 16mm 厚耐火石膏板，则在室内可燃物完全燃烧后，室内火灾会自动熄灭，CLT 构件本身对火灾增长、火灾持续时间以及火灾烈度没有明显影响。

此外，Medina（火源大小为 534MJ/m^2）又做了三次房间耐火试验，考虑了不同的墙体暴露程度。试验结果跟卡尔顿大学做的试验结果类似。CLT 构件暴露的越多，其对室内火灾增长、火灾持续时间以及火灾烈度的影响就越大。当只有两面墙体（相对）暴露时，室内的热释放速率会因相对墙体的热辐射作用而快速升高。当两面相邻（形成夹角）墙体暴露时，室内热释放速率上升情况跟相对墙体暴露时类似。如果只有一面墙体暴露，则室内的燃料得以全部燃烧，其他墙体不参与燃烧。因此，通过对试验结果进行分析计算，试验者（Medina）认为，室内曝火面积小于 30%时，暴露的 CLT 构件不会助长室内火灾的发展。此外，卡尔顿大学还对比了可燃结构和不燃结构在自然火灾场景下的不同。对比试验中（火源大小为 519～624MJ/m^2），可燃结构和不燃结构分别采用的是 CLT 结构、轻型木结构和冷成型钢框架结构。试验房间尺寸跟前面介绍的试验差不多。试验中两个 CLT 结构的房间（试验 1 和试验 2），曝火面全部用双层 13mm 厚普通石膏板保护，试验 3 也是 CLT 结构，但未做任何保护。试验 4 和试验 5 是轻型木结构，分别用单层和双层 13mm 厚普通石膏板保护。试验 6 为冷成型钢框架结构，外部用单层 13mm 厚普通石膏板保护。图 11.3-22 是 6 个试验的温升和热释放速率。

从图 11.3-22 可以看出，未受石膏板保护的 CLT 结构，其房间内温度和热释放速率都比较高。

美国木业协会最近做了一个经装修的起居室火灾试验（火灾荷载为室内家具，相当于 575MJ/m^2）。起居室宽 3.6m、长 4.1m、高 2.4m。房间开口尺寸为 1.9m×2.1m，无门。试验时可自由通风。CLT 构件由 5 层层板构成，厚度为 175mm，满足 ANSI/APAPRG-

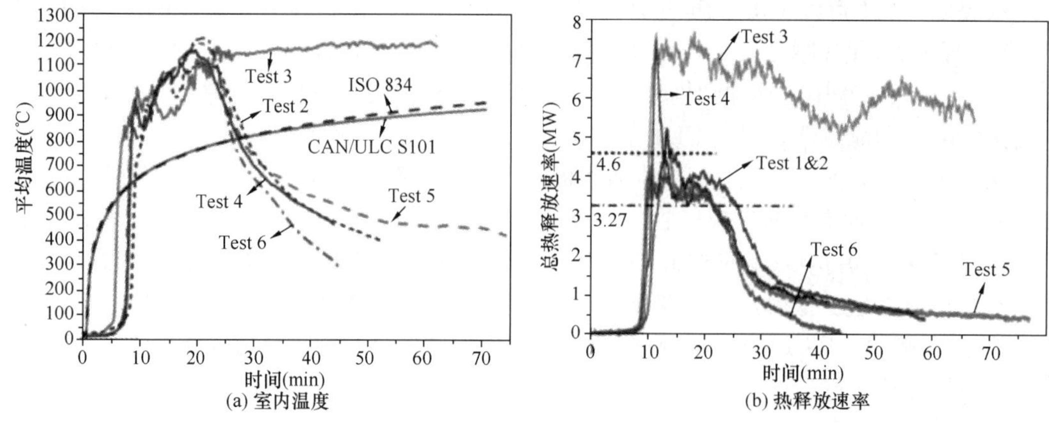

(a) 室内温度 (b) 热释放速率

图 11.3-22 Li 等火灾试验测量结果

320 的生产标准，CLT 外部直接贴 2 层 16mm 厚耐火石膏板。本试验持续 2 个多小时。试验后，发现第一层石膏板已经从吊顶上脱落，但石膏板和 CLT 间的热电偶所测温度不超过 95℃，远低于木材的点燃温度。去除石膏板后，发现 CLT 有些许损伤，如图 11.3-23 所示。

以上几个试验结果可以证明，如果 CLT 裸露，CLT 构件本身会助长室内火灾的增长、火灾烈度和火灾持续时间。但是，如果用石膏板进行包覆，则 CLT 不会参与室内火灾的燃烧。经石膏板保护后，室内可燃物可燃烧殆尽，构件不会参与燃烧。同时还可发现，CLT 暴露面积在 30%以下时，CLT 也不会助长室内火灾的发展。

(a) 起居室火灾试验（试验中）

(b) 去掉石膏板后CLT烧损情况（试验后）

图 11.3-23 CLT 房间火灾试验

2. 我国木结构构件耐火试验

为了验证木结构构件的耐火性能，为我国制定相应的标准提供技术支持，2007～2008 年公安部天津消防研究所进行了 12 个木结构足尺构件的耐火试验，包括 7 个轻型木结构墙体、2 个轻型木结构楼盖、1 个木结构吊顶、1 根胶合木梁和 1 根胶合木柱。

（1）木结构墙体的足尺耐火试验

1）试验材料和组件

试验所用石膏板分别为符合 EN 520（F 型）和 GB/T 9775（H 型）的 12mm 或

15mm 厚防火石膏板；所用木龙骨分别为符合 EN14081-1 的 2in×4in（38mm×89mm）或 2in×6in（38mm×140mm）标准材；保温填充材料分别为岩棉（符合 EN 13162 和 GB/T 19686 且密度≥50kg/m³；熔点>1000℃）或玻璃纤维棉（符合 EN 13162 和 GB/T 1779 且密度≥18kg/m³）；所用定向刨花板（OSB）为符合 EN 300 的 12mm 或 15mm 厚板材。

2）试验结果

木框架墙体的试验结果，见表 11.3-12。

木框架墙体的耐火试验结果　　表 11.3-12

构件名称	构造方法	尺寸（mm）	荷载条件（kN/m）	耐火极限设计值（h）	失效时间（min）	失效方式
非承重外墙	防火石膏板 12mm＋木龙骨 89mm（玻璃棉）＋防火石膏板 12mm	3270×3270×113	无	0.50	59	隔热失效
非承重外墙	防火石膏板 15mm＋木龙骨 140mm（岩棉）＋防火石膏板 15mm	3270×3270×170	无	1.00	98	隔热失效
非承重内墙	双层防火石膏板 2×15mm＋双木龙骨 2×89mm（岩棉）＋双层防火石膏板 2×15mm	3600×3300×243	无	2.00	183	隔热失效
承重外墙	防火石膏板 15mm＋木龙骨 140mm（岩棉）＋定向刨花板 OSB 15mm	3600×3300×170	22.5kN/m	1.00	64	结构失效
承重外墙	防火石膏板 12mm＋木龙骨 89mm（玻璃棉）＋定向刨花板 OSB 12mm	3600×3300×113	12.5kN/m	0.50	34	完整性失效
承重内墙	防火石膏板 12mm＋木龙骨 89mm（玻璃棉）＋防火石膏板 12mm	3600×3300×113	11kN/m	0.50	47	隔热失效
承重内墙	防火石膏板 15mm＋弹性钢槽 13mm＋木龙骨 89mm（岩棉）＋防火石膏板 15mm	3600×3300×132	前 60min 内为 2.5；60min 之后，每 1min 增加 0.5	1.00	72	隔热失效

（2）木结构楼板的足尺耐火试验

1）试验材料和组件

试验所用石膏板分别为符合 EN520（F 型）和 GB/T 9775（H 型）的 12mm 或 15mm 厚防火石膏板；所用木搁栅分别为符合 EN14081-1 的 2in×10in（38mm×235mm）标准材，木衬条为 30mm×50mm 的材料；保温填充材料分别为岩棉（符合 EN 13162 和 GB/T 19686 且密度≥50kg/m³；熔点 >1000°C）或玻璃纤维棉（符合 EN 13162 和 GB/T

1779 且密度≥18kg/m³）；楼板底板所用定向刨花板（OSB）为符合 EN 300 的 15mm 或 18mm 厚板材。

2）试验结果

木框架楼板和吊顶的耐火试验结果见表 11.3-13。

木框架楼板和吊顶的耐火试验结果 **表 11.3-13**

构件名称	构造方法	尺寸（mm）	荷载条件（kN/m）	耐火极限设计值（h）	失效时间（min）	失效方式
楼板	防火石膏板 12mm ＋弹性钢槽 13mm ＋木搁栅 235mm（玻璃棉）＋定向刨花板 OSB 15mm	3065×4500×275	4	0.50	36	结构失效
楼板	防火石膏板 2×12mm＋弹性钢槽 13mm ＋木龙骨 235mm（岩棉）＋定向刨花板 18mm	3065×4500×290	2.5	1.00	72	完整性失效
吊顶	防火石膏板 12mm＋木衬条 30 × 50mm ＋ 木龙骨 235mm	3500×4500×277	无	0.50	43	隔热失效

（3）胶合木梁柱足尺耐火试验

1）试验材料和组件

试验所用木梁、柱均为胶合木。木梁的截面尺寸为 200mm×400mm，支座之间的长度为 5.1m；设计为 3 面受火，上部覆盖 15mm 厚石膏板。木柱的截面尺寸为 200mm×280mm，长度为 3.81m。

2）试验结果

胶合木梁和柱的耐火试验结果见表 11.3-14。

胶合木梁和柱的耐火试验结果 **表 11.3-14**

构件名称	材料和曝火条件	尺寸（mm）	荷载条件	耐火极限设计值（h）	试验停止时间（min）	说明
梁	胶合木三面暴火	200×400×5100	19kN/m	1.00	83	试验停止时构件并未失效
柱	胶合木四面暴火	200×280×3810	80kN	1.00	90	试验停止时构件并未失效

（4）结论

综合公安部天津消防研究所对木结构构件的足尺试验结果，有以下结论：

1）所测试构件的耐火极限都达到了计算的耐火极限值，说明木结构构件设计能够通过计算来确定其耐火极限。

2）曝火面耐火石膏板的厚度对木框架结构的防火保护十分重要，采用 15mm 厚耐火石膏板保护的木框架，其耐火性能明显好于采用 12mm 厚耐火石膏板保护的木框架。

3）一定截面的胶合木梁或柱具有良好的耐火性能。

11.4 木结构建筑的防火要求

在我国，建筑防火设计应符合国家标准《建筑设计防火规范》GB 50016—2014。对于木结构建筑，国家现行标准《建筑设计防火规范》GB 50016—2014、《木结构设计标准》GB 50005—2017 和《多高层木结构建筑技术规范》GB/T 51226—2017 等均对木结构建筑的防火做出了相应的规定。

11.4.1 建筑的耐火等级与建筑构件或结构的耐火极限

建筑物的耐火性能由建筑物的使用性质或功能、重要程度、高度、规模、火灾危险性确定。通过对建筑的耐火性能高低进行分级，能够更有针对性地确定不同耐火等级建筑防火设防水准。

建筑物的耐火等级决定了建筑构件应具备的最低耐火极限和燃烧性能。建筑构件的耐火极限是建筑构件在标准耐火试验条件下，从受到火的作用时起，到失去稳定性、完整性或隔热性时止的这段时间，用小时表示。建筑构件的燃烧性能是指在规定条件下，构件构造材料的对火反应和耐火性能，一般分为不燃性、难燃性和可燃性。

1. 建筑的分类

《建筑设计防火规范》GB 50016—2014 按照建筑的使用性质将建筑分为工业建筑和民用建筑。民用建筑按照其功能大类分为居住建筑和公共建筑，按照建筑高度分为高层建筑和单层、多层建筑。高层民用建筑按照其火灾危险性、疏散与扑救的难度和建筑高度，又分为一类和二类。民用建筑的分类见表 11.4-1。木结构建筑主要为单、多层工业与民用建筑，少数为二类高层民用建筑。

民用建筑分类 **表 11.4-1**

名称	高层民用建筑		单、多层民用建筑
	一 类	二 类	
居住建筑	建筑高度大于 54m 的住宅（包括设置商业服务网点的住宅）	建筑高度大于 27m，但不大于 54m 的住宅（包括设置商业服务网点的住宅）	建筑高度不大于 27m 的住宅（包括设置商业服务网点的住宅）
公共建筑	（1）建筑高度大于 50m 的公共建筑； （2）建筑高度 24m 以上任一楼层建筑面积大于 1000m² 的商店、展览、电信、邮政、财贸金融建筑和其他多种功能组合的建筑； （3）医疗建筑、重要公共建筑； （4）省级及以上的广播电视和防灾指挥调度建筑、网局级和省级电力调度； （5）藏书超过 100 万册的图书馆、书库	除一类外的非住宅高层民用建筑	（1）建筑高度大于 24m 的单层公共建筑； （2）建筑高度不大于 24m 的其他民用建筑

对于表中未列入的建筑，其类别应根据本表类比确定。除《建筑设计防火规范》GB 50016—2014 有特别规定外，宿舍、公寓等非住宅类居住建筑的防火设计，应符合该规范

有关公共建筑的要求；裙房的防火要求应符合该规范有关高层民用建筑的规定。

2. 耐火等级的划分

耐火等级是衡量建筑物耐火程度的分级标准。建筑物的耐火等级由组成建筑物的墙、柱、楼板、屋顶承重构件和吊顶等主要构件的燃烧性能和耐火极限决定。《建筑设计防火规范》GB 50016—2014 将工业与民用建筑的耐火等级划分为一级、二级、三级、四级共 4 个等级，是建筑设计防火技术措施中的最基本的措施之一。对于不同类型和使用性质的建筑物提出不同的耐火等级要求，可做到既有利于消防安全，又有利于节约基本建设投资。不同耐火等级建筑相应构件的燃烧性能和耐火极限的要求见表 11.4-2。《建筑设计防火规范》GB 50016—2014 将现代木结构建筑单独划分为一个类别，其耐火等级不属于上述任一个等级，木结构建筑的总体耐火性能介于三级和四级之间，但以木柱承重且墙体采用不燃材料的建筑属于四级耐火等级。少数采用新型木结构用材并经过强化防火要求的木结构建筑，其总体耐火性能可达到三级及以上。

民用建筑构件的燃烧性能和耐火极限（h）　　表 11.4-2

构件名称		耐火等级			
		一级	二级	三级	四级
墙	防火墙	不燃性 3.00	不燃性 3.00	不燃性 3.00	不燃性 3.00
	承重墙	不燃性 3.00	不燃性 2.50	不燃性 2.00	难燃性 0.50
	非承重外墙	不燃性 1.00	不燃性 1.00	不燃性 0.50	可燃性
	楼梯间、前室的墙，电梯井的墙，住宅建筑单元之间的墙和分户墙	不燃性 2.00	不燃性 2.00	不燃性 1.50	难燃性 0.50
	疏散走道两侧的隔墙	不燃性 1.00	不燃性 1.00	不燃性 0.50	难燃性 0.25
	房间隔墙	不燃性 0.75	不燃性 0.50	难燃性 0.50	难燃性 0.25
柱		不燃性 3.00	不燃性 2.50	不燃性 2.00	难燃性 0.50
梁		不燃性 2.00	不燃性 1.50	不燃性 1.00	难燃性 0.50
楼板		不燃性 1.50	不燃性 1.00	不燃性 0.50	可燃性
屋顶承重构件		不燃性 1.50	不燃性 1.00	可燃性 0.50	可燃性
疏散楼梯		不燃性 1.50	不燃性 1.00	不燃性 0.50	可燃性
吊顶（包括吊顶搁栅）		不燃性 0.25	难燃性 0.25	难燃性 0.15	可燃性

单层或多层民用建筑，根据其建筑高度和建筑面积的不同，可选择采用以上四个耐火等级中的任何一级或木结构建筑，但高层建筑应采用一级或二级耐火等级，地下、半地下建筑（室）应采用一级耐火等级，因为高层建筑和地下或半地下建筑发生火灾后，火灾延续时间长，疏散和扑救难度大。

3. 木结构建筑的耐火极限

明确主要建筑构件的燃烧性能和耐火极限，是木结构建筑防火设计的重要内容，也是保证木结构建筑本质安全的重要手段。美国、加拿大和德国等是采用木结构建筑较普遍的国家，其国家规范对建筑构件的燃烧性能和耐火极限均做了明确规定。比如：木结构楼板的耐火极限，除德国的要求偏低外，美国和加拿大等国的要求基本上在0.50～1.00h之间，其燃烧性能，德国要求采用难燃性，美国和加拿大则允许采用可燃性的重型木结构；木结构建筑的梁、柱、承重墙以及非承重外墙等主要构件的耐火极限，也均在0.50～1.00h之间，燃烧性能均为难燃性或者可燃性。对于高度较高的木结构建筑，加拿大相关标准要求木结构建筑主要构件的耐火极限不应低于2.00h。

木结构建筑的耐火性能总体上介于三级与四级之间。因此，我国防火规范对木结构建筑构件的燃烧性能和耐火极限单独作了规定，可以把"木结构建筑"理解为具有独立耐火等级的建筑。

表11.4-3给出了《建筑设计防火规范》GB 50016—2014（表中简称《建规》，下同）和《多高层木结构建筑技术标准》GB/T 51226—2017（表中简称《多高层》，下同）对木结构建筑构件的燃烧性能和耐火极限的规定。

木结构建筑构件的燃烧性能和耐火极限（h） **表11.4-3**

构件名称	燃烧性能和耐火极限	
	《建规》	《多高层》
防火墙	不燃性 3.00	不燃性 3.00
承重墙、住宅建筑单元之间的墙和分户墙、楼梯间的墙	难燃性 1.00	难燃性 2.00
电梯井的墙	不燃性 1.00	不燃性 1.50
非承重外墙、疏散走道两侧的隔墙	难燃性 0.75	难燃性 1.00
房间隔墙	难燃性 0.50	难燃性 0.50
承重柱	可燃性 1.00	难燃性 2.00
梁	可燃性 1.00	难燃性 2.00
楼板	难燃性 0.75	难燃性 1.00
屋顶承重构件	可燃性 0.50	难燃性 0.50
疏散楼梯	难燃性 0.50	难燃性 1.00
吊顶	难燃性 0.15	难燃性 0.25

当一座木结构建筑有不同高度的屋面且分别处于不同防火分隔区域内时，较低的部分发生火灾时，火焰可能会烧穿屋顶向较高部分的外墙蔓延；或者较高部分发生火灾时，飞火可能掉落到较低部分的屋顶，导致火灾从外向内蔓延，因此，要求较低部分的屋顶承重构件和屋面面层采用难燃性材料，屋顶承重构件的耐火极限不应低于0.75h，如图11.4-1所示。

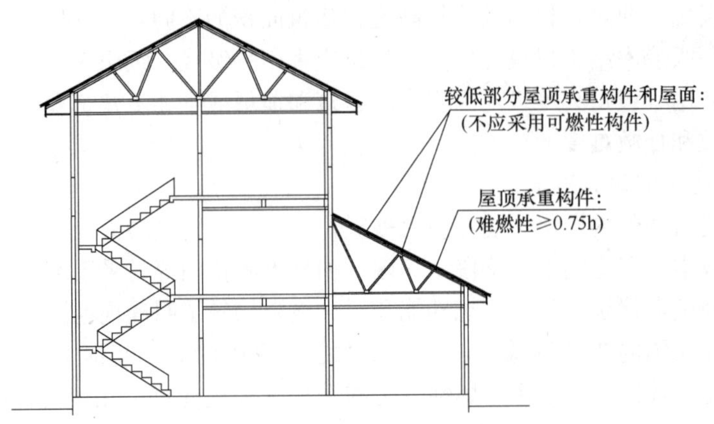

图 11.4-1 不同高度屋顶的设置

轻型木结构建筑的屋顶，除防水层及屋面板外，其他部分均应视为屋顶承重构件，且不宜采用可燃性构件，耐火极限不应低于 0.50h。

11.4.2 建筑面积及建筑高度

《建筑设计防火规范》GB 50016—2014 规定，轻型纯木结构民用建筑不应大于 3 层，工业建筑和大面积公共建筑为单层；木结构组合建筑可以更高，但其中纯木结构部分仍不应大于 3 层，《多高层木结构建筑技术标准》GB/T 51226—2017 规定木结构建筑不应超过 5 层。3 层及以下和 5 层木结构建筑层数、最大允许长度和防火分区面积不应超过表 11.4-4 的规定。

设置自动喷水灭火系统的木结构建筑，每层楼的最大允许长度、面积可按表 11.4-4 的规定增加 1.0 倍；局部设置时，增加面积可按该局部面积的 1.0 倍计算。此处的局部设置，指建筑内某一局部位置与其他部位之间采取了防火分隔措施，且该局部位置又需增加防火分区面积，此时，可在该局部位置设置自动灭火系统，同时将该局部位置的面积增加一倍。但该局部区域，包括所增加的面积，均要同时设置自动灭火系统。

木结构建筑的层数、长度和面积 **表 11.4-4**

层数	最大允许长度（m）		每层最大允许面积（m^2）	
	《建规》	《多高层》	《建规》	《多高层》
1层	100		1800	≤1800
2层	80		900	≤900
3层	60	60	600	≤600
4层	—		—	≤450
5层	—		—	≤360

11.4.3 防火间距

《建筑设计防火规范》GB 50016—2014 和《多高层木结构建筑技术标准》GB/T 51226—2017 规定，木结构建筑之间及其与其他耐火等级的民用建筑之间的防火间距不应小于表 11.4-5 的规定。

防火间距是指防止着火建筑在一定时间内引燃相邻建筑，便于消防扑救的间隔距离。防火间距应按相邻建筑外墙的最近距离计算，当外墙有突出的可燃构件时，应从突出部分的外缘算起。当相邻建筑外墙有一面为防火墙，或者建筑物之间设置防火墙且墙体截断不燃性屋面或高出难燃性、可燃性屋面不低于 0.5m 时，木结构建筑及其与其他民用建筑之间的防火间距不限。

试验证明，发生火灾的建筑物对相邻建筑的影响与该建筑物外墙的耐火极限和外墙上的门、窗或洞口的开口比例有直接关系。因此，当两座木结构建筑之间及其与相邻其他结构民用建筑之间的外墙均无任何门窗洞口时，其防火间距不应小于 4.0m。当两座木结构建筑之间及其与其他耐火等级民用建筑之间外墙上的门窗洞口面积之和不超过该外墙面积的 10%时，其防火间距可按表 11.4-5 的规定减小 25%，见表 11.4-6。

木结构建筑之间及其与其他耐火等级的民用建筑之间的防火间距（m）　**表 11.4-5**

建筑耐火等级或类别	高层民用建筑一、二级《多高层》	裙房和其他民用建筑							
		一、二级		三级		木结构建筑		四级	
		《建规》	《多高层》	《建规》	《多高层》	《建规》	《多高层》	《建规》	《多高层》
木结构建筑	14	8	9	9	10	10	12	11	12

外墙开口率小于 10%时的防火间距（m）　**表 11.4-6**

建筑耐火等级或类别	一、二级	三级	木结构建筑	四级
木结构建筑	6.0	6.75	7.5	8.25

11.4.4　安全疏散

人员安全疏散是一个涉及建筑物结构、火灾发展过程和人员行为等基本因素的复杂问题。建筑物的几何尺寸及建筑布局限定了火灾发展与人员活动的空间；依据可燃物类型及放置的不同，火灾的发展具有很多特殊性；而火灾环境下人员具有不同的行为特点。疏散路线设计的合理性将大大有利于人员安全疏散。

人员安全疏散是指在火灾烟气未达到危害人员生命的状态之前，将建筑物内的所有人员安全地疏散到安全区域的行动。人员能否安全疏散主要取决于两个特征时间，一是火灾发展到对人构成危险所需的时间，或称为可用安全疏散时间；另一个是人员疏散到达安全区域所需要的时间，或称为所需安全疏散时间。保证人员安全疏散的关键是楼内所有人员疏散完毕所需的时间必须小于火灾发展到危险状态的时间。

为充分发挥疏散通道疏散人员的作用，应对建筑物内的疏散距离、通道宽度和安全出口做出合理的规定。

《建筑设计防火规范》GB 50016—2014 规定民用木结构建筑房间直通疏散走道的疏散门至最近安全出口的距离不应大于表 11.4-7 规定的距离。

房间直通疏散走道的疏散门至最近安全出口的距离（m） **表 11.4-7**

名称	位于两个安全出口之间的疏散门	位于袋形走道两侧或尽端的疏散门
托儿所、幼儿园	15	10
歌舞娱乐放映游艺场所	15	6
医院、疗养院、老年人建筑、学校	25	12
其他民用建筑	30	15

房间任一点到该房间直通疏散走道的疏散门的距离，不应大于表 11.4-7 中规定的袋形走道两侧或尽端的疏散门至最近安全出口的距离。

建筑内疏散走道、安全出口、疏散楼梯和房间疏散门每 100 人的疏散净宽度不应小于表 11.4-8 的规定。

疏散走道、安全出口、疏散楼梯和房间疏散门每 100 人的疏散净宽度（m） **表 11.4-8**

层数	每 100 人的疏散净宽度
地上 1、2 层	0.75
地上 3 层	1.00

建筑安全疏散设计一个重要的原则是设置 2 个安全出口并且人员能够有不同的疏散方向。当建筑面积和建筑内的人员荷载较小时，可设置 1 个安全出口或疏散楼梯。《建筑设计防火规范》GB 50016—2014 规定，木结构建筑每层建筑面积小于 200m^2 且第二层和第三层的人数之和不超过 25 人时，可设置 1 个疏散楼梯。

11.5 木结构建筑施工防火

在各种灾害中，火灾是经常发生而又普遍威胁公众安全和社会发展的主要灾害之一，它直接关系到社会财富和人身安全以及经济发展和社会的稳定。在建工程发生火灾的概率比较低，但后果严重，极易造成不良的社会影响和环境危害，人身伤害也不可忽视。因为木结构建筑本身的特点，在未安装消防设施的施工阶段，更易遭受火灾的侵袭。

1. 施工现场特点和常见致灾原因

建设工程施工现场一般具有以下特点：

（1）临时员工多，流动性大，人员素质参差不齐；

（2）临建设施多，防火标准低；

（3）易燃、可燃材料以及裸露的木材多；

（4）动火作业、露天作业、立体交叉作业多；

（5）现场管理及施工过程受外部环境影响大。

木结构建筑施工现场存有大量易燃、可燃材料，如木结构构件，竹（木）模板及架料，B_2、B_3 级装饰、保温、防水材料，树脂类防腐材料，油漆及其稀释剂，焊接或气割用的氢气、乙炔等。这些物质的存在，为燃烧提供了大量的可燃物。施工现场的动火作业，如焊接、气割、金属切割、生活用火等，为燃烧的产生提供了着火源。

调查发现，我国施工现场火灾主要原因是用火、用电、用气不慎，初起火灾扑救不及时，只注重建筑功能设计、建筑施工质量和施工操作安全，而忽视了建筑施工现场的消防安全管理。

英国健康和安全执行机构估计，英国施工现场火灾每天约发生11起，每天火灾损失超过100万英镑。火灾统计数据分析显示，英国施工现场火灾中，三分之二是因为纵火所致。

加拿大木业协会火灾统计分析发现，加拿大施工现场火灾的原因主要是纵火、吸烟、明火作业、取暖设备使用不当等。

2. 我国施工现场消防安全技术要求

施工现场聚积了各种火灾危险源，如施工现场堆放的可燃易燃材料、焊接作业产生的火花等，在相关消防设施安装未完成的情况下，小火极易酿成大灾。为此，我国于2011年8月1日实施了《建设工程施工现场消防安全技术规范》GB 50720—2011。该规范针对我国施工现场的一般特点和主要致灾原因，有针对性地从施工现场总平面布局、建筑防火、临时消防设施设置以及防火管理等方面，对施工现场的消防安全提出了比较全面的设防要求。

总平面布局方面，特别强调了易燃易爆危险品库房与在建工程之间、可燃材料堆场及其加工场、固定动火作业场与在建工程之间以及其他临时用房、临时设施与在建工程之间一定要满足规范规定的防火间距要求，确保易燃易爆危险品、可燃材料堆场火灾不会殃及在建工程的安全。

建筑防火方面，强调临时用房的防火和在建工程的防火。施工现场的宿舍、办公用房构件的燃烧性能、高度和层数、疏散设施设置、疏散距离等应满足规范的规定。在建工程则强调了疏散设施的设置，确保在建工程发生火灾时，施工工人能够顺利逃生。

临时消防设施部分主要强调了灭火器的配置、临时消防给水系统和应急照明的设置和配置。

施工现场在建建筑尚未完工，各类消防设施配备尚未齐全，因此，加强施工现场的消防安全管理尤为重要。确定消防安全责任人和消防安全管理人员，落实相关人员的消防安全管理责任，制定消防安全管理制度，编制施工现场防火技术方案和灭火及应急疏散预案，并加强对施工人员的消防安全教育和培训，做好日常消防安全检查和巡查。同时，对可燃物及易燃易爆危险品以及用火、用电、用气加强管理，及时消除火灾隐患，确保施工现场消防安全。

3. 英国木结构建筑施工现场消防安全规定

2008年7月，英国木业协会出版了木结构建筑施工现场消防安全的指导手册，强调了木结构建筑施工现场消防安全的重要性，同时给出了确保施工现场消防安全的16个要点：

（1）满足《施工（设计 & 管理）条例》的要求

落实施工现场相关人员的消防安全责任，做好施工现场的火灾风险评估工作，将施工现场火灾的发生概率降到最低。

（2）消防安全协调员

施工现场应任命一人作为消防安全协调员，负责施工现场消防安全计划的制定，与施工所在地应急部门的沟通和相关工作的配合。

(3) 施工现场消防安全计划

该计划应以书面形式明确施工现场降低火灾风险和保护施工人员生命安全的所有措施。制订计划后，应根据施工进度及施工环境情况，对计划进行定期更新和完善。施工现场消防安全协调人员负责计划的落实。

(4) 消防安全检查、巡查

施工现场消防安全协调员负责定期对施工现场的消防安全状况进行检查和巡查。检查和巡查时尤其注意夜间、假期或者周末时的安全，谨防纵火事件的发生。检查、巡查后应做好相关记录。

(5) 与相关部门的沟通和协作

加强与地方应急救援部门和安保人员的沟通和协作，应在施工初期即与当地消防部门取得联系，主动邀请他们到现场进行消防检查并熟悉施工现场情况。对于大型木结构建筑的施工，一定要跟当地消防部门确认灭火救援需要的水源和需水量。

(6) 提高施工现场的消防安全水平

施工现场消防协调人员必须在整个施工过程中确保施工现场的消防安全水平不下降，在不同施工阶段，在不同工序交接时，一定要跟分包商进行沟通，并强调施工现场的消防安全管理。

(7) 火灾探测和报警

施工现场如果发生火灾，首要的任务是保证施工人员的生命安全。因此，在建工程，特别是多层和高层木结构建筑的施工现场，应及时安装电动火灾报警装置，确保报警声音能够传播到不同楼层。

(8) 做好疏散路径的防火保护，坚持35m原则

对于木结构建筑，不管规模大小，一律要求必须至少提供两条安全疏散路径。同时，从建筑内任一点到室外安全地点或者耐火极限不低于30min的封闭楼梯间的距离不应大于35m。

(9) 及时进行防火保护

木结构建筑施工时，应做好防火设计，根据施工工序，及时对木结构构件进行保护，并做好横向和竖向的防火分隔。消防设施，如火灾探测、报警和灭火设施，也应随建筑的施工而及时安装。

(10) 做好施工现场安保工作

木材虽然是可燃材料，但大截面木结构构件并不易引燃，因此，木结构建筑施工现场火灾大部分是纵火所致。施工现场应加强现场的安保工作，禁止闲杂人员进入施工现场，同时加强进入木结构建筑的门窗洞口的管理，避免犯罪嫌疑人进入建筑实施纵火。

(11) 做好临时建筑的防火保护

施工现场的工棚、办公室和材料库应做好防火保护。临时建筑与在建建筑之间应至少有10m的防火间距，对于木结构建筑施工现场，该防火间距应为20m。其他需要满足的详细要求，请参考《施工现场和翻新建筑防火实施规范》。

(12) 安全存放建筑材料（包括易燃液体和液化气等）

施工现场所有可燃材料、易燃液体和LPG罐，都应按《施工现场和翻新建筑防火实施规范》的要求进行安全存放并做好安保工作。在木结构建筑施工现场，储存区与周围建

筑之间的防火间距不应低于15m。储罐、气瓶等与周围建筑之间的防火间距不应低于6m，用耐火极限不低于30min防火隔墙进行分隔的情况除外。

(13) 热作业区的防火管理

木结构施工现场，热作业（如焊接）完成后，应至少监护1h，然后在完工2h的时候，重新返回检查是否存在阴燃等或者隐患。也就是说，焊接等作业不能在离下班不到2h时进行，更不能在邻近下班时进行。

(14) 施工现场应保持清洁，不能乱堆杂物

施工现场的消防安全协调人员负责督促有关人员及时清理建筑垃圾。开敞式堆放的垃圾与在建建筑之间的防火间距不应低于10m。

(15) 电气设备管理

在建木结构建筑内尽量不要使用汽油/柴油发电机，确有困难时，必须对燃料的储存和重装严加管理。如果出现任何泄漏或洒溅，应立即清理干净。

(16) 施工工地严禁吸烟

木结构建筑施工现场必须严禁吸烟，施工现场的消防安全协调人员必须严格要求施工现场的工作人员，严禁在施工现场吸烟。

除严格遵守以上16个要点外，木结构施工现场还应满足《施工现场和翻新建筑防火实施规范》的相关要求。

4. 加拿大木结构建筑施工现场消防安全规定

为了加强木结构建筑施工现场的消防安全，加拿大木业协会、加拿大自然资源部等于2015年3月发布实施了《施工现场消防安全指南》，为大型木结构建筑施工现场的消防安全提供指导。

该指南介绍了涉及施工安全的国家标准、省级标准和一些地方标准，建议施工方在施工前认真查阅学习。同时介绍了火灾基础理论、火灾类型、灭火器类型和使用方法以及施工现场普遍存在的火灾隐患、如何进行预防等。指南针对施工现场的主要火灾危险源，制订了比较详细的应对措施。

(1) 供电和供电设备

施工现场所有的供电线路和供电设备的安装，必须由有资质的人员按照相应标准进行。施工现场应有专人对其进行定期检查和维护，一旦发现存在异常，应立即停止使用，进行维修或更换。

(2) 应急程序

施工现场应明确标识出消防车通道、逃生路径、消火栓、灭火器等的位置，并做好巡查和检查。应事先确定好人员逃生后的集合地点，并确保施工现场工作人员知晓。施工现场应做好施工人员消防安全培训并进行演练，确保发生火灾或其他灾害时现场内人员能够安全有序撤离。施工现场应提供书面应急程序，并根据要求做好应急前、应急中和应急结束后的相关工作。

(3) 设备和车辆

在在建建筑内安装火灾探测系统前，任何车辆不准停留在建筑内。建筑内不准存放施工设备。施工设备和车辆的排热管道应尽量远离可燃材料（至少500m）。不能在在建建筑内为施工设备充装燃料。

(4) 安全疏散

在建建筑应为内部施工人员提供充足的疏散路径和安全出口，在建建筑高度超过10m后，应提供永久性或临时通往地面的楼梯。应在显眼位置张贴通往最近安全出口的安全疏散标志。应定时对安全疏散设施进行检查和巡查，确保其畅通无阻。疏散路径上不应存放可燃材料和液体。安全出口不应堵塞或上锁。应对内部施工人员进行安全疏散培训和演练。

(5) 消防设施

不可能在施工现场安装永久性自动探测和火灾报警系统，但木结构施工现场应安装临时火灾报警系统，确保发生火灾后能够通知整个施工现场的工人及时逃生，并通知当地消防部门。

在施工现场按要求配备必要的灭火器，并根据施工进度及时安装灭火系统。

(6) 可燃易燃材料管理

木结构建筑施工现场可燃材料聚积，要尽量减少可燃材料的存储量。可燃材料和可燃废料距离周围建筑物或焊接等热作业区的防火间距应至少为22m。

应采取更严格的措施加强对易燃液体和气体的管理，预防其发生火灾或爆炸。其储存量不能超过一天的使用量。

(7) 加热设备

加热设备应远离可燃材料。加热设备在工作时，旁边应有人值守，避免出现倾倒现象。应定时对加热设备进行检查，出现故障及时修理或更换。

(8) 焊接等热作业

产生明火、高热或火花的作业是引起施工现场火灾的重要原因。尽量减少在施工现场内部进行此类作业，确有困难时，应加强防护措施并做好安全监督。

(9) 禁止吸烟

施工现场严禁吸烟，施工现场消防安全管理员应负责相关禁烟措施的落实和实施。

(10) 临时建筑

办公、工棚等临时建筑应远离可燃材料存放区。临时建筑与在建建筑之间的防火间距应至少为20m。应对临时建筑进行火灾风险评估，根据评估结果安装必要的消防设施。临时建筑之间的防火间距应至少为10m。

(11) 建筑垃圾处理

建筑垃圾应及时处理，保证建筑施工现场干净清洁。施工现场周围的垃圾箱与建筑物之间的距离不应低于15m，避免有人故意点燃垃圾箱内的废品而引燃场地内的建筑。

11.6 木结构建筑特殊消防设计与分析

从20世纪70年代开始，英国、澳大利亚、美国等发达国家开始将建筑结构防火的重点从强调单一构件的耐火性能转向整个建筑结构和相关防火体系的协同作用，并逐步开展了以性能为基础的建筑防火技术的研究。1979年，澳大利亚Vaughan Beck教授开始进行风险评估模型的开创性研究；1985年，英国建筑法规首次以性能化要求颁布。随后，瑞典、澳大利亚、新西兰、加拿大、美国等国家也相继颁布了以性能要求为主的规范。

我国从 20 世纪 80 年代末开始开展建筑物消防性能化设计方法的基础研究，并从 2004 年前后开始进入工程应用阶段。

对于轻型木结构建筑，因为其构件采用石膏板、定向刨花板等进行包覆，在进行特殊消防设计分析时，不管是火灾场景设置、烟气流动模拟或者安全疏散计算等，跟其他类型的同体量建筑物基本一致，木结构的特点难以得到体现。因此，木结构建筑特殊消防设计的特点，主要体现在重型木结构建筑裸露的结构构件上。

11.6.1　特殊消防设计的一般流程

木结构建筑特殊消防设计流程跟其他类型建筑的流程一致，可按照下列步骤进行，流程可参照图 11.6-1。

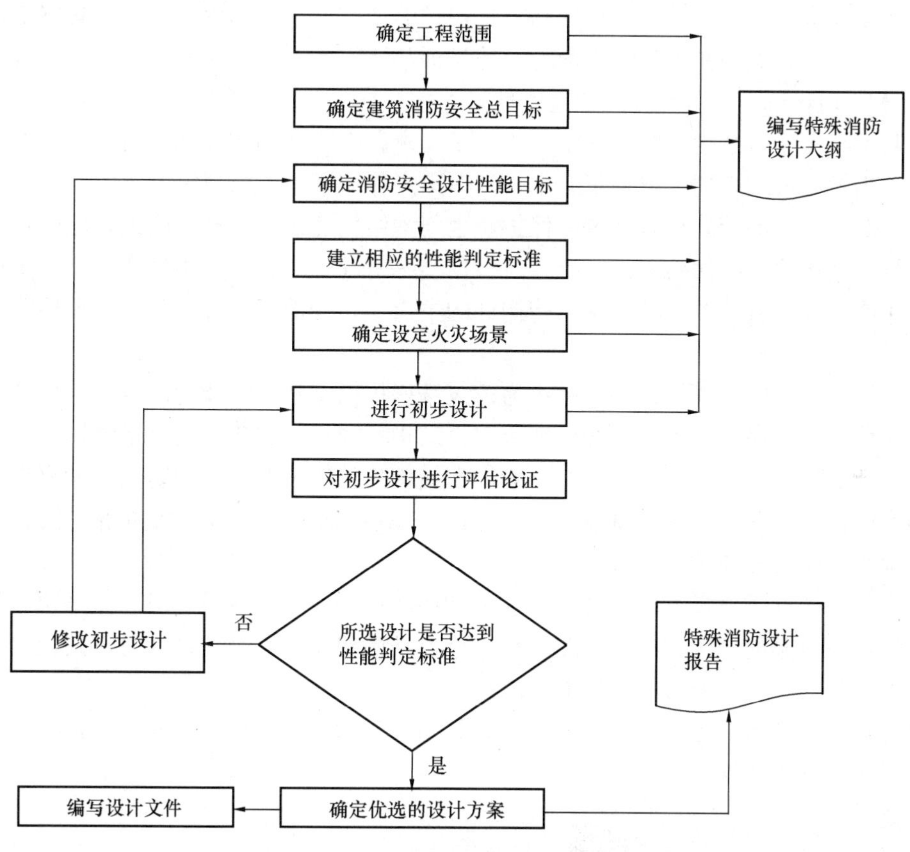

图 11.6-1　建设工程特殊消防设计流程

（1）确定建筑物的使用功能和用途、建筑设计的依据、适用标准、需采用特殊方法进行设计的原因以及建筑的几何特性和环境条件；

（2）确定建筑物的消防安全目标、功能要求及其性能判定标准；

（3）确定设定火灾场景和人员行为场景；

（4）进行初步消防设计，并对设计方案的可行性进行技术评估论证；

（5）修改完善初步设计，对其进行进一步评估论证并确定其是否满足所确定的消防安全目标，选择和确定最终防火设计方案；

(6) 编制设计说明与分析论证报告。

11.6.2 木结构建筑特殊消防设计的注意事项

任何建筑结构的特殊消防设计，都应该跟其建筑物性质、使用功能、平面布局、高度和体量等因素密切相关，木结构建筑结构的特殊消防设计也应如此。在确定木结构建筑物结构的设计目标和功能要求时，应充分考虑合理的消防投入和国情现状，确定科学合理的设计目标和性能判定标准。

1. 建筑物的使用类型

建筑物的使用类型，是确定建筑物特殊消防设计目标和性能要求时应首先考虑的因素。一般说来，建筑物的首要防火设计目标是保护人的生命安全，但如果建筑物是仓库，主要用来储存货物，那么其首要目标则应是保护财产的安全。因此，要根据具体工程项目的实际情况和使用类型来确定特殊消防设计目标和要求。

2. 木结构建筑构件所起作用的重要性

强调木结构建筑结构的防火安全，并不是要求所有木结构构件在火灾中都不能出现破坏现象。当然，最理想的情况是所有木构件在火灾作用下都能保持完好、不受破坏。但如果因此而造成过大的消防投入和过度保护，也与木结构建筑经济有效的设计原则相悖。因此，进行木结构建筑构件防火设计时，应根据实际情况，综合考虑构件在防火、防烟方面所起的作用及其设置位置，分清木结构构件的主次，合理确定其应达到的防火性能。

(1) 主要结构构件

木结构建筑物的主要结构构件是指为建筑结构提供基本承载能力的构件，如果这些构件受火灾作用发生破坏，可能会造成整个建筑结构不稳定、建筑结构过早倒塌、疏散与救援困难、火灾和烟气大面积蔓延等。一般，木结构建筑物主要构件的防火性能要根据其在建筑物中的位置和所起作用来确定。主要构件一般包括：防火墙、承重墙、梁、柱、楼板、屋顶承重构件和疏散楼梯。

虽然不同构件的设计目标、功能要求和性能要求存在一定差异，但总体来说，主要构件在建筑物中所起的作用相同。为此，在进行木结构建筑特殊消防设计时，其主要构件宜达到如下设计目标、功能目标和性能要求：

设计目标：建筑的主要承重构件在火灾和高温作用下，在设定时间内应具有足够的完整性、稳定性和隔热性。

功能目标：

1) 避免火灾和烟气蔓延至建筑物其他部位或其他建筑物；

2) 为建筑物内部人员提供足够的安全逃生时间；

3) 为外部救援和灭火人员提供足够的救援和灭火时间；

4) 避免主要构件倒塌对建筑内相邻区域或相邻建筑物造成损坏；

5) 避免出现主要构件破坏严重，从而导致建筑物修复困难的现象。

性能要求：

1) 木结构建筑结构主要构件的耐火极限和材料的燃烧性能应与其在结构中的作用、建筑环境的火灾危害、建筑高度以及建筑内外的消防设施设置情况等相适应；

2) 木结构建筑承重构件与其他构件之间应具有合理的耐火时间关系，应避免因与其连接的其他构件的变形或破坏而导致该主要构件失效；

3）主要木结构构件的耐火极限不应低于同一防火分区内由其支承的任何建筑构件的耐火极限。

（2）次要构件

此处所说的次要构件，主要指木结构建筑物的非结构构件。它指建筑中除承重骨架体系以外的固定构件和部件，主要包括非承重墙体，附着于楼面和屋面结构的构件、装饰构件和部件、固定于楼面的大型储物架等。

长期以来，非结构构件的防火和可靠性设计没有引起设计人员的充分重视。对于非结构构件，应根据其重要性、破坏后果的严重性及其对建筑结构的影响程度等，采取不同的设计要求和构造措施。对不同功能的非结构构件，应满足相应的承载能力、变形能力（刚度和延性）要求，并应具有适应主体结构构件变形的能力；同时，与主体结构的连接、锚固应牢固、可靠，要求锚固承载力大于连接件的承载力。

木结构建筑结构次要构件虽然不承重，在受到火灾影响时，也有可能导致建筑结构出现不稳定。因此，在进行木结构建筑结构防火设计时，应该充分考虑建筑次要构件的设计目标、功能目标和性能要求。

设计目标：木结构建筑物的次要构件应根据其在建筑物内的部位和作用，确定其在火灾和高温作用下的完整性、稳定性和隔热性。

功能目标：

1）与建筑主要构件连接或由其支承的结构或构件，其设计应保证在火灾情况下，结构或构件的失效不会导致主要构件的不稳定或倒塌；

2）次要构件的防火性能应与其在建筑物内的部位和所起作用相适应。

与主要构件相比，次要构件的作用相对较小。因此，在进行木结构建筑构件防火设计时，应重点考虑主要构件的设计目标、功能目标和性能要求，但要保证次要构件不会在火灾时影响主要构件的相关性能并能起到其预期防火作用。

3. 木结构建筑的高度和体量

在进行木结构建筑结构防火设计时，除了要考虑建筑物的用途外，还要考虑影响木结构防火设计目标和功能目标的其他因素。建筑高度和体量就是其中之一。不同高度和体量的建筑物，其设计目标、功能目标和性能要求理应有所区别。就目前中国的情况，木结构还不能在高层建筑及大型公共建筑中使用，所以此处仅就中小型木结构建筑进行讨论。

中小型木结构建筑体量较小、楼层低。火灾发生后，建筑物内部人员比较容易疏散到安全区域。此时建筑结构防火设计的主要目标就是要保护好人员疏散路线，保证其在设计时间内能为人员撤离提供安全疏散环境。同时要求建筑结构构件在人员疏散期间能保持稳定，提供足够的承载能力。

对于中小型木结构建筑，其主要功能目标可以是：建筑物内部人员在火灾发生后有足够时间疏散到安全区域。

而要保证建筑物内人员的安全疏散，可主要达到以下性能标准：

（1）疏散走道两侧隔墙在设计时间内保持完整性和稳定性；

（2）疏散走道两侧隔墙在设计时间内应具有足够的承载力。

此处对疏散走道两侧隔墙完整性、稳定性和承载能力的要求可以根据工程的实际需要通过计算确定。

11.6.3 木结构建筑特殊消防设计的评定方法

木结构防火设计的评定方法主要包括以下两种：

（1）按照现行国家相关建筑防火设计规范的要求验算和确定木结构建筑结构的耐火能力，且不应低于国家相关标准的规定。

（2）建筑结构的防火设计能使所设计的结构构件的耐火时间，不应小于根据该建筑设定火灾场景下各结构构件应具备的最小耐火时间或根据规范确定的耐火极限。即对于建筑构件，无论是构件层次还是整体结构层次的耐火设计，均应满足下列要求之一：

1）在规定的结构耐火时间内，结构的承载力 R_d 应不小于各种作用所产生的组合效应 S_m，即 $R_d \geqslant S_m$；

2）在各种荷载效应组合下，结构的耐火时间 t_d 应不小于规定的结构耐火极限 t_m，即 $t_d \geqslant t_m$；

3）在火灾条件下，当结构内部温度均匀时，若取结构达到承载力极限状态时的内部温度为临界温度 T_d，则应不小于在耐火极限时间内结构的最高温度 T_m，即 $T_d \geqslant T_m$。

11.6.4 小结

根据《建筑设计防火规范》GB 50016—2014 的规定，木结构只允许用来建造 3 层及 3 层以下的民用建筑和丁、戊类厂房，其火灾危险性相对较小。《多高层木结构建筑技术标准》GB/T 51226—2017 规定，木结构只允许用来建造 5 层及 5 层以下的住宅和办公建筑。虽然从国际趋势上看，木结构有向高层或大型公共建筑发展的趋势，但到目前为止还不是主流。

我国木结构建筑特殊消防设计实例不是很多，但从特殊消防设计一般流程和方法来说，木结构建筑跟其他类型的建筑并没有很大区别。因此，木结构建筑的特殊消防设计可以借鉴其他建筑类型的先进经验和做法，确保木结构建筑的消防安全性能。

11.7 木结构建筑特殊消防设计案例分析

11.7.1 项目概况

本案例中建筑的使用功能为办公建筑。工程占地 $890m^2$，建筑面积共计 $4800m^2$，设两个防火分区。地上主体 6 层，局部 4 层，建筑总高度 23.55m。本建筑采用胶合木框架-CLT 剪力墙系统结构。

根据《多高层木结构建筑技术标准》GB/T 51226—2017 的要求，本建筑除层数超过其规定外，其他消防设计，如与周边建筑的防火间距、木结构构件的燃烧性能和耐火极限、安全疏散、消防设施配置、暖通及空调系统、电气系统和防排烟系统等均符合规范的相关规定。

11.7.2　确定建筑物的消防安全目标、功能要求及其性能判定标准

本案例中的木结构建筑主要用于办公，所以本建筑的消防安全目标是确保火灾时主要构件能够在设定时间内具有足够的完整性、稳定性和隔热性，其疏散设施应能保障火灾时建筑内使用人员的安全。为了达到此消防安全目标，在进行该建筑的疏散设计时，应确保建筑内的所有使用人员均能在允许的时间内全部安全疏散到室外的安全地点。为此，在充分考虑建筑物安全出口数量、疏散出口、疏散通道宽度、疏散距离、安全疏散指示标志等因素基础上，一定要保证火灾情况下人员可用疏散时间（T_{ASET}）大于人员必需疏散时间（T_{RSET}）。

11.7.3　火灾场景分析

火灾场景是对一次火灾整个发展过程的定性描述，该描述确定了反映该次火灾特征并区别于其他可能火灾的关键事件。火灾场景通常要定义引燃、火灾增长阶段、完全发展阶段和衰退阶段，以及影响火灾发展过程的各种消防措施和环境条件。因此，火灾场景的选择要充分考虑建筑物的使用功能、建筑的空间特性、可燃物的种类及分布、使用人员的特征以及建筑内采用的消防设施等因素。

设定火灾场景是消防安全评估分析中，针对设定的消防安全设计目标，综合考虑火灾的可能性与潜在的后果，从可能的火灾场景中选择出供分析的火灾场景。通常，应根据最不利原则选择火灾风险较大的火灾场景作为设定火灾场景。

设定火灾场景的主要构成要素为火源位置、火灾发展速率和火灾的可能最大热释放速率、消防系统的可靠性等。

1. 确定火源位置

在选取发生火灾的位置时，主要考虑某处发生火灾后，可能对人员的疏散造成最不利影响的情况。本案例中的建筑内设置了一些可燃装饰材料、桌椅、商品和电气设备，这些物品都有可能被引燃而发生火灾。基于对本建筑内火灾危险性的分析，设置了两处火源位置，如图 11.7-1 和图 11.7-2 所示。

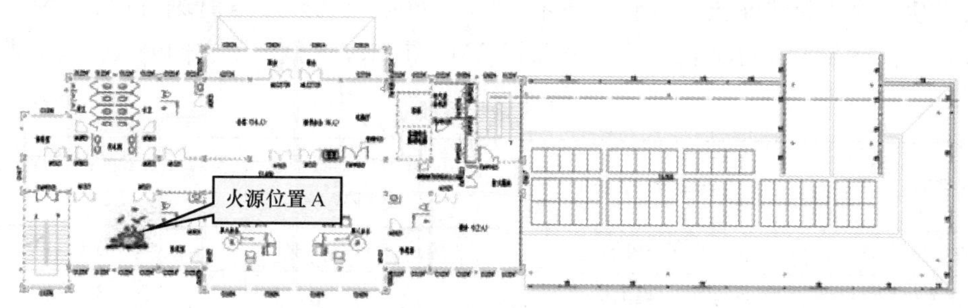

图 11.7-1　6 层火源位置图

2. 火灾增长速率分析

火灾增长速率和火灾荷载密度都是衡量火灾危险性的重要指标。火灾的增长速度与可燃物的燃烧特性、储存状态、空间摆放形式、是否有自动喷水灭火系统、火场通风排烟条件等因素密切相关。火灾增长速率除了可以通过试验测定之外，还可以通过模型计算、经

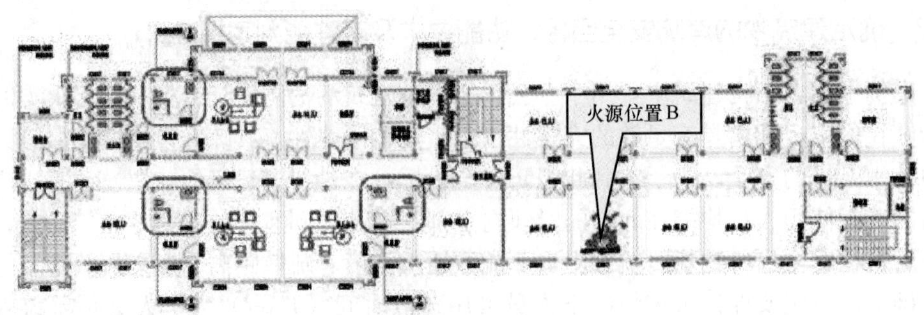

图 11.7-2 3层火源位置图

验估算以及参考相关文献和引用规范的数据等方式得到。大多数民用建筑火灾在没有可燃液体和可燃气体参与，而以纤维类火灾为主要特征时，其初期增长速率都较缓慢。当火灾增长到一定规模后，增长速率将加速。火灾的热释放速率与火灾发展时间关系可用式(11.7-1)表示：

$$\dot{Q}=\alpha(t-t_0)^2 \tag{11.7-1}$$

式中 $\dot{Q}$——火源热释放速率（kW）；

α——火灾增长速率（kW/s^2）；

t——火灾的燃烧时间（s）；

t_0——火灾的阴燃时间（s）。

在工程应用中，由于火灾阴燃阶段对火灾蔓延影响较小，通常可不考虑火灾达到有效燃烧需要的时间，仅研究火灾开始有效燃烧后的情况，故取 $t_0=0$。因此火灾热释放速率随时间的变化关系可以简化为：

$$\dot{Q}=\alpha t^2 \tag{11.7-2}$$

对于 t^2 火灾的类型，国际标准《消防安全工程 第 4 部分：设定火灾场景和设定火灾的选择》ISO/TS 16733：2006 根据火灾增长系数 α 的值定义了 4 种标准 t^2 火灾：慢速火、中速火、快速火和超快速火，它们分别在 600s、300s、150s、75s 时刻可达到 1MW 的火灾规模，具体参数见火灾增长系数（表 11.7-1），图 11.7-3 显示了它们的火灾发展曲线。

火灾增长系数 **表 11.7-1**

火灾类别	典型的可燃材料	火灾增长系数（kW/s^2）	热释放速率达到 1MW 的时间（s）
慢速火	硬木家具	0.00293	600
中速火	棉质、聚酯垫子	0.01172	300
快速火	装满的邮件袋、木制货架托盘、泡沫塑料	0.04689	150
超快速火	池火、快速燃烧的装饰家具、轻质窗帘	0.1875	75

本建筑办公室内可能会有办公桌、座椅等可燃物。因此，此处选择美国标准技术研究院曾进行的一组办公家具组合单元的火灾试验作为火灾增长速率分析的依据。试验中的办公家具组合单元包括两面办公单元的分隔板（由包玻璃纤维的硬质纤维板和金属框架组

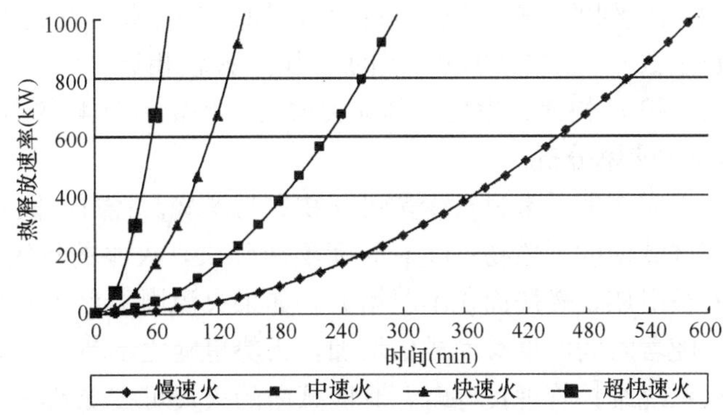

图 11.7-3 t^2 火灾发展特性曲线

成)、组合书架、软垫塑料椅、高密度层压板办公桌以及一台电脑，还有 98kg 纸张和记事本等纸制品。试验的相关照片请参见图 11.7-4，图 11.7-5 为试验时所测得的火灾热释放速率曲线。

图 11.7-4 办公家具组合单元火灾试验照片

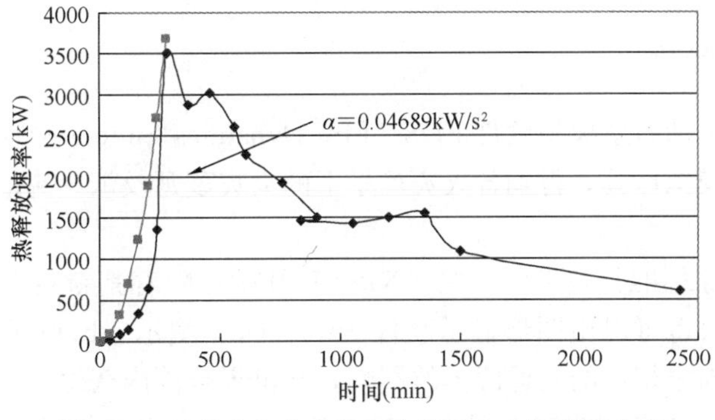

图 11.7-5 单个办公家具组合单元火灾热释放速率

通过与表 11.7-1 内所列的标准火灾进行比较可知，办公室内发生火灾后的初期火灾发展规律与火灾增长系数 $\alpha=0.04689\text{kW/s}^2$ 的 t^2 快速火较相近。因此，本案例保守确定本建筑内办公室的火灾按 t^2 快速火发展，其火灾增长系数 $\alpha=0.04689\text{kW/s}^2$。

3. 火灾最大热释放速率分析

根据火灾试验，火灾初期通常只有少量可燃物参与燃烧。经过一段时间后，才能通过热辐射作用引燃相邻区域内的可燃物；随着时间不断延长，火源的热辐射作用逐渐增强，导致邻近可燃物不断被引燃，燃烧面积不断增大。如果火源周围存在足够的可燃物，则卷入火灾的可燃物将会随着时间的推移而成倍增加，火势也随之不断快速增长。

当建筑自动灭火系统维护管理良好时，其区域内的火灾可按受到自动灭火系统控制的火灾考虑。通常可设定：当自动喷水灭火系统启动一定时间以后，火灾热释放速率将不再增加，并在维持一定的时间后逐渐衰减。

《建筑防烟排烟系统技术规范》GB 51251—2017 在确定排烟量时，办公场所自动喷水灭火系统有效时火灾最大热释放速率为 1.5MW，因此本案例也将办公室火灾在自动喷水灭火系统作用下的火灾热释放速率最大值保守地取为 1.5MW。

4. 火灾场景的选择确定

确定设定火灾场景是指在消防安全评估分析中，针对设定的消防安全目标，综合考虑火灾的可能性与潜在的后果，从可能的火灾场景中选择出供分析的火灾场景。本案例选择了 2 组 8 个具有代表性的设定火灾场景进行计算分析，见表 11.7-2。

火灾场景分析汇总表 **表 11.7-2**

火灾场景	火源位置		火灾增长系数 (kW/s^2)	自动喷水灭火系统	排烟系统	最大火灾热释放速率 (MW)
A-1	6 层办公	A	0.04689	有效	自然排烟 2%	1.5
A-2					自然排烟 3%	
A-3					自然排烟 4%	
A-4					自然排烟 5%	
B-1	3 层办公	B	0.04689	有效	自然排烟 2%	1.5
B-2					自然排烟 3%	
B-3					自然排烟 4%	
B-4					自然排烟 5%	

11.7.4 烟气流动分析

本节将运用火灾动力学模拟软件 FDS（Fire Dynamics Simulator）对建筑内的火灾及烟气蔓延情况进行模拟计算，得到各火灾场景下的火灾蔓延及烟气流动状态。

1. FDS 模型

FDS 由美国国家标准与技术研究院（NIST）开发。随着其新版本的不断推出，功能日益增强，模拟结果也可以由图形显示软件 Smokeview 演示。FDS 可靠性高且未受到任何具有经济利益及与之相连的其他团体的影响，在世界范围内获得广泛应用。

FDS 通过数值方法求解湍流方程来分析燃烧过程中的烟气扩散和热传导，包含燃烧模型、热辐射模型和热解模型等。燃烧模型采用混合分数模型，模型假设燃烧受混合因素多方控制，燃料和氧气的反应速度无限快，所有的反应物和燃烧产物的质量比可以由状态方程以及经验公式推导出来。辐射热传导通过求解一非散射灰色气体的热辐射传递方程来实现，热解模型则采用木材热解模型。FDS偏微分方程组解的核心算法是一种显式的预测-纠错的方法，时间和空间的精度为二阶，计算中涡流处理方式为大涡模拟，处理火灾烟气流场，具有较好的精度。

图 11.7-6 为模型效果图。

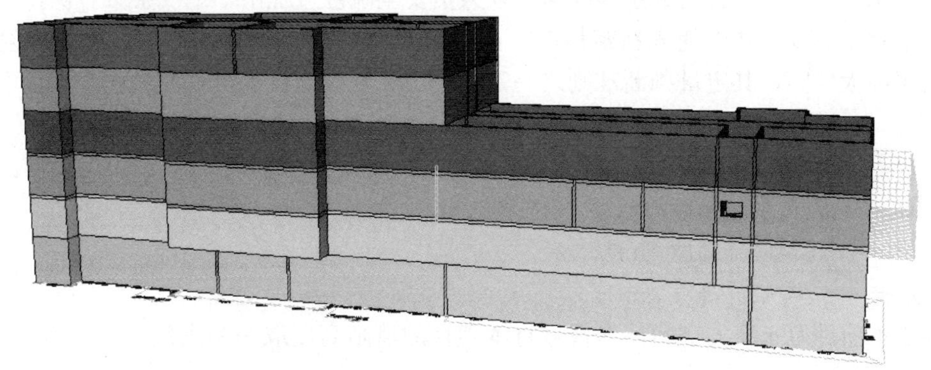

图 11.7-6 FDS模型

2. 网格划分

计算区域网格的划分将直接影响模拟的精度，网格划分越小，模拟计算的精度会越高，但同时所需要的计算时间也会呈几何级数增加；网格划分如果过大，尽管可以大大缩短计算时间，但计算精度可能无法得到保证。在综合考虑经济性与保证满足工程计算精度的前提下，确定网格划分方法如下：采用非均匀网格划分方法，在火源附近区域的网格尺寸为 0.25m×0.25m×0.25m，其他区域的网格尺寸为 0.5m×0.5m×0.5m。

通过分析预测烟气的流动状态并获得有关火灾的热动力学参数，可以用于验证本建筑内的消防设施能否阻止火灾烟气达到影响人员疏散安全的极限值，针对确定的设定火灾场景，本案例将运用场模拟软件 FDS 对建筑内烟气运动情况进行模拟预测，在模拟计算时初始条件如下：

（1）火源位置：设定火源位置 A、B；

（2）建筑模型：以建筑实际尺寸建模；

（3）环境条件：环境初始温度 23℃；

（4）壁面边界条件：绝热；

（5）湍流模型：大涡模拟模型；

（6）燃烧模型：混合分数模型；

（7）假设火源：火灾初期发展规律根据图 11.7-3 分析的火灾增长规律设定；

（8）排烟系统：和火灾报警系统联动启动。

由于建筑内人员在疏散时会向远离火源的方向疏散，因此本案例在确定人员可用疏散时间时，以远离火源的各个安全出口附近区域的各项参数为依据。

3. 可用疏散时间的确定

可用疏散时间 TASET 是指从火灾发生到火灾发展到致使建筑内某个区域达到人体耐受极限的时间，通常是指在安全出口附近的区域某个影响人员安全疏散的性能参数首先达到人体耐受极限的时间，影响人员安全疏散的主要性能参数包括烟气层高度、对流热、能见度和一氧化碳浓度等。

（1）烟气层高度

火灾烟气中伴有一定热量、胶质、毒性分解物等，是影响建筑内使用人员安全疏散行动与消防队员进行救援行动的主要障碍。在人员安全疏散过程中，烟气层只有保持在人群头部以上一定高度，才能使人在疏散时不必要从烟气中穿过或受到热烟气流的辐射热威胁。对于高大空间，其定量判断准则之一是烟气层高度应能在人员疏散过程中满足下式：

$$H_S \geqslant H_C = H_P + 0.1H_B \qquad (11.7\text{-}3)$$

式中 H_S——清晰高度（m）；

H_P——人员平均高度（m），一般取 1.6m；

H_B——建筑内部高度（m）；

H_C——危险临界高度（m）。

由于本项目为非高大空间，本报告将本项目的清晰高度取为距离地（楼）面 2.0m 高度处。

（2）对流热

试验表明，人体呼吸过热的空气会导致热冲击（中暑）和皮肤烧伤。空气中的水分含量对这两种危害都有显著影响（表 11.7-3）。对于大多数建筑环境，人体可以短时间承受 100℃环境的对流热。

人员对热气的耐受极限 **表 11.7-3**

温度和湿度条件	<60℃，水分饱和	60℃，水分含量<1%	100℃，水分含量<1%
耐受时间	> 30min	12min	1min

（3）能见度

能见度是反映疏散人群在火灾中经历的烟气浓度的一个指标，SFPE《消防工程手册》提出的能见度数值为 13m。这个值是根据不熟悉建筑环境的人受火灾烟气的影响、情绪比较紧张的情况下能看到安全出口的距离来确定的，数据通过试验获得。从现有研究成果看，对于可接受的最低能见度，从 1.5～13m 都有人提出过。

澳大利亚《消防工程师指南》给出了适用于小空间和大空间的能见度临界值，见表 11.7-4。大空间内为了确定疏散方向需要看得更远，因此要求能见度更大。

大、小空间的能见度临界值 **表 11.7-4**

位置	小空间	大空间
能见度临界值（m）	5	10

本建筑属于小空间，为保守起见，将能见度设定为 5m。

（4）一氧化碳（CO）浓度

CO 浓度是反映人员在疏散过程中呼吸到有毒气体多少的一个指标。当人体呼吸到

CO 后，CO 会与人体内的血红蛋白相结合，消耗血液中的氧，生成对人体有害的化合物，危害人的生命。

在 SFPE《消防工程手册》论述了人能在 CO 中的停留时间与 CO 浓度的关系，指出人在 CO 浓度为 1000ppm 的环境中的极限安全时间为 30min。其中，500ppm 为相对较低的浓度，在该浓度下可允许停留的时间较长。因此，本案例采用 500ppm 作为 CO 浓度的危险判定指标。

通过对上述影响人员安全疏散主要因素的分析，确定了计算人员可用疏散时间的定量判定标准，见表 11.7-5 中“本案例采用值”栏。

影响人员安全的性能参数的极限值 **表 11.7-5**

参数	极限值	本案例采用值
清晰高度处的温度（℃）	＜60	⩽60
清晰高度处的能见度（m）	＞5	＞5
清晰高度处的一氧化碳浓度（ppm）	＜1000	⩽500

4. 计算结果

根据火灾蔓延及烟气流动状态模拟分析计算结果，对应上述各参数的极限值确定各火灾场景下的人员可用疏散时间，其结果汇总见表 11.7-6。

各设定火灾场景下人员可用疏散时间 **表 11.7-6**

火灾场景	区域	最低能见度（m）	可用疏散时间（s）
A-1	六层办公	2	210
A-2		2	230
A-3		2	260
A-4		2	280
B-1	三层办公	2	200
B-2		2	220
B-3		2	240
B-4		2	260

11.7.5 人员疏散过程分析

1. 确定疏散参数

（1）疏散人数的确定

合理的人员疏散研究是以较准确的人员密度分析为基础，不同使用功能的建筑以及不同用途的区域，其人员密度不同，不同类型的人员其疏散行为也不尽相同。建筑内人员数量的确定应参照现行规范，根据不同建筑的使用功能，分别按密度或按照建筑设计容量进行计算。

本建筑主使用功能为办公用途，根据设计单位提供的相关资料，计算各功能区域的人数，具体疏散人数见表 11.7-7。

疏散人数统计　　表 11.7-7

楼层	该区域功能	本层建筑面积（m^2）	计算人数（人）
首层	办公	892.32	210
二层	办公	912.42	130
三层	办公	940.56	120
四层	办公	940.56	170
五层	办公	546.24	60
六层	办公	546.24	70

（2）人员行走速度

国内外有部分科研机构和院校曾对人员的行走速度进行过研究，并获得了部分数据。但没有权威对这些研究成果进行分析归纳，并没有形成一套大家公认的体系。因此，在进行消防安全评估时，大部分参考国外相关专家的研究成果或者国内外权威机构出版的标准和规范等。

SFPE《消防工程手册》对人员疏散参数（疏散速度、人流量、有效疏散宽度）的系统归纳，被消防安全工程界广泛采纳。该手册认为人员的行走速度是人员密度的函数：当人员密度在 0.54～3.8 人/m^2之间时，人员疏散速度可用公式（11.7-4）表示：

$$S = k(1 - 0.266D) \tag{11.7-4}$$

式中　k——系数，可按表 11.7-8 取值；

D——人员密度，人/m^2。

公式（11.7-4）中系数 k 的取值　　表 11.7-8

疏散路径因素		k
走道、走廊、斜坡、门口		1.40
楼 梯		
梯级高度（cm）	梯级宽度（cm）	
19	25	1.00
18	28	1.08
17	30	1.16
17	33	1.23

根据公式（11.7-4）可算出人员密度在 0.54～3.8 人/m^2之间时，对应的水平疏散速度和在楼梯下行时的疏散速度，见表 11.7-9。

SFPE《消防工程手册》确定的人员疏散速度　　表 11.7-9

人员密度（人/m^2）	<0.54	0.54～1	1～2	2～3	3～3.8
水平疏散速度（m/s）	1.2	1.2～1.0	1.0～0.66	0.66～0.28	0.28～0
楼梯下行速度（m/s）	0.86	0.8～0.73	0.73～0.47	0.47～0.20	0.20～0

针对人员在楼梯间的疏散速度，加拿大的 Pauls 等学者曾对不同场所的人员进行过多次疏散试验，结果表明：人员上楼梯速度为 0.5m/s，人员下楼梯速度为 0.8m/s。也有相

关的文献介绍，人员上楼梯速度为 0.4 倍的正常速度，人员下楼梯速度为 0.6 倍的正常速度。

本建筑中的最大人员密度均小于 0.54 人/m^2，据表 11.7-10 和以上分析，将各场景内人员水平和沿楼梯下行的疏散速度分别取 1.2m/s、0.8m/s。

（3）安全出口的计算宽度

加拿大学者 Pauls 等人对人员在疏散过程中的行为做过详细研究。研究表明，人在通过疏散走道或疏散门时习惯与走道或门边缘保持一定的距离。除非人员密度高度集中，否则，在疏散时并不是门的整个宽度都能得到有效利用。美国消防工程师协会的《消防工程手册》也提出了计算宽度折减值，见表 11.7-10。

各种通道的计算宽度折减值　　表 11.7-10

通道类型	计算宽度折减值（cm）
楼梯、墙壁	15
扶手	9
音乐亭座椅、体育馆长凳	0
走廊、坡道	20
广阔走廊、行人走道	46
大门、拱门	15

建筑各层安全出口位置见图 11.7-7～图 11.7-12 所示。

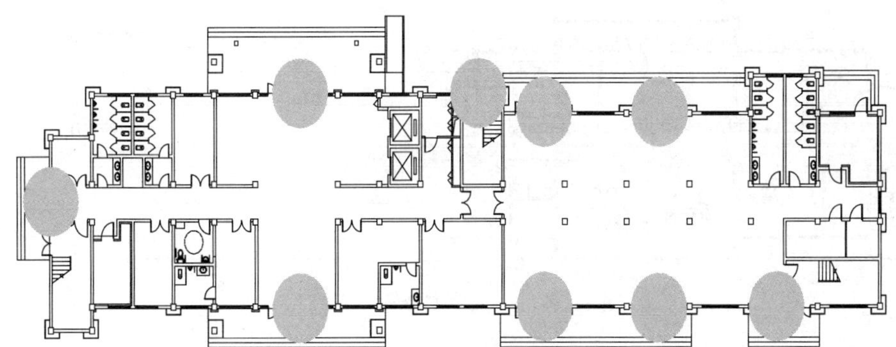

图 11.7-7　首层安全出口示意图

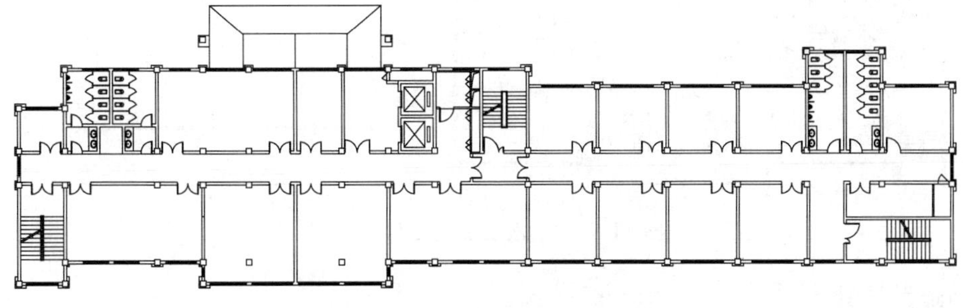

图 11.7-8　二层安全出口示意图

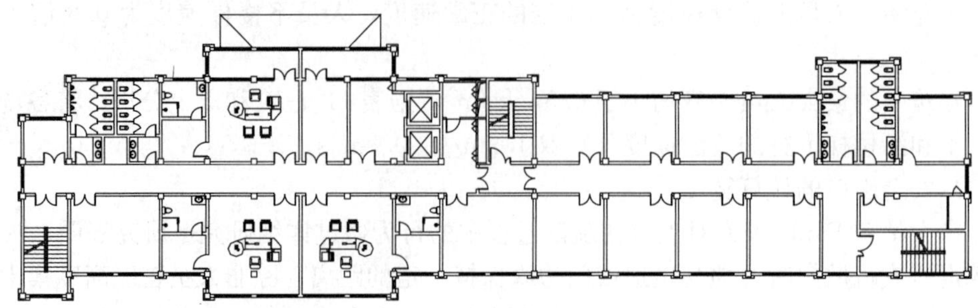

图 11.7-9　三层安全出口示意图

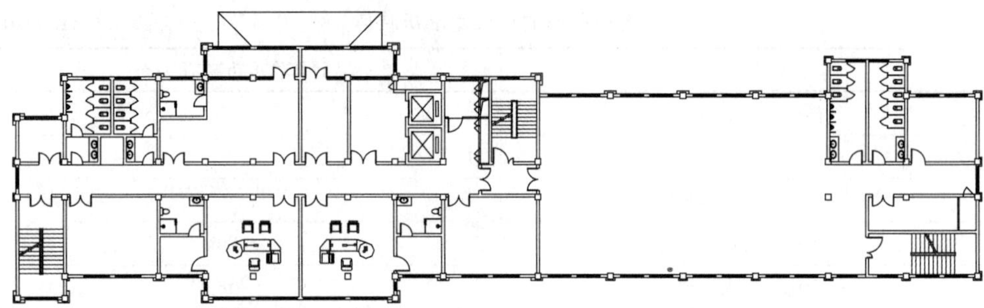

图 11.7-10　四层安全出口示意图

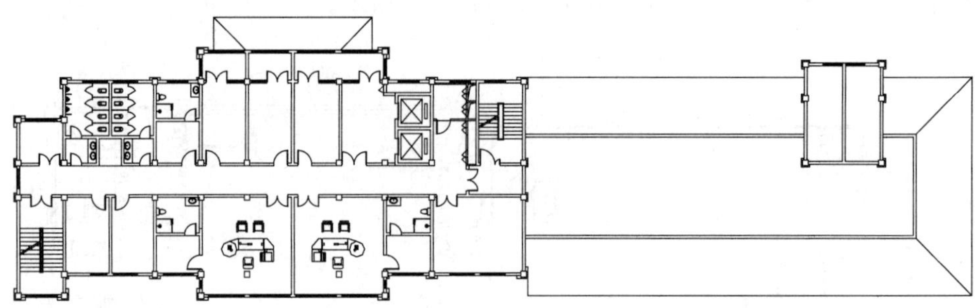

图 11.7-11　五层安全出口示意图

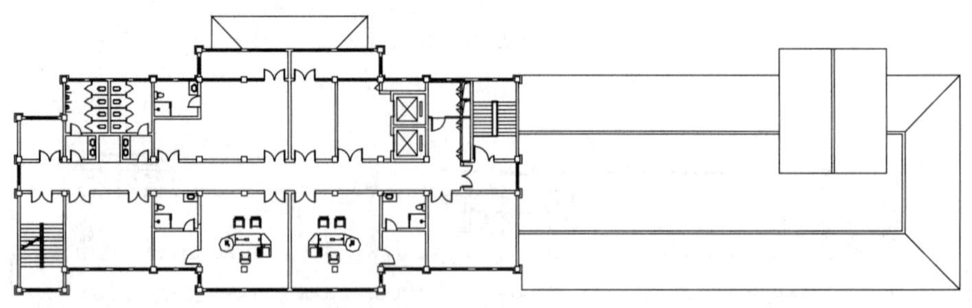

图 11.7-12　六层安全出口示意图

2. 疏散场景

疏散场景的设计总体原则为找出火灾发生后，最不利于人员安全疏散的情况。建筑内人员整体疏散，根据设定火灾场景，确定如下疏散场景，见表 11.7-11。

设定疏散场景表　　表 11.7-11

疏散场景	火源位置	疏散策略	疏散通道情况
1	A	建筑内人员整体疏散	六层火源位置附近疏散楼梯被封堵，不能用于人员疏散
2	B		三层火源位置附近疏散出口被封堵，不能用于人员疏散

3. 必需疏散时间 T_{RSET}

火灾发生之后，除火源附近区域的人员外，其他人员一般情况下不会马上开始疏散。根据研究，人员的疏散时间一般包括几段离散的时间间隔，大致可简化为报警时间、响应时间和疏散行走时间三个阶段，可用公式（11.7-5）表示：

$$T_{RSET} = T_A + T_R + 1.5 \times T_M \quad (11.7\text{-}5)$$

式中　T_A——报警时间（s）；

T_R——响应时间（s）；

T_M——疏散行走时间（s）。

一般情况下，T_M 即为软件模拟所得的时间。由于在实际疏散过程中，还存在一些不利于人员疏散的不确定性因素，如人员对建筑物的熟悉程度、人员的警惕性和觉悟能力、人体的行为活动能力、消防安全疏散指示设施情况和模拟软件的准确性等。因此，有必要对行走时间考虑一定的安全补偿。本建筑为办公建筑，人员对建筑内的疏散设施应该比较熟悉，且基本都处于清醒状态，保守地将人员疏散安全系数取为 1.5。

（1）报警时间 T_A

报警时间是指从火灾发生到火灾报警系统报警的这段时间。触发报警器报警的方式有三种：

1）自动喷水灭火系统的喷头破裂触发报警；

2）探测器探测到火灾而报警；

3）人员感知到火灾发生后手动起动报警设备。

本建筑内设有火灾自动报警系统，能够对火灾起到很好的监控作用。另外，建筑内存在人员活动，通常在火灾发生的初始阶段就能被周围人员发现，对于着火防火分区，人员一般会在火灾初期较快地感知到火情。因此，本案例将着火楼层区域的人员火灾报警时间确定为 30s，其他区域的火灾报警时间确定为 60s。

（2）人员响应时间 T_R

人员响应时间是指人员接收到警报之后到疏散行动开始之前的这段时间间隔。不同场所的人员响应时间不同，统计表明，火灾发生时人员的响应时间与建筑内采用的火灾报警系统的类型有直接关系。表 11.7-12 是根据经验总结出的各种用途的建筑物采用不同火灾报警系统时的人员响应时间。

各种用途的建筑物采用不同火灾报警系统时的人员响应时间　　表 11.7-12

建筑物用途及特性	响应时间（min）报警系统类型		
	W1	W2	W3
办公楼、商业或工业厂房、学校（建筑内的人员处于清醒状态，熟悉建筑物及其报警系统和疏散措施）	<1	3	>4

续表

建筑物用途及特性	响应时间（min） 报警系统类型		
	W1	W2	W3
商店、展览馆、博物馆、休闲中心等（建筑内的人员处于清醒状态，不熟悉建筑物、报警系统和疏散措施）	<2	3	>6
旅馆或寄宿学校（建筑内的人员可能处于睡眠状态，但熟悉建筑物、报警系统和疏散措施）	<2	4	>5
旅馆、公寓（建筑内的人员可能处于睡眠状态，不熟悉建筑物、报警系统和疏散措施）	<2	4	>6
医院、疗养院及其他社会公共福利设施（有相当数量的人员需要帮助）	<3	5	>8

注：W1—实况转播指示，采用声音广播系统，例如闭路电视设施的控制室；
W2—非直播（预录）声音系统、视觉信息警告播放；
W3—采用警铃、警笛或其他类似报警装置的报警系统。

本案例中建筑内设置有火灾自动报警系统，报警系统为W1类型。消防控制室内设置有报警系统集中控制器，火灾发生时能够通知建筑内人员进行疏散。案例中将建筑内人员响应时间确定为60s，此时间是针对处于非着火区的人员，他们只能通过建筑内广播信息进行疏散响应；而处于着火区域的人员，由于能直接通过自身感官判断火灾发生，火灾信息在人员之间的传播较快，人员响应时间相对较短。

（3）疏散行走时间 T_{M}

本案例采用ThunderHead Engineering的疏散软件PathFinder 2017进行疏散模拟分析。该软件为三维网络模型，可以模拟紧急状况下的人员疏散情况。该软件已经成功用于世界各地许多大型、复杂建筑的疏散模拟，具有较高的可信度和准确度。

利用Pathfinder建立的疏散模型，如图11.7-13所示。

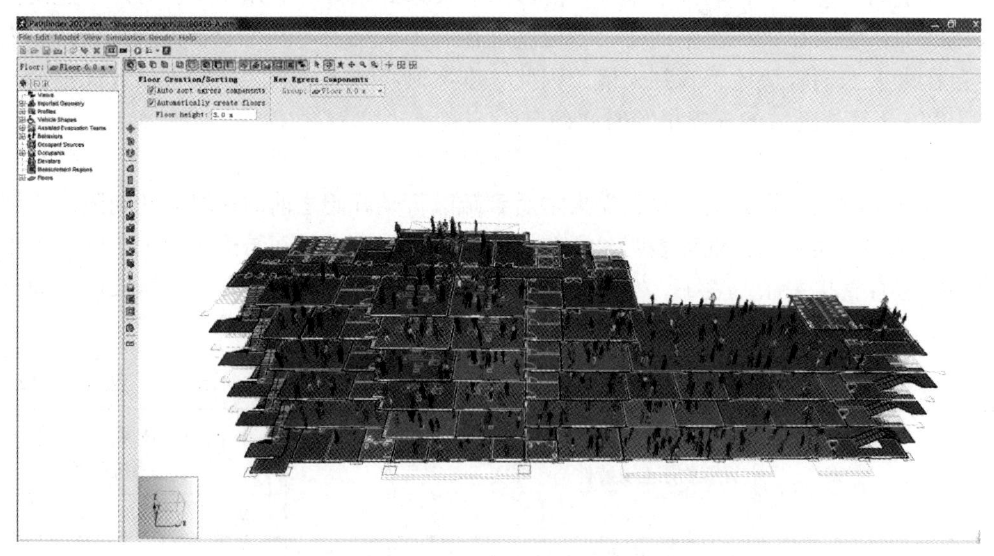

图11.7-13　人员整体疏散模型

将确定的各疏散场景条件代入疏散模型，将模拟计算得到的疏散行走时间乘以 1.5 倍安全系数加上报警时间和响应时间，最后可得到各场景的疏散时间 T_{RSET}，各场景的疏散计算结果见表 11.7-13。

必需疏散时间计算汇总表　　**表 11.7-13**

疏散场景	楼层（区域）	报警时间 T_A（s）	响应时间 T_R（s）	疏散行动时间 T_M（s）	必需疏散时间
1	六层	30	60	57	176
	五层	60	60	85	248
	四层	60	60	188	402
	三层	60	60	176	384
	二层	60	60	105	278
	首层	60	60	58	207
	整体疏散时间	60	60	411	737
2	六层	60	60	73	230
	五层	60	60	78	237
	四层	60	60	157	356
	三层	30	60	72	198
	二层	60	60	103	275
	首层	60	60	58	207
	整体疏散时间	60	60	346	639

注：$T_{RSET}=T_A+T_R+1.5\times T_M$。

4. 安全疏散判定

保障人员生命安全是消防安全分析最重要的目标，人员疏散是否安全，需要将不同火灾场景下的火灾环境与人员疏散的状况联系起来分析。

将本案例各区域通过计算机人员疏散模拟软件进行计算得到的所需的安全疏散时间（T_{RSET}），与各火灾场景下的环境可提供安全时间（T_{ASET}）进行比较，以判断各区域内人员疏散的安全性（表 11.7-14）。

人员疏散安全性判定　　**表 11.7-14**

火灾位置	火灾场景	灭火系统	自然排烟	可用疏散时间 T_{ASET}（s）	疏散行动时间 T_{RSET}（s）	安全性判定
A	A-1	有效	有效	210	176	安全
	A-2	有效	有效	230	176	安全
	A-3	有效	有效	260	176	安全
	A-4	有效	有效	280	176	安全
B	B-1	有效	有效	200	198	安全
	B-2	有效	有效	220	198	安全
	B-3	有效	有效	240	198	安全
	B-4	有效	有效	260	198	安全

通过对建筑内人员的疏散模拟分析，并与火灾烟气模拟计算结果进行，可以得到如下结论：

在设定火灾场景和疏散场景的假设条件下，当着火楼层内的火灾自动喷水灭火系统有效启动和自然排烟系统均有效开启的情况下，着火楼层内的人员能够在危险来临之前通过临近的安全出口疏散至安全区域。

当排烟窗开口面积为走道面积的2%时，三楼发生火灾，三楼人员可用疏散时间为200s，刚好大于人员必需疏散时间198s。增大排烟窗的面积可增加人员可用疏散时间，参考《建筑防排烟系统设计技术规范》（报批稿）的要求，建议将走道两端的排烟窗有效开启面积全部增加到2m²，且火灾时自动开启。

11.7.6 结果分析及建议

1. 主要分析内容

根据现行国家标准《多高层木结构建筑技术标准》GB/T 51226—2017 第7.2.2条规定：木结构间允许长度不应大于60m，防火墙间每层的最大允许建筑面积应符合表11.7-16的规定。当木结构建筑全部设置自动喷水灭火系统时，防火墙间的每层最大允许建筑面积可按表11.7-15的规定值增大1.0倍。

木结构建筑防火墙间每层的最大允许建筑面积　　表11.7-15

层数（层）	防火墙间最大允许长度（m）	防火墙间最大允许面积（m²）	
		未设自动喷水灭火系统	设置自动喷水灭火系统
1层	60	≤1800	≤3600
2层	60	≤900	≤1800
3层	60	≤600	≤1200
4层	60	≤450	≤900
5层	60	≤360	≤720

该条标准规定了木结构允许层数，也规定了木结构建筑防火墙间每层的最大允许面积，不难看出防火墙间每层最大允许面积随着层数增大而减小，但各层面积之和均为3600m²，每层防火墙间的面积不大于3600m²除以建筑层数。如假设允许建设6层，则每层防火墙间的建筑面积不应大于3600/6＝600m²。

本案例中的办公建筑共6层，总建筑面积为4780m²，建筑高度23.55m。建筑层数大于现行规范不超过5层的要求，但防火墙间的每层最大面积为498m²，小于600m²；防火墙间各层建筑面积之和分别为3200m²和1580m²，均小于3600m²。

2. 结论和建议

本案例对木结构办公建筑内典型火灾情况下的火灾烟气情况和人员疏散进行了模拟计算分析。考虑建筑平面布局、使用用途、人员特性等特点，针对建筑层数由5层增加到6层后对建筑防火可能带来的不利影响，提出如下建议：

（1）沿建筑设置环形消防车道，并沿一个长边或周边长度的1/4且不小于一个长边长度的底边布置消防车登高操作场地，场地宽度不小于10m，间隔布置间距不大于30m。

（2）管道井的检查门、两侧楼梯间入口门、中部过道上防火隔间上的2道门均采用甲级防火门。

（3）电梯层门的耐火极限不低于 1.00h。

（4）在建筑外墙上、下层开口之间应设置高度不小于 1.5m 的不燃性实体墙，且在楼板上的高度不应小于 0.6m。

（5）建筑内自动喷水灭火系统的喷头均采用快速响应喷头，并在楼梯间内增设洒水喷头。

（6）在楼梯间的楼层入口处附近设置消火栓箱和手动报警按钮，消火栓箱内均配备消防软管卷盘，其他位置按相应的间距设置；中间楼梯间处的手动报警按钮可设置在防火隔间外侧东西两侧门附近。

（7）每段内走道两端的排烟窗有效开启面积均增加到 2.0m^2，且可与火灾自动报警系统联动开启并具有手动开启功能。

（8）在楼梯间外墙上每 5 层设置总面积不小于 2.0m^2 的可开启外窗，布置间隔不大于 3 层，且在楼梯间的顶部设 1.0m^2 可与火灾自动报警系统联动开启并具有手动开启功能的外窗。

（9）在管道井和疏散楼梯间内均设火灾探测器。

（10）建筑内消防用电按二级负荷供电，消防干线采用矿物绝缘电缆。

（11）非消防用电负荷设置电气火灾监控系统。

（12）疏散走道应急照明的地面最低水平照度按不低于 5lx，疏散楼梯间内的应急照明的地面最低水平照度按不低于 10lx 设计，并保证持续供电时间不小于 0.5h。

参 考 文 献

[1] European Committee for Standardization. Eurocode 5: Design of timber structures—Part 1-2: general-structural fire design: EN 1995-1-2: 2004[S]. Brussels: CEN, 2004.

[2] American Society of Testing Materials. Methods for fire tests of building construction and materials: ASTM E 119-15: 2015[S]. United States, 2015.

[3] International Organization for Standardization. Fire resistance tests—elements of building construction—Part 1: general requirements: ISO 834-1: 1999/Amd. 1: 2012(E)[S]. Switzerland: ISO, 2012.

[4] 中国国家标准化管理委员会. 建筑构件耐火试验方法　第 1 部分：通用要求：GB/T 9978.1-2008[S]. 北京：中国标准出版社，2008.

[5] JANSSENS M L, WHITE R H. Short communication: temperature profiles in wood members exposed to fire[J]. Fire and materials, 1994, 18(4): 263-265.

[6] JANSSENS M L. Thermo-physical properties for wood pyrolysis models[C]. Proceedings of Pacific Timber Engineering Conference, Timber Research and Development Advisory Council, Queensland, Australia, 1994.

[7] SCHAFFER E L. Charring rate of selected woods-transverse to grain[R]. Madison, WI: Forest Products Laboratory, 1967.

[8] TAKEDA H, MEHAFFEY J R. WALL2D: A model for predicting heat transfer through wood-stud walls exposed to fire[J]. Fire and Materials, 1998, 22(4): 133-140.

[9] WHITE R H. Analytical methods for determining fire resistance of timber members[M]. SFPE

Handbook of Fire Protection Engineering，Society of Fire Protection Engineers，2016：257-273.

[10] THOMAS G. Thermal properties of gypsum plasterboard at high temperatures[J]. Fire and Materials，2002，26(1)：37-45.

[11] MEHAFFEY J R，CUERRIER P，CARISSE G. A model for predicting heat transfer through gypsum board/wood-stud walls exposed to fire[J]. Fire and Materials，2010，18(5)：297-305.

[12] PENG L，HADJISOPHOCLEOUS G，MEHAFFEY J，et al. Calculating fire resistance of timber connections[C]. Proceedings of Fire and Materials 2011 Conference，Interscience Communications Ltd.，London，2011.

[13] CHRISTIAN D. Fire Performance of cross-laminated timber：Summary report of north american fire research[R]. FPInnovations，2017.

[14] HURLEY J M. SFPE handbook of fire protection engineering[J]. Plumbing Engineer，2017，45(6)：36.

[15] 中华人民共和国住房和城乡建设部. 建筑设计防火规范：GB 50016—2014[S]. 北京：中国计划出版社，2014.

[16] 中华人民共和国住房和城乡建设部. 多高层木结构建筑技术标准：GB/T 51226—2017[S]. 北京：中国建筑工业出版社，2017.

[17] 中华人民共和国建设部. 办公建筑设计规范：JGJ 67—2006 [S]. 北京：中国建筑工业出版社，2007.

[18] 中华人民共和国住房和城乡建设部. 火灾自动报警系统设计规范：GB 50116—2013 [S]. 北京：中国计划出版社，2013.

[19] 中华人民共和国住房和城乡建设部. 自动喷水灭火系统设计规范：GB 50084—2017[S]. 北京：中国计划出版社，2017.

[20] 中华人民共和国住房和城乡建设部. 消防给水及消火栓系统技术规范：GB 50974—2014[S]. 北京：中国计划出版社，2014.

[21] NFPA. Life safety code：NFPA 101-2015[S]. Quincy，MA：HIS，2015.

[22] NFPA. Standard for smoke and heat venting：NFPA 204-2012[S]. Quincy，MA：HIS，2012.

[23] NFPA. Standard for the installation of sprinkler systems：NFPA 13-2015 [S]. Quincy，MA：HIS，2015.

[24] NFPA. Standard for smoke control systems：NFPA 92-2012[S]. Quincy，MA：HIS，2012.

[25] UK Timber Frame Association & Wood for Good. Fire safety on timber frame construction sites [R]. 2012.

[26] Canada Wood Council. Construction site fire safety：A guide for construction of large buildings[R]. 2015.

[27] 中国工程建设协会. 大空间智能型主动喷水灭火统技术规程：CECS 263—2009 [S]. 北京：中国计划出版社，2009.

[28] 王志刚，倪照鹏，王宗存，等. 设计火灾时火灾热释放速率曲线的确定[J]. 安全与环境学报，2004，4(S1)：50-54.

[29] 倪照鹏，王志刚. 性能化消防设计中人员安全疏散的确证[J]. 消防科学与技术，2003，22(5)：375-378.

[30] 公安部天津消防研究所. 建筑物性能化防火设计技术导则：国家十五重点科技攻关项目研究报告[R]. 天津：2004.

[31] 公安部天津消防研究所. 火灾增长分析的原则和方法：国家十五重点科技攻关项目研究报告[R]. 天津：2004.

[32]　公安部天津消防研究所. 人员安全疏散分析的原则与方法：国家十五重点科技攻关项目研究报告[R]. 天津：2004.

[33]　公安部天津消防研究所. 火灾风险分析和评估：国家十五重点科技攻关项目研究报告[R]. 天津：2004.

[34]　汪箭，吴振坤，肖学锋，等. 建筑防火性能化设计中火灾场景的设定[J]. 消防科学与技术，2005，24(1)：38-43.

[35]　范维澄，孙金华，陆守香，等. 火灾风险评估方法学[M]. 北京：科学出版社，2004.

第12章 防　　护

12.1 概述

木结构在中国和世界上很多地方都具有悠久的历史，许多古代木结构保存至今。在河姆渡遗址就发现了华夏先民建造木构房屋的实例，且用到先进的榫卯技术；位于山西省朔州市应县的佛宫寺释迦塔（俗称应县木塔），始建于辽代，至今已经有大约1000年的历史；五台山佛光寺大殿、平顺天台庵正殿、广仁王庙正殿、五台县南禅寺大殿等建于唐代的木结构建筑是我国悠久木结构文化的杰出代表。在北美及欧洲一些国家，轻型木结构的居民住宅和重型木结构的仓库、办公室、甚至桥梁等，很多百年以上的木建筑也一直使用至今。日本现存大量木结构建筑，其建筑技术是由我国传入的，目前世界上现存最古老的木构建筑是位于日本奈良的法隆寺（图12.1-1），其建设于公元607年，大概相当于我国的隋朝，而现存单体最大的古代木结构建筑则是位于日本奈良的东大寺（图12.1-2），宽57m、深50.5m、高46.8m。

图12.1-1　现存最古老木结构建筑-日本法隆寺金堂

图12.1-2　现存单体最大的古代木结构建筑-日本东大寺大佛殿

上述木结构的留存主要得益于合理的设计、选材、施工及长期的维护维修，以防止木材腐朽、虫蛀、老化及火灾等危害。对木结构进行得当的防护处理，可以延长木结构建筑的使用寿命，保证结构安全，实现房屋的耐久性，也就相应地可以起到减少因木材腐朽等原因而产生的损失和浪费，减轻行业对木材资源的需求，间接起到保护森林资源的作用，对实现林业资源的可持续利用和发展具有重要的意义。

几年前在美国明尼阿波利斯（Minneapolis）市对一年中总共227座建筑拆除时的寿命及拆除原因调查时发现，很多建筑，特别是非民居建筑的拆除并不是因为其本身已经破坏得不能再继续使用了，而是因为城市的变化，所在地方功能的变化而需要建造其他的建筑。在这些拆除的建筑中，总体上木结构的寿命不比其他结构（如混凝土）的寿命短。围绕着耐久性，这一章主要介绍与防霉、防腐朽紧密相关的木结构防水防潮，和防白蚁、防老化方面的知识及研究前沿。

12.2 木材破坏因子及使用环境的影响

12.2.1 木材的降解种类及降解条件

木材防护首先要了解导致木材降解的各种因子及产生条件。木材的降解种类很多，与现代木结构相关的降解主要包括微生物降解，昆虫，例如白蚁和木材钻孔虫类的危害，及室外木材的老化等。根据加拿大林产品研究院（FPInnovations）于 2006～2007 年在中国开展的现代木结构耐久性状况的调查，木材腐朽、霉变、白蚁危害是影响木结构的最主要原因。

微生物降解分为腐朽、霉变、微生物引起的变色（变色菌）、软腐朽和细菌降解。其中腐朽是最为严重的微生物降解，在全球范围内对木结构的耐久性影响最为广泛、严重，是防护的重中之重。腐朽在可以目测到之前就往往对木材强度已经产生很大影响，腐朽严重时完全破坏木材的强度（见图 12.2-1 窗户木框腐朽）。由于菌种及破坏形式的不同，腐朽主要分为褐腐和白腐。与其他真菌类似，腐朽菌生长一般需要以下条件：营养物质、适宜的水分含量、合适的温度、氧气含量、pH 值，及其他条件例如光线、周围微生物的种群等。在这些条件中，控制水分含量往往是室内木结构采取的最为经济有效的防护方法。对于正常室内使用环境中的木材，其含水率往往在 6%～12%之间，真菌无法生长。但是，如果由于某些原因使木材受潮，例如雨水进入建筑围护结构（如外墙、屋顶）中，木材长期保持潮湿状态就可能导致腐朽等的发生。正是因为保持干燥对木材耐久的重要性，下面介绍的木结构防护主要集中在防水防潮。对于室外木材来说，也可以通过采用设计手段减少受潮来防护木构件；如果不能控制含水率，最常用的防护方法往往是采用防腐处理木材或天然耐久木材，即通过控制营养物质来控制腐朽。

图 12.2-1　室外木窗框长期受潮产生腐朽

合适的水分条件对木材腐朽菌的生长极为重要，可以确定的是，木材的含水率必须高于 20%时腐朽菌才能生长。在其他条件（例如营养物质、温度等）都合适的条件下，如果木材中具有自由水，即木材含水率在纤维饱和点（30%左右）以上，腐朽菌才能更好地生长；而最佳木材含水率在 40%～80%之间。为了进一步提高木材及木材的耐久性，促进木结构耐久性的预测，在过去几十年间，世界上几大木材试验室展开了木材腐朽需要的临界条件，特别是所需最低含水率方面的研究。研究所得结论总体上可以归纳为，在其他条件合适的情况下，经过窑干的木材，腐朽菌生长需要的最低含水率在26%左右。当然在这样最低水分的条件下，腐朽速度很慢，对木材强度造成损害所需的时间往往较长，一般在6个月以上。这些研究总体上明确了不同木结构条件下木材的含水率状况，腐朽的速度，进一步促进了对木材腐朽的计算机模型预测。

霉变由真菌中的霉菌引起，主要污染木材及其他材料的表面，影响美观，对木材的力学强度影响很小。如果室内材料例如石膏板等发生霉变，会影响室内空气，并可能影响易感人群的健康。很多针对霉变的研究集中在这一点上，但到目前为止，并无确切的研究结论。另外，与预测腐朽的需求相类似，一些研究也针对木材及其他材料上产生霉变所需要的最低水分（环境湿度）条件，以及霉变发生的速度。霉菌的生长同样喜好温暖潮湿的环境。一般来说在室温条件下，相对湿度至少在80%以上，霉菌才能生长，90%左右的相对湿度会促进霉菌的生长。与木结构密切相关的是，室内木构件上如果因为受潮产生了霉变，影响美观，清除起来耗时耗力，会增加建造或维护成本，必须避免。

除了微生物之外，虫害，特别是白蚁对木结构也可能造成很大危害（图12.2-2）。此外，室外木材及木材表面上的涂料由于紫外线、雨水等引起的老化会影响木材的外观（图12.2-3），也需要在设计和施工中给予充分考虑，采取有效的防护措施。

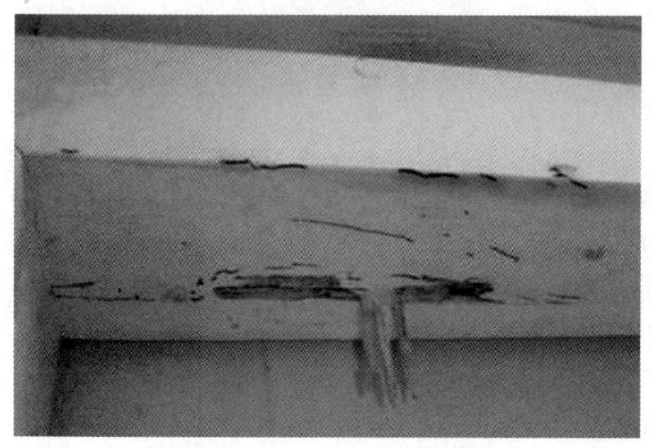

图12.2-2　木结构遭到了白蚁危害

图12.2-3　室外木材上涂料由于紫外线等原因产生老化

12.2.2　使用环境

木材的使用环境是耐久性设计需要考虑的重要因素。木材防腐处理要求，包括防腐剂、处理深度和药剂保持量，一般都基于木材的使用环境。与世界上主要的防腐标准相一致，《防腐木材工程应用技术规范》GB 50828—2012也规定了木材及制品的五大类使用环境，及不同使用环境下木材的防腐处理要求（表12.2-1）。在这五大类使用环境中，与木结构相关的主要是C1（干燥室内环境）、C2（室内，有时潮湿受水分的影响）、C3（室外，不接触土壤）和C4（室外，接触土壤或浸泡在淡水中）四大类使用环境。虽然木结构不一定采用防腐处理木材，但是不同使用环境对木结构的防护提出不同的要求，所以理解使用环境对木结构的防护具有积极的意义。

木材及其制品使用分类　　　　表 12.2-1

使用分类	使用条件及环境	主要生物败坏因子	用途举例
C1	室内干燥环境，不接触土壤	蛀虫	建筑内部及装饰、家具
C2	室内环境，不接触土壤，但有时受潮湿和水分的影响	蛀虫、白蚁、木腐菌	建筑内部及装饰、家具、地下室、卫生间
C3.1	室外环境，但不接触土壤，暴露在各种气候中，包括雨淋，但表面有油漆等保护，避免直接暴露在雨水中	蛀虫、白蚁、木腐菌	外门窗
C3.2	室外环境，但不接触土壤，暴露在各种气候中，包括雨淋，表面无保护，但避免长期浸泡在雨水中	蛀虫、白蚁、木腐菌	户外甲板
C4.1	室外环境，接触土壤或浸在淡水中，暴露在各种气候中	蛀虫、白蚁、木腐菌	围栏支柱
C4.2	室外环境，接触土壤或浸在淡水中，暴露在各种气候中，为难于更换或关键结构部件	蛀虫、白蚁、木腐菌	淡水码头桩木
C5	长期浸泡在海水（咸水）中	海生钻孔动物	海水码头桩木

12.2.3　地域、气候的影响

地域和气候条件，比如温度、雨量、雪量、湿度、土壤、植被等对当地的微生物及昆虫生长都有很大的影响。这些不仅影响室外木结构的耐久性，也会影响室内结构，特别是建筑围护结构的耐久性、保温设计。主要与建筑节能设计相关，我国《民用建筑设计统一标准》GB 50352—2019 基于各地温度等条件，把全国的建筑气候区域分为严寒、寒冷、夏热冬冷、夏热冬暖及温和地区。

针对室外地面以上木材的腐朽，美国学者 Scheffer 发明了一个简单地基于当地温度和降水天数的气候指标来大致预测其腐朽危害程度。这个指标的计算方法如下：

$$\text{Scheffer 气候指标} = \sum_{\text{Jan}}^{\text{Dec}} \frac{(T-2)(D-3)}{16.7} \tag{12.2-1}$$

式中　T——月平均温度（℃）；

D——每月中日降水量高于 0.2mm 的天数；

$\sum_{\text{Jan}}^{\text{Dec}}$——全年每个月的累积总和。

在设计公式的时候这个气候指标指定的大致范围在 0 到 100 之间，0 指的是木材几乎不可能发生腐朽的气候条件，例如极其干燥（例如美国的拉斯维加斯），或极其寒冷；100 指的是木材很容易腐朽的气候条件，温暖潮湿（例如美国的佛罗里达）。当然极其温暖潮湿的地方，例如夏威夷，计算值会大大高于 100。为了方便分区及制作腐朽地图，当这个气候指标在 35 以下时该地区定为低腐朽危害区；在 70 以上时为高危害区；在 35～70 之间时为中等危害区。这个腐朽指标看似简单，但其制定是从美国不同气候条件下实测采集到的大量木材腐朽数据，有很多的科学依据。到目前为止，这个气候指标已经用于多个国家，包括美国、加拿大、中国、日本、韩国来编制地上木材的腐朽危害地图。

在中国，腐朽地图由中国林科院和加拿大林产品研究院合作完成，采用前后十年的气象数据，经过两次计算、绘制地图，并评估了气候变化所带来的腐朽地图的变化。总体上较为温暖潮湿的南方地区，包括南京、合肥、武汉、成都、重庆、昆明及以南地区等都位于高腐朽危害区域，比较寒冷或干燥的北方则为低腐朽危害区域，中间的地区包括哈尔滨、北京、天津等位于中等腐朽危害区。木结构设计、施工、使用时必须要根据当地的气候条件采取必要的防护措施。

12.2.4 局部环境的影响

除了大范围内气候条件的影响，建筑物周围的局部气象条件，例如风力、雨量、紫外线强度都可以对木结构的耐久性产生很大的影响。例如在一些山区、树林之中或高楼大厦之间的房子，往往相对来说受到外部风雨的影响会小一些。而在相对暴露的地方，例如湖边，建筑受到外部气候的影响就会大很多。如下面介绍，建筑的屋檐可以对位于下方外墙受到的风吹雨量、紫外线量等产生很大的影响，对外墙及其他构件起到很好的保护作用。建筑物当地的水位高低、坡度、排水情况，也会影响该建筑的耐久性。有的地方水位较高，那么在设计地下结构和基础时应该对防水防潮提出更高的要求；在高水位地区应尽量避免建造地下室。在建筑设计、施工时，要充分考虑这些因素，避免不利条件，充分利用有利条件来防护木结构。

12.2.5 室内环境

室内环境的最主要参数为温度和湿度，一般来说取决于当地的气候条件，室内空间是否加热、制冷、加湿或除湿，及建筑使用过程释放的蒸汽量（例如居住人数、洗衣、做饭、室内植物等）。总体而言，我国的北方大部分地区比较干燥，而南方要潮湿很多。对于人体的健康和舒适度而言，室内相对湿度在 30%～60%之间比较合适，湿度太低对呼吸系统等不利，而太高会促进微生物，如霉菌等的生长。对于木材的含水率而言，环境湿度是决定木材含水率的最重要参数，而温度的影响相对于湿度要小很多。当室内空气的相对湿度为 60%时，一般木材的平衡含水率为 12%左右。如果空气的相对湿度升高到 80%，木材的平衡含水率会升高到 16%左右，此时木材不会腐朽，但潮湿环境可能导致霉菌等的生长，所以室内环境不仅控制温度，也要控制湿度。一些特殊用途的建筑，例如游泳馆等，内部水源的存在往往会显著提高室内湿度，并导致与室外温差比较大的地方，例如窗户等处因为蒸汽冷凝而产生液态水，从而较大程度地影响室内木构件的耐久性能。这样条件下的木建筑最根本的防护措施是通过机械方法（例如通风、除湿）来降低室内湿度，这需要在设计过程中考虑进去。

12.2.6 虫害及分布

危害木结构的昆虫主要有留粉甲虫和白蚁。其中留粉甲虫泛指粉蠹科（Lyctidae）、窃蠹科（Anobiidae）、天牛科（Cerambycidae）和长蠹科（Bostrichidae）等甲虫，分布于全国各地，特别是南方地区，蛀蚀木材呈粉粒状。防虫处理主要是通过对木材进行表面或加压处理，大部分防腐处理也起到防虫的效果。

在白蚁危害地区木结构的设计、建造必须要进行防白蚁处理，因为白蚁严重侵蚀时可完全破坏木材，影响结构安全。我国南方的很多地区，白蚁危害非常严重。对木结构造成危害的主要是散白蚁（Reticulitermes）和乳白蚁（Coptotermes），相比之下，乳白蚁对木结构的危害最大。在南方沿海地区，可能也存在干木白蚁。中国林科院和加拿大林产品研究中心在广泛收集资料，深入与白蚁专家交谈的基础上，绘制了一张全新的中国白蚁地图。地图分为四个区，南方地区包括南京、上海、杭州、合肥、武汉、成都、昆明、南宁、广州、台湾等地都位于白蚁危害严重地区，同时存在散白蚁和乳白蚁危害；北方地区包括大连、北京、天津、济南、西安等地属于白蚁高危害区，主要受散白蚁危害，不存在乳白蚁；哈尔滨、长春、沈阳、兰州、西宁等地位于白蚁中等危害地区，白蚁危害较小；再向北，例如银川、乌鲁木齐等地几乎不存在白蚁。具体分区请看文献资料。白蚁防治方法参见 12.7 节。

12.3　耐久材料

12.3.1　天然耐久木材

用于建造木结构的主要为针叶树材。木材树种、心材和边材、密度、吸水性能、加工和组装方法等都可能对材料的耐久性产生影响。一般来说，由于木材中的抽提物种类及含量的影响，同一树种心材比边材要耐腐、耐虫，因此其耐久性往往由边材宽、窄决定，如果边材较窄，该树种会相对比较耐久；如果边材很宽，相对来说耐久性往往会差一些。相比于大部分针叶树材的心材，有些树种例如杉木、北美黄杉、西部红柏的心才比较耐腐，甚至耐虫；有些树种例如花旗松的心材属于中等耐腐。

木材天然耐久性的评定可以通过试验室测试或长期的野外测试来评定，测试方法参见相应的标准。木材天然耐久性分级一般依据野外埋地试验得出数据，并根据木材的使用寿命进行区分。不同国家或地区的天然耐久性基准也有较大差别。依照我国耐久年限的划分标准（表 12.3-1），落叶松、杉木等木结构建筑常用树种的天然耐久性分别被划分为强耐久和耐久等级。

不同国家木材耐久性等级划分标准　　**表 12.3-1**

<table>
<tr><th rowspan="2">耐久性等级</th><th colspan="3">耐久年限（年）</th></tr>
<tr><th>中国</th><th>欧洲</th><th>澳大利亚</th></tr>
<tr><td>强耐久</td><td>＞9</td><td>＞25</td><td>＞25</td></tr>
<tr><td>耐久</td><td>6～8</td><td>15～25</td><td>15～25</td></tr>
<tr><td>中等耐久</td><td rowspan="2">3-5</td><td>10-15</td><td rowspan="2">5-15</td></tr>
<tr><td>稍耐久</td><td>5-10</td></tr>
<tr><td>不耐久</td><td>＜2</td><td>＜5</td><td>＜5</td></tr>
</table>

日本通过野外埋地试验，对该国主要树种的心边材在测试过程中的质量减少率进行了研究。研究结果表明，小叶青冈、日本扁柏和日本香柏的心材和边材的减少率较低，山毛榉、铁杉和赤松的心材和边材的减少率都较高。榉木、日本橡木、日本柳杉和落叶松的心材减少率虽然不高，但其边材的重量减少率较高。

12.3.2　基本物性对耐久性的影响

除了抽提物，材料的吸水性能及干燥性能对耐腐等性能也有一定的影响。一般来说，吸水性能越低就越难达到腐朽菌生长所需的水分要求；而木材越容易干燥，就越难维持腐朽菌等生长所需要的含水率。一些树种例如西部红柏、花旗松等的吸水性较低，这可能在一定程度上也提高了材料的耐久性。除了木材天然的物性，加工方法也会较大程度地影响吸水性能及干燥性能。例如，实木胶合的工程木能维持木材本身的基本物性；然而，钉接合的构件因为内部存在孔隙，往往比较容易吸水，较难干燥。一些木质复合人造板及大尺寸的工程木，因为加工使材料内部产生了小空隙，也会较大程度地影响材料的吸水性和干燥速度，这些都需要在木结构设计、施工过程中加以考虑。除了材料本身的物性，安装在该构件上的其他材料，例如涂料、防水膜、保温层、五金连接件也会对吸水和干燥性能产生很大的影响，需要考虑在内。

12.3.3 防腐处理木材和改性木材

如果木材本身不耐久，可以通过防腐处理以提高其耐腐、耐虫性能。木材的防腐处理分为常压和加压处理。常压处理包括木材表面涂刷防腐剂、加压防腐处理木材切割后在端部进行防腐剂补刷、用固体防腐剂（如用基于硼、铜的固体防腐剂）插入木材进行局部渗透处理等。这些常压处理方法处理起来比较方便、成本较低，所以在木结构建造、维护过程中用得很多，也可以在发现木材有局部腐朽迹象以后作为补救处理手段。但与加压防腐处理木材相比，常压处理的效果往往较差，因为在常压下，防腐剂在木材内渗透深度及药剂保持量都会非常有限。

这里主要介绍加压防腐处理木材。在防腐工厂，木材在防腐罐内进行加压处理，可以更好地提高防腐剂的渗透深度和药剂保持量，满足相应的防腐处理标准规范要求，更好地保证防腐处理木材的质量。可以用来处理木材的防腐剂种类很多，与木结构使用相关，大致包括室外景观用木材常用的水性防腐剂，例如铜铬砷（CCA）、季铵铜（ACQ）、铜唑（CuAz）等，还有工业用木构件例如铁路枕木、木桥构件常用的克里素油（Creosote）等油性防腐剂。硼化物防腐剂因为易溶于水，只能用于室内。与铜基防腐剂相比，硼化物无色无味，对人畜几乎没有任何毒性，在木材内部的渗透性往往也要好一些。而且，硼化物处理的木材具有很好的抗白蚁性能。近些年也出现了一些基于有机化合物的水性防腐剂来替代铜基防腐剂，以防止铜流失到使用环境，从而进一步减少对环境的影响。这些新型防腐剂一般只能用于地面以上的应用，例如外墙挂板。从防腐处理深度的角度，因为大多数结构用针叶树材的渗透性较差，防腐处理前可以通过刻痕处理来提高加压处理时防腐剂的渗透深度。总体上，与木材防腐处理相关的研究十分活跃，大多数研究是为了探寻更多的价格低廉、防腐性能好、容易处理木材、对环境影响小的木材防腐剂，或能够有效地提高防腐剂在木材中渗透深度的处理方法。

除了木材防腐处理，一些改性木材也在木结构建筑上有所应用。这些年国内市场比较多的是热处理木材，从欧洲进口技术或参考了欧洲的热处理工艺。热处理木材往往尺寸变得更稳定，对水分的吸附性下降，耐腐性有所提高，但往往不足以应用于腐朽危害程度很高，如与地面直接接触的地方；热处理并不能提高木材的抗白蚁性能。此外，热处理后木材的强度有所降低，所以热处理木材往往只能用于地面以上，对强度要求相对较低的地方，例如作为外墙挂板使用。基于乙酰化反应、树脂渗透再固定的木材改性方法国内外也都有所尝试，其主要制约因素包括大多数木材的渗透性能有限，处理过程比较复杂，以及处理成本较高，制约了改性木材的广泛应用。

12.3.4　耐腐蚀金属连接件

防腐处理木材常常用于潮湿环境。金属在潮湿条件下，容易产生腐蚀，并引起附近木材的变色。许多常用的防腐剂存在铜离子，特别是相对比较新型的铜基防腐剂，如季铵铜（ACQ）、铜唑（CuAz）等，含有的游离铜含量可能比原先一直使用的铜铬砷（CCA）要高很多，会加速金属连接件的腐蚀。此外，如果防腐处理木材用在海边等环境，金属连接件往往也更容易腐蚀。木结构设计中要考虑金属连接件的抗腐蚀性。在常见的木结构使用环境下，与防腐处理木材直接接触的金属连接件应采用不锈钢或热浸镀锌材料。当硼化物处理木材用在室内干燥环境下主要用于抵抗白蚁等昆虫危害时，可以忽略防腐剂引起的金属腐蚀。

12.4　室外木结构

12.4.1　室外木材的防护

木结构建筑中，除了室内构件以外，木材经常被用于外墙挂板、栅栏等室外环境。木材的天然纹理和材色深受人们的喜爱，正是因为如此，木材经常用作室内外装饰用材料。当木构件长期暴露于室外环境，并与土壤、砖石、混凝土等直接接触时，所受到的腐朽、虫蛀等的危害最大，在设计、施工、维护中需要采取特别的措施，确保木材的耐久。从选材的角度，这些构件应该采用加压防腐处理木材，即通过控制材料内的营养物质来减少腐朽菌的危害（图 12.4-1、图 12.4-2），有一些天然耐久的木材也可能满足这样的使用要求。室外木材例如外墙挂板等，位于地面以上，不直接接触土壤、砖石、混凝土，一般可以采用加压防腐处理木材或天然耐久木材来防止腐朽（图 12.4-3）。

图 12.4-1　室外与土壤直接接触的木构件应采用加压防腐处理木材，避免使用未处理木材

图 12.4-2　室外与土壤直接接触的木桩使用加压防腐处理木材，地面以上的木栅栏也可使用天然耐腐木材

图 12.4-3 西部红柏木条用于建筑外墙外饰面

当然，合理设计是最为有效的耐久、抗老化方法。因为风雨和紫外线对木材耐久性的影响很大，防护室外木构件最为有效的方法往往是用屋檐、雨篷等来遮挡风雨、紫外线，从而有效提高木材及表面涂层的耐久性、抗老化性。雨篷对室外木构件的防护在图 12.4-4、图 12.4-5 中表现得淋漓尽致。很明显，中间的木构件相对于边上的被雨篷保护得要更好一些，边上的构件因为还受到了风吹雨、紫外线的影响，所以木材上的涂料老化要比中间的快很多。这种情况下，如果把雨篷设计得大一些、宽一些，对木构件就能提供更为充足的保护。除了显而易见的屋檐、雨篷之外，室外木结构也可以通过加强细部处理来提高其耐久性。例如图 12.4-2 中的木栅栏，除了接地构件采用加压防腐处理木材、地面以上采用天然耐久木材，栅栏上部安装相对较宽的顶板，可以减少下部栅栏板条（特别是其上部横切面）受到的雨水侵袭；另外，栅栏木材之间留有空隙，可以促进排水、通风，从而进一步提高其耐久性。

图 12.4-4 室外木构件采用玻璃雨篷防护

图 12.4-5 雨篷边缘木构件上的涂料老化（注意木构件端头采用金属帽防护）

12.4.2 涂料抗老化

需要注意的是，木材用于室外时除了要考虑其防腐、防虫性能，木材表面或其表面涂层的抗老化性也非常重要，因为这直接关系到其装饰效果，影响人们的喜好。暴露于室外的木材如果表面不施涂料，风吹日晒以后，木材会逐渐变色，往往逐渐呈现灰色、黑色；局部颜色会因雨量和紫外线强度、木材本身特性等条件的不同而有所不同（图 12.4-3）。设计使用不涂漆的户外木结构需要与用户预先沟通，确保用户满意。在很多国家，木材老化作为一种自然现象，为大多数人所接受。

如果木材表面施加了涂料，涂料的性能就决定了其抗老化性能。如果是透明涂料，抗老化性往往较差，使用中需要经常修补、重新涂刷才能保持外观状况。涂料中色素含量对其抗老化性有很大的影响，所以半透明或不透明涂料的抗老化性比透明涂料的往往要好一些（图 12.4-4、图 12.4-5），可以降低重新涂刷的次数，从而降低木结构的维护成本。成膜的涂料在老化后会剥落，在重新涂刷时需要完全去除原来的涂料（图 12.4-5），可能会增加重新涂刷成本。对户外木结构而言，开发更耐老化的半透明或透明涂料，是涂料领域的重大课题。

12.4.3　节点设计

节点设计和金属连接件的耐久性是木结构耐久性设计需要考虑的重要因素之一。木结构的破坏很多是从节点开始的，因为很多节点容易积水，没有良好的排水、通风环境，再加上木材端面容易吸水，导致腐朽等的产生。对于金属件本身，除了需尽量采用不锈钢或表面热镀锌处理的金属件外，在进行建筑设计和结构设计时不应封闭在通风不良的环境中。应尽量避免在金属件上产生雨水或结露水灌入的现象发生（图 12.4-6）。如上述情况无法避免时，则金属件可设计成易替换方式，在其出现锈蚀等情况时，可随时方便地进行更换。

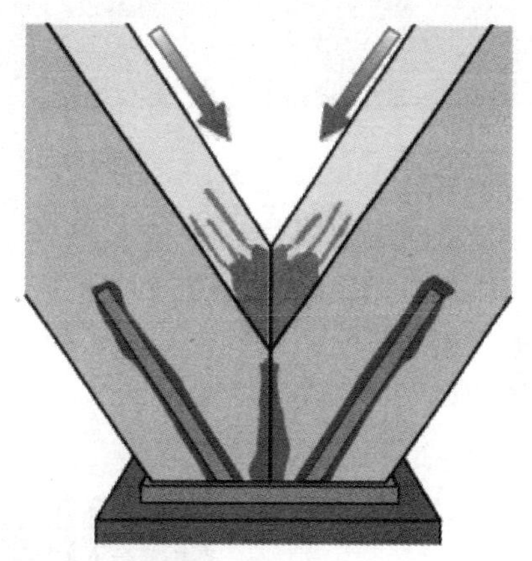

图 12.4-6　金属件上雨水或结露水灌入

12.4.4　木桥的防护

现代化的木桥近些年来在世界各地发展较快，有的跨度长达 100m 以上。木桥作为一类比较特殊的、需要承受很大荷载的室外木结构，必须在设计和施工中采取多种措施保证其耐久性能，以确保结构在设计使用寿命内的安全、可靠。木桥的耐久性也主要通过材料选择和防腐处理、设计手段来实现。古代很多木桥通过采用天然防腐木材来实现耐久，现代大部分木桥最基本的防护措施是根据工业用木构件的防腐处理要求，采用比一般景观用材料具有更高要求的处理深度和防腐剂保留量的方法，来进行木材的防腐处理。因为现代很多木桥采用胶合木、正交胶合木等工程木建造，这些工程木的防腐处理与一般实木板材、方材的处理有所不同。首先，大多数工程木成品不宜采用水性防腐剂进行处理，因为水很可能会影响成品的尺寸和胶合性能；但是，可以在确保不影响胶合性能的条件下，在胶合以前对每块板材用水性防腐剂，例如铜基防腐剂进行处理，然后再进行干燥、胶合，这样可以最大限度地保证防腐剂的渗透深度和保留量。另一种处理方法是对工程木成品用油性防腐剂进行防腐处理，最常用的防腐剂包括克里素油。实际上，因为耐久性对木桥的重要性，很多已建的大跨度木桥采用双重防腐剂（铜基＋克里素油）处理来确保材料的耐久性能（图 12.4-7、图 12.4-8）。除了防腐处理以外，木桥设计时也可以借鉴一些建筑围护结构常用的耐久性设计手段，例如安装表面防护板、泛水板、其他排水通风措施等，来降低木构件受潮程度，减少构件内部和连接处的积水，从而降低维护维修成本，延长使用寿命。

图 12.4-7　挪威 Tangen 的 Skogsrud 木桥

[建于 2007 年，49m 长，其木构件除了采用铜基防腐剂和克里素油双重处理外，表面还安装了排水通风防护板（FPInnovations 提供）]

图 12.4-8　挪威 Eidsvoll 的 Sletta 木桥

[建于 2010 年，48m 长，其木构件除了采用铜基防腐剂和克里素油双重处理外，表面还安装了金属防护板，构件之间留有伸缩、通风空间（FPInnovations 提供）]

12.5 建筑围护结构

12.5.1 围护结构系统

在北美和欧洲，研究建筑围护结构的科学通常简称为建筑科学（Building Science）或建筑物理（Building Physics）。与其他很多学科相比，建筑科学是相对比较年轻的学科，是随着人们生活水平提高而产生、发展的，可以看作是物理学的一个分支。在北美，设计建筑围护结构的工程师有别于设计建筑或结构的人员，通常称为围护结构工程师（Building Envelope Engineer）。

在现代建筑中，围护结构除了与其他结构构件一起起到对整体结构的支撑（如承载重力、风等荷载）作用外，其独特功能还包括隔离控制水分（雨、雪等）、热量、空气、水蒸气、噪声、烟雾、火焰在室内外之间的传递，保证室内空间舒适、安全，这些功能在现代建筑中变得越来越重要。随着人们对建筑节能的重视，围护结构的功能与整个建筑的节能性能也息息相关。例如，在寒冷气候条件下，合理设计施工的围护结构可以最大限度地减少室内热量向外散发又可以有效吸收太阳辐射能；在炎热气候条件下，围护结构可以最大限度地减少太阳辐射对室内环境的影响，减少空调制冷需求。与这一章紧密相关的是，围护结构是保证木结构长期耐久的最关键部分，其设计施工必须确保有效的防水防潮。

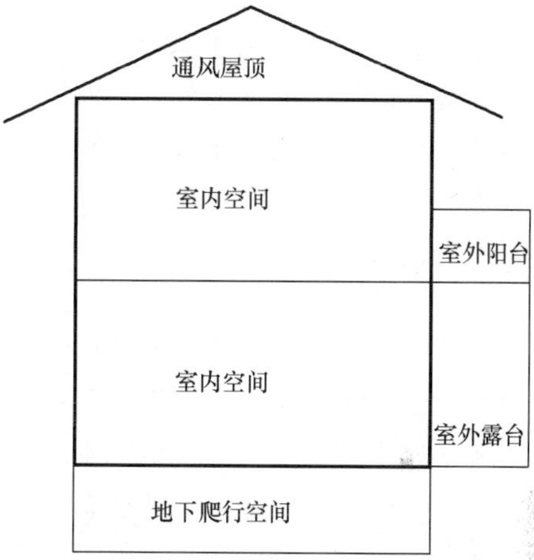

通风屋顶
室内空间
室外阳台
室内空间
室外露台
地下爬行空间

图 12.5-1 建筑围护系统示意图（粗线示意）

建筑围护系统示意如图 12.5-1 所示。

木结构的围护系统往往根据主体结构而设计，常见的围护结构系统如图 12.5-2、图 12.5-3 所示。例如，轻型木结构的墙体主要由规格材制作的顶梁板和底梁板、墙骨柱、外墙板（通常是胶合板、定向刨花板）、保温棉（填充在墙骨柱空腔内）、防水透气膜（呼吸纸）、外饰面及室内石膏板等组成。其主要优势是造价比较低，墙骨柱空腔可以方便地安装保温棉以节省空间、减小墙体厚度等。这种

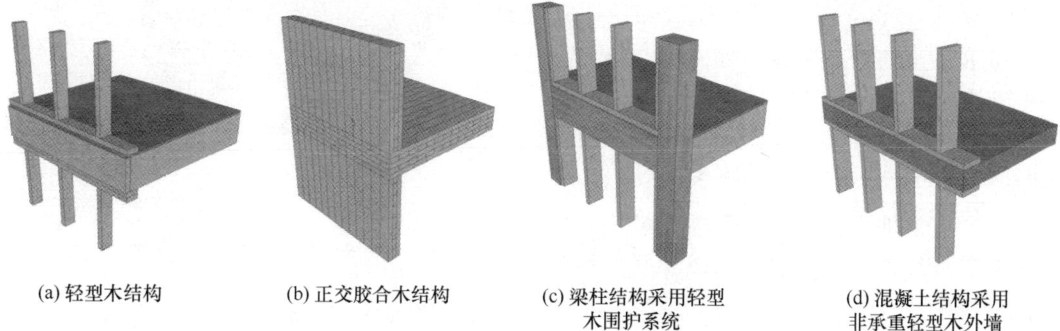

(a) 轻型木结构　(b) 正交胶合木结构　(c) 梁柱结构采用轻型木围护系统　(d) 混凝土结构采用非承重轻型木外墙

图 12.5-2 不同的木结构建筑围护系统（FPInnovations 提供）

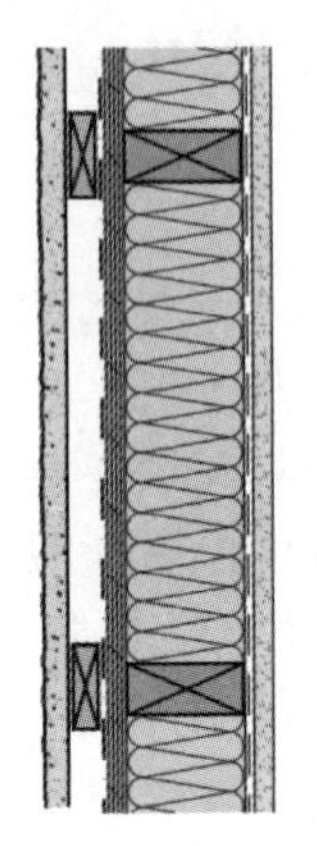

(a) 常规轻型木外墙

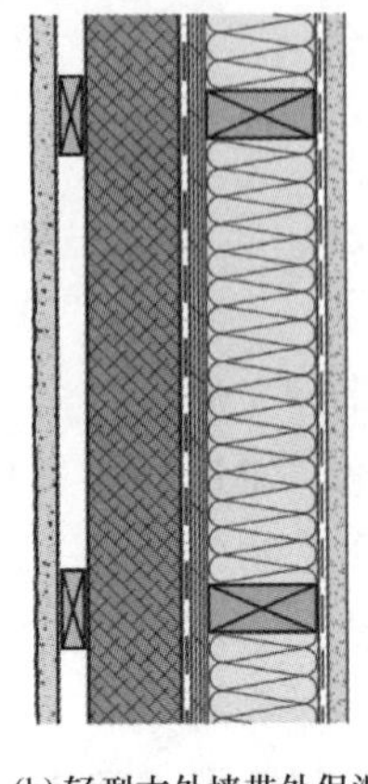

(b) 轻型木外墙带外保温

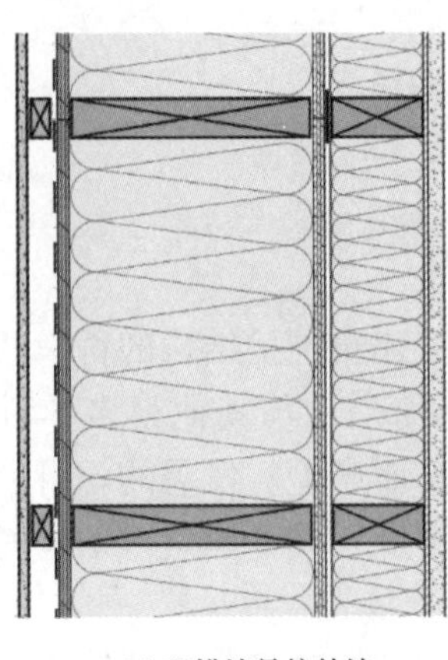

(c) 双排墙骨柱外墙

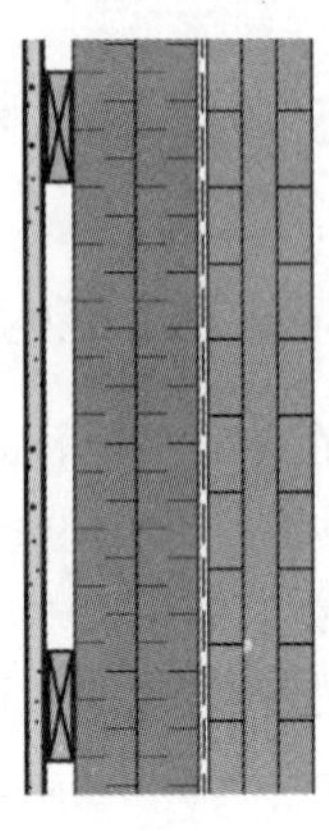

(d) 正交胶合木外墙

图 12.5-3　不同的木结构外墙构造（FPInnovations 提供）

轻型木外墙也可以作为非承重墙体用在重型木结构，甚至钢筋混凝土结构或钢结构。当然，重型木结构也可以用重型木外墙，例如用正交胶合木建造，再加上外保温等。这些不同结构的墙体在耐久和保温性能等方面会有所不同。许多建筑物理方面的研究测试都是针对这些性能的，例如针对新型的正交胶合木外墙性能的研究测试。

12.5.2　防水

建筑防水、防潮是确保木结构长期耐久的关键。建筑物可能遭受到雨水和雪水、水蒸气冷凝产生的液态水、与地面接触构件土壤中的水分渗入木材，还有在建筑使用过程中意外漏水（如水管爆裂等）也可能影响到木构件。除非水蒸气在一定条件下产生结露，空气中的湿度一般不足以让木材产生腐朽，但潮湿空气可能导致霉菌生长，所以室内环境需要控制湿度。作为重要的防水屏障，呼吸纸的正确使用非常关键。呼吸纸也称防水透气膜，材料表面具有极其细小的微孔结构，可以很好地排出室内的水汽，而室外的水滴却透不过这层薄膜进入室内，因此具有良好的防水性和透气性。施工时严密地包裹于建筑外墙，可使建筑不受雨水的侵蚀，有效保证建筑的使用寿命。呼吸纸需水平连续安装，为保证防水效果，呼吸纸的水平边搭接需要至少 300mm，垂直边搭接需要至少 150mm。在门窗开口部位，呼吸纸需要裁剪，形成正搭接并使用专用胶带固定（图 12.5-4）。

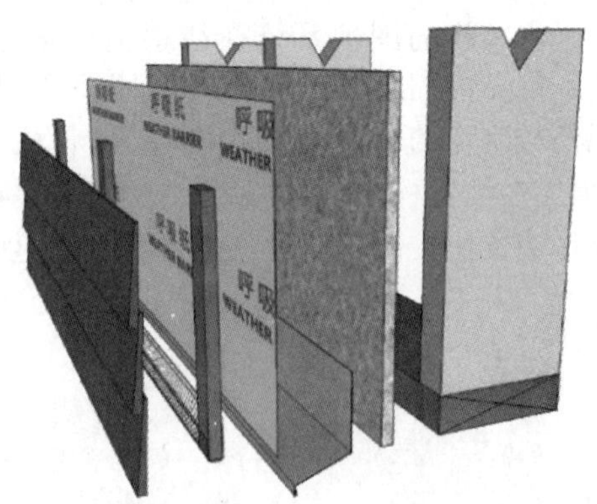

图 12.5-4　呼吸纸的正确使用方法
（加拿大木业协会提供）

总体上，围护结构的防水、防潮可以用四大原则来实现：

（1）有效地设计屋檐、雨棚等建筑部件遮挡风雨和紫外线，减少外墙、门窗等受到外部气候环境的影响。

（2）通过设计坡屋顶和防雨幕墙等来有效促进排水，防止围护结构内积水。

（3）墙体和屋顶等的设计要有利于水分散发，合理设置材料蒸汽渗透性能。

（4）如果以上三项措施仍无法满足防水防潮要求，可以在必要部位，即在危害程度较大的地方使用耐久材料，例如地梁板可以采用天然耐腐朽或经过加压防腐处理的木材。

我国古代的建筑大都建有挑檐。悬挑、雨篷等建筑部件不仅可以提升建筑的美观效果，而且可以有效地提高耐久性，其中最主要的原因是悬挑及类似部件可以有效地减少外墙遭受到的风吹雨及紫外线等(图 12.5-5、图 12.5-6)。对某个地区来说，风向往往有主风向、次风向之分，下雨时的风向更直接关系到外墙受到的风吹雨量。屋檐对低层建筑的挡风雨效果最为直观，世界各地的低层木结构住宅普遍建有屋檐，以及坡屋顶来减少雨水侵袭。近些年来，随着中高层木结构在世界各地，尤其在欧洲和北美越来越普遍，日本、加拿大等国学者近年开展了实地测量建筑外墙上风吹雨量方面的研究，研究不同宽度屋檐对不同方向外墙上风吹雨量的影响。图 12.5-7 是日本学者对横滨地区某房屋的外墙受雨量的研究结果。结果表明设计、安装屋檐对建筑外墙的防水起到积极有效的作用。外墙上的一些开口处（例如窗户等）、接缝处（例如外墙与阳台、屋顶交接处，外墙上饰面变化处）从防水的角度来说往往最为薄弱，对某个特定的地区来说，可以根据当地的风向针对性地设计屋檐及其他挑檐形式来对外墙、门窗、阳台等实现有效的保护。

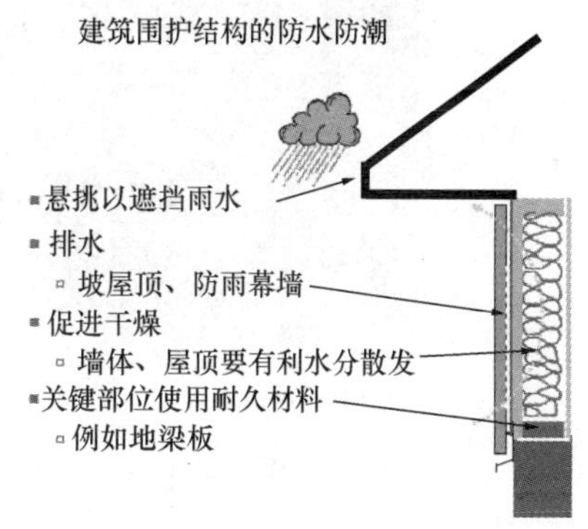

图 12.5-5　建筑围护系统耐久性设计示意图（FPInnovations 提供）

图 12.5-6　木结构的屋檐有效保护外墙

图 12.5-7　木结构建筑的屋檐及其他挑檐形式有效保护外墙、门窗、阳台

除了采用建筑部件遮挡风雨来保护外墙之外，外墙体本身的设计和施工质量对其防水防潮性能非常关键。这首先是包括外墙外挂板、外饰面的选材和安装细节，防水膜的材料选择和安装细节（特别是交接处的搭接）都需要谨慎应对，防止雨水渗透。市场上各种防水膜产品很多，总体上其性能首先必须要有效防水，并且要坚实、耐久、抗老化。从材料的蒸汽渗透性的角度来说，一般用于木结构外墙的防水膜要具有足够的渗透性能，以促进

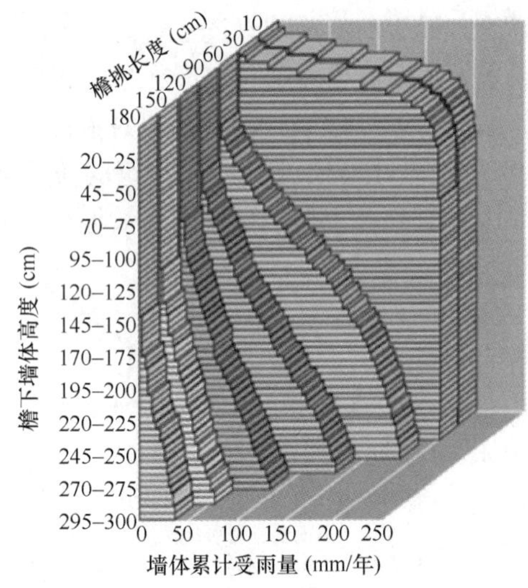

图 12.5-8 日本横滨地区外墙年受雨量情况

漏水以后水分可以向外散发，避免在墙体内积水。在多雨水地方例如加拿大的温哥华地区，实践和研究都证明采用防雨幕墙（Rain Screen Wall）（图 12.5-8），即在外墙外饰面和其里面的防水膜之间安装一个排水通风层(5～20mm)，可以促进越过外墙饰面的雨水排出，也可以有效促进水分向外散发，从而提高外墙的耐久性能。这种墙体已经在多个国家广为采用，是提高围护结构防水性能的有效手段。

另外，整个围护结构的安装、施工细节对其防水性能都很重要。总体来说，在屋顶和外墙的不同材料、不同部件的交接处，各开口处，例如门窗、阳台等，都必须安装泛水板，并与内部的防水膜有效搭接，促进排水，防止外部水分渗入（图 12.5-9～图 12.5-12）。仅仅用腻子堵缝等不能起到有效的防护作用。

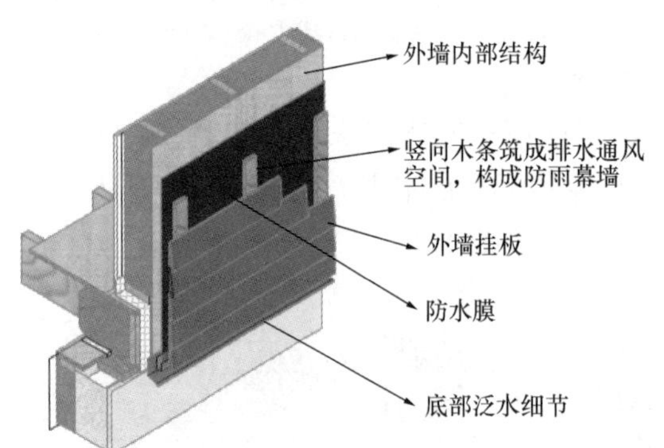

图 12.5-9 外墙防雨幕墙示意
（FPInnovations 提供）

图 12.5-10 屋顶交接处应该安装泛水板防水
（图中缺了泛水板，导致屋顶漏水）

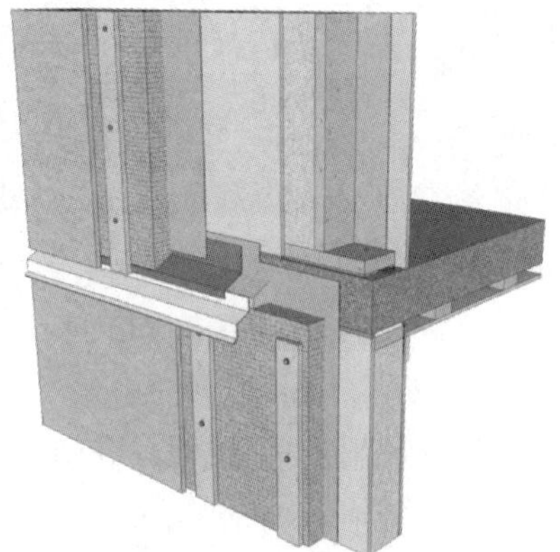

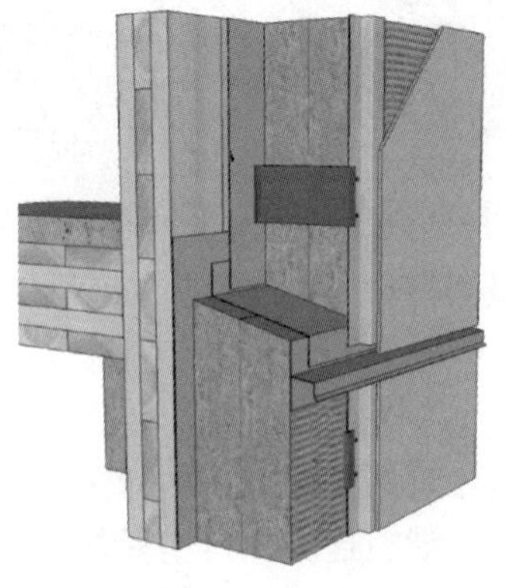

图 12.5-11 外墙各接缝处要仔细处理进行防水，包括防水膜搭接、泛水处理等（FPInnovations 提供）

12.5.3 防蒸汽冷凝

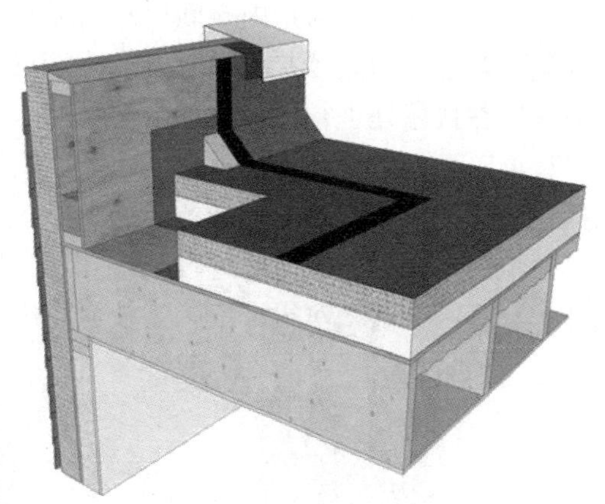
图 12.5-12 木质屋顶，特别与女儿墙交接处防水膜要仔细搭接进行防水（FPInnovations 提供）

空气中的水蒸气在露点以下温度会变成液态水，这种水分对木结构建筑围护结构的耐久性影响很大，在设计中必须根据当地外部气候条件（如寒冷、炎热、湿度大小等）、室内环境（温湿度、室内水源等）、围护结构的设计及材料选择、所用窗户的性能等加以考虑，避免结露现象产生。与此紧密相关的是，木质外墙、屋顶的设计需要合理设置气密层（Air Barrier）、隔气层（即合理设置水蒸气阻隔材料，Vapour Barrier/Retarder），及与材料蒸汽渗透性能紧密相关的水分散发性能（Drying Capacity）。建筑围护结构中水蒸气产生冷凝的根本原因是温暖潮湿的空气流动，或者空气中的水蒸气扩散抵达墙体或屋顶内部温度较低的材料或部位，而变成液态水。在寒冷地区，冷凝往往在围护结构外层材料（例如外墙板）处产生；而在炎热地区，如果室内有空调制冷，冷凝容易在靠近室内侧产生。

空气因为风、烟囱效应等引起的压力差而产生流动。在室内和室外之间，空气可以通过围护结构上的孔隙流动（这不是建筑通风）。所谓的气密层，目的就在于最大限度地减少围护结构上的孔隙。气密层可以由围护结构中的不同材料组成，作为气密层的材料首先要具备较低的空气渗透性，例如其空气渗透性在 75Pa 压力差条件下要低于 $0.02L/(s \cdot m^2)$。很多材料，例如一定厚度的塑料薄膜、石膏板、胶合板都可以满足这个条件。总体上硬质材料比柔性材料要理想一些，因为相对比较坚实，不易变形。当然最为关键的是，围护结构中作为气密层的材料必须要连续，特别是在各开口处（例如窗户）和接缝处要进行严格的气密处理（图 12.5-13）。与下面介绍的水蒸气扩散不同的是，如果气密层中存在孔隙，空气在有压力差条件下往往流动很快，大量空气在短时间内会越过该孔隙，如果围护结构内局部温度低于露点，漏气产生的冷凝往往会很严重。此外，这种空气流动对节能、隔声、防火等都不利。对于现代的低能耗建筑，气密性变得尤为重要，例如被动房屋（Passive House）对气密性具有很高的要求，在 50Pa 压力差条件下必须低于 0.6 次空气交换量，并要求在施工过程中进行测试验证。从耐久性的角度，对于低能耗建筑所用的高度保温的墙体、屋顶等（图 12.5-14），一旦结露现象产生，水汽也不易散发出来，所以这些墙体和屋顶的气密性就变得尤为重要。

图 12.5-13 一座被动房屋利用定向刨花板作为气密层，各接缝处进行仔细的气密处理

在寒冷地区，因为室内空间比较温暖潮湿，为了减少室内水蒸气扩散进入围护结构而影响其耐久性，建筑围护结构的内侧往往安装隔气层（图 12.5-15）。在这种情况下，如果隔气层在接缝处进行密封处理，其同时可以作为气密层。但是，即使在有隔气层的情况下，也可以根据需要和方便程度，选择其他材料，例如室内的石膏板、室外的外墙板或防水膜作为气密层。这两者之间的区别是：气密层的所有接缝处必须严格进行气密处理，但隔气层不一定需要在接缝处进行气密处理。相对于室内侧的材料，外侧的材料，例如外墙板或防水膜因为其相对很连续，比较容易进行接缝处的气密处理。

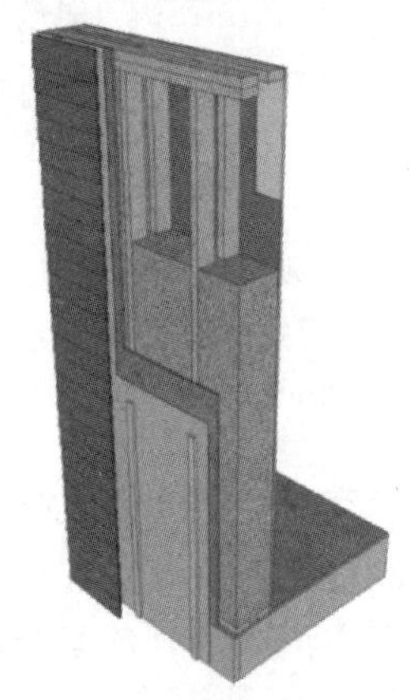

图 12.5-14　用双排墙骨柱建造的厚墙可以用于低能耗建筑（FPInnovations 提供）

图 12.5-15　一座寒冷地区的建筑在外墙和屋顶室内侧安装了塑料薄膜，接缝处密封，用以隔气

12.5.4　防地面、混凝土楼板潮气

与土壤接触的木构件的腐朽危害程度很高，原因包括受雨水等的影响，土壤往往比较潮湿，而且土壤中存在更多的腐朽菌种，所以与土壤直接接触的木构件应采用加压防腐处理木材。与此类似，混凝土楼板往往也会受潮，特别在施工过程中可能积水（图 12.5-16）。这种情况下可以局部建造条基以升高地梁板来减少木构件内积水，避免可能导致的耐久性问题。总体上地面附近的所有木构件，都需要通过设计、施工手段来减少地面水分的影

图 12.5-16　施工过程中混凝土楼板上的积水

响，有效促进排水、干燥（图 12.5-17）。在高水位地区，木结构的底层，例如地上第一层可以采用混凝土结构，特别是当底层用于商铺等用途时（图 12.5-18）。

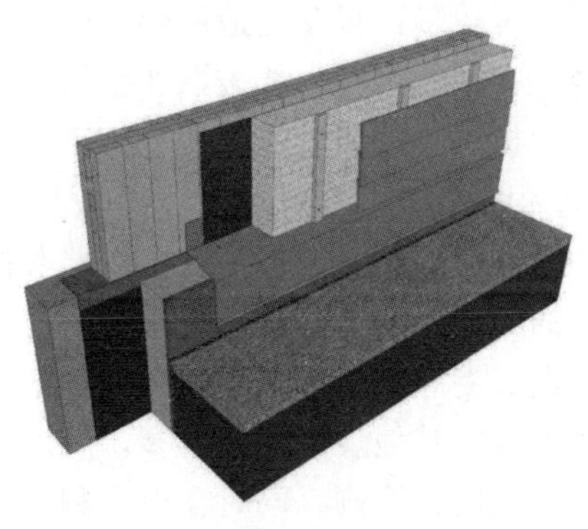

图 12.5-17 地面附近的外墙在接地处需要仔细处理，减小地面潮气的影响（FPInnovations 提供）

图 12.5-18 在高水位地区底层采用混凝土可以有效防止地面潮气影响木结构

12.6 施工过程防护

建筑规范对施工中木材的含水率有所规定，比如在《木结构设计标准》GB 50005—2017 中规定建造木结构所用材料的含水率要不应大于 19%。在北美，一般要求在围护结构安装保温棉等之前，确保木材的含水率低于 19%。总体来说，轻型木结构施工过程的防水防潮要求要低一些。其主要使用的实木规格材在北美很多地区，历史上经常用的是未经任何干燥处理的板材，但因为施工时间较长（比如几个月或更长），木材在这个过程慢慢自然干燥。当然到了现代，绝大多数规格材都是经过窑干处理的。所用的外墙板和屋面板，一般都用木质板材，如胶合板和定向刨花板（OSB），这些产品在出厂时含水率很低，往往在 8%以下。在多雨水地区，木结构在施工过程应该采取基本防护措施，如用塑料薄膜或简易仓库来储存木料及其他易受潮的材料（图 12.6-1）。采用装配式建筑可以大大节

图 12.6-1 工地上用塑料薄膜对木料进行防水

省施工安装时间，从而有效减少受潮机会。对于轻型木结构来说，因为所用的材料总体尺寸较小，如果在施工过程轻度受潮，相对来说，比较容易干燥。在北美，在建造规模较大、楼层较高的轻型木结构建筑时，如果施工过程雨水较多，很多建造商会在围护结构完成后，采用加热或除湿等手段来加速木材干燥。当然在这些过程中要采取严格措施，防止火灾的发生。木材干燥以后就可以安装保温棉、石膏板等其他材料了。

不同材料的吸水和干燥性能不同，对施工过程的防水要求也会有所不同。与第12.3.2节阐述的类似，首先树种对吸水性及干燥速度影响很大，这主要取决于木材的性质和构造，例如密度、心边材比例、细胞壁中纹孔的关闭程度等。例如，南方松和辐射松的吸水性在针叶材中吸水性相对较高，这对防水会提出更高的要求。同一材料，木材在顺纹方向比横纹方向的吸水性要高很多，木材的端面吸水比其他表面会快得多，所以材料的端面在施工过程中往往需要特别的防护，例如用防水剂局部涂刷。同时在设计和使用时还需注意其端面面积与表面积的比例。

此外，材料的制作过程也很重要。例如，大多数针叶树材的实木材料或胶合的实木工程木产品，如胶合木（Glulam）、正交胶合木（Cross-laminated Timber），总体上吸水性要比一些复合材料或钉接构件低一些。例如，在加拿大温哥华UBC校园新建的18层木结构的楼板用的是当地针叶材（Spruce-Pine-Fir，简写为SPF））树种的正交胶合木，出厂时木材含水率在15%左右，在施工过程预制的楼板及柱子在相对温暖干燥的6到8月间安装完成，木材受潮的时间总体较短。加拿大林产品研究院实地监测了整个施工过程木材的含水率，发现楼板的含水率保持在18%以下。施工过程下雨以后，暴露于室外的木材表面受到雨水侵袭，但因为总体的气候条件比较温暖干燥，水分散发较快（图12.6-2）。当然，如果施工或建筑使用过程受潮时间很长，导致这些材料的内部变得很湿，那么其干燥所需的时间就会很长。一些木质复合材料，例如胶合板、定向刨花板、单板层积材等，因为是由单板或刨花等胶合而成，内部空隙较多，吸水性相对就会比实木制品高一些。还有，由规格材直接钉合而成的层板钉接木（Nail-laminated Timber），其板材之间往往存在很多空隙，导致容易积水。很多工程木产品在工厂预先经过防水剂（例如石蜡防水剂等）或其他涂料处理，这些处理需要确保木材的干燥性能，一旦受潮，水分可以散发出来。总体来说，对端面的防水处理效果比表面处理要明显一些。另外，这些防水处理一般只能在短期内提供效果，如果木材处于长期淋水环境，这些处理很难达到良好的防水效果，不应作为主要的防水手段。此外，如果施工过程中雨水很多，又遇上温暖天气，潮湿的材料表面很容易产生变色、霉变，影响木材的装饰效果，甚至会出现木材腐朽、金属连接件腐蚀等更为严重的问题。在这种情况下，就需要考虑搭建临时屋顶等，以提供施工过程最好的防护手段（图12.6-3、图12.6-4）。

图12.6-2　加拿大温哥华UBC校园18层木结构建筑的SPF正交胶合木楼板在建造过程中含水率保持在18%以下（FPInnovations提供）

图 12.6-3　一座位于加拿大温哥华的办公楼在施工过程搭建了临时屋顶用以防水（FPInnovations 提供）

图 12.6-4　一座位于瑞典的由正交胶合木建造的住宅楼在施工过程搭建了可升降的临时屋顶用以防水（FPInnovations 提供）

12.7　防虫

木结构建筑易被蛀蚀，而蛀蚀木材的昆虫中最主要的就是白蚁。早在清代就有对白蚁危害木结构房屋的记载“粤中温热，最多白蚁危害，新构房屋，不数月为其食尽”。近年来，我国每年因白蚁危害而造成的经济损失为 20 亿～25 亿元。在白蚁危害地区，任何建筑物都可能受到白蚁侵扰。比如钢筋水泥建筑，白蚁可以经过各种通道进入建筑内部，破坏内部装修和家具。从桥梁、文物古迹到堤坝水库，也都会不同程度遭到白蚁的破坏。

世界上很多地区的自然环境中都存在白蚁，这类昆虫的特点是有翅成虫的中胸和后胸的背面各生翅一对，翅为膜质，形状狭长。因其前后翅形状大小几乎相等，所以称为等翅目。在我国，木白蚁科、鼻白蚁科和白蚁科是危害木材的主要白蚁类型。因此为了保证木结构的耐久性，世界各国都采用多种措施对其进行防范。在白蚁存在的地区要根除白蚁非常困难，尤其对于建筑物来说，因此白蚁防治重点应放在控制上。

对木结构来说，白蚁防治尤为重要，因为白蚁一旦危害结构构件就会直接影响到整个结构的强度安全性。散白蚁和乳白蚁是可能对建筑造成危害的主要白蚁种类，它们主要生存在土壤中，经过与地接触的构件进入建筑、造成危害。因此，为确保有效防治白蚁，在木结构设计、施工时，尤其需要在直接接地构件，例如基础、底层楼板、外墙等布设多道防线，断绝白蚁进入建筑的通道。另外，木结构的防水防潮也至关重要，因为潮湿环境也有利于白蚁的生长繁殖，甚至可能造成除散白蚁之外其他种类白蚁的侵入。例如在乳白蚁危害地区，乳白蚁成虫可能在纷飞季节直接飞入建筑内部，在潮湿木材及其他部位栖息繁殖。干木白蚁也能够直接飞入建筑内，躲过在地面及建筑围护结构上的控制防线。

12.7.1　白蚁防治的设计和施工细节

白蚁防治首先必须遵循相关的国家标准和地区规章制度。除此之外，可以在建筑物的设计、施工和围护过程中采取以下防治措施和细节，简单概括为六道防线（图 12.7-1、图 12.7-2）。

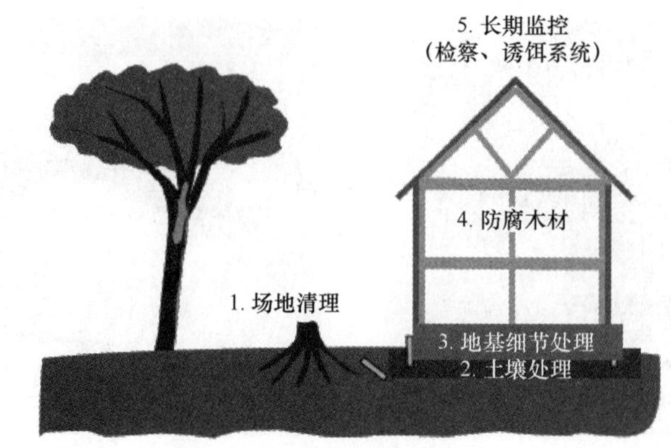

图 12.7-1　木结构白蚁防治综合措施（FPInnovations 提供）

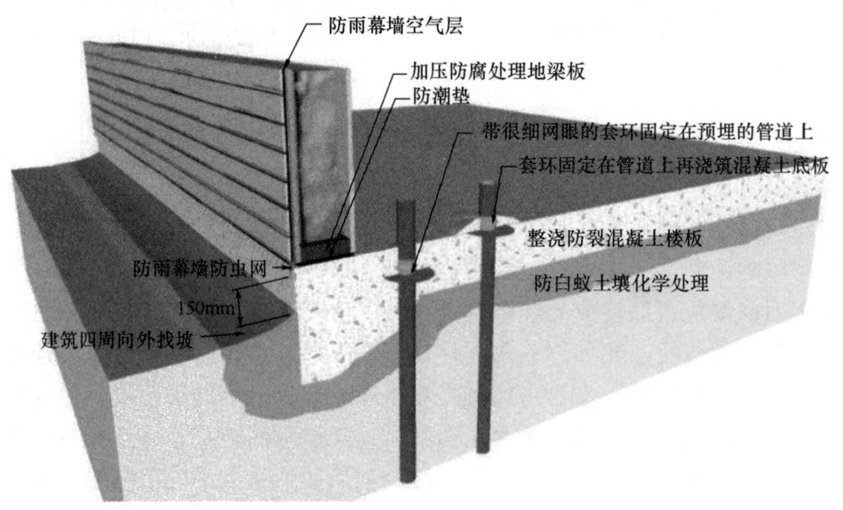

图 12.7-2　用于白蚁防治的建筑地基及底层楼板细节处理（FPInnovations 提供）

（1）减少建筑物周围环境中的白蚁种群和数量。

在施工之前，应对场地周围的树木和土壤等，进行白蚁检查和灭蚁工作。对发现滋生白蚁的树木进行灭蚁处理并安置诱饵系统，同时控制滋生白蚁木材的运输迁移。

（2）清除地基中已有的白蚁巢穴和潜在的白蚁栖息地。

1）开挖地基时应彻底清理掉木桩、树根和其他埋在土壤中的木材。

2）所有施工产生的木模板、废木材、纸质品及其他有机垃圾，应在建造过程中或完工后及时清理干净。

3）所有从外面运来的木材、绿化用树木、其他林产品及土壤，都应进行白蚁检疫。

4）施工时不应采用任何受白蚁感染的材料，并按设计要求做好白蚁防治需要采取的其他各项措施。

（3）通过采取土壤防白蚁化学处理、白蚁诱饵系统，以及物理屏障等措施和方法建造土壤屏障，防止白蚁进入建筑。

1）防白蚁土壤化学处理应采用土壤防白蚁药剂。土壤防白蚁药剂的浓度、用药量和处理方法必须严格符合现行国家有关要求及药剂产品的要求。

2）白蚁诱饵系统的使用应严格符合现行国家有关要求及药剂产品的要求，并确保其放置、围护和监控从居住许可起至少 10 年有效。

3）白蚁物理屏障应采用符合相关规定的防白蚁物理屏障方法。常用的物理屏障有防白蚁沙障、金属或塑料护网和环管、防白蚁药剂处理薄膜。

（4）混凝土基础和外墙应进行细节处理，确保各道防线连续，避免白蚁进入建筑。

1）底层楼板应采用混凝土结构，并宜采用整浇混凝土楼板。混凝土中不得预埋木构件。避免在基础或底层楼板采用砖支墩或空心混凝土砌块。混凝土楼板上的缝隙应小于 1.4mm，并避免缝隙上下贯通。

2）混凝土楼板上尽量避免开口。任何开口的四周必须进行细节处理，防止白蚁进入。例如从地下通往室内的设备电缆、管道孔缝隙，条形基础顶面和底层混凝土地坪之间的接缝，应采用防白蚁物理屏障或土壤化学屏障进行局部处理。

3）为方便白蚁检查，外露混凝土条形基础在完成周围园林绿化后，与上面建筑外饰面或其他木构件之间的最小距离应为 150mm。基础的外排水层和外保温绝热层不宜高出室外地坪，宜作局部防白蚁处理。如果它们高于室外地坪，那么外排水层、外保温板和上面建筑外饰面或其他木构件之间的最小距离应为 150mm。

4）当设有架空层时，架空层高度宜高于 750mm，以便方便白蚁检查。

5）外墙的排水通风空气层开口处必须设置连续的防虫网，防虫网隔栅孔径应小于 1mm。

（5）保证结构耐久性，减少白蚁对结构构件造成危害。

在白蚁危害严重地区，如果以上五道防线仍无法满足要求，可使用天然抗白蚁或经过加压防腐处理的结构板材和覆面板。防腐处理需达到相关国家标准，并符合下列规定：

1）硼处理木材不能用于长期暴露在雨水或积水的环境中。

2）防腐处理后新锯木材的、锯口及钻孔，应采用同种防腐剂浓缩液或其他允许的防腐剂浓缩液进行补充处理。

（6）及时进行白蚁检查和补救。

1）在白蚁危害严重地区每年应请专业人员进行检查。如果发现白蚁入侵和构件破坏，应及时进行修复。

2）必要时候应采取烟熏或放置诱饵等措施，进行灭蚁工作。

12.7.2 与白蚁防治相关的其他设计、施工、维护事项

（1）总体上白蚁偏好松软潮湿的沙质土壤，选址时需对这一点有所考虑。

（2）防止建筑周围土壤或地表覆盖物积聚，确保地面与地基上木构件或木制外墙挂板的距离在 200mm 以上。

（3）避免在架空层内堆积木材、硬纸板、纸张或纸面覆盖的石膏板，如果有，应及时清理。

（4）如果建筑内水管漏水，应及时修补管路或其他漏水问题，并减少任何水蒸气凝结现象，保证木材干燥。

（5）经常检查混凝土底层楼板或基础是否出现沉降裂缝，一旦发现，采用注入环氧材料封堵裂缝等方法进行处理。

(6) 每年对天沟、落水管、空调和水景进行检查，确保水分没有影响危害建筑。保持地基四周的排水系统通畅，不受树根干扰。

(7) 保证土壤化学处理屏障没有受到树根的破坏，或者被结构构件或植物串联。

(8) 如果建筑的翻新改造破坏了原有的土壤化学处理屏障，应将屏障进行有效延伸，令屏障确实起到保护作用。

(9) 不要在建筑旁边种植灌木或树木，如果有，应及时对它们进行修剪，避免它们和外墙及屋顶接触。

(10) 如果需要在院子里伐树，可以磨碎树桩、树根等，尽量减少木材残余。

(11) 种树时，优先选择抗白蚁树种。避免种植最容易受白蚁侵袭的树种，如杨树等常见的低密度阔叶树。

(12) 白蚁通常在春季纷飞云集，此时可以采取措施灭蚁。长翅的白蚁成虫通常呈浅褐色，有两对等长翅膀。

(13) 在白蚁危害严重地区，可考虑聘请白蚁防治专业人员安装白蚁防治诱饵系统，并提供相关的检查围护专业服务。遗憾的是这种方法对散白蚁并非100%有效，因为它们除了有主群之外，还有多个次级群落。不仅如此，当一个群落被除掉之后，旁边的群落会迁移过来占据领地。但尽管如此，诱饵总体上可以减少建筑物周围的白蚁数量。

12.8 维护维修

任何建筑都需要定期的维护维修来确保耐久性能。维护维修对室外木构件的重要性往往最显而易见，例如，木材表面涂料的老化会直接影响木构件的装饰效果，需要及时修补更新；如果木材产生了腐朽或受到了虫蛀，要及时采取补救措施或更换构件。木桥的维护维修尤其重要，桥面（沥青路面等）的防水层一旦破裂，需要及时修补更换，水分一旦进入下面木材构件，检测、更换往往十分困难。对于木结构建筑来说，其围护结构的防水防潮性能对整个建筑的长期耐久都十分关键。如果雨水从屋顶、外墙、窗户等渗入内部结构，往往很难发现；即使发现了漏水，也不容易判断木构件是否已经腐朽，修补、替换也非常困难，所以应该采取多重措施避免漏水的发生。近年来开发的一些无损检测技术可能用来判断木材是否已经发生腐朽及强度变化，这些技术对检测尺寸很大的木构件，例如桥梁用构件尤其具有重要的意义。围护结构主要依靠外部防水层（有时包括饰面层，例如外墙外饰面）来防止雨水、雪水进入内部结构，所有防水膜（用于外墙、屋顶等）及外饰面材料都有一定的寿命限制，需要进行定期检查并及时更换。在实际应用中，除了防水层本身材料的限制，在一些材料、构件、部件等的交接处往往更容易发生漏水，所以在维护、维修时要格外注意，确保防水层的连续、有效。建筑围护结构的设计除了要确保良好的防水防潮性能以外，也应该便于后期的维护维修。除了雨水、雪水渗透以外，也要防范室内漏水对木构件的影响。例如室内水管产生爆裂后，要及时去除水分，快速干燥所有材料（包括木材、石膏板、地毯等），防止水分渗入结构构件而影响其耐久性。如果水分进入了墙体、楼板等，往往需要把表面饰层，如石膏板、地板等拆除，最大限度地检查、干燥所有材料，免除后顾之忧。

此外，合理的耐久性辅助设计可有效增强木结构建筑的耐久性效果、实现有效的耐久性相关的检查、维护。如德国某些住宅的屋顶设置了钢钩，用来悬挂梯子等检查用具，此外也可作为检查人员的临时扶手，方便检查人员的屋面作业（图 12.8-1）。日本某建筑则在悬挑空间的大开口面一侧设计了一定高度的平台，以方便对该侧上方较高部位进行检查和维护（图 12.8-2）。

图 12.8-1　屋面耐久性维护设计

图 12.8-2　便于悬挑空间上部检查维护的平台设计

与防治白蚁相关的维护维修见第 12.7.2 节。

12.9　耐久性评价、预测

12.9.1　木结构建筑的耐久性评价

木结构的耐久性评价是一个较为复杂的体系，涉及从建设环境、使用材料、结构工法、装饰装修到施工管理和维护管理等多个方面。建筑环境需考虑项目所在地的温度、湿度、抗震设防烈度、风荷载等容易导致建筑产生裂化的建筑外界环境因素。使用材料方面需考虑墙体、楼板、屋面等不同部位的材料是否具有耐久性。结构工法方面则要考虑基础的高矮、不同结构形式需考虑的耐久性要素是否合理适用等。装饰装修时使用的外墙材及其他材料以及施工水平也会对耐久性产生直接的影响。此外，施工管理是否严格、后期维护是否得当，都会对木结构的耐久性产生重大的影响。

总的来说，对室外木结构耐久性的评价主要侧重于对其防腐朽、防老化（对室外装饰材料）的评价；对建筑围护结构的耐久性评价主要侧重于防水、防潮等方面的评价，因为木材长期受潮会导致霉变、腐朽、金属连接件锈蚀。白蚁危害严重的地区，耐久性评价还要包括木结构的抗虫性。

12.9.2　木结构建筑的耐久性预测

木材腐朽的预测，主要是从室外木材腐朽的角度，如第 12.2.3 节所述，除了用 Scheffer 气候指标简单地根据气候数据来对整个地区作总体的预测外，近些年在欧洲也兴起了实地测量不同气候、不同使用环境、不同设计施工条件下木材的含水率及温度，构建木材腐朽模型，以预测局部气象条件、使用环境对耐久性的影响，来提高预测精度。当然，这样的预测需要实测、积累大量的数据，因为不同木材产品、不同连接方式、甚至不同构件尺寸都会对吸水性、水分散发等产生影响，从而影响其耐久性能。在澳大利亚、瑞典等国家，基于计算机模型的木结构耐久性设计软件已经在设计中有所尝试和应用。澳大利亚的设计软件不仅包括腐朽，还包括白蚁等危害，软件的制定也是基于大量实测得来的数据。

近些年也兴起了使用计算机软件来对建筑围护结构的耐久性、保温性能进行预测，比如在北美、欧洲最为广泛使用的 WUFI 软件，由德国建筑物理研究所（Fraunhofer IBP）首先开发，并与世界各地多个研究机构进行合作，采用多方面资料、数据改进软件。目前该软件一维、二维的版本已经在建筑围护结构相关的研究、设计中得到一些应用。软件使用时需要对特定的建筑围护结构进行建模，然后输入或选择内置的气象数据、室内环境数据及材料的各种性能（例如密度、吸水系数、传热系数等），软件输出可以是围护结构中的各层材料，例如外墙板的含水率变化、其表面的温湿度变化等。在使用该软件时，最好采用基于实测得到的室内外环境数据和材料的各项性能数据，以提高预测精度。另外，最好首先用软件来预测已知性能的围护结构从而更好地修正输入参数。该软件的主要局限性为，它对影响围护结构耐久性的一些最主要问题，例如雨水渗漏、漏气等还很难模拟。对所有这个领域的模拟预测软件来说，最关键的仍然是需要实测建筑的耐久性性能，大量积累不同条件下的各种数据，来进一步提高计算机模拟、预测的精度和可靠性。

参 考 文 献

[1] 周慧明. 木材防腐 [M]. 北京：中国林业出版社，1991.

[2] 李坚. 木材保护学 [M]. 黑龙江：东北林业大学出版社，1998.

[3] ZABEL R A，M J J. Wood microbiology：decay and its prevention [M]. New York City：Harcourt Brace Jovanovich，1992：91-111.

[4] Forest Products Laboratory. Wood handbook-wood as an engineering material [R]. Madison：US Department of Agriculture，2010.

[5] HIGHLEY TL，CARLL CG. Decay of wood and wood-based products above ground in buildings [J]. Journal of Testing and Evaluation，1999，27 (2)：150-158.

[6] MORRIS PI. Understanding deterioration of wood in structures [R]. Canada：British Columbia Building Envelope Council Vancouver，1998.

[7] VIITANEN H A，PAAJANEN L. The critical moisture and temperature conditions for the growth of some mould fungi and the brown rot fungus coniophora puteana on wood [J]. The International Research Group on Wood Protection Document，No IRG/WP 1369，1988.

[8] WANG J Y，MORRIS PI. A review on conditions for decay initiation and progression [J]. The International Research Group on Wood Protection Document，No IRG/WP 10-20444，2010.

[9] WANG J Y，MORRIS PI. Decay initiation in plywood，OSB and solid wood under marginal moisture conditions [J]. The International Research Group on Wood Protection Document，No IRG/WP 11-20469，2011.

[10] 戴自荣，陈振耀. 白蚁防治教程 [M]. 广州：中山大学出版社，2002.

[11] 李桂祥. 中国白蚁及其防治 [M]. 北京：科学出版社，2002.

[12]　SCHEFFER T C. A climate index for estimating potential for decay in wood structures above ground [J]. Forest Products Journal，1971，21 (10)：25-31.

[13]　Degroot R C. Assessment of climate index in predicting wood decay in house [J]. Durability of Building Materials，1982，1：169-174.

[14]　马星霞，王洁瑛，蒋明亮，等. 中国陆地木材生物危害的等级划分 [J]. 林业科学，2011，47 (12)：129-135.

[15]　马星霞，蒋明亮，王洁瑛. 气候变暖对中国木材腐朽及白蚁危害区域边界的影响 [J]. 林业科学，2015，51 (11)：83-90.

[16]　SCHEFFER T C，MORRELLL J J. Natural durability of wood：A worldwide checklist of species [R]，Oregon State University，http://www.crforest.com/NewAg/downloads/RC22.pdf，1998.

[17]　中华人民共和国住房和城乡建设部. 防腐木材工程应用技术规范：GB 50828—2012[S]. 北京：中国计划出版社，2012..

[18]　ZELINKA S L. Corrosion of fasteners in wood treated with newer wood preservatives[R]. General Technical Report FPL-GTR-220，US Department of Agriculture，Forest Service，Madison，WI，2013.

[19]　STRAUBE J，BURNETT E. Building science for building enclosures[D]. The Pennsylvania State University，2005：549.

[20]　HAZLEDEN D G，MORRIS P I. Designing for durable wood construction：the 4 Ds[J]. Durability of Building Materials and Components，1999，8(1)：734-745.

[21]　WANG J Y. Wetting and drying performance of wood-based assemblies related to on-site moisture management[C]. Vienna：Proceedings of the World Conference on Timber Engineering，2016：22-25.

[22]　ROSS R J，BRASHAW B K，WANG X P. Structural condition assessment of in-service wood[J]. Forest Products Journal，2006，56(6)：4-8.

[23]　FOLIENTE G C，LEICESTER R H，WANG C H，et al. Durability design for wood construction [J]. Forest Products Journal，2002，52(1)：10-19.

第13章 舒 适 性

13.1 概述

中国传统建筑是以木结构框架为主的建筑体系，以土、木、砖、瓦为主要建筑材料，在隋唐宋时期逐步程式化、标准化、模数化；在元代出现了“减柱法”，大胆地抽去若干柱子，并用弯曲的木料作为梁架构件。与传统木结构建筑相比，现代木结构在建筑体系、结构选材、连接方式等方面都存在差异，如表13.1-1所示。

现代木结构与传统木结构的区别 **表13.1-1**

	现代木结构	传统木结构
建筑体系	梁柱式以及轻型木结构体系	梁柱式
建筑结构材料	经过加工处理分等规格材料 各类工程木材料及板材	未经过加工的圆木
连接方式	各类金属连接件	榫卯连接
规范依据	国内完整的材料、施工、设计、验收规范	营造法式
适用范围	住宅到公共建筑皆可	庙宇建筑

现代木结构建筑除表13.1-1及其具有的其他诸如抗震、施工等优势外，在建筑环境舒适性与能源消耗方面也具有诸多优点，例如，由于木材的导热系数较之以混凝土小，所以同等情况下经过适宜的设计，木质墙体的保温隔热性能较好，可大大减少为了保温、隔热而需要消耗的能量。试验表明，在寒冷地区，木结构建筑采暖能耗比混凝土低20%以上；现代木结构建筑在生命周期终点后，木材90%可以循环使用或者燃烧作为能源；一栋200m^2的木结构房屋的木材存储量约为29t二氧化碳；同时，人们在木质环境中具有更好的愉悦感和舒适感等。当然，木结构建筑也有振动噪声等方面的缺点需要注意。

已有研究表明，自然环境能够对人产生积极的影响，一方面能够减轻病患的痛苦感与压力感，缓解高压人群的紧张感等；另一方面，从心理感知上人们会自然而然地偏爱拥有自然场景的建筑（环境）。Kaplan R和Kaplan S早在1989年的研究中将这些积极的环境称为“恢复性环境（Restorative Environment）”，其研究重点和理论是在自然环境中人的注意力会提高而疲劳感会减少。Ulrich随后在1991年进一步提出了一个平行的恢复性环境理论，并预测自然环境在心理、生理和压力恢复方面具有更大的潜力。目前生活中的自然环境营造大致可以分为两种方式：一种是尽可能将室外自然场景引入室内空间，例如设计大尺度的落地窗、天窗，由此能够看到室外的自然景观与四季变化，间接地增加与自然环境接触的机会；另一种方式是在室内空间放置植被，使用天然建材，营造出亲近自然的绿色空间。从对人产生的影响效果来看，第二种方法更为直接有效。

木材是一种能够次级生长的植物，作为天然的建筑材料，具有绿色、环保和可再生的优点。只要科学管理、合理砍伐，就能以树木的成才周期为循环，周而复始地源源不断地得到可持续利用的唯一可以再生的建筑材料。而木质建筑所展现出的形态、颜色、气味、触感使人们对它有一种天生的偏爱。然而，现阶段人们还缺乏对木质建筑的认知度，不了解其优势性能等特征，只是单纯从心理感受的角度认为木质环境容易使人产生心情愉悦或有较强的温暖感等。另一方面，大众更关心的是木质建筑环境与传统建筑环境相比，在安全性、舒适性、健康性上是否存在差别？木质建筑所营造的木质室内环境是否与自然环境效果相同，是否对人产生积极的影响？其形成的原因又是什么？这些内容目前都缺乏相应的科学研究，建筑师、设计师以及大众都急需针对木质建筑室内环境开展具体的、准确的深入探索。

根据已有的室内环境研究方法与评价指标，国内外对非木质建筑室内环境的研究已经相当全面和深入，其中包括室内物理环境对人体的生理影响、心理影响以及对人的舒适性、健康、工作效率等的研究。在此基础上，借鉴非木质室内环境研究方法，结合木质环境空间与材料的特殊性，研究者展开了对木质建筑室内环境的研究工作，这些工作包括对比研究了木质与非木质环境的差异性，结合医学方法，从主、客观的角度进行相互验证与机理研究；根据不同木材的颜色与覆盖率，探讨其影响差异性；针对不同人群和不同使用场合，探索木质环境对人的恢复性及认知方面的影响；以及通过总结和提炼，得到可供建筑设计师及大众参考应用的木质室内环境设计策略及评价标准等。这些工作为木质建筑室内环境的进一步研究和设计提供了一定的科学理论和依据，对室内环境的进一步改善提供了参考。

下面对国内外相关研究的现状做一简述。

13.1.1　木质环境对人的心理影响方面

环境心理学是一个能够洞察并体现人与环境之间关系的，运用格式塔心理学（gestalt psychology）、认知心理学（Cognitive psychology）等相关心理学原理和方法的一门交叉性学科。它的目的是为了探索建筑使用者的心理状况，对建筑设计的认知以及在建筑空间内的环境行为状况进行研究的科学。尽管这个应用领域的心理学在 20 世纪 60 年代刚刚出现，但已被许多其他领域广泛应用，其中包括设计学、建筑学、城市设计和健康科学等。简而言之，这是一个研究人与周围环境关系的重要领域。

现代生活方式决定了人们每天将花费大部分的时间待在室内，从起初通过设计减少环境对人的负面影响研究渐渐发展成寻求更好，益于身心的建筑环境。大量研究表明室内环境对人类健康和使用者幸福感有着重要作用，这也引起了建筑设计师们的重视，为建造健康、舒适的室内环境提出了更高的要求。在已有的建筑环境的研究中，大部分室内环境的研究集中在非木质室内环境的领域，例如室内环境质量（IEQ，Indoor Environment Quality）的探索，对人员工作效率的研究，对生理和心理反应领域的研究。随着研究范围的扩大与深入，研究者们发现室内自然元素的运用能够对人员心理状态产生积极的影响，并逐渐开始关注拥有恢复健康这个天然属性的自然环境，特别是对压力人群。对这种生理本能亲近自然的现象，心理学家和生物学家将它称为“亲生态”。

在2008年哈佛大学生理学家Kellert出版的《亲生态设计（Biophilic Design）》一书中对建成环境中如何引入自然元素及其设计要点总结为六点：具备环保性特征（Environmental Features）、自然的形态和形式（Natural Shapes and Forms）、自然图案和过程（Natural Patterns and Processes）、光线和空间（Light and Space）、基于位置的关系（Place-based Relationships）、人与自然关系的演变（Human-Nature Relationship）。目前运用最多的是第一点，例如植被、水系、木材等元素的设计运用，但大多关注在植被的使用上，对木材的关注却很少。

建筑环境中木结构和木材装饰的应用在北美、欧洲和日本是很常见的，京都大学Masuda博士将木材作为视觉材料进行研究，通过调查十六组不同木材图案和颜色之间的相关性，得出由于红色和黄色更能反映红外线（IR），当人们观看木材时，会导致温暖的感觉。类似的研究基本是关注木材或木质产品对视觉感知方面的调查。Sakuragawa等人将受访者暴露于木材或者白色混凝土墙面的房间内，调查他们对于不同材料的喜爱程度，结果显示对于那些喜欢木材的人来说，压力感明显降低了；而不喜欢木材的人情感上并没有明显的波动。在面对白色混凝土墙面时，喜欢白色混凝土墙面的受试者情绪没有明显变化，但是不喜欢的人会有明显的不安感和不舒适感觉。由此可见，人对不同材料的主观感受大大影响了他们的偏爱程度。Nyrud和Bringslimark总结出在室内运用木质产品对心理反应的影响一般遵循三种不同的结果：（1）对木材的感知，特别是视觉感知；（2）人员本身对木制品的态度和偏好；（3）对木材或木质产品的心理生理反应伴随着主观对木材的偏好和喜爱，因为它是自然的产物。综上所述，建筑木质环境的相关研究较少，研究目的主要针对短时间（90s）暴露下受试者的直观感受，还不能算严格意义上的木质建筑室内环境，有关木质环境对人员心理健康影响的研究仍然需要加强。

13.1.2 木质环境对人的生理反应影响方面

鉴于人每天花费90%的时间在室内，室内环境的状况对人类健康起着关键的作用。为了提高使用者的幸福感，需要做出符合需求的设计决策以平衡使用者的诉求和健康，例如环境影响和设计美学。为了实现这些目标，设计师首先要了解人类受到环境影响时的生理反应与调节机制。

早期恢复理论的重点是有关心理和生理压力的恢复和注意力恢复。心理和生理应激恢复理论认为，自然环境能够有助于人从压力事件中得到缓解与恢复，包括心理压力和身体压力（例如从手术中恢复）。注意力恢复理论（ART）侧重于理解个体如何补充他们在日常工作上的能力。虽然很多与以上恢复性理论的有关试验都集中在室外环境，但有一些试验也已经将自然环境带入建成环境，例如，考察办公室内植物的存在对注意力的影响，发现参与者在布满植物的试验中进行25min的试验后，压力值比没有植物的环境小。已有研究通过测量人体生理反应来探索室内环境对人员健康的影响。然而，这些研究结果中大多数都来自非木质室内环境，对于木质环境的研究还很缺乏。

Burnard和Kutnar曾提出假设，将室外自然环境带入室内中，是否能够提高室内使用者的健康状态。木质环境就是这个假设中一个很好的例子，其他研究者也在探索这个可能性。例如在Tsunetsugu et al. 的研究中显示，室内装饰中使用不同覆盖率的木材装饰，会对人员生理反应产生不同的结果，特别反映在人的自主神经系统。试验结果显示在 45％木材覆盖的房间中，脉搏会明显的升高，在 90％木材覆盖率的房间中收缩压会显著降低，此外，这两个生理指标在没有木材覆盖的房间内几乎没有变化。此外，Sakuragawa et al. 在类似的试验中通过对比在使用扁柏木板和钢板的房间内，对人员视觉上的影响差异。连续的血压测量作为生理参数指标，结果显示在扁柏木板的房间里受试者组的收缩压出现了明显下降的趋势，而另一组在钢板墙的房间里收缩压明显上升。针对视觉睡衣方面的研究，Sakuragawa 和 Kaneko 尝试研究发现人在接触木材时生理反应的状况到底有哪些，结果发现在接触木材的瞬间，人们会自然产生舒适、安全的心理感受，较少地产生紧张的感觉。确实，Feel 在他的研究中声称屋内使用木材对人员恢复性具有积极的作用，特别是对压力人群。在他的研究中，皮肤导电率和心跳间隔被作为探索人员交感神经的两个生理指标。结果显示，皮肤导电率和非特异性皮肤反应频率在木质房间内都低于一般的室内环境。在压力测试期间，木质与非木质房间的皮肤导电水平并没有明显的差异。一般情况下，这些研究都是基于探索室内环境对视觉影像的情况，室内大多设置成具有木质产品的情况（如木板或家具）。

上述的研究将环境影响的重点集中在人的身上，特别是关注能够产生积极影响方面。Kaplan R 和 Kaplan S 将这类能够产生积极影响的环境统称为“恢复性环境（Restorative environments）”。Ulrich 将相关的假设运用到了医疗康复的环境中发现，患者能够通过观察户外自然环境来减轻自身的压力。Grote 在一项涉及学校建筑室内环境的研究中提出，木质环境在提高注意力和减轻压力方面发挥着积极的作用。然而，目前还没有足够的数据可以证明木质室内环境直接导致了恢复性功能。此外，在办公环境中利用这种恢复性环境的研究也是空白。在已有的研究中，通常选择血压和脉搏这两项对环境变化具有敏感性的生理指标，尽管如此，还是缺乏相关的科学试验和理论依据。

13.1.3　木质环境对人工作效率及认知的影响方面

随着城市化进程的加剧、环境问题日益严重、工作节奏加快，人们大部分的时间选择在室内度过，而这些因素都大大减少了人们接触自然、感受自然的时间。越来越多的科研内容开始关注室内环境对人员健康所产生的影响，不仅体现在对健康症状的研究调查，还涉及生理反应、睡眠质量、热舒适等多方面。

E. O. Wilson 创立了“Biophilia”这个术语用来描述人类与自然天生的联系，并假定人类可以从自然中得以放松、改善身心健康。事实已经证明自然环境如公园等对人的心理健康有着积极的影响，如改善情绪和注意力、减轻压力和焦虑。城市环境中的自然元素在影响人的体力和心理健康方面的潜力现在已经得到公认。有关研究显示，在针对城市两个地区 18～60 岁的女性进行调查后发现绿色空间（如城市公园）和蓝色空间（如河流、运河、海岸和湖泊）能够有效地促进女性健康和幸福感。此外，自然空间还能够减少压力和焦虑、恢复心理健康、促进情感。另一项针对 10 万多女性的纵向研究显示，建筑物周围种植绿色植被与降低死亡率有关，也能降低马萨诸塞州公立学校的慢性缺勤。受控试验发现，暴露于自然下与提高恢复力和降低注意力疲劳之间存在正相关关系。Harting 等研究人员比较自然（自然保护区）和城市现场环境中的心理生理压力恢复和直接注意力恢复，通过重复测量年轻人的血压值和情绪主观评价，发现自然保护区对人的积极影响在增加，愤怒值在下降。根据动态压力脆弱性（DSV）模型，如果限制或缩小与绿色植物的接触，可能会导致增加生活精神压力。将外部自然环境带入室内或在室内环境中加入生态设计，都是一个能够提高健康的有效措施。Thompson 和 Roe 发现居住在周围有绿色植被环境的居民在自评状态中很少出现紧张的状态，并且夜间和白天之间皮质醇分泌的差异较大，这表明更稳定的平衡昼夜节律应激循环。使用木材作为设计元素已经被证实对居住者具有一定的缓解压力的功效并具有一定的恢复性功能。Nyrud 和 Bringslimark 发现人为主观上更倾向选择木材或木质产品是因为这些是自然的产物。在 Rice 的调查中发现人们对木材具有积极主动的心理反应，通常表现为能够准确地表达描述出测试空间内木材的细节，并具有强烈的偏好，通常用“温暖”“舒适”“放松”和“自然”等词汇形容自身感受。

然而，大多数研究采用主观感受调查来探索生态环境对人的影响，着重关注对人的视觉影响，较少融合生理指标。例如通过测量人的血压变化，发现收缩压是用来检验人暴露在自然环境中，体现交感神经系统活动的一项显著指标；暴露 10～20min 能够刺激副交感神经的活动，并将脑血流量和脑部活动恢复到休息状态。已有的相关研究可以用两种主要理论进行解释：压力恢复理论（SRT）和注意力恢复理论（ART），两种理论中都提到自然场景中的元素和声音能够激活我们的副交感神经系统，导致心率、血压、皮电和唾液皮质醇水平的下降，这个运行机制属于人与自然的内在联系。但到目前为止，还没有关于木质室内环境对认知表现影响及工作效率的研究。

根据文献检索及归纳，有关室内引入自然环境或亲生态设计对人心理、生理及认知的影响，已有研究将其总结为 14 种模式，所产生的影响见表 13.1-2。

自然环境对人心理、生理及认知影响研究现状　　表 13.1-2

14种模式		•	降低压力	认知表现	情绪与偏好
空间中有自然元素	视觉与自然元素相连	• • •	更低的血压值与心率值 (Brown, Barlton & Gladwell, 2013; vanden Berg, Haritg, & Staats, 2007; Tsuretsugu & Mlyazakl, 2005)	提高心理参与和注意力 (Biederman & Vessel, 2006)	对态度与幸福感有积极影响 (Barion & Pretty, 2010)
	视觉与自然元素不相连	• •	降低收缩压与应激激素 (Park, Tsunetsugu. Kasetanl et. al., 2009; Hartig, Evans, Jarner et al., 2003; Orsega-smith, Mowen, Payre et. al., 2004; Ulnch, Simons. Losilo et. al., 1991)	对认知表现产生积极影响 (Mehta, Zhu & Cheema, 2012; Ljungberg Neely, & Lundstrom, 2004)	有助于心理健康与改善不安感 (Li, Kobayash, Inagald et. al., 2012; Jahnche, et. al., 2011; tsupetsugu, Park, & Miyazaki, 2010; Kim, Ren. & fielding. 2007; Stigsdotter & Grahn. 2003)
	没有律动的感官刺激	• •	对心率、收缩压和交感神经系统产生积极影响 (Li, 2009; Park et. al., 2008; Kahn et. al., 2008; Beauchamp, et. al., 2003; Ulrich et. al., 1991)	注重探索行为量化测量 (Windhager et. al., 2011)	
	热与气流变化	• •	对舒适、幸福感与工作效率产生积极影响 (Heenwagen, 2006; Tham & Wlem, 2005; Wgo, 2005)	对注意力提高有积极作用 (Hartig et. al., 2003; Hartig et. al.,1991; R. Kaplan & Kaplan, 1989)	提高对时间和空间的乐趣感知 (Parkinson, de Dear & Candido, 2012; Zhang; Arens, Huzenga & Han, 2010; Arens, Zhang & Huizenga, 2006; Zhang, 2003; de Dear & Brager, 2002; Heschong, 1979)
	水的存在	• •	减少压力，更低的心率与血压值； 增加更多的平静感 (Alvarsson Wens, & lisson 2010; Pheasarit, Fisher, Watts et. al., 2010; Blederman & Vessel, 2006)	提高注意力与记忆力恢复 (Alvarsson et. al., 2010; biedeman & Vessel, 2006) 增强感知和心理反应 (Alvarsson et. al., 2010; Hunter et al., 2010)	观察到对偏好和积极情绪的反应 (Windnager, 2011; Barton & Pretty, 2010; White, Smith, Humohryes et. al., 2010; Karmanov & Hamel, 2008; Biederman & Vessel, 2006;p Heenwagen & Orians, 1993; Ruso & alzwanger, 2003; Ulrich, 1983)
	动态漫射光	• •	对昼夜节律系统功能的积极影响 (Figueiro, Brons, Plinck et. al., 2001; Beckett & Roden, 2009) 提高视觉舒适度 (Elyetadi. 2012; Kim & kim, 2007)		
	与自然系统相连				加强积极健康的反应 (Kelert el. al., 2008)

续表

14种模式		•	降低压力	认知表现	情绪与偏好
天然类似物	生物的形式或模式	•			观察到偏好 (Vessel, 2012; Joye, 2007)
	来自自然的建筑材料			降低舒张压 (TsunetsuRu.Miyazaki& Sato,2007) 提高创造表现 (Lichtenfeld et al., 2012)	提高舒适度 (Tsunetsugu, Miyazaki & sato 2007)
	复杂性和秩序	• •	对知觉和生理应激反应产生积极影响 (Salingaros, 2012; Joye, 2007; Taylor, 2006; S. Kaplan, 1988)		偏好差异 (Salngaros, 2012; Hagerhall, Laike, Taylor et al., 2008; Hagerhall, Purcela, & Taylor, 2006; Petherick, 2000)
自然空间本质	前景	• • •	减少压力 (Grahn & Stigsdotter, 2010)	减少无聊、刺激、疲劳 (Clearwater & Coss, 1991)	提高舒适度与安全感 (Herzog & Bryce, 2007; Wang & Taylor, 2006; Petherick, 2000)
	避难所	• • •		提高注意力与对安全感的感知 (Grahn & Stigsdotter, 2010; Wang & Taylor. 2006; Wang & Taylor. 2006; Petherick, 2000; Ulrich et al., 1993)	
	神秘	• •			诱发强烈的愉悦感 (Biederman, 2011; Salimpoor, Benovoy, Larcher et al. 2011; Ikemi, 2005; Blood & Zatorre, 2001)
	风险或危险	•			产生强烈的多巴胺或快感 (Kohno et al., 2013; Wang & Tsien, 2011; Zald et al, 2008)

13.1.4　木质环境在人对环境感知的性别差异方面

性别差异来源于心理学领域中的一个专业术语，是由德国心理学家施太伦研究并创立的。该研究发现男性与女性不仅在生理基础方面具有差异性，例如：脑的结构与功能分区中负责语言功能的左半球（图 13.1-1），女性发育强于男性；此外，在认知和心理方面，女性更加敏感，记忆能力方面，女性机械记忆而男性是理解记忆；根据 Oliveira-Pinto A V 的研究发现（图 13.1-2），女性大脑中的气味神经元比男性高出 43%，这也是女性在嗅觉方面比男性更加敏感的原因。在日常生活中，我们也不难发现对性别的刻板印象在社会中是普遍存在的，例如在 Shakin 的调查中发现，女孩的衣服、玩具、卧室大多以粉色为主，而男孩的这些大都以蓝色为主。这些差异不仅仅出现在一个人的童年时期，在成年后依然存在。例如，Yong 的研究调查了汉语学生在英语课上的色彩翻译的性别和技能上的差异，女孩拥有更为丰富的色彩词汇，更精细的中文与彩色词汇所匹配，准确性也要优于男孩。

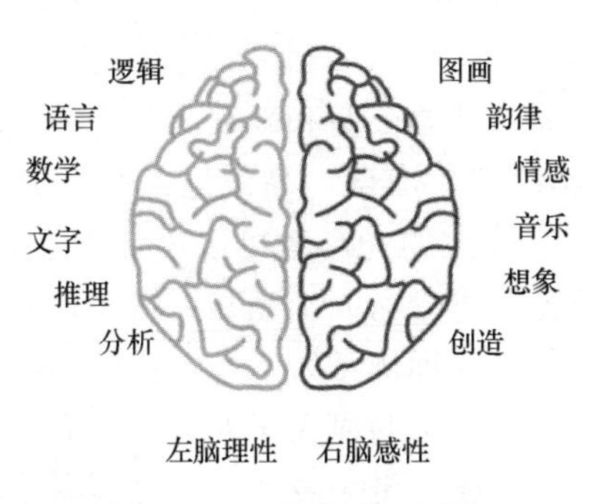

图 13.1-1　脑部分区功能

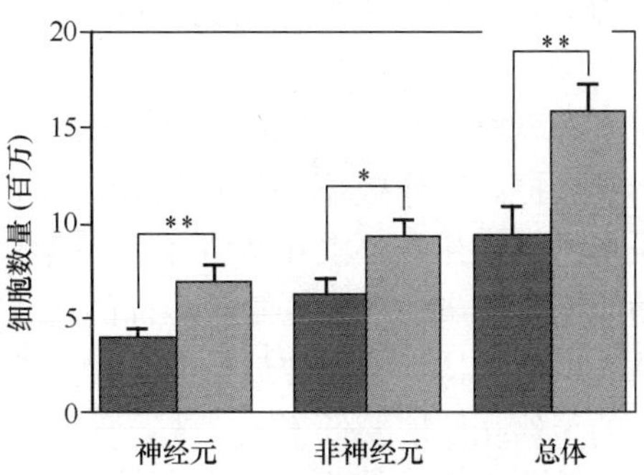

图 13.1-2　男女嗅觉神经元差异

我们都知道，物理世界中是没有颜色的，大众对颜色的感觉很大程度上是一种心理感受，当我们的眼睛看到它后被传送到大脑，在大脑分区中进行处理后，产生了颜色和情感。已有试验发现：14 名成年人在紫色光线和绿色光线的环境中分别暴露 60s，同时测量人员的皮肤电导水平。结果显示，前 12s 在绿色光线的暴露中的人员电流皮肤反应（GSR）要大于暴露在紫色光线中的人员 GSR 水平。值得注意的是，性别的差异不仅仅出现在色彩感知中，而且也可能有一个情感的组成部分。例如，女性倾向于以更加情感的方式表达自己，而男性则更多地尝试使用认知和感性术语。同样，男性语言更为直接和简洁，而女性语言则更加精细和高效。Xin 和 Gansuebsai 等人使用了一套拥有 218 种颜色样本进行定量分析，试图研究不同文化及地理位置对颜色的情绪反应上的差别。调查结果显示东亚的三个地区（日本、泰国和中国香港）具有很好的色彩情感相关性，其中明度和色度对情感的影响更为重要。此外，超过 90%的人表示女性比男性能够表现出更多的情感状态。

性别差异也可能导致精神状态的差异，良好的心理状态与健康对社会稳定与发展具有至关重要的作用。Muhammad S. B 提出，积极的室内环境对心理健康具有直接调节的作用，特别是对于深度学习。室内环境不仅包括热湿环境，光环境也是十分重要的一项内容，正确地选择光照方式能为人们提供良好的光照条件，使用者在室内空间能获得最佳的视觉效果和心理感受。据研究表明，当室内亮度和色温受到控制时，相比在直接照明的环境中，使用者在间接照明的环境中能够产生更多的愉悦感。然而，这些研究都关注钢筋混凝土环境，虽然将自然环境带入室内环境中已显示出对心理、生理健康等有着积极的作用，但关于性别差异在木质环境的研究还基本属于空白阶段。

13.2 影响因素

13.2.1 室内物理环境因素

建筑室内的物理环境包括热、湿、声、光等各类环境。其中热湿环境是影响人体舒适度最为重要的原因。研究表明，热环境的四个要素（温度、湿度、壁面辐射温度和气流速度）对人体的热平衡均有影响。人体除了对外界有显热交换外，还有潜热交换，主要是通过皮肤蒸发和呼吸散湿带走热量。环境空气的温度决定了人体表面与环境的对流换热温差，因而影响了对流换热量，气流速度大时，人体的对流散热量增加，增加人体的冷感趋势。

建筑光环境对生产、工作和学习场所也非常重要，如办公室和教室，良好的光环境能够振奋精神，提高工作效率和产品质量，保证工作快速、准确、高效地进行；而对于休息、娱乐场所，如住宅卧室和酒店客房、西餐厅等，合宜的光环境可以创造舒适、优雅、活泼生动或庄重严肃的气氛。建筑内部的光线按照光源可分为人工光和天然光，天然光是全光谱的光，与人体视觉反应最为匹配，天然光的质量要远优于人工光，执行同样的视觉任务所需的天然光照度要低于人工光，人对天然光的喜爱也明显大于人工光，但不同人倾向于不同的照度水平，个体差异较大。然而，过高的照度会带来眩光（指过高亮度或者极端亮度对比，很高的天然光照度会导致窗和背景墙面亮度对比过高）以及热不舒适，《建筑采光设计标准》GB 50033—2013 为此规定了采光系数的上限，即便是采光要求最高的等级，采光系数也不得超过 7%。在人工光的环境中，不同研究显示的舒适照度差异也很大，在进行视觉任务（如阅读）时，高照度更为舒适。

除了照度，色温也是一个影响光舒适的重要因素，色温可以用来描述光的颜色，蓝紫光的色温高，红黄光的色温低，色温的高低能显著影响人的注意力、大脑的活动能力，高色温光环境中，人更容易集中注意为，适合进行脑力活动，而低色温环境适合疲劳恢复，有促进睡眠的作用。以荷兰物理学家 Arie Andries Kruithof 为代表的研究者认为高色温配合高照度、低色温配合低照度能给人较愉悦、舒适的感受，但也有很多研究者不支持该观点。

光照分布对光舒适也有影响，尤其在进行视觉工作时，我们需要均匀的光照环境，但完全均匀的照度分布是几乎实现不了的，各国标准一般对照度均匀度以及工作面和相邻背景面的照度对比分别规定了下限，房间墙面、物体表面的反射率很大程度上影响了照度均匀度。此外，眩光和显色性也都是影响光环境质量的因素，高质量的光环境需要避免眩光，也需要高显色性（能更真实地呈现物体颜色）的光源，眩光和显色性分别可以用眩光指数和显色指数来表征，《建筑照明设计标准》GB 50034—2013 中对这两个参数都做出了明确的规定。

同其他建筑相比，木建筑在营造光环境时，有鲜明的特色，除了木材本身的颜色、纹理、光泽可以为光增添艺术效果之外，木材的反射率一般较低，具有漫反射特性，同样的光源营造的光环境在木质环境中会更显柔和，可以减少亮度对比和反射眩光带来的视觉不舒适。

木材所呈现的颜色与其组成的化学构成有着密切的关系，因为分子结构的不同，对可见光的吸收范围和程度不同，从而显现的颜色也不同。不同树种在化学组成方面存在较大的差异，同时受到地理条件和环境因素的影响导致不同的树种之间颜色差异较大，如云杉呈现白色，乌木呈现墨黑色，黄杨木呈现浅黄色。此外，木材不同部位呈现不同的色调，如心边材之间以及早晚材存在明显的颜色差异。部分树种心边材区分明显，但热带树种或速生树种却通常难以分辨。木材中与颜色有关的化学成分主要来源于具有不饱和结构的木质素和抽提物。抽提物对天然木材颜色有较大影响，主要成分为脂肪族化合物、酚类化合物等。人所见到的木材颜色是木材化学组分中发色基团和助色基团以一定的形式结合构成的发色体系对可见光（波长 380～780nm）照射的吸收、反射的综合结果。

颜色不仅能够对人的生理、心理产生影响，也会对工作效率、认知水平产生影响。例如，棕色是稳定与保护的颜色，代表着充满生命力和感情，在颜色金字塔测试中，棕色被看作是具有精神抵抗力的颜色，可以促进情感上的稳定和平衡，提高学习、直觉和感应的能力；绿色是治愈的颜色，可以消除神经紧张、改善心脏功能；白色是纯洁和神圣，可以加快新陈代谢，增加压力，增多体内药物和化学成分，增强自我保护意识，过分运用这种颜色会造成人情绪抑郁、生气消极情绪。

由于木结构建筑的声环境比较特殊，因此将这部分内容与振动部分放在一起专门讨论。

木结构建筑由于木材本身的特性，具有良好的保温隔热性能，对居室内的温湿度会具有一定的调节作用。同时，根据已有的试验研究发现，木材的颜色与覆盖率的不同，也能直接影响人员的温暖感和室内色彩感觉，例如在较深的、覆盖率较高的木质房间内，人的温暖感会更加强烈。此外，通过与混凝土结构房屋的对比研究表明，木结构建筑中的木构件自身的吸湿和解吸作用直接缓和室内湿度变化，年平均湿度比混凝土结构低8%～10%，变化范围保持在60%～80%，这与最佳居住环境相对湿度的指标最为接近。

13.2.2 木材气味与通风量

不同的木材都有各自特殊的气味。木材在形成过程中会制造特殊的次生代谢产物，以应对逆境、对抗外来的侵袭及适应生长环境。植物不惜消耗大量的能源和物质而合成了丰富的次生代谢产物，必有存在的意义。由于这些次生代谢产物为不构成细胞壁、胞间层等基本木材组成成分的游离低分子化合物，并且又由于可溶于极性和非极性有机溶剂和水，所以称用乙醇、苯、乙醚、丙酮或二氯甲烷等有机溶剂以及水能够抽提出来的树木次生代谢产物为木材抽提物。

木材的色、香、味均与木材抽提物有着密切的关系，木材的气味，主要是由萜与萜类化合物的挥发而产生，另外也包含因为木材中的糖类等营养物质被微生物侵袭后所散发的气味。不同树种的木材，由于其所含的精油的成分不同，挥发出的气味也各不相同，如香樟、檀香、香椿、侧柏、楠木等都有明显的不同的气味，新砍伐的杨木有香草味，冬青木材有轻微的马铃薯气味。未挥发的成分则具有不同的滋味，如板栗、栎木含有单宁具有涩味；苦木滋味甚苦，系因木材中含有苦木素；擦木具有辛辣滋味；八角树木材略带辣味；糖槭有甜味等。

木材气味的主要来源有三种：①正常生长过程中细胞内各种具有挥发性的有机化合物和树脂、树胶等；②树干等部位折断后被细菌或寄生生物侵入后形成的树脂分泌物；③木材内的淀粉或碳水化合物被寄生物、微生物降解或代谢所产生的腐朽气味。

木材中含有大量的抽提成分在使用过程中散发出的气味，在提高生物体身心健康等方面产生较大的功效。而胶合板、纤维板、刨花板等普通木质人造板在应用过程中则会释放甲醛等有机挥发物，降低了室内环境质量，通过了解木质材料对室内空气环境的影响，积极发挥其有益成分的作用，降低其有害的影响，对营造良好室内环境和居住者身心健康，有着积极的意义。

大量研究证明，利用草本或木本植物的芳香物质（即精油或挥发物），藉沐浴、涂擦皮肤或吸入等方式来治疗或改善身心健康的方式对生活节奏高度紧张而引起的身心疾病，具有良好治疗效果。如，吸入怡人的香气，可使α脑波的功率谱密度涨落较早地恢复到1/f型谱状态，使人轻松自然；侧柏等植物精油的吸入，能导致事件关联电位（CNV）早期成分减少，起镇静作用；茉莉等植物精油的吸入导致CNV早期成分增加，起觉醒作用；吸入杉木、柏木叶油的挥发成分可以有效地降低运动后的血压；低浓度的α蒎烯的吸入可使人的精神性紧张减少，因此具有良好的芳香疗效。

木材的气味大多很清爽，这样的气味带给我们轻快舒适的感觉。不但如此，木材精油还具有消除氨、二氧化硫、二氧化氮等公共恶臭的功效。扁柏、冷莎的叶油以及日本罗汉柏的材油对氨除臭率达90%以上，仅用5%浓度的扁柏、冷杉的叶油或扁柏的材油对亚硫酸气体具有100%的除臭功效。

同时，现在住宅的室内尘埃中螨虫的数目有增加的倾向。特别是在闭窗季节，人们吸入螨虫后引起支气管哮喘等过敏症状已成为一个大问题。据日本的高岗等介绍，某些木质材料具有抑制螨虫的作用，通过将原地板全部换成柞木地板，与改装前相比，改装后螨虫数目急剧减少，改装一年后的跟踪调查，也得到同样的结果。

平松靖和宫崎良文指出，木材提取物挥发成分对空气灰尘中蜱虫活动和繁殖均有抑制作用。试验结果显示，不同树种对蜱虫抑制作用有差别，总体上针叶树材被认为含生物活性物质多，也因此对蜱虫的抑制效果作用好，24h 对 80%以上的蜱虫活动有抑制作用；阔叶树材中的樟树抑制效果好，6h 后就有 90%的蜱虫被抑制；杉木有缓慢的抑制效果，但效果不是很明显，直到 72h 才与对照样有显著差异，而白栎和山毛榉的抑制作用不明显。

试验还发现，使用者在木质环境内对气味的敏感性要高于非木质环境，由于对气味的个人偏好，也会直接影响人的舒适度。男性与女性在气味敏感性和适应性方面也存在一定的差异，女性在暴露初期比男性对气味更加敏感，但是随着时间的推移，适应时间达到一定长度后（例如有研究表明达到 52min 时），女性气味敏感性下降速度是男性的 5 倍。

日常生活中木结构建筑室内的气味一般都是木材本身的气味，如果建材本身被涂抹防护油漆，可能会掩盖木材的味道。同时，一些木制品如果采用不符合要求的胶粘剂等，也会造成室内空气污染。

通常室内空气中主要污染物为有机挥发物（VOCs）。VOCs 在室内空气中可检出多达 500 种，其中最主要的是甲醛，其他的还有苯、甲苯、二甲苯、苯乙烯、三氯乙烯等，主要来源于各种溶剂、胶粘剂等化工产品。当 VOCs 中含量较高时，单污染因子超过阈值或联合作用时会产生健康危害。例如，甲醛是一种常见的装修型化学性室内空气污染物，无色但具有强烈刺激性气味的强氧化性气体，极易挥发，易溶于水，短时吸入后，轻者有鼻、咽、喉部的不适和烧灼感以及流鼻涕、咽痛、咳嗽、流泪等症状，重者感到胸部不适、呼吸困难、头疼、喉头水肿痉挛、顽固性皮肤病等，甚至使细胞原形质的蛋白质发生凝固或变性，从而抑制所有的细胞机能直至死亡。据调查，所有因室内装修产生的有机类污染挥发物中甲醛的污染水平可以达到 0.2～0.4mg/m^3，甚至最高可以达到 13.44mg/m^3。我国城市 60%以上的新装修房间内甲醛浓度都超过国家标准，其平均浓度为国内居室内甲醛卫生标准的 3～10 倍，并远远高于西方发达国家水平。甲醛会在装修后的很长时间内持续散发，其浓度的变化主要与污染源的释放量和释放规律有关，也与使用期限、室内温度、湿度及通风程度等因素有关。

室内空气质量是决定建筑使用者健康、舒适的重要因素，一般需要满足以下要求：①满足室内使用者对新鲜空气的需要，避免长期处于密闭空间内而产生头晕、胸闷、头痛等一系列“病态建筑综合征”。根据中国国家标准《室内空气质量标准》GB/T 18883—2002，对长时间逗留的空间，确定每人每小时新风量（从室外引入的新鲜空气）不应小于 30m^3，这也是根据人体生理需求量设定的，如要保证二氧化碳（CO_2）的浓度不超过国家标准的 0.1%，则必须保证新风量 30m^3/h。②保证室内人员的舒适性。③保证空间内污染物浓度不超标。

一般而言，室内空气环境是通风空调系统通过送风口（机械通风）或建筑的开口（自然通风）将满足要求的空气送入建筑中，形成合理的气流组织，营造出需要的热湿环境和室内空气质量环境。

13.2.3　声环境与振动现象

声音是由物体振动而产生声波，在建筑物理学中，按传播介质可将声音分为通过空气传播的空气声和通过固体结构传播的固体声。对建筑而言，噪声按声源可分为外部噪声和内部噪声：外部噪声是指由建筑物外传播进室内的声音，如室外交通引起的噪声等；内部噪声是指在建筑内部产生的噪声，如住宅中走路的脚步声等。噪声会影响人的身心健康，对多户住宅建筑来说，内部噪声可能是影响邻里关系的主要原因之一。因此，噪声控制对于建筑设计和施工非常重要，尤其是对多户住宅建筑。声音的属性可用不同的指标来描述，防噪减噪设计时最常用的指标是声压级。声压级（SPL）是声压与参考声压的功率比，参考声压是范围在 1kHz 听力阈值内的声压，单位为分贝（dB），可用声级计（SLM）测量，也可用频谱分析仪测量。

人类的听觉频率范围在 15/16Hz 和 15/16kHz 之间，且听觉灵敏度是非线性的，因此我们并不能听到所有的声音。人的听觉敏感度取决于声音的频率和声压级，人对 4000Hz 左右的声音最敏感，对 200Hz 以下的声音不敏感，当低于 200Hz 时，除非声压级足够高，否则也听不到任何声音。有研究表明，声音声级变化幅度在 3dB 以内的声音通常很难被察觉，这也为防噪减噪提供了理论依据。

建筑物的墙体和楼盖可改变声音传播的方向和大小，有隔声的功能，墙体和楼盖的隔声性能与自身的质量、强度和阻尼等都有关系，其中质量影响最大，称之为“质量定律”。与混凝土和钢材相比，木材的质量轻，因此若不对木结构进行合适的隔声和构造设计，其隔声性能将很弱，从而影响对木结构建筑的认可度。

木结构建筑主要有两种振动现象：（1）人类正常活动引起的木结构楼板竖向振动；（2）高层木结构建筑在风荷载激励下的水平振动。振动虽不会影响木结构建筑的自身结构安全，但会对使用者的舒适性、建筑物正常运行情况以及高敏仪器设备的使用造成影响。

加拿大学者（Hu、Chui 和 Cuerrier-Auclai）通过大量试验室试验，现场楼板振动的评估以及响应参数的测量，确定了影响人对楼板振动感知的因素。通常来讲，人类对持续时间较短的振动（如瞬态振动）比对较长持续时间的共振容忍度更高。人类对楼板振动的感知与楼板静态变形、固有频率、峰值速度、峰值加速度和均方根（rms）、加速度等振动性能参数都相关。基本固有频率和静态点载荷偏差的组合以及基本固有频率与振动幅度指标［如峰值速度、峰值加速度和均方根（rms）、加速度等］的组合均表现出与人类感知性较好的相关性。

进一步研究发现，木结构楼盖对行走响应的表现为瞬时振动，其主要由楼板刚度和质量决定，因此，可以通过控制木楼盖刚度和质量来控制楼盖的振动。与控制木楼板竖向振动类似，可通过控制建筑物刚度、质量和阻尼来减少高层木结构建筑的水平振动。

13.3 评价指标

前已述及，木质环境对人的影响因素众多，且影响大小不一，因此，对它的评价指标也有多种。对木结构建筑室内环境的评价方法可以参照现有的非木环境的进行，只是木质环境情况下需要把反映其特点的相关因素考虑进去，例如其特有的色彩、味觉及振动等特性，因此，相关的评价指标也会增多，下面针对不同具体环境分别叙述。

13.3.1 热湿环境

单就木结构建筑室内热湿环境，可以参照现有的非木环境，用热感觉与热舒适来评价其室内热湿环境状况。众所周知，热、湿感觉的直接定量测量较难，因此，通常采用问卷的方式了解使用者对热湿环境的整体感觉，要求使用者按照某种等级标度来描述其热感。常用的 7 度分级，其中贝氏标度是由英国学者 Thomas Bedford 于 1936 年提出的，特点是将热感觉与热舒适合二为一。与贝氏相比，美国供暖制冷空调工程师协会（ASHRAE）的七点标度优点在于精确地指出热感觉，所以目前全球范围常用 ASHRAE 的热感觉标度如表 13.3-1 所示。除了采用传统的问卷调查方式，上海交通大学的研究者近十年来也一直尝试引入医学生理指标，例如皮肤温度、心率变异性等，研究使用者对热湿环境的整体感觉的客观直接评价，以期得到更准确的定量评价方法。限于篇幅，此处不赘述。

与非木环境一样，木结构建筑室内热环境也应该考虑四要素：空气温度、空气湿度、空气流速及壁面辐射温度，用这四个物理量作为评价指标。影响木结构室内湿环境的主要因素有室内的散湿量、围护结构的湿传递等。木结构建筑涉及非透明或半透明围维护结构，而围护结构又是建筑室内外热环境的分界面。因此，要综合考虑室内热环境质量参数和围护结构的热特性。

Bedford 和 ASHRAE 的七点标度 **表 13.3-1**

贝氏标度			ASHRAE 标度		
7	Much too warm	过于温暖	+3	Hot	热
6	Too warm	太暖和	+2	Warm	暖
5	Comfortably warm	令人舒适的暖和	+1	Slightly warm	有点暖
4	Comfortably (neither cool or warm)	舒适（不冷不热）	0	Neutral	中性
3	Comfortably cool	令人舒适的凉快	+1	Slightly cool	有点凉
2	Too cool	太凉快	+2	Cool	凉
1	Much too cool	过于凉快	+3	Cold	冷

13.3.2 光环境

光环境评价根据不同的建筑类型、不同的光源，有不同的评价标准，目前没有专门针对木建筑的光环境评价方法，木建筑同其他建筑在营造光环境的区别主要体现在材料反射率，反射率对光环境评价结果的影响主要体现在眩光指数计算中。针对天然光，《建筑采光设计标准》GB 50033—2013 提出的光环境评价指标有采光系数、采光均匀度、不舒适眩光指数（Daylight Glare Index，主要指窗的不舒适眩光）等。而对于人工光源，《建筑照明设计标准》GB 50034—2013 给出了照度、色温、照度不均匀度、显色指数、眩光指数（Glare Rating）、统一眩光值（Unified Glare Rating）等评价指标。总的来说，对于木建筑室内光环境，客观评价指标可采用照度、色温、照度不均匀度、眩光相关参数。

光环境的主观评价可以采用 Likert 7 级标尺进行主观投票，其原型由 Rensis Likert 首先提出，通常用于心理学主观投票研究领域内，而投票对象可以是对亮暗、均匀性、光源颜色等客观指标的主观满意度。除了主观评价，还可以利用人的生理参数来帮助评价光舒适。光环境影响褪黑色素的分泌，从而影响哺乳动物的生物节律，红色光对褪黑素的合成抑制作用最弱，而绿色光的抑制作用最强，在光对褪黑素合成抑制较弱的情况下，人容易进入较深的睡眠，所以褪黑素可以作为光舒适评价的生理指标，褪黑素的测定有多种方法，其中酶联免疫法灵敏度高且便于测量，可以通过测唾液得到褪黑素含量。眼睛干涩是视觉不舒适的直接表现，含有不同水分的泪膜干燥后得到的泪膜结晶是不一样的，所以泪膜结晶也可以作为评价光舒适的指标，并且试验表明照度对泪膜结晶质量的影响最大。另外，视觉疲劳可以反映光环境的不舒适，视疲劳度可以作为评价指标，视疲劳是指用眼工作时产生的主观症状综合征，视觉调节近点变远是视疲劳在测量学上的表征之一，可以用近点测试法来测试视疲劳。

13.3.3 色彩

色彩包含三要素：明度，白色是最亮的色，黑色是最暗的颜色，任何一个颜色加入白色，其明度会被提高，加入黑色则明度降低。纯度（也叫作饱和度），任何一种颜色加入白色纯度降低，加入黑色则变为浊色。色相，是人眼接收到的不同波长的光波，体现在颜色的红、黄、蓝、绿、紫及其有各自代表的一类倾向性的颜色。国际上常用的标准色彩体系有三个，分别是：①日本研究所的 PCCS（Practical Color-ordinate System）；②美国的 MUNSELL 颜色系统；③德国的 OSTWALD。

正如第 13.2.1 节中提到木材颜色也是影响木结构室内舒适度的重要因素之一，利用光源评估色彩，必须具备以下三个条件：①平均显色指数 R_a 应该接近 100，不少于 96；②色温应接近于太阳的 5000～6000K；③应配有足够的亮度，不少于 2000lx。普通的白炽灯可满足①、③的条件，②色温低，整体看起来会偏黄。荧光灯可满足②、③的条件，但①的评价指数低，所以不能正确表现色彩。

木材的颜色种类多样，如何将其定量化、标准化的分析是目前木结构室内舒适度的探索方向之一。根据已有文献调查发现，在测量木材颜色时，可采用取样测量的方法：将木材表面加工平整，并用毛刷清洁干净，在空气温度为 20℃、相对湿度为 65％的环境下进行测量。为了保证测量结果的准确性，可取木材表面 10 个点的测量结果均值作为最后的数值。

测量木材颜色的仪器可选用全自动色差测定仪，根据国际颜色标准 $L^*a^*b^*$ 三维空间分布模型，可以获得亮度（L^*），从深绿色到亮粉红色（a^*）和亮蓝色到蓝色（b^*）这两个颜色通道。再通过计算公式得到孟塞尔色的明度 V、色调 H 和饱和度 C。

根据文献可知，明度 L^*、色调 H 都与红绿色品指数 a^* 之间存在负相关的关系，与黄绿色品指数 b^* 之间存在正相关的关系。此外，亮度 L^* 分布在 38.57～48.22 之间，a^* 分布在 14.26～17.58 之间，b^* 分布在 13.97～24.19 之间，其颜色主要偏红褐色和黄色，因此 a^* 和 b^* 的指数偏高。根据试验所得全木质覆盖的深棕色和浅棕色木材覆盖的房间内视觉舒适度要高于半覆盖的木材房间，其中深棕色木材房间内的视觉舒适度最佳。

13.3.4 声环境

我国木结构建筑目前可按国家标准《民用建筑隔声设计规范》GB 50118—2010 来进

行隔声设计，规范中规定了各类建筑物隔声减噪设计标准等级、空气声隔声标准以及撞击声隔声标准，通过隔声设计，使建筑达到规范规定的要求。其中上海市工程建设规范《轻型木结构建筑技术规程》DG/TJ08—2059—2009 引用国家标准的相关规定，为上海市轻型木结构建筑设计提供了隔声设计依据。

1. 允许噪声级

居室建筑中卧室、书房和客厅的噪声水平应符合表 13.3-2 的要求。

室内允许噪声级（dBA） **表 13.3-2**

房间类型	允许噪声级		
	Ⅰ	Ⅱ	Ⅲ
卧室、书房（或卧室兼起居室）	≤40	≤45	≤50
起居室	≤45	≤50	

注：如果管道穿过带有木框架的隔墙和楼板或包含在其中的隔墙和楼板，应采取措施减少振动和噪声通过管道而传播。

2. 空气声隔声标准

分户墙和楼板的计权隔声量（R_w）应不低于表 13.3-3 中的要求。当需要测量 R_w 时，应按 ISO 140-3 进行测量。

分户墙和楼板的计权隔声量标准 **表 13.3-3**

隔声等级		
Ⅰ	Ⅱ	Ⅲ
≥50	≥45	≥40

注：当管道穿过木结构的隔墙时，缝隙应填充弹性隔声密封胶或密封条。

3. 撞击声隔声标准

楼板撞击声计权规范化撞击声压级（$L_{n,w}$）应符合表 13.3-4 中的要求。当需要测量 $L_{n,w}$ 时，应按 ISO 140-6 测量。

楼板撞击声计权规范化撞击声压级（$L_{n,w}$） **表 13.3-4**

隔声等级		
Ⅰ	Ⅱ	Ⅲ
≤65	≤75	

注：当确有困难时，可允许三级楼板计权标准化撞击声压级小于或等于 85dB，但在楼板构造上应预留改善的可能条件。

13.3.5 振动

1. ISO 人类对振动的可接受性通用标准

国际标准 ISO 2631-2（1989）提出了人对竖向和水平振动可接受的通用标准，通过限制振动加速度［均方根（r. m. s.）］来保证楼板的振动舒适度，其中振动加速度与振动频率相关，如图 13.3-1 和图 13.3-2 所示。ISO 标准仅规定了振动加速度控制指标，并未规定确定加速度的试验或数值方法。由于没有准确可靠的数值计算工具或模型来计算人体正常行走引起的木楼板的振动，所以在木结构建筑楼盖减振设计时无法采用 ISO 2631-2。FPInnovations 制定了可操作的国际标准 ISO/TR 21136：2017（E）替代标准，用于评价木结构建筑楼板的振动。

2. 人正常行走引起的木楼盖振动控制性能准则（ISO/TR 21136：2017）

ISO 建议的关于木楼盖振动控制的方法可用式（13.3-1）表示：

$$d_{1kN} \leqslant \frac{f^{2.56}}{1090.31} \tag{13.3-1}$$

式中 d_{1kN}——采用 ISO 18342 测试方法测试楼盖在 1kN 点荷载作用下的变形（mm）；

f——楼盖基本固有频率（Hz），可采用 ISO 18342 测试方法获得。

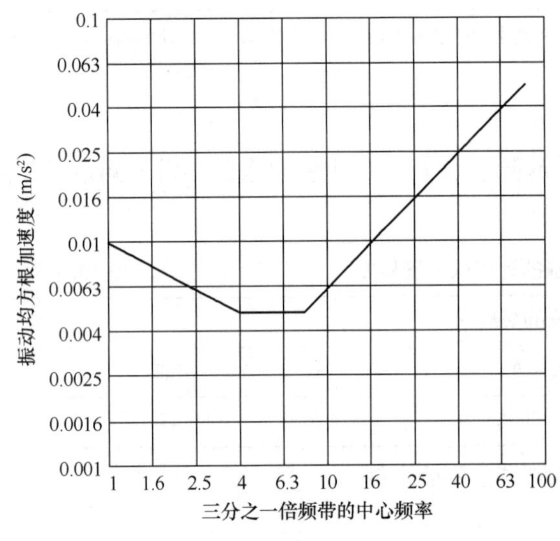

图 13.3-1 人对竖向振动最大容忍加速度

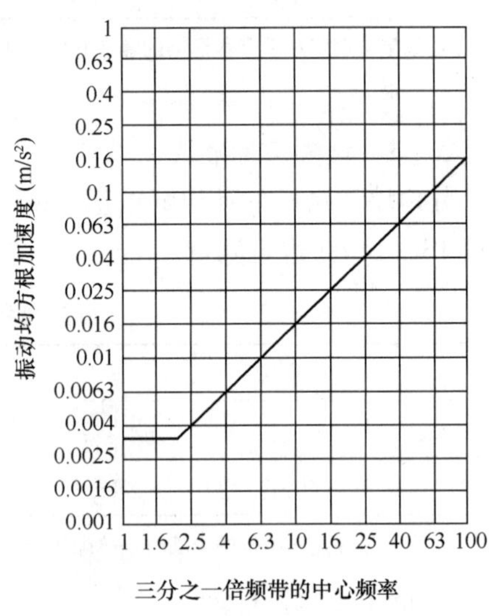

图 13.3-2 人对水平振动最大容忍加速度

3. 中国规范中风激励引起的木结构振动控制准则

目前，我国多高层木结构建筑实际项目较少，且相关的研究成果也较少，所以暂未有针对多高层木结构关于控制由风荷载引起的水平振动的设计方法。对于高层混凝土结构和钢结构建筑因风引起的水平振动，我国规范中均规定了设计方法和准则，多高层木结构建筑设计水平振动设计时，可参考高层钢结构的相关方法进行。

13.3.6 室内空气品质

室内空气质量（Indoor Air Quality，IAQ）是评价环境健康和适宜居住的重要指标。相对而言，建筑室内空气质量比室外空气质量与人的健康关系更为密切，人类每天最主要的生活场所都在室内，尤其是婴幼儿及老弱病残者。

目前，各个国家对室内空气中的主要有害成分及标准都有明确的规定，美国供暖制冷及空调工程师协会（ASHRAE）标准也规定了此类空气污染及暴露程度的最低限制。在我国颁布的《住宅设计规范》GB 50096—2011 规定中标明了住宅室内空气污染物的限制：

氡≤200Bq/m^3，游离甲醛≤0.08mg/m^3，苯≤0.09mg/m^3，氨≤0.2mg/m^3，TVOC≤0.5mg/m^3。值得注意的是木质建筑由于材料和构件的加工，在室内环境设计初期应当注意木材胶粘剂对室内空气品质的影响。而每种木结构因为使用材料的不同，产生的污染物也有所不同。墙体主要产生的污染气体有苯、甲醛、甲苯、二甲苯和其他 VOC 物质，见表 13.3-5。根据国内甲醛有关污染水平及相关法规依据，《室内空气质量标准》GB/T 18883—2002 中规定室内空气中甲醛的限值是 0.10mg/m^3，苯的限定值是 0.11mg/m^3，甲苯、甲二苯的限值为 0.20mg/m^3，TVOC 的限值为 0.60mg/m^3。

木结构室内空气品质评价　　表 13.3-5

常见污染物	苯	甲醛	甲苯	二甲苯	TVOC
浓度限值（mg/m^3）	≤0.11	≤0.10	≤0.20		≤0.60

13.3.7 指标汇总

由前述可知，木结构室内环境对人的舒适性的影响因素繁多，其评价指标也众多，此处试图按主观（心理）和客观（生理）评价指标分成两类，实际研究时，可以采取主、客观相结合的方法进行。

关于主观（心理）评价指标，根据试验发现，木质室内环境对使用者的视觉、嗅觉、情感状态、疲劳程度及个人偏好方面都会产生显著影响。例如，试验发现在暴露初期，室内木材覆盖率是影响气味感觉、亮度感觉以及温暖感的重要指标。情绪调查中，受试者在环境变化过程中对“紧张感”“疲劳感”“活力感”较为敏感；在疲劳症状调查中对“眼睛疲劳”“瞌睡”“打哈欠”和“看东西模糊”感觉明显。因此，提取试验结果中较为敏感的各项因素，总结出适用于木结构室内环境对人员主观（心理）影响的评价指标体系，见表 13.3-6。

木结构室内环境主观（心理）评价指标　　表 13.3-6

视觉	触觉	嗅觉	情绪	疲劳	个人喜好
颜色	纹理	气味	活力感	打哈欠	偏爱
覆盖率	粗糙度	木材种类	疲劳感	眼睛疲劳	讨厌
冷暖感	—	—	紧张感	瞌睡	自然感
空间感	—	—	—	看东西模糊	亲近感
—	—	—	—	—	温暖感

关于客观（生理）评价指标，根据试验结果显示，木质室内环境对人员生理调节能够产生积极影响。其中，敏感性指标有反映自主神经系统活动的心率、心率变异性、收缩压、舒张压、皮肤电活动、血氧饱和浓度。在此基础上，心率变异性、收缩压和皮肤电活动的敏感性更强。此外，在非木质室内环境研究中发现能够反映呼吸系统的呼吸末二氧化碳、脑电中的四种波形分析，以及生化指标唾液、淀粉酶、皮质醇都能反映人体应激反应，这些都可以作为探索木质室内环境对人员生理影响的评价指标，具体如表 13.3-7 所示。

木质室内环境客观（生理）评价指标 表 13.3-7

自主神经系统				呼吸系统		内分泌系统
心电	血压	皮肤电	脑电	血氧饱和浓度	呼吸末二氧化碳	唾液淀粉酶
心率变异性	舒张压	皮肤电活动	α 波	—	—	皮质醇
—	收缩压	皮肤电导水平	β 波	—	—	—
—	—	皮肤电导反应	α+β 波	—	—	—
—	—	—	δ 波	—	—	—

在探索木结构室内环境对人员认知情况影响方面，可以采取主、客观相结合的方法：主观方面，调查使用者对工作内容、情绪状态及疲劳状态的反映；客观方面，调查较为敏感的几项生理指标，如心率变异性、收缩压、皮肤电反应、血氧饱和浓度和视觉近点距离。此外，客观调查中还可采用神经行为能力测试中的学习记忆能力、执行能力、反应能力和感知能力的完成情况作为参考指标。已有文献显示，泪膜结晶质量也能够有效地反映视觉疲劳程度，也可作为指标纳入木质室内环境对认知情况影响的研究评价，见表 13.3-8。

木质室内环境认知情况评价 表 13.3-8

主观	客观		
	生理	神经行为能力测试	生化
疲劳症状	皮肤电导水平	视觉感知和语义干扰能力	泪膜结晶质量
情绪状态	收缩压	无意义图形再认	皮质醇
自评状态	血氧饱和浓度	连续操作测试	—
—	心率变异性	视复杂反应时	—
—	视觉近点距离	—	—

13.4 设计方法

13.4.1 热湿环境

由于热工性质的不同，不同材料在温度调节作用方面也有不同的特点。材料自身具有温度调节的功能，主要与三方面有关：① 材料的热导率，热导率越大，该材料的热量传递越快；② 容积比热，容积比热越大，储热能力越强；③ 材料厚度，厚度太薄调节作用不明显。钢筋混凝土材料热导率和容积比热都比较大，所以传递热量的速度也快，但会在短时间内散去。而木材在减缓热量的传递同时储存一定的热量，从而起到缓解室内温度变化的作用。不同的木材传热性能有所差异，如表 13.4-1 所示。因此，在进行木质室内热湿环境设计时，应当考虑木质材料本身的传热性能，再结合居室内舒适的室内温湿度标准进行。

木质材料的传热阻性能比较 **表 13.4-1**

材料名称	密度 ρ (g/cm³)	热导率 λ [W/(m·K)]	厚度 120mm 传热阻 R [(m²·K)/W]	传热阻为 0.39(m²·K)/W 时的材料厚度(mm)
普通刨花板	0.770	0.174	0.689	68
中密度纤维板	0.709	0.140	0.857	55
胶合板	0.502	0.114	1.053	44
定向刨花板 A	0.453	0.116	1.026	45

室内相对湿度随着温度变化而变化，在考虑木质室内湿环境设计时，需要了解其温湿度平衡状态和非平衡状态下的吸湿性能、解吸性能，还要测评其吸湿和解吸的速度等。除此之外，木材作为围护结构或装饰材料，还需要考虑以下几点因素：①装修覆盖率；②木材厚度；③木材表面涂料对调湿性能的影响；④换气影响。

根据《民用建筑供暖通风与空气调节设计规范》GB 50736—2012，非木质建筑舒适性空气调节室内计算参数显示，冬季室内温度设定一般在 18～24℃，夏季室内温度设定一般在 22～28℃；冬季室内风速小于等于 0.2m/s，夏季室内风速小于或等于 0.3m/s；冬季室内相对湿度 30%～60%，夏季室内相对湿度 40%～60%。见表 13.4-2。

舒适性空气调节室内计算参数 **表 13.4-2**

参数	冬季	夏季
温度（℃）	18～24	22～28
相对湿度（%）	30～60	40～65
风速（m/s）	≤0.2	≤0.3

结合前面对受试者在木质与非木房间内对室内热环境的感知结果知道，在控制所有试验房间内环境温湿度的前提下，人在木质房间内的热感觉均优于非木房间，因此，在木质建筑室内热湿环境设计初期，可以考虑适当调整室内温度设定值范围，例如，将木质环境冬季室内舒适温度在表 13.4-2 所示标准中适当降低，而在夏季可适当升高，这样，在保证使用者舒适的前提下可起到节约能源的作用。但环境设计温度具体可降低/升高的幅度，还需通过专门深入的进一步研究得到。

13.4.2 视觉环境（色彩环境）

对于生活中学习或工作的场所，如办公室和教室，良好的视觉环境能够提高精神、保持良好的注意力，确保工作效率；而对于休闲娱乐场所，如度假酒店或餐厅等，舒适的光环境可以创造不同的室内环境氛围。其中，色彩是一个相当强烈并且能够迅速影响人视觉感觉的设计要素，舒适的色彩感觉能够从一定程度上影响人的环境感知，增加愉悦感，具有美学和实用的双重功效。

木材所呈现的颜色与其组成的化学构成有着密切的关系，因为分子结构的不同，对可见光的吸收范围和程度不同，从而显现的颜色也不同。如云杉呈现白色，乌木呈现墨黑色，黄杨木呈现浅黄色。人所见到的木材颜色是木材化学组分中发色基团和助色基团以一定的形式结合构成的发色体系对可见光（波长 380～780nm）照射的吸收、反射的综合结果。人在木质建筑环境中的冷暖感、明暗感，不仅受到材料对光线的吸收与反射作用，也会相互作用从而影响人们的视觉感受。

根据试验发现，木材对人产生的心理作用主要分为两方面：一方面，影响人的主观感受，与非木质室内环境相比，人们能感受到更多的温暖感与明亮感，产生更多的积极情绪。此外，办公人员不仅更希望在木质环境中进行工作，对工作的自评状态也优于非木质环境。另一方面，木材对人产生的生理作用基于视觉影响，已有试验结果显示：深棕色木质室内环境表现出良好的调节人眼疲劳的潜能，在全木质深棕色覆盖的环境内适应一段时间后，能够改善左右眼的疲劳程度，对视觉疲劳产生明显的改善。所以，在进行室内视觉环境设计时，较多地运用木质材料是有利的。

13.4.3 木结构建筑隔声降噪设计

木结构建筑的隔声降噪设计是个难点，因此，在此重点探讨。其设计可按以下策略和原则进行噪声控制。

1. 三道防线策略

控制建筑物噪声传播的“三道防线”策略是基于对空气声和冲击声传播机理得到的：首先，控制声源，减小传递到相邻单元的噪声；其次，减弱墙体或楼盖的振动；最后，防止墙体或楼盖的振动传递到相邻单元。因此，控制通过墙体和楼盖传播的空气传播的噪声，第一道防线是使用低孔隙率材料处理墙体或楼板表面，从而将噪声反射或辐射回到声源房间。第二道防线是增加墙体或楼盖的质量，从而减少噪声引起墙体或楼盖的振动。第三道防线是将结构墙体或楼盖与墙体装饰或石膏挂板或顶棚隔开，减弱振动的传递，从而最大限度地减少向相邻房间的声音传播。

同样，为了控制通过楼板的撞击噪声，第一道防线是选择能有缓冲作用的装饰面层，从而显著降低撞击冲击力。第二条防线是增加楼盖质量，以进一步降低楼板的振动幅度，从而降低撞击噪声。第三道防线是将顶棚与楼板结构分离。

2. 设计原则

根据上述建筑物隔声减噪方法，我们可采用具有低孔隙率表面，高冲击力吸收涂层和足够质量的产品来进行隔声设计。此外，断开或隔断建筑构件是隔声设计的基本原则。木结构建筑墙体和楼盖设计时，可按以下设计原则进行空气声隔声与撞击声隔声设计（NRC 2002）。影响空气声隔声与撞击声隔声设计的主要因素总结如下：

（1）使用表面孔隙率材料低的材料，尤其是面层材料，孔隙率越低，空气隔声性越好；FPInnovations 的研究发现，在墙体表面使用低孔隙率的薄膜材料可改善墙体的隔声性能。

（2）增大墙体或楼盖重量：重量越大，隔声效果越好，特别是对于低频噪声。

（3）墙体或楼盖内尽量留有空腔，空腔越大，隔声效果越好；空腔厚度应不小于 12.7mm。

（4）墙体或楼盖内的空腔用吸声材料填充，墙体或楼盖中的单元宜采用弹性材料连接，不宜刚性连接。

（5）如果条件允许，尽量减少墙体或楼盖中的空腔单元，一个空腔单元要比两个好。

（6）应对贯穿墙体或楼盖的洞口（例如进入公共走廊的门）或用于管道、电气、通风等的孔洞进行专门隔声设计。

3. 确定 R_w 和 $L_{n,w}$ 的试验方法

对于墙体、楼盖的计权隔声量（R_w）和楼板撞击声计权规范化撞击声压级（$L_{n,w}$），目前没有可靠的理论计算方法，需采用试验方法来确定。R_w 和 $L_{n,w}$ 是隔声设计的关键指标，降噪指数可按国际标准 ISO 140-3 确定：在两个测试室之间安装测试样本，试验样本是传输声音的主要路径，尽量减小其他路径的影响。将 100Hz 到 3150Hz 的十六个降噪指数值合并为加权降噪指数（R_w）的单数评级。根据 ISO 717 规则，分区的 R_w 越大，隔声效果越好。

撞击声级可按国际标准 ISO 140-6 通过试验获得：在两个测试室之间安装测试样本，试验样本是传输声音的主要路径，尽量减小其他路径的影响。将从 100Hz 到 3150Hz 的 16 个标准频带中测量的噪声水平与基准曲线进行比较，不断调整基本曲线，使其满足 ISO 717 的要求，最后获得加权归一化撞击声压级（$L_{n,w}$）。在楼板下面的房间产生的噪声水平越低，楼板的隔声性能越好，$L_{n,w}$ 的值越低。

4. 隔声设计

木结构建筑围护结构采用砖、混凝土、加气混凝土等砌块墙体面密度大，这类墙体具有较好的隔声性能，通常能达到《民用建筑隔声设计规范》GB 50118—2010 的要求。

对于木骨架组合墙体是轻质建筑围护结构，这些墙体的面密度较小，按照建筑围护结构隔声质量定律，其隔声性能较差，难以满足隔声的要求。为了保证建筑的物理环境质量，隔声设计也就显得重要，因此，在墙体设计时必须考虑建筑的隔声设计。墙体隔声设计，应按本小节的规定执行，未规定的应按现行国家标准《民用建筑隔声设计规范》GB 50118—2010 的相关规定执行。

衡量建筑围护结构隔声性能有两个指标：一是隔绝空气声，二是隔绝撞击声。因为轻质建筑围护结构抗撞击声能力较差，难以达到《民用建筑隔声设计规范》GB 50118—2010 的规定的抗撞击声指标，所以木骨架组合墙体只考虑墙体的空气声隔声量标准。

木骨架组合墙体隔声设计，应按照现行国家标准《民用建筑隔声设计规范》GB 50118—2010 的规定执行。木骨架组合墙体根据隔声功能要求分为 7 级，详见表 13.4-3。根据功能要求，应符合表 13.4-4 的规定。

木骨架组合围护墙体的隔声等级　表 13.4-3

隔声级别	计权隔声量指标
$Ⅰ_n$	≥55dB
$Ⅱ_n$	≥50dB
$Ⅲ_n$	≥45dB
$Ⅳ_n$	≥40dB
$Ⅴ_n$	≥35dB
$Ⅵ_n$	≥30dB
$Ⅶ_n$	≥25dB

围护墙体功能要求的隔声级别　表 13.4-4

功能要求	隔声级别
特殊要求	$Ⅰ_n$
特殊要求的会议、办公室隔墙	$Ⅱ_n$
办公室、教室等隔墙	$Ⅱ_n$、$Ⅲ_n$
住宅分户墙、旅馆客房与客房隔墙	$Ⅲ_n$、$Ⅳ_n$
无特殊安静要求的一般房间隔墙	$Ⅴ_n$、$Ⅵ_n$、$Ⅶ_n$

为了设计过程方便、简单地选择木骨架组合围护墙体的隔声性能，根据木骨架组合墙

体不同构造形式的隔声性能，将木骨架组合围护墙体隔声性能按表 13.4-3 分为 7 级，从 25～55dB 每 5dB 为一个级差，基本能满足规范所适用范围的建筑不同围护结构隔声的要求。表 13.4-5 为几种围护墙体隔声性能和构造措施参考表，设计时按照现行国家标准《民用建筑隔声设计规范》GB 50118—2010 的规定，根据建筑的不同功能要求，选择围护结构的不同隔声级别。

几种围护墙体隔声性能和构造措施 **表 13.4-5**

隔声级别	计权隔声量指标	构造措施
Ⅰn	≥55dB	① M140 双面双层板（填充保温材料 140mm）； ② 双排 M65 墙骨柱（每侧墙骨柱之间填充保温材料 65mm），两排墙骨柱间距 25mm，双面双层板
Ⅱn	≥50dB	M115 双面双层板（填充保温材料 115mm）
Ⅲn	≥45dB	M115 双面单层板（填充保温材料 115mm）
Ⅳn	≥40dB	M90 双面双层板（填充保温材料 90mm）
Ⅴn	≥35dB	① M65 双面单层板（填充保温材料 65mm）； ② M45 双面双层板（填充保温材料 45mm）
Ⅵn	≥30dB	① M45 双面单层板（填充保温材料 45mm）； ② M45 双面双层板
Ⅶn	≥25dB	M45 双面单层板

注：表中 M 表示墙骨柱厚度（mm）。

5. 设计做法

限于篇幅，本节仅列举了部分满足我国规范要求的轻型框架木结构楼盖和 CLT 楼盖的 R_w 和 $L_{n,w}$ 值以及轻型框架木结构墙体和 CLT 墙体 R_w 值的设计示例，详见表 13.4-6～表 13.4-9。表中的 R_w 和 $L_{n,w}$ 值来自于加拿大国家建筑规范和加拿大版 CLT 设计手册。由于加拿大采用声音传输等级 STC 和冲击绝缘等级 IIC，表中 R_w 和 $L_{n,w}$ 值根据 Warnock (2006) 的转换公式得到：$R_w \approx$ STC 及 $L_{n,w} \approx$ 110-IIC。

轻型木结构楼盖满足 $R_w \geqslant 40$ 和 $L_{n,w} \leqslant 75$ 要求的构造方案 **表 13.4-6**

（2015 版加拿大国家建筑规范：$R_w \approx$STC 及 $L_{n,w} \approx$ 110-IIC）

截面	从上到下构造	R_w	$L_{n,w}$	耐火等级
GC00104A 示例1	(1) 楼面板为 15.5mm 厚定向刨花板或胶合板或华夫板，17mm 厚带槽口的木板 (2) 木搁栅（至少 38mm × 235mm 实木搁栅或至少 241mm 工字木搁栅由至少 38mm×38mm 翼缘至少 9.5mm 厚定向刨花板或胶合板腹板构成），间距不大于 600mm (3) 填充材料 (4) 金属条，间距 600mm (5) 单层 15.9mm 厚防火（X 类）石膏板	42	75	30min

续表

截面	从上到下构造	R_w	$L_{n,w}$	耐火等级
GC00108A 示例2	除以下构造外，其他同示例 1。 （5）双层 15.9mm 厚防火（X 类）石膏板	45	72	1h
	除以下构造外，其他同示例 1。 （3）无填充材料 （4）弹性金属隔声条，间距600mm （5）双层 15.9mm 厚防火（X 类）石膏板	48	70	1h
	除以下构造外，其他同示例 1。 （4）弹性金属隔声条，间距600mm （5）双层 15.9mm 或 12.7mm 厚防火（X 类）石膏板	55	61	1h
GC00121A 示例3	除以下构造外，其他同示例 1。 （1）楼盖板上覆 38mm 厚混凝土（密度不小于 70kg/m^2）层 （3）无填充材料 （4）弹性金属隔声条，间距400mm （5）双层 15.9mm 或 12.7mm 厚防火（X 类）石膏板	64	74①	1h

注：① $L_{n,w}$值是基于纯楼板无饰面层的测试值。实际情况中楼板一般都有饰面层，饰面层的硬度对 $L_{n,w}$的影响很大，饰面层越软，$L_{n,w}$越低。同时因为饰面层会使楼板的总重量增加，如果地板的总重量显著增加，也会增大 R_w值。

轻型木结构墙体满足 $R_w \geqslant 40$ 的构造方案（2015 版加拿大国家建筑规范：$R_w \approx$STC） **表 13.4-7**

截面	墙体构造	R_w	防火等级	
			承重	非承重
GC00035A 示例1	（1）单层 12.7mm 厚防火（X 类）石膏板 （2）38mm×89mm 墙骨柱，间距 400mm 或 600mm （3）89mm 厚保温材料 （4 弹性金属隔声条，间距 400mm 或 600mm （5）单层 12.7mm 厚防火（X 类）石膏板	43	45min	45min

续表

截面	墙体构造	R_w	防火等级	
			承重	非承重
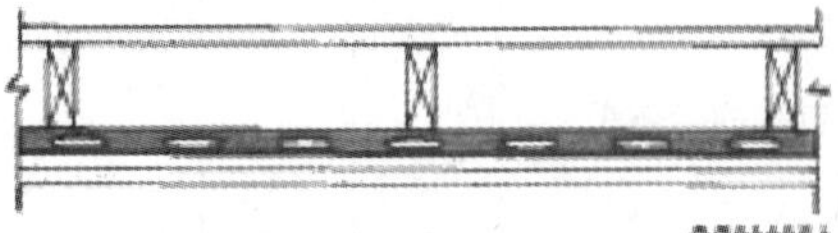 GC00035A 示例2	除以下构造外，其余同示例 1。 （1）单层 15.9mm 厚防火（X 类）石膏板 （2）38mm×89mm 墙骨柱，间距 400mm （5）双层 15.9mm 厚防火（X 类）石膏板	51	1h	1h
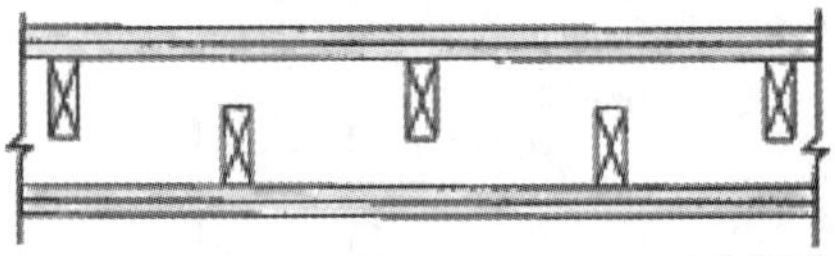 GC00040A 示例3	（1）双层 15.9mm 厚防火（X 类）石膏板 （2）双排 38mm×89mm 墙骨柱，间距 400mm 或 600mm，交错布置于 38mm×140mm 的木板上 （3）一侧填充 89mm 厚保温材料，或双侧填充 65mm 厚保温材料 （4）双层 15.9mm 厚防火（X 类）石膏板	56	1.5h	2h
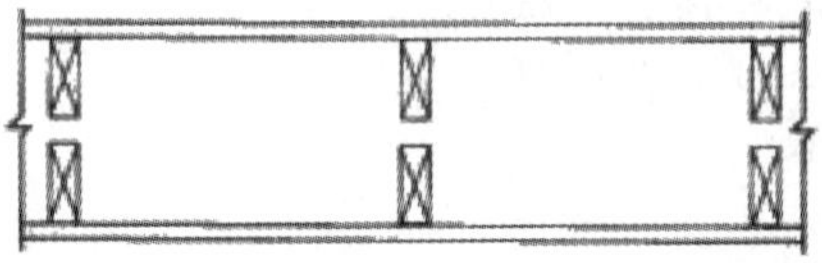 GC00044A 示例4	（1）单层 15.9mm 厚防火（X 类）石膏板 （2）双排 38mm×89mm 墙骨柱，间距 400mm 或 600mm，分开布置于两块 38mm×89mm 的木板上，间距 25mm （3）双侧填充 89mm 厚保温材料 （4）单层 15.9mm 厚防火（X 类）石膏板	57	1h	1h

CLT 楼盖满足 $R_w \geq 40$ 及 $L_{n,w} \leq 75$ 的构造方案 **表 13.4-8**

（加拿大版 CLT 设计手册：$R_w \approx$ STC 及 $L_{n,w} \approx$ 110-IIC）

截面	构造	R_w	$L_{n,w}$
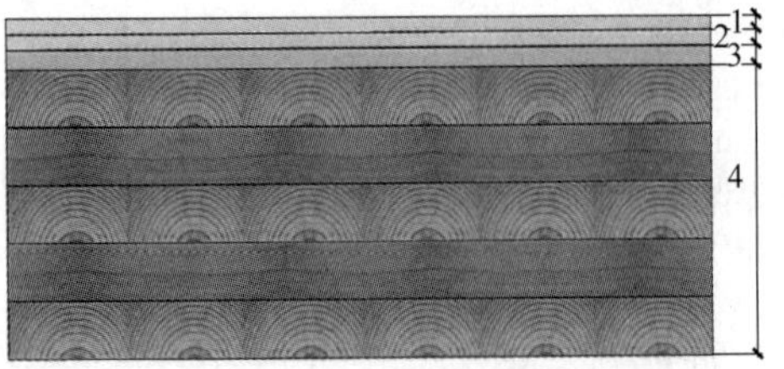 1 2 3 4 示例1	1. 10mm 厚石膏板（FERMACELL） 2. 10mm 厚石膏板（FERMACELL） 3. 10mm 厚纤维石棉板 4. 5 层 146mm 厚 CLT 板	47	67

续表

截面	构造	R_w	$L_{n,w}$
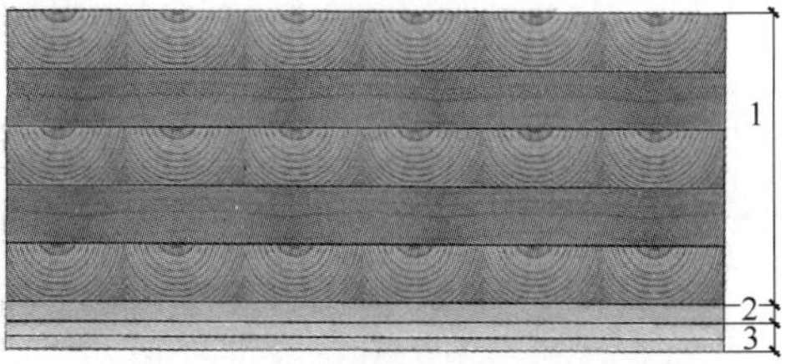 1 2 3 示例2	1. 5 层 175mm 厚 CLT 板 2. 38mm 厚木条，间距 600mm 3. 双层 12.7mm 厚防火（X 类）石膏板	50	74
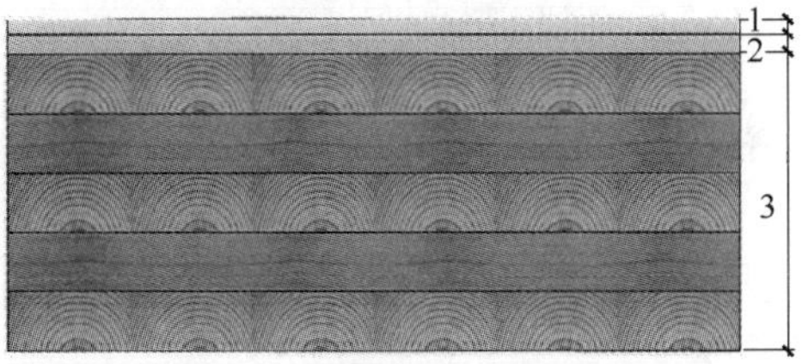 1 2 3 示例3	1. 25mm 厚石膏板（FERMACELL） 2. 20mm 木板（ISOVER EP3） 3. 5 层 135mm 厚 CLT 板	53	61
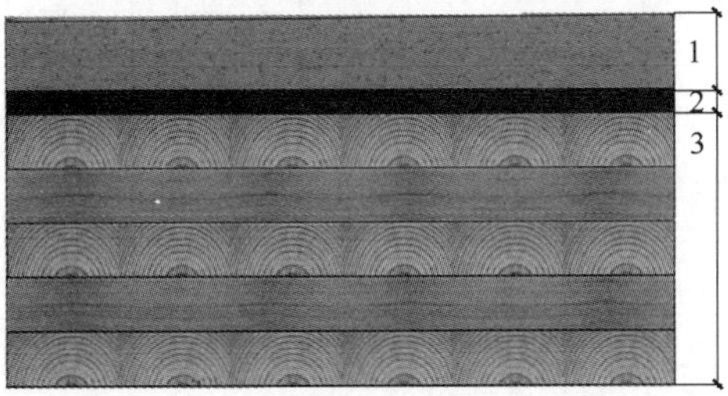 1 2 3 示例4	1. 38mm 石膏混凝土层 2. 9.5mm 封闭空腔隔声材料 3. 5 层 175mm 厚 CLT 板	50	69①
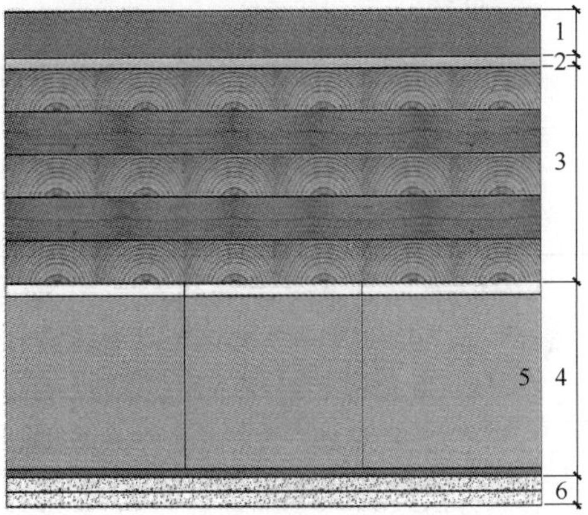 1 2 3 5 4 6 示例5	1～3 同示例 4。 4. 悬挂于 CLT 下方 150mm 的金属架上的吊顶，38mm 厚金属条 5. 178mm 厚玻璃棉 6. 双层 12.7mm 厚防火（X 类）石膏板	72	47①

注：① $L_{n,w}$值是基于纯楼板的测试值。实际情况中楼板一般都有饰面层，饰面层的硬度对 $L_{n,w}$的影响很大，饰面层越软，$L_{n,w}$越低。同时因为饰面层会使楼板的总重量增加，如果地板的总重量显著增加，也会增大 R_w值。

CLT 墙体满足 $R_w \geqslant 40$ 的构造方案（加拿大版 CLT 设计手册：$R_w \approx$ STC） **表 13.4-9**

截面	墙体构造	R_w
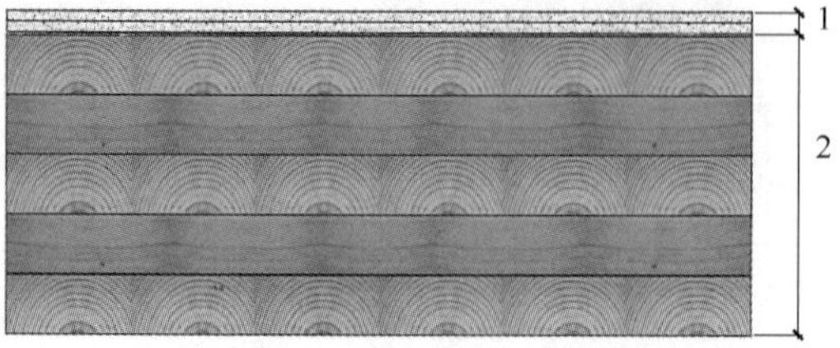 示例1	1. 双层 12.7mm 厚防火（X 类）石膏板 2. 5 层 175mm 厚 CLT 板	43
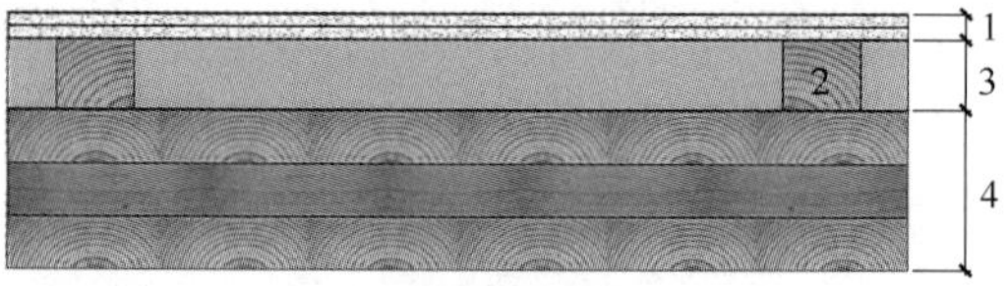 示例2	1. 2 层 12.7mm 厚防火（X 类）石膏板 2. 38mm 厚木条，间距 600mm 3. 玻璃纤维棉 4. 5 层 146mm 厚 CLT 板	45
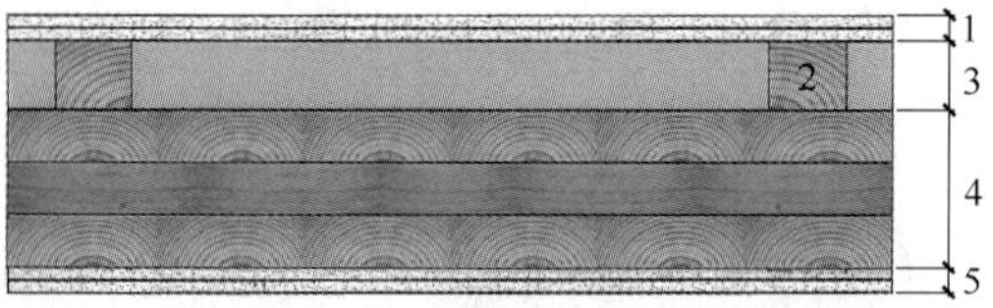 示例3	除以下构造外，其余同示例 2： 5. 2 层 12.7mm 厚防火（X 类）石膏板	47
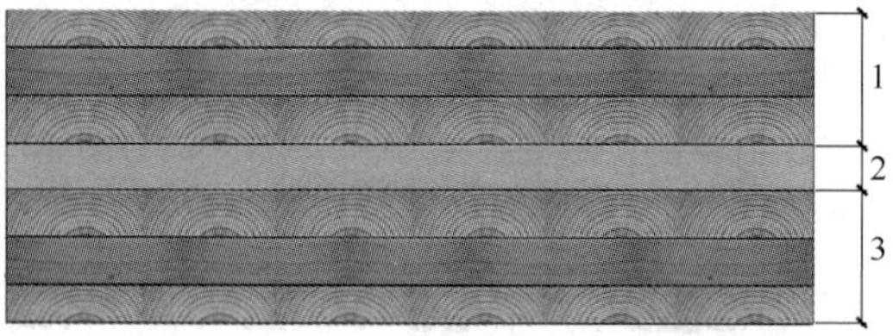 示例4	1. 3 层 78mm 厚 CLT 板 2. 25mm 玻璃纤维棉填充层 3. 3 层 78mm 厚 CLT 板	47
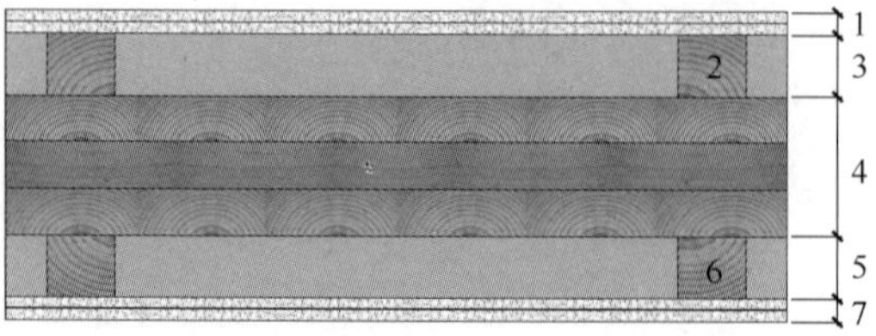 示例5	1. 2 层 12.7mm 厚防火（X 类）石膏板 2. 38mm 厚木条，间距 600mm 3. 玻璃纤维棉 4. 3 层 78mm 厚 CLT 板 5. 玻璃纤维棉 6. 38mm 厚木条，间距 600mm 7. 2 层 12.7mm 厚防火（X 类）石膏板	51

续表

截面	墙体构造	R_w
1 2 3 4 示例6	除增加以下构造外，其他同示例 2。 1. 2 层 12.7mm 厚防火（X 类）石膏板	53
1 2 3 4 示例7	1. 2 层 12.7mm 厚防火（X 类）石膏板 2. 弹性金属隔声条，间距 600mm，内填玻璃棉 3. 38mm 厚木条，间距 400mm 4. 175mm 厚 CLT 板	58

6. 成功经验

根据加拿大隔声设计已有的成功经验，木结构建筑隔声设计可参考以下规定：

（1）设计目标为 $R_w>50$、$L_{n,w}<60$。

（2）控制建筑侧向传声，侧向传声是指除通过墙体或楼盖直接传声途径外的声音传播，因为存在侧向传声，所以建筑物内居住者感知的隔声性能与 R_w 和 $L_{n,w}$ 不同，侧向传声降低了建筑的隔声性能。

典型侧向传声的传输路径包括：顶棚（全部）上空间；楼盖空间；门窗；电源插座，电灯开关，电话插座和嵌入式照明装置；共用建筑结构组件，如连续木楼盖，连续木隔墙，连续混凝土楼盖或墙体；墙体和楼板的周边；墙体和楼盖内的管道。

（3）在项目完成后对墙体和楼板的 R_w 和 $L_{n,w}$ 进行实地测量，并根据需要采取纠正措施。

（4）业主、开发商、建筑师、工程师和生产商进行评估。可根据 FPInnovations 开发的评估方法进行评估。如果评估不达标，则应进行整改。

13.4.4　木楼盖振动控制

楼盖减振设计基于以下计算假定：

（1）振动是由正常的走步引起的，为无规则振动；

（2）两端为简支；

（3）楼板为单跨或多跨。

1. CLT 楼板减振设计方法（CWC 2017）

两端简支的 CLT 楼板（图 13.4-1）的振动控制跨度，可按以下公式计算：

$$L \leqslant 0.11 \frac{(EI)_{\text{eff}}^{0.29}}{m^{0.12}} \tag{13.4-1}$$

式中 L——最大振动控制跨度，应取净跨(m)；

m——CLT 的线质量（1m 宽幅的板）(kg/m)，参考生产商产品标准；

$(EI)_{\text{eff}}$——单位宽度 CLT 强轴方向的有效抗弯刚度(1m 宽幅的板)，(N·m²)，可参考生产商规格或产品标准，或按力学方法计算，如《木结构设计标准》GB 50005—2017 或加拿大第二版 CLT 手册的第 7 章。

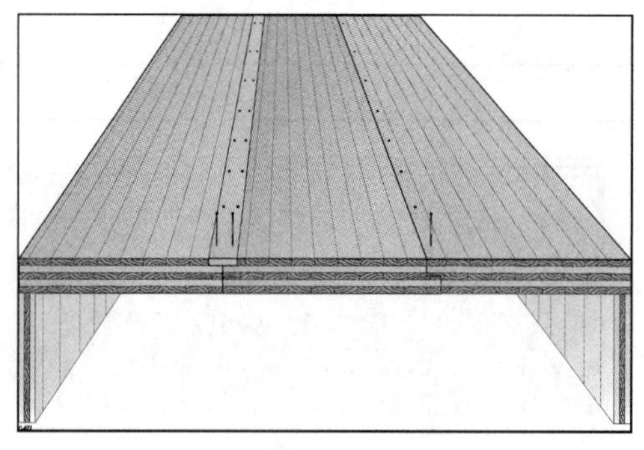

图 13.4-1　典型 CLT 楼板建筑示例

注：上式可适用于有附加层的楼板，附加层直接放在 CLT 楼板之上或用弹性层与楼板分离，且附加层面密度不大于 CLT 楼板面密度的两倍。当附加层面密度大于 CLT 楼板面密度的两倍时，计算的振动控制跨度宜降低 10%。面积度指每单位面积的质量，kg/m²。

2. 轻型木搁栅楼盖振动控制计算方法（《轻型木结构建筑技术规程》DG/TJ08－2059—2009）

当楼盖搁栅（图 13.4-2 和图 13.4-3）由振动控制时，搁栅的跨度 l 应按下列公式验算：

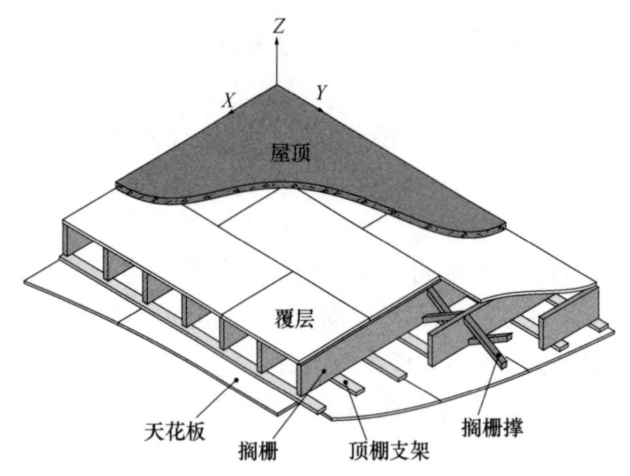

图 13.4-2　轻型木框架楼盖

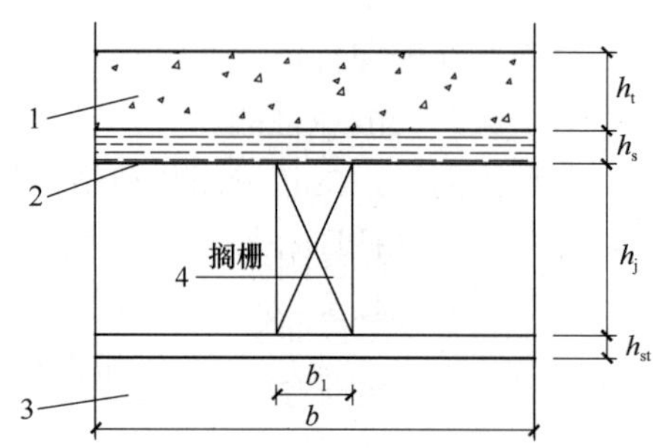

图 13.4-3　楼盖搁栅示意图

1—楼板附加层；2—木基结构楼板层；3—吊顶层；4—搁栅

$$l \leqslant \frac{1}{8.22} \frac{(EI_e)^{0.284}}{K_s^{0.14} m^{0.15}} \tag{13.4-2}$$

$$EI_e = E_j I_j + b(E_{s//} I_s + E_t I_t) + E_f A_f h^2 - (E_j A_j + E_f A_f) y^2 \tag{13.4-3}$$

$$E_f A_f = \frac{b(E_{s//} A_s + E_t A_t)}{1 + 10 \dfrac{b(E_{s//} A_s + E_t A_t)}{S_n l_1^2}} \tag{13.4-4}$$

$$h=\frac{h_j}{2}+\frac{E_{s//}A_s\frac{h_s}{2}+E_tA_t\left(h_s+\frac{h_t}{2}\right)}{E_{s//}A_s+E_tA_t} \tag{13.4-5}$$

$$y=\frac{E_fA_f}{(E_jA_j+E_fA_f)}h \tag{13.4-6}$$

$$K_s=0.0294+0.536\left(\frac{K_j}{K_j+K_f}\right)^{0.25}+0.516\left(\frac{K_j}{K_j+K_f}\right)^{0.5}-0.31\left(\frac{K_j}{K_j+K_f}\right)^{0.75} \tag{13.4-7}$$

$$K_j=\frac{EI_e}{l^3} \tag{13.4-8}$$

对无附加层的楼板：

$$K_f=\frac{0.585\times l\times E_{s\perp}I_s}{b^3} \tag{13.4-9}$$

对有附加层的楼板：

$$K_f=\frac{0.585\times l\times\left[E_{s\perp}I_s+E_tI_t+\frac{E_{s\perp}A_s\times E_tA_t}{E_{s\perp}A_s+E_tA_t}\left(\frac{h_s+h_c}{2}\right)^2\right]}{b^3} \tag{13.4-10}$$

式中　l——振动控制的搁栅跨度（m）；

b——搁栅间距（m）；

h_j——搁栅高度（m）；

h_s——楼板厚度（m）；

h_t——楼板面层厚度（m）；

E_jA_j——搁栅轴向刚度（N）；

$E_{s//}A_s$——平行搁栅的楼板轴向刚度（N/m），按表 13.4-10 的规定取值；

$E_{s_\perp}A_s$——垂直搁栅的楼板轴向刚度（N/m），按表 13.4-10 的规定取值；

E_tA_t——楼板面层轴向刚度（N/m），按表 13.4-11 的规定取值；

E_jI_j——搁栅弯曲刚度（N·m²/m）；

$E_{s//}I_s$——平行搁栅的楼板弯曲刚度（N·m²/m），按表 13.4-10 的规定取值；

$E_{s\perp}I_s$——垂直搁栅的楼板弯曲刚度（N·m²/m），按表 13.4-10 的规定取值；

E_tI_t——楼板面层弯曲刚度（N·m²/m），按表 13.4-11 的规定取值；

m——等效 T 形梁的单位长度密度（kg/m），包括楼板附加层、木基结构板和搁栅；

K_s——考虑楼板和楼板附加层侧向刚度影响的调整系数；

S_n——搁栅-楼板连接的荷载-位移弹性模量（N/m/m），按表 13.4-12 的规定取值；

l_1——楼板板缝计算距离（m），楼板无附加层时，取与搁栅垂直的楼板缝隙之间的距离；楼板有附加层时，取搁栅的跨度。

楼板的力学性能 **表 13.4-10**

板的类型	楼板厚度 h_s（m）	E_sI_s（N·m²/m）		E_sA_s（N/m）		ρ_s（kg/m³）
		0°	90°	0°	90°	
定向木片板（OSB）	0.012	1100	220	4.3×10^7	2.5×10^7	600
	0.015	1400	310	5.3×10^7	3.1×10^7	600
	0.018	2800	720	6.4×10^7	3.7×10^7	600
	0.022	6100	2100	7.6×10^7	4.4×10^7	600
花旗松结构胶合板	0.0125	1700	350	9.4×10^7	4.7×10^7	550
	0.0155	3000	630	9.4×10^7	4.7×10^7	550
	0.0185	4600	1300	12.0×10^7	4.7×10^7	550
	0.0205	5900	1900	13.0×10^7	4.7×10^7	550
	0.0225	8800	2500	13.0×10^7	7.5×10^7	550
其他针叶材树种结构胶合板	0.0125	1200	350	7.1×10^7	4.8×10^7	500
	0.0155	2000	630	7.1×10^7	4.7×10^7	500
	0.0185	3400	1400	9.5×10^7	4.7×10^7	500
	0.0205	4000	1900	10.0×10^7	4.7×10^7	500
	0.0225	6100	2500	11.0×10^7	7.5×10^7	500

注：1. 0° 指平行于板表面纹理（或板长）的轴向和弯曲刚度；

2. 90°指垂直于板表面纹理（或板长）的轴向和弯曲刚度；

3. 楼板采用木基结构板材的长度方向与搁栅垂直时，$E_{s//}A_s$和 $E_{s//}I_s$应采用表中 90°的设计值。

当搁栅之间有交叉斜撑、板条、填块或横撑等侧向支撑（图 13.4-4），并且，侧向支撑之间的间距不应大于 2m 时，由振动控制的搁栅跨度 l 可按表 13.4-13 中规定的比例增加。

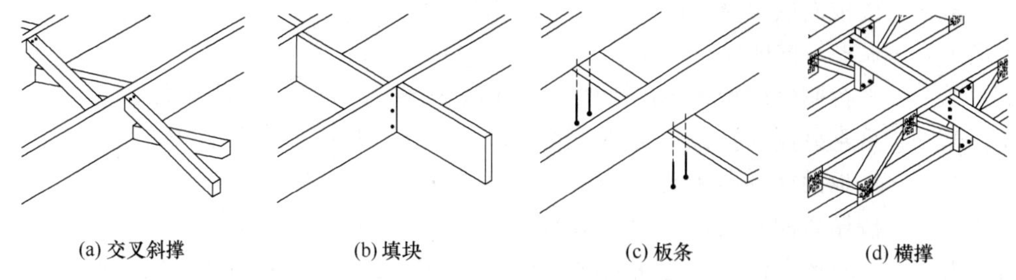

(a) 交叉斜撑　(b) 填块　(c) 板条　(d) 横撑

图 13.4-4　常用的侧向支撑

楼板附加层的力学性能 **表 13.4-11**

材料	E_t（N/m²）	ρ_c（kg/m³）
轻质混凝土	按生产商要求取值	按生产商要求取值
一般混凝土	22×10^9	2300
石膏混凝土	18×10^9	1670
木板	按表 13.4-10 取值	按表 13.4-10 取值

注：1. 表中“一般混凝土”按 C20 混凝土（20MPa）采用；

2. 计算取每米板宽，即 $A_t=h_t$、$I_t=h_t^3/12$。

搁栅-楼板连接的荷载-位移弹性模量　　表 13.4-12

类型	S_n（N/m/m）
搁栅-楼板仅用钉连接	5×10^6
搁栅-楼板由钉和胶连接	1×10^8
有楼板附加层的楼板	5×10^6

有侧向支撑的搁栅跨度增加的比例　　表 13.4-13

类型	跨度增加（%）	侧向支撑安装要求
采用不小于 40mm×150mm（2″×6″）的横撑时	10%	按桁架生产商要求
采用不小于 40mm×40mm（2″×2″）的交叉斜撑时	4%	在斜撑两端至少一颗 64mm 长的螺纹钉
采用不小于 20mm×90mm（1″×4″）的板条时	5%	板条与搁栅底部至少两颗 64mm 长的螺纹钉
采用与搁栅高度相同的不小于 40mm 厚的填块时	8%	与规格材搁栅至少三颗 64mm 长的螺纹钉连接，与木工字梁至少四颗 64mm 长的螺纹钉连接
同时采用不小于 40mm×40mm 的交叉斜撑，以及不小于 20mm×90mm 的板条时	8%	
同时采用不小于 20mm×90mm 的板条，以及与搁栅高度相同的不小于 40mm 厚的填块时	10%	

3. 支撑楼盖的木梁（Hu，2018）

对于支撑楼盖的木梁，为了满足简支条件，支撑梁的最小弯曲刚度应满足式（13.4-11）的要求：

$$EI \geqslant F_{\text{span}} 132.17 l^{6.55} \tag{13.4-11}$$

EI 支撑梁的名义弯曲刚度，可由胶合梁的生产厂家提供或按式（13.4-12）计算：

$$EI = \frac{MOE \cdot b \cdot h^3}{12} \tag{13.4-12}$$

式中　b——梁宽（m）；

h——梁高（m）；

MOE——木材的弯曲弹性模量（N/m^2）；

l——梁净跨（m）；

F_{span}——单跨简支梁取 1.0，多跨连系梁取 0.7。

参　考　文　献

[1]　徐宗威. 建筑我们的和谐家园——2012 年中国建筑学会年会主题报告 [J]. 建筑学报，2013（12）：7-9.

[2]　HORR Y A，ARIF M，KATAFYGIOTOU M，et al. Impact of indoor environmental quality on occupant well-being and comfort：a review of the literature [J]. International Journal of Sustainable Built Environment，2016，5（1）：1-11.

[3]　LAN L，WARGOCKI P，WYON D P，et al. Effects of thermal discomfort in an office on perceived

air quality, SBS symptoms, physiological responses, and human performance [J]. Indoor Air, 2011, 21 (5): 376-390.

[4] ZHANG X, WARGOCKI P, LIAN Z. Human responses to carbon dioxide, a follow-up study at recommended exposure limits in non-industrial environments [J]. Building & Environment, 2016, 100: 162-171.

[5] ZHANG X, WARGOCKI P, LIAN Z, et al. Effects of exposure to carbon dioxide and bio effluents on perceived air quality, self-assessed acute health symptoms, and cognitive performance [J]. Indoor Air, 2016, 27 (1): 47-64.

[6] MASUDA M. Influence of color and glossiness on image of wood [J]. Journal of the Society of Materials Science, 1985, 34 (383): 972-978.

[7] SAKURAGAWA S, MIYAZAKI Y, KANEKO T, et al. Influence of wood wall panels on physiological and psychological responses [J]. Journal of Wood Science, 2005, 51 (2): 136-140.

[8] NYRUD A Q, BRINGSLIMARK T. Is interior wood use psychologically beneficial? A review of psychological responses toward wood [J]. Wood & Fiber Science Journal of the Society of Wood Science & Technology, 2010, 42 (2): 202-218.

[9] BURNARD M D, KUTNAR A. Wood and human stress in the built indoor environment: a review [J]. Wood Science & Technology, 2015, 49 (5): 969-986.

[10] TSUNETSUGU Y, MIYAZAKI Y, SATO H. Physiological effects in humans induced by the visual stimulation of room interiors with different wood quantities [J]. Journal of Wood Science, 2007, 53 (1): 11-16.

[11] SAKURAGAWA S, MIYAZAKI Y, KANEKO T, et al. Influence of wood wall panels on physiological and psychological responses [J]. Journal of Wood Science, 2005, 51 (2): 136-140.

[12] SATOSHI S, TOMOYUKI K, YOSHIFUMI M. Effects of contact with wood on blood pressure and subjective evaluation [J]. Journal of Wood Science, 2008, 54 (2): 107-113.

[13] FELL D. Wood in the human environment: restorative properties of wood in the built Indoor environment [D]. Canada: University of British Columbia, 2010.

[14] GROTE V, AVIAN A, FRÜHWIRTH M, et al. Health effects of solid wood trim in the main school building in the Enns Valley [R]. Human Research Institute, Joanneum Research mbH, 2009.

[15] FELL D. Wood in the human environment: restorative properties of wood in the built indoor environment [D]. Vancouver: University of British Columbia, 2010.

[16] BOB F. Wood as a sustainable building material [J]. Forest Products Journal, 2009, 59 (9): 6-12.

[17] NYRUD A Q, BRINGSLIMARK T, BYSHEIM K. Benefits from wood interior in a hospital room: a preference study [J]. Architectural Science Review, 2014, 57 (2): 125-131.

[18] RICE J, KOZAK R A, MEITNER M J, et al. Appearance wood products and psychological wellbeing [J]. Wood Fiber Sci, 2006, 38 (4): 644-659.

[19] TSUNETSUGU Y, MIYAZAKI Y, SATO H. The visual effects of wooden interiors in actual-size living rooms on the autonomic nervous activities [J]. Physiol Anthropol, 2002, 21 (6): 297-300.

[20] TSUNETSUGU Y, MIYAZAKI Y, SATO H. Physiological effects in humans induced by the visual stimulation of room interios with different wood quantities [J]. Wood Sci, 2007, 53 (1): 11-16.

[21] 中华人民共和国住房和城乡建设部. 建筑采光设计标准: GB 50033—2013 [S]. 北京: 中国建筑

工业出版社，2013.

[22] KRUITHOF A A. Tublar luminescence lamps for general illumination [J]. Philips Tech Rev, 1941, 6 (3): 65-73.

[23] 中华人民共和国住房和城乡建设部. 建筑照明设计标准：GB 50034—2013 [S]. 北京：中国建筑工业出版社，2013.

[24] OSTERHAUS W K E. Discomfort glare assessment and prevention for daylight applications in office environments [J]. Solar Energy, 2005, 79 (2): 140-158.

[25] ACOSTA I, NAVARRO J, SENDRA J J. Towards an analysis of daylighting simulation software [J]. Energies, 2011, 4 (7): 1010-1024.

[26] 骆知俭，毛晓全，屠广治. 视觉近点测定修布和验布作业视疲劳的初步探讨 [J]. 中国职业医学，1988 (3): 18.

[27] 何拓，罗建举. 20种红木类木材颜色和光泽度研究 [J]. 林业工程学报，2016, 1 (2): 44-48.

[28] ZHANG X, LIAN Z, DING Q. Investigation variance in human psychological responses to wooden indoor environments [J]. Building & Environment, 2016, 109: 58-67.

[29] IRC. Leaks and flanking sound transmission: sound isolation and fire containment-details that Work, Building Science Insight Seminar Series [R]. Montréal, QC: Institute for Research in Construction (IRC), 2002.

[30] SCHOENWALD S, ZEITLER B, KING F, et al. Acoustics-sound insulation in mid-rise wood buildings: report to research consortium for wood and wood-hybrid mid-rise buildings. Client Report, No. A1-100035-02.1 [R]. Ottawa: National Research Council Canada, 2014.

[31] GAGNON S, KOUYOUMJI J. Acoustic performance of cross-laminated timber assemblies [M]. British Columbia: FP Innovations, 2011.

[32] HU L. Advanced wood-based solutions for mid-rise and high-rise construction: proposed vibration-controlled design criterion for supporting beam. FPInnovations-Project No. 301012211 [R]. Quebec: FPInnovations, 2018.

第 14 章　木结构建筑的节能

14.1　概述

木材具有密度小、强度高、弹性好、色调丰富、纹理美观和加工容易等优点，能有效地抗压、抗弯和抗拉，特别是抗压和抗弯具有很好的塑性，是一种丰富的可再生资源，因此得到广泛使用，所以在建筑结构中的应用历数千年而不衰。由于木材细胞组织可容留空气，因此木结构建筑具有良好的保温隔热性能。同时具有节能、有益于人体健康、容易建造、便于维修等显著优点和具有典型的绿色生态化特点，是最为理想的可再生、环保、节能的建筑围护结构。清华大学国际工程项目管理研究院和建筑技术科学系根据目前我国常用的结构体系，分别比较了木结构、轻型钢结构和混凝土结构在物化阶段和运行阶段的建筑能耗和环境影响，结果发现木结构建筑在这两方面均具有明显优势。其中轻型木结构中作为围护结构的木骨架组合墙体的应用最为广泛，在北美、欧洲极为普遍，近年来在我国也得到推广和应用。

我国幅员辽阔，地形复杂，由于地理纬度、地形地势等条件的不同，各地气候相差悬殊。针对不同的气候条件，各地建筑节能设计都对应有不同的构造做法。夏热冬暖地区的建筑需要遮阳、隔热和通风，以防室内过热；严寒和寒冷地区的建筑则要防寒和保温，让更多的阳光进入室内。

而作为具有几千年历史的木结构建筑，当作为围护结构使用在不同气候区时有不同的结构形式。在寒冷、严寒地区围护结构采用木骨架形式，中间填充干燥的稻草或秸秆等作为保温材料，木板作为屋面、墙板饰面板（图 14.1-1）。在南方地区木结构建筑围护结构大多采用单木板作为墙板（图 14.1-2），也有结构体系是木结构，围护结构采用砖石等材料（图 14.1-3）。

图 14.1-1　西北寒冷地区木结构建筑围护结构

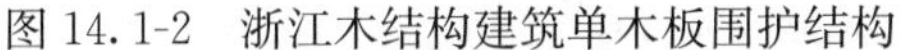

图 14.1-2　浙江木结构建筑单木板围护结构

图 14.1-3　四川木结构建筑砖石围护结构

在我国森林资源丰富的少数民族地区许多建筑围护结构直接采用圆木（图 14.1-4），大量采用木结构形式，但正在修建的木结构建筑对木材浪费太大，对森林砍伐规模很大，藏式建筑的特色之一就是采用“木楞复合生土墙”技术，圆木之间通过公母榫的构造方式进行连接。除此之外也常采用生土、干粘石外墙、毛石外墙等墙面形式来丰富建筑的外立面效果。

图 14.1-4　藏区牧民木结构建筑圆木围护结构

国外木结构建筑也有非常悠久的历史，无论是住宅或公共建筑，也普遍采用木结构建筑形式。这与北美、欧洲、澳洲等国森林资源丰富有关［图 14.1-5(a)、(b)］。

(a) 木结构住宅

(b) 木结构公共建筑

图 14.1-5　木结构建筑

国外木结构围护技术主要为木骨架组合墙体，其墙体的构造主要为木骨架，为防止火灾内、外墙面材料采用双面石膏板覆盖，为了保证良好的保温隔热性能，木骨架内填保温材料、隔声材料，为了防止内外墙面空气渗透、防水防雨，墙体设有挡风、防潮、防水等防护材料和墙体密封材料以及连接件等（图 14.1-6）。

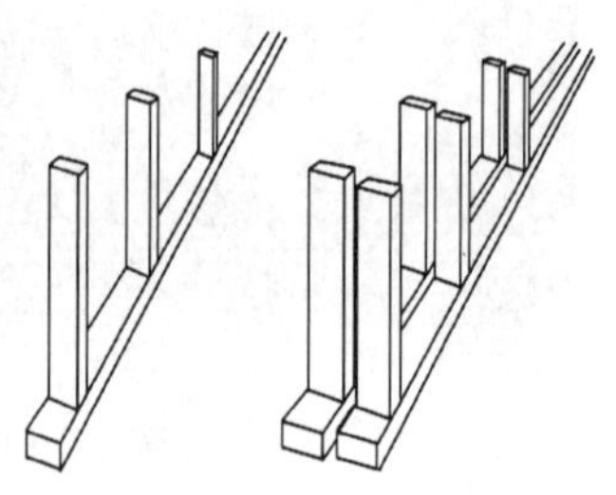

图 14.1-6 国外木结构建筑围护结构

因此从节能与环境的角度来看，国外木结构建筑技术的发展水平比我国先进，尤其是木结构建筑围护结构在节能、防潮、防水、隔声等技术方面已经形成了较为完善的技术体系。我国木结构建筑尚处于起步阶段，针对木结构建筑节能和室内热湿环境的相关研究较少，且主要局限于严寒、寒冷地区。

14.2 木结构建筑围护结构

14.2.1 木结构建筑围护结构主要形式

国内木结构建筑围护结构中外墙主要构造形式为木楞复合生土墙、圆木楞墙、木骨架复合砖石墙、木骨架木板墙、木骨架组合墙体等（图 14.2-1）。

(a) 木楞复合生土墙

(b) 圆木楞复合生土墙

(c) 木骨架木板墙

(d) 木骨架砖墙

图 14.2-1 木结构建筑围护结构外墙形式

木结构建筑围护结构一般由木骨架梁、柱作为结构受力构件，梁柱与围护面板材料构成墙体或屋面，墙体和屋面的表面可以由任何材料组成，如：砖瓦、木制嵌板、玻璃、钢材等。对于木结构建筑围护结构最重要的功能是防雨、保温、防潮、隔声，围护结构是根据不同材料特性设计的，为了保证墙体的防水、防潮功能，通常在外表层设防水层或空气间层通风，通常在墙骨柱结构和外表层砌筑砖或砌块墙体时自然就形成一个通风空气间层，在墙体内创造了一个更有利于保温材料通风干燥的气候条件。一般外表层是砖或混凝土等砌块砌筑的墙体还要有保温隔热层，其墙体保温隔热性能应按照我国不同气候区节能标准进行设计。

国外轻型木结构建筑围护结构（图 14.2-2）的节能性能主要是利用木骨架组合墙体或屋面夹层填充保温材料，为了防止日晒、雨淋、风沙、水汽等作用的侵蚀，面层材料可以采用木板、砌筑砖石，也可以外涂灰泥等，要求墙体的连接材料和墙面板应具备防风雨、防日晒、防锈蚀、防盗和防撞击等功能，如图 14.2-3 所示。

图 14.2-2　国外轻型木结构建筑围护结构

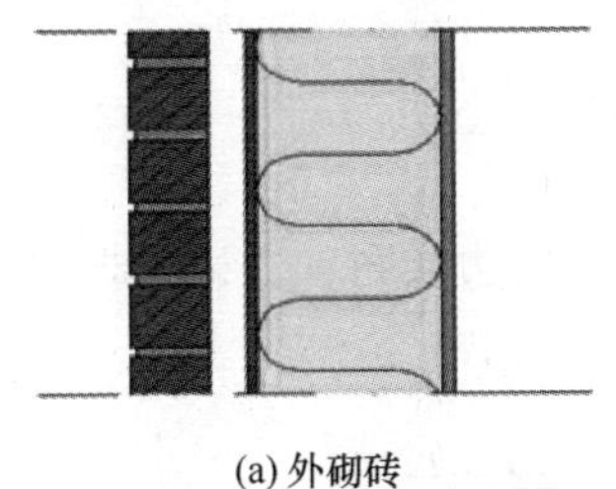
(a) 外砌砖

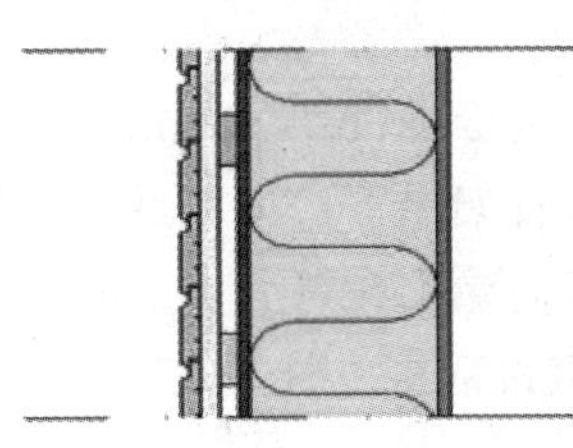
(b) 外面木

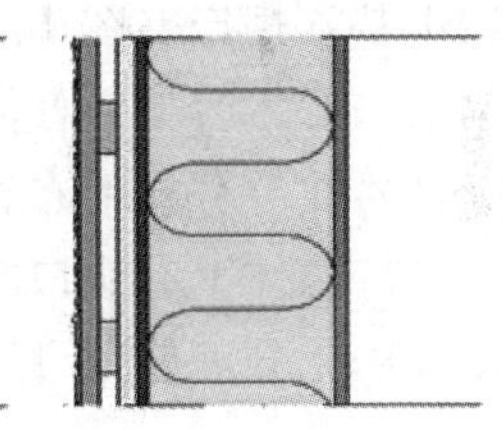
(c) 覆层外涂灰泥

图 14.2-3　木骨架组合墙体外饰面材料

木结构建筑木骨架组合墙体的木骨架通常采用符合设计要求的规格材制作（图 14.2-4）。在根据设计要求选定规格材的规格和截面尺寸时，应考虑木骨架组合墙体要适应工业化制作，以及便于墙面板的安装。因此，在同一块墙体中木骨架边框和中部的木骨架应采用截面尺寸相同的规格材。

轻型木骨架组合墙体木骨架宜竖立布置（图 14.2-5），木骨架立柱间的间距允许采用 600mm、400mm 或 450mm 三种尺寸。这样布置主要是方便整个墙体的制作和施工。当有特殊要求时，也可采用构件水平布置的木骨架。由于墙面板采用的是标准尺寸的板材，板的宽度一般是 1200mm，因此，木骨架立柱的间距通常采用 600mm 或 400mm 两种尺寸。当墙面板采用的板材宽度是 900mm 时，木骨架立柱的间距通常采用 450mm。这样，墙面板的拼接缝正好能位于木骨架立柱的截面中心位置处，能较好地固定和安装墙面板。

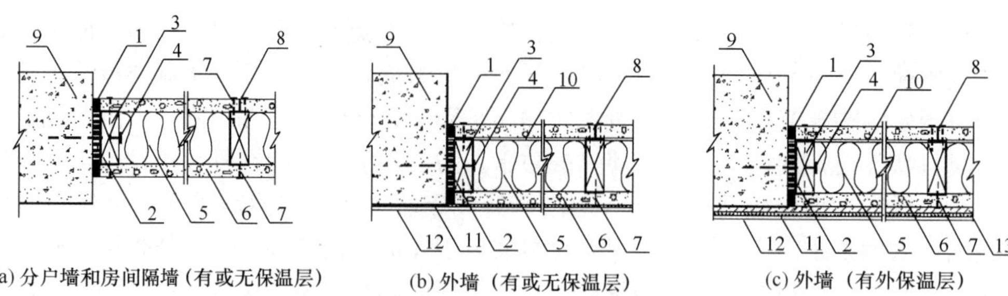

图 14.2-4　木骨架组合墙体构成示意图

1—密封胶；2—密封条；3—木骨架；4—连接螺栓；5—保温材料；6—墙面板；7—面板固定螺钉；8—墙面板连接缝及密封材料；9—钢筋混凝土主体结构；10—隔汽层；11—防潮层；12—外墙面保护层及装饰层；13—外保温层

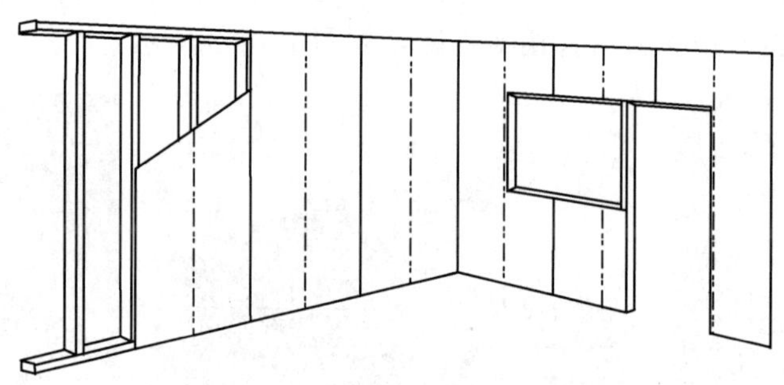

图 14.2-5　木骨架组合墙体竖立布置示意图

为了保证墙面板的固定和安装，当墙体上需要开门窗洞口时，立柱在墙体中布置应符合以下基本规定（图 14.2-6）：

(1) 按木骨架立柱间的间距 s_0 为 600mm、400mm 或 450mm 的尺寸等分墙体；

(2) 在等分点上布置立柱，木骨架上下边均应设置边框；

(3) 墙体上有洞口时，当洞口边缘不在等分点上时，应在洞口边缘布置立柱；当洞口宽度大于 1.50m 时，洞口两侧均宜设双根立柱。

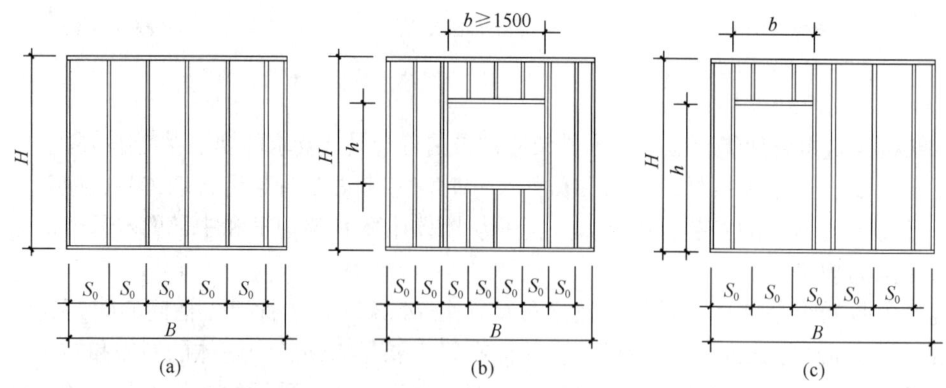

图 14.2-6　木骨架布置示意图

当墙体设计要求必须采用其他尺寸的间距时，应尽量减少因尺寸改变对整个墙体的施工和制作带来的不利影响。

14.2.2　木结构建筑节能围护结构材料选择与热物性

（1）木结构建筑节能围护结构材料的选择

木结构材料与围护结构宜优先选用针叶树种，因为针叶树种的树干长直，纹理平顺、材质均匀、木节少、扭纹少、能耐腐朽和虫蛀、易干燥、少开裂和变形，具有较好的力学性能，木质较软而易加工。当采用规格材作为墙体的木骨架或墙板时，需根据设计要求确定使用规格材的等级。当在施工现场使用板材加工成规格材时，板材的材质等级宜采用Ⅱ级。

对于规格材制作的木骨架或围护结构，长期处于大气环境中受温湿度影响，因此，对木结构材料或墙体、屋面板等围护结构使用的规格材含水率应与现行国家标准《木结构设计标准》GB 50005—2017 对规格材含水率的要求相同，不应大于 20%。在考虑到我国的现状，经常会采用未经工厂干燥的板材在现场制作木骨架，为保证质量，对板材的含水率做了更为严格的规定，通常板材含水率不应大于 18%。

鉴于木结构建筑围护结构的使用环境，在使用一些易虫蛀和易腐朽的木材时，如马尾松、云南松、湿地松、桦木以及新利用树种和速生树种的木材，木骨架应进行防虫、防腐处理。这些易虫蛀和易腐朽的木材，不仅要经过干燥处理，还需经过药剂处理，不然一旦虫蛀、腐朽发生，一般不容易发现，又不容易检查，后果会相当严重。常用的药剂配方及处理方法，可按国家标准《木结构工程施工质量验收规范》GB 50206—2012 的规定采用。目前，木材的防虫、防腐处理方法和药剂配方发展很快，各地区的经验也不同，在进行木材的防虫、防腐处理时，可根据当地具体情况采用行之有效的处理方法和药剂配方。

（2）木材的热物理性能

木材是一种天然的健康的且极具亲和力的材料，保温（隔热）性能优异，比普通砖混结构房屋节省能源超过 40%。它的保温性能是钢材的 400 倍，混凝土的 16 倍。研究表明，150mm 厚的木结构墙体，其保温性能相当于 610mm 厚的砖墙。因此，利用木材的优良热物理性能，使木结构建筑围护结构具有出色的保温隔热性能，防止围护结构受潮，降低采暖和制冷费用，减少矿物燃料消耗，是木围护结构设计的重要内容。

木材属于多孔介质，组成木材的细胞壁物质—纤维素和半纤维素等结构形成许多均匀排列的孔隙，干燥的木材这种排列均匀的孔隙具有良好的热绝缘性，同时在一定温度和湿度条件下，又具有很强的吸湿能力。不同的木材细胞壁物质—纤维素和半纤维素等结构形式不一样，排列的孔隙构造形式不一样，表现出来的热物理性能也不同。表 14.2-1 是常用木结构材料热物理性能表。

常用木结构材料热物理性能表　　表 14.2-1

材料名称		干密度 ρ_0 (kg/m³)	计算参数			
			导热系数 [W/(m²·℃)]	蓄热系数 S (周期 24h) [W/(m²·℃)]	比热容 C [kJ/(kg·℃)]	蒸汽渗透系数 [g/(m·h·Pa)]
建筑板材	胶合板	600	0.17	4.57	2.51	0.0000225
	软木板	300	0.093	1.95	1.89	0.0000255
		150	0.058	1.09	1.89	0.0000255
	纤维板	1000	0.34	8.13	2.51	0.00012

续表

材料名称		干密度 ρ_0 (kg/m³)	计算参数			
			导热系数 [W/(m²·℃)]	蓄热系数 S (周期 24h) [W/(m²·℃)]	比热容 C [kJ/(kg·℃)]	蒸汽渗透系数 [g/(m·h·Pa)]
木材	橡木、枫树（热流方向垂直木纹）	700	0.17	4.90	2.51	0.562
	橡木、枫树（热流方向顺木纹）	700	0.35	6.93	2.51	3.000
	松、木、云杉（热流方向垂直木纹）	500	0.14	3.85	2.51	0.345
	松、木、云杉（热流方向顺木纹）	500	0.29	5.55	2.51	1.680

注：数据来源于《民用建筑热工设计规范》GB 500168—2016。

14.3 木结构建筑节能设计原则

14.3.1 木结构建筑与围护结构设计的基本原则

木结构建筑节能设计应贯彻“遵循气候、因地制宜”的设计原则，在满足建筑功能、造型等基本需求的条件下，注重地域性特点，尽可能地将生态、可持续建筑设计理念融入整个建筑设计过程中，从而达到降低能源消耗、改善室内环境的目的。

木结构建筑围护结构大量用于住宅建筑和办公楼等公共建筑，因此木结构建筑围护结构节能设计时，应满足许多相应的功能要求。

（1）作为外围护结构时，应满足下列功能要求：

1）房屋的建筑功能：主要根据建筑设计要求，确定墙体外层采用墙面板的材料，确定门、窗尺寸和位置，以及墙面、屋面的装饰材料。

2）围护结构的承载功能：木结构建筑围护结构作为外围护结构时，除了承受自身的竖向荷载外，还要承受风荷载、地震作用，外墙体应具有足够承载能力，以便保证墙体的安全使用。

3）防火功能：根据防火要求，墙体应具有相应的耐火等级，防止火灾的蔓延。

4）隔声功能：为了使室内达到一个安静的环境，外墙体应具有规定的隔声能力。

5）保温隔热功能：保温隔热功能是木骨架组合墙体最重要的一个功能，保温隔热性能好也是该墙体最突出的特点之一，能满足不同地区保温隔热的要求。并且，保温隔热功能是设计墙体形式和厚度的最主要的因素。

6）防潮功能：主要防止水蒸气对木材和墙内填充材料的侵蚀。

7）防风功能：除了墙体、屋面应有承受风荷载的能力外，采用的墙体外墙面板、屋面还应具有足够的强度将风荷载传递到木骨架。

8）防雨功能：主要防止雨水对墙面、屋面板的侵蚀，以及防止雨水通过各种缝隙进入墙体、屋面内部。

9）密封功能：主要防止室内、室外的空气通过连接缝隙相互流通，影响保温隔热的效能。

（2）当木结构建筑墙体用分户墙和房间隔墙时，应满足下列的功能要求：

1）房屋的建筑功能：根据建筑设计要求，确定墙体的平面布置。

2）墙体的承载功能：主要考虑承受自身的竖向荷载和特殊用途的悬挂荷载。

3）防火功能：防止火灾的蔓延。

4）隔声功能：防止房间之间的相互影响和干扰。

5）防潮功能：主要防止水蒸气对木材和石膏板的侵蚀，如厨房、卫生间等部位。

6）密封功能。

14.3.2　木结构建筑节能设计原则

木结构建筑节能设计同样应根据我国不同气候区，采用不同的建筑节能设计原则，可从以下几个方面进行考虑：

（1）建筑布局

建筑群体布局应考虑周边环境、局部气候特征、建筑用地条件、群体组合和空间环境等因素，严寒、寒冷地区尤其应着重注意太阳能的利用，南方夏热冬冷、夏热冬暖地区建筑设计中应合理地选择建筑的朝向和建筑群的布局，防止日晒。单体建筑平面布局应有利于冬季避风，建筑长轴避免与当地冬季主导风向正交，或尽量减少冬季主导风向与建筑物长边的入射角度，以避开冬季寒流风向，不使建筑大面积外表面朝向冬季主导风向。夏热冬冷、夏热冬暖地区建筑形态与单体设计时应尽量减少对风的阻挡，保证建筑布局中风流顺畅。

（2）建筑间距

决定建筑间距的因素很多，如日照、通风、防视线干扰等。合理的日照间距是保证建筑利用太阳能采暖的前提，控制建筑日照间距应至少保证冬至日有效日照时间为 2h。

（3）建筑朝向

朝向选择应遵循以下原则：

1）冬季尽可能使阳光射入室内；

2）夏季尽量避免太阳直射室内以及室外墙面；

3）建筑长立面尽量迎向夏季主导风向，短立面朝向冬季主导风向；

4）充分利用地形，节约用地；

5）充分考虑建筑组合布局的需要，并积极利用组合方式达到冬季防风需要。

（4）控制体形系数

体形系数（表 14.3-1）是严寒、寒冷地区影响建筑能耗的重要因素之一，但即使建筑体形系数相同，建筑的能耗也不相同，由于建筑造型、建筑的长宽比、朝向，准确讲应该为建筑热形态系数等影响。在进行节能设计时应考虑建筑热形态系数来确定建筑的形态。

节能设计标准对建筑体形系数 S 限值的规定 **表 14.3-1**

<table>
<tr><td rowspan="2"></td><td colspan="6">建筑物体形系数</td></tr>
<tr><td colspan="5">居住建筑</td><td>公共建筑</td></tr>
<tr><td rowspan="3">《严寒和寒冷地区居住建筑节能设计标准》JGJ 26—2018</td><td></td><td>≤3 层</td><td>(4～8)层</td><td>(9～13)层</td><td>≥14 层</td><td rowspan="3">无控制性要求</td></tr>
<tr><td>严寒地区</td><td>0.50</td><td>0.30</td><td>0.28</td><td>0.25</td></tr>
<tr><td>寒冷地区</td><td>0.32</td><td>0.33</td><td>0.30</td><td>0.26</td></tr>
<tr><td rowspan="2">《夏热冬冷地区居住建筑节能设计标准》JGJ 134—2010</td><td></td><td>≤3 层</td><td colspan="2">(4～11)层</td><td>≥12 层</td><td rowspan="2">无控制性要求</td></tr>
<tr><td colspan="2">0.55</td><td colspan="2">0.40</td><td>0.35</td></tr>
<tr><td rowspan="2">《夏热冬暖地区居住建筑节能设计标准》JGJ 75—2012</td><td>北区</td><td colspan="4">单元式和通廊式住宅不宜超过 0.35，塔式住宅不宜超过 0.40</td><td rowspan="2">无控制性要求</td></tr>
<tr><td>南区</td><td colspan="4">建筑体形系数不做具体要求</td></tr>
<tr><td>《公共建筑节能设计标准》GB 50189—2015</td><td></td><td colspan="4"></td><td>严寒、寒冷地区甲类建筑应小于或等于 0.40</td></tr>
<tr><td>《绿色建筑评价标准》GB/T 50378—2019</td><td colspan="6">不做强制性规定，参照《公共建筑节能设计标准》GB 50189—2015 中的围护结构热工性能权衡判断法进行整体热工性能评判</td></tr>
</table>

注：1.《公共建筑节能设计标准》GB 50189—2015 中，建筑体形系数在夏热冬冷地区和夏热冬暖地区未作具体的控制性要求。但对于夏热冬冷地区北区来说，其气候特征更接近于寒冷地区，从降低建筑能耗的角度出发，应尽可能将体形系数降低；

2. 无论是公共建筑还是居住建筑，其体形系数未能满足规范限值要求时，必须按照相应的标准进行围护结构热工性能的权衡判断，即允许建筑在体形系数、窗墙面积比、围护结构热工性能三者之间进行节能设计调整和弥补，以达到建筑总体节能目标；

3. 因为温和地区自身气候特点，其建筑不强制执行节能设计标准；

4. 不同气候地区，还应满足本地区颁布的对节能设计标准的补充实施细则的规定。

(5) 合理控制开窗面积

窗的传热系数远远大于墙的传热系数，因此窗户面积越大，建筑的传热耗热量也越大。对严寒、寒冷地区建筑的设计应在满足室内采光和通风的前提下，合理限定窗面积的大小，这对降低建筑能耗是非常必要的。我国《公共建筑节能设计标准》GB 50189—2015、《严寒和寒冷地区居住建筑节能设计标准》JGJ 26—2018 中分别对严寒、寒冷地区的窗墙面积比进行了限定，如果设计人员要求开窗面积大于标准规定限值，必须通过提高窗户的热工性能或者加大墙体、屋面的保温性能来补偿，否则就必须减小窗户面积。

14.3.3 木结构建筑围护结构的节能设计措施

严寒、寒冷地区建筑能耗大部分由于围护结构传热造成的，围护结构保温性能的好坏，直接影响到建筑能耗的大小，提高围护结构的保温性能，通常采取以下技术措施：

(1) 合理选择保温材料与保温构造形式

优先选用无机高效保温材料，如岩棉、玻璃棉等，无机材料防火、耐久性好、耐化学侵蚀性强，也能耐较高的温湿度作用。材料的选择要综合考虑建筑物的使用性质、防火性能要求、木结构围护结构的构造方案、施工方法、材料来源以及经济指标等因素，按材料的热物理指标及有关的物理化学性质，进行具体分析。

木围护结构的保温构造形式主要为夹芯保温，严寒、寒冷地区在保证围护结构安全性、耐候性，防止木结构墙体与保温层之间的结构界面结露，应在围护结构高温侧适当设置隔汽层，如在严寒、寒冷地区应在外围护结构内表面设置，在南方以空调制冷为主的气候区应在外围护结构外表面设置隔汽层，并保证结构墙体依靠自身的热工性能做到不结露。

(2) 避免热桥

在木结构建筑中，由于木材具有良好的热绝缘性，木结构建筑围护结构大多采用金属连接件，同样也存在冷热桥问题。因此，在连接部位、承重、防震、沉降等部位，应防止建筑热桥产生，采取防热桥措施。

(3) 防水、防冷风渗透

木结构建筑围护结构保温隔热材属于多孔建筑材料，由于受温度梯度分布影响，将产生空气和蒸汽渗透迁移现象，将对保温隔热材料这种比较疏散多孔材料的防潮作用有所影响，又对热绝缘性有较大的影响。因此，在围护结构表面应设置允许蒸汽渗透，不允许雨水、空气渗透的防水、隔空气渗透膜层，能防止雨水、空气的渗透又可让水蒸气渗透扩散，从而保证了墙体内保温隔热材料热绝缘性。

(4) 地面及地下室外围护结构

在严寒、寒冷地区，地面及地下室外围护结构冬季受室外冷空气和建筑周围低温或冻土的影响，有大量的热量从该部位传递出去，或因室内外温差在地面冷凝结露。在我国南方长江流域梅雨季节，华南地区的回南天由于气候受热带气团控制，湿空气吹向大陆且骤然增加，较湿的空气流过地面和墙面，当地面、墙面温度低于室内空气露点温度时，就会在地面和墙面上产生结露现象，俗称围护结构泛潮，木结构建筑围护结构材料在潮湿环境下极易损坏，因此，木结构建筑围护结构防潮是非常重要的技术措施。

为控制和防止地面（墙面）的泛潮，可采取以下措施：

1) 采用蓄热系数小的材料和多孔吸湿材料作地面的表面材料。地面面层应尽量避免采用水泥、磨石子、瓷砖和水泥花砖等材料，防潮砖、多孔的地面或墙面饰面材料对水分具有一定的吸收作用，可以减轻泛潮所引起的危害。

2) 加强地面保温，尤其加强木结构梁柱的防潮、热桥处理，防止地面泛潮。加强地面保温处理，使地面表面温度提高，高于地面露点温度，从而避免地面泛潮现象。

3) 地面（外墙）设置空气间层。通过保持空气层的温差，防止或避免梅雨季节的结露现象，架空地面或带空气层外墙应设置通风口。

4) 当地下水位高于地下室地面时，地下室外墙和保温系统需要采取防水措施。

(5) 具有良好的通风特性

木材是容易受潮、易腐蚀材料，良好的建筑室内通风，对保护木结构建筑的寿命、提高耐候性、节能都具有重要的作用。要获得较好的通风效果，建筑进深应小于 2.5 倍净高，外墙面最小开口面积不小于 5%。

门窗、挑檐、挡风板、通风屋脊、镂空的间隔断等构造措施都会影响室内自然通风的效果（图 14.3-1）。在建筑剖面的开口应尽量使气流从房间中下部流过（图 14.3-2）。

(6) 建筑遮阳设计

遮阳的作用是阻挡直射阳光从窗口进入室内，减少对人体的辐射，防止室内墙面、地

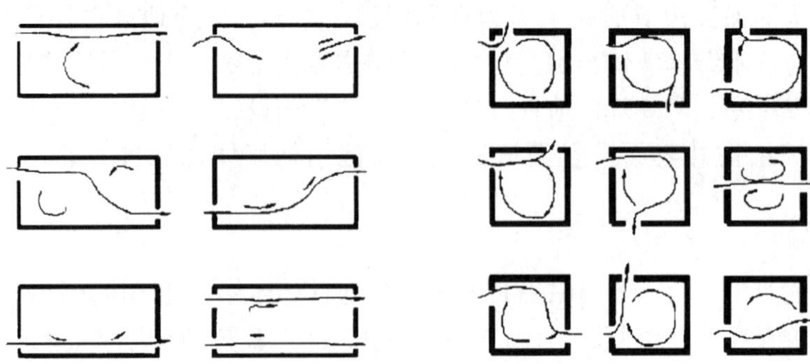

图 14.3-1　开窗位置对通风的影响

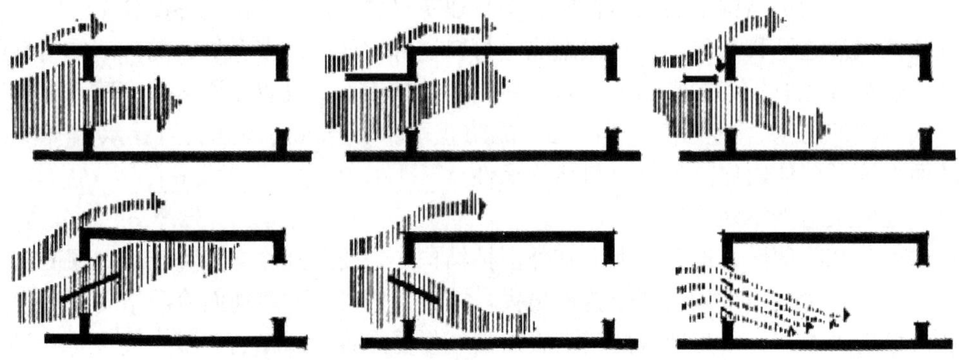

图 14.3-2　建筑剖面影响气流方向

面和家具表面被晒而导致室温升高。遮阳的方式是多种多样的，结合木结构建筑构件处理（如出檐、雨篷、外廊等），或采用专门的遮阳板设施等。

（7）围护结构隔热设计

木结构建筑围护结构隔热可采取以下技术措施：

1）屋面、外墙采用浅色饰面（浅色涂层等）、热反射隔热涂料等，降低表面的太阳辐射，减少屋顶、外墙表面对太阳辐射的吸收；

2）屋面选用导热系数小、蓄热系数大的保温隔热材料，并保持开敞通透，诸如采用通风屋顶、架空屋面等类型。

14.4　不同气候区木结构建筑围护结构热工指标

建筑节能是我国可持续发展的一项重要内容，我国已经编制了不同气候区居住建筑节能设计标准和公共建筑节能设计标准，并已先后发布实施。正是根据国家建筑节能要求，应对木结构建筑围护结构进行建筑热工与节能设计。

14.4.1　建筑热工与节能设计气候区分

木结构建筑围护结构的热工与节能设计时，根据现行国家标准《民用建筑热工设计规范》GB 50176—2016 将我国划分为严寒、寒冷、夏热冬冷、夏热冬暖和温和五个热工与节能设计区域，分别规定了不同的热工设计要求，具体的划分条件和设计要求见表 14.4-1 和表 14.4-2 所示。

建筑热工设计一级区划指标及设计原则　　表 14.4-1

一级区划名称	区划指标		设计原则
	主要指标	辅助指标	
严寒地区（1）	$t_{min\cdot m}\leqslant-10℃$	$145\leqslant d_{\leqslant5}$	必须充分满足冬季保温要求，一般可以不考虑夏季防热
寒冷地区（2）	$-10℃<t_{min\cdot m}\leqslant0℃$	$90\leqslant d_{\leqslant5}<145$	应满足冬季保温要求，部分地区兼顾夏季防热
夏热冬冷地区（3）	$0℃<t_{min\cdot m}\leqslant10℃$ $25℃<t_{max\cdot m}\leqslant30℃$	$0\leqslant d_{\leqslant5}<90$ $40\leqslant d_{\geqslant25}<110$	必须满足夏季防热要求，适当兼顾冬季保温
夏热冬暖地区（4）	$10℃<t_{min\cdot m}$ $25℃<t_{max\cdot m}\leqslant29℃$	$100\leqslant d_{\geqslant25}<200$	必须充分满足夏季防热要求，一般可不考虑冬季保温
温和地区（5）	$0℃<t_{min\cdot m}\leqslant13℃$ $18℃<t_{max\cdot m}\leqslant25℃$	$0\leqslant d_{\leqslant5}<90$	部分地区应考虑冬季保温，一般可不考虑夏季防热

注：$t_{min\cdot m}$ 表示最冷月平均温度；$t_{max\cdot m}$ 表示最热月平均温度；$d_{\leqslant5}$ 表示日平均温度≤5℃的天数；$d_{\geqslant25}$ 表示日平均温度≥25℃的天数。

建筑热工设计二级区划指标及设计要求　　表 14.4-2

二级区划名称	区划指标		设计要求
严寒 A 区（1A）	6000 ≤ HDD18		冬季保温要求极高，必须满足保温设计要求，不考虑防热设计
严寒 B 区（1B）	5000 ≤ HDD18 < 6000		冬季保温要求非常高，必须满足保温设计要求，不考虑防热设计
严寒 C 区（1C）	3800 ≤ HDD18 < 5000		必须满足保温设计要求，可不考虑防热设计
寒冷 A 区（2A）	2000 ≤ HDD18 < 3800	CDD26 ≤ 90	应满足保温设计要求，可不考虑防热设计
寒冷 B 区（2B）		CDD26 > 90	应满足保温设计要求，宜满足隔热设计要求，兼顾自热通风、遮阳设计
夏热冬冷 A 区（3A）	1200 ≤ HDD18 < 2000		应满足保温、隔热设计要求，重视自然通风、遮阳设计，应满足防潮设计要求
夏热冬冷 B 区（3B）	700 ≤ HDD18 < 1200		应满足隔热、保温设计要求，强调自然通风、遮阳设计，应满足防潮设计要求

续表

二级区划名称	区划指标		设计要求
夏热冬暖A区（4A）	500≤HDD18<700		应满足隔热设计要求，宜满足保温设计要求，强调自然通风、遮阳设计，应满足防潮设计要求
夏热冬暖B区（4B）	HDD18<500		应满足隔热设计要求，可不考虑保温设计，强调自然通风、遮阳设计，应满足防潮设计要求
温和A区（5A）	CDD26<10	700≤HDD18<2000	应满足冬季保温设计要求，可不考虑防热设计，应满足防潮设计要求
温和B区（5B）		HDD18<700	宜满足冬季保温设计要求，可不考虑防热设计，应满足防潮设计要求

14.4.2 木结构建筑围护结构热工指标

木结构建筑围护结构热工指标应符合国家有关节能设计标准的要求。考虑到木结构建筑围护结构主要有两种形式：一是结构体系是木结构，但围护结构还是采用我国传统砖、混凝土、加气混凝土、砌块、轻质墙板等材料，这类围护结构热工指标设计应按照我国不同气候区建筑热工与节能设计国家标准《民用建筑热工设计规范》GB 50176—2016、《公共建筑节能设计标准》GB 50189—2015、《严寒和寒冷地区居住建筑节能设计标准》JGJ 26—2018、《夏热冬冷地区居住建筑节能设计标准》JGJ 134—2010 和《夏热冬暖地区居住建筑节能设计标准》JGJ 75—2012 的规定执行。二是轻型木结构建筑，围护结构大多采用组合木骨架墙体填充岩棉等高效保温材料，墙体的热工指标和保温隔热技术措施较容易达到不同气候区国家相关建筑节能设计标准规定的热工指标要求。

对于轻型木结构建筑围护结构大多采用组合木骨架墙体（屋面）的热工指标的确定，为了使设计人员在设计中更为方便、简单，按照不同气候区把组合木骨架外墙体（屋面）热工级别分为5级（表14.4-3、表14.4-4）供设计人员选择。而条文中对木骨架组合外墙墙体的防雨水、防潮、防空气和蒸汽渗透、冷热桥控制、防止冷凝等设计要求均进行了规定。

木骨架组合外墙墙体热工级别 **表14.4-3**

热工级别	传热系数 [W/(m^2·K)]	木骨架立柱截面高度构造要求 (mm)
Ⅰ$_t$	≤0.20	230
Ⅱ$_t$	≤0.35	180
Ⅲ$_t$	≤0.40	140
Ⅳ$_t$	≤0.50	115
Ⅴ$_t$	≤0.60	90
Ⅵ$_t$	≤0.80	65

墙体（屋面）所处地域的热工级别　　表 14.4-4

所处地域	墙体热工级别
严寒地区	I_t、II_t
寒冷地区	II_t、III_t
夏热冬冷地区	III_t、IV_t
夏热冬暖地区、温和地区	V_t、VI_t

14.4.3　木结构建筑围护结构热工设计基础

木结构建筑围护结构热工设计与计算，无论围护结构还是采用我国传统砖、混凝土、加气混凝土、砌块、轻质墙板等材料，还是轻型木结构建筑组合木骨架外围护结构，其围护结构热工设计与计算，都是按照现行国家标准《民用建筑热工设计规范》GB 50176—2016 以及不同地区建筑节能设计标准规定的热工指标进行设计和计算。

采用砖、混凝土、加气混凝土、砌块、轻质墙板等木结构建筑围护结构热工计算，与现有混凝土结构建筑围护结构热工计算完全一样，仅仅是木结构体系中梁、柱等热特性与混凝土梁、柱差别较大，只是木结构体系中的梁、柱并不是热桥。

对于轻型木结构组合木骨架外围护结构热工设计，应根据所在地区和构造要求按表 14.4-3、表 14.4-4 分为 5 级，根据所在气候区按照节能标准的要求进行选择。一般木骨架组合墙体的构造如图 14.4-1 所示。

对于木骨架组合墙体的热工计算按以下方法进行：

(1) 当木骨架组合墙体由两种以上材料组成的、二（三）向非匀质围护结构（图 14.4-2），相邻部分热阻的比值大于 1.5，木骨架组合墙体的热阻 $\overline{R}$ 应按式（14.4-1）计算：

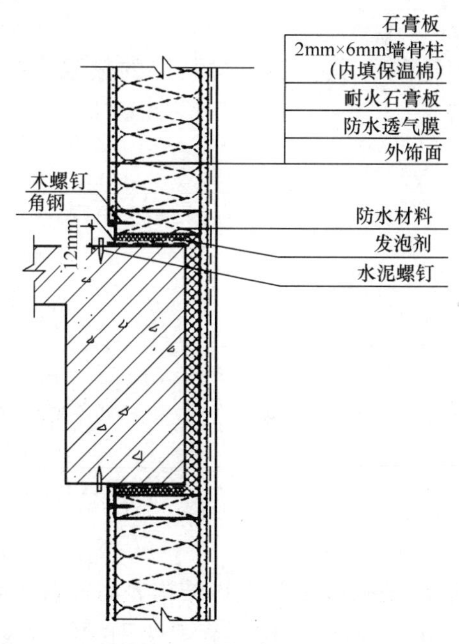

图 14.4-1　木骨架组合墙体构造

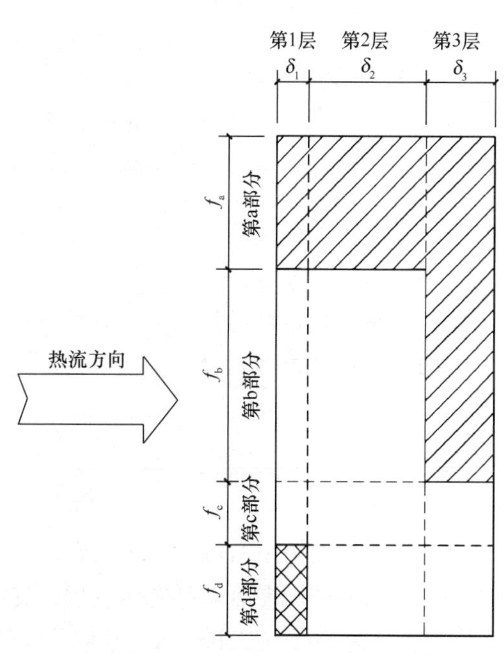

图 14.4-2　非均质复合围护结构热阻计算简图

$$\overline{R} = \frac{1}{K_m} - (R_i + R_e) \tag{14.4-1}$$

式中　K_m——木骨架组合墙体平均传热系数［W/(m²·K)］，应考虑热桥的影响，并按式（14.4-2）的规定计算；

R_i——内表面换热阻（m²·K/W）；

R_e——外表面换热阻（m²·K/W）。

（2）围护结构单元的平均传热系数应考虑热桥的影响，并应按下式计算：

$$K_m = K + \frac{\sum \Psi_j l_j}{A} \tag{14.4-2}$$

式中　K——围护结构平壁的传热系数［W/(m²·K)］，应按式（14.4-3）的规定计算；

Ψ_j——围护结构上的第 j 个结构性热桥的线传热系数［W/(m·K)］，应按现行国家标准《民用建筑热工设计规范》GB 50176—2016 第 C.2 节的规定计算；

l_j——围护结构第 j 个结构性热桥的计算长度（m）；

A——围护结构的面积（m²）。

（3）围护结构平壁的传热系数 K 应按下式计算：

$$K = \frac{1}{R_0} \tag{14.4-3}$$

式中　R_0——围护结构的传热阻（m²·K/W），应按式（14.4-4）的规定计算。

（4）围护结构平壁的传热阻应按下式计算：

$$R_0 = R_i + R + R_e \tag{14.4-4}$$

式中　R——围护结构平壁的热阻（m²·K/W），应根据不同构造按式（14.4-5）的规定计算。

（5）多层匀质材料层组成的围护结构平壁的热阻应按下式计算：

$$R = R_1 + R_2 + \cdots + R_n \tag{14.4-5}$$

式中　R_1、$R_2 \cdots R_n$——各层材料的热阻（m²·K/W），其中实体材料层的热阻应按式（14.4-6）的规定进行计算。

（6）单一匀质材料层的热阻应按下式计算：

$$R = \frac{\delta}{\lambda_C} \tag{14.4-6}$$

式中　δ——材料层厚度（m）；

λ_C——材料层计算导热系数［W/(m·K)］。

（7）外表面换热系数 α_e 及外表面换热阻 R_e 可按下式计算：

$$\alpha_e = \frac{1}{R_e} \tag{14.4-7a}$$

$$R_e = \frac{1}{\alpha_c + \alpha_r} \tag{14.4-7b}$$

式中：α_c——围护结构表面对流换热系数；

α_r——围护结构表面辐射换热系数；其中 $\alpha_r = 4\varepsilon\sigma T_s^3$，$\varepsilon$ 为围护结构表面辐射系数，σ 为 Stefan-Boltzmann 常数［5.67×10^{-8} W/(m²·K⁴)］；T_s为围护结构表面环境热力学温度。

工程中也可采用表 14.4-5 来确定外表面换热系数 α_e 及换热阻 R_e。

外表面换热系数 α_e 及外表面换热阻 R_e　　　　表 14.4-5

适用季节	表面状况	α_e[W/(m²·℃)]	R_e[(m²·℃)/W]
冬季	外墙、屋面与室外空气直接接触的地面	23.0	0.04
	与室外空气相通的不采暖地下室上面的楼板	17.0	0.06
	闷顶、外墙上有窗的不采暖地下室上面的楼板	12.0	0.08
	外墙上无窗的不采暖地下室上面的楼板	6.0	0.17
夏季	外墙和屋面	19.0	0.05

（8）内表面换热系数 α_i 及内表面换热阻 R_i，见表 14.4-6。

内表面换热系数 α_i 及内表面换热阻 R_i　　　　表 14.4-6

适用季节	表面特性	α_i[W/(m²·℃)]	R_e[(m²·℃)/W]
冬季和夏季	墙面、地面，表面平整或有肋状突出物的顶棚，当 $h/s \leqslant 0.3$ 时	8.7	0.11
	有肋状突出物的顶棚，当 $h/s > 0.3$ 时	7.6	0.13

注：表中 h 为肋高；s 为肋间净距。

（9）空气间层热阻值

对于轻型木结构建筑，大多采用木骨架外围护结构，这种围护结构普遍采用空气间层，在进行封闭空气间层的热阻计算和空气层热工设计时，可以将空气间层假设为一固体材料，其热容等于零，导热系数通过将空气层两侧壁面的对流换热系数等效为热阻的方式求得。典型工况封闭空气间层的热阻值可按《民用建筑热工设计规范》GB 50176—2016 附录 B.3 选取。

14.4.4　木结构建筑围护结构设计

在轻型木结构建筑中，外墙的表面可以由任何材料组成，如：砖块、木制嵌板、玻璃、钢材等。对于木结构建筑外墙表面最重要的功能是防雨、保温、防潮、隔声。而外墙面是根据不同材料特性设计的，为了使墙不被外面进来的水损坏，通常在外表层后面留一定的气缝。如果气缝可以通风，外表层雨水的烘干过程就会更快。对于外表层是砖或混凝土等砌块砌筑的墙体，应按照我国不同气候区节能标准设计一定厚度的保温层，从防潮的角度上来说，墙骨柱结构和外表层砖或混凝土等墙体应设置一个通风空气间层，在墙体内创造了一个更有利于保温材料通风干燥的气候条件。

轻型木结构建筑围护结构的保温，主要是在木骨架组合墙体或屋面中间填充保温材料，为了防止日晒、雨淋、风沙、水汽等作用的侵蚀，要求墙体的连接材料和墙面板应具备防风雨、防日晒、防锈蚀、防盗和防撞击等功能。

（1）保温材料

由于岩棉、矿棉和玻璃棉是目前世界上最为普通的建筑保温材料。这些材料用于轻型木结构建筑围护结构具有以下优点：

1）导热系数小，隔热防火，保温隔热性能优良；

2）材料有较高的孔隙率和较小的表观密度，一般表观密度不大于100kg/m^3，有利于减轻墙体的自重，减小结构荷载；

3）具有较低的吸湿性，防潮、热工性能稳定；

4）造价低廉，成型和使用方便；

5）无腐蚀性，对人体健康无害。

因此，木骨架组合墙体保温材料宜采用岩棉、矿棉或玻璃棉毡。保温隔热材料应采用刚性、半刚性成型材料，不得采用松散保温隔热材料松填墙体。松散保温隔热材料在墙体内部分布不均匀，将直接影响墙体的保温隔热性能和隔声吸声效果。采用刚性、半刚性成型保温隔热材料，解决了松散材料松填墙体所造成的墙体内部分布不均匀问题，保证了空气间层厚度均匀，能充分发挥不同材料的功能，并且施工方便。

当采用岩棉、矿棉作为木骨架组合墙体保温隔热材料时，除应符合表14.4-7的规定外，其他物理性能指标还应符合现行国家标准《绝热用岩棉、矿渣棉及其制品》GB 11835—2016的相关规定。

岩、矿棉的物理性能指标 **表14.4-7**

产品类别	导热系数［W/(m·K)］，(平均温度20±5℃)	吸湿率（%）
棉	≤0.044	≤5%
板	≤0.044	
毡	≤0.049	

当采用玻璃棉作为木骨架组合墙体保温隔热材料时，除应符合表14.4-8的规定外，其他物理性能指标还应符合现行国家标准《绝热用玻璃棉及其制品》GB/T 13350—2017的相关规定。

玻璃棉的物理性能指标 **表14.4-8**

产品类别	导热系数［W/(m·K)］，(平均温度20±5℃)	含水率（%）
棉	≤0.042	≤1%
板	≤0.046	
毡	≤0.043	

（2）隔声吸声材料

木骨架组合墙体主要隔声吸声材料是岩棉、矿棉、玻璃棉和纸面石膏板等，或采用其他适合的板材。纸面石膏板具有一定的隔声效果。岩棉、矿棉、玻璃棉材料作为隔声吸声材料是由其构造特征和吸声机理所决定的，同时这种材料还具有以下基本特性：

1）在宽频带范围内吸声系数较高，吸声性能长时期稳定可靠；

2）轻质、表观密度小，纤维材料有一定的弹性；

3）防潮性能好，耐腐防蛀，不易发霉，不腐蚀木骨架及墙体材料对人身体健康不构成危害；

4）有一定的力学强度，施工安装及维护容易；

5）价格便宜，经济合理。

当纸面石膏板作为木骨架组合墙体的隔声材料时，其隔声性能见表14.4-9。

纸面石膏板隔声量指标　　表 14.4-9

板材厚度 (mm)	面密度 (kg/m^2)	隔声量 (dB)						
		125Hz	250Hz	500Hz	1000Hz	2000Hz	4000Hz	$\overline{R}$
9.5	9.5	11	17	22	28	27	27	22
12.0	12.0	14	21	26	31	30	30	25
15.0	15.0	16	24	28	33	32	32	27
18.0	18.0	17	23	29	33	34	33	28

当采用岩棉、矿棉作为木骨架组合墙体吸声材料时，其吸声性能见表 14.4-10。

岩（矿）棉吸声系数　　表 14.4-10

厚度 (mm)	表观密度 (kg/m^3)	吸声系数						
		100Hz	125Hz	250Hz	500Hz	1000Hz	2000Hz	4000Hz
50	120	0.08	0.11	0.30	0.75	0.91	0.89	0.97
50	150	0.08	0.11	0.33	0.73	0.90	0.80	0.96
75	80	0.21	0.31	0.59	0.87	0.83	0.91	0.97
75	150	0.23	0.31	0.58	0.82	0.81	0.91	0.96
100	80	0.27	0.35	0.64	0.89	0.90	0.96	0.98
100	80（毡）	0.19	0.30	0.70	0.90	0.92	0.97	0.99
100	100	0.33	0.38	0.53	0.77	0.78	0.87	0.95
100	120	0.30	0.38	0.62	0.82	0.81	0.91	0.96

当采用玻璃棉作为木骨架组合墙体吸声材料时，其吸声性能见表 14.4-11。

玻璃棉吸声系数　　表 14.4-11

材料名称	板材厚度 (mm)	面密度 (kg/m^2)	吸声系数					
			125Hz	250Hz	500Hz	1000Hz	2000Hz	4000Hz
超细玻璃棉	5	20	0.15	0.35	0.85	0.85	0.86	0.86
	7	20	0.22	0.55	0.89	0.81	0.93	0.84
	9	20	0.32	0.80	0.73	0.78	0.86	—
	10	20	0.25	0.60	0.85	0.87	0.87	0.85
	15	20	0.50	0.80	0.85	0.85	0.86	0.80
	5	25	0.15	0.29	0.85	0.83	0.87	—
	7	25	0.23	0.67	0.80	0.77	0.86	—
	9	25	0.32	0.85	0.70	0.80	0.89	—
	9	15	0.25	0.85	0.84	0.82	0.91	—
	9	30	0.28	0.57	0.54	0.70	0.82	—
玻璃棉毡		30～40	平均 0.65				0.8	

在工程中，选择人耳可听到的主要频率范围内，常用中心频率从 125～4000Hz 的 6 个倍频带来反映墙体隔声性能随频率的变化，基本上能反映出纸面石膏板、岩棉、矿棉、

玻璃棉毡材料用在声频范围内的隔声、吸声特性。为了保证隔声、吸声材料的质量，同时要求石膏板、岩棉、矿棉、玻璃棉毡等应符合国家相关的产品技术标准。

为了使设计、施工人员在设计施工中更为方便、简单，鼓励采用新型隔声材料。当采用其他适合作木骨架组合墙体隔声材料的板材时，要求单层板最低平均隔声量不应小于 22dB。

(3) 围护结构防潮设计与计算

轻型木结构建筑围护结构无论是木结构复合砖、混凝土砌块墙体，还是组合木骨架外墙、屋面，围护结构内填充的是保温隔热材料，为防止热桥、间隙、孔洞造成空气和水汽渗透，在墙体内部产生凝结、产生受潮现象和热量损失，保证墙体的保温隔热性能，对木结构建筑外墙与地面、楼板，以及其他与围护结构连接部位设计了不同的构造形式和防水汽渗透及空气层防潮构造方法。如图 14.4-3、图 14.4-4 所示，在组合木骨架墙体内保温隔热材料与空气间层之间，由于受温度梯度分布影响，将产生空气和蒸汽渗透迁移现象，使岩棉这种疏散多孔材料严重受潮，为了防止蒸气渗透在墙体保温隔热材料内部产生凝结，使保温材料或墙体受潮。因此，高温侧设隔汽层，同时在木骨架外墙外饰面层，以及空气层与保温材料界面设置允许水蒸气渗透，而不允许空气渗透的膜，减少水分在围护结构内部的迁移和水蒸气积累，防止内部产生凝结，从而保证了外围护结构内保温材料的干燥。

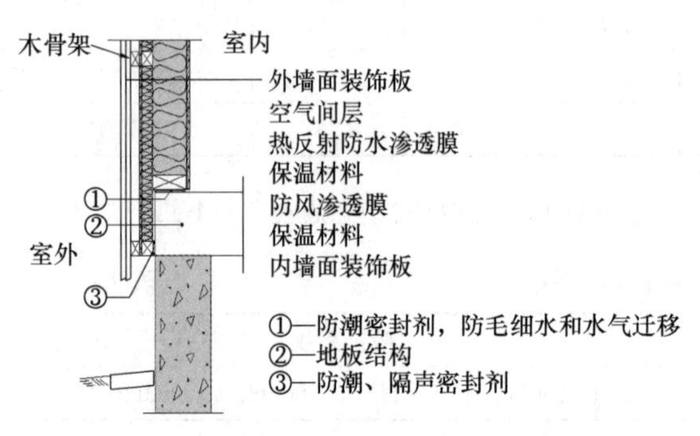

图 14.4-3　组合木骨架外墙与地面接触构造

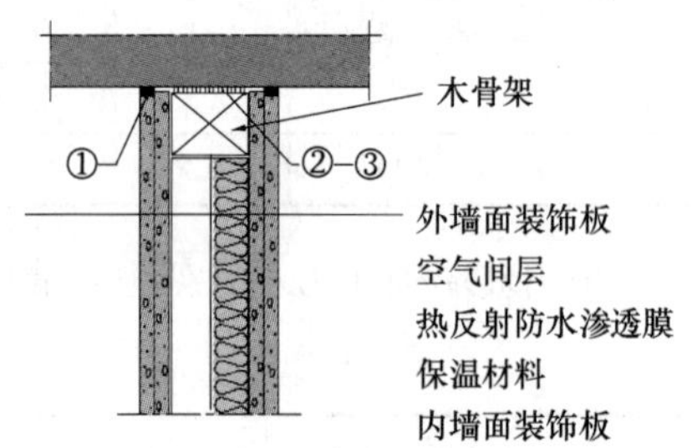

图 14.4-4　组合木骨架外墙构造

1) 木骨架外墙空气间层的热湿迁移特性

在建筑围护结构含湿多孔材料中，湿、热迁移基本方程为：

$$\frac{\partial t}{\partial \tau}=a_{\mathrm{q}}\Delta t+\varepsilon r\frac{c_{\mathrm{m}}}{c_{\mathrm{q}}}\frac{\partial \theta}{\partial \tau} \tag{14.4-8}$$

$$\frac{\partial \theta}{\partial \tau}=a_{\mathrm{m}}\Delta \theta+a_{\mathrm{m}}\delta_{\theta}\Delta t+a_{\mathrm{m}}\delta_{\mathrm{p}}\Delta p \tag{14.4-9}$$

$$\frac{\partial p}{\partial \tau}=a_{\mathrm{p}}\Delta p+\varepsilon\frac{c_{\mathrm{m}}}{c_{\mathrm{p}}}\frac{\partial \theta}{\partial \tau} \tag{14.4-10}$$

式中　t、θ 和 p ——温度、湿度和压力；

a_{q}、a_{m} 和 a_{p} ——导温系数、导湿系数和导湿空气渗透系数；

δ_{θ}、δ_{p} ——湿热梯度、质迁移系数比；

ε ——相变化数；

r——凝结潜热；

c_m、c_q——比湿容与比热容。

通常在长期使用的围护结构在冬季采暖期可视为处在热湿平衡状态，即稳态的热湿平衡完全能准确描述实际工程的热状况，此时，总的压力 p 为常数，有：

$$\frac{\partial t}{\partial \tau}=\frac{\partial \theta}{\partial \tau}=\frac{\partial p}{\partial \tau}=0 \quad \text{和} \quad \Delta p=0 \tag{14.4-11}$$

按条件（14.4-11），分别从式（14.4-8）～式（14.4-10）得：

$$\Delta t=0;\ \Delta p=0 \quad \text{和} \quad \Delta\theta=0 \tag{14.4-12}$$

因此，木复合墙体冬季采暖期可简化为一维热湿传递，可求得对应的比热流、空气渗透比质流以及水分迁移比湿流分别为：

$$J_{\mathrm{q}}=-\lambda_{\mathrm{q}}\frac{\mathrm{d}t}{\mathrm{d}x} \tag{14.4-13a}$$

$$J_{\mathrm{p}}=-\lambda_{\mathrm{p}}\frac{\mathrm{d}p}{\mathrm{d}x} \tag{14.4-13b}$$

$$J_{\mathrm{m}}=\lambda_{\mathrm{m}}\frac{\mathrm{d}\theta}{\mathrm{d}x} \tag{14.4-13c}$$

式中　λ_{q}、λ_{p} 和 λ_{m}——导热系数、空气渗透系数和水分迁移系数。

由于在围护结构中出现温度梯度下的湿平衡使液态水分从材料层的低温向高温侧迁移，而水蒸气的扩散 J_{p}和空气对流引起的水蒸气在温度梯度作用下的 J'_{q} 与液态水的迁移 J_{m} 反向。在稳态条件下总的湿流量：

$$J=0,\ \text{即}\ J=J_{\mathrm{p}}+J'_{\mathrm{q}}-J_{\mathrm{m}}=0 \tag{14.4-14}$$

因此，在建筑围护结构材料中，存在一种与水蒸气渗透相反的水分迁移，使高温方向的水蒸气 J_{p}、J'_{q} 和低温方面的液体水 J_{m} 都有减小趋势，这是一种多孔材料中水分自我平衡造成干燥的机理，实际工程中围护结构不会由于水蒸气渗透而造成无限制的潮湿，而是维持在一定的湿平衡状态。

当围护结构两边出现温度梯度时，围护结构中湿平衡有使高温方向的水蒸气重湿度和低温方向的液体重湿度都有减小趋势，在围护结构中存在温度梯度下的动态湿平衡有使围护结构倾向于干燥的趋势，这是一种多孔材料中水分自我平衡造成干燥的机理。木骨架围护结构保温防潮设计的任务就是在围护结构材料层中创造较低的湿度环境，使材料层处于较低的平衡湿度。因此，根据这一理论在热绝缘的高温一边采用隔蒸汽层以消除水蒸气从高温一侧进入热绝缘层，同时在低温一边利用组合木骨架墙体构造所形成的空气层产生较低的相对湿度，这两个措施能够保证热绝缘层保持在较低的平衡湿度。

如图 14.4-5 所示，设空气层热侧表面温度为 t_1，绝对湿度为 e_1；冷侧表面温度为 t_2，绝对温度为 e_2；它们各有相对湿度 ϕ_1 和 ϕ_2，即：

$$\phi_1=\frac{e_1}{E_1}\ \text{和}\ \phi_2=\frac{e_2}{E_2} \tag{14.4-15}$$

通过空气层中的湿流 q_{m}，$q_{\mathrm{m}}=\dfrac{a_{\mathrm{m}}(e_1-e_2)}{P}$，式中 P 为湿空气总压力；a_{m} 为湿交换系数，由上式可得：

$$e_1=e_2+\frac{q_{\mathrm{m}}P}{a_{\mathrm{m}}} \tag{14.4-16}$$

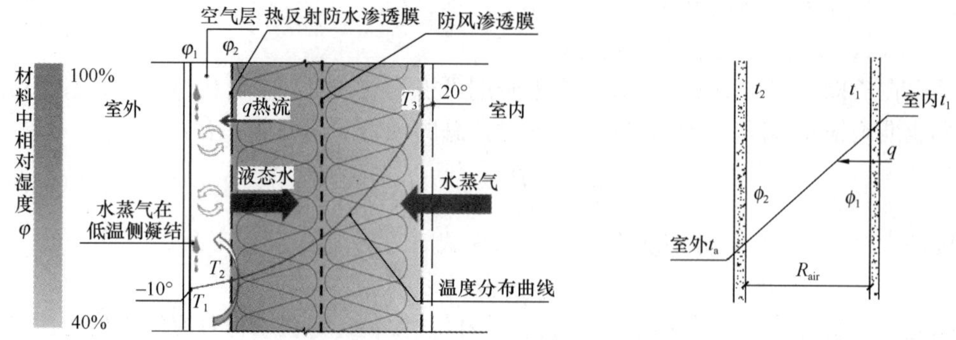

图 14.4-5　空气层防潮围护结构

式（14.4-16）可表示为：

$$\frac{e_1}{E_1}=\frac{e_2}{E_1}+\frac{q_m P}{a_m E_1}=\frac{e_2}{E_2}\frac{E_2}{E_1}+\frac{q_m P}{a_m E_1}$$

或

$$\phi_1=\frac{\phi_2 E_2}{E_1}+\frac{q_m P}{a_m E_1}\times 100\% \tag{14.4-17}$$

故上式近似表示为：$\phi_1=\dfrac{\phi_2 E_2}{E_1}$，式中 E_1、E_2 分别为空气层热表面和冷表面空气的绝对饱和湿度。设在空气层的两温度范围以内，相差1℃时饱和湿度之比值为：

$$\frac{E_t}{E_{(t+1)}}=E_r \tag{14.4-18}$$

当 t 从 t_1 变到 t_2 时，并设它们近似等于 E_r，则：

$$E_r^{(t_1-t_2)}=\frac{E_1}{E_2} \tag{14.4-19}$$

因通过空气层的温度差 t_1-t_2 可用空气层中的热流和热阻表示成为：

$$t_1-t_2=R_{air}q_{air} \tag{14.4-20}$$

故式（14.4-20）可写成

$$\phi_1=\phi_2 E_r^{(t_1-t_2)}=\phi_2 E_r^{R_{air}q_{air}} \tag{14.4-21}$$

式中，E_r 始终是小于1的，由于 φ_1 是（t_1-t_2）的损函数。试验都证明此关系。考虑到通过空气层的热流 q_{air} 与通过整个围护结构的热流相等，即

$$q_{air}=q=\frac{t_i-t_e}{R_0} \tag{14.4-22}$$

则式（14.4-22）可表示为：

$$\phi_1=\phi_2 E_r^{\frac{R_{air}(t_i-t_e)}{R_0}} \tag{14.4-23}$$

式中　t_i-t_e——室内外温度差；

R_0——组合木骨架外墙的总热阻；

E_r——空气层两表面间温度相差1℃时饱和湿度之比值，在正温区 $E_r=0.93$，负温区 $E_r=0.90$。

故空气层的两个表面间的温差越大，或室内外温差越大，温度较高的那个表面材料的湿度就越低，所受的干燥作用越强。

2）木结构建筑围护结构保温防潮构造

木结构墙体的外墙体保温材料不宜填满整个墙骨架空间，在墙体内保温材料与空气间层之间，由于受温度梯度分布影响，将产生空气和蒸汽渗透迁移现象，将对保温隔热材料这种比较疏散多孔材料的防潮作用有所影响，又对热绝缘性有较大的影响。空气间层中的空气在保温隔热材料中渗入渗出，直接带走了热量，在渗入渗出的线路上的空气升温降湿和降温升湿，将在某些部位产生保温隔热材料受潮，热绝缘性降低。因此，在保温隔热材料与空气间层之间设允许蒸汽渗透、不允许空气渗透的隔空气膜层，能防止空气的渗透又可让水蒸气渗透扩散，从而保证了墙体内保温隔热材料的热绝缘性。

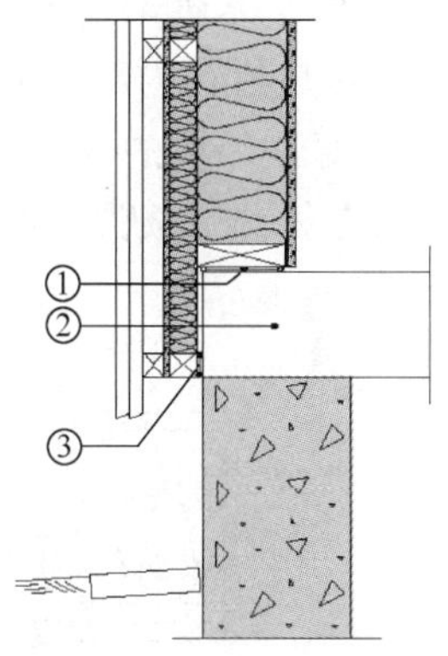

图 14.4-6　组合木骨架外墙与地面接触根部处理方式
①—地表防潮密封剂，防止毛细水现象和水汽、空气迁移；②—地板结构；③—防潮、隔声密封剂

墙体外墙与地面不允许接触根部，必须用防潮密封剂填实，防止墙面板受潮，如图 14.4-6 所示。

墙体外墙与其他墙体、楼面连接部位的间隙应采用高效保温隔热、防潮材料填实，防止空气渗透，如图 14.4-7 所示。

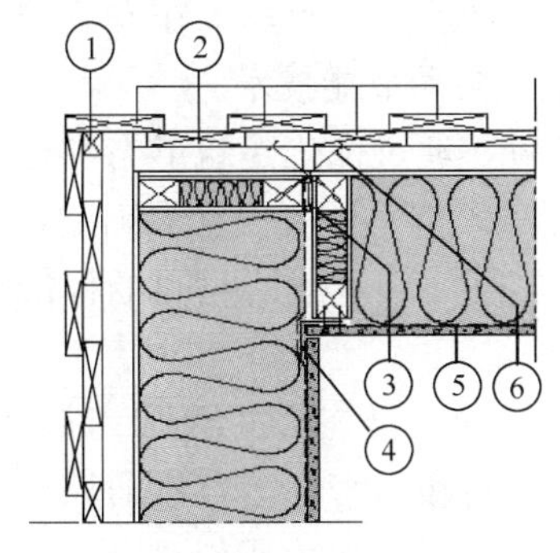

(a) 外墙拐角的间隙处理方式

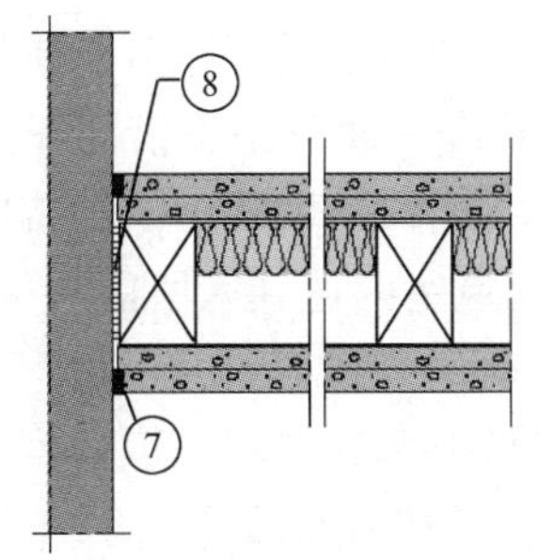

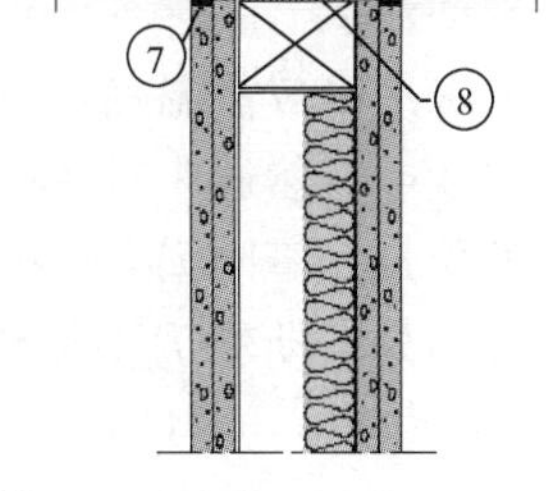

(b) 外墙与其他连接部位的间隙处理方式

图 14.4-7　外墙与建筑四周的间隙处理方式
①、②—外墙面装饰板条；③—防潮、隔声密封剂；④—石膏板连接固定卡；⑤—石膏板；⑥—墙体斜钉固定；⑦—防潮、隔声密封剂；⑧—高效保温隔热材料

木骨架组合墙体的外墙板空气间层应布置在建筑围护结构的低温侧。

木骨架组合墙体外墙的外饰面层宜设防水、透气的覆面膜，主要原因是：

① 因外饰面层材料主要为纸面石膏板，设覆面膜防止外墙表面受雨、雪等侵蚀受潮，影响材料技术性能。

② 由于冬季组合木骨架外墙在室内温度大于室外气温时，墙体内水蒸气将从室内水蒸气分压高的高温侧向室外水蒸气分压低的低温侧迁移，在组合木骨架外墙外饰面层设透气的覆面膜允许渗透，使墙体内水蒸气在保温隔热材料层不产生积累，防止结露，从而保证了墙体内保温隔热材料的热绝缘性。

③ 由于木骨架组合墙体外墙体内填充的是保温隔热材料，为了防止蒸汽渗透，在墙体保温隔热材料内部产生凝结，使保温材料或墙体受潮。因此高温侧应设隔气层。

④ 穿越墙体的设备管道，固定墙体的金属连接件应采用高效保温隔热材料填实空隙，以防止热桥热量损失，产生表面凝结现象（图 14.4-8）。

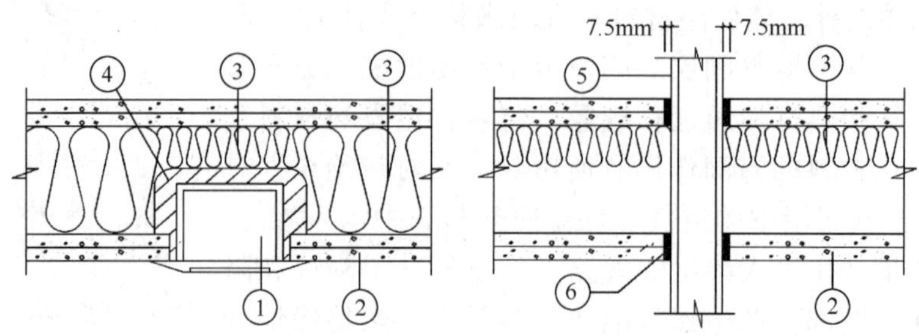

图 14.4-8　穿越墙体的设备管道，固定墙体的金属连接方式

①—插座盒；②—墙面板；③—岩棉；④—石膏抹灰；⑤—管线；⑥—密封胶

14.5　木结构被动超低能耗建筑

14.5.1　被动建筑

被动建筑技术近年来是国内外关注的热点，2000 年后被动建筑节能技术在发达国家尤为重视，近年来我国住房和城乡建设部在节能领域大力推广被动节能技术。

被动建筑（passive building）通常指不借助任何机械装置，通过优化建筑形态和构造形式，采用高效保温隔热与蓄能的高性能围护结构的热特性来调节室外气候（太阳能，空气温湿度或自然通风），使建筑室内达到人所能接受的基本热舒适环境或所需要的标准热环境的建筑。不同国家对被动建筑有不同的定义。

德国是被动建筑技术水平很高的国家，最典型的是德国被动房研究所（PHI）推出的“被动房”（Passive House），其技术路线是采用高性能围护结构和气密性＋自然通风＋自然采光＋遮阳；尽可能利用可再生能源如太阳能光热（被动与主动）＋太阳能光电，以及能源系统的高效利用，如采用热回收＋新风系统，德国 PHI 被动式技术在我国北方严寒和寒冷地区居住建筑中得到了很好的应用。德国《被动房质量保证指南》中对室内环境给出了具体指标（表 14.5-1）。但 PHI “被动房”技术体系并不适用于中国全部气候区。

德国《被动房质量保证指南》指标　　表 14.5-1

能耗指标	年供暖需求：≤15kWh/(m^2·a) 年供冷需求：需 15kWh/(m^2·a) 一次能源需求：≤120kWh/(m^2·a) （包括：采暖、制冷、除湿、热水、照明、设备辅助用电和电气设备用能）
室内的舒适度指标	室内温度：20～26℃；相对湿度：40%～60%；温度不保证率：≤10% 噪声：≤30dB（A） CO_2 含量：≤1000ppm 新风要求：无；气密性：n_{50}≤0.6 次/小时 室内表面温度差：≤3℃，围护结构表面无结露发霉

在我国夏热冬冷与夏热冬暖地区建筑用能与北方采暖不同，建筑能耗主要以制冷空调为主，造成建筑室内过热的主要原因是太阳辐射，采暖空调季节，由于室内外温差小，围护结构节能率是有限的，空调新风负荷占比较大，其中潜热比重相对较高，在自然通风条件下，室内平均温度一般高于室外温度 2～3℃，夏季不自然通风条件下，室内平均温度一般高于室外温度 3～5℃，要维持夏季室内所需要的热环境，必须通过制冷达到。因此，PHI 高绝热围护结构与采用的热回收＋新风系统是无法满足这一地区夏季建筑室内所需要的热环境。

美国并未对被动建筑做出特殊的定义，美国能源部建筑技术项目在《建筑技术项目 2008～2012 规划》中提出 2020 年市场上实现“零能耗住宅”（zero energy home），使“零能耗建筑”（zero energy building）在 2025 年推向商业化。其技术路线是使用高效节能的建筑围护结构、建筑能源系统，以及家用电器，使建筑物的全年能耗降低为目前美国建筑现有水平的 25％～30％，由可再生能源对其供能，达到全年用能平衡。美国能源部发布零能耗建筑（zero energy building）官方定义：以一次能源为衡量单位，其全年能源消耗小于或等于建筑物本体和附近的可再生能源产生能源的节能建筑。

2017 年住房和城乡建设部发布《建筑节能与绿色建筑发展“十三五”规划》提出：积极开展超低能耗建筑、近零能耗建筑建设示范，因此相关部门以现行国家标准《严寒和寒冷地区居住建筑节能设计标准》JGJ 26—2018 和《公共建筑节能设计标准》GB 50189—2015 为基准，分别提出近零能耗居住建筑和公共建筑能耗的控制指标（表 14.5-2、表 14.5-3）。

近零能耗居住建筑能耗指标①及气密性指标　　**表 14.5-2**

气候分区		严寒地区	寒冷地区	夏热冬冷	夏热冬暖	温和地区
能耗指标	供暖年耗热量（kWh/ m^2·a）	≤18	≤15	≤5		
	供冷年耗冷量（kWh/ m^2·a）	≤3.5＋2.0×WDH_{20}②＋2.2×DDH_{28}③				
	供暖、空调及照明年一次能源消耗量（kWh/m^2·a）	≤50				
	可再生能源利用率（％）	≥10％				
气密性指标	换气次数 N_{50}	≤0.6		≤1.0		

注：① 表中 m^2 为套内使用面积，套内使用面积应包括卧室、起居室（厅）、餐厅、厨房、卫生间、过厅、过道、储藏室、壁柜等使用面积的总和；
② WDH_{20}（Wet-bulb degree hours 20）为一年中室外湿球温度高于 20℃时刻的湿球温度与 20℃差值的累计值（单位：kKh）；
③ DDH_{28}（Dry-bulb degree hours 28）为一年中室外干球温度高于 28℃时刻的干球温度与 28℃差值的累计值（单位：kKh）。

近零能耗公共建筑能耗指标及气密性指标　　**表 14.5-3**

气候分区		严寒地区	寒冷地区	夏热冬冷	夏热冬暖	温和地区
能耗指标	节能率（％）	≥60％				
	可再生能源利用率（％）	≥10％				
气密性指标	换气次数 N_{50}	≤1.0		—		

14.5.2　被动建筑围护结构

木结构建筑围护结构被动建筑设计分为木骨架组合墙体、木结构轻质复合墙体、木结构砖石结构等类型，采用木骨架组合墙体、木结构轻质复合墙体比较容易达到被动建筑设计的相关技术参数，如骨架高度大于180mm双排木骨架组合墙体（图14.5-1）。

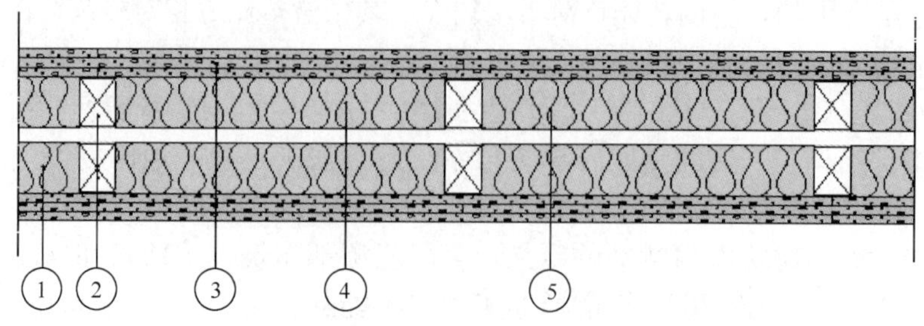

图14.5-1 轻型木结构木骨架组合墙体

①—水平构件45mm×110mm；②—木墙骨柱45mm×110mm；③—12.5mm石膏板；
④、⑤—2mm×110mm厚岩棉，在墙体腔内填充岩棉已达到防火等级为A级，
其传热系数$K \leqslant 0.15$W/（$m^2 \cdot K$）

对于木结构轻质复合墙体，如图14.5-2所示，这类建筑围护结构热工参数也比较容易达到被动建筑的要求，我国现有的木结构建筑中大量采用这类技术，建筑中主要采用木结构骨架梁柱外挂轻质板的构造形式。

图14.5-2 轻型木结构轻质复合墙体结构

对轻质墙板的常用尺寸、物理指标、节能性能等设计相关指标在技术标准中已有明确的规定，墙板与主体木结构的连接方式有多种形式，如木结构建筑骨架内嵌板构造形式（图14.5-3），随着工业化建筑墙板技术的发展，已形成集装饰、防火、节能、防雨一体化工业化被动建筑围护结构。目前，国内轻质墙板主要有以下形式（表14.5-4），相关技术参数包括被动节能建筑的热工参数，在具体建筑中可参考相关国家、行业或地方标准执行。

国内轻质墙板形式 **表14.5-4**

主要类型	主要产品
条板	蒸压轻质加气混凝土板（ALC板）
	改性石膏隔墙板
	硅酸盐聚苯颗粒复合板

续表

主要类型	主要产品
钢龙骨复合墙板 木骨架复合墙板	发泡水泥复合外墙板
	复合龙骨保温
	纤维水泥板轻质灌浆墙
	汉德邦 CCA 板灌浆墙
一体化墙体系统	保温、防潮空气层组合木骨架围护结构（屋面、墙体）

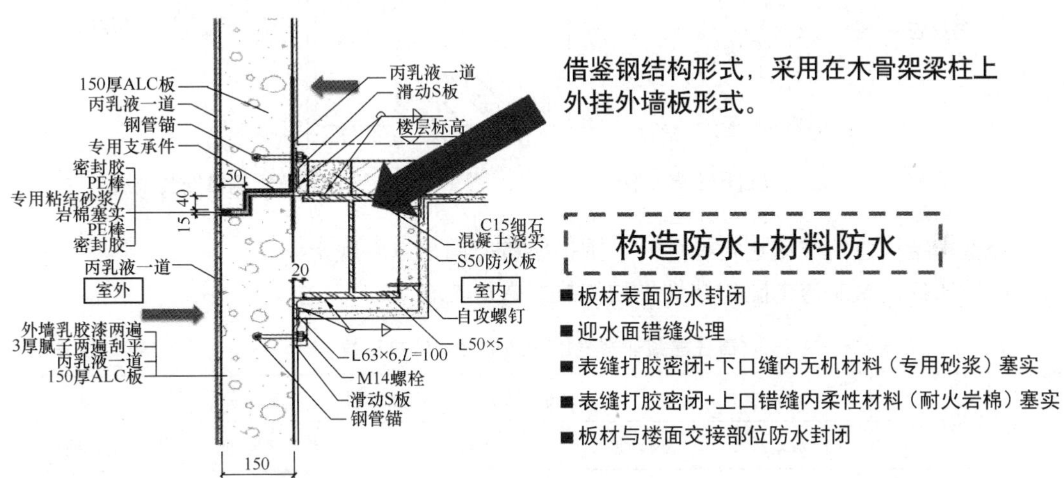

图 14.5-3　木结构建筑骨架内嵌板构造形式

木结构砖石结构等类型围护结构，国内也有较为成熟的被动技术，如保温材料断热处理、穿墙套管、外门窗与窗户外遮阳等做法采用断热桥的专项设计以保证保温层的连续性，如图 14.5-4～图 14.5-7 所示。

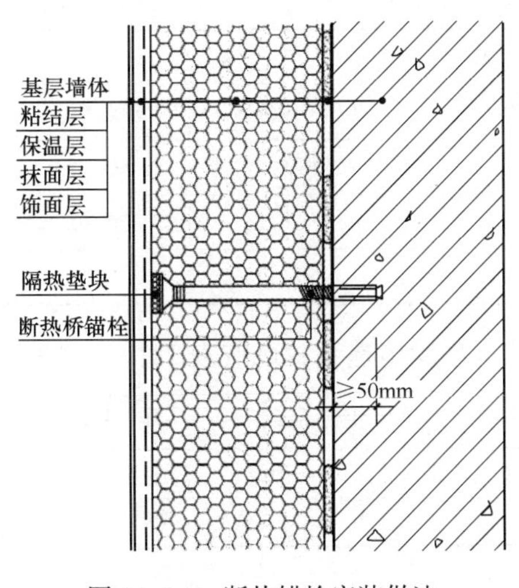

图 14.5-4　断热锚栓安装做法

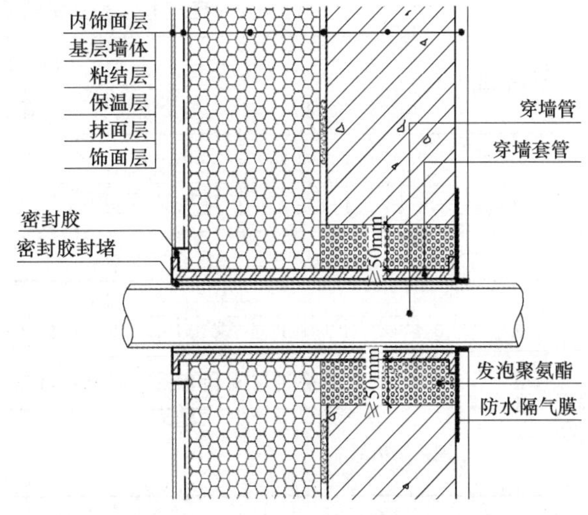

图 14.5-5　穿墙套管做法

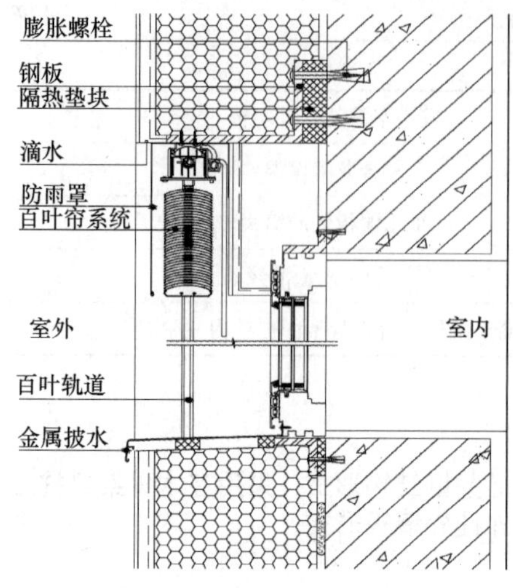

图 14.5-6　活动外遮阳安装做法

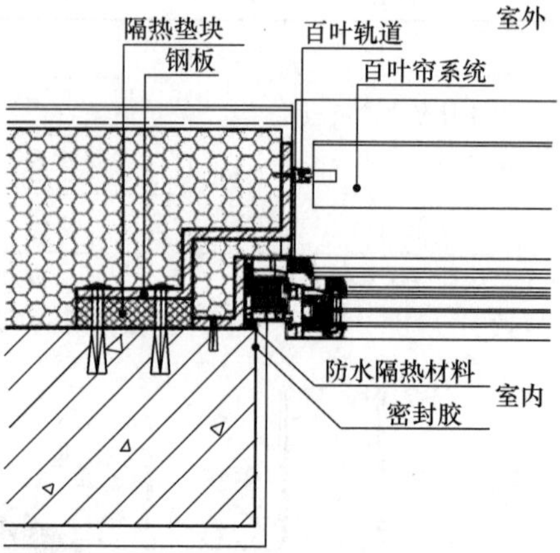

图 14.5-7　活动外遮阳侧口安装做法

轻型木结构建筑被动建筑设计时，围护结构应满足以下规定：

（1）居住建筑非透光围护结构平均传热系数可按表 14.5-5 选取。

居住建筑非透光围护结构平均传热系数　　表 14.5-5

围护结构部位	传热系数 K [W/(m^2·K)]				
	严寒地区	寒冷地区	夏热冬冷地区	夏热冬暖地区	温和地区
屋面	0.10～0.20	0.15～0.25	0.20～0.35	0.25～0.40	0.30～0.40
外墙	0.10～0.15	0.15～0.20	0.15～0.40	0.30～0.80	0.20～0.80
地面及外挑楼板	0.15～0.30	0.20～0.40	—	—	—

（2）公共建筑非透光围护结构平均传热系数可按表 14.5-6 选取。

公共建筑非透光围护结构平均传热系数　　表 14.5-6

围护结构部位	传热系数 K [W/(m^2·K)]				
	严寒地区	寒冷地区	夏热冬冷地区	夏热冬暖地区	温和地区
屋面	0.10～0.25	0.15～0.30	0.20～0.45	0.40～0.60	0.40～0.60
外墙	0.10～0.25	0.10～0.30	0.15～0.40	0.30～0.80	0.20～0.80
地面及外挑楼板	0.20～0.30	0.25～0.40	—	—	—

（3）分隔采暖空间和非采暖空间的非透光围护结构平均传热系数可按表 14.5-7 选取。

分隔采暖空间和非采暖空间的非透光围护结构平均传热系数　　表 14.5-7

围护结构部位	传热系数 K [W/(m^2·K)]	
	严寒地区	寒冷地区
楼板	0.20～0.30	0.30～0.50
隔墙	1.0～1.20	1.20～1.50

(4) 被动建筑用外窗、外门气密性能不宜低于现行国家标准《建筑外门窗气密、水密、抗风压性能检测方法》GB/T 7106—2019 规定的 7 级，抗风压性能和水密性能宜按现行标准设计确定。

(5) 近零能耗居住建筑用外窗（透光幕墙）热工性能可按表 14.5-8 选取；近零能耗公共建筑用外窗（透光幕墙）热工性能可按表 14.5-9 选取。

居住建筑用外窗（透光幕墙）传热系数（*K*）和太阳得热系数（SHGC）值　　表 14.5-8

		严寒地区	寒冷地区	夏热冬冷地区	夏热冬暖地区	温和地区
传热系数 K $[W/(m^2 \cdot K)]$		≤1.0	≤1.2	≤2.0	≤2.5	≤2.0
太阳得热系数 SHGC	冬季	≥0.50	≥0.45	≥0.40	—	≥0.40
	夏季	≤0.30	≤0.30	≤0.30	≤0.15	≤0.30

公共建筑用外窗（透光幕墙）传热系数（*K*）和太阳得热系数（SHGC）值　　表 14.5-9

		严寒地区	寒冷地区	夏热冬冷地区	夏热冬暖地区	温和地区
传热系数 K $[W/(m^2 \cdot K)]$		≤1.2	≤1.5	≤2.0	≤2.2	≤2.2
太阳得热系数 SHGC	冬季	≥0.50	≥0.45	≥0.40	—	—
	夏季	≤0.30	≤0.30	≤0.15	≤0.15	≤0.30

14.6　木结构节能建筑碳排放

14.6.1　木材固碳能力

从二氧化碳减量的角度观察，木材因自身的固碳能力，相较于其他建材更利于二氧化碳减量，木构建筑不仅在节能减碳上有相当优良的性能表现，其所营造的环境品质更有益身心健康，因此木构建筑被联合国认定为碳权抵减的交易对象。虽然木材的固碳效益因木材密度有所不同，同时各类木材又因不同加工耗能而有不同固碳和排碳系数，但在建筑碳足迹盘查机制中，采用 $250kgCO_2e/m^3$ 为木材的碳排放量基准。此外，根据台湾大学森林系王松永教授的研究成果，原木人工干燥耗能的碳素数据换算碳排放量为 $102.7kgCO_2e/m^3$，制材加工能耗较低，计为 $18.35kWh/m^3$。原木与制材被认定为固碳效益的原因在于长寿命被保存使用，木结构与原木家具、原木板材均可视为如此。然而，像木心板、合板类、木模板等用于装潢或工程支撑的短寿命建材不应承认其固碳效益。木材碳排放量分析见表 14.6-1 和表 14.6-2

原木与制材碳排放量分析　　表 14.6-1

固碳 $(kgCO_2e/m^3)$				加工耗能		原料运输		成品运输		$kgCO_2e/m^3$
原木	=	−250×44/12	+	(28×44/12)	+	(79.18×0.5)	+	(21.93×0.5)	=	−763.45
制材	=	−250×44/12	+	(28×44/12+18.35×0.532)	+	(79.18×0.5)	+	(21.93×0.5)	=	−753.68

粒片板与合板碳排放量分析 **表 14.6-2**

固碳（$kgCO_2e/m^3$）			胶合剂碳排	加工耗能	原料运输	成品运输		$kgCO_2e/m^3$
粒片板	=	−260×44/12×90%+	3.6×650×10%+	200×44/12+	79.18×0.65+	30.5×0.65	=	180.65
合板	=	−247.5×44/12×90%+	3.6×650×10%+	120×44/12+	79.18×0.55+	30.5×0.55	=	−118.40

木材为建筑装修不可或缺的建材，从资源的再生产性与环境保护的观点来看，木材具有优良的生态材料特性：

(1) 生产资材耗能较少；

(2) 资材可固定碳素；

(3) 使用后或解体后的废料可再利用；

(4) 废材最终处理不会污染环境；

(5) 原材料可以持续生产；

(6) 对使用者健康无不良影响。

任何树木都会经光合作用将大气中的二氧化碳当作有机物加以固定，这对于缓和温室效应有相当的助益。表 14.6-3 列举了部分木材的能耗量与碳排放量，其中具有固碳效果的木材为经过有计划森林伐木管理的“林管木”，使用者必须提出相关的证明文件方可以此计算。因为未经森林管理的木材通常是滥伐滥垦的热带雨林或森林，此类木材与保护地球环境的初衷相违背。

建材相关产品单位生产 CO_2 排放量统计表 **表 14.6-3**

建材相关产品	单位	使用能源类别						环境负荷量	
		电能（kWh）	燃料煤（kg）	燃料油（L）	重油（L）	天然气（m^3）	液化气（kg）	耗能量（kcal）	CO_2 排放量（kg）
木材原材	m^3	18.35						15781	12.07
纸浆	t	431.66		182.25				2047928	821.67
纸卷加工	t	676.29	57.31	174.44				2553241	1103.39
壁纸加工	t	1341.9						1154068	883.00
壁纸	m^2							593	0.29
木合板	m^3	208.88						195418	149.52
木地板（2cm）	m^2	6.56						5642	4.32
木合板（6 分板）	m^2							4240	3.24
木模板	m^2	0.238						444	0.34
木材原材（林管木）	m^3							15781	−904.60
木地板（2cm 厚林管木）	m^2							5642	−59.48

注：1. 每 m^3 木材可制造 $14m^2$ 的 5 分木模板（15mm 厚），木模板转用次数以 3 次计算；

2. 固定的二氧化碳值参考日本方面的相关研究，每 kg 木材可固定 1.83kg 的二氧化碳。

14.6.2　木结构建筑性能

依照建筑物生命周期各阶段的能源使用情形，可将生命周期简化为三个阶段：建设阶段、使用阶段和拆除阶段。建设阶段又分为建材生产阶段、建材运输阶段和营建施工阶段。建筑生命周期碳排放总量 TCF 可依下式计算：

$$TCF=(CF_{m}+CF_{c})+(CF_{eu}+CF_{rm})+CF_{dw}-CF_{o} \tag{14.6-1}$$

$$CF_{m}=CF_{b}+CF_{e}+CF_{in} \tag{14.6-2}$$

式中　TCF——建筑生命周期总碳足迹（$kgCO_2e$）；

CF_m——新建工程资材之总碳排（$kgCO_2e$）；

CF_c——营建施工之总碳排（$kgCO_2e$）；

CF_{eu}——建筑使用阶段耗能总碳排（$kgCO_2e$）；

CF_{rm}——修缮更新工程资材生命周期之总碳排（$kgCO_2e$）；

CF_{dw}——拆除及废弃物处理之总碳排（$kgCO_2e$）；

CF_o——自我举证减碳量（$kgCO_2e$）；

CF_m——新建工程资材之总碳排（$kgCO_2e$）；

CF_b——建筑躯体工程资材之总碳排（$kgCO_2e$）；

CF_e——设备工程资材之总碳排（$kgCO_2e$）；

CF_{in}——建筑室内装修资材之总碳排（$kgCO_2e$）。

木结构建筑与普通钢筋混凝土结构和钢结构建筑的碳足迹计算不同之处在于其建材生产加工及建筑修建方式不同。以木结构建筑碳排放计算方法为例，普通的木框架结构住宅的木材材积为 $0.143m^3/m^2$，其木质的固碳效益（$-192.85kgCO_2e/m^2$）与钢筋、混凝土等非木材的碳排放效益综合后的净碳排放量为 $57.42kgCO_2e/m^2$，此数据不包括设备工程的碳排放量，相当于躯体工程和室内装修工程阶段的碳排放量。此数据是建立在大量实际案例总结经验的基础上加以简化，也受到当地建造模式、材料来源及加工方式的影响，可作为我国不同地区木构建筑使用阶段前的碳排放计算的参考。

14.6.3　木结构建筑的碳排放计算

根据《建筑碳排放计算标准》GB/T 51366—2019（简称“碳排标准”），将木构建筑的生命周期碳排放分成三个部分，分别是建材生产与运输阶段、建造与拆除阶段以及建筑使用阶段。此外，根据碳排标准要求，在碳排放总量计算时，如设计文件中没有提及生命周期，采用 50 年生命周期计算，而台湾自然建筑使用年限与此大有不同（表 14.6-4）。

自然建筑使用年限　　**表 14.6-4**

结构种类	建筑使用年限
框架式木构建筑	30 年
大木构建筑	60 年
竹构建筑	50 年
土造建筑	60 年
草砖建筑	60 年

单位面积建筑碳排放总量计算如下式：

$$LCCO_2 = (C_{jc} + C_{ys} + C_{jz} + C_m + C_{cc}) \times A \tag{14.6-3}$$

其中：

（1）建筑使用阶段碳排放计算

$$C_m = \frac{\left[\sum_{i=1}^{n}(E_i \times EF_i) - C_p\right] \times y}{A} \tag{14.6-4}$$

$$E_i = \sum_{j=1}^{n}(E_{ij} - ER_{ij}) \tag{14.6-5}$$

式中 C_m——建筑使用阶段单位建筑面积碳排放量（$kgCO_2/m^2$）；

E_i——建筑第 i 类能源年消耗量，单位/a；

i——建筑消耗终端能源类型，包括电力、燃气、石油、市政热力等；

EF_i——第 i 类能源的碳排放因子；

E_{ij}——j 类系统的第 i 类能源消耗量，单位/a；

ER_{ij}——j 类系统消耗由可再生能源系统提供的第 i 类能源量；单位/a；

j——建筑用能系统类型，包括供暖空调、照明、生活热水系统等；

C_p——建筑绿地碳汇系统年减碳量（$kgCO_2/a$）；

y——建筑设计寿命（年）；

A——单体建筑的总面积（m^2）。

$$C_{jz} = \frac{\sum_{i=1}^{n} E_{jzi} \times F_{Ri}}{A}\text{（建造阶段）} \tag{14.6-6}$$

$$C_{cc} = \frac{\sum_{i=1}^{n} E_{cci} \times F_i}{A}\text{（拆除阶段）} \tag{14.6-7}$$

式中 C_{jz}——建筑建造过程单位建筑面积的碳排放量（$kgCO_2/m^2$）；

C_{cc}——建筑拆除过程单位建筑面积的碳排放量（$kgCO_2/m^2$）；

E_{cci}——建筑拆除过程第 i 种燃料动力总用量（kW・h 或 kg）；

F_i——第 i 种燃料动力的碳排放因子（$kgCO_2$/kW・h 或 $kgCO_2$/kg）；

E_{jzi}——建筑建造过程第 i 种燃料动力总用量（kW・h 或 kg）；

F_{Ri}——第 i 种燃料动力的碳排放因子（$kgCO_2$/kW・h 或 $kgCO_2$/kg）；

A——单体建筑的总面积（m^2）。

（2）建材生产运输阶段碳排放计算

$$C_{jc} = \frac{C_{sc} + C_{ys}}{A}\text{（建材生产）} \tag{14.6-8}$$

$$C_{ys} = \sum_{i=1}^{n} M_i \times D_i \times T_i\text{（建材运输）} \tag{14.6-9}$$

式中 C_{jc}——建材碳排放强度（$kgCO_2e/m^2$）；

C_{sc}——建材生产阶段碳排放（$kgCO_2e$）；

C_{ys}——建材运输过程碳排放（$kgCO_2e$）；

A——单体建筑的总面积（m^2）；

M_i——第 i 种主要建材的消耗量（t）；

D_i——第 i 种建材的平均运输距离（km）；

T_i——第 i 种建材的运输方式下，单位重量运输距离的碳排放因子（$kgCO_2e/t \cdot km$）。

参　考　文　献

[1]　龙卫国. 木结构设计手册［M］. 北京：中国建筑工业出版社，2010.

[2]　中华人民共和国住房和城乡建设部. 木结构设计标准：GB 50005—2017［S］. 北京：中国建筑工业出版社，2010.

[3]　中华人民共和国住房和城乡建设部. 木骨架组合墙体技术标准：GB/T 50361—2018.［S］. 北京：中国建筑工业出版社，2018.

[4]　中华人民共和国住房和城乡建设部. 公共建筑节能设计标准：GB 50189—2015.［S］. 北京：中国建筑工业出版社，2015.

[5]　中华人民共和国住房和城乡建设部. 严寒和寒冷地区居住建筑节能设计标准：JGJ 26—2018.［S］. 北京：中国建筑工业出版社，2010.

[6]　中华人民共和国住房和城乡建设部. 夏热冬冷地区居住建筑节能设计标准：JGJ 134—2010.［S］. 北京：中国建筑工业出版社，2010.

[7]　夏热冬暖地区居住建筑节能设计标准：JGJ 75—2012.［S］. 北京：中国建筑工业出版社，2010.

[8]　国际工程项目管理研究院，建筑环境与设备研究所. 中国木结构建筑与其他结构建筑能耗和环境影响比较［R］. 北京：清华大学，2006.

第 15 章　木材产品质量认证体系

15.1　概述

与常见的混凝土、钢材等建筑材料不同，木材是各向异性的材料，且不同树种、地区、年份的木材其力学性能都不尽相同。随着行业技术的不断发展，用于建筑结构工程的结构用木材产品也多种多样，除了原木、方木、规格材外，还有各种工程木材以及通过防腐处理或阻燃处理来实现木材产品耐久性或防火性能要求的木材产品。工程木材除了主要是利用胶粘剂将木刨片、木单板、锯材或其他木质纤维材料复合而形成的较大结构用复合木制品构件外，也包含通过其他连接方式如钉接、销接方式将木材连接而成的新型工程木材。工程木材的本质是通过对木材进行优化组合，以实现对复合而成的木材强度、刚度等预期性能的最优化利用。胶合木、工字木搁栅、木基结构板材和结构复合材等为常见的工程木材。工程木材的出现为工业和民用木结构建筑提供了更多的可能性。

本章讨论的对象是结构用木材和工程木材产品，简称木材产品。

15.1.1　木材产品质量认证的重要性

自木材产品应用于建筑工程以来，就伴随了对木材产品耐久性、安全性、舒适性应满足建筑预期设计的要求。为了保证木结构建筑的安全、耐久和舒适性等多项指标满足设计要求，就需要全面考虑结构用木材产品的质量因素，如木材产品的力学性能、产品特性、耐久性、防护措施、可靠性等。如何能公正地保证木材产品的质量呢？除了工厂生产时产品质量自我把控外，还需要引入第三方木材产品认证。典型的木材产品认证是由经认可的第三方认证机构根据相关产品标准、规范的要求，通过对产品样品的型式试验、对生产过程及质量体系检查和监督以及通过从工厂和（或）市场获得的产品样品进行检测实施监督，以确定产品符合特定的产品标准和第三方产品认证制度。如果木材产品由第三方认证机构依据产品标准对其产品质量进行认证，意味着该产品经过具备公信力的第三方机构确认，其质量满足相关产品标准或规范的要求，这在一定程度上保证了木材产品在建筑工程领域应用的安全性。某些国家甚至将木材产品认证作为市场准入的基本要求，木材产品必须通过认证之后方可在市场上进行销售。

目前，世界上木结构建筑应用比较普遍的国家或地区的标准或规范中对各类结构用木材产品质量均做出了明确规定，同时也建立了比较完善的产品质量认证体系，确保结构用途的各类木材产品用于建筑工程时满足安全、耐久等性能指标。如欧盟和北美地区，在其建筑规范中均明确规定不同的木材产品应满足其对应产品质量标准要求。而在各类产品质量标准中，又规定工厂应对其生产的木材产品建立适宜的质量控制体系，并需通过经认可的第三方机构对木材产品进行认证并持续监督。

近年来，随着正交胶合木的出现和其他木材新技术的发展，使得多高层、大型木结构建筑不断涌现乃至超高层木结构都成为可能，但随之而来的木材产品的质量保证尤为重要。一旦大型或者高层木结构发生质量安全事故，其造成的损失和社会影响很大。故发展并完善木材产品的认证体系在技术发展和应用日益广泛的今天愈发重要和迫切。

15.1.2 木材产品质量认证历史简述

自古以来，中国就有修建木结构建筑的传统。这些木结构主要使用的是实木或原木构件，依靠工匠经验传承的木构件的制作要求来保证木结构的安全。到了宋代，中国第一本有关木结构建筑的“规范”《营造法式》出现，其中就包含了很多对木材产品的质量要求，其质量保证主要是通过工匠的经验在加工时进行确认。新中国成立后至 90 年代初，由于传统木材资源缺乏，传统木结构耐久、耐腐及防火性差，以及混凝土、钢材等现代建筑材料的大量使用，木结构建筑在中国的发展几乎停滞，其产品的质量保证体系也就无从谈起。

西方在工业革命以前，木结构也主要使用实木、原木，产品质量也主要通过工匠的经验来保证。因为交通运输的不发达，木材的应用基本限于木材产地。木材的规格、等级等都是根据当地的历史经验确立，并不统一。工业革命以后，随着交通运输的发展，木材用于木材生产地以外的建筑工地有了可能。针对应用于建筑工程木材的要求，如尺寸规格、等级及质量要求也日渐迫切，因此尺寸相对一致的规格材逐渐推广开来。1924 年，美国发布了第一个针对规格材产品规格、质量要求的全国性标准，即美国规格材标准。1941 年，当时的美国国家规格材制造商协会与美国地方法院达成一致，建立一个公正的机构来监督规格材产品质量和开展规格材产品质量认证。在 20 世纪 50 年代末，加拿大住房和抵押公司（CMHC）决定规格材应由经过认可的国家组织统一规格材产品等级以满足 CMHC 的房屋质量要求，随后加拿大建立的标准明确要求具备管辖权且经过认可的机构应保证规格材的准确分级。1972 年，加拿大明确规格材采用目测和机械分等的方式，确定木材的用途。到如今，加拿大木材认证主要由锯材标准认证委员会（CLSAB）和加拿大标准委员会（SCC）负责，主要制定标准和准则并对认证机构进行认可，开展相关木材产品的认证活动。

随着现代木材胶粘剂的出现与技术发展，木结构建筑中开始出现使用了胶粘剂的工程木材产品，通过传统的目测检查无法完全保证使用了胶粘剂的木材产品的质量，因此针对工程木材产品的质量要求也开始标准化、技术化。20 世纪 30 年代初，随着应用于胶合板的防水胶粘剂的出现，美国使用花旗松生产的防水胶合板开始用于户外。这个阶段，位于美国西海岸的胶合板工厂生产没有建立统一的质量标准，导致出现在市场上的胶合板产品质量参差不齐。1933 年，美国几个胶合板制造商联合起来成立了花旗松胶合板协会即现在的 APA-美国工程木协会的前身，其主旨在于协调行业内的贸易规则，建立同等的产品质量要求，并集中行业协会的力量来推动胶合板行业技术的发展及应用推广。1938 年，美国出台了一部法律，允许不同的企业使用统一认证标志来推广其产品。当时的美国花旗松胶合板协会就建立了首个结构胶合板的质量标准，这一标准也获得了美国的联邦住房管理局认可，自此美国结构胶合板应用于房屋建筑市场获得快速发展。通过使用认证的结构胶合板用作楼面板、墙面板等降低了房屋的成本，超过一百万套房屋使用了这类产品。随着第二次世界大战的爆发，结构胶合板作为一种高强度、耐久性好的材料经受了战争的严苛考验。据统计，超过 3000 多种结构胶合板产品应用于空军、海军、陆军使用的武器或工具中。二战结束后，结构胶合板在房屋建筑中的应用量越来越大，也随着标准、质量认证的发展，其作为安全可靠的工程建筑材料，经历了近百年的检验。直到 1966 年，第一版全美范围内的结构用胶合板产品标准发布实施。美国第一个有关胶合木的质量保证标准是美国商务部于 1963 年发布的 CS 253-63，经历数十年的发展，目前已演变为 ANSI A190.1 标准。

总而言之，木材产品的质量保证要求是随着木材产品的应用发展而不断发展的，而不断发展的质量保证体系反过来又促进了木材产品在不同领域的应用。

15.1.3 国际现行主要产品质量认证体系

现代木材相关技术的进步促进了现代木结构的发展。在欧美地区，随着现代结构用木材产品技术的发展和木材产品在建筑工程中的广泛应用，对结构用木材的认证和产品质量均从法律法规的层面做了详细的规定和要求。结构用木材产品种类繁多，针对不同的木材产品，各国均制定了不同的产品标准。这些产品标准通过统一原材料、生产工艺控制、产品性能要求、质量保证以及认证等方面的规定，来确保工厂生产的各类木材产品满足预期使用要求。

1. 北美地区的木材产品质量认证体系

在北美地区，木结构建筑的应用较为普遍。因此标准规范中对各种结构用木材的质量要求的规定也比较详细。这些国家和地区在其建筑规范中木材与其他建筑材料如钢、混凝土等一样，必须要符合相应的材料标准要求。不同的国家和地区，在标准规范中对结构用木材的要求稍有不同。

美国和加拿大的结构用木材产品标准基本一致，两个国家的建筑规范都采用模式规范。所谓模式规范，即这些规范本身不具有法律地位，只有被第二级的省和地区政府根据国家建筑模式规范，制定相应的地方建筑规范，通过议会批准，才以法律的形式规定下来，并强制执行。针对不同的木材产品，规范中会明确要求符合对应的产品标准，而在产品标准中又会对产品的生产、质量保证体系等做出了明确规定：需要通过有资质的第三方机构对工厂进行监督检验、检测，确保这些产品质量满足产品标准的要求。对于没有现行标准的新型建筑材料，规范中也明确规定了需要由认可的第三方机构进行工厂检验、抽样检测并最终给出评估报告，确认新材料的质量、强度、有效性、耐火性、耐久性和安全性不低于标准材料的要求，然后由建筑审批官员批准方可应用于建筑工程中。

就结构用木材的认证而言，美国和加拿大与其他地区最大的不同点是结构用板材的产品认证。这两个国家的产品标准中，要求第三方机构对结构用板材进行认证时，根据板材的实际用途，对各种常见荷载组合下的受力情况计算并计算出安全的允许跨度，即跨度分等，以及针对产品实际使用中的性能要求不同进行性能分等。通过跨度分等和性能分等后的结构用板材会在产品上印上对应的跨度等级和性能等级，这样就不需要结构工程师对产品使用进行复杂的计算，设计师、安装工人或终端消费者就可以很轻易地分辨出该产品的最大允许使用跨度和使用条件。也正是这一独特的与实际应用结合的方法，使得北美地区目前是世界上结构用板材生产量和使用量最大的区域。图 15.1-1 为典型的加拿大规格材认证标识，图 15.1-2 为北美地区结构用板材认证标识。

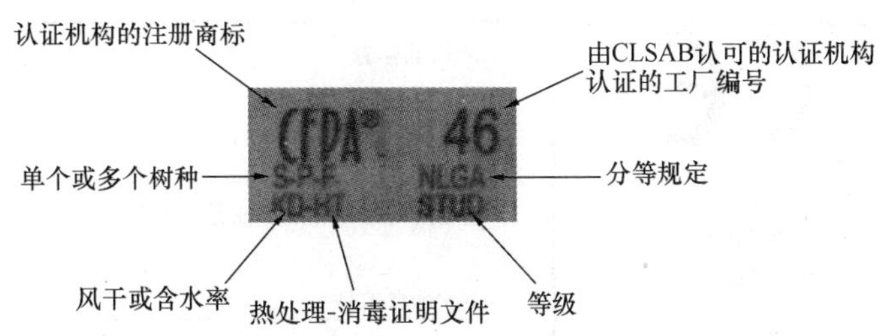

图 15.1-1　加拿大 CLSAB 认可的认证机构认证的产品标识

2. 欧盟地区木材产品质量认证体系

欧盟建筑产品法规（EU）No 305/2011-CPR 明确规定了工程木材应满足不同欧盟产品标准的要求，如层板胶合木需满足 EN 14080，旋切板胶合木 LVL 需满足 EN14374 或 EN 14279，木基板材满足 EN 13986 等。在上述产品标准中，依据产品最终使用用途和使用情况明确了质量要求。与北美质量保证体系稍有不同的是，欧盟产品标准中针对木材不同的使用条件和不同的防火要求，将认证分为了 1＋类、1 类、2 类、2＋类、3 类及 4 类几种不同的认证等级。数值越小，认证要求的等级越高，对产品的质量认证、第三方机构的要求越严格。第 4 类认证通常是非结构用途的，工厂检测后自我申明即可，但作为木结构建筑常用的结构用木材，其认证要求通常为 1 类或 2＋类。2＋类与 1 类的区别在于是否由欧盟公告机构对工厂产品进行初次型式检测。2＋类产品测试通常可以在具备 ISO 17025 资质的第三方试验室检测完成。图 15.1-3 及图 15.1-4 为典型的 CE 认证标识。

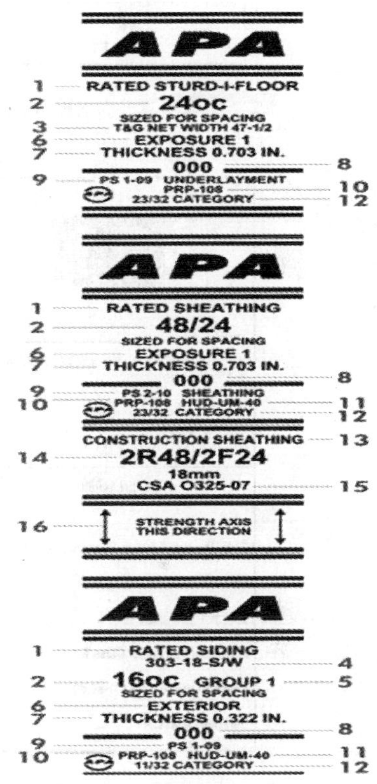

图 15.1-2　北美地区结构用板材认证标识

1—板材等级；2—跨度等级；3—榫槽类型；4—板面等级；5—组别；6—胶类别（户外级，暴露 1 级）；7—十进制厚度（此值一般接近或低于 PS 1 或 PS 2 中指定的公差）；8—制造商代码；9—产品标准；10—分等性能标准；11—HUD 的标准（HUD-美国房屋和城市发展部）；12—性能类别（厚度）；13—板材等级，加拿大标准；14—根据加拿大标准的板材标识，包括跨度等级以及用途标识；15—加拿大性能标准名称；16—强度轴方向

3. 澳大利亚木材产品质量认证体系

澳大利亚建筑法规 NCC—2016 是由澳大利亚理事会发起的针对建筑工程的全国性统一规范，其目的是从法律上建立建筑的结构安全、防火安全、健康、舒适、可持续发展等的最低要求，这从根本上奠定了严格执行技术法规的基础。针对建筑材料，规范中并没有强制性要求产品认证，但指出需要确认产品满足规范规定的性能要求。而在具体的产品标准中，针对结构用木材的生产工艺、产品抽样、产品测试、产品设计值的确定等都有着详细而明确的规定，同时有的产品标准也明确说明通过认证的产品可以视为满足规范规定的性能要求。

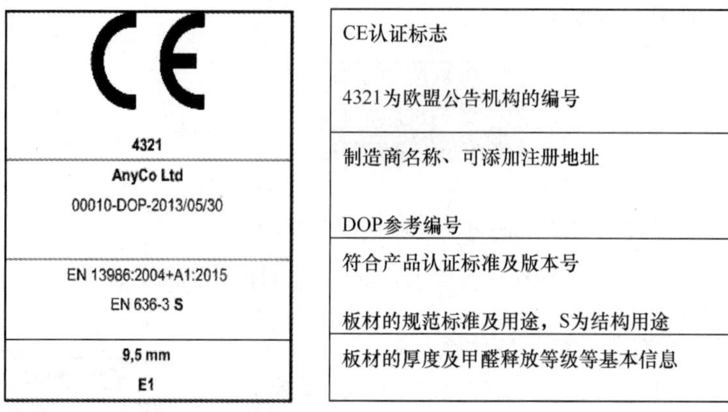

图 15.1-3　欧盟 2+类 CE 认证产品标识

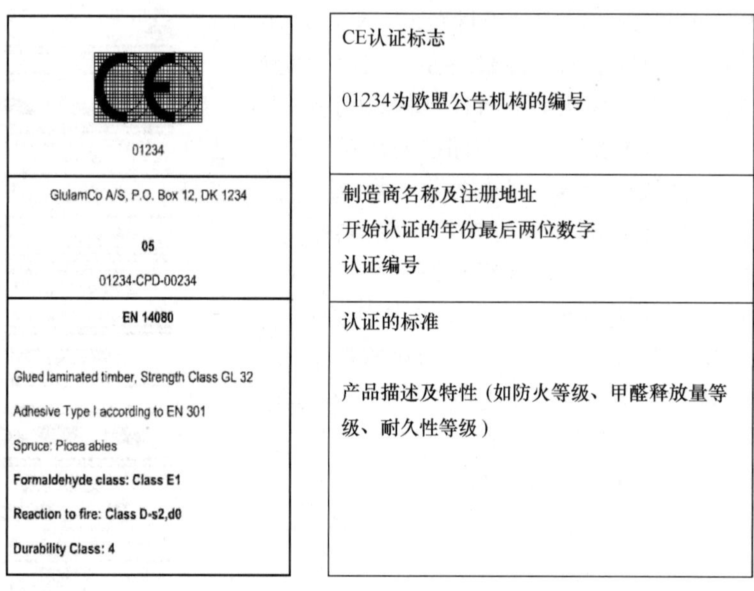

图 15.1-4　欧盟 1 类 CE 认证产品标识

15.2　木材产品质量认证

15.2.1　产品质量认证体系

结构用木材产品认证属于产品质量认证，也称产品认证，国际上称合格认证。根据 1991 年实施的《中华人民共和国产品质量认证管理条例》，产品质量认证是依据产品标准和相应技术要求，经认证机构确认并通过颁发认证证书和认证标志来证明某一产品符合相应标准和相应技术要求的活动。国际标准化组织（ISO）将产品认证定义为："是由第三方通过检验评定企业的质量管理体系和样品型式试验来确认产品、过程或服务是否符合特定要求，是否具备持续稳定地生产符合标准要求产品的能力，并给予书面证明的程序。"

产品认证与常见的 ISO 9001 等质量管理体系认证不同。质量管理体系的认证对象是工厂的管理体系，通过对工厂质量管理体系的检验来判断工厂是否建立了符合要求的管理体系，虽然管理体系认证也会检查工厂生产的产品，但其目的仅是将产品作为体系的一部分来检查是否符合体系的要求。产品认证的对象是特定产品，以第三方来确定最终产品是否满足特定标准或规范的要求，产品认证有质量体系的要求，但其质量管理体系要求的目的是为了保证产品的质量，关注的是产品本身。通常管理体系认证仅包含工厂质量管理体系的检验及发证后的监督，而产品认证在此基础上会多一些产品质量及第三方检测等要求。

中国加入 WTO 之后，产品质量认证体系基本上与世界接轨，其认证体系、流程及要求基本与国际上认证体系相同。自 20 世纪 90 年代开始，经过二十多年的发展，中国结构用木材产品标准化工作取得很大进展。木结构类技术标准体系基本形成，但产品标准制定时，并未依据木材产品的特性考虑到认证的需求，且结构用木材准入使用、规格材机械分等以及木材产品的认证体系并未广泛推广开来。

与国际认证体系一致，在国内要开展对结构用木材的认证，需要有产品标准、认可的第三方认证机构、第三方试验室、第三方检验机构、认证方案这些完整的体系。为确保第三方机构的公平、公正以及结果的准确性，就需要由认可机构对第三方机构进行认可。认可机构是获得各自国家政府授权的机构并接受政府机构的监督管理的机构。通过这样一个完善的质量认证体系，确保针对产品的如工厂木材的质量认证可以获得世界范围内的认可。目前国内针对木材产品的认证进入了起步阶段，国内已经有数家认证机构获得中国国家认可委 CNAS 的认可，开始对国内的木材产品厂家开始了产品认证工作。通过第三方认证机构对结构用木材产品的认证后，这类获得认证的产品相比未通过认证的产品，质量和安全性更高，可为木结构建筑提供安全保障。

15.2.2　产品质量认证过程

通常结构用木材产品的质量认证包含型式试验、质量体系检验评定、监督试验及监督检验四个过程。前面两个环节是产品取得认证证书的前提条件，后面的环节是认证后的监督措施。与国内现行体系不同的是，国外很多地方保险公司会对有资质的认证机构认证后的各种结构用木材产品承保，当产品质量一旦出现质量安全事故的时候，保险公司会进行赔偿，这样极大地提升了消费者对使用结构用木材的信心。

1. 型式试验

型式试验的依据是产品标准，试验所需要样品的数量通常在认证标准中规定，取样地点从工厂的最终产品中随机抽取具有代表性的样品。由于结构用木材产品用于工程建设，与其他普通产品质量认证不同，认证机构需要通过对工厂生产的具备代表性的产品抽取样品进行型式试验，并根据试验结果依据产品标准中所列统计学方法计算出不同指标的理论设计值，并通过持续监督和工厂的质量控制测试数据验证计算出的理论设计值是否需要调整。目前北美、澳洲、欧洲各个地区建立设计值的方法稍有不同。

2. 质量体系检验评定

木材产品生产工厂需要建立质量控制体系以保证通过认证的产品质量持续地满足认证的要求。由于结构用木材的性能受到影响的因素很多，这个质量体系通常要求更为完整和严格，包括对企业设备设施、生产环境、人员能力、产品检测及质量体系的要求。为保证能够持续、稳定地生产符合要求的产品，生产企业应当建立规定的质量控制体系，包括产品的原材料采购，生产过程中的质量控制，成品的批次检测检验，产品的贴标控制，产品的投诉及回溯处理等。通过认证的工厂也需要建立试验室，对主要参数进行常规的质量控制测试，以保证生产的产品持续满足产品标准要求。

产品质量认证程序见图 15.2-1。

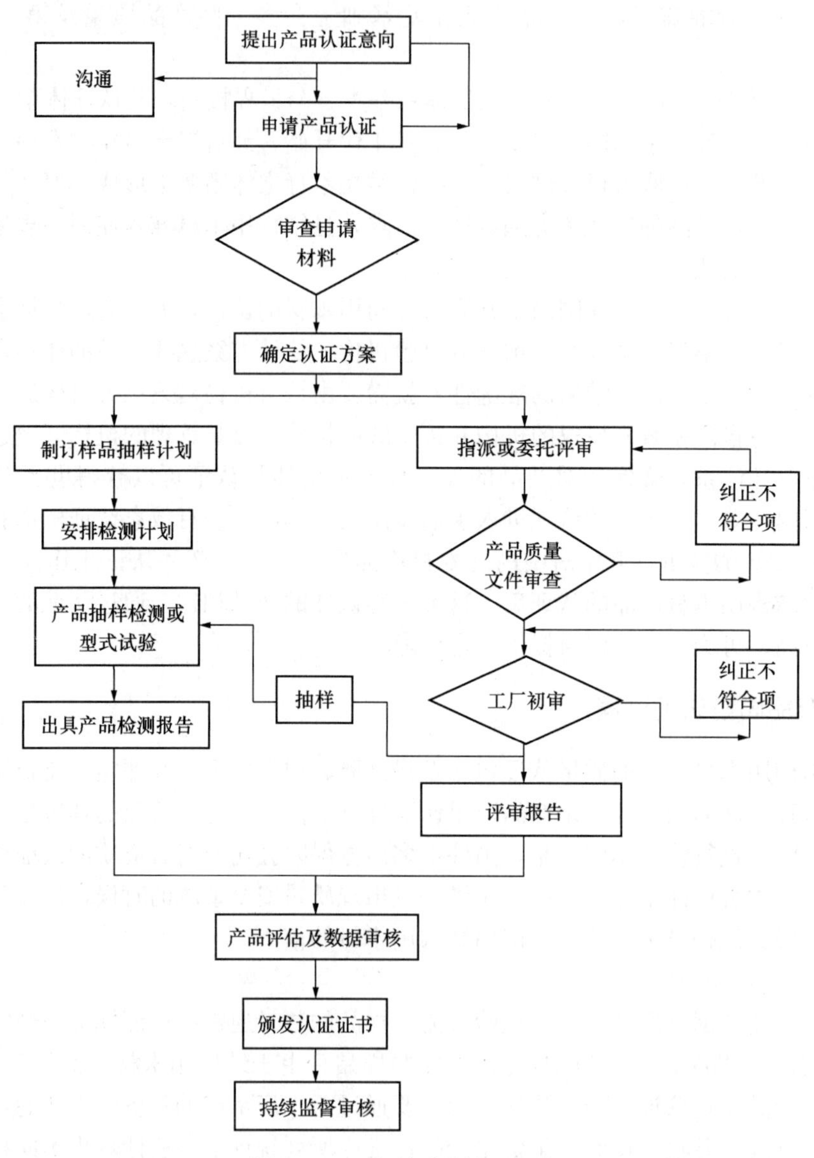

图 15.2-1　产品质量认证程序

3. 监督试验

工厂生产的产品获得第三方认证机构的认证之后，为了保证工厂生产的产品性能指标持续地满足产品认证的要求，需要通过第三方认证机构定期对工厂生产的产品抽样试验。监督试验的样品通常是随机抽样的，代表工厂真实生产水平的产品。同时，抽样也会基于工厂自行常规质量测试的结果基础上，针对产品质量不确定是否满足要求的产品进行额外的抽样试验。

4. 监督检验

第三方认证机构需要通过周期性的检验（国外通常是季度性的）即监督检验来检查工厂的获证产品质量认证体系是否持续稳定地满足认证要求，从而确保产品质量的稳定性和可靠性。如果监督检验结果证明继续符合标准的要求，则允许继续使用认证标识；如果不符合则需根据具体情况采取必要的整改或纠正措施甚至暂停、撤销认证。

15.2.3 认可机构

1. 认可

通俗地讲，认可是指认可机构按照相关国际标准或国家标准，对从事认证、检测和检验等活动的合格评定机构即第三方认证机构实施评审，证实其满足相关标准要求，进一步证明其具有从事认证、检测和检验等活动的技术能力和管理能力，并颁发认可证书。

认可机构依据 ISO/IEC、IAF、PAC、ILAC 和 APLAC 等国际组织发布的标准、指南和其他规范性文件，以及认可机构发布的认可规则、准则等文件，实施认可活动。

认可规则规定了实施认可活动的政策和程序；认可准则是认可的合格评定机构应满足的要求；认可指南是对认可规则、认可准则或认可过程的说明或指导性文件。按照认可规范的规定对认证机构、试验室和检验机构的管理能力、技术能力、人员能力和运作实施能力进行评审。

认可准则是认可评审的基本依据，其中规定了对认证机构、试验室和检验机构等合格评定机构应满足的基本要求。

通常一个国家仅一个认可机构，如中国合格评定国家认可委员会 CNAS，但少部分国家如日本、美国等则存在数个认可机构。为了消除因认证而产生的国际贸易间的技术壁垒，促进国际贸易，各国的认可机构在充分交流的基础上成立了国际认可组织，通过国际组织来协调并建立唯一的合格评定体系，使得不同认证机构在针对某一特定标准的产品认证标准一致。

我国的认可机构中国合格评定国家认可委员会 CNAS 进行认可活动所依据的基本准则主要包括：《合格评定 认可机构通用要求》GB/T 27011—2019、《合格评定管理体系审核认证机构的要求》ISO/IEC 17021、《产品认证机构通用要求》ISO/IEC 指南 65、《合格评定人员认证机构通用要求》ISO/IEC 17024、《检测和校准实验室能力的通用要求》ISO/IEC 17025、《各类检验机构能力的通用要求》ISO/IEC 17020 等。必要时，针对某些认证或技术领域的特定情况，CNAS 还在基本认可准则的基础上制定应用指南和应用说明。

2. 国际认可组织与区域性认可组织

国际认可组织主要有两个。一个是国际认可论坛 IAF，主要针对第三方认证机构建立的一个国际性认可组织；另外一个是国际试验室认可合作组织 ILAC，主要是针对第三方检测或检验机构的一个国际性认可组织。

国际认可论坛（IAF）成立于 1993 年，主要作用是协调各国的合格评定项目，确保经认可的第三方认证机构发放的证书是值得信赖的。IAF 建立了国际认可论坛多边承认协议 IAF MLA，通过 IAF 全面系统的国际同行评审，认可制度符合相关国际准则的国家认可机构签署该协议，目前IAF MLA签约的认可机构接近40个，中国的CNAS也是其中之一。IAF作为一个开放的国际性组织，在其多边承认协议下，其所有成员签发的带有认可标志的认证证书是互认的、等效的。

目前IAF承认的3个区域认可集团：欧洲认可合作组织（EA）、太平洋认可合作组织（PAC）、泛美认可合作组织（IAAC），被这些成员认可的认可机构，也自动被IAF接受。

同IAF相似的，始创于1977年的ILAC，中文名国际试验室认可合作组织，主要对全球范围内的试验室建立有效的合格评定认可体系，1996年世界上44个试验室认可机构在荷兰共同签署了“谅解备忘录”，宣告了ILAC正式成立。截至2006年，包括我国在内的54个试验室认可机构成为国际试验室认可合作组织的正式成员，并签署了多边互认协议，逐步结束了国际贸易中重复检测的历史，为实现产品“一次检测、全球承认”的目标奠定了基础。

签署“谅解备忘录”的包括我国原中国试验室国家认可委员会（CNACL）和原中国国家进出口商品检验试验室认可委员会（CCIBLAC），2002年在CNACL和CCIBLAC合并基础上成立中国试验室国家认可委员会（CNAL），2006年3月31日，在中国认证机构国家认可委员会和中国试验室国家认可委员会的基础上，整合成立了现中国合格评定国家认可委员会。

3. 国际上的认可机构

每个国家或地区均存在自己的认可机构，目前国际上签署了互认协议的认可机构有：法国认可委员会（COFRAC）、新西兰国际认可机构（IANZ）、澳大利亚认可机构（NATA）、英联邦认可机构（UKAS）、巴西国家认可机构（INMETRO）、奥地利认可机构（BMWA）、美国试验室认可协会A2LA、美国国家标准协会ANSI、美国国际认可服务IAS。美国的工程木制品认证机构主要是IAS及ANSI。加拿大地区认可机构为加拿大标准委员会SCC。

4. 我国的认可机构

我国唯一的认可机构中国合格评定国家认可委员会（CNAS），统一负责对认证机构、试验室和检验机构等相关机构的认可工作。2002年在CNACL和CCIBLAC合并基础上成立中国试验室国家认可委员会（CNAL），2006年3月31日，在中国认证机构国家认可委员会和中国试验室国家认可委员会的基础上，整合成立了现中国合格评定国家认可委员会。

自1994年我国首次参加IAF会议以来，我国长期积极参与IAF在多边互认方面的有关活动，1995年原中国质量体系认证机构国家认可委员会（CNACR）首批签署了《IAF谅解备忘录》，1998年原中国质量体系认证机构国家认可委员会（CNAB）首签IAF MLA质量管理体系认证认可互认协议，到2004年10月，CNAB又签署了IAF MLA环境管理体系认证认可互认协议。目前CNAS取代了原中国认证机构国家认可委员会（CNAB），已在国际认证认可方面达成了多边互认协议，也就是说拥有CNAS认可的机构（即表明了认证机构具备实施特定合格评定工作能力；或表明了检测和校准试验室具备实施特定检测和校准工作能力；或表明了检验机构具备实施特定检验工作能力），在签署多边互认的国际范围内是被承认的。

15.2.4　认证机构

认证起源于 1903 年英国的产品质量认证，认证机构因其独立于制造厂、消费者和经销商又名第三方认证，第三方认证能够为需要产品认证的客户提供客观、公正、独立的认证服务。在美国，企业产品的质量监管更多的是通过第三方认证体系。第三方认证机构严格按照法律法规或标准要求，对制造商提供第三方认证服务。同时，保险企业可以对通过认证的产品提供保险服务。而为了规范第三方认证机构的行为，又由认可机构定期对第三方机构进行合格评定并认可，以确保第三方机构有足够的能力、公平公正地开展相关认证工作。通常来说，产品认证机构需要满足 ISO/IEC 17065 的要求。ISO/IEC 17065 作为一个通用规则包含了对产品、过程和服务认证机构的能力、一致性和公正性的要求，但没有具体规定产品认证方案，而是需要认证机构有足够的经验，根据具体认证的产品标准来制定相应的具体的认证实施方案，并承担一定的法律责任。

在欧美国家，产品的质量保证主要是通过第三方认证体系来进行的，每个国家都存在不同的认证机构。针对工程木制品认证机构来说，目前市场上常见到认证机构有北美地区的 APA、ICC-ES、PFS-TECO，英国的 BSI、INTERTEK，德国的 TUV，澳洲的 SAI Global，加拿大的 CSA 等。

中国的认证机构主管部门为国家认证认可监督管理委员会（CNCA），而认证机构的认可机构为中国合格评定国家认可委员会（CNAS），只有通过了 CNAS 认可的认证机构才可以得到国家法规的认可及国际互认组织内成员国家的认可。

根据 CNAS-RC01：2013 认证机构认可规则文件，中国合格评定国家认可委员会将认证机构认证业务范围分为 39 大类，前三类为：①农业、林业和渔业；②采矿业和采石业；③食品、饮料和烟草。其中第六类为木材及木制品。同时，如果认证机构要对工程木材开展认证工作，还应当满足等效于 ISO/IEC 17065 标识的 CNAS-CC02：2013 的要求。

我国是木制品生产、消费和进出口的大国，特别是随着近年来木材被认为是绿色、环保、可持续发展的建筑材料，以及国家出台一系列推动装配式木结构建筑的发展政策，可以预期的是，木材在木结构建筑中的使用将越来越广泛，而木材产品制造商也会越来越多。如何参考借鉴国外成功的体系，建立、完善木材相关标准，实施质量认证，从而推动和促进中国木结构的安全、健康的发展值得相关机构研究探讨。

15.2.5　第三方检测机构

第三方检测又称公正性测试，区别于第三方认证，第三方检测机构侧重于为特定产品提供检测服务。第三方是由处于买卖利益之外的第三方，以公正、权威的非当事人身份，根据有关法律、标准或合同所进行的产品检测活动。第三方检测机构在国内起步较晚，相比欧美在 15 世纪就有了检测机构，我国基本是 20 世纪末才开始发展，由于对外贸易的不断增加，需要专业的第三方检测机构介入，国家连续出台多项激励政策，大力推动第三方检测产业发展。目前国内第三方检测机构主要针对国际贸易市场，对企业产品按国际标准进行检测以确认产品满足当地国家标准的要求。

在工程木材认证体系中，第三方检测机构一般是指获得 ISO/IEC 17025 认可的第三方试验室，根据特定工程木材产品的要求制定测试方案，对工厂生产的产品进行抽样或见证抽样，对产品是否满足特定标准指标要求进行测试，甚至根据检测结果计算出相关产品的强度标准值或设计值。

很多第三方认证机构既具备认证资质，也具备第三方试验室和第三方检验机构资质。与CNAS开展的试验室ISO/IEC 17025认可为自愿性的认可不同，第三方试验室如要对国内社会出具公正数据时，根据《中华人民共和国计量法》的规定，该试验室应获得资质认定，即CMA计量认证。这一点与国外不同，故目前国内获得CNAS认可的试验室主要针对国际贸易市场。CMA计量认证要求：检测机构依法成立，并能够承担相应法律责任；出具的检测数据、结果需承担相应法律责任；从事检测活动应遵守客观独立、公平公正、诚实信用原则；对检测活动中获得的信息应作为机密负有保密责任；从业人员应按照录用、培训和管理等规范进行管理，同时不得同时在两个以上检测机构从业。除了以上还有工作场所、环境、测量能力、测试结果溯源性等一系列要求。

15.2.6 第三方检验机构

检验为对产品、过程、服务或安装的审查，或对其设计的审查并确定其与特定要求的符合性，或在专业判断的基础上确定其与通用要求的符合性。在国际货物买卖中，交易双方除了自行对货物进行必要的检验外，还必须由某个机构进行检验，经检验合格后方可出境或入境。这种根据客户的委托或有关法律的规定对进出境商品进行检验、鉴定和管理的机构就是商品检验机构。国际上的商品检验机构名称各异，有的称公正行（Authentic Surveyor）、宣誓衡量人（Sworn Measurer），有的称试验室（Laboratory）等。中国对检验机构能力要求准则为CNAS-CI01检验机构能力认可准则（等同于国际标准ISO/IEC 17020），文件内容包括对材料、产品、安装、工厂、过程、工作程序或服务进行审查等，确保机构满足准则要求的符合性。

检验机构类型有：

（1）官方检验机构：由国家或地方政府投资，按国家有关法律、法令对出入境商品实施强制性检验、检疫和监督管理的机构。如美国食品药物管理局（FDA）。

（2）半官方检验机构：有一定权威、由国家政府授权、代表政府行使某项商品检验或某一方面检验管理工作的民间机构。如英国的BSI，美国的APA、ICC-ES等。

（3）非官方检验机构：由私人创办、具有专业检验、坚定技术能力的公正行或检验公司。如英国埃劳氏公正行。

在美国，习惯上很少说“商品检验”，而称“产品检验”。除产品检验外，还有“服务项目”检验。工程木材的产品检验通常由获得ISO 17020认可的第三方检验机构进行检验，相关产品上也会打上第三方检验机构的标识。美国针对工程木制品的检验机构通常是非官方或半官方的检验机构。通常政府规范官员在对新建的木结构建筑监督时，会要求使用的工程木材具备第三方认证机构或检验机构检验证明以验证使用的相关产品满足规范规定的要求。

根据《质量管理体系 基础和术语》GB/T 19000—2016（等同采用ISO 9000:2005）3.8.2定义：“检验（inspection）是通过观察和判断，适当时结合测量、试验或估量所进行的符合性评价。”和《合格评定 词汇和通用原则》GB/T 27000—2006（等同采用ISO/IEC 17000:2004）4.3定义：“检查（inspection）是审查产品设计、产品、过程或安装并确定其与特定要求的符合性，或根据专业判断确定其与通用要求的符合性的活动。我们不难看出检验和检查均为符合性评价活动，两者意思是相似的。

值得注意的是，检验与检测是两项不同的活动，但这两项活动通常又是第三方机构开展认证活动的必要组成部分。

从定义可以看出检验强调“符合性”，不仅提供结果，还要与规定要求进行比较，做出合格与否的判定。而检测是对给定对象按照规定程序进行的活动，可知检测仅是一项技术活动，在没有明确要求时，仅需提供结果，不需要判定合格与否。综上所述，检验（也可称“检查”）是对材料、产品、安装、工厂、过程、工作程序或服务进行的符合性审查，审查过程中可能涉及检测，也可能不涉及检测；而检测是一项独立的技术活动，它可能是为检验、认证等活动服务的，但它不等同或等效于检验。

15.3　美国胶合木质量认证体系

结构用木材的质量控制与质量认证体系主要包括对结构用木材的生产、检验、测试和认证的通用要求。体系的建立有助于规范木材产品的性能特点，以达成木材原材料供应商、生产商、分销商及使用用户的行业共识。美国结构用胶合木遵循的产品认证标准为《木制品标准-结构用胶合木》ANSI A190.1—2017。ANSI A190.1 标准规定了结构用胶合木生产的最低要求：包括尺寸偏差、等级组合、锯材、胶粘剂、外观等级以及生产工艺流程等。结构用胶合木的等级及其对应的设计值应满足《木制品标准-结构用胶合木》ANSI A190.1—2017、《针叶材种结构用胶合木标准》ANSI 117—2015 及《结构用胶合木容许性能建立标准》ASTM D3737 标准的相关要求。

15.3.1　工厂质量体系

生产工厂的质量体系主要由两部分组成：工厂的连续质量控制体系与认可检验机构对工厂的定期审核。

质量体系的实施主要体现在：生产工艺流程中各工序的巡检；制成品代表性样品理化性能测试；制成品目测检验；具认可资质检验机构对生产工厂的定期审核。

工程木制品的质量控制与质量认证体系主要包括对工程木制品生产、检验、测试和认证的通用要求。体系的建立有助于规范化工程木制品产品的性能特点，以达成工程木制品原材料供应商、生产商、分销商及用户的行业共识。

1. 结构用胶合木层板

无论针叶材或阔叶材材种，只要其应力指数与节子分布满足《结构用胶合木容许应力性能建立标准》ASTM D3737 的要求，则可被用于生产结构用胶合木。锯材层板在胶合时的含水率一般不超过 16%，含水率大于 16%的情况应由认可的检验机构或第三方认证机构批准。

锯材层板可通过目测分等、机械分等或验证荷载分等的方式进行分等。所有锯材层板在胶合前应标明等级标号。锯材应根据美国锯材标准委员会（ALS）评审委员会批准的标准分等规则进行分等。弹性模量分等 E-rated、机械应力分等 MSR 与机械评价分等 MEL 是三种主要的机械分等锯材商业标记。

层板拼接的所有胶合面应光滑平整，不得有波纹、裂纹、漏刨、灼糊或其他导致胶合面不能有效贴合的缺陷。所有胶合面上不得有灰尘、异物、溢出物等直接影响胶合性能的杂质。层板净厚度一般不得超过 2in。

干燥使用环境下，特定等级组合结构中内层层板的缺棱宽度不得超过层板宽度的1/6。潮湿使用环境下，除非缺棱区域不会产生湿气聚集，否则不得允许缺棱缺陷存在。

层板拼宽时，无论胶合与否，层板边缘相接处不得有缺棱缺陷。加压胶合前，层板沿着宽度方向上的厚度偏差不得超过±0.008in（0.2mm），沿着长度方向上的厚度偏差不得超过±0.012in（0.3mm）。层板上的翘曲缺陷不可太严重以免导致加压时无法有效胶合。

2. 结构用胶合木用胶粘剂

胶粘剂应满足结构用胶合木用胶粘剂《结构用胶合木用胶粘剂标准》ANSI 405 标准的相关要求。胶粘剂的储存桶上应清晰标明胶粘剂厂商的名称、胶粘剂名称和/或牌号、胶粘剂生产批次以及胶粘剂的有效期等。对于过期的胶粘剂，除非获得胶粘剂生产商的书面允许使用许可，否则不得使用。延长有效期的胶粘剂应标记新的失效日期等信息。

目前，国内对结构用胶合木所使用胶粘剂的产品质量没有规定，不同胶粘剂工厂生产的产品质量也参差不齐，甚至现有产品标准里面还没有关注到使用了胶粘剂的胶合木胶层间蠕变及胶粘剂耐热性问题。这个问题需要在发展高层木结构或大跨度木结构时特别注意。

3. 结构用胶合木层板的拼接

胶合木层板的拼接主要有面接和边接，面接是指层板与层板之间的胶合，也称为层板胶合，边接包含层板端部拼接和层板横向拼宽，端部拼接（也称为端接）的方式通常包含平接、斜接、齿接和指接四种。胶合木层板进行面接和边接时，除了层板和胶粘剂应满足标准要求外，胶粘剂的混胶与涂布间隔时间、涂布、组坯时间、加压压力、温度以及胶粘剂的固化时间等应基于胶粘剂生产商推荐的胶合工艺参数，并根据生产商的资格性与日常质量控制测试结果进行修正。胶粘剂组成比例为重量比。若能保证满足胶粘剂生产商规定的混合比限值范围要求，则可采用自动混胶机进行混胶。胶粘剂的混合比每日至少应检验一次，以满足 AITC Test T122《自动混胶设备混合比检验标准》的相关要求。

胶粘剂涂布应均匀，涂布量应确保胶合木的胶合性能满足《木制品标准-结构用胶合木》ANSI A190.1—2017 标准的要求。胶粘剂的涂布量的测定应满足《涂胶量测定标准》AITC T102 的相关要求。层板胶合时的温度对胶粘剂胶合性能的影响较大。根据胶合时锯材层板温度与环境温度，调整胶粘剂的加压时间、胶粘剂的涂布量以及固化工艺参数等。工厂应确定层板最低、最高温度条件下的最优胶合工艺参数，并用剪切强度和胶合性能耐久性进行表征。工厂也应按胶粘剂生产商的要求定期测量胶粘剂的混胶温度及其他指标，以确保胶粘剂有效且可用。

4. 结构用胶合木组坯和胶合

生产工厂的质量控制手册和程序文件中应包含针对每种胶粘剂的配方、材种组和胶合木处理工艺组合的胶合工艺步骤。

层板胶合（面接）过程中的加压压力应均匀。加压压力应满足胶粘剂生产商推荐的胶合工艺参数要求。可采用垫板以防止外层层板的局部压溃。保压时间应充分且不得过压，以确保层板面接的有效胶合。在胶粘剂固化期，应检验加压压力并根据实际情况做出相应调整。不得采用钉、螺钉等机械紧固件进行加压。

若需满足设计的要求，在层板横向拼宽时可使用胶粘剂。拼宽胶合性能的测试同于层板胶合，通过剪切强度和木破率测试保证胶合性能。除非构件的名义净宽度低于 2in（51mm），则层板横向拼宽胶合应采用填缝式胶粘剂。若层板横向拼宽胶合部位未进行预胶合，则相邻层板间边接胶合部位应错列，间距至少应大于层板的净厚度，但不得低于 1in。

层板端部拼接应依据层板胶合的相关要求进行胶合，并根据实际情况对胶粘剂涂布量、组坯时间、加压压力和固化时间等参数进行修正。当端部拼接采用指接时，指接的拼装厚度偏差为＋1/32in。层板宽面方向上的露出的端接接头的厚度不得超过 1/32in。

5. 生产工厂和生产工艺流程的确认和评定

由于胶合木成品尺寸通常较大，产品生产完成后通过足尺测试来确定其设计值的话，成本太高。在北美地区，美国工程木材协会通过理论计算及成品胶合木强度持续跟进验证，针对北美地区不同树种生产不同等级的胶合木有了特定的组坯方案。通常制造商在申请认证时，美国工程木材协会依据树种和等级来确定生产工厂的组坯方案，并通过不同的型式试验来验证其生产成品的设计值满足认证要求。但是当非特定树种生产胶合木时，应该通过测试来确定最终的组坯方案。

生产工艺流程的质量控制体系应由获认可的检验机构批准。所有影响结构用胶合木质量的生产工艺，均需通过认可第三方机构的型式试验与批准后，才可付诸生产。型式试验包括：胶合型式试验；层板胶合、端接胶合型式试验；特殊材料的型式试验，包括替代锯材等级（AITC 407）、结构复合锯材（AITC 402）和预制锯材（AITC 401）；特殊工艺流程的型式试验，包括验证荷载锯材分等（AITC 406）、层板修补（AITC 403）和径向增强（AITC 404）。

（1）胶合型式试验

胶粘剂、材种组、层板胶合、边接和端接胶合处理应通过型式试验后才可应用于实际生产。型式试验样品应通过代表性产品生产工艺流程随机抽样获得。由于美国工程木材协会针对常规的树种已经有成熟的组坯方案和胶合经验并经过验证，属于如下材种组内的材种无需逐种进行材种组群型式试验。

1）组 1：花旗松-落叶松（因落叶松含有半乳糖体等抽提物，落叶松的层板胶合应单独进行型式试验。）。

2）组 2：南方松。

3）组 3：铁杉-冷杉，美国西部铁杉，南方花旗松，西加云杉。

4）组 4：针叶材种包括恩格尔曼氏云杉，美国黑松，杰克松，云杉-松-冷杉以及其他西部材种。

5）组 5：北美红杉。

6）组 6：阿拉斯加扁柏，美洲花柏。

7）组 7：红橡，白橡。

（2）层板胶合、边接胶合型式试验

依据 AITC Test T110 标准的相关要求制样，每个样品至少制备 3 个试样。试样在经一轮完整循环后，每个针叶材样品的剥离率不得大于 5%，每个阔叶材样品的剥离率不得大于 8%。

依据 AITC Test T107 标准的相关要求择取两根梁体进行测试，每根梁体至少应包括 10 层胶层。单根梁体所有试样的平均抗剪强度不得低于无疵木材顺纹抗剪强度平均值的 90%（依据 ASTM D2555）。若需进行材种组群测试，则应沿用 ASTM D2555 标准中规定的材种组赋值方法。12%含水率下的剪切性能值适用于含水率不超过 12%的状态。型式试验或批次验证测试中，如若采用针叶材种或低密度阔叶材种，单根梁体所有样品剪切面的平均木破率不得低于 80%；如若采用高密度阔叶材种，则单根梁体所有样品剪切面的平均木破率不得低于 60%。

（3）端接胶合型式试验

若生产中采用了名义厚度为 1in（19mm）和 2in（38mm）厚的锯材，在认可检验机构确认了端接头几何尺寸与标准差异较大时，则每个厚度的锯材应单独进行端接型式试验，包含拉伸性能和胶合耐久性能的测试。

依据 AITC Test T119 标准的相关要求，至少测试 30 个试样的拉伸性能。所有针叶材或低密度阔叶材测试样品的平均木破率不得低于 80%，高密度阔叶材测试样品的平均木破率不得低于 60%。测定样品的拉伸强度平均值与 5%分位值（75%置信度）。拉伸强度 5%分位值（75%置信度）除以 1.67 即为工艺过程最低应力水平值 QSL，对于测试出的 QSL 值，在 ANSI A190.1 标准中明确规定了应满足不同要求。

依据 AITC Test T110 标准的相关要求，至少测试 5 个试样的胶合耐久性能。试样在经一轮完整循环后，每个针叶材样品的剥离率不得大于 5%，每个阔叶材样品的剥离率不得大于 8%。

（4）胶粘剂的批次测试项目

满足型式试验要求新一批次胶粘剂生产的构件，需测试强度、木破率及耐久性，满足要求后才可出货。测试样品应在胶粘剂正式用于生产前单独制备或取自第一轮试生产产品。测试样品所用材种及胶粘剂固化工艺应与实际生产过程中所用材种和胶粘剂固化工艺相同。新批次胶粘剂层板胶合性能应满足同种胶粘剂边接胶合的相关要求。

每一新批次胶粘剂应依据 AITC Test T110 的要求测试层板胶合和端接胶合的耐久性。试样在经一轮完整循环后，每个针叶材样品的剥离率不得大于 5%，每个阔叶材样品的剥离率不得大于 8%。层板胶合和端接胶合性能测试试件应采用实际生产过程中所用的胶粘剂固化工艺制备。

1）层板胶合

对于每一新批次胶粘剂，应根据 AITC Test T107 的相关要求进行剪切测试。单根梁体所有试样的平均抗剪强度不得低于无疵木材顺纹抗剪强度平均值的 90%（依据 ASTM D2555 测试）。若需进行材种组群测试，则应沿用 ASTM D2555 标准中规定的材种组赋值方法。12%含水率下的剪切性能值适用于含水率不超过 12%的状态。型式试验或批次验证测试中，如若采用针叶材种或低密度阔叶材种，单根梁体所有样品剪切面的平均木破率不得低于 80%；如若采用高密度阔叶材种，则单根梁体所有样品剪切面的平均木破率不得低于 60%。

2）端接胶合

端接头样品的制作应采用实际生产过程中所用的胶粘剂固化工艺。依据 AITC Test T119 标准的相关要求评价端接头的胶合强度和木破率。胶粘剂批次测试至少需 4 个端接头样品。针叶材或低密度阔叶材所有测试样品的平均木破率不得低于 80%；高密度阔叶材所有测试样品的平均木破率不得低于 60%。所有测试样品的平均胶合强度：至少测试 30 个试样的拉伸性能。测定样品的拉伸强度平均值与 5%分位值（75%置信度）。平均胶合强度应满足相应的 QSL 值。

（5）日常质量控制测试

日常质量控制应包括生产工艺流程各工序步骤的连续性详检（线上检测），代表性产品试样物理性能测试（线下检测）和制成品检验等。

1）线上检测应基于质量控制手册规定的工序流程检验点实施。线上检测应包括但不限定于：含水率的测量；表面砂光质量的评价；端接、层板胶合与边接胶合工艺流程的观测；胶粘剂混合比例检验；胶粘剂涂布均匀度与涂布量的检验；组坯时间、加压压力与固化环境的检验。

2）每日应在生产的产品中制取代表性试样，以进行层板胶合、边接和端接胶合强度和胶合耐久性的线下测试。端接接头的加工与端接接头的配合应作为日常质量控制的一部分加以检验。对于同一班组所用的同种材种锯材和预制锯材，若已知材料的型式试验控制值，则日常质量控制测试仅需测试材料的层板胶合、边接和端接胶合性能。

① 层板胶合、边接和端接胶合性能抽样样品应能代表并反映实际生产过程中所用的材种组合、胶粘剂类型及工序处理流程等。若所用的不同材种可根据本标准规定划归为同一个材种组，且胶合工艺类同，则特定抽样周期内，单种材种测试结果适用于其所属材种组中的所有材种。每日材种组样品的抽样数量应与该材种组当日实际生产量成比例。

② 层板胶合和边接单班每 50000 板（83m^3）产量的胶合木至少应抽取一个试样。抽样样品应能代表实际生产条件下生产的产品。可能情况下，抽样样品可取自生产产品构件的端部。层板胶合和边接至少应测试 10 个胶层。若抽样样品截面的胶层数超过了 10 个，则需测试样品的所有胶层。若生产产品构件的胶层数低于 10，则至少需抽样两个试样，抽取试样的所有胶层均需测试。

③ 层板间胶层的剪切测试应依据 AITC Test T107 标准的相关要求进行。所有测试样品的抗剪强度值应求平均值，平均值应不得低于无疵木材顺纹抗剪强度平均值的 90%（依据 ASTM D2555）。所有测试样品的木破率应求平均值，针叶材或低密度阔叶材所有测试样品的平均木破率不得低于 70%；高密度阔叶材所有测试样品的平均木破率不得低于 50%。

④ 若边接胶合需满足结构使用条件，则边接胶合也应经受同层板胶合一样的抗剪测试（应根据层板厚度对测试样品宽度进行修正）。边接胶合性能指标要求参见层板胶合性能要求。

⑤ 生产工厂单批次生产量应由生产商与认可检验机构共同确认。端接接头测试样品数量应由抗弯构件外层抗拉区范围（至少 10%的构件高度）或同等组合构件全高度范围内的端接头总数确定。每 200 个端接头至少需测试 1 个端接头，每批次、每班组或每

50000 板（$83m^3$）端接头测试样品数量不得低于 2 个。

⑥ 端接胶合日常测试应依据 AITC Test T119 标准的要求测试端接接头胶合强度和木破率。木破率的限值要求参照层板胶合性能要求。胶合强度质量控制要求应基于批次抽样数量确定。批次质量应由连续质量控制项目控制。要求的端接胶合强度应为批次样品平均胶合强度的统计过程控制限值（SPC）。

（6）成品的目测检验

成品的目测检验项目包括：尺寸（宽度、高度和长度）；形状（弧形和截面垂直度）；外观分等；锯材材种与层板等级组合结构；含水率；标记。

15.3.2 第三方机构认证

结构用胶合木的第三方认证主要由生产工厂、第三方检验机构、第三方检测机构与第三方认证机构联合开展。认证主要参照美国国际建筑规范 IBC、美国民用建筑规范 IRC、各州府发布的建筑规范以及相关的产品质量标准，对生产工厂的质量控制与质量保证体系进行合格评定。生产工厂除需适时更新维护工厂的质量管体系，以使其适应于生产质控的实际情况；还需严格执行质量控制手册的相关要求，除此之外，还应满足如下要求：

1. 生产工厂的质量控制手册

生产工厂的程序文件和质量控制手册规定了生产工厂的生产工艺流程和质量控制体系。质量控制手册中应包含生产工艺流程巡检、物理性能测试和目测检验等内容。生产工厂应适时更新质量控制手册。质量控制手册应定期由检验机构评审和批准。

2. 生产工厂的质量控制记录

生产工厂应对生产控制记录予以保存，记录保存年限为 5 年。需保存的记录有：有关认证产品的原始生产数据记录；型式试验结果；制成品的日常测试结果，包括抗剪测试、循环剥离测试和端接强度测试；生产线测试文档；关于加工构件的缺陷描述及修补的文档等。

3. 结构用胶合木认证产品贴标

满足 ANSI A190.1 标准要求的结构用胶合木应做清晰的贴标，非标构件标记或其他要求标记的间距不得超过 8ft（2.4m），以确保加工出的短小构件上仍保留有标记。定制构件至少应包含一个满足要求的标记。对于需在制造现场截断的长构件，应遵循非标构件标记间距的相关要求。

标签应包括的内容有：

（1）结构用胶合木的标准号：ANSI A190.1；

（2）认可检验结构名称；

（3）结构用胶合木工厂的名称；

（4）所用材种或材种组的名称；

（5）适用的层板规格和胶合木组合结构标号（标记中应包含美国 ASD 允许应力设计法下的抗剪设计值 F_v、横纹抗压设计值 $F_{c\perp}$、抗弯设计值 F_b 等）；

（6）外观等级标号（FRAM 代表框架等级、IND 代表工业等级、ARCH 代表建筑等级、PREM 代表优质等级）；

(7) 验证荷载端接标号（构件选用了验证荷载层板）；

(8) 批次号或加工识别号，用于回溯特定构件的生产和质量控制；

(9) 若采用了替代抗拉层板，应在构件上做好标记表明所用面层替代层板的等级；

(10) 如果胶合木是非对称组合的，应在成品上明确标记哪一面是朝上的即“TOP”面朝上，避免安装时出现错误。

4. 防火等级标记

满足一小时防火等级要求的构件，应按组坯结构要求进行组坯：去除一层中心层板，抗拉区层板内移，再附加一层名义厚度为 2in、等级同于组坯结构外层抗拉区层板等级的层板。满足此种组坯结构的构件可作 1h 防火（1-HOUR FIRE RATING）标记。

满足二小时防火等级要求的构件，应按组坯结构要求进行组坯：去除两层芯层层板，抗拉区层板内移，再附加两层名义厚度为 2in、等级同于组坯结构外层抗拉区层板等级的层板。满足此种组坯结构的构件可作 2h 防火（2-HOUR FIRE RATING）标记。

5. 认证证书的撤销

如果出现如下情况，则工厂应移除已贴标的认证产品的标识并由认证机构撤销其认证证书：

(1) 物理性能测试、目测检验以及生产记录的评审表明认证产品不能持续满足 ANSI A190.1 标准的相关要求；

(2) 审核结果表明产品不满足 ANSI A190.1 标准的相关要求。

6. 认可检验机构的定期审核

认可检验机构应定期在未告知工厂的情况下，对工厂生产的满足 ANSI A190.1—2017 标准要求的产品进行随机审核，对工厂生产工艺流程和生产质控记录进行监督检验。若生产工厂获得了符合性认证的证书，则认证证书适用范围内的所有结构用胶合木均需标记认可检验机构的名称。认证通常是针对生产线进行的，如果一个公司存在多条生产线，则每条生产应分别按照 ANSI A190.1—2017 的要求进行认证。

7. 认可检验机构的资质

在胶合木工厂通过认证后，如何持续保证产品满足认证要求，检验机构能否进行有效监督非常重要。在产品标准中，规定具资质的认可检验机构除满足 ISO/ICE 17020 要求外，还应满足如下要求：

(1) 应建立并维护工厂审核指导书，以审核生产工厂的质量管理体系是否持续满足认证要求；

(2) 应配备相应设施和对胶合木生产质量控制经验丰富的检查人员，以实施审核与验证相关认证工厂质控测试结果的合规性；

(3) 应定期审核生产工厂的生产工艺流程和生产质量，验证是否满足 ANSI A190.1 标准的要求；

(4) 应审核生产工厂对检验机构的质量标识以及相关质量证明的使用是否恰当；

(5) 应不得和受审核的生产工厂有经济利益关联；

(6) 应不得由生产工厂及其母公司隶属、运营及控制；

(7) 实时关注相关标准规范、生产工艺流程文件动态，关注行业研发最新进展；

参 考 文 献

[1] SMITH L W, WOOD L W. History of yard lumber size standards [M]. Madison: Forest Products Laboratory Forest Service U. S. Department of agriculture, 1964.

[2] APA-The Engineered Wood Association. Standard for wood products-structural glued laminated timber: ANSI A190. 1-2017[S]. Tacoma: APA-The Engineered Wood Association, 2017.

[3] The European Parliament and the Council of the European Union. Construction products regulation: REGULATION (EU) No. 305/2011[S]. The European Parliament and the Council of the European Union, 2011.

[4] British Standards Institution. Timber structures-glued laminated timber and glued solid timber -requirements: BS EN 14080-2013[S]. London: British Standards Institution, 2013.

[5] British Standards Institution. Timber structures-structural laminated veneer lumber- requirements: BS EN 14374-2004[S]. London: British Standards Institution, 2004.

[6] British Standards Institution. Laminated veneer lumber (LVL)-definitions, classification and specifications: BS EN14279-2009[S]. London: British Standards Institution, 2009.

[7] British Standards Institution. Wood-based panels for use in construction-characteristics, evaluation of conformity and marking: BS EN 13986-2015[S]. London: British Standards Institution, 2015.

[8] Australia and States and Territories of Australia. Building code of australia guide to volume one: NCC-2016[S]. The Australian Building Codes Board, 2016.

[9] 国家标准化管理委员. 合格评定 认可机构要求: GB/T 27011—2019[S]. 北京: 中国标准出版社, 2020.

[10] ISO/CASCO Committee on conformity assessment. Conformity assessment-requirements for bodies providing audit and certification of management systems-Part 1: Requirements: ISO/IEC 17021-2015 [S]. ISO/CASCO Committee on conformity assessment, 2015.

[11] ISO/CASCO Committee on conformity assessment. Conformity assessment- requirements for bodies certifying products, processes and services: ISO/IEC 17065-2012[S]. ISO/CASCO Committee on conformity assessment, 2015.

[12] ISO/CASCO Committee on conformity assessment. Conformity assessment -general requirements for bodies operating certification of persons: ISO/IEC 17024-2012[S]. ISO/CASCO Committee on conformity assessment, 2012.

[13] ISO/CASCO Committee on conformity assessment. General requirements for the competence of testing and calibration laboratories: ISO/IEC 17025-2017[S]. ISO/CASCO Committee on conformity assessment, 2017.

[14] ISO/CASCO Committee on conformity assessment. Conformity assessment-requirements for the operation of various types of bodies performing inspection: ISO/IEC 17020-2012[S]. ISO/CASCO Committee on conformity assessment, 2012.

[15] 全国质量管理和质量保证标准化技术委员会(SAC/TC151). 质量管理体系 基础和术语: GB/T 19000—2016. [S]. 北京: 中国标准出版社, 2006.

[16] 全国质量管理和质量保证标准化技术委员会(SAC/TC261). 合格评定 词汇和通用原则: GB/T 27000—2006[S]. 北京: 中国标准出版社, 2006.

[17] APA-The Engineered Wood Association. Standard specification for structural glued laminated timber

of softwood species：ANSI 117-2020 [S]. Tacoma：APA-The Engineered Wood Association，2020.

[18] ASTM International. Standard practice for establishing allowable properties for structural glued laminated timber (Glulam)：ASTM D3737-2018[S]. West Conshohocken：ASTM International，2018.

[19] APA-The Engineered Wood Association. Standard for adhesives for use in structural glued laminated timber：ANSI 405-2013[S]. Tacoma：APA-The Engineered Wood Association，2013.

[20] ASTM International. Standard practice for establishing clear wood strength values：ASTM D2555-2017[S]. West Conshohocken：ASTM International，2017.

第 16 章　装配式木结构建筑

16.1　概述

装配式建筑是指建筑的结构系统、外围护系统、设备与管线系统、内装系统的主要部分采用预制部品部件在工地装配而成的集成建筑，主要包括装配式混凝土结构建筑、装配式钢结构建筑和装配式木结构建筑等。装配式建筑采用标准化设计、工厂化生产、装配化施工、一体化装修、信息化管理和智能化应用，把传统建造方式中的大量现场作业工作转移到工厂进行，是现代化工业生产方式。

近年来，装配式建筑和建筑产业化的发展得到了各级政府的高度重视，相关政策也不断出台，相关标准不断完善，对推动和规范我国建筑产业化的发展，促进传统建造方式向现代工业化建造方式的转变具有重要意义。2016 年，国务院办公厅出台的《关于加强城市规划管理工作的若干意见》中提出"要大力推广装配式建筑，积极稳妥地推广钢结构建筑，在具备条件的地方倡导建造现代木结构建筑"的要求。2017 年 3 月，住房和城乡建设部印发《"十三五"装配式建筑行动方案》提出："制定全国木结构建筑发展规划，明确发展目标和任务，确定重点发展地区，开展试点示范。具备木结构建筑发展条件的地区可编制专项规划。"

装配式木结构建筑指建筑的结构系统由木结构承重构件组成的装配式建筑。装配式木结构的木构件、部品部件主要在工厂预制，在现场进行装配，其最主要的特点是：大量现场施工转移到工厂生产，设计、生产全流程采用计算机辅助技术，构件、部品部件及房屋的质量控制由工地前移至工厂，能规模化生产，并能满足严格的质量认证管理的要求。工厂的生产效率远高于传统方式，木构件的生产不受恶劣天气等自然环境的影响，施工周期更为可控。现场装配施工，机械化程度高，减少现场施工及管理人员数量，节省了可观的人工成本，提高了劳动生产率

装配式木结构在北美地区广泛应用于低层住宅建筑和公共建筑等，既适用于新建建筑，也适用于既有建筑的改造。根据加拿大工厂预制房屋协会的不完全统计，2015 年装配式木结构建筑的产值超过 16 亿加元，装配式木结构房屋占新建独栋式木结构住宅的 15.6%，为预制房屋工厂提供了 25500 个工作岗位。在瑞典，约有 86%的新建低层住宅采用装配式组件，现场制作的木结构建筑仅占 10%；在芬兰，60%的住宅采用装配式木结构。

16.1.1　相关技术标准

2017 年 6 月实施的国家标准《装配式木结构建筑技术标准》GB/T 51233—2016 的条文说明中指出："现代木结构建筑的建造过程都是使用工厂按一定规格加工制作的木材、木构件或组件，通过在施工现场安装而构成完整的木结构建筑。因此，现代木结构建筑都

可列入装配式木结构的定义范围。”

2018 年 2 月实施的国家标准《装配式建筑评价标准》GB/T 51129—2017 中第 4.0.1 条规定：装配式木结构建筑主体结构竖向构件评价项得分可达 30 分（总分 50 分，最低 20 分），当楼（屋盖）盖构件中预制木部品部件的应用比例为 80%时，可得 20 分，当采用木骨架组合墙体作为围护墙和内隔墙时，也可以获得相应的分值，具体分值计算见表 16.1-1。

装配式木结构建筑评分表　　**表 16.1-1**

评价项		评价要求	评价分值	最低分值
主体结构（总分 50）	木结构竖向构件	35%≤比例≤80%	20～30*	20
	预制木楼（屋）盖	70%≤比例≤80%	10～20*	
围护墙和内隔墙（总分 20）	非承重维护墙非砌筑	比例≥80%	5	10
	围护墙与保温、隔热、装饰一体	50%≤比例≤80%	2～5*	
	内隔墙非砌筑	比例≥50%	5	
	内隔墙与管线、装修一体化	50%≤比例≤80%	2～5*	
装修和设备管线（30 分）	全装修	—	6	6
	干式法楼面、地面	比例≥70%	6	—
	集成厨房	70%≤比例≤90%	3～6*	
	集成卫生间	70%≤比例≤90%	3～6*	
	管线分离	50%≤比例≤70%	4～6*	

注：表中带“*”项的分值采用“内插法”计算，计算结果取小数点后 1 位。

16.1.2　装配式木结构的组件

1. 预制梁柱式构件与木桁架

预制木梁、木柱构件（图 16.1-1）与木桁架是装配式木结构建筑中最灵活的组件，尽管它需要在现场进行一些局部的二次加工，也是十分容易完成的。在欧洲地区和日本，梁柱构件在各种结构体系中得到广泛使用，而在北美地区，预制木桁架更受欢迎。目前，国内的预制构件以方木、原木和胶合木梁柱为主，一般应用于方木、原木和胶合木结构中。

2. 预制板式组件（墙体、楼盖和屋盖）

板式预制组件是指通过结构分解，将木结构建筑中的墙体（图 16.1-2）、楼盖和屋盖分解成不同功能和尺寸大小的平面板块，并在工厂制作完成后运输到现场，再进行吊装组合的一种预制板式单元。预制板式组件的尺寸大小是根据整栋建筑的平、立面尺寸和标准化设计要求而确定。常用的平面预制板式组件的结构形式有：层板钉接木（NLT）、正交胶合木（CLT）、木基结构板组合墙体、木基结构板组合楼（屋）盖。

3. 预制空间式组件

预制空间组件（图 16.1-3）一般都是三维的结构单元，其中包括了墙、楼盖或屋盖。预制空间组件是预制程度最高的组件，在工厂预制时，包括了防水保温、外饰内装、水电穿管和厨卫设施，有些还可以包括部分家用电器。加拿大的预制空间组件供应商能提供完成度为 85%的模块化组件，并能保证其运输半径达到 800km。

图 16.1-1　预制梁柱式构件

图 16.1-2　预制板式组件

图 16.1-3　预制空间式组件

16.2　深化设计

16.2.1　建筑模数协调

建筑模数协调使建筑预制构件、组件、部品设计标准化、通用化，实现少规格、多组合。模数是实现建筑装配式的基本手段，统一的模数，保证了各专业之间的协调，同时使装配式木结构建筑各组件、部品工厂化。对于量大面广的住宅等居住建筑宜优先采用标准化的建筑部品；建筑平面宜规整简单，应符合工业化要求，结构组件形式和规格应统一，应方便制作和运输。厨房、卫生间的平面尺寸宜符合模数要求，并考虑橱柜、卫浴设施以及设备管道的合理布置，接口设计与标准化的建筑部品相协调。由于装配式木结构建筑的楼板、墙体是工厂加工完成的，厨房、卫生间宜采用整体橱柜和卫浴，一次性完成精装修，可避免现场安装时破坏设备管线、管道的预留孔洞和防水层等。

模数制是建筑营造技术中的重要内容，源于古希腊，当时是将模数作为统一构件尺寸的最小单位。模数制在历史上经历了几次重大发展，在第二次世界大战期间，爱尔奈斯塔·伊范塔尔在西德“八分制”的基础上提出的尺寸协调体系，即一个基本模数为 12.5cm 或 1/8m 的体系；随后，瑞典和美国基本建立起以 10cm 为基本模数的协调体系；日本的模数标准以 1 与 2、3、5、7 的倍数值自成系列，最小单位为 5mm。模数制的一系列尺寸构成模数数列，是建筑物及构配件尺寸设计的基准。模数数列向空间化发展形成了模数网格设计，国际标准化组织 ISO 规定了以基本模数 1M，扩大模数 3M、6M、12M 为模数网格尺寸，在这一基础上，日本等国均对模数制中不符合 ISO 标准规定的部分进行了修订。

预制化技术在木结构中是相对的概念，古代木结构中，梁柱等主要构件也是预先加工，再进行现场搭建，实际也是一种预制加工技术。在现代木结构中，通过合理使用各类预制木构件和组件，提高了预制率。加之机械化加工技术的发展，提高了木结构建筑的工业化水平，因此出现了预制装配式木结构的说法。预制装配式木结构建筑主要有以下几种结构形式，每种结构形式下均采用了不同程度的预制装配技术。

1. 框架式

框架式木结构即传统的梁柱式结构，以中国古代梁柱式木结构为例，其在营造技术上遵循科学的模数制度。宋《营造法式》中材分模数制度由材、分、契三级数量关系构成，规定断面高度为基本模数单位，并确定 3∶2 的高宽比。清《工程做法》中斗口模数制度以斗口宽作为建筑各部构件的度量单位，较宋有所简化。宋材分模数制度下，构件的预制存在着明显的数量级差，“材”是模数的基本单位，可进一步细分为分，分是材高的1/15、材宽的 1/10，房屋的规模、各部分的比例、构件的长短、外观形貌等全部是用分的倍数规定的。所以分就是古代的一种基本模数。从材和分派生出“契”和“足材”，“契”高 6 分、宽 4 分，1 材加 1 契，共高 21 分，称“足材”。

目前，我国的建筑模数以国家标准《建筑模数协调标准》GB/T 50002—2013 的规定为标准，以 100mm 为基本模数数值，定位 M，即 1M＝100mm，根据基本模数，得到相应的扩大模数 3M、6M、12M、30M、60M 等和分模数 1/2M、1/5M、1/10M、1/20M、1/50M、1/100M 等。在这一模数制下，要求现代梁柱式木结构中柱的间距至少在 600mm 以上，实际一般在 1.2m 以上。日本现代梁柱式木结构中，根据建筑标准法，梁、柱和桁架主要使用正方材，横截面尺寸一般为 105mm 或 120mm，布置间距一般为 900mm 的整数倍。可以说，在框架式木结构当中，无论是古代梁柱式结构还是现代梁柱式结构，预制构件的尺寸、构件间间距均按一定的模数制进行设计制作。

2. 墙板式

墙板式木结构的预制主要是在规格材的基础上实现结构墙体、楼盖和屋盖等的预制。对于墙板式墙体构件（木基结构板组合墙体），一般以 305mm、406mm 或 610mm 的间距布置规格材来布置墙龙骨，再覆以结构胶合板或定向木片板（OSB），覆面板材的规格一般为 1220mm×2440mm。同时注意预留门、窗洞口。楼（屋）盖构件的主要部件包括楼盖搁栅、楼面板及顶棚等。在木基结构板组合楼（屋）盖中，搁栅一般采用规格材或工字梁，北美地区布置间距一般为 16in（约 406mm）。屋盖主要包括屋面板和屋架（椽条），其中屋架（椽条）通常工厂预制，间距一般小于等于 610mm。

3. 框架剪力墙式

在日本，框架剪力墙式结构体系的梁柱布置按照现代梁柱式进行，即以 900mm 的整数倍布置，梁柱构法中多采用 105mm×105mm 的方木。剪力墙部分的预制则与墙板式结构（轻型木结构）类似，一般采用 2×4(38mm×89mm) 和 2×6(38mm×140mm) 的规格材，构成剪力墙系统的木骨架，布置间距为 400mm 或 600mm，然后采用结构胶合板或定向木片板（OSB）进行覆面封闭，以此增强结构的整体刚度。

16.2.2 BIM设计

建筑信息模型BIM的概念源于美国学者提出的“建筑描述系统”，它是以三维数字技术为基础的集成建筑工程项目各种相关信息的工程基础数据模型，是对工程项目相关信息详尽的数字化表达。BIM概念提出后，在全球范围内得到迅速的推广。

对于木结构建筑来说，由于其预制装配式的特点，若在其设计、预制生产以及施工过程中引入BIM技术，建造效率将得到较大的提高。近年来，国内学者对BIM技术在木结构设计建造过程中的应用展开了大量研究，沈阳工业大学于2014年开发出木结构房屋加工中心制造CAM系统，该系统可以读取常用三维设计软件的产品构件，提高了木材加工效率。目前，BIM技术研究与应用在一定程度上提高了木结构的设计建造效率，但应用点不够全面，木结构工程仍存在设计、加工与建造阶段信息不通畅的问题。加拿大2015年建成的斯阔米什中心，其全部构件采用BIM设计，并利用CNC进行构件加工，在施工过程中，采用基于BIM虚拟建造技术，极大地缩短了工期，项目总工期仅为8个月。

基于预制木骨架墙体的特点，使用AUOTDESK REVIT软件作为木结构建筑的一体化BIM平台，实现BIM技术在设计、加工与建造三个阶段中的应用。考虑到木结构预制装配式的特点，可分为设计、加工与预拼装、安装建造三个阶段。每个阶段BIM都有其相应的应用点（图16.2-1）。

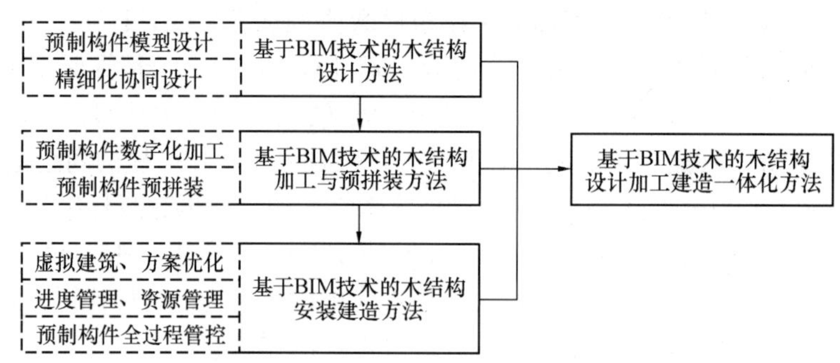

图16.2-1 BIM技术在木结构建筑各阶段的应用

1. 基于BIM技术的木结构设计

BIM概念出现比较早，结构工程师对于BIM的应用并不陌生，而且应该比任何一个专业工程师更为熟悉和了解BIM。事实上，结构设计是较早采用BIM模型进行建模分析的行业，即建立三维建模进行结构分析（如PKPM、SAP2000），不同的结构分析软件在功能上有一定区别。这种BIM只是适用于结构分析和设计，其侧重点是力学模型的准确，而目前主流的BIM模型则侧重结构构件、组件和设备管线等的几何位置。几何模型有时会和力学模型矛盾（比如，柱相对于轴线偏心，力学模型是一般不考虑这种偏心的），所以在设计阶段应用BIM时，主要工作是力学模型和几何模型的分离和联系，比如先进行结构分析，杆件的力学模型调整好以后，进入几何模型调整杆件的几何信息。

2. 基于BIM技术的木结构加工与预拼装

木结构设计完成后，需要在工厂加工生成构件，并预拼装保证构件的可建造性，在BIM的技术支撑下，这一过程的效率与准确性得到了大幅提高。数字化加工需要构件准确的几何信息及属性信息，在传统方法中，这些信息是由技术人员按照设计图纸二次建模得来，重复劳动多，且准确度低。近年来，BIM 技术在钢结构与机电工程加工过程中应用效果良好，这为其在木构件加工过程中的应用提供了很多借鉴。BIM 模型可以直观准确地表达出预制木构件的几何信息与属性信息，这些信息在设计阶段被创建并存储在预制构件库中，在加工阶段可以导入加工系统指导构件加工，进而实现高效准确的数字化加工。在预拼装过程中，BIM 模型一方面可以利用虚拟拼装技术，发现拼装方案的问题。另一方面，优化拼装方案也可以提供构件的相对位置信息，提高构件预拼装的效率，更快地发现加工误差并及时修复。

3. 基于 BIM 技术的木结构安装施工

在施工过程中，BIM 技术已被广泛应用于各类工程中，这些应用点均可以为木结构建筑施工提供借鉴。首先，可以利用 BIM 系统的虚拟建造技术，对整个结构进行施工方案分析发现施工方案中存在的问题与冲突。模拟施工动画可作为实际施工的指导，有利于现场技术人员清楚把握各道工序，对复杂部位和关键施工节点的模拟可以评估木结构施工方案和施工控制方法的有效性和正确性，并及时进行优化。其次，可以利用 BIM 模型进行多维度的项目管理，将施工进度计划与 BIM 模型相关联，可得到进度模型，利用该模型可进行进度管理，分析工序安排和施工方案的合理性。在进度模型的基础上，关联施工资源用量，可得到资源模型，利用该模型可进行资源管理，并能够对资源配置进行最优化分析。在资源模型的基础上，关联成本信息，可得到整个项目的成本计划，进而实现项目的成本管理。此外，木结构构件需要由工厂生产加工，再运输到施工现场进行吊装与连接，在这一过程中，构件从一个地点转移到另一个地点，从一个单位传递到另一个单位，容易造成信息丢失，如果构建信息关联 BIM 模型数据库，通过扫描构件上的二维码便可读取 BIM 模型中的构件信息，实现预制构件的全过程追踪与管控。

16.3　组件的生产加工

近几年在加拿大，预制组件得到了广泛应用。许多制造商投资更新了生产设备，以此来适应装配式建筑的发展潮流。在欧洲地区，特别是德国和瑞典，装配式木结构技术非常先进，例如瑞典的 Randek Bau Techd 和德国的 Hundegger 与 Weinmann 的全自动生产线，正在世界范围内大量应用。图 16.3-1 为全自动预制墙体生产线示意图。

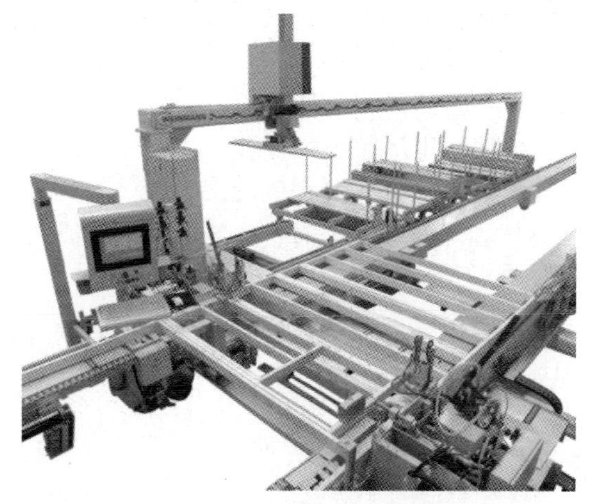

图 16.3-1　全自动预制墙体生产线

预制工厂中最常用的板式组件的生产效率最高，这些组件一般都是由工厂预制生产，在现场组装。这就需要专门的 BIM 和 CAD/CAM 工具来保证墙体、楼盖和屋盖尺寸的精确性。目前有许多 CAD 软件，可以根据建造地相应的地方规范来进行墙体拆分。同时深化团队也会对原有建筑结构的设计进行一定程度的优化。所有组件的几何、材料等信息都会输入相应的 BIM 模型中，进行模拟拼装、碰撞分析等，从而能避免设计中无法发现的问题。预制木结构建筑的设计深化流程为：绘制施工图→建立 BIM 模型（图 16.3-2）→组件拆分→模拟预拼装并优化组件→生成加工图纸→BIM 信息导入 CNC 设备→组件加工生产。

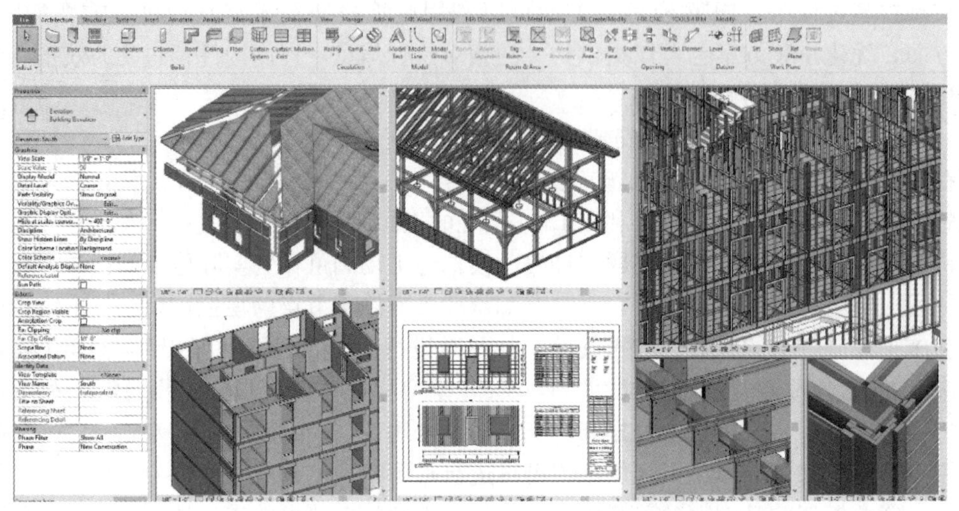

图 16.3-2　典型装配式木结构建筑的 BIM 模型

1. 预制板式组件

通常，预制板式组件（墙体）可以由手动、半自动或全自动生产线加工完成，其成品包括：木龙骨、保温防水、覆面板、门窗等必要组件。这种预制墙体可以分为两种，一种是开放式墙体，另一种是封闭式墙体。

开放式墙体是一种半预制的墙体，其木构架的一面覆板在工厂预制完成并组装门窗，运输到现场进行主体结构安装，然后填充保温材料和安装建筑设备，完成另一侧覆面板安装及墙体施工。生产这种墙体对生产线投入、场地要求均较小。在加拿大，开放式墙体一般在工地附近的临时工厂内加工生产的。而封闭式墙体在工厂完成预制，并整合保温、防水、门窗、建筑设备和管线，运输到现场以后吊装构件，并完成组装，最后仅需进行部分内外装施工即可。这种墙体通常采用半自动或全自动生产线加工完成。

2. 预制空间组件

空间组件作为预制程度最高的组件，其基本生产加工工序与预制板式组件类似。由于该组件体量相对较大，对整体精度要求较高，所以对前期深化设计的要求相对较高。在加拿大，空间组件供应商能够在 15d 内完成一栋模块屋的组件生产加工，这些加工完成的模块式组件在安装之前，需要妥善堆放，做好包装、防雨措施，避免堆放及转运过程中组件的损坏。

16.4　运输

预制木构件或组件在存储、运输、吊装等环节发生损坏将会很难修复，既耽误工期，又造成经济损失，因此预制构件运输中的储存工具与物流组织十分重要。我国预制构件物流运输企业普遍存在信息化程度较低的问题，大多数是委托的专业运输单位。预制木组件的放置和装运不合理，道路环境和运输安全等也存在问题，使得预制木构件或组件的质量在运输过程中无法保障。装卸车等待时间过长、运输空载率较高、信息化管理不成熟等问题导致运输成本较高，同时造成运输能耗浪费和环境污染。

根据欧美国家的预制墙板的工程经验，通常采用“箱式”挂车，预制木墙板的运输半径一般在 350～600km（图 16.4-1），而预制混凝土墙板的运输半径则在 200km 以内。预制木墙板的单元面积一般为 10～33m²，其最大墙体面积可达 55m²，最长可以达到 12m（图 16.4-2）。由于预制木墙板自重约为 40kg/m²，约为其他砌块墙体自重的 1/5，所以能提高墙体运输效率，同时对现场起重设备的要求较小。

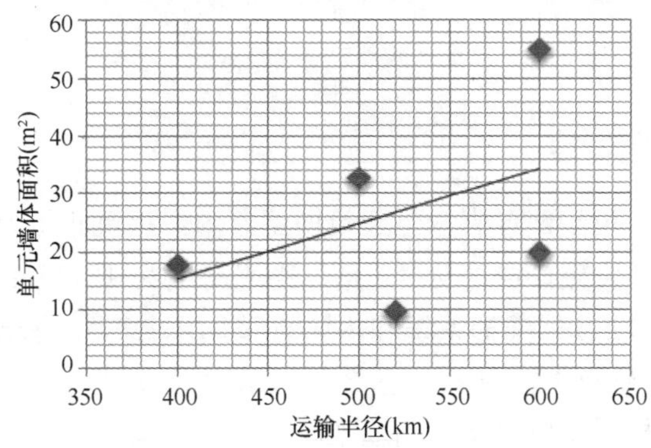

图 16.4-1　预制单元墙体面积与运输半径的关系

图 16.4-2　预制墙体堆放与运输

即使在北美地区，预制板式和空间组件仍然受到运输条件的限制，由于道路的限宽、限高，当运输超限的组件时，需要得到交通管理部门的许可。所以装配式建筑的应用，必须考虑当地运输条件。加拿大道路的限制条件，如限宽、限高和超长见表 16.4-1。

加拿大部分地区的道路限制条件　　**表 16.4-1**

加拿大地方省	限宽（m）	限高（m）	超长（m）
不列颠哥伦比亚省	4.45	4.75	30.78
阿尔伯塔省	—	5.18	—
曼尼托巴省	4.57	4.57	30.05
安大略省	4.87	4.87	39.93
魁北克省	4.87	4.87	39.93

16.5　现场安装施工

预制组件在工地现场吊装、安装需要现场各工种之间有效的协调。当遭遇恶劣天气时，预制组件的堆放、安装须有必要的防护措施。作为最为常用的板式组件（墙体）吊装后，应紧接着进行连接件施工、固定墙体，同时尽可能缩短墙体在工地现场的堆放时间，避免墙体受损或受潮。当单元墙体面积超过 36m^2 或自重超过 1.5t 时，应在吊装过程中，进行相应楼层标高的风速测量，当风速大于 10m/s 时，应停止墙体吊装施工。一般情况下，预制墙体施工应在主体结构脚手架拆除后进行。针对预制非承重木骨架组合墙体应注意以下要点：

（1）底层应先设置防腐木底梁板（地梁板）；

（2）预制墙体安装顺序为：自下而上；

（3）对于低层建筑（4 层及以下），且采用自立式脚手架，脚手架与主体结构之间，须有至少 0.5m 以上的空隙，以便墙体吊装；

（4）预制墙体可按层为单元划分，也可以按 2 层为单元划分。

16.6 实例

16.6.1 江苏省绿色建筑博览会展示馆-木营造馆

江苏省绿色建筑博览园展示馆一木营造馆位于江苏省绿色建筑博览园内，建筑面积为 2161m^2。北侧为 1 层展示厅，南侧为 3 层办公楼，层高为 4.2m，建筑高度为 13.15m。建筑主体采用胶合木梁柱结构（图 16.6-1）。项目外围护系统和内隔墙采用木骨架组合墙体，楼盖采用预制木搁栅楼盖，为防止振动和噪声控制，木基结构板表面浇筑了 40mm 厚细石混凝土。南侧 3 层办公区域的屋盖结构采用胶合木三角屋架。

该项目采用 REVIT 建立了精细化的 BIM 模型，应用于施工定位、构件数量统计、碰撞检测等方面，提高了设计质量及后期施工效率（图 16.6-2）。借助 CADWORK/SEMA 软件，将 BIM 模型中的构件信息导入 CNC 加工中心，完成预制构件的加工生产。

图 16.6-1 项目实景图

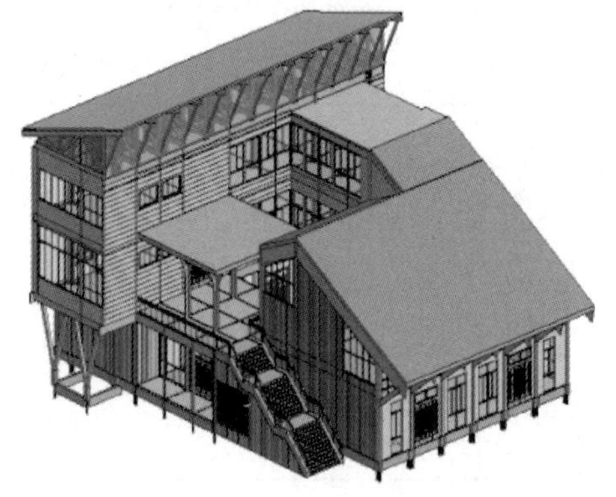

图 16.6-2 BIM 模型

由于木结构构件自重轻，因而现场施工对起重设施要求较低，吊装效率高；同时木构件以及连接件大多按照标准化设计，工厂加工效率高，现场安装简便，且缩短了安装时间，减少了现场用工。该项目木结构主体安装仅耗时 35d，用工 700 余工日。据测算，相比同类型混凝土结构可缩短 1/2 的工期，相比钢结构可缩短 2/3 的工期。

16.6.2　加拿大英属哥伦比亚大学 Brock Commons 学生宿舍

18 层的加拿大英属哥伦比亚大学（UBC）的 Brock Commons 学生宿舍建筑高度为 53m，采用钢筋混凝土核心筒、木结构和钢结构组合的混合木结构体系。其中，建筑基础、底层柱、梁和楼板结构以及核心筒（内含楼梯井、电梯和设备立管）为现浇钢筋混凝土结构，2 至 18 层为木结构，连接件和屋面结构采用钢结构，外围护系统为轻钢龙骨预制墙体（图 16.6-3）。该项目占地面积为 840m^2，建筑面积为 15120m^2，木材总用量为 2233m^3。其楼板由厚度为 169mm 的正交胶合木（CLT）板组成，有四种跨度规格，最大跨度为 12m。2～5 层采用截面为 265mm×265mm 的平行木片胶合木（PSL）柱，5～18 层采用截面为 265mm×215mm 的层板胶合木（GLT）柱。

图 16.6-3　柱节点与轻钢龙骨预制墙体

该项目采用了全过程的 BIM 技术，其模型（图 16.6-4）包括各专业的设计信息、建筑构件信息和设备系统信息。主要用于可视化、多专业协调、防碰撞检查、工料统计、四维规划和排序、施工可行性分析和数字化加工。所有的木结构构件（PSL 柱、GLT 柱、

图 16.6-4　BIM 模型与施工现场对比

CLT 板）与外围护墙体都是在工厂内预制加工完成的。每一个构件都有自身独立的编码，施工单位可以通过这个编码查询该构件的各类信息和安装的位置。为缩短建造工期，加工好的构件直接运输至项目现场进行吊装，省略了堆放和二次吊装的环节，现场做到了零材料堆放，减少了仓储成本和现场管理成本。

该项目在开工前，提前进行相关建材、构件及施工设备的采购和加工，并按照施工进度安排的要求确保所需库存。在施工进度安排方面，为了避免现场木构件长期暴露在潮湿或雨水环境中，木结构部分的现场施工被要求在温哥华干燥少雨的 6～8 月份内完成，以此来避免因天气原因造成的停工。同时每层主体木结构完成后即进行同层外围护结构的吊装，与木结构的安装同步进行，这样确保了每层主体木结构构件处于含水率可控范围内。

16.6.3 德国 Landesgartenschau 展厅

德国斯图加特大学数字化建筑设计系的 A. Menges 教授等人设计了位于德国 Schwäbisch Gmünd 的 Landesgartenschau 展厅（图 16.6-5）。该项目由欧盟和德国巴登符腾堡州共同出资建设，是斯图加特大学“机器人木结构建筑”项目的一部分，与 Forst BW 和 KUKA 公司共同合作完成。它是第一座单层壳体结构的装配式木结构建筑，壳体采用机器人加工预制的山毛榉胶合板，板厚仅为 50mm，最大跨度为 10m，共使用了 12m^3 木材，建筑面积为 125m^2，内部空间为 605m^3。该项目集中展现了当前采用参数化设计、机器人加工和装配化建造木结构建筑的最新研究成果。

图 16.6-5　Landesgartenschau 展厅

木材是最古老的建筑材料之一，依靠全新的机器人加工、制造工艺和参数化设计方法，让可再生资源的木材获得极高的材料利用和建造效率，该项目主要有五个创新特点：

1. 仿生轻量化设计

在植物和生物的世界里，生态构造永远是以最小能源消耗方式制造出来的，特点是重量轻，并保持一定的刚度。自然界的一个基本原则是“适合躯体的质量”，在遇到最大荷载的地方优先得到生长，在承受很小荷载的地方，材料则减少。与传统结构相比，该项目仿生优化后的建筑方案为结构轻量化设计指明了方向，从而实现了跨高比为 200∶1 的单层壳体结构。

2. 参数化设计

该项目的结构设计相当复杂，但是通过先进的计算机辅助和参数化设计手段，让这一切成了现实。参数化设计为这个研究项目提供了更多的可能性，在自动化的计算和设计中考虑到材料的特性和工艺参数，实现空间找形、单元自动优化和划分等关键设计流程（图 16.6-6）。

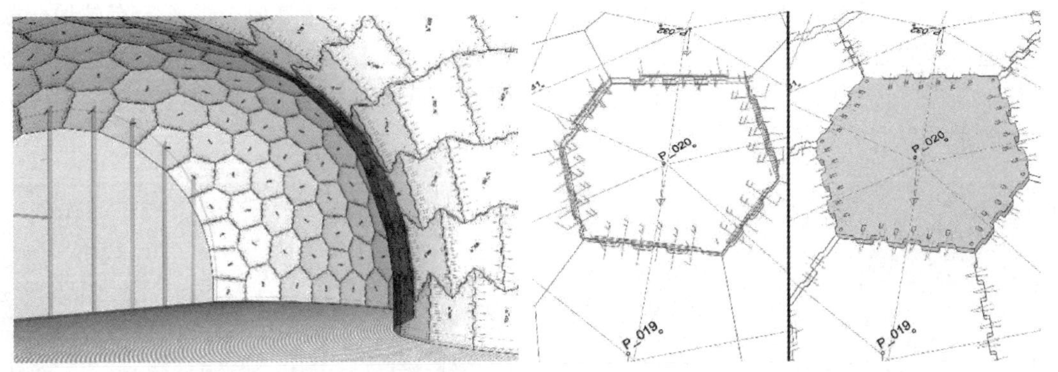

图 16.6-6　Landesgartenschau 展厅参数化模型

3. 机器人制造

该项目的数字模型涵盖了空间找形所需的建筑模型、结构分析所需的力学模型与数字化制造所需的加工模型。主体结构 243 块形状各异的山毛榉胶合板都是由机器人加工制造而成，这些板块之间采用咬合互锁关节连接，共有约 7600 个关节，也由机器人加工完成的，实现了传统制造加工不可能完成的工作，达到了结构设计所需的精度。在展厅的建筑内部，能够清晰可见这些边缘咬合的构造。此外，工业机器人除了能够稳定完美地生产出这些复杂而精准的独一无二的胶合板，也有着极高的加工效率，完成所有板材单元的制作加工只需要 3 周时间（图 16.6-7）。

图 16.6-7　机器人加工山毛榉胶合板

4. 先进的测量方法

相对于传统的预制方法，这种单元板的制造在激光跟踪仪的辅助下，精度达到了毫米级。最终完成的建筑与三维结构模型比较后，只有 0.86mm 的偏差。相对于传统木结构的偏差，这个值非常低，特别是在考虑到这个壳体式结构建筑的外壳和内表面同时安装，是一个超高精度的空间木结构建筑。

5. 装配式施工

该项目是第一个由机器人制造榉木胶合板而完成的建筑。这种壳体结构整合多种生物体特征，作为结构构件的同时，也成为建筑的表皮。荷载通过齿状咬合的板壳有效地分散和传递，而胶合板的厚度仅有 50mm。该项目共使用了 12m^3 的榉木胶合板，而且这些材料在未来拆除再利用时，还可重新切割作为地板使用。该项目仅用 3 周时间完成了主体结构、防水和保温等现场安装施工（图 16.6-8）。

图 16.6-8　装配式施工现场

参　考　文　献

［1］ 住房和城乡建设部住宅产业化促进中心. 中国装配式建筑发展报告(2017)[M]. 北京：中国建筑工业出版社，2017.

［2］ 住房和城乡建设部住宅产业化促进中心. 大力推广装配式建筑必读[M]. 北京：中国建筑工业出版社，2016.

［3］ 中国建筑标准设计研究院. 装配式建筑系列标准应用实施指南(木结构建筑)[M]. 北京：中国计划出版社，2016.

［4］ 杨学兵，欧加加. 我国装配式木结构建筑体系发展趋势[J]. 建设科技，2018(5)：6-11.

［5］ 张海燕. 北美地区装配式木结构的应用[J]. 建设科技，2018(5)：12-13.

［6］ 朱亚鼎. 预制木骨架组合墙体的发展与应用[J]. 建设科技，2018(5)：20-21.

［7］ 张树君. 装配式现代木结构建筑[J]. 城市住宅，2016，23(5)：35-40.

［8］ 韩振华，陈玲. 木结构建筑的工业化　模数制下的预制装配[J]. 林产工业，2017，44(11)：38-40.

［9］ 曾莎洁，范伟达. 基于 BIM 的木结构设计建造一体化技术框架研究[J]. 建设科技，2016(18)：90-92.

［10］ 高晶，张拓钲. 初探 BIM 与木结构：使用 Revit 创建木质框架墙[J]. 林产工业，2017，44(11)：45-48.

[11] CHUN N，MARJAN P. Mid-rise wood-frame construction handbook[M]. Canada：Canadian Wood Council，2015.

[12] Naturally：wood. Brock Commons tallwood house[DB/OL]. Forestry Innovation Investment，https://www. naturallywood. com/emerging-trends/tall-wood/brock-commons-tallwood-house.

[13] MENGES A. Landesgartenschau exhibition hall[DB/OL]. University of Stuttgart，http：//icd. uni-stuttgart. de/? p=11173.

[14] Archdaily. Landesgartenschau exhibition hall /ICD/ITKE/IIGS University of Stuttgart[DB/OL]. https://www. archdaily. com/520897/landesgartenschau-exhibition-hall-icd-itke-iigs-university-of-stuttgart/.

第17章 施工与验收

17.1 木结构施工

17.1.1 木构件放样与制作

制作木桁架等组合构件前，通常需先行放样并制作样板。放样是按1∶1的足尺比例将构件绘制在平整的工作台面上，对称构件可利用对称性仅绘制一半。

放样时，除方木、胶合木桁架下弦杆以净截面几何中心线外，其余杆件及原木桁架下弦等各杆均应以毛截面几何中心线与设计图标注的中心线一致。[图17.1-1 (a)、(b)]；当桁架上弦杆需要做偏心处理时，上弦杆毛截面几何中心线与设计图标注的中心线的距离为设计偏心距[图17.1-1 (c)]，偏心距 e_1 不宜大于上弦高度的1/6。

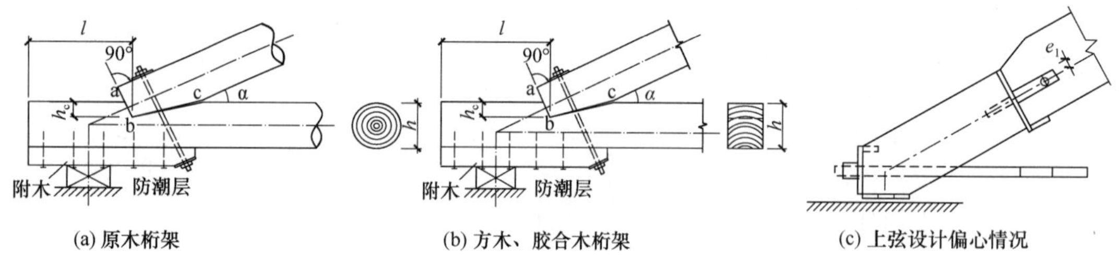

(a) 原木桁架 (b) 方木、胶合木桁架 (c) 上弦设计偏心情况

图17.1-1 桁架杆件截面中心线与设计中心线的关系

桁架应做 $l/200$ 的起拱（l 为跨度），应将上弦脊节点上提 $l/200$，其他上弦节点中心落在脊节点和端节点的连线上且节间水平投影保持不变；在保持桁架高度不变的条件下，决定桁架下弦的各节点位置，即下弦有中央节点并设接头时与上弦同样处理，下弦呈二折线状[图17.1-2 (a)]；当下弦杆无中央节点或接头位于中央节点的两侧节点上时，则两侧节点的上提量按比例确定，下弦呈三折线状[图17.1-2 (b)]。胶合木梁应在工厂制作时起拱，起拱后应使上下边缘呈弧形，起拱量应符合设计文件的规定。

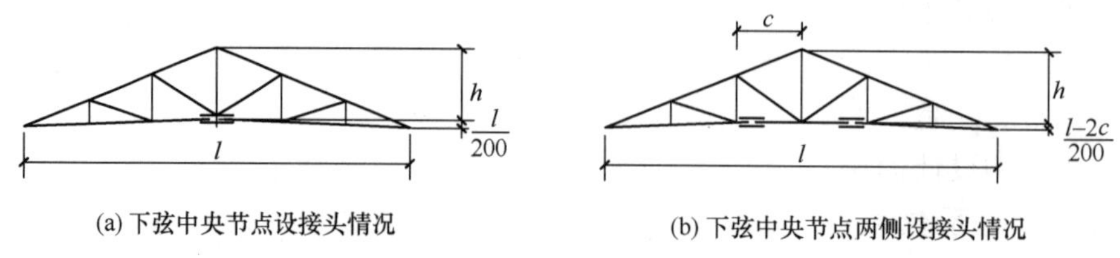

(a) 下弦中央节点设接头情况 (b) 下弦中央节点两侧设接头情况

图17.1-2 桁架放样起拱示意图

放样时除应绘出节点处各杆的槽齿等细部外，尚应绘出构件接头位置与细节，并均应满足有关连接节点的构造要求。原木、方木桁架上弦杆一侧接头不应多于1个。对于三角

形豪式桁架，受压接头不宜设在脊节点两侧或端节间，而应设在其他中间节间的节点附近［图 17.1-3(a)］；对于梯形豪式桁架，上弦接头宜设在第一节间的第二节点处［图 17.1-3(b)］。方木、原木结构桁架下弦受拉接头不宜多于 2 个，它们应位于下弦节点处。胶合木结构桁架上、下弦一般不设接头。原木三角形豪式桁架的上弦杆，除设计图特别表示外，原木梢径端应朝向中央节点。

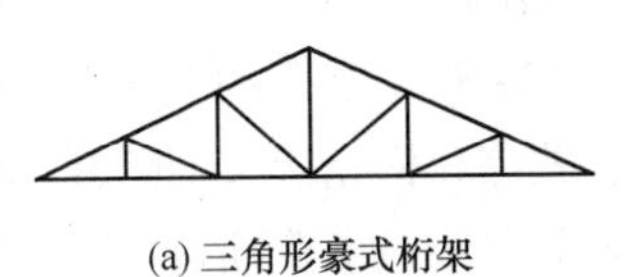
(a) 三角形豪式桁架

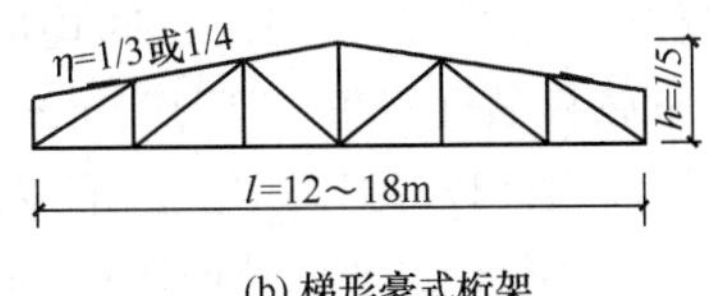

(b) 梯形豪式桁架

图 17.1-3　桁架构件接头位置

放样后，可制作构件样板。采用木纹平直不易变形、含水率不大于 10%的板材或胶合板制作。样板与大样尺寸偏差不得大于±1mm，使用过程中应防止受潮和破损。

方木与原木结构构件应按已制作的样板和选定的木材加工并应达到如下质量要求：方木桁架、柱、梁等构件截面宽度和高度与设计文件的标注尺寸相比，不应小于 3mm 以上；方木檩条、椽条及屋面板等板材不应小于 2mm 以上；原木构件的平均梢径不应小于 5mm 以上，梢径端应位于受力较小的一端；板材构件的倒角高度应不大于板宽的 2%；方木截面的翘曲不应大于构件宽度的 1.5%，其平面上的扭曲，每转度内应不大于 2mm；受压及压弯构件的单向纵向弯曲对于方木不应大于构件全长的 1/500，原木应不大于全长的 1/200；构件的长度与样板相比偏差应不超过±2mm；构件间的连接处加工应符合节点连接设计的要求；构件外观也应符合设计要求。

层板胶合木构件应选择符合设计要求的胶合木类别、组坯方式、强度等级、截面尺寸和使用环境的层板胶合木加工制作。加工完成的胶合木构件，保存时端部与切口处均应采取密封措施，防止局部含水率变化引起构件开裂。

17.1.2　木结构安装

木结构安装前需制定木结构的拼装、吊装施工方案，并应经监理单位核定后才能施工。大跨胶合木拱、刚架等结构可采用现场高空散装拼装。大跨空间木结构可采用高空散装或地面分块、分条、整体拼装后吊装就位。分条、分块拼装或整体吊装时，应根据其不同的边界条件，验算在自重和施工荷载作用下各构件与节点的安全性，构件的工作应力不应超过 1.2 倍的木材设计强度，超过时应做临时性加固处理。

施工中对构件进行安全验算时，构件强度指标应乘以调整系数 1.2，实际上是由于荷载作用时间短暂，是对木材强度所做的荷载持续作用时间效应系数（DOL）的调整。国家标准《木结构设计标准》GB 50005—2017 中木材强度设计值中所含的 DOL 系数值为 0.72，调整后的系数值为 0.864。各国规范中针对施工荷载所取的 DOL 值一般为 0.7～0.9。

桁架宜采用竖向拼装，必须平卧拼装时，应验算翻转过程中桁架的节点、接头和构件平面外的安全性。翻转时，吊点应设在上弦节点上，吊索与水平线夹角不应小于 60°，并根据翻转时桁架上弦端节点是否离地确定其计算简图。

除木柱因需站立，吊装时可仅设一个吊点外，其余构件吊装吊点均不宜少于 2 个，吊索与水平线夹角不宜小于 60°，捆绑吊点处应设垫板，防止构件局部损伤。应根据吊点位置、吊索夹角和被吊构件的自重等进行构件、节点、接头及吊具自身的安全性验算，安全性不足的均应做临时加固。

桁架吊装时，除应进行安全性验算外，尚需针对不同形式的桁架采取下列临时加固措施：①不论何种形式的桁架，两吊点间均应设横杆，如图 17.1-4 所示；②钢木桁架或跨度超过 15m、下弦杆截面宽度小于 150mm 或下弦杆接头超过 2 个的全木桁架，应在靠近下弦处设横杆［图 17.1-4（a)］，且对于芬克式钢木桁架，横杆应连续布置［图 17.1-4(b)］；③梯形、平行弦或下弦杆低于两支座连线的折线形桁架，两点吊装时，应加设反向的临时斜杆［图 17.1-4(c)］。

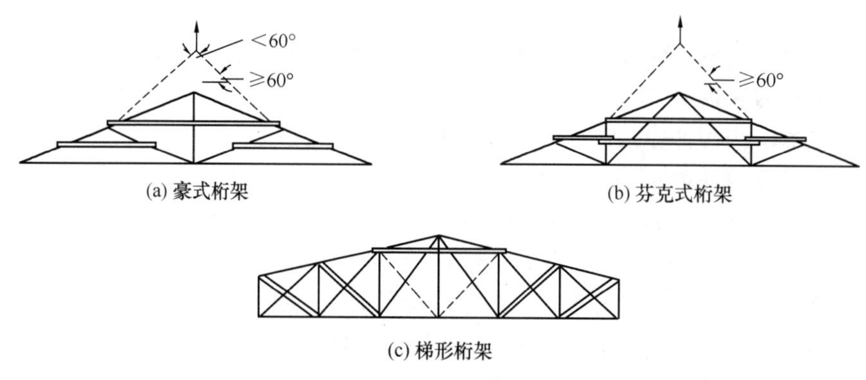

图 17.1-4　桁架吊装临时加固示意图

木柱安装前应在柱侧面和柱墩顶面上标出中心线，以便安装时对中，柱位偏差不应超过±20mm。安装第一根柱时至少应在两个方向设临时斜撑，后安装的柱纵向用连梁或柱间支撑与首根柱相连，横向至少在一侧面设斜撑。柱在两个方向的垂直度偏差不应超过 1/200 的柱高，且柱顶位置偏差，不大于±15mm。

木梁安装位置应符合设计要求，其支承长度除应满足设计文件的规定外，尚应不小于梁宽和 120mm 中的较大者，偏差不应超过±3mm；梁的间距偏差不应超过±6mm，水平度偏差不应大于跨度的 1/200，梁顶标高偏差不应超过±5mm，不应在梁底切口调整标高。

17.1.3　构件连接与节点施工

1. 螺栓连接

采用双排螺栓的钢夹板作连接件往往会妨碍木构件的干缩变形，导致木材横纹受拉开裂而丧失抗剪承载力，因此需将钢夹板分割成两条，每条设一排螺栓，但两排螺栓的合力作用点仍应与构件轴线一致。

螺栓连接中力的传递依赖于孔壁的挤压，因此连接件与被连接件上的螺栓孔应同心，否则不仅安装螺栓困难，更不利的是增加了连接滑移量，甚至发生各个击破现象而不能达到设计承载力要求。我国工程实践曾发现，有的屋架投入使用后下弦接头的滑移量最大达到 30mm，原因是下弦和木夹板分别钻孔，装配时孔位不一致，就重新扩孔以装入螺栓，屋架受力后必然产生很大滑移。

2. 钉连接

钉连接中钉子的直径与长度应符合设计文件的规定，施工中不允许使用与设计文件规定的同直径不同长度或同长度不同直径的钉子替代，这是因为钉连接的承载力与钉的直径和长度有关。

硬质阔叶材和落叶松等树种木材，钉钉子时易发生木材劈裂或钉子弯曲，故需设引孔，即预钻孔径为 0.8～0.9 倍钉子直径的孔，施工时亦需将连接件与被连接件临时固定在一起，一并预留孔。

3. 金属连接件

重型木结构或大跨空间木结构采用传统的齿连接、螺栓连接节点往往承载力不足或无法实现计算简图要求，如理想的铰接或一个节点上相交构件过多而存在构造上的困难，因此采用金属节点，木构件与金属节点相连，从而构成平面的或空间的木结构。金属连接件很好地替代了木主梁与木次梁，以及木主梁在支座处的传统连接方法，特别是在胶合木结构中获得了广泛应用。

17.1.4　轻型木结构施工

1. 基础与地梁板

轻型木结构的墙体可支承在混凝土基础或砌体基础顶面的混凝土圈梁上，混凝土基础或圈梁顶面砂浆应抹平，倾斜度不应大于 2‰。基础圈梁顶面标高应高于室外地面标高 200mm 以上，在虫害区应高于 450mm 以上，并应保证室内外高差不小于 300mm。无地下室时，当首层楼盖为木楼盖时应设置架空层，木楼盖底与楼盖下的地面间应留有净空不小于 150mm 的空间，且应在四周基础（勒脚）上开设通风洞，使其有良好的通风条件，保证楼盖木构件处于干燥状态。地梁板应采用经加压防腐处理的规格材，其截面尺寸应与墙骨柱相同。地梁板与基础顶的接触面间应设防潮层，防潮层可选用厚度不小于 0.2mm 的聚乙稀薄膜，存在的缝隙需用密封材料填满。

2. 墙体制作与安装

轻型木结构是由剪力墙和楼（屋）盖组成的板式结构（图 17.1-5），剪力墙是重要的基本构件，其承载力取决于规格材、覆面板的规格尺寸、品种、间距以及钉连接的性能。因此施工时规格材、覆面板应符合设计文件的规定。墙骨间距不应大于 610mm，且其整数倍应与所用墙面板标准规格的长、宽尺寸一致，并应使覆面板的接缝位于墙骨柱厚度的

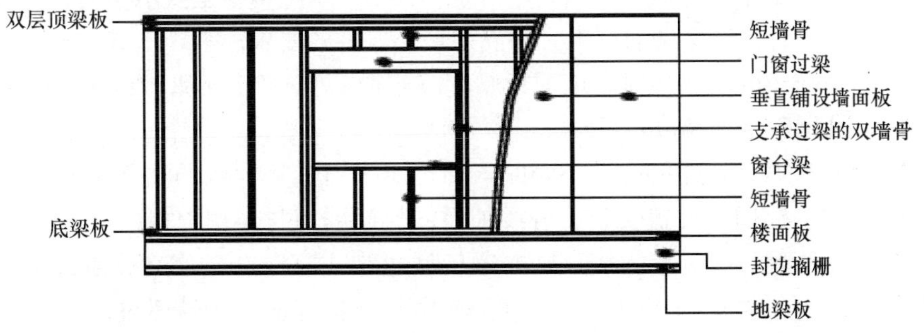

图 17.1-5　首层承重墙木构架示意

中线位置。墙骨柱、底梁板和顶梁板等规格材的宽度应一致，主要是为使墙骨柱木构架的表面平齐，便于铺钉覆面板。承重墙墙骨柱规格材的材质等级不低于 V_c，墙骨柱采用的规格材可指接，但不应采用连接板接长。

底梁板可采用单根规格材，长度方向可用平接头对接，其接头不应位于墙骨底端。承重墙的顶梁板兼作楼盖横隔的边缘构件（受拉弦杆），故需采用 2 根规格材叠放。非承重墙可采用单根规格材作顶梁板，但墙骨柱应相应加长，以便与同层的承重墙等高。顶梁板在外墙转角和内外墙交接处应彼此交叉搭接，并用钉钉牢。

墙体木构架宜分段水平制作或工厂预制，木构架应按设计文件规定的墙体位置垂直地安装在相应楼层的楼面板上，并按设计文件的要求，安装上、下楼层墙骨柱间或墙骨柱与屋盖椽条间的抗风连接件。除设计文件规定外，木构架的底梁板允许挑出下层墙面的距离不应大于底梁板宽度的 1/3，并应采用长度为 80mm 的钉子按不大于 400mm 的间距将底梁板通过楼面板与该层楼盖搁栅或封边（头）搁栅钉牢。墙体转角处及内外墙交接处的多根规格材墙骨柱，应用长度为 80mm 的钉子按不大于 750mm 的间距彼此钉牢。在安装过程中或已安装在楼盖上但尚未铺钉墙面板的木构架，均应设置能防止木构架平面内变形或整体倾倒的、必要的临时支撑（图 17.1-6）。

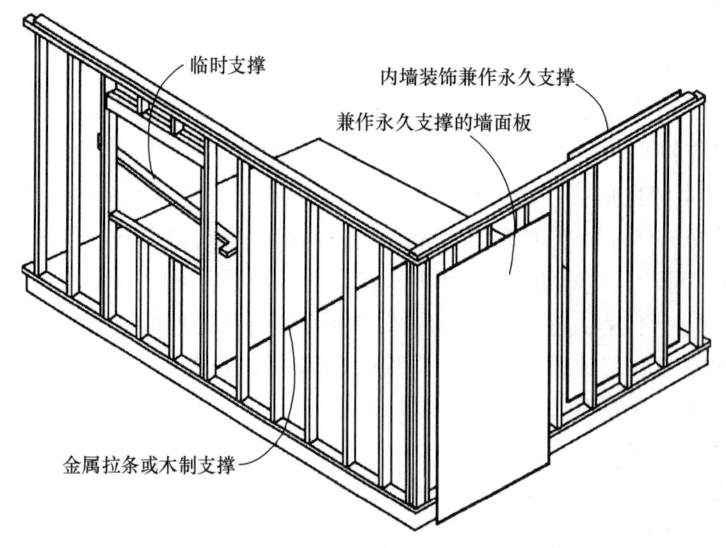

图 17.1-6　墙体支撑

木基结构板与墙体木构架共同形成剪力墙，其中木基结构板主要承受面内剪力，因此其厚度和种类应符合设计文件的要求，并满足最小厚度的要求。采用木基结构板，墙骨柱间距分别为 400mm 和 600mm 时，墙面板厚度应分别不小于 9mm 和 11mm；采用石膏板，墙面板厚度应分别不小于 9mm 和 12mm。

铺钉墙面板时，宜先铺钉墙体一侧的，外墙应先铺钉室外侧的墙面板。另一侧墙面板应在墙体安装、锚固、楼盖安装、管线铺设、保温隔声材料填充等工序完成后进行铺钉。墙面板应整张铺钉，并应自底（地）梁板底边缘一直铺钉至顶梁板顶边缘。墙面板长向垂直于或平行于墙骨铺钉时，竖向接头或两板间接缝应位于墙骨柱中心线上，且两板间应留 3mm 间隙，上、下两板的竖向接头应错位布置。墙体的制作与安装偏差不应超过表 17.1-1 的规定。

墙体制作与安装允许偏差　　表 17.1-1

项次		项目	允许偏差（mm）	检查方法
1	墙骨	墙骨柱间距	±40	钢尺量
2		墙体垂直度	±1/200	直角尺和钢板尺量
3		墙体水平度	±1/150	水平尺量
4		墙体角度偏差	±1/270	直角尺和钢板尺量
5		墙骨柱长度	±3	钢尺量
6		单根墙骨柱出平面偏差	±3	钢尺量
7	顶梁板	顶梁板、底梁板的平直度	±1/150	水平尺量
8	底梁板	顶梁板作为弦杆传递荷载时的搭接长度	±12	钢尺量
9	墙面板	规定的钉间距	+30	钢尺量
10		钉头嵌入墙面板表面的最大深度	+3	卡尺量
11		木框架上墙面板之间的最大缝隙	+3	卡尺量

3. 楼盖制作与安装

楼盖梁及各种搁栅、横撑或剪力撑的布置以及所用规格材截面尺寸和材质等级应符合设计文件的规定。

用数根规格材制作的楼盖梁，当某个截面上存在规格材的对接接头时，该截面抗弯承载力有较大的削弱。由于连续梁的反弯点处的弯矩为零，规格材对接接头故只允许设在规定的范围内。

除设计文件规定外，搁栅间距不应大于 610mm。搁栅间距的整数倍应与楼面板标准规格的长、宽尺寸一致，使楼面板的接缝位于搁栅厚度的中心位置。搁栅支承在地梁板或顶梁板上时，其支承长度不应小于 40mm；支承在外墙顶梁板上时，搁栅顶端应距地梁板或顶梁板外边缘为一个封头搁栅的厚度。

搁栅间应设置能防止搁栅平面外扭曲的木底撑和剪刀撑作侧向支撑，木底撑和剪刀撑宜设在同一平面内。当搁栅底直接铺钉木基结构板或石膏板时，可不设置木底撑。当要求楼盖平面内抗剪刚度较大时，搁栅间的剪刀撑可改用规格材制作的实心横撑。木底撑、剪刀撑和横撑等侧向支撑的间距，以及距搁栅支座的距离均不应大于 2.1m。

工字形木搁栅的腹板较薄，有时腹板上还开有洞口。当翼缘上有较大集中力作用时（如支座处），可能造成腹板失稳。因此，应根据设计文件或工字形木搁栅的使用说明规定，确定是否在集中力作用位置加设加劲肋。

楼面板应覆盖至封头或封边搁栅的外边缘，宜整张（1.22m×2.44m）钉合。设计文件未作规定时，楼面板的长度方向应垂直于楼盖搁栅，板带长度方向的接缝应位于搁栅轴线上，相邻板间留 3mm 缝隙；板带间宽度方向的接缝应错开布置（图 17.1-7），除企口板外，板带间接缝下的搁栅间应根据设计文件的要求，决定是否设置横撑及横撑截面的大小。铺钉楼面板时，搁栅上宜涂刷弹性粘结剂（液体钉）。楼面板的排列及钉合要求还应分别符合《木结构工程施工规范》GB/T 50772—2012 的相关规定。铺钉楼面板时，可从楼盖一角开始，板面排列应整齐划一。楼盖制作与安装偏差应不大于

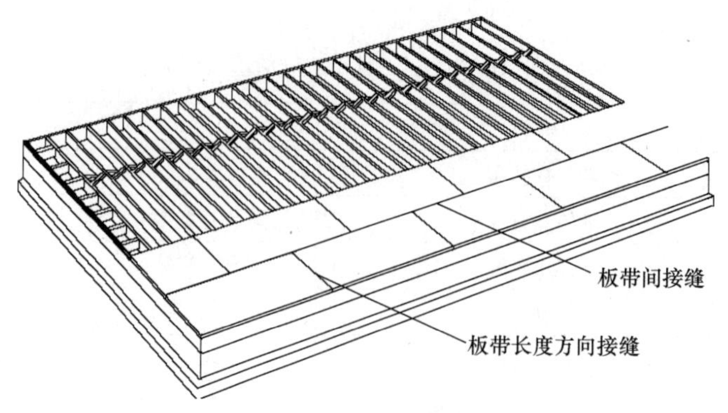

图 17.1-7　楼面板安装示意图

表 17.1-2的规定。

楼盖制作与安装允许偏差　　表 17.1-2

项目	允许偏差（mm）	注
搁栅间距	±40	—
楼盖整体水平度	1/250	以房间短边计
楼盖局部平整度	1/150	以每米长度计
搁栅截面高度	±3	—
搁栅支承长度	−6	—
楼面板钉间距	+30	—
钉头嵌入楼面板深度	+3	—
板缝隙	±1.5	—
任意三根搁栅顶面间的高差	±1.0	—

4. 屋盖制作与安装

(1) 椽条一顶棚搁栅型屋盖

椽条与顶棚搁栅的布置，所用规格材的材质等级和截面尺寸应符合设计文件的规定。椽条或顶棚搁栅的间距最大不应超过 610mm ，且其整数倍应与所用屋面板或顶棚覆面板标准规格的长、宽尺寸一致。

对于坡度小于 1∶3 的屋顶，一般情况下视椽条为斜梁，是受弯构件。椽条在檐口处可直接支承在顶梁板上，也可支承在承椽板上。坡度等于和大于 1∶3 的屋顶，椽条与顶棚搁栅应视为三铰拱体系。椽条在檐口处只能直接支承在顶梁板上，且紧靠在顶棚搁栅处，两者相互钉合，使搁栅能拉牢椽条，起拱拉杆作用。当房屋跨度较大时，椽条往往需要较大截面尺寸的规格材，可采用增设中间支座的方法，以减少椽条的计算跨度。

顶棚搁栅的安装钉合要求与楼盖搁栅一致，但对坡度大于 1∶3 的屋盖，因顶棚搁栅承受拉力，故要求支承在内承重墙或梁上的搁栅搭接的钉连接用量要多一些、强一些。

(2) 齿板桁架型屋盖

齿板桁架应由专业加工厂加工制作并应有产品合格证书。桁架应进行如下进场验收：

1) 桁架所用规格材应与设计文件规定的树种、材质等级和规格一致。

2）齿板应与设计文件规定的规格、类型和尺寸一致。

3）桁架的几何尺寸偏差不应超过表 17.1-3 的规定。

齿板桁架制作允许误差 **表 17.1-3**

	相同桁架间尺寸差	与设计尺寸间的误差
桁架长度	13mm	19mm
桁架高度	6mm	13mm

齿板桁架运输时应防止因平面外弯曲而损坏，宜数榀同规格桁架紧靠直立捆绑在一起，支承点应设在原支座处，并应设临时斜撑。

齿板桁架吊装时，宜作临时加固，除跨度在 6m 以下的桁架可中央单点起吊外，其他跨度桁架均应两点起吊。跨度超过 9m 的桁架宜设分配梁，索夹角 θ 不大于 60°。桁架两端可系导向绳，以避免过大晃动和便于正确就位。

齿板桁架的间距和支承在墙体顶梁板上的位置应符合设计文件的规定。当采用木基结构板作屋面板时，桁架间距尚应考虑屋面板标准规格的长、宽尺寸。

桁架可逐榀吊装就位，或多榀桁架按间距要求在地面用永久性或临时支撑组合成数榀后一起吊装。吊装就位的桁架，应设临时支撑保证其安全和垂直度。

5. 管线穿越

轻型木结构墙体、楼盖中的夹层空间为室内管网的敷设提供了方便，但在规格材搁栅上开槽口或开孔均减少构件的有效面积并引起应力集中，损伤各类木构件。因此需对其位置和数量加以必要的限制。管线在轻型木结构的墙体、楼盖与顶棚中穿越，应符合下列规定：

（1）承重墙墙骨开孔后的剩余截面高度不应小于原高度的 2/3，非承重墙剩余高度不应小于 40mm，顶梁板和底梁板剩余宽度不小于 50mm。

（2）楼盖搁栅、顶搁栅和椽条等木构件不应在底边或受拉边缘切口。可在其腹部开直径或边长不大于 1/4 截面高度的洞孔，但距上、下边缘的剩余高度均应不小于 50mm。允许在楼盖搁栅和不承受拉力的顶棚搁栅支座端上部开槽口，但槽深不应大于 1/3 的搁栅截面高度，槽口的末端距支座边的距离不应大于搁栅截面高度的 1/2，可在距支座 1/3 跨度范围内的搁栅顶部开深度不大于 1/6 搁栅高度的缺口。

（3）管线穿过木构件孔洞时，管壁与孔洞四壁间应留余不小于 1mm 的缝隙，水管不宜置于外墙体中。

（4）工字形木搁栅的开孔或开槽口应根据产品说明书进行。

17.2 木结构工程施工质量验收

17.2.1 分部工程、子分部工程与分项工程

国家标准《建筑工程施工质量验收统一标准》GB 50300—2013 将建筑工程划分为主体结构、地基与基础、建筑装饰装修等分部工程，主体结构分部工程包括木结构、钢结构、混凝土结构等子分部工程。国家标准《木结构工程施工质量验收规范》GB 50206—2012 将木结构子分部工程划分为方木与原木结构、胶合木结构、轻型木结构、木结构防

护等分项工程。因此，方木与原木结构、胶合木结构、轻型木结构其中之一作为木结构分项工程与木结构防护分项工程构成木结构子分部工程。

木结构工程质量验收是按分项工程进行的，例如近些年工程中采用较多的井干式木结构。对于新近兴起的采用CLT建造的木结构，是按新的木结构分项工程验收，还是将其划归现有的木结构分项工程，尚无明确规定。

17.2.2 主控项目、一般项目与检验批

确保木结构工程质量，一是需要保证所用木材与木产品、构配件的质量符合要求，二是要保证构件制作与安装符合要求。因此，需要对所用材料进行进场验收以及对施工质量进行验收。进场验收是对进入施工现场的材料、构配件、设备等按相关标准的规定进行检验，对产品达到合格与否做出确认。施工质量验收是指在施工单位自行质量检查评定的基础上，参与建设活动的有关单位共同对检验批、分项、分部、单位工程的质量进行抽样复验，根据相关标准以书面形式对工程质量达到合格与否做出确认。为达到上述目的，国家标准《木结构工程施工质量验收规范》GB 50206—2012针对各木结构分项工程规定了验收的主控项目、一般项目和检验批。

主控项目是建筑工程中对安全、卫生、环境保护和公众利益起决定性作用的检验项目。木结构工程验收中最主要的主控项目体现在三个方面，即结构方案、所用材料以及节点连接等严格符合设计文件的规定。例如对胶合木结构分项工程这三个方面的要求是：(1) 胶合木结构的结构形式、结构布置和构件截面尺寸应符合设计文件的规定；(2) 层板胶合木的类别、强度等级和组坯方式，应符合设计文件的规定，并应有产品标识和质量合格证书，同时应有满足产品标准规定的胶缝完整性检验和层板指接强度检验合格报告；(3) 各连接节点的连接件类别、规格和数量应符合设计文件的规定。桁架端节点齿连接胶合木端部的受剪面及螺栓连接中的螺栓位置不应与漏胶胶缝重合。不难理解，这3项主控项目对保证木结构工程施工质量是至关重要的。国家标准《木结构工程施工质量验收规范》GB 50206—2012将该3项主控项目均列为强制性条文，且对方木与原木结构、轻型木结构等分项工程也都做了类似规定。因此，国家标准《木结构工程施工质量验收规范》GB 50206—2012中针对方木与原木结构、胶合木结构以及轻型木结构3个分项工程共有9条强制性条文。另加木结构的防护分项工程中关于阻燃剂、防火涂料、防腐、防虫等药剂不得危及人畜，不得污染环境的强制性规定，全规范的强制性条文计有10条（表17.2-1）。

《木结构工程施工质量验收规范》GB 50206—2012的相关规定　　表17.2-1

	方木原木结构	胶合木结构	轻型木结构
一般规定	材料、构配件的质量控制应以一幢方木、原木结构房屋为一个检验批；构件制作安装质量控制应以整幢房屋的一楼层或变形缝间的一楼层为一个检验批	材料、构配件的质量控制应以一幢胶合木结构房屋为一个检验批；构件制作安装质量控制应以整幢房屋的一楼层或变形缝间的一楼层为一个检验批	材料、构配件的质量控制应以同一建设项目同期施工的每幢建筑面积不超过300m²、总建筑面积不超过3000m²的轻型木结构建筑为一个检验批，不足3000m²者应视为一个检验批，单体建筑面积超过300m²时，应单独视为一个检验批；轻型木结构制作安装质量控制应以一幢房屋的一层为一个检验批

续表

	方木原木结构	胶合木结构	轻型木结构
主控项目（强制性条文）	方木、原木结构的形式、结构布置和构件截面尺寸，应符合设计文件的规定	胶合木结构的结构形式、结构布置和构件截面尺寸，应符合设计文件的规定	轻型木结构的承重墙（包括剪力墙）、柱、楼盖、屋盖布置、抗倾覆措施及屋盖抗掀起措施等，应符合设计文件的规定
	结构用木材应符合设计文件的规定，并有产品质量合格证书	结构用胶合木的类别、强度等级和组坯方式，应符合设计文件的规定，并应有产品质量合格证书和产品标识，同时应有满足产品标准规定的胶缝完整性检验和层板指接强度检验合格证书	进场规格材应有产品质量合格证书和产品标识
	钉连接、螺栓连接节点的连接件（钉、螺栓）的规格、数量，应符合设计文件的规定	各连接节点的连接件类别、规格和数量应符合设计文件的规定。桁架端节点齿连接胶合木端部的受剪面及螺栓连接中的螺栓位置，不应与漏胶胶缝重合	轻型木结构各类构件间的金属连接件的规格、钉连接的用钉规格与数量，应符合设计文件的规定
一般规定（强制性条文）	阻燃剂、防火涂料以及防腐、防虫等药剂，不得危及人畜安全，不得污染环境		

一般项目是指除主控项目以外的检验项目。对木结构而言，一般项目主要对各类构件和节点连接的制作安装质量和偏差做出了规定。

检验批是指按同一的生产条件或按规定的方式汇总起来供检验用的，由一定数量样本组成的检验体。国家标准《木结构工程施工质量验收规范》GB 50206—2012 按产品质量控制和构件制作安装控制划分不同的检验批。对方木与原木结构和胶合木结构分项工程，材料、构配件的质量控制以一幢胶合木结构房屋为一个检验批；构件制作安装质量控制以整幢房屋的一楼层或变形缝间的一楼层为一个检验批。施工和质量验收时屋盖可作为一个楼层对待，单独划分为一个检验批。对于轻型木结构分项工程，材料、构配件的质量控制以同一建设项目同期施工的每幢建筑面积不超过 300m^2、总建筑面积不超过 3000m^2 的轻型木结构建筑为一个检验批，不足 3000m^2 者应视为一检验批，单体建筑面积超过 300m^2 时，应单独视为一个检验批；轻型木结构制作安装质量控制以一幢房屋的一层为一个检验批。

轻型木结构应用最多的是住宅，每幢住宅的面积一般为 200～300m^2 左右，规定总建筑面积不超过 3000m^2 为一个检验批，约含 10～15 幢轻型木结构建筑。面积超过 300m^2，对轻型木结构而言是规模较大的建筑，例如公寓或学校，则应单独作为一个检验批。施工质量验收检验批的划分同方木、原木结构和胶合木结构。

木结构防护分项工程的检验批，可分别参照对应的方木与原木结构、胶合木结构或轻型木结构的检验批划分。

17.2.3 见证检验

见证检验是指在监理单位或者建设单位监督下，由施工单位有关人员现场取样，送至具备相应资质的检测机构所进行的检验。并不是所有的验收或检验都需要进行见证检验，国家标准《木结构工程施工质量验收规范》GB 50206—2012 在主控项目中对涉及结构的安全和使用功能的木材和木产品规定了部分见证检验的项目，主要用以控制木结构工程所用材料、构配件的质量。这些检验项目包括方木与原木应做弦向静曲强度见证检验，胶合木受弯构件应做荷载效应标准组合作用下的抗弯性能见证检验，目测分等规格材应做目测等级见证检验或做抗弯强度见证检验，机械分等规格材应做抗弯强度见证检验，木基结构板材应做静曲强度和静曲弹性模量见证检验，工字形木搁栅和结构复合木材受弯构件应做荷载效应标准组合作用下的结构性能检验以及设计文件规定抗弯屈服强度的圆钉的抗弯强度见证检验。

这里有必要对方木与原木弦向静曲强度见证检验、胶合木受弯构件抗弯性能见证检验和规格材目测等级见证检验或抗弯强度见证检验做进一步解释。

方木与原木弦向静曲强度见证检验是指从方木或原木中切向截取清材小试件进行抗弯强度试验，是我国木结构中传统的检验方法，主要目的并不是检验结构木材的强度，而在于确认所用木材的树种。方木与原木的特点是未经应力分级，其强度与材质等级（I_a、II_a、III_a）无关，而只与树种有关，因此该方法仅适用于方木与原木。由于工程技术人员不能完全凭借肉眼准确地识别树种，故需通过抗弯强度见证检验的方法，确认进场木材符合对应的由树种确定的强度等级对清材强度的要求。

在北美，目测分级规格材的材质等级是由国家专业机构认定的有资质的分级员分级的。国家标准《木结构工程施工质量验收规范》GB 50206—2012 沿用这种方式，规定对进场规格材可按目测等级标准做见证检验，但应由有资质的专业人员完成。目前此类专业人员在我国尚无专业机构认定，这种检验方法并不能普遍适用，故国家标准《木结构工程施工质量验收规范》GB 50206—2012 规定也可采用规格材抗弯强度见证检验的方法。对目测分级规格材，可视具体情况从两种方法中任选一种进行见证检验。所采用的强度检验值是按美国木结构设计规范 NDSWC 所列，与国家标准《木结构设计标准》GB 50005—2017 相同树种（树种组合）、相同目测等级的规格材的设计指标推算的抗弯强度标准值，即由抗弯强度设计值除以安全系数 2.1 得到。该抗弯强度标准值系按非参数法统计得到的规格材抗弯强度试验结果的 5 分位值，并为美国规范 NDSWC 所采用，而国家标准《木结构设计标准》GB 50005—2017 采用的并不是按非参数法统计得到的 5%分位值。

规格材足尺强度检验是一较复杂的问题，目前尚没有完全理想的方法。鉴于我国具体情况，国家标准《木结构工程施工质量验收规范》GB 50206—2012 在规定进场目测见证检验的同时，也规定了规格材抗弯强度见证检验的方法。

对于进口的北美机械应力分级（MSR）规格材，只能采用抗弯强度见证检验方法。例如美国规范 NDS 2005 中的 1200f-1.2E 和 1450f-1.3E 等级规格材，按其表列强度推算，其抗弯强度标准值分别为 $1200\times2.1/145=13.78\text{N/mm}^2$ 和 $1450\times2.1/145=21.00\text{N/mm}^2$。

对进场胶合木进行荷载效应标准组合作用下的抗弯性能检验，以检验胶合木的制作质量和弹性模量。所谓挠度的理论计算值，是按该构件层板胶合木强度等级规定的弹性模量和加载图式算得的挠度。基于弹性模量正态分布假设，且其变异系数取为 0.1。取 3 根试件试验，按数理统计理论，在 95%保证率的前提下，弹性模量的平均值推定上限为实测平均值的 1.13 倍，故要求挠度的平均值不大于理论计算值的 1.13 倍。单根梁的最大挠度限值要求则是为了满足国家标准《木结构设计标准》GB 50005—2017 规定的正常使用极限状态的要求。由于试验仅加载至荷载效应的标准组合，对于合格的产品不会产生任何损伤，试验完成后的构件仍可在工程中应用。对于那些跨度很大或外形特殊而数量又少的以受弯为主的层板胶合木构件，确无法进行试验检验的，应制定更严格的生产制作工艺，加强层板和胶缝的质量控制，并经专家组论证。质量有保证者，可不做荷载效应标准组合作用下的抗弯性能检验。

17.2.4　木材产品认证

建筑用木材产品由于特殊的质量特性，如各向异性，力学性能受纹理影响和加工过程质量控制影响大等特点，国际通行的做法是通过第三方认证保证产品质量，认证木材产品包括锯材、木基结构板材、胶合木、木工字梁、结构复合材等。所谓产品认证是指由依法取得产品认证资格的认证机构，依据有关产品的产品标准和/或技术要求，按照规定的程序，对申请认证的产品进行工厂检查和产品检验等评价工作。产品认证和检测的区别主要在于产品认证针对获得认证的所有产品依据产品标准和实施规则进行，而产品检验只针对送样产品或抽样产品依据委托方的要求和检测方法进行。认证要求获证企业建立质量体系文件，具有相应的工厂质量保证能力，能够持续稳定地生产合格产品。通过产品检验（抽样）、初始工厂检查和获证后监督，在工厂生产环节保证产品质量。

木材产品认证目前在我国还处于起步阶段。中国建筑科学研究院有限公司认证中心编制完成《胶合木认证方案》CABRCC/TD-119：2020，正式开展胶合木认证工作，为在我国推进建筑产品第三方认证，规范木材产品生产，提升质量，提振市场信心，促进木结构建筑市场良性发展，迈出重要一步。

17.2.5　被动式低能耗木结构建筑施工质量验收

欧洲被动房、加拿大超低能耗房屋通过对建筑物的气密性测试、外维护结构红外成像、能耗计量和查看分项工程质量验收文件等手段控制建筑的质量并进行验收。

在检测建筑物或住房的气密性方面，“鼓风门测试法”在国际上得到了普遍认可。测试时将鼓风机安装在窗洞或门洞中并保持密封。根据鼓风机的旋转方向不同，建筑物内部和室外空气之间将产生超压或负压形式的压力差。为保持这种压力差，鼓风机需要输送一定的风量，风量的数量级由建筑围护结构的渗漏性决定。

对于木结构建筑（轻型木结构），应在内测安装气密膜或气密板以形成气密层。燃气开关箱或电配箱在安装前抹灰，安装后存留的狭孔和槽口用灰浆填实。

窗（门）框与窗（门）洞口之间凹凸不平的缝隙填充了自黏性的预压自膨胀密封带，窗（门）框与外墙连接处必须采用防水隔气膜和防水透气膜组成的密封系统。室内一侧采用防水隔气密封布，室外一侧应使用防水透气密封布，从而从构造上完全强化了门窗洞口的密封与防水性能。

采用专用构件连接和密封处理或设置专门的安装平面。如穿墙管道与电线的密封，将管道或电缆放置在专用的气密性套环里，套环带有自黏性的防水密封布，可以粘贴在墙上。防水密封布上再进行抹灰。如果采用不同尺寸的气密性套环，则可以减少裁剪密封布的工序，使安装更简洁、专业、易操作，洞口处理更平整清洁。

1. 建筑气密性测试方法

在一定压力差下计算出的渗漏流量可以和不同的参考数值进行比较，通常采用换气次数 N。换气次数 N_{50} 为当室内外压力差为 50Pa 时，整个建筑物内部空气体积在一小时内的交换次数，每小时的空气渗透量占建筑总内部空间的比率。换气次数按 $N=q/v$ 计算，其中 q 为空气流量，v 为建筑换气体积。

在欧洲地区，气密性测试方法是依据欧洲标准《气密性测试一风扇加压法》EN 13829。在德国，对于无通风及空调设施的建筑，换气次数 N_{50} 应小于等于 $3.0h^{-1}$；对于有通风及空调设施的建筑，N_{50} 应小于等于 $1.5h^{-1}$；对于被动房，N_{50} 应小于等于 $0.6h^{-1}$。在北欧国家，由于冬季更寒冷，对建筑气密性要求更高，如瑞典，换气次数 N_{50} 则应小于等于 $0.3h^{-1}$。

根据国家标准《近零能耗建筑技术标准》GB/T 51350—2019 的规定，我国严寒、寒冷地区的近零能耗居住建筑的换气次数 N_{50} 应小于等于 0.6，夏热冬冷、温和和夏热冬暖地区的近零能耗居住建筑的换气次数 N_{50} 应小于等于 1.0，并应按《近零能耗建筑技术标准》GB/T 51350—2019 附录 E 建筑气密性检测方法进行以栋或典型户型为对象的气密性能检测。

2. 测量设备及测试准备

一套测量设备通常由以下部分组成：

(1) 一个可调节的安装框架，安装在建筑围护结构最靠近中央的洞口（例如进户门、阳台门或露台门或窗户）；

(2) 一个遮罩，借助其可以将安装洞口也气密地密封起来；

(3) 一台鼓风机，内置在遮罩的一个开口中；

(4) 一个压力测量箱，用于测量建筑物内部和外部的压力差；

(5) 一个用于确定鼓风机所输送的空气体积流量的装置（例如依靠鼓风压力或鼓风机转速）。

气密性测试前，应测量室内外空气温度及风速。检测三层或三层以下的建筑物，应测量离地 1.5m 处的风速。如果距离建筑物 10m 之内，其迎风向的平均风速超过 6m/s，检测工作不得进行。

测试前应封闭建筑围护结构，关紧门窗，检查门窗存在的缝隙或漏点，用密封胶布封严，测试区域内部门窗（不与外部连通的门窗）完全打开。把墙上所有通向室外的通风孔封严，把所有与户外连接的管道阀门系统部件用胶纸等密封，关闭新风系统。厨房里的排烟孔及抽油机的排烟孔均应堵塞，室内排水系统的水封管应灌水。

木结构中通常使用带有石膏板的遮盖物、覆面板。为了更好地定位并解决在石膏板遮盖物背后的气密层区域中可能出现的渗漏情况，在气密性测试之后才能安装这些遮盖物。因此密封薄膜在测量期间是不受保护暴露在外的，在负压情况下有可能由于吸力效应而导致对薄膜层的损害。所以在这种使用情况下，必须经过极为仔细的计量并且以较低的压力等级才能进行负压测量。

被动式低能耗建筑气密性测试通常为两次，第一次是竣工后，进行初次测试，排查漏点；第二次是在精装修以后，进一步查勘装修对气密层造成的破坏，并及时补救。

3. 测量方法

利用风机调节空气流量，使微压计显示出所要求的室内外压力差。待试验稳定后，分别记下 30Pa、35Pa、40Pa、45Pa、50Pa、55Pa、60Pa 负压差及其对应的空气流量。在每个压力等级下均要读取输送风量的数据。以压差为±50Pa 时的平均换气次数值作为建筑物空气渗透性能的度量标准。在大型建筑内部进行测试时，需要多台设备同时运作，这些设备可以分别安装在不同的门洞和窗洞上。同样也可以使用定向木片板（OSB）或者气密薄膜搭建一个大型的框架，把多台鼓风机安装在一起。所有的设备应用计算机进行控制。

4. 渗漏定位

为了能够确定渗漏点的位置，原先的检测之后接着将再次设制约为 50Pa 的建筑物压差，从而可以明显感觉到通过建筑围护结构渗漏点流入或流出的空气。检测人员借助所谓的烟管、打火机或风速测量计，可以使渗漏点变得可见。排查的漏点主要包括门窗锁点、门窗型材边缝、铰链、开关插座、地漏、线缆孔、排风管等。根据和委托方签订的协议，检测单位会编制一份渗漏情况记录并附上照片，可能还有红外成像图片，以便以后明确地确定渗漏位置。

5. 建筑外维护结构缺陷的红外热成像检测

红外热像仪测温是基于物体本身的热辐射，因目标与背景的温度和发射率不同，而产生在能量和光谱分布上的辐射差异。这种辐射差异所携带的目标信息，经红外探测器转换成相应电信号，通过信息处理后，在显示器上显示出被测物体表面温度分布的热图像。

红外热像仪能使人眼看不到的围护结构外表面温度分布，变成人眼可以看到的代表目标表面温度分布的热谱图。不同的构造，其热谱图也不相同。通过红外热谱图分析可推知墙体内部保温是否存在缺陷。热辐射的这个特点使人们可以利用它来对物体进行无接触温度测量和热状态分析，利用红外热像仪，检测出施工质量造成的热工缺陷，分析出该缺陷对建筑物的能耗的影响程度。

红外热像仪的检测结果与目标的特性（温度、辐射率）及热像仪性能（临时视场角、工作波段、光谱效应等）有关，还与测量对象所处的气候条件（温度、湿度、风速、日照、灯光、雷、雨、雾、雪等）、被测物体的辐射系数、背景噪声等因素有关。要消除气候因素及环境因素对围护结构外表面红外检测的影响，往往给检测带来很多限制，影响检测的效率。如果不采用围护结构外表面的温度作为判定热工缺陷的依据，而采用温差来作为热工缺陷判定的依据，则可以消除气候因素及环境因素的影响。

6. 缺陷判定指标

为便于分析，将外围护结构表面无缺陷区域称为主体区域，将有缺陷区域称为缺陷区域。主体区域的平均温度记为 T_1，缺陷区域最高（最低）温度记为 T_2，温差 ΔT 可以表示为：

$$\Delta T = T_1 - T_2 \tag{17.3-1}$$

式中，ΔT 为围护结构外表面主体区域平均温度与缺陷区域最高（最低）温度的温差（最高温度用于采暖建筑、最低温度用于空调建筑）（℃）。北方城市可取 6℃作为判断热工缺陷的依据。

尽管 T_1-T_2 可以反映外表面热工缺陷的严重程度，但并不能说明由此缺陷造成的危害大小。热工缺陷造成的危害程度还与缺陷区域的大小有关。为此采用相对面积 Ψ 来作为外围护结构热工缺陷的辅助判定指标。

$$\Psi=\sum_{A_0}A_i\times 100\% \tag{17.3-2}$$

式中 Ψ——相对面积；

A_i——缺陷区域面积（m^2）；

A_0——围护结构主体区域面积（m^2）。

一般将 $40\%>\Psi\geqslant 20\%$ 区域定为热工缺陷区域。

参 考 文 献

[1] 中华人民共和国住房和城乡建设部．建筑工程施工质量验收统一标准：GB 50300—2013 [S]．北京：中国建筑工业出版社，2013.

[2] 中华人民共和国住房和城乡建设部．木结构工程施工规范：GB/T 50772—2012 [S]．北京：中国建筑工业出版社，2012.

[3] 中华人民共和国住房和城乡建设部．木结构工程施工质量验收规范：GB 50206—2012 [S]．北京：中国建筑工业出版社，2012.

[4] 彭梦月．被动式低能耗建筑气密性措施及检测方法与工程案例 [J]．建设科技，2015 (15)：39-41.